超有机食品安全标准限量

畜禽及水产品卷(下)

——北京三安科技有限公司企业系列标准

张令玉　主编

中国质检出版社
中国标准出版社

北　京

图书在版编目(CIP)数据

超有机食品安全标准限量. 畜禽及水产品卷：全2册/张令玉主编. —北京：中国标准出版社，2014.11

ISBN 978－7－5066－7756－1

Ⅰ.①超… Ⅱ.①张… Ⅲ.①绿色食品—食品安全—安全标准—中国 ②畜禽—食品加工—食品安全—安全标准—中国 ③水产品加工—食品安全—安全标准—中国 Ⅳ.①S201.6-65 ②TS251 ③TS254.4

中国版本图书馆CIP数据核字(2014)第244609号

中国质检出版社
中国标准出版社 出版发行

北京市朝阳区和平里西街甲2号(100029)

北京市西城区三里河北街16号(100045)

网址：www.spc.net.cn

总编室：(010)64275323 发行中心：(010)51780235

读者服务部：(010)68523946

中国标准出版社秦皇岛印刷厂印刷

各地新华书店经销

*

开本 880×1230 1/16 印张 51.25 字数 1393 千字

2014年11月第一版 2014年11月第一次印刷

*

定价(上、下册)：360.00元

如有印装差错 由本社发行中心调换

版权专有 侵权必究

举报电话：(010)68510107

编委会

主　编： 张令玉

副主编： 宋宇轩　　李少敏

主要编制人员：

魏　刚　　肖光辉　　瞿国伟　　王　静

张雅妍　　杨　雪　　周　峰　　韩雪梅

序 言

在党中央“确保广大人民群众舌尖上的安全”的战略背景下，张令玉先生及其团队，在多年实践的基础上，又历经多年试验示范编制的北京三安科技有限公司企业系列标准——《超有机食品安全标准限量》和《超有机农业标准操作规程》（简称《标准限量》和《标准操作规程》）即将正式出版，这在北京三安科技有限公司发展的道路上，将成为一个新的里程碑。

当前，食用农产品的安全问题受到了全世界的广泛关注，而关注的焦点则是整个食品链中的源头污染。例如，粮食、蔬菜、水果中的农药残留、重金属和霉菌毒素，以及禽、蛋、水产品、奶中的兽药残留。这些问题将会在相当长的一个历史时期内与人类长期共存。因为不使用这些农业化学投入品，就无法获得足够的产量，无法养活全球七十多亿人口。这就是所谓的“双刃剑”。而土壤受环境污染的影响也是一个世界性的顽症。即便是世界上科技和经济最发达的国家和地区，也还不能有效地解决所有这些问题。

张令玉先生以40年潜心研究所积累的原创性技术，集成了一个由28项生物技术成果组成的，覆盖农、林、牧、副、渔的标准化生产模式，即三安模式。这套系列技术的关键词是：生物技术（不是转基因）、原创性（独立知识产权）、集成和系列化（种植业和养殖业；土壤清洁剂、肥料、生物制剂）、标准化（规范化的生产、操作程序）。这套生产技术，不但能有效清洁已污染的土壤和鱼塘，而且由于根本不使用化肥、农药和兽药，因而不存在残留问题。《超有机食品安全标准限量》中所述的三安超有机食品企业标准要求不但比欧盟、日本等相关标准严格，而且超过了有机食品的要求。大量的权威检测报告有力地表明，三安超有机食品确实是没有农药残留的。更为难能可贵的是，应用三安农业技术生产的各种农副产品与传统技术生产的农副产品比较，不但安全性无可挑剔，而且成本低、产量高、口味好。自2006年起，三安农业技术的试点和应用得到快速发展，全国有100多个市、县应用了三安农业技术，无论是在种植业（粮食、豆类、蔬菜、水果及食用菌）或养殖业（畜、禽、水产品）都取得了难以置信的成功。发展速度之快，充分表现出三安农业技术的强大生命力。为了总结三安农业技术的最新成果，张令玉先生在2008年出版《三安超有机标准化农业系列丛书》之后，又编制了《标准限量》和《标准操作规程》。

三安农业技术的价值，不仅从根本上避免了农产品的化学污染，保障了农产品的安全性，而且由于惠及广大农民，十分有利于国家“三农”政策的实施和加速新农村的建设。其意义深远。

《标准限量》和《标准操作规程》的出版不但显示了企业的实力，而且便于政府相关部门以及社会各界的监督，这无疑将大大促进三安农业技术在我国的继续推广应用。与第一版《质量安全企业标准》相比，这一版标准在各方面都有了更大的提高，对于关心三安农业技术发展的人士，可以从中了解三安农业的发展。相关的技术人员、教育工作者也可以从中获得教益。

科学技术是无止境的，我衷心希望在张令玉先生的领导下，三安农业技术通过实践更上一层楼，取得更多更辉煌的成果，为发展现代农业做出更大贡献。

中国工程院院士

国家食品安全风险评估中心研究员

2014 年 5 月

编制说明

一、编制背景

本套《超有机食品安全标准限量》——北京三安科技有限公司企业系列标准（以下简称《标准限量》），是依托创新的生命信息调控技术（Bio－information Adjustment Technology，简称：Tech－BIA技术），由张令玉教授历经40年的研究，并投资数十亿元资金，在美国、欧盟等十多个国家和地区，以及我国二十多个省市全方位、长达24年的大规模实践，根据获得的数十万个数据编制出来的。Tech－BIA技术激活具有沉睡基因的微生物，再用这些特异性的微生物，制成生物信息肥料、生物信息土壤净化剂、生物信息重金属吸附剂、生物信息植物保护剂、生物信息饲料添加剂等28种生物信息制剂。通过这28种生物信息制剂，对产地环境实施净化，创造安全的产地环境；通过全生物化的生产手段，实现生产过程安全；通过“零（不得检出）农兽药残留”的标准限量要求，实现对超有机食品的质量安全评价。从而创造系统化的超有机种植、超有机畜禽养殖、超有机水产品养殖、超有机食用菌及超有机中草药栽培等超有机农业模式。超有机农业模式是本套《标准限量》的保障体系。

二、各分卷设置

《超有机食品安全标准限量》共分五卷（10册），涵盖12大类、631个品种。具体包括：

蔬菜卷（上、中、下）：150个品种；

水果卷（上、下）：63个品种；

畜禽及水产品卷（上、下）：畜禽类（肉、蛋、奶）70个品种，水产品类3个品种；

粮油豆茶及食用菌卷（上、下）：粮谷类9个品种，油料种子及果实类14个品种，豆类14个品种，糖料植物类3个品种，茶类7个品种，香料类16个品种，食用菌类12个品种；

中草药卷：270个品种。

三、产品分类

为使本套《标准限量》更具国际化意义，在产品分类上，我们主要依据欧盟标准的分类方法，品种的选择也遵循欧盟标准，因此有些品种及品种的分类没有按照我国常规分类进行。

四、检测项目名称

我们在录入检测项目名称时，遇到了很多中文同名不同音，或中文同名英文名不同，拉丁文名与中文、英文交叉混乱的情况。本着科学、实用的原则，本套《标准限量》检测项目名称主要以欧盟标准项目的英文为准（详见各卷附录一）。

五、检测项目的品类和数量

GB 2763—2014《食品安全国家标准 食品中农药最大残留限量》中的检测项目为371项，欧盟食品中农兽药残留限量的检测项目平均为448项。然而根据我们的调研结果表明，实际正在使用的农业化学品、农药、兽药多达900余项。本着科学、严谨、准确、全面的原则，本套《标准限量》确定的检测项目平均为734项，比国家标准增加了363项，即增加了97.8%；比欧盟标准增加了286项，即增加了63.8%。这给我们获取数据，增加了几倍的实验难度和成本投入。

六、检测项目和限量要求标准参照

考虑到欧盟标准在世界上是一套较为严格也较为通用的标准，同时，考虑到本套《标准限量》将首先在中国使用，因此，我们选用《欧盟食品中农兽药残留限量》和GB 2763—2014中的检测项目和限量要求作为参照标准。有些项目我们同时参考了日本肯定列表制度中《食品中农业化学品残留限量》常用的一些检测项目。在本套《标准限量》中，12大类631个品种的约450000个检测项目的农兽药残留标准限量全部要求为“不得检出”。

七、检测方法

在检测方法中我们尽可能将能够找到的标准一一列出，但仍有一些检测方法难以找到适合的相关标准，只能列出“参照同类标准”或“参照近似标准”。在列举使用中国标准出版社出版的日本肯定列表《食品中农用化学品残留检测方法》及增补本的标准中，由于名称较长，故标注的方法均采用“日本肯定列表”、“日本肯定列表（增补本1)”、“日本肯定列表（增补本2)”。引用的国家标准较多，均列出标准编号，如“GB/T 5009.11”或“GB/T 19648”等（详见各卷附录二）。

八、存在的问题

由于本套《标准限量》中农残检测项目过多，而且找不到更多的相关资料可以借鉴，又加之本套《标准限量》的要求较《欧盟食品中农兽药残留限量》、日本肯定列表和GB 2763—2014的均严格，因此给我们的编制工作增加了许多难以想象的困难。尽管我们尽了最大的努力，但仍然存在诸多问题。例如：

(1) 有些检测方法未能一一列出，只能参照同类品种的检测方法；

(2) 欧盟标准数据不断更新，有些数据未能及时更换；

(3) 相关的国家标准较多，许多限量未能一一列出，只选择GB 2763—2014的数据作为参照。

凡此种种，不一而足。

鉴于编制人员水平所限，加之本套《标准限量》卷帙浩繁，历经两年多，所涉门类繁杂众多，谬误不妥之处在所难免。祈请各位专家学者和广大使用者批评指教！

《超有机食品安全标准限量》编委会

2014年5月28日

目　录

上　册

下 册

8 火鸡(5 种)

8.1 火鸡肉 Turkey Meat

序号	农兽药中文名	农兽药英文名	欧盟标准限量要求 mg/kg	国家标准限量要求 mg/kg	三安超有机食品标准	
					限量要求 mg/kg	检测方法
1	1,1-二氯-2,2-二(4-乙苯)乙烷	1,1-Dichloro-2,2-bis(4-ethylphenyl)ethane	0.01		不得检出	日本肯定列表(增补本1)
2	1,2-二氯乙烷	1,2-Dichloroethane	0.1		不得检出	SN/T 2238
3	1,3-二氯丙烯	1,3-Dichloropropene	0.01		不得检出	SN/T 2238
4	1-萘乙酰胺	1-Naphthylacetamide	0.05		不得检出	GB/T 20772
5	1-萘乙酸	1-Naphthylacetic acid	0.05		不得检出	SN/T 2228
6	2,4-滴丁酸	2,4-DB	0.05		不得检出	GB/T 20769
7	2,4-滴	2,4-D	0.05		不得检出	GB/T 20772
8	2-苯酚	2-Phenylphenol	0.05		不得检出	GB/T 19650
9	阿维菌素	Abamectin	0.02		不得检出	SN/T 2661
10	乙酰甲胺磷	Acephate	0.02		不得检出	GB/T 20772
11	灭螨醌	Acequinocyl	0.01		不得检出	参照同类标准
12	啶虫脒	Acetamiprid	0.05		不得检出	GB/T 20772
13	乙草胺	Acetochlor	0.01		不得检出	GB/T 19650
14	苯并噻二唑	Acibenzolar-S-methyl	0.02		不得检出	GB/T 20772
15	苯草醚	Aclonifen	0.02		不得检出	GB/T 20772
16	氟丙菊酯	Acrinathrin	0.05		不得检出	GB/T 19648
17	甲草胺	Alachlor	0.01		不得检出	GB/T 20772
18	涕灭威	Aldicarb	0.01		不得检出	GB/T 20772
19	艾氏剂和狄氏剂	Aldrin and dieldrin	0.2	0.2和0.2	不得检出	GB/T 19650
20	—	Ametoctradin	0.03		不得检出	参照同类标准
21	阿莫西林	Amoxicillin	50μg/kg		不得检出	NY/T 830
22	酰嘧磺隆	Amidosulfuron	0.02		不得检出	参照同类标准
23	氯氨吡啶酸	Aminopyralid	0.01		不得检出	GB/T 23211
24	—	Amisulbrom	0.01		不得检出	参照同类标准
25	氨苄青霉素	Ampicillin	50μg/kg		不得检出	GB/T 21315
26	双甲脒	Amitraz	0.05		不得检出	GB/T 5009.143
27	敌菌灵	Anilazine	0.05		不得检出	GB/T 20769
28	杀螨特	Aramite	0.01		不得检出	GB/T 19650
29	磺草灵	Asulam	0.1		不得检出	日本肯定列表(增补本1)
30	印楝素	Azadirachtin	0.01		不得检出	SN/T 3264
31	益棉磷	Azinphos-ethyl	0.01		不得检出	GB/T 19650
32	保棉磷	Azinphos-methyl	0.01		不得检出	GB/T 20772
33	三唑锡和三环锡	Azocyclotin and cyhexatin	0.05		不得检出	SN/T 1990
34	嘧菌酯	Azoxystrobin	0.05		不得检出	GB/T 20772

序号	农兽药中文名	农兽药英文名	欧盟标准限量要求 mg/kg	国家标准限量要求 mg/kg	三安超有机食品标准	
					限量要求 mg/kg	检测方法
35	燕麦灵	Barban	0.05		不得检出	参照同类标准
36	氟丁酰草胺	Beflubutamid	0.05		不得检出	参照同类标准
37	苯霜灵	Benalaxyl	0.05		不得检出	GB/T 20772
38	丙硫克百威	Benfuracarb	0.02		不得检出	GB/T 20772
39	苄青霉素	Benzyl penicillin	50μg/kg		不得检出	GB/T 21315
40	联苯肼酯	Bifenazate	0.01		不得检出	GB/T 20772
41	甲羧除草醚	Bifenox	0.05		不得检出	GB/T 23210
42	联苯菊酯	Bifenthrin	0.05		不得检出	GB/T 19650
43	乐杀螨	Binapacryl	0.01		不得检出	SN 0523
44	联苯	Biphenyl	0.01		不得检出	GB/T 19650
45	联苯三唑醇	Bitertanol	0.05		不得检出	GB/T 20772
46	—	Bixafen	0.02		不得检出	参照同类标准
47	啶酰菌胺	Boscalid	0.05		不得检出	GB/T 20772
48	溴离子	Bromide ion	0.05		不得检出	GB/T 5009.167
49	溴螨酯	Bromopropylate	0.01		不得检出	GB/T 19650
50	溴苯腈	Bromoxynil	0.05		不得检出	GB/T 20772
51	糠菌唑	Bromuconazole	0.05		不得检出	GB/T 19650
52	乙嘧酚磺酸酯	Bupirimate	0.05		不得检出	GB/T 19650
53	噻嗪酮	Buprofezin	0.05		不得检出	GB/T 20772
54	仲丁灵	Butralin	0.02		不得检出	GB/T 19650
55	丁草敌	Butylate	0.01		不得检出	GB/T 19650
56	硫线磷	Cadusafos	0.01		不得检出	GB/T 19650
57	敌菌丹	Captafol	0.01		不得检出	SN 0338
58	克菌丹	Captan	0.02		不得检出	GB/T 19648
59	甲萘威	Carbaryl	0.05		不得检出	GB/T 20796
60	多菌灵和苯菌灵	Carbendazim and benomyl	0.05		不得检出	GB/T 20772
61	长杀草	Carbetamide	0.05		不得检出	GB/T 20772
62	克百威	Carbofuran	0.01		不得检出	GB/T 20772
63	丁硫克百威	Carbosulfan	0.05		不得检出	GB/T 19650
64	萎锈灵	Carboxin	0.05		不得检出	GB/T 20772
65	氯虫苯甲酰胺	Chlorantraniliprole	0.01		不得检出	参照同类标准
66	杀螨醚	Chlorbenside	0.05		不得检出	GB/T 19650
67	氯炔灵	Chlorbufam	0.05		不得检出	GB/T 20772
68	氯丹	Chlordane	0.05	0.5	不得检出	GB/T 19648
69	十氯酮	Chlordecone	0.2		不得检出	参照同类标准
70	杀螨酯	Chlorfenson	0.05		不得检出	GB/T 19650
71	毒虫畏	Chlorfenvinphos	0.01		不得检出	GB/T 19650
72	氯草敏	Chloridazon	0.05		不得检出	GB/T 20772
73	矮壮素	Chlormequat	0.05		不得检出	日本肯定列表

序号	农兽药中文名	农兽药英文名	欧盟标准限量要求 mg/kg	国家标准限量要求 mg/kg	三安超有机食品标准	
					限量要求 mg/kg	检测方法
74	乙酯杀螨醇	Chlorobenzilate	0.1		不得检出	日本肯定列表
75	百菌清	Chlorothalonil	0.01		不得检出	SN/T 2320
76	绿麦隆	Chlortoluron	0.05		不得检出	GB/T 20772
77	枯草隆	Chloroxuron	0.05		不得检出	GB/T 20769
78	氯苯胺灵	Chlorpropham	0.05		不得检出	GB/T 19650
79	毒死蜱	Chlorpyrifos	0.05		不得检出	SN/T 2158
80	甲基毒死蜱	Chlorpyrifos - methyl	0.05		不得检出	GB/T 19650
81	氯磺隆	Chlorsulfuron	0.01		不得检出	GB/T 20769
82	金霉素	Chlortetracycline	100μg/kg		不得检出	GB/T 21317
83	氯酞酸甲酯	Chlorthaldimethyl	0.01		不得检出	GB/T 19650
84	氯硫酰草胺	Chlorthiamid	0.02		不得检出	GB/T 20772
85	烯草酮	Clethodim	0.2		不得检出	GB/T 19648
86	炔草酯	Clodinafop - propargyl	0.02		不得检出	GB 2763
87	四螨嗪	Clofentezine	0.05		不得检出	SN/T 1740
88	二氯吡啶酸	Clopyralid	0.05		不得检出	SN/T 2228
89	噻虫胺	Clothianidin	0.01		不得检出	GB/T 20772
90	邻氯青霉素	Cloxacillin	300μg/kg		不得检出	GB/T 21315
91	黏菌素	Colistin	150μg/kg		不得检出	参照同类标准
92	铜化合物	Copper compounds	5		不得检出	参照同类标准
93	环烷基酰苯胺	Cyclanilide	0.01		不得检出	参照同类标准
94	噻草酮	Cycloxydim	0.05		不得检出	GB/T 19650
95	环氟菌胺	Cyflufenamid	0.03		不得检出	GB/T 19648
96	氟氯氰菊酯和高效氟氯氰菊酯	Cyfluthrin and beta - cyfluthrin	0.05		不得检出	GB/T 19650
97	霜脲氰	Cymoxanil	0.05		不得检出	GB/T 20772
98	氯氰菊酯和高效氯氰菊酯	Cypermethrin and beta - cypermethrin	0.1		不得检出	GB/T 19650
99	环丙唑醇	Cyproconazole	0.05		不得检出	GB/T 20772
100	嘧菌环胺	Cyprodinil	0.05		不得检出	GB/T 20769
101	灭蝇胺	Cyromazine	0.05		不得检出	GB/T 20772
102	丁酰肼	Daminozide	0.05		不得检出	日本肯定列表
103	达氟沙星	Danofloxacin	200μg/kg		不得检出	GB/T 22985
104	滴滴涕	DDT	1		不得检出	SN/T 0127
105	溴氰菊酯	Deltamethrin	0.1		不得检出	GB/T 19650
106	燕麦敌	Diallate	0.2		不得检出	GB/T 20772
107	二嗪磷	Diazinon	0.05		不得检出	GB/T 19650
108	麦草畏	Dicamba	0.02		不得检出	GB/T 20772
109	敌草腈	Dichlobenil	0.01		不得检出	GB/T 19650
110	滴丙酸	Dichlorprop	0.05		不得检出	SN/T 2228

序号	农兽药中文名	农兽药英文名	欧盟标准限量要求 mg/kg	国家标准限量要求 mg/kg	三安超有机食品标准	
					限量要求 mg/kg	检测方法
111	地克珠利(杀球灵)	Diclazuril	500μg/kg		不得检出	SN/T 2318
112	二氯苯氧基丙酸	Diclofop	0.01		不得检出	参照同类标准
113	氯硝胺	Dicloran	0.01		不得检出	GB/T 19650
114	双氯青霉素	Dicloxacillin	300μg/kg		不得检出	GB/T 21315
115	三氯杀螨醇	Dicofol	0.1		不得检出	GB/T 19650
116	乙霉威	Diethofencarb	0.05		不得检出	GB/T 19650
117	苯醚甲环唑	Difenoconazole	0.1		不得检出	GB/T 19650
118	双氟沙星	Difloxacin	300μg/kg		不得检出	SN/T 3155
119	除虫脲	Diflubenzuron	0.05		不得检出	SN/T 0528
120	吡氟酰草胺	Diflufenican	0.05		不得检出	GB/T 20772
121	油菜安	Dimethachlor	0.02		不得检出	GB/T 20772
122	烯酰吗啉	Dimethomorph	0.05		不得检出	GB/T 20772
123	醚菌胺	Dimoxystrobin	0.05		不得检出	SN/T 2237
124	烯唑醇	Diniconazole	0.01		不得检出	GB/T 19650
125	敌螨普	Dinocap	0.05		不得检出	日本肯定列表(增补本 1)
126	地乐酚	Dinoseb	0.01		不得检出	GB/T 20772
127	特乐酚	Dinoterb	0.05		不得检出	GB/T 20772
128	敌噁磷	Dioxathion	0.05		不得检出	GB/T 19650
129	敌草快	Diquat	0.05		不得检出	GB/T 5009.221
130	乙拌磷	Disulfoton	0.02		不得检出	GB/T 20772
131	二氰蒽醌	Dithianon	0.01		不得检出	GB/T 20769
132	二硫代氨基甲酸酯	Dithiocarbamates	0.05		不得检出	SN/T 0157
133	敌草隆	Diuron	0.05		不得检出	SN/T 0645
134	二硝甲酚	DNOC	0.05		不得检出	GB/T 20772
135	多果定	Dodine	0.2		不得检出	SN 0500
136	甲氨基阿维菌素苯甲酸盐	Emamectin benzoate	0.01		不得检出	GB/T 20769
137	硫丹	Endosulfan	0.05	0.2	不得检出	GB/T 19650
138	异狄氏剂	Endrin	0.05		不得检出	GB/T 19650
139	恩诺沙星	Enrofloxacin	100μg/kg		不得检出	GB/T 22985
140	氟环唑	Epoxiconazole	0.01		不得检出	GB/T 20772
141	茵草敌	EPTC	0.02		不得检出	GB/T 20772
142	红霉素	Erythromycin	200μg/kg		不得检出	GB/T 29648
143	乙丁烯氟灵	Ethalfluralin	0.01		不得检出	GB/T 19650
144	胺苯磺隆	Ethametsulfuron	0.01		不得检出	NY/T 1616
145	乙烯利	Ethephon	0.05		不得检出	SN 0705
146	乙硫磷	Ethion	0.01		不得检出	GB/T 19650
147	乙嘧酚	Ethirimol	0.05		不得检出	GB/T 20772
148	乙氧呋草黄	Ethofumesate	0.1		不得检出	GB/T 20772

序号	农兽药中文名	农兽药英文名	欧盟标准限量要求 mg/kg	国家标准限量要求 mg/kg	三安超有机食品标准	
					限量要求 mg/kg	检测方法
149	灭线磷	Ethoprophos	0.01		不得检出	GB/T 19650
150	乙氧喹啉	Ethoxyquin	0.05		不得检出	GB/T 20772
151	环氧乙烷	Ethylene oxide	0.02		不得检出	GB/T 23296.11
152	醚菊酯	Etofenprox	0.01		不得检出	GB/T 19650
153	乙螨唑	Etoxazole	0.01		不得检出	GB/T 19648
154	氯唑灵	Etridiazole	0.05		不得检出	GB/T 20769
155	噁唑菌酮	Famoxadone	0.05		不得检出	GB/T 20772
156	咪唑菌酮	Fenamidone	0.01		不得检出	GB/T 19650
157	苯线磷	Fenamiphos	0.02		不得检出	GB/T 19650
158	氯苯嘧啶醇	Fenarimol	0.02		不得检出	GB/T 20772
159	喹螨醚	Fenazaquin	0.01		不得检出	GB/T 19648
160	腈苯唑	Fenbuconazole	0.05		不得检出	GB/T 20772
161	苯丁锡	Fenbutatin oxide	0.05		不得检出	SN 0592
162	环酰菌胺	Fenhexamid	0.05		不得检出	GB/T 20772
163	杀螟硫磷	Fenitrothion	0.01		不得检出	GB/T 20772
164	精噁唑禾草灵	Fenoxaprop - *P* - ethyl	0.05		不得检出	GB 22617
165	双氧威	Fenoxycarb	0.05		不得检出	GB/T 19650
166	苯锈啶	Fenpropidin	0.02		不得检出	GB/T 19650
167	丁苯吗啉	Fenpropimorph	0.01		不得检出	GB/T 20772
168	胺苯吡菌酮	Fenpyrazamine	0.01		不得检出	参照同类标准
169	唑螨酯	Fenpyroximate	0.01		不得检出	GB/T 20769
170	倍硫磷	Fenthion	0.05		不得检出	GB/T 20772
171	薯瘟锡	Fentin acetate	0.05		不得检出	参照同类标准
172	三苯锡	Fentin	0.05		不得检出	日本肯定列表(增补本1)
173	氰戊菊酯和高效氰戊菊酯(RR & SS 异构体总量)	Fenvalerate and esfenvalerate (sum of RR & SS isomers)	0.02		不得检出	GB/T 19650
174	氰戊菊酯和高效氰戊菊酯(RS & SR 异构体总量)	Fenvalerate and esfenvalerate (sum of RS & SR isomers)	0.02		不得检出	GB/T 19650
175	氟虫腈	Fipronil	0.01		不得检出	SN/T 1982
176	氟啶虫酰胺	Flonicamid	0.03		不得检出	SN/T 2796
177	氟苯尼考	Florfenicol	100μg/kg		不得检出	GB/T 20756
178	精吡氟禾草灵	Fluazifop - *P* - butyl	0.05		不得检出	GB/T 5009.142
179	氟啶胺	Fluazinam	0.05		不得检出	SN/T 2150
180	氟苯咪唑	Flubendazole	50μg/kg		不得检出	参照同类标准
181	氟苯虫酰胺	Flubendiamide	0.01		不得检出	SN/T 2581
182	氟环脲	Flucycloxuron	0.05		不得检出	参照同类标准
183	氟氰戊菊酯	Flucythrinate	0.05		不得检出	GB/T 19648
184	咯菌腈	Fludioxonil	0.05		不得检出	GB/T 20772

序号	农兽药中文名	农兽药英文名	欧盟标准限量要求 mg/kg	国家标准限量要求 mg/kg	三安超有机食品标准	
					限量要求 mg/kg	检测方法
185	氟虫脲	Flufenoxuron	0.05		不得检出	SN/T 2150
186	—	Flufenzin	0.02		不得检出	参照同类标准
187	氟甲喹	Flumequin	400μg/kg		不得检出	SN/T 1921
188	氟吡菌胺	Fluopicolide	0.01		不得检出	参照同类标准
189	—	Fluopyram	0.1		不得检出	参照同类标准
190	氟离子	Fluoride ion	1		不得检出	GB/T 5009.167
191	氟腈嘧菌酯	Fluoxastrobin	0.05		不得检出	SN/T 2237
192	氟喹唑	Fluquinconazole	0.02		不得检出	GB/T 19650
193	氟咯草酮	Fluorochloridone	0.05		不得检出	GB/T 20772
194	氟草烟	Fluroxypyr	0.05		不得检出	GB/T 20772
195	氟硅唑	Flusilazole	0.02		不得检出	GB/T 20772
196	氟酰胺	Flutolanil	0.05		不得检出	GB/T 20772
197	粉唑醇	Flutriafol	0.01		不得检出	GB/T 20772
198	—	Fluxapyroxad	0.01		不得检出	参照同类标准
199	氟磺胺草醚	Fomesafen	0.01		不得检出	GB/T 5009.130
200	氯吡脲	Forchlorfenuron	0.05		不得检出	SN/T 3643
201	伐虫脒	Formetanate	0.01		不得检出	NY/T 1453
202	三乙膦酸铝	Fosetyl - aluminium	0.5		不得检出	参照同类标准
203	麦穗宁	Fuberidazole	0.05		不得检出	GB/T 19650
204	呋线威	Furathiocarb	0.01		不得检出	GB/T 20772
205	糠醛	Furfural	1		不得检出	参照同类标准
206	勃激素	Gibberellic acid	0.1		不得检出	GB/T 23211
207	草胺膦	Glufosinate - ammonium	0.1		不得检出	日本肯定列表
208	草甘膦	Glyphosate	0.05		不得检出	NY/T 1096
209	双胍盐	Guazatine	0.1		不得检出	参照同类标准
210	氟吡禾灵	Haloxyfop	0.1		不得检出	SN/T 2228
211	七氯	Heptachlor	0.2	0.2	不得检出	SN 0663
212	六氯苯	Hexachlorobenzene	0.2		不得检出	SN/T 0127
213	六六六(HCH),α-异构体	Hexachlorociclohexane (HCH), alpha - isomer	0.2		不得检出	SN/T 0127
214	六六六(HCH),β-异构体	Hexachlorociclohexane (HCH), beta - isomer	0.1		不得检出	SN/T 0127
215	噻螨酮	Hexythiazox	0.05		不得检出	GB/T 20772
216	噁霉灵	Hymexazol	0.05		不得检出	GB/T 20772
217	抑霉唑	Imazalil	0.05		不得检出	GB/T 20772
218	甲咪唑烟酸	Imazapic	0.01		不得检出	GB/T 20772
219	咪唑喹啉酸	Imazaquin	0.05		不得检出	GB/T 20772
220	吡虫啉	Imidacloprid	0.05		不得检出	GB/T 20772
221	茚虫威	Indoxacarb	0.3		不得检出	GB/T 20772

序号	农兽药中文名	农兽药英文名	欧盟标准限量要求 mg/kg	国家标准限量要求 mg/kg	三安超有机食品标准	
					限量要求 mg/kg	检测方法
222	碘苯腈	Ioxynil	0.05		不得检出	GB/T 20772
223	异菌脲	Iprodione	0.05		不得检出	GB/T 19650
224	稻瘟灵	Isoprothiolane	0.01		不得检出	GB/T 20772
225	异丙隆	Isoproturon	0.05		不得检出	GB/T 20772
226	—	Isopyrazam	0.01		不得检出	参照同类标准
227	异噁酰草胺	Isoxaben	0.01		不得检出	GB/T 20772
228	卡那霉素	Kanamycin	100μg/kg		不得检出	GB/T 21323
229	醚菌酯	Kresoxim - methyl	0.02		不得检出	GB/T 20772
230	乳氟禾草灵	Lactofen	0.01		不得检出	GB/T 19650
231	高效氯氟氰菊酯	Lambda - cyhalothrin	0.02		不得检出	GB/T 19648
232	拉沙里菌素	Lasalocid	20μg/kg		不得检出	SN 0501
233	环草定	Lenacil	0.1		不得检出	GB/T 19650
234	左旋咪唑	Levamisole	10μg/kg		不得检出	SN 0349
235	林可霉素	Lincomycin	100μg/kg		不得检出	GB/T 20762
236	林丹	Lindane	0.02	0.05	不得检出	NY/T 761
237	虱螨脲	Lufenuron	0.02		不得检出	SN/T 2540
238	马拉硫磷	Malathion	0.02		不得检出	GB/T 19650
239	抑芽丹	Maleic hydrazide	0.02		不得检出	日本肯定列表
240	双炔酰菌胺	Mandipropamid	0.02		不得检出	GB/T 20772
241	二甲四氯和二甲四氯丁酸	MCPA and MCPB	0.1		不得检出	SN/T 2228
242	壮棉素	Mepiquat chloride	0.05		不得检出	GB/T 20769
243	—	Meptyldinocap	0.05		不得检出	参照同类标准
244	汞化合物	Mercury compounds	0.01		不得检出	参照同类标准
245	氰氟虫腙	Metaflumizone	0.02		不得检出	SN/T 3852
246	甲霜灵和精甲霜灵	Metalaxyl and metalaxyl - M	0.05		不得检出	GB/T 20772
247	四聚乙醛	Metaldehyde	0.05		不得检出	SN/T 1787
248	苯嗪草酮	Metamitron	0.05		不得检出	GB/T 19650
249	吡唑草胺	Metazachlor	0.05		不得检出	GB/T 19650
250	叶菌唑	Metconazole	0.01		不得检出	GB/T 20769
251	甲基苯噻隆	Methabenzthiazuron	0.05		不得检出	GB/T 19650
252	虫螨畏	Methacrifos	0.01		不得检出	GB/T 20772
253	甲胺磷	Methamidophos	0.01		不得检出	GB/T 20772
254	杀扑磷	Methidathion	0.02		不得检出	GB/T 20772
255	甲硫威	Methiocarb	0.05		不得检出	GB/T 20769
256	灭多威和硫双威	Methomyl and thiodicarb	0.02		不得检出	GB/T 20772
257	烯虫酯	Methoprene	0.05		不得检出	GB/T 19648
258	甲氧滴滴涕	Methoxychlor	0.01		不得检出	GB/T 19648
259	甲氧虫酰肼	Methoxyfenozide	0.01		不得检出	GB/T 20772
260	磺草唑胺	Metosulam	0.01		不得检出	GB/T 20772

序号	农兽药中文名	农兽药英文名	欧盟标准限量要求 mg/kg	国家标准限量要求 mg/kg	三安超有机食品标准	
					限量要求 mg/kg	检测方法
261	苯菌酮	Metrafenone	0.05		不得检出	参照同类标准
262	嗪草酮	Metribuzin	0.1		不得检出	GB/T 20769
263	绿谷隆	Monolinuron	0.05		不得检出	GB/T 20772
264	灭草隆	Monuron	0.01		不得检出	GB/T 20772
265	腈菌唑	Myclobutanil	0.01		不得检出	GB/T 20772
266	敌草胺	Napropamide	0.01		不得检出	GB/T 19650
267	新霉素	Neomycin(including framycetin)	500μg/kg		不得检出	SN 0646
268	烟嘧磺隆	Nicosulfuron	0.05		不得检出	日本肯定列表(增补本1)
269	除草醚	Nitrofen	0.01		不得检出	GB/T 19648
270	氟酰脲	Novaluron	0.5		不得检出	GB/T 20769
271	嘧苯胺磺隆	Orthosulfamuron	0.01		不得检出	GB/T 23817
272	苯唑青霉素	Oxacillin	300μg/kg		不得检出	GB/T 21315
273	噁草酮	Oxadiazon	0.05		不得检出	GB/T 19650
274	噁霜灵	Oxadixyl	0.01		不得检出	GB/T 19650
275	环氧嘧磺隆	Oxasulfuron	0.05		不得检出	GB/T 23817
276	喹菌酮	Oxolinic acid	100μg/kg		不得检出	日本肯定列表
277	氧化萎锈灵	Oxycarboxin	0.05		不得检出	GB/T 19650
278	亚砜磷	Oxydemeton - methyl	0.01		不得检出	参照同类标准
279	土霉素	Oxytetracycline	100μg/kg		不得检出	GB/T 21317
280	奥芬达唑	Oxfendazole	50μg/kg		不得检出	参照同类标准
281	乙氧氟草醚	Oxyfluorfen	0.05		不得检出	GB/T 20772
282	多效唑	Paclobutrazol	0.02		不得检出	GB/T 19650
283	对硫磷	Parathion	0.05		不得检出	GB/T 19650
284	甲基对硫磷	Parathion - methyl	0.01		不得检出	GB/T 20772
285	巴龙霉素	Paromomycin	500μg/kg		不得检出	SN/T 2315
286	戊菌唑	Penconazole	0.05		不得检出	GB/T 20772
287	戊菌隆	Pencycuron	0.05		不得检出	GB/T 19650
288	二甲戊灵	Pendimethalin	0.05		不得检出	GB/T 19648
289	氯菊酯	Permethrin	0.05		不得检出	GB/T 19650
290	甜菜宁	Phenmedipham	0.05		不得检出	GB/T 23205
291	苯醚菊酯	Phenothrin	0.05		不得检出	GB/T 20772
292	苯氧甲基青霉素	Phenoxymethylpenicillin	25μg/kg		不得检出	SN/T 2050
293	甲拌磷	Phorate	0.05		不得检出	GB/T 20772
294	伏杀硫磷	Phosalone	0.01		不得检出	GB/T 20772
295	亚胺硫磷	Phosmet	0.1		不得检出	GB/T 20772
296	—	Phosphines and phosphides	0.01		不得检出	参照同类标准
297	辛硫磷	Phoxim	0.025		不得检出	GB/T 20772
298	氨氯吡啶酸	Picloram	0.2		不得检出	GB/T 23211

序号	农兽药中文名	农兽药英文名	欧盟标准限量要求 mg/kg	国家标准限量要求 mg/kg	三安超有机食品标准	
					限量要求 mg/kg	检测方法
299	啶氧菌酯	Picoxystrobin	0.05		不得检出	GB/T 19650
300	抗蚜威	Pirimicarb	0.05		不得检出	GB/T 20772
301	甲基嘧啶磷	Pirimiphos - methyl	0.05		不得检出	GB/T 20772
302	咪鲜胺	Prochloraz	0.1		不得检出	GB/T 19650
303	腐霉利	Procymidone	0.01		不得检出	GB/T 20772
304	丙溴磷	Profenofos	0.05		不得检出	GB/T 20772
305	调环酸	Prohexadione	0.05		不得检出	日本肯定列表
306	毒草安	Propachlor	0.02		不得检出	GB/T 20772
307	扑派威	Propamocarb	0.1		不得检出	GB/T 20772
308	恶草酸	Propaquizafop	0.05		不得检出	GB/T 20772
309	炔螨特	Propargite	0.1		不得检出	GB/T 19650
310	苯胺灵	Propham	0.05		不得检出	GB/T 19650
311	丙环唑	Propiconazole	0.01		不得检出	GB/T 19650
312	异丙草胺	Propisochlor	0.01		不得检出	GB/T 19650
313	残杀威	Propoxur	0.05		不得检出	GB/T 20772
314	炔苯酰草胺	Propyzamide	0.02		不得检出	GB/T 19650
315	苄草丹	Prosulfocarb	0.05		不得检出	GB/T 19648
316	丙硫菌唑	Prothioconazole	0.05		不得检出	参照同类标准
317	吡蚜酮	Pymetrozine	0.01		不得检出	GB/T 20772
318	吡唑醚菌酯	Pyraclostrobin	0.05		不得检出	GB/T 20772
319	—	Pyrasulfotole	0.01		不得检出	参照同类标准
320	吡菌磷	Pyrazophos	0.02		不得检出	GB/T 20772
321	除虫菊素	Pyrethrins	0.05		不得检出	GB/T 20772
322	哒螨灵	Pyridaben	0.02		不得检出	SN/T 2432
323	啶虫丙醚	Pyridalyl	0.01		不得检出	日本肯定列表
324	哒草特	Pyridate	0.05		不得检出	日本肯定列表
325	嘧霉胺	Pyrimethanil	0.05		不得检出	GB/T 19650
326	吡丙醚	Pyriproxyfen	0.05		不得检出	GB/T 19650
327	甲氧磺草胺	Pyroxsulam	0.01		不得检出	SN/T 2325
328	氯甲喹啉酸	Quinmerac	0.05		不得检出	参照同类标准
329	喹氧灵	Quinoxyfen	0.2		不得检出	SN/T 2319
330	五氯硝基苯	Quintozene	0.01	0.1	不得检出	GB/T 19650
331	精喹禾灵	Quizalofop - *P* - ethyl	0.05		不得检出	SN/T 2150
332	灭虫菊	Resmethrin	0.1		不得检出	GB/T 20772
333	鱼藤酮	Rotenone	0.01		不得检出	GB/T 20772
334	西玛津	Simazine	0.01		不得检出	SN 0594
335	乙基多杀菌素	Spinetoram	0.01		不得检出	参照同类标准
336	壮观霉素	Spectinomycin	300μg/kg		不得检出	GB/T 21323
337	多杀霉素	Spinosad	0.2		不得检出	GB/T 20772

序号	农兽药中文名	农兽药英文名	欧盟标准限量要求 mg/kg	国家标准限量要求 mg/kg	三安超有机食品标准	
					限量要求 mg/kg	检测方法
338	螺螨酯	Spirodiclofen	0.01		不得检出	GB/T 20772
339	螺甲螨酯	Spiromesifen	0.01		不得检出	GB/T 23210
340	螺旋霉素	Spiramycin	200μg/kg		不得检出	SN/T 0538
341	螺虫乙酯	Spirotetramat	0.01		不得检出	参照同类标准
342	萁孢菌素	Spiroxamine	0.05		不得检出	GB/T 20772
343	磺草酮	Sulcotrione	0.05		不得检出	参照同类标准
344	磺胺类(所有属于磺胺类的物质)	Sulfonamides (all substances belonging to the sulfonamide-group)	100μg/kg		不得检出	GB 29694
345	乙黄隆	Sulfosulfuron	0.05		不得检出	日本肯定列表(增补本 1)
346	硫磺粉	Sulfur	0.5		不得检出	参照同类标准
347	氟胺氰菊酯	Tau - fluvalinate	0.01		不得检出	SN 0691
348	戊唑醇	Tebuconazole	0.1		不得检出	GB/T 20772
349	虫酰肼	Tebufenozide	0.05		不得检出	GB/T 20772
350	吡螨胺	Tebufenpyrad	0.05		不得检出	GB/T 20772
351	四氯硝基苯	Tecnazene	0.05		不得检出	GB/T 19650
352	氟苯脲	Teflubenzuron	0.05		不得检出	SN/T 2150
353	七氟菊酯	Tefluthrin	0.05		不得检出	日本肯定列表
354	得杀草	Tepraloxydim	0.5		不得检出	GB/T 20772
355	特丁硫磷	Terbufos	0.01		不得检出	GB/T 20772
356	特丁津	Terbuthylazine	0.05		不得检出	GB/T 19650
357	四氟醚唑	Tetraconazole	0.02		不得检出	GB/T 20772
358	四环素	Tetracycline	100μg/kg		不得检出	GB/T 21317
359	三氯杀螨砜	Tetradifon	0.05		不得检出	GB/T 19650
360	噻菌灵	Thiabendazole	0.1		不得检出	GB/T 20772
361	噻虫啉	Thiacloprid	0.05		不得检出	GB/T 20772
362	噻虫嗪	Thiamethoxam	0.01		不得检出	GB/T 20772
363	甲砜霉素	Thiamphenicol	50μg/kg		不得检出	GB/T 20756
364	禾草丹	Thiobencarb	0.01		不得检出	GB/T 20772
365	甲基硫菌灵	Thiophanate - methyl	0.05		不得检出	SN/T 0162
366	硫粘菌素	Tiamulin	100μg/kg		不得检出	SN/T 2223
367	替米考星	Tilmicosin	50μg/kg		不得检出	GB/T 20762
368	甲基立枯磷	Tolclofos - methyl	0.05		不得检出	GB/T 20772
369	甲苯三嗪酮	Toltrazuril	100μg/kg		不得检出	参照同类标准
370	甲苯氟磺胺	Tolylfluanid	0.1		不得检出	GB/T 19650
371	—	Topramezone	0.01		不得检出	参照同类标准
372	三唑酮和三唑醇	Triadimefon and triadimenol	0.1		不得检出	GB/T 20772
373	野麦畏	Triallate	0.05		不得检出	GB/T 20772

序号	农兽药中文名	农兽药英文名	欧盟标准限量要求 mg/kg	国家标准限量要求 mg/kg	三安超有机食品标准	
					限量要求 mg/kg	检测方法
374	醚苯磺隆	Triasulfuron	0.05		不得检出	GB/T 20772
375	三唑磷	Triazophos	0.01		不得检出	GB/T 20772
376	敌百虫	Trichlorphon	0.01		不得检出	GB/T 20772
377	绿草定	Triclopyr	0.05		不得检出	SN/T 2228
378	三环唑	Tricyclazole	0.05		不得检出	GB/T 20769
379	十三吗啉	Tridemorph	0.01		不得检出	GB/T 20772
380	肟菌酯	Trifloxystrobin	0.04		不得检出	GB/T 20769
381	氟菌唑	Triflumizole	0.05		不得检出	GB/T 20769
382	杀铃脲	Triflumuron	0.01		不得检出	GB/T 20772
383	氟乐灵	Trifluralin	0.01		不得检出	GB/T 20772
384	嗪氨灵	Triforine	0.01		不得检出	SN 0695
385	甲氧苄氨嘧啶	Trimethoprim	50μg/kg		不得检出	SN/T 1769
386	三甲基锍阳离子	Trimethyl – sulfonium cation	0.05		不得检出	参照同类标准
387	抗倒酯	Trinexapac	0.05		不得检出	GB/T 20769
388	灭菌唑	Triticonazole	0.01		不得检出	GB/T 20769
389	三氟甲磺隆	Tritosulfuron	0.01		不得检出	参照同类标准
390	泰乐霉素	Tylosin	100μg/kg		不得检出	GB/T 20762
391	—	Valifenalate	0.01		不得检出	参照同类标准
392	乙烯菌核利	Vinclozolin	0.05		不得检出	GB/T 20772
393	1 – 氨基 – 2 – 乙内酰脲	AHD			不得检出	GB/T 21311
394	2,3,4,5 – 四氯苯胺	2,3,4,5 – Tetrachloraniline			不得检出	GB/T 19650
395	2,3,4,5 – 四氯甲氧基苯	2,3,4,5 – Tetrachloroanisole			不得检出	GB/T 19650
396	2,3,5,6 – 四氯苯胺	2,3,5,6 – Tetrachloroaniline			不得检出	GB/T 19650
397	2,4,5 – 涕	2,4,5 – T			不得检出	GB/T 20772
398	*o,p′* – 滴滴滴	2,4′ – DDD			不得检出	GB/T 19650
399	*o,p′* – 滴滴伊	2,4′ – DDE			不得检出	GB/T 19650
400	*o,p′* – 滴滴涕	2,4′ – DDT			不得检出	GB/T 19650
401	2,6 – 二氯苯甲酰胺	2,6 – Dichlorobenzamide			不得检出	GB/T 19650
402	3,5 – 二氯苯胺	3,5 – Dichloroaniline			不得检出	GB/T 19650
403	*p,p′* – 滴滴滴	4,4′ – DDD			不得检出	GB/T 19650
404	*p,p′* – 滴滴伊	4,4′ – DDE			不得检出	GB/T 19650
405	*p,p′* – 滴滴涕	4,4′ – DDT			不得检出	GB/T 19650
406	4,4′ – 二溴二苯甲酮	4,4′ – Dibromobenzophenone			不得检出	GB/T 19650
407	4,4′ – 二氯二苯甲酮	4,4′ – Dichlorobenzophenone			不得检出	GB/T 19650
408	二氢苊	Acenaphthene			不得检出	GB/T 19650
409	乙酰丙嗪	Acepromazine			不得检出	GB/T 20763
410	三氟羧草醚	Acifluorfen			不得检出	GB/T 20772
411	涕灭砜威	Aldoxycarb			不得检出	GB/T 20772
412	烯丙菊酯	Allethrin			不得检出	GB/T 20772

序号	农兽药中文名	农兽药英文名	欧盟标准限量要求 mg/kg	国家标准限量要求 mg/kg	三安超有机食品标准	
					限量要求 mg/kg	检测方法
413	二丙烯草胺	Allidochlor			不得检出	GB/T 19650
414	烯丙孕素	Altrenogest			不得检出	SN/T 1980
415	莠灭净	Ametryn			不得检出	GB/T 19650
416	杀草强	Amitrole			不得检出	SN/T 1737.6
417	5-吗啉甲基-3-氨基-2-噁唑烷基酮	AMOZ			不得检出	GB/T 21311
418	氨丙嘧吡啶	Amprolium			不得检出	SN/T 0276
419	莎稗磷	Anilofos			不得检出	GB/T 19650
420	蒽醌	Anthraquinone			不得检出	GB/T 19650
421	3-氨基-2-噁唑酮	AOZ			不得检出	GB/T 21311
422	安普霉素	Apramycin			不得检出	GB/T 21323
423	丙硫特普	Aspon			不得检出	GB/T 19650
424	羟氨卡青霉素	Aspoxicillin			不得检出	GB/T 21315
425	乙基杀扑磷	Athidathion			不得检出	GB/T 19650
426	莠去通	Atratone			不得检出	GB/T 19650
427	莠去津	Atrazine			不得检出	GB/T 19650
428	脱乙基阿特拉津	Atrazine-desethyl			不得检出	GB/T 19650
429	甲基吡噁磷	Azamethiphos			不得检出	GB/T 20763
430	氮哌酮	Azaperone			不得检出	GB/T 20763
431	叠氮津	Aziprotryne			不得检出	GB/T 19650
432	杆菌肽	Bacitracin			不得检出	GB/T 20743
433	4-溴-3,5-二甲苯基-*N*-甲基氨基甲酸酯-1	BDMC-1			不得检出	GB/T 19650
434	4-溴-3,5-二甲苯基-*N*-甲基氨基甲酸酯-2	BDMC-2			不得检出	GB/T 19650
435	噁虫威	Bendiocarb			不得检出	GB/T 20772
436	乙丁氟灵	Benfluralin			不得检出	GB/T 19650
437	呋草黄	Benfuresate			不得检出	GB/T 19650
438	麦锈灵	Benodanil			不得检出	GB/T 19650
439	解草酮	Benoxacor			不得检出	GB/T 19650
440	新燕灵	Benzoylprop-ethyl			不得检出	GB/T 19650
441	倍他米松	Betamethasone			不得检出	SN/T 1970
442	生物烯丙菊酯-1	Bioallethrin-1			不得检出	GB/T 19650
443	生物烯丙菊酯-2	Bioallethrin-2			不得检出	GB/T 19650
444	除草定	Bromacil			不得检出	GB/T 19650
445	溴苯烯磷	Bromfenvinfos			不得检出	GB/T 19650
446	溴硫磷	Bromofos			不得检出	GB/T 19650
447	乙基溴硫磷	Bromophos-ethyl			不得检出	GB/T 19650
448	溴丁酰草胺	Btomobutide			不得检出	GB/T 19650

序号	农兽药中文名	农兽药英文名	欧盟标准限量要求 mg/kg	国家标准限量要求 mg/kg	三安超有机食品标准	
					限量要求 mg/kg	检测方法
449	氟丙嘧草酯	Butafenacil			不得检出	GB/T 19650
450	抑草磷	Butamifos			不得检出	GB/T 19650
451	丁草胺	Butaxhlor			不得检出	GB/T 19650
452	苯酮唑	Cafenstrole			不得检出	GB/T 19650
453	角黄素	Canthaxanthin			不得检出	SN/T 2327
454	咔唑心安	Carazolol			不得检出	GB/T 22993
455	卡巴氧	Carbadox			不得检出	GB/T 20746
456	三硫磷	Carbophenothion			不得检出	GB/T 19650
457	唑草酮	Carfentrazone – ethyl			不得检出	GB/T 19650
458	卡洛芬	Carprofen			不得检出	SN/T 2190
459	头孢氨苄	Cefalexin			不得检出	GB/T 22989
460	头孢洛宁	Cefalonium			不得检出	GB/T 22989
461	头孢匹林	Cefapirin			不得检出	GB/T 22989
462	头孢喹肟	Cefquinome			不得检出	GB/T 22989
463	头孢噻呋	Ceftiofur			不得检出	GB/T 21314
464	氯氧磷	Chlorethoxyfos			不得检出	GB/T 19650
465	溴虫腈	Chlorfenapyr			不得检出	SN/T 1986
466	杀螨醇	Chlorfenethol			不得检出	GB/T 19650
467	燕麦酯	Chlorfenprop – methyl			不得检出	GB/T 19650
468	氯甲硫磷	Chlormephos			不得检出	GB/T 19650
469	氯霉素	Chloramphenicolum			不得检出	GB/T 20772
470	氯杀螨砜	Chlorbenside sulfone			不得检出	GB/T 19648
471	氯溴隆	Chlorbromuron			不得检出	GB/T 19648
472	杀虫脒	Chlordimeform			不得检出	GB/T 19648
473	氟啶脲	Chlorfluazuron			不得检出	GB/T 20769
474	整形醇	Chlorflurenol			不得检出	GB/T 19650
475	氯地孕酮	Chlormadinone			不得检出	SN/T 1980
476	醋酸氯地孕酮	Chlormadinone acetate			不得检出	GB/T 20753
477	氯苯甲醚	Chloroneb			不得检出	GB/T 19650
478	丙酯杀螨醇	Chloropropylate			不得检出	GB/T 19650
479	氯丙嗪	Chlorpromazine			不得检出	GB/T 20763
480	毒死蜱	Chlorpyrifos			不得检出	GB/T 19650
481	氯硫磷	Chlorthion			不得检出	GB/T 19650
482	虫螨磷	Chlorthiophos			不得检出	GB/T 19650
483	乙菌利	Chlozolinate			不得检出	GB/T 19650
484	顺式 – 氯丹	*cis* – Chlordane			不得检出	GB/T 19650
485	顺式 – 燕麦敌	*cis* – Diallate			不得检出	GB/T 19650
486	顺式 – 氯菊酯	*cis* – Permethrin			不得检出	GB/T 19650
487	克仑特罗	Clenbuterol			不得检出	GB/T 22286

序号	农兽药中文名	农兽药英文名	欧盟标准限量要求 mg/kg	国家标准限量要求 mg/kg	三安超有机食品标准	
					限量要求 mg/kg	检测方法
488	异噁草酮	Clomazone			不得检出	GB/T 20772
489	氯甲酰草胺	Clomeprop			不得检出	GB/T 19650
490	氯羟吡啶	Clopidol			不得检出	GB/T 19650
491	解草酯	Cloquintocet - mexyl			不得检出	GB/T 19650
492	蝇毒磷	Coumaphos			不得检出	GB/T 19650
493	鼠立死	Crimidine			不得检出	GB/T 19650
494	巴毒磷	Crotxyphos			不得检出	GB/T 19650
495	育畜磷	Crufomate			不得检出	GB/T 20772
496	苯腈磷	Cyanofenphos			不得检出	GB/T 20772
497	杀螟腈	Cyanophos			不得检出	GB/T 20772
498	环草敌	Cycloate			不得检出	GB/T 20772
499	环莠隆	Cycluron			不得检出	GB/T 20772
500	环丙津	Cyprazine			不得检出	GB/T 20772
501	敌草索	Dacthal			不得检出	GB/T 19650
502	癸氧喹酯	Decoquinate			不得检出	GB/T 20745
503	脱叶磷	DEF			不得检出	GB/T 19650
504	2,2′,4,5,5′ - 五氯联苯	DE - PCB 101			不得检出	GB/T 19650
505	2,3,4,4′,5 - 五氯联苯	DE - PCB 118			不得检出	GB/T 19650
506	2,2′,3,4,4′,5 - 六氯联苯	DE - PCB 138			不得检出	GB/T 19650
507	2,2′,4,4′,5,5′ - 六氯联苯	DE - PCB 153			不得检出	GB/T 19650
508	2,2′,3,4,4′,5,5′ - 七氯联苯	DE - PCB 180			不得检出	GB/T 19650
509	2,4,4′ - 三氯联苯	DE - PCB 28			不得检出	GB/T 19650
510	2,4,5 - 三氯联苯	DE - PCB 31			不得检出	GB/T 19650
511	2,2′,5,5′ - 四氯联苯	DE - PCB 52			不得检出	GB/T 19650
512	脱溴溴苯磷	Desbrom - leptophos			不得检出	GB/T 19650
513	脱乙基另丁津	Desethyl - sebuthylazine			不得检出	GB/T 19650
514	敌草净	Desmetryn			不得检出	GB/T 19650
515	地塞米松	Dexamethasone			不得检出	GB/T 21981
516	氯亚胺硫磷	Dialifos			不得检出	GB/T 19650
517	敌菌净	Diaveridine			不得检出	SN/T 1926
518	驱虫特	Dibutyl succinate			不得检出	GB/T 20772
519	异氯磷	Dicapthon			不得检出	GB/T 19650
520	除线磷	Dichlofenthion			不得检出	GB/T 19650
521	苯氟磺胺	Dichlofluanid			不得检出	GB/T 19650
522	烯丙酰草胺	Dichlormid			不得检出	GB/T 19650
523	敌敌畏	Dichlorvos			不得检出	GB/T 19650
524	苄氯三唑醇	Diclobutrazole			不得检出	GB/T 19650
525	禾草灵	Diclofop - methyl			不得检出	GB/T 19650
526	己烯雌酚	Diethylstilbestrol			不得检出	GB/T 21981

序号	农兽药中文名	农兽药英文名	欧盟标准限量要求 mg/kg	国家标准限量要求 mg/kg	三安超有机食品标准	
					限量要求 mg/kg	检测方法
527	二氢链霉素	Dihydro - streptomycin			不得检出	GB/T 22969
528	甲氟磷	Dimefox			不得检出	GB/T 19650
529	哌草丹	Dimepiperate			不得检出	GB/T 19650
530	异戊乙净	Dimethametryn			不得检出	GB/T 19650
531	乐果	Dimethoate			不得检出	GB/T 20772
532	甲基毒虫畏	Dimethylvinphos			不得检出	GB/T 19650
533	地美硝唑	Dimetridazole			不得检出	GB/T 21318
534	二甲草胺	Dinethachlor			不得检出	GB/T 19650
535	二甲酚草胺	Dimethenamid			不得检出	GB/T 19650
536	二硝托安	Dinitolmide			不得检出	GB/T 19650
537	氨氟灵	Dinitramine			不得检出	GB/T 19650
538	消螨通	Dinobuton			不得检出	GB/T 19650
539	呋虫胺	Dinotefuran			不得检出	SN/T 2323
540	苯虫醚 - 1	Diofenolan - 1			不得检出	GB/T 19650
541	苯虫醚 - 2	Diofenolan - 2			不得检出	GB/T 19650
542	蔬果磷	Dioxabenzofos			不得检出	GB/T 19650
543	双苯酰草胺	Diphenamid			不得检出	GB/T 19650
544	二苯胺	Diphenylamine			不得检出	GB/T 19650
545	异丙净	Dipropetryn			不得检出	GB/T 19650
546	灭菌磷	Ditalimfos			不得检出	GB/T 19650
547	氟硫草定	Dithiopyr			不得检出	GB/T 19650
548	多拉菌素	Doramectin			不得检出	GB/T 22968
549	强力霉素	Doxycycline			不得检出	GB/T 21317
550	敌瘟磷	Edifenphos			不得检出	GB/T 19650
551	硫丹硫酸盐	Endosulfan - sulfate			不得检出	GB/T 19650
552	异狄氏剂酮	Endrin ketone			不得检出	GB/T 19650
553	苯硫磷	EPN			不得检出	GB/T 19650
554	埃普利诺菌素	Eprinomectin			不得检出	GB/T 21320
555	抑草蓬	Erbon			不得检出	GB/T 19650
556	*S* - 氰戊菊酯	Esfenvalerate			不得检出	GB/T 19650
557	戊草丹	Esprocarb			不得检出	GB/T 19650
558	乙环唑 - 1	Etaconazole - 1			不得检出	GB/T 19650
559	乙环唑 - 2	Etaconazole - 2			不得检出	GB/T 19650
560	乙嘧硫磷	Etrimfos			不得检出	GB/T 19650
561	氧乙嘧硫磷	Etrimfos oxon			不得检出	GB/T 19650
562	伐灭磷	Famphur			不得检出	GB/T 19650
563	苯线磷砜	Fenamiphos - sulfone			不得检出	GB/T 19650
564	苯线磷亚砜	Fenamiphos sulfoxide			不得检出	GB/T 19650
565	苯硫苯咪唑	Fenbendazole			不得检出	GB/T 22972

序号	农兽药中文名	农兽药英文名	欧盟标准限量要求 mg/kg	国家标准限量要求 mg/kg	三安超有机食品标准	
					限量要求 mg/kg	检测方法
566	氧皮蝇磷	Fenchlorphos oxon			不得检出	GB/T 19650
567	甲呋酰胺	Fenfuram			不得检出	GB/T 19650
568	仲丁威	Fenobucarb			不得检出	GB/T 19650
569	苯硫威	Fenothiocarb			不得检出	GB/T 19650
570	稻瘟酰胺	Fenoxanil			不得检出	GB/T 19650
571	拌种咯	Fenpiclonil			不得检出	GB/T 19650
572	甲氰菊酯	Fenpropathrin			不得检出	GB/T 19650
573	芬螨酯	Fenson			不得检出	GB/T 19650
574	丰索磷	Fensulfothion			不得检出	GB/T 19650
575	倍硫磷亚砜	Fenthion sulfoxide			不得检出	GB/T 19650
576	麦草氟甲酯	Flamprop - methyl			不得检出	GB/T 19650
577	麦草氟异丙酯	Flamprop - isopropyl			不得检出	GB/T 19650
578	吡氟禾草灵	Fluazifop - butyl			不得检出	GB/T 19650
579	啶蜱脲	Fluazuron			不得检出	GB/T 20772
580	氟噻草胺	Flufenacet			不得检出	GB/T 19650
581	氟节胺	Flumetralin			不得检出	GB/T 19648
582	唑嘧磺草胺	Flumetsulam			不得检出	GB/T 20772
583	氟烯草酸	Flumiclorac			不得检出	GB/T 19650
584	丙炔氟草胺	Flumioxazin			不得检出	GB/T 19650
585	氟胺烟酸	Flunixin			不得检出	GB/T 20750
586	三氟硝草醚	Fluorodifen			不得检出	GB/T 19650
587	乙羧氟草醚	Fluoroglycofen - ethyl			不得检出	GB/T 19650
588	三氟苯唑	Fluotrimazole			不得检出	GB/T 19650
589	氟啶草酮	Fluridone			不得检出	GB/T 19650
590	呋草酮	Flurtamone			不得检出	GB/T 19650
591	氟草烟 - 1 - 甲庚酯	Fluroxypr - 1 - methylheptyl ester			不得检出	GB/T 19650
592	地虫硫磷	Fonofos			不得检出	GB/T 19650
593	安果	Formothion			不得检出	GB/T 19650
594	呋霜灵	Furalaxyl			不得检出	GB/T 19650
595	庆大霉素	Gentamicin			不得检出	GB/T 21323
596	苄螨醚	Halfenprox			不得检出	GB/T 19650
597	氟哌啶醇	Haloperidol			不得检出	GB/T 21323
598	庚烯磷	Heptanophos			不得检出	GB/T 19650
599	己唑醇	Hexaconazole			不得检出	GB/T 19650
600	环嗪酮	Hexazinone			不得检出	GB/T 19650
601	咪草酸	Imazamethabenz - methyl			不得检出	GB/T 19650
602	咪唑喹啉酸	Imazaquin			不得检出	GB/T 19650
603	脱苯甲基亚胺唑	Imibenconazole - *des* - benzyl			不得检出	GB/T 19650

序号	农兽药中文名	农兽药英文名	欧盟标准限量要求 mg/kg	国家标准限量要求 mg/kg	三安超有机食品标准	
					限量要求 mg/kg	检测方法
604	炔咪菊酯 - 1	Imiprothrin - 1			不得检出	GB/T 19650
605	炔咪菊酯 - 2	Imiprothrin - 2			不得检出	GB/T 19650
606	碘硫磷	Iodofenphos			不得检出	GB/T 19650
607	甲基碘磺隆	Iodosulfuron - methyl			不得检出	GB/T 20772
608	异稻瘟净	Iprobenfos			不得检出	GB/T 19650
609	氯唑磷	Isazofos			不得检出	GB/T 19650
610	碳氯灵	Isobenzan			不得检出	GB/T 19650
611	丁咪酰胺	Isocarbamid			不得检出	GB/T 19650
612	水胺硫磷	Isocarbophos			不得检出	GB/T 19650
613	异艾氏剂	Isodrin			不得检出	GB/T 19650
614	异柳磷	Isofenphos			不得检出	GB/T 19650
615	氧异柳磷	Isofenphos oxon			不得检出	GB/T 19650
616	氮氨菲啶	Isometamidium			不得检出	SN/T 2239
617	丁嗪草酮	Isomethiozin			不得检出	GB/T 19650
618	异丙威 - 1	Isoprocarb - 1			不得检出	GB/T 19650
619	异丙威 - 2	Isoprocarb - 2			不得检出	GB/T 19650
620	异丙乐灵	Isopropalin			不得检出	GB/T 19650
621	双苯噁唑酸	Isoxadifen - ethyl			不得检出	GB/T 19650
622	异噁氟草	Isoxaflutole			不得检出	GB/T 20772
623	噁唑啉	Isoxathion			不得检出	GB/T 19650
624	依维菌素	Ivermectin			不得检出	GB/T 21320
625	交沙霉素	Josamycin			不得检出	GB/T 20762
626	溴苯磷	Leptophos			不得检出	GB/T 19650
627	左旋咪唑	Levanisole			不得检出	GB/T 19650
628	利谷隆	Linuron			不得检出	GB/T 20772
629	麻保沙星	Marbofloxacin			不得检出	GB/T 22985
630	2 - 甲 - 4 - 氯丁氧乙基酯	MCPA - butoxyethyl ester			不得检出	GB/T 19650
631	甲苯咪唑	Mebendazole			不得检出	GB/T 21324
632	灭蚜磷	Mecarbam			不得检出	GB/T 19650
633	二甲四氯丙酸	Mecoprop			不得检出	SN/T 2325
634	苯噻酰草胺	Mefenacet			不得检出	GB/T 19650
635	吡唑解草酯	Mefenpyr - diethyl			不得检出	GB/T 19650
636	醋酸甲地孕酮	Megestrol acetate			不得检出	GB/T 20753
637	醋酸美仑孕酮	Melengestrol acetate			不得检出	GB/T 20753
638	嘧菌胺	Mepanipyrim			不得检出	GB/T 19650
639	地胺磷	Mephosfolan			不得检出	GB/T 19650
640	灭锈胺	Mepronil			不得检出	GB/T 19650
641	硝磺草酮	Mesotrione			不得检出	GB/T 20772

序号	农兽药中文名	农兽药英文名	欧盟标准限量要求 mg/kg	国家标准限量要求 mg/kg	三安超有机食品标准	
					限量要求 mg/kg	检测方法
642	呋菌胺	Methfuroxam			不得检出	GB/T 19650
643	灭梭威砜	Methiocarb sulfone			不得检出	GB/T 19650
644	盖草津	Methoprotryne			不得检出	GB/T 19650
645	甲醚菊酯 - 1	Methothrin - 1			不得检出	GB/T 19650
646	甲醚菊酯 - 2	Methothrin - 2			不得检出	GB/T 19650
647	甲基泼尼松龙	Methylprednisolone			不得检出	GB/T 21981
648	溴谷隆	Metobromuron			不得检出	GB/T 19650
649	甲氧氯普胺	Metoclopramide			不得检出	SN/T 2227
650	异丙甲草胺和 *S* - 异丙甲草胺	Metolachlor and *S* - metolachlor			不得检出	GB/T 19650
651	苯氧菌胺 - 1	Metominsstrobin - 1			不得检出	GB/T 20772
652	苯氧菌胺 - 2	Metominsstrobin - 2			不得检出	GB/T 19650
653	甲硝唑	Metronidazole			不得检出	GB/T 21318
654	速灭磷	Mevinphos			不得检出	GB/T 19650
655	兹克威	Mexacarbate			不得检出	GB/T 19650
656	灭蚁灵	Mirex			不得检出	GB/T 19650
657	禾草敌	Molinate			不得检出	GB/T 19650
658	庚酰草胺	Monalide			不得检出	GB/T 19650
659	莫能菌素	Monensin			不得检出	GB/T 20364
660	莫西丁克	Moxidectin			不得检出	SN/T 2442
661	合成麝香	Musk ambrecte			不得检出	GB/T 19650
662	麝香	Musk moskene			不得检出	GB/T 19650
663	西藏麝香	Musk tibeten			不得检出	GB/T 19650
664	二甲苯麝香	Musk xylene			不得检出	GB/T 19650
665	萘夫西林	Nafcillin			不得检出	GB/T 22975
666	二溴磷	Naled			不得检出	SN/T 0706
667	萘丙胺	Naproanilide			不得检出	GB/T 19650
668	甲基盐霉素	Narasin			不得检出	GB/T 20364
669	甲磺乐灵	Nitralin			不得检出	GB/T 19650
670	三氯甲基吡啶	Nitrapyrin			不得检出	GB/T 19650
671	酞菌酯	Nitrothal - isopropyl			不得检出	GB/T 19650
672	诺氟沙星	Norfloxacin			不得检出	GB/T 20366
673	氟草敏	Norflurazon			不得检出	GB/T 19650
674	新生霉素	Novobiocin			不得检出	SN 0674
675	氟苯嘧啶醇	Nuarimol			不得检出	GB/T 19650
676	八氯苯乙烯	Octachlorostyrene			不得检出	GB/T 19650
677	氧氟沙星	Ofloxacin			不得检出	GB/T 20366
678	喹乙醇	Olaquindox			不得检出	GB/T 20746
679	竹桃霉素	Oleandomycin			不得检出	GB/T 20762

序号	农兽药中文名	农兽药英文名	欧盟标准限量要求 mg/kg	国家标准限量要求 mg/kg	三安超有机食品标准	
					限量要求 mg/kg	检测方法
680	氧乐果	Omethoate			不得检出	GB/T 20772
681	奥比沙星	Orbifloxacin			不得检出	GB/T 22985
682	杀线威	Oxamyl			不得检出	GB/T 20772
683	丙氧苯咪唑	Oxibendazole			不得检出	GB/T 21324
684	氧化氯丹	Oxy - chlordane			不得检出	GB/T 19650
685	对氧磷	Paraoxon			不得检出	GB/T 19650
686	甲基对氧磷	Paraoxon - methyl			不得检出	GB/T 19650
687	克草敌	Pebulate			不得检出	GB/T 19650
688	五氯苯胺	Pentachloroaniline			不得检出	GB/T 19650
689	五氯甲氧基苯	Pentachloroanisole			不得检出	GB/T 19650
690	五氯苯	Pentachlorobenzene			不得检出	GB/T 19650
691	乙滴涕	Perthane			不得检出	GB/T 19650
692	菲	Phenanthrene			不得检出	GB/T 19650
693	稻丰散	Phenthoate			不得检出	GB/T 19650
694	甲拌磷砜	Phorate sulfone			不得检出	GB/T 19650
695	磷胺 - 1	Phosphamidon - 1			不得检出	GB/T 19650
696	磷胺 - 2	Phosphamidon - 2			不得检出	GB/T 19650
697	酞酸苯甲基丁酯	Phthalic acid, benzylbutyl ester			不得检出	GB/T 19650
698	四氯苯肽	Phthalide			不得检出	GB/T 19650
699	邻苯二甲酰亚胺	Phthalimide			不得检出	GB/T 19650
700	氟吡酰草胺	Picolinafen			不得检出	GB/T 19650
701	增效醚	Piperonyl butoxide			不得检出	GB/T 19650
702	哌草磷	Piperophos			不得检出	GB/T 19650
703	乙基虫螨清	Pirimiphos - ethyl			不得检出	GB/T 19650
704	吡利霉素	Pirlimycin			不得检出	GB/T 22988
705	炔丙菊酯	Prallethrin			不得检出	GB/T 19650
706	泼尼松龙	Prednisolone			不得检出	GB/T 21981
707	环丙氟灵	Profluralin			不得检出	GB/T 19650
708	茉莉酮	Prohydrojasmon			不得检出	GB/T 19650
709	扑灭通	Prometon			不得检出	GB/T 19650
710	扑草净	Prometryne			不得检出	GB/T 19650
711	炔丙烯草胺	Pronamide			不得检出	GB/T 19650
712	敌稗	Propanil			不得检出	GB/T 19650
713	扑灭津	Propazine			不得检出	GB/T 19650
714	胺丙畏	Propetamphos			不得检出	GB/T 19650
715	丙酰二甲氨基丙吩噻嗪	Propionylpromazin			不得检出	GB/T 20763
716	丙硫磷	Prothiophos			不得检出	GB/T 19650
717	吡唑硫磷	Pyraclofos			不得检出	GB/T 19650
718	吡草醚	Pyraflufen - ethyl			不得检出	GB/T 19650

序号	农兽药中文名	农兽药英文名	欧盟标准限量要求 mg/kg	国家标准限量要求 mg/kg	三安超有机食品标准	
					限量要求 mg/kg	检测方法
719	哒嗪硫磷	Pyridafenthion			不得检出	GB/T 19650
720	啶斑肟 - 1	Pyrifenox - 1			不得检出	GB/T 19650
721	啶斑肟 - 2	Pyrifenox - 2			不得检出	GB/T 19650
722	环酯草醚	Pyriftalid			不得检出	GB/T 19650
723	嘧草醚	Pyriminobac - methyl			不得检出	GB/T 19650
724	嘧啶磷	Pyrimitate			不得检出	GB/T 19650
725	嘧螨醚	Pyrimidifen			不得检出	GB/T 19650
726	喹硫磷	Quinalphos			不得检出	GB/T 19650
727	灭藻醌	Quinoclamine			不得检出	GB/T 19650
728	苯氧喹啉	Quinoxyphen			不得检出	GB/T 19650
729	精喹禾灵	Quizalofop - *P* - ethyl			不得检出	GB/T 20772
730	吡咪唑	Rabenzazole			不得检出	GB/T 19650
731	莱克多巴胺	Ractopamine			不得检出	GB/T 21313
732	洛硝达唑	Ronidazole			不得检出	GB/T 21318
733	皮蝇磷	Ronnel			不得检出	GB/T 19650
734	盐霉素	Salinomycin			不得检出	GB/T 20364
735	沙拉沙星	Sarafloxacin			不得检出	GB/T 20366
736	另丁津	Sebutylazine			不得检出	GB/T 19650
737	密草通	Secbumeton			不得检出	GB/T 19650
738	氨基脲	Semduramicin			不得检出	GB/T 19650
739	烯禾啶	Sethoxydim			不得检出	GB/T 19650
740	整形醇	Chlorflurenol			不得检出	GB/T 19650
741	氟硅菊酯	Silafluofen			不得检出	GB/T 19650
742	硅氟唑	Simeconazole			不得检出	GB/T 19650
743	西玛通	Simetone			不得检出	GB/T 19650
744	西草净	Simetryn			不得检出	GB/T 19650
745	链霉素	Streptomycin			不得检出	GB/T 19650
746	磺胺苯酰	Sulfabenzamide			不得检出	GB/T 21316
747	磺胺醋酰	Sulfacetamide			不得检出	GB/T 21316
748	磺胺氯哒嗪	Sulfachloropyridazine			不得检出	GB/T 21316
749	磺胺嘧啶	Sulfadiazine			不得检出	GB/T 21316
750	磺胺间二甲氧嘧啶	Sulfadimethoxine			不得检出	GB/T 21316
751	磺胺二甲嘧啶	Sulfadimidine			不得检出	GB/T 21316
752	磺胺多辛	Sulfadoxine			不得检出	GB/T 21316
753	磺胺胍	Sulfaguanidine			不得检出	GB/T 21316
754	菜草畏	Sulfallate			不得检出	GB/T 21316
755	磺胺甲嘧啶	Sulfamerazine			不得检出	GB/T 21316
756	新诺明	Sulfamethoxazole			不得检出	GB/T 21316
757	磺胺间甲氧嘧啶	Sulfamonomethoxine			不得检出	GB/T 21316

序号	农兽药中文名	农兽药英文名	欧盟标准限量要求 mg/kg	国家标准限量要求 mg/kg	三安超有机食品标准	
					限量要求 mg/kg	检测方法
758	乙酰磺胺对硝基苯	Sulfanitran			不得检出	GB/T 20772
759	磺胺吡啶	Sulfapyridine			不得检出	GB/T 21316
760	磺胺喹沙啉	Sulfaquinoxaline			不得检出	GB/T 21316
761	磺胺噻唑	Sulfathiazole			不得检出	GB/T 21316
762	治螟磷	Sulfotep			不得检出	GB/T 19650
763	硫丙磷	Sulprofos			不得检出	GB/T 19650
764	苯噻硫氰	TCMTB			不得检出	GB/T 19650
765	丁基嘧啶磷	Tebupirimfos			不得检出	GB/T 19650
766	丁噻隆	Tebuthiuron			不得检出	GB/T 20772
767	牧草胺	Tebutam			不得检出	GB/T 19650
768	双硫磷	Temephos			不得检出	GB/T 20772
769	特草灵	Terbucarb			不得检出	GB/T 19650
770	特丁通	Terbumeton			不得检出	GB/T 19650
771	特丁净	Terbutryn			不得检出	GB/T 19650
772	四氢邻苯二甲酰亚胺	Tetrabydrophthalimide			不得检出	GB/T 19650
773	杀虫畏	Tetrachlorvinphos			不得检出	GB/T 19650
774	胺菊酯	Tetramethirn			不得检出	GB/T 19650
775	杀螨氯硫	Tetrasul			不得检出	GB/T 19650
776	噻吩草胺	Thenylchlor			不得检出	GB/T 19650
777	噻唑烟酸	Thiazopyr			不得检出	GB/T 19650
778	噻苯隆	Thidiazuron			不得检出	GB/T 20772
779	噻吩磺隆	Thifensulfuron – methyl			不得检出	GB/T 20772
780	甲基乙拌磷	Thiometon			不得检出	GB/T 20772
781	虫线磷	Thionazin			不得检出	GB/T 19650
782	硫普罗宁	Tiopronin			不得检出	SN/T 2225
783	三甲苯草酮	Tralkoxydim			不得检出	GB/T 19650
784	四溴菊酯	Tralomethrin			不得检出	SN/T 2320
785	反式-氯丹	*trans* – Chlordane			不得检出	GB/T 19650
786	反式-燕麦敌	*trans* – Diallate			不得检出	GB/T 19650
787	四氟苯菊酯	Transfluthrin			不得检出	GB/T 19650
788	反式九氯	*trans* – Nonachlor			不得检出	GB/T 19650
789	反式-氯菊酯	*trans* – Permethrin			不得检出	GB/T 19650
790	群勃龙	Trenbolone			不得检出	GB/T 21981
791	威菌磷	Triamiphos			不得检出	GB/T 19650
792	毒壤磷	Trichloronate			不得检出	GB/T 19650
793	灭草环	Tridiphane			不得检出	GB/T 19650
794	草达津	Trietazine			不得检出	GB/T 19650
795	三异丁基磷酸盐	Tri – *iso* – butyl phosphate			不得检出	GB/T 19650
796	三正丁基磷酸盐	Tri – *n* – butyl phosphate			不得检出	GB/T 19650

序号	农兽药中文名	农兽药英文名	欧盟标准限量要求 mg/kg	国家标准限量要求 mg/kg	三安超有机食品标准	
					限量要求 mg/kg	检测方法
797	三苯基磷酸盐	Triphenyl phosphate			不得检出	GB/T 19650
798	烯效唑	Uniconazole			不得检出	GB/T 19650
799	灭草敌	Vernolate			不得检出	GB/T 19650
800	维吉尼霉素	Virginiamycin			不得检出	GB/T 20765
801	杀鼠灵	War farin			不得检出	GB/T 20772
802	甲苯噻嗪	Xylazine			不得检出	GB/T 20763
803	右环十四酮酚	Zeranol			不得检出	GB/T 21982
804	苯酰菌胺	Zoxamide			不得检出	GB/T 19650

8.2 火鸡脂肪 Turkey Fat

序号	农兽药中文名	农兽药英文名	欧盟标准限量要求 mg/kg	国家标准限量要求 mg/kg	三安超有机食品标准	
					限量要求 mg/kg	检测方法
1	1,1－二氯－2,2－二(4－乙苯)乙烷	1,1－Dichloro－2,2－bis(4－ethylphenyl)ethane	0.01		不得检出	日本肯定列表(增补本1)
2	1,2－二氯乙烷	1,2－Dichloroethane	0.1		不得检出	SN/T 2238
3	1,3－二氯丙烯	1,3－Dichloropropene	0.01		不得检出	SN/T 2238
4	1－萘乙酸	1－Naphthylacetic acid	0.05		不得检出	SN/T 2228
5	2,4－滴	2,4－D	0.05		不得检出	GB/T 20772
6	2,4－滴丁酸	2,4－DB	0.05		不得检出	GB/T 20769
7	2－苯酚	2－Phenylphenol	0.05		不得检出	GB/T 19650
8	阿维菌素	Abamectin	0.02		不得检出	SN/T 2661
9	乙酰甲胺磷	Acephate	0.02		不得检出	GB/T 20772
10	灭螨醌	Acequinocyl	0.01		不得检出	参照同类标准
11	啶虫脒	Acetamiprid	0.05		不得检出	GB/T 20772
12	乙草胺	Acetochlor	0.01		不得检出	GB/T 19650
13	苯并噻二唑	Acibenzolar－*S*－methyl	0.02		不得检出	GB/T 20772
14	苯草醚	Aclonifen	0.02		不得检出	GB/T 20772
15	氟丙菊酯	Acrinathrin	0.05		不得检出	GB/T 19648
16	甲草胺	Alachlor	0.01		不得检出	GB/T 20772
17	涕灭威	Aldicarb	0.01		不得检出	GB/T 20772
18	艾氏剂和狄氏剂	Aldrin and dieldrin	0.2	0.2	不得检出	GB/T 19650
19	—	Ametoctradin	0.03		不得检出	参照同类标准
20	酰嘧磺隆	Amidosulfuron	0.02		不得检出	参照同类标准
21	氯氨吡啶酸	Aminopyralid	0.02		不得检出	GB/T 23211
22	—	Amisulbrom	0.01		不得检出	参照同类标准
23	双甲脒	Amitraz	0.05		不得检出	GB/T 19650
24	阿莫西林	Amoxicillin	50μg/kg		不得检出	NY/T 830

序号	农兽药中文名	农兽药英文名	欧盟标准限量要求 mg/kg	国家标准限量要求 mg/kg	三安超有机食品标准	
					限量要求 mg/kg	检测方法
25	氨苄青霉素	Ampicillin	50μg/kg		不得检出	GB/T 21315
26	敌菌灵	Anilazine	0.01		不得检出	GB/T 20769
27	杀螨特	Aramite	0.01		不得检出	GB/T 19650
28	磺草灵	Asulam	0.1		不得检出	日本肯定列表(增补本1)
29	维拉霉素	Avilamycin	100μg/kg		不得检出	GB 29686
30	印楝素	Azadirachtin	0.01		不得检出	SN/T 3264
31	益棉磷	Azinphos – ethyl	0.01		不得检出	GB/T 19650
32	保棉磷	Azinphos – methyl	0.01		不得检出	GB/T 20772
33	三唑锡和三环锡	Azocyclotin and cyhexatin	0.05		不得检出	SN/T 1990
34	嘧菌酯	Azoxystrobin	0.05		不得检出	GB/T 20772
35	燕麦灵	Barban	0.05		不得检出	参照同类标准
36	氟丁酰草胺	Beflubutamid	0.05		不得检出	参照同类标准
37	苯霜灵	Benalaxyl	0.05		不得检出	GB/T 20772
38	丙硫克百威	Benfuracarb	0.02		不得检出	GB/T 20772
39	苄青霉素	Benzyl penicillin	50μg/kg		不得检出	GB/T 21315
40	联苯肼酯	Bifenazate	0.01		不得检出	GB/T 20772
41	甲羧除草醚	Bifenox	0.05		不得检出	GB/T 23210
42	联苯菊酯	Bifenthrin	0.05		不得检出	GB/T 19650
43	乐杀螨	Binapacryl	0.01		不得检出	SN 0523
44	联苯	Biphenyl	0.01		不得检出	GB/T 19650
45	联苯三唑醇	Bitertanol	0.05		不得检出	GB/T 20772
46	—	Bixafen	0.02		不得检出	参照同类标准
47	啶酰菌胺	Boscalid	0.1		不得检出	GB/T 20772
48	溴离子	Bromide ion	0.05		不得检出	GB/T 5009.167
49	溴螨酯	Bromopropylate	0.01		不得检出	GB/T 19650
50	溴苯腈	Bromoxynil	0.05		不得检出	GB/T 20772
51	糠菌唑	Bromuconazole	0.05		不得检出	GB/T 19650
52	乙嘧酚磺酸酯	Bupirimate	0.05		不得检出	GB/T 19650
53	噻嗪酮	Buprofezin	0.05		不得检出	GB/T 20772
54	仲丁灵	Butralin	0.02		不得检出	GB/T 19650
55	丁草敌	Butylate	0.01		不得检出	GB/T 19650
56	硫线磷	Cadusafos	0.01		不得检出	GB/T 19650
57	敌菌丹	Captafol	0.01		不得检出	GB/T 23210
58	克菌丹	Captan	0.02		不得检出	GB/T 19648
59	甲萘威	Carbaryl	0.05		不得检出	GB/T 20796
60	多菌灵和苯菌灵	Carbendazim and benomyl	0.05		不得检出	GB/T 20772
61	长杀草	Carbetamide	0.05		不得检出	GB/T 20772
62	克百威	Carbofuran	0.01		不得检出	GB/T 20772

序号	农兽药中文名	农兽药英文名	欧盟标准限量要求 mg/kg	国家标准限量要求 mg/kg	三安超有机食品标准	
					限量要求 mg/kg	检测方法
63	丁硫克百威	Carbosulfan	0.05		不得检出	GB/T 19650
64	萎锈灵	Carboxin	0.05		不得检出	GB/T 20772
65	氯虫苯甲酰胺	Chlorantraniliprole	0.01		不得检出	参照同类标准
66	杀螨醚	Chlorbenside	0.05		不得检出	GB/T 19650
67	氯炔灵	Chlorbufam	0.05		不得检出	GB/T 20772
68	氯丹	Chlordane	0.05	0.5	不得检出	GB/T 5009.19
69	十氯酮	Chlordecone	0.2		不得检出	参照同类标准
70	杀螨酯	Chlorfenson	0.05		不得检出	GB/T 19650
71	毒虫畏	Chlorfenvinphos	0.01		不得检出	GB/T 19650
72	氯草敏	Chloridazon	0.05		不得检出	GB/T 20772
73	矮壮素	Chlormequat	0.05		不得检出	GB/T 23211
74	乙酯杀螨醇	Chlorobenzilate	0.1		不得检出	GB/T 23210
75	百菌清	Chlorothalonil	0.01		不得检出	SN/T 2320
76	绿麦隆	Chlortoluron	0.05		不得检出	GB/T 20772
77	枯草隆	Chloroxuron	0.05		不得检出	SN/T 2150
78	氯苯胺灵	Chlorpropham	0.05		不得检出	GB/T 19650
79	毒死蜱	Chlorpyrifos	0.05		不得检出	GB/T 19650
80	甲基毒死蜱	Chlorpyrifos - methyl	0.05		不得检出	GB/T 19650
81	氯磺隆	Chlorsulfuron	0.01		不得检出	GB/T 20772
82	氯酞酸甲酯	Chlorthaldimethyl	0.01		不得检出	GB/T 19650
83	氯硫酰草胺	Chlorthiamid	0.02		不得检出	GB/T 23211
84	烯草酮	Clethodim	0.2		不得检出	GB/T 19650
85	炔草酯	Clodinafop - propargyl	0.02		不得检出	GB/T 19650
86	四螨嗪	Clofentezine	0.05		不得检出	GB/T 20772
87	二氯吡啶酸	Clopyralid	0.05		不得检出	SN/T 2228
88	噻虫胺	Clothianidin	0.01		不得检出	GB/T 20772
89	邻氯青霉素	Cloxacillin	300μg/kg		不得检出	GB/T 18932.25
90	黏菌素	Colistin	150μg/kg		不得检出	参照同类标准
91	铜化合物	Copper compounds	5		不得检出	参照同类标准
92	环烷基酰苯胺	Cyclanilide	0.01		不得检出	参照同类标准
93	噻草酮	Cycloxydim	0.05		不得检出	GB/T 19650
94	环氟菌胺	Cyflufenamid	0.03		不得检出	GB/T 23210
95	氟氯氰菊酯和高效氟氯氰菊酯	Cyfluthrin and beta - cyfluthrin	0.05		不得检出	GB/T 19650
96	霜脲氰	Cymoxanil	0.05		不得检出	GB/T 20772
97	氯氰菊酯和高效氯氰菊酯	Cypermethrin and beta - cypermethrin	0.1		不得检出	GB/T 19650
98	环丙唑醇	Cyproconazole	0.05		不得检出	GB/T 20772
99	嘧菌环胺	Cyprodinil	0.05		不得检出	GB/T 19650

序号	农兽药中文名	农兽药英文名	欧盟标准限量要求 mg/kg	国家标准限量要求 mg/kg	三安超有机食品标准	
					限量要求 mg/kg	检测方法
100	灭蝇胺	Cyromazine	0.05		不得检出	GB/T 20772
101	丁酰肼	Daminozide	0.05		不得检出	SN/T 1989
102	达氟沙星	Danofloxacin	100μg/kg		不得检出	GB/T 22985
103	滴滴涕	DDT	1		不得检出	SN/T 0127
104	溴氰菊酯	Deltamethrin	0.1		不得检出	GB/T 19650
105	燕麦敌	Diallate	0.2		不得检出	GB/T 23211
106	二嗪磷	Diazinon	0.05		不得检出	GB/T 19650
107	麦草畏	Dicamba	0.04		不得检出	GB/T 20772
108	敌草腈	Dichlobenil	0.01		不得检出	GB/T 19650
109	滴丙酸	Dichlorprop	0.05		不得检出	SN/T 2228
110	地克珠利(杀球灵)	Diclazuril	500μg/kg		不得检出	SN/T 2318
111	二氯苯氧基丙酸	Diclofop	0.01		不得检出	参照同类标准
112	氯硝胺	Dicloran	0.01		不得检出	GB/T 19650
113	双氯青霉素	Dicloxacillin	300μg/kg		不得检出	GB/T 18932.25
114	三氯杀螨醇	Dicofol	0.1		不得检出	GB/T 19650
115	乙霉威	Diethofencarb	0.05		不得检出	GB/T 19650
116	苯醚甲环唑	Difenoconazole	0.1		不得检出	GB/T 19650
117	双氟沙星	Difloxacin	400μg/kg		不得检出	GB/T 20366
118	除虫脲	Diflubenzuron	0.05		不得检出	SN/T 0528
119	吡氟酰草胺	Diflufenican	0.05		不得检出	GB/T 20772
120	油菜安	Dimethachlor	0.02		不得检出	GB/T 20772
121	烯酰吗啉	Dimethomorph	0.05		不得检出	GB/T 20772
122	醚菌胺	Dimoxystrobin	0.05		不得检出	SN/T 2237
123	烯唑醇	Diniconazole	0.01		不得检出	GB/T 19650
124	敌螨普	Dinocap	0.05		不得检出	日本肯定列表(增补本 1)
125	地乐酚	Dinoseb	0.01		不得检出	GB/T 20772
126	特乐酚	Dinoterb	0.05		不得检出	GB/T 20772
127	敌噁磷	Dioxathion	0.05		不得检出	GB/T 19650
128	敌草快	Diquat	0.05		不得检出	GB/T 5009.221
129	乙拌磷	Disulfoton	0.01		不得检出	GB/T 20772
130	二氰蒽醌	Dithianon	0.01		不得检出	GB/T 20769
131	二硫代氨基甲酸酯	Dithiocarbamates	0.05		不得检出	SN 0139
132	敌草隆	Diuron	0.05		不得检出	SN/T 0645
133	二硝甲酚	DNOC	0.05		不得检出	GB/T 20772
134	多果定	Dodine	0.2		不得检出	SN 0500
135	甲氨基阿维菌素苯甲酸盐	Emamectin benzoate	0.01		不得检出	GB/T 20769
136	硫丹	Endosulfan	0.05	0.2	不得检出	GB/T 19650
137	异狄氏剂	Endrin	0.05		不得检出	GB/T 19650

序号	农兽药中文名	农兽药英文名	欧盟标准限量要求 mg/kg	国家标准限量要求 mg/kg	三安超有机食品标准	
					限量要求 mg/kg	检测方法
138	恩诺沙星	Enrofloxacin	100μg/kg		不得检出	GB/T 20366
139	氟环唑	Epoxiconazole	0.01		不得检出	GB/T 20772
140	茵草敌	EPTC	0.02		不得检出	GB/T 20772
141	红霉素	Erythromycin	200μg/kg		不得检出	GB/T 20762
142	乙丁烯氟灵	Ethalfluralin	0.01		不得检出	GB/T 19650
143	胺苯磺隆	Ethametsulfuron	0.01		不得检出	NY/T 1616
144	乙烯利	Ethephon	0.05		不得检出	SN 0705
145	乙硫磷	Ethion	0.01		不得检出	GB/T 19650
146	乙嘧酚	Ethirimol	0.05		不得检出	GB/T 20772
147	乙氧呋草黄	Ethofumesate	0.1		不得检出	GB/T 20772
148	灭线磷	Ethoprophos	0.01		不得检出	GB/T 19650
149	乙氧喹啉	Ethoxyquin	0.05		不得检出	GB/T 20772
150	环氧乙烷	Ethylene oxide	0.02		不得检出	GB/T 23296.11
151	醚菊酯	Etofenprox	0.01		不得检出	GB/T 19650
152	乙螨唑	Etoxazole	0.01		不得检出	GB/T 19650
153	氯唑灵	Etridiazole	0.05		不得检出	GB/T 20772
154	噁唑菌酮	Famoxadone	0.05		不得检出	GB/T 20772
155	咪唑菌酮	Fenamidone	0.01		不得检出	GB/T 19650
156	苯线磷	Fenamiphos	0.02		不得检出	GB/T 19650
157	氯苯嘧啶醇	Fenarimol	0.02		不得检出	GB/T 20772
158	喹螨醚	Fenazaquin	0.01		不得检出	GB/T 19650
159	腈苯唑	Fenbuconazole	0.05		不得检出	GB/T 20772
160	苯丁锡	Fenbutatin oxide	0.05		不得检出	SN/T 3149
161	环酰菌胺	Fenhexamid	0.05		不得检出	GB/T 20772
162	杀螟硫磷	Fenitrothion	0.01		不得检出	GB/T 20772
163	精噁唑禾草灵	Fenoxaprop - *P* - ethyl	0.05		不得检出	GB 22617
164	双氧威	Fenoxycarb	0.05		不得检出	GB/T 19650
165	苯锈啶	Fenpropidin	0.02		不得检出	GB/T 19650
166	丁苯吗啉	Fenpropimorph	0.01		不得检出	GB/T 20772
167	胺苯吡菌酮	Fenpyrazamine	0.01		不得检出	参照同类标准
168	唑螨酯	Fenpyroximate	0.01		不得检出	GB/T 19650
169	倍硫磷	Fenthion	0.05		不得检出	GB/T 20772
170	三苯锡	Fentin	0.05		不得检出	SN/T 3149
171	薯瘟锡	Fentin acetate	0.05		不得检出	参照同类标准
172	氰戊菊酯和高效氰戊菊酯(RR & SS 异构体总量)	Fenvalerate and esfenvalerate (sum of RR & SS isomers)	0.2		不得检出	GB/T 19650
173	氰戊菊酯和高效氰戊菊酯(RS & SR 异构体总量)	Fenvalerate and esfenvalerate (sum of RS & SR isomers)	0.05		不得检出	GB/T 19650
174	氟虫腈	Fipronil	0.01		不得检出	SN/T 1982

序号	农兽药中文名	农兽药英文名	欧盟标准限量要求 mg/kg	国家标准限量要求 mg/kg	三安超有机食品标准	
					限量要求 mg/kg	检测方法
175	氟啶虫酰胺	Flonicamid	0.02		不得检出	SN/T 2796
176	氟苯尼考	Florfenicol	200μg/kg		不得检出	GB/T 20756
177	精吡氟禾草灵	Fluazifop – *P* – butyl	0.05		不得检出	GB/T 5009.142
178	氟啶胺	Fluazinam	0.05		不得检出	SN/T 2150
179	氟苯虫酰胺	Flubendiamide	0.01		不得检出	SN/T 2581
180	氟环脲	Flucycloxuron	0.05		不得检出	参照同类标准
181	氟氰戊菊酯	Flucythrinate	0.05		不得检出	GB/T 23210
182	咯菌腈	Fludioxonil	0.05		不得检出	GB/T 20772
183	氟虫脲	Flufenoxuron	0.05		不得检出	SN/T 2150
184	—	Flufenzin	0.02		不得检出	参照同类标准
185	氟甲喹	Flumequin	250μg/kg		不得检出	SN/T 1921
186	氟吡菌胺	Fluopicolide	0.01		不得检出	参照同类标准
187	—	Fluopyram	0.1		不得检出	参照同类标准
188	氟离子	Fluoride ion	1		不得检出	GB/T 5009.167
189	氟腈嘧菌酯	Fluoxastrobin	0.05		不得检出	SN/T 2237
190	氟喹唑	Fluquinconazole	0.02		不得检出	GB/T 19650
191	氟咯草酮	Fluorochloridone	0.05		不得检出	GB/T 20772
192	氟草烟	Fluroxypyr	0.05		不得检出	GB/T 20772
193	氟硅唑	Flusilazole	0.1		不得检出	GB/T 20772
194	氟酰胺	Flutolanil	0.05		不得检出	GB/T 20772
195	粉唑醇	Flutriafol	0.01		不得检出	GB/T 20772
196	—	Fluxapyroxad	0.01		不得检出	参照同类标准
197	氟磺胺草醚	Fomesafen	0.01		不得检出	GB/T 5009.130
198	氯吡脲	Forchlorfenuron	0.05		不得检出	SN/T 3643
199	伐虫脒	Formetanate	0.01		不得检出	NY/T 1453
200	三乙膦酸铝	Fosetyl – aluminium	0.5		不得检出	参照同类标准
201	麦穗宁	Fuberidazole	0.05		不得检出	GB/T 19650
202	呋线威	Furathiocarb	0.01		不得检出	GB/T 20772
203	糠醛	Furfural	1		不得检出	参照同类标准
204	勃激素	Gibberellic acid	0.1		不得检出	GB/T 23211
205	草胺膦	Glufosinate – ammonium	0.1		不得检出	日本肯定列表
206	草甘膦	Glyphosate	0.05		不得检出	SN/T 1923
207	氟吡禾灵	Haloxyfop	0.1		不得检出	SN/T 2228
208	七氯	Heptachlor	0.2		不得检出	SN 0663
209	六氯苯	Hexachlorobenzene	0.2		不得检出	SN/T 0127
210	六六六(HCH), α – 异构体	Hexachlorociclohexane (HCH), alpha – isomer	0.2		不得检出	SN/T 0127
211	六六六(HCH), β – 异构体	Hexachlorociclohexane (HCH), beta – isomer	0.1		不得检出	SN/T 0127

序号	农兽药中文名	农兽药英文名	欧盟标准限量要求 mg/kg	国家标准限量要求 mg/kg	三安超有机食品标准	
					限量要求 mg/kg	检测方法
212	噻螨酮	Hexythiazox	0.05		不得检出	GB/T 20772
213	噁霉灵	Hymexazol	0.05		不得检出	GB/T 20772
214	抑霉唑	Imazalil	0.05		不得检出	GB/T 20772
215	甲咪唑烟酸	Imazapic	0.01		不得检出	GB/T 20772
216	咪唑喹啉酸	Imazaquin	0.05		不得检出	GB/T 20772
217	吡虫啉	Imidacloprid	0.05		不得检出	GB/T 20772
218	双胍辛胺	Iminoctadine	0.1		不得检出	日本肯定列表
219	茚虫威	Indoxacarb	0.3		不得检出	GB/T 20772
220	碘苯腈	Ioxynil	0.05		不得检出	GB/T 20772
221	异菌脲	Iprodione	0.05		不得检出	GB/T 19650
222	稻瘟灵	Isoprothiolane	0.01		不得检出	GB/T 20772
223	异丙隆	Isoproturon	0.05		不得检出	GB/T 20772
224	—	Isopyrazam	0.01		不得检出	参照同类标准
225	异噁酰草胺	Isoxaben	0.01		不得检出	GB/T 20772
226	卡那霉素	Kanamycin	100μg/kg		不得检出	GB/T 21323
227	醚菌酯	Kresoxim - methyl	0.02		不得检出	GB/T 20772
228	乳氟禾草灵	Lactofen	0.01		不得检出	GB/T 19650
229	高效氯氟氰菊酯	Lambda - cyhalothrin	0.02		不得检出	GB/T 23210
230	拉沙里菌素	Lasalocid	100μg/kg		不得检出	SN 0501
231	环草定	Lenacil	0.1		不得检出	GB/T 19650
232	左旋咪唑	Levamisole	10μg/kg		不得检出	SN 0349
233	林可霉素	Lincomycin	50μg/kg		不得检出	GB/T 20762
234	林丹	Lindane	0.02	0.05	不得检出	NY/T 761
235	虱螨脲	Lufenuron	0.02		不得检出	SN/T 2540
236	马拉硫磷	Malathion	0.02		不得检出	GB/T 19650
237	抑芽丹	Maleic hydrazide	0.02		不得检出	GB/T 23211
238	双炔酰菌胺	Mandipropamid	0.02		不得检出	参照同类标准
239	二甲四氯和二甲四氯丁酸	MCPA and MCPB	0.1		不得检出	SN/T 2228
240	壮棉素	Mepiquat chloride	0.05		不得检出	GB/T 23211
241	—	Meptyldinocap	0.05		不得检出	参照同类标准
242	汞化合物	Mercury compounds	0.01		不得检出	参照同类标准
243	氰氟虫腙	Metaflumizone	0.1		不得检出	SN/T 3852
244	甲霜灵和精甲霜灵	Metalaxyl and metalaxyl - M	0.05		不得检出	GB/T 20772
245	四聚乙醛	Metaldehyde	0.05		不得检出	SN/T 1787
246	苯嗪草酮	Metamitron	0.05		不得检出	GB/T 19650
247	吡唑草胺	Metazachlor	0.05		不得检出	GB/T 19650
248	叶菌唑	Metconazole	0.01		不得检出	GB/T 20772
249	甲基苯噻隆	Methabenzthiazuron	0.05		不得检出	GB/T 19650
250	虫螨畏	Methacrifos	0.01		不得检出	GB/T 20772

序号	农兽药中文名	农兽药英文名	欧盟标准限量要求 mg/kg	国家标准限量要求 mg/kg	三安超有机食品标准	
					限量要求 mg/kg	检测方法
251	甲胺磷	Methamidophos	0.01		不得检出	GB/T 20772
252	杀扑磷	Methidathion	0.02		不得检出	GB/T 20772
253	甲硫威	Methiocarb	0.05		不得检出	GB/T 20770
254	灭多威和硫双威	Methomyl and thiodicarb	0.02		不得检出	GB/T 20772
255	烯虫酯	Methoprene	0.05		不得检出	GB/T 19650
256	甲氧滴滴涕	Methoxychlor	0.01		不得检出	SN/T 0529
257	甲氧虫酰肼	Methoxyfenozide	0.01		不得检出	GB/T 20772
258	磺草唑胺	Metosulam	0.01		不得检出	GB/T 20772
259	苯菌酮	Metrafenone	0.05		不得检出	参照同类标准
260	嗪草酮	Metribuzin	0.1		不得检出	GB/T 19650
261	绿谷隆	Monolinuron	0.05		不得检出	GB/T 20772
262	灭草隆	Monuron	0.01		不得检出	GB/T 20772
263	腈菌唑	Myclobutanil	0.01		不得检出	GB/T 20772
264	1－萘乙酰胺	1 – Naphthylacetamide	0.05		不得检出	GB/T 23205
265	敌草胺	Napropamide	0.01		不得检出	GB/T 19650
266	新霉素(包括 framycetin)	Neomycin(including framycetin)	500μg/kg		不得检出	SN 0646
267	烟嘧磺隆	Nicosulfuron	0.05		不得检出	SN/T 2325
268	除草醚	Nitrofen	0.01		不得检出	GB/T 19650
269	氟酰脲	Novaluron	0.5		不得检出	GB/T 23211
270	嘧苯胺磺隆	Orthosulfamuron	0.01		不得检出	GB/T 23817
271	苯唑青霉素	Oxacillin	300μg/kg		不得检出	GB/T 18932.25
272	噁草酮	Oxadiazon	0.05		不得检出	GB/T 19650
273	噁霜灵	Oxadixyl	0.01		不得检出	GB/T 19650
274	环氧嘧磺隆	Oxasulfuron	0.05		不得检出	GB/T 23817
275	喹菌酮	Oxolinic acid	50μg/kg		不得检出	日本肯定列表
276	氧化萎锈灵	Oxycarboxin	0.05		不得检出	GB/T 19650
277	亚砜磷	Oxydemeton – methyl	0.01		不得检出	参照同类标准
278	乙氧氟草醚	Oxyfluorfen	0.05		不得检出	GB/T 20772
279	多效唑	Paclobutrazol	0.02		不得检出	GB/T 19650
280	对硫磷	Parathion	0.05		不得检出	GB/T 19650
281	甲基对硫磷	Parathion – methyl	0.01		不得检出	GB/T 5009.161
282	戊菌唑	Penconazole	0.05		不得检出	GB/T 20772
283	戊菌隆	Pencycuron	0.05		不得检出	GB/T 19650
284	二甲戊灵	Pendimethalin	0.05		不得检出	GB/T 19650
285	氯菊酯	Permethrin	0.05		不得检出	GB/T 19650
286	甜菜宁	Phenmedipham	0.05		不得检出	GB/T 23205
287	苯醚菊酯	Phenothrin	0.05		不得检出	GB/T 20772
288	苯氧甲基青霉素	Phenoxymethylpenicillin	25μg/kg		不得检出	GB/T 21315
289	甲拌磷	Phorate	0.01		不得检出	GB/T 20772

序号	农兽药中文名	农兽药英文名	欧盟标准限量要求 mg/kg	国家标准限量要求 mg/kg	三安超有机食品标准	
					限量要求 mg/kg	检测方法
290	伏杀硫磷	Phosalone	0.01		不得检出	GB/T 20772
291	亚胺硫磷	Phosmet	0.1		不得检出	GB/T 20772
292	—	Phosphines and phosphides	0.01		不得检出	参照同类标准
293	辛硫磷	Phoxim	0.55		不得检出	GB/T 20772
294	氨氯吡啶酸	Picloram	0.01		不得检出	GB/T 23211
295	啶氧菌酯	Picoxystrobin	0.05		不得检出	GB/T 19650
296	抗蚜威	Pirimicarb	0.05		不得检出	GB/T 20772
297	甲基嘧啶磷	Pirimiphos - methyl	0.05		不得检出	GB/T 20772
298	咪鲜胺	Prochloraz	0.1		不得检出	GB/T 19650
299	腐霉利	Procymidone	0.01		不得检出	GB/T 20772
300	丙溴磷	Profenofos	0.05		不得检出	GB/T 20772
301	调环酸	Prohexadione	0.05		不得检出	日本肯定列表
302	毒草安	Propachlor	0.02		不得检出	GB/T 20772
303	扑派威	Propamocarb	0.1		不得检出	GB/T 20772
304	恶草酸	Propaquizafop	0.05		不得检出	GB/T 20772
305	炔螨特	Propargite	0.1		不得检出	GB/T 19650
306	苯胺灵	Propham	0.05		不得检出	GB/T 19650
307	丙环唑	Propiconazole	0.01		不得检出	GB/T 19650
308	异丙草胺	Propisochlor	0.01		不得检出	GB/T 19650
309	残杀威	Propoxur	0.05		不得检出	GB/T 20772
310	炔苯酰草胺	Propyzamide	0.05		不得检出	GB/T 19650
311	苄草丹	Prosulfocarb	0.05		不得检出	GB/T 19650
312	丙硫菌唑	Prothioconazole	0.05		不得检出	参照同类标准
313	吡蚜酮	Pymetrozine	0.01		不得检出	GB/T 20772
314	吡唑醚菌酯	Pyraclostrobin	0.05		不得检出	GB/T 20772
315	—	Pyrasulfotole	0.01		不得检出	参照同类标准
316	吡菌磷	Pyrazophos	0.02		不得检出	GB/T 20772
317	除虫菊素	Pyrethrins	0.05		不得检出	GB/T 20772
318	哒螨灵	Pyridaben	0.02		不得检出	GB/T 19650
319	啶虫丙醚	Pyridalyl	0.01		不得检出	日本肯定列表
320	哒草特	Pyridate	0.05		不得检出	日本肯定列表
321	嘧霉胺	Pyrimethanil	0.05		不得检出	GB/T 19650
322	吡丙醚	Pyriproxyfen	0.05		不得检出	GB/T 19650
323	甲氧磺草胺	Pyroxsulam	0.01		不得检出	SN/T 2325
324	氯甲喹啉酸	Quinmerac	0.05		不得检出	参照同类标准
325	喹氧灵	Quinoxyfen	0.2		不得检出	SN/T 2319
326	五氯硝基苯	Quintozene	0.01	0.1	不得检出	GB/T 19650
327	精喹禾灵	Quizalofop - *P* - ethyl	0.05		不得检出	SN/T 2150
328	灭虫菊	Resmethrin	0.1		不得检出	GB/T 20772

序号	农兽药中文名	农兽药英文名	欧盟标准限量要求 mg/kg	国家标准限量要求 mg/kg	三安超有机食品标准	
					限量要求 mg/kg	检测方法
329	鱼藤酮	Rotenone	0.01		不得检出	GB/T 20772
330	西玛津	Simazine	0.01		不得检出	SN 0594
331	壮观霉素	Spectinomycin	500μg/kg		不得检出	GB/T 21323
332	乙基多杀菌素	Spinetoram	0.01		不得检出	参照同类标准
333	多杀霉素	Spinosad	1		不得检出	GB/T 20772
334	螺螨酯	Spirodiclofen	0.05		不得检出	GB/T 20772
335	螺甲螨酯	Spiromesifen	0.01		不得检出	GB/T 23210
336	螺虫乙酯	Spirotetramat	0.01		不得检出	参照同类标准
337	葚孢菌素	Spiroxamine	0.05		不得检出	GB/T 20772
338	磺草酮	Sulcotrione	0.05		不得检出	参照同类标准
339	磺胺类(所有属于磺胺类的物质)	Sulfonamides (all substances belonging to the sulfonamide-group)	100μg/kg		不得检出	GB 29694
340	乙黄隆	Sulfosulfuron	0.05		不得检出	SN/T 2325
341	硫磺粉	Sulfur	0.5		不得检出	参照同类标准
342	氟胺氰菊酯	Tau – fluvalinate	0.01		不得检出	SN 0691
343	戊唑醇	Tebuconazole	0.1		不得检出	GB/T 20772
344	虫酰肼	Tebufenozide	0.05		不得检出	GB/T 20772
345	吡螨胺	Tebufenpyrad	0.05		不得检出	GB/T 19650
346	四氯硝基苯	Tecnazene	0.05		不得检出	GB/T 19650
347	氟苯脲	Teflubenzuron	0.05		不得检出	SN/T 2150
348	七氟菊酯	Tefluthrin	0.05		不得检出	GB/T 23210
349	得杀草	Tepraloxydim	0.5		不得检出	GB/T 20772
350	特丁硫磷	Terbufos	0.01		不得检出	GB/T 20772
351	特丁津	Terbuthylazine	0.05		不得检出	GB/T 19650
352	四氟醚唑	Tetraconazole	0.02		不得检出	GB/T 20772
353	三氯杀螨砜	Tetradifon	0.05		不得检出	GB/T 19650
354	噻菌灵	Thiabendazole	0.1		不得检出	GB/T 20772
355	噻虫啉	Thiacloprid	0.05		不得检出	GB/T 20772
356	噻虫嗪	Thiamethoxam	0.01		不得检出	GB/T 20772
357	甲砜霉素	Thiamphenicol	50μg/kg		不得检出	GB/T 20756
358	禾草丹	Thiobencarb	0.01		不得检出	GB/T 20772
359	甲基硫菌灵	Thiophanate – methyl	0.05		不得检出	SN/T 0162
360	替米考星	Tilmicosin	75μg/kg		不得检出	GB/T 20762
361	甲基立枯磷	Tolclofos – methyl	0.05		不得检出	GB/T 19650
362	甲苯三嗪酮	Toltrazuril	200μg/kg		不得检出	参照同类标准
363	甲苯氟磺胺	Tolylfluanid	0.1		不得检出	GB/T 19650
364	—	Topramezone	0.05		不得检出	参照同类标准
365	三唑酮和三唑醇	Triadimefon and triadimenol	0.1		不得检出	GB/T 20772

序号	农兽药中文名	农兽药英文名	欧盟标准限量要求 mg/kg	国家标准限量要求 mg/kg	三安超有机食品标准	
					限量要求 mg/kg	检测方法
366	野麦畏	Triallate	0.05		不得检出	GB/T 20772
367	醚苯磺隆	Triasulfuron	0.05		不得检出	GB/T 20772
368	三唑磷	Triazophos	0.01		不得检出	GB/T 20772
369	敌百虫	Trichlorphon	0.01		不得检出	GB/T 20772
370	绿草定	Triclopyr	0.05		不得检出	SN/T 2228
371	三环唑	Tricyclazole	0.05		不得检出	GB/T 20769
372	十三吗啉	Tridemorph	0.01		不得检出	GB/T 20772
373	肟菌酯	Trifloxystrobin	0.04		不得检出	GB/T 19650
374	氟菌唑	Triflumizole	0.05		不得检出	GB/T 20769
375	杀铃脲	Triflumuron	0.01		不得检出	GB/T 20772
376	氟乐灵	Trifluralin	0.01		不得检出	GB/T 20772
377	嗪氨灵	Triforine	0.01		不得检出	SN 0695
378	甲氧苄氨嘧啶	Trimethoprim	50μg/kg		不得检出	SN/T 1769
379	三甲基锍阳离子	Trimethyl – sulfonium cation	0.05		不得检出	参照同类标准
380	抗倒酯	Trinexapac	0.05		不得检出	GB/T 20769
381	灭菌唑	Triticonazole	0.01		不得检出	GB/T 20772
382	三氟甲磺隆	Tritosulfuron	0.01		不得检出	参照同类标准
383	泰乐菌素	Tylosin	100μg/kg		不得检出	GB/T 22941
384	乙酰异戊酰素乐菌素	Tylvalosin	50μg/kg		不得检出	参照同类标准
385	—	Valifenalate	0.01		不得检出	参照同类标准
386	乙烯菌核利	Vinclozolin	0.05		不得检出	GB/T 20772
387	2,3,4,5 – 四氯苯胺	2,3,4,5 – Tetrachloraniline			不得检出	GB/T 19650
388	2,3,4,5 – 四氯甲氧基苯	2,3,4,5 – Tetrachloroanisole			不得检出	GB/T 19650
389	2,3,5,6 – 四氯苯胺	2,3,5,6 – Tetrachloroaniline			不得检出	GB/T 19650
390	2,4,5 – 涕	2,4,5 – T			不得检出	GB/T 20772
391	*o*,*p*′ – 滴滴滴	2,4′ – DDD			不得检出	GB/T 19650
392	*o*,*p*′ – 滴滴伊	2,4′ – DDE			不得检出	GB/T 19650
393	*o*,*p*′ – 滴滴涕	2,4′ – DDT			不得检出	GB/T 19650
394	2,6 – 二氯苯甲酰胺	2,6 – Dichlorobenzamide			不得检出	GB/T 19650
395	3,5 – 二氯苯胺	3,5 – Dichloroaniline			不得检出	GB/T 19650
396	*p*,*p*′ – 滴滴滴	4,4′ – DDD			不得检出	GB/T 19650
397	*p*,*p*′ – 滴滴伊	4,4′ – DDE			不得检出	GB/T 19650
398	*p*,*p*′ – 滴滴涕	4,4′ – DDT			不得检出	GB/T 19650
399	4,4′ – 二溴二苯甲酮	4,4′ – Dibromobenzophenone			不得检出	GB/T 19650
400	4,4′ – 二氯二苯甲酮	4,4′ – Dichlorobenzophenone			不得检出	GB/T 19650
401	二氢苊	Acenaphthene			不得检出	GB/T 19650
402	乙酰丙嗪	Acepromazine			不得检出	GB/T 20763
403	三氟羧草醚	Acifluorfen			不得检出	GB/T 20772
404	1 – 氨基 – 2 – 乙内酰脲	AHD			不得检出	GB/T 21311

序号	农兽药中文名	农兽药英文名	欧盟标准限量要求 mg/kg	国家标准限量要求 mg/kg	三安超有机食品标准	
					限量要求 mg/kg	检测方法
405	涕灭砜威	Aldoxycarb			不得检出	GB/T 20772
406	烯丙菊酯	Allethrin			不得检出	GB/T 20772
407	二丙烯草胺	Allidochlor			不得检出	GB/T 19650
408	烯丙孕素	Altrenogest			不得检出	SN/T 1980
409	莠灭净	Ametryn			不得检出	GB/T 20772
410	杀草强	Amitrole			不得检出	SN/T 1737.6
411	5-吗啉甲基-3-氨基-2-噁唑烷基酮	AMOZ			不得检出	GB/T 21311
412	氨丙嘧吡啶	Amprolium			不得检出	SN/T 0276
413	莎稗磷	Anilofos			不得检出	GB/T 19650
414	蒽醌	Anthraquinone			不得检出	GB/T 19650
415	3-氨基-2-噁唑酮	AOZ			不得检出	GB/T 21311
416	安普霉素	Apramycin			不得检出	GB/T 21323
417	丙硫特普	Aspon			不得检出	GB/T 19650
418	羟氨卡青霉素	Aspoxicillin			不得检出	GB/T 21315
419	乙基杀扑磷	Athidathion			不得检出	GB/T 19650
420	莠去通	Atratone			不得检出	GB/T 19650
421	莠去津	Atrazine			不得检出	GB/T 20772
422	脱乙基阿特拉津	Atrazine - desethyl			不得检出	GB/T 19650
423	甲基吡噁磷	Azamethiphos			不得检出	GB/T 20763
424	氮哌酮	Azaperone			不得检出	SN/T2221
425	叠氮津	Aziprotryne			不得检出	GB/T 19650
426	杆菌肽	Bacitracin			不得检出	GB/T 20743
427	4-溴-3,5-二甲苯基-*N*-甲基氨基甲酸酯-1	BDMC-1			不得检出	GB/T 19650
428	4-溴-3,5-二甲苯基-*N*-甲基氨基甲酸酯-2	BDMC-2			不得检出	GB/T 19650
429	噁虫威	Bendiocarb			不得检出	GB/T 20772
430	乙丁氟灵	Benfluralin			不得检出	GB/T 19650
431	呋草黄	Benfuresate			不得检出	GB/T 19650
432	麦锈灵	Benodanil			不得检出	GB/T 19650
433	解草酮	Benoxacor			不得检出	GB/T 19650
434	新燕灵	Benzoylprop - ethyl			不得检出	GB/T 19650
435	倍他米松	Betamethasone			不得检出	SN/T 1970
436	生物烯丙菊酯-1	Bioallethrin-1			不得检出	GB/T 19650
437	生物烯丙菊酯-2	Bioallethrin-2			不得检出	GB/T 19650
438	生物苄呋菊酯	Bioresmethrin			不得检出	GB/T 20772
439	除草定	Bromacil			不得检出	GB/T 20772
440	溴苯烯磷	Bromfenvinfos			不得检出	GB/T 19650

序号	农兽药中文名	农兽药英文名	欧盟标准限量要求 mg/kg	国家标准限量要求 mg/kg	三安超有机食品标准	
					限量要求 mg/kg	检测方法
441	溴烯杀	Bromocylen			不得检出	GB/T 23210
442	溴硫磷	Bromofos			不得检出	GB/T 19650
443	乙基溴硫磷	Bromophos – ethyl			不得检出	GB/T 19650
444	溴丁酰草胺	Btomobutide			不得检出	GB/T 19650
445	氟丙嘧草酯	Butafenacil			不得检出	GB/T 19650
446	抑草磷	Butamifos			不得检出	GB/T 19650
447	丁草胺	Butaxhlor			不得检出	GB/T 19650
448	苯酮唑	Cafenstrole			不得检出	GB/T 19650
449	角黄素	Canthaxanthin			不得检出	SN/T 2327
450	咔唑心安	Carazolol			不得检出	GB/T 20763
451	卡巴氧	Carbadox			不得检出	GB/T 20746
452	三硫磷	Carbophenothion			不得检出	GB/T 19650
453	唑草酮	Carfentrazone – ethyl			不得检出	GB/T 19650
454	卡洛芬	Carprofen			不得检出	SN/T 2190
455	头孢洛宁	Cefalonium			不得检出	GB/T 22989
456	头孢匹林	Cefapirin			不得检出	GB/T 22989
457	头孢喹肟	Cefquinome			不得检出	GB/T 22989
458	头孢噻呋	Ceftiofur			不得检出	GB/T 21314
459	头孢氨苄	Cefalexin			不得检出	GB/T 22989
460	氯霉素	Chloramphenicolum			不得检出	GB/T 20772
461	氯杀螨砜	Chlorbenside sulfone			不得检出	GB/T 19650
462	氯溴隆	Chlorbromuron			不得检出	GB/T 19650
463	杀虫脒	Chlordimeform			不得检出	GB/T 19650
464	氯氧磷	Chlorethoxyfos			不得检出	GB/T 19650
465	溴虫腈	Chlorfenapyr			不得检出	GB/T 19650
466	杀螨醇	Chlorfenethol			不得检出	GB/T 19650
467	燕麦酯	Chlorfenprop – methyl			不得检出	GB/T 19650
468	氟啶脲	Chlorfluazuron			不得检出	SN/T 2540
469	整形醇	Chlorflurenol			不得检出	GB/T 19650
470	氯地孕酮	Chlormadinone			不得检出	SN/T 1980
471	醋酸氯地孕酮	Chlormadinone acetate			不得检出	GB/T 20753
472	氯甲硫磷	Chlormephos			不得检出	GB/T 19650
473	氯苯甲醚	Chloroneb			不得检出	GB/T 19650
474	丙酯杀螨醇	Chloropropylate			不得检出	GB/T 19650
475	氯丙嗪	Chlorpromazine			不得检出	GB/T 20763
476	金霉素	Chlortetracycline			不得检出	GB/T 21317
477	氯硫磷	Chlorthion			不得检出	GB/T 19650
478	虫螨磷	Chlorthiophos			不得检出	GB/T 19650
479	乙菌利	Chlozolinate			不得检出	GB/T 19650

序号	农兽药中文名	农兽药英文名	欧盟标准限量要求 mg/kg	国家标准限量要求 mg/kg	三安超有机食品标准	
					限量要求 mg/kg	检测方法
480	顺式-氯丹	*cis* - Chlordane			不得检出	GB/T 19650
481	顺式-燕麦敌	*cis* - Diallate			不得检出	GB/T 19650
482	顺式-氯菊酯	*cis* - Permethrin			不得检出	GB/T 19650
483	克仑特罗	Clenbuterol			不得检出	GB/T 22286
484	异噁草酮	Clomazone			不得检出	GB/T 20772
485	氯甲酰草胺	Clomeprop			不得检出	GB/T 19650
486	氯羟吡啶	Clopidol			不得检出	GB 29700
487	解草酯	Cloquintocet - mexyl			不得检出	GB/T 19650
488	蝇毒磷	Coumaphos			不得检出	GB/T 19650
489	鼠立死	Crimidine			不得检出	GB/T 19650
490	巴毒磷	Crotxyphos			不得检出	GB/T 19650
491	育畜磷	Crufomate			不得检出	GB/T 19650
492	苯腈磷	Cyanofenphos			不得检出	GB/T 19650
493	杀螟腈	Cyanophos			不得检出	GB/T 20772
494	环草敌	Cycloate			不得检出	GB/T 20772
495	环莠隆	Cycluron			不得检出	GB/T 20772
496	环丙津	Cyprazine			不得检出	GB/T 20772
497	敌草索	Dacthal			不得检出	GB/T 19650
498	癸氧喹酯	Decoquinate			不得检出	SN/T 2444
499	脱叶磷	DEF			不得检出	GB/T 19650
500	2,2′,4,5,5′-五氯联苯	DE - PCB 101			不得检出	GB/T 19650
501	2,3,4,4′,5-五氯联苯	DE - PCB 118			不得检出	GB/T 19650
502	2,2′,3,4,4′,5-六氯联苯	DE - PCB 138			不得检出	GB/T 19650
503	2,2′,4,4′,5,5′-六氯联苯	DE - PCB 153			不得检出	GB/T 19650
504	2,2′,3,4,4′,5,5′-七氯联苯	DE - PCB 180			不得检出	GB/T 19650
505	2,4,4′-三氯联苯	DE - PCB 28			不得检出	GB/T 19650
506	2,4,5-三氯联苯	DE - PCB 31			不得检出	GB/T 19650
507	2,2′,5,5′-四氯联苯	DE - PCB 52			不得检出	GB/T 19650
508	脱溴溴苯磷	Desbrom - leptophos			不得检出	GB/T 19650
509	脱乙基另丁津	Desethyl - sebuthylazine			不得检出	GB/T 19650
510	敌草净	Desmetryn			不得检出	GB/T 19650
511	地塞米松	Dexamethasone			不得检出	SN/T 1970
512	氯亚胺硫磷	Dialifos			不得检出	GB/T 19650
513	敌菌净	Diaveridine			不得检出	SN/T 1926
514	驱虫特	Dibutyl succinate			不得检出	GB/T 20772
515	异氯磷	Dicapthon			不得检出	GB/T 20772
516	除线磷	Dichlofenthion			不得检出	GB/T 20772
517	苯氟磺胺	Dichlofluanid			不得检出	GB/T 19650
518	烯丙酰草胺	Dichlormid			不得检出	GB/T 19650

序号	农兽药中文名	农兽药英文名	欧盟标准限量要求 mg/kg	国家标准限量要求 mg/kg	三安超有机食品标准	
					限量要求 mg/kg	检测方法
519	敌敌畏	Dichlorvos			不得检出	GB/T 20772
520	苄氯三唑醇	Diclobutrazole			不得检出	GB/T 20772
521	禾草灵	Diclofop - methyl			不得检出	GB/T 19650
522	己烯雌酚	Diethylstilbestrol			不得检出	GB/T 20766
523	二氢链霉素	Dihydro - streptomycin			不得检出	GB/T 22969
524	甲氟磷	Dimefox			不得检出	GB/T 19650
525	哌草丹	Dimepiperate			不得检出	GB/T 19650
526	异戊乙净	Dimethametryn			不得检出	GB/T 19650
527	二甲酚草胺	Dimethenamid			不得检出	GB/T 19650
528	乐果	Dimethoate			不得检出	GB/T 20772
529	甲基毒虫畏	Dimethylvinphos			不得检出	GB/T 19650
530	地美硝唑	Dimetridazole			不得检出	GB/T 21318
531	二硝托安	Dinitolmide			不得检出	SN/T 2453
532	氨氟灵	Dinitramine			不得检出	GB/T 19650
533	消螨通	Dinobuton			不得检出	GB/T 19650
534	呋虫胺	Dinotefuran			不得检出	GB/T 20772
535	苯虫醚 - 1	Diofenolan - 1			不得检出	GB/T 19650
536	苯虫醚 - 2	Diofenolan - 2			不得检出	GB/T 19650
537	蔬果磷	Dioxabenzofos			不得检出	GB/T 19650
538	双苯酰草胺	Diphenamid			不得检出	GB/T 19650
539	二苯胺	Diphenylamine			不得检出	GB/T 19650
540	异丙净	Dipropetryn			不得检出	GB/T 19650
541	灭菌磷	Ditalimfos			不得检出	GB/T 19650
542	氟硫草定	Dithiopyr			不得检出	GB/T 19650
543	多拉菌素	Doramectin			不得检出	GB/T 22968
544	强力霉素	Doxycycline			不得检出	GB/T 20764
545	敌瘟磷	Edifenphos			不得检出	GB/T 19650
546	硫丹硫酸盐	Endosulfan - sulfate			不得检出	GB/T 19650
547	异狄氏剂酮	Endrin ketone			不得检出	GB/T 19650
548	苯硫磷	EPN			不得检出	GB/T 19650
549	埃普利诺菌素	Eprinomectin			不得检出	GB/T 21320
550	抑草蓬	Erbon			不得检出	GB/T 19650
551	*S* - 氰戊菊酯	Esfenvalerate			不得检出	GB/T 19650
552	戊草丹	Esprocarb			不得检出	GB/T 19650
553	乙环唑 - 1	Etaconazole - 1			不得检出	GB/T 19650
554	乙环唑 - 2	Etaconazole - 2			不得检出	GB/T 19650
555	乙嘧硫磷	Etrimfos			不得检出	GB/T 19650
556	氧乙嘧硫磷	Etrimfos oxon			不得检出	GB/T 19650
557	伐灭磷	Famphur			不得检出	GB/T 19650

序号	农兽药中文名	农兽药英文名	欧盟标准限量要求 mg/kg	国家标准限量要求 mg/kg	三安超有机食品标准	
					限量要求 mg/kg	检测方法
558	苯线磷亚砜	Fenamiphos sulfoxide			不得检出	GB/T 19650
559	苯线磷砜	Fenamiphos – sulfone			不得检出	GB/T 19650
560	苯硫苯咪唑	Fenbendazole			不得检出	SN 0638
561	氧皮蝇磷	Fenchlorphos oxon			不得检出	GB/T 19650
562	甲呋酰胺	Fenfuram			不得检出	GB/T 19650
563	仲丁威	Fenobucarb			不得检出	GB/T 19650
564	苯硫威	Fenothiocarb			不得检出	GB/T 19650
565	稻瘟酰胺	Fenoxanil			不得检出	GB/T 19650
566	拌种咯	Fenpiclonil			不得检出	GB/T 19650
567	甲氰菊酯	Fenpropathrin			不得检出	GB/T 19650
568	芬螨酯	Fenson			不得检出	GB/T 19650
569	丰索磷	Fensulfothion			不得检出	GB/T 19650
570	倍硫磷亚砜	Fenthion sulfoxide			不得检出	GB/T 19650
571	麦草氟异丙酯	Flamprop – isopropyl			不得检出	GB/T 19650
572	麦草氟甲酯	Flamprop – methyl			不得检出	GB/T 19650
573	吡氟禾草灵	Fluazifop – butyl			不得检出	GB/T 19650
574	啶蜱脲	Fluazuron			不得检出	SN/T 2540
575	氟苯咪唑	Flubendazole			不得检出	GB/T 21324
576	氟噻草胺	Flufenacet			不得检出	GB/T 19650
577	氟节胺	Flumetralin			不得检出	GB/T 19650
578	唑嘧磺草胺	Flumetsulam			不得检出	GB/T 20772
579	氟烯草酸	Flumiclorac			不得检出	GB/T 19650
580	丙炔氟草胺	Flumioxazin			不得检出	GB/T 19650
581	氟胺烟酸	Flunixin			不得检出	GB/T 20750
582	三氟硝草醚	Fluorodifen			不得检出	GB/T 19650
583	乙羧氟草醚	Fluoroglycofen – ethyl			不得检出	GB/T 19650
584	三氟苯唑	Fluotrimazole			不得检出	GB/T 19650
585	氟啶草酮	Fluridone			不得检出	GB/T 19650
586	氟草烟 – 1 – 甲庚酯	Fluroxypr – 1 – methylheptyl ester			不得检出	GB/T 19650
587	呋草酮	Flurtamone			不得检出	GB/T 19650
588	地虫硫磷	Fonofos			不得检出	GB/T 19650
589	安果	Formothion			不得检出	GB/T 19650
590	呋霜灵	Furalaxyl			不得检出	GB/T 19650
591	庆大霉素	Gentamicin			不得检出	GB/T 21323
592	苄螨醚	Halfenprox			不得检出	GB/T 19650
593	氟哌啶醇	Haloperidol			不得检出	GB/T 20763
594	庚烯磷	Heptanophos			不得检出	GB/T 19650
595	己唑醇	Hexaconazole			不得检出	GB/T 19650

序号	农兽药中文名	农兽药英文名	欧盟标准限量要求 mg/kg	国家标准限量要求 mg/kg	三安超有机食品标准	
					限量要求 mg/kg	检测方法
596	环嗪酮	Hexazinone			不得检出	GB/T 19650
597	咪草酸	Imazamethabenz – methyl			不得检出	GB/T 19650
598	脱苯甲基亚胺唑	Imibenconazole – *des* – benzyl			不得检出	GB/T 19650
599	炔咪菊酯 –1	Imiprothrin – 1			不得检出	GB/T 19650
600	炔咪菊酯 –2	Imiprothrin – 2			不得检出	GB/T 19650
601	碘硫磷	Iodofenphos			不得检出	GB/T 19650
602	甲基碘磺隆	Iodosulfuron – methyl			不得检出	GB/T 20772
603	异稻瘟净	Iprobenfos			不得检出	GB/T 19650
604	氯唑磷	Isazofos			不得检出	GB/T 19650
605	碳氯灵	Isobenzan			不得检出	GB/T 19650
606	丁咪酰胺	Isocarbamid			不得检出	GB/T 19650
607	水胺硫磷	Isocarbophos			不得检出	GB/T 19650
608	异艾氏剂	Isodrin			不得检出	GB/T 19650
609	异柳磷	Isofenphos			不得检出	GB/T 19650
610	氧异柳磷	Isofenphos oxon			不得检出	GB/T 19650
611	氮氨菲啶	Isometamidium			不得检出	SN/T 2239
612	丁嗪草酮	Isomethiozin			不得检出	GB/T 19650
613	异丙威 –1	Isoprocarb – 1			不得检出	GB/T 19650
614	异丙威 –2	Isoprocarb – 2			不得检出	GB/T 19650
615	异丙乐灵	Isopropalin			不得检出	GB/T 19650
616	双苯噁唑酸	Isoxadifen – ethyl			不得检出	GB/T 19650
617	异噁氟草	Isoxaflutole			不得检出	GB/T 20772
618	噁唑啉	Isoxathion			不得检出	GB/T 19650
619	依维菌素	Ivermectin			不得检出	GB/T 21320
620	交沙霉素	Josamycin			不得检出	GB/T 20762
621	溴苯磷	Leptophos			不得检出	GB/T 19650
622	利谷隆	Linuron			不得检出	GB/T 19650
623	麻保沙星	Marbofloxacin			不得检出	GB/T 22985
624	2 – 甲 – 4 – 氯丁氧乙基酯	MCPA – butoxyethyl ester			不得检出	GB/T 19650
625	甲苯咪唑	Mebendazole			不得检出	GB/T 21324
626	灭蚜磷	Mecarbam			不得检出	GB/T 19650
627	二甲四氯丙酸	Mecoprop			不得检出	SN/T 2325
628	苯噻酰草胺	Mefenacet			不得检出	GB/T 19650
629	吡唑解草酯	Mefenpyr – diethyl			不得检出	GB/T 19650
630	醋酸甲地孕酮	Megestrol acetate			不得检出	GB/T 20753
631	醋酸美仑孕酮	Melengestrol acetate			不得检出	GB/T 20753
632	嘧菌胺	Mepanipyrim			不得检出	GB/T 19650
633	地胺磷	Mephosfolan			不得检出	GB/T 19650
634	灭锈胺	Mepronil			不得检出	GB/T 19650

序号	农兽药中文名	农兽药英文名	欧盟标准限量要求 mg/kg	国家标准限量要求 mg/kg	三安超有机食品标准	
					限量要求 mg/kg	检测方法
635	硝磺草酮	Mesotrione			不得检出	参照同类标准
636	呋菌胺	Methfuroxam			不得检出	GB/T 19650
637	灭梭威砜	Methiocarb sulfone			不得检出	GB/T 19650
638	盖草津	Methoprotryne			不得检出	GB/T 19650
639	甲醚菊酯-1	Methothrin-1			不得检出	GB/T 19650
640	甲醚菊酯-2	Methothrin-2			不得检出	GB/T 19650
641	甲基泼尼松龙	Methylprednisolone			不得检出	GB/T 21981
642	溴谷隆	Metobromuron			不得检出	GB/T 19650
643	甲氧氯普胺	Metoclopramide			不得检出	SN/T 2227
644	苯氧菌胺-1	Metominsstrobin-1			不得检出	GB/T 19650
645	苯氧菌胺-2	Metominsstrobin-2			不得检出	GB/T 19650
646	甲硝唑	Metronidazole			不得检出	GB/T 21318
647	速灭磷	Mevinphos			不得检出	GB/T 19650
648	兹克威	Mexacarbate			不得检出	GB/T 19650
649	灭蚁灵	Mirex			不得检出	GB/T 19650
650	禾草敌	Molinate			不得检出	GB/T 19650
651	庚酰草胺	Monalide			不得检出	GB/T 19650
652	莫能菌素	Monensin			不得检出	SN 0698
653	莫西丁克	Moxidectin			不得检出	SN/T 2442
654	合成麝香	Musk ambrecte			不得检出	GB/T 19650
655	麝香	Musk moskene			不得检出	GB/T 19650
656	西藏麝香	Musk tibeten			不得检出	GB/T 19650
657	二甲苯麝香	Musk xylene			不得检出	GB/T 19650
658	萘夫西林	Nafcillin			不得检出	GB/T 22975
659	二溴磷	Naled			不得检出	SN/T 0706
660	萘丙胺	Naproanilide			不得检出	GB/T 19650
661	甲基盐霉素	Narasin			不得检出	GB/T 20364
662	甲磺乐灵	Nitralin			不得检出	GB/T 19650
663	三氯甲基吡啶	Nitrapyrin			不得检出	GB/T 19650
664	酞菌酯	Nitrothal-isopropyl			不得检出	GB/T 19650
665	诺氟沙星	Norfloxacin			不得检出	GB/T 20366
666	氟草敏	Norflurazon			不得检出	GB/T 19650
667	新生霉素	Novobiocin			不得检出	SN 0674
668	氟苯嘧啶醇	Nuarimol			不得检出	GB/T 19650
669	八氯苯乙烯	Octachlorostyrene			不得检出	GB/T 19650
670	氧氟沙星	Ofloxacin			不得检出	GB/T 20366
671	喹乙醇	Olaquindox			不得检出	GB/T 20746
672	竹桃霉素	Oleandomycin			不得检出	GB/T 20762
673	氧乐果	Omethoate			不得检出	GB/T 19650

序号	农兽药中文名	农兽药英文名	欧盟标准限量要求 mg/kg	国家标准限量要求 mg/kg	三安超有机食品标准	
					限量要求 mg/kg	检测方法
674	奥比沙星	Orbifloxacin			不得检出	GB/T 22985
675	杀线威	Oxamyl			不得检出	GB/T 20772
676	奥芬达唑	Oxfendazole			不得检出	GB/T 22972
677	丙氧苯咪唑	Oxibendazole			不得检出	GB/T 21324
678	氧化氯丹	Oxy - chlordane			不得检出	GB/T 19650
679	土霉素	Oxytetracycline			不得检出	GB/T 21317
680	对氧磷	Paraoxon			不得检出	GB/T 19650
681	甲基对氧磷	Paraoxon - methyl			不得检出	GB/T 19650
682	克草敌	Pebulate			不得检出	GB/T 19650
683	五氯苯胺	Pentachloroaniline			不得检出	GB/T 19650
684	五氯甲氧基苯	Pentachloroanisole			不得检出	GB/T 19650
685	五氯苯	Pentachlorobenzene			不得检出	GB/T 19650
686	乙滴涕	Perthane			不得检出	GB/T 19650
687	菲	Phenanthrene			不得检出	GB/T 19650
688	稻丰散	Phenthoate			不得检出	GB/T 19650
689	甲拌磷砜	Phorate sulfone			不得检出	GB/T 19650
690	磷胺 - 1	Phosphamidon - 1			不得检出	GB/T 19650
691	磷胺 - 2	Phosphamidon - 2			不得检出	GB/T 19650
692	酞酸苯甲基丁酯	Phthalic acid, benzylbutyl ester			不得检出	GB/T 19650
693	四氯苯肽	Phthalide			不得检出	GB/T 19650
694	邻苯二甲酰亚胺	Phthalimide			不得检出	GB/T 19650
695	氟吡酰草胺	Picolinafen			不得检出	GB/T 19650
696	增效醚	Piperonyl butoxide			不得检出	GB/T 19650
697	哌草磷	Piperophos			不得检出	GB/T 19650
698	乙基虫螨清	Pirimiphos - ethyl			不得检出	GB/T 19650
699	吡利霉素	Pirlimycin			不得检出	GB/T 22988
700	炔丙菊酯	Prallethrin			不得检出	GB/T 19650
701	泼尼松龙	Prednisolone			不得检出	GB/T 21981
702	丙草胺	Pretilachlor			不得检出	GB/T 19650
703	环丙氟灵	Profluralin			不得检出	GB/T 19650
704	茉莉酮	Prohydrojasmon			不得检出	GB/T 19650
705	扑灭通	Prometon			不得检出	GB/T 19650
706	扑草净	Prometryne			不得检出	GB/T 19650
707	炔丙烯草胺	Pronamide			不得检出	GB/T 19650
708	敌稗	Propanil			不得检出	GB/T 19650
709	扑灭津	Propazine			不得检出	GB/T 19650
710	胺丙畏	Propetamphos			不得检出	GB/T 19650
711	丙酰二甲氨基丙吩噻嗪	Propionylpromazin			不得检出	GB/T 20763
712	丙硫磷	Prothiophos			不得检出	GB/T 19650

序号	农兽药中文名	农兽药英文名	欧盟标准限量要求 mg/kg	国家标准限量要求 mg/kg	三安超有机食品标准	
					限量要求 mg/kg	检测方法
713	哒嗪硫磷	Pyridafenthion			不得检出	GB/T 19650
714	吡唑硫磷	Pyraclofos			不得检出	GB/T 19650
715	吡草醚	Pyraflufen – ethyl			不得检出	GB/T 19650
716	啶斑肟 – 1	Pyrifenox – 1			不得检出	GB/T 19650
717	啶斑肟 – 2	Pyrifenox – 2			不得检出	GB/T 19650
718	环酯草醚	Pyriftalid			不得检出	GB/T 19650
719	嘧螨醚	Pyrimidifen			不得检出	GB/T 19650
720	嘧草醚	Pyriminobac – methyl			不得检出	GB/T 19650
721	嘧啶磷	Pyrimitate			不得检出	GB/T 19650
722	喹硫磷	Quinalphos			不得检出	GB/T 19650
723	灭藻醌	Quinoclamine			不得检出	GB/T 19650
724	吡咪唑	Rabenzazole			不得检出	GB/T 19650
725	莱克多巴胺	Ractopamine			不得检出	GB/T 21313
726	洛硝达唑	Ronidazole			不得检出	GB/T 21318
727	皮蝇磷	Ronnel			不得检出	GB/T 19650
728	盐霉素	Salinomycin			不得检出	GB/T 20364
729	沙拉沙星	Sarafloxacin			不得检出	GB/T 20366
730	另丁津	Sebutylazine			不得检出	GB/T 19650
731	密草通	Secbumeton			不得检出	GB/T 19650
732	氨基脲	Semduramicin			不得检出	GB/T 20752
733	烯禾啶	Sethoxydim			不得检出	GB/T 19650
734	氟硅菊酯	Silafluofen			不得检出	GB/T 19650
735	硅氟唑	Simeconazole			不得检出	GB/T 19650
736	西玛通	Simetone			不得检出	GB/T 19650
737	西草净	Simetryn			不得检出	GB/T 19650
738	螺旋霉素	Spiramycin			不得检出	GB/T 20762
739	链霉素	Streptomycin			不得检出	GB/T 21323
740	磺胺苯酰	Sulfabenzamide			不得检出	GB/T 21316
741	磺胺醋酰	Sulfacetamide			不得检出	GB/T 21316
742	磺胺氯哒嗪	Sulfachloropyridazine			不得检出	GB/T 21316
743	磺胺嘧啶	Sulfadiazine			不得检出	GB/T 21316
744	磺胺间二甲氧嘧啶	Sulfadimethoxine			不得检出	GB/T 21316
745	磺胺二甲嘧啶	Sulfadimidine			不得检出	GB/T 21316
746	磺胺多辛	Sulfadoxine			不得检出	GB/T 21316
747	磺胺胍	Sulfaguanidine			不得检出	GB/T 21316
748	菜草畏	Sulfallate			不得检出	GB/T 19650
749	磺胺甲嘧啶	Sulfamerazine			不得检出	GB/T 21316
750	新诺明	Sulfamethoxazole			不得检出	GB/T 21316
751	磺胺间甲氧嘧啶	Sulfamonomethoxine			不得检出	GB/T 21316

序号	农兽药中文名	农兽药英文名	欧盟标准限量要求 mg/kg	国家标准限量要求 mg/kg	三安超有机食品标准	
					限量要求 mg/kg	检测方法
752	乙酰磺胺对硝基苯	Sulfanitran			不得检出	GB/T 20772
753	磺胺吡啶	Sulfapyridine			不得检出	GB/T 21316
754	磺胺喹沙啉	Sulfaquinoxaline			不得检出	GB/T 21316
755	磺胺噻唑	Sulfathiazole			不得检出	GB/T 21316
756	治螟磷	Sulfotep			不得检出	GB/T 19650
757	硫丙磷	Sulprofos			不得检出	GB/T 19650
758	苯噻硫氰	TCMTB			不得检出	GB/T 19650
759	丁基嘧啶磷	Tebupirimfos			不得检出	GB/T 19650
760	牧草胺	Tebutam			不得检出	GB/T 19650
761	丁噻隆	Tebuthiuron			不得检出	GB/T 20772
762	双硫磷	Temephos			不得检出	GB/T 20772
763	特草灵	Terbucarb			不得检出	GB/T 19650
764	特丁通	Terbumeton			不得检出	GB/T 19650
765	特丁净	Terbutryn			不得检出	GB/T 19650
766	四氢邻苯二甲酰亚胺	Tetrabydrophthalimide			不得检出	GB/T 19650
767	杀虫畏	Tetrachlorvinphos			不得检出	GB/T 19650
768	四环素	Tetracycline			不得检出	GB/T 21317
769	胺菊酯	Tetramethirn			不得检出	GB/T 19650
770	杀螨氯硫	Tetrasul			不得检出	GB/T 19650
771	噻吩草胺	Thenylchlor			不得检出	GB/T 19650
772	噻唑烟酸	Thiazopyr			不得检出	GB/T 19650
773	噻苯隆	Thidiazuron			不得检出	GB/T 20772
774	噻吩磺隆	Thifensulfuron – methyl			不得检出	GB/T 20772
775	甲基乙拌磷	Thiometon			不得检出	GB/T 20772
776	虫线磷	Thionazin			不得检出	GB/T 19650
777	硫普罗宁	Tiopronin			不得检出	SN/T 2225
778	三甲苯草酮	Tralkoxydim			不得检出	GB/T 19650
779	四溴菊酯	Tralomethrin			不得检出	SN/T 2320
780	反式－氯丹	*trans* – Chlordane			不得检出	GB/T 19650
781	反式－燕麦敌	*trans* – Diallate			不得检出	GB/T 19650
782	四氟苯菊酯	Transfluthrin			不得检出	GB/T 19650
783	反式九氯	*trans* – Nonachlor			不得检出	GB/T 19650
784	反式－氯菊酯	*trans* – Permethrin			不得检出	GB/T 19650
785	群勃龙	Trenbolone			不得检出	GB/T 21981
786	威菌磷	Triamiphos			不得检出	GB/T 19650
787	毒壤磷	Trichloronate			不得检出	GB/T 19650
788	灭草环	Tridiphane			不得检出	GB/T 19650
789	草达津	Trietazine			不得检出	GB/T 19650
790	三异丁基磷酸盐	Tri – *iso* – butyl phosphate			不得检出	GB/T 19650

序号	农兽药中文名	农兽药英文名	欧盟标准限量要求 mg/kg	国家标准限量要求 mg/kg	三安超有机食品标准	
					限量要求 mg/kg	检测方法
791	三苯基磷酸盐	Tri - n - butyl phosphate			不得检出	GB/T 19650
792	三正丁基磷酸盐	Triphenyl phosphate			不得检出	GB/T 19650
793	烯效唑	Uniconazole			不得检出	GB/T 19650
794	灭草敌	Vernolate			不得检出	GB/T 19650
795	维吉尼霉素	Virginiamycin			不得检出	GB/T 20765
796	杀鼠灵	War farin			不得检出	GB/T 20772
797	甲苯噻嗪	Xylazine			不得检出	GB/T 20763
798	右环十四酮酚	Zeranol			不得检出	GB/T 21982
799	苯酰菌胺	Zoxamide			不得检出	GB/T 19650

8.3 火鸡肝脏 Turkey Liver

序号	农兽药中文名	农兽药英文名	欧盟标准限量要求 mg/kg	国家标准限量要求 mg/kg	三安超有机食品标准	
					限量要求 mg/kg	检测方法
1	1,1 - 二氯 - 2,2 - 二(4 - 乙苯)乙烷	1,1 - Dichloro - 2,2 - bis(4 - ethylphenyl) ethane	0.01		不得检出	日本肯定列表(增补本 1)
2	1,2 - 二氯乙烷	1,2 - Dichloroethane	0.1		不得检出	SN/T 2238
3	1,3 - 二氯丙烯	1,3 - Dichloropropene	0.01		不得检出	SN/T 2238
4	1 - 萘乙酸	1 - Naphthylacetic acid	0.05		不得检出	SN/T 2228
5	2,4 - 滴	2,4 - D	0.05		不得检出	GB/T 20772
6	2,4 - 滴丁酸	2,4 - DB	0.1		不得检出	GB/T 20769
7	2 - 苯酚	2 - Phenylphenol	0.05		不得检出	GB/T 19650
8	阿维菌素	Abamectin	0.02		不得检出	SN/T 2661
9	乙酰甲胺磷	Acephate	0.02		不得检出	GB/T 20772
10	灭螨醌	Acequinocyl	0.01		不得检出	参照同类标准
11	啶虫脒	Acetamiprid	0.1		不得检出	GB/T 20772
12	乙草胺	Acetochlor	0.01		不得检出	GB/T 19650
13	苯并噻二唑	Acibenzolar - S - methyl	0.02		不得检出	GB/T 20772
14	苯草醚	Aclonifen	0.02		不得检出	GB/T 20772
15	氟丙菊酯	Acrinathrin	0.05		不得检出	GB/T 19648
16	甲草胺	Alachlor	0.01		不得检出	GB/T 20772
17	涕灭威	Aldicarb	0.01		不得检出	GB/T 20772
18	艾氏剂和狄氏剂	Aldrin and dieldrin	0.2		不得检出	GB/T 19650
19	—	Ametoctradin	0.03		不得检出	参照同类标准
20	酰嘧磺隆	Amidosulfuron	0.02		不得检出	参照同类标准
21	氯氨吡啶酸	Aminopyralid	0.02		不得检出	GB/T 23211
22	—	Amisulbrom	0.01		不得检出	参照同类标准
23	阿莫西林	Amoxicillin	50μg/kg		不得检出	NY/T 830

序号	农兽药中文名	农兽药英文名	欧盟标准限量要求 mg/kg	国家标准限量要求 mg/kg	三安超有机食品标准	
					限量要求 mg/kg	检测方法
24	氨苄青霉素	Ampicillin	50μg/kg		不得检出	GB/T 21315
25	敌菌灵	Anilazine	0.01		不得检出	GB/T 20769
26	杀螨特	Aramite	0.01		不得检出	GB/T 19650
27	磺草灵	Asulam	0.1		不得检出	日本肯定列表(增补本 1)
28	阿维拉霉素	Avilamycin	300μg/kg		不得检出	GB/T21315
29	印楝素	Azadirachtin	0.01		不得检出	SN/T 3264
30	益棉磷	Azinphos – ethyl	0.01		不得检出	GB/T 19650
31	保棉磷	Azinphos – methyl	0.01		不得检出	GB/T 20772
32	三唑锡和三环锡	Azocyclotin and cyhexatin	0.05		不得检出	SN/T 1990
33	嘧菌酯	Azoxystrobin	0.07		不得检出	GB/T 20772
34	燕麦灵	Barban	0.05		不得检出	参照同类标准
35	氟丁酰草胺	Beflubutamid	0.05		不得检出	参照同类标准
36	苯霜灵	Benalaxyl	0.05		不得检出	GB/T 20772
37	丙硫克百威	Benfuracarb	0.02		不得检出	GB/T 20772
38	苄青霉素	Benzyl pencillin	50μg/kg		不得检出	GB/T 21315
39	联苯肼酯	Bifenazate	0.01		不得检出	GB/T 20772
40	甲羧除草醚	Bifenox	0.05		不得检出	GB/T 23210
41	联苯菊酯	Bifenthrin	0.2		不得检出	GB/T 19650
42	乐杀螨	Binapacryl	0.01		不得检出	SN 0523
43	联苯	Biphenyl	0.01		不得检出	GB/T 19650
44	联苯三唑醇	Bitertanol	0.05		不得检出	GB/T 20772
45	—	Bixafen	0.02		不得检出	参照同类标准
46	啶酰菌胺	Boscalid	0.2		不得检出	GB/T 20772
47	溴离子	Bromide ion	0.05		不得检出	GB/T5009.167
48	溴螨酯	Bromopropylate	0.01		不得检出	GB/T 19650
49	溴苯腈	Bromoxynil	0.05		不得检出	GB/T 20772
50	糠菌唑	Bromuconazole	0.05		不得检出	GB/T 19650
51	乙嘧酚磺酸酯	Bupirimate	0.05		不得检出	GB/T 19650
52	噻嗪酮	Buprofezin	0.05		不得检出	GB/T 20772
53	仲丁灵	Butralin	0.02		不得检出	GB/T 19650
54	丁草敌	Butylate	0.01		不得检出	GB/T 19650
55	硫线磷	Cadusafos	0.01		不得检出	GB/T 19650
56	毒杀芬	Camphechlor	0.05		不得检出	YC/T 180
57	敌菌丹	Captafol	0.01		不得检出	GB/T 23210
58	克菌丹	Captan	0.02		不得检出	GB/T 19648
59	甲萘威	Carbaryl	0.05		不得检出	GB/T 20796
60	多菌灵和苯菌灵	Carbendazim and benomyl	0.05		不得检出	GB/T 20772
61	长杀草	Carbetamide	0.05		不得检出	GB/T 20772

序号	农兽药中文名	农兽药英文名	欧盟标准限量要求 mg/kg	国家标准限量要求 mg/kg	三安超有机食品标准	
					限量要求 mg/kg	检测方法
62	克百威	Carbofuran	0.01		不得检出	GB/T 20772
63	丁硫克百威	Carbosulfan	0.05		不得检出	GB/T 19650
64	萎锈灵	Carboxin	0.05		不得检出	GB/T 20772
65	氯虫苯甲酰胺	Chlorantraniliprole	0.2		不得检出	参照同类标准
66	杀螨醚	Chlorbenside	0.05		不得检出	GB/T 19650
67	氯炔灵	Chlorbufam	0.05		不得检出	GB/T 20772
68	氯丹	Chlordane	0.05		不得检出	GB/T 5009.19
69	十氯酮	Chlordecone	0.1		不得检出	参照同类标准
70	杀螨酯	Chlorfenson	0.05		不得检出	GB/T 19650
71	毒虫畏	Chlorfenvinphos	0.01		不得检出	GB/T 19650
72	氯草敏	Chloridazon	0.1		不得检出	GB/T 20772
73	矮壮素	Chlormequat	0.05		不得检出	GB/T 23211
74	乙酯杀螨醇	Chlorobenzilate	0.1		不得检出	GB/T 23210
75	百菌清	Chlorothalonil	0.2		不得检出	SN/T 2320
76	绿麦隆	Chlortoluron	0.05		不得检出	GB/T 20772
77	枯草隆	Chloroxuron	0.05		不得检出	SN/T 2150
78	氯苯胺灵	Chlorpropham	0.05		不得检出	GB/T 19650
79	甲基毒死蜱	Chlorpyrifos - methyl	0.05		不得检出	GB/T 19650
80	金霉素	Chlortetracycline	300μg/kg		不得检出	GB/T 21317
81	氯酞酸甲酯	Chlorthaldimethyl	0.01		不得检出	GB/T 19650
82	氯硫酰草胺	Chlorthiamid	0.02		不得检出	GB/T 20772
83	烯草酮	Clethodim	0.05		不得检出	GB/T 19650
84	炔草酯	Clodinafop - propargyl	0.02		不得检出	GB/T 19650
85	四螨嗪	Clofentezine	0.05		不得检出	GB/T 20772
86	二氯吡啶酸	Clopyralid	0.05		不得检出	SN/T 2228
87	噻虫胺	Clothianidin	0.05		不得检出	GB/T 20772
88	邻氯青霉素	Cloxacillin	300μg/kg		不得检出	GB/T 18932.25
89	黏菌素	Colistin	150μg/kg		不得检出	参照同类标准
90	铜化合物	Copper compounds	30		不得检出	参照同类标准
91	环烷基酰苯胺	Cyclanilide	0.01		不得检出	参照同类标准
92	噻草酮	Cycloxydim	0.05		不得检出	GB/T 19650
93	环氟菌胺	Cyflufenamid	0.03		不得检出	GB/T 23210
94	氟氯氰菊酯和高效氟氯氰菊酯	Cyfluthrin and beta - cyfluthrin	0.05		不得检出	GB/T 19650
95	霜脲氰	Cymoxanil	0.05		不得检出	GB/T 20772
96	氯氰菊酯和高效氯氰菊酯	Cypermethrin and beta - cypermethrin	0.2		不得检出	GB/T 19650
97	环丙唑醇	Cyproconazole	0.5		不得检出	GB/T 20772
98	嘧菌环胺	Cyprodinil	0.05		不得检出	GB/T 19650

序号	农兽药中文名	农兽药英文名	欧盟标准限量要求 mg/kg	国家标准限量要求 mg/kg	三安超有机食品标准	
					限量要求 mg/kg	检测方法
99	灭蝇胺	Cyromazine	0.05		不得检出	GB/T 20772
100	丁酰肼	Daminozide	0.05		不得检出	SN/T 1989
101	滴滴涕	DDT	1		不得检出	SN/T 0127
102	溴氰菊酯	Deltamethrin	0.03		不得检出	GB/T 19650
103	燕麦敌	Diallate	0.2		不得检出	GB/T 23211
104	二嗪磷	Diazinon	0.01		不得检出	GB/T 19650
105	麦草畏	Dicamba	0.7		不得检出	GB/T 20772
106	敌草腈	Dichlobenil	0.01		不得检出	GB/T 19650
107	滴丙酸	Dichlorprop	0.1		不得检出	SN/T 2228
108	地克珠利(杀球灵)	Diclazuril	1500μg/kg		不得检出	SN/T 2318
109	二氯苯氧基丙酸	Diclofop	0.01		不得检出	参照同类标准
110	氯硝胺	Dicloran	0.01		不得检出	GB/T 19650
111	双氯青霉素	Dicloxacillin	300μg/kg		不得检出	GB/T 18932.25
112	三氯杀螨醇	Dicofol	0.05		不得检出	GB/T 19650
113	乙霉威	Diethofencarb	0.05		不得检出	GB/T 19650
114	苯醚甲环唑	Difenoconazole	0.2		不得检出	GB/T 19650
115	双氟沙星	Difloxacin	1900μg/kg		不得检出	GB/T 20366
116	除虫脲	Diflubenzuron	0.05		不得检出	SN/T 0528
117	吡氟酰草胺	Diflufenican	0.05		不得检出	GB/T 20772
118	油菜安	Dimethachlor	0.02		不得检出	GB/T 20772
119	烯酰吗啉	Dimethomorph	0.05		不得检出	GB/T 20772
120	醚菌胺	Dimoxystrobin	0.05		不得检出	SN/T 2237
121	烯唑醇	Diniconazole	0.01		不得检出	GB/T 19650
122	敌螨普	Dinocap	0.05		不得检出	日本肯定列表(增补本1)
123	地乐酚	Dinoseb	0.01		不得检出	GB/T 20772
124	特乐酚	Dinoterb	0.05		不得检出	GB/T 20772
125	敌噁磷	Dioxathion	0.05		不得检出	GB/T 19650
126	敌草快	Diquat	0.05		不得检出	GB/T 5009.221
127	乙拌磷	Disulfoton	0.01		不得检出	GB/T 20772
128	二氰蒽醌	Dithianon	0.01		不得检出	GB/T 20769
129	二硫代氨基甲酸酯	Dithiocarbamates	0.05		不得检出	SN 0139
130	敌草隆	Diuron	0.05		不得检出	SN/T 0645
131	二硝甲酚	DNOC	0.05		不得检出	GB/T 20772
132	多果定	Dodine	0.2		不得检出	SN 0500
133	强力霉素	Doxycycline	300μg/kg		不得检出	GB/T 20764
134	甲氨基阿维菌素苯甲酸盐	Emamectin benzoate	0.01		不得检出	GB/T 20769
135	硫丹	Endosulfan	0.05	0.03	不得检出	GB/T 19650
136	异狄氏剂	Endrin	0.05		不得检出	GB/T 19650

序号	农兽药中文名	农兽药英文名	欧盟标准限量要求 mg/kg	国家标准限量要求 mg/kg	三安超有机食品标准	
					限量要求 mg/kg	检测方法
137	恩诺沙星	Enrofloxacin	200μg/kg		不得检出	GB/T 20366
138	氟环唑	Epoxiconazole	0.2		不得检出	GB/T 20772
139	茵草敌	EPTC	0.02		不得检出	GB/T 20772
140	红霉素	Erythromycin	200μg/kg		不得检出	GB/T 20762
141	乙丁烯氟灵	Ethalfluralin	0.01		不得检出	GB/T 19650
142	胺苯磺隆	Ethametsulfuron	0.01		不得检出	NY/T 1616
143	乙烯利	Ethephon	0.05		不得检出	SN 0705
144	乙硫磷	Ethion	0.01		不得检出	GB/T 19650
145	乙嘧酚	Ethirimol	0.05		不得检出	GB/T 20772
146	乙氧呋草黄	Ethofumesate	0.1		不得检出	GB/T 20772
147	灭线磷	Ethoprophos	0.01		不得检出	GB/T 19650
148	乙氧喹啉	Ethoxyquin	0.05		不得检出	GB/T 20772
149	环氧乙烷	Ethylene oxide	0.02		不得检出	GB/T 23296.11
150	醚菊酯	Etofenprox	0.5		不得检出	GB/T 19650
151	乙螨唑	Etoxazole	0.01		不得检出	GB/T 19650
152	氯唑灵	Etridiazole	0.05		不得检出	GB/T 20772
153	噁唑菌酮	Famoxadone	0.05		不得检出	GB/T 20772
154	咪唑菌酮	Fenamidone	0.01		不得检出	GB/T 19650
155	苯线磷	Fenamiphos	0.01		不得检出	GB/T 19650
156	氯苯嘧啶醇	Fenarimol	0.02		不得检出	GB/T 20772
157	喹螨醚	Fenazaquin	0.01		不得检出	GB/T 19650
158	腈苯唑	Fenbuconazole	0.05		不得检出	GB/T 20772
159	苯丁锡	Fenbutatin oxide	0.05		不得检出	SN/T 3149
160	环酰菌胺	Fenhexamid	0.05		不得检出	GB/T 20772
161	杀螟硫磷	Fenitrothion	0.01		不得检出	GB/T 20772
162	精噁唑禾草灵	Fenoxaprop - *P* - ethyl	0.05		不得检出	GB 22617
163	双氧威	Fenoxycarb	0.05		不得检出	GB/T 19650
164	苯锈啶	Fenpropidin	0.02		不得检出	GB/T 19650
165	丁苯吗啉	Fenpropimorph	0.01		不得检出	GB/T 20772
166	胺苯吡菌酮	Fenpyrazamine	0.01		不得检出	参照同类标准
167	唑螨酯	Fenpyroximate	0.01		不得检出	GB/T 19650
168	倍硫磷	Fenthion	0.05		不得检出	GB/T 20772
169	三苯锡	Fentin	0.05		不得检出	SN/T 3149
170	薯瘟锡	Fentin acetate	0.05		不得检出	参照同类标准
171	氰戊菊酯和高效氰戊菊酯(RR & SS 异构体总量)	Fenvalerate and esfenvalerate (sum of RR & SS isomers)	0.2		不得检出	GB/T 19650
172	氰戊菊酯和高效氰戊菊酯(RS & SR 异构体总量)	Fenvalerate and esfenvalerate (sum of RS & SR isomers)	0.05		不得检出	GB/T 19650
173	氟虫腈	Fipronil	0.01		不得检出	SN/T 1982

序号	农兽药中文名	农兽药英文名	欧盟标准限量要求 mg/kg	国家标准限量要求 mg/kg	三安超有机食品标准	
					限量要求 mg/kg	检测方法
174	氟啶虫酰胺	Flonicamid	0.03		不得检出	SN/T 2796
175	氟苯尼考	Florfenicol	2500μg/kg		不得检出	GB/T 20756
176	精吡氟禾草灵	Fluazifop - *P* - butyl	0.05		不得检出	GB/T 5009.142
177	氟啶胺	Fluazinam	0.05		不得检出	SN/T 2150
178	氟苯咪唑	Flubendazole	400μg/kg		不得检出	GB/T 21324
179	氟苯虫酰胺	Flubendiamide	1		不得检出	SN/T 2581
180	氟环脲	Flucycloxuron	0.05		不得检出	参照同类标准
181	氟氰戊菊酯	Flucythrinate	0.05		不得检出	GB/T 23210
182	咯菌腈	Fludioxonil	0.05		不得检出	GB/T 20772
183	氟虫脲	Flufenoxuron	0.05		不得检出	SN/T 2150
184	—	Flufenzin	0.02		不得检出	参照同类标准
185	氟甲喹	Flumequin	800μg/kg		不得检出	SN/T 1921
186	氟吡菌胺	Fluopicolide	0.01		不得检出	参照同类标准
187	—	Fluopyram	0.7		不得检出	参照同类标准
188	氟离子	Fluoride ion	1		不得检出	GB/T 5009.167
189	氟腈嘧菌酯	Fluoxastrobin	0.05		不得检出	SN/T 2237
190	氟喹唑	Fluquinconazole	0.3		不得检出	GB/T 19650
191	氟咯草酮	Fluorochloridone	0.05		不得检出	GB/T 20772
192	氟草烟	Fluroxypyr	0.05		不得检出	GB/T 20772
193	氟硅唑	Flusilazole	0.1		不得检出	GB/T 20772
194	氟酰胺	Flutolanil	0.02		不得检出	GB/T 20772
195	粉唑醇	Flutriafol	0.01		不得检出	GB/T 20772
196	—	Fluxapyroxad	0.01		不得检出	参照同类标准
197	氟磺胺草醚	Fomesafen	0.01		不得检出	GB/T 5009.130
198	氯吡脲	Forchlorfenuron	0.05		不得检出	SN/T 3643
199	伐虫脒	Formetanate	0.01		不得检出	NY/T 1453
200	三乙膦酸铝	Fosetyl - aluminium	0.5		不得检出	参照同类标准
201	麦穗宁	Fuberidazole	0.05		不得检出	GB/T 19650
202	呋线威	Furathiocarb	0.01		不得检出	GB/T 20772
203	糠醛	Furfural	1		不得检出	参照同类标准
204	勃激素	Gibberellic acid	0.1		不得检出	GB/T 23211
205	草胺膦	Glufosinate - ammonium	0.1		不得检出	日本肯定列表
206	草甘膦	Glyphosate	0.05		不得检出	SN/T 1923
207	双胍盐	Guazatine	0.1		不得检出	参照同类标准
208	氟吡禾灵	Haloxyfop	0.01		不得检出	SN/T 2228
209	七氯	Heptachlor	0.2		不得检出	SN 0663
210	六氯苯	Hexachlorobenzene	0.2		不得检出	SN/T 0127
211	六六六(HCH),α-异构体	Hexachlorociclohexane (HCH), alpha - isomer	0.2		不得检出	SN/T 0127

序号	农兽药中文名	农兽药英文名	欧盟标准限量要求 mg/kg	国家标准限量要求 mg/kg	三安超有机食品标准	
					限量要求 mg/kg	检测方法
212	六六六(HCH), β-异构体	Hexachlorociclohexane (HCH), beta - isomer	0.1		不得检出	SN/T 0127
213	噻螨酮	Hexythiazox	0.05		不得检出	GB/T 20772
214	噁霉灵	Hymexazol	0.05		不得检出	GB/T 20772
215	抑霉唑	Imazalil	0.05		不得检出	GB/T 20772
216	甲咪唑烟酸	Imazapic	0.01		不得检出	GB/T 20772
217	咪唑喹啉酸	Imazaquin	0.05		不得检出	GB/T 20772
218	吡虫啉	Imidacloprid	0.3		不得检出	GB/T 20772
219	茚虫威	Indoxacarb	0.05		不得检出	GB/T 20772
220	碘苯腈	Ioxynil	0.05		不得检出	GB/T 20772
221	异菌脲	Iprodione	0.05		不得检出	GB/T 19650
222	稻瘟灵	Isoprothiolane	0.01		不得检出	GB/T 20772
223	异丙隆	Isoproturon	0.05		不得检出	GB/T 20772
224	—	Isopyrazam	0.01		不得检出	参照同类标准
225	异噁酰草胺	Isoxaben	0.01		不得检出	GB/T 20772
226	卡那霉素	Kanamycin	600μg/kg		不得检出	GB/T 21323
227	醚菌酯	Kresoxim - methyl	0.02		不得检出	GB/T 20772
228	乳氟禾草灵	Lactofen	0.01		不得检出	GB/T 19650
229	高效氯氟氰菊酯	Lambda - cyhalothrin	0.5		不得检出	GB/T 23210
230	拉沙里菌素	Lasalocid	100μg/kg		不得检出	SN 0501
231	环草定	Lenacil	0.1		不得检出	GB/T 19650
232	林可霉素	Lincomycin	500μg/kg		不得检出	GB/T 20762
233	林丹	Lindane	0.02	0.01	不得检出	NY/T 761
234	虱螨脲	Lufenuron	0.02		不得检出	SN/T 2540
235	马拉硫磷	Malathion	0.02		不得检出	GB/T 19650
236	抑芽丹	Maleic hydrazide	0.05		不得检出	GB/T 23211
237	双炔酰菌胺	Mandipropamid	0.02		不得检出	参照同类标准
238	二甲四氯和二甲四氯丁酸	MCPA and MCPB	0.1		不得检出	SN/T 2228
239	壮棉素	Mepiquat chloride	0.05		不得检出	GB/T 23211
240	—	Meptyldinocap	0.05		不得检出	参照同类标准
241	汞化合物	Mercury compounds	0.01		不得检出	参照同类标准
242	氰氟虫腙	Metaflumizone	0.02		不得检出	SN/T 3852
243	甲霜灵和精甲霜灵	Metalaxyl and metalaxyl - M	0.05		不得检出	GB/T 20772
244	四聚乙醛	Metaldehyde	0.05		不得检出	SN/T 1787
245	苯嗪草酮	Metamitron	0.05		不得检出	GB/T 19650
246	吡唑草胺	Metazachlor	0.05		不得检出	GB/T 19650
247	叶菌唑	Metconazole	0.01		不得检出	GB/T 20772
248	甲基苯噻隆	Methabenzthiazuron	0.05		不得检出	GB/T 19650
249	虫螨畏	Methacrifos	0.01		不得检出	GB/T 20772

序号	农兽药中文名	农兽药英文名	欧盟标准限量要求 mg/kg	国家标准限量要求 mg/kg	三安超有机食品标准	
					限量要求 mg/kg	检测方法
250	甲胺磷	Methamidophos	0.01		不得检出	GB/T 20772
251	杀扑磷	Methidathion	0.02		不得检出	GB/T 20772
252	甲硫威	Methiocarb	0.05		不得检出	GB/T 20770
253	灭多威和硫双威	Methomyl and thiodicarb	0.02		不得检出	GB/T 20772
254	烯虫酯	Methoprene	0.05		不得检出	GB/T 19650
255	甲氧滴滴涕	Methoxychlor	0.01		不得检出	SN/T 0529
256	甲氧虫酰肼	Methoxyfenozide	0.1		不得检出	GB/T 20772
257	磺草唑胺	Metosulam	0.01		不得检出	GB/T 20772
258	苯菌酮	Metrafenone	0.05		不得检出	参照同类标准
259	嗪草酮	Metribuzin	0.1		不得检出	GB/T 19650
260	绿谷隆	Monolinuron	0.05		不得检出	GB/T 20772
261	灭草隆	Monuron	0.01		不得检出	GB/T 20772
262	腈菌唑	Myclobutanil	0.01		不得检出	GB/T 20772
263	1-萘乙酰胺	1 - Naphthylacetamide	0.05		不得检出	GB/T 23205
264	敌草胺	Napropamide	0.01		不得检出	GB/T 19650
265	新霉素	Neomycin	500μg/kg		不得检出	SN 0646
266	烟嘧磺隆	Nicosulfuron	0.05		不得检出	SN/T 2325
267	除草醚	Nitrofen	0.01		不得检出	GB/T 19650
268	氟酰脲	Novaluron	0.7		不得检出	GB/T 23211
269	嘧苯胺磺隆	Orthosulfamuron	0.01		不得检出	GB/T 23817
270	苯唑青霉素	Oxacillin	300μg/kg		不得检出	GB/T 18932.25
271	噁草酮	Oxadiazon	0.05		不得检出	GB/T 19650
272	噁霜灵	Oxadixyl	0.01		不得检出	GB/T 19650
273	环氧嘧磺隆	Oxasulfuron	0.05		不得检出	GB/T 23817
274	喹菌酮	Oxolinic acid	150μg/kg		不得检出	日本肯定列表
275	氧化萎锈灵	Oxycarboxin	0.05		不得检出	GB/T 19650
276	亚砜磷	Oxydemeton - methyl	0.02		不得检出	参照同类标准
277	乙氧氟草醚	Oxyfluorfen	0.05		不得检出	GB/T 20772
278	土霉素	Oxytetracycline	300μg/kg		不得检出	GB/T 21317
279	多效唑	Paclobutrazol	0.02		不得检出	GB/T 19650
280	对硫磷	Parathion	0.05		不得检出	GB/T 19650
281	甲基对硫磷	Parathion - methyl	0.01		不得检出	GB/T 5009.161
282	巴龙霉素	Paromomycin	1500μg/kg		不得检出	SN/T 2315
283	戊菌唑	Penconazole	0.05		不得检出	GB/T 20772
284	戊菌隆	Pencycuron	0.05		不得检出	GB/T 19650
285	二甲戊灵	Pendimethalin	0.05		不得检出	GB/T 19650
286	甜菜宁	Phenmedipham	0.05		不得检出	GB/T 23205
287	苯醚菊酯	Phenothrin	0.05		不得检出	GB/T 20772
288	苯氧甲基青霉素	Phenoxymethylpenicillin	25μg/kg		不得检出	GB/T21315

序号	农兽药中文名	农兽药英文名	欧盟标准限量要求 mg/kg	国家标准限量要求 mg/kg	三安超有机食品标准	
					限量要求 mg/kg	检测方法
289	甲拌磷	Phorate	0.01		不得检出	GB/T 20772
290	伏杀硫磷	Phosalone	0.01		不得检出	GB/T 20772
291	亚胺硫磷	Phosmet	0.1		不得检出	GB/T 20772
292	—	Phosphines and phosphides	0.01		不得检出	参照同类标准
293	辛硫磷	Phoxim			不得检出	GB/T 20772
294	氨氯吡啶酸	Picloram	0.01		不得检出	GB/T 23211
295	啶氧菌酯	Picoxystrobin	0.05		不得检出	GB/T 19650
296	抗蚜威	Pirimicarb	0.05		不得检出	GB/T 20772
297	甲基嘧啶磷	Pirimiphos – methyl	0.05		不得检出	GB/T 20772
298	咪鲜胺	Prochloraz	0.1		不得检出	GB/T 19650
299	腐霉利	Procymidone	0.01		不得检出	GB/T 20772
300	丙溴磷	Profenofos	0.05		不得检出	GB/T 20772
301	调环酸	Prohexadione	0.05		不得检出	日本肯定列表
302	毒草安	Propachlor	0.02		不得检出	GB/T 20772
303	扑派威	Propamocarb	0.1		不得检出	GB/T 20772
304	恶草酸	Propaquizafop	0.05		不得检出	GB/T 20772
305	炔螨特	Propargite	0.1		不得检出	GB/T 19650
306	苯胺灵	Propham	0.05		不得检出	GB/T 19650
307	丙环唑	Propiconazole	0.01		不得检出	GB/T 19650
308	异丙草胺	Propisochlor	0.01		不得检出	GB/T 19650
309	残杀威	Propoxur	0.05		不得检出	GB/T 20772
310	炔苯酰草胺	Propyzamide	0.05		不得检出	GB/T 19650
311	苄草丹	Prosulfocarb	0.05		不得检出	GB/T 19650
312	丙硫菌唑	Prothioconazole	0.5		不得检出	参照同类标准
313	吡蚜酮	Pymetrozine	0.01		不得检出	GB/T 20772
314	吡唑醚菌酯	Pyraclostrobin	0.05		不得检出	GB/T 20772
315	—	Pyrasulfotole	0.01		不得检出	参照同类标准
316	吡菌磷	Pyrazophos	0.02		不得检出	GB/T 20772
317	除虫菊素	Pyrethrins	0.05		不得检出	GB/T 20772
318	哒螨灵	Pyridaben	0.02		不得检出	GB/T 19650
319	啶虫丙醚	Pyridalyl	0.01		不得检出	日本肯定列表
320	哒草特	Pyridate	0.05		不得检出	日本肯定列表
321	嘧霉胺	Pyrimethanil	0.05		不得检出	GB/T 19650
322	吡丙醚	Pyriproxyfen	0.05		不得检出	GB/T 19650
323	甲氧磺草胺	Pyroxsulam	0.01		不得检出	SN/T 2325
324	氯甲喹啉酸	Quinmerac	0.05		不得检出	参照同类标准
325	喹氧灵	Quinoxyfen	0.2		不得检出	SN/T 2319
326	五氯硝基苯	Quintozene	0.01	0.1	不得检出	GB/T 19650
327	精喹禾灵	Quizalofop – *P* – ethyl	0.05		不得检出	SN/T 2150

序号	农兽药中文名	农兽药英文名	欧盟标准限量要求 mg/kg	国家标准限量要求 mg/kg	三安超有机食品标准	
					限量要求 mg/kg	检测方法
328	灭虫菊	Resmethrin	0.1		不得检出	GB/T 20772
329	鱼藤酮	Rotenone	0.01		不得检出	GB/T 20772
330	西玛津	Simazine	0.01		不得检出	SN 0594
331	水杨酸钠	Sodium salicylate	200μg/kg		不得检出	参照同类标准
332	壮观霉素	Spectinomycin	1000μg/kg		不得检出	GB/T 21323
333	乙基多杀菌素	Spinetoram	0.01		不得检出	参照同类标准
334	多杀霉素	Spinosad	0.02		不得检出	GB/T 20772
335	螺螨酯	Spirodiclofen	0.05		不得检出	GB/T 20772
336	螺甲螨酯	Spiromesifen	0.01		不得检出	GB/T 23210
337	螺虫乙酯	Spirotetramat	0.03		不得检出	参照同类标准
338	萜孢菌素	Spiroxamine	0.2		不得检出	GB/T 20772
339	磺草酮	Sulcotrione	0.05		不得检出	参照同类标准
340	磺胺类(所有属于磺胺类的物质)	Sulfonamides (all substances belonging to the sulfonamide-group)	100μg/kg		不得检出	GB 29694
341	乙黄隆	Sulfosulfuron	0.05		不得检出	SN/T 2325
342	硫磺粉	Sulfur	0.5		不得检出	参照同类标准
343	氟胺氰菊酯	Tau - fluvalinate	0.01		不得检出	SN 0691
344	戊唑醇	Tebuconazole	0.1		不得检出	GB/T 20772
345	虫酰肼	Tebufenozide	0.05		不得检出	GB/T 20772
346	吡螨胺	Tebufenpyrad	0.05		不得检出	GB/T 19650
347	四氯硝基苯	Tecnazene	0.05		不得检出	GB/T 19650
348	氟苯脲	Teflubenzuron	0.05		不得检出	SN/T 2150
349	七氟菊酯	Tefluthrin	0.05		不得检出	GB/T 23210
350	得杀草	Tepraloxydim	0.1		不得检出	GB/T 20772
351	特丁硫磷	Terbufos	0.01		不得检出	GB/T 20772
352	特丁津	Terbuthylazine	0.05		不得检出	GB/T 19650
353	四氟醚唑	Tetraconazole	0.5		不得检出	GB/T 20772
354	四环素	Tetracycline	300μg/kg		不得检出	GB/T 21317
355	三氯杀螨砜	Tetradifon	0.05		不得检出	GB/T 19650
356	噻虫啉	Thiacloprid	0.3		不得检出	GB/T 20772
357	噻虫嗪	Thiamethoxam	0.01		不得检出	GB/T 20772
358	甲砜霉素	Thiamphenicol	50μg/kg		不得检出	GB/T 20756
359	禾草丹	Thiobencarb	0.01		不得检出	GB/T 20772
360	甲基硫菌灵	Thiophanate - methyl	0.05		不得检出	SN/T 0162
361	硫粘菌素	Tiamulin	300μg/kg		不得检出	SN/T 2223
362	替米考星	Tilmicosin	1000μg/kg		不得检出	GB/T 20762
363	甲基立枯磷	Tolclofos - methyl	0.05		不得检出	GB/T 19650
364	甲苯三嗪酮	Toltrazuril	600μg/kg		不得检出	参照同类标准

序号	农兽药中文名	农兽药英文名	欧盟标准限量要求 mg/kg	国家标准限量要求 mg/kg	三安超有机食品标准	
					限量要求 mg/kg	检测方法
365	甲苯氟磺胺	Tolylfluanid	0.1		不得检出	GB/T 19650
366	—	Topramezone	0.05		不得检出	参照同类标准
367	三唑酮和三唑醇	Triadimefon and triadimenol	0.1		不得检出	GB/T 20772
368	野麦畏	Triallate	0.05		不得检出	GB/T 20772
369	醚苯磺隆	Triasulfuron	0.05		不得检出	GB/T 20772
370	三唑磷	Triazophos	0.01		不得检出	GB/T 20772
371	敌百虫	Trichlorphon	0.01		不得检出	GB/T 20772
372	绿草定	Triclopyr	0.05		不得检出	SN/T 2228
373	三环唑	Tricyclazole	0.05		不得检出	GB/T 20769
374	十三吗啉	Tridemorph	0.01		不得检出	GB/T 20772
375	肟菌酯	Trifloxystrobin	0.04		不得检出	GB/T 19650
376	氟菌唑	Triflumizole	0.05		不得检出	GB/T 20769
377	杀铃脲	Triflumuron	0.01		不得检出	GB/T 20772
378	氟乐灵	Trifluralin	0.01		不得检出	GB/T 20772
379	嗪氨灵	Triforine	0.01		不得检出	SN 0695
380	甲氧苄氨嘧啶	Trimethoprim	50μg/kg		不得检出	SN/T 1769
381	三甲基锍阳离子	Trimethyl – sulfonium cation	0.05		不得检出	参照同类标准
382	抗倒酯	Trinexapac	0.05		不得检出	GB/T 20769
383	灭菌唑	Triticonazole	0.01		不得检出	GB/T 20772
384	三氟甲磺隆	Tritosulfuron	0.01		不得检出	参照同类标准
385	泰乐霉素	Tylosin	100μg/kg		不得检出	GB/T 22941
386	乙酰异戊酰泰乐菌素	Tylvalosin	50μg/kg		不得检出	参照同类标准
387	—	Valifenalate	0.01		不得检出	参照同类标准
388	乙烯菌核利	Vinclozolin	0.05		不得检出	GB/T 20772
389	2,3,4,5 – 四氯苯胺	2,3,4,5 – Tetrachloraniline			不得检出	GB/T 19650
390	2,3,4,5 – 四氯甲氧基苯	2,3,4,5 – Tetrachloroanisole			不得检出	GB/T 19650
391	2,3,5,6 – 四氯苯胺	2,3,5,6 – Tetrachloroaniline			不得检出	GB/T 19650
392	2,4,5 – 涕	2,4,5 – T			不得检出	GB/T 20772
393	*o,p'* – 滴滴滴	2,4' – DDD			不得检出	GB/T 19650
394	*o,p'* – 滴滴伊	2,4' – DDE			不得检出	GB/T 19650
395	*o,p'* – 滴滴涕	2,4' – DDT			不得检出	GB/T 19650
396	2,6 – 二氯苯甲酰胺	2,6 – Dichlorobenzamide			不得检出	GB/T 19650
397	3,5 – 二氯苯胺	3,5 – Dichloroaniline			不得检出	GB/T 19650
398	*p,p'* – 滴滴滴	4,4' – DDD			不得检出	GB/T 19650
399	*p,p'* – 滴滴伊	4,4' – DDE			不得检出	GB/T 19650
400	*p,p'* – 滴滴涕	4,4' – DDT			不得检出	GB/T 19650
401	4,4' – 二溴二苯甲酮	4,4' – Dibromobenzophenone			不得检出	GB/T 19650
402	4,4' – 二氯二苯甲酮	4,4' – Dichlorobenzophenone			不得检出	GB/T 19650
403	二氢苊	Acenaphthene			不得检出	GB/T 19650

序号	农兽药中文名	农兽药英文名	欧盟标准限量要求 mg/kg	国家标准限量要求 mg/kg	三安超有机食品标准	
					限量要求 mg/kg	检测方法
404	乙酰丙嗪	Acepromazine			不得检出	GB/T 20763
405	三氟羧草醚	Acifluorfen			不得检出	GB/T 20772
406	1－氨基－2－乙内酰脲	AHD			不得检出	GB/T 21311
407	涕灭砜威	Aldoxycarb			不得检出	GB/T 20772
408	烯丙菊酯	Allethrin			不得检出	GB/T 20772
409	二丙烯草胺	Allidochlor			不得检出	GB/T 19650
410	烯丙孕素	Altrenogest			不得检出	SN/T 1980
411	莠灭净	Ametryn			不得检出	GB/T 20772
412	双甲脒	Amitraz			不得检出	GB/T 19650
413	杀草强	Amitrole			不得检出	SN/T 1737.6
414	5－吗啉甲基－3－氨基－2－噁唑烷基酮	AMOZ			不得检出	GB/T 21311
415	氨丙嘧吡啶	Amprolium			不得检出	SN/T 0276
416	莎稗磷	Anilofos			不得检出	GB/T 19650
417	蒽醌	Anthraquinone			不得检出	GB/T 19650
418	3－氨基－2－噁唑酮	AOZ			不得检出	GB/T 21311
419	安普霉素	Apramycin			不得检出	GB/T 21323
420	丙硫特普	Aspon			不得检出	GB/T 19650
421	羟氨卡青霉素	Aspoxicillin			不得检出	GB/T 21315
422	乙基杀扑磷	Athidathion			不得检出	GB/T 19650
423	莠去通	Atratone			不得检出	GB/T 19650
424	莠去津	Atrazine			不得检出	GB/T 20772
425	脱乙基阿特拉津	Atrazine－desethyl			不得检出	GB/T 19650
426	甲基吡噁磷	Azamethiphos			不得检出	GB/T 20763
427	氮哌酮	Azaperone			不得检出	SN/T2221
428	叠氮津	Aziprotryne			不得检出	GB/T 19650
429	杆菌肽	Bacitracin			不得检出	GB/T 20743
430	4－溴－3,5－二甲苯基－*N*－甲基氨基甲酸酯－1	BDMC－1			不得检出	GB/T 19650
431	4－溴－3,5－二甲苯基－*N*－甲基氨基甲酸酯－2	BDMC－2			不得检出	GB/T 19650
432	噁虫威	Bendiocarb			不得检出	GB/T 20772
433	乙丁氟灵	Benfluralin			不得检出	GB/T 19650
434	呋草黄	Benfuresate			不得检出	GB/T 19650
435	麦锈灵	Benodanil			不得检出	GB/T 19650
436	解草酮	Benoxacor			不得检出	GB/T 19650
437	新燕灵	Benzoylprop－ethyl			不得检出	GB/T 19650
438	倍他米松	Betamethasone			不得检出	SN/T 1970
439	生物烯丙菊酯－1	Bioallethrin－1			不得检出	GB/T 19650

序号	农兽药中文名	农兽药英文名	欧盟标准限量要求 mg/kg	国家标准限量要求 mg/kg	三安超有机食品标准	
					限量要求 mg/kg	检测方法
440	生物烯丙菊酯-2	Bioallethrin - 2			不得检出	GB/T 19650
441	除草定	Bromacil			不得检出	GB/T 20772
442	溴苯烯磷	Bromfenvinfos			不得检出	GB/T 19650
443	溴烯杀	Bromocylen			不得检出	GB/T 19650
444	溴硫磷	Bromofos			不得检出	GB/T 19650
445	乙基溴硫磷	Bromophos - ethyl			不得检出	GB/T 19650
446	溴丁酰草胺	Btomobutide			不得检出	GB/T 19650
447	氟丙嘧草酯	Butafenacil			不得检出	GB/T 19650
448	抑草磷	Butamifos			不得检出	GB/T 19650
449	丁草胺	Butaxhlor			不得检出	GB/T 19650
450	苯酮唑	Cafenstrole			不得检出	GB/T 19650
451	角黄素	Canthaxanthin			不得检出	SN/T 2327
452	咔唑心安	Carazolol			不得检出	GB/T 20763
453	卡巴氧	Carbadox			不得检出	GB/T 20746
454	三硫磷	Carbophenothion			不得检出	GB/T 19650
455	唑草酮	Carfentrazone - ethyl			不得检出	GB/T 19650
456	卡洛芬	Carprofen			不得检出	SN/T 2190
457	头孢洛宁	Cefalonium			不得检出	GB/T 22989
458	头孢匹林	Cefapirin			不得检出	GB/T 22989
459	头孢喹肟	Cefquinome			不得检出	GB/T 22989
460	头孢噻呋	Ceftiofur			不得检出	GB/T 21314
461	头孢氨苄	Cefalexin			不得检出	GB/T 22989
462	氯霉素	Chloramphenicolum			不得检出	GB/T 20772
463	氯杀螨砜	Chlorbenside sulfone			不得检出	GB/T 19650
464	氯溴隆	Chlorbromuron			不得检出	GB/T 19650
465	杀虫脒	Chlordimeform			不得检出	GB/T 19650
466	氯氧磷	Chlorethoxyfos			不得检出	GB/T 19650
467	溴虫腈	Chlorfenapyr			不得检出	GB/T 19650
468	杀螨醇	Chlorfenethol			不得检出	GB/T 19650
469	燕麦酯	Chlorfenprop - methyl			不得检出	GB/T 19650
470	氟啶脲	Chlorfluazuron			不得检出	SN/T 2540
471	整形醇	Chlorflurenol			不得检出	GB/T 19650
472	氯地孕酮	Chlormadinone			不得检出	SN/T 1980
473	醋酸氯地孕酮	Chlormadinone acetate			不得检出	GB/T 20753
474	氯甲硫磷	Chlormephos			不得检出	GB/T 19650
475	氯苯甲醚	Chloroneb			不得检出	GB/T 19650
476	丙酯杀螨醇	Chloropropylate			不得检出	GB/T 19650
477	氯丙嗪	Chlorpromazine			不得检出	GB/T 20763
478	毒死蜱	Chlorpyrifos			不得检出	GB/T 19650

序号	农兽药中文名	农兽药英文名	欧盟标准限量要求 mg/kg	国家标准限量要求 mg/kg	三安超有机食品标准	
					限量要求 mg/kg	检测方法
479	氯硫磷	Chlorthion			不得检出	GB/T 19650
480	虫螨磷	Chlorthiophos			不得检出	GB/T 19650
481	乙菌利	Chlozolinate			不得检出	GB/T 19650
482	顺式－氯丹	*cis* – Chlordane			不得检出	GB/T 19650
483	顺式－燕麦敌	*cis* – Diallate			不得检出	GB/T 19650
484	顺式－氯菊酯	*cis* – Permethrin			不得检出	GB/T 19650
485	克仑特罗	Clenbuterol			不得检出	GB/T 22286
486	异噁草酮	Clomazone			不得检出	GB/T 20772
487	氯甲酰草胺	Clomeprop			不得检出	GB/T 19650
488	氯羟吡啶	Clopidol			不得检出	GB 29700
489	解草酯	Cloquintocet – mexyl			不得检出	GB/T 19650
490	蝇毒磷	Coumaphos			不得检出	GB/T 19650
491	鼠立死	Crimidine			不得检出	GB/T 19650
492	巴毒磷	Crotxyphos			不得检出	GB/T 19650
493	育畜磷	Crufomate			不得检出	GB/T 19650
494	苯腈磷	Cyanofenphos			不得检出	GB/T 19650
495	杀螟腈	Cyanophos			不得检出	GB/T 20772
496	环草敌	Cycloate			不得检出	GB/T 20772
497	环莠隆	Cycluron			不得检出	GB/T 20772
498	环丙津	Cyprazine			不得检出	GB/T 20772
499	敌草索	Dacthal			不得检出	GB/T 19650
500	达氟沙星	Danofloxacin			不得检出	GB/T 22985
501	癸氧喹酯	Decoquinate			不得检出	SN/T2444
502	脱叶磷	DEF			不得检出	GB/T 19650
503	2,2′,4,5,5′－五氯联苯	DE – PCB 101			不得检出	GB/T 19650
504	2,3,4,4′,5－五氯联苯	DE – PCB 118			不得检出	GB/T 19650
505	2,2′,3,4,4′,5－六氯联苯	DE – PCB 138			不得检出	GB/T 19650
506	2,2′,4,4′,5,5′－六氯联苯	DE – PCB 153			不得检出	GB/T 19650
507	2,2′,3,4,4′,5,5′－七氯联苯	DE – PCB 180			不得检出	GB/T 19650
508	2,4,4′－三氯联苯	DE – PCB 28			不得检出	GB/T 19650
509	2,4,5－三氯联苯	DE – PCB 31			不得检出	GB/T 19650
510	2,2′,5,5′－四氯联苯	DE – PCB 52			不得检出	GB/T 19650
511	脱溴溴苯磷	Desbrom – leptophos			不得检出	GB/T 19650
512	脱乙基另丁津	Desethyl – sebuthylazine			不得检出	GB/T 19650
513	敌草净	Desmetryn			不得检出	GB/T 19650
514	地塞米松	Dexamethasone			不得检出	SN/T 1970
515	氯亚胺硫磷	Dialifos			不得检出	GB/T 19650
516	敌菌净	Diaveridine			不得检出	SN/T 1926
517	驱虫特	Dibutyl succinate			不得检出	GB/T 20772

序号	农兽药中文名	农兽药英文名	欧盟标准限量要求 mg/kg	国家标准限量要求 mg/kg	三安超有机食品标准	
					限量要求 mg/kg	检测方法
518	异氯磷	Dicapthon			不得检出	GB/T 20772
519	除线磷	Dichlofenthion			不得检出	GB/T 20772
520	苯氟磺胺	Dichlofluanid			不得检出	GB/T 19650
521	烯丙酰草胺	Dichlormid			不得检出	GB/T 19650
522	敌敌畏	Dichlorvos			不得检出	GB/T 20772
523	苄氯三唑醇	Diclobutrazole			不得检出	GB/T 20772
524	禾草灵	Diclofop – methyl			不得检出	GB/T 19650
525	己烯雌酚	Diethylstilbestrol			不得检出	GB/T 20766
526	二氢链霉素	Dihydro – streptomycin			不得检出	GB/T 22969
527	甲氟磷	Dimefox			不得检出	GB/T 19650
528	哌草丹	Dimepiperate			不得检出	GB/T 19650
529	异戊乙净	Dimethametryn			不得检出	GB/T 19650
530	二甲酚草胺	Dimethenamid			不得检出	GB/T 19650
531	乐果	Dimethoate			不得检出	GB/T 20772
532	甲基毒虫畏	Dimethylvinphos			不得检出	GB/T 19650
533	地美硝唑	Dimetridazole			不得检出	GB/T 21318
534	二硝托安	Dinitolmide			不得检出	SN/T 2453
535	氨氟灵	Dinitramine			不得检出	GB/T 19650
536	消螨通	Dinobuton			不得检出	GB/T 19650
537	呋虫胺	Dinotefuran			不得检出	GB/T 20772
538	苯虫醚 – 1	Diofenolan – 1			不得检出	GB/T 19650
539	苯虫醚 – 2	Diofenolan – 2			不得检出	GB/T 19650
540	蔬果磷	Dioxabenzofos			不得检出	GB/T 19650
541	双苯酰草胺	Diphenamid			不得检出	GB/T 19650
542	二苯胺	Diphenylamine			不得检出	GB/T 19650
543	异丙净	Dipropetryn			不得检出	GB/T 19650
544	灭菌磷	Ditalimfos			不得检出	GB/T 19650
545	氟硫草定	Dithiopyr			不得检出	GB/T 19650
546	多拉菌素	Doramectin			不得检出	GB/T 22968
547	敌瘟磷	Edifenphos			不得检出	GB/T 19650
548	硫丹硫酸盐	Endosulfan – sulfate			不得检出	GB/T 19650
549	异狄氏剂酮	Endrin ketone			不得检出	GB/T 19650
550	苯硫磷	EPN			不得检出	GB/T 19650
551	埃普利诺菌素	Eprinomectin			不得检出	GB/T 21320
552	抑草蓬	Erbon			不得检出	GB/T 19650
553	*S* – 氰戊菊酯	Esfenvalerate			不得检出	GB/T 19650
554	戊草丹	Esprocarb			不得检出	GB/T 19650
555	乙环唑 – 1	Etaconazole – 1			不得检出	GB/T 19650
556	乙环唑 – 2	Etaconazole – 2			不得检出	GB/T 19650

序号	农兽药中文名	农兽药英文名	欧盟标准限量要求 mg/kg	国家标准限量要求 mg/kg	三安超有机食品标准	
					限量要求 mg/kg	检测方法
557	乙嘧硫磷	Etrimfos			不得检出	GB/T 19650
558	氧乙嘧硫磷	Etrimfos oxon			不得检出	GB/T 19650
559	伐灭磷	Famphur			不得检出	GB/T 19650
560	苯线磷亚砜	Fenamiphos sulfoxide			不得检出	GB/T 19650
561	苯线磷砜	Fenamiphos – sulfone			不得检出	GB/T 19650
562	苯硫苯咪唑	Fenbendazole			不得检出	SN 0638
563	氧皮蝇磷	Fenchlorphos oxon			不得检出	GB/T 19650
564	甲呋酰胺	Fenfuram			不得检出	GB/T 19650
565	仲丁威	Fenobucarb			不得检出	GB/T 19650
566	苯硫威	Fenothiocarb			不得检出	GB/T 19650
567	稻瘟酰胺	Fenoxanil			不得检出	GB/T 19650
568	拌种咯	Fenpiclonil			不得检出	GB/T 19650
569	甲氰菊酯	Fenpropathrin			不得检出	GB/T 19650
570	芬螨酯	Fenson			不得检出	GB/T 19650
571	丰索磷	Fensulfothion			不得检出	GB/T 19650
572	倍硫磷亚砜	Fenthion sulfoxide			不得检出	GB/T 19650
573	麦草氟异丙酯	Flamprop – isopropyl			不得检出	GB/T 19650
574	麦草氟甲酯	Flamprop – methyl			不得检出	GB/T 19650
575	吡氟禾草灵	Fluazifop – butyl			不得检出	GB/T 19650
576	啶蜱脲	Fluazuron			不得检出	SN/T 2540
577	氟苯咪唑	Flubendazole			不得检出	GB/T 21324
578	氟噻草胺	Flufenacet			不得检出	GB/T 19650
579	氟节胺	Flumetralin			不得检出	GB/T 19650
580	唑嘧磺草胺	Flumetsulam			不得检出	GB/T 20772
581	氟烯草酸	Flumiclorac			不得检出	GB/T 19650
582	丙炔氟草胺	Flumioxazin			不得检出	GB/T 19650
583	氟胺烟酸	Flunixin			不得检出	GB/T 20750
584	三氟硝草醚	Fluorodifen			不得检出	GB/T 19650
585	乙羧氟草醚	Fluoroglycofen – ethyl			不得检出	GB/T 19650
586	三氟苯唑	Fluotrimazole			不得检出	GB/T 19650
587	氟啶草酮	Fluridone			不得检出	GB/T 19650
588	氟草烟 – 1 – 甲庚酯	Fluroxypr – 1 – methylheptyl ester			不得检出	GB/T 19650
589	呋草酮	Flurtamone			不得检出	GB/T 19650
590	地虫硫磷	Fonofos			不得检出	GB/T 19650
591	安果	Formothion			不得检出	GB/T 19650
592	呋霜灵	Furalaxyl			不得检出	GB/T 19650
593	庆大霉素	Gentamicin			不得检出	GB/T 21323
594	苄螨醚	Halfenprox			不得检出	GB/T 19650

序号	农兽药中文名	农兽药英文名	欧盟标准限量要求 mg/kg	国家标准限量要求 mg/kg	三安超有机食品标准	
					限量要求 mg/kg	检测方法
595	氟哌啶醇	Haloperidol			不得检出	GB/T 20763
596	庚烯磷	Heptanophos			不得检出	GB/T 19650
597	己唑醇	Hexaconazole			不得检出	GB/T 19650
598	环嗪酮	Hexazinone			不得检出	GB/T 19650
599	咪草酸	Imazamethabenz - methyl			不得检出	GB/T 19650
600	脱苯甲基亚胺唑	Imibenconazole - *des* - benzyl			不得检出	GB/T 19650
601	炔咪菊酯 -1	Imiprothrin - 1			不得检出	GB/T 19650
602	炔咪菊酯 -2	Imiprothrin - 2			不得检出	GB/T 19650
603	碘硫磷	Iodofenphos			不得检出	GB/T 19650
604	甲基碘磺隆	Iodosulfuron - methyl			不得检出	GB/T 20772
605	异稻瘟净	Iprobenfos			不得检出	GB/T 19650
606	氯唑磷	Isazofos			不得检出	GB/T 19650
607	碳氯灵	Isobenzan			不得检出	GB/T 19650
608	丁咪酰胺	Isocarbamid			不得检出	GB/T 19650
609	水胺硫磷	Isocarbophos			不得检出	GB/T 19650
610	异艾氏剂	Isodrin			不得检出	GB/T 19650
611	异柳磷	Isofenphos			不得检出	GB/T 19650
612	氧异柳磷	Isofenphos oxon			不得检出	GB/T 19650
613	氮氨菲啶	Isometamidium			不得检出	SN/T 2239
614	丁嗪草酮	Isomethiozin			不得检出	GB/T 19650
615	异丙威 -1	Isoprocarb - 1			不得检出	GB/T 19650
616	异丙威 -2	Isoprocarb - 2			不得检出	GB/T 19650
617	异丙乐灵	Isopropalin			不得检出	GB/T 19650
618	双苯噁唑酸	Isoxadifen - ethyl			不得检出	GB/T 19650
619	异噁氟草	Isoxaflutole			不得检出	GB/T 20772
620	噁唑啉	Isoxathion			不得检出	GB/T 19650
621	依维菌素	Ivermectin			不得检出	GB/T 21320
622	交沙霉素	Josamycin			不得检出	GB/T 20762
623	溴苯磷	Leptophos			不得检出	GB/T 19650
624	左旋咪唑	Levamisole			不得检出	SN 0349
625	利谷隆	Linuron			不得检出	GB/T 19650
626	麻保沙星	Marbofloxacin			不得检出	GB/T 22985
627	2 - 甲 -4 - 氯丁氧乙基酯	MCPA - butoxyethyl ester			不得检出	GB/T 19650
628	甲苯咪唑	Mebendazole			不得检出	GB/T 21324
629	灭蚜磷	Mecarbam			不得检出	GB/T 19650
630	二甲四氯丙酸	Mecoprop			不得检出	SN/T 2325
631	苯噻酰草胺	Mefenacet			不得检出	GB/T 19650
632	吡唑解草酯	Mefenpyr - diethyl			不得检出	GB/T 19650
633	醋酸甲地孕酮	Megestrol acetate			不得检出	GB/T 20753

序号	农兽药中文名	农兽药英文名	欧盟标准限量要求 mg/kg	国家标准限量要求 mg/kg	三安超有机食品标准	
					限量要求 mg/kg	检测方法
634	醋酸美仑孕酮	Melengestrol acetate			不得检出	GB/T 20753
635	嘧菌胺	Mepanipyrim			不得检出	GB/T 19650
636	地胺磷	Mephosfolan			不得检出	GB/T 19650
637	灭锈胺	Mepronil			不得检出	GB/T 19650
638	硝磺草酮	Mesotrione			不得检出	参照同类标准
639	呋菌胺	Methfuroxam			不得检出	GB/T 19650
640	灭梭威砜	Methiocarb sulfone			不得检出	GB/T 19650
641	盖草津	Methoprotryne			不得检出	GB/T 19650
642	甲醚菊酯-1	Methothrin-1			不得检出	GB/T 19650
643	甲醚菊酯-2	Methothrin-2			不得检出	GB/T 19650
644	甲基泼尼松龙	Methylprednisolone			不得检出	GB/T 21981
645	溴谷隆	Metobromuron			不得检出	GB/T 19650
646	甲氧氯普胺	Metoclopramide			不得检出	SN/T 2227
647	苯氧菌胺-1	Metominsstrobin-1			不得检出	GB/T 19650
648	苯氧菌胺-2	Metominsstrobin-2			不得检出	GB/T 19650
649	甲硝唑	Metronidazole			不得检出	GB/T 21318
650	速灭磷	Mevinphos			不得检出	GB/T 19650
651	兹克威	Mexacarbate			不得检出	GB/T 19650
652	灭蚁灵	Mirex			不得检出	GB/T 19650
653	禾草敌	Molinate			不得检出	GB/T 19650
654	庚酰草胺	Monalide			不得检出	GB/T 19650
655	莫能菌素	Monensin			不得检出	SN 0698
656	莫西丁克	Moxidectin			不得检出	SN/T 2442
657	合成麝香	Musk ambrecte			不得检出	GB/T 19650
658	麝香	Musk moskene			不得检出	GB/T 19650
659	西藏麝香	Musk tibeten			不得检出	GB/T 19650
660	二甲苯麝香	Musk xylene			不得检出	GB/T 19650
661	萘夫西林	Nafcillin			不得检出	GB/T 22975
662	二溴磷	Naled			不得检出	SN/T 0706
663	萘丙胺	Naproanilide			不得检出	GB/T 19650
664	甲基盐霉素	Narasin			不得检出	GB/T 20364
665	甲磺乐灵	Nitralin			不得检出	GB/T 19650
666	三氯甲基吡啶	Nitrapyrin			不得检出	GB/T 19650
667	酞菌酯	Nitrothal-isopropyl			不得检出	GB/T 19650
668	诺氟沙星	Norfloxacin			不得检出	GB/T 20366
669	氟草敏	Norflurazon			不得检出	GB/T 19650
670	新生霉素	Novobiocin			不得检出	SN 0674
671	氟苯嘧啶醇	Nuarimol			不得检出	GB/T 19650
672	八氯苯乙烯	Octachlorostyrene			不得检出	GB/T 19650

序号	农兽药中文名	农兽药英文名	欧盟标准限量要求 mg/kg	国家标准限量要求 mg/kg	三安超有机食品标准	
					限量要求 mg/kg	检测方法
673	氧氟沙星	Ofloxacin			不得检出	GB/T 20366
674	喹乙醇	Olaquindox			不得检出	GB/T 20746
675	竹桃霉素	Oleandomycin			不得检出	GB/T 20762
676	氧乐果	Omethoate			不得检出	GB/T 19650
677	奥比沙星	Orbifloxacin			不得检出	GB/T 22985
678	杀线威	Oxamyl			不得检出	GB/T 20772
679	奥芬达唑	Oxfendazole			不得检出	GB/T 22972
680	丙氧苯咪唑	Oxibendazole			不得检出	GB/T 21324
681	氧化氯丹	Oxy - chlordane			不得检出	GB/T 19650
682	对氧磷	Paraoxon			不得检出	GB/T 19650
683	甲基对氧磷	Paraoxon - methyl			不得检出	GB/T 19650
684	克草敌	Pebulate			不得检出	GB/T 19650
685	五氯苯胺	Pentachloroaniline			不得检出	GB/T 19650
686	五氯甲氧基苯	Pentachloroanisole			不得检出	GB/T 19650
687	五氯苯	Pentachlorobenzene			不得检出	GB/T 19650
688	氯菊酯	Permethrin			不得检出	GB/T 19650
689	乙滴涕	Perthane			不得检出	GB/T 19650
690	菲	Phenanthrene			不得检出	GB/T 19650
691	稻丰散	Phenthoate			不得检出	GB/T 19650
692	甲拌磷砜	Phorate sulfone			不得检出	GB/T 19650
693	磷胺 - 1	Phosphamidon - 1			不得检出	GB/T 19650
694	磷胺 - 2	Phosphamidon - 2			不得检出	GB/T 19650
695	酞酸苯甲基丁酯	Phthalic acid, benzylbutyl ester			不得检出	GB/T 19650
696	四氯苯肽	Phthalide			不得检出	GB/T 19650
697	邻苯二甲酰亚胺	Phthalimide			不得检出	GB/T 19650
698	氟吡酰草胺	Picolinafen			不得检出	GB/T 19650
699	增效醚	Piperonyl butoxide			不得检出	GB/T 19650
700	哌草磷	Piperophos			不得检出	GB/T 19650
701	乙基虫螨清	Pirimiphos - ethyl			不得检出	GB/T 19650
702	吡利霉素	Pirlimycin			不得检出	GB/T 22988
703	炔丙菊酯	Prallethrin			不得检出	GB/T 19650
704	泼尼松龙	Prednisolone			不得检出	GB/T 21981
705	丙草胺	Pretilachlor			不得检出	GB/T 19650
706	环丙氟灵	Profluralin			不得检出	GB/T 19650
707	茉莉酮	Prohydrojasmon			不得检出	GB/T 19650
708	扑灭通	Prometon			不得检出	GB/T 19650
709	扑草净	Prometryne			不得检出	GB/T 19650
710	炔丙烯草胺	Pronamide			不得检出	GB/T 19650
711	敌稗	Propanil			不得检出	GB/T 19650

序号	农兽药中文名	农兽药英文名	欧盟标准限量要求 mg/kg	国家标准限量要求 mg/kg	三安超有机食品标准	
					限量要求 mg/kg	检测方法
712	扑灭津	Propazine			不得检出	GB/T 19650
713	胺丙畏	Propetamphos			不得检出	GB/T 19650
714	丙酰二甲氨基丙吩噻嗪	Propionylpromazin			不得检出	GB/T 20763
715	丙硫磷	Prothiophos			不得检出	GB/T 19650
716	哒嗪硫磷	Pyridafenthion			不得检出	GB/T 19650
717	吡唑硫磷	Pyraclofos			不得检出	GB/T 19650
718	吡草醚	Pyraflufen - ethyl			不得检出	GB/T 19650
719	啶斑肟 - 1	Pyrifenox - 1			不得检出	GB/T 19650
720	啶斑肟 - 2	Pyrifenox - 2			不得检出	GB/T 19650
721	环酯草醚	Pyriftalid			不得检出	GB/T 19650
722	嘧螨醚	Pyrimidifen			不得检出	GB/T 19650
723	嘧草醚	Pyriminobac - methyl			不得检出	GB/T 19650
724	嘧啶磷	Pyrimitate			不得检出	GB/T 19650
725	喹硫磷	Quinalphos			不得检出	GB/T 19650
726	灭藻醌	Quinoclamine			不得检出	GB/T 19650
727	精喹禾灵	Quizalofop - *P* - ethyl			不得检出	GB/T 20769
728	吡咪唑	Rabenzazole			不得检出	GB/T 19650
729	莱克多巴胺	Ractopamine			不得检出	GB/T 21313
730	洛硝达唑	Ronidazole			不得检出	GB/T 21318
731	皮蝇磷	Ronnel			不得检出	GB/T 19650
732	盐霉素	Salinomycin			不得检出	GB/T 20364
733	沙拉沙星	Sarafloxacin			不得检出	GB/T 20366
734	另丁津	Sebutylazine			不得检出	GB/T 19650
735	密草通	Secbumeton			不得检出	GB/T 19650
736	氨基脲	Semduramicin			不得检出	GB/T 20752
737	烯禾啶	Sethoxydim			不得检出	GB/T 19650
738	氟硅菊酯	Silafluofen			不得检出	GB/T 19650
739	硅氟唑	Simeconazole			不得检出	GB/T 19650
740	西玛通	Simetone			不得检出	GB/T 19650
741	西草净	Simetryn			不得检出	GB/T 19650
742	螺旋霉素	Spiramycin			不得检出	GB/T 20762
743	链霉素	Streptomycin			不得检出	GB/T 21323
744	磺胺苯酰	Sulfabenzamide			不得检出	GB/T 21316
745	磺胺醋酰	Sulfacetamide			不得检出	GB/T 21316
746	磺胺氯哒嗪	Sulfachloropyridazine			不得检出	GB/T 21316
747	磺胺嘧啶	Sulfadiazine			不得检出	GB/T 21316
748	磺胺间二甲氧嘧啶	Sulfadimethoxine			不得检出	GB/T 21316
749	磺胺二甲嘧啶	Sulfadimidine			不得检出	GB/T 21316
750	磺胺多辛	Sulfadoxine			不得检出	GB/T 21316

序号	农兽药中文名	农兽药英文名	欧盟标准限量要求 mg/kg	国家标准限量要求 mg/kg	三安超有机食品标准	
					限量要求 mg/kg	检测方法
751	磺胺胍	Sulfaguanidine			不得检出	GB/T 21316
752	菜草畏	Sulfallate			不得检出	GB/T 19650
753	磺胺甲嘧啶	Sulfamerazine			不得检出	GB/T 21316
754	新诺明	Sulfamethoxazole			不得检出	GB/T 21316
755	磺胺间甲氧嘧啶	Sulfamonomethoxine			不得检出	GB/T 21316
756	乙酰磺胺对硝基苯	Sulfanitran			不得检出	GB/T 20772
757	磺胺吡啶	Sulfapyridine			不得检出	GB/T 21316
758	磺胺喹沙啉	Sulfaquinoxaline			不得检出	GB/T 21316
759	磺胺噻唑	Sulfathiazole			不得检出	GB/T 21316
760	治螟磷	Sulfotep			不得检出	GB/T 19650
761	硫丙磷	Sulprofos			不得检出	GB/T 19650
762	苯噻硫氰	TCMTB			不得检出	GB/T 19650
763	丁基嘧啶磷	Tebupirimfos			不得检出	GB/T 19650
764	牧草胺	Tebutam			不得检出	GB/T 19650
765	丁噻隆	Tebuthiuron			不得检出	GB/T 20772
766	双硫磷	Temephos			不得检出	GB/T 20772
767	特草灵	Terbucarb			不得检出	GB/T 19650
768	特丁通	Terbumeton			不得检出	GB/T 19650
769	特丁净	Terbutryn			不得检出	GB/T 19650
770	四氢邻苯二甲酰亚胺	Tetrabydrophthalimide			不得检出	GB/T 19650
771	杀虫畏	Tetrachlorvinphos			不得检出	GB/T 19650
772	胺菊酯	Tetramethirn			不得检出	GB/T 19650
773	杀螨氯硫	Tetrasul			不得检出	GB/T 19650
774	噻吩草胺	Thenylchlor			不得检出	GB/T 19650
775	噻菌灵	Thiabendazole			不得检出	GB/T 20772
776	噻唑烟酸	Thiazopyr			不得检出	GB/T 19650
777	噻苯隆	Thidiazuron			不得检出	GB/T 20772
778	噻吩磺隆	Thifensulfuron - methyl			不得检出	GB/T 20772
779	甲基乙拌磷	Thiometon			不得检出	GB/T 20772
780	虫线磷	Thionazin			不得检出	GB/T 19650
781	硫普罗宁	Tiopronin			不得检出	SN/T 2225
782	三甲苯草酮	Tralkoxydim			不得检出	GB/T 19650
783	四溴菊酯	Tralomethrin			不得检出	SN/T 2320
784	反式 - 氯丹	*trans* - Chlordane			不得检出	GB/T 19650
785	反式 - 燕麦敌	*trans* - Diallate			不得检出	GB/T 19650
786	四氟苯菊酯	Transfluthrin			不得检出	GB/T 19650
787	反式九氯	*trans* - Nonachlor			不得检出	GB/T 19650
788	反式 - 氯菊酯	*trans* - Permethrin			不得检出	GB/T 19650
789	群勃龙	Trenbolone			不得检出	GB/T 21981

序号	农兽药中文名	农兽药英文名	欧盟标准限量要求 mg/kg	国家标准限量要求 mg/kg	三安超有机食品标准	
					限量要求 mg/kg	检测方法
790	威菌磷	Triamiphos			不得检出	GB/T 19650
791	毒壤磷	Trichloronate			不得检出	GB/T 19650
792	灭草环	Tridiphane			不得检出	GB/T 19650
793	草达津	Trietazine			不得检出	GB/T 19650
794	三异丁基磷酸盐	Tri - *iso* - butyl phosphate			不得检出	GB/T 19650
795	三正丁基磷酸盐	Tri - *n* - butyl phosphate			不得检出	GB/T 19650
796	三苯基磷酸盐	Triphenyl phosphate			不得检出	GB/T 19650
797	烯效唑	Uniconazole			不得检出	GB/T 19650
798	灭草敌	Vernolate			不得检出	GB/T 19650
799	维吉尼霉素	Virginiamycin			不得检出	GB/T 20765
800	杀鼠灵	War farin			不得检出	GB/T 20772
801	甲苯噻嗪	Xylazine			不得检出	GB/T 20763
802	右环十四酮酚	Zeranol			不得检出	GB/T 21982
803	苯酰菌胺	Zoxamide			不得检出	GB/T 19650

8.4 火鸡肾脏 Turkey Kidney

序号	农兽药中文名	农兽药英文名	欧盟标准限量要求 mg/kg	国家标准限量要求 mg/kg	三安超有机食品标准	
					限量要求 mg/kg	检测方法
1	1,1 - 二氯 - 2,2 - 二(4 - 乙苯)乙烷	1,1 - Dichloro - 2,2 - bis(4 - ethylphenyl) ethane	0.01		不得检出	日本肯定列表(增补本 1)
2	1,2 - 二氯乙烷	1,2 - Dichloroethane	0.1		不得检出	SN/T 2238
3	1,3 - 二氯丙烯	1,3 - Dichloropropene	0.01		不得检出	SN/T 2238
4	1 - 萘乙酸	1 - Naphthylacetic acid	0.05		不得检出	SN/T 2228
5	2,4 - 滴丁酸	2,4 - DB	0.1		不得检出	GB/T 20769
6	2,4 - 滴	2,4 - D	0.05		不得检出	GB/T 20772
7	2 - 苯酚	2 - Phenylphenol	0.05		不得检出	GB/T 19650
8	阿维菌素	Abamectin	0.02		不得检出	SN/T 2661
9	乙酰甲胺磷	Acephate	0.02		不得检出	GB/T 20772
10	灭螨醌	Acequinocyl	0.01		不得检出	参照同类标准
11	啶虫脒	Acetamiprid	0.2		不得检出	GB/T 20772
12	乙草胺	Acetochlor	0.01		不得检出	GB/T 19650
13	苯并噻二唑	Acibenzolar - *S* - methyl	0.02		不得检出	GB/T 20772
14	苯草醚	Aclonifen	0.02		不得检出	GB/T 20772
15	氟丙菊酯	Acrinathrin	0.05		不得检出	GB/T 19648
16	甲草胺	Alachlor	0.01		不得检出	GB/T 20772
17	涕灭威	Aldicarb	0.01		不得检出	GB/T 20772
18	艾氏剂和狄氏剂	Aldrin and dieldrin	0.2		不得检出	GB/T 19650

序号	农兽药中文名	农兽药英文名	欧盟标准限量要求 mg/kg	国家标准限量要求 mg/kg	三安超有机食品标准	
					限量要求 mg/kg	检测方法
19	—	Ametoctradin	0.03		不得检出	参照同类标准
20	酰嘧磺隆	Amidosulfuron	0.02		不得检出	参照同类标准
21	氯氨吡啶酸	Aminopyralid	0.3		不得检出	GB/T 23211
22	—	Amisulbrom	0.01		不得检出	参照同类标准
23	双甲脒	Amitraz	0.05		不得检出	GB/T 19650
24	阿莫西林	Amoxicillin	50μg/kg		不得检出	NY/T 830
25	氨苄青霉素	Ampicillin	50μg/kg		不得检出	GB/T 21315
26	敌菌灵	Anilazine	0.05		不得检出	GB/T 20769
27	杀螨特	Aramite	0.01		不得检出	GB/T 19650
28	磺草灵	Asulam	0.1		不得检出	日本肯定列表（增补本 1）
29	阿维拉霉素	Avilamycin	200μg/kg		不得检出	参照同类标准
30	印楝素	Azadirachtin	0.01		不得检出	SN/T 3264
31	益棉磷	Azinphos - ethyl	0.01		不得检出	GB/T 19650
32	保棉磷	Azinphos - methyl	0.01		不得检出	GB/T 20772
33	三唑锡和三环锡	Azocyclotin and cyhexatin	0.05		不得检出	SN/T 1990
34	嘧菌酯	Azoxystrobin	0.05		不得检出	GB/T 20772
35	燕麦灵	Barban	0.05		不得检出	参照同类标准
36	氟丁酰草胺	Beflubutamid	0.05		不得检出	参照同类标准
37	苯霜灵	Benalaxyl	0.05		不得检出	GB/T 20772
38	丙硫克百威	Benfuracarb	0.02		不得检出	GB/T 20772
39	苄青霉素	Benzyl penicillin	50μg/kg		不得检出	GB/T 21315
40	联苯肼酯	Bifenazate	0.01		不得检出	GB/T 20772
41	甲羧除草醚	Bifenox	0.05		不得检出	GB/T 23210
42	联苯菊酯	Bifenthrin	0.05		不得检出	GB/T 19650
43	乐杀螨	Binapacryl	0.01		不得检出	SN 0523
44	联苯	Biphenyl	0.01		不得检出	GB/T 19650
45	联苯三唑醇	Bitertanol	0.05		不得检出	GB/T 20772
46	—	Bixafen	0.02		不得检出	参照同类标准
47	啶酰菌胺	Boscalid	0.05		不得检出	GB/T 20772
48	溴离子	Bromide ion	0.05		不得检出	GB/T5009.167
49	溴螨酯	Bromopropylate	0.01		不得检出	GB/T 19650
50	溴苯腈	Bromoxynil	0.05		不得检出	GB/T 20772
51	糠菌唑	Bromuconazole	0.05		不得检出	GB/T 19650
52	乙嘧酚磺酸酯	Bupirimate	0.05		不得检出	GB/T 19650
53	噻嗪酮	Buprofezin	0.05		不得检出	GB/T 20772
54	仲丁灵	Butralin	0.02		不得检出	GB/T 19650
55	丁草敌	Butylate	0.01		不得检出	GB/T 19650
56	硫线磷	Cadusafos	0.01		不得检出	GB/T 19650

序号	农兽药中文名	农兽药英文名	欧盟标准限量要求 mg/kg	国家标准限量要求 mg/kg	三安超有机食品标准	
					限量要求 mg/kg	检测方法
57	敌菌丹	Captafol	0.01		不得检出	GB/T 23210
58	克菌丹	Captan	0.02		不得检出	GB/T 19648
59	甲萘威	Carbaryl	0.05		不得检出	GB/T 20796
60	多菌灵和苯菌灵	Carbendazim and benomyl	0.05		不得检出	GB/T 20772
61	长杀草	Carbetamide	0.05		不得检出	GB/T 20772
62	克百威	Carbofuran	0.01		不得检出	GB/T 20772
63	丁硫克百威	Carbosulfan	0.05		不得检出	GB/T 19650
64	萎锈灵	Carboxin	0.05		不得检出	GB/T 20772
65	氯虫苯甲酰胺	Chlorantraniliprole	0.01		不得检出	参照同类标准
66	杀螨醚	Chlorbenside	0.05		不得检出	GB/T 19650
67	氯炔灵	Chlorbufam	0.05		不得检出	GB/T 20772
68	氯丹	Chlordane	0.05		不得检出	GB/T 5009.19
69	十氯酮	Chlordecone	0.2		不得检出	参照同类标准
70	杀螨酯	Chlorfenson	0.05		不得检出	GB/T 19650
71	毒虫畏	Chlorfenvinphos	0.01		不得检出	GB/T 19650
72	氯草敏	Chloridazon	0.05		不得检出	GB/T 20772
73	矮壮素	Chlormequat	0.05		不得检出	GB/T 23211
74	乙酯杀螨醇	Chlorobenzilate	0.1		不得检出	GB/T 23210
75	百菌清	Chlorothalonil	0.07		不得检出	SN/T 2320
76	绿麦隆	Chlortoluron	0.05		不得检出	GB/T 20772
77	枯草隆	Chloroxuron	0.05		不得检出	SN/T 2150
78	氯苯胺灵	Chlorpropham	0.05		不得检出	GB/T 19650
79	甲基毒死蜱	Chlorpyrifos - methyl	0.05		不得检出	GB/T 19650
80	氯磺隆	Chlorsulfuron	0.01		不得检出	GB/T 20772
81	金霉素	Chlortetracycline	600μg/kg		不得检出	GB/T 21317
82	氯酞酸甲酯	Chlorthaldimethyl	0.01		不得检出	GB/T 19650
83	氯硫酰草胺	Chlorthiamid	0.02		不得检出	GB/T 20772
84	烯草酮	Clethodim	0.2		不得检出	GB/T 19650
85	炔草酯	Clodinafop - propargyl	0.02		不得检出	GB/T 19650
86	四螨嗪	Clofentezine	0.05		不得检出	GB/T 20772
87	二氯吡啶酸	Clopyralid	0.05		不得检出	SN/T 2228
88	噻虫胺	Clothianidin	0.1		不得检出	GB/T 20772
89	邻氯青霉素	Cloxacillin	300μg/kg		不得检出	GB/T 18932.25
90	黏菌素	Colistin	200μg/kg		不得检出	参照同类标准
91	铜化合物	Copper compounds	30		不得检出	参照同类标准
92	环烷基酰苯胺	Cyclanilide	0.01		不得检出	参照同类标准
93	噻草酮	Cycloxydim	0.05		不得检出	GB/T 19650
94	环氟菌胺	Cyflufenamid	0.03		不得检出	GB/T 23210
95	氟氯氰菊酯和高效氟氯氰菊酯	Cyfluthrin and beta - cyfluthrin	0.05		不得检出	GB/T 19650

序号	农兽药中文名	农兽药英文名	欧盟标准限量要求 mg/kg	国家标准限量要求 mg/kg	三安超有机食品标准	
					限量要求 mg/kg	检测方法
96	霜脲氰	Cymoxanil	0.05		不得检出	GB/T 20772
97	氯氰菊酯和高效氯氰菊酯	Cypermethrin and beta - cypermethrin	0.05		不得检出	GB/T 19650
98	环丙唑醇	Cyproconazole	0.05		不得检出	GB/T 20772
99	嘧菌环胺	Cyprodinil	0.05		不得检出	GB/T 19650
100	灭蝇胺	Cyromazine	0.05		不得检出	GB/T 20772
101	丁酰肼	Daminozide	0.05		不得检出	SN/T 1989
102	达氟沙星	Danofloxacin	400μg/kg		不得检出	GB/T 22985
103	滴滴涕	DDT	1		不得检出	SN/T 0127
104	溴氰菊酯	Deltamethrin	0.1		不得检出	GB/T 19650
105	燕麦敌	Diallate	0.2		不得检出	GB/T 23211
106	二嗪磷	Diazinon	0.01		不得检出	GB/T 19650
107	麦草畏	Dicamba	0.07		不得检出	GB/T 20772
108	敌草腈	Dichlobenil	0.01		不得检出	GB/T 19650
109	滴丙酸	Dichlorprop	0.05		不得检出	SN/T 2228
110	地克珠利(杀球灵)	Diclazuril	1000μg/kg		不得检出	SN/T 2318
111	二氯苯氧基丙酸	Diclofop	0.01		不得检出	参照同类标准
112	氯硝胺	Dicloran	0.01		不得检出	GB/T 19650
113	双氯青霉素	Dicloxacillin	300μg/kg		不得检出	GB/T 18932.25
114	三氯杀螨醇	Dicofol	0.05		不得检出	GB/T 19650
115	乙霉威	Diethofencarb	0.05		不得检出	GB/T 19650
116	苯醚甲环唑	Difenoconazole	0.1		不得检出	GB/T 19650
117	双氟沙星	Difloxacin	600μg/kg		不得检出	GB/T 20366
118	除虫脲	Diflubenzuron	0.05		不得检出	SN/T 0528
119	吡氟酰草胺	Diflufenican	0.05		不得检出	GB/T 20772
120	油菜安	Dimethachlor	0.02		不得检出	GB/T 20772
121	烯酰吗啉	Dimethomorph	0.05		不得检出	GB/T 20772
122	醚菌胺	Dimoxystrobin	0.05		不得检出	SN/T 2237
123	烯唑醇	Diniconazole	0.01		不得检出	GB/T 19650
124	敌螨普	Dinocap	0.05		不得检出	日本肯定列表(增补本1)
125	地乐酚	Dinoseb	0.01		不得检出	GB/T 20772
126	特乐酚	Dinoterb	0.05		不得检出	GB/T 20772
127	敌噁磷	Dioxathion	0.05		不得检出	GB/T 19650
128	敌草快	Diquat	0.05		不得检出	GB/T 5009.221
129	乙拌磷	Disulfoton	0.01		不得检出	GB/T 20772
130	二氰蒽醌	Dithianon	0.01		不得检出	GB/T 20769
131	二硫代氨基甲酸酯	Dithiocarbamates	0.05		不得检出	SN 0139
132	敌草隆	Diuron	0.05		不得检出	SN/T 0645

序号	农兽药中文名	农兽药英文名	欧盟标准限量要求 mg/kg	国家标准限量要求 mg/kg	三安超有机食品标准	
					限量要求 mg/kg	检测方法
133	二硝甲酚	DNOC	0.05		不得检出	GB/T 20772
134	多果定	Dodine	0.2		不得检出	SN 0500
135	强力霉素	Doxycycline	600μg/kg		不得检出	GB/T 20764
136	甲氨基阿维菌素苯甲酸盐	Emamectin benzoate	0.01		不得检出	GB/T 20769
137	硫丹	Endosulfan	0.05	0.03	不得检出	GB/T 19650
138	异狄氏剂	Endrin	0.05		不得检出	GB/T 19650
139	恩诺沙星	Enrofloxacin	300μg/kg		不得检出	GB/T 20366
140	氟环唑	Epoxiconazole	0.01		不得检出	GB/T 20772
141	茵草敌	EPTC	0.02		不得检出	GB/T 20772
142	红霉素	Erythromycin	200μg/kg		不得检出	GB/T 20762
143	乙丁烯氟灵	Ethalfluralin	0.01		不得检出	GB/T 19650
144	胺苯磺隆	Ethametsulfuron	0.01		不得检出	NY/T 1616
145	乙烯利	Ethephon	0.05		不得检出	SN 0705
146	乙硫磷	Ethion	0.01		不得检出	GB/T 19650
147	乙嘧酚	Ethirimol	0.05		不得检出	GB/T 20772
148	乙氧呋草黄	Ethofumesate	0.1		不得检出	GB/T 20772
149	灭线磷	Ethoprophos	0.01		不得检出	GB/T 19650
150	乙氧喹啉	Ethoxyquin	0.05		不得检出	GB/T 20772
151	环氧乙烷	Ethylene oxide	0.02		不得检出	GB/T 23296.11
152	醚菊酯	Etofenprox	0.01		不得检出	GB/T 19650
153	乙螨唑	Etoxazole	0.01		不得检出	GB/T 19650
154	氯唑灵	Etridiazole	0.05		不得检出	GB/T 20772
155	噁唑菌酮	Famoxadone	0.05		不得检出	GB/T 20772
156	咪唑菌酮	Fenamidone	0.01		不得检出	GB/T 19650
157	苯线磷	Fenamiphos	0.02		不得检出	GB/T 19650
158	氯苯嘧啶醇	Fenarimol	0.02		不得检出	GB/T 20772
159	喹螨醚	Fenazaquin	0.01		不得检出	GB/T 19650
160	腈苯唑	Fenbuconazole	0.05		不得检出	GB/T 20772
161	苯丁锡	Fenbutatin oxide	0.05		不得检出	SN/T 3149
162	环酰菌胺	Fenhexamid	0.05		不得检出	GB/T 20772
163	杀螟硫磷	Fenitrothion	0.01		不得检出	GB/T 20772
164	精噁唑禾草灵	Fenoxaprop - *P* - ethyl	0.05		不得检出	GB 22617
165	双氧威	Fenoxycarb	0.05		不得检出	GB/T 19650
166	苯锈啶	Fenpropidin	0.02		不得检出	GB/T 19650
167	丁苯吗啉	Fenpropimorph	0.01		不得检出	GB/T 20772
168	胺苯吡菌酮	Fenpyrazamine	0.01		不得检出	参照同类标准
169	唑螨酯	Fenpyroximate	0.01		不得检出	GB/T 19650
170	倍硫磷	Fenthion	0.05		不得检出	GB/T 20772
171	三苯锡	Fentin	0.05		不得检出	SN/T 3149

序号	农兽药中文名	农兽药英文名	欧盟标准限量要求 mg/kg	国家标准限量要求 mg/kg	三安超有机食品标准	
					限量要求 mg/kg	检测方法
172	薯瘟锡	Fentin acetate	0.05		不得检出	参照同类标准
173	氰戊菊酯和高效氰戊菊酯(RR & SS 异构体总量)	Fenvalerate and esfenvalerate (sum of RR & SS isomers)	0.2		不得检出	GB/T 19650
174	氰戊菊酯和高效氰戊菊酯(RS & SR 异构体总量)	Fenvalerate and esfenvalerate (sum of RS & SR isomers)	0.05		不得检出	GB/T 19650
175	氟虫腈	Fipronil	0.01		不得检出	SN/T 1982
176	氟啶虫酰胺	Flonicamid	0.03		不得检出	SN/T 2796
177	氟苯尼考	Florfenicol	750μg/kg		不得检出	GB/T 20756
178	精吡氟禾草灵	Fluazifop – *P* – butyl	0.05		不得检出	GB/T 5009.142
179	氟啶胺	Fluazinam	0.05		不得检出	SN/T 2150
180	氟苯咪唑	Flubendazole	300μg/kg		不得检出	GB/T 21324
181	氟苯虫酰胺	Flubendiamide	0.01		不得检出	SN/T 2581
182	氟环脲	Flucycloxuron	0.05		不得检出	参照同类标准
183	氟氰戊菊酯	Flucythrinate	0.05		不得检出	GB/T 23210
184	咯菌腈	Fludioxonil	0.05		不得检出	GB/T 20772
185	氟虫脲	Flufenoxuron	0.05		不得检出	SN/T 2150
186	—	Flufenzin	0.02		不得检出	参照同类标准
187	氟甲喹	Flumequin	1000μg/kg		不得检出	SN/T 1921
188	氟吡菌胺	Fluopicolide	0.01		不得检出	参照同类标准
189	—	Fluopyram	0.02		不得检出	参照同类标准
190	氟离子	Fluoride ion	1		不得检出	GB/T 5009.167
191	氟腈嘧菌酯	Fluoxastrobin	0.1		不得检出	SN/T 2237
192	氟喹唑	Fluquinconazole	0.02		不得检出	GB/T 19650
193	氟咯草酮	Fluorochloridone	0.05		不得检出	GB/T 20772
194	氟草烟	Fluroxypyr	0.05		不得检出	GB/T 20772
195	氟硅唑	Flusilazole	0.5		不得检出	GB/T 20772
196	氟酰胺	Flutolanil	0.05		不得检出	GB/T 20772
197	粉唑醇	Flutriafol	0.01		不得检出	GB/T 20772
198	—	Fluxapyroxad	0.01		不得检出	参照同类标准
199	氟磺胺草醚	Fomesafen	0.01		不得检出	GB/T 5009.130
200	氯吡脲	Forchlorfenuron	0.05		不得检出	SN/T 3643
201	伐虫脒	Formetanate	0.01		不得检出	NY/T 1453
202	三乙膦酸铝	Fosetyl – aluminium	0.5		不得检出	参照同类标准
203	麦穗宁	Fuberidazole	0.05		不得检出	GB/T 19650
204	呋线威	Furathiocarb	0.01		不得检出	GB/T 20772
205	糠醛	Furfural	1		不得检出	参照同类标准
206	勃激素	Gibberellic acid	0.1		不得检出	GB/T 23211
207	草胺膦	Glufosinate – ammonium	1		不得检出	日本肯定列表
208	草甘膦	Glyphosate	0.1		不得检出	SN/T 1923

序号	农兽药中文名	农兽药英文名	欧盟标准限量要求 mg/kg	国家标准限量要求 mg/kg	三安超有机食品标准	
					限量要求 mg/kg	检测方法
209	双胍盐	Guazatine	0.1		不得检出	参照同类标准
210	氟吡禾灵	Haloxyfop	0.1		不得检出	SN/T 2228
211	七氯	Heptachlor	0.2		不得检出	SN 0663
212	六氯苯	Hexachlorobenzene	0.2		不得检出	SN/T 0127
213	六六六(HCH), α-异构体	Hexachlorociclohexane (HCH), alpha - isomer	0.2		不得检出	SN/T 0127
214	六六六(HCH), β-异构体	Hexachlorociclohexane (HCH), beta - isomer	0.1		不得检出	SN/T 0127
215	噻螨酮	Hexythiazox	0.05		不得检出	GB/T 20772
216	噁霉灵	Hymexazol	0.05		不得检出	GB/T 20772
217	抑霉唑	Imazalil	0.05		不得检出	GB/T 20772
218	甲咪唑烟酸	Imazapic	0.01		不得检出	GB/T 20772
219	咪唑喹啉酸	Imazaquin	0.05		不得检出	GB/T 20772
220	吡虫啉	Imidacloprid	0.05		不得检出	GB/T 20772
221	茚虫威	Indoxacarb	0.01		不得检出	GB/T 20772
222	碘苯腈	Ioxynil	0.05		不得检出	GB/T 20772
223	异菌脲	Iprodione	0.05		不得检出	GB/T 19650
224	稻瘟灵	Isoprothiolane	0.01		不得检出	GB/T 20772
225	异丙隆	Isoproturon	0.05		不得检出	GB/T 20772
226	—	Isopyrazam	0.01		不得检出	参照同类标准
227	异噁酰草胺	Isoxaben	0.01		不得检出	GB/T 20772
228	卡那霉素	Kanamycin	2500μg/kg		不得检出	GB/T 21323
229	醚菌酯	Kresoxim - methyl	0.05		不得检出	GB/T 20772
230	乳氟禾草灵	Lactofen	0.01		不得检出	GB/T 19650
231	高效氯氟氰菊酯	Lambda - cyhalothrin	0.02		不得检出	GB/T 23210
232	拉沙里菌素	Lasalocid	50μg/kg		不得检出	SN 0501
233	环草定	Lenacil	0.1		不得检出	GB/T 19650
234	左旋咪唑	Levamisole	10μg/kg		不得检出	SN 0349
235	林可霉素	Lincomycin	1500μg/kg		不得检出	GB/T 20762
236	林丹	Lindane	0.02	0.01	不得检出	NY/T 761
237	虱螨脲	Lufenuron	0.02		不得检出	SN/T 2540
238	马拉硫磷	Malathion	0.02		不得检出	GB/T 19650
239	抑芽丹	Maleic hydrazide	0.02		不得检出	GB/T 23211
240	双炔酰菌胺	Mandipropamid	0.02		不得检出	参照同类标准
241	二甲四氯和二甲四氯丁酸	MCPA and MCPB	0.1		不得检出	SN/T 2228
242	壮棉素	Mepiquat chloride	0.05		不得检出	GB/T 23211
243	—	Meptyldinocap	0.05		不得检出	参照同类标准
244	汞化合物	Mercury compounds	0.01		不得检出	参照同类标准
245	氰氟虫腙	Metaflumizone	0.02		不得检出	SN/T 3852

序号	农兽药中文名	农兽药英文名	欧盟标准限量要求 mg/kg	国家标准限量要求 mg/kg	三安超有机食品标准	
					限量要求 mg/kg	检测方法
246	甲霜灵和精甲霜灵	Metalaxyl and metalaxyl – M	0.05		不得检出	GB/T 20772
247	四聚乙醛	Metaldehyde	0.05		不得检出	SN/T 1787
248	苯嗪草酮	Metamitron	0.05		不得检出	GB/T 19650
249	吡唑草胺	Metazachlor	0.05		不得检出	GB/T 19650
250	叶菌唑	Metconazole	0.01		不得检出	GB/T 20772
251	甲基苯噻隆	Methabenzthiazuron	0.05		不得检出	GB/T 19650
252	虫螨畏	Methacrifos	0.01		不得检出	GB/T 20772
253	甲胺磷	Methamidophos	0.01		不得检出	GB/T 20772
254	杀扑磷	Methidathion	0.02		不得检出	GB/T 20772
255	甲硫威	Methiocarb	0.05		不得检出	GB/T 20770
256	灭多威和硫双威	Methomyl and thiodicarb	0.02		不得检出	GB/T 20772
257	烯虫酯	Methoprene	0.05		不得检出	GB/T 19650
258	甲氧滴滴涕	Methoxychlor	0.01		不得检出	SN/T 0529
259	甲氧虫酰肼	Methoxyfenozide	0.01		不得检出	GB/T 20772
260	磺草唑胺	Metosulam	0.01		不得检出	GB/T 20772
261	苯菌酮	Metrafenone	0.05		不得检出	参照同类标准
262	嗪草酮	Metribuzin	0.1		不得检出	GB/T 19650
263	绿谷隆	Monolinuron	0.05		不得检出	GB/T 20772
264	灭草隆	Monuron	0.01		不得检出	GB/T 20772
265	腈菌唑	Myclobutanil	0.01		不得检出	GB/T 20772
266	1–萘乙酰胺	1 – Naphthylacetamide	0.05		不得检出	GB/T 23205
267	敌草胺	Napropamide	0.01		不得检出	GB/T 19650
268	新霉素(包括 framycetin)	Neomycin(including framycetin)	5000μg/kg		不得检出	SN 0646
269	烟嘧磺隆	Nicosulfuron	0.05		不得检出	SN/T 2325
270	除草醚	Nitrofen	0.01		不得检出	GB/T 19650
271	氟酰脲	Novaluron	0.1		不得检出	GB/T 23211
272	嘧苯胺磺隆	Orthosulfamuron	0.01		不得检出	GB/T 23817
273	苯唑青霉素	Oxacillin	300μg/kg		不得检出	GB/T 18932.25
274	噁草酮	Oxadiazon	0.05		不得检出	GB/T 19650
275	噁霜灵	Oxadixyl	0.01		不得检出	GB/T 19650
276	环氧嘧磺隆	Oxasulfuron	0.05		不得检出	GB/T 23817
277	喹菌酮	Oxolinic acid	150μg/kg		不得检出	日本肯定列表
278	氧化萎锈灵	Oxycarboxin	0.05		不得检出	GB/T 19650
279	亚砜磷	Oxydemeton – methyl	0.01		不得检出	参照同类标准
280	乙氧氟草醚	Oxyfluorfen	0.05		不得检出	GB/T 20772
281	土霉素	Oxytetracycline	600μg/kg		不得检出	GB/T 21317
282	多效唑	Paclobutrazol	0.02		不得检出	GB/T 19650
283	对硫磷	Parathion	0.05		不得检出	GB/T 19650
284	甲基对硫磷	Parathion – methyl	0.01		不得检出	GB/T 5009.161

序号	农兽药中文名	农兽药英文名	欧盟标准限量要求 mg/kg	国家标准限量要求 mg/kg	三安超有机食品标准	
					限量要求 mg/kg	检测方法
285	巴龙霉素	Paromomycin	1500μg/kg		不得检出	SN/T 2315
286	戊菌唑	Penconazole	0.05		不得检出	GB/T 20772
287	戊菌隆	Pencycuron	0.05		不得检出	GB/T 19650
288	二甲戊灵	Pendimethalin	0.05		不得检出	GB/T 19650
289	氯菊酯	Permethrin	0.05		不得检出	GB/T 19650
290	甜菜宁	Phenmedipham	0.05		不得检出	GB/T 23205
291	苯醚菊酯	Phenothrin	0.05		不得检出	GB/T 20772
292	苯氧甲基青霉素	Phenoxymethylpenicillin	25μg/kg		不得检出	GB/T 21315
293	甲拌磷	Phorate	0.01		不得检出	GB/T 20772
294	伏杀硫磷	Phosalone	0.01		不得检出	GB/T 20772
295	亚胺硫磷	Phosmet	0.1		不得检出	GB/T 20772
296	—	Phosphines and phosphides	0.01		不得检出	参照同类标准
297	辛硫磷	Phoxim	0.03		不得检出	GB/T 20772
298	氨氯吡啶酸	Picloram	0.01		不得检出	GB/T 23211
299	啶氧菌酯	Picoxystrobin	0.05		不得检出	GB/T 19650
300	抗蚜威	Pirimicarb	0.05		不得检出	GB/T 20772
301	甲基嘧啶磷	Pirimiphos - methyl	0.05		不得检出	GB/T 20772
302	咪鲜胺	Prochloraz	0.1		不得检出	GB/T 19650
303	腐霉利	Procymidone	0.01		不得检出	GB/T 20772
304	丙溴磷	Profenofos	0.05		不得检出	GB/T 20772
305	调环酸	Prohexadione	0.05		不得检出	日本肯定列表
306	毒草安	Propachlor	0.02		不得检出	GB/T 20772
307	扑派威	Propamocarb	0.1		不得检出	GB/T 20772
308	恶草酸	Propaquizafop	0.05		不得检出	GB/T 20772
309	炔螨特	Propargite	0.1		不得检出	GB/T 19650
310	苯胺灵	Propham	0.05		不得检出	GB/T 19650
311	丙环唑	Propiconazole	0.01		不得检出	GB/T 19650
312	异丙草胺	Propisochlor	0.01		不得检出	GB/T 19650
313	残杀威	Propoxur	0.05		不得检出	参照同类标准
314	炔苯酰草胺	Propyzamide	0.05		不得检出	GB/T 20772
315	苄草丹	Prosulfocarb	0.05		不得检出	GB/T 23211
316	丙硫菌唑	Prothioconazole	0.05		不得检出	GB/T 19650
317	吡蚜酮	Pymetrozine	0.01		不得检出	GB/T 20772
318	吡唑醚菌酯	Pyraclostrobin	0.05		不得检出	GB/T 20772
319	—	Pyrasulfotole	0.01		不得检出	GB/T 19650
320	吡菌磷	Pyrazophos	0.02		不得检出	GB/T 20772
321	除虫菊素	Pyrethrins	0.05		不得检出	GB/T 20772
322	哒螨灵	Pyridaben	0.02		不得检出	日本肯定列表
323	啶虫丙醚	Pyridalyl	0.01		不得检出	GB/T 20772

序号	农兽药中文名	农兽药英文名	欧盟标准限量要求 mg/kg	国家标准限量要求 mg/kg	三安超有机食品标准	
					限量要求 mg/kg	检测方法
324	哒草特	Pyridate	0.05		不得检出	GB/T 20772
325	嘧霉胺	Pyrimethanil	0.05		不得检出	GB/T 20772
326	吡丙醚	Pyriproxyfen	0.05		不得检出	GB/T 19650
327	甲氧磺草胺	Pyroxsulam	0.01		不得检出	GB/T 19650
328	氯甲喹啉酸	Quinmerac	0.05		不得检出	GB/T 19650
329	喹氧灵	Quinoxyfen	0.2		不得检出	SN/T 2319
330	五氯硝基苯	Quintozene	0.01	0.1	不得检出	GB/T 19650
331	精喹禾灵	Quizalofop - *P* - ethyl	0.05		不得检出	SN/T 2150
332	灭虫菊	Resmethrin	0.1		不得检出	GB/T 20772
333	鱼藤酮	Rotenone	0.01		不得检出	GB/T 20772
334	西玛津	Simazine	0.01		不得检出	SN 0594
335	水杨酸钠	Sodium salicylate	150μg/kg		不得检出	参照同类标准
336	壮观霉素	Spectinomycin	5000μg/kg		不得检出	GB/T 20772
337	乙基多杀菌素	Spinetoram	0.01		不得检出	GB/T 20772
338	多杀霉素	Spinosad	0.2		不得检出	日本肯定列表
339	螺螨酯	Spirodiclofen	0.01		不得检出	GB/T 20772
340	螺甲螨酯	Spiromesifen	0.01		不得检出	GB/T 20772
341	螺虫乙酯	Spirotetramat	0.01		不得检出	GB/T 20772
342	萁孢菌素	Spiroxamine	0.2		不得检出	GB/T 19650
343	磺草酮	Sulcotrione	0.05		不得检出	GB/T 19650
344	磺胺类(所有属于磺胺类的物质)	Sulfonamides (all substances belonging to the sulfonamide-group)	100μg/kg		不得检出	GB/T 19650
345	乙黄隆	Sulfosulfuron	0.05		不得检出	GB/T 19650
346	硫磺粉	Sulfur	0.5		不得检出	GB/T 19650
347	氟胺氰菊酯	Tau - fluvalinate	0.01		不得检出	GB/T 20769
348	戊唑醇	Tebuconazole	0.1		不得检出	GB/T 20772
349	虫酰肼	Tebufenozide	0.05		不得检出	GB/T 20772
350	吡螨胺	Tebufenpyrad	0.05		不得检出	SN 0594
351	四氯硝基苯	Tecnazene	0.05		不得检出	GB/T 19650
352	氟苯脲	Teflubenzuron	0.05		不得检出	SN/T 2150
353	七氟菊酯	Tefluthrin	0.05		不得检出	GB/T 23210
354	得杀草	Tepraloxydim	0.1		不得检出	GB/T 20772
355	特丁硫磷	Terbufos	0.01		不得检出	GB/T 20772
356	特丁津	Terbuthylazine	0.05		不得检出	GB/T 19650
357	四氟醚唑	Tetraconazole	0.05		不得检出	GB/T 20772
358	四环素	Tetracycline	600μg/kg		不得检出	GB/T 21317
359	三氯杀螨砜	Tetradifon	0.05		不得检出	GB/T 19650
360	噻菌灵	Thiabendazole	0.1		不得检出	GB/T 20772

序号	农兽药中文名	农兽药英文名	欧盟标准限量要求 mg/kg	国家标准限量要求 mg/kg	三安超有机食品标准	
					限量要求 mg/kg	检测方法
361	噻虫啉	Thiacloprid	0.3		不得检出	GB/T 20772
362	噻虫嗪	Thiamethoxam	0.01		不得检出	GB/T 20772
363	甲砜霉素	Thiamphenicol	50μg/kg		不得检出	GB/T 20756
364	禾草丹	Thiobencarb	0.01		不得检出	GB/T 20772
365	甲基硫菌灵	Thiophanate – methyl	0.05		不得检出	SN/T 0162
366	替米考星	Tilmicosin	250μg/kg		不得检出	GB/T 20762
367	甲基立枯磷	Tolclofos – methyl	0.05		不得检出	GB/T 19650
368	甲苯三嗪酮	Toltrazuril	400μg/kg		不得检出	参照同类标准
369	甲苯氟磺胺	Tolylfluanid	0.1		不得检出	GB/T 19650
370	—	Topramezone	0.05		不得检出	参照同类标准
371	三唑酮和三唑醇	Triadimefon and triadimenol	0.1		不得检出	GB/T 20772
372	野麦畏	Triallate	0.05		不得检出	GB/T 20772
373	醚苯磺隆	Triasulfuron	0.05		不得检出	GB/T 20772
374	三唑磷	Triazophos	0.01		不得检出	GB/T 20772
375	敌百虫	Trichlorphon	0.01		不得检出	GB/T 20772
376	绿草定	Triclopyr	0.05		不得检出	SN/T 2228
377	三环唑	Tricyclazole	0.05		不得检出	GB/T 20769
378	十三吗啉	Tridemorph	0.01		不得检出	GB/T 20772
379	肟菌酯	Trifloxystrobin	0.04		不得检出	GB/T 19650
380	氟菌唑	Triflumizole	0.05		不得检出	GB/T 20769
381	杀铃脲	Triflumuron	0.01		不得检出	GB/T 20772
382	氟乐灵	Trifluralin	0.01		不得检出	GB/T 20772
383	嗪氨灵	Triforine	0.01		不得检出	SN 0695
384	甲氧苄氨嘧啶	Trimethoprim	50μg/kg		不得检出	SN/T 1769
385	三甲基锍阳离子	Trimethyl – sulfonium cation	0.1		不得检出	参照同类标准
386	抗倒酯	Trinexapac	0.05		不得检出	GB/T 20769
387	灭菌唑	Triticonazole	0.01		不得检出	GB/T 20772
388	三氟甲磺隆	Tritosulfuron	0.01		不得检出	参照同类标准
389	泰乐霉素	Tylosin	100μg/kg		不得检出	GB/T 22941
390	—	Valifenalate	0.01		不得检出	参照同类标准
391	乙烯菌核利	Vinclozolin	0.05		不得检出	GB/T 20772
392	2,3,4,5 – 四氯苯胺	2,3,4,5 – Tetrachloraniline			不得检出	GB/T 19650
393	2,3,4,5 – 四氯甲氧基苯	2,3,4,5 – Tetrachloroanisole			不得检出	GB/T 19650
394	2,3,5,6 – 四氯苯胺	2,3,5,6 – Tetrachloroaniline			不得检出	GB/T 19650
395	2,4,5 – 涕	2,4,5 – T			不得检出	GB/T 20772
396	o,p′ – 滴滴滴	2,4′ – DDD			不得检出	GB/T 19650
397	o,p′ – 滴滴伊	2,4′ – DDE			不得检出	GB/T 19650
398	o,p′ – 滴滴涕	2,4′ – DDT			不得检出	GB/T 19650
399	2,6 – 二氯苯甲酰胺	2,6 – Dichlorobenzamide			不得检出	GB/T 19650

序号	农兽药中文名	农兽药英文名	欧盟标准限量要求 mg/kg	国家标准限量要求 mg/kg	三安超有机食品标准	
					限量要求 mg/kg	检测方法
400	3,5-二氯苯胺	3,5-Dichloroaniline			不得检出	GB/T 19650
401	p,p'-滴滴滴	4,4'-DDD			不得检出	GB/T 19650
402	p,p'-滴滴伊	4,4'-DDE			不得检出	GB/T 19650
403	p,p'-滴滴涕	4,4'-DDT			不得检出	GB/T 19650
404	4,4'-二溴二苯甲酮	4,4'-Dibromobenzophenone			不得检出	GB/T 19650
405	4,4'-二氯二苯甲酮	4,4'-Dichlorobenzophenone			不得检出	GB/T 19650
406	二氢苊	Acenaphthene			不得检出	GB/T 19650
407	乙酰丙嗪	Acepromazine			不得检出	GB/T 20763
408	三氟羧草醚	Acifluorfen			不得检出	GB/T 20772
409	1-氨基-2-乙内酰脲	AHD			不得检出	GB/T 21311
410	涕灭砜威	Aldoxycarb			不得检出	GB/T 20772
411	烯丙菊酯	Allethrin			不得检出	GB/T 20772
412	二丙烯草胺	Allidochlor			不得检出	GB/T 19650
413	α-六六六	Alpha-HCH			不得检出	GB/T 19650
414	烯丙孕素	Altrenogest			不得检出	SN/T 1980
415	莠灭净	Ametryn			不得检出	GB/T 20772
416	杀草强	Amitrole			不得检出	SN/T 1737.6
417	5-吗啉甲基-3-氨基-2-噁唑烷基酮	AMOZ			不得检出	GB/T 21311
418	氨丙嘧吡啶	Amprolium			不得检出	SN/T 0276
419	莎稗磷	Anilofos			不得检出	GB/T 19650
420	蒽醌	Anthraquinone			不得检出	GB/T 19650
421	3-氨基-2-噁唑酮	AOZ			不得检出	GB/T 21311
422	安普霉素	Apramycin			不得检出	GB/T 21323
423	丙硫特普	Aspon			不得检出	GB/T 19650
424	羟氨卡青霉素	Aspoxicillin			不得检出	GB/T 21315
425	乙基杀扑磷	Athidathion			不得检出	GB/T 19650
426	莠去通	Atratone			不得检出	GB/T 19650
427	莠去津	Atrazine			不得检出	GB/T 20772
428	脱乙基阿特拉津	Atrazine-desethyl			不得检出	GB/T 19650
429	甲基吡噁磷	Azamethiphos			不得检出	GB/T 20763
430	氮哌酮	Azaperone			不得检出	SN/T2221
431	叠氮津	Aziprotryne			不得检出	GB/T 19650
432	杆菌肽	Bacitracin			不得检出	GB/T 20743
433	4-溴-3,5-二甲苯基-N-甲基氨基甲酸酯-1	BDMC-1			不得检出	GB/T 19650
434	4-溴-3,5-二甲苯基-N-甲基氨基甲酸酯-2	BDMC-2			不得检出	GB/T 19650
435	噁虫威	Bendiocarb			不得检出	GB/T 20772

序号	农兽药中文名	农兽药英文名	欧盟标准限量要求 mg/kg	国家标准限量要求 mg/kg	三安超有机食品标准	
					限量要求 mg/kg	检测方法
436	乙丁氟灵	Benfluralin			不得检出	GB/T 19650
437	呋草黄	Benfuresate			不得检出	GB/T 19650
438	麦锈灵	Benodanil			不得检出	GB/T 19650
439	解草酮	Benoxacor			不得检出	GB/T 19650
440	新燕灵	Benzoylprop - ethyl			不得检出	GB/T 19650
441	β - 六六六	Beta - HCH			不得检出	GB/T 19650
442	倍他米松	Betamethasone			不得检出	SN/T 1970
443	生物烯丙菊酯 - 1	Bioallethrin - 1			不得检出	GB/T 19650
444	生物烯丙菊酯 - 2	Bioallethrin - 2			不得检出	GB/T 19650
445	生物苄呋菊酯	Bioresmethrin			不得检出	GB/T 20772
446	除草定	Bromacil			不得检出	GB/T 20772
447	溴苯烯磷	Bromfenvinfos			不得检出	GB/T 19650
448	溴烯杀	Bromocylen			不得检出	GB/T 19650
449	溴硫磷	Bromofos			不得检出	GB/T 19650
450	乙基溴硫磷	Bromophos - ethyl			不得检出	GB/T 19650
451	溴丁酰草胺	Btomobutide			不得检出	GB/T 19650
452	氟丙嘧草酯	Butafenacil			不得检出	GB/T 19650
453	抑草磷	Butamifos			不得检出	GB/T 19650
454	丁草胺	Butaxhlor			不得检出	GB/T 19650
455	苯酮唑	Cafenstrole			不得检出	GB/T 19650
456	角黄素	Canthaxanthin			不得检出	SN/T 2327
457	咔唑心安	Carazolol			不得检出	GB/T 20763
458	卡巴氧	Carbadox			不得检出	GB/T 20746
459	三硫磷	Carbophenothion			不得检出	GB/T 19650
460	唑草酮	Carfentrazone - ethyl			不得检出	GB/T 19650
461	卡洛芬	Carprofen			不得检出	SN/T 2190
462	头孢洛宁	Cefalonium			不得检出	GB/T 22989
463	头孢匹林	Cefapirin			不得检出	GB/T 22989
464	头孢喹肟	Cefquinome			不得检出	GB/T 22989
465	头孢噻呋	Ceftiofur			不得检出	GB/T 21314
466	头孢氨苄	Cefalexin			不得检出	GB/T 22989
467	氯霉素	Chloramphenicolum			不得检出	GB/T 20772
468	氯杀螨砜	Chlorbenside sulfone			不得检出	GB/T 19650
469	氯溴隆	Chlorbromuron			不得检出	GB/T 19650
470	杀虫脒	Chlordimeform			不得检出	GB/T 19650
471	氯氧磷	Chlorethoxyfos			不得检出	GB/T 19650
472	溴虫腈	Chlorfenapyr			不得检出	GB/T 19650
473	杀螨醇	Chlorfenethol			不得检出	GB/T 19650
474	燕麦酯	Chlorfenprop - methyl			不得检出	GB/T 19650

序号	农兽药中文名	农兽药英文名	欧盟标准限量要求mg/kg	国家标准限量要求mg/kg	三安超有机食品标准	
					限量要求mg/kg	检测方法
475	氟啶脲	Chlorfluazuron			不得检出	SN/T 2540
476	整形醇	Chlorflurenol			不得检出	GB/T 19650
477	氯地孕酮	Chlormadinone			不得检出	SN/T 1980
478	醋酸氯地孕酮	Chlormadinone acetate			不得检出	GB/T 20753
479	氯甲硫磷	Chlormephos			不得检出	GB/T 19650
480	氯苯甲醚	Chloroneb			不得检出	GB/T 19650
481	丙酯杀螨醇	Chloropropylate			不得检出	GB/T 19650
482	氯丙嗪	Chlorpromazine			不得检出	GB/T 20763
483	氯硫磷	Chlorthion			不得检出	GB/T 19650
484	虫螨磷	Chlorthiophos			不得检出	GB/T 19650
485	乙菌利	Chlozolinate			不得检出	GB/T 19650
486	顺式-氯丹	*cis* - Chlordane			不得检出	GB/T 19650
487	顺式-燕麦敌	*cis* - Diallate			不得检出	GB/T 19650
488	顺式-氯菊酯	*cis* - Permethrin			不得检出	GB/T 19650
489	克仑特罗	Clenbuterol			不得检出	GB/T 22286
490	异噁草酮	Clomazone			不得检出	GB/T 20772
491	氯甲酰草胺	Clomeprop			不得检出	GB/T 19650
492	氯羟吡啶	Clopidol			不得检出	GB 29700
493	解草酯	Cloquintocet - mexyl			不得检出	GB/T 19650
494	蝇毒磷	Coumaphos			不得检出	GB/T 19650
495	鼠立死	Crimidine			不得检出	GB/T 19650
496	巴毒磷	Crotxyphos			不得检出	GB/T 19650
497	育畜磷	Crufomate			不得检出	GB/T 19650
498	苯腈磷	Cyanofenphos			不得检出	GB/T 19650
499	杀螟腈	Cyanophos			不得检出	GB/T 20772
500	环草敌	Cycloate			不得检出	GB/T 20772
501	环莠隆	Cycluron			不得检出	GB/T 20772
502	环丙津	Cyprazine			不得检出	GB/T 20772
503	敌草索	Dacthal			不得检出	GB/T 19650
504	癸氧喹酯	Decoquinate			不得检出	SN/T2444
505	脱叶磷	DEF			不得检出	GB/T 19650
506	δ-六六六	Delta - HCH			不得检出	GB/T 19650
507	2,2′,4,5,5′-五氯联苯	DE - PCB 101			不得检出	GB/T 19650
508	2,3,4,4′,5-五氯联苯	DE - PCB 118			不得检出	GB/T 19650
509	2,2′,3,4,4′,5-六氯联苯	DE - PCB 138			不得检出	GB/T 19650
510	2,2′,4,4′,5,5′-六氯联苯	DE - PCB 153			不得检出	GB/T 19650
511	2,2′,3,4,4′,5,5′-七氯联苯	DE - PCB 180			不得检出	GB/T 19650
512	2,4,4′-三氯联苯	DE - PCB 28			不得检出	GB/T 19650
513	2,4,5-三氯联苯	DE - PCB 31			不得检出	GB/T 19650

序号	农兽药中文名	农兽药英文名	欧盟标准限量要求 mg/kg	国家标准限量要求 mg/kg	三安超有机食品标准	
					限量要求 mg/kg	检测方法
514	2,2′,5,5′-四氯联苯	DE-PCB 52			不得检出	GB/T 19650
515	脱溴溴苯磷	Desbrom-leptophos			不得检出	GB/T 19650
516	脱乙基另丁津	Desethyl-sebuthylazine			不得检出	GB/T 19650
517	敌草净	Desmetryn			不得检出	GB/T 19650
518	地塞米松	Dexamethasone			不得检出	SN/T 1970
519	氯亚胺硫磷	Dialifos			不得检出	GB/T 19650
520	敌菌净	Diaveridine			不得检出	SN/T 1926
521	驱虫特	Dibutyl succinate			不得检出	GB/T 20772
522	异氯磷	Dicapthon			不得检出	GB/T 20772
523	除线磷	Dichlofenthion			不得检出	GB/T 20772
524	苯氟磺胺	Dichlofluanid			不得检出	GB/T 19650
525	烯丙酰草胺	Dichlormid			不得检出	GB/T 19650
526	敌敌畏	Dichlorvos			不得检出	GB/T 20772
527	苄氯三唑醇	Diclobutrazole			不得检出	GB/T 20772
528	禾草灵	Diclofop-methyl			不得检出	GB/T 19650
529	己烯雌酚	Diethylstilbestrol			不得检出	GB/T 20766
530	二氢链霉素	Dihydro-streptomycin			不得检出	GB/T 22969
531	甲氟磷	Dimefox			不得检出	GB/T 19650
532	哌草丹	Dimepiperate			不得检出	GB/T 19650
533	异戊乙净	Dimethametryn			不得检出	GB/T 19650
534	二甲酚草胺	Dimethenamid			不得检出	GB/T 19650
535	乐果	Dimethoate			不得检出	GB/T 20772
536	甲基毒虫畏	Dimethylvinphos			不得检出	GB/T 19650
537	地美硝唑	Dimetridazole			不得检出	GB/T 21318
538	二硝托安	Dinitolmide			不得检出	SN/T 2453
539	氨氟灵	Dinitramine			不得检出	GB/T 19650
540	消螨通	Dinobuton			不得检出	GB/T 19650
541	呋虫胺	Dinotefuran			不得检出	GB/T 20772
542	苯虫醚-1	Diofenolan-1			不得检出	GB/T 19650
543	苯虫醚-2	Diofenolan-2			不得检出	GB/T 19650
544	蔬果磷	Dioxabenzofos			不得检出	GB/T 19650
545	双苯酰草胺	Diphenamid			不得检出	GB/T 19650
546	二苯胺	Diphenylamine			不得检出	GB/T 19650
547	异丙净	Dipropetryn			不得检出	GB/T 19650
548	灭菌磷	Ditalimfos			不得检出	GB/T 19650
549	氟硫草定	Dithiopyr			不得检出	GB/T 19650
550	多拉菌素	Doramectin			不得检出	GB/T 22968
551	敌瘟磷	Edifenphos			不得检出	GB/T 19650
552	硫丹硫酸盐	Endosulfan-sulfate			不得检出	GB/T 19650

序号	农兽药中文名	农兽药英文名	欧盟标准限量要求 mg/kg	国家标准限量要求 mg/kg	三安超有机食品标准	
					限量要求 mg/kg	检测方法
553	异狄氏剂酮	Endrin ketone			不得检出	GB/T 19650
554	苯硫磷	EPN			不得检出	GB/T 19650
555	埃普利诺菌素	Eprinomectin			不得检出	GB/T 21320
556	抑草蓬	Erbon			不得检出	GB/T 19650
557	*S* - 氰戊菊酯	Esfenvalerate			不得检出	GB/T 19650
558	戊草丹	Esprocarb			不得检出	GB/T 19650
559	乙环唑 - 1	Etaconazole - 1			不得检出	GB/T 19650
560	乙环唑 - 2	Etaconazole - 2			不得检出	GB/T 19650
561	乙嘧硫磷	Etrimfos			不得检出	GB/T 19650
562	氧乙嘧硫磷	Etrimfos oxon			不得检出	GB/T 19650
563	伐灭磷	Famphur			不得检出	GB/T 19650
564	苯线磷亚砜	Fenamiphos sulfoxide			不得检出	GB/T 19650
565	苯线磷砜	Fenamiphos - sulfone			不得检出	GB/T 19650
566	苯硫苯咪唑	Fenbendazole			不得检出	SN 0638
567	氧皮蝇磷	Fenchlorphos oxon			不得检出	GB/T 19650
568	甲呋酰胺	Fenfuram			不得检出	GB/T 19650
569	仲丁威	Fenobucarb			不得检出	GB/T 19650
570	苯硫威	Fenothiocarb			不得检出	GB/T 19650
571	稻瘟酰胺	Fenoxanil			不得检出	GB/T 19650
572	拌种咯	Fenpiclonil			不得检出	GB/T 19650
573	甲氰菊酯	Fenpropathrin			不得检出	GB/T 19650
574	芬螨酯	Fenson			不得检出	GB/T 19650
575	丰索磷	Fensulfothion			不得检出	GB/T 19650
576	倍硫磷亚砜	Fenthion sulfoxide			不得检出	GB/T 19650
577	麦草氟异丙酯	Flamprop - isopropyl			不得检出	GB/T 19650
578	麦草氟甲酯	Flamprop - methyl			不得检出	GB/T 19650
579	吡氟禾草灵	Fluazifop - butyl			不得检出	GB/T 19650
580	啶蜱脲	Fluazuron			不得检出	SN/T 2540
581	氟噻草胺	Flufenacet			不得检出	GB/T 19650
582	氟节胺	Flumetralin			不得检出	GB/T 19650
583	唑嘧磺草胺	Flumetsulam			不得检出	GB/T 20772
584	氟烯草酸	Flumiclorac			不得检出	GB/T 19650
585	丙炔氟草胺	Flumioxazin			不得检出	GB/T 19650
586	氟胺烟酸	Flunixin			不得检出	GB/T 20750
587	三氟硝草醚	Fluorodifen			不得检出	GB/T 19650
588	乙羧氟草醚	Fluoroglycofen - ethyl			不得检出	GB/T 19650
589	三氟苯唑	Flutrimazole			不得检出	GB/T 19650
590	氟啶草酮	Fluridone			不得检出	GB/T 19650
591	氟草烟 - 1 - 甲庚酯	Fluroxypr - 1 - methylheptyl ester			不得检出	GB/T 19650

序号	农兽药中文名	农兽药英文名	欧盟标准限量要求 mg/kg	国家标准限量要求 mg/kg	三安超有机食品标准	
					限量要求 mg/kg	检测方法
592	呋草酮	Flurtamone			不得检出	GB/T 19650
593	地虫硫磷	Fonofos			不得检出	GB/T 19650
594	安果	Formothion			不得检出	GB/T 19650
595	呋霜灵	Furalaxyl			不得检出	GB/T 19650
596	庆大霉素	Gentamicin			不得检出	GB/T 21323
597	苄螨醚	Halfenprox			不得检出	GB/T 19650
598	氟哌啶醇	Haloperidol			不得检出	GB/T 20763
599	ε-六六六	HCH,epsilon			不得检出	GB/T 19650
600	庚烯磷	Heptanophos			不得检出	GB/T 19650
601	己唑醇	hexaconazole			不得检出	GB/T 19650
602	环嗪酮	Hexazinone			不得检出	GB/T 19650
603	咪草酸	Imazamethabenz-methyl			不得检出	GB/T 19650
604	脱苯甲基亚胺唑	Imibenconazole-*des*-benzyl			不得检出	GB/T 19650
605	炔咪菊酯-1	Imiprothrin-1			不得检出	GB/T 19650
606	炔咪菊酯-2	Imiprothrin-2			不得检出	GB/T 19650
607	碘硫磷	Iodofenphos			不得检出	GB/T 19650
608	甲基碘磺隆	Iodosulfuron-methyl			不得检出	GB/T 20772
609	异稻瘟净	Iprobenfos			不得检出	GB/T 19650
610	氯唑磷	Isazofos			不得检出	GB/T 19650
611	碳氯灵	Isobenzan			不得检出	GB/T 19650
612	丁咪酰胺	Isocarbamid			不得检出	GB/T 19650
613	水胺硫磷	Isocarbophos			不得检出	GB/T 19650
614	异艾氏剂	Isodrin			不得检出	GB/T 19650
615	异柳磷	Isofenphos			不得检出	GB/T 19650
616	氧异柳磷	Isofenphos oxon			不得检出	GB/T 19650
617	氮氨菲啶	Isometamidium			不得检出	SN/T 2239
618	丁嗪草酮	Isomethiozin			不得检出	GB/T 19650
619	异丙威-1	Isoprocarb-1			不得检出	GB/T 19650
620	异丙威-2	Isoprocarb-2			不得检出	GB/T 19650
621	异丙乐灵	Isopropalin			不得检出	GB/T 19650
622	双苯噁唑酸	Isoxadifen-ethyl			不得检出	GB/T 19650
623	异噁氟草	Isoxaflutole			不得检出	GB/T 20772
624	噁唑啉	Isoxathion			不得检出	GB/T 19650
625	依维菌素	Ivermectin			不得检出	GB/T 21320
626	交沙霉素	Josamycin			不得检出	GB/T 20762
627	溴苯磷	Leptophos			不得检出	GB/T 19650
628	利谷隆	Linuron			不得检出	GB/T 19650
629	麻保沙星	Marbofloxacin			不得检出	GB/T 22985
630	2-甲-4-氯丁氧乙基酯	MCPA-butoxyethyl ester			不得检出	GB/T 19650

序号	农兽药中文名	农兽药英文名	欧盟标准限量要求 mg/kg	国家标准限量要求 mg/kg	三安超有机食品标准	
					限量要求 mg/kg	检测方法
631	甲苯咪唑	Mebendazole			不得检出	GB/T 21324
632	灭蚜磷	Mecarbam			不得检出	GB/T 19650
633	二甲四氯丙酸	Mecoprop			不得检出	SN/T 2325
634	苯噻酰草胺	Mefenacet			不得检出	GB/T 19650
635	吡唑解草酯	Mefenpyr - diethyl			不得检出	GB/T 19650
636	醋酸甲地孕酮	Megestrol acetate			不得检出	GB/T 20753
637	醋酸美仑孕酮	Melengestrol acetate			不得检出	GB/T 20753
638	嘧菌胺	Mepanipyrim			不得检出	GB/T 19650
639	地胺磷	Mephosfolan			不得检出	GB/T 19650
640	灭锈胺	Mepronil			不得检出	GB/T 19650
641	硝磺草酮	Mesotrione			不得检出	参照同类标准
642	呋菌胺	Methfuroxam			不得检出	GB/T 19650
643	灭梭威砜	Methiocarb sulfone			不得检出	GB/T 19650
644	异丙甲草胺和 *S* - 异丙甲草胺	Metolachlor and *S* - metolachlor			不得检出	GB/T 19650
645	盖草津	Methoprotryne			不得检出	GB/T 19650
646	甲醚菊酯 - 1	Methothrin - 1			不得检出	GB/T 19650
647	甲醚菊酯 - 2	Methothrin - 2			不得检出	GB/T 19650
648	甲基泼尼松龙	Methylprednisolone			不得检出	GB/T 21981
649	溴谷隆	Metobromuron			不得检出	GB/T 19650
650	甲氧氯普胺	Metoclopramide			不得检出	SN/T 2227
651	苯氧菌胺 - 1	Metominsstrobin - 1			不得检出	GB/T 19650
652	苯氧菌胺 - 2	Metominsstrobin - 2			不得检出	GB/T 19650
653	甲硝唑	Metronidazole			不得检出	GB/T 21318
654	速灭磷	Mevinphos			不得检出	GB/T 19650
655	兹克威	Mexacarbate			不得检出	GB/T 19650
656	灭蚁灵	Mirex			不得检出	GB/T 19650
657	禾草敌	Molinate			不得检出	GB/T 19650
658	庚酰草胺	Monalide			不得检出	GB/T 19650
659	莫能菌素	Monensin			不得检出	SN 0698
660	莫西丁克	Moxidectin			不得检出	SN/T 2442
661	合成麝香	Musk ambrecte			不得检出	GB/T 19650
662	麝香	Musk moskene			不得检出	GB/T 19650
663	西藏麝香	Musk tibeten			不得检出	GB/T 19650
664	二甲苯麝香	Musk xylene			不得检出	GB/T 19650
665	萘夫西林	Nafcillin			不得检出	GB/T 22975
666	二溴磷	Naled			不得检出	SN/T 0706
667	甲基盐霉素	Narasin			不得检出	GB/T 20364
668	甲磺乐灵	Nitralin			不得检出	GB/T 19650

序号	农兽药中文名	农兽药英文名	欧盟标准限量要求 mg/kg	国家标准限量要求 mg/kg	三安超有机食品标准	
					限量要求 mg/kg	检测方法
669	三氯甲基吡啶	Nitrapyrin			不得检出	GB/T 19650
670	酞菌酯	Nitrothal – isopropyl			不得检出	GB/T 19650
671	诺氟沙星	Norfloxacin			不得检出	GB/T 20366
672	氟草敏	Norflurazon			不得检出	GB/T 19650
673	新生霉素	Novobiocin			不得检出	SN 0674
674	氟苯嘧啶醇	Nuarimol			不得检出	GB/T 19650
675	八氯苯乙烯	Octachlorostyrene			不得检出	GB/T 19650
676	氧氟沙星	Ofloxacin			不得检出	GB/T 20366
677	喹乙醇	Olaquindox			不得检出	GB/T 20746
678	竹桃霉素	Oleandomycin			不得检出	GB/T 20762
679	氧乐果	Omethoate			不得检出	GB/T 19650
680	奥比沙星	Orbifloxacin			不得检出	GB/T 22985
681	杀线威	Oxamyl			不得检出	GB/T 20772
682	奥芬达唑	Oxfendazole			不得检出	GB/T 22972
683	丙氧苯咪唑	Oxibendazole			不得检出	GB/T 21324
684	氧化氯丹	Oxy – chlordane			不得检出	GB/T 19650
685	对氧磷	Paraoxon			不得检出	GB/T 19650
686	甲基对氧磷	Paraoxon – methyl			不得检出	GB/T 19650
687	克草敌	Pebulate			不得检出	GB/T 19650
688	五氯苯胺	Pentachloroaniline			不得检出	GB/T 19650
689	五氯甲氧基苯	Pentachloroanisole			不得检出	GB/T 19650
690	五氯苯	Pentachlorobenzene			不得检出	GB/T 19650
691	乙滴涕	Perthane			不得检出	GB/T 19650
692	菲	Phenanthrene			不得检出	GB/T 19650
693	稻丰散	Phenthoate			不得检出	GB/T 19650
694	伏杀硫磷	Phodalone			不得检出	GB/T 19650
695	甲拌磷砜	Phorate sulfone			不得检出	GB/T 19650
696	磷胺 – 1	Phosphamidon – 1			不得检出	GB/T 19650
697	磷胺 – 2	Phosphamidon – 2			不得检出	GB/T 19650
698	酞酸苯甲基丁酯	Phthalic acid, benzylbutyl ester			不得检出	GB/T 19650
699	四氯苯肽	Phthalide			不得检出	GB/T 19650
700	邻苯二甲酰亚胺	Phthalimide			不得检出	GB/T 19650
701	氟吡酰草胺	Picolinafen			不得检出	GB/T 19650
702	增效醚	Piperonyl butoxide			不得检出	GB/T 19650
703	哌草磷	Piperophos			不得检出	GB/T 19650
704	乙基虫螨清	Pirimiphos – ethyl			不得检出	GB/T 19650
705	吡利霉素	Pirlimycin			不得检出	GB/T 22988
706	炔丙菊酯	Prallethrin			不得检出	GB/T 19650
707	泼尼松龙	Prednisolone			不得检出	GB/T 21981

序号	农兽药中文名	农兽药英文名	欧盟标准限量要求 mg/kg	国家标准限量要求 mg/kg	三安超有机食品标准	
					限量要求 mg/kg	检测方法
708	环丙氟灵	Profluralin			不得检出	GB/T 19650
709	茉莉酮	Prohydrojasmon			不得检出	GB/T 19650
710	扑灭通	Prometon			不得检出	GB/T 19650
711	扑草净	Prometryne			不得检出	GB/T 19650
712	炔丙烯草胺	Pronamide			不得检出	GB/T 19650
713	敌稗	Propanil			不得检出	GB/T 19650
714	扑灭津	Propazine			不得检出	GB/T 19650
715	胺丙畏	Propetamphos			不得检出	GB/T 19650
716	丙酰二甲氨基丙吩噻嗪	Propionylpromazin			不得检出	GB/T 20763
717	丙硫磷	Prothiophos			不得检出	GB/T 19650
718	哒嗪硫磷	Pyridafenthion			不得检出	GB/T 19650
719	吡唑硫磷	Pyraclofos			不得检出	GB/T 19650
720	吡草醚	Pyraflufen – ethyl			不得检出	GB/T 19650
721	啶斑肟 – 1	Pyrifenox – 1			不得检出	GB/T 19650
722	啶斑肟 – 2	Pyrifenox – 2			不得检出	GB/T 19650
723	环酯草醚	Pyriftalid			不得检出	GB/T 19650
724	嘧螨醚	Pyrimidifen			不得检出	GB/T 19650
725	嘧草醚	Pyriminobac – methyl			不得检出	GB/T 19650
726	嘧啶磷	Pyrimitate			不得检出	GB/T 19650
727	喹硫磷	Quinalphos			不得检出	GB/T 19650
728	灭藻醌	Quinoclamine			不得检出	GB/T 19650
729	吡咪唑	Rabenzazole			不得检出	GB/T 19650
730	莱克多巴胺	Ractopamine			不得检出	GB/T 21313
731	洛硝达唑	Ronidazole			不得检出	GB/T 21318
732	皮蝇磷	Ronnel			不得检出	GB/T 19650
733	盐霉素	Salinomycin			不得检出	GB/T 20364
734	沙拉沙星	Sarafloxacin			不得检出	GB/T 20366
735	另丁津	Sebutylazine			不得检出	GB/T 19650
736	密草通	Secbumeton			不得检出	GB/T 19650
737	氨基脲	Semduramicin			不得检出	GB/T 20752
738	烯禾啶	Sethoxydim			不得检出	GB/T 19650
739	氟硅菊酯	Silafluofen			不得检出	GB/T 19650
740	硅氟唑	Simeconazole			不得检出	GB/T 19650
741	西玛通	Simetone			不得检出	GB/T 19650
742	西草净	Simetryn			不得检出	GB/T 19650
743	螺旋霉素	Spiramycin			不得检出	GB/T 20762
744	链霉素	Streptomycin			不得检出	GB/T 21323
745	磺胺苯酰	Sulfabenzamide			不得检出	GB/T 21316
746	磺胺醋酰	Sulfacetamide			不得检出	GB/T 21316

序号	农兽药中文名	农兽药英文名	欧盟标准限量要求 mg/kg	国家标准限量要求 mg/kg	三安超有机食品标准	
					限量要求 mg/kg	检测方法
747	磺胺氯哒嗪	Sulfachloropyridazine			不得检出	GB/T 21316
748	磺胺嘧啶	Sulfadiazine			不得检出	GB/T 21316
749	磺胺间二甲氧嘧啶	Sulfadimethoxine			不得检出	GB/T 21316
750	磺胺二甲嘧啶	Sulfadimidine			不得检出	GB/T 21316
751	磺胺多辛	Sulfadoxine			不得检出	GB/T 21316
752	磺胺胍	Sulfaguanidine			不得检出	GB/T 21316
753	菜草畏	Sulfallate			不得检出	GB/T 19650
754	磺胺甲嘧啶	Sulfamerazine			不得检出	GB/T 21316
755	新诺明	Sulfamethoxazole			不得检出	GB/T 21316
756	磺胺间甲氧嘧啶	Sulfamonomethoxine			不得检出	GB/T 21316
757	乙酰磺胺对硝基苯	Sulfanitran			不得检出	GB/T 20772
758	磺胺吡啶	Sulfapyridine			不得检出	GB/T 21316
759	磺胺喹沙啉	Sulfaquinoxaline			不得检出	GB/T 21316
760	磺胺噻唑	Sulfathiazole			不得检出	GB/T 21316
761	治螟磷	Sulfotep			不得检出	GB/T 19650
762	硫丙磷	Sulprofos			不得检出	GB/T 19650
763	苯噻硫氰	TCMTB			不得检出	GB/T 19650
764	丁基嘧啶磷	Tebupirimfos			不得检出	GB/T 19650
765	牧草胺	Tebutam			不得检出	GB/T 19650
766	丁噻隆	Tebuthiuron			不得检出	GB/T 20772
767	双硫磷	Temephos			不得检出	GB/T 20772
768	特草灵	Terbucarb			不得检出	GB/T 19650
769	特丁通	Terbumeton			不得检出	GB/T 19650
770	特丁净	Terbutryn			不得检出	GB/T 19650
771	四氢邻苯二甲酰亚胺	Tetrabydrophthalimide			不得检出	GB/T 19650
772	杀虫畏	Tetrachlorvinphos			不得检出	GB/T 19650
773	胺菊酯	Tetramethirn			不得检出	GB/T 19650
774	杀螨氯硫	Tetrasul			不得检出	GB/T 19650
775	噻吩草胺	Thenylchlor			不得检出	GB/T 19650
776	噻唑烟酸	Thiazopyr			不得检出	GB/T 19650
777	噻苯隆	Thidiazuron			不得检出	GB/T 20772
778	噻吩磺隆	Thifensulfuron – methyl			不得检出	GB/T 20772
779	甲基乙拌磷	Thiometon			不得检出	GB/T 20772
780	虫线磷	Thionazin			不得检出	GB/T 19650
781	硫普罗宁	Tiopronin			不得检出	SN/T 2225
782	三甲苯草酮	Tralkoxydim			不得检出	GB/T 19650
783	四溴菊酯	Tralomethrin			不得检出	SN/T 2320
784	反式 – 氯丹	*trans* – Chlordane			不得检出	GB/T 19650
785	反式 – 燕麦敌	*trans* – Diallate			不得检出	GB/T 19650

序号	农兽药中文名	农兽药英文名	欧盟标准限量要求 mg/kg	国家标准限量要求 mg/kg	三安超有机食品标准	
					限量要求 mg/kg	检测方法
786	四氟苯菊酯	Transfluthrin			不得检出	GB/T 19650
787	反式九氯	*trans* – Nonachlor			不得检出	GB/T 19650
788	反式－氯菊酯	*trans* – Permethrin			不得检出	GB/T 19650
789	群勃龙	Trenbolone			不得检出	GB/T 21981
790	威菌磷	Triamiphos			不得检出	GB/T 19650
791	毒壤磷	Trichloronate			不得检出	GB/T 19650
792	灭草环	Tridiphane			不得检出	GB/T 19650
793	草达津	Trietazine			不得检出	GB/T 19650
794	三异丁基磷酸盐	Tri – *iso* – butyl phosphate			不得检出	GB/T 19650
795	三正丁基磷酸盐	Tri – *n* – butyl phosphate			不得检出	GB/T 19650
796	三苯基磷酸盐	Triphenyl phosphate			不得检出	GB/T 19650
797	烯效唑	Uniconazole			不得检出	GB/T 19650
798	灭草敌	Vernolate			不得检出	GB/T 19650
799	维吉尼霉素	Virginiamycin			不得检出	GB/T 20765
800	杀鼠灵	War farin			不得检出	GB/T 20772
801	甲苯噻嗪	Xylazine			不得检出	GB/T 20763
802	右环十四酮酚	Zeranol			不得检出	GB/T 21982
803	苯酰菌胺	zoxamide			不得检出	GB/T 19650

8.5 火鸡可食用下水 Turkey Edible Offal

序号	农兽药中文名	农兽药英文名	欧盟标准限量要求 mg/kg	国家标准限量要求 mg/kg	三安超有机食品标准	
					限量要求 mg/kg	检测方法
1	1,1－二氯－2,2－二(4－乙苯)乙烷	1,1 – Dichloro – 2,2 – bis(4 – ethylphenyl) ethane	0.01		不得检出	日本肯定列表(增补本1)
2	1,2－二氯乙烷	1,2 – Dichloroethane	0.1		不得检出	SN/T 2238
3	1,3－二氯丙烯	1,3 – Dichloropropene	0.01		不得检出	SN/T 2238
4	1－萘乙酸	1 – Naphthylacetic acid	0.05		不得检出	SN/T 2228
5	2,4－滴丁酸	2,4 – DB	0.05		不得检出	GB/T 20769
6	2,4－滴	2,4 – D	0.05		不得检出	GB/T 20772
7	2－苯酚	2 – Phenylphenol	0.05		不得检出	GB/T 19650
8	阿维菌素	Abamectin	0.02		不得检出	SN/T 2661
9	乙酰甲胺磷	Acephate	0.02		不得检出	GB/T 20772
10	灭螨醌	Acequinocyl	0.01		不得检出	参照同类标准
11	啶虫脒	Acetamiprid	0.05		不得检出	GB/T 20772
12	乙草胺	Acetochlor	0.01		不得检出	GB/T 19650
13	苯并噻二唑	Acibenzolar – *S* – methyl	0.02		不得检出	GB/T 20772
14	苯草醚	Aclonifen	0.02		不得检出	GB/T 20772
15	氟丙菊酯	Acrinathrin	0.05		不得检出	GB/T 19648

序号	农兽药中文名	农兽药英文名	欧盟标准限量要求 mg/kg	国家标准限量要求 mg/kg	三安超有机食品标准	
					限量要求 mg/kg	检测方法
16	甲草胺	Alachlor	0.01		不得检出	GB/T 20772
17	涕灭威	Aldicarb	0.01		不得检出	GB/T 20772
18	艾氏剂和狄氏剂	Aldrin and dieldrin	0.2		不得检出	GB/T 19650
19	—	Ametoctradin	0.03		不得检出	参照同类标准
20	酰嘧磺隆	Amidosulfuron	0.02		不得检出	参照同类标准
21	氯氨吡啶酸	Aminopyralid	0.01		不得检出	GB/T 23211
22	—	Amisulbrom	0.01		不得检出	参照同类标准
23	双甲脒	Amitraz	0.05		不得检出	GB/T 19650
24	敌菌灵	Anilazine	0.01		不得检出	GB/T 20769
25	杀螨特	Aramite	0.01		不得检出	GB/T 19650
26	磺草灵	Asulam	0.1		不得检出	日本肯定列表（增补本 1）
27	印楝素	Azadirachtin	0.01		不得检出	SN/T 3264
28	益棉磷	Azinphos – ethyl	0.01		不得检出	GB/T 19650
29	保棉磷	Azinphos – methyl	0.01		不得检出	GB/T 20772
30	三唑锡和三环锡	Azocyclotin and cyhexatin	0.05		不得检出	SN/T 1990
31	嘧菌酯	Azoxystrobin	0.05		不得检出	GB/T 20772
32	燕麦灵	Barban	0.05		不得检出	参照同类标准
33	氟丁酰草胺	Beflubutamid	0.05		不得检出	参照同类标准
34	苯霜灵	Benalaxyl	0.05		不得检出	GB/T 20772
35	丙硫克百威	Benfuracarb	0.02		不得检出	GB/T 20772
36	联苯肼酯	Bifenazate	0.01		不得检出	GB/T 20772
37	甲羧除草醚	Bifenox	0.05		不得检出	GB/T 23210
38	联苯菊酯	Bifenthrin	0.05		不得检出	GB/T 19650
39	乐杀螨	Binapacryl	0.01		不得检出	SN 0523
40	联苯	Biphenyl	0.01		不得检出	GB/T 19650
41	联苯三唑醇	Bitertanol	0.05		不得检出	GB/T 20772
42	—	Bixafen	0.02		不得检出	参照同类标准
43	啶酰菌胺	Boscalid	0.1		不得检出	GB/T 20772
44	溴离子	Bromide ion	0.05		不得检出	GB/T5009.167
45	溴螨酯	Bromopropylate	0.01		不得检出	GB/T 19650
46	溴苯腈	Bromoxynil	0.2		不得检出	GB/T 20772
47	糠菌唑	Bromuconazole	0.05		不得检出	GB/T 19650
48	乙嘧酚磺酸酯	Bupirimate	0.05		不得检出	GB/T 19650
49	噻嗪酮	Buprofezin	0.05		不得检出	GB/T 20772
50	仲丁灵	Butralin	0.02		不得检出	GB/T 19650
51	丁草敌	Butylate	0.01		不得检出	GB/T 19650
52	硫线磷	Cadusafos	0.01		不得检出	GB/T 19650
53	敌菌丹	Captafol	0.01		不得检出	GB/T 23210

序号	农兽药中文名	农兽药英文名	欧盟标准限量要求 mg/kg	国家标准限量要求 mg/kg	三安超有机食品标准	
					限量要求 mg/kg	检测方法
54	克菌丹	Captan	0.02		不得检出	GB/T 19648
55	甲萘威	Carbaryl	0.05		不得检出	GB/T 20796
56	多菌灵和苯菌灵	Carbendazim and benomyl	0.05		不得检出	GB/T 20772
57	长杀草	Carbetamide	0.05		不得检出	GB/T 20772
58	克百威	Carbofuran	0.01		不得检出	GB/T 20772
59	丁硫克百威	Carbosulfan	0.05		不得检出	GB/T 19650
60	萎锈灵	Carboxin	0.05		不得检出	GB/T 20772
61	氯虫苯甲酰胺	Chlorantraniliprole	0.01		不得检出	参照同类标准
62	杀螨醚	Chlorbenside	0.05		不得检出	GB/T 19650
63	氯炔灵	Chlorbufam	0.05		不得检出	GB/T 20772
64	氯丹	Chlordane	0.05		不得检出	GB/T 5009.19
65	十氯酮	Chlordecone	0.2		不得检出	参照同类标准
66	杀螨酯	Chlorfenson	0.05		不得检出	GB/T 19650
67	毒虫畏	Chlorfenvinphos	0.01		不得检出	GB/T 19650
68	氯草敏	Chloridazon	0.05		不得检出	GB/T 20772
69	矮壮素	Chlormequat	0.05		不得检出	GB/T 23211
70	乙酯杀螨醇	Chlorobenzilate	0.1		不得检出	GB/T 23210
71	百菌清	Chlorothalonil	0.07		不得检出	SN/T 2320
72	绿麦隆	Chlortoluron	0.05		不得检出	GB/T 20772
73	枯草隆	Chloroxuron	0.05		不得检出	SN/T 2150
74	氯苯胺灵	Chlorpropham	0.05		不得检出	GB/T 19650
75	毒死蜱	Chlorpyrifos	0.05		不得检出	GB/T 19650
76	甲基毒死蜱	Chlorpyrifos - methyl	0.05		不得检出	GB/T 19650
77	氯磺隆	Chlorsulfuron	0.01		不得检出	GB/T 20772
78	氯酞酸甲酯	Chlorthaldimethyl	0.01		不得检出	GB/T 19650
79	氯硫酰草胺	Chlorthiamid	0.02		不得检出	GB/T 20772
80	烯草酮	Clethodim	0.2		不得检出	GB/T 19650
81	炔草酯	Clodinafop - propargyl	0.02		不得检出	GB/T 19650
82	四螨嗪	Clofentezine	0.05		不得检出	GB/T 20772
83	二氯吡啶酸	Clopyralid	0.05		不得检出	SN/T 2228
84	噻虫胺	Clothianidin	0.1		不得检出	GB/T 20772
85	铜化合物	Copper compounds	30		不得检出	参照同类标准
86	环烷基酰苯胺	Cyclanilide	0.01		不得检出	参照同类标准
87	噻草酮	Cycloxydim	0.05		不得检出	GB/T 19650
88	环氟菌胺	Cyflufenamid	0.03		不得检出	GB/T 23210
89	氟氯氰菊酯和高效氟氯氰菊酯	Cyfluthrin and beta - cyfluthrin	0.05		不得检出	GB/T 19650
90	霜脲氰	Cymoxanil	0.05		不得检出	GB/T 20772
91	氯氰菊酯和高效氯氰菊酯	Cypermethrin and beta - cypermethrin	0.05		不得检出	GB/T 19650

序号	农兽药中文名	农兽药英文名	欧盟标准限量要求 mg/kg	国家标准限量要求 mg/kg	三安超有机食品标准	
					限量要求 mg/kg	检测方法
92	环丙唑醇	Cyproconazole	0.05		不得检出	GB/T 20772
93	嘧菌环胺	Cyprodinil	0.05		不得检出	GB/T 19650
94	灭蝇胺	Cyromazine	0.05		不得检出	GB/T 20772
95	丁酰肼	Daminozide	0.05		不得检出	SN/T 1989
96	滴滴涕	DDT	1		不得检出	SN/T 0127
97	溴氰菊酯	Deltamethrin	0.1		不得检出	GB/T 19650
98	燕麦敌	Diallate	0.2		不得检出	GB/T 23211
99	二嗪磷	Diazinon	0.02		不得检出	GB/T 19650
100	麦草畏	Dicamba	0.07		不得检出	GB/T 20772
101	敌草腈	Dichlobenil	0.01		不得检出	GB/T 19650
102	滴丙酸	Dichlorprop	0.05		不得检出	SN/T 2228
103	二氯苯氧基丙酸	Diclofop	0.01		不得检出	参照同类标准
104	氯硝胺	Dicloran	0.01		不得检出	GB/T 19650
105	三氯杀螨醇	Dicofol	0.05		不得检出	GB/T 19650
106	乙霉威	Diethofencarb	0.05		不得检出	GB/T 19650
107	苯醚甲环唑	Difenoconazole	0.1		不得检出	GB/T 19650
108	除虫脲	Diflubenzuron	0.05		不得检出	SN/T 0528
109	吡氟酰草胺	Diflufenican	0.05		不得检出	GB/T 20772
110	油菜安	Dimethachlor	0.02		不得检出	GB/T 20772
111	烯酰吗啉	Dimethomorph	0.05		不得检出	GB/T 20772
112	醚菌胺	Dimoxystrobin	0.05		不得检出	SN/T 2237
113	烯唑醇	Diniconazole	0.01		不得检出	GB/T 19650
114	敌螨普	Dinocap	0.05		不得检出	日本肯定列表(增补本 1)
115	地乐酚	Dinoseb	0.01		不得检出	GB/T 20772
116	特乐酚	Dinoterb	0.05		不得检出	GB/T 20772
117	敌噁磷	Dioxathion	0.05		不得检出	GB/T 19650
118	敌草快	Diquat	0.05		不得检出	GB/T 5009.221
119	乙拌磷	Disulfoton	0.01		不得检出	GB/T 20772
120	二氰蒽醌	Dithianon	0.01		不得检出	GB/T 20769
121	二硫代氨基甲酸酯	Dithiocarbamates	0.05		不得检出	SN 0139
122	敌草隆	Diuron	0.05		不得检出	SN/T 0645
123	二硝甲酚	DNOC	0.05		不得检出	GB/T 20772
124	多果定	Dodine	0.2		不得检出	SN 0500
125	甲氨基阿维菌素苯甲酸盐	Emamectin benzoate	0.01		不得检出	GB/T 20769
126	硫丹	Endosulfan	0.05	0.03	不得检出	GB/T 19650
127	异狄氏剂	Endrin	0.05		不得检出	GB/T 19650
128	氟环唑	Epoxiconazole	0.01		不得检出	GB/T 20772
129	茵草敌	EPTC	0.02		不得检出	GB/T 20772

序号	农兽药中文名	农兽药英文名	欧盟标准限量要求 mg/kg	国家标准限量要求 mg/kg	三安超有机食品标准	
					限量要求 mg/kg	检测方法
130	乙丁烯氟灵	Ethalfluralin	0.01		不得检出	GB/T 19650
131	胺苯磺隆	Ethametsulfuron	0.01		不得检出	NY/T 1616
132	乙烯利	Ethephon	0.05		不得检出	SN 0705
133	乙硫磷	Ethion	0.01		不得检出	GB/T 19650
134	乙嘧酚	Ethirimol	0.05		不得检出	GB/T 20772
135	乙氧呋草黄	Ethofumesate	0.1		不得检出	GB/T 20772
136	灭线磷	Ethoprophos	0.01		不得检出	GB/T 19650
137	乙氧喹啉	Ethoxyquin	0.05		不得检出	GB/T 20772
138	环氧乙烷	Ethylene oxide	0.02		不得检出	GB/T 23296.11
139	醚菊酯	Etofenprox	0.01		不得检出	GB/T 19650
140	乙螨唑	Etoxazole	0.01		不得检出	GB/T 19650
141	氯唑灵	Etridiazole	0.05		不得检出	GB/T 20772
142	噁唑菌酮	Famoxadone	0.05		不得检出	GB/T 20772
143	咪唑菌酮	Fenamidone	0.01		不得检出	GB/T 19650
144	苯线磷	Fenamiphos	0.02		不得检出	GB/T 19650
145	氯苯嘧啶醇	Fenarimol	0.02		不得检出	GB/T 20772
146	喹螨醚	Fenazaquin	0.01		不得检出	GB/T 19650
147	腈苯唑	Fenbuconazole	0.05		不得检出	GB/T 20772
148	苯丁锡	Fenbutatin oxide	0.05		不得检出	SN/T 3149
149	环酰菌胺	Fenhexamid	0.05		不得检出	GB/T 20772
150	杀螟硫磷	Fenitrothion	0.01		不得检出	GB/T 20772
151	精噁唑禾草灵	Fenoxaprop - *P* - ethyl	0.05		不得检出	GB 22617
152	双氧威	Fenoxycarb	0.05		不得检出	GB/T 19650
153	苯锈啶	Fenpropidin	0.02		不得检出	GB/T 19650
154	丁苯吗啉	Fenpropimorph	0.01		不得检出	GB/T 20772
155	胺苯吡菌酮	Fenpyrazamine	0.01		不得检出	参照同类标准
156	唑螨酯	Fenpyroximate	0.01		不得检出	GB/T 19650
157	倍硫磷	Fenthion	0.05		不得检出	GB/T 20772
158	三苯锡	Fentin	0.05		不得检出	SN/T 3149
159	薯瘟锡	Fentin acetate	0.05		不得检出	参照同类标准
160	氰戊菊酯和高效氰戊菊酯(RR & SS 异构体总量)	Fenvalerate and esfenvalerate (sum of RR & SS isomers)	0.2		不得检出	GB/T 19650
161	氰戊菊酯和高效氰戊菊酯(RS & SR 异构体总量)	Fenvalerate and esfenvalerate (sum of RS & SR isomers)	0.05		不得检出	GB/T 19650
162	氟虫腈	Fipronil	0.01		不得检出	SN/T 1982
163	氟啶虫酰胺	Flonicamid	0.03		不得检出	SN/T 2796
164	精吡氟禾草灵	Fluazifop - *P* - butyl	0.05		不得检出	GB/T 5009.142
165	氟啶胺	Fluazinam	0.05		不得检出	SN/T 2150
166	氟苯虫酰胺	Flubendiamide	0.01		不得检出	SN/T 2581

序号	农兽药中文名	农兽药英文名	欧盟标准限量要求 mg/kg	国家标准限量要求 mg/kg	三安超有机食品标准	
					限量要求 mg/kg	检测方法
167	氟环脲	Flucycloxuron	0.05		不得检出	参照同类标准
168	氟氰戊菊酯	Flucythrinate	0.05		不得检出	GB/T 23210
169	咯菌腈	Fludioxonil	0.05		不得检出	GB/T 20772
170	氟虫脲	Flufenoxuron	0.05		不得检出	SN/T 2150
171	—	Flufenzin	0.02		不得检出	参照同类标准
172	氟吡菌胺	Fluopicolide	0.01		不得检出	参照同类标准
173	—	Fluopyram	0.02		不得检出	参照同类标准
174	氟离子	Fluoride ion	1		不得检出	GB/T 5009.167
175	氟腈嘧菌酯	Fluoxastrobin	0.05		不得检出	SN/T 2237
176	氟喹唑	Fluquinconazole	0.02		不得检出	GB/T 19650
177	氟咯草酮	Fluorochloridone	0.05		不得检出	GB/T 20772
178	氟草烟	Fluroxypyr	0.05		不得检出	GB/T 20772
179	氟硅唑	Flusilazole	0.5		不得检出	GB/T 20772
180	氟酰胺	Flutolanil	0.05		不得检出	GB/T 20772
181	粉唑醇	Flutriafol	0.01		不得检出	GB/T 20772
182	—	Fluxapyroxad	0.01		不得检出	参照同类标准
183	氟磺胺草醚	Fomesafen	0.01		不得检出	GB/T 5009.130
184	氯吡脲	Forchlorfenuron	0.05		不得检出	SN/T 3643
185	伐虫脒	Formetanate	0.01		不得检出	NY/T 1453
186	三乙膦酸铝	Fosetyl - aluminium	0.5		不得检出	参照同类标准
187	麦穗宁	Fuberidazole	0.05		不得检出	GB/T 19650
188	呋线威	Furathiocarb	0.01		不得检出	GB/T 20772
189	糠醛	Furfural	1		不得检出	参照同类标准
190	勃激素	Gibberellic acid	0.1		不得检出	GB/T 23211
191	草胺膦	Glufosinate - ammonium	0.1		不得检出	日本肯定列表
192	草甘膦	Glyphosate	0.05		不得检出	SN/T 1923
193	双胍盐	Guazatine	0.1		不得检出	参照同类标准
194	氟吡禾灵	Haloxyfop	0.1		不得检出	SN/T 2228
195	七氯	Heptachlor	0.2		不得检出	SN 0663
196	六氯苯	Hexachlorobenzene	0.2		不得检出	SN/T 0127
197	六六六(HCH),α-异构体	Hexachlorociclohexane (HCH), alpha - isomer	0.2		不得检出	SN/T 0127
198	六六六(HCH),β-异构体	Hexachlorociclohexane (HCH), beta - isomer	0.1		不得检出	SN/T 0127
199	噻螨酮	Hexythiazox	0.05		不得检出	GB/T 20772
200	噁霉灵	Hymexazol	0.05		不得检出	GB/T 20772
201	抑霉唑	Imazalil	0.05		不得检出	GB/T 20772
202	甲咪唑烟酸	Imazapic	0.01		不得检出	GB/T 20772
203	咪唑喹啉酸	Imazaquin	0.05		不得检出	GB/T 20772

序号	农兽药中文名	农兽药英文名	欧盟标准限量要求 mg/kg	国家标准限量要求 mg/kg	三安超有机食品标准	
					限量要求 mg/kg	检测方法
204	吡虫啉	Imidacloprid	0.05		不得检出	GB/T 20772
205	茚虫威	Indoxacarb	0.01		不得检出	GB/T 20772
206	碘苯腈	Ioxynil	0.2		不得检出	GB/T 20772
207	异菌脲	Iprodione	0.05		不得检出	GB/T 19650
208	稻瘟灵	Isoprothiolane	0.01		不得检出	GB/T 20772
209	异丙隆	Isoproturon	0.05		不得检出	GB/T 20772
210	—	Isopyrazam	0.01		不得检出	参照同类标准
211	异噁酰草胺	Isoxaben	0.01		不得检出	GB/T 20772
212	醚菌酯	Kresoxim – methyl	0.02		不得检出	GB/T 20772
213	乳氟禾草灵	Lactofen	0.01		不得检出	GB/T 19650
214	高效氯氟氰菊酯	Lambda – cyhalothrin	0.02		不得检出	GB/T 23210
215	环草定	Lenacil	0.1		不得检出	GB/T 19650
216	林丹	Lindane	0.02	0.01	不得检出	NY/T 761
217	虱螨脲	Lufenuron	0.02		不得检出	SN/T 2540
218	马拉硫磷	Malathion	0.02		不得检出	GB/T 19650
219	抑芽丹	Maleic hydrazide	0.02		不得检出	GB/T 23211
220	双炔酰菌胺	Mandipropamid	0.02		不得检出	参照同类标准
221	二甲四氯和二甲四氯丁酸	MCPA and MCPB	0.5		不得检出	SN/T 2228
222	壮棉素	Mepiquat chloride	0.05		不得检出	GB/T 23211
223	—	Meptyldinocap	0.05		不得检出	参照同类标准
224	汞化合物	Mercury compounds	0.01		不得检出	参照同类标准
225	氰氟虫腙	Metaflumizone	0.02		不得检出	SN/T 3852
226	甲霜灵和精甲霜灵	Metalaxyl and metalaxyl – M	0.05		不得检出	GB/T 20772
227	四聚乙醛	Metaldehyde	0.05		不得检出	SN/T 1787
228	苯嗪草酮	Metamitron	0.05		不得检出	GB/T 19650
229	吡唑草胺	Metazachlor	0.05		不得检出	GB/T 19650
230	叶菌唑	Metconazole	0.01		不得检出	GB/T 20772
231	甲基苯噻隆	Methabenzthiazuron	0.05		不得检出	GB/T 19650
232	虫螨畏	Methacrifos	0.01		不得检出	GB/T 20772
233	甲胺磷	Methamidophos	0.01		不得检出	GB/T 20772
234	杀扑磷	Methidathion	0.02		不得检出	GB/T 20772
235	甲硫威	Methiocarb	0.05		不得检出	GB/T 20770
236	灭多威和硫双威	Methomyl and thiodicarb	0.02		不得检出	GB/T 20772
237	烯虫酯	Methoprene	0.05		不得检出	GB/T 19650
238	甲氧滴滴涕	Methoxychlor	0.01		不得检出	SN/T 0529
239	甲氧虫酰肼	Methoxyfenozide	0.01		不得检出	GB/T 20772
240	磺草唑胺	Metosulam	0.01		不得检出	GB/T 20772
241	苯菌酮	Metrafenone	0.05		不得检出	参照同类标准
242	嗪草酮	Metribuzin	0.1		不得检出	GB/T 19650

序号	农兽药中文名	农兽药英文名	欧盟标准限量要求 mg/kg	国家标准限量要求 mg/kg	三安超有机食品标准	
					限量要求 mg/kg	检测方法
243	绿谷隆	Monolinuron	0.05		不得检出	GB/T 20772
244	灭草隆	Monuron	0.01		不得检出	GB/T 20772
245	腈菌唑	Myclobutanil	0.01		不得检出	GB/T 20772
246	1-萘乙酰胺	1-Naphthylacetamide	0.05		不得检出	GB/T 23205
247	敌草胺	Napropamide	0.01		不得检出	GB/T 19650
248	烟嘧磺隆	Nicosulfuron	0.05		不得检出	SN/T 2325
249	除草醚	Nitrofen	0.01		不得检出	GB/T 19650
250	氟酰脲	Novaluron	0.1		不得检出	GB/T 23211
251	嘧苯胺磺隆	Orthosulfamuron	0.01		不得检出	GB/T 23817
252	噁草酮	Oxadiazon	0.05		不得检出	GB/T 19650
253	噁霜灵	Oxadixyl	0.01		不得检出	GB/T 19650
254	环氧嘧磺隆	Oxasulfuron	0.05		不得检出	GB/T 23817
255	氧化萎锈灵	Oxycarboxin	0.05		不得检出	GB/T 19650
256	亚砜磷	Oxydemeton-methyl	0.01		不得检出	参照同类标准
257	乙氧氟草醚	Oxyfluorfen	0.05		不得检出	GB/T 20772
258	多效唑	Paclobutrazol	0.02		不得检出	GB/T 19650
259	对硫磷	Parathion	0.05		不得检出	GB/T 19650
260	甲基对硫磷	Parathion-methyl	0.01		不得检出	GB/T 5009.161
261	戊菌唑	Penconazole	0.05		不得检出	GB/T 20772
262	戊菌隆	Pencycuron	0.05		不得检出	GB/T 19650
263	二甲戊灵	Pendimethalin	0.05		不得检出	GB/T 19650
264	氯菊酯	Permethrin	0.05		不得检出	GB/T 19650
265	甜菜宁	Phenmedipham	0.05		不得检出	GB/T 23205
266	苯醚菊酯	Phenothrin	0.05		不得检出	GB/T 20772
267	甲拌磷	Phorate	0.01		不得检出	GB/T 20772
268	伏杀硫磷	Phosalone	0.01		不得检出	GB/T 20772
269	亚胺硫磷	Phosmet	0.1		不得检出	GB/T 20772
270	—	Phosphines and phosphides	0.01		不得检出	参照同类标准
271	辛硫磷	Phoxim	0.02		不得检出	GB/T 20772
272	氨氯吡啶酸	Picloram	0.01		不得检出	GB/T 23211
273	啶氧菌酯	Picoxystrobin	0.05		不得检出	GB/T 19650
274	抗蚜威	Pirimicarb	0.05		不得检出	GB/T 20772
275	甲基嘧啶磷	Pirimiphos-methyl	0.05		不得检出	GB/T 20772
276	咪鲜胺	Prochloraz	0.1		不得检出	GB/T 19650
277	腐霉利	Procymidone	0.01		不得检出	GB/T 20772
278	丙溴磷	Profenofos	0.05		不得检出	GB/T 20772
279	调环酸	Prohexadione	0.05		不得检出	日本肯定列表
280	毒草安	Propachlor	0.02		不得检出	GB/T 20772
281	扑派威	Propamocarb	0.1		不得检出	GB/T 20772

序号	农兽药中文名	农兽药英文名	欧盟标准限量要求 mg/kg	国家标准限量要求 mg/kg	三安超有机食品标准	
					限量要求 mg/kg	检测方法
282	恶草酸	Propaquizafop	0.05		不得检出	GB/T 20772
283	炔螨特	Propargite	0.1		不得检出	GB/T 19650
284	苯胺灵	Propham	0.05		不得检出	GB/T 19650
285	丙环唑	Propiconazole	0.01		不得检出	GB/T 19650
286	异丙草胺	Propisochlor	0.01		不得检出	GB/T 19650
287	残杀威	Propoxur	0.05		不得检出	GB/T 20772
288	炔苯酰草胺	Propyzamide	0.02		不得检出	GB/T 19650
289	苄草丹	Prosulfocarb	0.05		不得检出	GB/T 19650
290	丙硫菌唑	Prothioconazole	0.01		不得检出	参照同类标准
291	吡蚜酮	Pymetrozine	0.01		不得检出	GB/T 20772
292	吡唑醚菌酯	Pyraclostrobin	0.05		不得检出	GB/T 20772
293	—	Pyrasulfotole	0.01		不得检出	参照同类标准
294	吡菌磷	Pyrazophos	0.02		不得检出	GB/T 20772
295	除虫菊素	Pyrethrins	0.05		不得检出	GB/T 20772
296	哒螨灵	Pyridaben	0.02		不得检出	GB/T 19650
297	啶虫丙醚	Pyridalyl	0.01		不得检出	日本肯定列表
298	哒草特	Pyridate	0.05		不得检出	日本肯定列表
299	嘧霉胺	Pyrimethanil	0.05		不得检出	GB/T 19650
300	吡丙醚	Pyriproxyfen	0.05		不得检出	GB/T 19650
301	甲氧磺草胺	Pyroxsulam	0.01		不得检出	SN/T 2325
302	氯甲喹啉酸	Quinmerac	0.05		不得检出	参照同类标准
303	喹氧灵	Quinoxyfen	0.2		不得检出	SN/T 2319
304	五氯硝基苯	Quintozene	0.01	0.1	不得检出	GB/T 19650
305	精喹禾灵	Quizalofop - *P* - ethyl	0.05		不得检出	SN/T 2150
306	灭虫菊	Resmethrin	0.1		不得检出	GB/T 20772
307	鱼藤酮	Rotenone	0.01		不得检出	GB/T 20772
308	西玛津	Simazine	0.01		不得检出	SN 0594
309	乙基多杀菌素	Spinetoram	0.01		不得检出	参照同类标准
310	多杀霉素	Spinosad	0.2		不得检出	GB/T 20772
311	螺螨酯	Spirodiclofen	0.01		不得检出	GB/T 20772
312	螺甲螨酯	Spiromesifen	0.01		不得检出	GB/T 23210
313	螺虫乙酯	Spirotetramat	0.01		不得检出	参照同类标准
314	甚孢菌素	Spiroxamine	0.05		不得检出	GB/T 20772
315	磺草酮	Sulcotrione	0.05		不得检出	参照同类标准
316	乙黄隆	Sulfosulfuron	0.05		不得检出	SN/T 2325
317	硫磺粉	Sulfur	0.5		不得检出	参照同类标准
318	氟胺氰菊酯	Tau - fluvalinate	0.01		不得检出	SN 0691
319	戊唑醇	Tebuconazole	0.1		不得检出	GB/T 20772
320	虫酰肼	Tebufenozide	0.05		不得检出	GB/T 20772

序号	农兽药中文名	农兽药英文名	欧盟标准限量要求 mg/kg	国家标准限量要求 mg/kg	三安超有机食品标准	
					限量要求 mg/kg	检测方法
321	吡螨胺	Tebufenpyrad	0.05		不得检出	GB/T 19650
322	四氯硝基苯	Tecnazene	0.05		不得检出	GB/T 19650
323	氟苯脲	Teflubenzuron	0.05		不得检出	SN/T 2150
324	七氟菊酯	Tefluthrin	0.05		不得检出	GB/T 23210
325	得杀草	Tepraloxydim	0.1		不得检出	GB/T 20772
326	特丁硫磷	Terbufos	0.01		不得检出	GB/T 20772
327	特丁津	Terbuthylazine	0.05		不得检出	GB/T 19650
328	四氟醚唑	Tetraconazole	0.02		不得检出	GB/T 20772
329	三氯杀螨砜	Tetradifon	0.05		不得检出	GB/T 19650
330	噻菌灵	Thiabendazole	0.1		不得检出	GB/T 20772
331	噻虫啉	Thiacloprid	0.01		不得检出	GB/T 20772
332	噻虫嗪	Thiamethoxam	0.01		不得检出	GB/T 20772
333	禾草丹	Thiobencarb	0.01		不得检出	GB/T 20772
334	甲基硫菌灵	Thiophanate – methyl	0.05		不得检出	SN/T 0162
335	甲基立枯磷	Tolclofos – methyl	0.05		不得检出	参照同类标准
336	甲苯氟磺胺	Tolylfluanid	0.1		不得检出	GB/T 19650
337	—	Topramezone	0.05		不得检出	参照同类标准
338	三唑酮和三唑醇	Triadimefon and triadimenol	0.1		不得检出	GB/T 20772
339	野麦畏	Triallate	0.05		不得检出	GB/T 20772
340	醚苯磺隆	Triasulfuron	0.05		不得检出	GB/T 20772
341	三唑磷	Triazophos	0.01		不得检出	GB/T 20772
342	敌百虫	Trichlorphon	0.01		不得检出	GB/T 20772
343	绿草定	Triclopyr	0.05		不得检出	SN/T 2228
344	三环唑	Tricyclazole	0.05		不得检出	GB/T 20769
345	十三吗啉	Tridemorph	0.01		不得检出	GB/T 20772
346	肟菌酯	Trifloxystrobin	0.04		不得检出	GB/T 19650
347	氟菌唑	Triflumizole	0.05		不得检出	GB/T 20769
348	杀铃脲	Triflumuron	0.01		不得检出	GB/T 20772
349	氟乐灵	Trifluralin	0.01		不得检出	GB/T 20772
350	嗪氨灵	Triforine	0.01		不得检出	SN 0695
351	三甲基锍阳离子	Trimethyl – sulfonium cation	0.05		不得检出	参照同类标准
352	抗倒酯	Trinexapac	0.05		不得检出	GB/T 20769
353	灭菌唑	Triticonazole	0.01		不得检出	GB/T 20772
354	三氟甲磺隆	Tritosulfuron	0.01		不得检出	参照同类标准
355	—	Valifenalate	0.01		不得检出	参照同类标准
356	乙烯菌核利	Vinclozolin	0.05		不得检出	GB/T 20772
357	2,3,4,5 – 四氯苯胺	2,3,4,5 – Tetrachloraniline			不得检出	GB/T 19650
358	2,3,4,5 – 四氯甲氧基苯	2,3,4,5 – Tetrachloroanisole			不得检出	GB/T 19650
359	2,3,5,6 – 四氯苯胺	2,3,5,6 – Tetrachloroaniline			不得检出	GB/T 19650

序号	农兽药中文名	农兽药英文名	欧盟标准限量要求 mg/kg	国家标准限量要求 mg/kg	三安超有机食品标准	
					限量要求 mg/kg	检测方法
360	2,4,5-涕	2,4,5-T			不得检出	GB/T 20772
361	*o,p'*-滴滴滴	2,4'-DDD			不得检出	GB/T 19650
362	*o,p'*-滴滴伊	2,4'-DDE			不得检出	GB/T 19650
363	*o,p'*-滴滴涕	2,4'-DDT			不得检出	GB/T 19650
364	2,6-二氯苯甲酰胺	2,6-Dichlorobenzamide			不得检出	GB/T 19650
365	3,5-二氯苯胺	3,5-Dichloroaniline			不得检出	GB/T 19650
366	*p,p'*-滴滴滴	4,4'-DDD			不得检出	GB/T 19650
367	*p,p'*-滴滴伊	4,4'-DDE			不得检出	GB/T 19650
368	*p,p'*-滴滴涕	4,4'-DDT			不得检出	GB/T 19650
369	4,4'-二溴二苯甲酮	4,4'-Dibromobenzophenone			不得检出	GB/T 19650
370	4,4'-二氯二苯甲酮	4,4'-Dichlorobenzophenone			不得检出	GB/T 19650
371	二氢苊	Acenaphthene			不得检出	GB/T 19650
372	乙酰丙嗪	Acepromazine			不得检出	GB/T 20763
373	三氟羧草醚	Acifluorfen			不得检出	GB/T 20772
374	1-氨基-2-乙内酰脲	AHD			不得检出	GB/T 21311
375	涕灭砜威	Aldoxycarb			不得检出	GB/T 20772
376	烯丙菊酯	Allethrin			不得检出	GB/T 20772
377	二丙烯草胺	Allidochlor			不得检出	GB/T 19650
378	烯丙孕素	Altrenogest			不得检出	SN/T 1980
379	莠灭净	Ametryn			不得检出	GB/T 20772
380	杀草强	Amitrole			不得检出	SN/T 1737.6
381	5-吗啉甲基-3-氨基-2-噁唑烷基酮	AMOZ			不得检出	GB/T 21311
382	氨苄青霉素	Ampicillin			不得检出	GB/T 21315
383	氨丙嘧吡啶	Amprolium			不得检出	SN/T 0276
384	莎稗磷	Anilofos			不得检出	GB/T 19650
385	蒽醌	Anthraquinone			不得检出	GB/T 19650
386	3-氨基-2-噁唑酮	AOZ			不得检出	GB/T 21311
387	安普霉素	Apramycin			不得检出	GB/T 21323
388	丙硫特普	Aspon			不得检出	GB/T 19650
389	羟氨卡青霉素	Aspoxicillin			不得检出	GB/T 21315
390	乙基杀扑磷	Athidathion			不得检出	GB/T 19650
391	莠去通	Atratone			不得检出	GB/T 19650
392	莠去津	Atrazine			不得检出	GB/T 20772
393	脱乙基阿特拉津	Atrazine-desethyl			不得检出	GB/T 19650
394	甲基吡噁磷	Azamethiphos			不得检出	GB/T 20763
395	氮哌酮	Azaperone			不得检出	SN/T2221
396	叠氮津	Aziprotryne			不得检出	GB/T 19650
397	杆菌肽	Bacitracin			不得检出	GB/T 20743

序号	农兽药中文名	农兽药英文名	欧盟标准限量要求 mg/kg	国家标准限量要求 mg/kg	三安超有机食品标准	
					限量要求 mg/kg	检测方法
398	4-溴-3,5-二甲苯基-N-甲基氨基甲酸酯-1	BDMC-1			不得检出	GB/T 19650
399	4-溴-3,5-二甲苯基-N-甲基氨基甲酸酯-2	BDMC-2			不得检出	GB/T 19650
400	嗯虫威	Bendiocarb			不得检出	GB/T 20772
401	乙丁氟灵	Benfluralin			不得检出	GB/T 19650
402	呋草黄	Benfuresate			不得检出	GB/T 19650
403	麦锈灵	Benodanil			不得检出	GB/T 19650
404	解草酮	Benoxacor			不得检出	GB/T 19650
405	新燕灵	Benzoylprop-ethyl			不得检出	GB/T 19650
406	苄青霉素	Benzyl pencillin			不得检出	GB/T 21315
407	倍他米松	Betamethasone			不得检出	SN/T 1970
408	生物烯丙菊酯-1	Bioallethrin-1			不得检出	GB/T 19650
409	生物烯丙菊酯-2	Bioallethrin-2			不得检出	GB/T 19650
410	生物苄呋菊酯	Bioresmethrin			不得检出	GB/T 20772
411	除草定	Bromacil			不得检出	GB/T 20772
412	溴苯烯磷	Bromfenvinfos			不得检出	GB/T 19650
413	溴烯杀	Bromocylen			不得检出	GB/T 19650
414	溴硫磷	Bromofos			不得检出	GB/T 19650
415	乙基溴硫磷	Bromophos-ethyl			不得检出	GB/T 19650
416	溴丁酰草胺	Btomobutide			不得检出	GB/T 19650
417	氟丙嘧草酯	Butafenacil			不得检出	GB/T 19650
418	抑草磷	Butamifos			不得检出	GB/T 19650
419	丁草胺	Butaxhlor			不得检出	GB/T 19650
420	苯酮唑	Cafenstrole			不得检出	GB/T 19650
421	角黄素	Canthaxanthin			不得检出	SN/T 2327
422	咔唑心安	Carazolol			不得检出	GB/T 20763
423	卡巴氧	Carbadox			不得检出	GB/T 20746
424	三硫磷	Carbophenothion			不得检出	GB/T 19650
425	唑草酮	Carfentrazone-ethyl			不得检出	GB/T 19650
426	卡洛芬	Carprofen			不得检出	SN/T 2190
427	头孢洛宁	Cefalonium			不得检出	GB/T 22989
428	头孢匹林	Cefapirin			不得检出	GB/T 22989
429	头孢喹肟	Cefquinome			不得检出	GB/T 22989
430	头孢噻呋	Ceftiofur			不得检出	GB/T 21314
431	头孢氨苄	Cefalexin			不得检出	GB/T 22989
432	氯霉素	Chloramphenicolum			不得检出	GB/T 20772
433	氯杀螨砜	Chlorbenside sulfone			不得检出	GB/T 19650
434	氯溴隆	Chlorbromuron			不得检出	GB/T 19650

序号	农兽药中文名	农兽药英文名	欧盟标准限量要求 mg/kg	国家标准限量要求 mg/kg	三安超有机食品标准	
					限量要求 mg/kg	检测方法
435	杀虫脒	Chlordimeform			不得检出	GB/T 19650
436	氯氧磷	Chlorethoxyfos			不得检出	GB/T 19650
437	溴虫腈	Chlorfenapyr			不得检出	GB/T 19650
438	杀螨醇	Chlorfenethol			不得检出	GB/T 19650
439	燕麦酯	Chlorfenprop – methyl			不得检出	GB/T 19650
440	氟啶脲	Chlorfluazuron			不得检出	SN/T 2540
441	整形醇	Chlorflurenol			不得检出	GB/T 19650
442	氯地孕酮	Chlormadinone			不得检出	SN/T 1980
443	醋酸氯地孕酮	Chlormadinone acetate			不得检出	GB/T 20753
444	氯甲硫磷	Chlormephos			不得检出	GB/T 19650
445	氯苯甲醚	Chloroneb			不得检出	GB/T 19650
446	丙酯杀螨醇	Chloropropylate			不得检出	GB/T 19650
447	氯丙嗪	Chlorpromazine			不得检出	GB/T 20763
448	金霉素	Chlortetracycline			不得检出	GB/T 21317
449	氯硫磷	Chlorthion			不得检出	GB/T 19650
450	虫螨磷	Chlorthiophos			不得检出	GB/T 19650
451	乙菌利	Chlozolinate			不得检出	GB/T 19650
452	顺式 – 氯丹	*cis* – Chlordane			不得检出	GB/T 19650
453	顺式 – 燕麦敌	*cis* – Diallate			不得检出	GB/T 19650
454	顺式 – 氯菊酯	*cis* – Permethrin			不得检出	GB/T 19650
455	克仑特罗	Clenbuterol			不得检出	GB/T 22286
456	异噁草酮	Clomazone			不得检出	GB/T 20772
457	氯甲酰草胺	Clomeprop			不得检出	GB/T 19650
458	氯羟吡啶	Clopidol			不得检出	GB 29700
459	解草酯	Cloquintocet – mexyl			不得检出	GB/T 19650
460	邻氯青霉素	Cloxacillin			不得检出	GB/T 18932. 25
461	蝇毒磷	Coumaphos			不得检出	GB/T 19650
462	鼠立死	Crimidine			不得检出	GB/T 19650
463	巴毒磷	Crotxyphos			不得检出	GB/T 19650
464	育畜磷	Crufomate			不得检出	GB/T 19650
465	苯腈磷	Cyanofenphos			不得检出	GB/T 19650
466	杀螟腈	Cyanophos			不得检出	GB/T 20772
467	环草敌	Cycloate			不得检出	GB/T 20772
468	环莠隆	Cycluron			不得检出	GB/T 20772
469	环丙津	Cyprazine			不得检出	GB/T 20772
470	敌草索	Dacthal			不得检出	GB/T 19650
471	达氟沙星	Danofloxacin			不得检出	GB/T 22985
472	癸氧喹酯	Decoquinate			不得检出	SN/T2444

序号	农兽药中文名	农兽药英文名	欧盟标准限量要求 mg/kg	国家标准限量要求 mg/kg	三安超有机食品标准	
					限量要求 mg/kg	检测方法
473	脱叶磷	DEF			不得检出	GB/T 19650
474	2,2′,4,5,5′-五氯联苯	DE-PCB 101			不得检出	GB/T 19650
475	2,3,4,4′,5-五氯联苯	DE-PCB 118			不得检出	GB/T 19650
476	2,2′,3,4,4′,5-六氯联苯	DE-PCB 138			不得检出	GB/T 19650
477	2,2′,4,4′,5,5′-六氯联苯	DE-PCB 153			不得检出	GB/T 19650
478	2,2′,3,4,4′,5,5′-七氯联苯	DE-PCB 180			不得检出	GB/T 19650
479	2,4,4′-三氯联苯	DE-PCB 28			不得检出	GB/T 19650
480	2,4,5-三氯联苯	DE-PCB 31			不得检出	GB/T 19650
481	2,2′,5,5′-四氯联苯	DE-PCB 52			不得检出	GB/T 19650
482	脱溴溴苯磷	Desbrom-leptophos			不得检出	GB/T 19650
483	脱乙基另丁津	Desethyl-sebuthylazine			不得检出	GB/T 19650
484	敌草净	Desmetryn			不得检出	GB/T 19650
485	地塞米松	Dexamethasone			不得检出	SN/T 1970
486	氯亚胺硫磷	Dialifos			不得检出	GB/T 19650
487	敌菌净	Diaveridine			不得检出	SN/T 1926
488	驱虫特	Dibutyl succinate			不得检出	GB/T 20772
489	异氯磷	Dicapthon			不得检出	GB/T 20772
490	除线磷	Dichlofenthion			不得检出	GB/T 20772
491	苯氟磺胺	Dichlofluanid			不得检出	GB/T 19650
492	烯丙酰草胺	Dichlormid			不得检出	GB/T 19650
493	敌敌畏	Dichlorvos			不得检出	GB/T 20772
494	苄氯三唑醇	Diclobutrazole			不得检出	GB/T 20772
495	禾草灵	Diclofop-methyl			不得检出	GB/T 19650
496	双氯青霉素	Dicloxacillin			不得检出	GB/T 18932.25
497	己烯雌酚	Diethylstilbestrol			不得检出	GB/T 20766
498	双氟沙星	Difloxacin			不得检出	GB/T 20366
499	二氢链霉素	Dihydro-streptomycin			不得检出	GB/T 22969
500	甲氟磷	Dimefox			不得检出	GB/T 19650
501	哌草丹	Dimepiperate			不得检出	GB/T 19650
502	异戊乙净	Dimethametryn			不得检出	GB/T 19650
503	二甲酚草胺	Dimethenamid			不得检出	GB/T 19650
504	乐果	Dimethoate			不得检出	GB/T 20772
505	甲基毒虫畏	Dimethylvinphos			不得检出	GB/T 19650
506	地美硝唑	Dimetridazole			不得检出	GB/T 21318
507	二硝托安	Dinitolmide			不得检出	SN/T 2453
508	氨氟灵	Dinitramine			不得检出	GB/T 19650
509	消螨通	Dinobuton			不得检出	GB/T 19650
510	呋虫胺	Dinotefuran			不得检出	GB/T 20772
511	苯虫醚-1	Diofenolan-1			不得检出	GB/T 19650

序号	农兽药中文名	农兽药英文名	欧盟标准限量要求 mg/kg	国家标准限量要求 mg/kg	三安超有机食品标准	
					限量要求 mg/kg	检测方法
512	苯虫醚-2	Diofenolan-2			不得检出	GB/T 19650
513	蔬果磷	Dioxabenzofos			不得检出	GB/T 19650
514	双苯酰草胺	Diphenamid			不得检出	GB/T 19650
515	二苯胺	Diphenylamine			不得检出	GB/T 19650
516	异丙净	Dipropetryn			不得检出	GB/T 19650
517	灭菌磷	Ditalimfos			不得检出	GB/T 19650
518	氟硫草定	Dithiopyr			不得检出	GB/T 19650
519	多拉菌素	Doramectin			不得检出	GB/T 22968
520	强力霉素	Doxycycline			不得检出	GB/T 20764
521	敌瘟磷	Edifenphos			不得检出	GB/T 19650
522	硫丹硫酸盐	Endosulfan-sulfate			不得检出	GB/T 19650
523	异狄氏剂酮	Endrin ketone			不得检出	GB/T 19650
524	恩诺沙星	Enrofloxacin			不得检出	GB/T 20366
525	苯硫磷	EPN			不得检出	GB/T 19650
526	埃普利诺菌素	Eprinomectin			不得检出	GB/T 21320
527	抑草蓬	Erbon			不得检出	GB/T 19650
528	红霉素	Erythromycin			不得检出	GB/T20762
529	*S*-氰戊菊酯	Esfenvalerate			不得检出	GB/T 19650
530	戊草丹	Esprocarb			不得检出	GB/T 19650
531	乙环唑-1	Etaconazole-1			不得检出	GB/T 19650
532	乙环唑-2	Etaconazole-2			不得检出	GB/T 19650
533	乙嘧硫磷	Etrimfos			不得检出	GB/T 19650
534	氧乙嘧硫磷	Etrimfos oxon			不得检出	GB/T 19650
535	伐灭磷	Famphur			不得检出	GB/T 19650
536	苯线磷亚砜	Fenamiphos sulfoxide			不得检出	GB/T 19650
537	苯线磷砜	Fenamiphos-sulfone			不得检出	GB/T 19650
538	苯硫苯咪唑	Fenbendazole			不得检出	SN 0638
539	氧皮蝇磷	Fenchlorphos oxon			不得检出	GB/T 19650
540	甲呋酰胺	Fenfuram			不得检出	GB/T 19650
541	仲丁威	Fenobucarb			不得检出	GB/T 19650
542	苯硫威	Fenothiocarb			不得检出	GB/T 19650
543	稻瘟酰胺	Fenoxanil			不得检出	GB/T 19650
544	拌种咯	Fenpiclonil			不得检出	GB/T 19650
545	甲氰菊酯	Fenpropathrin			不得检出	GB/T 19650
546	芬螨酯	Fenson			不得检出	GB/T 19650
547	丰索磷	Fensulfothion			不得检出	GB/T 19650
548	倍硫磷亚砜	Fenthion sulfoxide			不得检出	GB/T 19650
549	麦草氟异丙酯	Flamprop-isopropyl			不得检出	GB/T 19650
550	麦草氟甲酯	Flamprop-methyl			不得检出	GB/T 19650

序号	农兽药中文名	农兽药英文名	欧盟标准限量要求 mg/kg	国家标准限量要求 mg/kg	三安超有机食品标准	
					限量要求 mg/kg	检测方法
551	氟苯尼考	Florfenicol			不得检出	GB/T 20756
552	吡氟禾草灵	Fluazifop – butyl			不得检出	GB/T 19650
553	啶蜱脲	Fluazuron			不得检出	SN/T 2540
554	氟苯咪唑	Flubendazole			不得检出	GB/T 21324
555	氟噻草胺	Flufenacet			不得检出	GB/T 19650
556	氟甲喹	Flumequin			不得检出	SN/T 1921
557	氟节胺	Flumetralin			不得检出	GB/T 19650
558	唑嘧磺草胺	Flumetsulam			不得检出	GB/T 20772
559	氟烯草酸	Flumiclorac			不得检出	GB/T 19650
560	丙炔氟草胺	Flumioxazin			不得检出	GB/T 19650
561	氟胺烟酸	Flunixin			不得检出	GB/T 20750
562	三氟硝草醚	Fluorodifen			不得检出	GB/T 19650
563	乙羧氟草醚	Fluoroglycofen – ethyl			不得检出	GB/T 19650
564	三氟苯唑	Fluotrimazole			不得检出	GB/T 19650
565	氟啶草酮	Fluridone			不得检出	GB/T 19650
566	氟草烟 – 1 – 甲庚酯	Fluroxypr – 1 – methylheptyl ester			不得检出	GB/T 19650
567	呋草酮	Flurtamone			不得检出	GB/T 19650
568	地虫硫磷	Fonofos			不得检出	GB/T 19650
569	安果	Formothion			不得检出	GB/T 19650
570	呋霜灵	Furalaxyl			不得检出	GB/T 19650
571	庆大霉素	Gentamicin			不得检出	GB/T 21323
572	苄螨醚	Halfenprox			不得检出	GB/T 19650
573	氟哌啶醇	Haloperidol			不得检出	GB/T 20763
574	庚烯磷	Heptanophos			不得检出	GB/T 19650
575	己唑醇	Hexaconazole			不得检出	GB/T 19650
576	环嗪酮	Hexazinone			不得检出	GB/T 19650
577	咪草酸	Imazamethabenz – methyl			不得检出	GB/T 19650
578	脱苯甲基亚胺唑	Imibenconazole – *des* – benzyl			不得检出	GB/T 19650
579	炔咪菊酯 – 1	Imiprothrin – 1			不得检出	GB/T 19650
580	炔咪菊酯 – 2	Imiprothrin – 2			不得检出	GB/T 19650
581	碘硫磷	Iodofenphos			不得检出	GB/T 19650
582	甲基碘磺隆	Iodosulfuron – methyl			不得检出	GB/T 20772
583	异稻瘟净	Iprobenfos			不得检出	GB/T 19650
584	氯唑磷	Isazofos			不得检出	GB/T 19650
585	碳氯灵	Isobenzan			不得检出	GB/T 19650
586	丁咪酰胺	Isocarbamid			不得检出	GB/T 19650
587	水胺硫磷	Isocarbophos			不得检出	GB/T 19650
588	异艾氏剂	Isodrin			不得检出	GB/T 19650

序号	农兽药中文名	农兽药英文名	欧盟标准限量要求 mg/kg	国家标准限量要求 mg/kg	三安超有机食品标准	
					限量要求 mg/kg	检测方法
589	异柳磷	Isofenphos			不得检出	GB/T 19650
590	氧异柳磷	Isofenphos oxon			不得检出	GB/T 19650
591	氮氨菲啶	Isometamidium			不得检出	SN/T 2239
592	丁嗪草酮	Isomethiozin			不得检出	GB/T 19650
593	异丙威 – 1	Isoprocarb – 1			不得检出	GB/T 19650
594	异丙威 – 2	Isoprocarb – 2			不得检出	GB/T 19650
595	异丙乐灵	Isopropalin			不得检出	GB/T 19650
596	双苯噁唑酸	Isoxadifen – ethyl			不得检出	GB/T 19650
597	异噁氟草	Isoxaflutole			不得检出	GB/T 20772
598	噁唑啉	Isoxathion			不得检出	GB/T 19650
599	依维菌素	Ivermectin			不得检出	GB/T 21320
600	交沙霉素	Josamycin			不得检出	GB/T 20762
601	卡那霉素	Kanamycin			不得检出	GB/T 21323
602	拉沙里菌素	Lasalocid			不得检出	SN 0501
603	溴苯磷	Leptophos			不得检出	GB/T 19650
604	左旋咪唑	Levamisole			不得检出	SN 0349
605	林可霉素	Lincomycin			不得检出	GB/T 20762
606	利谷隆	Linuron			不得检出	GB/T 19650
607	麻保沙星	Marbofloxacin			不得检出	GB/T 22985
608	2 – 甲 – 4 – 氯丁氧乙基酯	MCPA – butoxyethyl ester			不得检出	GB/T 19650
609	甲苯咪唑	Mebendazole			不得检出	GB/T 21324
610	灭蚜磷	Mecarbam			不得检出	GB/T 19650
611	二甲四氯丙酸	Mecoprop			不得检出	SN/T 2325
612	苯噻酰草胺	Mefenacet			不得检出	GB/T 19650
613	吡唑解草酯	Mefenpyr – diethyl			不得检出	GB/T 19650
614	醋酸甲地孕酮	Megestrol acetate			不得检出	GB/T 20753
615	醋酸美仑孕酮	Melengestrol acetate			不得检出	GB/T 20753
616	嘧菌胺	Mepanipyrim			不得检出	GB/T 19650
617	地胺磷	Mephosfolan			不得检出	GB/T 19650
618	灭锈胺	Mepronil			不得检出	GB/T 19650
619	硝磺草酮	Mesotrione			不得检出	参照同类标准
620	呋菌胺	Methfuroxam			不得检出	GB/T 19650
621	灭梭威砜	Methiocarb sulfone			不得检出	GB/T 19650
622	异丙甲草胺和 *S* – 异丙甲草胺	Metolachlor and *S* – metolachlor			不得检出	GB/T 19650
623	盖草津	Methoprotryne			不得检出	GB/T 19650
624	甲醚菊酯 – 1	Methothrin – 1			不得检出	GB/T 19650
625	甲醚菊酯 – 2	Methothrin – 2			不得检出	GB/T 19650
626	甲基泼尼松龙	Methylprednisolone			不得检出	GB/T 21981

序号	农兽药中文名	农兽药英文名	欧盟标准限量要求 mg/kg	国家标准限量要求 mg/kg	三安超有机食品标准	
					限量要求 mg/kg	检测方法
627	溴谷隆	Metobromuron			不得检出	GB/T 19650
628	甲氧氯普胺	Metoclopramide			不得检出	SN/T 2227
629	苯氧菌胺-1	Metominsstrobin - 1			不得检出	GB/T 19650
630	苯氧菌胺-2	Metominsstrobin - 2			不得检出	GB/T 19650
631	甲硝唑	Metronidazole			不得检出	GB/T 21318
632	速灭磷	Mevinphos			不得检出	GB/T 19650
633	兹克威	Mexacarbate			不得检出	GB/T 19650
634	灭蚁灵	Mirex			不得检出	GB/T 19650
635	禾草敌	Molinate			不得检出	GB/T 19650
636	庚酰草胺	Monalide			不得检出	GB/T 19650
637	莫能菌素	Monensin			不得检出	SN 0698
638	莫西丁克	Moxidectin			不得检出	SN/T 2442
639	合成麝香	Musk ambrecte			不得检出	GB/T 19650
640	麝香	Musk moskene			不得检出	GB/T 19650
641	西藏麝香	Musk tibeten			不得检出	GB/T 19650
642	二甲苯麝香	Musk xylene			不得检出	GB/T 19650
643	萘夫西林	Nafcillin			不得检出	GB/T 22975
644	二溴磷	Naled			不得检出	SN/T 0706
645	甲基盐霉素	Narasin			不得检出	GB/T 20364
646	新霉素	Neomycin			不得检出	SN 0646
647	甲磺乐灵	Nitralin			不得检出	GB/T 19650
648	三氯甲基吡啶	Nitrapyrin			不得检出	GB/T 19650
649	酞菌酯	Nitrothal - isopropyl			不得检出	GB/T 19650
650	诺氟沙星	Norfloxacin			不得检出	GB/T 20366
651	氟草敏	Norflurazon			不得检出	GB/T 19650
652	新生霉素	Novobiocin			不得检出	SN 0674
653	氟苯嘧啶醇	Nuarimol			不得检出	GB/T 19650
654	八氯苯乙烯	Octachlorostyrene			不得检出	GB/T 19650
655	氧氟沙星	Ofloxacin			不得检出	GB/T 20366
656	喹乙醇	Olaquindox			不得检出	GB/T 20746
657	竹桃霉素	Oleandomycin			不得检出	GB/T 20762
658	氧乐果	Omethoate			不得检出	GB/T 19650
659	奥比沙星	Orbifloxacin			不得检出	GB/T 22985
660	苯唑青霉素	Oxacillin			不得检出	GB/T 18932.25
661	杀线威	Oxamyl			不得检出	GB/T 20772
662	奥芬达唑	Oxfendazole			不得检出	GB/T 22972
663	丙氧苯咪唑	Oxibendazole			不得检出	GB/T 21324
664	喹菌酮	Oxolinic acid			不得检出	日本肯定列表
665	氧化氯丹	Oxy - chlordane			不得检出	GB/T 19650

序号	农兽药中文名	农兽药英文名	欧盟标准限量要求 mg/kg	国家标准限量要求 mg/kg	三安超有机食品标准	
					限量要求 mg/kg	检测方法
666	土霉素	Oxytetracycline			不得检出	GB/T 21317
667	对氧磷	Paraoxon			不得检出	GB/T 19650
668	甲基对氧磷	Paraoxon – methyl			不得检出	GB/T 19650
669	克草敌	Pebulate			不得检出	GB/T 19650
670	五氯苯胺	Pentachloroaniline			不得检出	GB/T 19650
671	五氯甲氧基苯	Pentachloroanisole			不得检出	GB/T 19650
672	五氯苯	Pentachlorobenzene			不得检出	GB/T 19650
673	乙滴涕	Perthane			不得检出	GB/T 19650
674	菲	Phenanthrene			不得检出	GB/T 19650
675	稻丰散	Phenthoate			不得检出	GB/T 19650
676	甲拌磷砜	Phorate sulfone			不得检出	GB/T 19650
677	磷胺 – 1	Phosphamidon – 1			不得检出	GB/T 19650
678	磷胺 – 2	Phosphamidon – 2			不得检出	GB/T 19650
679	酞酸苯甲基丁酯	Phthalic acid, benzylbutyl ester			不得检出	GB/T 19650
680	四氯苯肽	Phthalide			不得检出	GB/T 19650
681	邻苯二甲酰亚胺	Phthalimide			不得检出	GB/T 19650
682	氟吡酰草胺	Picolinafen			不得检出	GB/T 19650
683	增效醚	Piperonyl butoxide			不得检出	GB/T 19650
684	哌草磷	Piperophos			不得检出	GB/T 19650
685	乙基虫螨清	Pirimiphos – ethyl			不得检出	GB/T 19650
686	吡利霉素	Pirlimycin			不得检出	GB/T 22988
687	炔丙菊酯	Prallethrin			不得检出	GB/T 19650
688	泼尼松龙	Prednisolone			不得检出	GB/T 21981
689	丙草胺	Pretilachlor			不得检出	GB/T 19650
690	环丙氟灵	Profluralin			不得检出	GB/T 19650
691	茉莉酮	Prohydrojasmon			不得检出	GB/T 19650
692	扑灭通	Prometon			不得检出	GB/T 19650
693	扑草净	Prometryne			不得检出	GB/T 19650
694	炔丙烯草胺	Pronamide			不得检出	GB/T 19650
695	敌稗	Propanil			不得检出	GB/T 19650
696	扑灭津	Propazine			不得检出	GB/T 19650
697	胺丙畏	Propetamphos			不得检出	GB/T 19650
698	丙酰二甲氨基丙吩噻嗪	Propionylpromazin			不得检出	GB/T 20763
699	丙硫磷	Prothiophos			不得检出	GB/T 19650
700	哒嗪硫磷	Pyridafenthion			不得检出	GB/T 19650
701	吡唑硫磷	Pyraclofos			不得检出	GB/T 19650
702	吡草醚	Pyraflufen – ethyl			不得检出	GB/T 19650
703	啶斑肟 – 1	Pyrifenox – 1			不得检出	GB/T 19650
704	啶斑肟 – 2	Pyrifenox – 2			不得检出	GB/T 19650

序号	农兽药中文名	农兽药英文名	欧盟标准限量要求 mg/kg	国家标准限量要求 mg/kg	三安超有机食品标准	
					限量要求 mg/kg	检测方法
705	环酯草醚	Pyriftalid			不得检出	GB/T 19650
706	嘧螨醚	Pyrimidifen			不得检出	GB/T 19650
707	嘧草醚	Pyriminobac - methyl			不得检出	GB/T 19650
708	嘧啶磷	Pyrimitate			不得检出	GB/T 19650
709	喹硫磷	Quinalphos			不得检出	GB/T 19650
710	灭藻醌	Quinoclamine			不得检出	GB/T 19650
711	吡咪唑	Rabenzazole			不得检出	GB/T 19650
712	莱克多巴胺	Ractopamine			不得检出	GB/T 21313
713	洛硝达唑	Ronidazole			不得检出	GB/T 21318
714	皮蝇磷	Ronnel			不得检出	GB/T 19650
715	盐霉素	Salinomycin			不得检出	GB/T 20364
716	沙拉沙星	Sarafloxacin			不得检出	GB/T 20366
717	另丁津	Sebutylazine			不得检出	GB/T 19650
718	密草通	Secbumeton			不得检出	GB/T 19650
719	氨基脲	Semduramicin			不得检出	GB/T 20752
720	烯禾啶	Sethoxydim			不得检出	GB/T 19650
721	氟硅菊酯	Silafluofen			不得检出	GB/T 19650
722	硅氟唑	Simeconazole			不得检出	GB/T 19650
723	西玛通	Simetone			不得检出	GB/T 19650
724	西草净	Simetryn			不得检出	GB/T 19650
725	壮观霉素	Spectinomycin			不得检出	GB/T 21323
726	螺旋霉素	Spiramycin			不得检出	GB/T 20762
727	链霉素	Streptomycin			不得检出	GB/T 21323
728	磺胺苯酰	Sulfabenzamide			不得检出	GB/T 21316
729	磺胺醋酰	Sulfacetamide			不得检出	GB/T 21316
730	磺胺氯哒嗪	Sulfachloropyridazine			不得检出	GB/T 21316
731	磺胺嘧啶	Sulfadiazine			不得检出	GB/T 21316
732	磺胺间二甲氧嘧啶	Sulfadimethoxine			不得检出	GB/T 21316
733	磺胺二甲嘧啶	Sulfadimidine			不得检出	GB/T 21316
734	磺胺多辛	Sulfadoxine			不得检出	GB/T 21316
735	磺胺脒	Sulfaguanidine			不得检出	GB/T 21316
736	菜草畏	Sulfallate			不得检出	GB/T 19650
737	磺胺甲嘧啶	Sulfamerazine			不得检出	GB/T 21316
738	新诺明	Sulfamethoxazole			不得检出	GB/T 21316
739	磺胺间甲氧嘧啶	Sulfamonomethoxine			不得检出	GB/T 21316
740	乙酰磺胺对硝基苯	Sulfanitran			不得检出	GB/T 20772
741	磺胺吡啶	Sulfapyridine			不得检出	GB/T 21316
742	磺胺喹沙啉	Sulfaquinoxaline			不得检出	GB/T 21316
743	磺胺噻唑	Sulfathiazole			不得检出	GB/T 21316

序号	农兽药中文名	农兽药英文名	欧盟标准限量要求 mg/kg	国家标准限量要求 mg/kg	三安超有机食品标准	
					限量要求 mg/kg	检测方法
744	治螟磷	Sulfotep			不得检出	GB/T 19650
745	硫丙磷	Sulprofos			不得检出	GB/T 19650
746	苯噻硫氰	TCMTB			不得检出	GB/T 19650
747	丁基嘧啶磷	Tebupirimfos			不得检出	GB/T 19650
748	牧草胺	Tebutam			不得检出	GB/T 19650
749	丁噻隆	Tebuthiuron			不得检出	GB/T 20772
750	双硫磷	Temephos			不得检出	GB/T 20772
751	特草灵	Terbucarb			不得检出	GB/T 19650
752	特丁通	Terbumeton			不得检出	GB/T 19650
753	特丁净	Terbutryn			不得检出	GB/T 19650
754	四氢邻苯二甲酰亚胺	Tetrabydrophthalimide			不得检出	GB/T 19650
755	杀虫畏	Tetrachlorvinphos			不得检出	GB/T 19650
756	四环素	Tetracycline			不得检出	GB/T 21317
757	胺菊酯	Tetramethirn			不得检出	GB/T 19650
758	杀螨氯硫	Tetrasul			不得检出	GB/T 19650
759	噻吩草胺	Thenylchlor			不得检出	GB/T 19650
760	甲砜霉素	Thiamphenicol			不得检出	GB/T 20756
761	噻唑烟酸	Thiazopyr			不得检出	GB/T 19650
762	噻苯隆	Thidiazuron			不得检出	GB/T 20772
763	噻吩磺隆	Thifensulfuron – methyl			不得检出	GB/T 20772
764	甲基乙拌磷	Thiometon			不得检出	GB/T 20772
765	虫线磷	Thionazin			不得检出	GB/T 19650
766	替米考星	Tilmicosin			不得检出	GB/T 20762
767	硫普罗宁	Tiopronin			不得检出	SN/T 2225
768	三甲苯草酮	Tralkoxydim			不得检出	GB/T 19650
769	四溴菊酯	Tralomethrin			不得检出	SN/T 2320
770	反式 – 氯丹	*trans* – Chlordane			不得检出	GB/T 19650
771	反式 – 燕麦敌	*trans* – Diallate			不得检出	GB/T 19650
772	四氟苯菊酯	Transfluthrin			不得检出	GB/T 19650
773	反式九氯	*trans* – Nonachlor			不得检出	GB/T 19650
774	反式 – 氯菊酯	*trans* – Permethrin			不得检出	GB/T 19650
775	群勃龙	Trenbolone			不得检出	GB/T 21981
776	威菌磷	Triamiphos			不得检出	GB/T 19650
777	毒壤磷	Trichloronate			不得检出	GB/T 19650
778	灭草环	Tridiphane			不得检出	GB/T 19650
779	草达津	Trietazine			不得检出	GB/T 19650
780	三异丁基磷酸盐	Tri – *iso* – butyl phosphate			不得检出	GB/T 19650
781	甲氧苄氨嘧啶	Trimethoprim			不得检出	SN/T 1769
782	三正丁基磷酸盐	Tri – *n* – butyl phosphate			不得检出	GB/T 19650

序号	农兽药中文名	农兽药英文名	欧盟标准限量要求 mg/kg	国家标准限量要求 mg/kg	三安超有机食品标准	
					限量要求 mg/kg	检测方法
783	三苯基磷酸盐	Triphenyl phosphate			不得检出	GB/T 19650
784	泰乐霉素	Tylosin			不得检出	GB/T 22941
785	烯效唑	Uniconazole			不得检出	GB/T 19650
786	灭草敌	Vernolate			不得检出	GB/T 19650
787	维吉尼霉素	Virginiamycin			不得检出	GB/T 20765
788	杀鼠灵	War farin			不得检出	GB/T 20772
789	甲苯噻嗪	Xylazine			不得检出	GB/T 20763
790	右环十四酮酚	Zeranol			不得检出	GB/T 21982
791	苯酰菌胺	Zoxamide			不得检出	GB/T 19650

9 鸡(5 种)

9.1 鸡肉 Chicken

序号	农兽药中文名	农兽药英文名	欧盟标准限量要求 mg/kg	国家标准限量要求 mg/kg	三安超有机食品标准	
					限量要求 mg/kg	检测方法
1	1,1-二氯-2,2-二(4-乙苯)乙烷	1,1-Dichloro-2,2-bis(4-ethylphenyl)ethane	0.01		不得检出	日本肯定列表(增补本1)
2	1,2-二氯乙烷	1,2-Dichloroethane	0.1		不得检出	SN/T 2238
3	1,3-二氯丙烯	1,3-Dichloropropene	0.01		不得检出	SN/T 2238
4	1-萘乙酰胺	1-Naphthylacetamide	0.05		不得检出	GB/T 20772
5	1-萘乙酸	1-Naphthylacetic acid	0.05		不得检出	SN/T 2228
6	2,4-滴丁酸	2,4-DB	0.05		不得检出	GB/T 20769
7	2,4-滴	2,4-D	0.05		不得检出	GB/T 20772
8	2-苯酚	2-Phenylphenol	0.05		不得检出	GB/T 19650
9	阿维菌素	Abamectin	0.02		不得检出	SN/T 2661
10	乙酰甲胺磷	Acephate	0.02		不得检出	GB/T 20772
11	灭螨醌	Acequinocyl	0.01		不得检出	参照同类标准
12	啶虫脒	Acetamiprid	0.05		不得检出	GB/T 20772
13	乙草胺	Acetochlor	0.01		不得检出	GB/T 19650
14	苯并噻二唑	Acibenzolar-*S*-methyl	0.02		不得检出	GB/T 20772
15	苯草醚	Aclonifen	0.02		不得检出	GB/T 20772
16	氟丙菊酯	Acrinathrin	0.05		不得检出	GB/T 19648
17	甲草胺	Alachlor	0.01		不得检出	GB/T 20772
18	涕灭威	Aldicarb	0.01		不得检出	GB/T 20772
19	艾氏剂和狄氏剂	Aldrin and dieldrin	0.2	0.2 和 0.2	不得检出	GB/T 19650
20	—	Ametoctradin	0.03		不得检出	参照同类标准
21	阿莫西林	Amoxicillin	50μg/kg		不得检出	NY/T 830

序号	农兽药中文名	农兽药英文名	欧盟标准限量要求 mg/kg	国家标准限量要求 mg/kg	三安超有机食品标准	
					限量要求 mg/kg	检测方法
22	酰嘧磺隆	Amidosulfuron	0.02		不得检出	参照同类标准
23	氯氨吡啶酸	Aminopyralid	0.01		不得检出	GB/T 23211
24	—	Amisulbrom	0.01		不得检出	参照同类标准
25	氨苄青霉素	Ampicillin	50μg/kg		不得检出	GB/T 21315
26	双甲脒	Amitraz	0.05		不得检出	GB/T 5009.143
27	敌菌灵	Anilazine	0.01		不得检出	GB/T 20769
28	杀螨特	Aramite	0.01		不得检出	GB/T 19650
29	磺草灵	Asulam	0.1		不得检出	日本肯定列表(增补本1)
30	印楝素	Azadirachtin	0.01		不得检出	SN/T 3264
31	益棉磷	Azinphos - ethyl	0.01		不得检出	GB/T 19650
32	保棉磷	Azinphos - methyl	0.01		不得检出	GB/T 20772
33	三唑锡和三环锡	Azocyclotin and cyhexatin	0.05		不得检出	SN/T 1990
34	嘧菌酯	Azoxystrobin	0.05		不得检出	GB/T 20772
35	燕麦灵	Barban	0.05		不得检出	参照同类标准
36	氟丁酰草胺	Beflubutamid	0.05		不得检出	参照同类标准
37	苯霜灵	Benalaxyl	0.05		不得检出	GB/T 20772
38	丙硫克百威	Benfuracarb	0.02		不得检出	GB/T 20772
39	苄青霉素	Benzyl penicillin	50μg/kg		不得检出	GB/T 21315
40	联苯肼酯	Bifenazate	0.01		不得检出	GB/T 20772
41	甲羧除草醚	Bifenox	0.05		不得检出	GB/T 23210
42	联苯菊酯	Bifenthrin	0.05		不得检出	GB/T 19650
43	乐杀螨	Binapacryl	0.01		不得检出	SN 0523
44	联苯	Biphenyl	0.01		不得检出	GB/T 19650
45	联苯三唑醇	Bitertanol	0.05		不得检出	GB/T 20772
46	—	Bixafen	0.02		不得检出	参照同类标准
47	啶酰菌胺	Boscalid	0.05		不得检出	GB/T 20772
48	溴离子	Bromide ion	0.05		不得检出	GB/T 5009.167
49	溴螨酯	Bromopropylate	0.01		不得检出	GB/T 19650
50	溴苯腈	Bromoxynil	0.05		不得检出	GB/T 20772
51	糠菌唑	Bromuconazole	0.05		不得检出	GB/T 19650
52	乙嘧酚磺酸酯	Bupirimate	0.05		不得检出	GB/T 19650
53	噻嗪酮	Buprofezin	0.05		不得检出	GB/T 20772
54	仲丁灵	Butralin	0.02		不得检出	GB/T 19650
55	丁草敌	Butylate	0.01		不得检出	GB/T 19650
56	硫线磷	Cadusafos	0.01		不得检出	GB/T 19650
57	敌菌丹	Captafol	0.01		不得检出	SN 0338
58	克菌丹	Captan	0.02		不得检出	GB/T 19648
59	甲萘威	Carbaryl	0.05		不得检出	GB/T 20796

序号	农兽药中文名	农兽药英文名	欧盟标准限量要求 mg/kg	国家标准限量要求 mg/kg	三安超有机食品标准	
					限量要求 mg/kg	检测方法
60	多菌灵和苯菌灵	Carbendazim and benomyl	0.05		不得检出	GB/T 20772
61	长杀草	Carbetamide	0.05		不得检出	GB/T 20772
62	克百威	Carbofuran	0.01		不得检出	GB/T 20772
63	丁硫克百威	Carbosulfan	0.05		不得检出	GB/T 19650
64	萎锈灵	Carboxin	0.05		不得检出	GB/T 20772
65	氯虫苯甲酰胺	Chlorantraniliprole	0.01		不得检出	参照同类标准
66	杀螨醚	Chlorbenside	0.05		不得检出	GB/T 19650
67	氯炔灵	Chlorbufam	0.05		不得检出	GB/T 20772
68	氯丹	Chlordane	0.05	0.5	不得检出	GB/T 19648
69	十氯酮	Chlordecone	0.2		不得检出	参照同类标准
70	杀螨酯	Chlorfenson	0.05		不得检出	GB/T 19650
71	毒虫畏	Chlorfenvinphos	0.01		不得检出	GB/T 19650
72	氯草敏	Chloridazon	0.05		不得检出	GB/T 20772
73	矮壮素	Chlormequat	0.05		不得检出	日本肯定列表
74	乙酯杀螨醇	Chlorobenzilate	0.1		不得检出	日本肯定列表
75	百菌清	Chlorothalonil	0.01		不得检出	SN/T 2320
76	绿麦隆	Chlortoluron	0.05		不得检出	GB/T 20772
77	枯草隆	Chloroxuron	0.05		不得检出	GB/T 20769
78	氯苯胺灵	Chlorpropham	0.05		不得检出	GB/T 19650
79	毒死蜱	Chlorpyrifos	0.05		不得检出	SN/T 2158
80	甲基毒死蜱	Chlorpyrifos - methyl	0.05		不得检出	GB/T 19650
81	氯磺隆	Chlorsulfuron	0.01		不得检出	GB/T 20769
82	金霉素	Chlortetracycline	100μg/kg		不得检出	GB/T 21317
83	氯酞酸甲酯	Chlorthaldimethyl	0.01		不得检出	GB/T 19650
84	氯硫酰草胺	Chlorthiamid	0.02		不得检出	GB/T 20772
85	烯草酮	Clethodim	0.2		不得检出	GB/T 19648
86	炔草酯	Clodinafop - propargyl	0.02		不得检出	GB 2763
87	四螨嗪	Clofentezine	0.05		不得检出	SN/T 1740
88	二氯吡啶酸	Clopyralid	0.05		不得检出	SN/T 2228
89	噻虫胺	Clothianidin	0.01		不得检出	GB/T 20772
90	邻氯青霉素	Cloxacillin	300μg/kg		不得检出	GB/T 21315
91	黏菌素	Colistin	150μg/kg		不得检出	参照同类标准
92	铜化合物	Copper compounds	5		不得检出	参照同类标准
93	环烷基酰苯胺	Cyclanilide	0.01		不得检出	参照同类标准
94	噻草酮	Cycloxydim	0.05		不得检出	GB/T 19650
95	环氟菌胺	Cyflufenamid	0.03		不得检出	GB/T 19648
96	氟氯氰菊酯和高效氟氯氰菊酯	Cyfluthrin and beta - cyfluthrin	0.05		不得检出	GB/T 19650
97	霜脲氰	Cymoxanil	0.05		不得检出	GB/T 20772

序号	农兽药中文名	农兽药英文名	欧盟标准限量要求 mg/kg	国家标准限量要求 mg/kg	三安超有机食品标准	
					限量要求 mg/kg	检测方法
98	环丙唑醇	Cyproconazole	0.05		不得检出	GB/T 20772
99	嘧菌环胺	Cyprodinil	0.05		不得检出	GB/T 20769
100	灭蝇胺	Cyromazine	0.05		不得检出	GB/T 20772
101	丁酰肼	Daminozide	0.05		不得检出	日本肯定列表
102	达氟沙星	Danofloxacin	200μg/kg		不得检出	GB/T 22985
103	滴滴涕	DDT	1		不得检出	SN/T 0127
104	燕麦敌	Diallate	0.2		不得检出	GB/T 20772
105	二嗪磷	Diazinon	0.05		不得检出	GB/T 19650
106	麦草畏	Dicamba	0.02		不得检出	GB/T 20772
107	敌草腈	Dichlobenil	0.01		不得检出	GB/T 19650
108	滴丙酸	Dichlorprop	0.05		不得检出	SN/T 2228
109	地克珠利(杀球灵)	Diclazuril	500μg/kg		不得检出	SN/T 2318
110	二氯苯氧基丙酸	Diclofop	0.01		不得检出	参照同类标准
111	氯硝胺	Dicloran	0.01		不得检出	GB/T 19650
112	双氯青霉素	Dicloxacillin	300μg/kg		不得检出	GB/T 21315
113	三氯杀螨醇	Dicofol	0.1		不得检出	GB/T 19650
114	乙霉威	Diethofencarb	0.05		不得检出	GB/T 19650
115	苯醚甲环唑	Difenoconazole	0.1		不得检出	GB/T 19650
116	双氟沙星	Difloxacin	300μg/kg		不得检出	SN/T 3155
117	除虫脲	Diflubenzuron	0.05		不得检出	SN/T 0528
118	吡氟酰草胺	Diflufenican	0.05		不得检出	GB/T 20772
119	油菜安	Dimethachlor	0.02		不得检出	GB/T 20772
120	烯酰吗啉	Dimethomorph	0.05		不得检出	GB/T 20772
121	醚菌胺	Dimoxystrobin	0.05		不得检出	SN/T 2237
122	烯唑醇	Diniconazole	0.01		不得检出	GB/T 19650
123	敌螨普	Dinocap	0.05		不得检出	日本肯定列表(增补本1)
124	地乐酚	Dinoseb	0.01		不得检出	GB/T 20772
125	特乐酚	Dinoterb	0.05		不得检出	GB/T 20772
126	敌噁磷	Dioxathion	0.05		不得检出	GB/T 19650
127	敌草快	Diquat	0.05		不得检出	GB/T 5009.221
128	乙拌磷	Disulfoton	0.02		不得检出	GB/T 20772
129	二氰蒽醌	Dithianon	0.01		不得检出	GB/T 20769
130	二硫代氨基甲酸酯	Dithiocarbamates	0.05		不得检出	SN/T 0157
131	敌草隆	Diuron	0.05		不得检出	SN/T 0645
132	二硝甲酚	DNOC	0.05		不得检出	GB/T 20772
133	多果定	Dodine	0.2		不得检出	SN 0500
134	甲氨基阿维菌素苯甲酸盐	Emamectin benzoate	0.01		不得检出	GB/T 20769
135	硫丹	Endosulfan	0.05	0.2	不得检出	GB/T 19650

序号	农兽药中文名	农兽药英文名	欧盟标准限量要求 mg/kg	国家标准限量要求 mg/kg	三安超有机食品标准	
					限量要求 mg/kg	检测方法
136	异狄氏剂	Endrin	0.05		不得检出	GB/T 19650
137	恩诺沙星	Enrofloxacin	100μg/kg		不得检出	GB/T 22985
138	氟环唑	Epoxiconazole	0.01		不得检出	GB/T 20772
139	茵草敌	EPTC	0.02		不得检出	GB/T 20772
140	红霉素	Erythromycin	200μg/kg		不得检出	GB/T 29648
141	乙丁烯氟灵	Ethalfluralin	0.01		不得检出	GB/T 19650
142	胺苯磺隆	Ethametsulfuron	0.01		不得检出	NY/T 1616
143	乙烯利	Ethephon	0.05		不得检出	SN 0705
144	乙硫磷	Ethion	0.01		不得检出	GB/T 19650
145	乙嘧酚	Ethirimol	0.05		不得检出	GB/T 20772
146	乙氧呋草黄	Ethofumesate	0.1		不得检出	GB/T 20772
147	灭线磷	Ethoprophos	0.01		不得检出	GB/T 19650
148	乙氧喹啉	Ethoxyquin	0.05		不得检出	GB/T 20772
149	环氧乙烷	Ethylene oxide	0.02		不得检出	GB/T 23296.11
150	醚菊酯	Etofenprox	0.01		不得检出	GB/T 19650
151	乙螨唑	Etoxazole	0.01		不得检出	GB/T 19648
152	氯唑灵	Etridiazole	0.05		不得检出	GB/T 20769
153	噁唑菌酮	Famoxadone	0.05		不得检出	GB/T 20772
154	咪唑菌酮	Fenamidone	0.01		不得检出	GB/T 19650
155	苯线磷	Fenamiphos	0.02		不得检出	GB/T 19650
156	氯苯嘧啶醇	Fenarimol	0.02		不得检出	GB/T 20772
157	喹螨醚	Fenazaquin	0.01		不得检出	GB/T 19648
158	腈苯唑	Fenbuconazole	0.05		不得检出	GB/T 20772
159	苯丁锡	Fenbutatin oxide	0.05		不得检出	SN 0592
160	环酰菌胺	Fenhexamid	0.05		不得检出	GB/T 20772
161	杀螟硫磷	Fenitrothion	0.01		不得检出	GB/T 20772
162	精噁唑禾草灵	Fenoxaprop - *P* - ethyl	0.05		不得检出	GB 22617
163	双氧威	Fenoxycarb	0.05		不得检出	GB/T 19650
164	苯锈啶	Fenpropidin	0.02		不得检出	GB/T 19650
165	丁苯吗啉	Fenpropimorph	0.01		不得检出	GB/T 20772
166	胺苯吡菌酮	Fenpyrazamine	0.01		不得检出	参照同类标准
167	唑螨酯	Fenpyroximate	0.01		不得检出	GB/T 20769
168	倍硫磷	Fenthion	0.05		不得检出	GB/T 20772
169	薯瘟锡	Fentin acetate	0.05		不得检出	参照同类标准
170	三苯锡	Fentin	0.05		不得检出	日本肯定列表(增补本1)
171	氰戊菊酯和高效氰戊菊酯(RR & SS 异构体总量)	Fenvalerate and esfenvalerate (sum of RR & SS isomers)	0.02		不得检出	GB/T 19650
172	氰戊菊酯和高效氰戊菊酯(RS & SR 异构体总量)	Fenvalerate and esfenvalerate (sum of RS & SR isomers)	0.02		不得检出	GB/T 19650

序号	农兽药中文名	农兽药英文名	欧盟标准限量要求 mg/kg	国家标准限量要求 mg/kg	三安超有机食品标准	
					限量要求 mg/kg	检测方法
173	氟虫腈	Fipronil	0.01		不得检出	SN/T 1982
174	氟啶虫酰胺	Flonicamid	0.03		不得检出	SN/T 2796
175	氟苯尼考	Florfenicol	100μg/kg		不得检出	GB/T 20756
176	精吡氟禾草灵	Fluazifop - *P* - butyl	0.05		不得检出	GB/T 5009.142
177	氟啶胺	Fluazinam	0.05		不得检出	SN/T 2150
178	氟苯咪唑	Flubendazole	50μg/kg		不得检出	参照同类标准
179	氟苯虫酰胺	Flubendiamide	0.01		不得检出	SN/T 2581
180	氟环脲	Flucycloxuron	0.05		不得检出	参照同类标准
181	氟氰戊菊酯	Flucythrinate	0.05		不得检出	GB/T 19648
182	咯菌腈	Fludioxonil	0.05		不得检出	GB/T 20772
183	氟虫脲	Flufenoxuron	0.05		不得检出	SN/T 2150
184	—	Flufenzin	0.02		不得检出	参照同类标准
185	氟甲喹	Flumequin	400μg/kg		不得检出	SN/T 1921
186	氟吡菌胺	Fluopicolide	0.01		不得检出	参照同类标准
187	—	Fluopyram	0.1		不得检出	参照同类标准
188	氟离子	Fluoride ion	1		不得检出	GB/T 5009.167
189	氟腈嘧菌酯	Fluoxastrobin	0.05		不得检出	SN/T 2237
190	氟喹唑	Fluquinconazole	0.02		不得检出	GB/T 19650
191	氟咯草酮	Fluorochloridone	0.05		不得检出	GB/T 20772
192	氟草烟	Fluroxypyr	0.05		不得检出	GB/T 20772
193	氟硅唑	Flusilazole	0.02		不得检出	GB/T 20772
194	氟酰胺	Flutolanil	0.05		不得检出	GB/T 20772
195	粉唑醇	Flutriafol	0.01		不得检出	GB/T 20772
196	—	Fluxapyroxad	0.01		不得检出	参照同类标准
197	氟磺胺草醚	Fomesafen	0.01		不得检出	GB/T 5009.130
198	氯吡脲	Forchlorfenuron	0.05		不得检出	SN/T 3643
199	伐虫脒	Formetanate	0.01		不得检出	NY/T 1453
200	三乙膦酸铝	Fosetyl - aluminium	0.5		不得检出	参照同类标准
201	麦穗宁	Fuberidazole	0.05		不得检出	GB/T 19650
202	呋线威	Furathiocarb	0.01		不得检出	GB/T 20772
203	糠醛	Furfural	1		不得检出	参照同类标准
204	勃激素	Gibberellic acid	0.1		不得检出	GB/T 23211
205	草胺膦	Glufosinate - ammonium	0.1		不得检出	日本肯定列表
206	草甘膦	Glyphosate	0.05		不得检出	NY/T 1096
207	双胍盐	Guazatine	0.1		不得检出	参照同类标准
208	氟吡禾灵	Haloxyfop	0.1		不得检出	SN/T 2228
209	七氯	Heptachlor	0.2	0.2	不得检出	SN 0663
210	六氯苯	Hexachlorobenzene	0.2		不得检出	SN/T 0127
211	六六六(HCH),α-异构体	Hexachlorociclohexane (HCH), alpha - isomer	0.2		不得检出	SN/T 0127

序号	农兽药中文名	农兽药英文名	欧盟标准限量要求 mg/kg	国家标准限量要求 mg/kg	三安超有机食品标准	
					限量要求 mg/kg	检测方法
212	六六六(HCH),β－异构体	Hexachlorociclohexane (HCH), beta － isomer	0.1		不得检出	SN/T 0127
213	噻螨酮	Hexythiazox	0.05		不得检出	GB/T 20772
214	噁霉灵	Hymexazol	0.05		不得检出	GB/T 20772
215	抑霉唑	Imazalil	0.05		不得检出	GB/T 20772
216	甲咪唑烟酸	Imazapic	0.01		不得检出	GB/T 20772
217	咪唑喹啉酸	Imazaquin	0.05		不得检出	GB/T 20772
218	吡虫啉	Imidacloprid	0.05		不得检出	GB/T 20772
219	茚虫威	Indoxacarb	0.3		不得检出	GB/T 20772
220	碘苯腈	Ioxynil	0.05		不得检出	GB/T 20772
221	异菌脲	Iprodione	0.05		不得检出	GB/T 19650
222	稻瘟灵	Isoprothiolane	0.01		不得检出	GB/T 20772
223	异丙隆	Isoproturon	0.05		不得检出	GB/T 20772
224	—	Isopyrazam	0.01		不得检出	参照同类标准
225	异噁酰草胺	Isoxaben	0.01		不得检出	GB/T 20772
226	卡那霉素	Kanamycin	100μg/kg		不得检出	GB/T 21323
227	醚菌酯	Kresoxim － methyl	0.02		不得检出	GB/T 20772
228	乳氟禾草灵	Lactofen	0.01		不得检出	GB/T 19650
229	高效氯氟氰菊酯	Lambda － cyhalothrin	0.02		不得检出	GB/T 19648
230	拉沙里菌素	Lasalocid	20μg/kg		不得检出	SN 0501
231	环草定	Lenacil	0.1		不得检出	GB/T 19650
232	左旋咪唑	Levamisole	10μg/kg		不得检出	SN 0349
233	林可霉素	Lincomycin	100μg/kg		不得检出	GB/T 20762
234	林丹	Lindane	0.02	0.05	不得检出	NY/T 761
235	虱螨脲	Lufenuron	0.02		不得检出	SN/T 2540
236	马拉硫磷	Malathion	0.02		不得检出	GB/T 19650
237	抑芽丹	Maleic hydrazide	0.02		不得检出	日本肯定列表
238	双炔酰菌胺	Mandipropamid	0.02		不得检出	GB/T 20772
239	二甲四氯和二甲四氯丁酸	MCPA and MCPB	0.1		不得检出	SN/T 2228
240	壮棉素	Mepiquat chloride	0.05		不得检出	GB/T 20769
241	—	Meptyldinocap	0.05		不得检出	参照同类标准
242	汞化合物	Mercury compounds	0.01		不得检出	参照同类标准
243	氰氟虫腙	Metaflumizone	0.02		不得检出	SN/T 3852
244	甲霜灵和精甲霜灵	Metalaxyl and metalaxyl － M	0.05		不得检出	GB/T 20772
245	四聚乙醛	Metaldehyde	0.05		不得检出	SN/T 1787
246	苯嗪草酮	Metamitron	0.05		不得检出	GB/T 19650
247	吡唑草胺	Metazachlor	0.05		不得检出	GB/T 19650
248	叶菌唑	Metconazole	0.01		不得检出	GB/T 20769
249	甲基苯噻隆	Methabenzthiazuron	0.05		不得检出	GB/T 19650

序号	农兽药中文名	农兽药英文名	欧盟标准限量要求 mg/kg	国家标准限量要求 mg/kg	三安超有机食品标准	
					限量要求 mg/kg	检测方法
250	虫螨畏	Methacrifos	0.01		不得检出	GB/T 20772
251	甲胺磷	Methamidophos	0.01		不得检出	GB/T 20772
252	杀扑磷	Methidathion	0.02		不得检出	GB/T 20772
253	甲硫威	Methiocarb	0.05		不得检出	GB/T 20769
254	灭多威和硫双威	Methomyl and thiodicarb	0.02		不得检出	GB/T 20772
255	烯虫酯	Methoprene	0.05		不得检出	GB/T 19648
256	甲氧滴滴涕	Methoxychlor	0.01		不得检出	GB/T 19648
257	甲氧虫酰肼	Methoxyfenozide	0.01		不得检出	GB/T 20772
258	磺草唑胺	Metosulam	0.01		不得检出	GB/T 20772
259	苯菌酮	Metrafenone	0.05		不得检出	参照同类标准
260	嗪草酮	Metribuzin	0.1		不得检出	GB/T 20769
261	绿谷隆	Monolinuron	0.05		不得检出	GB/T 20772
262	灭草隆	Monuron	0.01		不得检出	GB/T 20772
263	腈菌唑	Myclobutanil	0.01		不得检出	GB/T 20772
264	敌草胺	Napropamide	0.01		不得检出	GB/T 19650
265	新霉素(包括 framycetin)	Neomycin(including framycetin)	500μg/kg		不得检出	SN 0646
266	烟嘧磺隆	Nicosulfuron	0.05		不得检出	日本肯定列表(增补本 1)
267	除草醚	Nitrofen	0.01		不得检出	GB/T 19648
268	氟酰脲	Novaluron	0.5		不得检出	GB/T 20769
269	嘧苯胺磺隆	Orthosulfamuron	0.01		不得检出	GB/T 23817
270	苯唑青霉素	Oxacillin	300μg/kg		不得检出	GB/T 21315
271	噁草酮	Oxadiazon	0.05		不得检出	GB/T 19650
272	噁霜灵	Oxadixyl	0.01		不得检出	GB/T 19650
273	环氧嘧磺隆	Oxasulfuron	0.05		不得检出	GB/T 23817
274	喹菌酮	Oxolinic acid	100μg/kg		不得检出	日本肯定列表
275	氧化萎锈灵	Oxycarboxin	0.05		不得检出	GB/T 19650
276	亚砜磷	Oxydemeton – methyl	0.01		不得检出	参照同类标准
277	乙氧氟草醚	Oxyfluorfen	0.05		不得检出	GB/T 20772
278	多效唑	Paclobutrazol	0.02		不得检出	GB/T 19650
279	对硫磷	Parathion	0.05		不得检出	GB/T 19650
280	甲基对硫磷	Parathion – methyl	0.01		不得检出	GB/T 20772
281	巴龙霉素	Paromomycin	500μg/kg		不得检出	SN/T 2315
282	戊菌唑	Penconazole	0.05		不得检出	GB/T 20772
283	戊菌隆	Pencycuron	0.05		不得检出	GB/T 19650
284	二甲戊灵	Pendimethalin	0.05		不得检出	GB/T 19648
285	氯菊酯	Permethrin	0.05		不得检出	GB/T 19650
286	甜菜宁	Phenmedipham	0.05		不得检出	GB/T 23205
287	苯醚菊酯	Phenothrin	0.05		不得检出	GB/T 20772

序号	农兽药中文名	农兽药英文名	欧盟标准限量要求 mg/kg	国家标准限量要求 mg/kg	三安超有机食品标准	
					限量要求 mg/kg	检测方法
288	苯氧甲基青霉素	Phenoxymethylpenicillin	25μg/kg		不得检出	SN/T 2050
289	甲拌磷	Phorate	0.05		不得检出	GB/T 20772
290	伏杀硫磷	Phosalone	0.01		不得检出	GB/T 20772
291	亚胺硫磷	Phosmet	0.1		不得检出	GB/T 20772
292	—	Phosphines and phosphides	0.01		不得检出	参照同类标准
293	辛硫磷	Phoxim	0.025		不得检出	GB/T 20772
294	氨氯吡啶酸	Picloram	0.2		不得检出	GB/T 23211
295	啶氧菌酯	Picoxystrobin	0.05		不得检出	GB/T 19650
296	抗蚜威	Pirimicarb	0.05		不得检出	GB/T 20772
297	甲基嘧啶磷	Pirimiphos - methyl	0.05		不得检出	GB/T 20772
298	咪鲜胺	Prochloraz	0.1		不得检出	GB/T 19650
299	腐霉利	Procymidone	0.01		不得检出	GB/T 20772
300	丙溴磷	Profenofos	0.05		不得检出	GB/T 20772
301	调环酸	Prohexadione	0.05		不得检出	日本肯定列表
302	毒草安	Propachlor	0.02		不得检出	GB/T 20772
303	扑派威	Propamocarb	0.1		不得检出	GB/T 20772
304	恶草酸	Propaquizafop	0.05		不得检出	GB/T 20772
305	炔螨特	Propargite	0.1		不得检出	GB/T 19650
306	苯胺灵	Propham	0.05		不得检出	GB/T 19650
307	丙环唑	Propiconazole	0.01		不得检出	GB/T 19650
308	异丙草胺	Propisochlor	0.01		不得检出	GB/T 19650
309	残杀威	Propoxur	0.05		不得检出	GB/T 20772
310	炔苯酰草胺	Propyzamide	0.02		不得检出	GB/T 19650
311	苄草丹	Prosulfocarb	0.05		不得检出	GB/T 19648
312	丙硫菌唑	Prothioconazole	0.05		不得检出	参照同类标准
313	吡蚜酮	Pymetrozine	0.01		不得检出	GB/T 20772
314	吡唑醚菌酯	Pyraclostrobin	0.05		不得检出	GB/T 20772
315	—	Pyrasulfotole	0.01		不得检出	参照同类标准
316	吡菌磷	Pyrazophos	0.02		不得检出	GB/T 20772
317	除虫菊素	Pyrethrins	0.05		不得检出	GB/T 20772
318	哒螨灵	Pyridaben	0.02		不得检出	SN/T 2432
319	啶虫丙醚	Pyridalyl	0.01		不得检出	日本肯定列表
320	哒草特	Pyridate	0.05		不得检出	日本肯定列表
321	嘧霉胺	Pyrimethanil	0.05		不得检出	GB/T 19650
322	吡丙醚	Pyriproxyfen	0.05		不得检出	GB/T 19650
323	甲氧磺草胺	Pyroxsulam	0.01		不得检出	SN/T 2325
324	氯甲喹啉酸	Quinmerac	0.05		不得检出	参照同类标准
325	喹氧灵	Quinoxyfen	0.2		不得检出	SN/T 2319
326	五氯硝基苯	Quintozene	0.01	0.1	不得检出	GB/T 19650

序号	农兽药中文名	农兽药英文名	欧盟标准限量要求 mg/kg	国家标准限量要求 mg/kg	三安超有机食品标准	
					限量要求 mg/kg	检测方法
327	精喹禾灵	Quizalofop – *P* – ethyl	0.05		不得检出	SN/T 2150
328	灭虫菊	Resmethrin	0.1		不得检出	GB/T 20772
329	鱼藤酮	Rotenone	0.01		不得检出	GB/T 20772
330	西玛津	Simazine	0.01		不得检出	SN 0594
331	壮观霉素	Spectinomycin	300μg/kg		不得检出	GB/T 21323
332	乙基多杀菌素	Spinetoram	0.01		不得检出	参照同类标准
333	多杀霉素	Spinosad	0.2		不得检出	GB/T 20772
334	螺螨酯	Spirodiclofen	0.01		不得检出	GB/T 20772
335	螺甲螨酯	Spiromesifen	0.01		不得检出	GB/T 23210
336	螺旋霉素	Spiramycin	200μg/kg		不得检出	SN/T 0538
337	螺虫乙酯	Spirotetramat	0.01		不得检出	参照同类标准
338	葚孢菌素	Spiroxamine	0.05		不得检出	GB/T 20772
339	磺草酮	Sulcotrione	0.05		不得检出	参照同类标准
340	磺胺类(所有属于磺胺类的物质)	Sulfonamides (all substances belonging to the sulfonamide-group)	100μg/kg		不得检出	GB 29694
341	乙黄隆	Sulfosulfuron	0.05		不得检出	日本肯定列表(增补本 1)
342	硫磺粉	Sulfur	0.5		不得检出	参照同类标准
343	氟胺氰菊酯	Tau – fluvalinate	0.01		不得检出	SN 0691
344	戊唑醇	Tebuconazole	0.1		不得检出	GB/T 20772
345	虫酰肼	Tebufenozide	0.05		不得检出	GB/T 20772
346	吡螨胺	Tebufenpyrad	0.05		不得检出	GB/T 20772
347	四氯硝基苯	Tecnazene	0.05		不得检出	GB/T 19650
348	氟苯脲	Teflubenzuron	0.05		不得检出	SN/T 2150
349	七氟菊酯	Tefluthrin	0.05		不得检出	日本肯定列表
350	得杀草	Tepraloxydim	0.5		不得检出	GB/T 20772
351	特丁硫磷	Terbufos	0.01		不得检出	GB/T 20772
352	特丁津	Terbuthylazine	0.05		不得检出	GB/T 19650
353	四氟醚唑	Tetraconazole	0.02		不得检出	GB/T 20772
354	四环素	Tetracycline	100μg/kg		不得检出	GB/T 21317
355	三氯杀螨砜	Tetradifon	0.05		不得检出	GB/T 19650
356	噻菌灵	Thiabendazole	0.1		不得检出	GB/T 20772
357	噻虫啉	Thiacloprid	0.05		不得检出	GB/T 20772
358	噻虫嗪	Thiamethoxam	0.01		不得检出	GB/T 20772
359	甲砜霉素	Thiamphenicol	50μg/kg		不得检出	GB/T 20756
360	禾草丹	Thiobencarb	0.01		不得检出	GB/T 20772
361	甲基硫菌灵	Thiophanate – methyl	0.05		不得检出	SN/T 0162
362	硫粘菌素	Tiamulin	100μg/kg		不得检出	SN/T 2223

序号	农兽药中文名	农兽药英文名	欧盟标准限量要求 mg/kg	国家标准限量要求 mg/kg	三安超有机食品标准	
					限量要求 mg/kg	检测方法
363	替米考星	Tilmicosin	50μg/kg		不得检出	GB/T 20762
364	甲基立枯磷	Tolclofos - methyl	0.05		不得检出	GB/T 20772
365	甲苯三嗪酮	Toltrazuril	100μg/kg		不得检出	参照同类标准
366	甲苯氟磺胺	Tolylfluanid	0.1		不得检出	GB/T 19650
367	—	Topramezone	0.01		不得检出	参照同类标准
368	三唑酮和三唑醇	Triadimefon and triadimenol	0.1		不得检出	GB/T 20772
369	野麦畏	Triallate	0.05		不得检出	GB/T 20772
370	醚苯磺隆	Triasulfuron	0.05		不得检出	GB/T 20772
371	三唑磷	Triazophos	0.01		不得检出	GB/T 20772
372	敌百虫	Trichlorphon	0.01		不得检出	GB/T 20772
373	绿草定	Triclopyr	0.05		不得检出	SN/T 2228
374	三环唑	Tricyclazole	0.05		不得检出	GB/T 20769
375	十三吗啉	Tridemorph	0.01		不得检出	GB/T 20772
376	肟菌酯	Trifloxystrobin	0.04		不得检出	GB/T 20769
377	氟菌唑	Triflumizole	0.05		不得检出	GB/T 20769
378	杀铃脲	Triflumuron	0.01		不得检出	GB/T 20772
379	氟乐灵	Trifluralin	0.01		不得检出	GB/T 20772
380	嗪氨灵	Triforine	0.01		不得检出	SN 0695
381	甲氧苄氨嘧啶	Trimethoprim	50μg/kg		不得检出	SN/T 1769
382	三甲基锍阳离子	Trimethyl - sulfonium cation	0.05		不得检出	参照同类标准
383	抗倒酯	Trinexapac	0.05		不得检出	GB/T 20769
384	灭菌唑	Triticonazole	0.01		不得检出	GB/T 20769
385	三氟甲磺隆	Tritosulfuron	0.01		不得检出	参照同类标准
386	泰乐霉素	Tylosin	100μg/kg		不得检出	GB/T 20762
387	—	Valifenalate	0.01		不得检出	参照同类标准
388	乙烯菌核利	Vinclozolin	0.05		不得检出	GB/T 20772
389	1-氨基-2-乙内酰脲	AHD			不得检出	GB/T 21311
390	2,3,4,5-四氯苯胺	2,3,4,5-Tetrachloraniline			不得检出	GB/T 19650
391	2,3,4,5-四氯甲氧基苯	2,3,4,5-Tetrachloroanisole			不得检出	GB/T 19650
392	2,3,5,6-四氯苯胺	2,3,5,6-Tetrachloroaniline			不得检出	GB/T 19650
393	2,4,5-涕	2,4,5-T			不得检出	GB/T 20772
394	*o,p'*-滴滴滴	2,4'-DDD			不得检出	GB/T 19650
395	*o,p'*-滴滴伊	2,4'-DDE			不得检出	GB/T 19650
396	*o,p'*-滴滴涕	2,4'-DDT			不得检出	GB/T 19650
397	2,6-二氯苯甲酰胺	2,6-Dichlorobenzamide			不得检出	GB/T 19650
398	3,5-二氯苯胺	3,5-Dichloroaniline			不得检出	GB/T 19650
399	*p,p'*-滴滴滴	4,4'-DDD			不得检出	GB/T 19650
400	*p,p'*-滴滴伊	4,4'-DDE			不得检出	GB/T 19650
401	*p,p'*-滴滴涕	4,4'-DDT			不得检出	GB/T 19650

序号	农兽药中文名	农兽药英文名	欧盟标准限量要求 mg/kg	国家标准限量要求 mg/kg	三安超有机食品标准	
					限量要求 mg/kg	检测方法
402	4,4′-二溴二苯甲酮	4,4′-Dibromobenzophenone			不得检出	GB/T 19650
403	4,4′-二氯二苯甲酮	4,4′-Dichlorobenzophenone			不得检出	GB/T 19650
404	二氢苊	Acenaphthene			不得检出	GB/T 19650
405	乙酰丙嗪	Acepromazine			不得检出	GB/T 20763
406	三氟羧草醚	Acifluorfen			不得检出	GB/T 20772
407	涕灭砜威	Aldoxycarb			不得检出	GB/T 20772
408	烯丙菊酯	Allethrin			不得检出	GB/T 20772
409	二丙烯草胺	Allidochlor			不得检出	GB/T 19650
410	烯丙孕素	Altrenogest			不得检出	SN/T 1980
411	莠灭净	Ametryn			不得检出	GB/T 19650
412	杀草强	Amitrole			不得检出	SN/T 1737.6
413	5-吗啉甲基-3-氨基-2-噁唑烷基酮	AMOZ			不得检出	GB/T 21311
414	氨丙嘧吡啶	Amprolium			不得检出	SN/T 0276
415	莎稗磷	Anilofos			不得检出	GB/T 19650
416	蒽醌	Anthraquinone			不得检出	GB/T 19650
417	3-氨基-2-噁唑酮	AOZ			不得检出	GB/T 21311
418	安普霉素	Apramycin			不得检出	GB/T 21323
419	丙硫特普	Aspon			不得检出	GB/T 19650
420	羟氨卡青霉素	Aspoxicillin			不得检出	GB/T 21315
421	乙基杀扑磷	Athidathion			不得检出	GB/T 19650
422	莠去通	Atratone			不得检出	GB/T 19650
423	莠去津	Atrazine			不得检出	GB/T 19650
424	脱乙基阿特拉津	Atrazine-desethyl			不得检出	GB/T 19650
425	甲基吡噁磷	Azamethiphos			不得检出	GB/T 20763
426	氮哌酮	Azaperone			不得检出	GB/T 20763
427	叠氮津	Aziprotryne			不得检出	GB/T 19650
428	杆菌肽	Bacitracin			不得检出	GB/T 20743
429	4-溴-3,5-二甲苯基-*N*-甲基氨基甲酸酯-1	BDMC-1			不得检出	GB/T 19650
430	4-溴-3,5-二甲苯基-*N*-甲基氨基甲酸酯-2	BDMC-2			不得检出	GB/T 19650
431	噁虫威	Bendiocarb			不得检出	GB/T 20772
432	乙丁氟灵	Benfluralin			不得检出	GB/T 19650
433	呋草黄	Benfuresate			不得检出	GB/T 19650
434	麦锈灵	Benodanil			不得检出	GB/T 19650
435	解草酮	Benoxacor			不得检出	GB/T 19650
436	新燕灵	Benzoylprop-ethyl			不得检出	GB/T 19650
437	苄青霉素	Benzyl pencillin			不得检出	GB/T 21315

序号	农兽药中文名	农兽药英文名	欧盟标准限量要求 mg/kg	国家标准限量要求 mg/kg	三安超有机食品标准	
					限量要求 mg/kg	检测方法
438	倍他米松	Betamethasone			不得检出	SN/T 1970
439	生物烯丙菊酯-1	Bioallethrin - 1			不得检出	GB/T 19650
440	生物烯丙菊酯-2	Bioallethrin - 2			不得检出	GB/T 19650
441	溴烯杀	Bromocylen			不得检出	GB/T 20772
442	除草定	Bromacil			不得检出	GB/T 19650
443	溴苯烯磷	Bromfenvinfos			不得检出	GB/T 19650
444	溴硫磷	Bromofos			不得检出	GB/T 19650
445	乙基溴硫磷	Bromophos - ethyl			不得检出	GB/T 19650
446	溴丁酰草胺	Btomobutide			不得检出	GB/T 19650
447	氟丙嘧草酯	Butafenacil			不得检出	GB/T 19650
448	抑草磷	Butamifos			不得检出	GB/T 19650
449	丁草胺	Butaxhlor			不得检出	GB/T 19650
450	苯酮唑	Cafenstrole			不得检出	GB/T 19650
451	角黄素	Canthaxanthin			不得检出	SN/T 2327
452	咔唑心安	Carazolol			不得检出	GB/T 22993
453	卡巴氧	Carbadox			不得检出	GB/T 20746
454	三硫磷	Carbophenothion			不得检出	GB/T 19650
455	唑草酮	Carfentrazone - ethyl			不得检出	GB/T 19650
456	卡洛芬	Carprofen			不得检出	SN/T 2190
457	头孢氨苄	Cefalexin			不得检出	GB/T 22989
458	头孢洛宁	Cefalonium			不得检出	GB/T 22989
459	头孢匹林	Cefapirin			不得检出	GB/T 22989
460	头孢喹肟	Cefquinome			不得检出	GB/T 22989
461	氯氧磷	Chlorethoxyfos			不得检出	GB/T 19650
462	溴虫腈	Chlorfenapyr			不得检出	SN/T 1986
463	杀螨醇	Chlorfenethol			不得检出	GB/T 19650
464	燕麦酯	Chlorfenprop - methyl			不得检出	GB/T 19650
465	氯甲硫磷	Chlormephos			不得检出	GB/T 19650
466	氯霉素	Chloramphenicolum			不得检出	GB/T 20772
467	氯杀螨砜	Chlorbenside sulfone			不得检出	GB/T 19648
468	氯溴隆	Chlorbromuron			不得检出	GB/T 19648
469	杀虫脒	Chlordimeform			不得检出	GB/T 19648
470	氟啶脲	Chlorfluazuron			不得检出	GB/T 20769
471	整形醇	Chlorflurenol			不得检出	GB/T 19650
472	氯地孕酮	Chlormadinone			不得检出	SN/T 1980
473	醋酸氯地孕酮	Chlormadinone acetate			不得检出	GB/T 20753
474	氯苯甲醚	Chloroneb			不得检出	GB/T 19650
475	丙酯杀螨醇	Chloropropylate			不得检出	GB/T 19650
476	氯丙嗪	Chlorpromazine			不得检出	GB/T 20763

序号	农兽药中文名	农兽药英文名	欧盟标准限量要求 mg/kg	国家标准限量要求 mg/kg	三安超有机食品标准	
					限量要求 mg/kg	检测方法
477	毒死蜱	Chlorpyrifos			不得检出	GB/T 19650
478	氯硫磷	Chlorthion			不得检出	GB/T 19650
479	虫螨磷	Chlorthiophos			不得检出	GB/T 19650
480	乙菌利	chlozolinate			不得检出	GB/T 19650
481	顺式－氯丹	*cis* – Chlordane			不得检出	GB/T 19650
482	顺式－燕麦敌	*cis* – Diallate			不得检出	GB/T 19650
483	顺式－氯菊酯	*cis* – Permethrin			不得检出	GB/T 19650
484	克仑特罗	Clenbuterol			不得检出	GB/T 22286
485	异噁草酮	Clomazone			不得检出	GB/T 20772
486	氯甲酰草胺	Clomeprop			不得检出	GB/T 19650
487	氯羟吡啶	Clopidol			不得检出	GB/T 19650
488	解草酯	Cloquintocet – mexyl			不得检出	GB/T 19650
489	蝇毒磷	Coumaphos			不得检出	GB/T 19650
490	鼠立死	Crimidine			不得检出	GB/T 19650
491	巴毒磷	Crotxyphos			不得检出	GB/T 19650
492	育畜磷	Crufomate			不得检出	GB/T 20772
493	苯腈磷	Cyanofenphos			不得检出	GB/T 20772
494	杀螟腈	Cyanophos			不得检出	GB/T 20772
495	环草敌	Cycloate			不得检出	GB/T 20772
496	环莠隆	Cycluron			不得检出	GB/T 20772
497	环丙津	Cyprazine			不得检出	GB/T 20772
498	敌草索	Dacthal			不得检出	GB/T 19650
499	癸氧喹酯	Decoquinate			不得检出	GB/T 20745
500	脱叶磷	DEF			不得检出	GB/T 19650
501	2,2′,4,5,5′－五氯联苯	DE – PCB 101			不得检出	GB/T 19650
502	2,3,4,4′,5－五氯联苯	DE – PCB 118			不得检出	GB/T 19650
503	2,2′,3,4,4′,5－六氯联苯	DE – PCB 138			不得检出	GB/T 19650
504	2,2′,4,4′,5,5′－六氯联苯	DE – PCB 153			不得检出	GB/T 19650
505	2,2′,3,4,4′,5,5′－七氯联苯	DE – PCB 180			不得检出	GB/T 19650
506	2,4,4′－三氯联苯	DE – PCB 28			不得检出	GB/T 19650
507	2,4,5－三氯联苯	DE – PCB 31			不得检出	GB/T 19650
508	2,2′,5,5′－四氯联苯	DE – PCB 52			不得检出	GB/T 19650
509	脱溴溴苯磷	Desbrom – leptophos			不得检出	GB/T 19650
510	脱乙基另丁津	Desethyl – sebuthylazine			不得检出	GB/T 19650
511	敌草净	Desmetryn			不得检出	GB/T 19650
512	地塞米松	Dexamethasone			不得检出	GB/T 21981
513	氯亚胺硫磷	Dialifos			不得检出	GB/T 19650
514	敌菌净	Diaveridine			不得检出	SN/T 1926
515	驱虫特	Dibutyl succinate			不得检出	GB/T 20772

序号	农兽药中文名	农兽药英文名	欧盟标准限量要求 mg/kg	国家标准限量要求 mg/kg	三安超有机食品标准	
					限量要求 mg/kg	检测方法
516	异氯磷	Dicapthon			不得检出	GB/T 19650
517	除线磷	Dichlofenthion			不得检出	GB/T 19650
518	苯氟磺胺	Dichlofluanid			不得检出	GB/T 19650
519	烯丙酰草胺	Dichlormid			不得检出	GB/T 19650
520	敌敌畏	Dichlorvos			不得检出	GB/T 19650
521	苄氯三唑醇	Diclobutrazole			不得检出	GB/T 19650
522	禾草灵	Diclofop - methyl			不得检出	GB/T 19650
523	己烯雌酚	Diethylstilbestrol			不得检出	GB/T 21981
524	二氢链霉素	Dihydro - streptomycin			不得检出	GB/T 22969
525	甲氟磷	Dimefox			不得检出	GB/T 19650
526	哌草丹	Dimepiperate			不得检出	GB/T 19650
527	异戊乙净	Dimethametryn			不得检出	GB/T 19650
528	乐果	Dimethoate			不得检出	GB/T 20772
529	甲基毒虫畏	Dimethylvinphos			不得检出	GB/T 19650
530	地美硝唑	Dimetridazole			不得检出	GB/T 21318
531	二甲草胺	Dinethachlor			不得检出	GB/T 19650
532	二甲酚草胺	Dimethenamid			不得检出	GB/T 19650
533	二硝托安	Dinitolmide			不得检出	GB/T 19650
534	氨氟灵	Dinitramine			不得检出	GB/T 19650
535	消螨通	Dinobuton			不得检出	GB/T 19650
536	呋虫胺	Dinotefuran			不得检出	SN/T 2323
537	苯虫醚 - 1	Diofenolan - 1			不得检出	GB/T 19650
538	苯虫醚 - 2	Diofenolan - 2			不得检出	GB/T 19650
539	蔬果磷	Dioxabenzofos			不得检出	GB/T 19650
540	双苯酰草胺	Diphenamid			不得检出	GB/T 19650
541	二苯胺	Diphenylamine			不得检出	GB/T 19650
542	异丙净	Dipropetryn			不得检出	GB/T 19650
543	灭菌磷	Ditalimfos			不得检出	GB/T 19650
544	氟硫草定	Dithiopyr			不得检出	GB/T 19650
545	多拉菌素	Doramectin			不得检出	GB/T 22968
546	强力霉素	Doxycycline			不得检出	GB/T 21317
547	敌瘟磷	Edifenphos			不得检出	GB/T 19650
548	硫丹硫酸盐	Endosulfan - sulfate			不得检出	GB/T 19650
549	异狄氏剂酮	Endrin ketone			不得检出	GB/T 19650
550	苯硫磷	EPN			不得检出	GB/T 19650
551	埃普利诺菌素	Eprinomectin			不得检出	GB/T 21320
552	抑草蓬	Erbon			不得检出	GB/T 19650
553	S - 氰戊菊酯	Esfenvalerate			不得检出	GB/T 19650
554	戊草丹	Esprocarb			不得检出	GB/T 19650

序号	农兽药中文名	农兽药英文名	欧盟标准限量要求 mg/kg	国家标准限量要求 mg/kg	三安超有机食品标准	
					限量要求 mg/kg	检测方法
555	乙环唑 - 1	Etaconazole - 1			不得检出	GB/T 19650
556	乙环唑 - 2	Etaconazole - 2			不得检出	GB/T 19650
557	乙嘧硫磷	Etrimfos			不得检出	GB/T 19650
558	氧乙嘧硫磷	Etrimfos oxon			不得检出	GB/T 19650
559	伐灭磷	Famphur			不得检出	GB/T 19650
560	苯硫氨酯	Febantel			不得检出	SN/T 1927
561	苯线磷砜	Fenamiphos - sulfone			不得检出	GB/T 19650
562	苯线磷亚砜	Fenamiphos sulfoxide			不得检出	GB/T 19650
563	苯硫苯咪唑	Fenbendazole			不得检出	GB/T 22972
564	氧皮蝇磷	Fenchlorphos oxon			不得检出	GB/T 19650
565	甲呋酰胺	Fenfuram			不得检出	GB/T 19650
566	仲丁威	Fenobucarb			不得检出	GB/T 19650
567	苯硫威	Fenothiocarb			不得检出	GB/T 19650
568	稻瘟酰胺	Fenoxanil			不得检出	GB/T 19650
569	拌种咯	Fenpiclonil			不得检出	GB/T 19650
570	甲氰菊酯	Fenpropathrin			不得检出	GB/T 19650
571	芬螨酯	Fenson			不得检出	GB/T 19650
572	丰索磷	Fensulfothion			不得检出	GB/T 19650
573	倍硫磷亚砜	Fenthion sulfoxide			不得检出	GB/T 19650
574	麦草氟甲酯	Flamprop - methyl			不得检出	GB/T 19650
575	麦草氟异丙酯	Flamprop - isopropyl			不得检出	GB/T 19650
576	吡氟禾草灵	Fluazifop - butyl			不得检出	GB/T 19650
577	啶蜱脲	Fluazuron			不得检出	GB/T 20772
578	氟噻草胺	Flufenacet			不得检出	GB/T 19650
579	氟节胺	Flumetralin			不得检出	GB/T 19648
580	唑嘧磺草胺	Flumetsulam			不得检出	GB/T 20772
581	氟烯草酸	Flumiclorac			不得检出	GB/T 19650
582	丙炔氟草胺	Flumioxazin			不得检出	GB/T 19650
583	氟胺烟酸	Flunixin			不得检出	GB/T 20750
584	三氟硝草醚	Fluorodifen			不得检出	GB/T 19650
585	乙羧氟草醚	Fluoroglycofen - ethyl			不得检出	GB/T 19650
586	三氟苯唑	Fluotrimazole			不得检出	GB/T 19650
587	氟啶草酮	Fluridone			不得检出	GB/T 19650
588	呋草酮	Flurtamone			不得检出	GB/T 19650
589	氟草烟 - 1 - 甲庚酯	Fluroxypr - 1 - methylheptyl ester			不得检出	GB/T 19650
590	地虫硫磷	Fonofos			不得检出	GB/T 19650
591	安果	Formothion			不得检出	GB/T 19650
592	呋霜灵	Furalaxyl			不得检出	GB/T 19650

序号	农兽药中文名	农兽药英文名	欧盟标准限量要求 mg/kg	国家标准限量要求 mg/kg	三安超有机食品标准	
					限量要求 mg/kg	检测方法
593	庆大霉素	Gentamicin			不得检出	GB/T 21323
594	苄螨醚	Halfenprox			不得检出	GB/T 19650
595	氟哌啶醇	Haloperidol			不得检出	GB/T 21323
596	庚烯磷	Heptanophos			不得检出	GB/T 19650
597	己唑醇	Hexaconazole			不得检出	GB/T 19650
598	环嗪酮	Hexazinone			不得检出	GB/T 19650
599	咪草酸	Imazamethabenz - methyl			不得检出	GB/T 19650
600	咪唑喹啉酸	Imazaquin			不得检出	GB/T 19650
601	脱苯甲基亚胺唑	Imibenconazole - *des* - benzyl			不得检出	GB/T 19650
602	炔咪菊酯 - 1	Imiprothrin - 1			不得检出	GB/T 19650
603	炔咪菊酯 - 2	Imiprothrin - 2			不得检出	GB/T 19650
604	碘硫磷	Iodofenphos			不得检出	GB/T 19650
605	甲基碘磺隆	Iodosulfuron - methyl			不得检出	GB/T 20772
606	异稻瘟净	Iprobenfos			不得检出	GB/T 19650
607	氯唑磷	Isazofos			不得检出	GB/T 19650
608	碳氯灵	Isobenzan			不得检出	GB/T 19650
609	丁咪酰胺	Isocarbamid			不得检出	GB/T 19650
610	水胺硫磷	Isocarbophos			不得检出	GB/T 19650
611	异艾氏剂	Isodrin			不得检出	GB/T 19650
612	异柳磷	Isofenphos			不得检出	GB/T 19650
613	氧异柳磷	Isofenphos oxon			不得检出	GB/T 19650
614	氮氨菲啶	IsoMetamidium			不得检出	SN/T 2239
615	丁嗪草酮	Isomethiozin			不得检出	GB/T 19650
616	异丙威 - 1	Isoprocarb - 1			不得检出	GB/T 19650
617	异丙威 - 2	Isoprocarb - 2			不得检出	GB/T 19650
618	异丙乐灵	Isopropalin			不得检出	GB/T 19650
619	双苯噁唑酸	Isoxadifen - ethyl			不得检出	GB/T 19650
620	异噁氟草	Isoxaflutole			不得检出	GB/T 20772
621	噁唑啉	Isoxathion			不得检出	GB/T 19650
622	依维菌素	Ivermectin			不得检出	GB/T 21320
623	交沙霉素	Josamycin			不得检出	GB/T 20762
624	溴苯磷	Leptophos			不得检出	GB/T 19650
625	左旋咪唑	Levanisole			不得检出	GB/T 19650
626	利谷隆	Linuron			不得检出	GB/T 20772
627	麻保沙星	Marbofloxacin			不得检出	GB/T 22985
628	2 - 甲 - 4 - 氯丁氧乙基酯	MCPA - butoxyethyl ester			不得检出	GB/T 19650
629	甲苯咪唑	Mebendazole			不得检出	GB/T 21324
630	灭蚜磷	Mecarbam			不得检出	GB/T 19650
631	二甲四氯丙酸	Mecoprop			不得检出	SN/T 2325

序号	农兽药中文名	农兽药英文名	欧盟标准限量要求 mg/kg	国家标准限量要求 mg/kg	三安超有机食品标准	
					限量要求 mg/kg	检测方法
632	苯噻酰草胺	Mefenacet			不得检出	GB/T 19650
633	吡唑解草酯	Mefenpyr – diethyl			不得检出	GB/T 19650
634	醋酸甲地孕酮	Megestrol acetate			不得检出	GB/T 20753
635	醋酸美仑孕酮	Melengestrol acetate			不得检出	GB/T 20753
636	嘧菌胺	Mepanipyrim			不得检出	GB/T 19650
637	地胺磷	Mephosfolan			不得检出	GB/T 19650
638	灭锈胺	Mepronil			不得检出	GB/T 19650
639	硝磺草酮	Mesotrione			不得检出	GB/T 20772
640	呋菌胺	Methfuroxam			不得检出	GB/T 19650
641	灭梭威砜	Methiocarb sulfone			不得检出	GB/T 19650
642	盖草津	Methoprotryne			不得检出	GB/T 19650
643	甲醚菊酯 – 1	Methothrin – 1			不得检出	GB/T 19650
644	甲醚菊酯 – 2	Methothrin – 2			不得检出	GB/T 19650
645	甲基泼尼松龙	Methylprednisolone			不得检出	GB/T 21981
646	溴谷隆	Metobromuron			不得检出	GB/T 19650
647	甲氧氯普胺	Metoclopramide			不得检出	SN/T 2227
648	异丙甲草胺和 *S* – 异丙甲草胺	Metolachlor and *S* – metolachlor			不得检出	GB/T 19650
649	苯氧菌胺 – 1	Metominsstrobin – 1			不得检出	GB/T 20772
650	苯氧菌胺 – 2	Metominsstrobin – 2			不得检出	GB/T 19650
651	甲硝唑	Metronidazole			不得检出	GB/T 21318
652	速灭磷	Mevinphos			不得检出	GB/T 19650
653	兹克威	Mexacarbate			不得检出	GB/T 19650
654	灭蚁灵	Mirex			不得检出	GB/T 19650
655	禾草敌	Molinate			不得检出	GB/T 19650
656	庚酰草胺	Monalide			不得检出	GB/T 19650
657	莫能菌素	Monensin			不得检出	GB/T 20364
658	莫西丁克	Moxidectin			不得检出	SN/T 2442
659	合成麝香	Musk ambrecte			不得检出	GB/T 19650
660	麝香	Musk moskene			不得检出	GB/T 19650
661	西藏麝香	Musk tibeten			不得检出	GB/T 19650
662	二甲苯麝香	Musk xylene			不得检出	GB/T 19650
663	萘夫西林	Nafcillin			不得检出	GB/T 22975
664	二溴磷	Naled			不得检出	SN/T 0706
665	萘丙胺	Naproanilide			不得检出	GB/T 19650
666	甲基盐霉素	Narasin			不得检出	GB/T 20364
667	甲磺乐灵	Nitralin			不得检出	GB/T 19650
668	三氯甲基吡啶	Nitrapyrin			不得检出	GB/T 19650

序号	农兽药中文名	农兽药英文名	欧盟标准限量要求 mg/kg	国家标准限量要求 mg/kg	三安超有机食品标准	
					限量要求 mg/kg	检测方法
669	酞菌酯	Nitrothal - isopropyl			不得检出	GB/T 19650
670	诺氟沙星	Norfloxacin			不得检出	GB/T 20366
671	氟草敏	Norflurazon			不得检出	GB/T 19650
672	新生霉素	Novobiocin			不得检出	SN 0674
673	氟苯嘧啶醇	Nuarimol			不得检出	GB/T 19650
674	八氯苯乙烯	Octachlorostyrene			不得检出	GB/T 19650
675	氧氟沙星	Ofloxacin			不得检出	GB/T 20366
676	喹乙醇	Olaquindox			不得检出	GB/T 20746
677	竹桃霉素	Oleandomycin			不得检出	GB/T 20762
678	氧乐果	Omethoate			不得检出	GB/T 20772
679	奥比沙星	Orbifloxacin			不得检出	GB/T 22985
680	杀线威	Oxamyl			不得检出	GB/T 20772
681	丙氧苯咪唑	Oxibendazole			不得检出	GB/T 21324
682	羟氯柳苯胺	Oxyclozanide			不得检出	SN/T 2909
683	氧化氯丹	Oxy - chlordane			不得检出	GB/T 19650
684	对氧磷	Paraoxon			不得检出	GB/T 19650
685	甲基对氧磷	Paraoxon - methyl			不得检出	GB/T 19650
686	克草敌	Pebulate			不得检出	GB/T 19650
687	五氯苯胺	Pentachloroaniline			不得检出	GB/T 19650
688	五氯甲氧基苯	Pentachloroanisole			不得检出	GB/T 19650
689	五氯苯	Pentachlorobenzene			不得检出	GB/T 19650
690	乙滴涕	Perthane			不得检出	GB/T 19650
691	菲	Phenanthrene			不得检出	GB/T 19650
692	稻丰散	Phenthoate			不得检出	GB/T 19650
693	甲拌磷砜	Phorate sulfone			不得检出	GB/T 19650
694	磷胺 - 1	Phosphamidon - 1			不得检出	GB/T 19650
695	磷胺 - 2	Phosphamidon - 2			不得检出	GB/T 19650
696	酞酸苯甲基丁酯	Phthalic acid, benzylbutyl ester			不得检出	GB/T 19650
697	四氯苯肽	Phthalide			不得检出	GB/T 19650
698	邻苯二甲酰亚胺	Phthalimide			不得检出	GB/T 19650
699	氟吡酰草胺	Picolinafen			不得检出	GB/T 19650
700	增效醚	Piperonyl butoxide			不得检出	GB/T 19650
701	哌草磷	Piperophos			不得检出	GB/T 19650
702	乙基虫螨清	Pirimiphos - ethyl			不得检出	GB/T 19650
703	吡利霉素	Pirlimycin			不得检出	GB/T 22988
704	炔丙菊酯	Prallethrin			不得检出	GB/T 19650
705	泼尼松龙	Prednisolone			不得检出	GB/T 21981
706	环丙氟灵	Profluralin			不得检出	GB/T 19650
707	茉莉酮	Prohydrojasmon			不得检出	GB/T 19650

序号	农兽药中文名	农兽药英文名	欧盟标准限量要求 mg/kg	国家标准限量要求 mg/kg	三安超有机食品标准	
					限量要求 mg/kg	检测方法
708	扑灭通	Prometon			不得检出	GB/T 19650
709	扑草净	Prometryne			不得检出	GB/T 19650
710	炔丙烯草胺	Pronamide			不得检出	GB/T 19650
711	敌稗	Propanil			不得检出	GB/T 19650
712	扑灭津	Propazine			不得检出	GB/T 19650
713	胺丙畏	Propetamphos			不得检出	GB/T 19650
714	丙酰二甲氨基丙吩噻嗪	Propionylpromazin			不得检出	GB/T 20763
715	丙硫磷	Prothiophos			不得检出	GB/T 19650
716	吡唑硫磷	Pyraclofos			不得检出	GB/T 19650
717	吡草醚	Pyraflufen – ethyl			不得检出	GB/T 19650
718	哒嗪硫磷	Pyridafenthion			不得检出	GB/T 19650
719	啶斑肟 – 1	Pyrifenox – 1			不得检出	GB/T 19650
720	啶斑肟 – 2	Pyrifenox – 2			不得检出	GB/T 19650
721	环酯草醚	Pyriftalid			不得检出	GB/T 19650
722	嘧草醚	Pyriminobac – methyl			不得检出	GB/T 19650
723	嘧啶磷	Pyrimitate			不得检出	GB/T 19650
724	嘧螨醚	Pyrimidifen			不得检出	GB/T 19650
725	喹硫磷	Quinalphos			不得检出	GB/T 19650
726	灭藻醌	Quinoclamine			不得检出	GB/T 19650
727	苯氧喹啉	Quinoxyphen			不得检出	GB/T 19650
728	精喹禾灵	Quizalofop – *P* – ethyl			不得检出	GB/T 20772
729	吡咪唑	Rabenzazole			不得检出	GB/T 19650
730	莱克多巴胺	Ractopamine			不得检出	GB/T 21313
731	洛硝达唑	Ronidazole			不得检出	GB/T 21318
732	皮蝇磷	Ronnel			不得检出	GB/T 19650
733	盐霉素	Salinomycin			不得检出	GB/T 20364
734	沙拉沙星	Sarafloxacin			不得检出	GB/T 20366
735	另丁津	Sebutylazine			不得检出	GB/T 19650
736	密草通	Secbumeton			不得检出	GB/T 19650
737	氨基脲	Semduramicin			不得检出	GB/T 19650
738	烯禾啶	Sethoxydim			不得检出	GB/T 19650
739	链霉素	Streptomycin			不得检出	GB/T 19650
740	整形醇	Chlorflurenol			不得检出	GB/T 19650
741	氟硅菊酯	Silafluofen			不得检出	GB/T 19650
742	硅氟唑	Simeconazole			不得检出	GB/T 19650
743	西玛通	Simetone			不得检出	GB/T 19650
744	西草净	Simetryn			不得检出	GB/T 19650
745	磺胺苯酰	Sulfabenzamide			不得检出	GB/T 21316
746	磺胺醋酰	Sulfacetamide			不得检出	GB/T 21316

序号	农兽药中文名	农兽药英文名	欧盟标准限量要求 mg/kg	国家标准限量要求 mg/kg	三安超有机食品标准	
					限量要求 mg/kg	检测方法
747	磺胺氯哒嗪	Sulfachloropyridazine			不得检出	GB/T 21316
748	磺胺嘧啶	Sulfadiazine			不得检出	GB/T 21316
749	磺胺间二甲氧嘧啶	Sulfadimethoxine			不得检出	GB/T 21316
750	磺胺二甲嘧啶	Sulfadimidine			不得检出	GB/T 21316
751	磺胺多辛	Sulfadoxine			不得检出	GB/T 21316
752	磺胺胍	Sulfaguanidine			不得检出	GB/T 21316
753	菜草畏	Sulfallate			不得检出	GB/T 21316
754	磺胺甲嘧啶	Sulfamerazine			不得检出	GB/T 21316
755	新诺明	Sulfamethoxazole			不得检出	GB/T 21316
756	磺胺间甲氧嘧啶	Sulfamonomethoxine			不得检出	GB/T 21316
757	乙酰磺胺对硝基苯	Sulfanitran			不得检出	GB/T 20772
758	磺胺吡啶	Sulfapyridine			不得检出	GB/T 21316
759	磺胺喹沙啉	Sulfaquinoxaline			不得检出	GB/T 21316
760	磺胺噻唑	Sulfathiazole			不得检出	GB/T 21316
761	治螟磷	Sulfotep			不得检出	GB/T 19650
762	硫丙磷	Sulprofos			不得检出	GB/T 19650
763	苯噻硫氰	TCMTB			不得检出	GB/T 19650
764	丁基嘧啶磷	Tebupirimfos			不得检出	GB/T 19650
765	丁噻隆	Tebuthiuron			不得检出	GB/T 20772
766	牧草胺	Tebutam			不得检出	GB/T 19650
767	双硫磷	Temephos			不得检出	GB/T 20772
768	特草灵	Terbucarb			不得检出	GB/T 19650
769	特丁通	Terbumeton			不得检出	GB/T 19650
770	特丁净	Terbutryn			不得检出	GB/T 19650
771	四氢邻苯二甲酰亚胺	Tetrabydrophthalimide			不得检出	GB/T 19650
772	杀虫畏	Tetrachlorvinphos			不得检出	GB/T 19650
773	胺菊酯	Tetramethirn			不得检出	GB/T 19650
774	杀螨氯硫	Tetrasul			不得检出	GB/T 19650
775	噻吩草胺	Thenylchlor			不得检出	GB/T 19650
776	噻唑烟酸	Thiazopyr			不得检出	GB/T 19650
777	噻苯隆	Thidiazuron			不得检出	GB/T 20772
778	噻吩磺隆	Thifensulfuron – methyl			不得检出	GB/T 20772
779	甲基乙拌磷	Thiometon			不得检出	GB/T 20772
780	虫线磷	Thionazin			不得检出	GB/T 19650
781	硫普罗宁	Tiopronin			不得检出	SN/T 2225
782	三甲苯草酮	Tralkoxydim			不得检出	GB/T 19650
783	四溴菊酯	Tralomethrin			不得检出	SN/T 2320
784	反式 – 氯丹	*trans* – Chlordane			不得检出	GB/T 19650
785	反式 – 燕麦敌	*trans* – Diallate			不得检出	GB/T 19650

序号	农兽药中文名	农兽药英文名	欧盟标准限量要求 mg/kg	国家标准限量要求 mg/kg	三安超有机食品标准	
					限量要求 mg/kg	检测方法
786	四氟苯菊酯	Transfluthrin			不得检出	GB/T 19650
787	反式九氯	*trans* – Nonachlor			不得检出	GB/T 19650
788	反式–氯菊酯	*trans* – Permethrin			不得检出	GB/T 19650
789	群勃龙	Trenbolone			不得检出	GB/T 21981
790	威菌磷	Triamiphos			不得检出	GB/T 19650
791	毒壤磷	Trichloronate			不得检出	GB/T 19650
792	灭草环	Tridiphane			不得检出	GB/T 19650
793	草达津	Trietazine			不得检出	GB/T 19650
794	三异丁基磷酸盐	Tri – *iso* – butyl phosphate			不得检出	GB/T 19650
795	三正丁基磷酸盐	Tri – *n* – butyl phosphate			不得检出	GB/T 19650
796	三苯基磷酸盐	Triphenyl phosphate			不得检出	GB/T 19650
797	烯效唑	Uniconazole			不得检出	GB/T 19650
798	灭草敌	Vernolate			不得检出	GB/T 19650
799	维吉尼霉素	Virginiamycin			不得检出	GB/T 20765
800	杀鼠灵	War farin			不得检出	GB/T 20772
801	甲苯噻嗪	Xylazine			不得检出	GB/T 20763
802	右环十四酮酚	Zeranol			不得检出	GB/T 21982
803	苯酰菌胺	Zoxamide			不得检出	GB/T 19650

9.2 鸡脂肪 Chicken Fat

序号	农兽药中文名	农兽药英文名	欧盟标准限量要求 mg/kg	国家标准限量要求 mg/kg	三安超有机食品标准	
					限量要求 mg/kg	检测方法
1	1,1–二氯–2,2–二(4–乙苯)乙烷	1,1 – Dichloro – 2,2 – bis(4 – ethylphenyl) ethane	0.01		不得检出	日本肯定列表(增补本1)
2	1,2–二氯乙烷	1,2 – Dichloroethane	0.1		不得检出	SN/T 2238
3	1,3–二氯丙烯	1,3 – Dichloropropene	0.01		不得检出	SN/T 2238
4	1–萘乙酸	1 – Naphthylacetic acid	0.05		不得检出	SN/T 2228
5	2,4–滴	2,4 – D	0.05		不得检出	GB/T 20772
6	2,4–滴丁酸	2,4 – DB	0.05		不得检出	GB/T 20769
7	2–苯酚	2 – Phenylphenol	0.05		不得检出	GB/T 19650
8	阿维菌素	Abamectin	0.02		不得检出	SN/T 2661
9	乙酰甲胺磷	Acephate	0.02		不得检出	GB/T 20772
10	灭螨醌	Acequinocyl	0.01		不得检出	参照同类标准
11	啶虫脒	Acetamiprid	0.05		不得检出	GB/T 20772
12	乙草胺	Acetochlor	0.01		不得检出	GB/T 19650
13	苯并噻二唑	Acibenzolar – *S* – methyl	0.02		不得检出	GB/T 20772
14	苯草醚	Aclonifen	0.02		不得检出	GB/T 20772
15	氟丙菊酯	Acrinathrin	0.05		不得检出	GB/T 19648

序号	农兽药中文名	农兽药英文名	欧盟标准限量要求 mg/kg	国家标准限量要求 mg/kg	三安超有机食品标准	
					限量要求 mg/kg	检测方法
16	甲草胺	Alachlor	0.01		不得检出	GB/T 20772
17	涕灭威	Aldicarb	0.01		不得检出	GB/T 20772
18	艾氏剂和狄氏剂	Aldrin and dieldrin	0.2	0.2 和 0.2	不得检出	GB/T 19650
19	—	Ametoctradin	0.03		不得检出	参照同类标准
20	酰嘧磺隆	Amidosulfuron	0.02		不得检出	参照同类标准
21	氯氨吡啶酸	Aminopyralid	0.02		不得检出	GB/T 23211
22	—	Amisulbrom	0.01		不得检出	参照同类标准
23	双甲脒	Amitraz	0.05		不得检出	GB/T 19650
24	阿莫西林	Amoxicillin	50μg/kg		不得检出	NY/T 830
25	氨苄青霉素	Ampicillin	50μg/kg		不得检出	GB/T 21315
26	敌菌灵	Anilazine	0.01		不得检出	GB/T 20769
27	杀螨特	Aramite	0.01		不得检出	GB/T 19650
28	磺草灵	Asulam	0.1		不得检出	日本肯定列表（增补本 1）
29	维拉霉素	Avilamycin	100μg/kg		不得检出	GB 29686
30	印楝素	Azadirachtin	0.01		不得检出	SN/T 3264
31	益棉磷	Azinphos - ethyl	0.01		不得检出	GB/T 19650
32	保棉磷	Azinphos - methyl	0.01		不得检出	GB/T 20772
33	三唑锡和三环锡	Azocyclotin and cyhexatin	0.05		不得检出	SN/T 1990
34	嘧菌酯	Azoxystrobin	0.05		不得检出	GB/T 20772
35	燕麦灵	Barban	0.05		不得检出	参照同类标准
36	氟丁酰草胺	Beflubutamid	0.05		不得检出	参照同类标准
37	苯霜灵	Benalaxyl	0.05		不得检出	GB/T 20772
38	丙硫克百威	Benfuracarb	0.02		不得检出	GB/T 20772
39	苄青霉素	Benzyl penicillin	50μg/kg		不得检出	GB/T 21315
40	联苯肼酯	Bifenazate	0.01		不得检出	GB/T 20772
41	甲羧除草醚	Bifenox	0.05		不得检出	GB/T 23210
42	联苯菊酯	Bifenthrin	0.05		不得检出	GB/T 19650
43	乐杀螨	Binapacryl	0.01		不得检出	SN 0523
44	联苯	Biphenyl	0.01		不得检出	GB/T 19650
45	联苯三唑醇	Bitertanol	0.05		不得检出	GB/T 20772
46	—	Bixafen	0.02		不得检出	参照同类标准
47	啶酰菌胺	Boscalid	0.1		不得检出	GB/T 20772
48	溴离子	Bromide ion	0.05		不得检出	GB/T5009.167
49	溴螨酯	Bromopropylate	0.01		不得检出	GB/T 19650
50	溴苯腈	Bromoxynil	0.05		不得检出	GB/T 20772
51	糠菌唑	Bromuconazole	0.05		不得检出	GB/T 19650
52	乙嘧酚磺酸酯	Bupirimate	0.05		不得检出	GB/T 19650
53	噻嗪酮	Buprofezin	0.05		不得检出	GB/T 20772

序号	农兽药中文名	农兽药英文名	欧盟标准限量要求 mg/kg	国家标准限量要求 mg/kg	三安超有机食品标准	
					限量要求 mg/kg	检测方法
54	仲丁灵	Butralin	0.02		不得检出	GB/T 19650
55	丁草敌	Butylate	0.01		不得检出	GB/T 19650
56	硫线磷	Cadusafos	0.01		不得检出	GB/T 19650
57	敌菌丹	Captafol	0.01		不得检出	GB/T 23210
58	克菌丹	Captan	0.02		不得检出	GB/T 19648
59	甲萘威	Carbaryl	0.05		不得检出	GB/T 20796
60	多菌灵和苯菌灵	Carbendazim and benomyl	0.05		不得检出	GB/T 20772
61	长杀草	Carbetamide	0.05		不得检出	GB/T 20772
62	克百威	Carbofuran	0.01		不得检出	GB/T 20772
63	丁硫克百威	Carbosulfan	0.05		不得检出	GB/T 19650
64	萎锈灵	Carboxin	0.05		不得检出	GB/T 20772
65	氯虫苯甲酰胺	Chlorantraniliprole	0.01		不得检出	参照同类标准
66	杀螨醚	Chlorbenside	0.05		不得检出	GB/T 19650
67	氯炔灵	Chlorbufam	0.05		不得检出	GB/T 20772
68	氯丹	Chlordane	0.05	0.5	不得检出	GB/T 5009.19
69	十氯酮	Chlordecone	0.2		不得检出	参照同类标准
70	杀螨酯	Chlorfenson	0.05		不得检出	GB/T 19650
71	毒虫畏	Chlorfenvinphos	0.01		不得检出	GB/T 19650
72	氯草敏	Chloridazon	0.05		不得检出	GB/T 20772
73	矮壮素	Chlormequat	0.05		不得检出	GB/T 23211
74	乙酯杀螨醇	Chlorobenzilate	0.1		不得检出	GB/T 23210
75	百菌清	Chlorothalonil	0.01		不得检出	SN/T 2320
76	绿麦隆	Chlortoluron	0.05		不得检出	GB/T 20772
77	枯草隆	Chloroxuron	0.05		不得检出	SN/T 2150
78	氯苯胺灵	Chlorpropham	0.05		不得检出	GB/T 19650
79	毒死蜱	Chlorpyrifos	0.05		不得检出	GB/T 19650
80	甲基毒死蜱	Chlorpyrifos - methyl	0.05		不得检出	GB/T 19650
81	氯磺隆	Chlorsulfuron	0.01		不得检出	GB/T 20772
82	氯酞酸甲酯	Chlorthaldimethyl	0.01		不得检出	GB/T 19650
83	氯硫酰草胺	Chlorthiamid	0.02		不得检出	GB/T 20772
84	烯草酮	Clethodim	0.2		不得检出	GB/T 19650
85	炔草酯	Clodinafop - propargyl	0.02		不得检出	GB/T 19650
86	四螨嗪	Clofentezine	0.05		不得检出	GB/T 20772
87	二氯吡啶酸	Clopyralid	0.05		不得检出	SN/T 2228
88	噻虫胺	Clothianidin	0.01		不得检出	GB/T 20772
89	邻氯青霉素	Cloxacillin	300μg/kg		不得检出	GB/T 18932.25
90	黏菌素	Colistin	150μg/kg		不得检出	参照同类标准
91	铜化合物	Copper compounds	5		不得检出	参照同类标准
92	环烷基酰苯胺	Cyclanilide	0.01		不得检出	参照同类标准

序号	农兽药中文名	农兽药英文名	欧盟标准限量要求 mg/kg	国家标准限量要求 mg/kg	三安超有机食品标准	
					限量要求 mg/kg	检测方法
93	噻草酮	Cycloxydim	0.05		不得检出	GB/T 19650
94	环氟菌胺	Cyflufenamid	0.03		不得检出	GB/T 23210
95	氟氯氰菊酯和高效氟氯氰菊酯	Cyfluthrin and beta - cyfluthrin	0.05		不得检出	GB/T 19650
96	霜脲氰	Cymoxanil	0.05		不得检出	GB/T 20772
97	氯氰菊酯和高效氯氰菊酯	Cypermethrin and beta - cypermethrin	0.1		不得检出	GB/T 19650
98	环丙唑醇	Cyproconazole	0.05		不得检出	GB/T 20772
99	嘧菌环胺	Cyprodinil	0.05		不得检出	GB/T 19650
100	灭蝇胺	Cyromazine	0.05		不得检出	GB/T 20772
101	丁酰肼	Daminozide	0.05		不得检出	SN/T 1989
102	达氟沙星	Danofloxacin	100μg/kg		不得检出	GB/T 22985
103	滴滴涕	DDT	1		不得检出	SN/T 0127
104	溴氰菊酯	Deltamethrin	0.1		不得检出	GB/T 19650
105	燕麦敌	Diallate	0.2		不得检出	GB/T 23211
106	二嗪磷	Diazinon	0.05		不得检出	GB/T 19650
107	麦草畏	Dicamba	0.04		不得检出	GB/T 20772
108	敌草腈	Dichlobenil	0.01		不得检出	GB/T 19650
109	滴丙酸	Dichlorprop	0.05		不得检出	SN/T 2228
110	地克珠利(杀球灵)	Diclazuril	500μg/kg		不得检出	SN/T 2318
111	二氯苯氧基丙酸	Diclofop	0.01		不得检出	GB/T 19650
112	氯硝胺	Dicloran	0.01		不得检出	GB/T 19650
113	双氯青霉素	Dicloxacillin	300μg/kg		不得检出	GB/T 18932.25
114	三氯杀螨醇	Dicofol	0.1		不得检出	GB/T 19650
115	乙霉威	Diethofencarb	0.05		不得检出	GB/T 19650
116	苯醚甲环唑	Difenoconazole	0.1		不得检出	GB/T 19650
117	双氟沙星	Difloxacin	400μg/kg		不得检出	GB/T 20366
118	除虫脲	Diflubenzuron	0.05		不得检出	SN/T 0528
119	吡氟酰草胺	Diflufenican	0.05		不得检出	GB/T 20772
120	油菜安	Dimethachlor	0.02		不得检出	GB/T 20772
121	烯酰吗啉	Dimethomorph	0.05		不得检出	GB/T 20772
122	醚菌胺	Dimoxystrobin	0.05		不得检出	SN/T 2237
123	烯唑醇	Diniconazole	0.01		不得检出	GB/T 19650
124	敌螨普	Dinocap	0.05		不得检出	日本肯定列表(增补本1)
125	地乐酚	Dinoseb	0.01		不得检出	GB/T 20772
126	特乐酚	Dinoterb	0.05		不得检出	GB/T 20772
127	敌噁磷	Dioxathion	0.05		不得检出	GB/T 19650
128	敌草快	Diquat	0.05		不得检出	GB/T 5009.221

序号	农兽药中文名	农兽药英文名	欧盟标准限量要求 mg/kg	国家标准限量要求 mg/kg	三安超有机食品标准	
					限量要求 mg/kg	检测方法
129	乙拌磷	Disulfoton	0.01		不得检出	GB/T 20772
130	二氰蒽醌	Dithianon	0.01		不得检出	GB/T 20769
131	二硫代氨基甲酸酯	Dithiocarbamates	0.05		不得检出	SN 0139
132	敌草隆	Diuron	0.05		不得检出	SN/T 0645
133	二硝甲酚	DNOC	0.05		不得检出	GB/T 20772
134	多果定	Dodine	0.2		不得检出	SN 0500
135	甲氨基阿维菌素苯甲酸盐	Emamectin benzoate	0.01		不得检出	GB/T 20769
136	硫丹	Endosulfan	0.05	0.2	不得检出	GB/T 19650
137	异狄氏剂	Endrin	0.05		不得检出	GB/T 19650
138	恩诺沙星	Enrofloxacin	100μg/kg		不得检出	GB/T 20366
139	氟环唑	Epoxiconazole	0.01		不得检出	GB/T 20772
140	茵草敌	EPTC	0.02		不得检出	GB/T 20772
141	红霉素	Erythromycin	200μg/kg		不得检出	GB/T 20762
142	乙丁烯氟灵	Ethalfluralin	0.01		不得检出	GB/T 19650
143	胺苯磺隆	Ethametsulfuron	0.01		不得检出	NY/T 1616
144	乙烯利	Ethephon	0.05		不得检出	SN 0705
145	乙硫磷	Ethion	0.01		不得检出	GB/T 19650
146	乙嘧酚	Ethirimol	0.05		不得检出	GB/T 20772
147	乙氧呋草黄	Ethofumesate	0.1		不得检出	GB/T 20772
148	灭线磷	Ethoprophos	0.01		不得检出	GB/T 19650
149	乙氧喹啉	Ethoxyquin	0.05		不得检出	GB/T 20772
150	环氧乙烷	Ethylene oxide	0.02		不得检出	GB/T 23296.11
151	醚菊酯	Etofenprox	0.01		不得检出	GB/T 19650
152	乙螨唑	Etoxazole	0.01		不得检出	GB/T 19650
153	氯唑灵	Etridiazole	0.05		不得检出	GB/T 20772
154	噁唑菌酮	Famoxadone	0.05		不得检出	GB/T 20772
155	咪唑菌酮	Fenamidone	0.01		不得检出	GB/T 19650
156	苯线磷	Fenamiphos	0.02		不得检出	GB/T 19650
157	氯苯嘧啶醇	Fenarimol	0.02		不得检出	GB/T 20772
158	喹螨醚	Fenazaquin	0.01		不得检出	GB/T 19650
159	腈苯唑	Fenbuconazole	0.05		不得检出	GB/T 20772
160	苯丁锡	Fenbutatin oxide	0.05		不得检出	SN/T 3149
161	环酰菌胺	Fenhexamid	0.05		不得检出	GB/T 20772
162	杀螟硫磷	Fenitrothion	0.01		不得检出	GB/T 20772
163	精噁唑禾草灵	Fenoxaprop - *P* - ethyl	0.05		不得检出	GB 22617
164	双氧威	Fenoxycarb	0.05		不得检出	GB/T 19650
165	苯锈啶	Fenpropidin	0.02		不得检出	GB/T 19650
166	丁苯吗啉	Fenpropimorph	0.01		不得检出	GB/T 20772
167	胺苯吡菌酮	Fenpyrazamine	0.01		不得检出	参照同类标准

序号	农兽药中文名	农兽药英文名	欧盟标准限量要求 mg/kg	国家标准限量要求 mg/kg	三安超有机食品标准	
					限量要求 mg/kg	检测方法
168	唑螨酯	Fenpyroximate	0.01		不得检出	GB/T 19650
169	倍硫磷	Fenthion	0.05		不得检出	GB/T 20772
170	三苯锡	Fentin	0.05		不得检出	SN/T 3149
171	薯瘟锡	Fentin acetate	0.05		不得检出	参照同类标准
172	氰戊菊酯和高效氰戊菊酯(RR & SS 异构体总量)	Fenvalerate and esfenvalerate (sum of RR & SS isomers)	0.2		不得检出	GB/T 19650
173	氰戊菊酯和高效氰戊菊酯(RS & SR 异构体总量)	Fenvalerate and esfenvalerate (sum of RS & SR isomers)	0.05		不得检出	GB/T 19650
174	氟虫腈	Fipronil	0.01		不得检出	SN/T 1982
175	氟啶虫酰胺	Flonicamid	0.02		不得检出	SN/T 2796
176	氟苯尼考	Florfenicol	200μg/kg		不得检出	GB/T 20756
177	精吡氟禾草灵	Fluazifop - *P* - butyl	0.05		不得检出	GB/T 5009.142
178	氟啶胺	Fluazinam	0.05		不得检出	SN/T 2150
179	氟苯虫酰胺	Flubendiamide	0.01		不得检出	SN/T 2581
180	氟环脲	Flucycloxuron	0.05		不得检出	参照同类标准
181	氟氰戊菊酯	Flucythrinate	0.05		不得检出	GB/T 23210
182	咯菌腈	Fludioxonil	0.05		不得检出	GB/T 20772
183	氟虫脲	Flufenoxuron	0.05		不得检出	SN/T 2150
184	—	Flufenzin	0.02		不得检出	参照同类标准
185	氟甲喹	Flumequin	250μg/kg		不得检出	SN/T 1921
186	氟吡菌胺	Fluopicolide	0.01		不得检出	参照同类标准
187	—	Fluopyram	0.1		不得检出	参照同类标准
188	氟离子	Fluoride ion	1		不得检出	GB/T 5009.167
189	氟腈嘧菌酯	Fluoxastrobin	0.05		不得检出	SN/T 2237
190	氟喹唑	Fluquinconazole	0.02		不得检出	GB/T 19650
191	氟咯草酮	Fluorochloridone	0.05		不得检出	GB/T 20772
192	氟草烟	Fluroxypyr	0.05		不得检出	GB/T 20772
193	氟硅唑	Flusilazole	0.1		不得检出	GB/T 20772
194	氟酰胺	Flutolanil	0.05		不得检出	GB/T 20772
195	粉唑醇	Flutriafol	0.01		不得检出	GB/T 20772
196	—	Fluxapyroxad	0.01		不得检出	参照同类标准
197	氟磺胺草醚	Fomesafen	0.01		不得检出	GB/T 5009.130
198	氯吡脲	Forchlorfenuron	0.05		不得检出	SN/T 3643
199	伐虫脒	Formetanate	0.01		不得检出	NY/T 1453
200	三乙膦酸铝	Fosetyl - aluminium	0.5		不得检出	参照同类标准
201	麦穗宁	Fuberidazole	0.05		不得检出	GB/T 19650
202	呋线威	Furathiocarb	0.01		不得检出	GB/T 20772
203	糠醛	Furfural	1		不得检出	参照同类标准
204	勃激素	Gibberellic acid	0.1		不得检出	GB/T 23211

序号	农兽药中文名	农兽药英文名	欧盟标准限量要求 mg/kg	国家标准限量要求 mg/kg	三安超有机食品标准	
					限量要求 mg/kg	检测方法
205	草胺膦	Glufosinate - ammonium	0.1		不得检出	日本肯定列表
206	草甘膦	Glyphosate	0.05		不得检出	SN/T 1923
207	氟吡禾灵	Haloxyfop	0.1		不得检出	SN/T 2228
208	七氯	Heptachlor	0.2		不得检出	SN 0663
209	六氯苯	Hexachlorobenzene	0.2		不得检出	SN/T 0127
210	六六六(HCH), α - 异构体	Hexachlorociclohexane (HCH), alpha - isomer	0.2		不得检出	SN/T 0127
211	六六六(HCH), β - 异构体	Hexachlorociclohexane (HCH), beta - isomer	0.1		不得检出	SN/T 0127
212	噻螨酮	Hexythiazox	0.05		不得检出	GB/T 20772
213	噁霉灵	Hymexazol	0.05		不得检出	GB/T 20772
214	抑霉唑	Imazalil	0.05		不得检出	GB/T 20772
215	甲咪唑烟酸	Imazapic	0.01		不得检出	GB/T 20772
216	咪唑喹啉酸	Imazaquin	0.05		不得检出	GB/T 20772
217	吡虫啉	Imidacloprid	0.05		不得检出	GB/T 20772
218	双胍辛胺	Iminoctadine	0.1		不得检出	日本肯定列表
219	茚虫威	Indoxacarb	0.3		不得检出	GB/T 20772
220	碘苯腈	Ioxynil	0.05		不得检出	GB/T 20772
221	异菌脲	Iprodione	0.05		不得检出	GB/T 19650
222	稻瘟灵	Isoprothiolane	0.01		不得检出	GB/T 20772
223	异丙隆	Isoproturon	0.05		不得检出	GB/T 20772
224	—	Isopyrazam	0.01		不得检出	参照同类标准
225	异噁酰草胺	Isoxaben	0.01		不得检出	GB/T 20772
226	卡那霉素	Kanamycin	100μg/kg		不得检出	GB/T 21323
227	醚菌酯	Kresoxim - methyl	0.02		不得检出	GB/T 20772
228	乳氟禾草灵	Lactofen	0.01		不得检出	GB/T 19650
229	高效氯氟氰菊酯	Lambda - cyhalothrin	0.02		不得检出	GB/T 23210
230	拉沙里菌素	Lasalocid	100μg/kg		不得检出	SN 0501
231	环草定	Lenacil	0.1		不得检出	GB/T 19650
232	左旋咪唑	Levamisole	10μg/kg		不得检出	SN 0349
233	林可霉素	Lincomycin	50μg/kg		不得检出	GB/T 20762
234	林丹	Lindane	0.02	0.05	不得检出	NY/T 761
235	虱螨脲	Lufenuron	0.02		不得检出	SN/T 2540
236	马拉硫磷	Malathion	0.02		不得检出	GB/T 19650
237	抑芽丹	Maleic hydrazide	0.02		不得检出	GB/T 23211
238	双炔酰菌胺	Mandipropamid	0.02		不得检出	参照同类标准
239	二甲四氯和二甲四氯丁酸	MCPA and MCPB	0.1		不得检出	SN/T 2228
240	壮棉素	Mepiquat chloride	0.05		不得检出	GB/T 23211
241	—	Meptyldinocap	0.05		不得检出	参照同类标准

序号	农兽药中文名	农兽药英文名	欧盟标准限量要求 mg/kg	国家标准限量要求 mg/kg	三安超有机食品标准	
					限量要求 mg/kg	检测方法
242	汞化合物	Mercury compounds	0.01		不得检出	参照同类标准
243	氰氟虫腙	Metaflumizone	0.1		不得检出	SN/T 3852
244	甲霜灵和精甲霜灵	Metalaxyl and metalaxyl – M	0.05		不得检出	GB/T 20772
245	四聚乙醛	Metaldehyde	0.05		不得检出	SN/T 1787
246	苯嗪草酮	Metamitron	0.05		不得检出	GB/T 19650
247	吡唑草胺	Metazachlor	0.05		不得检出	GB/T 19650
248	叶菌唑	Metconazole	0.01		不得检出	GB/T 20772
249	甲基苯噻隆	Methabenzthiazuron	0.05		不得检出	GB/T 19650
250	虫螨畏	Methacrifos	0.01		不得检出	GB/T 20772
251	甲胺磷	Methamidophos	0.01		不得检出	GB/T 20772
252	杀扑磷	Methidathion	0.02		不得检出	GB/T 20772
253	甲硫威	Methiocarb	0.05		不得检出	GB/T 20770
254	灭多威和硫双威	Methomyl and thiodicarb	0.02		不得检出	GB/T 20772
255	烯虫酯	Methoprene	0.05		不得检出	GB/T 19650
256	甲氧滴滴涕	Methoxychlor	0.01		不得检出	SN/T 0529
257	甲氧虫酰肼	Methoxyfenozide	0.01		不得检出	GB/T 20772
258	磺草唑胺	Metosulam	0.01		不得检出	GB/T 20772
259	苯菌酮	Metrafenone	0.05		不得检出	参照同类标准
260	嗪草酮	Metribuzin	0.1		不得检出	GB/T 19650
261	绿谷隆	Monolinuron	0.05		不得检出	GB/T 20772
262	灭草隆	Monuron	0.01		不得检出	GB/T 20772
263	腈菌唑	Myclobutanil	0.01		不得检出	GB/T 20772
264	1 – 萘乙酰胺	1 – Naphthylacetamide	0.05		不得检出	GB/T 23205
265	敌草胺	Napropamide	0.01		不得检出	GB/T 19650
266	新霉素(包括 framycetin)	Neomycin(including framycetin)	500μg/kg		不得检出	SN 0646
267	烟嘧磺隆	Nicosulfuron	0.05		不得检出	SN/T 2325
268	除草醚	Nitrofen	0.01		不得检出	GB/T 19650
269	氟酰脲	Novaluron	0.5		不得检出	GB/T 23211
270	嘧苯胺磺隆	Orthosulfamuron	0.01		不得检出	GB/T 23817
271	苯唑青霉素	Oxacillin	300μg/kg		不得检出	GB/T 18932.25
272	噁草酮	Oxadiazon	0.05		不得检出	GB/T 19650
273	噁霜灵	Oxadixyl	0.01		不得检出	GB/T 19650
274	环氧嘧磺隆	Oxasulfuron	0.05		不得检出	GB/T 23817
275	喹菌酮	Oxolinic acid	50μg/kg		不得检出	日本肯定列表
276	氧化萎锈灵	Oxycarboxin	0.05		不得检出	GB/T 19650
277	亚砜磷	Oxydemeton – methyl	0.01		不得检出	参照同类标准
278	乙氧氟草醚	Oxyfluorfen	0.05		不得检出	GB/T 20772
279	多效唑	Paclobutrazol	0.02		不得检出	GB/T 19650
280	对硫磷	Parathion	0.05		不得检出	GB/T 19650

序号	农兽药中文名	农兽药英文名	欧盟标准限量要求 mg/kg	国家标准限量要求 mg/kg	三安超有机食品标准	
					限量要求 mg/kg	检测方法
281	甲基对硫磷	Parathion – methyl	0.01		不得检出	GB/T 5009.161
282	戊菌唑	Penconazole	0.05		不得检出	GB/T 20772
283	戊菌隆	Pencycuron	0.05		不得检出	GB/T 19650
284	二甲戊灵	Pendimethalin	0.05		不得检出	GB/T 19650
285	氯菊酯	Permethrin	0.05		不得检出	GB/T 19650
286	甜菜宁	Phenmedipham	0.05		不得检出	GB/T 23205
287	苯醚菊酯	Phenothrin	0.05		不得检出	GB/T 20772
288	苯氧甲基青霉素	Phenoxymethylpenicillin	25μg/kg		不得检出	GB/T 21315
289	甲拌磷	Phorate	0.01		不得检出	GB/T 20772
290	伏杀硫磷	Phosalone	0.01		不得检出	GB/T 20772
291	亚胺硫磷	Phosmet	0.1		不得检出	GB/T 20772
292	—	Phosphines and phosphides	0.01		不得检出	参照同类标准
293	辛硫磷	Phoxim	0.55		不得检出	GB/T 20772
294	氨氯吡啶酸	Picloram	0.01		不得检出	GB/T 23211
295	啶氧菌酯	Picoxystrobin	0.05		不得检出	GB/T 19650
296	抗蚜威	Pirimicarb	0.05		不得检出	GB/T 20772
297	甲基嘧啶磷	Pirimiphos – methyl	0.05		不得检出	GB/T 20772
298	咪鲜胺	Prochloraz	0.1		不得检出	GB/T 19650
299	腐霉利	Procymidone	0.01		不得检出	GB/T 20772
300	丙溴磷	Profenofos	0.05		不得检出	GB/T 20772
301	调环酸	Prohexadione	0.05		不得检出	日本肯定列表
302	毒草安	Propachlor	0.02		不得检出	GB/T 20772
303	扑派威	Propamocarb	0.1		不得检出	GB/T 20772
304	恶草酸	Propaquizafop	0.05		不得检出	GB/T 20772
305	炔螨特	Propargite	0.1		不得检出	GB/T 19650
306	苯胺灵	Propham	0.05		不得检出	GB/T 19650
307	丙环唑	Propiconazole	0.01		不得检出	GB/T 19650
308	异丙草胺	Propisochlor	0.01		不得检出	GB/T 19650
309	残杀威	Propoxur	0.05		不得检出	GB/T 20772
310	炔苯酰草胺	Propyzamide	0.05		不得检出	GB/T 19650
311	苄草丹	Prosulfocarb	0.05		不得检出	GB/T 19650
312	丙硫菌唑	Prothioconazole	0.05		不得检出	参照同类标准
313	吡蚜酮	Pymetrozine	0.01		不得检出	GB/T 20772
314	吡唑醚菌酯	Pyraclostrobin	0.05		不得检出	GB/T 20772
315	—	Pyrasulfotole	0.01		不得检出	参照同类标准
316	吡菌磷	Pyrazophos	0.02		不得检出	GB/T 20772
317	除虫菊素	Pyrethrins	0.05		不得检出	GB/T 20772
318	哒螨灵	Pyridaben	0.02		不得检出	GB/T 19650
319	啶虫丙醚	Pyridalyl	0.01		不得检出	日本肯定列表

序号	农兽药中文名	农兽药英文名	欧盟标准限量要求 mg/kg	国家标准限量要求 mg/kg	三安超有机食品标准	
					限量要求 mg/kg	检测方法
320	哒草特	Pyridate	0.05		不得检出	日本肯定列表
321	嘧霉胺	Pyrimethanil	0.05		不得检出	GB/T 19650
322	吡丙醚	Pyriproxyfen	0.05		不得检出	GB/T 19650
323	甲氧磺草胺	Pyroxsulam	0.01		不得检出	SN/T 2325
324	氯甲喹啉酸	Quinmerac	0.05		不得检出	参照同类标准
325	喹氧灵	Quinoxyfen	0.2		不得检出	SN/T 2319
326	五氯硝基苯	Quintozene	0.01	0.1	不得检出	GB/T 19650
327	精喹禾灵	Quizalofop - *P* - ethyl	0.05		不得检出	SN/T 2150
328	灭虫菊	Resmethrin	0.1		不得检出	GB/T 20772
329	鱼藤酮	Rotenone	0.01		不得检出	GB/T 20772
330	西玛津	Simazine	0.01		不得检出	SN 0594
331	壮观霉素	Spectinomycin	500μg/kg		不得检出	GB/T 21323
332	乙基多杀菌素	Spinetoram	0.01		不得检出	参照同类标准
333	多杀霉素	Spinosad	1		不得检出	GB/T 20772
334	螺螨酯	Spirodiclofen	0.05		不得检出	GB/T 20772
335	螺甲螨酯	Spiromesifen	0.01		不得检出	GB/T 23210
336	螺虫乙酯	Spirotetramat	0.01		不得检出	参照同类标准
337	葚孢菌素	Spiroxamine	0.05		不得检出	GB/T 20772
338	磺草酮	Sulcotrione	0.05		不得检出	参照同类标准
339	磺胺类(所有属于磺胺类的物质)	Sulfonamides (all substances belonging to the sulfonamide-group)	100μg/kg		不得检出	GB 29694
340	乙黄隆	Sulfosulfuron	0.05		不得检出	SN/T 2325
341	硫磺粉	Sulfur	0.5		不得检出	参照同类标准
342	氟胺氰菊酯	Tau - fluvalinate	0.01		不得检出	SN 0691
343	戊唑醇	Tebuconazole	0.1		不得检出	GB/T 20772
344	虫酰肼	Tebufenozide	0.05		不得检出	GB/T 20772
345	吡螨胺	Tebufenpyrad	0.05		不得检出	GB/T 19650
346	四氯硝基苯	Tecnazene	0.05		不得检出	GB/T 19650
347	氟苯脲	Teflubenzuron	0.05		不得检出	SN/T 2150
348	七氟菊酯	Tefluthrin	0.05		不得检出	GB/T 23210
349	得杀草	Tepraloxydim	0.5		不得检出	GB/T 20772
350	特丁硫磷	Terbufos	0.01		不得检出	GB/T 20772
351	特丁津	Terbuthylazine	0.05		不得检出	GB/T 19650
352	四氟醚唑	Tetraconazole	0.02		不得检出	GB/T 20772
353	三氯杀螨砜	Tetradifon	0.05		不得检出	GB/T 19650
354	噻菌灵	Thiabendazole	0.1		不得检出	GB/T 20772
355	噻虫啉	Thiacloprid	0.05		不得检出	GB/T 20772
356	噻虫嗪	Thiamethoxam	0.01		不得检出	GB/T 20772

序号	农兽药中文名	农兽药英文名	欧盟标准限量要求 mg/kg	国家标准限量要求 mg/kg	三安超有机食品标准	
					限量要求 mg/kg	检测方法
357	甲砜霉素	Thiamphenicol	50μg/kg		不得检出	GB/T 20756
358	禾草丹	Thiobencarb	0.01		不得检出	GB/T 20772
359	甲基硫菌灵	Thiophanate - methyl	0.05		不得检出	SN/T 0162
360	替米考星	Tilmicosin	75μg/kg		不得检出	GB/T 20762
361	甲基立枯磷	Tolclofos - methyl	0.05		不得检出	GB/T 19650
362	甲苯三嗪酮	Toltrazuril	200μg/kg		不得检出	参照同类标准
363	甲苯氟磺胺	Tolylfluanid	0.1		不得检出	GB/T 19650
364	—	Topramezone	0.05		不得检出	参照同类标准
365	三唑酮和三唑醇	Triadimefon and triadimenol	0.1		不得检出	GB/T 20772
366	野麦畏	Triallate	0.05		不得检出	GB/T 20772
367	醚苯磺隆	Triasulfuron	0.05		不得检出	GB/T 20772
368	三唑磷	Triazophos	0.01		不得检出	GB/T 20772
369	敌百虫	Trichlorphon	0.01		不得检出	GB/T 20772
370	绿草定	Triclopyr	0.05		不得检出	SN/T 2228
371	三环唑	Tricyclazole	0.05		不得检出	GB/T 20769
372	十三吗啉	Tridemorph	0.01		不得检出	GB/T 20772
373	肟菌酯	Trifloxystrobin	0.04		不得检出	GB/T 19650
374	氟菌唑	Triflumizole	0.05		不得检出	GB/T 20769
375	杀铃脲	Triflumuron	0.01		不得检出	GB/T 20772
376	氟乐灵	Trifluralin	0.01		不得检出	GB/T 20772
377	嗪氨灵	Triforine	0.01		不得检出	SN 0695
378	甲氧苄氨嘧啶	Trimethoprim	50μg/kg		不得检出	SN/T 1769
379	三甲基锍阳离子	Trimethyl - sulfonium cation	0.05		不得检出	参照同类标准
380	抗倒酯	Trinexapac	0.05		不得检出	GB/T 20769
381	灭菌唑	Triticonazole	0.01		不得检出	GB/T 20772
382	三氟甲磺隆	Tritosulfuron	0.01		不得检出	参照同类标准
383	泰乐霉素	Tylosin	100μg/kg		不得检出	GB/T 22941
384	乙酰异戊酰泰乐菌素	Tylvalosin	50μg/kg		不得检出	参照同类标准
385	—	Valifenalate	0.01		不得检出	参照同类标准
386	乙烯菌核利	Vinclozolin	0.05		不得检出	GB/T 20772
387	2,3,4,5 - 四氯苯胺	2,3,4,5 - Tetrachloraniline			不得检出	GB/T 19650
388	2,3,4,5 - 四氯甲氧基苯	2,3,4,5 - Tetrachloroanisole			不得检出	GB/T 19650
389	2,3,5,6 - 四氯苯胺	2,3,5,6 - Tetrachloroaniline			不得检出	GB/T 19650
390	2,4,5 - 涕	2,4,5 - T			不得检出	GB/T 20772
391	*o,p'* - 滴滴滴	2,4' - DDD			不得检出	GB/T 19650
392	*o,p'* - 滴滴伊	2,4' - DDE			不得检出	GB/T 19650
393	*o,p'* - 滴滴涕	2,4' - DDT			不得检出	GB/T 19650
394	2,6 - 二氯苯甲酰胺	2,6 - Dichlorobenzamide			不得检出	GB/T 19650
395	3,5 - 二氯苯胺	3,5 - Dichloroaniline			不得检出	GB/T 19650

序号	农兽药中文名	农兽药英文名	欧盟标准限量要求 mg/kg	国家标准限量要求 mg/kg	三安超有机食品标准	
					限量要求 mg/kg	检测方法
396	p,p′-滴滴滴	4,4′-DDD			不得检出	GB/T 19650
397	p,p′-滴滴伊	4,4′-DDE			不得检出	GB/T 19650
398	p,p′-滴滴涕	4,4′-DDT			不得检出	GB/T 19650
399	4,4′-二溴二苯甲酮	4,4′-Dibromobenzophenone			不得检出	GB/T 19650
400	4,4′-二氯二苯甲酮	4,4′-Dichlorobenzophenone			不得检出	GB/T 19650
401	二氢苊	Acenaphthene			不得检出	GB/T 19650
402	乙酰丙嗪	Acepromazine			不得检出	GB/T 20763
403	三氟羧草醚	Acifluorfen			不得检出	GB/T 20772
404	1-氨基-2-乙内酰脲	AHD			不得检出	GB/T 21311
405	涕灭砜威	Aldoxycarb			不得检出	GB/T 20772
406	烯丙菊酯	Allethrin			不得检出	GB/T 20772
407	二丙烯草胺	Allidochlor			不得检出	GB/T 19650
408	烯丙孕素	Altrenogest			不得检出	SN/T 1980
409	莠灭净	Ametryn			不得检出	GB/T 20772
410	杀草强	Amitrole			不得检出	SN/T 1737.6
411	5-吗啉甲基-3-氨基-2-噁唑烷基酮	AMOZ			不得检出	GB/T 21311
412	氨丙嘧吡啶	Amprolium			不得检出	SN/T 0276
413	莎稗磷	Anilofos			不得检出	GB/T 19650
414	蒽醌	Anthraquinone			不得检出	GB/T 19650
415	3-氨基-2-噁唑酮	AOZ			不得检出	GB/T 21311
416	安普霉素	Apramycin			不得检出	GB/T 21323
417	丙硫特普	Aspon			不得检出	GB/T 19650
418	羟氨卡青霉素	Aspoxicillin			不得检出	GB/T 21315
419	乙基杀扑磷	Athidathion			不得检出	GB/T 19650
420	莠去通	Atratone			不得检出	GB/T 19650
421	莠去津	Atrazine			不得检出	GB/T 20772
422	脱乙基阿特拉津	Atrazine-desethyl			不得检出	GB/T 19650
423	甲基吡噁磷	Azamethiphos			不得检出	GB/T 20763
424	氮哌酮	Azaperone			不得检出	SN/T2221
425	叠氮津	Aziprotryne			不得检出	GB/T 19650
426	杆菌肽	Bacitracin			不得检出	GB/T 20743
427	4-溴-3,5-二甲苯基-N-甲基氨基甲酸酯-1	BDMC-1			不得检出	GB/T 19650
428	4-溴-3,5-二甲苯基-N-甲基氨基甲酸酯-2	BDMC-2			不得检出	GB/T 19650
429	噁虫威	Bendiocarb			不得检出	GB/T 20772
430	乙丁氟灵	Benfluralin			不得检出	GB/T 19650
431	呋草黄	Benfuresate			不得检出	GB/T 19650

序号	农兽药中文名	农兽药英文名	欧盟标准限量要求mg/kg	国家标准限量要求mg/kg	三安超有机食品标准	
					限量要求mg/kg	检测方法
432	麦锈灵	Benodanil			不得检出	GB/T 19650
433	解草酮	Benoxacor			不得检出	GB/T 19650
434	新燕灵	Benzoylprop – ethyl			不得检出	GB/T 19650
435	倍他米松	Betamethasone			不得检出	SN/T 1970
436	生物烯丙菊酯 – 1	Bioallethrin – 1			不得检出	GB/T 19650
437	生物烯丙菊酯 – 2	Bioallethrin – 2			不得检出	GB/T 19650
438	生物苄呋菊酯	Bioresmethrin			不得检出	GB/T 20772
439	除草定	Bromacil			不得检出	GB/T 20772
440	溴苯烯磷	Bromfenvinfos			不得检出	GB/T 19650
441	溴烯杀	Bromocylen			不得检出	GB/T 19650
442	溴硫磷	Bromofos			不得检出	GB/T 19650
443	乙基溴硫磷	Bromophos – ethyl			不得检出	GB/T 19650
444	溴丁酰草胺	Btomobutide			不得检出	GB/T 19650
445	氟丙嘧草酯	Butafenacil			不得检出	GB/T 19650
446	抑草磷	Butamifos			不得检出	GB/T 19650
447	丁草胺	Butaxhlor			不得检出	GB/T 19650
448	苯酮唑	Cafenstrole			不得检出	GB/T 19650
449	角黄素	Canthaxanthin			不得检出	SN/T 2327
450	咔唑心安	Carazolol			不得检出	GB/T 20763
451	卡巴氧	Carbadox			不得检出	GB/T 20746
452	三硫磷	Carbophenothion			不得检出	GB/T 19650
453	唑草酮	Carfentrazone – ethyl			不得检出	GB/T 19650
454	卡洛芬	Carprofen			不得检出	SN/T 2190
455	头孢洛宁	Cefalonium			不得检出	GB/T 22989
456	头孢匹林	Cefapirin			不得检出	GB/T 22989
457	头孢喹肟	Cefquinome			不得检出	GB/T 22989
458	头孢噻呋	Ceftiofur			不得检出	GB/T 21314
459	头孢氨苄	Cefalexin			不得检出	GB/T 22989
460	氯霉素	Chloramphenicolum			不得检出	GB/T 20772
461	氯杀螨砜	Chlorbenside sulfone			不得检出	GB/T 19650
462	氯溴隆	Chlorbromuron			不得检出	GB/T 19650
463	杀虫脒	Chlordimeform			不得检出	GB/T 19650
464	氯氧磷	Chlorethoxyfos			不得检出	GB/T 19650
465	溴虫腈	Chlorfenapyr			不得检出	GB/T 19650
466	杀螨醇	Chlorfenethol			不得检出	GB/T 19650
467	燕麦酯	Chlorfenprop – methyl			不得检出	GB/T 19650
468	氟啶脲	Chlorfluazuron			不得检出	SN/T 2540
469	整形醇	Chlorflurenol			不得检出	GB/T 19650
470	氯地孕酮	Chlormadinone			不得检出	SN/T 1980

序号	农兽药中文名	农兽药英文名	欧盟标准限量要求 mg/kg	国家标准限量要求 mg/kg	三安超有机食品标准	
					限量要求 mg/kg	检测方法
471	醋酸氯地孕酮	Chlormadinone acetate			不得检出	GB/T 20753
472	氯甲硫磷	Chlormephos			不得检出	GB/T 19650
473	氯苯甲醚	Chloroneb			不得检出	GB/T 19650
474	丙酯杀螨醇	Chloropropylate			不得检出	GB/T 19650
475	氯丙嗪	Chlorpromazine			不得检出	GB/T 20763
476	金霉素	Chlortetracycline			不得检出	GB/T 21317
477	氯硫磷	Chlorthion			不得检出	GB/T 19650
478	虫螨磷	Chlorthiophos			不得检出	GB/T 19650
479	乙菌利	Chlozolinate			不得检出	GB/T 19650
480	顺式－氯丹	*cis* – Chlordane			不得检出	GB/T 19650
481	顺式－燕麦敌	*cis* – Diallate			不得检出	GB/T 19650
482	顺式－氯菊酯	*cis* – Permethrin			不得检出	GB/T 19650
483	克仑特罗	Clenbuterol			不得检出	GB/T 22286
484	异噁草酮	Clomazone			不得检出	GB/T 20772
485	氯甲酰草胺	Clomeprop			不得检出	GB/T 19650
486	氯羟吡啶	Clopidol			不得检出	GB 29700
487	解草酯	Cloquintocet – mexyl			不得检出	GB/T 19650
488	蝇毒磷	Coumaphos			不得检出	GB/T 19650
489	鼠立死	Crimidine			不得检出	GB/T 19650
490	巴毒磷	Crotxyphos			不得检出	GB/T 19650
491	育畜磷	Crufomate			不得检出	GB/T 19650
492	苯腈磷	Cyanofenphos			不得检出	GB/T 19650
493	杀螟腈	Cyanophos			不得检出	GB/T 20772
494	环草敌	Cycloate			不得检出	GB/T 20772
495	环莠隆	Cycluron			不得检出	GB/T 20772
496	环丙津	Cyprazine			不得检出	GB/T 20772
497	敌草索	Dacthal			不得检出	GB/T 19650
498	癸氧喹酯	Decoquinate			不得检出	SN/T2444
499	脱叶磷	DEF			不得检出	GB/T 19650
500	2,2′,4,5,5′－五氯联苯	DE – PCB 101			不得检出	GB/T 19650
501	2,3,4,4′,5－五氯联苯	DE – PCB 118			不得检出	GB/T 19650
502	2,2′,3,4,4′,5－六氯联苯	DE – PCB 138			不得检出	GB/T 19650
503	2,2′,4,4′,5,5′－六氯联苯	DE – PCB 153			不得检出	GB/T 19650
504	2,2′,3,4,4′,5,5′－七氯联苯	DE – PCB 180			不得检出	GB/T 19650
505	2,4,4′－三氯联苯	DE – PCB 28			不得检出	GB/T 19650
506	2,4,5－三氯联苯	DE – PCB 31			不得检出	GB/T 19650
507	2,2′,5,5′－四氯联苯	DE – PCB 52			不得检出	GB/T 19650
508	脱溴溴苯磷	Desbrom – leptophos			不得检出	GB/T 19650
509	脱乙基另丁津	Desethyl – sebuthylazine			不得检出	GB/T 19650

序号	农兽药中文名	农兽药英文名	欧盟标准限量要求 mg/kg	国家标准限量要求 mg/kg	三安超有机食品标准	
					限量要求 mg/kg	检测方法
510	敌草净	Desmetryn			不得检出	GB/T 19650
511	地塞米松	Dexamethasone			不得检出	SN/T 1970
512	氯亚胺硫磷	Dialifos			不得检出	GB/T 19650
513	敌菌净	Diaveridine			不得检出	SN/T 1926
514	驱虫特	Dibutyl succinate			不得检出	GB/T 20772
515	异氯磷	Dicapthon			不得检出	GB/T 20772
516	除线磷	Dichlofenthion			不得检出	GB/T 20772
517	苯氟磺胺	Dichlofluanid			不得检出	GB/T 19650
518	烯丙酰草胺	Dichlormid			不得检出	GB/T 19650
519	敌敌畏	Dichlorvos			不得检出	GB/T 20772
520	苄氯三唑醇	Diclobutrazole			不得检出	GB/T 20772
521	禾草灵	Diclofop – methyl			不得检出	GB/T 19650
522	己烯雌酚	Diethylstilbestrol			不得检出	GB/T 20766
523	二氢链霉素	Dihydro – streptomycin			不得检出	GB/T 22969
524	甲氟磷	Dimefox			不得检出	GB/T 19650
525	哌草丹	Dimepiperate			不得检出	GB/T 19650
526	异戊乙净	Dimethametryn			不得检出	GB/T 19650
527	二甲酚草胺	Dimethenamid			不得检出	GB/T 19650
528	乐果	Dimethoate			不得检出	GB/T 20772
529	甲基毒虫畏	Dimethylvinphos			不得检出	GB/T 19650
530	地美硝唑	Dimetridazole			不得检出	GB/T 21318
531	二硝托安	Dinitolmide			不得检出	SN/T 2453
532	氨氟灵	Dinitramine			不得检出	GB/T 19650
533	消螨通	Dinobuton			不得检出	GB/T 19650
534	呋虫胺	Dinotefuran			不得检出	GB/T 20772
535	苯虫醚 – 1	Diofenolan – 1			不得检出	GB/T 19650
536	苯虫醚 – 2	Diofenolan – 2			不得检出	GB/T 19650
537	蔬果磷	Dioxabenzofos			不得检出	GB/T 19650
538	双苯酰草胺	Diphenamid			不得检出	GB/T 19650
539	二苯胺	Diphenylamine			不得检出	GB/T 19650
540	异丙净	Dipropetryn			不得检出	GB/T 19650
541	灭菌磷	Ditalimfos			不得检出	GB/T 19650
542	氟硫草定	Dithiopyr			不得检出	GB/T 19650
543	多拉菌素	Doramectin			不得检出	GB/T 22968
544	强力霉素	Doxycycline			不得检出	GB/T 20764
545	敌瘟磷	Edifenphos			不得检出	GB/T 19650
546	硫丹硫酸盐	Endosulfan – sulfate			不得检出	GB/T 19650
547	异狄氏剂酮	Endrin ketone			不得检出	GB/T 19650
548	苯硫磷	EPN			不得检出	GB/T 19650

序号	农兽药中文名	农兽药英文名	欧盟标准限量要求 mg/kg	国家标准限量要求 mg/kg	三安超有机食品标准	
					限量要求 mg/kg	检测方法
549	埃普利诺菌素	Eprinomectin			不得检出	GB/T 21320
550	抑草蓬	Erbon			不得检出	GB/T 19650
551	*S*－氰戊菊酯	Esfenvalerate			不得检出	GB/T 19650
552	戊草丹	Esprocarb			不得检出	GB/T 19650
553	乙环唑－1	Etaconazole－1			不得检出	GB/T 19650
554	乙环唑－2	Etaconazole－2			不得检出	GB/T 19650
555	乙嘧硫磷	Etrimfos			不得检出	GB/T 19650
556	氧乙嘧硫磷	Etrimfos oxon			不得检出	GB/T 19650
557	伐灭磷	Famphur			不得检出	GB/T 19650
558	苯线磷亚砜	Fenamiphos sulfoxide			不得检出	GB/T 19650
559	苯线磷砜	Fenamiphos－sulfone			不得检出	GB/T 19650
560	苯硫苯咪唑	Fenbendazole			不得检出	SN 0638
561	氧皮蝇磷	Fenchlorphos oxon			不得检出	GB/T 19650
562	甲呋酰胺	Fenfuram			不得检出	GB/T 19650
563	仲丁威	Fenobucarb			不得检出	GB/T 19650
564	苯硫威	Fenothiocarb			不得检出	GB/T 19650
565	稻瘟酰胺	Fenoxanil			不得检出	GB/T 19650
566	拌种咯	Fenpiclonil			不得检出	GB/T 19650
567	甲氰菊酯	Fenpropathrin			不得检出	GB/T 19650
568	芬螨酯	Fenson			不得检出	GB/T 19650
569	丰索磷	Fensulfothion			不得检出	GB/T 19650
570	倍硫磷亚砜	Fenthion sulfoxide			不得检出	GB/T 19650
571	麦草氟异丙酯	Flamprop－isopropyl			不得检出	GB/T 19650
572	麦草氟甲酯	Flamprop－methyl			不得检出	GB/T 19650
573	吡氟禾草灵	Fluazifop－butyl			不得检出	GB/T 19650
574	啶蜱脲	Fluazuron			不得检出	SN/T 2540
575	氟苯咪唑	Flubendazole			不得检出	GB/T 21324
576	氟噻草胺	Flufenacet			不得检出	GB/T 19650
577	氟节胺	Flumetralin			不得检出	GB/T 19650
578	唑嘧磺草胺	Flumetsulam			不得检出	GB/T 20772
579	氟烯草酸	Flumiclorac			不得检出	GB/T 19650
580	丙炔氟草胺	Flumioxazin			不得检出	GB/T 19650
581	氟胺烟酸	Flunixin			不得检出	GB/T 20750
582	三氟硝草醚	Fluorodifen			不得检出	GB/T 19650
583	乙羧氟草醚	Fluoroglycofen－ethyl			不得检出	GB/T 19650
584	三氟苯唑	Fluotrimazole			不得检出	GB/T 19650
585	氟啶草酮	Fluridone			不得检出	GB/T 19650
586	氟草烟－1－甲庚酯	Fluroxypr－1－methylheptyl ester			不得检出	GB/T 19650

序号	农兽药中文名	农兽药英文名	欧盟标准限量要求 mg/kg	国家标准限量要求 mg/kg	三安超有机食品标准	
					限量要求 mg/kg	检测方法
587	呋草酮	Flurtamone			不得检出	GB/T 19650
588	地虫硫磷	Fonofos			不得检出	GB/T 19650
589	安果	Formothion			不得检出	GB/T 19650
590	呋霜灵	Furalaxyl			不得检出	GB/T 19650
591	庆大霉素	Gentamicin			不得检出	GB/T 21323
592	苄螨醚	Halfenprox			不得检出	GB/T 19650
593	氟哌啶醇	Haloperidol			不得检出	GB/T 20763
594	庚烯磷	Heptanophos			不得检出	GB/T 19650
595	己唑醇	Hexaconazole			不得检出	GB/T 19650
596	环嗪酮	Hexazinone			不得检出	GB/T 19650
597	咪草酸	Imazamethabenz - methyl			不得检出	GB/T 19650
598	脱苯甲基亚胺唑	Imibenconazole - *des* - benzyl			不得检出	GB/T 19650
599	炔咪菊酯 - 1	Imiprothrin - 1			不得检出	GB/T 19650
600	炔咪菊酯 - 2	Imiprothrin - 2			不得检出	GB/T 19650
601	碘硫磷	Iodofenphos			不得检出	GB/T 19650
602	甲基碘磺隆	Iodosulfuron - methyl			不得检出	GB/T 20772
603	异稻瘟净	Iprobenfos			不得检出	GB/T 19650
604	氯唑磷	Isazofos			不得检出	GB/T 19650
605	碳氯灵	Isobenzan			不得检出	GB/T 19650
606	丁咪酰胺	Isocarbamid			不得检出	GB/T 19650
607	水胺硫磷	Isocarbophos			不得检出	GB/T 19650
608	异艾氏剂	Isodrin			不得检出	GB/T 19650
609	异柳磷	Isofenphos			不得检出	GB/T 19650
610	氧异柳磷	Isofenphos oxon			不得检出	GB/T 19650
611	氮氨菲啶	Isometamidium			不得检出	SN/T 2239
612	丁嗪草酮	Isomethiozin			不得检出	GB/T 19650
613	异丙威 - 1	Isoprocarb - 1			不得检出	GB/T 19650
614	异丙威 - 2	Isoprocarb - 2			不得检出	GB/T 19650
615	异丙乐灵	Isopropalin			不得检出	GB/T 19650
616	双苯噁唑酸	Isoxadifen - ethyl			不得检出	GB/T 19650
617	异噁氟草	Isoxaflutole			不得检出	GB/T 20772
618	噁唑啉	Isoxathion			不得检出	GB/T 19650
619	依维菌素	Ivermectin			不得检出	GB/T 21320
620	交沙霉素	Josamycin			不得检出	GB/T 20762
621	溴苯磷	Leptophos			不得检出	GB/T 19650
622	利谷隆	Linuron			不得检出	GB/T 19650
623	麻保沙星	Marbofloxacin			不得检出	GB/T 22985
624	2 - 甲 - 4 - 氯丁氧乙基酯	MCPA - butoxyethyl ester			不得检出	GB/T 19650
625	甲苯咪唑	Mebendazole			不得检出	GB/T 21324

序号	农兽药中文名	农兽药英文名	欧盟标准限量要求 mg/kg	国家标准限量要求 mg/kg	三安超有机食品标准	
					限量要求 mg/kg	检测方法
626	灭蚜磷	Mecarbam			不得检出	GB/T 19650
627	二甲四氯丙酸	Mecoprop			不得检出	SN/T 2325
628	苯噻酰草胺	Mefenacet			不得检出	GB/T 19650
629	吡唑解草酯	Mefenpyr - diethyl			不得检出	GB/T 19650
630	醋酸甲地孕酮	Megestrol acetate			不得检出	GB/T 20753
631	醋酸美仑孕酮	Melengestrol acetate			不得检出	GB/T 20753
632	嘧菌胺	Mepanipyrim			不得检出	GB/T 19650
633	地胺磷	Mephosfolan			不得检出	GB/T 19650
634	灭锈胺	Mepronil			不得检出	GB/T 19650
635	硝磺草酮	Mesotrione			不得检出	参照同类标准
636	呋菌胺	Methfuroxam			不得检出	GB/T 19650
637	灭梭威砜	Methiocarb sulfone			不得检出	GB/T 19650
638	盖草津	Methoprotryne			不得检出	GB/T 19650
639	甲醚菊酯 - 1	Methothrin - 1			不得检出	GB/T 19650
640	甲醚菊酯 - 2	Methothrin - 2			不得检出	GB/T 19650
641	甲基泼尼松龙	Methylprednisolone			不得检出	GB/T 21981
642	溴谷隆	Metobromuron			不得检出	GB/T 19650
643	甲氧氯普胺	Metoclopramide			不得检出	SN/T 2227
644	苯氧菌胺 - 1	Metominsstrobin - 1			不得检出	GB/T 19650
645	苯氧菌胺 - 2	Metominsstrobin - 2			不得检出	GB/T 19650
646	甲硝唑	Metronidazole			不得检出	GB/T 21318
647	速灭磷	Mevinphos			不得检出	GB/T 19650
648	兹克威	Mexacarbate			不得检出	GB/T 19650
649	灭蚁灵	Mirex			不得检出	GB/T 19650
650	禾草敌	Molinate			不得检出	GB/T 19650
651	庚酰草胺	Monalide			不得检出	GB/T 19650
652	莫能菌素	Monensin			不得检出	SN 0698
653	莫西丁克	Moxidectin			不得检出	SN/T 2442
654	合成麝香	Musk ambrecte			不得检出	GB/T 19650
655	麝香	Musk moskene			不得检出	GB/T 19650
656	西藏麝香	Musk tibeten			不得检出	GB/T 19650
657	二甲苯麝香	Musk xylene			不得检出	GB/T 19650
658	萘夫西林	Nafcillin			不得检出	GB/T 22975
659	二溴磷	Naled			不得检出	SN/T 0706
660	萘丙胺	Naproanilide			不得检出	GB/T 19650
661	甲基盐霉素	Narasin			不得检出	GB/T 20364
662	甲磺乐灵	Nitralin			不得检出	GB/T 19650
663	三氯甲基吡啶	Nitrapyrin			不得检出	GB/T 19650
664	酞菌酯	Nitrothal - isopropyl			不得检出	GB/T 19650

序号	农兽药中文名	农兽药英文名	欧盟标准限量要求 mg/kg	国家标准限量要求 mg/kg	三安超有机食品标准	
					限量要求 mg/kg	检测方法
665	诺氟沙星	Norfloxacin			不得检出	GB/T 20366
666	氟草敏	Norflurazon			不得检出	GB/T 19650
667	新生霉素	Novobiocin			不得检出	SN 0674
668	氟苯嘧啶醇	Nuarimol			不得检出	GB/T 19650
669	八氯苯乙烯	Octachlorostyrene			不得检出	GB/T 19650
670	氧氟沙星	Ofloxacin			不得检出	GB/T 20366
671	喹乙醇	Olaquindox			不得检出	GB/T 20746
672	竹桃霉素	Oleandomycin			不得检出	GB/T 20762
673	氧乐果	Omethoate			不得检出	GB/T 19650
674	奥比沙星	Orbifloxacin			不得检出	GB/T 22985
675	杀线威	Oxamyl			不得检出	GB/T 20772
676	奥芬达唑	Oxfendazole			不得检出	GB/T 22972
677	丙氧苯咪唑	Oxibendazole			不得检出	GB/T 21324
678	氧化氯丹	Oxy - chlordane			不得检出	GB/T 19650
679	土霉素	Oxytetracycline			不得检出	GB/T 21317
680	对氧磷	Paraoxon			不得检出	GB/T 19650
681	甲基对氧磷	Paraoxon - methyl			不得检出	GB/T 19650
682	克草敌	Pebulate			不得检出	GB/T 19650
683	五氯苯胺	Pentachloroaniline			不得检出	GB/T 19650
684	五氯甲氧基苯	Pentachloroanisole			不得检出	GB/T 19650
685	五氯苯	Pentachlorobenzene			不得检出	GB/T 19650
686	乙滴涕	Perthane			不得检出	GB/T 19650
687	菲	Phenanthrene			不得检出	GB/T 19650
688	稻丰散	Phenthoate			不得检出	GB/T 19650
689	甲拌磷砜	Phorate sulfone			不得检出	GB/T 19650
690	磷胺 - 1	Phosphamidon - 1			不得检出	GB/T 19650
691	磷胺 - 2	Phosphamidon - 2			不得检出	GB/T 19650
692	酞酸苯甲基丁酯	Phthalic acid, benzylbutyl ester			不得检出	GB/T 19650
693	四氯苯肽	Phthalide			不得检出	GB/T 19650
694	邻苯二甲酰亚胺	Phthalimide			不得检出	GB/T 19650
695	氟吡酰草胺	Picolinafen			不得检出	GB/T 19650
696	增效醚	Piperonyl butoxide			不得检出	GB/T 19650
697	哌草磷	Piperophos			不得检出	GB/T 19650
698	乙基虫螨清	Pirimiphos - ethyl			不得检出	GB/T 19650
699	吡利霉素	Pirlimycin			不得检出	GB/T 22988
700	炔丙菊酯	Prallethrin			不得检出	GB/T 19650
701	泼尼松龙	Prednisolone			不得检出	GB/T 21981
702	丙草胺	Pretilachlor			不得检出	GB/T 19650
703	环丙氟灵	Profluralin			不得检出	GB/T 19650

序号	农兽药中文名	农兽药英文名	欧盟标准限量要求 mg/kg	国家标准限量要求 mg/kg	三安超有机食品标准	
					限量要求 mg/kg	检测方法
704	茉莉酮	Prohydrojasmon			不得检出	GB/T 19650
705	扑灭通	Prometon			不得检出	GB/T 19650
706	扑草净	Prometryne			不得检出	GB/T 19650
707	炔丙烯草胺	Pronamide			不得检出	GB/T 19650
708	敌稗	Propanil			不得检出	GB/T 19650
709	扑灭津	Propazine			不得检出	GB/T 19650
710	胺丙畏	Propetamphos			不得检出	GB/T 19650
711	丙酰二甲氨基丙吩噻嗪	Propionylpromazin			不得检出	GB/T 20763
712	丙硫磷	Prothiophos			不得检出	GB/T 19650
713	哒嗪硫磷	Pyridafenthion			不得检出	GB/T 19650
714	吡唑硫磷	Pyraclofos			不得检出	GB/T 19650
715	吡草醚	Pyraflufen – ethyl			不得检出	GB/T 19650
716	啶斑肟 – 1	Pyrifenox – 1			不得检出	GB/T 19650
717	啶斑肟 – 2	Pyrifenox – 2			不得检出	GB/T 19650
718	环酯草醚	Pyriftalid			不得检出	GB/T 19650
719	嘧螨醚	Pyrimidifen			不得检出	GB/T 19650
720	嘧草醚	Pyriminobac – methyl			不得检出	GB/T 19650
721	嘧啶磷	Pyrimitate			不得检出	GB/T 19650
722	喹硫磷	Quinalphos			不得检出	GB/T 19650
723	灭藻醌	Quinoclamine			不得检出	GB/T 19650
724	吡咪唑	Rabenzazole			不得检出	GB/T 19650
725	莱克多巴胺	Ractopamine			不得检出	GB/T 21313
726	洛硝达唑	Ronidazole			不得检出	GB/T 21318
727	皮蝇磷	Ronnel			不得检出	GB/T 19650
728	盐霉素	Salinomycin			不得检出	GB/T 20364
729	沙拉沙星	Sarafloxacin			不得检出	GB/T 20366
730	另丁津	Sebutylazine			不得检出	GB/T 19650
731	密草通	Secbumeton			不得检出	GB/T 19650
732	氨基脲	Semduramicin			不得检出	GB/T 20752
733	烯禾啶	Sethoxydim			不得检出	GB/T 19650
734	氟硅菊酯	Silafluofen			不得检出	GB/T 19650
735	硅氟唑	Simeconazole			不得检出	GB/T 19650
736	西玛通	Simetone			不得检出	GB/T 19650
737	西草净	Simetryn			不得检出	GB/T 19650
738	螺旋霉素	Spiramycin			不得检出	GB/T 20762
739	链霉素	Streptomycin			不得检出	GB/T 21323
740	磺胺苯酰	Sulfabenzamide			不得检出	GB/T 21316
741	磺胺醋酰	Sulfacetamide			不得检出	GB/T 21316
742	磺胺氯哒嗪	Sulfachloropyridazine			不得检出	GB/T 21316

序号	农兽药中文名	农兽药英文名	欧盟标准限量要求 mg/kg	国家标准限量要求 mg/kg	三安超有机食品标准	
					限量要求 mg/kg	检测方法
743	磺胺嘧啶	Sulfadiazine			不得检出	GB/T 21316
744	磺胺间二甲氧嘧啶	Sulfadimethoxine			不得检出	GB/T 21316
745	磺胺二甲嘧啶	Sulfadimidine			不得检出	GB/T 21316
746	磺胺多辛	Sulfadoxine			不得检出	GB/T 21316
747	磺胺胍	Sulfaguanidine			不得检出	GB/T 21316
748	菜草畏	Sulfallate			不得检出	GB/T 19650
749	磺胺甲嘧啶	Sulfamerazine			不得检出	GB/T 21316
750	新诺明	Sulfamethoxazole			不得检出	GB/T 21316
751	磺胺间甲氧嘧啶	Sulfamonomethoxine			不得检出	GB/T 21316
752	乙酰磺胺对硝基苯	Sulfanitran			不得检出	GB/T 20772
753	磺胺吡啶	Sulfapyridine			不得检出	GB/T 21316
754	磺胺喹沙啉	Sulfaquinoxaline			不得检出	GB/T 21316
755	磺胺噻唑	Sulfathiazole			不得检出	GB/T 21316
756	治螟磷	Sulfotep			不得检出	GB/T 19650
757	硫丙磷	Sulprofos			不得检出	GB/T 19650
758	苯噻硫氰	TCMTB			不得检出	GB/T 19650
759	丁基嘧啶磷	Tebupirimfos			不得检出	GB/T 19650
760	牧草胺	Tebutam			不得检出	GB/T 19650
761	丁噻隆	Tebuthiuron			不得检出	GB/T 20772
762	双硫磷	Temephos			不得检出	GB/T 20772
763	特草灵	Terbucarb			不得检出	GB/T 19650
764	特丁通	Terbumeton			不得检出	GB/T 19650
765	特丁净	Terbutryn			不得检出	GB/T 19650
766	四氢邻苯二甲酰亚胺	Tetrabydrophthalimide			不得检出	GB/T 19650
767	杀虫畏	Tetrachlorvinphos			不得检出	GB/T 19650
768	四环素	Tetracycline			不得检出	GB/T 21317
769	胺菊酯	Tetramethirn			不得检出	GB/T 19650
770	杀螨氯硫	Tetrasul			不得检出	GB/T 19650
771	噻吩草胺	Thenylchlor			不得检出	GB/T 19650
772	噻唑烟酸	Thiazopyr			不得检出	GB/T 19650
773	噻苯隆	Thidiazuron			不得检出	GB/T 20772
774	噻吩磺隆	Thifensulfuron - methyl			不得检出	GB/T 20772
775	甲基乙拌磷	Thiometon			不得检出	GB/T 20772
776	虫线磷	Thionazin			不得检出	GB/T 19650
777	硫普罗宁	Tiopronin			不得检出	SN/T 2225
778	三甲苯草酮	Tralkoxydim			不得检出	GB/T 19650
779	四溴菊酯	Tralomethrin			不得检出	SN/T 2320
780	反式 - 氯丹	*trans* - Chlordane			不得检出	GB/T 19650
781	反式 - 燕麦敌	*trans* - Diallate			不得检出	GB/T 19650

序号	农兽药中文名	农兽药英文名	欧盟标准限量要求 mg/kg	国家标准限量要求 mg/kg	三安超有机食品标准	
					限量要求 mg/kg	检测方法
782	四氟苯菊酯	Transfluthrin			不得检出	GB/T 19650
783	反式九氯	*trans* – Nonachlor			不得检出	GB/T 19650
784	反式 – 氯菊酯	*trans* – Permethrin			不得检出	GB/T 19650
785	群勃龙	Trenbolone			不得检出	GB/T 21981
786	威菌磷	Triamiphos			不得检出	GB/T 19650
787	毒壤磷	Trichloronate			不得检出	GB/T 19650
788	灭草环	Tridiphane			不得检出	GB/T 19650
789	草达津	Trietazine			不得检出	GB/T 19650
790	三异丁基磷酸盐	Tri – *iso* – butyl phosphate			不得检出	GB/T 19650
791	三正丁基磷酸盐	Tri – *n* – butyl phosphate			不得检出	GB/T 19650
792	三苯基磷酸盐	Triphenyl phosphate			不得检出	GB/T 19650
793	烯效唑	Uniconazole			不得检出	GB/T 19650
794	灭草敌	Vernolate			不得检出	GB/T 19650
795	维吉尼霉素	Virginiamycin			不得检出	GB/T 20765
796	杀鼠灵	War farin			不得检出	GB/T 20772
797	甲苯噻嗪	Xylazine			不得检出	GB/T 20763
798	右环十四酮酚	Zeranol			不得检出	GB/T 21982
799	苯酰菌胺	Zoxamide			不得检出	GB/T 19650

9.3 鸡肝脏 Chicken Liver

序号	农兽药中文名	农兽药英文名	欧盟标准限量要求 mg/kg	国家标准限量要求 mg/kg	三安超有机食品标准	
					限量要求 mg/kg	检测方法
1	1,1 – 二氯 – 2,2 – 二(4 – 乙苯)乙烷	1,1 – Dichloro – 2,2 – bis(4 – ethylphenyl)ethane	0.01		不得检出	日本肯定列表(增补本 1)
2	1,2 – 二氯乙烷	1,2 – Dichloroethane	0.1		不得检出	SN/T 2238
3	1,3 – 二氯丙烯	1,3 – Dichloropropene	0.01		不得检出	SN/T 2238
4	1 – 萘乙酸	1 – Naphthylacetic acid	0.05		不得检出	SN/T 2228
5	2,4 – 滴	2,4 – D	0.05		不得检出	GB/T 20772
6	2,4 – 滴丁酸	2,4 – DB	0.1		不得检出	GB/T 20769
7	2 – 苯酚	2 – Phenylphenol	0.05		不得检出	GB/T 19650
8	阿维菌素	Abamectin	0.02		不得检出	SN/T 2661
9	乙酰甲胺磷	Acephate	0.02		不得检出	GB/T 20772
10	灭螨醌	Acequinocyl	0.01		不得检出	参照同类标准
11	啶虫脒	Acetamiprid	0.1		不得检出	GB/T 20772
12	乙草胺	Acetochlor	0.01		不得检出	GB/T 19650
13	苯并噻二唑	Acibenzolar – *S* – methyl	0.02		不得检出	GB/T 20772
14	苯草醚	Aclonifen	0.02		不得检出	GB/T 20772
15	氟丙菊酯	Acrinathrin	0.05		不得检出	GB/T 19648

序号	农兽药中文名	农兽药英文名	欧盟标准限量要求 mg/kg	国家标准限量要求 mg/kg	三安超有机食品标准	
					限量要求 mg/kg	检测方法
16	甲草胺	Alachlor	0.01		不得检出	GB/T 20772
17	涕灭威	Aldicarb	0.01		不得检出	GB/T 20772
18	艾氏剂和狄氏剂	Aldrin and dieldrin	0.2		不得检出	GB/T 19650
19	—	Ametoctradin	0.03		不得检出	参照同类标准
20	酰嘧磺隆	Amidosulfuron	0.02		不得检出	参照同类标准
21	氯氨吡啶酸	Aminopyralid	0.02		不得检出	GB/T 23211
22	—	Amisulbrom	0.01		不得检出	参照同类标准
23	双甲脒	Amitraz	0.05		不得检出	GB/T 19650
24	阿莫西林	Amoxicillin	50μg/kg		不得检出	NY/T 830
25	氨苄青霉素	Ampicillin	50μg/kg		不得检出	GB/T 21315
26	敌菌灵	Anilazine	0.01		不得检出	GB/T 20769
27	杀螨特	Aramite	0.01		不得检出	GB/T 19650
28	磺草灵	Asulam	0.1		不得检出	日本肯定列表(增补本1)
29	阿维拉霉素	Avilamycin	300μg/kg		不得检出	GB/T21315
30	印楝素	Azadirachtin	0.01		不得检出	SN/T 3264
31	益棉磷	Azinphos – ethyl	0.01		不得检出	GB/T 19650
32	保棉磷	Azinphos – methyl	0.01		不得检出	GB/T 20772
33	三唑锡和三环锡	Azocyclotin and cyhexatin	0.05		不得检出	SN/T 1990
34	嘧菌酯	Azoxystrobin	0.05		不得检出	GB/T 20772
35	燕麦灵	Barban	0.05		不得检出	参照同类标准
36	氟丁酰草胺	Beflubutamid	0.05		不得检出	参照同类标准
37	苯霜灵	Benalaxyl	0.05		不得检出	GB/T 20772
38	丙硫克百威	Benfuracarb	0.02		不得检出	GB/T 20772
39	苄青霉素	Benzyl pencillin	50μg/kg		不得检出	GB/T 21315
40	联苯肼酯	Bifenazate	0.01		不得检出	GB/T 20772
41	甲羧除草醚	Bifenox	0.05		不得检出	GB/T 23210
42	联苯菊酯	Bifenthrin	0.05		不得检出	GB/T 19650
43	乐杀螨	Binapacryl	0.01		不得检出	SN 0523
44	联苯	Biphenyl	0.01		不得检出	GB/T 19650
45	联苯三唑醇	Bitertanol	0.05		不得检出	GB/T 20772
46	—	Bixafen	0.02		不得检出	参照同类标准
47	啶酰菌胺	Boscalid	0.1		不得检出	GB/T 20772
48	溴离子	Bromide ion	0.05		不得检出	GB/T5009.167
49	溴螨酯	Bromopropylate	0.01		不得检出	GB/T 19650
50	溴苯腈	Bromoxynil	0.05		不得检出	GB/T 20772
51	糠菌唑	Bromuconazole	0.05		不得检出	GB/T 19650
52	乙嘧酚磺酸酯	Bupirimate	0.05		不得检出	GB/T 19650
53	噻嗪酮	Buprofezin	0.05		不得检出	GB/T 20772

序号	农兽药中文名	农兽药英文名	欧盟标准限量要求 mg/kg	国家标准限量要求 mg/kg	三安超有机食品标准	
					限量要求 mg/kg	检测方法
54	仲丁灵	Butralin	0.02		不得检出	GB/T 19650
55	丁草敌	Butylate	0.01		不得检出	GB/T 19650
56	硫线磷	Cadusafos	0.01		不得检出	GB/T 19650
57	敌菌丹	Captafol	0.01		不得检出	GB/T 23210
58	克菌丹	Captan	0.02		不得检出	GB/T 19648
59	甲萘威	Carbaryl	0.05		不得检出	GB/T 20796
60	多菌灵和苯菌灵	Carbendazim and benomyl	0.05		不得检出	GB/T 20772
61	长杀草	Carbetamide	0.05		不得检出	GB/T 20772
62	克百威	Carbofuran	0.01		不得检出	GB/T 20772
63	丁硫克百威	Carbosulfan	0.05		不得检出	GB/T 19650
64	萎锈灵	Carboxin	0.05		不得检出	GB/T 20772
65	氯虫苯甲酰胺	Chlorantraniliprole	0.01		不得检出	参照同类标准
66	杀螨醚	Chlorbenside	0.05		不得检出	GB/T 19650
67	氯炔灵	Chlorbufam	0.05		不得检出	GB/T 20772
68	氯丹	Chlordane	0.05		不得检出	GB/T 5009.19
69	十氯酮	Chlordecone	0.2		不得检出	参照同类标准
70	杀螨酯	Chlorfenson	0.05		不得检出	GB/T 19650
71	毒虫畏	Chlorfenvinphos	0.01		不得检出	GB/T 19650
72	氯草敏	Chloridazon	0.05		不得检出	GB/T 20772
73	矮壮素	Chlormequat	0.05		不得检出	GB/T 23211
74	乙酯杀螨醇	Chlorobenzilate	0.1		不得检出	GB/T 23210
75	百菌清	Chlorothalonil	0.07		不得检出	SN/T 2320
76	绿麦隆	Chlortoluron	0.05		不得检出	GB/T 20772
77	枯草隆	Chloroxuron	0.05		不得检出	SN/T 2150
78	氯苯胺灵	Chlorpropham	0.05		不得检出	GB/T 19650
79	毒死蜱	Chlorpyrifos	0.05		不得检出	GB/T 19650
80	甲基毒死蜱	Chlorpyrifos - methyl	0.05		不得检出	GB/T 19650
81	氯磺隆	Chlorsulfuron	0.01		不得检出	GB/T 20772
82	金霉素	Chlortetracycline	300μg/kg		不得检出	GB/T 21317
83	氯酞酸甲酯	Chlorthaldimethyl	0.01		不得检出	GB/T 19650
84	氯硫酰草胺	Chlorthiamid	0.02		不得检出	GB/T 20772
85	烯草酮	Clethodim	0.2		不得检出	GB/T 19650
86	炔草酯	Clodinafop - propargyl	0.02		不得检出	GB/T 19650
87	四螨嗪	Clofentezine	0.05		不得检出	GB/T 20772
88	二氯吡啶酸	Clopyralid	0.05		不得检出	SN/T 2228
89	噻虫胺	Clothianidin	0.1		不得检出	GB/T 20772
90	邻氯青霉素	Cloxacillin	300μg/kg		不得检出	GB/T 18932.25
91	黏菌素	Colistin	150μg/kg		不得检出	参照同类标准
92	铜化合物	Copper compounds	30		不得检出	参照同类标准

序号	农兽药中文名	农兽药英文名	欧盟标准限量要求 mg/kg	国家标准限量要求 mg/kg	三安超有机食品标准	
					限量要求 mg/kg	检测方法
93	环烷基酰苯胺	Cyclanilide	0.01		不得检出	参照同类标准
94	噻草酮	Cycloxydim	0.05		不得检出	GB/T 19650
95	环氟菌胺	Cyflufenamid	0.03		不得检出	GB/T 23210
96	氟氯氰菊酯和高效氟氯氰菊酯	Cyfluthrin and beta – cyfluthrin	0.05		不得检出	GB/T 19650
97	霜脲氰	Cymoxanil	0.05		不得检出	GB/T 20772
98	氯氰菊酯和高效氯氰菊酯	Cypermethrin and beta – cypermethrin	0.05		不得检出	GB/T 19650
99	环丙唑醇	Cyproconazole	0.05		不得检出	GB/T 20772
100	嘧菌环胺	Cyprodinil	0.05		不得检出	GB/T 19650
101	灭蝇胺	Cyromazine	0.05		不得检出	GB/T 20772
102	丁酰肼	Daminozide	0.05		不得检出	SN/T 1989
103	滴滴涕	DDT	1		不得检出	SN/T 0127
104	溴氰菊酯	Deltamethrin	0.1		不得检出	GB/T 19650
105	燕麦敌	Diallate	0.2		不得检出	GB/T 23211
106	二嗪磷	Diazinon	0.01		不得检出	GB/T 19650
107	麦草畏	Dicamba	0.07		不得检出	GB/T 20772
108	敌草腈	Dichlobenil	0.01		不得检出	GB/T 19650
109	滴丙酸	Dichlorprop	0.05		不得检出	SN/T 2228
110	地克珠利(杀球灵)	Diclazuril	1500μg/kg		不得检出	SN/T 2318
111	二氯苯氧基丙酸	Diclofop	0.01		不得检出	参照同类标准
112	氯硝胺	Dicloran	0.01		不得检出	GB/T 19650
113	双氯青霉素	Dicloxacillin	300μg/kg		不得检出	GB/T 18932.25
114	三氯杀螨醇	Dicofol	0.05		不得检出	GB/T 19650
115	乙霉威	Diethofencarb	0.05		不得检出	GB/T 19650
116	苯醚甲环唑	Difenoconazole	0.1		不得检出	GB/T 19650
117	双氟沙星	Difloxacin	1900μg/kg		不得检出	GB/T 20366
118	除虫脲	Diflubenzuron	0.05		不得检出	SN/T 0528
119	吡氟酰草胺	Diflufenican	0.05		不得检出	GB/T 20772
120	油菜安	Dimethachlor	0.02		不得检出	GB/T 20772
121	烯酰吗啉	Dimethomorph	0.05		不得检出	GB/T 20772
122	醚菌胺	Dimoxystrobin	0.05		不得检出	SN/T 2237
123	烯唑醇	Diniconazole	0.01		不得检出	GB/T 19650
124	敌螨普	Dinocap	0.05		不得检出	日本肯定列表(增补本1)
125	地乐酚	Dinoseb	0.01		不得检出	GB/T 20772
126	特乐酚	Dinoterb	0.05		不得检出	GB/T 20772
127	敌噁磷	Dioxathion	0.05		不得检出	GB/T 19650
128	敌草快	Diquat	0.05		不得检出	GB/T 5009.221

序号	农兽药中文名	农兽药英文名	欧盟标准限量要求 mg/kg	国家标准限量要求 mg/kg	三安超有机食品标准	
					限量要求 mg/kg	检测方法
129	乙拌磷	Disulfoton	0.01		不得检出	GB/T 20772
130	二氰蒽醌	Dithianon	0.01		不得检出	GB/T 20769
131	二硫代氨基甲酸酯	Dithiocarbamates	0.05		不得检出	SN 0139
132	敌草隆	Diuron	0.05		不得检出	SN/T 0645
133	二硝甲酚	DNOC	0.05		不得检出	GB/T 20772
134	多果定	Dodine	0.2		不得检出	SN 0500
135	强力霉素	Doxycycline	300μg/kg		不得检出	GB/T 20764
136	甲氨基阿维菌素苯甲酸盐	Emamectin benzoate	0.01		不得检出	GB/T 20769
137	硫丹	Endosulfan	0.05	0.03	不得检出	GB/T 19650
138	异狄氏剂	Endrin	0.05		不得检出	GB/T 19650
139	恩诺沙星	Enrofloxacin	200μg/kg		不得检出	GB/T 20366
140	氟环唑	Epoxiconazole	0.01		不得检出	GB/T 20772
141	茵草敌	EPTC	0.02		不得检出	GB/T 20772
142	红霉素	Erythromycin	200μg/kg		不得检出	GB/T 20762
143	乙丁烯氟灵	Ethalfluralin	0.01		不得检出	GB/T 19650
144	胺苯磺隆	Ethametsulfuron	0.01		不得检出	NY/T 1616
145	乙烯利	Ethephon	0.05		不得检出	SN 0705
146	乙硫磷	Ethion	0.01		不得检出	GB/T 19650
147	乙嘧酚	Ethirimol	0.05		不得检出	GB/T 20772
148	乙氧呋草黄	Ethofumesate	0.1		不得检出	GB/T 20772
149	灭线磷	Ethoprophos	0.01		不得检出	GB/T 19650
150	乙氧喹啉	Ethoxyquin	0.05		不得检出	GB/T 20772
151	环氧乙烷	Ethylene oxide	0.02		不得检出	GB/T 23296.11
152	醚菊酯	Etofenprox	0.01		不得检出	GB/T 19650
153	乙螨唑	Etoxazole	0.01		不得检出	GB/T 19650
154	氯唑灵	Etridiazole	0.05		不得检出	GB/T 20772
155	噁唑菌酮	Famoxadone	0.05		不得检出	GB/T 20772
156	咪唑菌酮	Fenamidone	0.01		不得检出	GB/T 19650
157	苯线磷	Fenamiphos	0.02		不得检出	GB/T 19650
158	氯苯嘧啶醇	Fenarimol	0.02		不得检出	GB/T 20772
159	喹螨醚	Fenazaquin	0.01		不得检出	GB/T 19650
160	腈苯唑	Fenbuconazole	0.05		不得检出	GB/T 20772
161	苯丁锡	Fenbutatin oxide	0.05		不得检出	SN/T 3149
162	环酰菌胺	Fenhexamid	0.05		不得检出	GB/T 20772
163	杀螟硫磷	Fenitrothion	0.01		不得检出	GB/T 20772
164	精噁唑禾草灵	Fenoxaprop - *P* - ethyl	0.05		不得检出	GB 22617
165	双氧威	Fenoxycarb	0.05		不得检出	GB/T 19650
166	苯锈啶	Fenpropidin	0.02		不得检出	GB/T 19650
167	丁苯吗啉	Fenpropimorph	0.01		不得检出	GB/T 20772

序号	农兽药中文名	农兽药英文名	欧盟标准限量要求 mg/kg	国家标准限量要求 mg/kg	三安超有机食品标准	
					限量要求 mg/kg	检测方法
168	胺苯吡菌酮	Fenpyrazamine	0.01		不得检出	参照同类标准
169	唑螨酯	Fenpyroximate	0.01		不得检出	GB/T 19650
170	倍硫磷	Fenthion	0.05		不得检出	GB/T 20772
171	三苯锡	Fentin	0.05		不得检出	SN/T 3149
172	薯瘟锡	Fentin acetate	0.05		不得检出	参照同类标准
173	氰戊菊酯和高效氰戊菊酯(RR & SS 异构体总量)	Fenvalerate and esfenvalerate (sum of RR & SS isomers)	0.2		不得检出	GB/T 19650
174	氰戊菊酯和高效氰戊菊酯(RS & SR 异构体总量)	Fenvalerate and esfenvalerate (sum of RS & SR isomers)	0.05		不得检出	GB/T 19650
175	氟虫腈	Fipronil	0.02		不得检出	SN/T 1982
176	氟啶虫酰胺	Flonicamid	0.03		不得检出	SN/T 2796
177	氟苯尼考	Florfenicol	2500μg/kg		不得检出	GB/T 20756
178	精吡氟禾草灵	Fluazifop - *P* - butyl	0.05		不得检出	GB/T 5009.142
179	氟啶胺	Fluazinam	0.05		不得检出	SN/T 2150
180	氟苯咪唑	Flubendazole	400μg/kg		不得检出	GB/T 21324
181	氟苯虫酰胺	Flubendiamide	0.01		不得检出	SN/T 2581
182	氟环脲	Flucycloxuron	0.05		不得检出	参照同类标准
183	氟氰戊菊酯	Flucythrinate	0.05		不得检出	GB/T 23210
184	咯菌腈	Fludioxonil	0.05		不得检出	GB/T 20772
185	氟虫脲	Flufenoxuron	0.05		不得检出	SN/T 2150
186	—	Flufenzin	0.02		不得检出	参照同类标准
187	氟甲喹	Flumequin	800μg/kg		不得检出	SN/T 1921
188	氟吡菌胺	Fluopicolide	0.01		不得检出	参照同类标准
189	—	Fluopyram	0.2		不得检出	参照同类标准
190	氟离子	Fluoride ion	1		不得检出	GB/T 5009.167
191	氟腈嘧菌酯	Fluoxastrobin	0.05		不得检出	SN/T 2237
192	氟喹唑	Fluquinconazole	0.02		不得检出	GB/T 19650
193	氟咯草酮	Fluorochloridone	0.05		不得检出	GB/T 20772
194	氟草烟	Fluroxypyr	0.05		不得检出	GB/T 20772
195	氟硅唑	Flusilazole	0.1		不得检出	GB/T 20772
196	氟酰胺	Flutolanil	0.05		不得检出	GB/T 20772
197	粉唑醇	Flutriafol	0.01		不得检出	GB/T 20772
198	—	Fluxapyroxad	0.01		不得检出	参照同类标准
199	氟磺胺草醚	Fomesafen	0.01		不得检出	GB/T 5009.130
200	氯吡脲	Forchlorfenuron	0.05		不得检出	SN/T 3643
201	伐虫脒	Formetanate	0.01		不得检出	NY/T 1453
202	三乙膦酸铝	Fosetyl - aluminium	0.5		不得检出	参照同类标准
203	麦穗宁	Fuberidazole	0.05		不得检出	GB/T 19650
204	呋线威	Furathiocarb	0.01		不得检出	GB/T 20772

序号	农兽药中文名	农兽药英文名	欧盟标准限量要求 mg/kg	国家标准限量要求 mg/kg	三安超有机食品标准	
					限量要求 mg/kg	检测方法
205	糠醛	Furfural	1		不得检出	参照同类标准
206	勃激素	Gibberellic acid	0.1		不得检出	GB/T 23211
207	草胺膦	Glufosinate – ammonium	0.2		不得检出	日本肯定列表
208	草甘膦	Glyphosate	0.05		不得检出	SN/T 1923
209	双胍盐	Guazatine	0.1		不得检出	参照同类标准
210	氟吡禾灵	Haloxyfop	0.1		不得检出	SN/T 2228
211	七氯	Heptachlor	0.2		不得检出	SN 0663
212	六氯苯	Hexachlorobenzene	0.2		不得检出	SN/T 0127
213	六六六(HCH), α – 异构体	Hexachlorociclohexane (HCH), alpha – isomer	0.2		不得检出	SN/T 0127
214	六六六(HCH), β – 异构体	Hexachlorociclohexane (HCH), beta – isomer	0.1		不得检出	SN/T 0127
215	噻螨酮	Hexythiazox	0.05		不得检出	GB/T 20772
216	噁霉灵	Hymexazol	0.05		不得检出	GB/T 20772
217	抑霉唑	Imazalil	0.05		不得检出	GB/T 20772
218	甲咪唑烟酸	Imazapic	0.01		不得检出	GB/T 20772
219	咪唑喹啉酸	Imazaquin	0.05		不得检出	GB/T 20772
220	吡虫啉	Imidacloprid	0.05		不得检出	GB/T 20772
221	茚虫威	Indoxacarb	0.01		不得检出	GB/T 20772
222	碘苯腈	Ioxynil	0.05		不得检出	GB/T 20772
223	异菌脲	Iprodione	0.05		不得检出	GB/T 19650
224	稻瘟灵	Isoprothiolane	0.01		不得检出	GB/T 20772
225	异丙隆	Isoproturon	0.05		不得检出	GB/T 20772
226	—	Isopyrazam	0.01		不得检出	参照同类标准
227	异噁酰草胺	Isoxaben	0.01		不得检出	GB/T 20772
228	卡那霉素	Kanamycin	600μg/kg		不得检出	GB/T 21323
229	醚菌酯	Kresoxim – methyl	0.02		不得检出	GB/T 20772
230	乳氟禾草灵	Lactofen	0.01		不得检出	GB/T 19650
231	高效氯氟氰菊酯	Lambda – cyhalothrin	0.02		不得检出	GB/T 23210
232	拉沙里菌素	Lasalocid	100μg/kg		不得检出	SN 0501
233	环草定	Lenacil	0.1		不得检出	GB/T 19650
234	林可霉素	Lincomycin	500μg/kg		不得检出	GB/T 20762
235	林丹	Lindane	0.02	0.01	不得检出	NY/T 761
236	虱螨脲	Lufenuron	0.02		不得检出	SN/T 2540
237	马拉硫磷	Malathion	0.02		不得检出	GB/T 19650
238	抑芽丹	Maleic hydrazide	0.02		不得检出	GB/T 23211
239	双炔酰菌胺	Mandipropamid	0.02		不得检出	参照同类标准
240	二甲四氯和二甲四氯丁酸	MCPA and MCPB	0.1		不得检出	SN/T 2228
241	壮棉素	Mepiquat chloride	0.05		不得检出	GB/T 23211

序号	农兽药中文名	农兽药英文名	欧盟标准限量要求 mg/kg	国家标准限量要求 mg/kg	三安超有机食品标准	
					限量要求 mg/kg	检测方法
242	—	Meptyldinocap	0.05		不得检出	参照同类标准
243	汞化合物	Mercury compounds	0.01		不得检出	参照同类标准
244	氰氟虫腙	Metaflumizone	0.02		不得检出	SN/T 3852
245	甲霜灵和精甲霜灵	Metalaxyl and metalaxyl – M	0.05		不得检出	GB/T 20772
246	四聚乙醛	Metaldehyde	0.05		不得检出	SN/T 1787
247	苯嗪草酮	Metamitron	0.05		不得检出	GB/T 19650
248	吡唑草胺	Metazachlor	0.05		不得检出	GB/T 19650
249	叶菌唑	Metconazole	0.01		不得检出	GB/T 20772
250	甲基苯噻隆	Methabenzthiazuron	0.05		不得检出	GB/T 19650
251	虫螨畏	Methacrifos	0.01		不得检出	GB/T 20772
252	甲胺磷	Methamidophos	0.01		不得检出	GB/T 20772
253	杀扑磷	Methidathion	0.02		不得检出	GB/T 20772
254	甲硫威	Methiocarb	0.05		不得检出	GB/T 20770
255	灭多威和硫双威	Methomyl and thiodicarb	0.02		不得检出	GB/T 20772
256	烯虫酯	Methoprene	0.05		不得检出	GB/T 19650
257	甲氧滴滴涕	Methoxychlor	0.01		不得检出	SN/T 0529
258	甲氧虫酰肼	Methoxyfenozide	0.01		不得检出	GB/T 20772
259	磺草唑胺	Metosulam	0.01		不得检出	GB/T 20772
260	苯菌酮	Metrafenone	0.05		不得检出	参照同类标准
261	嗪草酮	Metribuzin	0.1		不得检出	GB/T 19650
262	绿谷隆	Monolinuron	0.05		不得检出	GB/T 20772
263	灭草隆	Monuron	0.01		不得检出	GB/T 20772
264	腈菌唑	Myclobutanil	0.01		不得检出	GB/T 20772
265	1 – 萘乙酰胺	1 – Naphthylacetamide	0.05		不得检出	GB/T 23205
266	敌草胺	Napropamide	0.01		不得检出	GB/T 19650
267	新霉素	Neomycin	500μg/kg		不得检出	SN 0646
268	除草醚	Nitrofen	0.01		不得检出	GB/T 19650
269	氟酰脲	Novaluron	0.1		不得检出	GB/T 23211
270	嘧苯胺磺隆	Orthosulfamuron	0.01		不得检出	GB/T 23817
271	苯唑青霉素	Oxacillin	300μg/kg		不得检出	GB/T 18932.25
272	噁草酮	Oxadiazon	0.05		不得检出	GB/T 19650
273	噁霜灵	Oxadixyl	0.01		不得检出	GB/T 19650
274	环氧嘧磺隆	Oxasulfuron	0.05		不得检出	GB/T 23817
275	喹菌酮	Oxolinic acid	150μg/kg		不得检出	日本肯定列表
276	氧化萎锈灵	Oxycarboxin	0.05		不得检出	GB/T 19650
277	亚砜磷	Oxydemeton – methyl	0.01		不得检出	参照同类标准
278	乙氧氟草醚	Oxyfluorfen	0.05		不得检出	GB/T 20772
279	土霉素	Oxytetracycline	300μg/kg		不得检出	GB/T 21317
280	对硫磷	Parathion	0.05		不得检出	GB/T 19650

序号	农兽药中文名	农兽药英文名	欧盟标准限量要求 mg/kg	国家标准限量要求 mg/kg	三安超有机食品标准	
					限量要求 mg/kg	检测方法
281	甲基对硫磷	Parathion - methyl	0.01		不得检出	GB/T 5009.161
282	巴龙霉素	Paromomycin	1500μg/kg		不得检出	SN/T 2315
283	戊菌唑	Penconazole	0.05		不得检出	GB/T 20772
284	戊菌隆	Pencycuron	0.05		不得检出	GB/T 19650
285	二甲戊灵	Pendimethalin	0.05		不得检出	GB/T 19650
286	氯菊酯	Permethrin	0.05		不得检出	GB/T 19650
287	甜菜宁	Phenmedipham	0.05		不得检出	GB/T 23205
288	苯醚菊酯	Phenothrin	0.05		不得检出	GB/T 20772
289	苯氧甲基青霉素	Phenoxymethylpenicillin	25μg/kg		不得检出	GB/T21315
290	甲拌磷	Phorate	0.01		不得检出	GB/T 20772
291	伏杀硫磷	Phosalone	0.01		不得检出	GB/T 20772
292	亚胺硫磷	Phosmet	0.1		不得检出	GB/T 20772
293	—	Phosphines and phosphides	0.01		不得检出	参照同类标准
294	辛硫磷	Phoxim	0.05		不得检出	GB/T 20772
295	氨氯吡啶酸	Picloram	0.01		不得检出	GB/T 23211
296	啶氧菌酯	Picoxystrobin	0.05		不得检出	GB/T 19650
297	抗蚜威	Pirimicarb	0.05		不得检出	GB/T 20772
298	甲基嘧啶磷	Pirimiphos - methyl	0.05		不得检出	GB/T 20772
299	咪鲜胺	Prochloraz	0.1		不得检出	GB/T 19650
300	腐霉利	Procymidone	0.01		不得检出	GB/T 20772
301	丙溴磷	Profenofos	0.05		不得检出	GB/T 20772
302	调环酸	Prohexadione	0.05		不得检出	日本肯定列表
303	毒草安	Propachlor	0.02		不得检出	GB/T 20772
304	扑派威	Propamocarb	0.1		不得检出	GB/T 20772
305	恶草酸	Propaquizafop	0.05		不得检出	GB/T 20772
306	炔螨特	Propargite	0.1		不得检出	GB/T 19650
307	苯胺灵	Propham	0.05		不得检出	GB/T 19650
308	丙环唑	Propiconazole	0.01		不得检出	GB/T 19650
309	异丙草胺	Propisochlor	0.01		不得检出	GB/T 19650
310	残杀威	Propoxur	0.05		不得检出	GB/T 20772
311	炔苯酰草胺	Propyzamide	0.05		不得检出	GB/T 19650
312	苄草丹	Prosulfocarb	0.05		不得检出	GB/T 19650
313	丙硫菌唑	Prothioconazole	0.05		不得检出	参照同类标准
314	吡蚜酮	Pymetrozine	0.01		不得检出	GB/T 20772
315	吡唑醚菌酯	Pyraclostrobin	0.05		不得检出	GB/T 20772
316	—	Pyrasulfotole	0.01		不得检出	参照同类标准
317	吡菌磷	Pyrazophos	0.02		不得检出	GB/T 20772
318	除虫菊素	Pyrethrins	0.05		不得检出	GB/T 20772
319	哒螨灵	Pyridaben	0.02		不得检出	GB/T 19650

序号	农兽药中文名	农兽药英文名	欧盟标准限量要求 mg/kg	国家标准限量要求 mg/kg	三安超有机食品标准	
					限量要求 mg/kg	检测方法
320	啶虫丙醚	Pyridalyl	0.01		不得检出	日本肯定列表
321	哒草特	Pyridate	0.05		不得检出	日本肯定列表
322	嘧霉胺	Pyrimethanil	0.05		不得检出	GB/T 19650
323	吡丙醚	Pyriproxyfen	0.05		不得检出	GB/T 19650
324	甲氧磺草胺	Pyroxsulam	0.01		不得检出	SN/T 2325
325	氯甲喹啉酸	Quinmerac	0.05		不得检出	参照同类标准
326	喹氧灵	Quinoxyfen	0.2		不得检出	SN/T 2319
327	五氯硝基苯	Quintozene	0.01	0.1	不得检出	GB/T 19650
328	精喹禾灵	Quizalofop - *P* - ethyl	0.05		不得检出	SN/T 2150
329	灭虫菊	Resmethrin	0.1		不得检出	GB/T 20772
330	鱼藤酮	Rotenone	0.01		不得检出	GB/T 20772
331	沙拉沙星	Sarafloxacin	100μg/kg		不得检出	GB/T 20366
332	西玛津	Simazine	0.01		不得检出	SN 0594
333	壮观霉素	Spectinomycin	1000μg/kg		不得检出	GB/T 21323
334	乙基多杀菌素	Spinetoram	0.01		不得检出	参照同类标准
335	多杀霉素	Spinosad	0.2		不得检出	GB/T 20772
336	螺旋霉素	Spiramycin	400μg/kg		不得检出	GB/T 20762
337	螺螨酯	Spirodiclofen	0.01		不得检出	GB/T 20772
338	螺甲螨酯	Spiromesifen	0.01		不得检出	GB/T 23210
339	螺虫乙酯	Spirotetramat	0.01		不得检出	参照同类标准
340	萎孢菌素	Spiroxamine	0.2		不得检出	GB/T 20772
341	磺草酮	Sulcotrione	0.05		不得检出	参照同类标准
342	磺胺类(所有属于磺胺类的物质)	Sulfonamides (all substances belonging to the sulfonamide-group)	100μg/kg		不得检出	GB 29694
343	乙黄隆	Sulfosulfuron	0.05		不得检出	SN/T 2325
344	硫磺粉	Sulfur	0.5		不得检出	参照同类标准
345	氟胺氰菊酯	Tau - fluvalinate	0.01		不得检出	SN 0691
346	戊唑醇	Tebuconazole	0.1		不得检出	GB/T 20772
347	虫酰肼	Tebufenozide	0.05		不得检出	GB/T 20772
348	吡螨胺	Tebufenpyrad	0.05		不得检出	GB/T 19650
349	四氯硝基苯	Tecnazene	0.05		不得检出	GB/T 19650
350	氟苯脲	Teflubenzuron	0.05		不得检出	SN/T 2150
351	七氟菊酯	Tefluthrin	0.05		不得检出	GB/T 23210
352	得杀草	Tepraloxydim	1		不得检出	GB/T 20772
353	特丁硫磷	Terbufos	0.01		不得检出	GB/T 20772
354	特丁津	Terbuthylazine	0.05		不得检出	GB/T 19650
355	四氟醚唑	Tetraconazole	1		不得检出	GB/T 20772
356	四环素	Tetracycline	300μg/kg		不得检出	GB/T 21317

序号	农兽药中文名	农兽药英文名	欧盟标准限量要求 mg/kg	国家标准限量要求 mg/kg	三安超有机食品标准	
					限量要求 mg/kg	检测方法
357	三氯杀螨砜	Tetradifon	0.05		不得检出	GB/T 19650
358	噻菌灵	Thiabendazole	0.1		不得检出	GB/T 20772
359	噻虫啉	Thiacloprid	0.3		不得检出	GB/T 20772
360	噻虫嗪	Thiamethoxam	0.01		不得检出	GB/T 20772
361	甲砜霉素	Thiamphenicol	50μg/kg		不得检出	GB/T 20756
362	禾草丹	Thiobencarb	0.01		不得检出	GB/T 20772
363	甲基硫菌灵	Thiophanate - methyl	0.05		不得检出	SN/T 0162
364	硫粘菌素	Tiamulin	1000μg/kg		不得检出	SN/T 2223
365	替米考星	Tilmicosin	1000μg/kg		不得检出	GB/T 20762
366	甲基立枯磷	Tolclofos - methyl	0.05		不得检出	GB/T 19650
367	甲苯三嗪酮	Toltrazuril	600μg/kg		不得检出	参照同类标准
368	甲苯氟磺胺	Tolylfluanid	0.1		不得检出	GB/T 19650
369	—	Topramezone	0.05		不得检出	参照同类标准
370	三唑酮和三唑醇	Triadimefon and triadimenol	0.1		不得检出	GB/T 20772
371	野麦畏	Triallate	0.05		不得检出	GB/T 20772
372	醚苯磺隆	Triasulfuron	0.05		不得检出	GB/T 20772
373	三唑磷	Triazophos	0.01		不得检出	GB/T 20772
374	敌百虫	Trichlorphon	0.01		不得检出	GB/T 20772
375	绿草定	Triclopyr	0.05		不得检出	SN/T 2228
376	三环唑	Tricyclazole	0.05		不得检出	GB/T 20769
377	十三吗啉	Tridemorph	0.01		不得检出	GB/T 20772
378	肟菌酯	Trifloxystrobin	0.04		不得检出	GB/T 19650
379	氟菌唑	Triflumizole	0.05		不得检出	GB/T 20769
380	杀铃脲	Triflumuron	0.01		不得检出	GB/T 20772
381	氟乐灵	Trifluralin	0.01		不得检出	GB/T 20772
382	嗪氨灵	Triforine	0.01		不得检出	SN 0695
383	甲氧苄氨嘧啶	Trimethoprim	50μg/kg		不得检出	SN/T 1769
384	三甲基锍阳离子	Trimethyl - sulfonium cation	0.05		不得检出	参照同类标准
385	抗倒酯	Trinexapac	0.05		不得检出	GB/T 20769
386	灭菌唑	Triticonazole	0.01		不得检出	GB/T 20772
387	三氟甲磺隆	Tritosulfuron	0.01		不得检出	参照同类标准
388	泰乐霉素	Tylosin	100μg/kg		不得检出	GB/T 22941
389	乙酰异戊酰泰乐菌素	Tylvalosin	50μg/kg		不得检出	参照同类标准
390	—	Valifenalate	0.01		不得检出	参照同类标准
391	乙烯菌核利	Vinclozolin	0.05		不得检出	GB/T 20772
392	2,3,4,5 - 四氯苯胺	2,3,4,5 - Tetrachloraniline			不得检出	GB/T 19650
393	2,3,4,5 - 四氯甲氧基苯	2,3,4,5 - Tetrachloroanisole			不得检出	GB/T 19650
394	2,3,5,6 - 四氯苯胺	2,3,5,6 - Tetrachloroaniline			不得检出	GB/T 19650
395	2,4,5 - 涕	2,4,5 - T			不得检出	GB/T 20772

序号	农兽药中文名	农兽药英文名	欧盟标准限量要求mg/kg	国家标准限量要求mg/kg	三安超有机食品标准	
					限量要求mg/kg	检测方法
396	*o*,*p*′-滴滴滴	2,4′-DDD			不得检出	GB/T 19650
397	*o*,*p*′-滴滴伊	2,4′-DDE			不得检出	GB/T 19650
398	*o*,*p*′-滴滴涕	2,4′-DDT			不得检出	GB/T 19650
399	2,6-二氯苯甲酰胺	2,6-Dichlorobenzamide			不得检出	GB/T 19650
400	3,5-二氯苯胺	3,5-Dichloroaniline			不得检出	GB/T 19650
401	*p*,*p*′-滴滴滴	4,4′-DDD			不得检出	GB/T 19650
402	*p*,*p*′-滴滴伊	4,4′-DDE			不得检出	GB/T 19650
403	*p*,*p*′-滴滴涕	4,4′-DDT			不得检出	GB/T 19650
404	4,4′-二溴二苯甲酮	4,4′-Dibromobenzophenone			不得检出	GB/T 19650
405	4,4′-二氯二苯甲酮	4,4′-Dichlorobenzophenone			不得检出	GB/T 19650
406	二氢苊	Acenaphthene			不得检出	GB/T 19650
407	乙酰丙嗪	Acepromazine			不得检出	GB/T 20763
408	三氟羧草醚	Acifluorfen			不得检出	GB/T 20772
409	1-氨基-2-乙内酰脲	AHD			不得检出	GB/T 21311
410	涕灭砜威	Aldoxycarb			不得检出	GB/T 20772
411	烯丙菊酯	Allethrin			不得检出	GB/T 20772
412	二丙烯草胺	Allidochlor			不得检出	GB/T 19650
413	烯丙孕素	Altrenogest			不得检出	SN/T 1980
414	莠灭净	Ametryn			不得检出	GB/T 20772
415	5-吗啉甲基-3-氨基-2-噁唑烷基酮	AMOZ			不得检出	GB/T 21311
416	氨丙嘧吡啶	Amprolium			不得检出	SN/T 0276
417	莎稗磷	Anilofos			不得检出	GB/T 19650
418	蒽醌	Anthraquinone			不得检出	GB/T 19650
419	3-氨基-2-噁唑酮	AOZ			不得检出	GB/T 21311
420	安普霉素	Apramycin			不得检出	GB/T 21323
421	丙硫特普	Aspon			不得检出	GB/T 19650
422	羟氨卡青霉素	Aspoxicillin			不得检出	GB/T 21315
423	乙基杀扑磷	Athidathion			不得检出	GB/T 19650
424	莠去通	Atratone			不得检出	GB/T 19650
425	莠去津	Atrazine			不得检出	GB/T 20772
426	脱乙基阿特拉津	Atrazine-desethyl			不得检出	GB/T 19650
427	甲基吡噁磷	Azamethiphos			不得检出	GB/T 20763
428	氮哌酮	Azaperone			不得检出	SN/T2221
429	叠氮津	Aziprotryne			不得检出	GB/T 19650
430	杆菌肽	Bacitracin			不得检出	GB/T 20743
431	4-溴-3,5-二甲苯基-*N*-甲基氨基甲酸酯-1	BDMC-1			不得检出	GB/T 19650
432	4-溴-3,5-二甲苯基-*N*-甲基氨基甲酸酯-2	BDMC-2			不得检出	GB/T 19650

序号	农兽药中文名	农兽药英文名	欧盟标准限量要求 mg/kg	国家标准限量要求 mg/kg	三安超有机食品标准	
					限量要求 mg/kg	检测方法
433	噁虫威	Bendiocarb			不得检出	GB/T 20772
434	乙丁氟灵	Benfluralin			不得检出	GB/T 19650
435	呋草黄	Benfuresate			不得检出	GB/T 19650
436	麦锈灵	Benodanil			不得检出	GB/T 19650
437	解草酮	Benoxacor			不得检出	GB/T 19650
438	新燕灵	Benzoylprop – ethyl			不得检出	GB/T 19650
439	倍他米松	Betamethasone			不得检出	SN/T 1970
440	生物烯丙菊酯 – 1	Bioallethrin – 1			不得检出	GB/T 19650
441	生物烯丙菊酯 – 2	Bioallethrin – 2			不得检出	GB/T 19650
442	除草定	Bromacil			不得检出	GB/T 20772
443	溴苯烯磷	Bromfenvinfos			不得检出	GB/T 19650
444	溴烯杀	Bromocylen			不得检出	GB/T 19650
445	溴硫磷	Bromofos			不得检出	GB/T 19650
446	乙基溴硫磷	Bromophos – ethyl			不得检出	GB/T 19650
447	溴丁酰草胺	Btomobutide			不得检出	GB/T 19650
448	氟丙嘧草酯	Butafenacil			不得检出	GB/T 19650
449	抑草磷	Butamifos			不得检出	GB/T 19650
450	丁草胺	Butaxhlor			不得检出	GB/T 19650
451	苯酮唑	Cafenstrole			不得检出	GB/T 19650
452	角黄素	Canthaxanthin			不得检出	SN/T 2327
453	咔唑心安	Carazolol			不得检出	GB/T 20763
454	卡巴氧	Carbadox			不得检出	GB/T 20746
455	三硫磷	Carbophenothion			不得检出	GB/T 19650
456	唑草酮	Carfentrazone – ethyl			不得检出	GB/T 19650
457	卡洛芬	Carprofen			不得检出	SN/T 2190
458	头孢洛宁	Cefalonium			不得检出	GB/T 22989
459	头孢匹林	Cefapirin			不得检出	GB/T 22989
460	头孢喹肟	Cefquinome			不得检出	GB/T 22989
461	头孢噻呋	Ceftiofur			不得检出	GB/T 21314
462	头孢氨苄	Cefalexin			不得检出	GB/T 22989
463	氯霉素	Chloramphenicolum			不得检出	GB/T 20772
464	氯杀螨砜	Chlorbenside sulfone			不得检出	GB/T 19650
465	氯溴隆	Chlorbromuron			不得检出	GB/T 19650
466	杀虫脒	Chlordimeform			不得检出	GB/T 19650
467	氯氧磷	Chlorethoxyfos			不得检出	GB/T 19650
468	溴虫腈	Chlorfenapyr			不得检出	GB/T 19650
469	杀螨醇	Chlorfenethol			不得检出	GB/T 19650
470	燕麦酯	Chlorfenprop – methyl			不得检出	GB/T 19650
471	氟啶脲	Chlorfluazuron			不得检出	SN/T 2540

序号	农兽药中文名	农兽药英文名	欧盟标准限量要求 mg/kg	国家标准限量要求 mg/kg	三安超有机食品标准	
					限量要求 mg/kg	检测方法
472	整形醇	Chlorflurenol			不得检出	GB/T 19650
473	氯地孕酮	Chlormadinone			不得检出	SN/T 1980
474	醋酸氯地孕酮	Chlormadinone acetate			不得检出	GB/T 20753
475	氯甲硫磷	Chlormephos			不得检出	GB/T 19650
476	氯苯甲醚	Chloroneb			不得检出	GB/T 19650
477	丙酯杀螨醇	Chloropropylate			不得检出	GB/T 19650
478	氯丙嗪	Chlorpromazine			不得检出	GB/T 20763
479	氯硫磷	Chlorthion			不得检出	GB/T 19650
480	虫螨磷	Chlorthiophos			不得检出	GB/T 19650
481	乙菌利	Chlozolinate			不得检出	GB/T 19650
482	顺式-氯丹	*cis*-Chlordane			不得检出	GB/T 19650
483	顺式-燕麦敌	*cis*-Diallate			不得检出	GB/T 19650
484	顺式-氯菊酯	*cis*-Permethrin			不得检出	GB/T 19650
485	克仑特罗	Clenbuterol			不得检出	GB/T 22286
486	异噁草酮	Clomazone			不得检出	GB/T 20772
487	氯甲酰草胺	Clomeprop			不得检出	GB/T 19650
488	氯羟吡啶	Clopidol			不得检出	GB 29700
489	解草酯	Cloquintocet-mexyl			不得检出	GB/T 19650
490	蝇毒磷	Coumaphos			不得检出	GB/T 19650
491	鼠立死	Crimidine			不得检出	GB/T 19650
492	巴毒磷	Crotxyphos			不得检出	GB/T 19650
493	育畜磷	Crufomate			不得检出	GB/T 19650
494	苯腈磷	Cyanofenphos			不得检出	GB/T 19650
495	杀螟腈	Cyanophos			不得检出	GB/T 20772
496	环草敌	Cycloate			不得检出	GB/T 20772
497	环莠隆	Cycluron			不得检出	GB/T 20772
498	环丙津	Cyprazine			不得检出	GB/T 20772
499	敌草索	Dacthal			不得检出	GB/T 19650
500	达氟沙星	Danofloxacin			不得检出	GB/T 22985
501	癸氧喹酯	Decoquinate			不得检出	SN/T2444
502	脱叶磷	DEF			不得检出	GB/T 19650
503	2,2′,4,5,5′-五氯联苯	DE-PCB 101			不得检出	GB/T 19650
504	2,3,4,4′,5-五氯联苯	DE-PCB 118			不得检出	GB/T 19650
505	2,2′,3,4,4′,5-六氯联苯	DE-PCB 138			不得检出	GB/T 19650
506	2,2′,4,4′,5,5′-六氯联苯	DE-PCB 153			不得检出	GB/T 19650
507	2,2′,3,4,4′,5,5′-七氯联苯	DE-PCB 180			不得检出	GB/T 19650
508	2,4,4′-三氯联苯	DE-PCB 28			不得检出	GB/T 19650
509	2,4,5-三氯联苯	DE-PCB 31			不得检出	GB/T 19650
510	2,2′,5,5′-四氯联苯	DE-PCB 52			不得检出	GB/T 19650

序号	农兽药中文名	农兽药英文名	欧盟标准限量要求 mg/kg	国家标准限量要求 mg/kg	三安超有机食品标准	
					限量要求 mg/kg	检测方法
511	脱溴溴苯磷	Desbrom - leptophos			不得检出	GB/T 19650
512	脱乙基另丁津	Desethyl - sebuthylazine			不得检出	GB/T 19650
513	敌草净	Desmetryn			不得检出	GB/T 19650
514	地塞米松	Dexamethasone			不得检出	SN/T 1970
515	氯亚胺硫磷	Dialifos			不得检出	GB/T 19650
516	敌菌净	Diaveridine			不得检出	SN/T 1926
517	驱虫特	Dibutyl succinate			不得检出	GB/T 20772
518	异氯磷	Dicapthon			不得检出	GB/T 20772
519	除线磷	Dichlofenthion			不得检出	GB/T 20772
520	苯氟磺胺	Dichlofluanid			不得检出	GB/T 19650
521	烯丙酰草胺	Dichlormid			不得检出	GB/T 19650
522	敌敌畏	Dichlorvos			不得检出	GB/T 20772
523	苄氯三唑醇	Diclobutrazole			不得检出	GB/T 20772
524	禾草灵	Diclofop - methyl			不得检出	GB/T 19650
525	已烯雌酚	Diethylstilbestrol			不得检出	GB/T 20766
526	二氢链霉素	Dihydro - streptomycin			不得检出	GB/T 22969
527	甲氟磷	Dimefox			不得检出	GB/T 19650
528	哌草丹	Dimepiperate			不得检出	GB/T 19650
529	异戊乙净	Dimethametryn			不得检出	GB/T 19650
530	二甲酚草胺	Dimethenamid			不得检出	GB/T 19650
531	乐果	Dimethoate			不得检出	GB/T 20772
532	甲基毒虫畏	Dimethylvinphos			不得检出	GB/T 19650
533	地美硝唑	Dimetridazole			不得检出	GB/T 21318
534	二硝托安	Dinitolmide			不得检出	SN/T 2453
535	氨氟灵	Dinitramine			不得检出	GB/T 19650
536	消螨通	Dinobuton			不得检出	GB/T 19650
537	呋虫胺	Dinotefuran			不得检出	GB/T 20772
538	苯虫醚 - 1	Diofenolan - 1			不得检出	GB/T 19650
539	苯虫醚 - 2	Diofenolan - 2			不得检出	GB/T 19650
540	蔬果磷	Dioxabenzofos			不得检出	GB/T 19650
541	双苯酰草胺	Diphenamid			不得检出	GB/T 19650
542	二苯胺	Diphenylamine			不得检出	GB/T 19650
543	异丙净	Dipropetryn			不得检出	GB/T 19650
544	灭菌磷	Ditalimfos			不得检出	GB/T 19650
545	氟硫草定	Dithiopyr			不得检出	GB/T 19650
546	多拉菌素	Doramectin			不得检出	GB/T 22968
547	敌瘟磷	Edifenphos			不得检出	GB/T 19650
548	硫丹硫酸盐	Endosulfan - sulfate			不得检出	GB/T 19650
549	异狄氏剂酮	Endrin ketone			不得检出	GB/T 19650

序号	农兽药中文名	农兽药英文名	欧盟标准限量要求 mg/kg	国家标准限量要求 mg/kg	三安超有机食品标准	
					限量要求 mg/kg	检测方法
550	苯硫磷	EPN			不得检出	GB/T 19650
551	埃普利诺菌素	Eprinomectin			不得检出	GB/T 21320
552	抑草蓬	Erbon			不得检出	GB/T 19650
553	S-氰戊菊酯	Esfenvalerate			不得检出	GB/T 19650
554	戊草丹	Esprocarb			不得检出	GB/T 19650
555	乙环唑-1	Etaconazole-1			不得检出	GB/T 19650
556	乙环唑-2	Etaconazole-2			不得检出	GB/T 19650
557	乙嘧硫磷	Etrimfos			不得检出	GB/T 19650
558	氧乙嘧硫磷	Etrimfos oxon			不得检出	GB/T 19650
559	伐灭磷	Famphur			不得检出	GB/T 19650
560	苯线磷亚砜	Fenamiphos sulfoxide			不得检出	GB/T 19650
561	苯线磷砜	Fenamiphos-sulfone			不得检出	GB/T 19650
562	苯硫苯咪唑	Fenbendazole			不得检出	SN 0638
563	氧皮蝇磷	Fenchlorphos oxon			不得检出	GB/T 19650
564	甲呋酰胺	Fenfuram			不得检出	GB/T 19650
565	仲丁威	Fenobucarb			不得检出	GB/T 19650
566	苯硫威	Fenothiocarb			不得检出	GB/T 19650
567	稻瘟酰胺	Fenoxanil			不得检出	GB/T 19650
568	拌种咯	Fenpiclonil			不得检出	GB/T 19650
569	甲氰菊酯	Fenpropathrin			不得检出	GB/T 19650
570	芬螨酯	Fenson			不得检出	GB/T 19650
571	丰索磷	Fensulfothion			不得检出	GB/T 19650
572	倍硫磷亚砜	Fenthion sulfoxide			不得检出	GB/T 19650
573	麦草氟异丙酯	Flamprop-isopropyl			不得检出	GB/T 19650
574	麦草氟甲酯	Flamprop-methyl			不得检出	GB/T 19650
575	吡氟禾草灵	Fluazifop-butyl			不得检出	GB/T 19650
576	啶蜱脲	Fluazuron			不得检出	SN/T 2540
577	氟苯咪唑	Flubendazole			不得检出	GB/T 21324
578	氟噻草胺	Flufenacet			不得检出	GB/T 19650
579	氟节胺	Flumetralin			不得检出	GB/T 19650
580	唑嘧磺草胺	Flumetsulam			不得检出	GB/T 20772
581	氟烯草酸	Flumiclorac			不得检出	GB/T 19650
582	丙炔氟草胺	Flumioxazin			不得检出	GB/T 19650
583	氟胺烟酸	Flunixin			不得检出	GB/T 20750
584	三氟硝草醚	Fluorodifen			不得检出	GB/T 19650
585	乙羧氟草醚	Fluoroglycofen-ethyl			不得检出	GB/T 19650
586	三氟苯唑	Fluotrimazole			不得检出	GB/T 19650
587	氟啶草酮	Fluridone			不得检出	GB/T 19650
588	氟草烟-1-甲庚酯	Fluroxypr-1-methylheptyl ester			不得检出	GB/T 19650

序号	农兽药中文名	农兽药英文名	欧盟标准限量要求 mg/kg	国家标准限量要求 mg/kg	三安超有机食品标准	
					限量要求 mg/kg	检测方法
589	呋草酮	Flurtamone			不得检出	GB/T 19650
590	地虫硫磷	Fonofos			不得检出	GB/T 19650
591	安果	Formothion			不得检出	GB/T 19650
592	呋霜灵	Furalaxyl			不得检出	GB/T 19650
593	庆大霉素	Gentamicin			不得检出	GB/T 21323
594	苄螨醚	Halfenprox			不得检出	GB/T 19650
595	氟哌啶醇	Haloperidol			不得检出	GB/T 20763
596	庚烯磷	Heptanophos			不得检出	GB/T 19650
597	己唑醇	Hexaconazole			不得检出	GB/T 19650
598	环嗪酮	Hexazinone			不得检出	GB/T 19650
599	咪草酸	Imazamethabenz - methyl			不得检出	GB/T 19650
600	脱苯甲基亚胺唑	Imibenconazole - *des* - benzyl			不得检出	GB/T 19650
601	炔咪菊酯 - 1	Imiprothrin - 1			不得检出	GB/T 19650
602	炔咪菊酯 - 2	Imiprothrin - 2			不得检出	GB/T 19650
603	碘硫磷	Iodofenphos			不得检出	GB/T 19650
604	甲基碘磺隆	Iodosulfuron - methyl			不得检出	GB/T 20772
605	异稻瘟净	Iprobenfos			不得检出	GB/T 19650
606	氯唑磷	Isazofos			不得检出	GB/T 19650
607	碳氯灵	Isobenzan			不得检出	GB/T 19650
608	丁咪酰胺	Isocarbamid			不得检出	GB/T 19650
609	水胺硫磷	Isocarbophos			不得检出	GB/T 19650
610	异艾氏剂	Isodrin			不得检出	GB/T 19650
611	异柳磷	Isofenphos			不得检出	GB/T 19650
612	氧异柳磷	Isofenphos oxon			不得检出	GB/T 19650
613	氮氨菲啶	Isometamidium			不得检出	SN/T 2239
614	丁嗪草酮	Isomethiozin			不得检出	GB/T 19650
615	异丙威 - 1	Isoprocarb - 1			不得检出	GB/T 19650
616	异丙威 - 2	Isoprocarb - 2			不得检出	GB/T 19650
617	异丙乐灵	Isopropalin			不得检出	GB/T 19650
618	双苯噁唑酸	Isoxadifen - ethyl			不得检出	GB/T 19650
619	异噁氟草	Isoxaflutole			不得检出	GB/T 20772
620	噁唑啉	Isoxathion			不得检出	GB/T 19650
621	依维菌素	Ivermectin			不得检出	GB/T 21320
622	交沙霉素	Josamycin			不得检出	GB/T 20762
623	溴苯磷	Leptophos			不得检出	GB/T 19650
624	左旋咪唑	Levamisole			不得检出	SN 0349
625	利谷隆	Linuron			不得检出	GB/T 19650
626	麻保沙星	Marbofloxacin			不得检出	GB/T 22985
627	2 - 甲 - 4 - 氯丁氧乙基酯	MCPA - butoxyethyl ester			不得检出	GB/T 19650

序号	农兽药中文名	农兽药英文名	欧盟标准限量要求 mg/kg	国家标准限量要求 mg/kg	三安超有机食品标准	
					限量要求 mg/kg	检测方法
628	甲苯咪唑	Mebendazole			不得检出	GB/T 21324
629	灭蚜磷	Mecarbam			不得检出	GB/T 19650
630	二甲四氯丙酸	MECOPROP			不得检出	SN/T 2325
631	苯噻酰草胺	Mefenacet			不得检出	GB/T 19650
632	吡唑解草酯	Mefenpyr – diethyl			不得检出	GB/T 19650
633	醋酸甲地孕酮	Megestrol acetate			不得检出	GB/T 20753
634	醋酸美仑孕酮	Melengestrol acetate			不得检出	GB/T 20753
635	嘧菌胺	Mepanipyrim			不得检出	GB/T 19650
636	地胺磷	Mephosfolan			不得检出	GB/T 19650
637	灭锈胺	Mepronil			不得检出	GB/T 19650
638	硝磺草酮	Mesotrione			不得检出	参照同类标准
639	呋菌胺	Methfuroxam			不得检出	GB/T 19650
640	灭梭威砜	Methiocarb sulfone			不得检出	GB/T 19650
641	盖草津	Methoprotryne			不得检出	GB/T 19650
642	甲醚菊酯 – 1	Methothrin – 1			不得检出	GB/T 19650
643	甲醚菊酯 – 2	Methothrin – 2			不得检出	GB/T 19650
644	甲基泼尼松龙	Methylprednisolone			不得检出	GB/T 21981
645	溴谷隆	Metobromuron			不得检出	GB/T 19650
646	甲氧氯普胺	Metoclopramide			不得检出	SN/T 2227
647	苯氧菌胺 – 1	Metominsstrobin – 1			不得检出	GB/T 19650
648	苯氧菌胺 – 2	Metominsstrobin – 2			不得检出	GB/T 19650
649	甲硝唑	Metronidazole			不得检出	GB/T 21318
650	速灭磷	Mevinphos			不得检出	GB/T 19650
651	兹克威	Mexacarbate			不得检出	GB/T 19650
652	灭蚁灵	Mirex			不得检出	GB/T 19650
653	禾草敌	Molinate			不得检出	GB/T 19650
654	庚酰草胺	Monalide			不得检出	GB/T 19650
655	莫能菌素	Monensin			不得检出	SN 0698
656	莫西丁克	Moxidectin			不得检出	SN/T 2442
657	合成麝香	Musk ambrecte			不得检出	GB/T 19650
658	麝香	Musk moskene			不得检出	GB/T 19650
659	西藏麝香	Musk tibeten			不得检出	GB/T 19650
660	二甲苯麝香	Musk xylene			不得检出	GB/T 19650
661	萘夫西林	Nafcillin			不得检出	GB/T 22975
662	二溴磷	Naled			不得检出	SN/T 0706
663	萘丙胺	Naproanilide			不得检出	GB/T 19650
664	甲基盐霉素	Narasin			不得检出	GB/T 20364
665	甲磺乐灵	Nitralin			不得检出	GB/T 19650
666	三氯甲基吡啶	Nitrapyrin			不得检出	GB/T 19650

序号	农兽药中文名	农兽药英文名	欧盟标准限量要求 mg/kg	国家标准限量要求 mg/kg	三安超有机食品标准	
					限量要求 mg/kg	检测方法
667	酞菌酯	Nitrothal - isopropyl			不得检出	GB/T 19650
668	诺氟沙星	Norfloxacin			不得检出	GB/T 20366
669	氟草敏	Norflurazon			不得检出	GB/T 19650
670	新生霉素	Novobiocin			不得检出	SN 0674
671	氟苯嘧啶醇	Nuarimol			不得检出	GB/T 19650
672	八氯苯乙烯	Octachlorostyrene			不得检出	GB/T 19650
673	氧氟沙星	Ofloxacin			不得检出	GB/T 20366
674	喹乙醇	Olaquindox			不得检出	GB/T 20746
675	竹桃霉素	Oleandomycin			不得检出	GB/T 20762
676	氧乐果	Omethoate			不得检出	GB/T 19650
677	奥比沙星	Orbifloxacin			不得检出	GB/T 22985
678	杀线威	Oxamyl			不得检出	GB/T 20772
679	奥芬达唑	Oxfendazole			不得检出	GB/T 22972
680	丙氧苯咪唑	Oxibendazole			不得检出	GB/T 21324
681	氧化氯丹	Oxy - chlordane			不得检出	GB/T 19650
682	对氧磷	Paraoxon			不得检出	GB/T 19650
683	甲基对氧磷	Paraoxon - methyl			不得检出	GB/T 19650
684	克草敌	Pebulate			不得检出	GB/T 19650
685	五氯苯胺	Pentachloroaniline			不得检出	GB/T 19650
686	五氯甲氧基苯	Pentachloroanisole			不得检出	GB/T 19650
687	五氯苯	Pentachlorobenzene			不得检出	GB/T 19650
688	乙滴涕	Perthane			不得检出	GB/T 19650
689	菲	Phenanthrene			不得检出	GB/T 19650
690	稻丰散	Phenthoate			不得检出	GB/T 19650
691	甲拌磷砜	Phorate sulfone			不得检出	GB/T 19650
692	磷胺 - 1	Phosphamidon - 1			不得检出	GB/T 19650
693	磷胺 - 2	Phosphamidon - 2			不得检出	GB/T 19650
694	酞酸苯甲基丁酯	Phthalic acid, benzylbutyl ester			不得检出	GB/T 19650
695	四氯苯肽	Phthalide			不得检出	GB/T 19650
696	邻苯二甲酰亚胺	Phthalimide			不得检出	GB/T 19650
697	氟吡酰草胺	Picolinafen			不得检出	GB/T 19650
698	增效醚	Piperonyl butoxide			不得检出	GB/T 19650
699	哌草磷	Piperophos			不得检出	GB/T 19650
700	乙基虫螨清	Pirimiphos - ethyl			不得检出	GB/T 19650
701	吡利霉素	Pirlimycin			不得检出	GB/T 22988
702	炔丙菊酯	Prallethrin			不得检出	GB/T 19650
703	泼尼松龙	Prednisolone			不得检出	GB/T 21981
704	丙草胺	Pretilachlor			不得检出	GB/T 19650
705	环丙氟灵	Profluralin			不得检出	GB/T 19650

序号	农兽药中文名	农兽药英文名	欧盟标准限量要求 mg/kg	国家标准限量要求 mg/kg	三安超有机食品标准	
					限量要求 mg/kg	检测方法
706	茉莉酮	Prohydrojasmon			不得检出	GB/T 19650
707	扑灭通	Prometon			不得检出	GB/T 19650
708	扑草净	Prometryne			不得检出	GB/T 19650
709	炔丙烯草胺	Pronamide			不得检出	GB/T 19650
710	敌稗	Propanil			不得检出	GB/T 19650
711	扑灭津	Propazine			不得检出	GB/T 19650
712	胺丙畏	Propetamphos			不得检出	GB/T 19650
713	丙酰二甲氨基丙吩噻嗪	Propionylpromazin			不得检出	GB/T 20763
714	丙硫磷	Prothiophos			不得检出	GB/T 19650
715	哒嗪硫磷	Pyridafenthion			不得检出	GB/T 19650
716	吡唑硫磷	Pyraclofos			不得检出	GB/T 19650
717	吡草醚	Pyraflufen – ethyl			不得检出	GB/T 19650
718	啶斑肟 – 1	Pyrifenox – 1			不得检出	GB/T 19650
719	啶斑肟 – 2	Pyrifenox – 2			不得检出	GB/T 19650
720	环酯草醚	Pyriftalid			不得检出	GB/T 19650
721	嘧螨醚	Pyrimidifen			不得检出	GB/T 19650
722	嘧草醚	Pyriminobac – methyl			不得检出	GB/T 19650
723	嘧啶磷	Pyrimitate			不得检出	GB/T 19650
724	喹硫磷	Quinalphos			不得检出	GB/T 19650
725	灭藻醌	Quinoclamine			不得检出	GB/T 19650
726	精喹禾灵	Quizalofop – *P* – ethyl			不得检出	GB/T 20769
727	吡咪唑	Rabenzazole			不得检出	GB/T 19650
728	莱克多巴胺	Ractopamine			不得检出	GB/T 21313
729	洛硝达唑	Ronidazole			不得检出	GB/T 21318
730	皮蝇磷	Ronnel			不得检出	GB/T 19650
731	盐霉素	Salinomycin			不得检出	GB/T 20364
732	另丁津	Sebutylazine			不得检出	GB/T 19650
733	密草通	Secbumeton			不得检出	GB/T 19650
734	氨基脲	Semduramicin			不得检出	GB/T 20752
735	烯禾啶	Sethoxydim			不得检出	GB/T 19650
736	氟硅菊酯	Silafluofen			不得检出	GB/T 19650
737	硅氟唑	Simeconazole			不得检出	GB/T 19650
738	西玛通	Simetone			不得检出	GB/T 19650
739	西草净	Simetryn			不得检出	GB/T 19650
740	链霉素	Streptomycin			不得检出	GB/T 21323
741	磺胺苯酰	Sulfabenzamide			不得检出	GB/T 21316
742	磺胺醋酰	Sulfacetamide			不得检出	GB/T 21316
743	磺胺氯哒嗪	Sulfachloropyridazine			不得检出	GB/T 21316
744	磺胺嘧啶	Sulfadiazine			不得检出	GB/T 21316

序号	农兽药中文名	农兽药英文名	欧盟标准限量要求 mg/kg	国家标准限量要求 mg/kg	三安超有机食品标准	
					限量要求 mg/kg	检测方法
745	磺胺间二甲氧嘧啶	Sulfadimethoxine			不得检出	GB/T 21316
746	磺胺二甲嘧啶	Sulfadimidine			不得检出	GB/T 21316
747	磺胺多辛	Sulfadoxine			不得检出	GB/T 21316
748	磺胺脒	Sulfaguanidine			不得检出	GB/T 21316
749	菜草畏	Sulfallate			不得检出	GB/T 19650
750	磺胺甲嘧啶	Sulfamerazine			不得检出	GB/T 21316
751	新诺明	Sulfamethoxazole			不得检出	GB/T 21316
752	磺胺间甲氧嘧啶	Sulfamonomethoxine			不得检出	GB/T 21316
753	乙酰磺胺对硝基苯	Sulfanitran			不得检出	GB/T 20772
754	磺胺吡啶	Sulfapyridine			不得检出	GB/T 21316
755	磺胺喹沙啉	Sulfaquinoxaline			不得检出	GB/T 21316
756	磺胺噻唑	Sulfathiazole			不得检出	GB/T 21316
757	治螟磷	Sulfotep			不得检出	GB/T 19650
758	硫丙磷	Sulprofos			不得检出	GB/T 19650
759	苯噻硫氰	TCMTB			不得检出	GB/T 19650
760	丁基嘧啶磷	Tebupirimfos			不得检出	GB/T 19650
761	牧草胺	Tebutam			不得检出	GB/T 19650
762	丁噻隆	Tebuthiuron			不得检出	GB/T 20772
763	双硫磷	Temephos			不得检出	GB/T 20772
764	特草灵	Terbucarb			不得检出	GB/T 19650
765	特丁通	Terbumeton			不得检出	GB/T 19650
766	特丁净	Terbutryn			不得检出	GB/T 19650
767	四氢邻苯二甲酰亚胺	Tetrabydrophthalimide			不得检出	GB/T 19650
768	杀虫畏	Tetrachlorvinphos			不得检出	GB/T 19650
769	胺菊酯	Tetramethirn			不得检出	GB/T 19650
770	杀螨氯硫	Tetrasul			不得检出	GB/T 19650
771	噻吩草胺	Thenylchlor			不得检出	GB/T 19650
772	噻唑烟酸	Thiazopyr			不得检出	GB/T 19650
773	噻苯隆	Thidiazuron			不得检出	GB/T 20772
774	噻吩磺隆	Thifensulfuron - methyl			不得检出	GB/T 20772
775	甲基乙拌磷	Thiometon			不得检出	GB/T 20772
776	虫线磷	Thionazin			不得检出	GB/T 19650
777	硫普罗宁	Tiopronin			不得检出	SN/T 2225
778	三甲苯草酮	Tralkoxydim			不得检出	GB/T 19650
779	四溴菊酯	Tralomethrin			不得检出	SN/T 2320
780	反式 - 氯丹	*trans* - Chlordane			不得检出	GB/T 19650
781	反式 - 燕麦敌	*trans* - Diallate			不得检出	GB/T 19650
782	四氟苯菊酯	Transfluthrin			不得检出	GB/T 19650
783	反式九氯	*trans* - Nonachlor			不得检出	GB/T 19650

序号	农兽药中文名	农兽药英文名	欧盟标准限量要求 mg/kg	国家标准限量要求 mg/kg	三安超有机食品标准	
					限量要求 mg/kg	检测方法
784	反式－氯菊酯	*trans* – Permethrin			不得检出	GB/T 19650
785	群勃龙	Trenbolone			不得检出	GB/T 21981
786	威菌磷	Triamiphos			不得检出	GB/T 19650
787	毒壤磷	Trichloronate			不得检出	GB/T 19650
788	灭草环	Tridiphane			不得检出	GB/T 19650
789	草达津	Trietazine			不得检出	GB/T 19650
790	三异丁基磷酸盐	Tri – *iso* – butyl phosphate			不得检出	GB/T 19650
791	三正丁基磷酸盐	Tri – *n* – butyl phosphate			不得检出	GB/T 19650
792	三苯基磷酸盐	Triphenyl phosphate			不得检出	GB/T 19650
793	烯效唑	Uniconazole			不得检出	GB/T 19650
794	灭草敌	Vernolate			不得检出	GB/T 19650
795	维吉尼霉素	Virginiamycin			不得检出	GB/T 20765
796	杀鼠灵	War farin			不得检出	GB/T 20772
797	甲苯噻嗪	Xylazine			不得检出	GB/T 20763
798	右环十四酮酚	Zeranol			不得检出	GB/T 21982
799	苯酰菌胺	Zoxamide			不得检出	GB/T 19650

9.4　鸡肾脏　Chicken Kidney

序号	农兽药中文名	农兽药英文名	欧盟标准限量要求 mg/kg	国家标准限量要求 mg/kg	三安超有机食品标准	
					限量要求 mg/kg	检测方法
1	1,1－二氯－2,2－二(4－乙苯)乙烷	1,1 – Dichloro – 2,2 – bis(4 – ethylphenyl) ethane	0.01		不得检出	日本肯定列表(增补本 1)
2	1,2－二氯乙烷	1,2 – Dichloroethane	0.1		不得检出	SN/T 2238
3	1,3－二氯丙烯	1,3 – Dichloropropene	0.01		不得检出	SN/T 2238
4	1－萘乙酸	1 – Naphthylacetic acid	0.05		不得检出	SN/T 2228
5	2,4－滴	2,4 – D	0.05		不得检出	GB/T 20772
6	2,4－滴丁酸	2,4 – DB	0.1		不得检出	GB/T 20769
7	2－苯酚	2 – Phenylphenol	0.05		不得检出	GB/T 19650
8	阿维菌素	Abamectin	0.02		不得检出	SN/T 2661
9	乙酰甲胺磷	Acephate	0.02		不得检出	GB/T 20772
10	灭螨醌	Acequinocyl	0.01		不得检出	参照同类标准
11	啶虫脒	Acetamiprid	0.2		不得检出	GB/T 20772
12	乙草胺	Acetochlor	0.01		不得检出	GB/T 19650
13	苯并噻二唑	Acibenzolar – *S* – methyl	0.02		不得检出	GB/T 20772
14	苯草醚	Aclonifen	0.02		不得检出	GB/T 20772
15	氟丙菊酯	Acrinathrin	0.05		不得检出	GB/T 19648
16	甲草胺	Alachlor	0.01		不得检出	GB/T 20772
17	涕灭威	Aldicarb	0.01		不得检出	GB/T 20772

序号	农兽药中文名	农兽药英文名	欧盟标准限量要求 mg/kg	国家标准限量要求 mg/kg	三安超有机食品标准	
					限量要求 mg/kg	检测方法
18	艾氏剂和狄氏剂	Aldrin and dieldrin	0.2		不得检出	GB/T 19650
19	—	Ametoctradin	0.03		不得检出	参照同类标准
20	酰嘧磺隆	Amidosulfuron	0.02		不得检出	参照同类标准
21	氯氨吡啶酸	Aminopyralid	0.3		不得检出	GB/T 23211
22	—	Amisulbrom	0.01		不得检出	参照同类标准
23	双甲脒	Amitraz	0.05		不得检出	GB/T 19650
24	阿莫西林	Amoxicillin	50μg/kg			NY/T 830
25	氨苄青霉素	Ampicillin	50μg/kg		不得检出	GB/T 21315
26	敌菌灵	Anilazine	0.01		不得检出	GB/T 20769
27	杀螨特	Aramite	0.01		不得检出	GB/T 19650
28	磺草灵	Asulam	0.1		不得检出	日本肯定列表（增补本 1）
29	阿维拉霉素	Avilamycin	200μg/kg		不得检出	参照同类标准
30	印楝素	Azadirachtin	0.01		不得检出	SN/T 3264
31	益棉磷	Azinphos - ethyl	0.01		不得检出	GB/T 19650
32	保棉磷	Azinphos - methyl	0.01		不得检出	GB/T 20772
33	三唑锡和三环锡	Azocyclotin and cyhexatin	0.05		不得检出	SN/T 1990
34	嘧菌酯	Azoxystrobin	0.05		不得检出	GB/T 20772
35	燕麦灵	Barban	0.05		不得检出	参照同类标准
36	氟丁酰草胺	Beflubutamid	0.05		不得检出	参照同类标准
37	苯霜灵	Benalaxyl	0.05		不得检出	GB/T 20772
38	丙硫克百威	Benfuracarb	0.02		不得检出	GB/T 20772
39	苄青霉素	Benzyl penicillin	50μg/kg			GB/T 21315
40	联苯肼酯	Bifenazate	0.01		不得检出	GB/T 20772
41	甲羧除草醚	Bifenox	0.05		不得检出	GB/T 23210
42	联苯菊酯	Bifenthrin	0.05		不得检出	GB/T 19650
43	乐杀螨	Binapacryl	0.01		不得检出	SN 0523
44	联苯	Biphenyl	0.01		不得检出	GB/T 19650
45	联苯三唑醇	Bitertanol	0.05		不得检出	GB/T 20772
46	—	Bixafen	0.02		不得检出	参照同类标准
47	啶酰菌胺	Boscalid	0.05		不得检出	GB/T 20772
48	溴离子	Bromide ion	0.05		不得检出	GB/T5009.167
49	溴螨酯	Bromopropylate	0.01		不得检出	GB/T 19650
50	溴苯腈	Bromoxynil	0.05		不得检出	GB/T 20772
51	糠菌唑	Bromuconazole	0.05		不得检出	GB/T 19650
52	乙嘧酚磺酸酯	Bupirimate	0.05		不得检出	GB/T 19650
53	噻嗪酮	Buprofezin	0.05		不得检出	GB/T 20772
54	仲丁灵	Butralin	0.02		不得检出	GB/T 19650
55	丁草敌	Butylate	0.01		不得检出	GB/T 19650

序号	农兽药中文名	农兽药英文名	欧盟标准限量要求 mg/kg	国家标准限量要求 mg/kg	三安超有机食品标准	
					限量要求 mg/kg	检测方法
56	硫线磷	Cadusafos	0.01		不得检出	GB/T 19650
57	敌菌丹	Captafol	0.01		不得检出	GB/T 23210
58	克菌丹	Captan	0.02		不得检出	GB/T 19648
59	甲萘威	Carbaryl	0.05		不得检出	GB/T 20796
60	多菌灵和苯菌灵	Carbendazim and benomyl	0.05		不得检出	GB/T 20772
61	长杀草	Carbetamide	0.05		不得检出	GB/T 20772
62	克百威	Carbofuran	0.01		不得检出	GB/T 20772
63	丁硫克百威	Carbosulfan	0.05		不得检出	GB/T 19650
64	萎锈灵	Carboxin	0.05		不得检出	GB/T 20772
65	氯虫苯甲酰胺	Chlorantraniliprole	0.01		不得检出	参照同类标准
66	杀螨醚	Chlorbenside	0.05		不得检出	GB/T 19650
67	氯炔灵	Chlorbufam	0.05		不得检出	GB/T 20772
68	氯丹	Chlordane	0.05		不得检出	GB/T 5009.19
69	十氯酮	Chlordecone	0.2		不得检出	参照同类标准
70	杀螨酯	Chlorfenson	0.05		不得检出	GB/T 19650
71	毒虫畏	Chlorfenvinphos	0.01		不得检出	GB/T 19650
72	氯草敏	Chloridazon	0.05		不得检出	GB/T 20772
73	矮壮素	Chlormequat	0.05		不得检出	GB/T 23211
74	乙酯杀螨醇	Chlorobenzilate	0.1		不得检出	GB/T 23210
75	百菌清	Chlorothalonil	0.07		不得检出	SN/T 2320
76	绿麦隆	Chlortoluron	0.05		不得检出	GB/T 20772
77	枯草隆	Chloroxuron	0.05		不得检出	SN/T 2150
78	氯苯胺灵	Chlorpropham	0.05		不得检出	GB/T 19650
79	甲基毒死蜱	Chlorpyrifos – methyl	0.05		不得检出	GB/T 19650
80	氯磺隆	Chlorsulfuron	0.01		不得检出	GB/T 20772
81	金霉素	Chlortetracycline	600μg/kg		不得检出	GB/T 21317
82	氯酞酸甲酯	Chlorthaldimethyl	0.01		不得检出	GB/T 19650
83	氯硫酰草胺	Chlorthiamid	0.02		不得检出	GB/T 20772
84	烯草酮	Clethodim	0.2		不得检出	GB/T 19650
85	炔草酯	Clodinafop – propargyl	0.02		不得检出	GB/T 19650
86	四螨嗪	Clofentezine	0.05		不得检出	GB/T 20772
87	二氯吡啶酸	Clopyralid	0.05		不得检出	SN/T 2228
88	噻虫胺	Clothianidin	0.1		不得检出	GB/T 20772
89	邻氯青霉素	Cloxacillin	300μg/kg		不得检出	GB/T 18932.25
90	黏菌素	Colistin	200μg/kg		不得检出	参照同类标准
91	铜化合物	Copper compounds	30		不得检出	参照同类标准
92	环烷基酰苯胺	Cyclanilide	0.01		不得检出	参照同类标准
93	噻草酮	Cycloxydim	0.05		不得检出	GB/T 19650
94	环氟菌胺	Cyflufenamid	0.03		不得检出	GB/T 23210

序号	农兽药中文名	农兽药英文名	欧盟标准限量要求 mg/kg	国家标准限量要求 mg/kg	三安超有机食品标准	
					限量要求 mg/kg	检测方法
95	氟氯氰菊酯和高效氟氯氰菊酯	Cyfluthrin and beta - cyfluthrin	0.05		不得检出	GB/T 19650
96	霜脲氰	Cymoxanil	0.05		不得检出	GB/T 20772
97	氯氰菊酯和高效氯氰菊酯	Cypermethrin and beta - cypermethrin	0.05		不得检出	GB/T 19650
98	环丙唑醇	Cyproconazole	0.05		不得检出	GB/T 20772
99	嘧菌环胺	Cyprodinil	0.05		不得检出	GB/T 19650
100	灭蝇胺	Cyromazine	0.05		不得检出	GB/T 20772
101	丁酰肼	Daminozide	0.05		不得检出	SN/T 1989
102	达氟沙星	Danofloxacin	400μg/kg		不得检出	GB/T 22985
103	滴滴涕	DDT	1		不得检出	SN/T 0127
104	溴氰菊酯	Deltamethrin	0.1		不得检出	GB/T 19650
105	燕麦敌	Diallate	0.2		不得检出	GB/T 23211
106	二嗪磷	Diazinon	0.01		不得检出	GB/T 19650
107	麦草畏	Dicamba	0.07		不得检出	GB/T 20772
108	敌草腈	Dichlobenil	0.01		不得检出	GB/T 19650
109	滴丙酸	Dichlorprop	0.05		不得检出	参照同类标准
110	地克珠利(杀球灵)	Diclazuril	1000μg/kg		不得检出	SN/T 2318
111	二氯苯氧基丙酸	Diclofop	0.01		不得检出	参照同类标准
112	氯硝胺	Dicloran	0.01		不得检出	GB/T 19650
113	双氯青霉素	Dicloxacillin	300μg/kg		不得检出	GB/T 18932.25
114	三氯杀螨醇	Dicofol	0.05		不得检出	GB/T 19650
115	乙霉威	Diethofencarb	0.05		不得检出	GB/T 19650
116	苯醚甲环唑	Difenoconazole	0.1		不得检出	GB/T 19650
117	双氟沙星	Difloxacin	600μg/kg		不得检出	GB/T 20366
118	除虫脲	Diflubenzuron	0.05		不得检出	SN/T 0528
119	吡氟酰草胺	Diflufenican	0.05		不得检出	GB/T 20772
120	油菜安	Dimethachlor	0.02		不得检出	GB/T 20772
121	烯酰吗啉	Dimethomorph	0.05		不得检出	GB/T 20772
122	醚菌胺	Dimoxystrobin	0.05		不得检出	SN/T 2237
123	烯唑醇	Diniconazole	0.01		不得检出	GB/T 19650
124	敌螨普	Dinocap	0.05		不得检出	日本肯定列表(增补本1)
125	地乐酚	Dinoseb	0.01		不得检出	GB/T 20772
126	特乐酚	Dinoterb	0.05		不得检出	GB/T 20772
127	敌噁磷	Dioxathion	0.05		不得检出	GB/T 19650
128	敌草快	Diquat	0.05		不得检出	GB/T 5009.221
129	乙拌磷	Disulfoton	0.01		不得检出	GB/T 20772
130	二氰蒽醌	Dithianon	0.01		不得检出	GB/T 20769

序号	农兽药中文名	农兽药英文名	欧盟标准限量要求 mg/kg	国家标准限量要求 mg/kg	三安超有机食品标准	
					限量要求 mg/kg	检测方法
131	二硫代氨基甲酸酯	Dithiocarbamates	0.05		不得检出	SN 0139
132	敌草隆	Diuron	0.05		不得检出	SN/T 0645
133	二硝甲酚	DNOC	0.05		不得检出	GB/T 20772
134	多果定	Dodine	0.2		不得检出	SN 0500
135	强力霉素	Doxycycline	600μg/kg		不得检出	GB/T 20764
136	甲氨基阿维菌素苯甲酸盐	Emamectin benzoate	0.01		不得检出	GB/T 20769
137	硫丹	Endosulfan	0.05	0.03	不得检出	GB/T 19650
138	异狄氏剂	Endrin	0.05		不得检出	GB/T 19650
139	恩诺沙星	Enrofloxacin	300μg/kg		不得检出	GB/T 20366
140	氟环唑	Epoxiconazole	0.01		不得检出	GB/T 20772
141	茵草敌	EPTC	0.02		不得检出	GB/T 20772
142	红霉素	Erythromycin	200μg/kg		不得检出	GB/T 20762
143	乙丁烯氟灵	Ethalfluralin	0.01		不得检出	GB/T 19650
144	胺苯磺隆	Ethametsulfuron	0.01		不得检出	NY/T 1616
145	乙烯利	Ethephon	0.05		不得检出	SN 0705
146	乙硫磷	Ethion	0.01		不得检出	GB/T 19650
147	乙嘧酚	Ethirimol	0.05		不得检出	GB/T 20772
148	乙氧呋草黄	Ethofumesate	0.1		不得检出	GB/T 20772
149	灭线磷	Ethoprophos	0.01		不得检出	GB/T 19650
150	乙氧喹啉	Ethoxyquin	0.05		不得检出	GB/T 20772
151	环氧乙烷	Ethylene oxide	0.02		不得检出	GB/T 23296.11
152	醚菊酯	Etofenprox	0.01		不得检出	GB/T 19650
153	乙螨唑	Etoxazole	0.01		不得检出	GB/T 19650
154	氯唑灵	Etridiazole	0.05		不得检出	GB/T 20772
155	噁唑菌酮	Famoxadone	0.05		不得检出	GB/T 20772
156	咪唑菌酮	Fenamidone	0.01		不得检出	GB/T 19650
157	苯线磷	Fenamiphos	0.02		不得检出	GB/T 19650
158	氯苯嘧啶醇	Fenarimol	0.02		不得检出	GB/T 20772
159	喹螨醚	Fenazaquin	0.01		不得检出	GB/T 19650
160	腈苯唑	Fenbuconazole	0.05		不得检出	GB/T 20772
161	苯丁锡	Fenbutatin oxide	0.05		不得检出	SN/T 3149
162	环酰菌胺	Fenhexamid	0.05		不得检出	GB/T 20772
163	杀螟硫磷	Fenitrothion	0.01		不得检出	GB/T 20772
164	精噁唑禾草灵	Fenoxaprop - *P* - ethyl	0.05		不得检出	GB 22617
165	双氧威	Fenoxycarb	0.05		不得检出	GB/T 19650
166	苯锈啶	Fenpropidin	0.02		不得检出	GB/T 19650
167	丁苯吗啉	Fenpropimorph	0.01		不得检出	GB/T 20772
168	胺苯吡菌酮	Fenpyrazamine	0.01		不得检出	参照同类标准
169	唑螨酯	Fenpyroximate	0.01		不得检出	GB/T 19650

序号	农兽药中文名	农兽药英文名	欧盟标准限量要求 mg/kg	国家标准限量要求 mg/kg	三安超有机食品标准	
					限量要求 mg/kg	检测方法
170	倍硫磷	Fenthion	0.05		不得检出	GB/T 20772
171	三苯锡	Fentin	0.05		不得检出	SN/T 3149
172	薯瘟锡	Fentin acetate	0.05		不得检出	参照同类标准
173	氰戊菊酯和高效氰戊菊酯(RR & SS 异构体总量)	Fenvalerate and esfenvalerate (sum of RR & SS isomers)	0.2		不得检出	GB/T 19650
174	氰戊菊酯和高效氰戊菊酯(RS & SR 异构体总量)	Fenvalerate and esfenvalerate (sum of RS & SR isomers)	0.05		不得检出	GB/T 19650
175	氟虫腈	Fipronil	0.01		不得检出	SN/T 1982
176	氟啶虫酰胺	Flonicamid	0.03		不得检出	SN/T 2796
177	氟苯尼考	Florfenicol	750μg/kg		不得检出	GB/T 20756
178	精吡氟禾草灵	Fluazifop - *P* - butyl	0.05		不得检出	GB/T 5009.142
179	氟啶胺	Fluazinam	0.05		不得检出	SN/T 2150
180	氟苯咪唑	Flubendazole	300μg/kg		不得检出	GB/T 21324
181	氟苯虫酰胺	Flubendiamide	0.01		不得检出	SN/T 2581
182	氟环脲	Flucycloxuron	0.05		不得检出	参照同类标准
183	氟氰戊菊酯	Flucythrinate	0.05		不得检出	GB/T 23210
184	咯菌腈	Fludioxonil	0.05		不得检出	GB/T 20772
185	氟虫脲	Flufenoxuron	0.05		不得检出	SN/T 2150
186	—	Flufenzin	0.02		不得检出	参照同类标准
187	氟甲喹	Flumequin	1000μg/kg		不得检出	SN/T 1921
188	氟吡菌胺	Fluopicolide	0.01		不得检出	参照同类标准
189	—	Fluopyram	0.02		不得检出	参照同类标准
190	氟离子	Fluoride ion	1		不得检出	GB/T 5009.167
191	氟腈嘧菌酯	Fluoxastrobin	0.1		不得检出	SN/T 2237
192	氟喹唑	Fluquinconazole	0.02		不得检出	GB/T 19650
193	氟咯草酮	Fluorochloridone	0.05		不得检出	GB/T 20772
194	氟草烟	Fluroxypyr	0.05		不得检出	GB/T 20772
195	氟硅唑	Flusilazole	0.5		不得检出	GB/T 20772
196	氟酰胺	Flutolanil	0.05		不得检出	GB/T 20772
197	粉唑醇	Flutriafol	0.01		不得检出	GB/T 20772
198	—	Fluxapyroxad	0.01		不得检出	参照同类标准
199	氟磺胺草醚	Fomesafen	0.01		不得检出	GB/T 5009.130
200	氯吡脲	Forchlorfenuron	0.05		不得检出	SN/T 3643
201	伐虫脒	Formetanate	0.01		不得检出	NY/T 1453
202	三乙膦酸铝	Fosetyl - aluminium	0.5		不得检出	参照同类标准
203	麦穗宁	Fuberidazole	0.05		不得检出	GB/T 19650
204	呋线威	Furathiocarb	0.01		不得检出	GB/T 20772
205	糠醛	Furfural	1		不得检出	参照同类标准
206	勃激素	Gibberellic acid	0.1		不得检出	GB/T 23211

序号	农兽药中文名	农兽药英文名	欧盟标准限量要求 mg/kg	国家标准限量要求 mg/kg	三安超有机食品标准	
					限量要求 mg/kg	检测方法
207	草胺膦	Glufosinate - ammonium	1		不得检出	日本肯定列表
208	草甘膦	Glyphosate	0.1		不得检出	SN/T 1923
209	双胍盐	Guazatine	0.1		不得检出	参照同类标准
210	氟吡禾灵	Haloxyfop	0.1		不得检出	SN/T 2228
211	七氯	Heptachlor	0.2		不得检出	SN 0663
212	六氯苯	Hexachlorobenzene	0.2		不得检出	SN/T 0127
213	六六六(HCH), α - 异构体	Hexachlorociclohexane (HCH), alpha - isomer	0.2		不得检出	SN/T 0127
214	六六六(HCH), β - 异构体	Hexachlorociclohexane (HCH), beta - isomer	0.1		不得检出	SN/T 0127
215	噻螨酮	Hexythiazox	0.05		不得检出	GB/T 20772
216	噁霉灵	Hymexazol	0.05		不得检出	GB/T 20772
217	抑霉唑	Imazalil	0.05		不得检出	GB/T 20772
218	甲咪唑烟酸	Imazapic	0.01		不得检出	GB/T 20772
219	咪唑喹啉酸	Imazaquin	0.05		不得检出	GB/T 20772
220	吡虫啉	Imidacloprid	0.05		不得检出	GB/T 20772
221	茚虫威	Indoxacarb	0.01		不得检出	GB/T 20772
222	碘苯腈	Ioxynil	0.05		不得检出	GB/T 20772
223	异菌脲	Iprodione	0.05		不得检出	GB/T 19650
224	稻瘟灵	Isoprothiolane	0.01		不得检出	GB/T 20772
225	异丙隆	Isoproturon	0.05		不得检出	GB/T 20772
226	—	Isopyrazam	0.01		不得检出	参照同类标准
227	异噁酰草胺	Isoxaben	0.01		不得检出	GB/T 20772
228	卡那霉素	Kanamycin	2500μg/kg		不得检出	GB/T 21323
229	醚菌酯	Kresoxim - methyl	0.05		不得检出	GB/T 20772
230	乳氟禾草灵	Lactofen	0.01		不得检出	GB/T 19650
231	高效氯氟氰菊酯	Lambda - cyhalothrin	0.02		不得检出	GB/T 23210
232	拉沙里菌素	Lasalocid	50μg/kg		不得检出	SN 0501
233	环草定	Lenacil	0.1		不得检出	GB/T 19650
234	左旋咪唑	Levamisole	10μg/kg			SN 0349
235	林可霉素	Lincomycin	1500μg/kg		不得检出	GB/T 20762
236	林丹	Lindane	0.02	0.01	不得检出	NY/T 761
237	虱螨脲	Lufenuron	0.02		不得检出	SN/T 2540
238	马拉硫磷	Malathion	0.02		不得检出	GB/T 19650
239	抑芽丹	Maleic hydrazide	0.02		不得检出	GB/T 23211
240	双炔酰菌胺	Mandipropamid	0.02		不得检出	参照同类标准
241	二甲四氯和二甲四氯丁酸	MCPA and MCPB	0.1		不得检出	SN/T 2228
242	壮棉素	Mepiquat chloride	0.05		不得检出	GB/T 23211
243	—	Meptyldinocap	0.05		不得检出	参照同类标准

序号	农兽药中文名	农兽药英文名	欧盟标准限量要求 mg/kg	国家标准限量要求 mg/kg	三安超有机食品标准	
					限量要求 mg/kg	检测方法
244	汞化合物	Mercury compounds	0.01		不得检出	参照同类标准
245	氰氟虫腙	Metaflumizone	0.02		不得检出	SN/T 3852
246	甲霜灵和精甲霜灵	Metalaxyl and metalaxyl - M	0.05		不得检出	GB/T 20772
247	四聚乙醛	Metaldehyde	0.05		不得检出	SN/T 1787
248	苯嗪草酮	Metamitron	0.05		不得检出	GB/T 19650
249	吡唑草胺	Metazachlor	0.05		不得检出	GB/T 19650
250	叶菌唑	Metconazole	0.01		不得检出	GB/T 20772
251	甲基苯噻隆	Methabenzthiazuron	0.05		不得检出	GB/T 19650
252	虫螨畏	Methacrifos	0.01		不得检出	GB/T 20772
253	甲胺磷	Methamidophos	0.01		不得检出	GB/T 20772
254	杀扑磷	Methidathion	0.02		不得检出	GB/T 20772
255	甲硫威	Methiocarb	0.05		不得检出	GB/T 20770
256	灭多威和硫双威	Methomyl and thiodicarb	0.02		不得检出	GB/T 20772
257	烯虫酯	Methoprene	0.05		不得检出	GB/T 19650
258	甲氧滴滴涕	Methoxychlor	0.01		不得检出	SN/T 0529
259	甲氧虫酰肼	Methoxyfenozide	0.01		不得检出	GB/T 20772
260	磺草唑胺	Metosulam	0.01		不得检出	GB/T 20772
261	苯菌酮	Metrafenone	0.05		不得检出	参照同类标准
262	嗪草酮	Metribuzin	0.1		不得检出	GB/T 19650
263	绿谷隆	Monolinuron	0.05		不得检出	GB/T 20772
264	灭草隆	Monuron	0.01		不得检出	GB/T 20772
265	腈菌唑	Myclobutanil	0.01		不得检出	GB/T 20772
266	1 - 萘乙酰胺	1 - Naphthylacetamide	0.05		不得检出	GB/T 23205
267	敌草胺	Napropamide	0.01		不得检出	GB/T 19650
268	新霉素(包括 framycetin)	Neomycin(including framycetin)	5000μg/kg		不得检出	SN 0646
269	烟嘧磺隆	Nicosulfuron	0.05		不得检出	SN/T 2325
270	除草醚	Nitrofen	0.01		不得检出	GB/T 19650
271	氟酰脲	Novaluron	0.1		不得检出	GB/T 23211
272	嘧苯胺磺隆	Orthosulfamuron	0.01		不得检出	GB/T 23817
273	苯唑青霉素	Oxacillin	300μg/kg		不得检出	GB/T 18932.25
274	噁草酮	Oxadiazon	0.05		不得检出	GB/T 19650
275	噁霜灵	Oxadixyl	0.01		不得检出	GB/T 19650
276	环氧嘧磺隆	Oxasulfuron	0.05		不得检出	GB/T 23817
277	喹菌酮	Oxolinic acid	150μg/kg		不得检出	日本肯定列表
278	氧化萎锈灵	Oxycarboxin	0.05		不得检出	GB/T 19650
279	亚砜磷	Oxydemeton - methyl	0.01		不得检出	参照同类标准
280	乙氧氟草醚	Oxyfluorfen	0.05		不得检出	GB/T 20772
281	土霉素	OxyTetracycline	600μg/kg		不得检出	GB/T 21317
282	多效唑	Paclobutrazol	0.02		不得检出	GB/T 19650

序号	农兽药中文名	农兽药英文名	欧盟标准限量要求 mg/kg	国家标准限量要求 mg/kg	三安超有机食品标准	
					限量要求 mg/kg	检测方法
283	对硫磷	Parathion	0.05		不得检出	GB/T 19650
284	甲基对硫磷	Parathion - methyl	0.01		不得检出	GB/T 5009.161
285	巴龙霉素	Paromomycin	1500μg/kg		不得检出	SN/T 2315
286	戊菌唑	Penconazole	0.05		不得检出	GB/T 20772
287	戊菌隆	Pencycuron	0.05		不得检出	GB/T 19650
288	二甲戊灵	Pendimethalin	0.05		不得检出	GB/T 19650
289	氯菊酯	Permethrin	0.05		不得检出	GB/T 19650
290	甜菜宁	Phenmedipham	0.05		不得检出	GB/T 23205
291	苯醚菊酯	Phenothrin	0.05		不得检出	GB/T 20772
292	苯氧甲基青霉素	Phenoxymethylpenicillin	25μg/kg		不得检出	GB/T 21315
293	甲拌磷	Phorate	0.01		不得检出	GB/T 20772
294	伏杀硫磷	Phosalone	0.01		不得检出	GB/T 20772
295	亚胺硫磷	Phosmet	0.1		不得检出	GB/T 20772
296	—	Phosphines and phosphides	0.01		不得检出	参照同类标准
297	辛硫磷	Phoxim	0.03		不得检出	GB/T 20772
298	氨氯吡啶酸	Picloram	0.01		不得检出	GB/T 23211
299	啶氧菌酯	Picoxystrobin	0.05		不得检出	GB/T 19650
300	抗蚜威	Pirimicarb	0.05		不得检出	GB/T 20772
301	甲基嘧啶磷	Pirimiphos - methyl	0.05		不得检出	GB/T 20772
302	咪鲜胺	Prochloraz	0.1		不得检出	GB/T 19650
303	腐霉利	Procymidone	0.01		不得检出	GB/T 20772
304	丙溴磷	Profenofos	0.05		不得检出	GB/T 20772
305	调环酸	Prohexadione	0.05		不得检出	日本肯定列表
306	毒草安	Propachlor	0.02		不得检出	GB/T 20772
307	扑派威	Propamocarb	0.1		不得检出	GB/T 20772
308	恶草酸	Propaquizafop	0.05		不得检出	GB/T 20772
309	炔螨特	Propargite	0.1		不得检出	GB/T 19650
310	苯胺灵	Propham	0.05		不得检出	GB/T 19650
311	丙环唑	Propiconazole	0.01		不得检出	GB/T 19650
312	异丙草胺	Propisochlor	0.01		不得检出	GB/T 19650
313	残杀威	Propoxur	0.05		不得检出	参照同类标准
314	炔苯酰草胺	Propyzamide	0.05		不得检出	GB/T 20772
315	苄草丹	Prosulfocarb	0.05		不得检出	GB/T 23211
316	丙硫菌唑	Prothioconazole	0.05		不得检出	GB/T 19650
317	吡蚜酮	Pymetrozine	0.01		不得检出	GB/T 20772
318	吡唑醚菌酯	Pyraclostrobin	0.05		不得检出	GB/T 20772
319	—	Pyrasulfotole	0.01		不得检出	GB/T 19650
320	吡菌磷	Pyrazophos	0.02		不得检出	GB/T 20772
321	除虫菊素	Pyrethrins	0.05		不得检出	GB/T 20772

序号	农兽药中文名	农兽药英文名	欧盟标准限量要求 mg/kg	国家标准限量要求 mg/kg	三安超有机食品标准	
					限量要求 mg/kg	检测方法
322	哒螨灵	Pyridaben	0.02		不得检出	日本肯定列表
323	啶虫丙醚	Pyridalyl	0.01		不得检出	GB/T 20772
324	哒草特	Pyridate	0.05		不得检出	GB/T 20772
325	嘧霉胺	Pyrimethanil	0.05		不得检出	GB/T 20772
326	吡丙醚	Pyriproxyfen	0.05		不得检出	GB/T 19650
327	甲氧磺草胺	Pyroxsulam	0.01		不得检出	GB/T 19650
328	氯甲喹啉酸	Quinmerac	0.05		不得检出	GB/T 19650
329	喹氧灵	Quinoxyfen	0.2		不得检出	SN/T 2319
330	五氯硝基苯	Quintozene	0.01	0.1	不得检出	GB/T 19650
331	精喹禾灵	Quizalofop – *P* – ethyl	0.05		不得检出	SN/T 2150
332	灭虫菊	Resmethrin	0.1		不得检出	GB/T 20772
333	鱼藤酮	Rotenone	0.01		不得检出	GB/T 20772
334	西玛津	Simazine	0.01		不得检出	SN 0594
335	壮观霉素	Spectinomycin	5000μg/kg		不得检出	GB/T 20772
336	乙基多杀菌素	Spinetoram	0.01		不得检出	GB/T 20772
337	多杀霉素	Spinosad	0.2		不得检出	日本肯定列表
338	螺螨酯	Spirodiclofen	0.01		不得检出	GB/T 20772
339	螺甲螨酯	Spiromesifen	0.01		不得检出	GB/T 20772
340	螺虫乙酯	Spirotetramat	0.01		不得检出	GB/T 20772
341	葚孢菌素	Spiroxamine	0.2		不得检出	GB/T 19650
342	磺草酮	Sulcotrione	0.05		不得检出	GB/T 19650
343	磺胺类(所有属于磺胺类的物质)	Sulfonamides (all substances belonging to the sulfonamide-group)	100μg/kg		不得检出	GB/T 19650
344	乙黄隆	Sulfosulfuron	0.05		不得检出	GB/T 19650
345	硫磺粉	Sulfur	0.5		不得检出	GB/T 19650
346	氟胺氰菊酯	Tau – fluvalinate	0.01		不得检出	GB/T 20769
347	戊唑醇	Tebuconazole	0.1		不得检出	GB/T 20772
348	虫酰肼	Tebufenozide	0.05		不得检出	GB/T 20772
349	吡螨胺	Tebufenpyrad	0.05		不得检出	SN 0594
350	四氯硝基苯	Tecnazene	0.05		不得检出	GB/T 19650
351	氟苯脲	Teflubenzuron	0.05		不得检出	SN/T 2150
352	七氟菊酯	Tefluthrin	0.05		不得检出	GB/T 23210
353	得杀草	Tepraloxydim	0.1		不得检出	GB/T 20772
354	特丁硫磷	Terbufos	0.01		不得检出	GB/T 20772
355	特丁津	Terbuthylazine	0.05		不得检出	GB/T 19650
356	四氟醚唑	Tetraconazole	0.05		不得检出	GB/T 20772
357	四环素	Tetracycline	600μg/kg		不得检出	GB/T 21317
358	三氯杀螨砜	Tetradifon	0.05		不得检出	GB/T 19650

序号	农兽药中文名	农兽药英文名	欧盟标准限量要求 mg/kg	国家标准限量要求 mg/kg	三安超有机食品标准	
					限量要求 mg/kg	检测方法
359	噻菌灵	Thiabendazole	0.1		不得检出	GB/T 20772
360	噻虫啉	Thiacloprid	0.3		不得检出	GB/T 20772
361	噻虫嗪	Thiamethoxam	0.01		不得检出	GB/T 20772
362	甲砜霉素	Thiamphenicol	50μg/kg		不得检出	GB/T 20756
363	禾草丹	Thiobencarb	0.01		不得检出	GB/T 20772
364	甲基硫菌灵	Thiophanate - methyl	0.05		不得检出	SN/T 0162
365	替米考星	Tilmicosin	250μg/kg		不得检出	GB/T 20762
366	甲基立枯磷	Tolclofos - methyl	0.05		不得检出	GB/T 19650
367	甲苯三嗪酮	Toltrazuril	400μg/kg		不得检出	参照同类标准
368	甲苯氟磺胺	Tolylfluanid	0.1		不得检出	GB/T 19650
369	—	Topramezone	0.05		不得检出	参照同类标准
370	三唑酮和三唑醇	Triadimefon and triadimenol	0.1		不得检出	GB/T 20772
371	野麦畏	Triallate	0.05		不得检出	GB/T 20772
372	醚苯磺隆	Triasulfuron	0.05		不得检出	GB/T 20772
373	三唑磷	Triazophos	0.01		不得检出	GB/T 20772
374	敌百虫	Trichlorphon	0.01		不得检出	GB/T 20772
375	绿草定	Triclopyr	0.05		不得检出	SN/T 2228
376	三环唑	Tricyclazole	0.05		不得检出	GB/T 20769
377	十三吗啉	Tridemorph	0.01		不得检出	GB/T 20772
378	肟菌酯	Trifloxystrobin	0.04		不得检出	GB/T 19650
379	氟菌唑	Triflumizole	0.05		不得检出	GB/T 20769
380	杀铃脲	Triflumuron	0.01		不得检出	GB/T 20772
381	氟乐灵	Trifluralin	0.01		不得检出	GB/T 20772
382	嗪氨灵	Triforine	0.01		不得检出	SN 0695
383	甲氧苄氨嘧啶	Trimethoprim	50μg/kg		不得检出	SN/T 1769
384	三甲基锍阳离子	Trimethyl - sulfonium cation	0.1		不得检出	参照同类标准
385	抗倒酯	Trinexapac	0.05		不得检出	GB/T 20769
386	灭菌唑	Triticonazole	0.01		不得检出	GB/T 20772
387	三氟甲磺隆	Tritosulfuron	0.01		不得检出	参照同类标准
388	泰乐霉素	Tylosin	100μg/kg		不得检出	GB/T 22941
389	—	Valifenalate	0.01		不得检出	参照同类标准
390	乙烯菌核利	Vinclozolin	0.05		不得检出	GB/T 20772
391	2,3,4,5 - 四氯苯胺	2,3,4,5 - Tetrachloraniline			不得检出	GB/T 19650
392	2,3,4,5 - 四氯甲氧基苯	2,3,4,5 - Tetrachloroanisole			不得检出	GB/T 19650
393	2,3,5,6 - 四氯苯胺	2,3,5,6 - Tetrachloroaniline			不得检出	GB/T 19650
394	2,4,5 - 涕	2,4,5 - T			不得检出	GB/T 20772
395	*o,p'* - 滴滴滴	2,4' - DDD			不得检出	GB/T 19650
396	*o,p'* - 滴滴伊	2,4' - DDE			不得检出	GB/T 19650
397	*o,p'* - 滴滴涕	2,4' - DDT			不得检出	GB/T 19650

序号	农兽药中文名	农兽药英文名	欧盟标准限量要求 mg/kg	国家标准限量要求 mg/kg	三安超有机食品标准	
					限量要求 mg/kg	检测方法
398	2,6-二氯苯甲酰胺	2,6-Dichlorobenzamide			不得检出	GB/T 19650
399	3,5-二氯苯胺	3,5-Dichloroaniline			不得检出	GB/T 19650
400	*p*,*p*′-滴滴滴	4,4′-DDD			不得检出	GB/T 19650
401	*p*,*p*′-滴滴伊	4,4′-DDE			不得检出	GB/T 19650
402	*p*,*p*′-滴滴涕	4,4′-DDT			不得检出	GB/T 19650
403	4,4′-二溴二苯甲酮	4,4′-Dibromobenzophenone			不得检出	GB/T 19650
404	4,4′-二氯二苯甲酮	4,4′-Dichlorobenzophenone			不得检出	GB/T 19650
405	二氢苊	Acenaphthene			不得检出	GB/T 19650
406	乙酰丙嗪	Acepromazine			不得检出	GB/T 20763
407	三氟羧草醚	Acifluorfen			不得检出	GB/T 20772
408	1-氨基-2-乙内酰脲	AHD			不得检出	GB/T 21311
409	涕灭砜威	Aldoxycarb			不得检出	GB/T 20772
410	烯丙菊酯	Allethrin			不得检出	GB/T 20772
411	二丙烯草胺	Allidochlor			不得检出	GB/T 19650
412	α-六六六	Alpha-HCH			不得检出	GB/T 19650
413	烯丙孕素	Altrenogest			不得检出	SN/T 1980
414	莠灭净	Ametryn			不得检出	GB/T 20772
415	杀草强	Amitrole			不得检出	SN/T 1737.6
416	5-吗啉甲基-3-氨基-2-噁唑烷基酮	AMOZ			不得检出	GB/T 21311
417	氨丙嘧吡啶	Amprolium			不得检出	SN/T 0276
418	莎稗磷	Anilofos			不得检出	GB/T 19650
419	蒽醌	Anthraquinone			不得检出	GB/T 19650
420	3-氨基-2-噁唑酮	AOZ			不得检出	GB/T 21311
421	安普霉素	Apramycin			不得检出	GB/T 21323
422	丙硫特普	Aspon			不得检出	GB/T 19650
423	羟氨卡青霉素	Aspoxicillin			不得检出	GB/T 21315
424	乙基杀扑磷	Athidathion			不得检出	GB/T 19650
425	莠去通	Atratone			不得检出	GB/T 19650
426	莠去津	Atrazine			不得检出	GB/T 20772
427	脱乙基阿特拉津	Atrazine-desethyl			不得检出	GB/T 19650
428	甲基吡噁磷	Azamethiphos			不得检出	GB/T 20763
429	氮哌酮	Azaperone			不得检出	SN/T2221
430	叠氮津	Aziprotryne			不得检出	GB/T 19650
431	杆菌肽	Bacitracin			不得检出	GB/T 20743
432	4-溴-3,5-二甲苯基-*N*-甲基氨基甲酸酯-1	BDMC-1			不得检出	GB/T 19650
433	4-溴-3,5-二甲苯基-*N*-甲基氨基甲酸酯-2	BDMC-2			不得检出	GB/T 19650

序号	农兽药中文名	农兽药英文名	欧盟标准限量要求 mg/kg	国家标准限量要求 mg/kg	三安超有机食品标准	
					限量要求 mg/kg	检测方法
434	噁虫威	Bendiocarb			不得检出	GB/T 20772
435	乙丁氟灵	Benfluralin			不得检出	GB/T 19650
436	呋草黄	Benfuresate			不得检出	GB/T 19650
437	麦锈灵	Benodanil			不得检出	GB/T 19650
438	解草酮	Benoxacor			不得检出	GB/T 19650
439	新燕灵	Benzoylprop – ethyl			不得检出	GB/T 19650
440	β – 六六六	Beta – HCH			不得检出	GB/T 19650
441	倍他米松	Betamethasone			不得检出	SN/T 1970
442	生物烯丙菊酯 – 1	Bioallethrin – 1			不得检出	GB/T 19650
443	生物烯丙菊酯 – 2	Bioallethrin – 2			不得检出	GB/T 19650
444	生物苄呋菊酯	Bioresmethrin			不得检出	GB/T 20772
445	除草定	Bromacil			不得检出	GB/T 20772
446	溴苯烯磷	Bromfenvinfos			不得检出	GB/T 19650
447	溴烯杀	Bromocylen			不得检出	GB/T 19650
448	溴硫磷	Bromofos			不得检出	GB/T 19650
449	乙基溴硫磷	Bromophos – ethyl			不得检出	GB/T 19650
450	溴丁酰草胺	Btomobutide			不得检出	GB/T 19650
451	氟丙嘧草酯	Butafenacil			不得检出	GB/T 19650
452	抑草磷	Butamifos			不得检出	GB/T 19650
453	丁草胺	Butaxhlor			不得检出	GB/T 19650
454	苯酮唑	Cafenstrole			不得检出	GB/T 19650
455	角黄素	Canthaxanthin			不得检出	SN/T 2327
456	咔唑心安	Carazolol			不得检出	GB/T 20763
457	卡巴氧	Carbadox			不得检出	GB/T 20746
458	三硫磷	Carbophenothion			不得检出	GB/T 19650
459	唑草酮	Carfentrazone – ethyl			不得检出	GB/T 19650
460	卡洛芬	Carprofen			不得检出	SN/T 2190
461	头孢洛宁	Cefalonium			不得检出	GB/T 22989
462	头孢匹林	Cefapirin			不得检出	GB/T 22989
463	头孢喹肟	Cefquinome			不得检出	GB/T 22989
464	头孢噻呋	Ceftiofur			不得检出	GB/T 21314
465	头孢氨苄	Cefalexin			不得检出	GB/T 22989
466	氯霉素	Chloramphenicolum			不得检出	GB/T 20772
467	氯杀螨砜	Chlorbenside sulfone			不得检出	GB/T 19650
468	氯溴隆	Chlorbromuron			不得检出	GB/T 19650
469	杀虫脒	Chlordimeform			不得检出	GB/T 19650
470	溴虫腈	Chlorfenapyr			不得检出	GB/T 19650
471	杀螨醇	Chlorfenethol			不得检出	GB/T 19650
472	燕麦酯	Chlorfenprop – methyl			不得检出	GB/T 19650

序号	农兽药中文名	农兽药英文名	欧盟标准限量要求 mg/kg	国家标准限量要求 mg/kg	三安超有机食品标准	
					限量要求 mg/kg	检测方法
473	氟啶脲	Chlorfluazuron			不得检出	SN/T 2540
474	整形醇	Chlorflurenol			不得检出	GB/T 19650
475	氯地孕酮	Chlormadinone			不得检出	SN/T 1980
476	醋酸氯地孕酮	Chlormadinone acetate			不得检出	GB/T 20753
477	氯甲硫磷	Chlormephos			不得检出	GB/T 19650
478	氯苯甲醚	Chloroneb			不得检出	GB/T 19650
479	丙酯杀螨醇	Chloropropylate			不得检出	GB/T 19650
480	氯丙嗪	Chlorpromazine			不得检出	GB/T 20763
481	氯硫磷	Chlorthion			不得检出	GB/T 19650
482	虫螨磷	Chlorthiophos			不得检出	GB/T 19650
483	乙菌利	Chlozolinate			不得检出	GB/T 19650
484	顺式-氯丹	*cis* - Chlordane			不得检出	GB/T 19650
485	顺式-燕麦敌	*cis* - Diallate			不得检出	GB/T 19650
486	顺式-氯菊酯	*cis* - Permethrin			不得检出	GB/T 19650
487	克仑特罗	Clenbuterol			不得检出	GB/T 22286
488	炔草酸	Clodinafopacid			不得检出	GB/T 19650
489	异噁草酮	Clomazone			不得检出	GB/T 20772
490	氯甲酰草胺	Clomeprop			不得检出	GB/T 19650
491	氯羟吡啶	Clopidol			不得检出	GB 29700
492	解草酯	Cloquintocet - mexyl			不得检出	GB/T 19650
493	蝇毒磷	Coumaphos			不得检出	GB/T 19650
494	鼠立死	Crimidine			不得检出	GB/T 19650
495	巴毒磷	Crotxyphos			不得检出	GB/T 19650
496	育畜磷	Crufomate			不得检出	GB/T 19650
497	苯腈磷	Cyanofenphos			不得检出	GB/T 19650
498	杀螟腈	Cyanophos			不得检出	GB/T 20772
499	环草敌	Cycloate			不得检出	GB/T 20772
500	环莠隆	Cycluron			不得检出	GB/T 20772
501	环丙津	Cyprazine			不得检出	GB/T 20772
502	敌草索	Dacthal			不得检出	GB/T 19650
503	癸氧喹酯	Decoquinate			不得检出	SN/T2444
504	脱叶磷	DEF			不得检出	GB/T 19650
505	δ-六六六	Delta - HCH			不得检出	GB/T 19650
506	2,2′,4,5,5′-五氯联苯	DE - PCB 101			不得检出	GB/T 19650
507	2,3,4,4′,5-五氯联苯	DE - PCB 118			不得检出	GB/T 19650
508	2,2′,3,4,4′,5-六氯联苯	DE - PCB 138			不得检出	GB/T 19650
509	2,2′,4,4′,5,5′-六氯联苯	DE - PCB 153			不得检出	GB/T 19650
510	2,2′,3,4,4′,5,5′-七氯联苯	DE - PCB 180			不得检出	GB/T 19650
511	2,4,4′-三氯联苯	DE - PCB 28			不得检出	GB/T 19650

序号	农兽药中文名	农兽药英文名	欧盟标准限量要求 mg/kg	国家标准限量要求 mg/kg	三安超有机食品标准	
					限量要求 mg/kg	检测方法
512	2,4,5 - 三氯联苯	DE - PCB 31			不得检出	GB/T 19650
513	2,2′,5,5′ - 四氯联苯	DE - PCB 52			不得检出	GB/T 19650
514	脱溴溴苯磷	Desbrom - leptophos			不得检出	GB/T 19650
515	脱乙基另丁津	Desethyl - sebuthylazine			不得检出	GB/T 19650
516	敌草净	Desmetryn			不得检出	GB/T 19650
517	地塞米松	Dexamethasone			不得检出	SN/T 1970
518	氯亚胺硫磷	Dialifos			不得检出	GB/T 19650
519	敌菌净	Diaveridine			不得检出	SN/T 1926
520	驱虫特	Dibutyl succinate			不得检出	GB/T 20772
521	异氯磷	Dicapthon			不得检出	GB/T 20772
522	除线磷	Dichlofenthion			不得检出	GB/T 20772
523	苯氟磺胺	Dichlofluanid			不得检出	GB/T 19650
524	烯丙酰草胺	Dichlormid			不得检出	GB/T 19650
525	敌敌畏	Dichlorvos			不得检出	GB/T 20772
526	苄氯三唑醇	Diclobutrazole			不得检出	GB/T 20772
527	禾草灵	Diclofop - methyl			不得检出	GB/T 19650
528	己烯雌酚	Diethylstilbestrol			不得检出	GB/T 20766
529	二氢链霉素	Dihydro - streptomycin			不得检出	GB/T 22969
530	甲氟磷	Dimefox			不得检出	GB/T 19650
531	哌草丹	Dimepiperate			不得检出	GB/T 19650
532	异戊乙净	Dimethametryn			不得检出	GB/T 19650
533	二甲酚草胺	Dimethenamid			不得检出	GB/T 19650
534	乐果	Dimethoate			不得检出	GB/T 20772
535	甲基毒虫畏	Dimethylvinphos			不得检出	GB/T 19650
536	地美硝唑	Dimetridazole			不得检出	GB/T 21318
537	二硝托安	Dinitolmide			不得检出	SN/T 2453
538	氨氟灵	Dinitramine			不得检出	GB/T 19650
539	消螨通	Dinobuton			不得检出	GB/T 19650
540	呋虫胺	Dinotefuran			不得检出	GB/T 20772
541	苯虫醚 - 1	Diofenolan - 1			不得检出	GB/T 19650
542	苯虫醚 - 2	Diofenolan - 2			不得检出	GB/T 19650
543	蔬果磷	Dioxabenzofos			不得检出	GB/T 19650
544	双苯酰草胺	Diphenamid			不得检出	GB/T 19650
545	二苯胺	Diphenylamine			不得检出	GB/T 19650
546	异丙净	Dipropetryn			不得检出	GB/T 19650
547	灭菌磷	Ditalimfos			不得检出	GB/T 19650
548	氟硫草定	Dithiopyr			不得检出	GB/T 19650
549	多拉菌素	Doramectin			不得检出	GB/T 22968
550	敌瘟磷	Edifenphos			不得检出	GB/T 19650

序号	农兽药中文名	农兽药英文名	欧盟标准限量要求 mg/kg	国家标准限量要求 mg/kg	三安超有机食品标准	
					限量要求 mg/kg	检测方法
551	硫丹硫酸盐	Endosulfan – sulfate			不得检出	GB/T 19650
552	异狄氏剂酮	Endrin ketone			不得检出	GB/T 19650
553	苯硫磷	EPN			不得检出	GB/T 19650
554	埃普利诺菌素	Eprinomectin			不得检出	GB/T 21320
555	抑草蓬	Erbon			不得检出	GB/T 19650
556	*S* – 氰戊菊酯	Esfenvalerate			不得检出	GB/T 19650
557	戊草丹	Esprocarb			不得检出	GB/T 19650
558	乙环唑 – 1	Etaconazole – 1			不得检出	GB/T 19650
559	乙环唑 – 2	Etaconazole – 2			不得检出	GB/T 19650
560	乙嘧硫磷	Etrimfos			不得检出	GB/T 19650
561	氧乙嘧硫磷	Etrimfos oxon			不得检出	GB/T 19650
562	伐灭磷	Famphur			不得检出	GB/T 19650
563	苯线磷亚砜	Fenamiphos sulfoxide			不得检出	GB/T 19650
564	苯线磷砜	Fenamiphos – sulfone			不得检出	GB/T 19650
565	苯硫苯咪唑	Fenbendazole			不得检出	SN 0638
566	氧皮蝇磷	Fenchlorphos oxon			不得检出	GB/T 19650
567	甲呋酰胺	Fenfuram			不得检出	GB/T 19650
568	仲丁威	Fenobucarb			不得检出	GB/T 19650
569	苯硫威	Fenothiocarb			不得检出	GB/T 19650
570	稻瘟酰胺	Fenoxanil			不得检出	GB/T 19650
571	拌种咯	Fenpiclonil			不得检出	GB/T 19650
572	甲氰菊酯	Fenpropathrin			不得检出	GB/T 19650
573	芬螨酯	Fenson			不得检出	GB/T 19650
574	丰索磷	Fensulfothion			不得检出	GB/T 19650
575	倍硫磷亚砜	Fenthion sulfoxide			不得检出	GB/T 19650
576	麦草氟异丙酯	Flamprop – isopropyl			不得检出	GB/T 19650
577	麦草氟甲酯	Flamprop – methyl			不得检出	GB/T 19650
578	吡氟禾草灵	Fluazifop – butyl			不得检出	GB/T 19650
579	啶蜱脲	Fluazuron			不得检出	SN/T 2540
580	氟噻草胺	Flufenacet			不得检出	GB/T 19650
581	氟节胺	Flumetralin			不得检出	GB/T 19650
582	唑嘧磺草胺	Flumetsulam			不得检出	GB/T 20772
583	氟烯草酸	Flumiclorac			不得检出	GB/T 19650
584	丙炔氟草胺	Flumioxazin			不得检出	GB/T 19650
585	氟胺烟酸	Flunixin			不得检出	GB/T 20750
586	三氟硝草醚	Fluorodifen			不得检出	GB/T 19650
587	乙羧氟草醚	Fluoroglycofen – ethyl			不得检出	GB/T 19650
588	三氟苯唑	Fluotrimazole			不得检出	GB/T 19650
589	氟啶草酮	Fluridone			不得检出	GB/T 19650

序号	农兽药中文名	农兽药英文名	欧盟标准限量要求 mg/kg	国家标准限量要求 mg/kg	三安超有机食品标准	
					限量要求 mg/kg	检测方法
590	氟草烟-1-甲庚酯	Fluroxypr - 1 - methylheptyl ester			不得检出	GB/T 19650
591	呋草酮	Flurtamone			不得检出	GB/T 19650
592	地虫硫磷	Fonofos			不得检出	GB/T 19650
593	安果	Formothion			不得检出	GB/T 19650
594	呋霜灵	Furalaxyl			不得检出	GB/T 19650
595	庆大霉素	Gentamicin			不得检出	GB/T 21323
596	苄螨醚	Halfenprox			不得检出	GB/T 19650
597	氟哌啶醇	Haloperidol			不得检出	GB/T 20763
598	ε-六六六	HCH, epsilon			不得检出	GB/T 19650
599	庚烯磷	Heptanophos			不得检出	GB/T 19650
600	己唑醇	Hexaconazole			不得检出	GB/T 19650
601	环嗪酮	Hexazinone			不得检出	GB/T 19650
602	咪草酸	Imazamethabenz - methyl			不得检出	GB/T 19650
603	脱苯甲基亚胺唑	Imibenconazole - *des* - benzyl			不得检出	GB/T 19650
604	炔咪菊酯-1	Imiprothrin - 1			不得检出	GB/T 19650
605	炔咪菊酯-2	Imiprothrin - 2			不得检出	GB/T 19650
606	碘硫磷	Iodofenphos			不得检出	GB/T 19650
607	甲基碘磺隆	Iodosulfuron - methyl			不得检出	GB/T 20772
608	异稻瘟净	Iprobenfos			不得检出	GB/T 19650
609	氯唑磷	Isazofos			不得检出	GB/T 19650
610	碳氯灵	Isobenzan			不得检出	GB/T 19650
611	丁咪酰胺	Isocarbamid			不得检出	GB/T 19650
612	水胺硫磷	Isocarbophos			不得检出	GB/T 19650
613	异艾氏剂	Isodrin			不得检出	GB/T 19650
614	异柳磷	Isofenphos			不得检出	GB/T 19650
615	氧异柳磷	Isofenphos oxon			不得检出	GB/T 19650
616	氮氨菲啶	Isometamidium			不得检出	SN/T 2239
617	丁嗪草酮	Isomethiozin			不得检出	GB/T 19650
618	异丙威-1	Isoprocarb - 1			不得检出	GB/T 19650
619	异丙威-2	Isoprocarb - 2			不得检出	GB/T 19650
620	异丙乐灵	Isopropalin			不得检出	GB/T 19650
621	双苯噁唑酸	Isoxadifen - ethyl			不得检出	GB/T 19650
622	异噁氟草	Isoxaflutole			不得检出	GB/T 20772
623	噁唑啉	Isoxathion			不得检出	GB/T 19650
624	依维菌素	Ivermectin			不得检出	GB/T 21320
625	交沙霉素	Josamycin			不得检出	GB/T 20762
626	溴苯磷	Leptophos			不得检出	GB/T 19650
627	利谷隆	Linuron			不得检出	GB/T 19650

序号	农兽药中文名	农兽药英文名	欧盟标准限量要求 mg/kg	国家标准限量要求 mg/kg	三安超有机食品标准	
					限量要求 mg/kg	检测方法
628	麻保沙星	Marbofloxacin			不得检出	GB/T 22985
629	2-甲-4-氯丁氧乙基酯	MCPA - butoxyethyl ester			不得检出	GB/T 19650
630	甲苯咪唑	Mebendazole			不得检出	GB/T 21324
631	灭蚜磷	Mecarbam			不得检出	GB/T 19650
632	二甲四氯丙酸	Mecoprop			不得检出	SN/T 2325
633	苯噻酰草胺	Mefenacet			不得检出	GB/T 19650
634	吡唑解草酯	Mefenpyr - diethyl			不得检出	GB/T 19650
635	醋酸甲地孕酮	Megestrol acetate			不得检出	GB/T 20753
636	醋酸美仑孕酮	Melengestrol acetate			不得检出	GB/T 20753
637	嘧菌胺	Mepanipyrim			不得检出	GB/T 19650
638	地胺磷	Mephosfolan			不得检出	GB/T 19650
639	灭锈胺	Mepronil			不得检出	GB/T 19650
640	硝磺草酮	Mesotrione			不得检出	参照同类标准
641	呋菌胺	Methfuroxam			不得检出	GB/T 19650
642	灭梭威砜	Methiocarb sulfone			不得检出	GB/T 19650
643	异丙甲草胺和 *S*-异丙甲草胺	Metolachlor and *S* - metolachlor			不得检出	GB/T 19650
644	盖草津	Methoprotryne			不得检出	GB/T 19650
645	甲醚菊酯-1	Methothrin - 1			不得检出	GB/T 19650
646	甲醚菊酯-2	Methothrin - 2			不得检出	GB/T 19650
647	甲基泼尼松龙	Methylprednisolone			不得检出	GB/T 21981
648	溴谷隆	Metobromuron			不得检出	GB/T 19650
649	甲氧氯普胺	Metoclopramide			不得检出	SN/T 2227
650	苯氧菌胺-1	Metominsstrobin - 1			不得检出	GB/T 19650
651	苯氧菌胺-2	Metominsstrobin - 2			不得检出	GB/T 19650
652	甲硝唑	Metronidazole			不得检出	GB/T 21318
653	速灭磷	Mevinphos			不得检出	GB/T 19650
654	兹克威	Mexacarbate			不得检出	GB/T 19650
655	灭蚁灵	Mirex			不得检出	GB/T 19650
656	禾草敌	Molinate			不得检出	GB/T 19650
657	庚酰草胺	Monalide			不得检出	GB/T 19650
658	莫能菌素	Monensin			不得检出	SN 0698
659	莫西丁克	Moxidectin			不得检出	SN/T 2442
660	合成麝香	Musk ambrecte			不得检出	GB/T 19650
661	麝香	Musk moskene			不得检出	GB/T 19650
662	西藏麝香	Musk tibeten			不得检出	GB/T 19650
663	二甲苯麝香	Musk xylene			不得检出	GB/T 19650
664	萘夫西林	Nafcillin			不得检出	GB/T 22975
665	二溴磷	Naled			不得检出	SN/T 0706

序号	农兽药中文名	农兽药英文名	欧盟标准限量要求 mg/kg	国家标准限量要求 mg/kg	三安超有机食品标准	
					限量要求 mg/kg	检测方法
666	甲基盐霉素	Narasin			不得检出	GB/T 20364
667	甲磺乐灵	Nitralin			不得检出	GB/T 19650
668	三氯甲基吡啶	Nitrapyrin			不得检出	GB/T 19650
669	酞菌酯	Nitrothal - isopropyl			不得检出	GB/T 19650
670	诺氟沙星	Norfloxacin			不得检出	GB/T 20366
671	氟草敏	Norflurazon			不得检出	GB/T 19650
672	新生霉素	Novobiocin			不得检出	SN 0674
673	氟苯嘧啶醇	Nuarimol			不得检出	GB/T 19650
674	八氯苯乙烯	Octachlorostyrene			不得检出	GB/T 19650
675	氧氟沙星	Ofloxacin			不得检出	GB/T 20366
676	喹乙醇	Olaquindox			不得检出	GB/T 20746
677	竹桃霉素	Oleandomycin			不得检出	GB/T 20762
678	氧乐果	Omethoate			不得检出	GB/T 19650
679	奥比沙星	Orbifloxacin			不得检出	GB/T 22985
680	杀线威	Oxamyl			不得检出	GB/T 20772
681	苯亚砜苯咪唑	Oxfendazole			不得检出	GB/T 22972
682	奥芬达唑	Oxibendazole			不得检出	GB/T 21324
683	氧化氯丹	Oxy - chlordane			不得检出	GB/T 19650
684	对氧磷	Paraoxon			不得检出	GB/T 19650
685	甲基对氧磷	Paraoxon - methyl			不得检出	GB/T 19650
686	克草敌	Pebulate			不得检出	GB/T 19650
687	五氯苯胺	Pentachloroaniline			不得检出	GB/T 19650
688	五氯甲氧基苯	Pentachloroanisole			不得检出	GB/T 19650
689	五氯苯	Pentachlorobenzene			不得检出	GB/T 19650
690	乙滴涕	Perthane			不得检出	GB/T 19650
691	菲	Phenanthrene			不得检出	GB/T 19650
692	稻丰散	Phenthoate			不得检出	GB/T 19650
693	甲拌磷砜	Phorate sulfone			不得检出	GB/T 19650
694	磷胺 - 1	Phosphamidon - 1			不得检出	GB/T 19650
695	磷胺 - 2	Phosphamidon - 2			不得检出	GB/T 19650
696	酞酸苯甲基丁酯	Phthalic acid, benzylbutyl ester			不得检出	GB/T 19650
697	四氯苯肽	Phthalide			不得检出	GB/T 19650
698	邻苯二甲酰亚胺	Phthalimide			不得检出	GB/T 19650
699	氟吡酰草胺	Picolinafen			不得检出	GB/T 19650
700	增效醚	Piperonyl butoxide			不得检出	GB/T 19650
701	哌草磷	Piperophos			不得检出	GB/T 19650
702	乙基虫螨清	Pirimiphos - ethyl			不得检出	GB/T 19650
703	吡利霉素	Pirlimycin			不得检出	GB/T 22988
704	炔丙菊酯	Prallethrin			不得检出	GB/T 19650

序号	农兽药中文名	农兽药英文名	欧盟标准限量要求 mg/kg	国家标准限量要求 mg/kg	三安超有机食品标准	
					限量要求 mg/kg	检测方法
705	泼尼松龙	Prednisolone			不得检出	GB/T 21981
706	环丙氟灵	Profluralin			不得检出	GB/T 19650
707	茉莉酮	Prohydrojasmon			不得检出	GB/T 19650
708	扑灭通	Prometon			不得检出	GB/T 19650
709	扑草净	Prometryne			不得检出	GB/T 19650
710	炔丙烯草胺	Pronamide			不得检出	GB/T 19650
711	敌稗	Propanil			不得检出	GB/T 19650
712	扑灭津	Propazine			不得检出	GB/T 19650
713	胺丙畏	Propetamphos			不得检出	GB/T 19650
714	丙酰二甲氨基丙吩噻嗪	Propionylpromazin			不得检出	GB/T 20763
715	丙硫磷	Prothiophos			不得检出	GB/T 19650
716	哒嗪硫磷	Pyridafenthion			不得检出	GB/T 19650
717	吡唑硫磷	Pyraclofos			不得检出	GB/T 19650
718	吡草醚	Pyraflufen – ethyl			不得检出	GB/T 19650
719	啶斑肟 – 1	Pyrifenox – 1			不得检出	GB/T 19650
720	啶斑肟 – 2	Pyrifenox – 2			不得检出	GB/T 19650
721	环酯草醚	Pyriftalid			不得检出	GB/T 19650
722	嘧螨醚	Pyrimidifen			不得检出	GB/T 19650
723	嘧草醚	Pyriminobac – methyl			不得检出	GB/T 19650
724	嘧啶磷	Pyrimitate			不得检出	GB/T 19650
725	喹硫磷	Quinalphos			不得检出	GB/T 19650
726	灭藻醌	Quinoclamine			不得检出	GB/T 19650
727	吡咪唑	Rabenzazole			不得检出	GB/T 19650
728	莱克多巴胺	Ractopamine			不得检出	GB/T 21313
729	洛硝达唑	Ronidazole			不得检出	GB/T 21318
730	皮蝇磷	Ronnel			不得检出	GB/T 19650
731	盐霉素	Salinomycin			不得检出	GB/T 20364
732	沙拉沙星	Sarafloxacin			不得检出	GB/T 20366
733	另丁津	Sebutylazine			不得检出	GB/T 19650
734	密草通	Secbumeton			不得检出	GB/T 19650
735	氨基脲	Semduramicin			不得检出	GB/T 20752
736	烯禾啶	Sethoxydim			不得检出	GB/T 19650
737	氟硅菊酯	Silafluofen			不得检出	GB/T 19650
738	硅氟唑	Simeconazole			不得检出	GB/T 19650
739	西玛通	Simetone			不得检出	GB/T 19650
740	西草净	Simetryn			不得检出	GB/T 19650
741	螺旋霉素	Spiramycin			不得检出	GB/T 20762
742	链霉素	Streptomycin			不得检出	GB/T 21323
743	磺胺苯酰	Sulfabenzamide			不得检出	GB/T 21316

序号	农兽药中文名	农兽药英文名	欧盟标准限量要求 mg/kg	国家标准限量要求 mg/kg	三安超有机食品标准	
					限量要求 mg/kg	检测方法
744	磺胺醋酰	Sulfacetamide			不得检出	GB/T 21316
745	磺胺氯哒嗪	Sulfachloropyridazine			不得检出	GB/T 21316
746	磺胺嘧啶	Sulfadiazine			不得检出	GB/T 21316
747	磺胺间二甲氧嘧啶	Sulfadimethoxine			不得检出	GB/T 21316
748	磺胺二甲嘧啶	Sulfadimidine			不得检出	GB/T 21316
749	磺胺多辛	Sulfadoxine			不得检出	GB/T 21316
750	磺胺脒	Sulfaguanidine			不得检出	GB/T 21316
751	菜草畏	Sulfallate			不得检出	GB/T 19650
752	磺胺甲嘧啶	Sulfamerazine			不得检出	GB/T 21316
753	新诺明	Sulfamethoxazole			不得检出	GB/T 21316
754	磺胺间甲氧嘧啶	Sulfamonomethoxine			不得检出	GB/T 21316
755	乙酰磺胺对硝基苯	Sulfanitran			不得检出	GB/T 20772
756	磺胺吡啶	Sulfapyridine			不得检出	GB/T 21316
757	磺胺喹沙啉	Sulfaquinoxaline			不得检出	GB/T 21316
758	磺胺噻唑	Sulfathiazole			不得检出	GB/T 21316
759	治螟磷	Sulfotep			不得检出	GB/T 19650
760	硫丙磷	Sulprofos			不得检出	GB/T 19650
761	苯噻硫氰	TCMTB			不得检出	GB/T 19650
762	丁基嘧啶磷	Tebupirimfos			不得检出	GB/T 19650
763	牧草胺	Tebutam			不得检出	GB/T 19650
764	丁噻隆	Tebuthiuron			不得检出	GB/T 20772
765	双硫磷	Temephos			不得检出	GB/T 20772
766	特草灵	Terbucarb			不得检出	GB/T 19650
767	特丁通	Terbumeton			不得检出	GB/T 19650
768	特丁净	Terbutryn			不得检出	GB/T 19650
769	四氢邻苯二甲酰亚胺	Tetrabydrophthalimide			不得检出	GB/T 19650
770	杀虫畏	Tetrachlorvinphos			不得检出	GB/T 19650
771	胺菊酯	Tetramethirn			不得检出	GB/T 19650
772	杀螨氯硫	Tetrasul			不得检出	GB/T 19650
773	噻吩草胺	Thenylchlor			不得检出	GB/T 19650
774	噻唑烟酸	Thiazopyr			不得检出	GB/T 19650
775	噻苯隆	Thidiazuron			不得检出	GB/T 20772
776	噻吩磺隆	Thifensulfuron - methyl			不得检出	GB/T 20772
777	甲基乙拌磷	Thiometon			不得检出	GB/T 20772
778	虫线磷	Thionazin			不得检出	GB/T 19650
779	硫普罗宁	Tiopronin			不得检出	SN/T 2225
780	三甲苯草酮	Tralkoxydim			不得检出	GB/T 19650
781	四溴菊酯	Tralomethrin			不得检出	SN/T 2320
782	反式 - 氯丹	*trans* - Chlordane			不得检出	GB/T 19650

序号	农兽药中文名	农兽药英文名	欧盟标准限量要求 mg/kg	国家标准限量要求 mg/kg	三安超有机食品标准	
					限量要求 mg/kg	检测方法
783	反式-燕麦敌	*trans*-Diallate			不得检出	GB/T 19650
784	四氟苯菊酯	Transfluthrin			不得检出	GB/T 19650
785	反式九氯	*trans*-Nonachlor			不得检出	GB/T 19650
786	反式-氯菊酯	*trans*-Permethrin			不得检出	GB/T 19650
787	群勃龙	Trenbolone			不得检出	GB/T 21981
788	威菌磷	Triamiphos			不得检出	GB/T 19650
789	毒壤磷	Trichloronate			不得检出	GB/T 19650
790	灭草环	Tridiphane			不得检出	GB/T 19650
791	草达津	Trietazine			不得检出	GB/T 19650
792	三异丁基磷酸盐	Tri-*iso*-butyl phosphate			不得检出	GB/T 19650
793	三正丁基磷酸盐	Tri-*n*-butyl phosphate			不得检出	GB/T 19650
794	三苯基磷酸盐	Triphenyl phosphate			不得检出	GB/T 19650
795	烯效唑	Uniconazole			不得检出	GB/T 19650
796	灭草敌	Vernolate			不得检出	GB/T 19650
797	维吉尼霉素	Virginiamycin			不得检出	GB/T 20765
798	杀鼠灵	War farin			不得检出	GB/T 20772
799	甲苯噻嗪	Xylazine			不得检出	GB/T 20763
800	右环十四酮酚	Zeranol			不得检出	GB/T 21982
801	苯酰菌胺	Zoxamide			不得检出	GB/T 19650

9.5 鸡可食用下水 Chicken Edible Offal

序号	农兽药中文名	农兽药英文名	欧盟标准限量要求 mg/kg	国家标准限量要求 mg/kg	三安超有机食品标准	
					限量要求 mg/kg	检测方法
1	1,1-二氯-2,2-二(4-乙苯)乙烷	1,1-Dichloro-2,2-bis(4-ethylphenyl)ethane	0.01		不得检出	日本肯定列表(增补本1)
2	1,2-二氯乙烷	1,2-Dichloroethane	0.1		不得检出	SN/T 2238
3	1,3-二氯丙烯	1,3-Dichloropropene	0.01		不得检出	SN/T 2238
4	1-萘乙酸	1-Naphthylacetic acid	0.05		不得检出	SN/T 2228
5	2,4-滴丁酸	2,4-DB	0.05		不得检出	GB/T 20769
6	2,4-滴	2,4-D	0.05		不得检出	GB/T 20772
7	2-苯酚	2-Phenylphenol	0.05		不得检出	GB/T 19650
8	阿维菌素	Abamectin	0.02		不得检出	SN/T 2661
9	乙酰甲胺磷	Acephate	0.02		不得检出	GB/T 20772
10	灭螨醌	Acequinocyl	0.01		不得检出	参照同类标准
11	啶虫脒	Acetamiprid	0.05		不得检出	GB/T 20772
12	乙草胺	Acetochlor	0.01		不得检出	GB/T 19650
13	苯并噻二唑	Acibenzolar-*S*-methyl	0.02		不得检出	GB/T 20772

序号	农兽药中文名	农兽药英文名	欧盟标准限量要求 mg/kg	国家标准限量要求 mg/kg	三安超有机食品标准	
					限量要求 mg/kg	检测方法
14	苯草醚	Aclonifen	0.02		不得检出	GB/T 20772
15	氟丙菊酯	Acrinathrin	0.05		不得检出	GB/T 19648
16	甲草胺	Alachlor	0.01		不得检出	GB/T 20772
17	涕灭威	Aldicarb	0.01		不得检出	GB/T 20772
18	艾氏剂和狄氏剂	Aldrin and dieldrin	0.2		不得检出	GB/T 19650
19	—	Ametoctradin	0.03		不得检出	参照同类标准
20	酰嘧磺隆	Amidosulfuron	0.02		不得检出	参照同类标准
21	氯氨吡啶酸	Aminopyralid	0.01		不得检出	GB/T 23211
22	—	Amisulbrom	0.01		不得检出	参照同类标准
23	双甲脒	Amitraz	0.05		不得检出	GB/T 19650
24	敌菌灵	Anilazine	0.01		不得检出	GB/T 20769
25	杀螨特	Aramite	0.01		不得检出	GB/T 19650
26	磺草灵	Asulam	0.1		不得检出	日本肯定列表（增补本1）
27	印楝素	Azadirachtin	0.01		不得检出	SN/T 3264
28	益棉磷	Azinphos – ethyl	0.01		不得检出	GB/T 19650
29	保棉磷	Azinphos – methyl	0.01		不得检出	GB/T 20772
30	三唑锡和三环锡	Azocyclotin and cyhexatin	0.05		不得检出	SN/T 1990
31	嘧菌酯	Azoxystrobin	0.05		不得检出	GB/T 20772
32	燕麦灵	Barban	0.05		不得检出	参照同类标准
33	氟丁酰草胺	Beflubutamid	0.05		不得检出	参照同类标准
34	苯霜灵	Benalaxyl	0.05		不得检出	GB/T 20772
35	丙硫克百威	Benfuracarb	0.02		不得检出	GB/T 20772
36	联苯肼酯	Bifenazate	0.01		不得检出	GB/T 20772
37	甲羧除草醚	Bifenox	0.05		不得检出	GB/T 23210
38	联苯菊酯	Bifenthrin	0.05		不得检出	GB/T 19650
39	乐杀螨	Binapacryl	0.01		不得检出	SN 0523
40	联苯	Biphenyl	0.01		不得检出	GB/T 19650
41	联苯三唑醇	Bitertanol	0.05		不得检出	GB/T 20772
42	—	Bixafen	0.02		不得检出	参照同类标准
43	啶酰菌胺	Boscalid	0.1		不得检出	GB/T 20772
44	溴离子	Bromide ion	0.05		不得检出	GB/T5009.167
45	溴螨酯	Bromopropylate	0.01		不得检出	GB/T 19650
46	溴苯腈	Bromoxynil	0.2		不得检出	GB/T 20772
47	糠菌唑	Bromuconazole	0.05		不得检出	GB/T 19650
48	乙嘧酚磺酸酯	Bupirimate	0.05		不得检出	GB/T 19650
49	噻嗪酮	Buprofezin	0.05		不得检出	GB/T 20772
50	仲丁灵	Butralin	0.02		不得检出	GB/T 19650
51	丁草敌	Butylate	0.01		不得检出	GB/T 19650

序号	农兽药中文名	农兽药英文名	欧盟标准限量要求 mg/kg	国家标准限量要求 mg/kg	三安超有机食品标准	
					限量要求 mg/kg	检测方法
52	硫线磷	Cadusafos	0.01		不得检出	GB/T 19650
53	敌菌丹	Captafol	0.01		不得检出	GB/T 23210
54	克菌丹	Captan	0.02		不得检出	GB/T 19648
55	甲萘威	Carbaryl	0.05		不得检出	GB/T 20796
56	多菌灵和苯菌灵	Carbendazim and benomyl	0.05		不得检出	GB/T 20772
57	长杀草	Carbetamide	0.05		不得检出	GB/T 20772
58	克百威	Carbofuran	0.01		不得检出	GB/T 20772
59	丁硫克百威	Carbosulfan	0.05		不得检出	GB/T 19650
60	萎锈灵	Carboxin	0.05		不得检出	GB/T 20772
61	氯虫苯甲酰胺	Chlorantraniliprole	0.01		不得检出	参照同类标准
62	杀螨醚	Chlorbenside	0.05		不得检出	GB/T 19650
63	氯炔灵	Chlorbufam	0.05		不得检出	GB/T 20772
64	氯丹	Chlordane	0.05		不得检出	GB/T 5009.19
65	十氯酮	Chlordecone	0.2		不得检出	参照同类标准
66	杀螨酯	Chlorfenson	0.05		不得检出	GB/T 19650
67	毒虫畏	Chlorfenvinphos	0.01		不得检出	GB/T 19650
68	氯草敏	Chloridazon	0.05		不得检出	GB/T 20772
69	矮壮素	Chlormequat	0.05		不得检出	GB/T 23211
70	乙酯杀螨醇	Chlorobenzilate	0.1		不得检出	GB/T 23210
71	百菌清	Chlorothalonil	0.07		不得检出	SN/T 2320
72	绿麦隆	Chlortoluron	0.05		不得检出	GB/T 20772
73	枯草隆	Chloroxuron	0.05		不得检出	SN/T 2150
74	氯苯胺灵	Chlorpropham	0.05		不得检出	GB/T 19650
75	毒死蜱	Chlorpyrifos	0.05		不得检出	GB/T 19650
76	甲基毒死蜱	Chlorpyrifos – methyl	0.05		不得检出	GB/T 19650
77	氯磺隆	Chlorsulfuron	0.01		不得检出	GB/T 20772
78	氯酞酸甲酯	Chlorthaldimethyl	0.01		不得检出	GB/T 19650
79	氯硫酰草胺	Chlorthiamid	0.02		不得检出	GB/T 20772
80	烯草酮	Clethodim	0.2		不得检出	GB/T 19650
81	炔草酯	Clodinafop – propargyl	0.02		不得检出	GB/T 19650
82	四螨嗪	Clofentezine	0.05		不得检出	GB/T 20772
83	二氯吡啶酸	Clopyralid	0.05		不得检出	SN/T 2228
84	噻虫胺	Clothianidin	0.1		不得检出	GB/T 20772
85	铜化合物	Copper compounds	30		不得检出	参照同类标准
86	环烷基酰苯胺	Cyclanilide	0.01		不得检出	参照同类标准
87	噻草酮	Cycloxydim	0.05		不得检出	GB/T 19650
88	环氟菌胺	Cyflufenamid	0.03		不得检出	GB/T 23210
89	氟氯氰菊酯和高效氟氯氰菊酯	Cyfluthrin and beta – cyfluthrin	0.05		不得检出	GB/T 19650

序号	农兽药中文名	农兽药英文名	欧盟标准限量要求 mg/kg	国家标准限量要求 mg/kg	三安超有机食品标准	
					限量要求 mg/kg	检测方法
90	霜脲氰	Cymoxanil	0.05		不得检出	GB/T 20772
91	氯氰菊酯和高效氯氰菊酯	Cypermethrin and beta - cypermethrin	0.05		不得检出	GB/T 19650
92	环丙唑醇	Cyproconazole	0.05		不得检出	GB/T 20772
93	嘧菌环胺	Cyprodinil	0.05		不得检出	GB/T 19650
94	灭蝇胺	Cyromazine	0.05		不得检出	GB/T 20772
95	丁酰肼	Daminozide	0.05		不得检出	SN/T 1989
96	滴滴涕	DDT	1		不得检出	SN/T 0127
97	溴氰菊酯	Deltamethrin	0.1		不得检出	GB/T 19650
98	燕麦敌	Diallate	0.2		不得检出	GB/T 23211
99	二嗪磷	Diazinon	0.02		不得检出	GB/T 19650
100	麦草畏	Dicamba	0.07		不得检出	GB/T 20772
101	敌草腈	Dichlobenil	0.01		不得检出	GB/T 19650
102	滴丙酸	Dichlorprop	0.05		不得检出	SN/T 2228
103	二氯苯氧基丙酸	Diclofop	0.01		不得检出	参照同类标准
104	氯硝胺	Dicloran	0.01		不得检出	GB/T 19650
105	三氯杀螨醇	Dicofol	0.05		不得检出	GB/T 19650
106	乙霉威	Diethofencarb	0.05		不得检出	GB/T 19650
107	苯醚甲环唑	Difenoconazole	0.1		不得检出	GB/T 19650
108	除虫脲	Diflubenzuron	0.05		不得检出	SN/T 0528
109	吡氟酰草胺	Diflufenican	0.05		不得检出	GB/T 20772
110	油菜安	Dimethachlor	0.02		不得检出	GB/T 20772
111	烯酰吗啉	Dimethomorph	0.05		不得检出	GB/T 20772
112	醚菌胺	Dimoxystrobin	0.05		不得检出	SN/T 2237
113	烯唑醇	Diniconazole	0.01		不得检出	GB/T 19650
114	敌螨普	Dinocap	0.05		不得检出	日本肯定列表(增补本1)
115	地乐酚	Dinoseb	0.01		不得检出	GB/T 20772
116	特乐酚	Dinoterb	0.05		不得检出	GB/T 20772
117	敌噁磷	Dioxathion	0.05		不得检出	GB/T 19650
118	敌草快	Diquat	0.05		不得检出	GB/T 5009.221
119	乙拌磷	Disulfoton	0.01		不得检出	GB/T 20772
120	二氰蒽醌	Dithianon	0.01		不得检出	GB/T 20769
121	二硫代氨基甲酸酯	Dithiocarbamates	0.05		不得检出	SN 0139
122	敌草隆	Diuron	0.05		不得检出	SN/T 0645
123	二硝甲酚	DNOC	0.05		不得检出	GB/T 20772
124	多果定	Dodine	0.2		不得检出	SN 0500
125	甲氨基阿维菌素苯甲酸盐	Emamectin benzoate	0.01		不得检出	GB/T 20769
126	硫丹	Endosulfan	0.05	0.03	不得检出	GB/T 19650

序号	农兽药中文名	农兽药英文名	欧盟标准限量要求 mg/kg	国家标准限量要求 mg/kg	三安超有机食品标准	
					限量要求 mg/kg	检测方法
127	异狄氏剂	Endrin	0.05		不得检出	GB/T 19650
128	氟环唑	Epoxiconazole	0.01		不得检出	GB/T 20772
129	茵草敌	EPTC	0.02		不得检出	GB/T 20772
130	乙丁烯氟灵	Ethalfluralin	0.01		不得检出	GB/T 19650
131	胺苯磺隆	Ethametsulfuron	0.01		不得检出	NY/T 1616
132	乙烯利	Ethephon	0.05		不得检出	SN 0705
133	乙硫磷	Ethion	0.01		不得检出	GB/T 19650
134	乙嘧酚	Ethirimol	0.05		不得检出	GB/T 20772
135	乙氧呋草黄	Ethofumesate	0.1		不得检出	GB/T 20772
136	灭线磷	Ethoprophos	0.01		不得检出	GB/T 19650
137	乙氧喹啉	Ethoxyquin	0.05		不得检出	GB/T 20772
138	环氧乙烷	Ethylene oxide	0.02		不得检出	GB/T 23296.11
139	醚菊酯	Etofenprox	0.01		不得检出	GB/T 19650
140	乙螨唑	Etoxazole	0.01		不得检出	GB/T 19650
141	氯唑灵	Etridiazole	0.05		不得检出	GB/T 20772
142	噁唑菌酮	Famoxadone	0.05		不得检出	GB/T 20772
143	咪唑菌酮	Fenamidone	0.01		不得检出	GB/T 19650
144	苯线磷	Fenamiphos	0.02		不得检出	GB/T 19650
145	氯苯嘧啶醇	Fenarimol	0.02		不得检出	GB/T 20772
146	喹螨醚	Fenazaquin	0.01		不得检出	GB/T 19650
147	腈苯唑	Fenbuconazole	0.05		不得检出	GB/T 20772
148	苯丁锡	Fenbutatin oxide	0.05		不得检出	SN/T 3149
149	环酰菌胺	Fenhexamid	0.05		不得检出	GB/T 20772
150	杀螟硫磷	Fenitrothion	0.01		不得检出	GB/T 20772
151	精噁唑禾草灵	Fenoxaprop – *P* – ethyl	0.05		不得检出	GB 22617
152	双氧威	Fenoxycarb	0.05		不得检出	GB/T 19650
153	苯锈啶	Fenpropidin	0.02		不得检出	GB/T 19650
154	丁苯吗啉	Fenpropimorph	0.01		不得检出	GB/T 20772
155	胺苯吡菌酮	Fenpyrazamine	0.01		不得检出	参照同类标准
156	唑螨酯	Fenpyroximate	0.01		不得检出	GB/T 19650
157	倍硫磷	Fenthion	0.05		不得检出	GB/T 20772
158	三苯锡	Fentin	0.05		不得检出	SN/T 3149
159	薯瘟锡	Fentin acetate	0.05		不得检出	参照同类标准
160	氰戊菊酯和高效氰戊菊酯(RR & SS 异构体总量)	Fenvalerate and esfenvalerate (sum of RR & SS isomers)	0.2		不得检出	GB/T 19650
161	氰戊菊酯和高效氰戊菊酯(RS & SR 异构体总量)	Fenvalerate and esfenvalerate (sum of RS & SR isomers)	0.05		不得检出	GB/T 19650
162	氟虫腈	Fipronil	0.01		不得检出	SN/T 1982
163	氟啶虫酰胺	Flonicamid	0.03		不得检出	SN/T 2796

序号	农兽药中文名	农兽药英文名	欧盟标准限量要求 mg/kg	国家标准限量要求 mg/kg	三安超有机食品标准	
					限量要求 mg/kg	检测方法
164	精吡氟禾草灵	Fluazifop – P – butyl	0.05		不得检出	GB/T 5009.142
165	氟啶胺	Fluazinam	0.05		不得检出	SN/T 2150
166	氟苯虫酰胺	Flubendiamide	0.01		不得检出	SN/T 2581
167	氟环脲	Flucycloxuron	0.05		不得检出	参照同类标准
168	氟氰戊菊酯	Flucythrinate	0.05		不得检出	GB/T 23210
169	咯菌腈	Fludioxonil	0.05		不得检出	GB/T 20772
170	氟虫脲	Flufenoxuron	0.05		不得检出	SN/T 2150
171	—	Flufenzin	0.02		不得检出	参照同类标准
172	氟吡菌胺	Fluopicolide	0.01		不得检出	参照同类标准
173	—	Fluopyram	0.02		不得检出	参照同类标准
174	氟离子	Fluoride ion	1		不得检出	GB/T 5009.167
175	氟腈嘧菌酯	Fluoxastrobin	0.05		不得检出	SN/T 2237
176	氟喹唑	Fluquinconazole	0.02		不得检出	GB/T 19650
177	氟咯草酮	Fluorochloridone	0.05		不得检出	GB/T 20772
178	氟草烟	Fluroxypyr	0.05		不得检出	GB/T 20772
179	氟硅唑	Flusilazole	0.5		不得检出	GB/T 20772
180	氟酰胺	Flutolanil	0.05		不得检出	GB/T 20772
181	粉唑醇	Flutriafol	0.01		不得检出	GB/T 20772
182	—	Fluxapyroxad	0.01		不得检出	参照同类标准
183	氟磺胺草醚	Fomesafen	0.01		不得检出	GB/T 5009.130
184	氯吡脲	Forchlorfenuron	0.05		不得检出	SN/T 3643
185	伐虫脒	Formetanate	0.01		不得检出	NY/T 1453
186	三乙膦酸铝	Fosetyl – aluminium	0.5		不得检出	参照同类标准
187	麦穗宁	Fuberidazole	0.05		不得检出	GB/T 19650
188	呋线威	Furathiocarb	0.01		不得检出	GB/T 20772
189	糠醛	Furfural	1		不得检出	参照同类标准
190	勃激素	Gibberellic acid	0.1		不得检出	GB/T 23211
191	草胺膦	Glufosinate – ammonium	0.1		不得检出	日本肯定列表
192	草甘膦	Glyphosate	0.05		不得检出	SN/T 1923
193	双胍盐	Guazatine	0.1		不得检出	参照同类标准
194	氟吡禾灵	Haloxyfop	0.1		不得检出	SN/T 2228
195	七氯	Heptachlor	0.2		不得检出	SN 0663
196	六氯苯	Hexachlorobenzene	0.2		不得检出	SN/T 0127
197	六六六(HCH),α – 异构体	Hexachlorociclohexane (HCH), alpha – isomer	0.2		不得检出	SN/T 0127
198	六六六(HCH),β – 异构体	Hexachlorociclohexane (HCH), beta – isomer	0.1		不得检出	SN/T 0127
199	噻螨酮	Hexythiazox	0.05		不得检出	GB/T 20772
200	噁霉灵	Hymexazol	0.05		不得检出	GB/T 20772

序号	农兽药中文名	农兽药英文名	欧盟标准限量要求 mg/kg	国家标准限量要求 mg/kg	三安超有机食品标准	
					限量要求 mg/kg	检测方法
201	抑霉唑	Imazalil	0.05		不得检出	GB/T 20772
202	甲咪唑烟酸	Imazapic	0.01		不得检出	GB/T 20772
203	咪唑喹啉酸	Imazaquin	0.05		不得检出	GB/T 20772
204	吡虫啉	Imidacloprid	0.05		不得检出	GB/T 20772
205	茚虫威	Indoxacarb	0.01		不得检出	GB/T 20772
206	碘苯腈	Ioxynil	0.2		不得检出	GB/T 20772
207	异菌脲	Iprodione	0.05		不得检出	GB/T 19650
208	稻瘟灵	Isoprothiolane	0.01		不得检出	GB/T 20772
209	异丙隆	Isoproturon	0.05		不得检出	GB/T 20772
210	—	Isopyrazam	0.01		不得检出	参照同类标准
211	异噁酰草胺	Isoxaben	0.01		不得检出	GB/T 20772
212	醚菌酯	Kresoxim – methyl	0.02		不得检出	GB/T 20772
213	乳氟禾草灵	Lactofen	0.01		不得检出	GB/T 19650
214	高效氯氟氰菊酯	Lambda – cyhalothrin	0.02		不得检出	GB/T 23210
215	环草定	Lenacil	0.1		不得检出	GB/T 19650
216	林丹	Lindane	0.02	0.01	不得检出	NY/T 761
217	虱螨脲	Lufenuron	0.02		不得检出	SN/T 2540
218	马拉硫磷	Malathion	0.02		不得检出	GB/T 19650
219	抑芽丹	Maleic hydrazide	0.02		不得检出	GB/T 23211
220	双炔酰菌胺	Mandipropamid	0.02		不得检出	参照同类标准
221	二甲四氯和二甲四氯丁酸	MCPA and MCPB	0.5		不得检出	SN/T 2228
222	壮棉素	Mepiquat chloride	0.05		不得检出	GB/T 23211
223	—	Meptyldinocap	0.05		不得检出	参照同类标准
224	汞化合物	Mercury compounds	0.01		不得检出	参照同类标准
225	氰氟虫腙	Metaflumizone	0.02		不得检出	SN/T 3852
226	甲霜灵和精甲霜灵	Metalaxyl and metalaxyl – M	0.05		不得检出	GB/T 20772
227	四聚乙醛	Metaldehyde	0.05		不得检出	SN/T 1787
228	苯嗪草酮	Metamitron	0.05		不得检出	GB/T 19650
229	吡唑草胺	Metazachlor	0.05		不得检出	GB/T 19650
230	叶菌唑	Metconazole	0.01		不得检出	GB/T 20772
231	甲基苯噻隆	Methabenzthiazuron	0.05		不得检出	GB/T 19650
232	虫螨畏	Methacrifos	0.01		不得检出	GB/T 20772
233	甲胺磷	Methamidophos	0.01		不得检出	GB/T 20772
234	杀扑磷	Methidathion	0.02		不得检出	GB/T 20772
235	甲硫威	Methiocarb	0.05		不得检出	GB/T 20770
236	灭多威和硫双威	Methomyl and thiodicarb	0.02		不得检出	GB/T 20772
237	烯虫酯	Methoprene	0.05		不得检出	GB/T 19650
238	甲氧滴滴涕	Methoxychlor	0.01		不得检出	SN/T 0529
239	甲氧虫酰肼	Methoxyfenozide	0.01		不得检出	GB/T 20772

序号	农兽药中文名	农兽药英文名	欧盟标准限量要求 mg/kg	国家标准限量要求 mg/kg	三安超有机食品标准	
					限量要求 mg/kg	检测方法
240	磺草唑胺	Metosulam	0.01		不得检出	GB/T 20772
241	苯菌酮	Metrafenone	0.05		不得检出	参照同类标准
242	嗪草酮	Metribuzin	0.1		不得检出	GB/T 19650
243	绿谷隆	Monolinuron	0.05		不得检出	GB/T 20772
244	灭草隆	Monuron	0.01		不得检出	GB/T 20772
245	腈菌唑	Myclobutanil	0.01		不得检出	GB/T 20772
246	1－萘乙酰胺	1－Naphthylacetamide	0.05		不得检出	GB/T 23205
247	敌草胺	Napropamide	0.01		不得检出	GB/T 19650
248	烟嘧磺隆	Nicosulfuron	0.05		不得检出	SN/T 2325
249	除草醚	Nitrofen	0.01		不得检出	GB/T 19650
250	氟酰脲	Novaluron	0.1		不得检出	GB/T 23211
251	嘧苯胺磺隆	Orthosulfamuron	0.01		不得检出	GB/T 23817
252	噁草酮	Oxadiazon	0.05		不得检出	GB/T 19650
253	噁霜灵	Oxadixyl	0.01		不得检出	GB/T 19650
254	环氧嘧磺隆	Oxasulfuron	0.05		不得检出	GB/T 23817
255	氧化萎锈灵	Oxycarboxin	0.05		不得检出	GB/T 19650
256	亚砜磷	Oxydemeton－methyl	0.01		不得检出	参照同类标准
257	乙氧氟草醚	Oxyfluorfen	0.05		不得检出	GB/T 20772
258	多效唑	Paclobutrazol	0.02		不得检出	GB/T 19650
259	对硫磷	Parathion	0.05		不得检出	GB/T 19650
260	甲基对硫磷	Parathion－methyl	0.01		不得检出	GB/T 5009.161
261	戊菌唑	Penconazole	0.05		不得检出	GB/T 20772
262	戊菌隆	Pencycuron	0.05		不得检出	GB/T 19650
263	二甲戊灵	Pendimethalin	0.05		不得检出	GB/T 19650
264	氯菊酯	Permethrin	0.05		不得检出	GB/T 19650
265	甜菜宁	Phenmedipham	0.05		不得检出	GB/T 23205
266	苯醚菊酯	Phenothrin	0.05		不得检出	GB/T 20772
267	甲拌磷	Phorate	0.01		不得检出	GB/T 20772
268	伏杀硫磷	Phosalone	0.01		不得检出	GB/T 20772
269	亚胺硫磷	Phosmet	0.1		不得检出	GB/T 20772
270	—	Phosphines and phosphides	0.01		不得检出	参照同类标准
271	辛硫磷	Phoxim	0.02		不得检出	GB/T 20772
272	氨氯吡啶酸	Picloram	0.01		不得检出	GB/T 23211
273	啶氧菌酯	Picoxystrobin	0.05		不得检出	GB/T 19650
274	抗蚜威	Pirimicarb	0.05		不得检出	GB/T 20772
275	甲基嘧啶磷	Pirimiphos－methyl	0.05		不得检出	GB/T 20772
276	咪鲜胺	Prochloraz	0.1		不得检出	GB/T 19650
277	腐霉利	Procymidone	0.01		不得检出	GB/T 20772
278	丙溴磷	Profenofos	0.05		不得检出	GB/T 20772

序号	农兽药中文名	农兽药英文名	欧盟标准限量要求 mg/kg	国家标准限量要求 mg/kg	三安超有机食品标准	
					限量要求 mg/kg	检测方法
279	调环酸	Prohexadione	0.05		不得检出	日本肯定列表
280	毒草安	Propachlor	0.02		不得检出	GB/T 20772
281	扑派威	Propamocarb	0.1		不得检出	GB/T 20772
282	恶草酸	Propaquizafop	0.05		不得检出	GB/T 20772
283	炔螨特	Propargite	0.1		不得检出	GB/T 19650
284	苯胺灵	Propham	0.05		不得检出	GB/T 19650
285	丙环唑	Propiconazole	0.01		不得检出	GB/T 19650
286	异丙草胺	Propisochlor	0.01		不得检出	GB/T 19650
287	残杀威	Propoxur	0.05		不得检出	GB/T 20772
288	炔苯酰草胺	Propyzamide	0.02		不得检出	GB/T 19650
289	苄草丹	Prosulfocarb	0.05		不得检出	GB/T 19650
290	丙硫菌唑	Prothioconazole	0.01		不得检出	参照同类标准
291	吡蚜酮	Pymetrozine	0.01		不得检出	GB/T 20772
292	吡唑醚菌酯	Pyraclostrobin	0.05		不得检出	GB/T 20772
293	—	Pyrasulfotole	0.01		不得检出	参照同类标准
294	吡菌磷	Pyrazophos	0.02		不得检出	GB/T 20772
295	除虫菊素	Pyrethrins	0.05		不得检出	GB/T 20772
296	哒螨灵	Pyridaben	0.02		不得检出	GB/T 19650
297	啶虫丙醚	Pyridalyl	0.01		不得检出	日本肯定列表
298	哒草特	Pyridate	0.05		不得检出	日本肯定列表
299	嘧霉胺	Pyrimethanil	0.05		不得检出	GB/T 19650
300	吡丙醚	Pyriproxyfen	0.05		不得检出	GB/T 19650
301	甲氧磺草胺	Pyroxsulam	0.01		不得检出	SN/T 2325
302	氯甲喹啉酸	Quinmerac	0.05		不得检出	参照同类标准
303	喹氧灵	Quinoxyfen	0.2		不得检出	SN/T 2319
304	五氯硝基苯	Quintozene	0.01	0.1	不得检出	GB/T 19650
305	精喹禾灵	Quizalofop - *P* - ethyl	0.05		不得检出	SN/T 2150
306	灭虫菊	Resmethrin	0.1		不得检出	GB/T 20772
307	鱼藤酮	Rotenone	0.01		不得检出	GB/T 20772
308	西玛津	Simazine	0.01		不得检出	SN 0594
309	乙基多杀菌素	Spinetoram	0.01		不得检出	参照同类标准
310	多杀霉素	Spinosad	0.2		不得检出	GB/T 20772
311	螺螨酯	Spirodiclofen	0.01		不得检出	GB/T 20772
312	螺甲螨酯	Spiromesifen	0.01		不得检出	GB/T 23210
313	螺虫乙酯	Spirotetramat	0.01		不得检出	参照同类标准
314	萁孢菌素	Spiroxamine	0.05		不得检出	GB/T 20772
315	磺草酮	Sulcotrione	0.05		不得检出	参照同类标准
316	乙黄隆	Sulfosulfuron	0.05		不得检出	SN/T 2325
317	硫磺粉	Sulfur	0.5		不得检出	参照同类标准

序号	农兽药中文名	农兽药英文名	欧盟标准限量要求 mg/kg	国家标准限量要求 mg/kg	三安超有机食品标准	
					限量要求 mg/kg	检测方法
318	氟胺氰菊酯	Tau - fluvalinate	0.01		不得检出	SN 0691
319	戊唑醇	Tebuconazole	0.1		不得检出	GB/T 20772
320	虫酰肼	Tebufenozide	0.05		不得检出	GB/T 20772
321	吡螨胺	Tebufenpyrad	0.05		不得检出	GB/T 19650
322	四氯硝基苯	Tecnazene	0.05		不得检出	GB/T 19650
323	氟苯脲	Teflubenzuron	0.05		不得检出	SN/T 2150
324	七氟菊酯	Tefluthrin	0.05		不得检出	GB/T 23210
325	得杀草	Tepraloxydim	0.1		不得检出	GB/T 20772
326	特丁硫磷	Terbufos	0.01		不得检出	GB/T 20772
327	特丁津	Terbuthylazine	0.05		不得检出	GB/T 19650
328	四氟醚唑	Tetraconazole	0.02		不得检出	GB/T 20772
329	三氯杀螨砜	Tetradifon	0.05		不得检出	GB/T 19650
330	噻菌灵	Thiabendazole	0.1		不得检出	GB/T 20772
331	噻虫啉	Thiacloprid	0.01		不得检出	GB/T 20772
332	噻虫嗪	Thiamethoxam	0.01		不得检出	GB/T 20772
333	禾草丹	Thiobencarb	0.01		不得检出	GB/T 20772
334	甲基硫菌灵	Thiophanate - methyl	0.05		不得检出	SN/T 0162
335	甲基立枯磷	Tolclofos - methyl	0.05		不得检出	参照同类标准
336	甲苯氟磺胺	Tolylfluanid	0.1		不得检出	GB/T 19650
337	—	Topramezone	0.05		不得检出	参照同类标准
338	三唑酮和三唑醇	Triadimefon and triadimenol	0.1		不得检出	GB/T 20772
339	野麦畏	Triallate	0.05		不得检出	GB/T 20772
340	醚苯磺隆	Triasulfuron	0.05		不得检出	GB/T 20772
341	三唑磷	Triazophos	0.01		不得检出	GB/T 20772
342	敌百虫	Trichlorphon	0.01		不得检出	GB/T 20772
343	绿草定	Triclopyr	0.05		不得检出	SN/T 2228
344	三环唑	Tricyclazole	0.05		不得检出	GB/T 20769
345	十三吗啉	Tridemorph	0.01		不得检出	GB/T 20772
346	肟菌酯	Trifloxystrobin	0.04		不得检出	GB/T 19650
347	氟菌唑	Triflumizole	0.05		不得检出	GB/T 20769
348	杀铃脲	Triflumuron	0.01		不得检出	GB/T 20772
349	氟乐灵	Trifluralin	0.01		不得检出	GB/T 20772
350	嗪氨灵	Triforine	0.01		不得检出	SN 0695
351	三甲基锍阳离子	Trimethyl - sulfonium cation	0.05		不得检出	参照同类标准
352	抗倒酯	Trinexapac	0.05		不得检出	GB/T 20769
353	灭菌唑	Triticonazole	0.01		不得检出	GB/T 20772
354	三氟甲磺隆	Tritosulfuron	0.01		不得检出	参照同类标准
355	—	Valifenalate	0.01		不得检出	参照同类标准
356	乙烯菌核利	Vinclozolin	0.05		不得检出	GB/T 20772

序号	农兽药中文名	农兽药英文名	欧盟标准限量要求 mg/kg	国家标准限量要求 mg/kg	三安超有机食品标准	
					限量要求 mg/kg	检测方法
357	2,3,4,5-四氯苯胺	2,3,4,5-Tetrachloroaniline			不得检出	GB/T 19650
358	2,3,4,5-四氯甲氧基苯	2,3,4,5-Tetrachloroanisole			不得检出	GB/T 19650
359	2,3,5,6-四氯苯胺	2,3,5,6-Tetrachloroaniline			不得检出	GB/T 19650
360	2,4,5-涕	2,4,5-T			不得检出	GB/T 20772
361	*o,p'*-滴滴滴	2,4'-DDD			不得检出	GB/T 19650
362	*o,p'*-滴滴伊	2,4'-DDE			不得检出	GB/T 19650
363	*o,p'*-滴滴涕	2,4'-DDT			不得检出	GB/T 19650
364	2,6-二氯苯甲酰胺	2,6-Dichlorobenzamide			不得检出	GB/T 19650
365	3,5-二氯苯胺	3,5-Dichloroaniline			不得检出	GB/T 19650
366	*p,p'*-滴滴滴	4,4'-DDD			不得检出	GB/T 19650
367	*p,p'*-滴滴伊	4,4'-DDE			不得检出	GB/T 19650
368	*p,p'*-滴滴涕	4,4'-DDT			不得检出	GB/T 19650
369	4,4'-二溴二苯甲酮	4,4'-Dibromobenzophenone			不得检出	GB/T 19650
370	4,4'-二氯二苯甲酮	4,4'-Dichlorobenzophenone			不得检出	GB/T 19650
371	二氢苊	Acenaphthene			不得检出	GB/T 19650
372	乙酰丙嗪	Acepromazine			不得检出	GB/T 20763
373	三氟羧草醚	Acifluorfen			不得检出	GB/T 20772
374	1-氨基-2-乙内酰脲	AHD			不得检出	GB/T 21311
375	涕灭砜威	Aldoxycarb			不得检出	GB/T 20772
376	烯丙菊酯	Allethrin			不得检出	GB/T 20772
377	二丙烯草胺	Allidochlor			不得检出	GB/T 19650
378	烯丙孕素	Altrenogest			不得检出	SN/T 1980
379	莠灭净	Ametryn			不得检出	GB/T 20772
380	杀草强	Amitrole			不得检出	SN/T 1737.6
381	5-吗啉甲基-3-氨基-2-噁唑烷基酮	AMOZ			不得检出	GB/T 21311
382	氨苄青霉素	Ampicillin			不得检出	GB/T 21315
383	氨丙嘧吡啶	Amprolium			不得检出	SN/T 0276
384	莎稗磷	Anilofos			不得检出	GB/T 19650
385	蒽醌	Anthraquinone			不得检出	GB/T 19650
386	3-氨基-2-噁唑酮	AOZ			不得检出	GB/T 21311
387	安普霉素	Apramycin			不得检出	GB/T 21323
388	丙硫特普	Aspon			不得检出	GB/T 19650
389	羟氨卡青霉素	Aspoxicillin			不得检出	GB/T 21315
390	乙基杀扑磷	Athidathion			不得检出	GB/T 19650
391	莠去通	Atratone			不得检出	GB/T 19650
392	莠去津	Atrazine			不得检出	GB/T 20772
393	脱乙基阿特拉津	Atrazine-desethyl			不得检出	GB/T 19650
394	甲基吡噁磷	Azamethiphos			不得检出	GB/T 20763

序号	农兽药中文名	农兽药英文名	欧盟标准限量要求 mg/kg	国家标准限量要求 mg/kg	三安超有机食品标准	
					限量要求 mg/kg	检测方法
395	氮哌酮	Azaperone			不得检出	SN/T2221
396	叠氮津	Aziprotryne			不得检出	GB/T 19650
397	杆菌肽	Bacitracin			不得检出	GB/T 20743
398	4-溴-3,5-二甲苯基-*N*-甲基氨基甲酸酯-1	BDMC-1			不得检出	GB/T 19650
399	4-溴-3,5-二甲苯基-*N*-甲基氨基甲酸酯-2	BDMC-2			不得检出	GB/T 19650
400	噁虫威	Bendiocarb			不得检出	GB/T 20772
401	乙丁氟灵	Benfluralin			不得检出	GB/T 19650
402	呋草黄	Benfuresate			不得检出	GB/T 19650
403	麦锈灵	Benodanil			不得检出	GB/T 19650
404	解草酮	Benoxacor			不得检出	GB/T 19650
405	新燕灵	Benzoylprop-ethyl			不得检出	GB/T 19650
406	苄青霉素	Benzyl pencillin			不得检出	GB/T 21315
407	倍他米松	Betamethasone			不得检出	SN/T 1970
408	生物烯丙菊酯-1	Bioallethrin-1			不得检出	GB/T 19650
409	生物烯丙菊酯-2	Bioallethrin-2			不得检出	GB/T 19650
410	生物苄呋菊酯	Bioresmethrin			不得检出	GB/T 20772
411	除草定	Bromacil			不得检出	GB/T 20772
412	溴苯烯磷	Bromfenvinfos			不得检出	GB/T 19650
413	溴烯杀	Bromocylen			不得检出	GB/T 19650
414	溴硫磷	Bromofos			不得检出	GB/T 19650
415	乙基溴硫磷	Bromophos-ethyl			不得检出	GB/T 19650
416	溴丁酰草胺	Btomobutide			不得检出	GB/T 19650
417	氟丙嘧草酯	Butafenacil			不得检出	GB/T 19650
418	抑草磷	Butamifos			不得检出	GB/T 19650
419	丁草胺	Butaxhlor			不得检出	GB/T 19650
420	苯酮唑	Cafenstrole			不得检出	GB/T 19650
421	角黄素	Canthaxanthin			不得检出	SN/T 2327
422	咔唑心安	Carazolol			不得检出	GB/T 20763
423	卡巴氧	Carbadox			不得检出	GB/T 20746
424	三硫磷	Carbophenothion			不得检出	GB/T 19650
425	唑草酮	Carfentrazone-ethyl			不得检出	GB/T 19650
426	卡洛芬	Carprofen			不得检出	SN/T 2190
427	头孢洛宁	Cefalonium			不得检出	GB/T 22989
428	头孢匹林	Cefapirin			不得检出	GB/T 22989
429	头孢喹肟	Cefquinome			不得检出	GB/T 22989
430	头孢噻呋	Ceftiofur			不得检出	GB/T 21314
431	头孢氨苄	Cefalexin			不得检出	GB/T 22989

序号	农兽药中文名	农兽药英文名	欧盟标准限量要求 mg/kg	国家标准限量要求 mg/kg	三安超有机食品标准	
					限量要求 mg/kg	检测方法
432	氯霉素	Chloramphenicolum			不得检出	GB/T 20772
433	氯杀螨砜	Chlorbenside sulfone			不得检出	GB/T 19650
434	氯溴隆	Chlorbromuron			不得检出	GB/T 19650
435	杀虫脒	Chlordimeform			不得检出	GB/T 19650
436	氯氧磷	Chlorethoxyfos			不得检出	GB/T 19650
437	溴虫腈	Chlorfenapyr			不得检出	GB/T 19650
438	杀螨醇	Chlorfenethol			不得检出	GB/T 19650
439	燕麦酯	Chlorfenprop - methyl			不得检出	GB/T 19650
440	氟啶脲	Chlorfluazuron			不得检出	SN/T 2540
441	整形醇	Chlorflurenol			不得检出	GB/T 19650
442	氯地孕酮	Chlormadinone			不得检出	SN/T 1980
443	醋酸氯地孕酮	Chlormadinone acetate			不得检出	GB/T 20753
444	氯甲硫磷	Chlormephos			不得检出	GB/T 19650
445	氯苯甲醚	Chloroneb			不得检出	GB/T 19650
446	丙酯杀螨醇	Chloropropylate			不得检出	GB/T 19650
447	氯丙嗪	Chlorpromazine			不得检出	GB/T 20763
448	金霉素	Chlortetracycline			不得检出	GB/T 21317
449	氯硫磷	Chlorthion			不得检出	GB/T 19650
450	虫螨磷	Chlorthiophos			不得检出	GB/T 19650
451	乙菌利	Chlozolinate			不得检出	GB/T 19650
452	顺式－氯丹	*cis* – Chlordane			不得检出	GB/T 19650
453	顺式－燕麦敌	*cis* – Diallate			不得检出	GB/T 19650
454	顺式－氯菊酯	*cis* – Permethrin			不得检出	GB/T 19650
455	克仑特罗	Clenbuterol			不得检出	GB/T 22286
456	异噁草酮	Clomazone			不得检出	GB/T 20772
457	氯甲酰草胺	Clomeprop			不得检出	GB/T 19650
458	氯羟吡啶	Clopidol			不得检出	GB 29700
459	解草酯	Cloquintocet – mexyl			不得检出	GB/T 19650
460	邻氯青霉素	Cloxacillin			不得检出	GB/T 18932. 25
461	蝇毒磷	Coumaphos			不得检出	GB/T 19650
462	鼠立死	Crimidine			不得检出	GB/T 19650
462	巴毒磷	Crotxyphos			不得检出	GB/T 19650
464	育畜磷	Crufomate			不得检出	GB/T 19650
465	苯腈磷	Cyanofenphos			不得检出	GB/T 19650
466	杀螟腈	Cyanophos			不得检出	GB/T 20772
467	环草敌	Cycloate			不得检出	GB/T 20772
468	环莠隆	Cycluron			不得检出	GB/T 20772
469	环丙津	Cyprazine			不得检出	GB/T 20772

序号	农兽药中文名	农兽药英文名	欧盟标准限量要求 mg/kg	国家标准限量要求 mg/kg	三安超有机食品标准	
					限量要求 mg/kg	检测方法
470	敌草索	Dacthal			不得检出	GB/T 19650
471	达氟沙星	Danofloxacin			不得检出	GB/T 22985
472	癸氧喹酯	Decoquinate			不得检出	SN/T2444
473	脱叶磷	DEF			不得检出	GB/T 19650
474	2,2′,4,5,5′-五氯联苯	DE-PCB 101			不得检出	GB/T 19650
475	2,3,4,4′,5-五氯联苯	DE-PCB 118			不得检出	GB/T 19650
476	2,2′,3,4,4′,5-六氯联苯	DE-PCB 138			不得检出	GB/T 19650
477	2,2′,4,4′,5,5′-六氯联苯	DE-PCB 153			不得检出	GB/T 19650
478	2,2′,3,4,4′,5,5′-七氯联苯	DE-PCB 180			不得检出	GB/T 19650
479	2,4,4′-三氯联苯	DE-PCB 28			不得检出	GB/T 19650
480	2,4,5-三氯联苯	DE-PCB 31			不得检出	GB/T 19650
481	2,2′,5,5′-四氯联苯	DE-PCB 52			不得检出	GB/T 19650
482	脱溴溴苯磷	Desbrom-leptophos			不得检出	GB/T 19650
483	脱乙基另丁津	Desethyl-sebuthylazine			不得检出	GB/T 19650
484	敌草净	Desmetryn			不得检出	GB/T 19650
485	地塞米松	Dexamethasone			不得检出	SN/T 1970
486	氯亚胺硫磷	Dialifos			不得检出	GB/T 19650
487	敌菌净	Diaveridine			不得检出	SN/T 1926
488	驱虫特	Dibutyl succinate			不得检出	GB/T 20772
489	异氯磷	Dicapthon			不得检出	GB/T 20772
490	除线磷	Dichlofenthion			不得检出	GB/T 20772
491	苯氟磺胺	Dichlofluanid			不得检出	GB/T 19650
492	烯丙酰草胺	Dichlormid			不得检出	GB/T 19650
493	敌敌畏	Dichlorvos			不得检出	GB/T 20772
494	苄氯三唑醇	Diclobutrazole			不得检出	GB/T 20772
495	禾草灵	Diclofop-methyl			不得检出	GB/T 19650
496	双氯青霉素	Dicloxacillin			不得检出	GB/T 18932.25
497	己烯雌酚	Diethylstilbestrol			不得检出	GB/T 20766
498	双氟沙星	Difloxacin			不得检出	GB/T 20366
499	二氢链霉素	Dihydro-streptomycin			不得检出	GB/T 22969
500	甲氟磷	Dimefox			不得检出	GB/T 19650
501	哌草丹	Dimepiperate			不得检出	GB/T 19650
502	异戊乙净	Dimethametryn			不得检出	GB/T 19650
503	二甲酚草胺	Dimethenamid			不得检出	GB/T 19650
504	乐果	Dimethoate			不得检出	GB/T 20772
505	甲基毒虫畏	Dimethylvinphos			不得检出	GB/T 19650
506	地美硝唑	Dimetridazole			不得检出	GB/T 21318
507	二硝托安	Dinitolmide			不得检出	SN/T 2453
508	氨氟灵	Dinitramine			不得检出	GB/T 19650

序号	农兽药中文名	农兽药英文名	欧盟标准限量要求 mg/kg	国家标准限量要求 mg/kg	三安超有机食品标准	
					限量要求 mg/kg	检测方法
509	消螨通	Dinobuton			不得检出	GB/T 19650
510	呋虫胺	Dinotefuran			不得检出	GB/T 20772
511	苯虫醚-1	Diofenolan-1			不得检出	GB/T 19650
512	苯虫醚-2	Diofenolan-2			不得检出	GB/T 19650
513	蔬果磷	Dioxabenzofos			不得检出	GB/T 19650
514	双苯酰草胺	Diphenamid			不得检出	GB/T 19650
515	二苯胺	Diphenylamine			不得检出	GB/T 19650
516	异丙净	Dipropetryn			不得检出	GB/T 19650
517	灭菌磷	Ditalimfos			不得检出	GB/T 19650
518	氟硫草定	Dithiopyr			不得检出	GB/T 19650
519	多拉菌素	Doramectin			不得检出	GB/T 22968
520	强力霉素	Doxycycline			不得检出	GB/T 20764
521	敌瘟磷	Edifenphos			不得检出	GB/T 19650
522	硫丹硫酸盐	Endosulfan-sulfate			不得检出	GB/T 19650
523	异狄氏剂酮	Endrin ketone			不得检出	GB/T 19650
524	恩诺沙星	Enrofloxacin			不得检出	GB/T 20366
525	苯硫磷	EPN			不得检出	GB/T 19650
526	埃普利诺菌素	Eprinomectin			不得检出	GB/T 21320
527	抑草蓬	Erbon			不得检出	GB/T 19650
528	红霉素	Erythromycin			不得检出	GB/T20762
529	*S*-氰戊菊酯	Esfenvalerate			不得检出	GB/T 19650
530	戊草丹	Esprocarb			不得检出	GB/T 19650
531	乙环唑-1	Etaconazole-1			不得检出	GB/T 19650
532	乙环唑-2	Etaconazole-2			不得检出	GB/T 19650
533	乙嘧硫磷	Etrimfos			不得检出	GB/T 19650
534	氧乙嘧硫磷	Etrimfos oxon			不得检出	GB/T 19650
535	伐灭磷	Famphur			不得检出	GB/T 19650
536	苯线磷亚砜	Fenamiphos sulfoxide			不得检出	GB/T 19650
537	苯线磷砜	Fenamiphos-sulfone			不得检出	GB/T 19650
538	苯硫苯咪唑	Fenbendazole			不得检出	SN 0638
539	氧皮蝇磷	Fenchlorphos oxon			不得检出	GB/T 19650
540	甲呋酰胺	Fenfuram			不得检出	GB/T 19650
541	仲丁威	Fenobucarb			不得检出	GB/T 19650
542	苯硫威	Fenothiocarb			不得检出	GB/T 19650
543	稻瘟酰胺	Fenoxanil			不得检出	GB/T 19650
544	拌种咯	Fenpiclonil			不得检出	GB/T 19650
545	甲氰菊酯	Fenpropathrin			不得检出	GB/T 19650
546	芬螨酯	Fenson			不得检出	GB/T 19650
547	丰索磷	Fensulfothion			不得检出	GB/T 19650

序号	农兽药中文名	农兽药英文名	欧盟标准限量要求 mg/kg	国家标准限量要求 mg/kg	三安超有机食品标准	
					限量要求 mg/kg	检测方法
548	倍硫磷亚砜	Fenthion sulfoxide			不得检出	GB/T 19650
549	麦草氟异丙酯	Flamprop – isopropyl			不得检出	GB/T 19650
550	麦草氟甲酯	Flamprop – methyl			不得检出	GB/T 19650
551	氟苯尼考	Florfenicol			不得检出	GB/T 20756
552	吡氟禾草灵	Fluazifop – butyl			不得检出	GB/T 19650
553	啶蜱脲	Fluazuron			不得检出	SN/T 2540
554	氟苯咪唑	Flubendazole			不得检出	GB/T 21324
555	氟噻草胺	Flufenacet			不得检出	GB/T 19650
556	氟甲喹	Flumequin			不得检出	SN/T 1921
557	氟节胺	Flumetralin			不得检出	GB/T 19650
558	唑嘧磺草胺	Flumetsulam			不得检出	GB/T 20772
559	氟烯草酸	Flumiclorac			不得检出	GB/T 19650
560	丙炔氟草胺	Flumioxazin			不得检出	GB/T 19650
561	氟胺烟酸	Flunixin			不得检出	GB/T 20750
562	三氟硝草醚	Fluorodifen			不得检出	GB/T 19650
563	乙羧氟草醚	Fluoroglycofen – ethyl			不得检出	GB/T 19650
564	三氟苯唑	Fluotrimazole			不得检出	GB/T 19650
565	氟啶草酮	Fluridone			不得检出	GB/T 19650
566	氟草烟 – 1 – 甲庚酯	Fluroxypr – 1 – methylheptyl ester			不得检出	GB/T 19650
567	呋草酮	Flurtamone			不得检出	GB/T 19650
568	地虫硫磷	Fonofos			不得检出	GB/T 19650
569	安果	Formothion			不得检出	GB/T 19650
570	呋霜灵	Furalaxyl			不得检出	GB/T 19650
571	庆大霉素	Gentamicin			不得检出	GB/T 21323
572	苄螨醚	Halfenprox			不得检出	GB/T 19650
573	氟哌啶醇	Haloperidol			不得检出	GB/T 20763
574	庚烯磷	Heptanophos			不得检出	GB/T 19650
575	己唑醇	Hexaconazole			不得检出	GB/T 19650
576	环嗪酮	Hexazinone			不得检出	GB/T 19650
577	咪草酸	Imazamethabenz – methyl			不得检出	GB/T 19650
578	脱苯甲基亚胺唑	Imibenconazole – *des* – benzyl			不得检出	GB/T 19650
579	炔咪菊酯 – 1	Imiprothrin – 1			不得检出	GB/T 19650
580	炔咪菊酯 – 2	Imiprothrin – 2			不得检出	GB/T 19650
581	碘硫磷	Iodofenphos			不得检出	GB/T 19650
582	甲基碘磺隆	Iodosulfuron – methyl			不得检出	GB/T 20772
583	异稻瘟净	Iprobenfos			不得检出	GB/T 19650
584	氯唑磷	Isazofos			不得检出	GB/T 19650
585	碳氯灵	Isobenzan			不得检出	GB/T 19650

序号	农兽药中文名	农兽药英文名	欧盟标准限量要求 mg/kg	国家标准限量要求 mg/kg	三安超有机食品标准	
					限量要求 mg/kg	检测方法
586	丁咪酰胺	Isocarbamid			不得检出	GB/T 19650
587	水胺硫磷	Isocarbophos			不得检出	GB/T 19650
588	异艾氏剂	Isodrin			不得检出	GB/T 19650
589	异柳磷	Isofenphos			不得检出	GB/T 19650
590	氧异柳磷	Isofenphos oxon			不得检出	GB/T 19650
591	氮氨菲啶	Isometamidium			不得检出	SN/T 2239
592	丁嗪草酮	Isomethiozin			不得检出	GB/T 19650
593	异丙威 – 1	Isoprocarb – 1			不得检出	GB/T 19650
594	异丙威 – 2	Isoprocarb – 2			不得检出	GB/T 19650
595	异丙乐灵	Isopropalin			不得检出	GB/T 19650
596	双苯噁唑酸	Isoxadifen – ethyl			不得检出	GB/T 19650
597	异噁氟草	Isoxaflutole			不得检出	GB/T 20772
598	噁唑啉	Isoxathion			不得检出	GB/T 19650
599	依维菌素	Ivermectin			不得检出	GB/T 21320
600	交沙霉素	Josamycin			不得检出	GB/T 20762
601	卡那霉素	Kanamycin			不得检出	GB/T 21323
602	拉沙里菌素	Lasalocid			不得检出	SN 0501
603	溴苯磷	Leptophos			不得检出	GB/T 19650
604	左旋咪唑	Levamisole			不得检出	SN 0349
605	林可霉素	Lincomycin			不得检出	GB/T 20762
606	利谷隆	Linuron			不得检出	GB/T 19650
607	麻保沙星	Marbofloxacin			不得检出	GB/T 22985
608	2 – 甲 – 4 – 氯丁氧乙基酯	MCPA – butoxyethyl ester			不得检出	GB/T 19650
609	甲苯咪唑	Mebendazole			不得检出	GB/T 21324
610	灭蚜磷	Mecarbam			不得检出	GB/T 19650
611	二甲四氯丙酸	Mecoprop			不得检出	SN/T 2325
612	苯噻酰草胺	Mefenacet			不得检出	GB/T 19650
613	吡唑解草酯	Mefenpyr – diethyl			不得检出	GB/T 19650
614	醋酸甲地孕酮	Megestrol acetate			不得检出	GB/T 20753
615	醋酸美仑孕酮	Melengestrol acetate			不得检出	GB/T 20753
616	嘧菌胺	Mepanipyrim			不得检出	GB/T 19650
617	地胺磷	Mephosfolan			不得检出	GB/T 19650
618	灭锈胺	Mepronil			不得检出	GB/T 19650
619	硝磺草酮	Mesotrione			不得检出	参照同类标准
620	呋菌胺	Methfuroxam			不得检出	GB/T 19650
621	灭梭威砜	Methiocarb sulfone			不得检出	GB/T 19650
622	异丙甲草胺和 *S* – 异丙甲草胺	Metolachlor and *S* – metolachlor			不得检出	GB/T 19650
623	盖草津	Methoprotryne			不得检出	GB/T 19650

序号	农兽药中文名	农兽药英文名	欧盟标准限量要求 mg/kg	国家标准限量要求 mg/kg	三安超有机食品标准	
					限量要求 mg/kg	检测方法
624	甲醚菊酯 - 1	Methothrin - 1			不得检出	GB/T 19650
625	甲醚菊酯 - 2	Methothrin - 2			不得检出	GB/T 19650
626	甲基泼尼松龙	Methylprednisolone			不得检出	GB/T 21981
627	溴谷隆	Metobromuron			不得检出	GB/T 19650
628	甲氧氯普胺	Metoclopramide			不得检出	SN/T 2227
629	苯氧菌胺 - 1	Metominsstrobin - 1			不得检出	GB/T 19650
630	苯氧菌胺 - 2	Metominsstrobin - 2			不得检出	GB/T 19650
631	甲硝唑	Metronidazole			不得检出	GB/T 21318
632	速灭磷	Mevinphos			不得检出	GB/T 19650
633	兹克威	Mexacarbate			不得检出	GB/T 19650
634	灭蚁灵	Mirex			不得检出	GB/T 19650
635	禾草敌	Molinate			不得检出	GB/T 19650
636	庚酰草胺	Monalide			不得检出	GB/T 19650
637	莫能菌素	Monensin			不得检出	SN 0698
638	莫西丁克	Moxidectin			不得检出	SN/T 2442
639	合成麝香	Musk ambrecte			不得检出	GB/T 19650
640	麝香	Musk moskene			不得检出	GB/T 19650
641	西藏麝香	Musk tibeten			不得检出	GB/T 19650
642	二甲苯麝香	Musk xylene			不得检出	GB/T 19650
643	萘夫西林	Nafcillin			不得检出	GB/T 22975
644	二溴磷	Naled			不得检出	SN/T 0706
645	甲基盐霉素	Narasin			不得检出	GB/T 20364
646	新霉素	Neomycin			不得检出	SN 0646
647	甲磺乐灵	Nitralin			不得检出	GB/T 19650
648	三氯甲基吡啶	Nitrapyrin			不得检出	GB/T 19650
649	酞菌酯	Nitrothal - isopropyl			不得检出	GB/T 19650
650	诺氟沙星	Norfloxacin			不得检出	GB/T 20366
651	氟草敏	Norflurazon			不得检出	GB/T 19650
652	新生霉素	Novobiocin			不得检出	SN 0674
653	氟苯嘧啶醇	Nuarimol			不得检出	GB/T 19650
654	八氯苯乙烯	Octachlorostyrene			不得检出	GB/T 19650
655	氧氟沙星	Ofloxacin			不得检出	GB/T 20366
656	喹乙醇	Olaquindox			不得检出	GB/T 20746
657	竹桃霉素	Oleandomycin			不得检出	GB/T 20762
658	氧乐果	Omethoate			不得检出	GB/T 19650
659	奥比沙星	Orbifloxacin			不得检出	GB/T 22985
660	苯唑青霉素	Oxacillin			不得检出	GB/T 18932.25
661	杀线威	Oxamyl			不得检出	GB/T 20772
662	奥芬达唑	Oxfendazole			不得检出	GB/T 22972

序号	农兽药中文名	农兽药英文名	欧盟标准限量要求 mg/kg	国家标准限量要求 mg/kg	三安超有机食品标准	
					限量要求 mg/kg	检测方法
663	丙氧苯咪唑	Oxibendazole			不得检出	GB/T 21324
664	喹菌酮	Oxolinic acid			不得检出	日本肯定列表
665	氧化氯丹	Oxy－chlordane			不得检出	GB/T 19650
666	土霉素	Oxytetracycline			不得检出	GB/T 21317
667	对氧磷	Paraoxon			不得检出	GB/T 19650
668	甲基对氧磷	Paraoxon－methyl			不得检出	GB/T 19650
669	克草敌	Pebulate			不得检出	GB/T 19650
670	五氯苯胺	Pentachloroaniline			不得检出	GB/T 19650
671	五氯甲氧基苯	Pentachloroanisole			不得检出	GB/T 19650
672	五氯苯	Pentachlorobenzene			不得检出	GB/T 19650
673	乙滴涕	Perthane			不得检出	GB/T 19650
674	菲	Phenanthrene			不得检出	GB/T 19650
675	稻丰散	Phenthoate			不得检出	GB/T 19650
676	甲拌磷砜	Phorate sulfone			不得检出	GB/T 19650
677	磷胺－1	Phosphamidon－1			不得检出	GB/T 19650
678	磷胺－2	Phosphamidon－2			不得检出	GB/T 19650
679	酞酸苯甲基丁酯	Phthalic acid, benzylbutyl ester			不得检出	GB/T 19650
680	四氯苯肽	Phthalide			不得检出	GB/T 19650
681	邻苯二甲酰亚胺	Phthalimide			不得检出	GB/T 19650
682	氟吡酰草胺	Picolinafen			不得检出	GB/T 19650
683	增效醚	Piperonyl butoxide			不得检出	GB/T 19650
684	哌草磷	Piperophos			不得检出	GB/T 19650
685	乙基虫螨清	Pirimiphos－ethyl			不得检出	GB/T 19650
686	吡利霉素	Pirlimycin			不得检出	GB/T 22988
687	炔丙菊酯	Prallethrin			不得检出	GB/T 19650
688	泼尼松龙	Prednisolone			不得检出	GB/T 21981
689	丙草胺	Pretilachlor			不得检出	GB/T 19650
690	环丙氟灵	Profluralin			不得检出	GB/T 19650
691	茉莉酮	Prohydrojasmon			不得检出	GB/T 19650
692	扑灭通	Prometon			不得检出	GB/T 19650
693	扑草净	Prometryne			不得检出	GB/T 19650
694	炔丙烯草胺	Pronamide			不得检出	GB/T 19650
695	敌稗	Propanil			不得检出	GB/T 19650
696	扑灭津	Propazine			不得检出	GB/T 19650
697	胺丙畏	Propetamphos			不得检出	GB/T 19650
698	丙酰二甲氨基丙吩噻嗪	Propionylpromazin			不得检出	GB/T 20763
699	丙硫磷	Prothiophos			不得检出	GB/T 19650
700	哒嗪硫磷	Pyridafenthion			不得检出	GB/T 19650
701	吡唑硫磷	Pyraclofos			不得检出	GB/T 19650

序号	农兽药中文名	农兽药英文名	欧盟标准限量要求 mg/kg	国家标准限量要求 mg/kg	三安超有机食品标准	
					限量要求 mg/kg	检测方法
702	吡草醚	Pyraflufen - ethyl			不得检出	GB/T 19650
703	啶斑肟 - 1	Pyrifenox - 1			不得检出	GB/T 19650
704	啶斑肟 - 2	Pyrifenox - 2			不得检出	GB/T 19650
705	环酯草醚	Pyriftalid			不得检出	GB/T 19650
706	嘧螨醚	Pyrimidifen			不得检出	GB/T 19650
707	嘧草醚	Pyriminobac - methyl			不得检出	GB/T 19650
708	嘧啶磷	Pyrimitate			不得检出	GB/T 19650
709	喹硫磷	Quinalphos			不得检出	GB/T 19650
710	灭藻醌	Quinoclamine			不得检出	GB/T 19650
711	吡咪唑	Rabenzazole			不得检出	GB/T 19650
712	莱克多巴胺	Ractopamine			不得检出	GB/T 21313
713	洛硝达唑	Ronidazole			不得检出	GB/T 21318
714	皮蝇磷	Ronnel			不得检出	GB/T 19650
715	盐霉素	Salinomycin			不得检出	GB/T 20364
716	沙拉沙星	Sarafloxacin			不得检出	GB/T 20366
717	另丁津	Sebutylazine			不得检出	GB/T 19650
718	密草通	Secbumeton			不得检出	GB/T 19650
719	氨基脲	Semduramicin			不得检出	GB/T 20752
720	烯禾啶	Sethoxydim			不得检出	GB/T 19650
721	氟硅菊酯	Silafluofen			不得检出	GB/T 19650
722	硅氟唑	Simeconazole			不得检出	GB/T 19650
723	西玛通	Simetone			不得检出	GB/T 19650
724	西草净	Simetryn			不得检出	GB/T 19650
725	壮观霉素	Spectinomycin			不得检出	GB/T 21323
726	螺旋霉素	Spiramycin			不得检出	GB/T 20762
727	链霉素	Streptomycin			不得检出	GB/T 21323
728	磺胺苯酰	Sulfabenzamide			不得检出	GB/T 21316
729	磺胺醋酰	Sulfacetamide			不得检出	GB/T 21316
730	磺胺氯哒嗪	Sulfachloropyridazine			不得检出	GB/T 21316
731	磺胺嘧啶	Sulfadiazine			不得检出	GB/T 21316
732	磺胺间二甲氧嘧啶	Sulfadimethoxine			不得检出	GB/T 21316
733	磺胺二甲嘧啶	Sulfadimidine			不得检出	GB/T 21316
734	磺胺多辛	Sulfadoxine			不得检出	GB/T 21316
735	磺胺胍	Sulfaguanidine			不得检出	GB/T 21316
736	菜草畏	Sulfallate			不得检出	GB/T 19650
737	磺胺甲嘧啶	Sulfamerazine			不得检出	GB/T 21316
738	新诺明	Sulfamethoxazole			不得检出	GB/T 21316
739	磺胺间甲氧嘧啶	Sulfamonomethoxine			不得检出	GB/T 21316
740	乙酰磺胺对硝基苯	Sulfanitran			不得检出	GB/T 20772

序号	农兽药中文名	农兽药英文名	欧盟标准限量要求 mg/kg	国家标准限量要求 mg/kg	三安超有机食品标准	
					限量要求 mg/kg	检测方法
741	磺胺吡啶	Sulfapyridine			不得检出	GB/T 21316
742	磺胺喹沙啉	Sulfaquinoxaline			不得检出	GB/T 21316
743	磺胺噻唑	Sulfathiazole			不得检出	GB/T 21316
744	治螟磷	Sulfotep			不得检出	GB/T 19650
745	硫丙磷	Sulprofos			不得检出	GB/T 19650
746	苯噻硫氰	TCMTB			不得检出	GB/T 19650
747	丁基嘧啶磷	Tebupirimfos			不得检出	GB/T 19650
748	牧草胺	Tebutam			不得检出	GB/T 19650
749	丁噻隆	Tebuthiuron			不得检出	GB/T 20772
750	双硫磷	Temephos			不得检出	GB/T 20772
751	特草灵	Terbucarb			不得检出	GB/T 19650
752	特丁通	Terbumeton			不得检出	GB/T 19650
753	特丁净	Terbutryn			不得检出	GB/T 19650
754	四氢邻苯二甲酰亚胺	Tetrabydrophthalimide			不得检出	GB/T 19650
755	杀虫畏	Tetrachlorvinphos			不得检出	GB/T 19650
756	四环素	Tetracycline			不得检出	GB/T 21317
757	胺菊酯	Tetramethirn			不得检出	GB/T 19650
758	杀螨氯硫	Tetrasul			不得检出	GB/T 19650
759	噻吩草胺	Thenylchlor			不得检出	GB/T 19650
760	甲砜霉素	Thiamphenicol			不得检出	GB/T 20756
761	噻唑烟酸	Thiazopyr			不得检出	GB/T 19650
762	噻苯隆	Thidiazuron			不得检出	GB/T 20772
763	噻吩磺隆	Thifensulfuron – methyl			不得检出	GB/T 20772
764	甲基乙拌磷	Thiometon			不得检出	GB/T 20772
765	虫线磷	Thionazin			不得检出	GB/T 19650
766	替米考星	Tilmicosin			不得检出	GB/T 20762
767	硫普罗宁	Tiopronin			不得检出	SN/T 2225
768	三甲苯草酮	Tralkoxydim			不得检出	GB/T 19650
769	四溴菊酯	Tralomethrin			不得检出	SN/T 2320
770	反式–氯丹	*trans* – Chlordane			不得检出	GB/T 19650
771	反式–燕麦敌	*trans* – Diallate			不得检出	GB/T 19650
772	四氟苯菊酯	Transfluthrin			不得检出	GB/T 19650
773	反式九氯	*trans* – Nonachlor			不得检出	GB/T 19650
774	反式–氯菊酯	*trans* – Permethrin			不得检出	GB/T 19650
775	群勃龙	Trenbolone			不得检出	GB/T 21981
776	威菌磷	Triamiphos			不得检出	GB/T 19650
777	毒壤磷	Trichloronate			不得检出	GB/T 19650
778	灭草环	Tridiphane			不得检出	GB/T 19650
779	草达津	Trietazine			不得检出	GB/T 19650

序号	农兽药中文名	农兽药英文名	欧盟标准限量要求 mg/kg	国家标准限量要求 mg/kg	三安超有机食品标准	
					限量要求 mg/kg	检测方法
780	三异丁基磷酸盐	Tri - *iso* - butyl phosphate			不得检出	GB/T 19650
781	甲氧苄氨嘧啶	Trimethoprim			不得检出	SN/T 1769
782	三正丁基磷酸盐	Tri - *n* - butyl phosphate			不得检出	GB/T 19650
783	三苯基磷酸盐	Triphenyl phosphate			不得检出	GB/T 19650
784	泰乐霉素	Tylosin			不得检出	GB/T 22941
785	烯效唑	Uniconazole			不得检出	GB/T 19650
786	灭草敌	Vernolate			不得检出	GB/T 19650
787	维吉尼霉素	Virginiamycin			不得检出	GB/T 20765
788	杀鼠灵	War farin			不得检出	GB/T 20772
789	甲苯噻嗪	Xylazine			不得检出	GB/T 20763
790	右环十四酮酚	Zeranol			不得检出	GB/T 21982
791	苯酰菌胺	Zoxamide			不得检出	GB/T 19650

10 鸭(5种)

10.1 鸭肉 Duck

序号	农兽药中文名	农兽药英文名	欧盟标准限量要求 mg/kg	国家标准限量要求 mg/kg	三安超有机食品标准	
					限量要求 mg/kg	检测方法
1	1,1 - 二氯 - 2,2 - 二(4 - 乙苯)乙烷	1,1 - Dichloro - 2,2 - bis(4 - ethylphenyl) ethane	0.01		不得检出	日本肯定列表(增补本1)
2	1,2 - 二氯乙烷	1,2 - Dichloroethane	0.1		不得检出	SN/T 2238
3	1,3 - 二氯丙烯	1,3 - Dichloropropene	0.01		不得检出	SN/T 2238
4	1 - 萘乙酰胺	1 - Naphthylacetamide	0.05		不得检出	GB/T 20772
5	1 - 萘乙酸	1 - Naphthylacetic acid	0.05		不得检出	SN/T 2228
6	2,4 - 滴丁酸	2,4 - DB	0.05		不得检出	GB/T 20769
7	2,4 - 滴	2,4 - D	0.05		不得检出	GB/T 20772
8	2 - 苯酚	2 - Phenylphenol	0.05		不得检出	GB/T 19650
9	阿维菌素	Abamectin	0.02		不得检出	SN/T 2661
10	乙酰甲胺磷	Acephate	0.02		不得检出	GB/T 20772
11	灭螨醌	Acequinocyl	0.01		不得检出	参照同类标准
12	啶虫脒	Acetamiprid	0.05		不得检出	GB/T 20772
13	乙草胺	Acetochlor	0.01		不得检出	GB/T 19650
14	苯并噻二唑	Acibenzolar - *S* - methyl	0.02		不得检出	GB/T 20772
15	苯草醚	Aclonifen	0.02		不得检出	GB/T 20772
16	氟丙菊酯	Acrinathrin	0.05		不得检出	GB/T 19648
17	甲草胺	Alachlor	0.01		不得检出	GB/T 20772
18	涕灭威	Aldicarb	0.01		不得检出	GB/T 20772

序号	农兽药中文名	农兽药英文名	欧盟标准限量要求 mg/kg	国家标准限量要求 mg/kg	三安超有机食品标准	
					限量要求 mg/kg	检测方法
19	艾氏剂和狄氏剂	Aldrin and dieldrin	0.2	0.2 和 0.2	不得检出	GB/T 19650
20	—	Ametoctradin	0.03		不得检出	参照同类标准
21	阿莫西林	Amoxicillin	50μg/kg		不得检出	NY/T 830
22	酰嘧磺隆	Amidosulfuron	0.02		不得检出	参照同类标准
23	氯氨吡啶酸	Aminopyralid	0.01		不得检出	GB/T 23211
24	—	Amisulbrom	0.01		不得检出	参照同类标准
25	氨苄青霉素	Ampicillin	50μg/kg		不得检出	GB/T 21315
26	双甲脒	Amitraz	0.05		不得检出	参照同类标准
27	敌菌灵	Anilazine	0.01		不得检出	GB/T 20769
28	杀螨特	Aramite	0.01		不得检出	GB/T 19650
29	磺草灵	Asulam	0.1		不得检出	日本肯定列表（增补本 1）
30	印楝素	Azadirachtin	0.01		不得检出	SN/T 3264
31	益棉磷	Azinphos – ethyl	0.01		不得检出	GB/T 19650
32	保棉磷	Azinphos – methyl	0.01		不得检出	GB/T 20772
33	三唑锡和三环锡	Azocyclotin and cyhexatin	0.05		不得检出	SN/T 1990
34	嘧菌酯	Azoxystrobin	0.05		不得检出	GB/T 20772
35	燕麦灵	Barban	0.05		不得检出	参照同类标准
36	氟丁酰草胺	Beflubutamid	0.05		不得检出	参照同类标准
37	苯霜灵	Benalaxyl	0.05		不得检出	GB/T 20772
38	丙硫克百威	Benfuracarb	0.02		不得检出	GB/T 20772
39	苄青霉素	Benzyl penicillin	50μg/kg		不得检出	GB/T 21315
40	联苯肼酯	Bifenazate	0.01		不得检出	GB/T 20772
41	甲羧除草醚	Bifenox	0.05		不得检出	GB/T 23210
42	联苯菊酯	Bifenthrin	0.05		不得检出	GB/T 19650
43	乐杀螨	Binapacryl	0.01		不得检出	SN 0523
44	联苯	Biphenyl	0.01		不得检出	GB/T 19650
45	联苯三唑醇	Bitertanol	0.05		不得检出	GB/T 20772
46	—	Bixafen	0.02		不得检出	参照同类标准
47	啶酰菌胺	Boscalid	0.05		不得检出	GB/T 20772
48	溴离子	Bromide ion	0.05		不得检出	GB/T 5009.167
49	溴螨酯	Bromopropylate	0.01		不得检出	GB/T 19650
50	溴苯腈	Bromoxynil	0.05		不得检出	GB/T 20772
51	糠菌唑	Bromuconazole	0.05		不得检出	GB/T 19650
52	乙嘧酚磺酸酯	Bupirimate	0.05		不得检出	GB/T 19650
53	噻嗪酮	Buprofezin	0.05		不得检出	GB/T 20772
54	仲丁灵	Butralin	0.02		不得检出	GB/T 19650
55	丁草敌	Butylate	0.01		不得检出	GB/T 19650
56	硫线磷	Cadusafos	0.01		不得检出	GB/T 19650

序号	农兽药中文名	农兽药英文名	欧盟标准限量要求 mg/kg	国家标准限量要求 mg/kg	三安超有机食品标准	
					限量要求 mg/kg	检测方法
57	敌菌丹	Captafol	0.01		不得检出	SN 0338
58	克菌丹	Captan	0.02		不得检出	GB/T 19648
59	甲萘威	Carbaryl	0.05		不得检出	GB/T 20796
60	多菌灵和苯菌灵	Carbendazim and benomyl	0.05		不得检出	GB/T 20772
61	长杀草	Carbetamide	0.05		不得检出	GB/T 20772
62	克百威	Carbofuran	0.01		不得检出	GB/T 20772
63	丁硫克百威	Carbosulfan	0.05		不得检出	GB/T 19650
64	萎锈灵	Carboxin	0.05		不得检出	GB/T 20772
65	氯虫苯甲酰胺	Chlorantraniliprole	0.01		不得检出	参照同类标准
66	杀螨醚	Chlorbenside	0.05		不得检出	GB/T 19650
67	氯炔灵	Chlorbufam	0.05		不得检出	GB/T 20772
68	氯丹	Chlordane	0.05	0.5	不得检出	GB/T 19648
69	十氯酮	Chlordecone	0.2		不得检出	参照同类标准
70	杀螨酯	Chlorfenson	0.05		不得检出	GB/T 19650
71	毒虫畏	Chlorfenvinphos	0.01		不得检出	GB/T 19650
72	氯草敏	Chloridazon	0.05		不得检出	GB/T 20772
73	矮壮素	Chlormequat	0.05		不得检出	日本肯定列表
74	乙酯杀螨醇	Chlorobenzilate	0.1		不得检出	日本肯定列表
75	百菌清	Chlorothalonil	0.01		不得检出	SN/T 2320
76	绿麦隆	Chlortoluron	0.05		不得检出	GB/T 20772
77	枯草隆	Chloroxuron	0.05		不得检出	GB/T 20769
78	氯苯胺灵	Chlorpropham	0.05		不得检出	GB/T 19650
79	毒死蜱	Chlorpyrifos	0.05		不得检出	SN/T 2158
80	甲基毒死蜱	Chlorpyrifos - methyl	0.05		不得检出	GB/T 19650
81	氯磺隆	Chlorsulfuron	0.01		不得检出	GB/T 20769
82	金霉素	Chlortetracycline	100μg/kg		不得检出	GB/T 21317
83	氯酞酸甲酯	Chlorthaldimethyl	0.01		不得检出	GB/T 19650
84	氯硫酰草胺	Chlorthiamid	0.02		不得检出	GB/T 20772
85	烯草酮	Clethodim	0.2		不得检出	GB/T 19648
86	炔草酯	Clodinafop - propargyl	0.02		不得检出	GB 2763
87	四螨嗪	Clofentezine	0.05		不得检出	SN/T 1740
88	二氯吡啶酸	Clopyralid	0.05		不得检出	SN/T 2228
89	噻虫胺	Clothianidin	0.01		不得检出	GB/T 20772
90	邻氯青霉素	Cloxacillin	300μg/kg		不得检出	GB/T 21315
91	黏菌素	Colistin	150μg/kg		不得检出	参照同类标准
92	铜化合物	Copper compounds	5		不得检出	参照同类标准
93	环烷基酰苯胺	Cyclanilide	0.01		不得检出	参照同类标准
94	噻草酮	Cycloxydim	0.05		不得检出	GB/T 19650
95	环氟菌胺	Cyflufenamid	0.03		不得检出	GB/T 19648

序号	农兽药中文名	农兽药英文名	欧盟标准限量要求 mg/kg	国家标准限量要求 mg/kg	三安超有机食品标准	
					限量要求 mg/kg	检测方法
96	氟氯氰菊酯和高效氟氯氰菊酯	Cyfluthrin and beta - cyfluthrin	0.05		不得检出	GB/T 19650
97	霜脲氰	Cymoxanil	0.05		不得检出	GB/T 20772
98	氯氰菊酯和高效氯氰菊酯	Cypermethrin and beta - cypermethrin	0.1		不得检出	GB/T 5009.110
99	环丙唑醇	Cyproconazole	0.05		不得检出	GB/T 20772
100	嘧菌环胺	Cyprodinil	0.05		不得检出	GB/T 20769
101	灭蝇胺	Cyromazine	0.05		不得检出	GB/T 20772
102	丁酰肼	Daminozide	0.05		不得检出	日本肯定列表
103	达氟沙星	Danofloxacin	200μg/kg		不得检出	GB/T 22985
104	滴滴涕	DDT	1		不得检出	SN/T 0127
105	溴氰菊酯	Deltamethrin	0.1		不得检出	SN/T 2912
106	燕麦敌	Diallate	0.2		不得检出	GB/T 20772
107	二嗪磷	Diazinon	0.05		不得检出	GB/T 19650
108	麦草畏	Dicamba	0.02		不得检出	GB/T 20772
109	敌草腈	Dichlobenil	0.01		不得检出	GB/T 19650
110	滴丙酸	Dichlorprop	0.05		不得检出	SN/T 2228
111	地克珠利(杀球灵)	Diclazuril	500μg/kg		不得检出	SN/T 2318
112	二氯苯氧基丙酸	Diclofop	0.01		不得检出	参照同类标准
113	氯硝胺	Dicloran	0.01		不得检出	GB/T 19650
114	双氯青霉素	Dicloxacillin	300μg/kg		不得检出	GB/T 21315
115	三氯杀螨醇	Dicofol	0.1		不得检出	GB/T 19650
116	乙霉威	Diethofencarb	0.05		不得检出	GB/T 19650
117	苯醚甲环唑	Difenoconazole	0.1		不得检出	GB/T 19650
118	双氟沙星	Difloxacin	300μg/kg		不得检出	SN/T 3155
119	除虫脲	Diflubenzuron	0.05		不得检出	SN/T 0528
120	吡氟酰草胺	Diflufenican	0.05		不得检出	GB/T 20772
121	油菜安	Dimethachlor	0.02		不得检出	GB/T 20772
122	烯酰吗啉	Dimethomorph	0.05		不得检出	GB/T 20772
123	醚菌胺	Dimoxystrobin	0.05		不得检出	SN/T 2237
124	烯唑醇	Diniconazole	0.01		不得检出	GB/T 19650
125	敌螨普	Dinocap	0.05		不得检出	日本肯定列表(增补本1)
126	地乐酚	Dinoseb	0.01		不得检出	GB/T 20772
127	特乐酚	Dinoterb	0.05		不得检出	GB/T 20772
128	敌噁磷	Dioxathion	0.05		不得检出	GB/T 19650
129	敌草快	Diquat	0.05		不得检出	GB/T 5009.221
130	乙拌磷	Disulfoton	0.02		不得检出	GB/T 20772
131	二氰蒽醌	Dithianon	0.01		不得检出	GB/T 20769

序号	农兽药中文名	农兽药英文名	欧盟标准限量要求 mg/kg	国家标准限量要求 mg/kg	三安超有机食品标准	
					限量要求 mg/kg	检测方法
132	二硫代氨基甲酸酯	Dithiocarbamates	0.05		不得检出	SN/T 0157
133	敌草隆	Diuron	0.05		不得检出	SN/T 0645
134	二硝甲酚	DNOC	0.05		不得检出	GB/T 20772
135	多果定	Dodine	0.2		不得检出	SN 0500
136	甲氨基阿维菌素苯甲酸盐	Emamectin benzoate	0.01		不得检出	GB/T 20769
137	硫丹	Endosulfan	0.05	0.2	不得检出	GB/T 19650
138	异狄氏剂	Endrin	0.05		不得检出	GB/T 19650
139	恩诺沙星	Enrofloxacin	100μg/kg		不得检出	GB/T 22985
140	氟环唑	Epoxiconazole	0.01		不得检出	GB/T 20772
141	茵草敌	EPTC	0.02		不得检出	GB/T 20772
142	红霉素	Erythromycin	200μg/kg		不得检出	GB/T 20762
143	乙丁烯氟灵	Ethalfluralin	0.01		不得检出	GB/T 19650
144	胺苯磺隆	Ethametsulfuron	0.01		不得检出	NY/T 1616
145	乙烯利	Ethephon	0.05		不得检出	SN 0705
146	乙硫磷	Ethion	0.01		不得检出	GB/T 19650
147	乙嘧酚	Ethirimol	0.05		不得检出	GB/T 20772
148	乙氧呋草黄	Ethofumesate	0.1		不得检出	GB/T 20772
149	灭线磷	Ethoprophos	0.01		不得检出	GB/T 19650
150	乙氧喹啉	Ethoxyquin	0.05		不得检出	GB/T 20772
151	环氧乙烷	Ethylene oxide	0.02		不得检出	GB/T 23296.11
152	醚菊酯	Etofenprox	0.01		不得检出	GB/T 19650
153	乙螨唑	Etoxazole	0.01		不得检出	GB/T 19648
154	氯唑灵	Etridiazole	0.05		不得检出	GB/T 20769
155	噁唑菌酮	Famoxadone	0.05		不得检出	GB/T 20772
156	咪唑菌酮	Fenamidone	0.01		不得检出	GB/T 19650
157	苯线磷	Fenamiphos	0.02		不得检出	GB/T 19650
158	氯苯嘧啶醇	Fenarimol	0.02		不得检出	GB/T 20772
159	喹螨醚	Fenazaquin	0.01		不得检出	GB/T 19648
160	腈苯唑	Fenbuconazole	0.05		不得检出	GB/T 20772
161	苯丁锡	Fenbutatin oxide	0.05		不得检出	SN 0592
162	环酰菌胺	Fenhexamid	0.05		不得检出	GB/T 20772
163	杀螟硫磷	Fenitrothion	0.01		不得检出	GB/T 20772
164	精噁唑禾草灵	Fenoxaprop - *P* - ethyl	0.05		不得检出	GB 22617
165	双氧威	Fenoxycarb	0.05		不得检出	GB/T 19650
166	苯锈啶	Fenpropidin	0.02		不得检出	GB/T 19650
167	丁苯吗啉	Fenpropimorph	0.01		不得检出	GB/T 20772
168	胺苯吡菌酮	Fenpyrazamine	0.01		不得检出	参照同类标准
169	唑螨酯	Fenpyroximate	0.01		不得检出	GB/T 20769
170	倍硫磷	Fenthion	0.05		不得检出	GB/T 20772

序号	农兽药中文名	农兽药英文名	欧盟标准限量要求 mg/kg	国家标准限量要求 mg/kg	三安超有机食品标准	
					限量要求 mg/kg	检测方法
171	薯瘟锡	Fentin acetate	0.05		不得检出	参照同类标准
172	三苯锡	Fentin	0.05		不得检出	日本肯定列表(增补本1)
173	氰戊菊酯和高效氰戊菊酯(RR & SS 异构体总量)	Fenvalerate and esfenvalerate (sum of RR & SS isomers)	0.02		不得检出	GB/T 19650
174	氰戊菊酯和高效氰戊菊酯(RS & SR 异构体总量)	Fenvalerate and esfenvalerate (sum of RS & SR isomers)	0.02		不得检出	GB/T 19650
175	氟虫腈	Fipronil	0.01		不得检出	SN/T 1982
176	氟啶虫酰胺	Flonicamid	0.03		不得检出	SN/T 2796
177	氟苯尼考	Florfenicol	100μg/kg		不得检出	GB/T 20756
178	精吡氟禾草灵	Fluazifop - *P* - butyl	0.05		不得检出	GB/T 5009.142
179	氟啶胺	Fluazinam	0.05		不得检出	SN/T 2150
180	氟苯咪唑	Flubendazole	50μg/kg		不得检出	参照同类标准
181	氟苯虫酰胺	Flubendiamide	0.01		不得检出	SN/T 2581
182	氟环脲	Flucycloxuron	0.05		不得检出	参照同类标准
183	氟氰戊菊酯	Flucythrinate	0.05		不得检出	GB/T 19648
184	咯菌腈	Fludioxonil	0.05		不得检出	GB/T 20772
185	氟虫脲	Flufenoxuron	0.05		不得检出	SN/T 2150
186	—	Flufenzin	0.02		不得检出	参照同类标准
187	氟甲喹	Flumequin	400μg/kg		不得检出	SN/T 1921
188	氟吡菌胺	Fluopicolide	0.01		不得检出	参照同类标准
189	—	Fluopyram	0.1		不得检出	参照同类标准
190	氟离子	Fluoride ion	1		不得检出	GB/T 5009.167
191	氟腈嘧菌酯	Fluoxastrobin	0.05		不得检出	SN/T 2237
192	氟喹唑	Fluquinconazole	0.02		不得检出	GB/T 19650
193	氟咯草酮	Fluorochloridone	0.05		不得检出	GB/T 20772
194	氟草烟	Fluroxypyr	0.05		不得检出	GB/T 20772
195	氟硅唑	Flusilazole	0.02		不得检出	GB/T 20772
196	氟酰胺	Flutolanil	0.05		不得检出	GB/T 20772
197	粉唑醇	Flutriafol	0.01		不得检出	GB/T 20772
198	—	Fluxapyroxad	0.01		不得检出	参照同类标准
199	氟磺胺草醚	Fomesafen	0.01		不得检出	GB/T 5009.130
200	氯吡脲	Forchlorfenuron	0.05		不得检出	SN/T 3643
201	伐虫脒	Formetanate	0.01		不得检出	NY/T 1453
202	三乙膦酸铝	Fosetyl - aluminium	0.5		不得检出	参照同类标准
203	麦穗宁	Fuberidazole	0.05		不得检出	GB/T 19650
204	呋线威	Furathiocarb	0.01		不得检出	GB/T 20772
205	糠醛	Furfural	1		不得检出	参照同类标准
206	勃激素	Gibberellic acid	0.1		不得检出	GB/T 23211

序号	农兽药中文名	农兽药英文名	欧盟标准限量要求 mg/kg	国家标准限量要求 mg/kg	三安超有机食品标准	
					限量要求 mg/kg	检测方法
207	草胺膦	Glufosinate – ammonium	0.1		不得检出	日本肯定列表
208	草甘膦	Glyphosate	0.05		不得检出	NY/T 1096
209	双胍盐	Guazatine	0.1		不得检出	参照同类标准
210	氟吡禾灵	Haloxyfop	0.1		不得检出	SN/T 2228
211	七氯	Heptachlor	0.2	0.2	不得检出	SN 0663
212	六氯苯	Hexachlorobenzene	0.2		不得检出	SN/T 0127
213	六六六(HCH),α – 异构体	Hexachlorociclohexane (HCH), alpha – isomer	0.2		不得检出	SN/T 0127
214	六六六(HCH),β – 异构体	Hexachlorociclohexane (HCH), beta – isomer	0.1		不得检出	SN/T 0127
215	噻螨酮	Hexythiazox	0.05		不得检出	GB/T 20772
216	噁霉灵	Hymexazol	0.05		不得检出	GB/T 20772
217	抑霉唑	Imazalil	0.05		不得检出	GB/T 20772
218	甲咪唑烟酸	Imazapic	0.01		不得检出	GB/T 20772
219	咪唑喹啉酸	Imazaquin	0.05		不得检出	GB/T 20772
220	吡虫啉	Imidacloprid	0.05		不得检出	GB/T 20772
221	茚虫威	Indoxacarb	0.3		不得检出	GB/T 20772
222	碘苯腈	Ioxynil	0.05		不得检出	GB/T 20772
223	异菌脲	Iprodione	0.05		不得检出	GB/T 19650
224	稻瘟灵	Isoprothiolane	0.01		不得检出	GB/T 20772
225	异丙隆	Isoproturon	0.05		不得检出	GB/T 20772
226	—	Isopyrazam	0.01		不得检出	参照同类标准
227	异噁酰草胺	Isoxaben	0.01		不得检出	GB/T 20772
228	卡那霉素	Kanamycin	100μg/kg		不得检出	GB/T 21323
229	醚菌酯	Kresoxim – methyl	0.02		不得检出	GB/T 20772
230	乳氟禾草灵	Lactofen	0.01		不得检出	GB/T 19650
231	高效氯氟氰菊酯	Lambda – cyhalothrin	0.02		不得检出	GB/T 19648
232	拉沙里菌素	Lasalocid	20μg/kg		不得检出	SN 0501
233	环草定	Lenacil	0.1		不得检出	GB/T 19650
234	左旋咪唑	Levamisole	10μg/kg		不得检出	SN 0349
235	林可霉素	Lincomycin	100μg/kg		不得检出	GB/T 20762
236	林丹	Lindane	0.02	0.05	不得检出	NY/T 761
237	虱螨脲	Lufenuron	0.02		不得检出	SN/T 2540
238	马拉硫磷	Malathion	0.02		不得检出	GB/T 19650
239	抑芽丹	Maleic hydrazide	0.02		不得检出	日本肯定列表
240	双炔酰菌胺	Mandipropamid	0.02		不得检出	GB/T 20772
241	二甲四氯和二甲四氯丁酸	MCPA and MCPB	0.1		不得检出	SN/T 2228
242	壮棉素	Mepiquat chloride	0.05		不得检出	GB/T 20769
243	—	Meptyldinocap	0.05		不得检出	参照同类标准

序号	农兽药中文名	农兽药英文名	欧盟标准限量要求 mg/kg	国家标准限量要求 mg/kg	三安超有机食品标准	
					限量要求 mg/kg	检测方法
244	汞化合物	Mercury compounds	0.01		不得检出	参照同类标准
245	氰氟虫腙	Metaflumizone	0.02		不得检出	SN/T 3852
246	甲霜灵和精甲霜灵	Metalaxyl and metalaxyl – M	0.05		不得检出	GB/T 20772
247	四聚乙醛	Metaldehyde	0.05		不得检出	SN/T 1787
248	苯嗪草酮	Metamitron	0.05		不得检出	GB/T 19650
249	吡唑草胺	Metazachlor	0.05		不得检出	GB/T 19650
250	叶菌唑	Metconazole	0.01		不得检出	GB/T 20769
251	甲基苯噻隆	Methabenzthiazuron	0.05		不得检出	GB/T 19650
252	虫螨畏	Methacrifos	0.01		不得检出	GB/T 20772
253	甲胺磷	Methamidophos	0.01		不得检出	GB/T 20772
254	杀扑磷	Methidathion	0.02		不得检出	GB/T 20772
255	甲硫威	Methiocarb	0.05		不得检出	GB/T 20769
256	灭多威和硫双威	Methomyl and thiodicarb	0.02		不得检出	GB/T 20772
257	烯虫酯	Methoprene	0.05		不得检出	GB/T 19648
258	甲氧滴滴涕	Methoxychlor	0.01		不得检出	GB/T 19648
259	甲氧虫酰肼	Methoxyfenozide	0.01		不得检出	GB/T 20772
260	磺草唑胺	Metosulam	0.01		不得检出	GB/T 20772
261	苯菌酮	Metrafenone	0.05		不得检出	参照同类标准
262	嗪草酮	Metribuzin	0.1		不得检出	GB/T 20769
263	绿谷隆	Monolinuron	0.05		不得检出	GB/T 20772
264	灭草隆	Monuron	0.01		不得检出	GB/T 20772
265	腈菌唑	Myclobutanil	0.01		不得检出	GB/T 20772
266	敌草胺	Napropamide	0.01		不得检出	GB/T 19650
267	新霉素(包括 framycetin)	Neomycin(including framycetin)	500μg/kg		不得检出	SN 0646
268	烟嘧磺隆	Nicosulfuron	0.05		不得检出	日本肯定列表(增补本 1)
269	除草醚	Nitrofen	0.01		不得检出	GB/T 19648
270	氟酰脲	Novaluron	0.5		不得检出	GB/T 20769
271	嘧苯胺磺隆	Orthosulfamuron	0.01		不得检出	GB/T 23817
272	苯唑青霉素	Oxacillin	300μg/kg		不得检出	GB/T 21315
273	噁草酮	Oxadiazon	0.05		不得检出	GB/T 19650
274	噁霜灵	Oxadixyl	0.01		不得检出	GB/T 19650
275	环氧嘧磺隆	Oxasulfuron	0.05		不得检出	GB/T 23817
276	喹菌酮	Oxolinic acid	100μg/kg		不得检出	日本肯定列表
277	氧化萎锈灵	Oxycarboxin	0.05		不得检出	GB/T 19650
278	亚砜磷	Oxydemeton – methyl	0.01		不得检出	参照同类标准
279	土霉素	Oxytetracycline	100μg/kg		不得检出	GB/T 21317
280	奥芬达唑	Oxfendazole	50μg/kg		不得检出	SN 0684
281	乙氧氟草醚	Oxyfluorfen	0.05		不得检出	GB/T 20772

序号	农兽药中文名	农兽药英文名	欧盟标准限量要求 mg/kg	国家标准限量要求 mg/kg	三安超有机食品标准	
					限量要求 mg/kg	检测方法
282	多效唑	Paclobutrazol	0.02		不得检出	GB/T 19650
283	对硫磷	Parathion	0.05		不得检出	GB/T 19650
284	甲基对硫磷	Parathion – methyl	0.01		不得检出	GB/T 20772
285	巴龙霉素	Paromomycin	500μg/kg		不得检出	SN/T 2315
286	戊菌唑	Penconazole	0.05		不得检出	GB/T 20772
287	戊菌隆	Pencycuron	0.05		不得检出	GB/T 19650
288	二甲戊灵	Pendimethalin	0.05		不得检出	GB/T 19648
289	氯菊酯	Permethrin	0.05		不得检出	GB/T 19650
290	甜菜宁	Phenmedipham	0.05		不得检出	GB/T 23205
291	苯醚菊酯	Phenothrin	0.05		不得检出	GB/T 20772
292	苯氧甲基青霉素	Phenoxymethylpenicillin	25μg/kg		不得检出	SN/T 2050
293	甲拌磷	Phorate	0.05		不得检出	GB/T 20772
294	伏杀硫磷	Phosalone	0.01		不得检出	GB/T 20772
295	亚胺硫磷	Phosmet	0.1		不得检出	GB/T 20772
296	—	Phosphines and phosphides	0.01		不得检出	参照同类标准
297	辛硫磷	Phoxim	0.025		不得检出	GB/T 20772
298	氨氯吡啶酸	Picloram	0.2		不得检出	GB/T 23211
299	啶氧菌酯	Picoxystrobin	0.05		不得检出	GB/T 19650
300	抗蚜威	Pirimicarb	0.05		不得检出	GB/T 20772
301	甲基嘧啶磷	Pirimiphos – methyl	0.05		不得检出	GB/T 20772
302	咪鲜胺	Prochloraz	0.1		不得检出	GB/T 19650
303	腐霉利	Procymidone	0.01		不得检出	GB/T 20772
304	丙溴磷	Profenofos	0.05		不得检出	GB/T 20772
305	调环酸	Prohexadione	0.05		不得检出	日本肯定列表
306	毒草安	Propachlor	0.02		不得检出	GB/T 20772
307	扑派威	Propamocarb	0.1		不得检出	GB/T 20772
308	恶草酸	Propaquizafop	0.05		不得检出	GB/T 20772
309	炔螨特	Propargite	0.1		不得检出	GB/T 19650
310	苯胺灵	Propham	0.05		不得检出	GB/T 19650
311	丙环唑	Propiconazole	0.01		不得检出	GB/T 19650
312	异丙草胺	Propisochlor	0.01		不得检出	GB/T 19650
313	残杀威	Propoxur	0.05		不得检出	GB/T 20772
314	炔苯酰草胺	Propyzamide	0.02		不得检出	GB/T 19650
315	苄草丹	Prosulfocarb	0.05		不得检出	GB/T 19648
316	丙硫菌唑	Prothioconazole	0.05		不得检出	参照同类标准
317	吡蚜酮	Pymetrozine	0.01		不得检出	GB/T 20772
318	吡唑醚菌酯	Pyraclostrobin	0.05		不得检出	GB/T 20772
319	—	Pyrasulfotole	0.01		不得检出	参照同类标准
320	吡菌磷	Pyrazophos	0.02		不得检出	GB/T 20772

序号	农兽药中文名	农兽药英文名	欧盟标准限量要求mg/kg	国家标准限量要求mg/kg	三安超有机食品标准	
					限量要求mg/kg	检测方法
321	除虫菊素	Pyrethrins	0.05		不得检出	GB/T 20772
322	哒螨灵	Pyridaben	0.02		不得检出	SN/T 2432
323	啶虫丙醚	Pyridalyl	0.01		不得检出	日本肯定列表
324	哒草特	Pyridate	0.05		不得检出	日本肯定列表
325	嘧霉胺	Pyrimethanil	0.05		不得检出	GB/T 19650
326	吡丙醚	Pyriproxyfen	0.05		不得检出	GB/T 19650
327	甲氧磺草胺	Pyroxsulam	0.01		不得检出	SN/T 2325
328	氯甲喹啉酸	Quinmerac	0.05		不得检出	参照同类标准
329	喹氧灵	Quinoxyfen	0.2		不得检出	SN/T 2319
330	五氯硝基苯	Quintozene	0.01	0.1	不得检出	GB/T 19650
331	精喹禾灵	Quizalofop - *P* - ethyl	0.05		不得检出	SN/T 2150
332	灭虫菊	Resmethrin	0.1		不得检出	GB/T 20772
333	鱼藤酮	Rotenone	0.01		不得检出	GB/T 20772
334	西玛津	Simazine	0.01		不得检出	SN 0594
335	乙基多杀菌素	Spinetoram	0.01		不得检出	参照同类标准
336	壮观霉素	Spectinomycin	300μg/kg		不得检出	GB/T 21323
337	多杀霉素	Spinosad	0.2		不得检出	GB/T 20772
338	螺螨酯	Spirodiclofen	0.01		不得检出	GB/T 20772
339	螺甲螨酯	Spiromesifen	0.01		不得检出	GB/T 23210
340	螺旋霉素	Spiramycin	200μg/kg		不得检出	SN/T 0538
341	螺虫乙酯	Spirotetramat	0.01		不得检出	参照同类标准
342	萜孢菌素	Spiroxamine	0.05		不得检出	GB/T 20772
343	磺草酮	Sulcotrione	0.05		不得检出	参照同类标准
344	磺胺类(所有属于磺胺类的物质)	Sulfonamides (all substances belonging to the sulfonamide-group)	100μg/kg		不得检出	GB 29694
345	乙黄隆	Sulfosulfuron	0.05		不得检出	日本肯定列表(增补本1)
346	硫磺粉	Sulfur	0.5		不得检出	参照同类标准
347	氟胺氰菊酯	Tau - fluvalinate	0.01		不得检出	SN 0691
348	戊唑醇	Tebuconazole	0.1		不得检出	GB/T 20772
349	虫酰肼	Tebufenozide	0.05		不得检出	GB/T 20772
350	吡螨胺	Tebufenpyrad	0.05		不得检出	GB/T 20772
351	四氯硝基苯	Tecnazene	0.05		不得检出	GB/T 19650
352	氟苯脲	Teflubenzuron	0.05		不得检出	SN/T 2150
353	七氟菊酯	Tefluthrin	0.05		不得检出	日本肯定列表
354	得杀草	Tepraloxydim	0.5		不得检出	GB/T 20772
355	特丁硫磷	Terbufos	0.01		不得检出	GB/T 20772
356	特丁津	Terbuthylazine	0.05		不得检出	GB/T 19650

序号	农兽药中文名	农兽药英文名	欧盟标准限量要求 mg/kg	国家标准限量要求 mg/kg	三安超有机食品标准	
					限量要求 mg/kg	检测方法
357	四氟醚唑	Tetraconazole	0.02		不得检出	GB/T 20772
358	四环素	Tetracycline	100μg/kg		不得检出	GB/T 21317
359	三氯杀螨砜	Tetradifon	0.05		不得检出	GB/T 19650
360	噻菌灵	Thiabendazole	0.1		不得检出	GB/T 20772
361	噻虫啉	Thiacloprid	0.05		不得检出	GB/T 20772
362	噻虫嗪	Thiamethoxam	0.01		不得检出	GB/T 20772
363	甲砜霉素	Thiamphenicol	50μg/kg		不得检出	GB/T 20756
364	禾草丹	Thiobencarb	0.01		不得检出	GB/T 20772
365	甲基硫菌灵	Thiophanate – methyl	0.05		不得检出	SN/T 0162
366	硫粘菌素	Tiamulin	100μg/kg		不得检出	SN/T 2223
367	替米考星	Tilmicosin	50μg/kg		不得检出	GB/T 20762
368	甲基立枯磷	Tolclofos – methyl	0.05		不得检出	GB/T 20772
369	甲苯三嗪酮	Toltrazuril	100μg/kg		不得检出	参照同类标准
370	甲苯氟磺胺	Tolylfluanid	0.1		不得检出	GB/T 19650
371	—	Topramezone	0.01		不得检出	参照同类标准
372	三唑酮和三唑醇	Triadimefon and triadimenol	0.1		不得检出	GB/T 20772
373	野麦畏	Triallate	0.05		不得检出	GB/T 20772
374	醚苯磺隆	Triasulfuron	0.05		不得检出	GB/T 20772
375	三唑磷	Triazophos	0.01		不得检出	GB/T 20772
376	敌百虫	Trichlorphon	0.01		不得检出	GB/T 20772
377	绿草定	Triclopyr	0.05		不得检出	SN/T 2228
378	三环唑	Tricyclazole	0.05		不得检出	GB/T 20769
379	十三吗啉	Tridemorph	0.01		不得检出	GB/T 20772
380	肟菌酯	Trifloxystrobin	0.04		不得检出	GB/T 20769
381	氟菌唑	Triflumizole	0.05		不得检出	GB/T 20769
382	杀铃脲	Triflumuron	0.01		不得检出	GB/T 20772
383	氟乐灵	Trifluralin	0.01		不得检出	GB/T 20772
384	嗪氨灵	Triforine	0.01		不得检出	SN 0695
385	甲氧苄氨嘧啶	Trimethoprim	50μg/kg		不得检出	SN/T 1769
386	三甲基锍阳离子	Trimethyl – sulfonium cation	0.05		不得检出	参照同类标准
387	抗倒酯	Trinexapac	0.05		不得检出	GB/T 20769
388	灭菌唑	Triticonazole	0.01		不得检出	GB/T 20769
389	三氟甲磺隆	Tritosulfuron	0.01		不得检出	参照同类标准
390	泰乐霉素	Tylosin	100μg/kg		不得检出	GB/T 20762
391	—	Valifenalate	0.01		不得检出	参照同类标准
392	乙烯菌核利	Vinclozolin	0.05		不得检出	GB/T 20772
393	1–氨基–2–乙内酰脲	AHD			不得检出	GB/T 21311
394	2,3,4,5–四氯苯胺	2,3,4,5 – Tetrachloraniline			不得检出	GB/T 19650
395	2,3,4,5–四氯甲氧基苯	2,3,4,5 – Tetrachloroanisole			不得检出	GB/T 19650

序号	农兽药中文名	农兽药英文名	欧盟标准限量要求 mg/kg	国家标准限量要求 mg/kg	三安超有机食品标准	
					限量要求 mg/kg	检测方法
396	2,3,5,6-四氯苯胺	2,3,5,6-Tetrachloroaniline			不得检出	GB/T 19650
397	2,4,5-涕	2,4,5-T			不得检出	GB/T 20772
398	*o*,*p*′-滴滴滴	2,4′-DDD			不得检出	GB/T 19650
399	*o*,*p*′-滴滴伊	2,4′-DDE			不得检出	GB/T 19650
400	*o*,*p*′-滴滴涕	2,4′-DDT			不得检出	GB/T 19650
401	2,6-二氯苯甲酰胺	2,6-Dichlorobenzamide			不得检出	GB/T 19650
402	3,5-二氯苯胺	3,5-Dichloroaniline			不得检出	GB/T 19650
403	*p*,*p*′-滴滴滴	4,4′-DDD			不得检出	GB/T 19650
404	*p*,*p*′-滴滴伊	4,4′-DDE			不得检出	GB/T 19650
405	*p*,*p*′-滴滴涕	4,4′-DDT			不得检出	GB/T 19650
406	4,4′-二溴二苯甲酮	4,4′-Dibromobenzophenone			不得检出	GB/T 19650
407	4,4′-二氯二苯甲酮	4,4′-Dichlorobenzophenone			不得检出	GB/T 19650
408	二氢苊	Acenaphthene			不得检出	GB/T 19650
409	乙酰丙嗪	Acepromazine			不得检出	GB/T 20763
410	三氟羧草醚	Acifluorfen			不得检出	GB/T 20772
411	涕灭砜威	Aldoxycarb			不得检出	GB/T 20772
412	烯丙菊酯	Allethrin			不得检出	GB/T 20772
413	二丙烯草胺	Allidochlor			不得检出	GB/T 19650
414	烯丙孕素	Altrenogest			不得检出	SN/T 1980
415	莠灭净	Ametryn			不得检出	GB/T 19650
416	杀草强	Amitrole			不得检出	SN/T 1737.6
417	5-吗啉甲基-3-氨基-2-噁唑烷基酮	AMOZ			不得检出	GB/T 21311
418	氨丙嘧吡啶	Amprolium			不得检出	SN/T 0276
419	莎稗磷	Anilofos			不得检出	GB/T 19650
420	蒽醌	Anthraquinone			不得检出	GB/T 19650
421	3-氨基-2-噁唑酮	AOZ			不得检出	GB/T 21311
422	安普霉素	Apramycin			不得检出	GB/T 21323
423	丙硫特普	Aspon			不得检出	GB/T 19650
424	羟氨卡青霉素	Aspoxicillin			不得检出	GB/T 21315
425	乙基杀扑磷	Athidathion			不得检出	GB/T 19650
426	莠去通	Atratone			不得检出	GB/T 19650
427	莠去津	Atrazine			不得检出	GB/T 19650
428	脱乙基阿特拉津	Atrazine-desethyl			不得检出	GB/T 19650
429	甲基吡噁磷	Azamethiphos			不得检出	GB/T 20763
430	氮哌酮	Azaperone			不得检出	GB/T 20763
431	叠氮津	Aziprotryne			不得检出	GB/T 19650
432	杆菌肽	Bacitracin			不得检出	GB/T 20743
433	4-溴-3,5-二甲苯基-*N*-甲基氨基甲酸酯-1	BDMC-1			不得检出	GB/T 19650

序号	农兽药中文名	农兽药英文名	欧盟标准限量要求 mg/kg	国家标准限量要求 mg/kg	三安超有机食品标准	
					限量要求 mg/kg	检测方法
434	4-溴-3,5-二甲苯基-N-甲基氨基甲酸酯-2	BDMC-2			不得检出	GB/T 19650
435	噁虫威	Bendiocarb			不得检出	GB/T 20772
436	乙丁氟灵	Benfluralin			不得检出	GB/T 19650
437	呋草黄	Benfuresate			不得检出	GB/T 19650
438	麦锈灵	Benodanil			不得检出	GB/T 19650
439	解草酮	Benoxacor			不得检出	GB/T 19650
440	新燕灵	Benzoylprop-ethyl			不得检出	GB/T 19650
441	倍他米松	Betamethasone			不得检出	SN/T 1970
442	生物烯丙菊酯-1	Bioallethrin-1			不得检出	GB/T 19650
443	生物烯丙菊酯-2	Bioallethrin-2			不得检出	GB/T 19650
444	溴烯杀	Bromocylen			不得检出	GB/T 20772
445	除草定	Bromacil			不得检出	GB/T 19650
446	溴苯烯磷	Bromfenvinfos			不得检出	GB/T 19650
447	溴硫磷	Bromofos			不得检出	GB/T 19650
448	乙基溴硫磷	Bromophos-ethyl			不得检出	GB/T 19650
449	溴丁酰草胺	Btomobutide			不得检出	GB/T 19650
450	氟丙嘧草酯	Butafenacil			不得检出	GB/T 19650
451	抑草磷	Butamifos			不得检出	GB/T 19650
452	丁草胺	Butaxhlor			不得检出	GB/T 19650
453	苯酮唑	Cafenstrole			不得检出	GB/T 19650
454	角黄素	Canthaxanthin			不得检出	SN/T 2327
455	咔唑心安	Carazolol			不得检出	GB/T 22993
456	卡巴氧	Carbadox			不得检出	GB/T 20746
457	三硫磷	Carbophenothion			不得检出	GB/T 19650
458	唑草酮	Carfentrazone-ethyl			不得检出	GB/T 19650
459	卡洛芬	Carprofen			不得检出	SN/T 2190
460	头孢氨苄	Cefalexin			不得检出	GB/T 22989
461	头孢洛宁	Cefalonium			不得检出	GB/T 22989
462	头孢匹林	Cefapirin			不得检出	GB/T 22989
463	头孢喹肟	Cefquinome			不得检出	GB/T 22989
464	头孢噻呋	Ceftiofur			不得检出	GB/T 21314
465	氯氧磷	Chlorethoxyfos			不得检出	GB/T 19650
466	溴虫腈	Chlorfenapyr			不得检出	SN/T 1986
467	杀螨醇	Chlorfenethol			不得检出	GB/T 19650
468	燕麦酯	Chlorfenprop-methyl			不得检出	GB/T 19650
469	氯甲硫磷	Chlormephos			不得检出	GB/T 19650
470	氯霉素	Chloramphenicolum			不得检出	GB/T 20772
471	氯杀螨砜	Chlorbenside sulfone			不得检出	GB/T 19648

序号	农兽药中文名	农兽药英文名	欧盟标准限量要求 mg/kg	国家标准限量要求 mg/kg	三安超有机食品标准	
					限量要求 mg/kg	检测方法
472	氯溴隆	Chlorbromuron			不得检出	GB/T 19648
473	杀虫脒	Chlordimeform			不得检出	GB/T 19648
474	氟啶脲	Chlorfluazuron			不得检出	GB/T 20769
475	整形醇	Chlorflurenol			不得检出	GB/T 19650
476	氯地孕酮	Chlormadinone			不得检出	SN/T 1980
477	醋酸氯地孕酮	Chlormadinone acetate			不得检出	GB/T 20753
478	氯苯甲醚	Chloroneb			不得检出	GB/T 19650
479	丙酯杀螨醇	Chloropropylate			不得检出	GB/T 19650
480	氯丙嗪	Chlorpromazine			不得检出	GB/T 20763
481	毒死蜱	Chlorpyrifos			不得检出	GB/T 19650
482	氯硫磷	Chlorthion			不得检出	GB/T 19650
483	虫螨磷	Chlorthiophos			不得检出	GB/T 19650
484	乙菌利	chlozolinate			不得检出	GB/T 19650
485	顺式 - 氯丹	*cis* - Chlordane			不得检出	GB/T 19650
486	顺式 - 燕麦敌	*cis* - Diallate			不得检出	GB/T 19650
487	顺式 - 氯菊酯	*cis* - Permethrin			不得检出	GB/T 19650
488	克仑特罗	Clenbuterol			不得检出	GB/T 19650
489	异噁草酮	Clomazone			不得检出	GB/T 20772
490	氯甲酰草胺	Clomeprop			不得检出	GB/T 19650
491	氯羟吡啶	Clopidol			不得检出	GB/T 19650
492	解草酯	Cloquintocet - mexyl			不得检出	GB/T 19650
493	蝇毒磷	Coumaphos			不得检出	GB/T 19650
494	鼠立死	Crimidine			不得检出	GB/T 19650
495	巴毒磷	Crotxyphos			不得检出	GB/T 19650
496	育畜磷	Crufomate			不得检出	GB/T 19650
497	苯腈磷	Cyanofenphos			不得检出	GB/T 19650
498	杀螟腈	Cyanophos			不得检出	GB/T 20772
499	环草敌	Cycloate			不得检出	GB/T 20772
500	环莠隆	Cycluron			不得检出	GB/T 20772
501	环丙津	Cyprazine			不得检出	GB/T 20772
502	敌草索	Dacthal			不得检出	GB/T 19650
503	癸氧喹酯	Decoquinate			不得检出	GB/T 20745
504	脱叶磷	DEF			不得检出	GB/T 19650
505	2,2′,4,5,5′ - 五氯联苯	DE - PCB 101			不得检出	GB/T 19650
506	2,3,4,4′,5 - 五氯联苯	DE - PCB 118			不得检出	GB/T 19650
507	2,2′,3,4,4′,5 - 六氯联苯	DE - PCB 138			不得检出	GB/T 19650
508	2,2′,4,4′,5,5′ - 六氯联苯	DE - PCB 153			不得检出	GB/T 19650
509	2,2′,3,4,4′,5,5′ - 七氯联苯	DE - PCB 180			不得检出	GB/T 19650
510	2,4,4′ - 三氯联苯	DE - PCB 28			不得检出	GB/T 19650

序号	农兽药中文名	农兽药英文名	欧盟标准限量要求 mg/kg	国家标准限量要求 mg/kg	三安超有机食品标准	
					限量要求 mg/kg	检测方法
511	2,4,5-三氯联苯	DE-PCB 31			不得检出	GB/T 19650
512	2,2′,5,5′-四氯联苯	DE-PCB 52			不得检出	GB/T 19650
513	脱溴溴苯磷	Desbrom-leptophos			不得检出	GB/T 19650
514	脱乙基另丁津	Desethyl-sebuthylazine			不得检出	GB/T 19650
515	敌草净	Desmetryn			不得检出	GB/T 19650
516	地塞米松	Dexamethasone			不得检出	GB/T 21981
517	氯亚胺硫磷	Dialifos			不得检出	GB/T 19650
518	敌菌净	Diaveridine			不得检出	SN/T 1926
519	驱虫特	Dibutyl succinate			不得检出	GB/T 20772
520	异氯磷	Dicapthon			不得检出	GB/T 19650
521	除线磷	Dichlofenthion			不得检出	GB/T 19650
522	苯氟磺胺	Dichlofluanid			不得检出	GB/T 19650
523	烯丙酰草胺	Dichlormid			不得检出	GB/T 19650
524	敌敌畏	Dichlorvos			不得检出	GB/T 19650
525	苄氯三唑醇	Diclobutrazole			不得检出	GB/T 19650
526	禾草灵	Diclofop-methyl			不得检出	GB/T 19650
527	己烯雌酚	Diethylstilbestrol			不得检出	GB/T 21981
528	二氢链霉素	Dihydro-streptomycin			不得检出	GB/T 22969
529	甲氟磷	Dimefox			不得检出	GB/T 19650
530	哌草丹	Dimepiperate			不得检出	GB/T 19650
531	异戊乙净	Dimethametryn			不得检出	GB/T 19650
532	乐果	Dimethoate			不得检出	GB/T 20772
533	甲基毒虫畏	Dimethylvinphos			不得检出	GB/T 19650
534	地美硝唑	Dimetridazole			不得检出	GB/T 21318
535	二甲草胺	Dinethachlor			不得检出	GB/T 19650
536	二甲酚草胺	Dimethenamid			不得检出	GB/T 19650
537	二硝托安	Dinitolmide			不得检出	GB/T 19650
538	氨氟灵	Dinitramine			不得检出	GB/T 19650
539	消螨通	Dinobuton			不得检出	GB/T 19650
540	呋虫胺	Dinotefuran			不得检出	SN/T 2323
541	苯虫醚-1	Diofenolan-1			不得检出	GB/T 19650
542	苯虫醚-2	Diofenolan-2			不得检出	GB/T 19650
543	蔬果磷	Dioxabenzofos			不得检出	GB/T 19650
544	双苯酰草胺	Diphenamid			不得检出	GB/T 19650
545	二苯胺	Diphenylamine			不得检出	GB/T 19650
546	异丙净	Dipropetryn			不得检出	GB/T 19650
547	灭菌磷	Ditalimfos			不得检出	GB/T 19650
548	氟硫草定	Dithiopyr			不得检出	GB/T 19650
549	多拉菌素	Doramectin			不得检出	GB/T 22968

序号	农兽药中文名	农兽药英文名	欧盟标准限量要求 mg/kg	国家标准限量要求 mg/kg	三安超有机食品标准	
					限量要求 mg/kg	检测方法
550	强力霉素	Doxycycline			不得检出	GB/T 21317
551	敌瘟磷	Edifenphos			不得检出	GB/T 19650
552	硫丹硫酸盐	Endosulfan - sulfate			不得检出	GB/T 19650
553	异狄氏剂酮	Endrin ketone			不得检出	GB/T 19650
554	苯硫磷	EPN			不得检出	GB/T 19650
555	埃普利诺菌素	Eprinomectin			不得检出	GB/T 21320
556	抑草蓬	Erbon			不得检出	GB/T 19650
557	*S* - 氰戊菊酯	Esfenvalerate			不得检出	GB/T 19650
558	戊草丹	Esprocarb			不得检出	GB/T 19650
559	乙环唑 - 1	Etaconazole - 1			不得检出	GB/T 19650
560	乙环唑 - 2	Etaconazole - 2			不得检出	GB/T 19650
561	乙嘧硫磷	Etrimfos			不得检出	GB/T 19650
562	氧乙嘧硫磷	Etrimfos oxon			不得检出	GB/T 19650
563	伐灭磷	Famphur			不得检出	GB/T 19650
564	苯线磷砜	Fenamiphos - sulfone			不得检出	GB/T 19650
565	苯线磷亚砜	Fenamiphos sulfoxide			不得检出	GB/T 19650
566	苯硫苯咪唑	Fenbendazole			不得检出	GB/T 22972
567	氧皮蝇磷	Fenchlorphos oxon			不得检出	GB/T 19650
568	甲呋酰胺	Fenfuram			不得检出	GB/T 19650
569	仲丁威	Fenobucarb			不得检出	GB/T 19650
570	苯硫威	Fenothiocarb			不得检出	GB/T 19650
571	稻瘟酰胺	Fenoxanil			不得检出	GB/T 19650
572	拌种咯	Fenpiclonil			不得检出	GB/T 19650
573	甲氰菊酯	Fenpropathrin			不得检出	GB/T 19650
574	芬螨酯	Fenson			不得检出	GB/T 19650
575	丰索磷	Fensulfothion			不得检出	GB/T 19650
576	倍硫磷亚砜	Fenthion sulfoxide			不得检出	GB/T 19650
577	麦草氟甲酯	Flamprop - methyl			不得检出	GB/T 19650
578	麦草氟异丙酯	Flamprop - isopropyl			不得检出	GB/T 19650
579	吡氟禾草灵	Fluazifop - butyl			不得检出	GB/T 19650
580	啶蜱脲	Fluazuron			不得检出	GB/T 20772
581	氟噻草胺	Flufenacet			不得检出	GB/T 19650
582	氟节胺	Flumetralin			不得检出	GB/T 19648
583	唑嘧磺草胺	Flumetsulam			不得检出	GB/T 20772
584	氟烯草酸	Flumiclorac			不得检出	GB/T 19650
585	丙炔氟草胺	Flumioxazin			不得检出	GB/T 19650
586	氟胺烟酸	Flunixin			不得检出	GB/T 20750
587	三氟硝草醚	Fluorodifen			不得检出	GB/T 19650
588	乙羧氟草醚	Fluoroglycofen - ethyl			不得检出	GB/T 19650

序号	农兽药中文名	农兽药英文名	欧盟标准限量要求 mg/kg	国家标准限量要求 mg/kg	三安超有机食品标准	
					限量要求 mg/kg	检测方法
589	三氟苯唑	Fluotrimazole			不得检出	GB/T 19650
590	氟啶草酮	Fluridone			不得检出	GB/T 19650
591	呋草酮	Flurtamone			不得检出	GB/T 19650
592	氟草烟-1-甲庚酯	Fluroxypr - 1 - methylheptyl ester			不得检出	GB/T 19650
593	地虫硫磷	Fonofos			不得检出	GB/T 19650
594	安果	Formothion			不得检出	GB/T 19650
595	呋霜灵	Furalaxyl			不得检出	GB/T 19650
596	庆大霉素	Gentamicin			不得检出	GB/T 21323
597	苄螨醚	Halfenprox			不得检出	GB/T 19650
598	氟哌啶醇	Haloperidol			不得检出	GB/T 21323
599	庚烯磷	Heptanophos			不得检出	GB/T 19650
600	己唑醇	Hexaconazole			不得检出	GB/T 19650
601	环嗪酮	Hexazinone			不得检出	GB/T 19650
602	咪草酸	Imazamethabenz - methyl			不得检出	GB/T 19650
603	咪唑喹啉酸	Imazaquin			不得检出	GB/T 19650
604	脱苯甲基亚胺唑	Imibenconazole - *des* - benzyl			不得检出	GB/T 19650
605	炔咪菊酯-1	Imiprothrin - 1			不得检出	GB/T 19650
606	炔咪菊酯-2	Imiprothrin - 2			不得检出	GB/T 19650
607	碘硫磷	Iodofenphos			不得检出	GB/T 19650
608	甲基碘磺隆	Iodosulfuron - methyl			不得检出	GB/T 20772
609	异稻瘟净	Iprobenfos			不得检出	GB/T 19650
610	氯唑磷	Isazofos			不得检出	GB/T 19650
611	碳氯灵	Isobenzan			不得检出	GB/T 19650
612	丁咪酰胺	Isocarbamid			不得检出	GB/T 19650
613	水胺硫磷	Isocarbophos			不得检出	GB/T 19650
614	异艾氏剂	Isodrin			不得检出	GB/T 19650
615	异柳磷	Isofenphos			不得检出	GB/T 19650
616	氧异柳磷	Isofenphos oxon			不得检出	GB/T 19650
617	氮氨菲啶	Isometamidium			不得检出	SN/T 2239
618	丁嗪草酮	Isomethiozin			不得检出	GB/T 19650
619	异丙威-1	Isoprocarb - 1			不得检出	GB/T 19650
620	异丙威-2	Isoprocarb - 2			不得检出	GB/T 19650
621	异丙乐灵	Isopropalin			不得检出	GB/T 19650
622	双苯噁唑酸	Isoxadifen - ethyl			不得检出	GB/T 19650
623	异噁氟草	Isoxaflutole			不得检出	GB/T 20772
624	噁唑啉	Isoxathion			不得检出	GB/T 19650
625	依维菌素	Ivermectin			不得检出	GB/T 21320
626	交沙霉素	Josamycin			不得检出	GB/T 20762

序号	农兽药中文名	农兽药英文名	欧盟标准限量要求 mg/kg	国家标准限量要求 mg/kg	三安超有机食品标准	
					限量要求 mg/kg	检测方法
627	溴苯磷	Leptophos			不得检出	GB/T 19650
628	利谷隆	Linuron			不得检出	GB/T 20772
629	麻保沙星	Marbofloxacin			不得检出	GB/T 22985
630	2-甲-4-氯丁氧乙基酯	MCPA - butoxyethyl ester			不得检出	GB/T 19650
631	甲苯咪唑	Mebendazole			不得检出	GB/T 21324
632	灭蚜磷	Mecarbam			不得检出	GB/T 19650
633	二甲四氯丙酸	Mecoprop			不得检出	SN/T 2325
634	苯噻酰草胺	Mefenacet			不得检出	GB/T 19650
635	吡唑解草酯	Mefenpyr - diethyl			不得检出	GB/T 19650
636	醋酸甲地孕酮	Megestrol acetate			不得检出	GB/T 20753
637	醋酸美仑孕酮	Melengestrol acetate			不得检出	GB/T 20753
638	嘧菌胺	Mepanipyrim			不得检出	GB/T 19650
639	地胺磷	Mephosfolan			不得检出	GB/T 19650
640	灭锈胺	Mepronil			不得检出	GB/T 19650
641	硝磺草酮	Mesotrione			不得检出	GB/T 20772
642	呋菌胺	Methfuroxam			不得检出	GB/T 19650
643	灭梭威砜	Methiocarb sulfone			不得检出	GB/T 19650
644	盖草津	Metoprotryne			不得检出	GB/T 19650
645	甲醚菊酯-1	Methothrin - 1			不得检出	GB/T 19650
646	甲醚菊酯-2	Methothrin - 2			不得检出	GB/T 19650
647	甲基泼尼松龙	Methylprednisolone			不得检出	GB/T 21981
648	溴谷隆	Metobromuron			不得检出	GB/T 19650
649	甲氧氯普胺	Metoclopramide			不得检出	SN/T 2227
650	异丙甲草胺和 *S*-异丙甲草胺	Metolachlor and *S* - metolachlor			不得检出	GB/T 19650
651	苯氧菌胺-1	Metominsstrobin - 1			不得检出	GB/T 20772
652	苯氧菌胺-2	Metominsstrobin - 2			不得检出	GB/T 19650
653	甲硝唑	Metronidazole			不得检出	GB/T 21318
654	速灭磷	Mevinphos			不得检出	GB/T 19650
655	兹克威	Mexacarbate			不得检出	GB/T 19650
656	灭蚁灵	Mirex			不得检出	GB/T 19650
657	禾草敌	Molinate			不得检出	GB/T 19650
658	庚酰草胺	Monalide			不得检出	GB/T 19650
659	莫能菌素	Monensin			不得检出	GB/T 20364
660	莫西丁克	Moxidectin			不得检出	SN/T 2442
661	合成麝香	Musk ambrecte			不得检出	GB/T 19650
662	麝香	Musk moskene			不得检出	GB/T 19650
663	西藏麝香	Musk tibeten			不得检出	GB/T 19650

序号	农兽药中文名	农兽药英文名	欧盟标准限量要求 mg/kg	国家标准限量要求 mg/kg	三安超有机食品标准	
					限量要求 mg/kg	检测方法
664	二甲苯麝香	Musk xylene			不得检出	GB/T 19650
665	萘夫西林	Nafcillin			不得检出	GB/T 22975
666	二溴磷	Naled			不得检出	SN/T 0706
667	萘丙胺	Naproanilide			不得检出	GB/T 19650
668	甲基盐霉素	Narasin			不得检出	GB/T 20364
669	甲磺乐灵	Nitralin			不得检出	GB/T 19650
670	三氯甲基吡啶	Nitrapyrin			不得检出	GB/T 19650
671	酞菌酯	Nitrothal – isopropyl			不得检出	GB/T 19650
672	诺氟沙星	Norfloxacin			不得检出	GB/T 20366
673	氟草敏	Norflurazon			不得检出	GB/T 19650
674	新生霉素	Novobiocin			不得检出	SN 0674
675	氟苯嘧啶醇	Nuarimol			不得检出	GB/T 19650
676	八氯苯乙烯	Octachlorostyrene			不得检出	GB/T 19650
677	氧氟沙星	Ofloxacin			不得检出	GB/T 20366
678	喹乙醇	Olaquindox			不得检出	GB/T 20746
679	竹桃霉素	Oleandomycin			不得检出	GB/T 20762
680	氧乐果	Omethoate			不得检出	GB/T 20772
681	奥比沙星	Orbifloxacin			不得检出	GB/T 22985
682	杀线威	Oxamyl			不得检出	GB/T 20772
683	丙氧苯咪唑	Oxibendazole			不得检出	GB/T 21324
684	氧化氯丹	Oxy – chlordane			不得检出	GB/T 19650
685	对氧磷	Paraoxon			不得检出	GB/T 19650
686	甲基对氧磷	Paraoxon – methyl			不得检出	GB/T 19650
687	克草敌	Pebulate			不得检出	GB/T 19650
688	五氯苯胺	Pentachloroaniline			不得检出	GB/T 19650
689	五氯甲氧基苯	Pentachloroanisole			不得检出	GB/T 19650
690	五氯苯	Pentachlorobenzene			不得检出	GB/T 19650
691	乙滴涕	Perthane			不得检出	GB/T 19650
692	菲	Phenanthrene			不得检出	GB/T 19650
693	稻丰散	Phenthoate			不得检出	GB/T 19650
694	甲拌磷砜	Phorate sulfone			不得检出	GB/T 19650
695	磷胺 – 1	Phosphamidon – 1			不得检出	GB/T 19650
696	磷胺 – 2	Phosphamidon – 2			不得检出	GB/T 19650
697	酞酸苯甲基丁酯	Phthalic acid, benzylbutyl ester			不得检出	GB/T 19650
698	四氯苯肽	Phthalide			不得检出	GB/T 19650
699	邻苯二甲酰亚胺	Phthalimide			不得检出	GB/T 19650
700	氟吡酰草胺	Picolinafen			不得检出	GB/T 19650
701	增效醚	Piperonyl butoxide			不得检出	GB/T 19650
702	哌草磷	Piperophos			不得检出	GB/T 19650

序号	农兽药中文名	农兽药英文名	欧盟标准限量要求 mg/kg	国家标准限量要求 mg/kg	三安超有机食品标准	
					限量要求 mg/kg	检测方法
703	乙基虫螨清	Pirimiphos – ethyl			不得检出	GB/T 19650
704	吡利霉素	Pirlimycin			不得检出	GB/T 22988
705	炔丙菊酯	Prallethrin			不得检出	GB/T 19650
706	泼尼松龙	Prednisolone			不得检出	GB/T 21981
707	环丙氟灵	Profluralin			不得检出	GB/T 19650
708	茉莉酮	Prohydrojasmon			不得检出	GB/T 19650
709	扑灭通	Prometon			不得检出	GB/T 19650
710	扑草净	Prometryne			不得检出	GB/T 19650
711	炔丙烯草胺	Pronamide			不得检出	GB/T 19650
712	敌稗	Propanil			不得检出	GB/T 19650
713	扑灭津	Propazine			不得检出	GB/T 19650
714	胺丙畏	Propetamphos			不得检出	GB/T 19650
715	丙酰二甲氨基丙吩噻嗪	Propionylpromazin			不得检出	GB/T 20763
716	丙硫磷	Prothiophos			不得检出	GB/T 19650
717	吡唑硫磷	Pyraclofos			不得检出	GB/T 19650
718	吡草醚	Pyraflufen – ethyl			不得检出	GB/T 19650
719	哒嗪硫磷	Pyridafenthion			不得检出	GB/T 19650
720	啶斑肟 – 1	Pyrifenox – 1			不得检出	GB/T 19650
721	啶斑肟 – 2	Pyrifenox – 2			不得检出	GB/T 19650
722	环酯草醚	Pyriftalid			不得检出	GB/T 19650
723	嘧草醚	Pyriminobac – methyl			不得检出	GB/T 19650
724	嘧啶磷	Pyrimitate			不得检出	GB/T 19650
725	嘧螨醚	Pyrimidifen			不得检出	GB/T 19650
726	喹硫磷	Quinalphos			不得检出	GB/T 19650
727	灭藻醌	Quinoclamine			不得检出	GB/T 19650
728	苯氧喹啉	Quinoxyphen			不得检出	GB/T 19650
729	精喹禾灵	Quizalofop – *P* – ethyl			不得检出	GB/T 20772
730	吡咪唑	Rabenzazole			不得检出	GB/T 19650
731	莱克多巴胺	Ractopamine			不得检出	GB/T 21313
732	洛硝达唑	Ronidazole			不得检出	GB/T 21318
733	皮蝇磷	Ronnel			不得检出	GB/T 19650
734	盐霉素	Salinomycin			不得检出	GB/T 20364
735	沙拉沙星	Sarafloxacin			不得检出	GB/T 20366
736	另丁津	Sebutylazine			不得检出	GB/T 19650
737	密草通	Secbumeton			不得检出	GB/T 19650
738	氨基脲	Semduramicin			不得检出	GB/T 19650
739	烯禾啶	Sethoxydim			不得检出	GB/T 19650
740	整形醇	Chlorflurenol			不得检出	GB/T 19650
741	氟硅菊酯	Silafluofen			不得检出	GB/T 19650

序号	农兽药中文名	农兽药英文名	欧盟标准限量要求 mg/kg	国家标准限量要求 mg/kg	三安超有机食品标准	
					限量要求 mg/kg	检测方法
742	硅氟唑	Simeconazole			不得检出	GB/T 19650
743	西玛通	Simetone			不得检出	GB/T 19650
744	西草净	Simetryn			不得检出	GB/T 19650
745	链霉素	Streptomycin			不得检出	GB/T 19650
746	磺胺苯酰	Sulfabenzamide			不得检出	GB/T 21316
747	磺胺醋酰	Sulfacetamide			不得检出	GB/T 21316
748	磺胺氯哒嗪	Sulfachloropyridazine			不得检出	GB/T 21316
749	磺胺嘧啶	Sulfadiazine			不得检出	GB/T 21316
750	磺胺间二甲氧嘧啶	Sulfadimethoxine			不得检出	GB/T 21316
751	磺胺二甲嘧啶	Sulfadimidine			不得检出	GB/T 21316
752	磺胺多辛	Sulfadoxine			不得检出	GB/T 21316
753	磺胺胍	Sulfaguanidine			不得检出	GB/T 21316
754	菜草畏	Sulfallate			不得检出	GB/T 21316
755	磺胺甲嘧啶	Sulfamerazine			不得检出	GB/T 21316
756	新诺明	Sulfamethoxazole			不得检出	GB/T 21316
757	磺胺间甲氧嘧啶	Sulfamonomethoxine			不得检出	GB/T 21316
758	乙酰磺胺对硝基苯	Sulfanitran			不得检出	GB/T 20772
759	磺胺吡啶	Sulfapyridine			不得检出	GB/T 21316
760	磺胺喹沙啉	Sulfaquinoxaline			不得检出	GB/T 21316
761	磺胺噻唑	Sulfathiazole			不得检出	GB/T 21316
762	治螟磷	Sulfotep			不得检出	GB/T 19650
763	硫丙磷	Sulprofos			不得检出	GB/T 19650
764	苯噻硫氰	TCMTB			不得检出	GB/T 19650
765	丁基嘧啶磷	Tebupirimfos			不得检出	GB/T 19650
766	丁噻隆	Tebuthiuron			不得检出	GB/T 20772
767	牧草胺	Tebutam			不得检出	GB/T 19650
768	双硫磷	Temephos			不得检出	GB/T 20772
769	特草灵	Terbucarb			不得检出	GB/T 19650
770	特丁通	Terbumeton			不得检出	GB/T 19650
771	特丁净	Terbutryn			不得检出	GB/T 19650
772	四氢邻苯二甲酰亚胺	Tetrabydrophthalimide			不得检出	GB/T 19650
773	杀虫畏	Tetrachlorvinphos			不得检出	GB/T 19650
774	胺菊酯	Tetramethirn			不得检出	GB/T 19650
775	杀螨氯硫	Tetrasul			不得检出	GB/T 19650
776	噻吩草胺	Thenylchlor			不得检出	GB/T 19650
777	噻唑烟酸	Thiazopyr			不得检出	GB/T 19650
778	噻苯隆	Thidiazuron			不得检出	GB/T 20772
779	噻吩磺隆	Thifensulfuron - methyl			不得检出	GB/T 20772
780	甲基乙拌磷	Thiometon			不得检出	GB/T 20772

序号	农兽药中文名	农兽药英文名	欧盟标准限量要求 mg/kg	国家标准限量要求 mg/kg	三安超有机食品标准	
					限量要求 mg/kg	检测方法
781	虫线磷	Thionazin			不得检出	GB/T 19650
782	硫普罗宁	Tiopronin			不得检出	SN/T 2225
783	三甲苯草酮	Tralkoxydim			不得检出	GB/T 19650
784	四溴菊酯	Tralomethrin			不得检出	SN/T 2320
785	反式 - 氯丹	*trans* - Chlordane			不得检出	GB/T 19650
786	反式 - 燕麦敌	*trans* - Diallate			不得检出	GB/T 19650
787	四氟苯菊酯	Transfluthrin			不得检出	GB/T 19650
788	反式九氯	*trans* - Nonachlor			不得检出	GB/T 19650
789	反式 - 氯菊酯	*trans* - Permethrin			不得检出	GB/T 19650
790	群勃龙	Trenbolone			不得检出	GB/T 21981
791	威菌磷	Triamiphos			不得检出	GB/T 19650
792	毒壤磷	Trichloronate			不得检出	GB/T 19650
793	灭草环	Tridiphane			不得检出	GB/T 19650
794	草达津	Trietazine			不得检出	GB/T 19650
795	三异丁基磷酸盐	Tri - *iso* - butyl phosphate			不得检出	GB/T 19650
796	三正丁基磷酸盐	Tri - *n* - butyl phosphate			不得检出	GB/T 19650
797	三苯基磷酸盐	Triphenyl phosphate			不得检出	GB/T 19650
798	烯效唑	Uniconazole			不得检出	GB/T 19650
799	灭草敌	Vernolate			不得检出	GB/T 19650
800	维吉尼霉素	Virginiamycin			不得检出	GB/T 20765
801	杀鼠灵	War farin			不得检出	GB/T 20772
802	甲苯噻嗪	Xylazine			不得检出	GB/T 20763
803	右环十四酮酚	Zeranol			不得检出	GB/T 21982
804	苯酰菌胺	Zoxamide			不得检出	GB/T 19650

10.2 鸭脂肪 Duck Fat

序号	农兽药中文名	农兽药英文名	欧盟标准限量要求 mg/kg	国家标准限量要求 mg/kg	三安超有机食品标准	
					限量要求 mg/kg	检测方法
1	1,1 - 二氯 - 2,2 - 二(4 - 乙苯)乙烷	1,1 - Dichloro - 2,2 - bis(4 - ethylphenyl) ethane	0.01		不得检出	日本肯定列表(增补本 1)
2	1,2 - 二氯乙烷	1,2 - Dichloroethane	0.1		不得检出	SN/T 2238
3	1,3 - 二氯丙烯	1,3 - Dichloropropene	0.01		不得检出	SN/T 2238
4	1 - 萘乙酸	1 - Naphthylacetic acid	0.05		不得检出	SN/T 2228
5	2,4 - 滴	2,4 - D	0.05		不得检出	GB/T 20772
6	2,4 - 滴丁酸	2,4 - DB	0.05		不得检出	GB/T 20769
7	2 - 苯酚	2 - Phenylphenol	0.05		不得检出	GB/T 19650
8	阿维菌素	Abamectin	0.02		不得检出	SN/T 2661
9	乙酰甲胺磷	Acephate	0.02		不得检出	GB/T 20772

序号	农兽药中文名	农兽药英文名	欧盟标准限量要求 mg/kg	国家标准限量要求 mg/kg	三安超有机食品标准	
					限量要求 mg/kg	检测方法
10	灭螨醌	Acequinocyl	0.01		不得检出	参照同类标准
11	啶虫脒	Acetamiprid	0.05		不得检出	GB/T 20772
12	乙草胺	Acetochlor	0.01		不得检出	GB/T 19650
13	苯并噻二唑	Acibenzolar - S - methyl	0.02		不得检出	GB/T 20772
14	苯草醚	Aclonifen	0.02		不得检出	GB/T 20772
15	氟丙菊酯	Acrinathrin	0.05		不得检出	GB/T 19648
16	甲草胺	Alachlor	0.01		不得检出	GB/T 20772
17	涕灭威	Aldicarb	0.01		不得检出	GB/T 20772
18	艾氏剂和狄氏剂	Aldrin and dieldrin	0.2	0.2 和 0.2	不得检出	GB/T 19650
19	—	Ametoctradin	0.01		不得检出	参照同类标准
20	酰嘧磺隆	Amidosulfuron	0.02		不得检出	参照同类标准
21	氯氨吡啶酸	Aminopyralid	0.02		不得检出	GB/T 23211
22	—	Amisulbrom	0.01		不得检出	参照同类标准
23	双甲脒	Amitraz	0.05		不得检出	GB/T 19650
24	阿莫西林	Amoxicillin	50μg/kg		不得检出	NY/T 830
25	氨苄青霉素	Ampicillin	50μg/kg		不得检出	GB/T 21315
26	敌菌灵	Anilazine	0.01		不得检出	GB/T 20769
27	杀螨特	Aramite	0.01		不得检出	GB/T 19650
28	磺草灵	Asulam	0.1		不得检出	日本肯定列表(增补本 1)
29	维拉霉素	Avilamycin	100μg/kg		不得检出	GB 29686
30	印楝素	Azadirachtin	0.01		不得检出	SN/T 3264
31	益棉磷	Azinphos - ethyl	0.01		不得检出	GB/T 19650
32	保棉磷	Azinphos - methyl	0.01		不得检出	GB/T 20772
33	三唑锡和三环锡	Azocyclotin and cyhexatin	0.05		不得检出	SN/T 1990
34	嘧菌酯	Azoxystrobin	0.05		不得检出	GB/T 20772
35	燕麦灵	Barban	0.05		不得检出	参照同类标准
36	氟丁酰草胺	Beflubutamid	0.05		不得检出	参照同类标准
37	苯霜灵	Benalaxyl	0.05		不得检出	GB/T 20772
38	丙硫克百威	Benfuracarb	0.02		不得检出	GB/T 20772
39	苄青霉素	Benzyl penicillin	50μg/kg		不得检出	GB/T 21315
40	联苯肼酯	Bifenazate	0.01		不得检出	GB/T 20772
41	甲羧除草醚	Bifenox	0.05		不得检出	GB/T 23210
42	联苯菊酯	Bifenthrin	0.05		不得检出	GB/T 19650
43	乐杀螨	Binapacryl	0.01		不得检出	SN 0523
44	联苯	Biphenyl	0.01		不得检出	GB/T 19650
45	联苯三唑醇	Bitertanol	0.05		不得检出	GB/T 20772
46	—	Bixafen	0.02		不得检出	参照同类标准
47	啶酰菌胺	Boscalid	0.1		不得检出	GB/T 20772

序号	农兽药中文名	农兽药英文名	欧盟标准限量要求 mg/kg	国家标准限量要求 mg/kg	三安超有机食品标准	
					限量要求 mg/kg	检测方法
48	溴离子	Bromide ion	0.05		不得检出	GB/T5009.167
49	溴螨酯	Bromopropylate	0.01		不得检出	GB/T 19650
50	溴苯腈	Bromoxynil	0.05		不得检出	GB/T 20772
51	糠菌唑	Bromuconazole	0.05		不得检出	GB/T 19650
52	乙嘧酚磺酸酯	Bupirimate	0.05		不得检出	GB/T 19650
53	噻嗪酮	Buprofezin	0.05		不得检出	GB/T 20772
54	仲丁灵	Butralin	0.02		不得检出	GB/T 19650
55	丁草敌	Butylate	0.01		不得检出	GB/T 19650
56	硫线磷	Cadusafos	0.01		不得检出	GB/T 19650
57	敌菌丹	Captafol	0.01		不得检出	GB/T 23210
58	克菌丹	Captan	0.02		不得检出	GB/T 19648
59	甲萘威	Carbaryl	0.05		不得检出	GB/T 20796
60	多菌灵和苯菌灵	Carbendazim and benomyl	0.05		不得检出	GB/T 20772
61	长杀草	Carbetamide	0.05		不得检出	GB/T 20772
62	克百威	Carbofuran	0.01		不得检出	GB/T 20772
63	丁硫克百威	Carbosulfan	0.05		不得检出	GB/T 19650
64	萎锈灵	Carboxin	0.05		不得检出	GB/T 20772
65	氯虫苯甲酰胺	Chlorantraniliprole	0.01		不得检出	参照同类标准
66	杀螨醚	Chlorbenside	0.05		不得检出	GB/T 19650
67	氯炔灵	Chlorbufam	0.05		不得检出	GB/T 20772
68	氯丹	Chlordane	0.05	0.5	不得检出	GB/T 5009.19
69	十氯酮	Chlordecone	0.2		不得检出	参照同类标准
70	杀螨酯	Chlorfenson	0.05		不得检出	GB/T 19650
71	毒虫畏	Chlorfenvinphos	0.01		不得检出	GB/T 19650
72	氯草敏	Chloridazon	0.05		不得检出	GB/T 20772
73	矮壮素	Chlormequat	0.05		不得检出	GB/T 23211
74	乙酯杀螨醇	Chlorobenzilate	0.1		不得检出	GB/T 23210
75	百菌清	Chlorothalonil	0.01		不得检出	SN/T 2320
76	绿麦隆	Chlortoluron	0.05		不得检出	GB/T 20772
77	枯草隆	Chloroxuron	0.05		不得检出	SN/T 2150
78	氯苯胺灵	Chlorpropham	0.05		不得检出	GB/T 19650
79	毒死蜱	Chlorpyrifos	0.05		不得检出	GB/T 19650
80	甲基毒死蜱	Chlorpyrifos – methyl	0.05		不得检出	GB/T 19650
81	氯磺隆	Chlorsulfuron	0.01		不得检出	GB/T 20772
82	氯酞酸甲酯	Chlorthaldimethyl	0.01		不得检出	GB/T 19650
83	氯硫酰草胺	Chlorthiamid	0.02		不得检出	GB/T 20772
84	烯草酮	Clethodim	0.2		不得检出	GB/T 19650
85	炔草酯	Clodinafop – propargyl	0.02		不得检出	GB/T 19650
86	四螨嗪	Clofentezine	0.05		不得检出	GB/T 20772

序号	农兽药中文名	农兽药英文名	欧盟标准限量要求 mg/kg	国家标准限量要求 mg/kg	三安超有机食品标准	
					限量要求 mg/kg	检测方法
87	二氯吡啶酸	Clopyralid	0.05		不得检出	SN/T 2228
88	噻虫胺	Clothianidin	0.01		不得检出	GB/T 20772
89	邻氯青霉素	Cloxacillin	300μg/kg		不得检出	GB/T 18932.25
90	黏菌素	Colistin	150μg/kg		不得检出	参照同类标准
91	铜化合物	Copper compounds	5		不得检出	参照同类标准
92	环烷基酰苯胺	Cyclanilide	0.01		不得检出	参照同类标准
93	噻草酮	Cycloxydim	0.05		不得检出	GB/T 19650
94	环氟菌胺	Cyflufenamid	0.03		不得检出	GB/T 23210
95	氟氯氰菊酯和高效氟氯氰菊酯	Cyfluthrin and beta - cyfluthrin	0.05		不得检出	GB/T 19650
96	霜脲氰	Cymoxanil	0.05		不得检出	GB/T 20772
97	氯氰菊酯和高效氯氰菊酯	Cypermethrin and beta - cypermethrin	0.1		不得检出	GB/T 19650
98	环丙唑醇	Cyproconazole	0.05		不得检出	GB/T 20772
99	嘧菌环胺	Cyprodinil	0.05		不得检出	GB/T 19650
100	灭蝇胺	Cyromazine	0.05		不得检出	GB/T 20772
101	丁酰肼	Daminozide	0.05		不得检出	SN/T 1989
102	达氟沙星	Danofloxacin	100μg/kg		不得检出	GB/T 22985
103	滴滴涕	DDT	1		不得检出	SN/T 0127
104	溴氰菊酯	Deltamethrin	0.1		不得检出	GB/T 19650
105	燕麦敌	Diallate	0.2		不得检出	GB/T 23211
106	二嗪磷	Diazinon	0.05		不得检出	GB/T 19650
107	麦草畏	Dicamba	0.04		不得检出	GB/T 20772
108	敌草腈	Dichlobenil	0.01		不得检出	GB/T 19650
109	滴丙酸	Dichlorprop	0.05		不得检出	SN/T 2228
110	地克珠利(杀球灵)	Diclazuril	500μg/kg		不得检出	SN/T 2318
111	二氯苯氧基丙酸	Diclofop	0.01		不得检出	参照同类标准
112	氯硝胺	Dicloran	0.01		不得检出	GB/T 19650
113	双氯青霉素	Dicloxacillin	300μg/kg		不得检出	GB/T 18932.25
114	三氯杀螨醇	Dicofol	0.1		不得检出	GB/T 19650
115	乙霉威	Diethofencarb	0.05		不得检出	GB/T 19650
116	苯醚甲环唑	Difenoconazole	0.1		不得检出	GB/T 19650
117	双氟沙星	Difloxacin	400μg/kg		不得检出	GB/T 20366
118	除虫脲	Diflubenzuron	0.05		不得检出	SN/T 0528
119	吡氟酰草胺	Diflufenican	0.05		不得检出	GB/T 20772
120	油菜安	Dimethachlor	0.02		不得检出	GB/T 20772
121	烯酰吗啉	Dimethomorph	0.05		不得检出	GB/T 20772
122	醚菌胺	Dimoxystrobin	0.05		不得检出	SN/T 2237
123	烯唑醇	Diniconazole	0.01		不得检出	GB/T 19650

序号	农兽药中文名	农兽药英文名	欧盟标准限量要求 mg/kg	国家标准限量要求 mg/kg	三安超有机食品标准	
					限量要求 mg/kg	检测方法
124	敌螨普	Dinocap	0.05		不得检出	日本肯定列表(增补本1)
125	地乐酚	Dinoseb	0.01		不得检出	GB/T 20772
126	特乐酚	Dinoterb	0.05		不得检出	GB/T 20772
127	敌噁磷	Dioxathion	0.05		不得检出	GB/T 19650
128	敌草快	Diquat	0.05		不得检出	GB/T 5009.221
129	乙拌磷	Disulfoton	0.01		不得检出	GB/T 20772
130	二氰蒽醌	Dithianon	0.01		不得检出	GB/T 20769
131	二硫代氨基甲酸酯	Dithiocarbamates	0.05		不得检出	SN 0139
132	敌草隆	Diuron	0.05		不得检出	SN/T 0645
133	二硝甲酚	DNOC	0.05		不得检出	GB/T 20772
134	多果定	Dodine	0.2		不得检出	SN 0500
135	甲氨基阿维菌素苯甲酸盐	Emamectin benzoate	0.01		不得检出	GB/T 20769
136	硫丹	Endosulfan	0.05	0.2	不得检出	GB/T 19650
137	异狄氏剂	Endrin	0.05		不得检出	GB/T 19650
138	恩诺沙星	Enrofloxacin	100μg/kg		不得检出	GB/T 20366
139	氟环唑	Epoxiconazole	0.01		不得检出	GB/T 20772
140	茵草敌	EPTC	0.02		不得检出	GB/T 20772
141	红霉素	Erythromycin	200μg/kg		不得检出	GB/T 20762
142	乙丁烯氟灵	Ethalfluralin	0.01		不得检出	GB/T 19650
143	胺苯磺隆	Ethametsulfuron	0.01		不得检出	NY/T 1616
144	乙烯利	Ethephon	0.05		不得检出	SN 0705
145	乙硫磷	Ethion	0.01		不得检出	GB/T 19650
146	乙嘧酚	Ethirimol	0.05		不得检出	GB/T 20772
147	乙氧呋草黄	Ethofumesate	0.1		不得检出	GB/T 20772
148	灭线磷	Ethoprophos	0.01		不得检出	GB/T 19650
149	乙氧喹啉	Ethoxyquin	0.05		不得检出	GB/T 20772
150	环氧乙烷	Ethylene oxide	0.02		不得检出	GB/T 23296.11
151	醚菊酯	Etofenprox	0.01		不得检出	GB/T 19650
152	乙螨唑	Etoxazole	0.01		不得检出	GB/T 19650
153	氯唑灵	Etridiazole	0.05		不得检出	GB/T 20772
154	噁唑菌酮	Famoxadone	0.05		不得检出	GB/T 20772
155	咪唑菌酮	Fenamidone	0.01		不得检出	GB/T 19650
156	苯线磷	Fenamiphos	0.02		不得检出	GB/T 19650
157	氯苯嘧啶醇	Fenarimol	0.02		不得检出	GB/T 20772
158	喹螨醚	Fenazaquin	0.01		不得检出	GB/T 19650
159	腈苯唑	Fenbuconazole	0.05		不得检出	GB/T 20772
160	苯丁锡	Fenbutatin oxide	0.05		不得检出	SN/T 3149
161	环酰菌胺	Fenhexamid	0.05		不得检出	GB/T 20772

序号	农兽药中文名	农兽药英文名	欧盟标准限量要求 mg/kg	国家标准限量要求 mg/kg	三安超有机食品标准	
					限量要求 mg/kg	检测方法
162	杀螟硫磷	Fenitrothion	0.01		不得检出	GB/T 20772
163	精噁唑禾草灵	Fenoxaprop - *P* - ethyl	0.05		不得检出	GB 22617
164	双氧威	Fenoxycarb	0.05		不得检出	GB/T 19650
165	苯锈啶	Fenpropidin	0.02		不得检出	GB/T 19650
166	丁苯吗啉	Fenpropimorph	0.01		不得检出	GB/T 20772
167	胺苯吡菌酮	Fenpyrazamine	0.01		不得检出	参照同类标准
168	唑螨酯	Fenpyroximate	0.01		不得检出	GB/T 19650
169	倍硫磷	Fenthion	0.05		不得检出	GB/T 20772
170	三苯锡	Fentin	0.05		不得检出	SN/T 3149
171	薯瘟锡	Fentin acetate	0.05		不得检出	参照同类标准
172	氰戊菊酯和高效氰戊菊酯(RR & SS 异构体总量)	Fenvalerate and esfenvalerate (sum of RR & SS isomers)	0.2		不得检出	GB/T 19650
173	氰戊菊酯和高效氰戊菊酯(RS & SR 异构体总量)	Fenvalerate and esfenvalerate (sum of RS & SR isomers)	0.05		不得检出	GB/T 19650
174	氟虫腈	Fipronil	0.01		不得检出	SN/T 1982
175	氟啶虫酰胺	Flonicamid	0.02		不得检出	SN/T 2796
176	氟苯尼考	Florfenicol	200μg/kg		不得检出	GB/T 20756
177	精吡氟禾草灵	Fluazifop - *P* - butyl	0.05		不得检出	GB/T 5009.142
178	氟啶胺	Fluazinam	0.05		不得检出	SN/T 2150
179	氟苯虫酰胺	Flubendiamide	0.01		不得检出	SN/T 2581
180	氟环脲	Flucycloxuron	0.05		不得检出	参照同类标准
181	氟氰戊菊酯	Flucythrinate	0.05		不得检出	GB/T 23210
182	咯菌腈	Fludioxonil	0.05		不得检出	GB/T 20772
183	氟虫脲	Flufenoxuron	0.05		不得检出	SN/T 2150
184	—	Flufenzin	0.02		不得检出	参照同类标准
185	氟甲喹	Flumequin	250μg/kg		不得检出	SN/T 1921
186	氟吡菌胺	Fluopicolide	0.01		不得检出	参照同类标准
187	—	Fluopyram	0.1		不得检出	参照同类标准
188	氟离子	Fluoride ion	1		不得检出	GB/T 5009.167
189	氟腈嘧菌酯	Fluoxastrobin	0.05		不得检出	SN/T 2237
190	氟喹唑	Fluquinconazole	0.02		不得检出	GB/T 19650
191	氟咯草酮	Fluorochloridone	0.05		不得检出	GB/T 20772
192	氟草烟	Fluroxypyr	0.05		不得检出	GB/T 20772
193	氟硅唑	Flusilazole	0.1		不得检出	GB/T 20772
194	氟酰胺	Flutolanil	0.05		不得检出	GB/T 20772
195	粉唑醇	Flutriafol	0.01		不得检出	GB/T 20772
196	—	Fluxapyroxad	0.01		不得检出	参照同类标准
197	氟磺胺草醚	Fomesafen	0.01		不得检出	GB/T 5009.130
198	氯吡脲	Forchlorfenuron	0.05		不得检出	SN/T 3643

序号	农兽药中文名	农兽药英文名	欧盟标准限量要求 mg/kg	国家标准限量要求 mg/kg	三安超有机食品标准	
					限量要求 mg/kg	检测方法
199	伐虫脒	Formetanate	0.01		不得检出	NY/T 1453
200	三乙膦酸铝	Fosetyl - aluminium	0.5		不得检出	GB/T 2763
201	麦穗宁	Fuberidazole	0.05		不得检出	GB/T 19650
202	呋线威	Furathiocarb	0.01		不得检出	GB/T 20772
203	糠醛	Furfural	1		不得检出	参照同类标准
204	勃激素	Gibberellic acid	0.1		不得检出	GB/T 23211
205	草胺膦	Glufosinate - ammonium	0.1		不得检出	日本肯定列表
206	草甘膦	Glyphosate	0.05		不得检出	SN/T 1923
207	氟吡禾灵	Haloxyfop	0.1		不得检出	SN/T 2228
208	七氯	Heptachlor	0.2		不得检出	SN 0663
209	六氯苯	Hexachlorobenzene	0.2		不得检出	SN/T 0127
210	六六六(HCH), α-异构体	Hexachlorociclohexane (HCH), alpha - isomer	0.2		不得检出	SN/T 0127
211	六六六(HCH), β-异构体	Hexachlorociclohexane (HCH), beta - isomer	0.1		不得检出	SN/T 0127
212	噻螨酮	Hexythiazox	0.05		不得检出	GB/T 20772
213	噁霉灵	Hymexazol	0.05		不得检出	GB/T 20772
214	抑霉唑	Imazalil	0.05		不得检出	GB/T 20772
215	甲咪唑烟酸	Imazapic	0.01		不得检出	GB/T 20772
216	咪唑喹啉酸	Imazaquin	0.05		不得检出	GB/T 20772
217	吡虫啉	Imidacloprid	0.05		不得检出	GB/T 20772
218	双胍辛胺	Iminoctadine	0.1		不得检出	日本肯定列表
219	茚虫威	Indoxacarb	0.3		不得检出	GB/T 20772
220	碘苯腈	Ioxynil	0.05		不得检出	GB/T 20772
221	异菌脲	Iprodione	0.05		不得检出	GB/T 19650
222	稻瘟灵	Isoprothiolane	0.01		不得检出	GB/T 20772
223	异丙隆	Isoproturon	0.05		不得检出	GB/T 20772
224	—	Isopyrazam	0.01		不得检出	参照同类标准
225	异噁酰草胺	Isoxaben	0.01		不得检出	GB/T 20772
226	卡那霉素	Kanamycin	100μg/kg		不得检出	GB/T 21323
227	醚菌酯	Kresoxim - methyl	0.02		不得检出	GB/T 20772
228	乳氟禾草灵	Lactofen	0.01		不得检出	GB/T 19650
229	高效氯氟氰菊酯	Lambda - cyhalothrin	0.02		不得检出	GB/T 23210
230	拉沙里菌素	Lasalocid	100μg/kg		不得检出	SN 0501
231	环草定	Lenacil	0.1		不得检出	GB/T 19650
232	左旋咪唑	Levamisole	10μg/kg		不得检出	SN 0349
233	林可霉素	Lincomycin	50μg/kg		不得检出	GB/T 20762
234	林丹	Lindane	0.02	0.05	不得检出	NY/T 761
235	虱螨脲	Lufenuron	0.02		不得检出	SN/T 2540

序号	农兽药中文名	农兽药英文名	欧盟标准限量要求 mg/kg	国家标准限量要求 mg/kg	三安超有机食品标准	
					限量要求 mg/kg	检测方法
236	马拉硫磷	Malathion	0.02		不得检出	GB/T 19650
237	抑芽丹	Maleic hydrazide	0.02		不得检出	GB/T 23211
238	双炔酰菌胺	Mandipropamid	0.02		不得检出	参照同类标准
239	二甲四氯和二甲四氯丁酸	MCPA and MCPB	0.1		不得检出	SN/T 2228
240	壮棉素	Mepiquat chloride	0.05		不得检出	GB/T 23211
241	—	Meptyldinocap	0.05		不得检出	参照同类标准
242	汞化合物	Mercury compounds	0.01		不得检出	参照同类标准
243	氰氟虫腙	Metaflumizone	0.1		不得检出	SN/T 3852
244	甲霜灵和精甲霜灵	Metalaxyl and metalaxyl – M	0.05		不得检出	GB/T 20772
245	四聚乙醛	Metaldehyde	0.05		不得检出	SN/T 1787
246	苯嗪草酮	Metamitron	0.05		不得检出	GB/T 19650
247	吡唑草胺	Metazachlor	0.05		不得检出	GB/T 19650
248	叶菌唑	Metconazole	0.01		不得检出	GB/T 20772
249	甲基苯噻隆	Methabenzthiazuron	0.05		不得检出	GB/T 19650
250	虫螨畏	Methacrifos	0.01		不得检出	GB/T 20772
251	甲胺磷	Methamidophos	0.01		不得检出	GB/T 20772
252	杀扑磷	Methidathion	0.02		不得检出	GB/T 20772
253	甲硫威	Methiocarb	0.05		不得检出	GB/T 20770
254	灭多威和硫双威	Methomyl and thiodicarb	0.02		不得检出	GB/T 20772
255	烯虫酯	Methoprene	0.05		不得检出	GB/T 19650
256	甲氧滴滴涕	Methoxychlor	0.01		不得检出	SN/T 0529
257	甲氧虫酰肼	Methoxyfenozide	0.01		不得检出	GB/T 20772
258	磺草唑胺	Metosulam	0.01		不得检出	GB/T 20772
259	苯菌酮	Metrafenone	0.05		不得检出	参照同类标准
260	嗪草酮	Metribuzin	0.1		不得检出	GB/T 19650
261	绿谷隆	Monolinuron	0.05		不得检出	GB/T 20772
262	灭草隆	Monuron	0.01		不得检出	GB/T 20772
263	腈菌唑	Myclobutanil	0.01		不得检出	GB/T 19650
264	1 – 萘乙酰胺	1 – Naphthylacetamide	0.05		不得检出	GB/T 23205
265	敌草胺	Napropamide	0.01		不得检出	GB/T 19650
266	新霉素(包括 framycetin)	Neomycin(including framycetin)	500μg/kg		不得检出	SN 0646
267	烟嘧磺隆	Nicosulfuron	0.05		不得检出	SN/T 2325
268	除草醚	Nitrofen	0.01		不得检出	GB/T 19650
269	氟酰脲	Novaluron	0.5		不得检出	GB/T 23211
270	嘧苯胺磺隆	Orthosulfamuron	0.01		不得检出	GB/T 23817
271	苯唑青霉素	Oxacillin	300μg/kg		不得检出	GB/T 18932.25
272	噁草酮	Oxadiazon	0.05		不得检出	GB/T 19650
273	噁霜灵	Oxadixyl	0.01		不得检出	GB/T 19650
274	环氧嘧磺隆	Oxasulfuron	0.05		不得检出	GB/T 23817

序号	农兽药中文名	农兽药英文名	欧盟标准限量要求 mg/kg	国家标准限量要求 mg/kg	三安超有机食品标准	
					限量要求 mg/kg	检测方法
275	喹菌酮	Oxolinic acid	50μg/kg		不得检出	日本肯定列表
276	氧化萎锈灵	Oxycarboxin	0.05		不得检出	GB/T 19650
277	亚砜磷	Oxydemeton - methyl	0.01		不得检出	参照同类标准
278	乙氧氟草醚	Oxyfluorfen	0.05		不得检出	GB/T 20772
279	多效唑	Paclobutrazol	0.02		不得检出	GB/T 19650
280	对硫磷	Parathion	0.05		不得检出	GB/T 19650
281	甲基对硫磷	Parathion - methyl	0.01		不得检出	GB/T 5009.161
282	戊菌唑	Penconazole	0.05		不得检出	GB/T 20772
283	戊菌隆	Pencycuron	0.05		不得检出	GB/T 19650
284	二甲戊灵	Pendimethalin	0.05		不得检出	GB/T 19650
285	甜菜宁	Phenmedipham	0.05		不得检出	GB/T 23205
286	苯醚菊酯	Phenothrin	0.05		不得检出	GB/T 20772
287	苯氧甲基青霉素	Phenoxymethylpenicillin	25μg/kg		不得检出	GB/T 21315
288	甲拌磷	Phorate	0.01		不得检出	GB/T 20772
289	伏杀硫磷	Phosalone	0.01		不得检出	GB/T 20772
290	亚胺硫磷	Phosmet	0.1		不得检出	GB/T 20772
291	—	Phosphines and phosphides	0.01		不得检出	参照同类标准
292	辛硫磷	Phoxim	0.55		不得检出	GB/T 20772
293	氨氯吡啶酸	Picloram	0.01		不得检出	GB/T 23211
294	啶氧菌酯	Picoxystrobin	0.05		不得检出	GB/T 19650
295	抗蚜威	Pirimicarb	0.05		不得检出	GB/T 20772
296	甲基嘧啶磷	Pirimiphos - methyl	0.05		不得检出	GB/T 20772
297	咪鲜胺	Prochloraz	0.1		不得检出	GB/T 19650
298	腐霉利	Procymidone	0.01		不得检出	GB/T 20772
299	丙溴磷	Profenofos	0.05		不得检出	GB/T 20772
300	调环酸	Prohexadione	0.05		不得检出	日本肯定列表
301	毒草安	Propachlor	0.02		不得检出	GB/T 20772
302	扑派威	Propamocarb	0.1		不得检出	GB/T 20772
303	恶草酸	Propaquizafop	0.05		不得检出	GB/T 20772
304	炔螨特	Propargite	0.1		不得检出	GB/T 19650
305	苯胺灵	Propham	0.05		不得检出	GB/T 19650
306	丙环唑	Propiconazole	0.01		不得检出	GB/T 19650
307	异丙草胺	Propisochlor	0.01		不得检出	GB/T 19650
308	残杀威	Propoxur	0.05		不得检出	GB/T 20772
309	炔苯酰草胺	Propyzamide	0.05		不得检出	GB/T 19650
310	苄草丹	Prosulfocarb	0.05		不得检出	GB/T 19650
311	丙硫菌唑	Prothioconazole	0.05		不得检出	参照同类标准
312	吡蚜酮	Pymetrozine	0.01		不得检出	GB/T 20772
313	吡唑醚菌酯	Pyraclostrobin	0.05		不得检出	GB/T 20772

序号	农兽药中文名	农兽药英文名	欧盟标准限量要求 mg/kg	国家标准限量要求 mg/kg	三安超有机食品标准	
					限量要求 mg/kg	检测方法
314	—	Pyrasulfotole	0.01		不得检出	GB/T 20772
315	吡菌磷	Pyrazophos	0.02		不得检出	GB/T 20772
316	除虫菊素	Pyrethrins	0.05		不得检出	GB/T 20772
317	哒螨灵	Pyridaben	0.02		不得检出	GB/T 19650
318	啶虫丙醚	Pyridalyl	0.01		不得检出	日本肯定列表
319	哒草特	Pyridate	0.05		不得检出	日本肯定列表
320	嘧霉胺	Pyrimethanil	0.05		不得检出	GB/T 19650
321	吡丙醚	Pyriproxyfen	0.05		不得检出	GB/T 19650
322	甲氧磺草胺	Pyroxsulam	0.01		不得检出	SN/T 2325
323	氯甲喹啉酸	Quinmerac	0.05		不得检出	参照同类标准
324	喹氧灵	Quinoxyfen	0.2		不得检出	SN/T 2319
325	五氯硝基苯	Quintozene	0.01	0.1	不得检出	GB/T 19650
326	精喹禾灵	Quizalofop – *P* – ethyl	0.05		不得检出	SN/T 2150
327	灭虫菊	Resmethrin	0.1		不得检出	GB/T 20772
328	鱼藤酮	Rotenone	0.01		不得检出	GB/T 20772
329	西玛津	Simazine	0.01		不得检出	SN 0594
330	壮观霉素	Spectinomycin	500μg/kg		不得检出	GB/T 21323
331	乙基多杀菌素	Spinetoram	0.01		不得检出	参照同类标准
332	多杀霉素	Spinosad	1		不得检出	GB/T 20772
333	螺螨酯	Spirodiclofen	0.05		不得检出	GB/T 20772
334	螺甲螨酯	Spiromesifen	0.01		不得检出	GB/T 23210
335	螺虫乙酯	Spirotetramat	0.01		不得检出	参照同类标准
336	葚孢菌素	Spiroxamine	0.05		不得检出	GB/T 20772
337	磺草酮	Sulcotrione	0.05		不得检出	参照同类标准
338	磺胺类(所有属于磺胺类的物质)	Sulfonamides (all substances belonging to the sulfonamide-group)	100μg/kg		不得检出	GB 29694
339	乙黄隆	Sulfosulfuron	0.05		不得检出	SN/T 2325
340	硫磺粉	Sulfur	0.5		不得检出	参照同类标准
341	氟胺氰菊酯	Tau – fluvalinate	0.01		不得检出	SN 0691
342	戊唑醇	Tebuconazole	0.1		不得检出	GB/T 20772
343	虫酰肼	Tebufenozide	0.05		不得检出	GB/T 20772
344	吡螨胺	Tebufenpyrad	0.05		不得检出	GB/T 19650
345	四氯硝基苯	Tecnazene	0.05		不得检出	GB/T 19650
346	氟苯脲	Teflubenzuron	0.05		不得检出	SN/T 2150
347	七氟菊酯	Tefluthrin	0.05		不得检出	GB/T 23210
348	得杀草	Tepraloxydim	0.5		不得检出	GB/T 20772
349	特丁硫磷	Terbufos	0.01		不得检出	GB/T 20772
350	特丁津	Terbuthylazine	0.05		不得检出	GB/T 19650

序号	农兽药中文名	农兽药英文名	欧盟标准限量要求 mg/kg	国家标准限量要求 mg/kg	三安超有机食品标准	
					限量要求 mg/kg	检测方法
351	四氟醚唑	Tetraconazole	0.02		不得检出	GB/T 20772
352	三氯杀螨砜	Tetradifon	0.05		不得检出	GB/T 19650
353	噻菌灵	Thiabendazole	0.1		不得检出	GB/T 20772
354	噻虫啉	Thiacloprid	0.05		不得检出	GB/T 20772
355	噻虫嗪	Thiamethoxam	0.01		不得检出	GB/T 20756
356	甲砜霉素	Thiamphenicol	50μg/kg		不得检出	GB/T 20772
357	禾草丹	Thiobencarb	0.01		不得检出	GB/T 20772
358	甲基硫菌灵	Thiophanate - methyl	0.05		不得检出	SN/T 0162
359	替米考星	Tilmicosin	75μg/kg		不得检出	GB/T 20762
360	甲基立枯磷	Tolclofos - methyl	0.05		不得检出	GB/T 19650
361	甲苯三嗪酮	Toltrazuril	200μg/kg		不得检出	参照同类标准
362	甲苯氟磺胺	Tolylfluanid	0.1		不得检出	GB/T 19650
363	—	Topramezone	0.05		不得检出	参照同类标准
364	三唑酮和三唑醇	Triadimefon and triadimenol	0.1		不得检出	GB/T 20772
365	野麦畏	Triallate	0.05		不得检出	GB/T 20772
366	醚苯磺隆	Triasulfuron	0.05		不得检出	GB/T 20772
367	三唑磷	Triazophos	0.01		不得检出	GB/T 20772
368	敌百虫	Trichlorphon	0.01		不得检出	GB/T 20772
369	绿草定	Triclopyr	0.05		不得检出	SN/T 2228
370	三环唑	Tricyclazole	0.05		不得检出	GB/T 20769
371	十三吗啉	Tridemorph	0.01		不得检出	GB/T 20772
372	肟菌酯	Trifloxystrobin	0.04		不得检出	GB/T 19650
373	氟菌唑	Triflumizole	0.05		不得检出	GB/T 20769
374	杀铃脲	Triflumuron	0.01		不得检出	GB/T 20772
375	氟乐灵	Trifluralin	0.01		不得检出	GB/T 20772
376	嗪氨灵	Triforine	0.01		不得检出	SN 0695
377	甲氧苄氨嘧啶	Trimethoprim	50μg/kg		不得检出	SN/T 1769
378	三甲基锍阳离子	Trimethyl - sulfonium cation	0.05		不得检出	参照同类标准
379	抗倒酯	Trinexapac	0.05		不得检出	GB/T 20769
380	灭菌唑	Triticonazole	0.01		不得检出	GB/T 20772
381	三氟甲磺隆	Tritosulfuron	0.01		不得检出	参照同类标准
382	泰乐菌素	Tylosin	100μg/kg		不得检出	GB/T 22941
383	乙酰异戊酰素乐菌素	Tylvalosin	50μg/kg		不得检出	参照同类标准
384	—	Valifenalate	0.01		不得检出	GB/T 20772
385	乙烯菌核利	Vinclozolin	0.05		不得检出	GB/T 20772
386	2,3,4,5 - 四氯苯胺	2,3,4,5 - Tetrachloraniline			不得检出	GB/T 19650
387	2,3,4,5 - 四氯甲氧基苯	2,3,4,5 - Tetrachloroanisole			不得检出	GB/T 19650
388	2,3,5,6 - 四氯苯胺	2,3,5,6 - Tetrachloroaniline			不得检出	GB/T 19650
389	2,4,5 - 涕	2,4,5 - T			不得检出	GB/T 20772

序号	农兽药中文名	农兽药英文名	欧盟标准限量要求 mg/kg	国家标准限量要求 mg/kg	三安超有机食品标准	
					限量要求 mg/kg	检测方法
390	o,p′-滴滴滴	2,4′-DDD			不得检出	GB/T 19650
391	o,p′-滴滴伊	2,4′-DDE			不得检出	GB/T 19650
392	o,p′-滴滴涕	2,4′-DDT			不得检出	GB/T 19650
393	2,6-二氯苯甲酰胺	2,6-Dichlorobenzamide			不得检出	GB/T 19650
394	3,5-二氯苯胺	3,5-Dichloroaniline			不得检出	GB/T 19650
395	p,p′-滴滴滴	4,4′-DDD			不得检出	GB/T 19650
396	p,p′-滴滴伊	4,4′-DDE			不得检出	GB/T 19650
397	p,p′-滴滴涕	4,4′-DDT			不得检出	GB/T 19650
398	4,4′-二溴二苯甲酮	4,4′-Dibromobenzophenone			不得检出	GB/T 19650
399	4,4′-二氯二苯甲酮	4,4′-Dichlorobenzophenone			不得检出	GB/T 19650
400	二氢苊	Acenaphthene			不得检出	GB/T 19650
401	乙酰丙嗪	Acepromazine			不得检出	GB/T 20763
402	三氟羧草醚	Acifluorfen			不得检出	GB/T 20772
403	1-氨基-2-乙内酰脲	AHD			不得检出	GB/T 21311
404	涕灭砜威	Aldoxycarb			不得检出	GB/T 20772
405	烯丙菊酯	Allethrin			不得检出	GB/T 20772
406	二丙烯草胺	Allidochlor			不得检出	GB/T 19650
407	烯丙孕素	Altrenogest			不得检出	SN/T 1980
408	莠灭净	Ametryn			不得检出	GB/T 20772
409	杀草强	Amitrole			不得检出	SN/T 1737.6
410	5-吗啉甲基-3-氨基-2-噁唑烷基酮	AMOZ			不得检出	GB/T 21311
411	氨丙嘧吡啶	Amprolium			不得检出	SN/T 0276
412	莎稗磷	Anilofos			不得检出	GB/T 19650
413	蒽醌	Anthraquinone			不得检出	GB/T 19650
414	3-氨基-2-噁唑酮	AOZ			不得检出	GB/T 21311
415	安普霉素	Apramycin			不得检出	GB/T 21323
416	丙硫特普	Aspon			不得检出	GB/T 19650
417	羟氨卡青霉素	Aspoxicillin			不得检出	GB/T 21315
418	乙基杀扑磷	Athidathion			不得检出	GB/T 19650
419	莠去通	Atratone			不得检出	GB/T 19650
420	莠去津	Atrazine			不得检出	GB/T 20772
421	脱乙基阿特拉津	Atrazine-desethyl			不得检出	GB/T 19650
422	甲基吡噁磷	Azamethiphos			不得检出	GB/T 20763
423	氮哌酮	Azaperone			不得检出	SN/T2221
424	叠氮津	Aziprotryne			不得检出	GB/T 19650
425	杆菌肽	Bacitracin			不得检出	GB/T 20743
426	4-溴-3,5-二甲苯基-N-甲基氨基甲酸酯-1	BDMC-1			不得检出	GB/T 19650

序号	农兽药中文名	农兽药英文名	欧盟标准限量要求 mg/kg	国家标准限量要求 mg/kg	三安超有机食品标准	
					限量要求 mg/kg	检测方法
427	4-溴-3,5-二甲苯基-N-甲基氨基甲酸酯-2	BDMC-2			不得检出	GB/T 19650
428	噁虫威	Bendiocarb			不得检出	GB/T 20772
429	乙丁氟灵	Benfluralin			不得检出	GB/T 19650
430	呋草黄	Benfuresate			不得检出	GB/T 19650
431	麦锈灵	Benodanil			不得检出	GB/T 19650
432	解草酮	Benoxacor			不得检出	GB/T 19650
433	新燕灵	Benzoylprop-ethyl			不得检出	GB/T 19650
434	倍他米松	Betamethasone			不得检出	SN/T 1970
435	生物烯丙菊酯-1	Bioallethrin-1			不得检出	GB/T 19650
436	生物烯丙菊酯-2	Bioallethrin-2			不得检出	GB/T 19650
437	生物苄呋菊酯	Bioresmethrin			不得检出	GB/T 20772
438	除草定	Bromacil			不得检出	GB/T 19650
439	溴苯烯磷	Bromfenvinfos			不得检出	GB/T 23210
440	溴烯杀	Bromocylen			不得检出	GB/T 20772
441	溴硫磷	Bromofos			不得检出	GB/T 19650
442	乙基溴硫磷	Bromophos-ethyl			不得检出	GB/T 19650
443	溴丁酰草胺	Btomobutide			不得检出	GB/T 19650
444	氟丙嘧草酯	Butafenacil			不得检出	GB/T 19650
445	抑草磷	Butamifos			不得检出	GB/T 19650
446	丁草胺	Butaxhlor			不得检出	GB/T 19650
447	苯酮唑	Cafenstrole			不得检出	GB/T 19650
448	角黄素	Canthaxanthin			不得检出	SN/T 2327
449	咔唑心安	Carazolol			不得检出	GB/T 20763
450	卡巴氧	Carbadox			不得检出	GB/T 20746
451	三硫磷	Carbophenothion			不得检出	GB/T 19650
452	唑草酮	Carfentrazone-ethyl			不得检出	GB/T 19650
453	卡洛芬	Carprofen			不得检出	SN/T 2190
454	头孢洛宁	Cefalonium			不得检出	GB/T 22989
455	头孢匹林	Cefapirin			不得检出	GB/T 22989
456	头孢喹肟	Cefquinome			不得检出	GB/T 22989
457	头孢噻呋	Ceftiofur			不得检出	GB/T 21314
458	头孢氨苄	Cefalexin			不得检出	GB/T 22989
459	氯霉素	Chloramphenicolum			不得检出	GB/T 20772
460	氯杀螨砜	Chlorbenside sulfone			不得检出	GB/T 19650
461	氯溴隆	Chlorbromuron			不得检出	GB/T 19650
462	杀虫脒	Chlordimeform			不得检出	GB/T 19650
463	氯氧磷	Chlorethoxyfos			不得检出	GB/T 19650
464	溴虫腈	Chlorfenapyr			不得检出	GB/T 19650

序号	农兽药中文名	农兽药英文名	欧盟标准限量要求 mg/kg	国家标准限量要求 mg/kg	三安超有机食品标准	
					限量要求 mg/kg	检测方法
465	杀螨醇	Chlorfenethol			不得检出	GB/T 19650
466	燕麦酯	Chlorfenprop – methyl			不得检出	GB/T 19650
467	氟啶脲	Chlorfluazuron			不得检出	SN/T 2540
468	整形醇	Chlorflurenol			不得检出	GB/T 19650
469	氯地孕酮	Chlormadinone			不得检出	SN/T 1980
470	醋酸氯地孕酮	Chlormadinone acetate			不得检出	GB/T 20753
471	氯甲硫磷	Chlormephos			不得检出	GB/T 19650
472	氯苯甲醚	Chloroneb			不得检出	GB/T 19650
473	丙酯杀螨醇	Chloropropylate			不得检出	GB/T 19650
474	氯丙嗪	Chlorpromazine			不得检出	GB/T 20763
475	金霉素	Chlortetracycline			不得检出	GB/T 21317
476	氯硫磷	Chlorthion			不得检出	GB/T 19650
477	虫螨磷	Chlorthiophos			不得检出	GB/T 19650
478	乙菌利	Chlozolinate			不得检出	GB/T 19650
479	顺式 – 氯丹	*cis* – Chlordane			不得检出	GB/T 19650
480	顺式 – 燕麦敌	*cis* – Diallate			不得检出	GB/T 19650
481	顺式 – 氯菊酯	*cis* – Permethrin			不得检出	GB/T 19650
482	克仑特罗	Clenbuterol			不得检出	GB/T 22286
483	异噁草酮	Clomazone			不得检出	GB/T 20772
484	氯甲酰草胺	Clomeprop			不得检出	GB/T 19650
485	氯羟吡啶	Clopidol			不得检出	GB 29700
486	解草酯	Cloquintocet – mexyl			不得检出	GB/T 19650
487	蝇毒磷	Coumaphos			不得检出	GB/T 19650
488	鼠立死	Crimidine			不得检出	GB/T 19650
489	巴毒磷	Crotxyphos			不得检出	GB/T 19650
490	育畜磷	Crufomate			不得检出	GB/T 19650
491	苯腈磷	Cyanofenphos			不得检出	GB/T 19650
492	杀螟腈	Cyanophos			不得检出	GB/T 20772
493	环草敌	Cycloate			不得检出	GB/T 20772
494	环莠隆	Cycluron			不得检出	GB/T 20772
495	环丙津	Cyprazine			不得检出	GB/T 20772
496	敌草索	Dacthal			不得检出	GB/T 19650
497	癸氧喹酯	Decoquinate			不得检出	SN/T2444
498	脱叶磷	DEF			不得检出	GB/T 19650
499	2,2′,4,5,5′ – 五氯联苯	DE – PCB 101			不得检出	GB/T 19650
500	2,3,4,4′,5 – 五氯联苯	DE – PCB 118			不得检出	GB/T 19650
501	2,2′,3,4,4′,5 – 六氯联苯	DE – PCB 138			不得检出	GB/T 19650
502	2,2′,4,4′,5,5′ – 六氯联苯	DE – PCB 153			不得检出	GB/T 19650
503	2,2′,3,4,4′,5,5′ – 七氯联苯	DE – PCB 180			不得检出	GB/T 19650

序号	农兽药中文名	农兽药英文名	欧盟标准限量要求 mg/kg	国家标准限量要求 mg/kg	三安超有机食品标准	
					限量要求 mg/kg	检测方法
504	2,4,4′-三氯联苯	DE-PCB 28			不得检出	GB/T 19650
505	2,4,5-三氯联苯	DE-PCB 31			不得检出	GB/T 19650
506	2,2′,5,5′-四氯联苯	DE-PCB 52			不得检出	GB/T 19650
507	脱溴溴苯磷	Desbrom-leptophos			不得检出	GB/T 19650
508	脱乙基另丁津	Desethyl-sebuthylazine			不得检出	GB/T 19650
509	敌草净	Desmetryn			不得检出	GB/T 19650
510	地塞米松	Dexamethasone			不得检出	SN/T 1970
511	氯亚胺硫磷	Dialifos			不得检出	GB/T 19650
512	敌菌净	Diaveridine			不得检出	SN/T 1926
513	驱虫特	Dibutyl succinate			不得检出	GB/T 20772
514	异氯磷	Dicapthon			不得检出	GB/T 20772
515	除线磷	Dichlofenthion			不得检出	GB/T 20772
516	苯氟磺胺	Dichlofluanid			不得检出	GB/T 19650
517	烯丙酰草胺	Dichlormid			不得检出	GB/T 19650
518	敌敌畏	Dichlorvos			不得检出	GB/T 20772
519	苄氯三唑醇	Diclobutrazole			不得检出	GB/T 20772
520	禾草灵	Diclofop-methyl			不得检出	GB/T 19650
521	己烯雌酚	Diethylstilbestrol			不得检出	GB/T 20766
522	二氢链霉素	Dihydro-streptomycin			不得检出	GB/T 22969
523	甲氟磷	Dimefox			不得检出	GB/T 19650
524	哌草丹	Dimepiperate			不得检出	GB/T 19650
525	异戊乙净	Dimethametryn			不得检出	GB/T 19650
526	二甲酚草胺	Dimethenamid			不得检出	GB/T 19650
527	乐果	Dimethoate			不得检出	GB/T 20772
528	甲基毒虫畏	Dimethylvinphos			不得检出	GB/T 19650
529	地美硝唑	Dimetridazole			不得检出	GB/T 21318
530	二硝托安	Dinitolmide			不得检出	SN/T 2453
531	氨氟灵	Dinitramine			不得检出	GB/T 19650
532	消螨通	Dinobuton			不得检出	GB/T 19650
533	呋虫胺	Dinotefuran			不得检出	GB/T 20772
534	苯虫醚-1	Diofenolan-1			不得检出	GB/T 19650
535	苯虫醚-2	Diofenolan-2			不得检出	GB/T 19650
536	蔬果磷	Dioxabenzofos			不得检出	GB/T 19650
537	双苯酰草胺	Diphenamid			不得检出	GB/T 19650
538	二苯胺	Diphenylamine			不得检出	GB/T 19650
539	异丙净	Dipropetryn			不得检出	GB/T 19650
540	灭菌磷	Ditalimfos			不得检出	GB/T 19650
541	氟硫草定	Dithiopyr			不得检出	GB/T 19650
542	多拉菌素	Doramectin			不得检出	GB/T 22968

序号	农兽药中文名	农兽药英文名	欧盟标准限量要求 mg/kg	国家标准限量要求 mg/kg	三安超有机食品标准	
					限量要求 mg/kg	检测方法
543	强力霉素	Doxycycline			不得检出	GB/T 20764
544	敌瘟磷	Edifenphos			不得检出	GB/T 19650
545	硫丹硫酸盐	Endosulfan – sulfate			不得检出	GB/T 19650
546	异狄氏剂酮	Endrin ketone			不得检出	GB/T 19650
547	苯硫磷	EPN			不得检出	GB/T 19650
548	埃普利诺菌素	Eprinomectin			不得检出	GB/T 21320
549	抑草蓬	Erbon			不得检出	GB/T 19650
550	*S* – 氰戊菊酯	Esfenvalerate			不得检出	GB/T 19650
551	戊草丹	Esprocarb			不得检出	GB/T 19650
552	乙环唑 – 1	Etaconazole – 1			不得检出	GB/T 19650
553	乙环唑 – 2	Etaconazole – 2			不得检出	GB/T 19650
554	乙嘧硫磷	Etrimfos			不得检出	GB/T 19650
555	氧乙嘧硫磷	Etrimfos oxon			不得检出	GB/T 19650
556	伐灭磷	Famphur			不得检出	GB/T 19650
557	苯线磷亚砜	Fenamiphos sulfoxide			不得检出	GB/T 19650
558	苯线磷砜	Fenamiphos – sulfone			不得检出	GB/T 19650
559	苯硫苯咪唑	Fenbendazole			不得检出	SN 0638
560	氧皮蝇磷	Fenchlorphos oxon			不得检出	GB/T 19650
561	甲呋酰胺	Fenfuram			不得检出	GB/T 19650
562	仲丁威	Fenobucarb			不得检出	GB/T 19650
563	苯硫威	Fenothiocarb			不得检出	GB/T 19650
564	稻瘟酰胺	Fenoxanil			不得检出	GB/T 19650
565	拌种咯	Fenpiclonil			不得检出	GB/T 19650
566	甲氰菊酯	Fenpropathrin			不得检出	GB/T 19650
567	芬螨酯	Fenson			不得检出	GB/T 19650
568	丰索磷	Fensulfothion			不得检出	GB/T 19650
569	倍硫磷亚砜	Fenthion sulfoxide			不得检出	GB/T 19650
570	麦草氟异丙酯	Flamprop – isopropyl			不得检出	GB/T 19650
571	麦草氟甲酯	Flamprop – methyl			不得检出	GB/T 19650
572	吡氟禾草灵	Fluazifop – butyl			不得检出	GB/T 19650
573	啶蜱脲	Fluazuron			不得检出	SN/T 2540
574	氟苯咪唑	Flubendazole			不得检出	GB/T 21324
575	氟噻草胺	Flufenacet			不得检出	GB/T 19650
576	氟节胺	Flumetralin			不得检出	GB/T 19650
577	唑嘧磺草胺	Flumetsulam			不得检出	GB/T 20772
578	氟烯草酸	Flumiclorac			不得检出	GB/T 19650
579	丙炔氟草胺	Flumioxazin			不得检出	GB/T 19650
580	氟胺烟酸	Flunixin			不得检出	GB/T 20750
581	三氟硝草醚	Fluorodifen			不得检出	GB/T 19650

序号	农兽药中文名	农兽药英文名	欧盟标准限量要求 mg/kg	国家标准限量要求 mg/kg	三安超有机食品标准	
					限量要求 mg/kg	检测方法
582	乙羧氟草醚	Fluoroglycofen – ethyl			不得检出	GB/T 19650
583	三氟苯唑	Fluotrimazole			不得检出	GB/T 19650
584	氟啶草酮	Fluridone			不得检出	GB/T 19650
585	氟草烟 – 1 – 甲庚酯	Fluroxypr – 1 – methylheptyl ester			不得检出	GB/T 19650
586	呋草酮	Flurtamone			不得检出	GB/T 19650
587	地虫硫磷	Fonofos			不得检出	GB/T 19650
588	安果	Formothion			不得检出	GB/T 19650
589	呋霜灵	Furalaxyl			不得检出	GB/T 19650
590	庆大霉素	Gentamicin			不得检出	GB/T 21323
591	苄螨醚	Halfenprox			不得检出	GB/T 19650
592	氟哌啶醇	Haloperidol			不得检出	GB/T 20763
593	庚烯磷	Heptanophos			不得检出	GB/T 19650
594	己唑醇	Hexaconazole ·			不得检出	GB/T 19650
595	环嗪酮	Hexazinone			不得检出	GB/T 19650
596	咪草酸	Imazamethabenz – methyl			不得检出	GB/T 19650
597	脱苯甲基亚胺唑	Imibenconazole – *des* – benzyl			不得检出	GB/T 19650
598	炔咪菊酯 – 1	Imiprothrin – 1			不得检出	GB/T 19650
599	炔咪菊酯 – 2	Imiprothrin – 2			不得检出	GB/T 19650
600	碘硫磷	Iodofenphos			不得检出	GB/T 19650
601	甲基碘磺隆	Iodosulfuron – methyl			不得检出	GB/T 20772
602	异稻瘟净	Iprobenfos			不得检出	GB/T 19650
603	氯唑磷	Isazofos			不得检出	GB/T 19650
604	碳氯灵	Isobenzan			不得检出	GB/T 19650
605	丁咪酰胺	Isocarbamid			不得检出	GB/T 19650
606	水胺硫磷	Isocarbophos			不得检出	GB/T 19650
607	异艾氏剂	Isodrin			不得检出	GB/T 19650
608	异柳磷	Isofenphos			不得检出	GB/T 19650
609	氧异柳磷	Isofenphos oxon			不得检出	GB/T 19650
610	氮氨菲啶	Isometamidium			不得检出	SN/T 2239
611	丁嗪草酮	Isomethiozin			不得检出	GB/T 19650
612	异丙威 – 1	Isoprocarb – 1			不得检出	GB/T 19650
613	异丙威 – 2	Isoprocarb – 2			不得检出	GB/T 19650
614	异丙乐灵	Isopropalin			不得检出	GB/T 19650
615	双苯噁唑酸	Isoxadifen – ethyl			不得检出	GB/T 19650
616	异噁氟草	Isoxaflutole			不得检出	GB/T 20772
617	噁唑啉	Isoxathion			不得检出	GB/T 19650
618	依维菌素	Ivermectin			不得检出	GB/T 21320
619	交沙霉素	Josamycin			不得检出	GB/T 20762

序号	农兽药中文名	农兽药英文名	欧盟标准限量要求 mg/kg	国家标准限量要求 mg/kg	三安超有机食品标准	
					限量要求 mg/kg	检测方法
620	溴苯磷	Leptophos			不得检出	GB/T 19650
621	利谷隆	Linuron			不得检出	GB/T 19650
622	麻保沙星	Marbofloxacin			不得检出	GB/T 22985
623	2－甲－4－氯丁氧乙基酯	MCPA－butoxyethyl ester			不得检出	GB/T 19650
624	甲苯咪唑	Mebendazole			不得检出	GB/T 21324
625	灭蚜磷	Mecarbam			不得检出	GB/T 19650
626	二甲四氯丙酸	Mecoprop			不得检出	SN/T 2325
627	苯噻酰草胺	Mefenacet			不得检出	GB/T 19650
628	吡唑解草酯	Mefenpyr－diethyl			不得检出	GB/T 19650
629	醋酸甲地孕酮	Megestrol acetate			不得检出	GB/T 20753
630	醋酸美仑孕酮	Melengestrol acetate			不得检出	GB/T 20753
631	嘧菌胺	Mepanipyrim			不得检出	GB/T 19650
632	地胺磷	Mephosfolan			不得检出	GB/T 19650
633	灭锈胺	Mepronil			不得检出	GB/T 19650
634	硝磺草酮	Mesotrione			不得检出	参照同类标准
635	呋菌胺	Methfuroxam			不得检出	GB/T 19650
636	灭梭威砜	Methiocarb sulfone			不得检出	GB/T 19650
637	盖草津	Methoprotryne			不得检出	GB/T 19650
638	甲醚菊酯－1	Methothrin－1			不得检出	GB/T 19650
639	甲醚菊酯－2	Methothrin－2			不得检出	GB/T 19650
640	甲基泼尼松龙	Methylprednisolone			不得检出	GB/T 21981
641	溴谷隆	Metobromuron			不得检出	GB/T 19650
642	甲氧氯普胺	Metoclopramide			不得检出	SN/T 2227
643	苯氧菌胺－1	Metominsstrobin－1			不得检出	GB/T 19650
644	苯氧菌胺－2	Metominsstrobin－2			不得检出	GB/T 19650
645	甲硝唑	Metronidazole			不得检出	GB/T 21318
646	速灭磷	Mevinphos			不得检出	GB/T 19650
647	兹克威	Mexacarbate			不得检出	GB/T 19650
648	灭蚁灵	Mirex			不得检出	GB/T 19650
649	禾草敌	Molinate			不得检出	GB/T 19650
650	庚酰草胺	Monalide			不得检出	GB/T 19650
651	莫能菌素	Monensin			不得检出	SN 0698
652	莫西丁克	Moxidectin			不得检出	SN/T 2442
653	合成麝香	Musk ambrecte			不得检出	GB/T 19650
654	麝香	Musk moskene			不得检出	GB/T 19650
655	西藏麝香	Musk tibeten			不得检出	GB/T 19650
656	二甲苯麝香	Musk xylene			不得检出	GB/T 19650
657	萘夫西林	Nafcillin			不得检出	GB/T 22975
658	二溴磷	Naled			不得检出	SN/T 0706

序号	农兽药中文名	农兽药英文名	欧盟标准限量要求 mg/kg	国家标准限量要求 mg/kg	三安超有机食品标准	
					限量要求 mg/kg	检测方法
659	萘丙胺	Naproanilide			不得检出	GB/T 19650
660	甲基盐霉素	Narasin			不得检出	GB/T 20364
661	甲磺乐灵	Nitralin			不得检出	GB/T 19650
662	三氯甲基吡啶	Nitrapyrin			不得检出	GB/T 19650
663	酞菌酯	Nitrothal – isopropyl			不得检出	GB/T 19650
664	诺氟沙星	Norfloxacin			不得检出	GB/T 20366
665	氟草敏	Norflurazon			不得检出	GB/T 19650
666	新生霉素	Novobiocin			不得检出	SN 0674
667	氟苯嘧啶醇	Nuarimol			不得检出	GB/T 19650
668	八氯苯乙烯	Octachlorostyrene			不得检出	GB/T 19650
669	氧氟沙星	Ofloxacin			不得检出	GB/T 20366
670	呋酰胺	Ofurace			不得检出	GB/T 20746
671	喹乙醇	Olaquindox			不得检出	GB/T 20746
672	竹桃霉素	Oleandomycin			不得检出	GB/T 20762
673	氧乐果	Omethoate			不得检出	GB/T 19650
674	奥比沙星	Orbifloxacin			不得检出	GB/T 22985
675	杀线威	Oxamyl			不得检出	GB/T 20772
676	奥芬达唑	Oxfendazole			不得检出	GB/T 22972
677	丙氧苯咪唑	Oxibendazole			不得检出	GB/T 19650
678	氧化氯丹	Oxy – chlordane			不得检出	GB/T 19650
679	土霉素	Oxytetracycline			不得检出	GB/T 21317
680	对氧磷	Paraoxon			不得检出	GB/T 19650
681	甲基对氧磷	Paraoxon – methyl			不得检出	GB/T 19650
682	克草敌	Pebulate			不得检出	GB/T 19650
683	五氯苯胺	Pentachloroaniline			不得检出	GB/T 19650
684	五氯甲氧基苯	Pentachloroanisole			不得检出	GB/T 19650
685	五氯苯	Pentachlorobenzene			不得检出	GB/T 19650
686	乙滴涕	Perthane			不得检出	GB/T 19650
687	菲	Phenanthrene			不得检出	GB/T 19650
688	稻丰散	Phenthoate			不得检出	GB/T 19650
689	甲拌磷砜	Phorate sulfone			不得检出	GB/T 19650
690	磷胺 – 1	Phosphamidon – 1			不得检出	GB/T 19650
691	磷胺 – 2	Phosphamidon – 2			不得检出	GB/T 19650
692	酞酸苯甲基丁酯	Phthalic acid, benzylbutyl ester			不得检出	GB/T 19650
693	四氯苯肽	Phthalide			不得检出	GB/T 19650
694	邻苯二甲酰亚胺	Phthalimide			不得检出	GB/T 19650
695	氟吡酰草胺	Picolinafen			不得检出	GB/T 19650
696	增效醚	Piperonyl butoxide			不得检出	GB/T 19650
697	哌草磷	Piperophos			不得检出	GB/T 19650

序号	农兽药中文名	农兽药英文名	欧盟标准限量要求 mg/kg	国家标准限量要求 mg/kg	三安超有机食品标准	
					限量要求 mg/kg	检测方法
698	乙基虫螨清	Pirimiphos - ethyl			不得检出	GB/T 19650
699	吡利霉素	Pirlimycin			不得检出	GB/T 22988
700	炔丙菊酯	Prallethrin			不得检出	GB/T 19650
701	泼尼松龙	Prednisolone			不得检出	GB/T 21981
702	丙草胺	Pretilachlor			不得检出	GB/T 19650
703	环丙氟灵	Profluralin			不得检出	GB/T 19650
704	茉莉酮	Prohydrojasmon			不得检出	GB/T 19650
705	扑灭通	Prometon			不得检出	GB/T 19650
706	扑草净	Prometryne			不得检出	GB/T 19650
707	炔丙烯草胺	Pronamide			不得检出	GB/T 19650
708	敌稗	Propanil			不得检出	GB/T 19650
709	扑灭津	Propazine			不得检出	GB/T 19650
710	胺丙畏	Propetamphos			不得检出	GB/T 19650
711	丙酰二甲氨基丙吩噻嗪	Propionylpromazin			不得检出	GB/T 20763
712	丙硫磷	Prothiophos			不得检出	GB/T 19650
713	哒嗪硫磷	Pyridafenthion			不得检出	GB/T 19650
714	吡唑硫磷	Pyraclofos			不得检出	GB/T 19650
715	吡草醚	Pyraflufen - ethyl			不得检出	GB/T 19650
716	啶斑肟 - 1	Pyrifenox - 1			不得检出	GB/T 19650
717	啶斑肟 - 2	Pyrifenox - 2			不得检出	GB/T 19650
718	环酯草醚	Pyriftalid			不得检出	GB/T 19650
719	嘧螨醚	Pyrimidifen			不得检出	GB/T 19650
720	嘧草醚	Pyriminobac - methyl			不得检出	GB/T 19650
721	嘧啶磷	Pyrimitate			不得检出	GB/T 19650
722	喹硫磷	Quinalphos			不得检出	GB/T 19650
723	灭藻醌	Quinoclamine			不得检出	GB/T 19650
724	苯氧喹啉	Quinoxyphen			不得检出	GB/T 19650
725	吡咪唑	Rabenzazole			不得检出	GB/T 19650
726	莱克多巴胺	Ractopamine			不得检出	GB/T 21313
727	洛硝达唑	Ronidazole			不得检出	GB/T 21318
728	皮蝇磷	Ronnel			不得检出	GB/T 19650
729	盐霉素	Salinomycin			不得检出	GB/T 20364
730	沙拉沙星	Sarafloxacin			不得检出	GB/T 20366
731	另丁津	Sebutylazine			不得检出	GB/T 19650
732	密草通	Secbumeton			不得检出	GB/T 19650
733	氨基脲	Semduramicin			不得检出	GB/T 20752
734	烯禾啶	Sethoxydim			不得检出	GB/T 19650
735	氟硅菊酯	Silafluofen			不得检出	GB/T 19650
736	硅氟唑	Simeconazole			不得检出	GB/T 19650

序号	农兽药中文名	农兽药英文名	欧盟标准限量要求 mg/kg	国家标准限量要求 mg/kg	三安超有机食品标准	
					限量要求 mg/kg	检测方法
737	西玛通	Simetone			不得检出	GB/T 19650
738	西草净	Simetryn			不得检出	GB/T 19650
739	螺旋霉素	Spiramycin			不得检出	GB/T 20762
740	链霉素	Streptomycin			不得检出	GB/T 21323
741	磺胺苯酰	Sulfabenzamide			不得检出	GB/T 21316
742	磺胺醋酰	Sulfacetamide			不得检出	GB/T 21316
743	磺胺氯哒嗪	Sulfachloropyridazine			不得检出	GB/T 21316
744	磺胺嘧啶	Sulfadiazine			不得检出	GB/T 21316
745	磺胺间二甲氧嘧啶	Sulfadimethoxine			不得检出	GB/T 21316
746	磺胺二甲嘧啶	Sulfadimidine			不得检出	GB/T 21316
747	磺胺多辛	Sulfadoxine			不得检出	GB/T 21316
748	磺胺胍	Sulfaguanidine			不得检出	GB/T 21316
749	菜草畏	Sulfallate			不得检出	GB/T 19650
750	磺胺甲嘧啶	Sulfamerazine			不得检出	GB/T 21316
751	新诺明	Sulfamethoxazole			不得检出	GB/T 21316
752	磺胺间甲氧嘧啶	Sulfamonomethoxine			不得检出	GB/T 21316
753	乙酰磺胺对硝基苯	Sulfanitran			不得检出	GB/T 20772
754	磺胺吡啶	Sulfapyridine			不得检出	GB/T 21316
755	磺胺喹沙啉	Sulfaquinoxaline			不得检出	GB/T 21316
756	磺胺噻唑	Sulfathiazole			不得检出	GB/T 21316
757	治螟磷	Sulfotep			不得检出	GB/T 19650
758	硫丙磷	Sulprofos			不得检出	GB/T 19650
759	苯噻硫氰	TCMTB			不得检出	GB/T 19650
760	丁基嘧啶磷	Tebupirimfos			不得检出	GB/T 19650
761	牧草胺	Tebutam			不得检出	GB/T 19650
762	丁噻隆	Tebuthiuron			不得检出	GB/T 20772
763	双硫磷	Temephos			不得检出	GB/T 20772
764	特草灵	Terbucarb			不得检出	GB/T 19650
765	特丁通	Terbumeton			不得检出	GB/T 19650
766	特丁净	Terbutryn			不得检出	GB/T 19650
767	四氢邻苯二甲酰亚胺	Tetrabydrophthalimide			不得检出	GB/T 19650
768	杀虫畏	Tetrachlorvinphos			不得检出	GB/T 19650
769	四环素	Tetracycline			不得检出	GB/T 21317
770	胺菊酯	Tetramethirn			不得检出	GB/T 19650
771	杀螨氯硫	Tetrasul			不得检出	GB/T 19650
772	噻吩草胺	Thenylchlor			不得检出	GB/T 19650
773	噻唑烟酸	Thiazopyr			不得检出	GB/T 19650
774	噻苯隆	Thidiazuron			不得检出	GB/T 20772
775	噻吩磺隆	Thifensulfuron - methyl			不得检出	GB/T 20772

序号	农兽药中文名	农兽药英文名	欧盟标准限量要求 mg/kg	国家标准限量要求 mg/kg	三安超有机食品标准	
					限量要求 mg/kg	检测方法
776	甲基乙拌磷	Thiometon			不得检出	GB/T 20772
777	虫线磷	Thionazin			不得检出	GB/T 19650
778	硫普罗宁	Tiopronin			不得检出	SN/T 2225
779	三甲苯草酮	Tralkoxydim			不得检出	GB/T 19650
780	四溴菊酯	Tralomethrin			不得检出	SN/T 2320
781	反式 – 氯丹	*trans* – Chlordane			不得检出	GB/T 19650
782	反式 – 燕麦敌	*trans* – Diallate			不得检出	GB/T 19650
783	四氟苯菊酯	Transfluthrin			不得检出	GB/T 19650
784	反式九氯	*trans* – Nonachlor			不得检出	GB/T 19650
785	反式 – 氯菊酯	*trans* – Permethrin			不得检出	GB/T 19650
786	群勃龙	Trenbolone			不得检出	GB/T 21981
787	威菌磷	Triamiphos			不得检出	GB/T 19650
788	毒壤磷	Trichloronate			不得检出	GB/T 19650
789	灭草环	Tridiphane			不得检出	GB/T 19650
790	草达津	Trietazine			不得检出	GB/T 19650
791	三异丁基磷酸盐	Tri – *iso* – butyl phosphate			不得检出	GB/T 19650
792	三正丁基磷酸盐	Tri – *n* – butyl phosphate			不得检出	GB/T 19650
793	三苯基磷酸盐	Triphenyl phosphate			不得检出	GB/T 19650
794	烯效唑	Uniconazole			不得检出	GB/T 19650
795	灭草敌	Vernolate			不得检出	GB/T 19650
796	维吉尼霉素	Virginiamycin			不得检出	GB/T 20765
797	杀鼠灵	War farin			不得检出	GB/T 20772
798	甲苯噻嗪	Xylazine			不得检出	GB/T 20763
799	右环十四酮酚	Zeranol			不得检出	GB/T 21982
800	苯酰菌胺	Zoxamide			不得检出	GB/T 19650

10.3 鸭肝脏 Duck Liver

序号	农兽药中文名	农兽药英文名	欧盟标准限量要求 mg/kg	国家标准限量要求 mg/kg	三安超有机食品标准	
					限量要求 mg/kg	检测方法
1	1,1 – 二氯 – 2,2 – 二(4 – 乙苯)乙烷	1,1 – Dichloro – 2,2 – bis(4 – ethylphenyl) ethane	0.01		不得检出	日本肯定列表(增补本 1)
2	1,2 – 二氯乙烷	1,2 – Dichloroethane	0.1		不得检出	SN/T 2238
3	1,3 – 二氯丙烯	1,3 – Dichloropropene	0.01		不得检出	SN/T 2238
4	1 – 萘乙酸	1 – Naphthylacetic acid	0.05		不得检出	SN/T 2228
5	2,4 – 滴	2,4 – D	0.05		不得检出	GB/T 20772
6	2,4 – 滴丁酸	2,4 – DB	0.1		不得检出	GB/T 20769
7	2 – 苯酚	2 – Phenylphenol	0.05		不得检出	GB/T 19650
8	阿维菌素	Abamectin	0.02		不得检出	SN/T 2661

序号	农兽药中文名	农兽药英文名	欧盟标准限量要求 mg/kg	国家标准限量要求 mg/kg	三安超有机食品标准	
					限量要求 mg/kg	检测方法
9	乙酰甲胺磷	Acephate			不得检出	GB/T 20772
10	灭螨醌	Acequinocyl	0.01		不得检出	参照同类标准
11	啶虫脒	Acetamiprid	0.1		不得检出	GB/T 20772
12	乙草胺	Acetochlor	0.01		不得检出	GB/T 19650
13	苯并噻二唑	Acibenzolar - *S* - methyl	0.02		不得检出	GB/T 20772
14	苯草醚	Aclonifen	0.02		不得检出	GB/T 20772
15	氟丙菊酯	Acrinathrin	0.05		不得检出	GB/T 19648
16	甲草胺	Alachlor	0.01		不得检出	GB/T 20772
17	涕灭威	Aldicarb	0.01		不得检出	GB/T 20772
18	艾氏剂和狄氏剂	Aldrin and dieldrin	0.2		不得检出	GB/T 19650
19	—	Ametoctradin	0.03		不得检出	参照同类标准
20	酰嘧磺隆	Amidosulfuron	0.02		不得检出	参照同类标准
21	氯氨吡啶酸	Aminopyralid	0.02		不得检出	GB/T 23211
22	—	Amisulbrom	0.01		不得检出	参照同类标准
23	双甲脒	Amitraz	0.05		不得检出	GB/T 19650
24	阿莫西林	Amoxicillin	50μg/kg		不得检出	NY/T 830
25	氨苄青霉素	Ampicillin	50μg/kg		不得检出	GB/T 21315
26	敌菌灵	Anilazine	0.01		不得检出	GB/T 20769
27	杀螨特	Aramite	0.01		不得检出	GB/T 19650
28	磺草灵	Asulam	0.1		不得检出	日本肯定列表(增补本 1)
29	阿维拉霉素	Avilamycin	300μg/kg		不得检出	GB/T21315
30	印楝素	Azadirachtin	0.01		不得检出	SN/T 3264
31	益棉磷	Azinphos - ethyl	0.01		不得检出	GB/T 19650
32	保棉磷	Azinphos - methyl	0.01		不得检出	GB/T 20772
33	三唑锡和三环锡	Azocyclotin and cyhexatin	0.05		不得检出	SN/T 1990
34	嘧菌酯	Azoxystrobin	0.05		不得检出	GB/T 20772
35	燕麦灵	Barban	0.05		不得检出	参照同类标准
36	氟丁酰草胺	Beflubutamid	0.05		不得检出	参照同类标准
37	苯霜灵	Benalaxyl	0.05		不得检出	GB/T 20772
38	丙硫克百威	Benfuracarb	0.02		不得检出	GB/T 20772
39	联苯肼酯	Bifenazate	0.01		不得检出	GB/T 20772
40	甲羧除草醚	Bifenox	0.05		不得检出	GB/T 23210
41	联苯菊酯	Bifenthrin	0.05		不得检出	GB/T 19650
42	乐杀螨	Binapacryl	0.01		不得检出	SN 0523
43	联苯	Biphenyl	0.01		不得检出	GB/T 19650
44	联苯三唑醇	Bitertanol	0.05		不得检出	GB/T 20772
45	—	Bixafen	0.02		不得检出	参照同类标准
46	啶酰菌胺	Boscalid	0.1		不得检出	GB/T 20772

序号	农兽药中文名	农兽药英文名	欧盟标准限量要求 mg/kg	国家标准限量要求 mg/kg	三安超有机食品标准	
					限量要求 mg/kg	检测方法
47	溴离子	Bromide ion	0.05		不得检出	GB/T5009.167
48	溴螨酯	Bromopropylate	0.01		不得检出	GB/T 19650
49	溴苯腈	Bromoxynil	0.05		不得检出	GB/T 20772
50	糠菌唑	Bromuconazole	0.05		不得检出	GB/T 19650
51	乙嘧酚磺酸酯	Bupirimate	0.05		不得检出	GB/T 19650
52	噻嗪酮	Buprofezin	0.05		不得检出	GB/T 20772
53	仲丁灵	Butralin	0.02		不得检出	GB/T 19650
54	丁草敌	Butylate	0.01		不得检出	GB/T 19650
55	硫线磷	Cadusafos	0.01		不得检出	GB/T 19650
56	敌菌丹	Captafol	0.01		不得检出	GB/T 23210
57	克菌丹	Captan	0.02		不得检出	GB/T 19648
58	甲萘威	Carbaryl	0.05		不得检出	GB/T 20796
59	多菌灵和苯菌灵	Carbendazim and benomyl	0.05		不得检出	GB/T 20772
60	长杀草	Carbetamide	0.05		不得检出	GB/T 20772
61	克百威	Carbofuran	0.01		不得检出	GB/T 20772
62	丁硫克百威	Carbosulfan	0.05		不得检出	GB/T 19650
63	萎锈灵	Carboxin	0.05		不得检出	GB/T 20772
64	氯虫苯甲酰胺	Chlorantraniliprole	0.01		不得检出	参照同类标准
65	杀螨醚	Chlorbenside	0.05		不得检出	GB/T 19650
66	氯炔灵	Chlorbufam	0.05		不得检出	GB/T 20772
67	氯丹	Chlordane	0.05		不得检出	GB/T 5009.19
68	十氯酮	Chlordecone	0.2		不得检出	参照同类标准
69	杀螨酯	Chlorfenson	0.05		不得检出	GB/T 19650
70	毒虫畏	Chlorfenvinphos	0.01		不得检出	GB/T 19650
71	氯草敏	Chloridazon	0.05		不得检出	GB/T 20772
72	矮壮素	Chlormequat	0.05		不得检出	GB/T 23211
73	乙酯杀螨醇	Chlorobenzilate	0.1		不得检出	GB/T 23210
74	百菌清	Chlorothalonil	0.07		不得检出	SN/T 2320
75	绿麦隆	Chlortoluron	0.05		不得检出	GB/T 20772
76	枯草隆	Chloroxuron	0.05		不得检出	SN/T 2150
77	氯苯胺灵	Chlorpropham	0.05		不得检出	GB/T 19650
78	甲基毒死蜱	Chlorpyrifos – methyl	0.05		不得检出	GB/T 19650
79	氯磺隆	Chlorsulfuron	0.01		不得检出	GB/T 20772
80	金霉素	Chlortetracycline	300μg/kg		不得检出	GB/T 21317
81	氯酞酸甲酯	Chlorthaldimethyl	0.01		不得检出	GB/T 19650
82	氯硫酰草胺	Chlorthiamid	0.02		不得检出	GB/T 20772
83	烯草酮	Clethodim	0.2		不得检出	GB/T 19650
84	炔草酯	Clodinafop – propargyl	0.02		不得检出	GB/T 19650
85	四螨嗪	Clofentezine	0.05		不得检出	GB/T 20772

序号	农兽药中文名	农兽药英文名	欧盟标准限量要求 mg/kg	国家标准限量要求 mg/kg	三安超有机食品标准	
					限量要求 mg/kg	检测方法
86	二氯吡啶酸	Clopyralid	0.05		不得检出	SN/T 2228
87	噻虫胺	Clothianidin	0.1		不得检出	GB/T 20772
88	邻氯青霉素	Cloxacillin	300μg/kg		不得检出	GB/T 18932.25
89	黏菌素	Colistin	150μg/kg		不得检出	参照同类标准
90	铜化合物	Copper compounds	30		不得检出	参照同类标准
91	环烷基酰苯胺	Cyclanilide	0.01		不得检出	参照同类标准
92	噻草酮	Cycloxydim	0.05		不得检出	GB/T 19650
93	环氟菌胺	Cyflufenamid	0.03		不得检出	GB/T 23210
94	氟氯氰菊酯和高效氟氯氰菊酯	Cyfluthrin and beta - cyfluthrin	0.05		不得检出	GB/T 19650
95	霜脲氰	Cymoxanil	0.05		不得检出	GB/T 20772
96	氯氰菊酯和高效氯氰菊酯	Cypermethrin and beta - cypermethrin	0.05		不得检出	GB/T 19650
97	环丙唑醇	Cyproconazole	0.05		不得检出	GB/T 20772
98	嘧菌环胺	Cyprodinil	0.05		不得检出	GB/T 19650
99	灭蝇胺	Cyromazine	0.05		不得检出	GB/T 20772
100	丁酰肼	Daminozide	0.05		不得检出	SN/T 1989
101	滴滴涕	DDT	1		不得检出	SN/T 0127
102	溴氰菊酯	Deltamethrin	0.1		不得检出	GB/T 19650
103	燕麦敌	Diallate	0.2		不得检出	GB/T 23211
104	二嗪磷	Diazinon	0.01		不得检出	GB/T 19650
105	麦草畏	Dicamba	0.07		不得检出	GB/T 20772
106	敌草腈	Dichlobenil	0.01		不得检出	GB/T 19650
107	滴丙酸	Dichlorprop	0.05		不得检出	SN/T 2228
108	地克珠利(杀球灵)	Diclazuril	1500μg/kg		不得检出	SN/T 2318
109	二氯苯氧基丙酸	Diclofop	0.01		不得检出	参照同类标准
110	氯硝胺	Dicloran	0.01		不得检出	GB/T 19650
111	双氯青霉素	Dicloxacillin	300μg/kg		不得检出	GB/T 18932.25
112	三氯杀螨醇	Dicofol	0.05		不得检出	GB/T 19650
113	乙霉威	Diethofencarb	0.05		不得检出	GB/T 19650
114	苯醚甲环唑	Difenoconazole	0.1		不得检出	GB/T 19650
115	双氟沙星	Difloxacin	1900μg/kg		不得检出	GB/T 20366
116	除虫脲	Diflubenzuron	0.05		不得检出	SN/T 0528
117	吡氟酰草胺	Diflufenican	0.05		不得检出	GB/T 20772
118	油菜安	Dimethachlor	0.02		不得检出	GB/T 20772
119	烯酰吗啉	Dimethomorph	0.05		不得检出	GB/T 20772
120	醚菌胺	Dimoxystrobin	0.05		不得检出	SN/T 2237
121	烯唑醇	Diniconazole	0.01		不得检出	GB/T 19650
122	敌螨普	Dinocap	0.05		不得检出	日本肯定列表(增补本1)

序号	农兽药中文名	农兽药英文名	欧盟标准限量要求 mg/kg	国家标准限量要求 mg/kg	三安超有机食品标准	
					限量要求 mg/kg	检测方法
123	地乐酚	Dinoseb	0.01		不得检出	GB/T 20772
124	特乐酚	Dinoterb	0.05		不得检出	GB/T 20772
125	敌噁磷	Dioxathion	0.05		不得检出	GB/T 19650
126	敌草快	Diquat	0.05		不得检出	GB/T 5009.221
127	乙拌磷	Disulfoton	0.01		不得检出	GB/T 20772
128	二氰蒽醌	Dithianon	0.01		不得检出	GB/T 20769
129	二硫代氨基甲酸酯	Dithiocarbamates	0.05		不得检出	SN 0139
130	敌草隆	Diuron	0.05		不得检出	SN/T 0645
131	二硝甲酚	DNOC	0.05		不得检出	GB/T 20772
132	多果定	Dodine	0.2		不得检出	SN 0500
133	强力霉素	Doxycycline	300μg/kg		不得检出	GB/T 20764
134	甲氨基阿维菌素苯甲酸盐	Emamectin benzoate	0.01		不得检出	GB/T 20769
135	硫丹	Endosulfan	0.05	0.03	不得检出	GB/T 19650
136	异狄氏剂	Endrin	0.05		不得检出	GB/T 19650
137	恩诺沙星	Enrofloxacin	200μg/kg		不得检出	GB/T 20366
138	氟环唑	Epoxiconazole	0.01		不得检出	GB/T 20772
139	茵草敌	EPTC	0.02		不得检出	GB/T 20772
140	红霉素	Erythromycin	200μg/kg		不得检出	GB/T 20762
141	乙丁烯氟灵	Ethalfluralin	0.01		不得检出	GB/T 19650
142	胺苯磺隆	Ethametsulfuron	0.01		不得检出	NY/T 1616
143	乙烯利	Ethephon	0.05		不得检出	SN 0705
144	乙硫磷	Ethion	0.01		不得检出	GB/T 19650
145	乙嘧酚	Ethirimol	0.05		不得检出	GB/T 20772
146	乙氧呋草黄	Ethofumesate	0.1		不得检出	GB/T 20772
147	灭线磷	Ethoprophos	0.01		不得检出	GB/T 19650
148	乙氧喹啉	Ethoxyquin	0.05		不得检出	GB/T 20772
149	环氧乙烷	Ethylene oxide	0.02		不得检出	GB/T 23296.11
150	醚菊酯	Etofenprox	0.01		不得检出	GB/T 19650
151	乙螨唑	Etoxazole	0.01		不得检出	GB/T 19650
152	氯唑灵	Etridiazole	0.05		不得检出	GB/T 20772
153	噁唑菌酮	Famoxadone	0.05		不得检出	GB/T 20772
154	咪唑菌酮	Fenamidone	0.01		不得检出	GB/T 19650
155	苯线磷	Fenamiphos	0.02		不得检出	GB/T 19650
156	氯苯嘧啶醇	Fenarimol	0.02		不得检出	GB/T 20772
157	喹螨醚	Fenazaquin	0.01		不得检出	GB/T 19650
158	腈苯唑	Fenbuconazole	0.05		不得检出	GB/T 20772
159	苯丁锡	Fenbutatin oxide	0.05		不得检出	SN/T 3149
160	环酰菌胺	Fenhexamid	0.05		不得检出	GB/T 20772
161	杀螟硫磷	Fenitrothion	0.01		不得检出	GB/T 20772

序号	农兽药中文名	农兽药英文名	欧盟标准限量要求 mg/kg	国家标准限量要求 mg/kg	三安超有机食品标准	
					限量要求 mg/kg	检测方法
162	精噁唑禾草灵	Fenoxaprop - *P* - ethyl	0.05		不得检出	GB 22617
163	双氧威	Fenoxycarb	0.05		不得检出	GB/T 19650
164	苯锈啶	Fenpropidin	0.02		不得检出	GB/T 19650
165	丁苯吗啉	Fenpropimorph	0.01		不得检出	GB/T 20772
166	胺苯吡菌酮	Fenpyrazamine	0.01		不得检出	参照同类标准
167	唑螨酯	Fenpyroximate	0.01		不得检出	GB/T 19650
168	倍硫磷	Fenthion	0.05		不得检出	GB/T 20772
169	三苯锡	Fentin	0.05		不得检出	SN/T 3149
170	薯瘟锡	Fentin acetate	0.05		不得检出	参照同类标准
171	氰戊菊酯和高效氰戊菊酯(RR & SS 异构体总量)	Fenvalerate and esfenvalerate (sum of RR & SS isomers)	0.2		不得检出	GB/T 19650
172	氰戊菊酯和高效氰戊菊酯(RS & SR 异构体总量)	Fenvalerate and esfenvalerate (sum of RS & SR isomers)	0.05		不得检出	GB/T 19650
173	氟虫腈	Fipronil	0.02		不得检出	SN/T 1982
174	氟啶虫酰胺	Flonicamid	0.03		不得检出	SN/T 2796
175	氟苯尼考	Florfenicol	2500μg/kg		不得检出	GB/T 20756
176	精吡氟禾草灵	Fluazifop - *P* - butyl	0.05		不得检出	GB/T 5009.142
177	氟啶胺	Fluazinam	0.05		不得检出	SN/T 2150
178	氟苯虫酰胺	Flubendiamide	0.01		不得检出	SN/T 2581
179	氟环脲	Flucycloxuron	0.05		不得检出	参照同类标准
180	氟氰戊菊酯	Flucythrinate	0.05		不得检出	GB/T 23210
181	咯菌腈	Fludioxonil	0.05		不得检出	GB/T 20772
182	氟虫脲	Flufenoxuron	0.05		不得检出	SN/T 2150
183	—	Flufenzin	0.02		不得检出	参照同类标准
184	氟甲喹	Flumequin	800μg/kg		不得检出	SN/T 1921
185	氟吡菌胺	Fluopicolide	0.01		不得检出	参照同类标准
186	—	Fluopyram	0.2		不得检出	参照同类标准
187	氟离子	Fluoride ion	1		不得检出	GB/T 5009.167
188	氟腈嘧菌酯	Fluoxastrobin	0.05		不得检出	SN/T 2237
189	氟喹唑	Fluquinconazole	0.02		不得检出	GB/T 19650
190	氟咯草酮	Fluorochloridone	0.05		不得检出	GB/T 20772
191	氟草烟	Fluroxypyr	0.05		不得检出	GB/T 20772
192	氟硅唑	Flusilazole	0.1		不得检出	GB/T 20772
193	氟酰胺	Flutolanil	0.05		不得检出	GB/T 20772
194	粉唑醇	Flutriafol	0.01		不得检出	GB/T 20772
195	—	Fluxapyroxad	0.01		不得检出	参照同类标准
196	氟磺胺草醚	Fomesafen	0.01		不得检出	GB/T 5009.130
197	氯吡脲	Forchlorfenuron	0.05		不得检出	SN/T 3643
198	伐虫脒	Formetanate	0.01		不得检出	NY/T 1453

序号	农兽药中文名	农兽药英文名	欧盟标准限量要求 mg/kg	国家标准限量要求 mg/kg	三安超有机食品标准	
					限量要求 mg/kg	检测方法
199	三乙膦酸铝	Fosetyl－aluminium	0.5		不得检出	参照同类标准
200	麦穗宁	Fuberidazole	0.05		不得检出	GB/T 19650
201	呋线威	Furathiocarb	0.01		不得检出	GB/T 20772
202	糠醛	Furfural	1		不得检出	参照同类标准
203	勃激素	Gibberellic acid	0.1		不得检出	GB/T 23211
204	草胺膦	Glufosinate－ammonium	0.2		不得检出	日本肯定列表
205	草甘膦	Glyphosate	0.05		不得检出	SN/T 1923
206	双胍盐	Guazatine	0.1		不得检出	参照同类标准
207	氟吡禾灵	Haloxyfop	0.1		不得检出	SN/T 2228
208	七氯	Heptachlor	0.2		不得检出	SN 0663
209	六氯苯	Hexachlorobenzene	0.2		不得检出	SN/T 0127
210	六六六(HCH)，α－异构体	Hexachlorociclohexane（HCH），alpha－isomer	0.2		不得检出	SN/T 0127
211	六六六(HCH)，β－异构体	Hexachlorociclohexane（HCH），beta－isomer	0.1		不得检出	SN/T 0127
212	噻螨酮	Hexythiazox	0.05		不得检出	GB/T 20772
213	噁霉灵	Hymexazol	0.05		不得检出	GB/T 20772
214	抑霉唑	Imazalil	0.05		不得检出	GB/T 20772
215	甲咪唑烟酸	Imazapic	0.01		不得检出	GB/T 20772
216	咪唑喹啉酸	Imazaquin	0.05		不得检出	GB/T 20772
217	吡虫啉	Imidacloprid	0.05		不得检出	GB/T 20772
218	茚虫威	Indoxacarb	0.01		不得检出	GB/T 20772
219	碘苯腈	Ioxynil	0.05		不得检出	GB/T 19650
220	异菌脲	Iprodione	0.05		不得检出	GB/T 19650
221	稻瘟灵	Isoprothiolane	0.01		不得检出	GB/T 20772
222	异丙隆	Isoproturon	0.05		不得检出	GB/T 20772
223	—	Isopyrazam	0.01		不得检出	参照同类标准
224	异噁酰草胺	Isoxaben	0.01		不得检出	GB/T 20772
225	卡那霉素	Kanamycin	600μg/kg		不得检出	GB/T 21323
226	醚菌酯	Kresoxim－methyl	0.02		不得检出	GB/T 20772
227	乳氟禾草灵	Lactofen	0.01		不得检出	GB/T 19650
228	高效氯氟氰菊酯	Lambda－cyhalothrin	0.02		不得检出	GB/T 23210
229	拉沙里菌素	Lasalocid	100μg/kg		不得检出	SN 0501
230	环草定	Lenacil	0.1		不得检出	GB/T 19650
231	林可霉素	Lincomycin	500μg/kg		不得检出	GB/T 20762
232	林丹	Lindane	0.02	0.01	不得检出	NY/T 761
233	虱螨脲	Lufenuron	0.02		不得检出	SN/T 2540
234	马拉硫磷	Malathion	0.02		不得检出	GB/T 19650
235	抑芽丹	Maleic hydrazide	0.02		不得检出	GB/T 23211

序号	农兽药中文名	农兽药英文名	欧盟标准限量要求 mg/kg	国家标准限量要求 mg/kg	三安超有机食品标准	
					限量要求 mg/kg	检测方法
236	双炔酰菌胺	Mandipropamid	0.02		不得检出	参照同类标准
237	二甲四氯和二甲四氯丁酸	MCPA and MCPB	0.1		不得检出	SN/T 2228
238	壮棉素	Mepiquat	0.05		不得检出	GB/T 23211
239	—	Meptyldinocap	0.05		不得检出	参照同类标准
240	汞化合物	Mercury compounds	0.01		不得检出	参照同类标准
241	氰氟虫腙	Metaflumizone	0.02		不得检出	SN/T 3852
242	甲霜灵和精甲霜灵	Metalaxyl and metalaxyl – M	0.05		不得检出	GB/T 20772
243	四聚乙醛	Metaldehyde	0.05		不得检出	SN/T 1787
244	苯嗪草酮	Metamitron	0.05		不得检出	GB/T 19650
245	吡唑草胺	Metazachlor	0.05		不得检出	GB/T 19650
246	叶菌唑	Metconazole	0.01		不得检出	GB/T 20772
247	甲基苯噻隆	Methabenzthiazuron	0.05		不得检出	GB/T 19650
248	虫螨畏	Methacrifos	0.01		不得检出	GB/T 20772
249	甲胺磷	Methamidophos	0.01		不得检出	GB/T 20772
250	杀扑磷	Methidathion	0.02		不得检出	GB/T 20772
251	甲硫威	Methiocarb	0.05		不得检出	GB/T 20770
252	灭多威和硫双威	Methomyl and thiodicarb	0.02		不得检出	GB/T 20772
253	烯虫酯	Methoprene	0.05		不得检出	GB/T 19650
254	甲氧滴滴涕	Methoxychlor	0.01		不得检出	SN/T 0529
255	甲氧虫酰肼	Methoxyfenozide	0.01		不得检出	GB/T 20772
256	磺草唑胺	Metosulam	0.01		不得检出	GB/T 20772
257	苯菌酮	Metrafenone	0.05		不得检出	参照同类标准
258	嗪草酮	Metribuzin	0.1		不得检出	GB/T 19650
259	绿谷隆	Monolinuron	0.05		不得检出	GB/T 20772
260	灭草隆	Monuron	0.01		不得检出	GB/T 20772
261	腈菌唑	Myclobutanil	0.01		不得检出	GB/T 20772
262	1 – 萘乙酰胺	1 – Naphthylacetamide	0.05		不得检出	GB/T 23205
263	敌草胺	Napropamide	0.01		不得检出	GB/T 19650
264	新霉素	Neomycin	500μg/kg		不得检出	SN 0646
265	烟嘧磺隆	Nicosulfuron	0.05		不得检出	SN/T 2325
266	除草醚	Nitrofen	0.01		不得检出	GB/T 19650
267	氟酰脲	Novaluron	0.1		不得检出	GB/T 23211
268	嘧苯胺磺隆	Orthosulfamuron	0.01		不得检出	GB/T 23817
269	苯唑青霉素	Oxacillin	300μg/kg		不得检出	GB/T 18932.25
270	噁草酮	Oxadiazon	0.05		不得检出	GB/T 19650
271	噁霜灵	Oxadixyl	0.01		不得检出	GB/T 19650
272	环氧嘧磺隆	Oxasulfuron	0.05		不得检出	GB/T 23817
273	喹菌酮	Oxolinic acid	150μg/kg		不得检出	日本肯定列表
274	氧化萎锈灵	Oxycarboxin	0.05		不得检出	GB/T 19650

序号	农兽药中文名	农兽药英文名	欧盟标准限量要求 mg/kg	国家标准限量要求 mg/kg	三安超有机食品标准	
					限量要求 mg/kg	检测方法
275	亚砜磷	Oxydemeton – methyl	0.01		不得检出	参照同类标准
276	乙氧氟草醚	Oxyfluorfen	0.05		不得检出	GB/T 20772
277	土霉素	Oxytetracycline	300μg/kg		不得检出	GB/T 21317
278	多效唑	Paclobutrazol	0.02		不得检出	GB/T 19650
279	对硫磷	Parathion	0.05		不得检出	GB/T 19650
280	甲基对硫磷	Parathion – methyl	0.01		不得检出	GB/T 5009.161
281	巴龙霉素	Paromomycin	1500μg/kg		不得检出	SN/T 2315
282	戊菌唑	Penconazole	0.05		不得检出	GB/T 20772
283	戊菌隆	Pencycuron	0.05		不得检出	GB/T 19650
284	二甲戊灵	Pendimethalin	0.05		不得检出	GB/T 19650
285	氯菊酯	Permethrin	0.05		不得检出	GB/T 19650
286	甜菜宁	Phenmedipham	0.05		不得检出	GB/T 23205
287	苯醚菊酯	Phenothrin	0.05		不得检出	GB/T 20772
288	苯氧甲基青霉素	Phenoxymethylpenicillin	25μg/kg		不得检出	GB/T21315
289	甲拌磷	Phorate	0.01		不得检出	GB/T 20772
290	伏杀硫磷	Phosalone	0.01		不得检出	GB/T 20772
291	亚胺硫磷	Phosmet	0.1		不得检出	GB/T 20772
292	—	Phosphines and phosphides	0.01		不得检出	参照同类标准
293	辛硫磷	Phoxim	0.05		不得检出	GB/T 20772
294	氨氯吡啶酸	Picloram	0.01		不得检出	GB/T 23211
295	啶氧菌酯	Picoxystrobin	0.05		不得检出	GB/T 19650
296	抗蚜威	Pirimicarb	0.05		不得检出	GB/T 20772
297	甲基嘧啶磷	Pirimiphos – methyl	0.05		不得检出	GB/T 20772
298	咪鲜胺	Prochloraz	0.1		不得检出	GB/T 19650
299	腐霉利	Procymidone	0.01		不得检出	GB/T 20772
300	丙溴磷	Profenofos	0.05		不得检出	GB/T 20772
301	调环酸	Prohexadione	0.05		不得检出	日本肯定列表
302	毒草安	Propachlor	0.02		不得检出	GB/T 20772
303	扑派威	Propamocarb	0.1		不得检出	GB/T 20772
304	恶草酸	Propaquizafop	0.05		不得检出	GB/T 20772
305	炔螨特	Propargite	0.1		不得检出	GB/T 19650
306	苯胺灵	Propham	0.05		不得检出	GB/T 19650
307	丙环唑	Propiconazole	0.01		不得检出	GB/T 19650
308	异丙草胺	Propisochlor	0.01		不得检出	GB/T 19650
309	残杀威	Propoxur	0.05		不得检出	GB/T 20772
310	炔苯酰草胺	Propyzamide	0.05		不得检出	GB/T 19650
311	苄草丹	Prosulfocarb	0.05		不得检出	GB/T 19650
312	丙硫菌唑	Prothioconazole	0.05		不得检出	参照同类标准
313	吡蚜酮	Pymetrozine	0.01		不得检出	GB/T 20772

序号	农兽药中文名	农兽药英文名	欧盟标准限量要求 mg/kg	国家标准限量要求 mg/kg	三安超有机食品标准	
					限量要求 mg/kg	检测方法
314	吡唑醚菌酯	Pyraclostrobin	0.05		不得检出	GB/T 20772
315	—	Pyrasulfotole	0.01		不得检出	参照同类标准
316	吡菌磷	Pyrazophos	0.02		不得检出	GB/T 20772
317	除虫菊素	Pyrethrins	0.05		不得检出	GB/T 20772
318	哒螨灵	Pyridaben	0.02		不得检出	GB/T 19650
319	啶虫丙醚	Pyridalyl	0.01		不得检出	日本肯定列表
320	哒草特	Pyridate	0.05		不得检出	日本肯定列表
321	嘧霉胺	Pyrimethanil	0.05		不得检出	GB/T 19650
322	吡丙醚	Pyriproxyfen	0.05		不得检出	GB/T 19650
323	甲氧磺草胺	Pyroxsulam	0.01		不得检出	SN/T 2325
324	氯甲喹啉酸	Quinmerac	0.05		不得检出	参照同类标准
325	喹氧灵	Quinoxyfen	0.2		不得检出	SN/T 2319
326	五氯硝基苯	Quintozene	0.01	0.1	不得检出	GB/T 19650
327	精喹禾灵	Quizalofop - *P* - ethyl	0.05		不得检出	SN/T 2150
328	灭虫菊	Resmethrin	0.1		不得检出	GB/T 20772
329	鱼藤酮	Rotenone	0.01		不得检出	GB/T 20772
330	西玛津	Simazine	0.01		不得检出	SN 0594
331	壮观霉素	Spectinomycin	1000μg/kg		不得检出	GB/T 21323
332	乙基多杀菌素	Spinetoram	0.01		不得检出	参照同类标准
333	多杀霉素	Spinosad	0.2		不得检出	GB/T 20772
334	螺螨酯	Spirodiclofen	0.01		不得检出	GB/T 20772
335	螺甲螨酯	Spiromesifen	0.01		不得检出	GB/T 23210
336	螺虫乙酯	Spirotetramat	0.01		不得检出	参照同类标准
337	萁孢菌素	Spiroxamine	0.2		不得检出	GB/T 20772
338	磺草酮	Sulcotrione	0.05		不得检出	参照同类标准
339	磺胺类(所有属于磺胺类的物质)	Sulfonamides (all substances belonging to the sulfonamide-group)	100μg/kg		不得检出	GB 29694
340	乙黄隆	Sulfosulfuron	0.05		不得检出	SN/T 2325
341	硫磺粉	Sulfur	0.5		不得检出	参照同类标准
342	氟胺氰菊酯	Tau - fluvalinate	0.01		不得检出	SN 0691
343	戊唑醇	Tebuconazole	0.1		不得检出	GB/T 20772
344	虫酰肼	Tebufenozide	0.05		不得检出	GB/T 20772
345	吡螨胺	Tebufenpyrad	0.05		不得检出	GB/T 19650
346	四氯硝基苯	Tecnazene	0.05		不得检出	GB/T 19650
347	氟苯脲	Teflubenzuron	0.05		不得检出	SN/T 2150
348	七氟菊酯	Tefluthrin	0.05		不得检出	GB/T 23210
349	得杀草	Tepraloxydim	1		不得检出	GB/T 20772
350	特丁硫磷	Terbufos	0.01		不得检出	GB/T 20772

序号	农兽药中文名	农兽药英文名	欧盟标准限量要求 mg/kg	国家标准限量要求 mg/kg	三安超有机食品标准	
					限量要求 mg/kg	检测方法
351	特丁津	Terbuthylazine	0.05		不得检出	GB/T 19650
352	四氟醚唑	Tetraconazole	1		不得检出	GB/T 20772
353	四环素	Tetracycline	300μg/kg		不得检出	GB/T 21317
354	三氯杀螨砜	Tetradifon	0.05		不得检出	GB/T 19650
355	噻菌灵	Thiabendazole	0.1		不得检出	GB/T 20772
356	噻虫啉	Thiacloprid	0.3		不得检出	GB/T 20772
357	噻虫嗪	Thiamethoxam	0.01		不得检出	GB/T 20772
358	甲砜霉素	Thiamphenicol	50μg/kg		不得检出	GB/T 20756
359	禾草丹	Thiobencarb	0.01		不得检出	GB/T 20772
360	甲基硫菌灵	Thiophanate - methyl	0.05		不得检出	SN/T 0162
361	替米考星	Tilmicosin	1000μg/kg		不得检出	GB/T 20762
362	甲基立枯磷	Tolclofos - methyl	0.05		不得检出	GB/T 19650
363	甲苯三嗪酮	Toltrazuril	600μg/kg		不得检出	参照同类标准
364	甲苯氟磺胺	Tolylfluanid	0.1		不得检出	GB/T 19650
365	—	Topramezone	0.05		不得检出	参照同类标准
366	三唑酮和三唑醇	Triadimefon and triadimenol	0.1		不得检出	GB/T 20772
367	野麦畏	Triallate	0.05		不得检出	GB/T 20772
368	醚苯磺隆	Triasulfuron	0.05		不得检出	GB/T 20772
369	三唑磷	Triazophos	0.01		不得检出	GB/T 20772
370	敌百虫	Trichlorphon	0.01		不得检出	GB/T 20772
371	绿草定	Triclopyr	0.05		不得检出	SN/T 2228
372	三环唑	Tricyclazole	0.05		不得检出	GB/T 20769
373	十三吗啉	Tridemorph	0.01		不得检出	GB/T 20772
374	肟菌酯	Trifloxystrobin	0.04		不得检出	GB/T 19650
375	氟菌唑	Triflumizole	0.05		不得检出	GB/T 20769
376	杀铃脲	Triflumuron	0.01		不得检出	GB/T 20772
377	氟乐灵	Trifluralin	0.01		不得检出	GB/T 20772
378	嗪氨灵	Triforine	0.01		不得检出	SN 0695
379	甲氧苄氨嘧啶	Trimethoprim	50μg/kg		不得检出	SN/T 1769
380	三甲基锍阳离子	Trimethyl - sulfonium cation	0.05		不得检出	参照同类标准
381	抗倒酯	Trinexapac	0.05		不得检出	GB/T 20769
382	灭菌唑	Triticonazole	0.01		不得检出	GB/T 20772
383	三氟甲磺隆	Tritosulfuron	0.01		不得检出	参照同类标准
384	泰乐霉素	Tylosin	100μg/kg		不得检出	GB/T 20762
385	乙酰异戊酰素乐菌素	Tylvalosin	50μg/kg		不得检出	参照同类标准
386	—	Valifenalate	0.01		不得检出	参照同类标准
387	乙烯菌核利	Vinclozolin	0.05		不得检出	GB/T 20772
388	2,3,4,5 - 四氯苯胺	2,3,4,5 - Tetrachloraniline			不得检出	GB/T 19650
389	2,3,4,5 - 四氯甲氧基苯	2,3,4,5 - Tetrachloroanisole			不得检出	GB/T 19650

序号	农兽药中文名	农兽药英文名	欧盟标准限量要求 mg/kg	国家标准限量要求 mg/kg	三安超有机食品标准	
					限量要求 mg/kg	检测方法
390	2,3,5,6-四氯苯胺	2,3,5,6-Tetrachloroaniline			不得检出	GB/T 19650
391	2,4,5-涕	2,4,5-T			不得检出	GB/T 20772
392	o,p'-滴滴滴	2,4′-DDD			不得检出	GB/T 19650
393	o,p'-滴滴伊	2,4′-DDE			不得检出	GB/T 19650
394	o,p'-滴滴涕	2,4′-DDT			不得检出	GB/T 19650
395	2,6-二氯苯甲酰胺	2,6-Dichlorobenzamide			不得检出	GB/T 19650
396	3,5-二氯苯胺	3,5-Dichloroaniline			不得检出	GB/T 19650
397	p,p'-滴滴滴	4,4′-DDD			不得检出	GB/T 19650
398	p,p'-滴滴伊	4,4′-DDE			不得检出	GB/T 19650
399	p,p'-滴滴涕	4,4′-DDT			不得检出	GB/T 19650
400	4,4′-二溴二苯甲酮	4,4′-Dibromobenzophenone			不得检出	GB/T 19650
401	4,4′-二氯二苯甲酮	4,4′-Dichlorobenzophenone			不得检出	GB/T 19650
402	二氢苊	Acenaphthene			不得检出	GB/T 19650
403	乙酰丙嗪	Acepromazine			不得检出	GB/T 20763
404	三氟羧草醚	Acifluorfen			不得检出	GB/T 20772
405	1-氨基-2-乙内酰脲	AHD			不得检出	GB/T 21311
406	涕灭砜威	Aldoxycarb			不得检出	GB/T 20772
407	烯丙菊酯	Allethrin			不得检出	GB/T 20772
408	二丙烯草胺	Allidochlor			不得检出	GB/T 19650
409	烯丙孕素	Altrenogest			不得检出	SN/T 1980
410	莠灭净	Ametryn			不得检出	GB/T 20772
411	杀草强	Amitrole			不得检出	SN/T 1737.6
412	5-吗啉甲基-3-氨基-2-噁唑烷基酮	AMOZ			不得检出	GB/T 21311
413	氨丙嘧吡啶	Amprolium			不得检出	SN/T 0276
414	莎稗磷	Anilofos			不得检出	GB/T 19650
415	蒽醌	Anthraquinone			不得检出	GB/T 19650
416	3-氨基-2-噁唑酮	AOZ			不得检出	GB/T 21311
417	安普霉素	Apramycin			不得检出	GB/T 21323
418	丙硫特普	Aspon			不得检出	GB/T 19650
419	羟氨卡青霉素	Aspoxicillin			不得检出	GB/T 21315
420	乙基杀扑磷	Athidathion			不得检出	GB/T 19650
421	莠去通	Atratone			不得检出	GB/T 19650
422	莠去津	Atrazine			不得检出	GB/T 20772
423	脱乙基阿特拉津	Atrazine-desethyl			不得检出	GB/T 19650
424	甲基吡噁磷	Azamethiphos			不得检出	GB/T 20763
425	氮哌酮	Azaperone			不得检出	SN/T2221
426	叠氮津	Aziprotryne			不得检出	GB/T 19650
427	杆菌肽	Bacitracin			不得检出	GB/T 20743

序号	农兽药中文名	农兽药英文名	欧盟标准限量要求 mg/kg	国家标准限量要求 mg/kg	三安超有机食品标准	
					限量要求 mg/kg	检测方法
428	4-溴-3,5-二甲苯基-*N*-甲基氨基甲酸酯-1	BDMC-1			不得检出	GB/T 19650
429	4-溴-3,5-二甲苯基-*N*-甲基氨基甲酸酯-2	BDMC-2			不得检出	GB/T 19650
430	噁虫威	Bendiocarb			不得检出	GB/T 20772
431	乙丁氟灵	Benfluralin			不得检出	GB/T 19650
432	呋草黄	Benfuresate			不得检出	GB/T 19650
433	麦锈灵	Benodanil			不得检出	GB/T 19650
434	解草酮	Benoxacor			不得检出	GB/T 19650
435	新燕灵	Benzoylprop-ethyl			不得检出	GB/T 19650
436	倍他米松	Betamethasone			不得检出	SN/T 1970
437	生物烯丙菊酯-1	Bioallethrin-1			不得检出	GB/T 19650
438	生物烯丙菊酯-2	Bioallethrin-2			不得检出	GB/T 19650
439	除草定	Bromacil			不得检出	GB/T 20772
440	溴苯烯磷	Bromfenvinfos			不得检出	GB/T 19650
441	溴烯杀	Bromocylen			不得检出	GB/T 19650
442	溴硫磷	Bromofos			不得检出	GB/T 19650
443	乙基溴硫磷	Bromophos-ethyl			不得检出	GB/T 19650
444	溴丁酰草胺	Btomobutide			不得检出	GB/T 19650
445	氟丙嘧草酯	Butafenacil			不得检出	GB/T 19650
446	抑草磷	Butamifos			不得检出	GB/T 19650
447	丁草胺	Butaxhlor			不得检出	GB/T 19650
448	苯酮唑	Cafenstrole			不得检出	GB/T 19650
449	角黄素	Canthaxanthin			不得检出	SN/T 2327
450	咔唑心安	Carazolol			不得检出	GB/T 20763
451	卡巴氧	Carbadox			不得检出	GB/T 20746
452	三硫磷	Carbophenothion			不得检出	GB/T 19650
453	唑草酮	Carfentrazone-ethyl			不得检出	GB/T 19650
454	卡洛芬	Carprofen			不得检出	SN/T 2190
455	头孢洛宁	Cefalonium			不得检出	GB/T 22989
456	头孢匹林	Cefapirin			不得检出	GB/T 22989
457	头孢喹肟	Cefquinome			不得检出	GB/T 22989
458	头孢噻呋	Ceftiofur			不得检出	GB/T 21314
459	头孢氨苄	Cefalexin			不得检出	GB/T 22989
460	氯杀螨砜	Chlorbenside sulfone			不得检出	GB/T 19650
461	氯霉素	Chloramphenicolum			不得检出	GB/T 20772
462	氯溴隆	Chlorbromuron			不得检出	GB/T 19650
463	杀虫脒	Chlordimeform			不得检出	GB/T 19650
464	氯氧磷	Chlorethoxyfos			不得检出	GB/T 19650

序号	农兽药中文名	农兽药英文名	欧盟标准限量要求 mg/kg	国家标准限量要求 mg/kg	三安超有机食品标准	
					限量要求 mg/kg	检测方法
465	溴虫腈	Chlorfenapyr			不得检出	GB/T 19650
466	杀螨醇	Chlorfenethol			不得检出	GB/T 19650
467	燕麦酯	Chlorfenprop – methyl			不得检出	GB/T 19650
468	氟啶脲	Chlorfluazuron			不得检出	SN/T 2540
469	整形醇	Chlorflurenol			不得检出	GB/T 19650
470	氯地孕酮	Chlormadinone			不得检出	SN/T 1980
471	醋酸氯地孕酮	Chlormadinone acetate			不得检出	GB/T 20753
472	氯甲硫磷	Chlormephos			不得检出	GB/T 19650
473	氯苯甲醚	Chloroneb			不得检出	GB/T 19650
474	丙酯杀螨醇	Chloropropylate			不得检出	GB/T 19650
475	氯丙嗪	Chlorpromazine			不得检出	GB/T 20763
476	氯硫磷	Chlorthion			不得检出	GB/T 19650
477	虫螨磷	Chlorthiophos			不得检出	GB/T 19650
478	乙菌利	Chlozolinate			不得检出	GB/T 19650
479	顺式 – 氯丹	*cis* – Chlordane			不得检出	GB/T 19650
480	顺式 – 燕麦敌	*cis* – Diallate			不得检出	GB/T 19650
481	顺式 – 氯菊酯	*cis* – Permethrin			不得检出	GB/T 19650
482	克仑特罗	Clenbuterol			不得检出	GB/T 22286
483	异噁草酮	Clomazone			不得检出	GB/T 20772
484	氯甲酰草胺	Clomeprop			不得检出	GB/T 19650
485	氯羟吡啶	Clopidol			不得检出	GB 29700
486	解草酯	Cloquintocet – mexyl			不得检出	GB/T 19650
487	蝇毒磷	Coumaphos			不得检出	GB/T 19650
488	鼠立死	Crimidine			不得检出	GB/T 19650
489	巴毒磷	Crotxyphos			不得检出	GB/T 19650
490	育畜磷	Crufomate			不得检出	GB/T 19650
491	苯腈磷	Cyanofenphos			不得检出	GB/T 19650
492	杀螟腈	Cyanophos			不得检出	GB/T 20772
493	环草敌	Cycloate			不得检出	GB/T 20772
494	环莠隆	Cycluron			不得检出	GB/T 20772
495	环丙津	Cyprazine			不得检出	GB/T 20772
496	敌草索	Dacthal			不得检出	GB/T 19650
497	达氟沙星	Danofloxacin			不得检出	GB/T 22985
498	癸氧喹酯	Decoquinate			不得检出	SN/T2444
499	脱叶磷	DEF			不得检出	GB/T 19650
500	2,2′,4,5,5′ – 五氯联苯	DE – PCB 101			不得检出	GB/T 19650
501	2,3,4,4′,5 – 五氯联苯	DE – PCB 118			不得检出	GB/T 19650
502	2,2′,3,4,4′,5 – 六氯联苯	DE – PCB 138			不得检出	GB/T 19650

序号	农兽药中文名	农兽药英文名	欧盟标准限量要求 mg/kg	国家标准限量要求 mg/kg	三安超有机食品标准	
					限量要求 mg/kg	检测方法
503	2,2′,4,4′,5,5′-六氯联苯	DE-PCB 153			不得检出	GB/T 19650
504	2,2′,3,4,4′,5,5′-七氯联苯	DE-PCB 180			不得检出	GB/T 19650
505	2,4,4′-三氯联苯	DE-PCB 28			不得检出	GB/T 19650
506	2,4,5-三氯联苯	DE-PCB 31			不得检出	GB/T 19650
507	2,2′,5,5′-四氯联苯	DE-PCB 52			不得检出	GB/T 19650
508	脱溴溴苯磷	Desbrom-leptophos			不得检出	GB/T 19650
509	脱乙基另丁津	Desethyl-sebuthylazine			不得检出	GB/T 19650
510	敌草净	Desmetryn			不得检出	GB/T 19650
511	地塞米松	Dexamethasone			不得检出	SN/T 1970
512	氯亚胺硫磷	Dialifos			不得检出	GB/T 19650
513	敌菌净	Diaveridine			不得检出	SN/T 1926
514	驱虫特	Dibutyl succinate			不得检出	GB/T 20772
515	异氯磷	Dicapthon			不得检出	GB/T 20772
516	除线磷	Dichlofenthion			不得检出	GB/T 19650
517	苯氟磺胺	Dichlofluanid			不得检出	GB/T 19650
518	烯丙酰草胺	Dichlormid			不得检出	GB/T 20772
519	敌敌畏	Dichlorvos			不得检出	GB/T 20772
520	苄氯三唑醇	Diclobutrazole			不得检出	GB/T 19650
521	禾草灵	Diclofop-methyl			不得检出	GB/T 20766
522	己烯雌酚	Diethylstilbestrol			不得检出	GB/T 20366
523	二氢链霉素	Dihydro-streptomycin			不得检出	GB/T 22969
524	甲氟磷	Dimefox			不得检出	GB/T 19650
525	哌草丹	Dimepiperate			不得检出	GB/T 19650
526	异戊乙净	Dimethametryn			不得检出	GB/T 19650
527	二甲酚草胺	Dimethenamid			不得检出	GB/T 19650
528	乐果	Dimethoate			不得检出	GB/T 19650
529	甲基毒虫畏	Dimethylvinphos			不得检出	GB/T 20772
530	地美硝唑	Dimetridazole			不得检出	GB/T 19650
531	二硝托安	Dinitolmide			不得检出	SN/T 2453
532	氨氟灵	Dinitramine			不得检出	GB/T 19650
533	消螨通	Dinobuton			不得检出	GB/T 19650
534	呋虫胺	Dinotefuran			不得检出	GB/T 20772
535	苯虫醚-1	Diofenolan-1			不得检出	GB/T 19650
536	苯虫醚-2	Diofenolan-2			不得检出	GB/T 19650
537	蔬果磷	Dioxabenzofos			不得检出	GB/T 19650
538	双苯酰草胺	Diphenamid			不得检出	GB/T 19650
539	二苯胺	Diphenylamine			不得检出	GB/T 19650
540	异丙净	Dipropetryn			不得检出	GB/T 19650
541	灭菌磷	Ditalimfos			不得检出	GB/T 19650

序号	农兽药中文名	农兽药英文名	欧盟标准限量要求 mg/kg	国家标准限量要求 mg/kg	三安超有机食品标准	
					限量要求 mg/kg	检测方法
542	氟硫草定	Dithiopyr			不得检出	GB/T 19650
543	多拉菌素	Doramectin			不得检出	GB/T 22968
544	敌瘟磷	Edifenphos			不得检出	GB/T 19650
545	硫丹硫酸盐	Endosulfan - sulfate			不得检出	GB/T 19650
546	异狄氏剂酮	Endrin ketone			不得检出	GB/T 19650
547	苯硫磷	EPN			不得检出	GB/T 19650
548	埃普利诺菌素	Eprinomectin			不得检出	GB/T 21320
549	抑草蓬	Erbon			不得检出	GB/T 19650
550	红霉素	Erythromycin			不得检出	GB/T20762
551	*S* - 氰戊菊酯	Esfenvalerate			不得检出	GB/T 19650
552	戊草丹	Esprocarb			不得检出	GB/T 19650
553	乙环唑 - 1	Etaconazole - 1			不得检出	GB/T 19650
554	乙环唑 - 2	Etaconazole - 2			不得检出	GB/T 19650
555	乙嘧硫磷	Etrimfos			不得检出	GB/T 19650
556	氧乙嘧硫磷	Etrimfos oxon			不得检出	GB/T 19650
557	噁唑菌酮	Famoxadone			不得检出	GB/T 20772
558	伐灭磷	Famphur			不得检出	GB/T 19650
559	苯线磷亚砜	Fenamiphos sulfoxide			不得检出	GB/T 19650
560	苯线磷砜	Fenamiphos - sulfone			不得检出	GB/T 19650
561	苯硫苯咪唑	Fenbendazole			不得检出	SN 0638
562	氧皮蝇磷	Fenchlorphos oxon			不得检出	GB/T 19650
563	甲呋酰胺	Fenfuram			不得检出	GB/T 19650
564	仲丁威	Fenobucarb			不得检出	GB/T 19650
565	苯硫威	Fenothiocarb			不得检出	GB/T 19650
566	稻瘟酰胺	Fenoxanil			不得检出	GB/T 19650
567	拌种咯	Fenpiclonil			不得检出	GB/T 19650
568	甲氰菊酯	Fenpropathrin			不得检出	GB/T 19650
569	芬螨酯	Fenson			不得检出	GB/T 19650
570	丰索磷	Fensulfothion			不得检出	GB/T 19650
571	倍硫磷亚砜	Fenthion sulfoxide			不得检出	GB/T 19650
572	麦草氟异丙酯	Flamprop - isopropyl			不得检出	GB/T 19650
573	麦草氟甲酯	Flamprop - methyl			不得检出	GB/T 19650
574	吡氟禾草灵	Fluazifop - butyl			不得检出	GB/T 19650
575	啶蜱脲	Fluazuron			不得检出	SN/T 2540
576	氟苯咪唑	Flubendazole			不得检出	GB/T 21324
577	氟噻草胺	Flufenacet			不得检出	GB/T 19650
578	氟节胺	Flumetralin			不得检出	GB/T 19650
579	唑嘧磺草胺	Flumetsulam			不得检出	GB/T 20772
580	氟烯草酸	Flumiclorac			不得检出	GB/T 19650

序号	农兽药中文名	农兽药英文名	欧盟标准限量要求 mg/kg	国家标准限量要求 mg/kg	三安超有机食品标准	
					限量要求 mg/kg	检测方法
581	丙炔氟草胺	Flumioxazin			不得检出	GB/T 19650
582	氟胺烟酸	Flunixin			不得检出	GB/T 20750
583	三氟硝草醚	Fluorodifen			不得检出	GB/T 19650
584	乙羧氟草醚	Fluoroglycofen – ethyl			不得检出	GB/T 19650
585	三氟苯唑	Fluotrimazole			不得检出	GB/T 19650
586	氟啶草酮	Fluridone			不得检出	GB/T 19650
587	氟草烟 – 1 – 甲庚酯	Fluroxypr – 1 – methylheptyl ester			不得检出	GB/T 19650
588	呋草酮	Flurtamone			不得检出	GB/T 19650
589	地虫硫磷	Fonofos			不得检出	GB/T 19650
590	安果	Formothion			不得检出	GB/T 19650
591	呋霜灵	Furalaxyl			不得检出	GB/T 19650
592	庆大霉素	Gentamicin			不得检出	GB/T 21323
593	苄螨醚	Halfenprox			不得检出	GB/T 19650
594	氟哌啶醇	Haloperidol			不得检出	GB/T 20763
595	庚烯磷	Heptanophos			不得检出	GB/T 19650
596	己唑醇	Hexaconazole			不得检出	GB/T 19650
597	环嗪酮	Hexazinone			不得检出	GB/T 19650
598	咪草酸	Imazamethabenz – methyl			不得检出	GB/T 19650
599	脱苯甲基亚胺唑	Imibenconazole – *des* – benzyl			不得检出	GB/T 19650
600	炔咪菊酯 – 1	Imiprothrin – 1			不得检出	GB/T 19650
601	炔咪菊酯 – 2	Imiprothrin – 2			不得检出	GB/T 19650
602	碘硫磷	Iodofenphos			不得检出	GB/T 19650
603	甲基碘磺隆	Iodosulfuron – methyl			不得检出	GB/T 20772
604	异稻瘟净	Iprobenfos			不得检出	GB/T 19650
605	氯唑磷	Isazofos			不得检出	GB/T 19650
606	碳氯灵	Isobenzan			不得检出	GB/T 19650
607	丁咪酰胺	Isocarbamid			不得检出	GB/T 19650
608	水胺硫磷	Isocarbophos			不得检出	GB/T 19650
609	异艾氏剂	Isodrin			不得检出	GB/T 19650
610	异柳磷	Isofenphos			不得检出	GB/T 19650
611	氧异柳磷	Isofenphos oxon			不得检出	GB/T 19650
612	氮氨菲啶	Isometamidium			不得检出	SN/T 2239
613	丁嗪草酮	Isomethiozin			不得检出	GB/T 19650
614	异丙威 – 1	Isoprocarb – 1			不得检出	GB/T 19650
615	异丙威 – 2	Isoprocarb – 2			不得检出	GB/T 19650
616	异丙乐灵	Isopropalin			不得检出	GB/T 19650
617	双苯噁唑酸	Isoxadifen – ethyl			不得检出	GB/T 19650
618	异噁氟草	Isoxaflutole			不得检出	GB/T 20772

序号	农兽药中文名	农兽药英文名	欧盟标准限量要求 mg/kg	国家标准限量要求 mg/kg	三安超有机食品标准	
					限量要求 mg/kg	检测方法
619	噁唑啉	Isoxathion			不得检出	GB/T 19650
620	依维菌素	Ivermectin			不得检出	GB/T 21320
621	交沙霉素	Josamycin			不得检出	GB/T 20762
622	溴苯磷	Leptophos			不得检出	GB/T 19650
623	左旋咪唑	Levamisole			不得检出	SN 0349
624	利谷隆	Linuron			不得检出	GB/T 19650
625	麻保沙星	Marbofloxacin			不得检出	GB/T 22985
626	2－甲－4－氯丁氧乙基酯	MCPA－butoxyethyl ester			不得检出	GB/T 19650
627	甲苯咪唑	Mebendazole			不得检出	GB/T 21324
628	灭蚜磷	Mecarbam			不得检出	GB/T 19650
629	二甲四氯丙酸	Mecoprop			不得检出	SN/T 2325
630	苯噻酰草胺	Mefenacet			不得检出	GB/T 19650
631	吡唑解草酯	Mefenpyr－diethyl			不得检出	GB/T 19650
632	醋酸甲地孕酮	Megestrol acetate			不得检出	GB/T 20753
633	醋酸美仑孕酮	Melengestrol acetate			不得检出	GB/T 20753
634	嘧菌胺	Mepanipyrim			不得检出	GB/T 19650
635	地胺磷	Mephosfolan			不得检出	GB/T 19650
636	灭锈胺	Mepronil			不得检出	GB/T 20772
637	硝磺草酮	Mesotrione			不得检出	参照同类标准
638	呋菌胺	Methfuroxam			不得检出	GB/T 19650
639	灭梭威砜	Methiocarb sulfone			不得检出	GB/T 19650
640	盖草津	Methoprotryne			不得检出	GB/T 19650
641	甲醚菊酯－1	Methothrin－1			不得检出	GB/T 19650
642	甲醚菊酯－2	Methothrin－2			不得检出	GB/T 19650
643	甲基泼尼松龙	Methylprednisolone			不得检出	GB/T 21981
644	溴谷隆	Metobromuron			不得检出	GB/T 19650
645	甲氧氯普胺	Metoclopramide			不得检出	SN/T 2227
646	苯氧菌胺－1	Metominsstrobin－1			不得检出	GB/T 19650
647	苯氧菌胺－2	Metominsstrobin－2			不得检出	GB/T 19650
648	甲硝唑	Metronidazole			不得检出	GB/T 21318
649	速灭磷	Mevinphos			不得检出	GB/T 19650
650	兹克威	Mexacarbate			不得检出	GB/T 19650
651	灭蚁灵	Mirex			不得检出	GB/T 19650
652	禾草敌	Molinate			不得检出	GB/T 19650
653	庚酰草胺	Monalide			不得检出	GB/T 19650
654	莫能菌素	Monensin			不得检出	SN 0698
655	莫西丁克	Moxidectin			不得检出	SN/T 2442
656	合成麝香	Musk ambrecte			不得检出	GB/T 19650
657	麝香	Musk moskene			不得检出	GB/T 19650

序号	农兽药中文名	农兽药英文名	欧盟标准限量要求 mg/kg	国家标准限量要求 mg/kg	三安超有机食品标准	
					限量要求 mg/kg	检测方法
658	西藏麝香	Musk tibeten			不得检出	GB/T 19650
659	二甲苯麝香	Musk xylene			不得检出	GB/T 19650
660	萘夫西林	Nafcillin			不得检出	GB/T 22975
661	二溴磷	Naled			不得检出	SN/T 0706
662	萘丙胺	Naproanilide			不得检出	GB/T 19650
663	甲基盐霉素	Narasin			不得检出	GB/T 20364
664	甲磺乐灵	Nitralin			不得检出	GB/T 19650
665	三氯甲基吡啶	Nitrapyrin			不得检出	GB/T 19650
666	酞菌酯	Nitrothal – isopropyl			不得检出	GB/T 19650
667	诺氟沙星	Norfloxacin			不得检出	GB/T 20366
668	氟草敏	Norflurazon			不得检出	GB/T 19650
669	新生霉素	Novobiocin			不得检出	SN 0674
670	氟苯嘧啶醇	Nuarimol			不得检出	GB/T 19650
671	八氯苯乙烯	Octachlorostyrene			不得检出	GB/T 19650
672	氧氟沙星	Ofloxacin			不得检出	GB/T 20366
673	喹乙醇	Olaquindox			不得检出	GB/T 20746
674	竹桃霉素	Oleandomycin			不得检出	GB/T 20762
675	氧乐果	Omethoate			不得检出	GB/T 19650
676	奥比沙星	Orbifloxacin			不得检出	GB/T 22985
677	杀线威	Oxamyl			不得检出	GB/T 20772
678	奥芬达唑	Oxfendazole			不得检出	GB/T 22972
679	丙氧苯咪唑	Oxibendazole			不得检出	GB/T 21324
680	氧化氯丹	Oxy – chlordane			不得检出	GB/T 19650
681	对氧磷	Paraoxon			不得检出	GB/T 19650
682	甲基对氧磷	Paraoxon – methyl			不得检出	GB/T 19650
683	克草敌	Pebulate			不得检出	GB/T 19650
684	五氯苯胺	Pentachloroaniline			不得检出	GB/T 19650
685	五氯甲氧基苯	Pentachloroanisole			不得检出	GB/T 19650
686	五氯苯	Pentachlorobenzene			不得检出	GB/T 19650
687	乙滴涕	Perthane			不得检出	GB/T 19650
688	菲	Phenanthrene			不得检出	GB/T 19650
689	稻丰散	Phenthoate			不得检出	GB/T 19650
690	甲拌磷砜	Phorate sulfone			不得检出	GB/T 19650
691	磷胺 – 1	Phosphamidon – 1			不得检出	GB/T 19650
692	磷胺 – 2	Phosphamidon – 2			不得检出	GB/T 19650
693	酞酸苯甲基丁酯	Phthalic acid, benzylbutyl ester			不得检出	GB/T 19650
694	四氯苯肽	Phthalide			不得检出	GB/T 19650
695	邻苯二甲酰亚胺	Phthalimide			不得检出	GB/T 19650
696	氟吡酰草胺	Picolinafen			不得检出	GB/T 19650

序号	农兽药中文名	农兽药英文名	欧盟标准限量要求 mg/kg	国家标准限量要求 mg/kg	三安超有机食品标准	
					限量要求 mg/kg	检测方法
697	增效醚	Piperonyl butoxide			不得检出	GB/T 19650
698	哌草磷	Piperophos			不得检出	GB/T 19650
699	乙基虫螨清	Pirimiphos - ethyl			不得检出	GB/T 19650
700	吡利霉素	Pirlimycin			不得检出	GB/T 22988
701	炔丙菊酯	Prallethrin			不得检出	GB/T 19650
702	泼尼松龙	Prednisolone			不得检出	GB/T 21981
703	环丙氟灵	Profluralin			不得检出	GB/T 19650
704	茉莉酮	Prohydrojasmon			不得检出	GB/T 19650
705	扑灭通	Prometon			不得检出	GB/T 19650
706	扑草净	Prometryne			不得检出	GB/T 19650
707	炔丙烯草胺	Pronamide			不得检出	GB/T 19650
708	敌稗	Propanil			不得检出	GB/T 19650
709	扑灭津	Propazine			不得检出	GB/T 19650
710	胺丙畏	Propetamphos			不得检出	GB/T 19650
711	丙酰二甲氨基丙吩噻嗪	Propionylpromazin			不得检出	GB/T 20763
712	丙硫磷	Prothiophos			不得检出	GB/T 19650
713	哒嗪硫磷	Pyridafenthion			不得检出	GB/T 19650
714	吡唑硫磷	Pyraclofos			不得检出	GB/T 19650
715	吡草醚	Pyraflufen - ethyl			不得检出	GB/T 19650
716	啶斑肟 - 1	Pyrifenox - 1			不得检出	GB/T 19650
717	啶斑肟 - 2	Pyrifenox - 2			不得检出	GB/T 19650
718	环酯草醚	Pyriftalid			不得检出	GB/T 19650
719	嘧螨醚	Pyrimidifen			不得检出	GB/T 19650
720	嘧草醚	Pyriminobac - methyl			不得检出	GB/T 19650
721	嘧啶磷	Pyrimitate			不得检出	GB/T 19650
722	喹硫磷	Quinalphos			不得检出	GB/T 19650
723	灭藻醌	Quinoclamine			不得检出	GB/T 19650
724	精喹禾灵	Quizalofop - *P* - ethyl			不得检出	GB/T 20769
725	吡咪唑	Rabenzazole			不得检出	GB/T 19650
726	莱克多巴胺	Ractopamine			不得检出	GB/T 21313
727	洛硝达唑	Ronidazole			不得检出	GB/T 21318
728	皮蝇磷	Ronnel			不得检出	GB/T 19650
729	盐霉素	Salinomycin			不得检出	GB/T 20364
730	沙拉沙星	Sarafloxacin			不得检出	GB/T 20366
731	另丁津	Sebutylazine			不得检出	GB/T 19650
732	密草通	Secbumeton			不得检出	GB/T 19650
733	氨基脲	Semduramicin			不得检出	GB/T 20752
734	烯禾啶	Sethoxydim			不得检出	GB/T 19650
735	氟硅菊酯	Silafluofen			不得检出	GB/T 19650

序号	农兽药中文名	农兽药英文名	欧盟标准限量要求 mg/kg	国家标准限量要求 mg/kg	三安超有机食品标准	
					限量要求 mg/kg	检测方法
736	硅氟唑	Simeconazole			不得检出	GB/T 19650
737	西玛通	Simetone			不得检出	GB/T 19650
738	西草净	Simetryn			不得检出	GB/T 19650
739	螺旋霉素	Spiramycin			不得检出	GB/T 20762
740	磺胺苯酰	Sulfabenzamide			不得检出	GB/T 21316
741	磺胺醋酰	Sulfacetamide			不得检出	GB/T 21316
742	磺胺氯哒嗪	Sulfachloropyridazine			不得检出	GB/T 21316
743	磺胺嘧啶	Sulfadiazine			不得检出	GB/T 21316
744	磺胺间二甲氧嘧啶	Sulfadimethoxine			不得检出	GB/T 21316
745	磺胺二甲嘧啶	Sulfadimidine			不得检出	GB/T 21316
746	磺胺多辛	Sulfadoxine			不得检出	GB/T 21316
747	磺胺胍	Sulfaguanidine			不得检出	GB/T 21316
748	菜草畏	Sulfallate			不得检出	GB/T 19650
749	磺胺甲嘧啶	Sulfamerazine			不得检出	GB/T 21316
750	新诺明	Sulfamethoxazole			不得检出	GB/T 21316
751	磺胺间甲氧嘧啶	Sulfamonomethoxine			不得检出	GB/T 21316
752	乙酰磺胺对硝基苯	Sulfanitran			不得检出	GB/T 20772
753	磺胺吡啶	Sulfapyridine			不得检出	GB/T 21316
754	磺胺喹沙啉	Sulfaquinoxaline			不得检出	GB/T 21316
755	磺胺噻唑	Sulfathiazole			不得检出	GB/T 21316
756	治螟磷	Sulfotep			不得检出	GB/T 19650
757	硫丙磷	Sulprofos			不得检出	GB/T 19650
758	苯噻硫氰	TCMTB			不得检出	GB/T 19650
759	丁基嘧啶磷	Tebupirimfos			不得检出	GB/T 19650
760	牧草胺	Tebutam			不得检出	GB/T 20772
761	丁噻隆	Tebuthiuron			不得检出	GB/T 19650
762	双硫磷	Temephos			不得检出	GB/T 20772
763	特草灵	Terbucarb			不得检出	GB/T 19650
764	特丁通	Terbumeton			不得检出	GB/T 19650
765	特丁净	Terbutryn			不得检出	GB/T 19650
766	四氢邻苯二甲酰亚胺	Tetrabydrophthalimide			不得检出	GB/T 19650
767	杀虫畏	Tetrachlorvinphos			不得检出	GB/T 19650
768	胺菊酯	Tetramethirn			不得检出	GB/T 19650
769	杀螨氯硫	Tetrasul			不得检出	GB/T 19650
770	噻吩草胺	Thenylchlor			不得检出	GB/T 19650
771	噻唑烟酸	Thiazopyr			不得检出	GB/T 19650
772	噻苯隆	Thidiazuron			不得检出	GB/T 20772
773	噻吩磺隆	Thifensulfuron – methyl			不得检出	GB/T 20772
774	甲基乙拌磷	Thiometon			不得检出	GB/T 20772

序号	农兽药中文名	农兽药英文名	欧盟标准限量要求 mg/kg	国家标准限量要求 mg/kg	三安超有机食品标准	
					限量要求 mg/kg	检测方法
775	虫线磷	Thionazin			不得检出	GB/T 19650
776	硫普罗宁	Tiopronin			不得检出	SN/T 2225
777	三甲苯草酮	Tralkoxydim			不得检出	GB/T 19650
778	四溴菊酯	Tralomethrin			不得检出	SN/T 2320
779	反式-氯丹	*trans* - Chlordane			不得检出	GB/T 19650
780	反式-燕麦敌	*trans* - Diallate			不得检出	GB/T 19650
781	四氟苯菊酯	Transfluthrin			不得检出	GB/T 19650
782	反式九氯	*trans* - Nonachlor			不得检出	GB/T 19650
783	反式-氯菊酯	*trans* - Permethrin			不得检出	GB/T 19650
784	群勃龙	Trenbolone			不得检出	GB/T 21981
785	威菌磷	Triamiphos			不得检出	GB/T 19650
786	毒壤磷	Trichloronate			不得检出	GB/T 19650
787	灭草环	Tridiphane			不得检出	GB/T 19650
788	草达津	Trietazine			不得检出	GB/T 19650
789	三异丁基磷酸盐	Tri - *iso* - butyl phosphate			不得检出	GB/T 19650
790	三正丁基磷酸盐	Tri - *n* - butyl phosphate			不得检出	GB/T 19650
791	三苯基磷酸盐	Triphenyl phosphate			不得检出	GB/T 19650
792	烯效唑	Uniconazole			不得检出	GB/T 19650
793	灭草敌	Vernolate			不得检出	GB/T 19650
794	维吉尼霉素	Virginiamycin			不得检出	GB/T 20765
795	杀鼠灵	War farin			不得检出	GB/T 20772
796	甲苯噻嗪	Xylazine			不得检出	GB/T 20763
797	右环十四酮酚	Zeranol			不得检出	GB/T 21982
798	苯酰菌胺	Zoxamide			不得检出	GB/T 19650

10.4 鸭肾脏 Duck Kidney

序号	农兽药中文名	农兽药英文名	欧盟标准限量要求 mg/kg	国家标准限量要求 mg/kg	三安超有机食品标准	
					限量要求 mg/kg	检测方法
1	1,1-二氯-2,2-二(4-乙苯)乙烷	1,1 - Dichloro - 2,2 - bis(4 - ethylphenyl) ethane	0.01		不得检出	日本肯定列表(增补本1)
2	1,2-二氯乙烷	1,2 - Dichloroethane	0.1		不得检出	SN/T 2238
3	1,3-二氯丙烯	1,3 - Dichloropropene	0.01		不得检出	SN/T 2238
4	1-萘乙酸	1 - Naphthylacetic acid	0.05		不得检出	SN/T 2228
5	2,4-滴	2,4 - D	0.05		不得检出	GB/T 20772
6	2,4-滴丁酸	2,4 - DB	0.1		不得检出	GB/T 20769
7	2-苯酚	2 - Phenylphenol	0.05		不得检出	GB/T 19650
8	阿维菌素	Abamectin	0.02		不得检出	SN/T 2661
9	乙酰甲胺磷	Acephate	0.02		不得检出	GB/T 20772

序号	农兽药中文名	农兽药英文名	欧盟标准限量要求 mg/kg	国家标准限量要求 mg/kg	三安超有机食品标准	
					限量要求 mg/kg	检测方法
10	灭螨醌	Acequinocyl	0.01		不得检出	参照同类标准
11	啶虫脒	Acetamiprid	0.2		不得检出	GB/T 20772
12	乙草胺	Acetochlor	0.01		不得检出	GB/T 19650
13	苯并噻二唑	Acibenzolar - S - methyl	0.02		不得检出	GB/T 20772
14	苯草醚	Aclonifen	0.02		不得检出	GB/T 20772
15	氟丙菊酯	Acrinathrin	0.05		不得检出	GB/T 19648
16	甲草胺	Alachlor	0.01		不得检出	GB/T 20772
17	涕灭威	Aldicarb	0.01		不得检出	GB/T 20772
18	艾氏剂和狄氏剂	Aldrin and dieldrin	0.2		不得检出	GB/T 19650
19	—	Ametoctradin	0.03		不得检出	参照同类标准
20	酰嘧磺隆	Amidosulfuron	0.02		不得检出	参照同类标准
21	氯氨吡啶酸	Aminopyralid	0.3		不得检出	GB/T 23211
22	—	Amisulbrom	0.01		不得检出	参照同类标准
23	双甲脒	Amitraz	0.05		不得检出	GB/T 19650
24	阿莫西林	Amoxicillin	50μg/kg		不得检出	NY/T 830
25	氨苄青霉素	Ampicillin	50μg/kg		不得检出	GB/T 21315
26	敌菌灵	Anilazine	0.01		不得检出	GB/T 20769
27	杀螨特	Aramite	0.01		不得检出	GB/T 19650
28	磺草灵	Asulam	0.1		不得检出	日本肯定列表(增补本1)
29	阿维拉霉素	Avilamycin	200μg/kg		不得检出	GB 29686
30	印楝素	Azadirachtin	0.01		不得检出	SN/T 3264
31	益棉磷	Azinphos - ethyl	0.01		不得检出	GB/T 19650
32	保棉磷	Azinphos - methyl	0.01		不得检出	GB/T 20772
33	三唑锡和三环锡	Azocyclotin and cyhexatin	0.05		不得检出	SN/T 1990
34	嘧菌酯	Azoxystrobin	0.05		不得检出	GB/T 20772
35	燕麦灵	Barban	0.05		不得检出	参照同类标准
36	氟丁酰草胺	Beflubutamid	0.05		不得检出	参照同类标准
37	苯霜灵	Benalaxyl	0.05		不得检出	GB/T 20772
38	丙硫克百威	Benfuracarb	0.02		不得检出	GB/T 20772
39	苄青霉素	Benzyl penicillin	50μg/kg		不得检出	GB/T 21315
40	联苯肼酯	Bifenazate	0.01		不得检出	GB/T 20772
41	甲羧除草醚	Bifenox	0.05		不得检出	GB/T 23210
42	联苯菊酯	Bifenthrin	0.05		不得检出	GB/T 19650
43	乐杀螨	Binapacryl	0.01		不得检出	SN 0523
44	联苯	Biphenyl	0.01		不得检出	GB/T 19650
45	联苯三唑醇	Bitertanol	0.05		不得检出	GB/T 20772
46	—	Bixafen	0.02		不得检出	参照同类标准
47	啶酰菌胺	Boscalid	0.05		不得检出	GB/T 20772

序号	农兽药中文名	农兽药英文名	欧盟标准限量要求 mg/kg	国家标准限量要求 mg/kg	三安超有机食品标准	
					限量要求 mg/kg	检测方法
48	溴离子	Bromide ion	0.05		不得检出	GB/T5009.167
49	溴螨酯	Bromopropylate	0.01		不得检出	GB/T 19650
50	溴苯腈	Bromoxynil	0.05		不得检出	GB/T 20772
51	糠菌唑	Bromuconazole	0.05		不得检出	GB/T 19650
52	乙嘧酚磺酸酯	Bupirimate	0.05		不得检出	GB/T 19650
53	噻嗪酮	Buprofezin	0.05		不得检出	GB/T 20772
54	仲丁灵	Butralin	0.02		不得检出	GB/T 19650
55	丁草敌	Butylate	0.01		不得检出	GB/T 19650
56	硫线磷	Cadusafos	0.01		不得检出	GB/T 19650
57	敌菌丹	Captafol	0.01		不得检出	GB/T 23210
58	克菌丹	Captan	0.02		不得检出	GB/T 19648
59	甲萘威	Carbaryl	0.05		不得检出	GB/T 20796
60	多菌灵和苯菌灵	Carbendazim and benomyl	0.05		不得检出	GB/T 20772
61	长杀草	Carbetamide	0.05		不得检出	GB/T 20772
62	克百威	Carbofuran	0.01		不得检出	GB/T 20772
63	丁硫克百威	Carbosulfan	0.05		不得检出	GB/T 19650
64	萎锈灵	Carboxin	0.05		不得检出	GB/T 20772
65	氯虫苯甲酰胺	Chlorantraniliprole	0.01		不得检出	参照同类标准
66	杀螨醚	Chlorbenside	0.05		不得检出	GB/T 19650
67	氯炔灵	Chlorbufam	0.05		不得检出	GB/T 20772
68	氯丹	Chlordane	0.05		不得检出	GB/T 5009.19
69	十氯酮	Chlordecone	0.2		不得检出	参照同类标准
70	杀螨酯	Chlorfenson	0.05		不得检出	GB/T 19650
71	毒虫畏	Chlorfenvinphos	0.01		不得检出	GB/T 19650
72	氯草敏	Chloridazon	0.05		不得检出	GB/T 20772
73	矮壮素	Chlormequat	0.05		不得检出	GB/T 23211
74	乙酯杀螨醇	Chlorobenzilate	0.1		不得检出	GB/T 23210
75	百菌清	Chlorothalonil	0.07		不得检出	SN/T 2320
76	绿麦隆	Chlortoluron	0.05		不得检出	GB/T 20772
77	枯草隆	Chloroxuron	0.05		不得检出	SN/T 2150
78	氯苯胺灵	Chlorpropham	0.05		不得检出	GB/T 19650
79	毒死蜱	Chlorpyrifos	0.05		不得检出	GB/T 19650
80	甲基毒死蜱	Chlorpyrifos - methyl	0.05		不得检出	GB/T 19650
81	氯磺隆	Chlorsulfuron	0.01		不得检出	GB/T 20772
82	金霉素	Chlortetracycline	600μg/kg		不得检出	GB/T 21317
83	氯酞酸甲酯	Chlorthaldimethyl	0.01		不得检出	GB/T 19650
84	氯硫酰草胺	Chlorthiamid	0.02		不得检出	GB/T 20772
85	烯草酮	Clethodim	0.2		不得检出	GB/T 19650
86	炔草酯	Clodinafop - propargyl	0.02		不得检出	GB/T 19650

序号	农兽药中文名	农兽药英文名	欧盟标准限量要求 mg/kg	国家标准限量要求 mg/kg	三安超有机食品标准	
					限量要求 mg/kg	检测方法
87	四螨嗪	Clofentezine	0.05		不得检出	GB/T 20772
88	二氯吡啶酸	Clopyralid	0.05		不得检出	SN/T 2228
89	噻虫胺	Clothianidin	0.1		不得检出	GB/T 20772
90	邻氯青霉素	Cloxacillin	300μg/kg		不得检出	GB/T 18932.25
91	黏菌素	Colistin	200μg/kg		不得检出	参照同类标准
92	铜化合物	Copper compounds	30		不得检出	参照同类标准
93	环烷基酰苯胺	Cyclanilide	0.01		不得检出	参照同类标准
94	噻草酮	Cycloxydim	0.05		不得检出	GB/T 19650
95	环氟菌胺	Cyflufenamid	0.03		不得检出	GB/T 23210
96	氟氯氰菊酯和高效氟氯氰菊酯	Cyfluthrin and beta - cyfluthrin	0.05		不得检出	GB/T 19650
97	霜脲氰	Cymoxanil	0.05		不得检出	GB/T 20772
98	氯氰菊酯和高效氯氰菊酯	Cypermethrin and beta - cypermethrin	0.05		不得检出	GB/T 19650
99	环丙唑醇	Cyproconazole	0.05		不得检出	GB/T 20772
100	嘧菌环胺	Cyprodinil	0.05		不得检出	GB/T 19650
101	灭蝇胺	Cyromazine	0.05		不得检出	GB/T 20772
102	丁酰肼	Daminozide	0.05		不得检出	SN/T 1989
103	达氟沙星	Danofloxacin	400μg/kg		不得检出	GB/T 22985
104	滴滴涕	DDT	1		不得检出	SN/T 0127
105	溴氰菊酯	Deltamethrin	0.1		不得检出	GB/T 19650
106	燕麦敌	Diallate	0.2		不得检出	GB/T 23211
107	二嗪磷	Diazinon	0.01		不得检出	GB/T 19650
108	麦草畏	Dicamba	0.07		不得检出	GB/T 20772
109	敌草腈	Dichlobenil	0.01		不得检出	GB/T 19650
110	滴丙酸	Dichlorprop	0.05		不得检出	SN/T 2228
111	地克珠利(杀球灵)	Diclazuril	1000μg/kg		不得检出	SN/T 2318
112	二氯苯氧基丙酸	Diclofop	0.01		不得检出	参照同类标准
113	氯硝胺	Dicloran	0.01		不得检出	GB/T 19650
114	双氯青霉素	Dicloxacillin	300μg/kg		不得检出	GB/T 18932.25
115	三氯杀螨醇	Dicofol	0.05		不得检出	GB/T 19650
116	乙霉威	Diethofencarb	0.05		不得检出	GB/T 19650
117	苯醚甲环唑	Difenoconazole	0.1		不得检出	GB/T 19650
118	双氟沙星	Difloxacin	600μg/kg		不得检出	GB/T 20366
119	除虫脲	Diflubenzuron	0.05		不得检出	SN/T 0528
120	吡氟酰草胺	Diflufenican	0.05		不得检出	GB/T 20772
121	油菜安	Dimethachlor	0.02		不得检出	GB/T 20772
122	烯酰吗啉	Dimethomorph	0.05		不得检出	GB/T 20772
123	醚菌胺	Dimoxystrobin	0.05		不得检出	SN/T 2237

序号	农兽药中文名	农兽药英文名	欧盟标准限量要求 mg/kg	国家标准限量要求 mg/kg	三安超有机食品标准	
					限量要求 mg/kg	检测方法
124	烯唑醇	Diniconazole	0.01		不得检出	GB/T 19650
125	敌螨普	Dinocap	0.05		不得检出	日本肯定列表(增补本1)
126	地乐酚	Dinoseb	0.01		不得检出	GB/T 20772
127	特乐酚	Dinoterb	0.05		不得检出	GB/T 20772
128	敌噁磷	Dioxathion	0.05		不得检出	GB/T 19650
129	敌草快	Diquat	0.05		不得检出	GB/T 5009.221
130	乙拌磷	Disulfoton	0.01		不得检出	GB/T 20772
131	二氰蒽醌	Dithianon	0.01		不得检出	GB/T 20769
132	二硫代氨基甲酸酯	Dithiocarbamates	0.05		不得检出	SN 0139
133	敌草隆	Diuron	0.05		不得检出	SN/T 0645
134	二硝甲酚	DNOC	0.05		不得检出	GB/T 20772
135	多果定	Dodine	0.2		不得检出	SN 0500
136	强力霉素	Doxycycline	600μg/kg		不得检出	GB/T 20764
137	甲氨基阿维菌素苯甲酸盐	Emamectin benzoate	0.01		不得检出	GB/T 20769
138	硫丹	Endosulfan	0.05	0.03	不得检出	GB/T 19650
139	异狄氏剂	Endrin	0.05		不得检出	GB/T 19650
140	恩诺沙星	Enrofloxacin	300μg/kg		不得检出	GB/T 20366
141	氟环唑	Epoxiconazole	0.01		不得检出	GB/T 20772
142	茵草敌	EPTC	0.02		不得检出	GB/T 20772
143	红霉素	Erythromycin	200μg/kg		不得检出	GB/T 20762
144	乙丁烯氟灵	Ethalfluralin	0.01		不得检出	GB/T 19650
145	胺苯磺隆	Ethametsulfuron	0.01		不得检出	NY/T 1616
146	乙烯利	Ethephon	0.05		不得检出	SN 0705
147	乙硫磷	Ethion	0.01		不得检出	GB/T 19650
148	乙嘧酚	Ethirimol	0.05		不得检出	GB/T 20772
149	乙氧呋草黄	Ethofumesate	0.1		不得检出	GB/T 20772
150	灭线磷	Ethoprophos	0.01		不得检出	GB/T 19650
151	乙氧喹啉	Ethoxyquin	0.05		不得检出	GB/T 20772
152	环氧乙烷	Ethylene oxide	0.02		不得检出	GB/T 23296.11
153	醚菊酯	Etofenprox	0.01		不得检出	GB/T 19650
154	乙螨唑	Etoxazole	0.01		不得检出	GB/T 19650
155	氯唑灵	Etridiazole	0.05		不得检出	GB/T 20772
156	噁唑菌酮	Famoxadone	0.05		不得检出	GB/T 20772
157	咪唑菌酮	Fenamidone	0.01		不得检出	GB/T 19650
158	苯线磷	Fenamiphos	0.02		不得检出	GB/T 19650
159	氯苯嘧啶醇	Fenarimol	0.02		不得检出	GB/T 20772
160	喹螨醚	Fenazaquin	0.01		不得检出	GB/T 19650
161	腈苯唑	Fenbuconazole	0.05		不得检出	GB/T 20772

序号	农兽药中文名	农兽药英文名	欧盟标准限量要求 mg/kg	国家标准限量要求 mg/kg	三安超有机食品标准	
					限量要求 mg/kg	检测方法
162	苯丁锡	Fenbutatin oxide	0.05		不得检出	SN/T 3149
163	环酰菌胺	Fenhexamid	0.05		不得检出	GB/T 20772
164	杀螟硫磷	Fenitrothion	0.01		不得检出	GB/T 20772
165	精噁唑禾草灵	Fenoxaprop - *P* - ethyl	0.05		不得检出	GB 22617
166	双氧威	Fenoxycarb	0.05		不得检出	GB/T 19650
167	苯锈啶	Fenpropidin	0.02		不得检出	GB/T 19650
168	丁苯吗啉	Fenpropimorph	0.01		不得检出	GB/T 20772
169	胺苯吡菌酮	Fenpyrazamine	0.01		不得检出	参照同类标准
170	唑螨酯	Fenpyroximate	0.01		不得检出	GB/T 19650
171	倍硫磷	Fenthion	0.05		不得检出	GB/T 20772
172	三苯锡	Fentin	0.05		不得检出	SN/T 3149
173	薯瘟锡	Fentin acetate	0.05		不得检出	参照同类标准
174	氰戊菊酯和高效氰戊菊酯(RR & SS 异构体总量)	Fenvalerate and esfenvalerate (sum of RR & SS isomers)	0.2		不得检出	GB/T 19650
175	氰戊菊酯和高效氰戊菊酯(RS & SR 异构体总量)	Fenvalerate and esfenvalerate (sum of RS & SR isomers)	0.05		不得检出	GB/T 19650
176	氟虫腈	Fipronil	0.01		不得检出	SN/T 1982
177	氟啶虫酰胺	Flonicamid	0.03		不得检出	SN/T 2796
178	氟苯尼考	Florfenicol	750μg/kg		不得检出	GB/T 20756
179	精吡氟禾草灵	Fluazifop - *P* - butyl	0.05		不得检出	GB/T 5009.142
180	氟啶胺	Fluazinam	0.05		不得检出	SN/T 2150
181	氟苯咪唑	Flubendazole	300μg/kg		不得检出	GB/T 21324
182	氟苯虫酰胺	Flubendiamide	0.01		不得检出	SN/T 2581
183	氟环脲	Flucycloxuron	0.05		不得检出	参照同类标准
184	氟氰戊菊酯	Flucythrinate	0.05		不得检出	GB/T 23210
185	咯菌腈	Fludioxonil	0.05		不得检出	GB/T 20772
186	氟虫脲	Flufenoxuron	0.05		不得检出	SN/T 2150
187	—	Flufenzin	0.02		不得检出	参照同类标准
188	氟甲喹	Flumequin	1000μg/kg		不得检出	SN/T 1921
189	氟吡菌胺	Fluopicolide	0.01		不得检出	参照同类标准
190	—	Fluopyram	0.02		不得检出	参照同类标准
191	氟离子	Fluoride ion	1		不得检出	GB/T 5009.167
192	氟腈嘧菌酯	Fluoxastrobin	0.1		不得检出	SN/T 2237
193	氟喹唑	Fluquinconazole	0.02		不得检出	GB/T 19650
194	氟咯草酮	Fluorochloridone	0.05		不得检出	GB/T 20772
195	氟草烟	Fluroxypyr	0.05		不得检出	GB/T 20772
196	氟硅唑	Flusilazole	0.5		不得检出	GB/T 20772
197	氟酰胺	Flutolanil	0.05		不得检出	GB/T 20772
198	粉唑醇	Flutriafol	0.01		不得检出	GB/T 20772

序号	农兽药中文名	农兽药英文名	欧盟标准限量要求 mg/kg	国家标准限量要求 mg/kg	三安超有机食品标准	
					限量要求 mg/kg	检测方法
199	—	Fluxapyroxad	0.01		不得检出	参照同类标准
200	氟磺胺草醚	Fomesafen	0.01		不得检出	GB/T 5009.130
201	氯吡脲	Forchlorfenuron	0.05		不得检出	SN/T 3643
202	伐虫脒	Formetanate	0.01		不得检出	NY/T 1453
203	三乙膦酸铝	Fosetyl - aluminium	0.5		不得检出	参照同类标准
204	麦穗宁	Fuberidazole	0.05		不得检出	GB/T 19650
205	呋线威	Furathiocarb	0.01		不得检出	GB/T 20772
206	糠醛	Furfural	1		不得检出	参照同类标准
207	勃激素	Gibberellic acid	0.1		不得检出	GB/T 23211
208	草胺膦	Glufosinate - ammonium	1		不得检出	日本肯定列表
209	草甘膦	Glyphosate	0.1		不得检出	SN/T 1923
210	双胍盐	Guazatine	0.1		不得检出	参照同类标准
211	氟吡禾灵	Haloxyfop	0.1		不得检出	SN/T 2228
212	七氯	Heptachlor	0.2		不得检出	SN 0663
213	六氯苯	Hexachlorobenzene	0.2		不得检出	SN/T 0127
214	六六六(HCH), α - 异构体	Hexachlorociclohexane (HCH), alpha - isomer	0.2		不得检出	SN/T 0127
215	六六六(HCH), β - 异构体	Hexachlorociclohexane (HCH), beta - isomer	0.1		不得检出	SN/T 0127
216	噻螨酮	Hexythiazox	0.05		不得检出	GB/T 20772
217	噁霉灵	Hymexazol	0.05		不得检出	GB/T 20772
218	抑霉唑	Imazalil	0.05		不得检出	GB/T 20772
219	甲咪唑烟酸	Imazapic	0.01		不得检出	GB/T 20772
220	咪唑喹啉酸	Imazaquin	0.05		不得检出	GB/T 20772
221	吡虫啉	Imidacloprid	0.05		不得检出	GB/T 20772
222	茚虫威	Indoxacarb	0.01		不得检出	GB/T 20772
223	碘苯腈	Ioxynil	0.05		不得检出	GB/T 20772
224	异菌脲	Iprodione	0.05		不得检出	GB/T 19650
225	稻瘟灵	Isoprothiolane	0.01		不得检出	GB/T 20772
226	异丙隆	Isoproturon	0.05		不得检出	GB/T 20772
227	—	Isopyrazam	0.01		不得检出	参照同类标准
228	异噁酰草胺	Isoxaben	0.01		不得检出	GB/T 20772
229	卡那霉素	Kanamycin	2500μg/kg		不得检出	GB/T 21323
230	醚菌酯	Kresoxim - methyl	0.05		不得检出	GB/T 20772
231	乳氟禾草灵	Lactofen	0.01		不得检出	GB/T 19650
232	高效氯氟氰菊酯	Lambda - cyhalothrin	0.02		不得检出	GB/T 23210
233	拉沙里菌素	Lasalocid	50μg/kg		不得检出	SN 0501
234	环草定	Lenacil	0.1		不得检出	GB/T 19650
235	左旋咪唑	Levamisole	10μg/kg		不得检出	SN 0349

序号	农兽药中文名	农兽药英文名	欧盟标准限量要求 mg/kg	国家标准限量要求 mg/kg	三安超有机食品标准	
					限量要求 mg/kg	检测方法
236	林可霉素	Lincomycin	1500μg/kg		不得检出	GB/T 20762
237	林丹	Lindane	0.02	0.01	不得检出	NY/T 761
238	虱螨脲	Lufenuron	0.02		不得检出	SN/T 2540
239	马拉硫磷	Malathion	0.02		不得检出	GB/T 19650
240	抑芽丹	Maleic hydrazide	0.02		不得检出	GB/T 23211
241	双炔酰菌胺	Mandipropamid	0.02		不得检出	参照同类标准
242	二甲四氯和二甲四氯丁酸	MCPA and MCPB	0.1		不得检出	SN/T 2228
243	壮棉素	Mepiquat chloride	0.05		不得检出	GB/T 23211
244	—	Meptyldinocap	0.05		不得检出	参照同类标准
245	汞化合物	Mercury compounds	0.01		不得检出	参照同类标准
246	氰氟虫腙	Metaflumizone	0.02		不得检出	SN/T 3852
247	甲霜灵和精甲霜灵	Metalaxyl and metalaxyl – M	0.05		不得检出	GB/T 20772
248	四聚乙醛	Metaldehyde	0.05		不得检出	SN/T 1787
249	苯嗪草酮	Metamitron	0.05		不得检出	GB/T 19650
250	吡唑草胺	Metazachlor	0.05		不得检出	GB/T 19650
251	叶菌唑	Metconazole	0.01		不得检出	GB/T 20772
252	甲基苯噻隆	Methabenzthiazuron	0.05		不得检出	GB/T 19650
253	虫螨畏	Methacrifos	0.01		不得检出	GB/T 20772
254	甲胺磷	Methamidophos	0.01		不得检出	GB/T 20772
255	杀扑磷	Methidathion	0.02		不得检出	GB/T 20772
256	甲硫威	Methiocarb	0.05		不得检出	GB/T 20770
257	灭多威和硫双威	Methomyl and thiodicarb	0.02		不得检出	GB/T 20772
258	烯虫酯	Methoprene	0.05		不得检出	GB/T 19650
259	甲氧滴滴涕	Methoxychlor	0.01		不得检出	SN/T 0529
260	甲氧虫酰肼	Methoxyfenozide	0.01		不得检出	GB/T 20772
261	磺草唑胺	Metosulam	0.01		不得检出	GB/T 20772
262	苯菌酮	Metrafenone	0.05		不得检出	参照同类标准
263	嗪草酮	Metribuzin	0.1		不得检出	GB/T 19650
264	绿谷隆	Monolinuron	0.05		不得检出	GB/T 20772
265	灭草隆	Monuron	0.01		不得检出	GB/T 20772
266	腈菌唑	Myclobutanil	0.01		不得检出	GB/T 20772
267	1 – 萘乙酰胺	1 – Naphthylacetamide	0.05		不得检出	GB/T 23205
268	敌草胺	Napropamide	0.01		不得检出	GB/T 19650
269	新霉素(包括 framycetin)	Neomycin(including framycetin)	5000μg/kg		不得检出	SN 0646
270	烟嘧磺隆	Nicosulfuron	0.05		不得检出	SN/T 2325
271	除草醚	Nitrofen	0.01		不得检出	GB/T 19650
272	氟酰脲	Novaluron	0.1		不得检出	GB/T 23211
273	嘧苯胺磺隆	Orthosulfamuron	0.01		不得检出	GB/T 23817
274	苯唑青霉素	Oxacillin	300μg/kg		不得检出	GB/T 18932.25

序号	农兽药中文名	农兽药英文名	欧盟标准限量要求 mg/kg	国家标准限量要求 mg/kg	三安超有机食品标准	
					限量要求 mg/kg	检测方法
275	噁草酮	Oxadiazon	0.05		不得检出	GB/T 19650
276	噁霜灵	Oxadixyl	0.01		不得检出	GB/T 19650
277	环氧嘧磺隆	Oxasulfuron	0.05		不得检出	GB/T 23817
278	喹菌酮	Oxolinic acid	150μg/kg		不得检出	日本肯定列表
279	氧化萎锈灵	Oxycarboxin	0.05		不得检出	GB/T 19650
280	亚砜磷	Oxydemeton – methyl	0.01		不得检出	参照同类标准
281	乙氧氟草醚	Oxyfluorfen	0.05		不得检出	GB/T 20772
282	土霉素	Oxytetracycline	600μg/kg		不得检出	GB/T 21317
283	多效唑	Paclobutrazol	0.02		不得检出	GB/T 19650
284	对硫磷	Parathion	0.05		不得检出	GB/T 19650
285	甲基对硫磷	Parathion – methyl	0.01		不得检出	GB/T 5009.161
286	巴龙霉素	Paromomycin	1500μg/kg		不得检出	SN/T 2315
287	戊菌唑	Penconazole	0.05		不得检出	GB/T 20772
288	戊菌隆	Pencycuron	0.05		不得检出	GB/T 19650
289	二甲戊灵	Pendimethalin	0.05		不得检出	GB/T 19650
290	氯菊酯	Permethrin	0.05		不得检出	GB/T 19650
291	甜菜宁	Phenmedipham	0.05		不得检出	GB/T 23205
292	苯醚菊酯	Phenothrin	0.05		不得检出	GB/T 20772
293	苯氧甲基青霉素	Phenoxymethylpenicillin	25μg/kg		不得检出	GB/T 21315
294	甲拌磷	Phorate	0.01		不得检出	GB/T 20772
295	伏杀硫磷	Phosalone	0.01		不得检出	GB/T 20772
296	亚胺硫磷	Phosmet	0.1		不得检出	GB/T 20772
297	—	Phosphines and phosphides	0.01		不得检出	参照同类标准
298	辛硫磷	Phoxim	0.03		不得检出	GB/T 20772
299	氨氯吡啶酸	Picloram	0.01		不得检出	GB/T 23211
300	啶氧菌酯	Picoxystrobin	0.05		不得检出	GB/T 19650
301	抗蚜威	Pirimicarb	0.05		不得检出	GB/T 20772
302	甲基嘧啶磷	Pirimiphos – methyl	0.05		不得检出	GB/T 20772
303	咪鲜胺	Prochloraz	0.1		不得检出	GB/T 19650
304	腐霉利	Procymidone	0.01		不得检出	GB/T 20772
305	丙溴磷	Profenofos	0.05		不得检出	GB/T 20772
306	调环酸	Prohexadione	0.05		不得检出	日本肯定列表
307	毒草安	Propachlor	0.02		不得检出	GB/T 20772
308	扑派威	Propamocarb	0.1		不得检出	GB/T 20772
309	恶草酸	Propaquizafop	0.05		不得检出	GB/T 20772
310	炔螨特	Propargite	0.1		不得检出	GB/T 19650
311	苯胺灵	Propham	0.05		不得检出	GB/T 19650
312	丙环唑	Propiconazole	0.01		不得检出	GB/T 19650
313	异丙草胺	Propisochlor	0.01		不得检出	GB/T 19650

序号	农兽药中文名	农兽药英文名	欧盟标准限量要求 mg/kg	国家标准限量要求 mg/kg	三安超有机食品标准	
					限量要求 mg/kg	检测方法
314	残杀威	Propoxur	0.05		不得检出	GB/T 20772
315	炔苯酰草胺	Propyzamide	0.05		不得检出	GB/T 19650
316	苄草丹	Prosulfocarb	0.05		不得检出	GB/T 19650
317	丙硫菌唑	Prothioconazole	0.05		不得检出	参照同类标准
318	吡蚜酮	Pymetrozine	0.01		不得检出	GB/T 20772
319	吡唑醚菌酯	Pyraclostrobin	0.05		不得检出	GB/T 20772
320	—	Pyrasulfotole	0.01		不得检出	参照同类标准
321	吡菌磷	Pyrazophos	0.02		不得检出	GB/T 20772
322	除虫菊素	Pyrethrins	0.05		不得检出	GB/T 20772
323	哒螨灵	Pyridaben	0.02		不得检出	GB/T 19650
324	啶虫丙醚	Pyridalyl	0.01		不得检出	日本肯定列表
325	哒草特	Pyridate	0.05		不得检出	日本肯定列表
326	嘧霉胺	Pyrimethanil	0.05		不得检出	GB/T 19650
327	吡丙醚	Pyriproxyfen	0.05		不得检出	GB/T 19650
328	甲氧磺草胺	Pyroxsulam	0.01		不得检出	SN/T 2325
329	氯甲喹啉酸	Quinmerac	0.05		不得检出	参照同类标准
330	喹氧灵	Quinoxyfen	0.2		不得检出	SN/T 2319
331	五氯硝基苯	Quintozene	0.01	0.1	不得检出	GB/T 19650
332	精喹禾灵	Quizalofop - *P* - ethyl	0.05		不得检出	SN/T 2150
333	灭虫菊	Resmethrin	0.1		不得检出	GB/T 20772
334	鱼藤酮	Rotenone	0.01		不得检出	GB/T 20772
335	西玛津	Simazine	0.01		不得检出	SN 0594
336	壮观霉素	Spectinomycin	5000μg/kg		不得检出	GB/T 21323
337	乙基多杀菌素	Spinetoram	0.01		不得检出	参照同类标准
338	多杀霉素	Spinosad	0.2		不得检出	GB/T 20772
339	螺螨酯	Spirodiclofen	0.01		不得检出	GB/T 20772
340	螺甲螨酯	Spiromesifen	0.01		不得检出	GB/T 23210
341	螺虫乙酯	Spirotetramat	0.01		不得检出	参照同类标准
342	葚孢菌素	Spiroxamine	0.2		不得检出	GB/T 20772
343	磺草酮	Sulcotrione	0.05		不得检出	参照同类标准
344	磺胺类(所有属于磺胺类的物质)	Sulfonamides (all substances belonging to the sulfonamide-group)	100μg/kg		不得检出	GB 29694
345	乙黄隆	Sulfosulfuron	0.05		不得检出	SN/T 2325
346	硫磺粉	Sulfur	0.5		不得检出	参照同类标准
347	氟胺氰菊酯	Tau - fluvalinate	0.01		不得检出	SN 0691
348	戊唑醇	Tebuconazole	0.1		不得检出	GB/T 20772
349	虫酰肼	Tebufenozide	0.05		不得检出	GB/T 20772
350	吡螨胺	Tebufenpyrad	0.05		不得检出	GB/T 19650

序号	农兽药中文名	农兽药英文名	欧盟标准限量要求 mg/kg	国家标准限量要求 mg/kg	三安超有机食品标准	
					限量要求 mg/kg	检测方法
351	四氯硝基苯	Tecnazene	0.05		不得检出	GB/T 19650
352	氟苯脲	Teflubenzuron	0.05		不得检出	SN/T 2150
353	七氟菊酯	Tefluthrin	0.05		不得检出	GB/T 23210
354	得杀草	Tepraloxydim	0.1		不得检出	GB/T 20772
355	特丁硫磷	Terbufos	0.01		不得检出	GB/T 20772
356	特丁津	Terbuthylazine	0.05		不得检出	GB/T 19650
357	四氟醚唑	Tetraconazole	0.05		不得检出	GB/T 20772
358	四环素	Tetracycline	600μg/kg		不得检出	GB/T 21317
359	三氯杀螨砜	Tetradifon	0.05		不得检出	GB/T 19650
360	噻菌灵	Thiabendazole	0.1		不得检出	GB/T 20772
361	噻虫啉	Thiacloprid	0.3		不得检出	GB/T 20772
362	噻虫嗪	Thiamethoxam	0.01		不得检出	GB/T 20772
363	甲砜霉素	Thiamphenicol	50μg/kg		不得检出	GB/T 20756
364	禾草丹	Thiobencarb	0.01		不得检出	GB/T 20772
365	甲基硫菌灵	Thiophanate – methyl	0.05		不得检出	SN/T 0162
366	替米考星	Tilmicosin	250μg/kg		不得检出	GB/T 20762
367	甲基立枯磷	Tolclofos – methyl	0.05		不得检出	GB/T 19650
368	甲苯三嗪酮	Toltrazuril	400μg/kg		不得检出	参照同类标准
369	甲苯氟磺胺	Tolylfluanid	0.1		不得检出	GB/T 19650
370	—	Topramezone	0.05		不得检出	参照同类标准
371	三唑酮和三唑醇	Triadimefon and triadimenol	0.1		不得检出	GB/T 20772
372	野麦畏	Triallate	0.05		不得检出	GB/T 20772
373	醚苯磺隆	Triasulfuron	0.05		不得检出	GB/T 20772
374	三唑磷	Triazophos	0.01		不得检出	GB/T 20772
375	敌百虫	Trichlorphon	0.01		不得检出	GB/T 20772
376	绿草定	Triclopyr	0.05		不得检出	SN/T 2228
377	三环唑	Tricyclazole	0.05		不得检出	GB/T 20769
378	十三吗啉	Tridemorph	0.01		不得检出	GB/T 20772
379	肟菌酯	Trifloxystrobin	0.04		不得检出	GB/T 19650
380	氟菌唑	Triflumizole	0.05		不得检出	GB/T 20769
381	杀铃脲	Triflumuron	0.01		不得检出	GB/T 20772
382	氟乐灵	Trifluralin	0.01		不得检出	GB/T 20772
383	嗪氨灵	Triforine	0.01		不得检出	SN 0695
384	甲氧苄氨嘧啶	Trimethoprim	50μg/kg		不得检出	SN/T 1769
385	三甲基锍阳离子	Trimethyl – sulfonium cation	0.1		不得检出	参照同类标准
386	抗倒酯	Trinexapac	0.05		不得检出	GB/T 20769
387	灭菌唑	Triticonazole	0.01		不得检出	GB/T 20772
388	三氟甲磺隆	Tritosulfuron	0.01		不得检出	参照同类标准
389	泰乐霉素	Tylosin	100μg/kg		不得检出	GB/T 22941

序号	农兽药中文名	农兽药英文名	欧盟标准限量要求 mg/kg	国家标准限量要求 mg/kg	三安超有机食品标准	
					限量要求 mg/kg	检测方法
390	—	Valifenalate	0.01		不得检出	参照同类标准
391	乙烯菌核利	Vinclozolin	0.05		不得检出	GB/T 20772
392	2,3,4,5-四氯苯胺	2,3,4,5-Tetrachloraniline			不得检出	GB/T 19650
393	2,3,4,5-四氯甲氧基苯	2,3,4,5-Tetrachloroanisole			不得检出	GB/T 19650
394	2,3,5,6-四氯苯胺	2,3,5,6-Tetrachloroaniline			不得检出	GB/T 19650
395	2,4,5-涕	2,4,5-T			不得检出	GB/T 20772
396	*o,p'*-滴滴滴	2,4'-DDD			不得检出	GB/T 19650
397	*o,p'*-滴滴伊	2,4'-DDE			不得检出	GB/T 19650
398	*o,p'*-滴滴涕	2,4'-DDT			不得检出	GB/T 19650
399	2,6-二氯苯甲酰胺	2,6-Dichlorobenzamide			不得检出	GB/T 19650
400	3,5-二氯苯胺	3,5-Dichloroaniline			不得检出	GB/T 19650
401	*p,p'*-滴滴滴	4,4'-DDD			不得检出	GB/T 19650
402	*p,p'*-滴滴伊	4,4'-DDE			不得检出	GB/T 19650
403	*p,p'*-滴滴涕	4,4'-DDT			不得检出	GB/T 19650
404	4,4'-二溴二苯甲酮	4,4'-Dibromobenzophenone			不得检出	GB/T 19650
405	4,4'-二氯二苯甲酮	4,4'-Dichlorobenzophenone			不得检出	GB/T 19650
406	二氢苊	Acenaphthene			不得检出	GB/T 19650
407	乙酰丙嗪	Acepromazine			不得检出	GB/T 20763
408	三氟羧草醚	Acifluorfen			不得检出	GB/T 20772
409	1-氨基-2-乙内酰脲	AHD			不得检出	GB/T 21311
410	涕灭砜威	Aldoxycarb			不得检出	GB/T 20772
411	烯丙菊酯	Allethrin			不得检出	GB/T 20772
412	二丙烯草胺	Allidochlor			不得检出	GB/T 19650
413	α-六六六	Alpha-HCH			不得检出	GB/T 19650
414	烯丙孕素	Altrenogest			不得检出	SN/T 1980
415	莠灭净	Ametryn			不得检出	GB/T 20772
416	杀草强	Amitrole			不得检出	SN/T 1737.6
417	5-吗啉甲基-3-氨基-2-噁唑烷基酮	AMOZ			不得检出	GB/T 21311
418	氨丙嘧吡啶	Amprolium			不得检出	SN/T 0276
419	莎稗磷	Anilofos			不得检出	GB/T 19650
420	蒽醌	Anthraquinone			不得检出	GB/T 19650
421	3-氨基-2-噁唑酮	AOZ			不得检出	GB/T 21311
422	安普霉素	Apramycin			不得检出	GB/T 21323
423	丙硫特普	Aspon			不得检出	GB/T 19650
424	羟氨卡青霉素	Aspoxicillin			不得检出	GB/T 21315
425	乙基杀扑磷	Athidathion			不得检出	GB/T 19650
426	莠去通	Atratone			不得检出	GB/T 19650
427	莠去津	Atrazine			不得检出	GB/T 20772

序号	农兽药中文名	农兽药英文名	欧盟标准限量要求 mg/kg	国家标准限量要求 mg/kg	三安超有机食品标准	
					限量要求 mg/kg	检测方法
428	脱乙基阿特拉津	Atrazine - desethyl			不得检出	GB/T 19650
429	甲基吡噁磷	Azamethiphos			不得检出	GB/T 20763
430	氮哌酮	Azaperone			不得检出	SN/T2221
431	叠氮津	Aziprotryne			不得检出	GB/T 19650
432	杆菌肽	Bacitracin			不得检出	GB/T 20743
433	4 - 溴 - 3,5 - 二甲苯基 - *N* - 甲基氨基甲酸酯 - 1	BDMC - 1			不得检出	GB/T 19650
434	4 - 溴 - 3,5 - 二甲苯基 - *N* - 甲基氨基甲酸酯 - 2	BDMC - 2			不得检出	GB/T 19650
435	噁虫威	Bendiocarb			不得检出	GB/T 20772
436	乙丁氟灵	Benfluralin			不得检出	GB/T 19650
437	呋草黄	Benfuresate			不得检出	GB/T 19650
438	麦锈灵	Benodanil			不得检出	GB/T 19650
439	解草酮	Benoxacor			不得检出	GB/T 19650
440	新燕灵	Benzoylprop - ethyl			不得检出	GB/T 19650
441	苄青霉素	Benzyl pencillin			不得检出	GB/T 21315
442	β - 六六六	Beta - HCH			不得检出	GB/T 19650
443	倍他米松	Betamethasone			不得检出	SN/T 1970
444	生物烯丙菊酯 - 1	Bioallethrin - 1			不得检出	GB/T 19650
445	生物烯丙菊酯 - 2	Bioallethrin - 2			不得检出	GB/T 19650
446	生物苄呋菊酯	Bioresmethrin			不得检出	GB/T 20772
447	除草定	Bromacil			不得检出	GB/T 20772
448	溴苯烯磷	Bromfenvinfos			不得检出	GB/T 19650
449	溴烯杀	Bromocylen			不得检出	GB/T 19650
450	溴硫磷	Bromofos			不得检出	GB/T 19650
451	乙基溴硫磷	Bromophos - ethyl			不得检出	GB/T 19650
452	溴丁酰草胺	Btomobutide			不得检出	GB/T 19650
453	氟丙嘧草酯	Butafenacil			不得检出	GB/T 19650
454	抑草磷	Butamifos			不得检出	GB/T 19650
455	丁草胺	Butaxhlor			不得检出	GB/T 19650
456	苯酮唑	Cafenstrole			不得检出	GB/T 19650
457	角黄素	Canthaxanthin			不得检出	SN/T 2327
458	咔唑心安	Carazolol			不得检出	GB/T 20763
459	卡巴氧	Carbadox			不得检出	GB/T 20746
460	三硫磷	Carbophenothion			不得检出	GB/T 19650
461	唑草酮	Carfentrazone - ethyl			不得检出	GB/T 19650
462	卡洛芬	Carprofen			不得检出	SN/T 2190
463	头孢洛宁	Cefalonium			不得检出	GB/T 22989
464	头孢匹林	Cefapirin			不得检出	GB/T 22989

序号	农兽药中文名	农兽药英文名	欧盟标准限量要求 mg/kg	国家标准限量要求 mg/kg	三安超有机食品标准	
					限量要求 mg/kg	检测方法
465	头孢喹肟	Cefquinome			不得检出	GB/T 22989
466	头孢噻呋	Ceftiofur			不得检出	GB/T 21314
467	头孢氨苄	Cefalexin			不得检出	GB/T 22989
468	氯霉素	Chloramphenicolum			不得检出	GB/T 20772
469	氯杀螨砜	Chlorbenside sulfone			不得检出	GB/T 19650
470	氯溴隆	Chlorbromuron			不得检出	GB/T 19650
471	杀虫脒	Chlordimeform			不得检出	GB/T 19650
472	氯氧磷	Chlorethoxyfos			不得检出	GB/T 19650
473	溴虫腈	Chlorfenapyr			不得检出	GB/T 19650
474	杀螨醇	Chlorfenethol			不得检出	GB/T 19650
475	燕麦酯	Chlorfenprop – methyl			不得检出	GB/T 19650
476	氟啶脲	Chlorfluazuron			不得检出	SN/T 2540
477	整形醇	Chlorflurenol			不得检出	GB/T 19650
478	氯地孕酮	Chlormadinone			不得检出	SN/T 1980
479	醋酸氯地孕酮	Chlormadinone acetate			不得检出	GB/T 20753
480	氯甲硫磷	Chlormephos			不得检出	GB/T 19650
481	氯苯甲醚	Chloroneb			不得检出	GB/T 19650
482	丙酯杀螨醇	Chloropropylate			不得检出	GB/T 19650
483	氯丙嗪	Chlorpromazine			不得检出	GB/T 20763
484	氯硫磷	Chlorthion			不得检出	GB/T 19650
485	虫螨磷	Chlorthiophos			不得检出	GB/T 19650
486	乙菌利	Chlozolinate			不得检出	GB/T 19650
487	顺式 – 氯丹	*cis* – Chlordane			不得检出	GB/T 19650
488	顺式 – 燕麦敌	*cis* – Diallate			不得检出	GB/T 19650
489	顺式 – 氯菊酯	*cis* – Permethrin			不得检出	GB/T 19650
490	克仑特罗	Clenbuterol			不得检出	GB/T 22286
491	异噁草酮	Clomazone			不得检出	GB/T 20772
492	氯甲酰草胺	Clomeprop			不得检出	GB/T 19650
493	氯羟吡啶	Clopidol			不得检出	GB 29700
494	解草酯	Cloquintocet – mexyl			不得检出	GB/T 19650
495	蝇毒磷	Coumaphos			不得检出	GB/T 19650
496	鼠立死	Crimidine			不得检出	GB/T 19650
497	巴毒磷	Crotxyphos			不得检出	GB/T 19650
498	育畜磷	Crufomate			不得检出	GB/T 19650
499	苯腈磷	Cyanofenphos			不得检出	GB/T 19650
500	杀螟腈	Cyanophos			不得检出	GB/T 20772
501	环草敌	Cycloate			不得检出	GB/T 20772
502	环莠隆	Cycluron			不得检出	GB/T 20772
503	环丙津	Cyprazine			不得检出	GB/T 20772

序号	农兽药中文名	农兽药英文名	欧盟标准限量要求 mg/kg	国家标准限量要求 mg/kg	三安超有机食品标准	
					限量要求 mg/kg	检测方法
504	敌草索	Dacthal			不得检出	GB/T 19650
505	癸氧喹酯	Decoquinate			不得检出	SN/T2444
506	脱叶磷	DEF			不得检出	GB/T 19650
507	δ－六六六	Delta－HCH			不得检出	GB/T 19650
508	2,2′,4,5,5′－五氯联苯	DE－PCB 101			不得检出	GB/T 19650
509	2,3,4,4′,5－五氯联苯	DE－PCB 118			不得检出	GB/T 19650
510	2,2′,3,4,4′,5－六氯联苯	DE－PCB 138			不得检出	GB/T 19650
511	2,2′,4,4′,5,5′－六氯联苯	DE－PCB 153			不得检出	GB/T 19650
512	2,2′,3,4,4′,5,5′－七氯联苯	DE－PCB 180			不得检出	GB/T 19650
513	2,4,4′－三氯联苯	DE－PCB 28			不得检出	GB/T 19650
514	2,4,5－三氯联苯	DE－PCB 31			不得检出	GB/T 19650
515	2,2′,5,5′－四氯联苯	DE－PCB 52			不得检出	GB/T 19650
516	脱溴溴苯磷	Desbrom－leptophos			不得检出	GB/T 19650
517	脱乙基另丁津	Desethyl－sebuthylazine			不得检出	GB/T 19650
518	敌草净	Desmetryn			不得检出	GB/T 19650
519	地塞米松	Dexamethasone			不得检出	SN/T 1970
520	氯亚胺硫磷	Dialifos			不得检出	GB/T 19650
521	敌菌净	Diaveridine			不得检出	SN/T 1926
522	驱虫特	Dibutyl succinate			不得检出	GB/T 20772
523	异氯磷	Dicapthon			不得检出	GB/T 20772
524	除线磷	Dichlofenthion			不得检出	GB/T 20772
525	苯氟磺胺	Dichlofluanid			不得检出	GB/T 19650
526	烯丙酰草胺	Dichlormid			不得检出	GB/T 19650
527	敌敌畏	Dichlorvos			不得检出	GB/T 20772
528	苄氯三唑醇	Diclobutrazole			不得检出	GB/T 20772
529	禾草灵	Diclofop－methyl			不得检出	GB/T 19650
530	己烯雌酚	Diethylstilbestrol			不得检出	GB/T 20766
531	二氢链霉素	Dihydro－streptomycin			不得检出	GB/T 22969
532	甲氟磷	Dimefox			不得检出	GB/T 19650
533	哌草丹	Dimepiperate			不得检出	GB/T 19650
534	异戊乙净	Dimethametryn			不得检出	GB/T 19650
535	二甲酚草胺	Dimethenamid			不得检出	GB/T 19650
536	乐果	Dimethoate			不得检出	GB/T 20772
537	甲基毒虫畏	Dimethylvinphos			不得检出	GB/T 19650
538	地美硝唑	Dimetridazole			不得检出	GB/T 21318
539	二硝托安	Dinitolmide			不得检出	SN/T 2453
540	氨氟灵	Dinitramine			不得检出	GB/T 19650
541	消螨通	Dinobuton			不得检出	GB/T 19650
542	呋虫胺	Dinotefuran			不得检出	GB/T 20772

序号	农兽药中文名	农兽药英文名	欧盟标准限量要求 mg/kg	国家标准限量要求 mg/kg	三安超有机食品标准	
					限量要求 mg/kg	检测方法
543	苯虫醚-1	Diofenolan-1			不得检出	GB/T 19650
544	苯虫醚-2	Diofenolan-2			不得检出	GB/T 19650
545	蔬果磷	Dioxabenzofos			不得检出	GB/T 19650
546	双苯酰草胺	Diphenamid			不得检出	GB/T 19650
547	二苯胺	Diphenylamine			不得检出	GB/T 19650
548	异丙净	Dipropetryn			不得检出	GB/T 19650
549	灭菌磷	Ditalimfos			不得检出	GB/T 19650
550	氟硫草定	Dithiopyr			不得检出	GB/T 19650
551	多拉菌素	Doramectin			不得检出	GB/T 22968
552	敌瘟磷	Edifenphos			不得检出	GB/T 19650
553	硫丹硫酸盐	Endosulfan-sulfate			不得检出	GB/T 19650
554	异狄氏剂酮	Endrin ketone			不得检出	GB/T 19650
555	苯硫磷	EPN			不得检出	GB/T 19650
556	埃普利诺菌素	Eprinomectin			不得检出	GB/T 21320
557	抑草蓬	Erbon			不得检出	GB/T 19650
558	*S*-氰戊菊酯	Esfenvalerate			不得检出	GB/T 19650
559	戊草丹	Esprocarb			不得检出	GB/T 19650
560	乙环唑-1	Etaconazole-1			不得检出	GB/T 19650
561	乙环唑-2	Etaconazole-2			不得检出	GB/T 19650
562	乙嘧硫磷	Etrimfos			不得检出	GB/T 19650
563	氧乙嘧硫磷	Etrimfos oxon			不得检出	GB/T 19650
564	伐灭磷	Famphur			不得检出	GB/T 19650
565	苯线磷亚砜	Fenamiphos sulfoxide			不得检出	GB/T 19650
566	苯线磷砜	Fenamiphos-sulfone			不得检出	GB/T 19650
567	苯硫苯咪唑	Fenbendazole			不得检出	SN 0638
568	氧皮蝇磷	Fenchlorphos oxon			不得检出	GB/T 19650
569	甲呋酰胺	Fenfuram			不得检出	GB/T 19650
570	仲丁威	Fenobucarb			不得检出	GB/T 19650
571	苯硫威	Fenothiocarb			不得检出	GB/T 19650
572	稻瘟酰胺	Fenoxanil			不得检出	GB/T 19650
573	拌种咯	Fenpiclonil			不得检出	GB/T 19650
574	甲氰菊酯	Fenpropathrin			不得检出	GB/T 19650
575	芬螨酯	Fenson			不得检出	GB/T 19650
576	丰索磷	Fensulfothion			不得检出	GB/T 19650
577	倍硫磷亚砜	Fenthion sulfoxide			不得检出	GB/T 19650
578	麦草氟异丙酯	Flamprop-isopropyl			不得检出	GB/T 19650
579	麦草氟甲酯	Flamprop-methyl			不得检出	GB/T 19650
580	吡氟禾草灵	Fluazifop-butyl			不得检出	GB/T 19650
581	啶蜱脲	Fluazuron			不得检出	SN/T 2540

序号	农兽药中文名	农兽药英文名	欧盟标准限量要求 mg/kg	国家标准限量要求 mg/kg	三安超有机食品标准	
					限量要求 mg/kg	检测方法
582	氟噻草胺	Flufenacet			不得检出	GB/T 19650
583	氟节胺	Flumetralin			不得检出	GB/T 19650
584	唑嘧磺草胺	Flumetsulam			不得检出	GB/T 20772
585	氟烯草酸	Flumiclorac			不得检出	GB/T 19650
586	丙炔氟草胺	Flumioxazin			不得检出	GB/T 19650
587	氟胺烟酸	Flunixin			不得检出	GB/T 20750
588	三氟硝草醚	Fluorodifen			不得检出	GB/T 19650
589	乙羧氟草醚	Fluoroglycofen - ethyl			不得检出	GB/T 19650
590	三氟苯唑	Fluotrimazole			不得检出	GB/T 19650
591	氟啶草酮	Fluridone			不得检出	GB/T 19650
592	氟草烟 - 1 - 甲庚酯	Fluroxypr - 1 - methylheptyl ester			不得检出	GB/T 19650
593	呋草酮	Flurtamone			不得检出	GB/T 19650
594	地虫硫磷	Fonofos			不得检出	GB/T 19650
595	安果	Formothion			不得检出	GB/T 19650
596	呋霜灵	Furalaxyl			不得检出	GB/T 19650
597	庆大霉素	Gentamicin			不得检出	GB/T 21323
598	苄螨醚	Halfenprox			不得检出	GB/T 19650
599	氟哌啶醇	Haloperidol			不得检出	GB/T 20763
600	ε - 六六六	HCH, epsilon			不得检出	GB/T 19650
601	庚烯磷	Heptanophos			不得检出	GB/T 19650
602	己唑醇	Hexaconazole			不得检出	GB/T 19650
603	环嗪酮	Hexazinone			不得检出	GB/T 19650
604	咪草酸	Imazamethabenz - methyl			不得检出	GB/T 19650
605	脱苯甲基亚胺唑	Imibenconazole - *des* - benzyl			不得检出	GB/T 19650
606	炔咪菊酯 - 1	Imiprothrin - 1			不得检出	GB/T 19650
607	炔咪菊酯 - 2	Imiprothrin - 2			不得检出	GB/T 19650
608	碘硫磷	Iodofenphos			不得检出	GB/T 19650
609	甲基碘磺隆	Iodosulfuron - methyl			不得检出	GB/T 20772
610	异稻瘟净	Iprobenfos			不得检出	GB/T 19650
611	氯唑磷	Isazofos			不得检出	GB/T 19650
612	碳氯灵	Isobenzan			不得检出	GB/T 19650
613	丁咪酰胺	Isocarbamid			不得检出	GB/T 19650
614	水胺硫磷	Isocarbophos			不得检出	GB/T 19650
615	异艾氏剂	Isodrin			不得检出	GB/T 19650
616	异柳磷	Isofenphos			不得检出	GB/T 19650
617	氧异柳磷	Isofenphos oxon			不得检出	GB/T 19650
618	氮氨菲啶	Isometamidium			不得检出	SN/T 2239
619	丁嗪草酮	Isomethiozin			不得检出	GB/T 19650

序号	农兽药中文名	农兽药英文名	欧盟标准限量要求 mg/kg	国家标准限量要求 mg/kg	三安超有机食品标准	
					限量要求 mg/kg	检测方法
620	异丙威－1	Isoprocarb－1			不得检出	GB/T 19650
621	异丙威－2	Isoprocarb－2			不得检出	GB/T 19650
622	异丙乐灵	Isopropalin			不得检出	GB/T 19650
623	双苯噁唑酸	Isoxadifen－ethyl			不得检出	GB/T 19650
624	异噁氟草	Isoxaflutole			不得检出	GB/T 20772
625	噁唑啉	Isoxathion			不得检出	GB/T 19650
626	依维菌素	Ivermectin			不得检出	GB/T 21320
627	交沙霉素	Josamycin			不得检出	GB/T 20762
628	溴苯磷	Leptophos			不得检出	GB/T 19650
629	利谷隆	Linuron			不得检出	GB/T 19650
630	麻保沙星	Marbofloxacin			不得检出	GB/T 22985
631	2－甲－4－氯丁氧乙基酯	MCPA－butoxyethyl ester			不得检出	GB/T 19650
632	甲苯咪唑	Mebendazole			不得检出	GB/T 21324
633	灭蚜磷	Mecarbam			不得检出	GB/T 19650
634	二甲四氯丙酸	Mecoprop			不得检出	SN/T 2325
635	苯噻酰草胺	Mefenacet			不得检出	GB/T 19650
636	吡唑解草酯	Mefenpyr－diethyl			不得检出	GB/T 19650
637	醋酸甲地孕酮	Megestrol acetate			不得检出	GB/T 20753
638	醋酸美仑孕酮	Melengestrol acetate			不得检出	GB/T 20753
639	嘧菌胺	Mepanipyrim			不得检出	GB/T 19650
640	地胺磷	Mephosfolan			不得检出	GB/T 19650
641	灭锈胺	Mepronil			不得检出	GB/T 19650
642	硝磺草酮	Mesotrione			不得检出	参照同类标准
643	呋菌胺	Methfuroxam			不得检出	GB/T 19650
644	灭梭威砜	Methiocarb sulfone			不得检出	GB/T 19650
645	异丙甲草胺和 *S*－异丙甲草胺	Metolachlor and *S*－metolachlor			不得检出	GB/T 19650
646	盖草津	Methoprotryne			不得检出	GB/T 19650
647	甲醚菊酯－1	Methothrin－1			不得检出	GB/T 19650
648	甲醚菊酯－2	Methothrin－2			不得检出	GB/T 19650
649	甲基泼尼松龙	Methylprednisolone			不得检出	GB/T 21981
650	溴谷隆	Metobromuron			不得检出	GB/T 19650
651	甲氧氯普胺	Metoclopramide			不得检出	SN/T 2227
652	苯氧菌胺－1	Metominsstrobin－1			不得检出	GB/T 19650
653	苯氧菌胺－2	Metominsstrobin－2			不得检出	GB/T 19650
654	甲硝唑	Metronidazole			不得检出	GB/T 21318
655	速灭磷	Mevinphos			不得检出	GB/T 19650
656	兹克威	Mexacarbate			不得检出	GB/T 19650
657	灭蚁灵	Mirex			不得检出	GB/T 19650

序号	农兽药中文名	农兽药英文名	欧盟标准限量要求 mg/kg	国家标准限量要求 mg/kg	三安超有机食品标准	
					限量要求 mg/kg	检测方法
658	禾草敌	Molinate			不得检出	GB/T 19650
659	庚酰草胺	Monalide			不得检出	GB/T 19650
660	莫能菌素	Monensin			不得检出	SN 0698
661	莫西丁克	Moxidectin			不得检出	SN/T 2442
662	合成麝香	Musk ambrecte			不得检出	GB/T 19650
663	麝香	Musk moskene			不得检出	GB/T 19650
664	西藏麝香	Musk tibeten			不得检出	GB/T 19650
665	二甲苯麝香	Musk xylene			不得检出	GB/T 19650
666	萘夫西林	Nafcillin			不得检出	GB/T 22975
667	二溴磷	Naled			不得检出	SN/T 0706
668	甲基盐霉素	Narasin			不得检出	GB/T 20364
669	甲磺乐灵	Nitralin			不得检出	GB/T 19650
670	三氯甲基吡啶	Nitrapyrin			不得检出	GB/T 19650
671	酞菌酯	Nitrothal - isopropyl			不得检出	GB/T 19650
672	诺氟沙星	Norfloxacin			不得检出	GB/T 20366
673	氟草敏	Norflurazon			不得检出	GB/T 19650
674	新生霉素	Novobiocin			不得检出	SN 0674
675	氟苯嘧啶醇	Nuarimol			不得检出	GB/T 19650
676	八氯苯乙烯	Octachlorostyrene			不得检出	GB/T 19650
677	氧氟沙星	Ofloxacin			不得检出	GB/T 20366
678	喹乙醇	Olaquindox			不得检出	GB/T 20746
679	竹桃霉素	Oleandomycin			不得检出	GB/T 20762
680	氧乐果	Omethoate			不得检出	GB/T 19650
681	奥比沙星	Orbifloxacin			不得检出	GB/T 22985
682	杀线威	Oxamyl			不得检出	GB/T 20772
683	丙氧苯咪唑	Oxibendazole			不得检出	GB/T 21324
684	氧化氯丹	Oxy - chlordane			不得检出	GB/T 19650
685	对氧磷	Paraoxon			不得检出	GB/T 19650
686	甲基对氧磷	Paraoxon - methyl			不得检出	GB/T 19650
687	克草敌	Pebulate			不得检出	GB/T 19650
688	五氯苯胺	Pentachloroaniline			不得检出	GB/T 19650
689	五氯甲氧基苯	Pentachloroanisole			不得检出	GB/T 19650
690	五氯苯	Pentachlorobenzene			不得检出	GB/T 19650
691	乙滴涕	Perthane			不得检出	GB/T 19650
692	菲	Phenanthrene			不得检出	GB/T 19650
693	稻丰散	Phenthoate			不得检出	GB/T 19650
694	甲拌磷砜	Phorate sulfone			不得检出	GB/T 19650
695	磷胺 - 1	Phosphamidon - 1			不得检出	GB/T 19650
696	磷胺 - 2	Phosphamidon - 2			不得检出	GB/T 19650

序号	农兽药中文名	农兽药英文名	欧盟标准限量要求 mg/kg	国家标准限量要求 mg/kg	三安超有机食品标准	
					限量要求 mg/kg	检测方法
697	酞酸苯甲基丁酯	Phthalic acid, benzylbutyl ester			不得检出	GB/T 19650
698	四氯苯肽	Phthalide			不得检出	GB/T 19650
699	邻苯二甲酰亚胺	Phthalimide			不得检出	GB/T 19650
700	氟吡酰草胺	Picolinafen			不得检出	GB/T 19650
701	增效醚	Piperonyl butoxide			不得检出	GB/T 19650
702	哌草磷	Piperophos			不得检出	GB/T 19650
703	乙基虫螨清	Pirimiphos – ethyl			不得检出	GB/T 19650
704	吡利霉素	Pirlimycin			不得检出	GB/T 22988
705	炔丙菊酯	Prallethrin			不得检出	GB/T 19650
706	泼尼松龙	Prednisolone			不得检出	GB/T 21981
707	丙草胺	Pretilachlor			不得检出	GB/T 19650
708	环丙氟灵	Profluralin			不得检出	GB/T 19650
709	茉莉酮	Prohydrojasmon			不得检出	GB/T 19650
710	扑灭通	Prometon			不得检出	GB/T 19650
711	扑草净	Prometryne			不得检出	GB/T 19650
712	炔丙烯草胺	Pronamide			不得检出	GB/T 19650
713	敌稗	Propanil			不得检出	GB/T 19650
714	扑灭津	Propazine			不得检出	GB/T 19650
715	胺丙畏	Propetamphos			不得检出	GB/T 19650
716	丙酰二甲氨基丙吩噻嗪	Propionylpromazin			不得检出	GB/T 20763
717	丙硫磷	Prothiophos			不得检出	GB/T 19650
718	哒嗪硫磷	Pyridafenthion			不得检出	GB/T 19650
719	吡唑硫磷	Pyraclofos			不得检出	GB/T 19650
720	吡草醚	Pyraflufen – ethyl			不得检出	GB/T 19650
721	啶斑肟 – 1	Pyrifenox – 1			不得检出	GB/T 19650
722	啶斑肟 – 2	Pyrifenox – 2			不得检出	GB/T 19650
723	环酯草醚	Pyriftalid			不得检出	GB/T 19650
724	嘧螨醚	Pyrimidifen			不得检出	GB/T 19650
725	嘧草醚	Pyriminobac – methyl			不得检出	GB/T 19650
726	嘧啶磷	Pyrimitate			不得检出	GB/T 19650
727	喹硫磷	Quinalphos			不得检出	GB/T 19650
728	灭藻醌	Quinoclamine			不得检出	GB/T 19650
729	吡咪唑	Rabenzazole			不得检出	GB/T 19650
730	莱克多巴胺	Ractopamine			不得检出	GB/T 21313
731	洛硝达唑	Ronidazole			不得检出	GB/T 21318
732	皮蝇磷	Ronnel			不得检出	GB/T 19650
733	盐霉素	Salinomycin			不得检出	GB/T 20364
734	沙拉沙星	Sarafloxacin			不得检出	GB/T 20366
735	另丁津	Sebutylazine			不得检出	GB/T 19650

序号	农兽药中文名	农兽药英文名	欧盟标准限量要求 mg/kg	国家标准限量要求 mg/kg	三安超有机食品标准	
					限量要求 mg/kg	检测方法
736	密草通	Secbumeton			不得检出	GB/T 19650
737	氨基脲	Semduramicin			不得检出	GB/T 20752
738	烯禾啶	Sethoxydim			不得检出	GB/T 19650
739	氟硅菊酯	Silafluofen			不得检出	GB/T 19650
740	硅氟唑	Simeconazole			不得检出	GB/T 19650
741	西玛通	Simetone			不得检出	GB/T 19650
742	西草净	Simetryn			不得检出	GB/T 19650
743	螺旋霉素	Spiramycin			不得检出	GB/T 20762
744	链霉素	Streptomycin			不得检出	GB/T 21323
745	磺胺苯酰	Sulfabenzamide			不得检出	GB/T 21316
746	磺胺醋酰	Sulfacetamide			不得检出	GB/T 21316
747	磺胺氯哒嗪	Sulfachloropyridazine			不得检出	GB/T 21316
748	磺胺嘧啶	Sulfadiazine			不得检出	GB/T 21316
749	磺胺间二甲氧嘧啶	Sulfadimethoxine			不得检出	GB/T 21316
750	磺胺二甲嘧啶	Sulfadimidine			不得检出	GB/T 21316
751	磺胺多辛	Sulfadoxine			不得检出	GB/T 21316
752	磺胺胍	Sulfaguanidine			不得检出	GB/T 21316
753	菜草畏	Sulfallate			不得检出	GB/T 19650
754	磺胺甲嘧啶	Sulfamerazine			不得检出	GB/T 21316
755	新诺明	Sulfamethoxazole			不得检出	GB/T 21316
756	磺胺间甲氧嘧啶	Sulfamonomethoxine			不得检出	GB/T 21316
757	乙酰磺胺对硝基苯	Sulfanitran			不得检出	GB/T 20772
758	磺胺吡啶	Sulfapyridine			不得检出	GB/T 21316
759	磺胺喹沙啉	Sulfaquinoxaline			不得检出	GB/T 21316
760	磺胺噻唑	Sulfathiazole			不得检出	GB/T 21316
761	治螟磷	Sulfotep			不得检出	GB/T 19650
762	硫丙磷	Sulprofos			不得检出	GB/T 19650
763	苯噻硫氰	TCMTB			不得检出	GB/T 19650
764	丁基嘧啶磷	Tebupirimfos			不得检出	GB/T 19650
765	牧草胺	Tebutam			不得检出	GB/T 19650
766	丁噻隆	Tebuthiuron			不得检出	GB/T 20772
767	双硫磷	Temephos			不得检出	GB/T 20772
768	特草灵	Terbucarb			不得检出	GB/T 19650
769	特丁通	Terbumeton			不得检出	GB/T 19650
770	特丁净	Terbutryn			不得检出	GB/T 19650
771	四氢邻苯二甲酰亚胺	Tetrabydrophthalimide			不得检出	GB/T 19650
772	杀虫畏	Tetrachlorvinphos			不得检出	GB/T 19650
773	胺菊酯	Tetramethirn			不得检出	GB/T 19650
774	杀螨氯硫	Tetrasul			不得检出	GB/T 19650

序号	农兽药中文名	农兽药英文名	欧盟标准限量要求 mg/kg	国家标准限量要求 mg/kg	三安超有机食品标准	
					限量要求 mg/kg	检测方法
775	噻吩草胺	Thenylchlor			不得检出	GB/T 19650
776	噻唑烟酸	Thiazopyr			不得检出	GB/T 19650
777	噻苯隆	Thidiazuron			不得检出	GB/T 20772
778	噻吩磺隆	Thifensulfuron - methyl			不得检出	GB/T 20772
779	甲基乙拌磷	Thiometon			不得检出	GB/T 20772
780	虫线磷	Thionazin			不得检出	GB/T 19650
781	硫普罗宁	Tiopronin			不得检出	SN/T 2225
782	三甲苯草酮	Tralkoxydim			不得检出	GB/T 19650
783	四溴菊酯	Tralomethrin			不得检出	SN/T 2320
784	反式－氯丹	*trans* - Chlordane			不得检出	GB/T 19650
785	反式－燕麦敌	*trans* - Diallate			不得检出	GB/T 19650
786	四氟苯菊酯	Transfluthrin			不得检出	GB/T 19650
787	反式九氯	*trans* - Nonachlor			不得检出	GB/T 19650
788	反式－氯菊酯	*trans* - Permethrin			不得检出	GB/T 19650
789	群勃龙	Trenbolone			不得检出	GB/T 21981
790	威菌磷	Triamiphos			不得检出	GB/T 19650
791	毒壤磷	Trichloronate			不得检出	GB/T 19650
792	灭草环	Tridiphane			不得检出	GB/T 19650
793	草达津	Trietazine			不得检出	GB/T 19650
794	三异丁基磷酸盐	Tri - *iso* - butyl phosphate			不得检出	GB/T 19650
795	三正丁基磷酸盐	Tri - *n* - butyl phosphate			不得检出	GB/T 19650
796	三苯基磷酸盐	Triphenyl phosphate			不得检出	GB/T 19650
797	烯效唑	Uniconazole			不得检出	GB/T 19650
798	灭草敌	Vernolate			不得检出	GB/T 19650
799	维吉尼霉素	Virginiamycin			不得检出	GB/T 20765
800	杀鼠灵	War farin			不得检出	GB/T 20772
801	甲苯噻嗪	Xylazine			不得检出	GB/T 20763
802	右环十四酮酚	Zeranol			不得检出	GB/T 21982
803	苯酰菌胺	Zoxamide			不得检出	GB/T 19650

10.5　鸭可食用下水　Duck Edible Offal

序号	农兽药中文名	农兽药英文名	欧盟标准限量要求 mg/kg	国家标准限量要求 mg/kg	三安超有机食品标准	
					限量要求 mg/kg	检测方法
1	1,1－二氯－2,2－二(4－乙苯)乙烷	1,1 - Dichloro - 2,2 - bis(4 - ethylphenyl) ethane	0.01		不得检出	日本肯定列表(增补本1)
2	1,2－二氯乙烷	1,2 - Dichloroethane	0.1		不得检出	SN/T 2238
3	1,3－二氯丙烯	1,3 - Dichloropropene	0.01		不得检出	SN/T 2238
4	1－萘乙酸	1 - Naphthylacetic acid	0.05		不得检出	SN/T 2228

序号	农兽药中文名	农兽药英文名	欧盟标准限量要求 mg/kg	国家标准限量要求 mg/kg	三安超有机食品标准	
					限量要求 mg/kg	检测方法
5	2,4-滴丁酸	2,4-DB	0.05		不得检出	GB/T 20769
6	2,4-滴	2,4-D	0.05		不得检出	GB/T 20772
7	2-苯酚	2-Phenylphenol	0.05		不得检出	GB/T 19650
8	阿维菌素	Abamectin	0.02		不得检出	SN/T 2661
9	乙酰甲胺磷	Acephate	0.02		不得检出	GB/T 20772
10	灭螨醌	Acequinocyl	0.01		不得检出	参照同类标准
11	啶虫脒	Acetamiprid	0.05		不得检出	GB/T 20772
12	乙草胺	Acetochlor	0.01		不得检出	GB/T 19650
13	苯并噻二唑	Acibenzolar-*S*-methyl	0.02		不得检出	GB/T 20772
14	苯草醚	Aclonifen	0.02		不得检出	GB/T 20772
15	氟丙菊酯	Acrinathrin	0.05		不得检出	GB/T 19648
16	甲草胺	Alachlor	0.01		不得检出	GB/T 20772
17	涕灭威	Aldicarb	0.01		不得检出	GB/T 20772
18	艾氏剂和狄氏剂	Aldrin and dieldrin	0.2		不得检出	GB/T 19650
19	—	Ametoctradin	0.03		不得检出	参照同类标准
20	酰嘧磺隆	Amidosulfuron	0.02		不得检出	参照同类标准
21	氯氨吡啶酸	Aminopyralid	0.01		不得检出	GB/T 23211
22	—	Amisulbrom	0.01		不得检出	参照同类标准
23	双甲脒	Amitraz	0.05		不得检出	GB/T 19650
24	敌菌灵	Anilazine	0.01		不得检出	GB/T 20769
25	杀螨特	Aramite	0.01		不得检出	GB/T 19650
26	磺草灵	Asulam	0.1		不得检出	日本肯定列表(增补本1)
27	印楝素	Azadirachtin	0.01		不得检出	SN/T 3264
28	益棉磷	Azinphos-ethyl	0.01		不得检出	GB/T 19650
29	保棉磷	Azinphos-methyl	0.01		不得检出	GB/T 20772
30	三唑锡和三环锡	Azocyclotin and cyhexatin	0.05		不得检出	SN/T 1990
31	嘧菌酯	Azoxystrobin	0.05		不得检出	GB/T 20772
32	燕麦灵	Barban	0.05		不得检出	参照同类标准
33	氟丁酰草胺	Beflubutamid	0.05		不得检出	参照同类标准
34	苯霜灵	Benalaxyl	0.05		不得检出	GB/T 20772
35	丙硫克百威	Benfuracarb	0.02		不得检出	GB/T 20772
36	联苯肼酯	Bifenazate	0.01		不得检出	GB/T 20772
37	甲羧除草醚	Bifenox	0.05		不得检出	GB/T 23210
38	联苯菊酯	Bifenthrin	0.05		不得检出	GB/T 19650
39	乐杀螨	Binapacryl	0.01		不得检出	SN 0523
40	联苯	Biphenyl	0.01		不得检出	GB/T 19650
41	联苯三唑醇	Bitertanol	0.05		不得检出	GB/T 20772
42	—	Bixafen	0.02		不得检出	参照同类标准

序号	农兽药中文名	农兽药英文名	欧盟标准限量要求 mg/kg	国家标准限量要求 mg/kg	三安超有机食品标准	
					限量要求 mg/kg	检测方法
43	啶酰菌胺	Boscalid	0.1		不得检出	GB/T 20772
44	溴离子	Bromide ion	0.05		不得检出	GB/T5009.167
45	溴螨酯	Bromopropylate	0.01		不得检出	GB/T 19650
46	溴苯腈	Bromoxynil	0.2		不得检出	GB/T 20772
47	糠菌唑	Bromuconazole	0.05		不得检出	GB/T 19650
48	乙嘧酚磺酸酯	Bupirimate	0.05		不得检出	GB/T 19650
49	噻嗪酮	Buprofezin	0.05		不得检出	GB/T 20772
50	仲丁灵	Butralin	0.02		不得检出	GB/T 19650
51	丁草敌	Butylate	0.01		不得检出	GB/T 19650
52	硫线磷	Cadusafos	0.01		不得检出	GB/T 19650
53	敌菌丹	Captafol	0.01		不得检出	GB/T 23210
54	克菌丹	Captan	0.02		不得检出	GB/T 19648
55	甲萘威	Carbaryl	0.05		不得检出	GB/T 20796
56	多菌灵和苯菌灵	Carbendazim and benomyl	0.05		不得检出	GB/T 20772
57	长杀草	Carbetamide	0.05		不得检出	GB/T 20772
58	克百威	Carbofuran	0.01		不得检出	GB/T 20772
59	丁硫克百威	Carbosulfan	0.05		不得检出	GB/T 19650
60	萎锈灵	Carboxin	0.05		不得检出	GB/T 20772
61	氯虫苯甲酰胺	Chlorantraniliprole	0.01		不得检出	参照同类标准
62	杀螨醚	Chlorbenside	0.05		不得检出	GB/T 19650
63	氯炔灵	Chlorbufam	0.05		不得检出	GB/T 20772
64	氯丹	Chlordane	0.05		不得检出	GB/T 5009.19
65	十氯酮	Chlordecone	0.2		不得检出	参照同类标准
66	杀螨酯	Chlorfenson	0.05		不得检出	GB/T 19650
67	毒虫畏	Chlorfenvinphos	0.01		不得检出	GB/T 19650
68	氯草敏	Chloridazon	0.05		不得检出	GB/T 20772
69	矮壮素	Chlormequat	0.05		不得检出	GB/T 23211
70	乙酯杀螨醇	Chlorobenzilate	0.1		不得检出	GB/T 23210
71	百菌清	Chlorothalonil	0.07		不得检出	SN/T 2320
72	绿麦隆	Chlortoluron	0.05		不得检出	GB/T 20772
73	枯草隆	Chloroxuron	0.05		不得检出	SN/T 2150
74	氯苯胺灵	Chlorpropham	0.05		不得检出	GB/T 19650
75	毒死蜱	Chlorpyrifos	0.05		不得检出	GB/T 19650
76	甲基毒死蜱	Chlorpyrifos – methyl	0.05		不得检出	GB/T 19650
77	氯磺隆	Chlorsulfuron	0.01		不得检出	GB/T 20772
78	氯酞酸甲酯	Chlorthaldimethyl	0.01		不得检出	GB/T 19650
79	氯硫酰草胺	Chlorthiamid	0.02		不得检出	GB/T 20772
80	烯草酮	Clethodim	0.2		不得检出	GB/T 19650
81	炔草酯	Clodinafop – propargyl	0.02		不得检出	GB/T 19650

序号	农兽药中文名	农兽药英文名	欧盟标准限量要求 mg/kg	国家标准限量要求 mg/kg	三安超有机食品标准	
					限量要求 mg/kg	检测方法
82	四螨嗪	Clofentezine	0.05		不得检出	GB/T 20772
83	二氯吡啶酸	Clopyralid	0.05		不得检出	SN/T 2228
84	噻虫胺	Clothianidin	0.1		不得检出	GB/T 20772
85	铜化合物	Copper compounds	30		不得检出	参照同类标准
86	环烷基酰苯胺	Cyclanilide	0.01		不得检出	参照同类标准
87	噻草酮	Cycloxydim	0.05		不得检出	GB/T 19650
88	环氟菌胺	Cyflufenamid	0.03		不得检出	GB/T 23210
89	氟氯氰菊酯和高效氟氯氰菊酯	Cyfluthrin and beta - cyfluthrin	0.05		不得检出	GB/T 19650
90	霜脲氰	Cymoxanil	0.05		不得检出	GB/T 20772
91	氯氰菊酯和高效氯氰菊酯	Cypermethrin and beta - cypermethrin	0.05		不得检出	GB/T 19650
92	环丙唑醇	Cyproconazole	0.05		不得检出	GB/T 20772
93	嘧菌环胺	Cyprodinil	0.05		不得检出	GB/T 19650
94	灭蝇胺	Cyromazine	0.05		不得检出	GB/T 20772
95	丁酰肼	Daminozide	0.05		不得检出	SN/T 1989
96	滴滴涕	DDT	1		不得检出	SN/T 0127
97	溴氰菊酯	Deltamethrin	0.1		不得检出	GB/T 19650
98	燕麦敌	Diallate	0.2		不得检出	GB/T 23211
99	二嗪磷	Diazinon	0.02		不得检出	GB/T 19650
100	麦草畏	Dicamba	0.07		不得检出	GB/T 20772
101	敌草腈	Dichlobenil	0.01		不得检出	GB/T 19650
102	滴丙酸	Dichlorprop	0.05		不得检出	SN/T 2228
103	二氯苯氧基丙酸	Diclofop	0.01		不得检出	参照同类标准
104	氯硝胺	Dicloran	0.01		不得检出	GB/T 19650
105	三氯杀螨醇	Dicofol	0.05		不得检出	GB/T 19650
106	乙霉威	Diethofencarb	0.05		不得检出	GB/T 19650
107	苯醚甲环唑	Difenoconazole	0.1		不得检出	GB/T 19650
108	除虫脲	Diflubenzuron	0.05		不得检出	SN/T 0528
109	吡氟酰草胺	Diflufenican	0.05		不得检出	GB/T 20772
110	油菜安	Dimethachlor	0.02		不得检出	GB/T 20772
111	烯酰吗啉	Dimethomorph	0.05		不得检出	GB/T 20772
112	醚菌胺	Dimoxystrobin	0.05		不得检出	SN/T 2237
113	烯唑醇	Diniconazole	0.01		不得检出	GB/T 19650
114	敌螨普	Dinocap	0.05		不得检出	日本肯定列表(增补本 1)
115	地乐酚	Dinoseb	0.01		不得检出	GB/T 20772
116	特乐酚	Dinoterb	0.05		不得检出	GB/T 20772
117	敌噁磷	Dioxathion	0.05		不得检出	GB/T 19650

序号	农兽药中文名	农兽药英文名	欧盟标准限量要求 mg/kg	国家标准限量要求 mg/kg	三安超有机食品标准	
					限量要求 mg/kg	检测方法
118	敌草快	Diquat	0.05		不得检出	GB/T 5009.221
119	乙拌磷	Disulfoton	0.01		不得检出	GB/T 20772
120	二氰蒽醌	Dithianon	0.01		不得检出	GB/T 20769
121	二硫代氨基甲酸酯	Dithiocarbamates	0.05		不得检出	SN 0139
122	敌草隆	Diuron	0.05		不得检出	SN/T 0645
123	二硝甲酚	DNOC	0.05		不得检出	GB/T 20772
124	多果定	Dodine	0.2		不得检出	SN 0500
125	甲氨基阿维菌素苯甲酸盐	Emamectin benzoate	0.01		不得检出	GB/T 20769
126	硫丹	Endosulfan	0.05	0.03	不得检出	GB/T 19650
127	异狄氏剂	Endrin	0.05		不得检出	GB/T 19650
128	氟环唑	Epoxiconazole	0.01		不得检出	GB/T 20772
129	茵草敌	EPTC	0.02		不得检出	GB/T 20772
130	乙丁烯氟灵	Ethalfluralin	0.01		不得检出	GB/T 19650
131	胺苯磺隆	Ethametsulfuron	0.01		不得检出	NY/T 1616
132	乙烯利	Ethephon	0.05		不得检出	SN 0705
133	乙硫磷	Ethion	0.01		不得检出	GB/T 19650
134	乙嘧酚	Ethirimol	0.05		不得检出	GB/T 20772
135	乙氧呋草黄	Ethofumesate	0.1		不得检出	GB/T 20772
136	灭线磷	Ethoprophos	0.01		不得检出	GB/T 19650
137	乙氧喹啉	Ethoxyquin	0.05		不得检出	GB/T 20772
138	环氧乙烷	Ethylene oxide	0.02		不得检出	GB/T 23296.11
139	醚菊酯	Etofenprox	0.01		不得检出	GB/T 19650
140	乙螨唑	Etoxazole	0.01		不得检出	GB/T 19650
141	氯唑灵	Etridiazole	0.05		不得检出	GB/T 20772
142	噁唑菌酮	Famoxadone	0.05		不得检出	GB/T 20772
143	咪唑菌酮	Fenamidone	0.01		不得检出	GB/T 19650
144	苯线磷	Fenamiphos	0.02		不得检出	GB/T 19650
145	氯苯嘧啶醇	Fenarimol	0.02		不得检出	GB/T 20772
146	喹螨醚	Fenazaquin	0.01		不得检出	GB/T 19650
147	腈苯唑	Fenbuconazole	0.05		不得检出	GB/T 20772
148	苯丁锡	Fenbutatin oxide	0.05		不得检出	SN/T 3149
149	环酰菌胺	Fenhexamid	0.05		不得检出	GB/T 20772
150	杀螟硫磷	Fenitrothion	0.01		不得检出	GB/T 20772
151	精噁唑禾草灵	Fenoxaprop - *P* - ethyl	0.05		不得检出	GB 22617
152	双氧威	Fenoxycarb	0.05		不得检出	GB/T 19650
153	苯锈啶	Fenpropidin	0.02		不得检出	GB/T 19650
154	丁苯吗啉	Fenpropimorph	0.01		不得检出	GB/T 20772
155	胺苯吡菌酮	Fenpyrazamine	0.01		不得检出	参照同类标准
156	唑螨酯	Fenpyroximate	0.01		不得检出	GB/T 19650

序号	农兽药中文名	农兽药英文名	欧盟标准限量要求 mg/kg	国家标准限量要求 mg/kg	三安超有机食品标准	
					限量要求 mg/kg	检测方法
157	倍硫磷	Fenthion	0.05		不得检出	GB/T 20772
158	三苯锡	Fentin	0.05		不得检出	SN/T 3149
159	薯瘟锡	Fentin acetate	0.05		不得检出	参照同类标准
160	氰戊菊酯和高效氰戊菊酯(RR & SS 异构体总量)	Fenvalerate and esfenvalerate (sum of RR & SS isomers)	0.2		不得检出	GB/T 19650
161	氰戊菊酯和高效氰戊菊酯(RS & SR 异构体总量)	Fenvalerate and esfenvalerate (sum of RS & SR isomers)	0.05		不得检出	GB/T 19650
162	氟虫腈	Fipronil	0.01		不得检出	SN/T 1982
163	氟啶虫酰胺	Flonicamid	0.03		不得检出	SN/T 2796
164	精吡氟禾草灵	Fluazifop – *P* – butyl	0.05		不得检出	GB/T 5009.142
165	氟啶胺	Fluazinam	0.05		不得检出	SN/T 2150
166	氟苯虫酰胺	Flubendiamide	0.01		不得检出	SN/T 2581
167	氟环脲	Flucycloxuron	0.05		不得检出	参照同类标准
168	氟氰戊菊酯	Flucythrinate	0.05		不得检出	GB/T 23210
169	咯菌腈	Fludioxonil	0.05		不得检出	GB/T 20772
170	氟虫脲	Flufenoxuron	0.05		不得检出	SN/T 2150
171	—	Flufenzin	0.02		不得检出	参照同类标准
172	氟吡菌胺	Fluopicolide	0.01		不得检出	参照同类标准
173	—	Fluopyram	0.02		不得检出	参照同类标准
174	氟离子	Fluoride ion	1		不得检出	GB/T 5009.167
175	氟腈嘧菌酯	Fluoxastrobin	0.05		不得检出	SN/T 2237
176	氟喹唑	Fluquinconazole	0.02		不得检出	GB/T 19650
177	氟咯草酮	Fluorochloridone	0.05		不得检出	GB/T 20772
178	氟草烟	Fluroxypyr	0.05		不得检出	GB/T 20772
179	氟硅唑	Flusilazole	0.5		不得检出	GB/T 20772
180	氟酰胺	Flutolanil	0.05		不得检出	GB/T 20772
181	粉唑醇	Flutriafol	0.01		不得检出	GB/T 20772
182	—	Fluxapyroxad	0.01		不得检出	参照同类标准
183	氟磺胺草醚	Fomesafen	0.01		不得检出	GB/T 5009.130
184	氯吡脲	Forchlorfenuron	0.05		不得检出	SN/T 3643
185	伐虫脒	Formetanate	0.01		不得检出	NY/T 1453
186	三乙膦酸铝	Fosetyl – aluminium	0.5		不得检出	参照同类标准
187	麦穗宁	Fuberidazole	0.05		不得检出	GB/T 19650
188	呋线威	Furathiocarb	0.01		不得检出	GB/T 20772
189	糠醛	Furfural	1		不得检出	参照同类标准
190	勃激素	Gibberellic acid	0.1		不得检出	GB/T 23211
191	草胺膦	Glufosinate – ammonium	0.1		不得检出	日本肯定列表
192	草甘膦	Glyphosate	0.05		不得检出	SN/T 1923
193	双胍盐	Guazatine	0.1		不得检出	参照同类标准

序号	农兽药中文名	农兽药英文名	欧盟标准限量要求 mg/kg	国家标准限量要求 mg/kg	三安超有机食品标准	
					限量要求 mg/kg	检测方法
194	氟吡禾灵	Haloxyfop	0.1		不得检出	SN/T 2228
195	七氯	Heptachlor	0.2		不得检出	SN 0663
196	六氯苯	Hexachlorobenzene	0.2		不得检出	SN/T 0127
197	六六六(HCH), α-异构体	Hexachlorociclohexane (HCH), alpha-isomer	0.2		不得检出	SN/T 0127
198	六六六(HCH), β-异构体	Hexachlorociclohexane (HCH), beta-isomer	0.1		不得检出	SN/T 0127
199	噻螨酮	Hexythiazox	0.05		不得检出	GB/T 20772
200	噁霉灵	Hymexazol	0.05		不得检出	GB/T 20772
201	抑霉唑	Imazalil	0.05		不得检出	GB/T 20772
202	甲咪唑烟酸	Imazapic	0.01		不得检出	GB/T 20772
203	咪唑喹啉酸	Imazaquin	0.05		不得检出	GB/T 20772
204	吡虫啉	Imidacloprid	0.05		不得检出	GB/T 20772
205	茚虫威	Indoxacarb	0.01		不得检出	GB/T 20772
206	碘苯腈	Ioxynil	0.2		不得检出	GB/T 20772
207	异菌脲	Iprodione	0.05		不得检出	GB/T 19650
208	稻瘟灵	Isoprothiolane	0.01		不得检出	GB/T 20772
209	异丙隆	Isoproturon	0.05		不得检出	GB/T 20772
210	—	Isopyrazam	0.01		不得检出	参照同类标准
211	异噁酰草胺	Isoxaben	0.01		不得检出	GB/T 20772
212	醚菌酯	Kresoxim-methyl	0.02		不得检出	GB/T 20772
213	乳氟禾草灵	Lactofen	0.01		不得检出	GB/T 19650
214	高效氯氟氰菊酯	Lambda-cyhalothrin	0.02		不得检出	GB/T 23210
215	环草定	Lenacil	0.1		不得检出	GB/T 19650
216	林丹	Lindane	0.02	0.01	不得检出	NY/T 761
217	虱螨脲	Lufenuron	0.02		不得检出	SN/T 2540
218	马拉硫磷	Malathion	0.02		不得检出	GB/T 19650
219	抑芽丹	Maleic hydrazide	0.02		不得检出	GB/T 23211
220	双炔酰菌胺	Mandipropamid	0.02		不得检出	参照同类标准
221	二甲四氯和二甲四氯丁酸	MCPA and MCPB	0.5		不得检出	SN/T 2228
222	壮棉素	Mepiquat chloride	0.05		不得检出	GB/T 23211
223	—	Meptyldinocap	0.05		不得检出	参照同类标准
224	汞化合物	Mercury compounds	0.01		不得检出	参照同类标准
225	氰氟虫腙	Metaflumizone	0.02		不得检出	SN/T 3852
226	甲霜灵和精甲霜灵	Metalaxyl and metalaxyl-M	0.05		不得检出	GB/T 20772
227	四聚乙醛	Metaldehyde	0.05		不得检出	SN/T 1787
228	苯嗪草酮	Metamitron	0.05		不得检出	GB/T 19650
229	吡唑草胺	Metazachlor	0.05		不得检出	GB/T 19650
230	叶菌唑	Metconazole	0.01		不得检出	GB/T 20772

序号	农兽药中文名	农兽药英文名	欧盟标准限量要求 mg/kg	国家标准限量要求 mg/kg	三安超有机食品标准	
					限量要求 mg/kg	检测方法
231	甲基苯噻隆	Methabenzthiazuron	0.05		不得检出	GB/T 19650
232	虫螨畏	Methacrifos	0.01		不得检出	GB/T 20772
233	甲胺磷	Methamidophos	0.01		不得检出	GB/T 20772
234	杀扑磷	Methidathion	0.02		不得检出	GB/T 20772
235	甲硫威	Methiocarb	0.05		不得检出	GB/T 20770
236	灭多威和硫双威	Methomyl and thiodicarb	0.02		不得检出	GB/T 20772
237	烯虫酯	Methoprene	0.05		不得检出	GB/T 19650
238	甲氧滴滴涕	Methoxychlor	0.01		不得检出	SN/T 0529
239	甲氧虫酰肼	Methoxyfenozide	0.01		不得检出	GB/T 20772
240	磺草唑胺	Metosulam	0.01		不得检出	GB/T 20772
241	苯菌酮	Metrafenone	0.05		不得检出	参照同类标准
242	嗪草酮	Metribuzin	0.1		不得检出	GB/T 19650
243	绿谷隆	Monolinuron	0.05		不得检出	GB/T 20772
244	灭草隆	Monuron	0.01		不得检出	GB/T 20772
245	腈菌唑	Myclobutanil	0.01		不得检出	GB/T 20772
246	1－萘乙酰胺	1－Naphthylacetamide	0.05		不得检出	GB/T 23205
247	敌草胺	Napropamide	0.01		不得检出	GB/T 19650
248	烟嘧磺隆	Nicosulfuron	0.05		不得检出	SN/T 2325
249	除草醚	Nitrofen	0.01		不得检出	GB/T 19650
250	氟酰脲	Novaluron	0.1		不得检出	GB/T 23211
251	嘧苯胺磺隆	Orthosulfamuron	0.01		不得检出	GB/T 23817
252	噁草酮	Oxadiazon	0.05		不得检出	GB/T 19650
253	噁霜灵	Oxadixyl	0.01		不得检出	GB/T 19650
254	环氧嘧磺隆	Oxasulfuron	0.05		不得检出	GB/T 23817
255	氧化萎锈灵	Oxycarboxin	0.05		不得检出	GB/T 19650
256	亚砜磷	Oxydemeton－methyl	0.01		不得检出	参照同类标准
257	乙氧氟草醚	Oxyfluorfen	0.05		不得检出	GB/T 20772
258	多效唑	Paclobutrazol	0.02		不得检出	GB/T 19650
259	对硫磷	Parathion	0.05		不得检出	GB/T 19650
260	甲基对硫磷	Parathion－methyl	0.01		不得检出	GB/T 5009.161
261	戊菌唑	Penconazole	0.05		不得检出	GB/T 20772
262	戊菌隆	Pencycuron	0.05		不得检出	GB/T 19650
263	二甲戊灵	Pendimethalin	0.05		不得检出	GB/T 19650
264	氯菊酯	Permethrin	0.05		不得检出	GB/T 19650
265	甜菜宁	Phenmedipham	0.05		不得检出	GB/T 23205
266	苯醚菊酯	Phenothrin	0.05		不得检出	GB/T 20772
267	甲拌磷	Phorate	0.01		不得检出	GB/T 20772
268	伏杀硫磷	Phosalone	0.01		不得检出	GB/T 20772
269	亚胺硫磷	Phosmet	0.1		不得检出	GB/T 20772

序号	农兽药中文名	农兽药英文名	欧盟标准限量要求 mg/kg	国家标准限量要求 mg/kg	三安超有机食品标准	
					限量要求 mg/kg	检测方法
270	—	Phosphines and phosphides	0.01		不得检出	参照同类标准
271	辛硫磷	Phoxim	0.02		不得检出	GB/T 20772
272	氨氯吡啶酸	Picloram	0.01		不得检出	GB/T 23211
273	啶氧菌酯	Picoxystrobin	0.05		不得检出	GB/T 19650
274	抗蚜威	Pirimicarb	0.05		不得检出	GB/T 20772
275	甲基嘧啶磷	Pirimiphos – methyl	0.05		不得检出	GB/T 20772
276	咪鲜胺	Prochloraz	0.1		不得检出	GB/T 19650
277	腐霉利	Procymidone	0.01		不得检出	GB/T 20772
278	丙溴磷	Profenofos	0.05		不得检出	GB/T 20772
279	调环酸	Prohexadione	0.05		不得检出	日本肯定列表
280	毒草安	Propachlor	0.02		不得检出	GB/T 20772
281	扑派威	Propamocarb	0.1		不得检出	GB/T 20772
282	恶草酸	Propaquizafop	0.05		不得检出	GB/T 20772
283	炔螨特	Propargite	0.1		不得检出	GB/T 19650
284	苯胺灵	Propham	0.05		不得检出	GB/T 19650
285	丙环唑	Propiconazole	0.01		不得检出	GB/T 19650
286	异丙草胺	Propisochlor	0.01		不得检出	GB/T 19650
287	残杀威	Propoxur	0.05		不得检出	GB/T 20772
288	炔苯酰草胺	Propyzamide	0.02		不得检出	GB/T 19650
289	苄草丹	Prosulfocarb	0.05		不得检出	GB/T 19650
290	丙硫菌唑	Prothioconazole	0.01		不得检出	参照同类标准
291	吡蚜酮	Pymetrozine	0.01		不得检出	GB/T 20772
292	吡唑醚菌酯	Pyraclostrobin	0.05		不得检出	GB/T 20772
293	—	Pyrasulfotole	0.01		不得检出	参照同类标准
294	吡菌磷	Pyrazophos	0.02		不得检出	GB/T 20772
295	除虫菊素	Pyrethrins	0.05		不得检出	GB/T 20772
296	哒螨灵	Pyridaben	0.02		不得检出	GB/T 19650
297	啶虫丙醚	Pyridalyl	0.01		不得检出	日本肯定列表
298	哒草特	Pyridate	0.05		不得检出	日本肯定列表
299	嘧霉胺	Pyrimethanil	0.05		不得检出	GB/T 19650
300	吡丙醚	Pyriproxyfen	0.05		不得检出	GB/T 19650
301	甲氧磺草胺	Pyroxsulam	0.01		不得检出	SN/T 2325
302	氯甲喹啉酸	Quinmerac	0.05		不得检出	参照同类标准
303	喹氧灵	Quinoxyfen	0.2		不得检出	SN/T 2319
304	五氯硝基苯	Quintozene	0.01	0.1	不得检出	GB/T 19650
305	精喹禾灵	Quizalofop – *P* – ethyl	0.05		不得检出	SN/T 2150
306	灭虫菊	Resmethrin	0.1		不得检出	GB/T 20772
307	鱼藤酮	Rotenone	0.01		不得检出	GB/T 20772
308	西玛津	Simazine	0.01		不得检出	SN 0594

序号	农兽药中文名	农兽药英文名	欧盟标准限量要求 mg/kg	国家标准限量要求 mg/kg	三安超有机食品标准	
					限量要求 mg/kg	检测方法
309	乙基多杀菌素	Spinetoram	0.01		不得检出	参照同类标准
310	多杀霉素	Spinosad	0.2		不得检出	GB/T 20772
311	螺螨酯	Spirodiclofen	0.01		不得检出	GB/T 20772
312	螺甲螨酯	Spiromesifen	0.01		不得检出	GB/T 23210
313	螺虫乙酯	Spirotetramat	0.01		不得检出	参照同类标准
314	萎孢菌素	Spiroxamine	0.05		不得检出	GB/T 20772
315	磺草酮	Sulcotrione	0.05		不得检出	参照同类标准
316	乙黄隆	Sulfosulfuron	0.05		不得检出	SN/T 2325
317	硫磺粉	Sulfur	0.5		不得检出	参照同类标准
318	氟胺氰菊酯	Tau – fluvalinate	0.01		不得检出	SN 0691
319	戊唑醇	Tebuconazole	0.1		不得检出	GB/T 20772
320	虫酰肼	Tebufenozide	0.05		不得检出	GB/T 20772
321	吡螨胺	Tebufenpyrad	0.05		不得检出	GB/T 19650
322	四氯硝基苯	Tecnazene	0.05		不得检出	GB/T 19650
323	氟苯脲	Teflubenzuron	0.05		不得检出	SN/T 2150
324	七氟菊酯	Tefluthrin	0.05		不得检出	GB/T 23210
325	得杀草	Tepraloxydim	0.1		不得检出	GB/T 20772
326	特丁硫磷	Terbufos	0.01		不得检出	GB/T 20772
327	特丁津	Terbuthylazine	0.05		不得检出	GB/T 19650
328	四氟醚唑	Tetraconazole	0.02		不得检出	GB/T 20772
329	三氯杀螨砜	Tetradifon	0.05		不得检出	GB/T 19650
330	噻菌灵	Thiabendazole	0.1		不得检出	GB/T 20772
331	噻虫啉	Thiacloprid	0.01		不得检出	GB/T 20772
332	噻虫嗪	Thiamethoxam	0.01		不得检出	GB/T 20772
333	禾草丹	Thiobencarb	0.01		不得检出	GB/T 20772
334	甲基硫菌灵	Thiophanate – methyl	0.05		不得检出	SN/T 0162
335	甲基立枯磷	Tolclofos – methyl	0.05		不得检出	GB/T 19650
336	甲苯氟磺胺	Tolylfluanid	0.1		不得检出	GB/T 19650
337	—	Topramezone	0.05		不得检出	参照同类标准
338	三唑酮和三唑醇	Triadimefon and triadimenol	0.1		不得检出	GB/T 20772
339	野麦畏	Triallate	0.05		不得检出	GB/T 20772
340	醚苯磺隆	Triasulfuron	0.05		不得检出	GB/T 20772
341	三唑磷	Triazophos	0.01		不得检出	GB/T 20772
342	敌百虫	Trichlorphon	0.01		不得检出	GB/T 20772
343	绿草定	Triclopyr	0.05		不得检出	SN/T 2228
344	三环唑	Tricyclazole	0.05		不得检出	GB/T 20769
345	十三吗啉	Tridemorph	0.01		不得检出	GB/T 20772
346	肟菌酯	Trifloxystrobin	0.04		不得检出	GB/T 19650
347	氟菌唑	Triflumizole	0.05		不得检出	GB/T 20769

序号	农兽药中文名	农兽药英文名	欧盟标准限量要求 mg/kg	国家标准限量要求 mg/kg	三安超有机食品标准	
					限量要求 mg/kg	检测方法
348	杀铃脲	Triflumuron	0.01		不得检出	GB/T 20772
349	氟乐灵	Trifluralin	0.01		不得检出	GB/T 20772
350	嗪氨灵	Triforine	0.01		不得检出	SN 0695
351	三甲基锍阳离子	Trimethyl – sulfonium cation	0.05		不得检出	参照同类标准
352	抗倒酯	Trinexapac	0.05		不得检出	GB/T 20769
353	灭菌唑	Triticonazole	0.01		不得检出	GB/T 20772
354	三氟甲磺隆	Tritosulfuron	0.01		不得检出	参照同类标准
355	—	Valifenalate	0.01		不得检出	参照同类标准
356	乙烯菌核利	Vinclozolin	0.05		不得检出	GB/T 20772
357	2,3,4,5 – 四氯苯胺	2,3,4,5 – Tetrachloraniline			不得检出	GB/T 19650
358	2,3,4,5 – 四氯甲氧基苯	2,3,4,5 – Tetrachloroanisole			不得检出	GB/T 19650
359	2,3,5,6 – 四氯苯胺	2,3,5,6 – Tetrachloroaniline			不得检出	GB/T 19650
360	2,4,5 – 涕	2,4,5 – T			不得检出	GB/T 20772
361	*o,p′* – 滴滴滴	2,4′ – DDD			不得检出	GB/T 19650
362	*o,p′* – 滴滴伊	2,4′ – DDE			不得检出	GB/T 19650
363	*o,p′* – 滴滴涕	2,4′ – DDT			不得检出	GB/T 19650
364	2,6 – 二氯苯甲酰胺	2,6 – Dichlorobenzamide			不得检出	GB/T 19650
365	3,5 – 二氯苯胺	3,5 – Dichloroaniline			不得检出	GB/T 19650
366	*p,p′* – 滴滴滴	4,4′ – DDD			不得检出	GB/T 19650
367	*p,p′* – 滴滴伊	4,4′ – DDE			不得检出	GB/T 19650
368	*p,p′* – 滴滴涕	4,4′ – DDT			不得检出	GB/T 19650
369	4,4′ – 二溴二苯甲酮	4,4′ – Dibromobenzophenone			不得检出	GB/T 19650
370	4,4′ – 二氯二苯甲酮	4,4′ – Dichlorobenzophenone			不得检出	GB/T 19650
371	二氢苊	Acenaphthene			不得检出	GB/T 19650
372	乙酰丙嗪	Acepromazine			不得检出	GB/T 20763
373	三氟羧草醚	Acifluorfen			不得检出	GB/T 20772
374	1 – 氨基 – 2 – 乙内酰脲	AHD			不得检出	GB/T 21311
375	涕灭砜威	Aldoxycarb			不得检出	GB/T 20772
376	烯丙菊酯	Allethrin			不得检出	GB/T 20772
377	二丙烯草胺	Allidochlor			不得检出	GB/T 19650
378	烯丙孕素	Altrenogest			不得检出	SN/T 1980
379	莠灭净	Ametryn			不得检出	GB/T 20772
380	杀草强	Amitrole			不得检出	SN/T 1737.6
381	5 – 吗啉甲基 – 3 – 氨基 – 2 – 噁唑烷基酮	AMOZ			不得检出	GB/T 21311
382	氨苄青霉素	Ampicillin			不得检出	GB/T 21315
383	氨丙嘧吡啶	Amprolium			不得检出	SN/T 0276
384	莎稗磷	Anilofos			不得检出	GB/T 19650
385	蒽醌	Anthraquinone			不得检出	GB/T 19650

序号	农兽药中文名	农兽药英文名	欧盟标准限量要求 mg/kg	国家标准限量要求 mg/kg	三安超有机食品标准	
					限量要求 mg/kg	检测方法
386	3-氨基-2-噁唑酮	AOZ			不得检出	GB/T 21311
387	安普霉素	Apramycin			不得检出	GB/T 21323
388	丙硫特普	Aspon			不得检出	GB/T 19650
389	羟氨卡青霉素	Aspoxicillin			不得检出	GB/T 21315
390	乙基杀扑磷	Athidathion			不得检出	GB/T 19650
391	莠去通	Atratone			不得检出	GB/T 19650
392	莠去津	Atrazine			不得检出	GB/T 20772
393	脱乙基阿特拉津	Atrazine-desethyl			不得检出	GB/T 19650
394	甲基吡噁磷	Azamethiphos			不得检出	GB/T 20763
395	氮哌酮	Azaperone			不得检出	SN/T2221
396	叠氮津	Aziprotryne			不得检出	GB/T 19650
397	杆菌肽	Bacitracin			不得检出	GB/T 20743
398	4-溴-3,5-二甲苯基-*N*-甲基氨基甲酸酯-1	BDMC-1			不得检出	GB/T 19650
399	4-溴-3,5-二甲苯基-*N*-甲基氨基甲酸酯-2	BDMC-2			不得检出	GB/T 19650
400	噁虫威	Bendiocarb			不得检出	GB/T 20772
401	乙丁氟灵	Benfluralin			不得检出	GB/T 19650
402	呋草黄	Benfuresate			不得检出	GB/T 19650
403	麦锈灵	Benodanil			不得检出	GB/T 19650
404	解草酮	Benoxacor			不得检出	GB/T 19650
405	新燕灵	Benzoylprop-ethyl			不得检出	GB/T 19650
406	苄青霉素	Benzyl pencillin			不得检出	GB/T 21315
407	倍他米松	Betamethasone			不得检出	SN/T 1970
408	生物烯丙菊酯-1	Bioallethrin-1			不得检出	GB/T 19650
409	生物烯丙菊酯-2	Bioallethrin-2			不得检出	GB/T 19650
410	生物苄呋菊酯	Bioresmethrin			不得检出	GB/T 20772
411	除草定	Bromacil			不得检出	GB/T 20772
412	溴苯烯磷	Bromfenvinfos			不得检出	GB/T 19650
413	溴烯杀	Bromocylen			不得检出	GB/T 19650
414	溴硫磷	Bromofos			不得检出	GB/T 19650
415	乙基溴硫磷	Bromophos-ethyl			不得检出	GB/T 19650
416	溴丁酰草胺	Btomobutide			不得检出	GB/T 19650
417	氟丙嘧草酯	Butafenacil			不得检出	GB/T 19650
418	抑草磷	Butamifos			不得检出	GB/T 19650
419	丁草胺	Butaxhlor			不得检出	GB/T 19650
420	苯酮唑	Cafenstrole			不得检出	GB/T 19650
421	角黄素	Canthaxanthin			不得检出	SN/T 2327
422	咔唑心安	Carazolol			不得检出	GB/T 20763

序号	农兽药中文名	农兽药英文名	欧盟标准限量要求 mg/kg	国家标准限量要求 mg/kg	三安超有机食品标准	
					限量要求 mg/kg	检测方法
423	卡巴氧	Carbadox			不得检出	GB/T 20746
424	三硫磷	Carbophenothion			不得检出	GB/T 19650
425	唑草酮	Carfentrazone - ethyl			不得检出	GB/T 19650
426	卡洛芬	Carprofen			不得检出	SN/T 2190
427	头孢洛宁	Cefalonium			不得检出	GB/T 22989
428	头孢匹林	Cefapirin			不得检出	GB/T 22989
429	头孢喹肟	Cefquinome			不得检出	GB/T 22989
430	头孢噻呋	Ceftiofur			不得检出	GB/T 21314
431	头孢氨苄	Cefalexin			不得检出	GB/T 22989
432	氯霉素	Chloramphenicolum			不得检出	GB/T 20772
433	氯杀螨砜	Chlorbenside sulfone			不得检出	GB/T 19650
434	氯溴隆	Chlorbromuron			不得检出	GB/T 19650
435	杀虫脒	Chlordimeform			不得检出	GB/T 19650
436	氯氧磷	Chlorethoxyfos			不得检出	GB/T 19650
437	溴虫腈	Chlorfenapyr			不得检出	GB/T 19650
438	杀螨醇	Chlorfenethol			不得检出	GB/T 19650
439	燕麦酯	Chlorfenprop - methyl			不得检出	GB/T 19650
440	氟啶脲	Chlorfluazuron			不得检出	SN/T 2540
441	整形醇	Chlorflurenol			不得检出	GB/T 19650
442	氯地孕酮	Chlormadinone			不得检出	SN/T 1980
443	醋酸氯地孕酮	Chlormadinone acetate			不得检出	GB/T 20753
444	氯甲硫磷	Chlormephos			不得检出	GB/T 19650
445	氯苯甲醚	Chloroneb			不得检出	GB/T 19650
446	丙酯杀螨醇	Chloropropylate			不得检出	GB/T 19650
447	氯丙嗪	Chlorpromazine			不得检出	GB/T 20763
448	金霉素	Chlortetracycline			不得检出	GB/T 21317
449	氯硫磷	Chlorthion			不得检出	GB/T 19650
450	虫螨磷	Chlorthiophos			不得检出	GB/T 19650
451	乙菌利	Chlozolinate			不得检出	GB/T 19650
452	顺式 - 氯丹	*cis* - Chlordane			不得检出	GB/T 19650
453	顺式 - 燕麦敌	*cis* - Diallate			不得检出	GB/T 19650
454	顺式 - 氯菊酯	*cis* - Permethrin			不得检出	GB/T 19650
455	克仑特罗	Clenbuterol			不得检出	GB/T 22286
456	异噁草酮	Clomazone			不得检出	GB/T 20772
457	氯甲酰草胺	Clomeprop			不得检出	GB/T 19650
458	氯羟吡啶	Clopidol			不得检出	GB 29700
459	解草酯	Cloquintocet - mexyl			不得检出	GB/T 19650
460	邻氯青霉素	Cloxacillin			不得检出	GB/T 18932.25

序号	农兽药中文名	农兽药英文名	欧盟标准限量要求 mg/kg	国家标准限量要求 mg/kg	三安超有机食品标准	
					限量要求 mg/kg	检测方法
461	蝇毒磷	Coumaphos			不得检出	GB/T 19650
462	鼠立死	Crimidine			不得检出	GB/T 19650
463	巴毒磷	Crotxyphos			不得检出	GB/T 19650
464	育畜磷	Crufomate			不得检出	GB/T 19650
465	苯腈磷	Cyanofenphos			不得检出	GB/T 19650
466	杀螟腈	Cyanophos			不得检出	GB/T 20772
467	环草敌	Cycloate			不得检出	GB/T 20772
468	环莠隆	Cycluron			不得检出	GB/T 20772
469	环丙津	Cyprazine			不得检出	GB/T 20772
470	敌草索	Dacthal			不得检出	GB/T 19650
471	达氟沙星	Danofloxacin			不得检出	GB/T 22985
472	癸氧喹酯	Decoquinate			不得检出	SN/T2444
473	脱叶磷	DEF			不得检出	GB/T 19650
474	2,2′,4,5,5′-五氯联苯	DE-PCB 101			不得检出	GB/T 19650
475	2,3,4,4′,5-五氯联苯	DE-PCB 118			不得检出	GB/T 19650
476	2,2′,3,4,4′,5-六氯联苯	DE-PCB 138			不得检出	GB/T 19650
477	2,2′,4,4′,5,5′-六氯联苯	DE-PCB 153			不得检出	GB/T 19650
478	2,2′,3,4,4′,5,5′-七氯联苯	DE-PCB 180			不得检出	GB/T 19650
479	2,4,4′-三氯联苯	DE-PCB 28			不得检出	GB/T 19650
480	2,4,5-三氯联苯	DE-PCB 31			不得检出	GB/T 19650
481	2,2′,5,5′-四氯联苯	DE-PCB 52			不得检出	GB/T 19650
482	脱溴溴苯磷	Desbrom-leptophos			不得检出	GB/T 19650
483	脱乙基另丁津	Desethyl-sebuthylazine			不得检出	GB/T 19650
484	敌草净	Desmetryn			不得检出	GB/T 19650
485	地塞米松	Dexamethasone			不得检出	SN/T 1970
486	氯亚胺硫磷	Dialifos			不得检出	GB/T 19650
487	敌菌净	Diaveridine			不得检出	SN/T 1926
488	驱虫特	Dibutyl succinate			不得检出	GB/T 20772
489	异氯磷	Dicapthon			不得检出	GB/T 20772
490	敌草腈	Dichlobenil			不得检出	GB/T 19650
491	除线磷	Dichlofenthion			不得检出	GB/T 20772
492	苯氟磺胺	Dichlofluanid			不得检出	GB/T 19650
493	氯硝胺	Dichloran			不得检出	GB/T 19650
494	烯丙酰草胺	Dichlormid			不得检出	GB/T 19650
495	敌敌畏	Dichlorvos			不得检出	GB/T 20772
496	苄氯三唑醇	Diclobutrazole			不得检出	GB/T 20772
497	禾草灵	Diclofop-methyl			不得检出	GB/T 19650
498	双氯青霉素	Dicloxacillin			不得检出	GB/T 18932.25
499	已烯雌酚	Diethylstilbestrol			不得检出	GB/T 20766

序号	农兽药中文名	农兽药英文名	欧盟标准限量要求 mg/kg	国家标准限量要求 mg/kg	三安超有机食品标准	
					限量要求 mg/kg	检测方法
500	双氟沙星	Difloxacin			不得检出	GB/T 20366
501	二氢链霉素	Dihydro – streptomycin			不得检出	GB/T 22969
502	甲氟磷	Dimefox			不得检出	GB/T 19650
503	哌草丹	Dimepiperate			不得检出	GB/T 19650
504	异戊乙净	Dimethametryn			不得检出	GB/T 19650
505	二甲酚草胺	Dimethenamid			不得检出	GB/T 19650
506	乐果	Dimethoate			不得检出	GB/T 20772
507	甲基毒虫畏	Dimethylvinphos			不得检出	GB/T 19650
508	地美硝唑	Dimetridazole			不得检出	GB/T 21318
509	二硝托安	Dinitolmide			不得检出	SN/T 2453
510	氨氟灵	Dinitramine			不得检出	GB/T 19650
511	消螨通	Dinobuton			不得检出	GB/T 19650
512	呋虫胺	Dinotefuran			不得检出	GB/T 20772
513	苯虫醚 – 1	Diofenolan – 1			不得检出	GB/T 19650
514	苯虫醚 – 2	Diofenolan – 2			不得检出	GB/T 19650
515	蔬果磷	Dioxabenzofos			不得检出	GB/T 19650
516	双苯酰草胺	Diphenamid			不得检出	GB/T 19650
517	二苯胺	Diphenylamine			不得检出	GB/T 19650
518	异丙净	Dipropetryn			不得检出	GB/T 19650
519	灭菌磷	Ditalimfos			不得检出	GB/T 19650
520	氟硫草定	Dithiopyr			不得检出	GB/T 19650
521	多拉菌素	Doramectin			不得检出	GB/T 22968
522	强力霉素	Doxycycline			不得检出	GB/ T20764
523	敌瘟磷	Edifenphos			不得检出	GB/T 19650
524	硫丹硫酸盐	Endosulfan – sulfate			不得检出	GB/T 19650
525	异狄氏剂酮	Endrin ketone			不得检出	GB/T 19650
526	恩诺沙星	Enrofloxacin			不得检出	GB/T 20366
527	苯硫磷	EPN			不得检出	GB/T 19650
528	埃普利诺菌素	Eprinomectin			不得检出	GB/T 21320
529	抑草蓬	Erbon			不得检出	GB/T 19650
530	红霉素	Erythromycin			不得检出	GB/T20762
531	*S* – 氰戊菊酯	Esfenvalerate			不得检出	GB/T 19650
532	戊草丹	Esprocarb			不得检出	GB/T 19650
533	乙环唑 – 1	Etaconazole – 1			不得检出	GB/T 19650
534	乙环唑 – 2	Etaconazole – 2			不得检出	GB/T 19650
535	乙嘧硫磷	Etrimfos			不得检出	GB/T 19650
536	氧乙嘧硫磷	Etrimfos oxon			不得检出	GB/T 19650
537	伐灭磷	Famphur			不得检出	GB/T 19650
538	苯线磷亚砜	Fenamiphos sulfoxide			不得检出	GB/T 19650

序号	农兽药中文名	农兽药英文名	欧盟标准限量要求 mg/kg	国家标准限量要求 mg/kg	三安超有机食品标准	
					限量要求 mg/kg	检测方法
539	苯线磷砜	Fenamiphos – sulfone			不得检出	GB/T 19650
540	苯硫苯咪唑	Fenbendazole			不得检出	SN 0638
541	氧皮蝇磷	Fenchlorphos oxon			不得检出	GB/T 19650
542	甲呋酰胺	Fenfuram			不得检出	GB/T 19650
543	仲丁威	Fenobucarb			不得检出	GB/T 19650
544	苯硫威	Fenothiocarb			不得检出	GB/T 19650
545	稻瘟酰胺	Fenoxanil			不得检出	GB/T 19650
546	拌种咯	Fenpiclonil			不得检出	GB/T 19650
547	甲氰菊酯	Fenpropathrin			不得检出	GB/T 19650
548	芬螨酯	Fenson			不得检出	GB/T 19650
549	丰索磷	Fensulfothion			不得检出	GB/T 19650
550	倍硫磷亚砜	Fenthion sulfoxide			不得检出	GB/T 19650
551	麦草氟异丙酯	Flamprop – isopropyl			不得检出	GB/T 19650
552	麦草氟甲酯	Flamprop – methyl			不得检出	GB/T 19650
553	氟苯尼考	Florfenicol			不得检出	GB/T 20756
554	吡氟禾草灵	Fluazifop – butyl			不得检出	GB/T 19650
555	啶蜱脲	Fluazuron			不得检出	SN/T 2540
556	氟苯咪唑	Flubendazole			不得检出	GB/T 21324
557	氟噻草胺	Flufenacet			不得检出	GB/T 19650
558	氟甲喹	Flumequin			不得检出	SN/T 1921
559	氟节胺	Flumetralin			不得检出	GB/T 19650
560	唑嘧磺草胺	Flumetsulam			不得检出	GB/T 20772
561	氟烯草酸	Flumiclorac			不得检出	GB/T 19650
562	丙炔氟草胺	Flumioxazin			不得检出	GB/T 19650
563	氟胺烟酸	Flunixin			不得检出	GB/T 20750
564	三氟硝草醚	Fluorodifen			不得检出	GB/T 19650
565	乙羧氟草醚	Fluoroglycofen – ethyl			不得检出	GB/T 19650
566	三氟苯唑	Fluotrimazole			不得检出	GB/T 19650
567	氟啶草酮	Fluridone			不得检出	GB/T 19650
568	氟草烟 – 1 – 甲庚酯	Fluroxypr – 1 – methylheptyl ester			不得检出	GB/T 19650
569	呋草酮	Flurtamone			不得检出	GB/T 19650
570	地虫硫磷	Fonofos			不得检出	GB/T 19650
571	安果	Formothion			不得检出	GB/T 19650
572	呋霜灵	Furalaxyl			不得检出	GB/T 19650
573	庆大霉素	Gentamicin			不得检出	GB/T 21323
574	苄螨醚	Halfenprox			不得检出	GB/T 19650
575	氟哌啶醇	Haloperidol			不得检出	GB/T 20763
576	庚烯磷	Heptanophos			不得检出	GB/T 19650

序号	农兽药中文名	农兽药英文名	欧盟标准限量要求 mg/kg	国家标准限量要求 mg/kg	三安超有机食品标准	
					限量要求 mg/kg	检测方法
577	己唑醇	Hexaconazole			不得检出	GB/T 19650
578	环嗪酮	Hexazinone			不得检出	GB/T 19650
579	咪草酸	Imazamethabenz – methyl			不得检出	GB/T 19650
580	咪唑喹啉酸	Imazaquin			不得检出	GB/T 20772
581	脱苯甲基亚胺唑	Imibenconazole – *des* – benzyl			不得检出	GB/T 19650
582	炔咪菊酯 – 1	Imiprothrin – 1			不得检出	GB/T 19650
583	炔咪菊酯 – 2	Imiprothrin – 2			不得检出	GB/T 19650
584	碘硫磷	Iodofenphos			不得检出	GB/T 19650
585	甲基碘磺隆	Iodosulfuron – methyl			不得检出	GB/T 20772
586	异稻瘟净	Iprobenfos			不得检出	GB/T 19650
587	氯唑磷	Isazofos			不得检出	GB/T 19650
588	碳氯灵	Isobenzan			不得检出	GB/T 19650
589	丁咪酰胺	Isocarbamid			不得检出	GB/T 19650
590	水胺硫磷	Isocarbophos			不得检出	GB/T 19650
591	异艾氏剂	Isodrin			不得检出	GB/T 19650
592	异柳磷	Isofenphos			不得检出	GB/T 19650
593	氧异柳磷	Isofenphos oxon			不得检出	GB/T 19650
594	氮氨菲啶	Isometamidium			不得检出	SN/T 2239
595	丁嗪草酮	Isomethiozin			不得检出	GB/T 19650
596	异丙威 – 1	Isoprocarb – 1			不得检出	GB/T 19650
597	异丙威 – 2	Isoprocarb – 2			不得检出	GB/T 19650
598	异丙乐灵	Isopropalin			不得检出	GB/T 19650
599	双苯噁唑酸	Isoxadifen – ethyl			不得检出	GB/T 19650
600	异噁氟草	Isoxaflutole			不得检出	GB/T 20772
601	噁唑啉	Isoxathion			不得检出	GB/T 19650
602	依维菌素	Ivermectin			不得检出	GB/T 21320
603	交沙霉素	Josamycin			不得检出	GB/T 20762
604	卡那霉素	Kanamycin			不得检出	GB/T 21323
605	拉沙里菌素	Lasalocid			不得检出	SN 0501
606	溴苯磷	Leptophos			不得检出	GB/T 19650
607	左旋咪唑	Levamisole			不得检出	SN 0349
608	林可霉素	Lincomycin			不得检出	GB/T 20762
609	利谷隆	Linuron			不得检出	GB/T 19650
610	麻保沙星	Marbofloxacin			不得检出	GB/T 22985
611	2 – 甲 – 4 – 氯丁氧乙基酯	MCPA – butoxyethyl ester			不得检出	GB/T 19650
612	甲苯咪唑	Mebendazole			不得检出	GB/T 21324
613	灭蚜磷	Mecarbam			不得检出	GB/T 19650
614	二甲四氯丙酸	Mecoprop			不得检出	SN/T 2325
615	苯噻酰草胺	Mefenacet			不得检出	GB/T 19650

序号	农兽药中文名	农兽药英文名	欧盟标准限量要求 mg/kg	国家标准限量要求 mg/kg	三安超有机食品标准	
					限量要求 mg/kg	检测方法
616	吡唑解草酯	Mefenpyr – diethyl			不得检出	GB/T 19650
617	醋酸甲地孕酮	Megestrol acetate			不得检出	GB/T 20753
618	醋酸美仑孕酮	Melengestrol acetate			不得检出	GB/T 20753
619	嘧菌胺	Mepanipyrim			不得检出	GB/T 19650
620	地胺磷	Mephosfolan			不得检出	GB/T 19650
621	灭锈胺	Mepronil			不得检出	GB/T 19650
622	硝磺草酮	Mesotrione			不得检出	参照同类标准
623	呋菌胺	Methfuroxam			不得检出	GB/T 19650
624	灭梭威砜	Methiocarb sulfone			不得检出	GB/T 19650
625	异丙甲草胺和 *S* – 异丙甲草胺	Metolachlor and *S* – metolachlor			不得检出	GB/T 19650
626	盖草津	Methoprotryne			不得检出	GB/T 19650
627	甲醚菊酯 – 1	Methothrin – 1			不得检出	GB/T 19650
628	甲醚菊酯 – 2	Methothrin – 2			不得检出	GB/T 19650
629	甲基泼尼松龙	Methylprednisolone			不得检出	GB/T 21981
630	溴谷隆	Metobromuron			不得检出	GB/T 19650
631	甲氧氯普胺	Metoclopramide			不得检出	SN/T 2227
632	苯氧菌胺 – 1	Metominsstrobin – 1			不得检出	GB/T 19650
633	苯氧菌胺 – 2	Metominsstrobin – 2			不得检出	GB/T 19650
634	甲硝唑	Metronidazole			不得检出	GB/T 21318
635	速灭磷	Mevinphos			不得检出	GB/T 19650
636	兹克威	Mexacarbate			不得检出	GB/T 19650
637	灭蚁灵	Mirex			不得检出	GB/T 19650
638	禾草敌	Molinate			不得检出	GB/T 19650
639	庚酰草胺	Monalide			不得检出	GB/T 19650
640	莫能菌素	Monensin			不得检出	SN 0698
641	莫西丁克	Moxidectin			不得检出	SN/T 2442
642	合成麝香	Musk ambrecte			不得检出	GB/T 19650
643	麝香	Musk moskene			不得检出	GB/T 19650
644	西藏麝香	Musk tibeten			不得检出	GB/T 19650
645	二甲苯麝香	Musk xylene			不得检出	GB/T 19650
646	萘夫西林	Nafcillin			不得检出	GB/T 22975
647	二溴磷	Naled			不得检出	SN/T 0706
648	甲基盐霉素	Narasin			不得检出	GB/T 20364
649	新霉素	Neomycin			不得检出	SN 0646
650	甲磺乐灵	Nitralin			不得检出	GB/T 19650
651	三氯甲基吡啶	Nitrapyrin			不得检出	GB/T 19650
652	酞菌酯	Nitrothal – isopropyl			不得检出	GB/T 19650
653	诺氟沙星	Norfloxacin			不得检出	GB/T 20366

序号	农兽药中文名	农兽药英文名	欧盟标准限量要求 mg/kg	国家标准限量要求 mg/kg	三安超有机食品标准	
					限量要求 mg/kg	检测方法
654	氟草敏	Norflurazon			不得检出	GB/T 19650
655	新生霉素	Novobiocin			不得检出	SN 0674
656	氟苯嘧啶醇	Nuarimol			不得检出	GB/T 19650
657	八氯苯乙烯	Octachlorostyrene			不得检出	GB/T 19650
658	氧氟沙星	Ofloxacin			不得检出	GB/T 20366
659	喹乙醇	Olaquindox			不得检出	GB/T 20746
660	竹桃霉素	Oleandomycin			不得检出	GB/T 20762
661	氧乐果	Omethoate			不得检出	GB/T 19650
662	奥比沙星	Orbifloxacin			不得检出	GB/T 22985
663	苯唑青霉素	Oxacillin			不得检出	GB/T 18932.25
664	杀线威	Oxamyl			不得检出	GB/T 20772
665	奥芬达唑	Oxfendazole			不得检出	GB/T 22972
666	丙氧苯咪唑	Oxibendazole			不得检出	GB/T 21324
667	喹菌酮	Oxolinic acid			不得检出	日本肯定列表
668	氧化氯丹	Oxy – chlordane			不得检出	GB/T 19650
669	土霉素	Oxytetracycline			不得检出	GB/T 21317
670	对氧磷	Paraoxon			不得检出	GB/T 19650
671	甲基对氧磷	Paraoxon – methyl			不得检出	GB/T 19650
672	克草敌	Pebulate			不得检出	GB/T 19650
673	五氯苯胺	Pentachloroaniline			不得检出	GB/T 19650
674	五氯甲氧基苯	Pentachloroanisole			不得检出	GB/T 19650
675	五氯苯	Pentachlorobenzene			不得检出	GB/T 19650
676	乙滴涕	Perthane			不得检出	GB/T 19650
677	菲	Phenanthrene			不得检出	GB/T 19650
678	稻丰散	Phenthoate			不得检出	GB/T 19650
679	甲拌磷砜	Phorate sulfone			不得检出	GB/T 19650
680	磷胺 – 1	Phosphamidon – 1			不得检出	GB/T 19650
681	磷胺 – 2	Phosphamidon – 2			不得检出	GB/T 19650
682	酞酸苯甲基丁酯	Phthalic acid, benzylbutyl ester			不得检出	GB/T 19650
683	四氯苯肽	Phthalide			不得检出	GB/T 19650
684	邻苯二甲酰亚胺	Phthalimide			不得检出	GB/T 19650
685	氟吡酰草胺	Picolinafen			不得检出	GB/T 19650
686	增效醚	Piperonyl butoxide			不得检出	GB/T 19650
687	哌草磷	Piperophos			不得检出	GB/T 19650
688	乙基虫螨清	Pirimiphos – ethyl			不得检出	GB/T 19650
689	吡利霉素	Pirlimycin			不得检出	GB/T 22988
690	炔丙菊酯	Prallethrin			不得检出	GB/T 19650
691	泼尼松龙	Prednisolone			不得检出	GB/T 21981
692	丙草胺	Pretilachlor			不得检出	GB/T 19650

序号	农兽药中文名	农兽药英文名	欧盟标准限量要求 mg/kg	国家标准限量要求 mg/kg	三安超有机食品标准	
					限量要求 mg/kg	检测方法
693	环丙氟灵	Profluralin			不得检出	GB/T 19650
694	茉莉酮	Prohydrojasmon			不得检出	GB/T 19650
695	扑灭通	Prometon			不得检出	GB/T 19650
696	扑草净	Prometryne			不得检出	GB/T 19650
697	炔丙烯草胺	Pronamide			不得检出	GB/T 19650
698	敌稗	Propanil			不得检出	GB/T 19650
699	扑灭津	Propazine			不得检出	GB/T 19650
700	胺丙畏	Propetamphos			不得检出	GB/T 19650
701	丙酰二甲氨基丙吩噻嗪	Propionylpromazin			不得检出	GB/T 20763
702	丙硫磷	Prothiophos			不得检出	GB/T 19650
703	哒嗪硫磷	Pyridafenthion			不得检出	GB/T 19650
704	吡唑硫磷	Pyraclofos			不得检出	GB/T 19650
705	吡草醚	Pyraflufen – ethyl			不得检出	GB/T 19650
706	啶斑肟 – 1	Pyrifenox – 1			不得检出	GB/T 19650
707	啶斑肟 – 2	Pyrifenox – 2			不得检出	GB/T 19650
708	环酯草醚	Pyriftalid			不得检出	GB/T 19650
709	嘧螨醚	Pyrimidifen			不得检出	GB/T 19650
710	嘧草醚	Pyriminobac – methyl			不得检出	GB/T 19650
711	嘧啶磷	Pyrimitate			不得检出	GB/T 19650
712	喹硫磷	Quinalphos			不得检出	GB/T 19650
713	灭藻醌	Quinoclamine			不得检出	GB/T 19650
714	苯氧喹啉	Quinoxyphen			不得检出	GB/T 19650
715	吡咪唑	Rabenzazole			不得检出	GB/T 19650
716	莱克多巴胺	Ractopamine			不得检出	GB/T 21313
717	洛硝达唑	Ronidazole			不得检出	GB/T 21318
718	皮蝇磷	Ronnel			不得检出	GB/T 19650
719	盐霉素	Salinomycin			不得检出	GB/T 20364
720	沙拉沙星	Sarafloxacin			不得检出	GB/T 20366
721	另丁津	Sebutylazine			不得检出	GB/T 19650
722	密草通	Secbumeton			不得检出	GB/T 19650
723	氨基脲	Semduramicin			不得检出	GB/T 20752
724	烯禾啶	Sethoxydim			不得检出	GB/T 19650
725	氟硅菊酯	Silafluofen			不得检出	GB/T 19650
726	硅氟唑	Simeconazole			不得检出	GB/T 19650
727	西玛通	Simetone			不得检出	GB/T 19650
728	西草净	Simetryn			不得检出	GB/T 19650
729	壮观霉素	Spectinomycin			不得检出	GB/T 21323
730	螺旋霉素	Spiramycin			不得检出	GB/T 20762
731	链霉素	Streptomycin			不得检出	GB/T 21323

序号	农兽药中文名	农兽药英文名	欧盟标准限量要求 mg/kg	国家标准限量要求 mg/kg	三安超有机食品标准	
					限量要求 mg/kg	检测方法
732	磺胺苯酰	Sulfabenzamide			不得检出	GB/T 21316
733	磺胺醋酰	Sulfacetamide			不得检出	GB/T 21316
734	磺胺氯哒嗪	Sulfachloropyridazine			不得检出	GB/T 21316
735	磺胺嘧啶	Sulfadiazine			不得检出	GB/T 21316
736	磺胺间二甲氧嘧啶	Sulfadimethoxine			不得检出	GB/T 21316
737	磺胺二甲嘧啶	Sulfadimidine			不得检出	GB/T 21316
738	磺胺多辛	Sulfadoxine			不得检出	GB/T 21316
739	磺胺胍	Sulfaguanidine			不得检出	GB/T 21316
740	菜草畏	Sulfallate			不得检出	GB/T 19650
741	磺胺甲嘧啶	Sulfamerazine			不得检出	GB/T 21316
742	新诺明	Sulfamethoxazole			不得检出	GB/T 21316
743	磺胺间甲氧嘧啶	Sulfamonomethoxine			不得检出	GB/T 21316
744	乙酰磺胺对硝基苯	Sulfanitran			不得检出	GB/T 20772
745	磺胺吡啶	Sulfapyridine			不得检出	GB/T 21316
746	磺胺喹沙啉	Sulfaquinoxaline			不得检出	GB/T 21316
747	磺胺噻唑	Sulfathiazole			不得检出	GB/T 21316
748	治螟磷	Sulfotep			不得检出	GB/T 19650
749	硫丙磷	Sulprofos			不得检出	GB/T 19650
750	苯噻硫氰	TCMTB			不得检出	GB/T 19650
751	丁基嘧啶磷	Tebupirimfos			不得检出	GB/T 19650
752	牧草胺	Tebutam			不得检出	GB/T 19650
753	丁噻隆	Tebuthiuron			不得检出	GB/T 20772
754	双硫磷	Temephos			不得检出	GB/T 20772
755	特草灵	Terbucarb			不得检出	GB/T 19650
756	特丁通	Terbumeton			不得检出	GB/T 19650
757	特丁净	Terbutryn			不得检出	GB/T 19650
758	四氢邻苯二甲酰亚胺	Tetrabydrophthalimide			不得检出	GB/T 19650
759	杀虫畏	Tetrachlorvinphos			不得检出	GB/T 19650
760	四环素	Tetracycline			不得检出	GB/T 21317
761	胺菊酯	Tetramethirn			不得检出	GB/T 19650
762	杀螨氯硫	Tetrasul			不得检出	GB/T 19650
763	噻吩草胺	Thenylchlor			不得检出	GB/T 19650
764	甲砜霉素	Thiamphenicol			不得检出	GB/T 20756
765	噻唑烟酸	Thiazopyr			不得检出	GB/T 19650
766	噻苯隆	Thidiazuron			不得检出	GB/T 20772
767	噻吩磺隆	Thifensulfuron - methyl			不得检出	GB/T 20772
768	甲基乙拌磷	Thiometon			不得检出	GB/T 20772
769	虫线磷	Thionazin			不得检出	GB/T 19650
770	替米考星	Tilmicosin			不得检出	GB/T 20762

序号	农兽药中文名	农兽药英文名	欧盟标准限量要求 mg/kg	国家标准限量要求 mg/kg	三安超有机食品标准	
					限量要求 mg/kg	检测方法
771	硫普罗宁	Tiopronin			不得检出	SN/T 2225
772	三甲苯草酮	Tralkoxydim			不得检出	GB/T 19650
773	四溴菊酯	Tralomethrin			不得检出	SN/T 2320
774	反式-氯丹	*trans* - Chlordane			不得检出	GB/T 19650
775	反式-燕麦敌	*trans* - Diallate			不得检出	GB/T 19650
776	四氟苯菊酯	Transfluthrin			不得检出	GB/T 19650
777	反式九氯	*trans* - Nonachlor			不得检出	GB/T 19650
778	反式-氯菊酯	*trans* - Permethrin			不得检出	GB/T 19650
779	群勃龙	Trenbolone			不得检出	GB/T 21981
780	威菌磷	Triamiphos			不得检出	GB/T 19650
781	毒壤磷	Trichloronate			不得检出	GB/T 19650
782	灭草环	Tridiphane			不得检出	GB/T 19650
783	草达津	Trietazine			不得检出	GB/T 19650
784	三异丁基磷酸盐	Tri - *iso* - butyl phosphate			不得检出	GB/T 19650
785	甲氧苄氨嘧啶	Trimethoprim			不得检出	SN/T 1769
786	三正丁基磷酸盐	Tri - *n* - butyl phosphate			不得检出	GB/T 19650
787	三苯基磷酸盐	Triphenyl phosphate			不得检出	GB/T 19650
788	泰乐霉素	Tylosin			不得检出	GB/T 22941
789	烯效唑	Uniconazole			不得检出	GB/T 19650
790	灭草敌	Vernolate			不得检出	GB/T 19650
791	维吉尼霉素	Virginiamycin			不得检出	GB/T 20765
792	杀鼠灵	War farin			不得检出	GB/T 20772
793	甲苯噻嗪	Xylazine			不得检出	GB/T 20763
794	右环十四酮酚	Zeranol			不得检出	GB/T 21982
795	苯酰菌胺	Zoxamide			不得检出	GB/T 19650

11 鹅(5 种)

11.1 鹅肉 Goose

序号	农兽药中文名	农兽药英文名	欧盟标准限量要求 mg/kg	国家标准限量要求 mg/kg	三安超有机食品标准	
					限量要求 mg/kg	检测方法
1	1,1-二氯-2,2-二(4-乙苯)乙烷	1,1 - Dichloro - 2,2 - bis(4 - ethylphenyl) ethane	0.01		不得检出	日本肯定列表(增补本 1)
2	1,2-二氯乙烷	1,2 - Dichloroethane	0.1		不得检出	SN/T 2238
3	1,3-二氯丙烯	1,3 - Dichloropropene	0.01		不得检出	SN/T 2238
4	1-萘乙酸	1 - Naphthylacetic acid	0.05		不得检出	SN/T 2228
5	2,4-滴丁酸	2,4 - DB	0.05		不得检出	GB/T 20769
6	2,4-滴	2,4 - D	0.05		不得检出	GB/T 20772

序号	农兽药中文名	农兽药英文名	欧盟标准限量要求 mg/kg	国家标准限量要求 mg/kg	三安超有机食品标准	
					限量要求 mg/kg	检测方法
7	2-苯酚	2-Phenylphenol	0.05		不得检出	GB/T 19650
8	阿维菌素	Abamectin	0.02		不得检出	SN/T 2661
9	乙酰甲胺磷	Acephate	0.02		不得检出	GB/T 20772
10	灭螨醌	Acequinocyl	0.01		不得检出	参照同类标准
11	啶虫脒	Acetamiprid	0.05		不得检出	GB/T 20772
12	乙草胺	Acetochlor	0.01		不得检出	GB/T 19650
13	苯并噻二唑	Acibenzolar-*S*-methyl	0.02		不得检出	GB/T 20772
14	苯草醚	Aclonifen	0.02		不得检出	GB/T 20772
15	氟丙菊酯	Acrinathrin	0.05		不得检出	GB/T 19648
16	甲草胺	Alachlor	0.01		不得检出	GB/T 20772
17	涕灭威	Aldicarb	0.01		不得检出	GB/T 20772
18	艾氏剂和狄氏剂	Aldrin and dieldrin	0.2	0.2和0.2	不得检出	GB/T 19650
19	—	Ametoctradin	0.03		不得检出	参照同类标准
20	酰嘧磺隆	Amidosulfuron	0.02		不得检出	参照同类标准
21	氯氨吡啶酸	Aminopyralid	0.01		不得检出	GB/T 23211
22	—	Amisulbrom	0.01		不得检出	参照同类标准
23	双甲脒	Amitraz	0.05		不得检出	GB/T 5009.143
24	阿莫西林	Amoxicillin	50μg/kg		不得检出	NY/T 830
25	氨苄青霉素	Ampicillin	50μg/kg		不得检出	GB/T 21315
26	敌菌灵	Anilazine	0.01		不得检出	GB/T 20769
27	杀螨特	Aramite	0.01		不得检出	GB/T 19650
28	磺草灵	Asulam	0.1		不得检出	日本肯定列表(增补本1)
29	印楝素	Azadirachtin	0.01		不得检出	SN/T 3264
30	益棉磷	Azinphos-ethyl	0.01		不得检出	GB/T 19650
31	保棉磷	Azinphos-methyl	0.01		不得检出	GB/T 20772
32	三唑锡和三环锡	Azocyclotin and cyhexatin	0.05		不得检出	SN/T 1990
33	嘧菌酯	Azoxystrobin	0.05		不得检出	GB/T 20772
34	燕麦灵	Barban	0.05		不得检出	参照同类标准
35	氟丁酰草胺	Beflubutamid	0.05		不得检出	参照同类标准
36	苯霜灵	Benalaxyl	0.05		不得检出	GB/T 20772
37	丙硫克百威	Benfuracarb	0.02		不得检出	GB/T 20772
38	苄青霉素	Benzyl penicillin	50μg/kg		不得检出	GB/T 21315
39	联苯肼酯	Bifenazate	0.01		不得检出	GB/T 20772
40	甲羧除草醚	Bifenox	0.05		不得检出	GB/T 23210
41	联苯菊酯	Bifenthrin	0.05		不得检出	GB/T 19650
42	乐杀螨	Binapacryl	0.01		不得检出	SN 0523
43	联苯	Biphenyl	0.01		不得检出	GB/T 19650
44	联苯三唑醇	Bitertanol	0.05		不得检出	GB/T 20772

序号	农兽药中文名	农兽药英文名	欧盟标准限量要求 mg/kg	国家标准限量要求 mg/kg	三安超有机食品标准	
					限量要求 mg/kg	检测方法
45	—	Bixafen	0.02		不得检出	参照同类标准
46	啶酰菌胺	Boscalid	0.05		不得检出	GB/T 20772
47	溴离子	Bromide ion	0.05		不得检出	GB/T 5009.167
48	溴螨酯	Bromopropylate	0.01		不得检出	GB/T 19650
49	溴苯腈	Bromoxynil	0.05		不得检出	GB/T 20772
50	糠菌唑	Bromuconazole	0.05		不得检出	GB/T 19650
51	乙嘧酚磺酸酯	Bupirimate	0.05		不得检出	GB/T 19650
52	噻嗪酮	Buprofezin	0.05		不得检出	GB/T 20772
53	仲丁灵	Butralin	0.02		不得检出	GB/T 19650
54	丁草敌	Butylate	0.01		不得检出	GB/T 19650
55	硫线磷	Cadusafos	0.01		不得检出	GB/T 19650
56	敌菌丹	Captafol	0.01		不得检出	SN 0338
57	克菌丹	Captan	0.02		不得检出	GB/T 19648
58	甲萘威	Carbaryl	0.05		不得检出	GB/T 20796
59	多菌灵和苯菌灵	Carbendazim and benomyl	0.05		不得检出	GB/T 20772
60	长杀草	Carbetamide	0.05		不得检出	GB/T 20772
61	克百威	Carbofuran	0.01		不得检出	GB/T 20772
62	丁硫克百威	Carbosulfan	0.05		不得检出	GB/T 19650
63	萎锈灵	Carboxin	0.05		不得检出	GB/T 20772
64	氯虫苯甲酰胺	Chlorantraniliprole	0.01		不得检出	参照同类标准
65	杀螨醚	Chlorbenside	0.05		不得检出	GB/T 19650
66	氯炔灵	Chlorbufam	0.05		不得检出	GB/T 20772
67	氯丹	Chlordane	0.05	0.5	不得检出	GB/T 19648
68	十氯酮	Chlordecone	0.2		不得检出	参照同类标准
69	杀螨酯	Chlorfenson	0.05		不得检出	GB/T 19650
70	毒虫畏	Chlorfenvinphos	0.01		不得检出	GB/T 19650
71	氯草敏	Chloridazon	0.05		不得检出	GB/T 20772
72	矮壮素	Chlormequat	0.05		不得检出	日本肯定列表
73	乙酯杀螨醇	Chlorobenzilate	0.1		不得检出	日本肯定列表
74	百菌清	Chlorothalonil	0.01		不得检出	SN/T 2320
75	绿麦隆	Chlortoluron	0.05		不得检出	GB/T 20772
76	枯草隆	Chloroxuron	0.05		不得检出	GB/T 20769
77	氯苯胺灵	Chlorpropham	0.05		不得检出	GB/T 19650
78	毒死蜱	Chlorpyrifos	0.05		不得检出	SN/T 2158
79	甲基毒死蜱	Chlorpyrifos - methyl	0.05		不得检出	GB/T 19650
80	氯磺隆	Chlorsulfuron	0.01		不得检出	GB/T 20769
81	金霉素	Chlortetracycline	100μg/kg		不得检出	GB/T 21317
82	氯酞酸甲酯	Chlorthaldimethyl	0.01		不得检出	GB/T 19650
83	氯硫酰草胺	Chlorthiamid	0.02		不得检出	GB/T 20772

序号	农兽药中文名	农兽药英文名	欧盟标准限量要求 mg/kg	国家标准限量要求 mg/kg	三安超有机食品标准	
					限量要求 mg/kg	检测方法
84	烯草酮	Clethodim	0.2		不得检出	GB/T 19648
85	炔草酯	Clodinafop – propargyl	0.02		不得检出	GB 2763
86	四螨嗪	Clofentezine	0.05		不得检出	SN/T 1740
87	二氯吡啶酸	Clopyralid	0.05		不得检出	SN/T 2228
88	噻虫胺	Clothianidin	0.01		不得检出	GB/T 20772
89	邻氯青霉素	Cloxacillin	300μg/kg		不得检出	GB/T 21315
90	黏菌素	Colistin	150μg/kg		不得检出	参照同类标准
91	铜化合物	Copper compounds	5		不得检出	参照同类标准
92	环烷基酰苯胺	Cyclanilide	0.01		不得检出	参照同类标准
93	噻草酮	Cycloxydim	0.05		不得检出	GB/T 19650
94	环氟菌胺	Cyflufenamid	0.03		不得检出	GB/T 19648
95	氟氯氰菊酯和高效氟氯氰菊酯	Cyfluthrin and beta – cyfluthrin	0.05		不得检出	GB/T 19650
96	霜脲氰	Cymoxanil	0.05		不得检出	GB/T 20772
97	氯氰菊酯和高效氯氰菊酯	Cypermethrin and beta – cypermethrin	0.1		不得检出	GB/T 19650
98	环丙唑醇	Cyproconazole	0.05		不得检出	GB/T 20772
99	嘧菌环胺	Cyprodinil	0.05		不得检出	GB/T 20769
100	灭蝇胺	Cyromazine	0.05		不得检出	GB/T 20772
101	丁酰肼	Daminozide	0.05		不得检出	日本肯定列表
102	达氟沙星	Danofloxacin	200μg/kg		不得检出	GB/T 22985
103	滴滴涕	DDT	1		不得检出	SN/T 0127
104	溴氰菊酯	Deltamethrin	0.1		不得检出	GB/T 19650
105	燕麦敌	Diallate	0.2		不得检出	GB/T 20772
106	二嗪磷	Diazinon	0.05		不得检出	GB/T 19650
107	麦草畏	Dicamba	0.02		不得检出	GB/T 20772
108	敌草腈	Dichlobenil	0.01		不得检出	GB/T 19650
109	滴丙酸	Dichlorprop	0.05		不得检出	SN/T 2228
110	地克珠利(杀球灵)	Diclazuril	500μg/kg		不得检出	SN/T 2318
111	二氯苯氧基丙酸	Diclofop	0.01		不得检出	参照同类标准
112	氯硝胺	Dicloran	0.01		不得检出	GB/T 19650
113	双氯青霉素	Dicloxacillin	300μg/kg		不得检出	GB/T 21315
114	三氯杀螨醇	Dicofol	0.1		不得检出	GB/T 19650
115	乙霉威	Diethofencarb	0.05		不得检出	GB/T 19650
116	苯醚甲环唑	Difenoconazole	0.1		不得检出	GB/T 19650
117	双氟沙星	Difloxacin	300μg/kg		不得检出	SN/T 3155
118	除虫脲	Diflubenzuron	0.05		不得检出	SN/T 0528
119	吡氟酰草胺	Diflufenican	0.05		不得检出	GB/T 20772
120	油菜安	Dimethachlor	0.02		不得检出	GB/T 20772

序号	农兽药中文名	农兽药英文名	欧盟标准限量要求 mg/kg	国家标准限量要求 mg/kg	三安超有机食品标准	
					限量要求 mg/kg	检测方法
121	烯酰吗啉	Dimethomorph	0.05		不得检出	GB/T 20772
122	醚菌胺	Dimoxystrobin	0.05		不得检出	SN/T 2237
123	烯唑醇	Diniconazole	0.01		不得检出	GB/T 19650
124	敌螨普	Dinocap	0.05		不得检出	日本肯定列表（增补本 1）
125	地乐酚	Dinoseb	0.01		不得检出	GB/T 20772
126	特乐酚	Dinoterb	0.05		不得检出	GB/T 20772
127	敌噁磷	Dioxathion	0.05		不得检出	GB/T 19650
128	敌草快	Diquat	0.05		不得检出	GB/T 5009.221
129	乙拌磷	Disulfoton	0.02		不得检出	GB/T 20772
130	二氰蒽醌	Dithianon	0.01		不得检出	GB/T 20769
131	二硫代氨基甲酸酯	Dithiocarbamates	0.05		不得检出	SN/T 0157
132	敌草隆	Diuron	0.05		不得检出	SN/T 0645
133	二硝甲酚	DNOC	0.05		不得检出	GB/T 20772
134	多果定	Dodine	0.2		不得检出	SN 0500
135	甲氨基阿维菌素苯甲酸盐	Emamectin benzoate	0.01		不得检出	GB/T 20769
136	硫丹	Endosulfan	0.05	0.2	不得检出	GB/T 19650
137	异狄氏剂	Endrin	0.05		不得检出	GB/T 19650
138	恩诺沙星	Enrofloxacin	100μg/kg		不得检出	GB/T 22985
139	氟环唑	Epoxiconazole	0.01		不得检出	GB/T 20772
140	茵草敌	EPTC	0.02		不得检出	GB/T 20772
141	红霉素	Erythromycin	200μg/kg		不得检出	GB/T 20762
142	乙丁烯氟灵	Ethalfluralin	0.01		不得检出	GB/T 19650
143	胺苯磺隆	Ethametsulfuron	0.01		不得检出	NY/T 1616
144	乙烯利	Ethephon	0.05		不得检出	SN 0705
145	乙硫磷	Ethion	0.01		不得检出	GB/T 19650
146	乙嘧酚	Ethirimol	0.05		不得检出	GB/T 20772
147	乙氧呋草黄	Ethofumesate	0.1		不得检出	GB/T 20772
148	灭线磷	Ethoprophos	0.01		不得检出	GB/T 19650
149	乙氧喹啉	Ethoxyquin	0.05		不得检出	GB/T 20772
150	环氧乙烷	Ethylene oxide	0.02		不得检出	GB/T 23296.11
151	醚菊酯	Etofenprox	0.01		不得检出	GB/T 19650
152	乙螨唑	Etoxazole	0.01		不得检出	GB/T 19648
153	氯唑灵	Etridiazole	0.05		不得检出	GB/T 20769
154	噁唑菌酮	Famoxadone	0.05		不得检出	GB/T 20772
155	咪唑菌酮	Fenamidone	0.01		不得检出	GB/T 19650
156	苯线磷	Fenamiphos	0.02		不得检出	GB/T 19650
157	氯苯嘧啶醇	Fenarimol	0.02		不得检出	GB/T 20772
158	喹螨醚	Fenazaquin	0.01		不得检出	GB/T 19648

序号	农兽药中文名	农兽药英文名	欧盟标准限量要求 mg/kg	国家标准限量要求 mg/kg	三安超有机食品标准	
					限量要求 mg/kg	检测方法
159	腈苯唑	Fenbuconazole	0.05		不得检出	GB/T 20772
160	苯丁锡	Fenbutatin oxide	0.05		不得检出	SN 0592
161	环酰菌胺	Fenhexamid	0.05		不得检出	GB/T 20772
162	杀螟硫磷	Fenitrothion	0.01		不得检出	GB/T 20772
163	精噁唑禾草灵	Fenoxaprop - *P* - ethyl	0.05		不得检出	GB 22617
164	双氧威	Fenoxycarb	0.05		不得检出	GB/T 19650
165	苯锈啶	Fenpropidin	0.02		不得检出	GB/T 19650
166	丁苯吗啉	Fenpropimorph	0.01		不得检出	GB/T 20772
167	胺苯吡菌酮	Fenpyrazamine	0.01		不得检出	参照同类标准
168	唑螨酯	Fenpyroximate	0.01		不得检出	GB/T 20769
169	倍硫磷	Fenthion	0.05		不得检出	GB/T 20772
170	三苯锡	Fentin	0.05		不得检出	日本肯定列表(增补本1)
171	薯瘟锡	Fentin acetate	0.05		不得检出	参照同类标准
172	氰戊菊酯和高效氰戊菊酯(RR & SS 异构体总量)	Fenvalerate and esfenvalerate (sum of RR & SS isomers)	0.02		不得检出	GB/T 19650
173	氰戊菊酯和高效氰戊菊酯(RS & SR 异构体总量)	Fenvalerate and esfenvalerate (sum of RS & SR isomers)	0.02		不得检出	GB/T 19650
174	氟虫腈	Fipronil	0.01		不得检出	SN/T 1982
175	氟啶虫酰胺	Flonicamid	0.03		不得检出	SN/T 2796
176	氟苯尼考	Florfenicol	100μg/kg		不得检出	GB/T 20756
177	精吡氟禾草灵	Fluazifop - *P* - butyl	0.05		不得检出	GB/T 5009.142
178	氟啶胺	Fluazinam	0.05		不得检出	SN/T 2150
179	氟苯咪唑	Flubendazole	50μg/kg		不得检出	参照同类标准
180	氟苯虫酰胺	Flubendiamide	0.01		不得检出	SN/T 2581
181	氟环脲	Flucycloxuron	0.05		不得检出	参照同类标准
182	氟氰戊菊酯	Flucythrinate	0.05		不得检出	GB/T 19648
183	咯菌腈	Fludioxonil	0.05		不得检出	GB/T 20772
184	氟虫脲	Flufenoxuron	0.05		不得检出	SN/T 2150
185	—	Flufenzin	0.02		不得检出	参照同类标准
186	氟甲喹	Flumequin	400μg/kg		不得检出	SN/T 1921
187	氟吡菌胺	Fluopicolide	0.01		不得检出	参照同类标准
188	—	Fluopyram	0.1		不得检出	参照同类标准
189	氟离子	Fluoride ion	1		不得检出	GB/T 5009.167
190	氟咯草酮	Fluorochloridone	0.05		不得检出	GB/T 20772
191	氟腈嘧菌酯	Fluoxastrobin	0.05		不得检出	参照同类标准
192	氟喹唑	Fluquinconazole	0.02		不得检出	GB/T 19650
193	氟草烟	Fluroxypyr	0.05		不得检出	GB/T 20772
194	氟硅唑	Flusilazole	0.02		不得检出	GB/T 20772

序号	农兽药中文名	农兽药英文名	欧盟标准限量要求 mg/kg	国家标准限量要求 mg/kg	三安超有机食品标准	
					限量要求 mg/kg	检测方法
195	氟酰胺	Flutolanil	0.05		不得检出	GB/T 20772
196	粉唑醇	Flutriafol	0.01		不得检出	GB/T 20772
197	—	Fluxapyroxad	0.01		不得检出	参照同类标准
198	氟磺胺草醚	Fomesafen	0.01		不得检出	GB/T 5009.130
199	氯吡脲	Forchlorfenuron	0.05		不得检出	SN/T 3643
200	伐虫脒	Formetanate	0.01		不得检出	NY/T 1453
201	三乙膦酸铝	Fosetyl – aluminium	0.5		不得检出	参照同类标准
202	麦穗宁	Fuberidazole	0.05		不得检出	GB/T 19650
203	呋线威	Furathiocarb	0.01		不得检出	GB/T 20772
204	糠醛	Furfural	1		不得检出	参照同类标准
205	勃激素	Gibberellic acid	0.1		不得检出	GB/T 23211
206	草胺膦	Glufosinate – ammonium	0.1		不得检出	日本肯定列表
207	草甘膦	Glyphosate	0.05		不得检出	NY/T 1096
208	双胍盐	Guazatine	0.1		不得检出	参照同类标准
209	氟吡禾灵	Haloxyfop	0.1		不得检出	SN/T 2228
210	七氯	Heptachlor	0.2	0.2	不得检出	SN 0663
211	六氯苯	Hexachlorobenzene	0.2		不得检出	SN/T 0127
212	六六六(HCH),α – 异构体	Hexachlorociclohexane (HCH), alpha – isomer	0.2		不得检出	SN/T 0127
213	六六六(HCH),β – 异构体	Hexachlorociclohexane (HCH), beta – isomer	0.		不得检出	SN/T 0127
214	噻螨酮	Hexythiazox	0.05		不得检出	GB/T 20772
215	噁霉灵	Hymexazol	0.05		不得检出	GB/T 20772
216	抑霉唑	Imazalil	0.05		不得检出	GB/T 20772
217	甲咪唑烟酸	Imazapic	0.01		不得检出	GB/T 20772
218	咪唑喹啉酸	Imazaquin	0.05		不得检出	GB/T 20772
219	吡虫啉	Imidacloprid	0.05		不得检出	GB/T 20772
220	茚虫威	Indoxacarb	0.3		不得检出	GB/T 20772
221	碘苯腈	Ioxynil	0.05		不得检出	GB/T 20772
222	异菌脲	Iprodione	0.05		不得检出	GB/T 19650
223	稻瘟灵	Isoprothiolane	0.01		不得检出	GB/T 20772
224	异丙隆	Isoproturon	0.05		不得检出	GB/T 20772
225	—	Isopyrazam	0.01		不得检出	参照同类标准
226	异噁酰草胺	Isoxaben	0.01		不得检出	GB/T 20772
227	卡那霉素	Kanamycin	100μg/kg		不得检出	GB/T 21323
228	醚菌酯	Kresoxim – methyl	0.02		不得检出	GB/T 20772
229	乳氟禾草灵	Lactofen	0.01		不得检出	GB/T 19650
230	高效氯氟氰菊酯	Lambda – cyhalothrin	0.02		不得检出	GB/T 19648

序号	农兽药中文名	农兽药英文名	欧盟标准限量要求 mg/kg	国家标准限量要求 mg/kg	三安超有机食品标准	
					限量要求 mg/kg	检测方法
231	拉沙里菌素	Lasalocid	20μg/kg		不得检出	SN 0501
232	环草定	Lenacil	0.1		不得检出	GB/T 19650
233	左旋咪唑	Levamisole	10μg/kg		不得检出	SN 0349
234	林可霉素	Lincomycin	100μg/kg		不得检出	GB/T 20762
235	林丹	Lindane	0.02	0.05	不得检出	NY/T 761
236	虱螨脲	Lufenuron	0.02		不得检出	SN/T 2540
237	马拉硫磷	Malathion	0.02		不得检出	GB/T 19650
238	抑芽丹	Maleic hydrazide	0.02		不得检出	日本肯定列表
239	双炔酰菌胺	Mandipropamid	0.02		不得检出	参照同类标准
240	二甲四氯和二甲四氯丁酸	MCPA and MCPB	0.1		不得检出	SN/T 2228
241	壮棉素	Mepiquat chloride	0.05		不得检出	GB/T 20769
242	—	Meptyldinocap	0.05		不得检出	参照同类标准
243	汞化合物	Mercury compounds	0.01		不得检出	参照同类标准
244	氰氟虫腙	Metaflumizone	0.02		不得检出	SN/T 3852
245	甲霜灵和精甲霜灵	Metalaxyl and metalaxyl – M	0.05		不得检出	GB/T 20772
246	四聚乙醛	Metaldehyde	0.05		不得检出	SN/T 1787
247	苯嗪草酮	Metamitron	0.05		不得检出	GB/T 19650
248	吡唑草胺	Metazachlor	0.05		不得检出	GB/T 19650
249	叶菌唑	Metconazole	0.01		不得检出	GB/T 20769
250	甲基苯噻隆	Methabenzthiazuron	0.05		不得检出	GB/T 19650
251	虫螨畏	Methacrifos	0.01		不得检出	GB/T 20772
252	甲胺磷	Methamidophos	0.01		不得检出	GB/T 20772
253	杀扑磷	Methidathion	0.02		不得检出	GB/T 20772
254	甲硫威	Methiocarb	0.05		不得检出	GB/T 20769
255	灭多威和硫双威	Methomyl and thiodicarb	0.02		不得检出	GB/T 20772
256	烯虫酯	Methoprene	0.05		不得检出	GB/T 19648
257	甲氧滴滴涕	Methoxychlor	0.01		不得检出	GB/T 19648
258	甲氧虫酰肼	Methoxyfenozide	0.01		不得检出	GB/T 20772
259	磺草唑胺	Metosulam	0.01		不得检出	GB/T 20772
260	苯菌酮	Metrafenone	0.05		不得检出	参照同类标准
261	嗪草酮	Metribuzin	0.1		不得检出	GB/T 20769
262	绿谷隆	Monolinuron	0.05		不得检出	GB/T 20772
263	灭草隆	Monuron	0.01		不得检出	GB/T 20772
264	腈菌唑	Myclobutanil	0.01		不得检出	GB/T 20772
265	1 – 萘乙酰胺	1 – Naphthylacetamide	0.05		不得检出	GB/T 20772
266	敌草胺	Napropamide	0.01		不得检出	GB/T 19650
267	新霉素(包括 framycetin)	Neomycin (including framycetin)	500μg/kg		不得检出	SN 0646
268	烟嘧磺隆	Nicosulfuron	0.05		不得检出	日本肯定列表(增补本 1)

序号	农兽药中文名	农兽药英文名	欧盟标准限量要求 mg/kg	国家标准限量要求 mg/kg	三安超有机食品标准	
					限量要求 mg/kg	检测方法
269	除草醚	Nitrofen	0.01		不得检出	GB/T 19648
270	氟酰脲	Novaluron	0.5		不得检出	GB/T 20769
271	嘧苯胺磺隆	Orthosulfamuron	0.01		不得检出	GB/T 23817
272	苯唑青霉素	Oxacillin	300μg/kg		不得检出	GB/T 21315
273	噁草酮	Oxadiazon	0.05		不得检出	GB/T 19650
274	噁霜灵	Oxadixyl	0.01		不得检出	GB/T 19650
275	环氧嘧磺隆	Oxasulfuron	0.05		不得检出	GB/T 23817
276	奥芬达唑	Oxfendazole	50μg/kg		不得检出	SN 0684
277	喹菌酮	Oxolinic acid	100μg/kg		不得检出	日本肯定列表
278	氧化萎锈灵	Oxycarboxin	0.05		不得检出	GB/T 19650
279	亚砜磷	Oxydemeton - methyl	0.01		不得检出	参照同类标准
280	乙氧氟草醚	Oxyfluorfen	0.05		不得检出	GB/T 20772
281	土霉素	Oxytetracycline	100μg/kg		不得检出	GB/T 21317
282	多效唑	Paclobutrazol	0.02		不得检出	GB/T 19650
283	对硫磷	Parathion	0.05		不得检出	GB/T 19650
284	甲基对硫磷	Parathion - methyl	0.01		不得检出	GB/T 20772
285	巴龙霉素	Paromomycin	500μg/kg		不得检出	SN/T 2315
286	戊菌唑	Penconazole	0.05		不得检出	GB/T 20772
287	戊菌隆	Pencycuron	0.05		不得检出	GB/T 19650
288	二甲戊灵	Pendimethalin	0.05		不得检出	GB/T 19648
289	氯菊酯	Permethrin	0.05		不得检出	GB/T 19650
290	甜菜宁	Phenmedipham	0.05		不得检出	GB/T 23205
291	苯醚菊酯	Phenothrin	0.05		不得检出	GB/T 20772
292	苯氧甲基青霉素	Phenoxymethylpenicillin	25μg/kg		不得检出	SN/T 2050
293	甲拌磷	Phorate	0.05		不得检出	GB/T 20772
294	伏杀硫磷	Phosalone	0.01		不得检出	GB/T 20772
295	亚胺硫磷	Phosmet	0.1		不得检出	GB/T 20772
296	—	Phosphines and phosphides	0.01		不得检出	参照同类标准
297	辛硫磷	Phoxim	0.025		不得检出	GB/T 20772
298	氨氯吡啶酸	Picloram	0.2		不得检出	GB/T 23211
299	啶氧菌酯	Picoxystrobin	0.05		不得检出	GB/T 19650
300	抗蚜威	Pirimicarb	0.05		不得检出	GB/T 20772
301	甲基嘧啶磷	Pirimiphos - methyl	0.05		不得检出	GB/T 20772
302	咪鲜胺	Prochloraz	0.1		不得检出	GB/T 19650
303	腐霉利	Procymidone	0.01		不得检出	GB/T 20772
304	丙溴磷	Profenofos	0.05		不得检出	GB/T 20772
305	调环酸	Prohexadione	0.05		不得检出	日本肯定列表
306	毒草安	Propachlor	0.02		不得检出	GB/T 20772
307	扑派威	Propamocarb	0.1		不得检出	GB/T 20772

序号	农兽药中文名	农兽药英文名	欧盟标准限量要求 mg/kg	国家标准限量要求 mg/kg	三安超有机食品标准	
					限量要求 mg/kg	检测方法
308	恶草酸	Propaquizafop	0.05		不得检出	GB/T 20772
309	炔螨特	Propargite	0.1		不得检出	GB/T 19650
310	苯胺灵	Propham	0.05		不得检出	GB/T 19650
311	丙环唑	Propiconazole	0.01		不得检出	GB/T 19650
312	异丙草胺	Propisochlor	0.01		不得检出	GB/T 19650
313	残杀威	Propoxur	0.05		不得检出	GB/T 20772
314	炔苯酰草胺	Propyzamide	0.02		不得检出	GB/T 19650
315	苄草丹	Prosulfocarb	0.05		不得检出	GB/T 19648
316	丙硫菌唑	Prothioconazole	0.05		不得检出	参照同类标准
317	吡蚜酮	Pymetrozine	0.01		不得检出	GB/T 20772
318	吡唑醚菌酯	Pyraclostrobin	0.05		不得检出	GB/T 20772
319	—	Pyrasulfotole	0.01		不得检出	参照同类标准
320	吡菌磷	Pyrazophos	0.02		不得检出	GB/T 20772
321	除虫菊素	Pyrethrins	0.05		不得检出	GB/T 20772
322	哒螨灵	Pyridaben	0.02		不得检出	SN/T 2432
323	啶虫丙醚	Pyridalyl	0.01		不得检出	日本肯定列表
324	哒草特	Pyridate	0.05		不得检出	日本肯定列表
325	嘧霉胺	Pyrimethanil	0.05		不得检出	GB/T 19650
326	吡丙醚	Pyriproxyfen	0.05		不得检出	GB/T 19650
327	甲氧磺草胺	Pyroxsulam	0.01		不得检出	SN/T 2325
328	氯甲喹啉酸	Quinmerac	0.05		不得检出	参照同类标准
329	喹氧灵	Quinoxyfen	0.2		不得检出	SN/T 2319
330	五氯硝基苯	Quintozene	0.01	0.1	不得检出	GB/T 19650
331	精喹禾灵	Quizalofop - *P* - ethyl	0.05		不得检出	SN/T 2150
332	灭虫菊	Resmethrin	0.1		不得检出	GB/T 20772
333	鱼藤酮	Rotenone	0.01		不得检出	GB/T 20772
334	西玛津	Simazine	0.01		不得检出	SN 0594
335	壮观霉素	Spectinomycin	300μg/kg		不得检出	GB/T 21323
336	乙基多杀菌素	Spinetoram	0.01		不得检出	参照同类标准
337	多杀霉素	Spinosad	0.2		不得检出	GB/T 20772
338	螺旋霉素	Spiramycin	200μg/kg		不得检出	SN/T 0538
339	螺螨酯	Spirodiclofen	0.01		不得检出	GB/T 20772
340	螺甲螨酯	Spiromesifen	0.01		不得检出	GB/T 23210
341	螺虫乙酯	Spirotetramat	0.01		不得检出	参照同类标准
342	萁孢菌素	Spiroxamine	0.05		不得检出	GB/T 20772
343	磺草酮	Sulcotrione	0.05		不得检出	参照同类标准
344	磺胺类(所有属于磺胺类的物质)	Sulfonamides (all substances belonging to the sulfonamide-group)	100μg/kg		不得检出	GB 29694

序号	农兽药中文名	农兽药英文名	欧盟标准限量要求 mg/kg	国家标准限量要求 mg/kg	三安超有机食品标准	
					限量要求 mg/kg	检测方法
345	乙黄隆	Sulfosulfuron	0.05		不得检出	日本肯定列表（增补本 1）
346	硫磺粉	Sulfur	0.5		不得检出	参照同类标准
347	氟胺氰菊酯	Tau – fluvalinate	0.01		不得检出	SN 0691
348	戊唑醇	Tebuconazole	0.1		不得检出	GB/T 20772
349	虫酰肼	Tebufenozide	0.05		不得检出	GB/T 20772
350	吡螨胺	Tebufenpyrad	0.05		不得检出	GB/T 20772
351	四氯硝基苯	Tecnazene	0.05		不得检出	GB/T 19650
352	氟苯脲	Teflubenzuron	0.05		不得检出	SN/T 2150
353	七氟菊酯	Tefluthrin	0.05		不得检出	日本肯定列表
354	得杀草	Tepraloxydim	0.5		不得检出	GB/T 20772
355	特丁硫磷	Terbufos	0.01		不得检出	GB/T 20772
356	特丁津	Terbuthylazine	0.05		不得检出	GB/T 19650
357	四氟醚唑	Tetraconazole	0.02		不得检出	GB/T 20772
358	四环素	Tetracycline	100μg/kg		不得检出	GB/T 21317
359	三氯杀螨砜	Tetradifon	0.05		不得检出	GB/T 19650
360	噻菌灵	Thiabendazole	0.1		不得检出	GB/T 20772
361	噻虫啉	Thiacloprid	0.05		不得检出	GB/T 20772
362	噻虫嗪	Thiamethoxam	0.01		不得检出	GB/T 20772
363	甲砜霉素	Thiamphenicol	50μg/kg		不得检出	GB/T 20756
364	禾草丹	Thiobencarb	0.01		不得检出	GB/T 20772
365	甲基硫菌灵	Thiophanate – methyl	0.05		不得检出	SN/T 0162
366	硫粘菌素	Tiamulin	100μg/kg		不得检出	SN/T 2223
367	替米考星	Tilmicosin	50μg/kg		不得检出	GB/T 20762
368	甲基立枯磷	Tolclofos – methyl	0.05		不得检出	GB/T 20772
369	甲苯三嗪酮	Toltrazuril	100μg/kg		不得检出	参照同类标准
370	甲苯氟磺胺	Tolylfluanid	0.1		不得检出	GB/T 19650
371	—	Topramezone	0.01		不得检出	参照同类标准
372	三唑酮和三唑醇	Triadimefon and triadimenol	0.1		不得检出	GB/T 20772
373	野麦畏	Triallate	0.05		不得检出	GB/T 20772
374	醚苯磺隆	Triasulfuron	0.05		不得检出	GB/T 20772
375	三唑磷	Triazophos	0.01		不得检出	GB/T 20772
376	敌百虫	Trichlorphon	0.01		不得检出	GB/T 20772
377	绿草定	Triclopyr	0.05		不得检出	SN/T 2228
378	三环唑	Tricyclazole	0.05		不得检出	GB/T 20769
379	十三吗啉	Tridemorph	0.01		不得检出	GB/T 20772
380	肟菌酯	Trifloxystrobin	0.04		不得检出	GB/T 20769
381	氟菌唑	Triflumizole	0.05		不得检出	GB/T 20769
382	杀铃脲	Triflumuron	0.01		不得检出	GB/T 20772

序号	农兽药中文名	农兽药英文名	欧盟标准限量要求 mg/kg	国家标准限量要求 mg/kg	三安超有机食品标准	
					限量要求 mg/kg	检测方法
383	氟乐灵	Trifluralin	0.01		不得检出	GB/T 20772
384	嗪氨灵	Triforine	0.01		不得检出	SN 0695
385	甲氧苄氨嘧啶	Trimethoprim	50μg/kg		不得检出	SN/T 1769
386	三甲基锍阳离子	Trimethyl – sulfonium cation	0.05		不得检出	参照同类标准
387	抗倒酯	Trinexapac	0.05		不得检出	GB/T 20769
388	灭菌唑	Triticonazole	0.01		不得检出	GB/T 20769
389	三氟甲磺隆	Tritosulfuron	0.01		不得检出	参照同类标准
390	泰乐霉素	Tylosin	100μg/kg		不得检出	GB/T 20762
391	—	Valifenalate	0.01		不得检出	参照同类标准
392	乙烯菌核利	Vinclozolin	0.05		不得检出	GB/T 20772
393	1－氨基－2－乙内酰脲	AHD			不得检出	GB/T 21311
394	2,3,4,5－四氯苯胺	2,3,4,5 – Tetrachloraniline			不得检出	GB/T 19650
395	2,3,4,5－四氯甲氧基苯	2,3,4,5 – Tetrachloroanisole			不得检出	GB/T 19650
396	2,3,5,6－四氯苯胺	2,3,5,6 – Tetrachloroaniline			不得检出	GB/T 19650
397	2,4,5－涕	2,4,5 – T			不得检出	GB/T 20772
398	*o,p'*－滴滴滴	2,4' – DDD			不得检出	GB/T 19650
399	*o,p'*－滴滴伊	2,4' – DDE			不得检出	GB/T 19650
400	*o,p'*－滴滴涕	2,4' – DDT			不得检出	GB/T 19650
401	2,6－二氯苯甲酰胺	2,6 – Dichlorobenzamide			不得检出	GB/T 19650
402	3,5－二氯苯胺	3,5 – Dichloroaniline			不得检出	GB/T 19650
403	*p,p'*－滴滴滴	4,4' – DDD			不得检出	GB/T 19650
404	*p,p'*－滴滴伊	4,4' – DDE			不得检出	GB/T 19650
405	*p,p'*－滴滴涕	4,4' – DDT			不得检出	GB/T 19650
406	4,4'－二溴二苯甲酮	4,4' – Dibromobenzophenone			不得检出	GB/T 19650
407	4,4'－二氯二苯甲酮	4,4' – Dichlorobenzophenone			不得检出	GB/T 19650
408	二氢苊	Acenaphthene			不得检出	GB/T 19650
409	乙酰丙嗪	Acepromazine			不得检出	GB/T 20763
410	三氟羧草醚	Acifluorfen			不得检出	GB/T 20772
411	涕灭砜威	Aldoxycarb			不得检出	GB/T 20772
412	烯丙菊酯	Allethrin			不得检出	GB/T 20772
413	二丙烯草胺	Allidochlor			不得检出	GB/T 19650
414	烯丙孕素	Altrenogest			不得检出	SN/T 1980
415	莠灭净	Ametryn			不得检出	GB/T 19650
416	杀草强	Amitrole			不得检出	SN/T 1737.6
417	5－吗啉甲基－3－氨基－2－噁唑烷基酮	AMOZ			不得检出	GB/T 21311
418	氨丙嘧吡啶	Amprolium			不得检出	SN/T 0276
419	莎稗磷	Anilofos			不得检出	GB/T 19650
420	蒽醌	Anthraquinone			不得检出	GB/T 19650

序号	农兽药中文名	农兽药英文名	欧盟标准限量要求 mg/kg	国家标准限量要求 mg/kg	三安超有机食品标准	
					限量要求 mg/kg	检测方法
421	3-氨基-2-噁唑酮	AOZ			不得检出	GB/T 21311
422	安普霉素	Apramycin			不得检出	GB/T 21323
423	丙硫特普	Aspon			不得检出	GB/T 19650
424	羟氨卡青霉素	Aspoxicillin			不得检出	GB/T 21315
425	乙基杀扑磷	Athidathion			不得检出	GB/T 19650
426	莠去通	Atratone			不得检出	GB/T 19650
427	莠去津	Atrazine			不得检出	GB/T 19650
428	脱乙基阿特拉津	Atrazine - desethyl			不得检出	GB/T 19650
429	甲基吡噁磷	Azamethiphos			不得检出	GB/T 20763
430	氮哌酮	Azaperone			不得检出	GB/T 20763
431	叠氮津	Aziprotryne			不得检出	GB/T 19650
432	杆菌肽	Bacitracin			不得检出	GB/T 20743
433	4-溴-3,5-二甲苯基-*N*-甲基氨基甲酸酯-1	BDMC-1			不得检出	GB/T 19650
434	4-溴-3,5-二甲苯基-*N*-甲基氨基甲酸酯-2	BDMC-2			不得检出	GB/T 19650
435	噁虫威	Bendiocarb			不得检出	GB/T 20772
436	乙丁氟灵	Benfluralin			不得检出	GB/T 19650
437	呋草黄	Benfuresate			不得检出	GB/T 19650
438	麦锈灵	Benodanil			不得检出	GB/T 19650
439	解草酮	Benoxacor			不得检出	GB/T 19650
440	新燕灵	Benzoylprop - ethyl			不得检出	GB/T 19650
441	倍他米松	Betamethasone			不得检出	SN/T 1970
442	生物烯丙菊酯-1	Bioallethrin-1			不得检出	GB/T 19650
443	生物烯丙菊酯-2	Bioallethrin-2			不得检出	GB/T 19650
444	除草定	Bromacil			不得检出	GB/T 19650
445	溴苯烯磷	Bromfenvinfos			不得检出	GB/T 19650
446	溴硫磷	Bromofos			不得检出	GB/T 19650
447	乙基溴硫磷	Bromophos - ethyl			不得检出	GB/T 19650
448	溴丁酰草胺	Btomobutide			不得检出	GB/T 19650
449	氟丙嘧草酯	Butafenacil			不得检出	GB/T 19650
450	抑草磷	Butamifos			不得检出	GB/T 19650
451	丁草胺	Butaxhlor			不得检出	GB/T 19650
452	苯酮唑	Cafenstrole			不得检出	GB/T 19650
453	角黄素	Canthaxanthin			不得检出	SN/T 2327
454	咔唑心安	Carazolol			不得检出	GB/T 22993
455	卡巴氧	Carbadox			不得检出	GB/T 20746
456	三硫磷	Carbophenothion			不得检出	GB/T 19650
457	唑草酮	Carfentrazone - ethyl			不得检出	GB/T 19650

序号	农兽药中文名	农兽药英文名	欧盟标准限量要求mg/kg	国家标准限量要求mg/kg	三安超有机食品标准	
					限量要求mg/kg	检测方法
458	卡洛芬	Carprofen			不得检出	SN/T 2190
459	头孢氨苄	Cefalexin			不得检出	GB/T 22989
460	头孢洛宁	Cefalonium			不得检出	GB/T 22989
461	头孢匹林	Cefapirin			不得检出	GB/T 22989
462	头孢喹肟	Cefquinome			不得检出	GB/T 22989
463	头孢噻呋	Ceftiofur			不得检出	GB/T 21314
464	氯氧磷	Chlorethoxyfos			不得检出	GB/T 19650
465	杀螨醇	Chlorfenethol			不得检出	GB/T 19650
466	燕麦酯	Chlorfenprop – methyl			不得检出	GB/T 19650
467	氯甲硫磷	Chlormephos			不得检出	GB/T 19650
468	氯霉素	Chloramphenicolum			不得检出	GB/T 20772
469	氯杀螨砜	Chlorbenside sulfone			不得检出	GB/T 19648
470	氯溴隆	Chlorbromuron			不得检出	GB/T 19648
471	杀虫脒	Chlordimeform			不得检出	GB/T 19648
472	溴虫腈	Chlorfenapyr			不得检出	SN/T 1986
473	氟啶脲	Chlorfluazuron			不得检出	GB/T 20769
474	整形醇	Chlorflurenol			不得检出	GB/T 19650
475	氯地孕酮	Chlormadinone			不得检出	SN/T 1980
476	醋酸氯地孕酮	Chlormadinone acetate			不得检出	GB/T 20753
477	氯苯甲醚	Chloroneb			不得检出	GB/T 19650
478	丙酯杀螨醇	Chloropropylate			不得检出	GB/T 19650
479	氯丙嗪	Chlorpromazine			不得检出	GB/T 20763
480	毒死蜱	Chlorpyrifos			不得检出	GB/T 19650
481	氯硫磷	Chlorthion			不得检出	GB/T 19650
482	虫螨磷	Chlorthiophos			不得检出	GB/T 19650
483	乙菌利	Chlozolinate			不得检出	GB/T 19650
484	顺式－氯丹	*cis* – Chlordane			不得检出	GB/T 19650
485	顺式－燕麦敌	*cis* – Diallate			不得检出	GB/T 19650
486	顺式－氯菊酯	*cis* – Permethrin			不得检出	GB/T 19650
487	克仑特罗	Clenbuterol			不得检出	GB/T 22286
488	异噁草酮	Clomazone			不得检出	GB/T 20772
489	氯甲酰草胺	Clomeprop			不得检出	GB/T 19650
490	氯羟吡啶	Clopidol			不得检出	GB/T 19650
491	解草酯	Cloquintocet – mexyl			不得检出	GB/T 19650
492	蝇毒磷	Coumaphos			不得检出	GB/T 19650
493	鼠立死	Crimidine			不得检出	GB/T 19650
494	巴毒磷	Crotxyphos			不得检出	GB/T 19650
495	育畜磷	Crufomate			不得检出	GB/T 20772
496	苯腈磷	Cyanofenphos			不得检出	GB/T 20772

序号	农兽药中文名	农兽药英文名	欧盟标准限量要求 mg/kg	国家标准限量要求 mg/kg	三安超有机食品标准	
					限量要求 mg/kg	检测方法
497	杀螟腈	Cyanophos			不得检出	GB/T 20772
498	环草敌	Cycloate			不得检出	GB/T 20772
499	环莠隆	Cycluron			不得检出	GB/T 20772
500	环丙津	Cyprazine			不得检出	GB/T 20772
501	敌草索	Dacthal			不得检出	GB/T 19650
502	癸氧喹酯	Decoquinate			不得检出	GB/T 20745
503	脱叶磷	DEF			不得检出	GB/T 19650
504	2,2′,4,5,5′-五氯联苯	DE-PCB 101			不得检出	GB/T 19650
505	2,3,4,4′,5-五氯联苯	DE-PCB 118			不得检出	GB/T 19650
506	2,2′,3,4,4′,5-六氯联苯	DE-PCB 138			不得检出	GB/T 19650
507	2,2′,4,4′,5,5′-六氯联苯	DE-PCB 153			不得检出	GB/T 19650
508	2,2′,3,4,4′,5,5′-七氯联苯	DE-PCB 180			不得检出	GB/T 19650
509	2,4,4′-三氯联苯	DE-PCB 28			不得检出	GB/T 19650
510	2,4,5-三氯联苯	DE-PCB 31			不得检出	GB/T 19650
511	2,2′,5,5′-四氯联苯	DE-PCB 52			不得检出	GB/T 19650
512	脱溴溴苯磷	Desbrom-leptophos			不得检出	GB/T 19650
513	脱乙基另丁津	Desethyl-sebuthylazine			不得检出	GB/T 19650
514	敌草净	Desmetryn			不得检出	GB/T 19650
515	地塞米松	Dexamethasone			不得检出	GB/T 21981
516	氯亚胺硫磷	Dialifos			不得检出	GB/T 19650
517	敌菌净	Diaveridine			不得检出	SN/T 1926
518	驱虫特	Dibutyl succinate			不得检出	GB/T 20772
519	异氯磷	Dicapthon			不得检出	GB/T 19650
520	除线磷	Dichlofenthion			不得检出	GB/T 19650
521	苯氟磺胺	Dichlofluanid			不得检出	GB/T 19650
522	烯丙酰草胺	Dichlormid			不得检出	GB/T 19650
523	敌敌畏	Dichlorvos			不得检出	GB/T 19650
524	苄氯三唑醇	Diclobutrazole			不得检出	GB/T 19650
525	禾草灵	Diclofop-methyl			不得检出	GB/T 19650
526	已烯雌酚	Diethylstilbestrol			不得检出	GB/T 21981
527	二氢链霉素	Dihydro-streptomycin			不得检出	GB/T 22969
528	甲氟磷	Dimefox			不得检出	GB/T 19650
529	哌草丹	Dimepiperate			不得检出	GB/T 19650
530	异戊乙净	Dimethametryn			不得检出	GB/T 19650
531	乐果	Dimethoate			不得检出	GB/T 20772
532	甲基毒虫畏	Dimethylvinphos			不得检出	GB/T 19650
533	地美硝唑	Dimetridazole			不得检出	GB/T 21318
534	二甲草胺	Dinethachlor			不得检出	GB/T 19650

序号	农兽药中文名	农兽药英文名	欧盟标准限量要求 mg/kg	国家标准限量要求 mg/kg	三安超有机食品标准	
					限量要求 mg/kg	检测方法
535	二甲酚草胺	Dimethenamid			不得检出	GB/T 19650
536	二硝托安	Dinitolmide			不得检出	GB/T 19650
537	氨氟灵	Dinitramine			不得检出	GB/T 19650
538	消螨通	Dinobuton			不得检出	GB/T 19650
539	呋虫胺	Dinotefuran			不得检出	SN/T 2323
540	苯虫醚 -1	Diofenolan -1			不得检出	GB/T 19650
541	苯虫醚 -2	Diofenolan -2			不得检出	GB/T 19650
542	蔬果磷	Dioxabenzofos			不得检出	GB/T 19650
543	双苯酰草胺	Diphenamid			不得检出	GB/T 19650
544	二苯胺	Diphenylamine			不得检出	GB/T 19650
545	异丙净	Dipropetryn			不得检出	GB/T 19650
546	灭菌磷	Ditalimfos			不得检出	GB/T 19650
547	氟硫草定	Dithiopyr			不得检出	GB/T 19650
548	多拉菌素	Doramectin			不得检出	GB/T 22968
549	强力霉素	Doxycycline			不得检出	GB/T 21317
550	敌瘟磷	Edifenphos			不得检出	GB/T 19650
551	硫丹硫酸盐	Endosulfan - sulfate			不得检出	GB/T 19650
552	异狄氏剂酮	Endrin ketone			不得检出	GB/T 19650
553	苯硫磷	EPN			不得检出	GB/T 19650
554	埃普利诺菌素	Eprinomectin			不得检出	GB/T 21320
555	抑草蓬	Erbon			不得检出	GB/T 19650
556	*S* - 氰戊菊酯	Esfenvalerate			不得检出	GB/T 19650
557	戊草丹	Esprocarb			不得检出	GB/T 19650
558	乙环唑 -1	Etaconazole -1			不得检出	GB/T 19650
559	乙环唑 -2	Etaconazole -2			不得检出	GB/T 19650
560	乙嘧硫磷	Etrimfos			不得检出	GB/T 19650
561	氧乙嘧硫磷	Etrimfos oxon			不得检出	GB/T 19650
562	伐灭磷	Famphur			不得检出	GB/T 19650
563	苯线磷砜	Fenamiphos - sulfone			不得检出	GB/T 19650
564	苯线磷亚砜	Fenamiphos sulfoxide			不得检出	GB/T 19650
565	苯硫苯咪唑	Fenbendazole			不得检出	GB/T 22972
566	氧皮蝇磷	Fenchlorphos oxon			不得检出	GB/T 19650
567	甲呋酰胺	Fenfuram			不得检出	GB/T 19650
568	仲丁威	Fenobucarb			不得检出	GB/T 19650
569	苯硫威	Fenothiocarb			不得检出	GB/T 19650
570	稻瘟酰胺	Fenoxanil			不得检出	GB/T 19650
571	拌种咯	Fenpiclonil			不得检出	GB/T 19650
572	甲氰菊酯	Fenpropathrin			不得检出	GB/T 19650
573	芬螨酯	Fenson			不得检出	GB/T 19650

序号	农兽药中文名	农兽药英文名	欧盟标准限量要求 mg/kg	国家标准限量要求 mg/kg	三安超有机食品标准	
					限量要求 mg/kg	检测方法
574	丰索磷	Fensulfothion			不得检出	GB/T 19650
575	倍硫磷亚砜	Fenthion sulfoxide			不得检出	GB/T 19650
576	麦草氟甲酯	Flamprop – methyl			不得检出	GB/T 19650
577	麦草氟异丙酯	Flamprop – isopropyl			不得检出	GB/T 19650
578	吡氟禾草灵	Fluazifop – butyl			不得检出	GB/T 19650
579	啶蜱脲	Fluazuron			不得检出	GB/T 20772
580	氟噻草胺	Flufenacet			不得检出	GB/T 19650
581	氟节胺	Flumetralin			不得检出	GB/T 19648
582	唑嘧磺草胺	Flumetsulam			不得检出	GB/T 20772
583	氟烯草酸	Flumiclorac			不得检出	GB/T 19650
584	丙炔氟草胺	Flumioxazin			不得检出	GB/T 19650
585	氟胺烟酸	Flunixin			不得检出	GB/T 20750
586	三氟硝草醚	Fluorodifen			不得检出	GB/T 19650
587	乙羧氟草醚	Fluoroglycofen – ethyl			不得检出	GB/T 19650
588	三氟苯唑	Fluotrimazole			不得检出	GB/T 19650
589	氟啶草酮	Fluridone			不得检出	GB/T 19650
590	呋草酮	Flurtamone			不得检出	GB/T 19650
591	氟草烟 – 1 – 甲庚酯	Fluroxypr – 1 – methylheptyl ester			不得检出	GB/T 19650
592	地虫硫磷	Fonofos			不得检出	GB/T 19650
593	安果	Formothion			不得检出	GB/T 19650
594	呋霜灵	Furalaxyl			不得检出	GB/T 19650
595	庆大霉素	Gentamicin			不得检出	GB/T 21323
596	苄螨醚	Halfenprox			不得检出	GB/T 19650
597	氟哌啶醇	Haloperidol			不得检出	GB/T 20763
598	庚烯磷	Heptanophos			不得检出	GB/T 19650
599	己唑醇	Hexaconazole			不得检出	GB/T 19650
600	环嗪酮	Hexazinone			不得检出	GB/T 19650
601	咪草酸	Imazamethabenz – methyl			不得检出	GB/T 19650
602	咪唑喹啉酸	Imazaquin			不得检出	GB/T 19650
603	脱苯甲基亚胺唑	Imibenconazole – *des* – benzyl			不得检出	GB/T 19650
604	炔咪菊酯 – 1	Imiprothrin – 1			不得检出	GB/T 19650
605	炔咪菊酯 – 2	Imiprothrin – 2			不得检出	GB/T 19650
606	碘硫磷	Iodofenphos			不得检出	GB/T 19650
607	甲基碘磺隆	Iodosulfuron – methyl			不得检出	GB/T 20772
608	异稻瘟净	Iprobenfos			不得检出	GB/T 19650
609	氯唑磷	Isazofos			不得检出	GB/T 19650
610	碳氯灵	Isobenzan			不得检出	GB/T 19650
611	丁咪酰胺	Isocarbamid			不得检出	GB/T 19650

序号	农兽药中文名	农兽药英文名	欧盟标准限量要求 mg/kg	国家标准限量要求 mg/kg	三安超有机食品标准	
					限量要求 mg/kg	检测方法
612	水胺硫磷	Isocarbophos			不得检出	GB/T 19650
613	异艾氏剂	Isodrin			不得检出	GB/T 19650
614	异柳磷	Isofenphos			不得检出	GB/T 19650
615	氧异柳磷	Isofenphos oxon			不得检出	GB/T 19650
616	氮氨菲啶	Isometamidium			不得检出	SN/T 2239
617	丁嗪草酮	Isomethiozin			不得检出	GB/T 19650
618	异丙威 – 1	Isoprocarb – 1			不得检出	GB/T 19650
619	异丙威 – 2	Isoprocarb – 2			不得检出	GB/T 19650
620	异丙乐灵	Isopropalin			不得检出	GB/T 19650
621	双苯噁唑酸	Isoxadifen – ethyl			不得检出	GB/T 19650
622	异噁氟草	Isoxaflutole			不得检出	GB/T 20772
623	噁唑啉	Isoxathion			不得检出	GB/T 19650
624	依维菌素	Ivermectin			不得检出	GB/T 21320
625	交沙霉素	Josamycin			不得检出	GB/T 20762
626	溴苯磷	Leptophos			不得检出	GB/T 19650
627	左旋咪唑	Levanisole			不得检出	GB/T 19650
628	利谷隆	Linuron			不得检出	GB/T 20772
629	麻保沙星	Marbofloxacin			不得检出	GB/T 22985
630	2 – 甲 – 4 – 氯丁氧乙基酯	MCPA – butoxyethyl ester			不得检出	GB/T 19650
631	甲苯咪唑	Mebendazole			不得检出	GB/T 21324
632	灭蚜磷	Mecarbam			不得检出	GB/T 19650
633	二甲四氯丙酸	Mecoprop			不得检出	SN/T 2325
634	苯噻酰草胺	Mefenacet			不得检出	GB/T 19650
635	吡唑解草酯	Mefenpyr – diethyl			不得检出	GB/T 19650
636	醋酸甲地孕酮	Megestrol acetate			不得检出	GB/T 20753
637	醋酸美仑孕酮	Melengestrol acetate			不得检出	GB/T 20753
638	嘧菌胺	Mepanipyrim			不得检出	GB/T 19650
639	地胺磷	Mephosfolan			不得检出	GB/T 19650
640	灭锈胺	Mepronil			不得检出	GB/T 19650
641	硝磺草酮	Mesotrione			不得检出	GB/T 20772
642	呋菌胺	Methfuroxam			不得检出	GB/T 19650
643	灭梭威砜	Methiocarb sulfone			不得检出	GB/T 19650
644	盖草津	Methoprotryne			不得检出	GB/T 19650
645	甲醚菊酯 – 1	Methothrin – 1			不得检出	GB/T 19650
646	甲醚菊酯 – 2	Methothrin – 2			不得检出	GB/T 19650
647	甲基泼尼松龙	Methylprednisolone			不得检出	GB/T 21981
648	溴谷隆	Metobromuron			不得检出	GB/T 19650
649	甲氧氯普胺	Metoclopramide			不得检出	SN/T 2227

序号	农兽药中文名	农兽药英文名	欧盟标准限量要求 mg/kg	国家标准限量要求 mg/kg	三安超有机食品标准	
					限量要求 mg/kg	检测方法
650	异丙甲草胺和 *S* - 异丙甲草胺	Metolachlor and *S* - metolachlor			不得检出	GB/T 19650
651	苯氧菌胺 - 1	Metominsstrobin - 1			不得检出	GB/T 20772
652	苯氧菌胺 - 2	Metominsstrobin - 2			不得检出	GB/T 19650
653	甲硝唑	Metronidazole			不得检出	GB/T 21318
654	速灭磷	Mevinphos			不得检出	GB/T 19650
655	兹克威	Mexacarbate			不得检出	GB/T 19650
656	灭蚁灵	Mirex			不得检出	GB/T 19650
657	禾草敌	Molinate			不得检出	GB/T 19650
658	庚酰草胺	Monalide			不得检出	GB/T 19650
659	莫能菌素	Monensin			不得检出	GB/T 20364
660	莫西丁克	Moxidectin			不得检出	SN/T 2442
661	合成麝香	Musk ambrecte			不得检出	GB/T 19650
662	麝香	Musk moskene			不得检出	GB/T 19650
663	西藏麝香	Musk tibeten			不得检出	GB/T 19650
664	二甲苯麝香	Musk xylene			不得检出	GB/T 19650
665	萘夫西林	Nafcillin			不得检出	GB/T 22975
666	二溴磷	Naled			不得检出	SN/T 0706
667	萘丙胺	Naproanilide			不得检出	GB/T 19650
668	甲基盐霉素	Narasin			不得检出	GB/T 20364
669	甲磺乐灵	Nitralin			不得检出	GB/T 19650
670	三氯甲基吡啶	Nitrapyrin			不得检出	GB/T 19650
671	酞菌酯	Nitrothal - isopropyl			不得检出	GB/T 19650
672	诺氟沙星	Norfloxacin			不得检出	GB/T 20366
673	氟草敏	Norflurazon			不得检出	GB/T 19650
674	新生霉素	Novobiocin			不得检出	SN 0674
675	氟苯嘧啶醇	Nuarimol			不得检出	GB/T 19650
676	八氯苯乙烯	Octachlorostyrene			不得检出	GB/T 19650
677	氧氟沙星	Ofloxacin			不得检出	GB/T 20366
678	喹乙醇	Olaquindox			不得检出	GB/T 20746
679	竹桃霉素	Oleandomycin			不得检出	GB/T 20762
680	氧乐果	Omethoate			不得检出	GB/T 20772
681	奥比沙星	Orbifloxacin			不得检出	GB/T 22985
682	杀线威	Oxamyl			不得检出	GB/T 20772
683	丙氧苯咪唑	Oxibendazole			不得检出	GB/T 21324
684	氧化氯丹	Oxy - chlordane			不得检出	GB/T 19650
685	对氧磷	Paraoxon			不得检出	GB/T 19650
686	甲基对氧磷	Paraoxon - methyl			不得检出	GB/T 19650
687	克草敌	Pebulate			不得检出	GB/T 19650

序号	农兽药中文名	农兽药英文名	欧盟标准限量要求 mg/kg	国家标准限量要求 mg/kg	三安超有机食品标准	
					限量要求 mg/kg	检测方法
688	五氯苯胺	Pentachloroaniline			不得检出	GB/T 19650
689	五氯甲氧基苯	Pentachloroanisole			不得检出	GB/T 19650
690	五氯苯	Pentachlorobenzene			不得检出	GB/T 19650
691	乙滴涕	Perthane			不得检出	GB/T 19650
692	菲	Phenanthrene			不得检出	GB/T 19650
693	稻丰散	Phenthoate			不得检出	GB/T 19650
694	甲拌磷砜	Phorate sulfone			不得检出	GB/T 19650
695	磷胺 -1	Phosphamidon -1			不得检出	GB/T 19650
696	磷胺 -2	Phosphamidon -2			不得检出	GB/T 19650
697	酞酸苯甲基丁酯	Phthalic acid,benzylbutyl ester			不得检出	GB/T 19650
698	四氯苯肽	Phthalide			不得检出	GB/T 19650
699	邻苯二甲酰亚胺	Phthalimide			不得检出	GB/T 19650
700	氟吡酰草胺	Picolinafen			不得检出	GB/T 19650
701	增效醚	Piperonyl butoxide			不得检出	GB/T 19650
702	哌草磷	Piperophos			不得检出	GB/T 19650
703	乙基虫螨清	Pirimiphos - ethyl			不得检出	GB/T 19650
704	吡利霉素	Pirlimycin			不得检出	GB/T 22988
705	炔丙菊酯	Prallethrin			不得检出	GB/T 19650
706	泼尼松龙	Prednisolone			不得检出	GB/T 21981
707	环丙氟灵	Profluralin			不得检出	GB/T 19650
708	茉莉酮	Prohydrojasmon			不得检出	GB/T 19650
709	扑灭通	Prometon			不得检出	GB/T 19650
710	扑草净	Prometryne			不得检出	GB/T 19650
711	炔丙烯草胺	Pronamide			不得检出	GB/T 19650
712	敌稗	Propanil			不得检出	GB/T 19650
713	扑灭津	Propazine			不得检出	GB/T 19650
714	胺丙畏	Propetamphos			不得检出	GB/T 19650
715	丙酰二甲氨基丙吩噻嗪	Propionylpromazin			不得检出	GB/T 20763
716	丙硫磷	Prothiophos			不得检出	GB/T 19650
717	吡唑硫磷	Pyraclofos			不得检出	GB/T 19650
718	吡草醚	Pyraflufen - ethyl			不得检出	GB/T 19650
719	哒嗪硫磷	Pyridafenthion			不得检出	GB/T 19650
720	啶斑肟 -1	Pyrifenox -1			不得检出	GB/T 19650
721	啶斑肟 -2	Pyrifenox -2			不得检出	GB/T 19650
722	环酯草醚	Pyriftalid			不得检出	GB/T 19650
723	嘧草醚	Pyriminobac - methyl			不得检出	GB/T 19650
724	嘧啶磷	Pyrimitate			不得检出	GB/T 19650
725	嘧螨醚	Pyrimidifen			不得检出	GB/T 19650
726	喹硫磷	Quinalphos			不得检出	GB/T 19650

序号	农兽药中文名	农兽药英文名	欧盟标准限量要求 mg/kg	国家标准限量要求 mg/kg	三安超有机食品标准	
					限量要求 mg/kg	检测方法
727	灭藻醌	Quinoclamine			不得检出	GB/T 19650
728	苯氧喹啉	Quinoxyphen			不得检出	GB/T 19650
729	精喹禾灵	Quizalofop – *P* – ethyl			不得检出	GB/T 20772
730	吡咪唑	Rabenzazole			不得检出	GB/T 19650
731	莱克多巴胺	Ractopamine			不得检出	GB/T 21313
732	洛硝达唑	Ronidazole			不得检出	GB/T 21318
733	皮蝇磷	Ronnel			不得检出	GB/T 19650
734	盐霉素	Salinomycin			不得检出	GB/T 20364
735	沙拉沙星	Sarafloxacin			不得检出	GB/T 20366
736	另丁津	Sebutylazine			不得检出	GB/T 19650
737	密草通	Secbumeton			不得检出	GB/T 19650
738	氨基脲	Semduramicin			不得检出	GB/T 19650
739	烯禾啶	Sethoxydim			不得检出	GB/T 19650
740	整形醇	Chlorflurenol			不得检出	GB/T 19650
741	氟硅菊酯	Silafluofen			不得检出	GB/T 19650
742	硅氟唑	Simeconazole			不得检出	GB/T 19650
743	西玛通	Simetone			不得检出	GB/T 19650
744	西草净	Simetryn			不得检出	GB/T 19650
745	链霉素	Streptomycin			不得检出	GB/T 19650
746	磺胺苯酰	Sulfabenzamide			不得检出	GB/T 21316
747	磺胺醋酰	Sulfacetamide			不得检出	GB/T 21316
748	磺胺氯哒嗪	Sulfachloropyridazine			不得检出	GB/T 21316
749	磺胺嘧啶	Sulfadiazine			不得检出	GB/T 21316
750	磺胺间二甲氧嘧啶	Sulfadimethoxine			不得检出	GB/T 21316
751	磺胺二甲嘧啶	Sulfadimidine			不得检出	GB/T 21316
752	磺胺多辛	Sulfadoxine			不得检出	GB/T 21316
753	磺胺胍	Sulfaguanidine			不得检出	GB/T 21316
754	菜草畏	Sulfallate			不得检出	GB/T 19650
755	磺胺甲嘧啶	Sulfamerazine			不得检出	GB/T 21316
756	新诺明	Sulfamethoxazole			不得检出	GB/T 21316
757	磺胺间甲氧嘧啶	Sulfamonomethoxine			不得检出	GB/T 21316
758	乙酰磺胺对硝基苯	Sulfanitran			不得检出	GB/T 20772
759	磺胺吡啶	Sulfapyridine			不得检出	GB/T 21316
760	磺胺喹沙啉	Sulfaquinoxaline			不得检出	GB/T 21316
761	磺胺噻唑	Sulfathiazole			不得检出	GB/T 21316
762	治螟磷	Sulfotep			不得检出	GB/T 19650
763	硫丙磷	Sulprofos			不得检出	GB/T 19650
764	苯噻硫氰	TCMTB			不得检出	GB/T 19650
765	丁基嘧啶磷	Tebupirimfos			不得检出	GB/T 19650

序号	农兽药中文名	农兽药英文名	欧盟标准限量要求 mg/kg	国家标准限量要求 mg/kg	三安超有机食品标准	
					限量要求 mg/kg	检测方法
766	丁噻隆	Tebuthiuron			不得检出	GB/T 20772
767	牧草胺	Tebutam			不得检出	GB/T 19650
768	双硫磷	Temephos			不得检出	GB/T 20772
769	特草灵	Terbucarb			不得检出	GB/T 19650
770	特丁通	Terbumeton			不得检出	GB/T 19650
771	特丁净	Terbutryn			不得检出	GB/T 19650
772	四氢邻苯二甲酰亚胺	Tetrabydrophthalimide			不得检出	GB/T 19650
773	杀虫畏	Tetrachlorvinphos			不得检出	GB/T 19650
774	胺菊酯	Tetramethirn			不得检出	GB/T 19650
775	杀螨氯硫	Tetrasul			不得检出	GB/T 19650
776	噻吩草胺	Thenylchlor			不得检出	GB/T 19650
777	噻唑烟酸	Thiazopyr			不得检出	GB/T 19650
778	噻苯隆	Thidiazuron			不得检出	GB/T 20772
779	噻吩磺隆	Thifensulfuron – methyl			不得检出	GB/T 20772
780	甲基乙拌磷	Thiometon			不得检出	GB/T 20772
781	虫线磷	Thionazin			不得检出	GB/T 19650
782	硫普罗宁	Tiopronin			不得检出	SN/T 2225
783	三甲苯草酮	Tralkoxydim			不得检出	GB/T 19650
784	四溴菊酯	Tralomethrin			不得检出	SN/T 2320
785	反式–氯丹	*trans* – Chlordane			不得检出	GB/T 19650
786	反式–燕麦敌	*trans* – Diallate			不得检出	GB/T 19650
787	四氟苯菊酯	Transfluthrin			不得检出	GB/T 19650
788	反式九氯	*trans* – Nonachlor			不得检出	GB/T 19650
789	反式–氯菊酯	*trans* – Permethrin			不得检出	GB/T 19650
790	群勃龙	Trenbolone			不得检出	GB/T 21981
791	威菌磷	Triamiphos			不得检出	GB/T 19650
792	毒壤磷	Trichloronate			不得检出	GB/T 19650
793	灭草环	Tridiphane			不得检出	GB/T 19650
794	草达津	Trietazine			不得检出	GB/T 19650
795	三异丁基磷酸盐	Tri – *iso* – butyl phosphate			不得检出	GB/T 19650
796	三正丁基磷酸盐	Tri – *n* – butyl phosphate			不得检出	GB/T 19650
797	三苯基磷酸盐	Triphenyl phosphate			不得检出	GB/T 19650
798	烯效唑	Uniconazole			不得检出	GB/T 19650
799	灭草敌	Vernolate			不得检出	GB/T 19650
800	维吉尼霉素	Virginiamycin			不得检出	GB/T 20765
801	杀鼠灵	War farin			不得检出	GB/T 20772
802	甲苯噻嗪	Xylazine			不得检出	GB/T 20763
803	右环十四酮酚	Zeranol			不得检出	GB/T 21982
804	苯酰菌胺	Zoxamide			不得检出	GB/T 19650

11.2 鹅脂肪 Goose Fat

序号	农兽药中文名	农兽药英文名	欧盟标准限量要求 mg/kg	国家标准限量要求 mg/kg	三安超有机食品标准	
					限量要求 mg/kg	检测方法
1	1,1-二氯-2,2-二(4-乙苯)乙烷	1,1-Dichloro-2,2-bis(4-ethylphenyl)ethane	0.01		不得检出	日本肯定列表(增补本1)
2	1,2-二氯乙烷	1,2-Dichloroethane	0.1		不得检出	SN/T 2238
3	1,3-二氯丙烯	1,3-Dichloropropene	0.01		不得检出	SN/T 2238
4	1-萘乙酸	1-Naphthylacetic acid	0.05		不得检出	SN/T 2228
5	2,4-滴	2,4-D	0.05		不得检出	GB/T 20772
6	2,4-滴丁酸	2,4-DB	0.05		不得检出	GB/T 20769
7	2-苯酚	2-Phenylphenol	0.05		不得检出	GB/T 19650
8	阿维菌素	Abamectin	0.02		不得检出	SN/T 2661
9	乙酰甲胺磷	Acephate	0.02		不得检出	GB/T 20772
10	灭螨醌	Acequinocyl	0.01		不得检出	参照同类标准
11	啶虫脒	Acetamiprid	0.05		不得检出	GB/T 20772
12	乙草胺	Acetochlor	0.01		不得检出	GB/T 19650
13	苯并噻二唑	Acibenzolar-*S*-methyl	0.02		不得检出	GB/T 20772
14	苯草醚	Aclonifen	0.02		不得检出	GB/T 20772
15	氟丙菊酯	Acrinathrin	0.05		不得检出	GB/T 19648
16	甲草胺	Alachlor	0.01		不得检出	GB/T 20772
17	涕灭威	Aldicarb	0.01		不得检出	GB/T 20772
18	艾氏剂和狄氏剂	Aldrin and dieldrin	0.2	0.2 和 0.2	不得检出	GB/T 19650
19	—	Ametoctradin	0.03		不得检出	参照同类标准
20	酰嘧磺隆	Amidosulfuron	0.02		不得检出	参照同类标准
21	氯氨吡啶酸	Aminopyralid	0.02		不得检出	GB/T 23211
22	—	Amisulbrom	0.01		不得检出	参照同类标准
23	双甲脒	Amitraz	0.05		不得检出	GB/T 19650
24	阿莫西林	Amoxicillin	50μg/kg		不得检出	NY/T 830
25	氨苄青霉素	Ampicillin	50μg/kg		不得检出	GB/T 21315
26	敌菌灵	Anilazine	0.01		不得检出	GB/T 20769
27	杀螨特	Aramite	0.01		不得检出	GB/T 19650
28	磺草灵	Asulam	0.1		不得检出	日本肯定列表(增补本1)
29	维拉霉素	Avilamycin	100μg/kg		不得检出	GB 29686
30	印楝素	Azadirachtin	0.01		不得检出	SN/T 3264
31	益棉磷	Azinphos-ethyl	0.01		不得检出	GB/T 19650
32	保棉磷	Azinphos-methyl	0.01		不得检出	GB/T 20772
33	三唑锡和三环锡	Azocyclotin and cyhexatin	0.05		不得检出	SN/T 1990
34	嘧菌酯	Azoxystrobin	0.05		不得检出	GB/T 20772

序号	农兽药中文名	农兽药英文名	欧盟标准限量要求 mg/kg	国家标准限量要求 mg/kg	三安超有机食品标准	
					限量要求 mg/kg	检测方法
35	燕麦灵	Barban	0.05		不得检出	参照同类标准
36	氟丁酰草胺	Beflubutamid	0.05		不得检出	参照同类标准
37	苯霜灵	Benalaxyl	0.05		不得检出	GB/T 20772
38	丙硫克百威	Benfuracarb	0.02		不得检出	GB/T 20772
39	苄青霉素	Benzyl penicillin	50μg/kg		不得检出	GB/T 21315
40	联苯肼酯	Bifenazate	0.01		不得检出	GB/T 20772
41	甲羧除草醚	Bifenox	0.05		不得检出	GB/T 23210
42	联苯菊酯	Bifenthrin	0.05		不得检出	GB/T 19650
43	乐杀螨	Binapacryl	0.01		不得检出	SN 0523
44	联苯	Biphenyl	0.01		不得检出	GB/T 19650
45	联苯三唑醇	Bitertanol	0.05		不得检出	GB/T 20772
46	—	Bixafen	0.02		不得检出	参照同类标准
47	啶酰菌胺	Boscalid	0.1		不得检出	GB/T 20772
48	溴离子	Bromide ion	0.05		不得检出	GB/T5009.167
49	溴螨酯	Bromopropylate	0.01		不得检出	GB/T 19650
50	溴苯腈	Bromoxynil	0.05		不得检出	GB/T 20772
51	糠菌唑	Bromuconazole	0.05		不得检出	GB/T 19650
52	乙嘧酚磺酸酯	Bupirimate	0.05		不得检出	GB/T 19650
53	噻嗪酮	Buprofezin	0.05		不得检出	GB/T 20772
54	仲丁灵	Butralin	0.02		不得检出	GB/T 19650
55	丁草敌	Butylate	0.01		不得检出	GB/T 19650
56	硫线磷	Cadusafos	0.01		不得检出	GB/T 19650
57	敌菌丹	Captafol	0.01		不得检出	GB/T 23210
58	克菌丹	Captan	0.02		不得检出	GB/T 19648
59	甲萘威	Carbaryl	0.05		不得检出	GB/T 20796
60	多菌灵和苯菌灵	Carbendazim and benomyl	0.05		不得检出	GB/T 20772
61	长杀草	Carbetamide	0.05		不得检出	GB/T 20772
62	克百威	Carbofuran	0.01		不得检出	GB/T 20772
63	丁硫克百威	Carbosulfan	0.05		不得检出	GB/T 19650
64	萎锈灵	Carboxin	0.05		不得检出	GB/T 20772
65	氯虫苯甲酰胺	Chlorantraniliprole	0.01		不得检出	参照同类标准
66	杀螨醚	Chlorbenside	0.05		不得检出	GB/T 19650
67	氯炔灵	Chlorbufam	0.05		不得检出	GB/T 20772
68	氯丹	Chlordane	0.05	0.5	不得检出	GB/T 5009.19
69	十氯酮	Chlordecone	0.2		不得检出	参照同类标准
70	杀螨酯	Chlorfenson	0.05		不得检出	GB/T 19650
71	毒虫畏	Chlorfenvinphos	0.01		不得检出	GB/T 19650
72	氯草敏	Chloridazon	0.05		不得检出	GB/T 20772
73	矮壮素	Chlormequat	0.05		不得检出	GB/T 23211

序号	农兽药中文名	农兽药英文名	欧盟标准限量要求 mg/kg	国家标准限量要求 mg/kg	三安超有机食品标准	
					限量要求 mg/kg	检测方法
74	乙酯杀螨醇	Chlorobenzilate	0.1		不得检出	GB/T 23210
75	百菌清	Chlorothalonil	0.01		不得检出	SN/T 2320
76	绿麦隆	Chlortoluron	0.05		不得检出	GB/T 20772
77	枯草隆	Chloroxuron	0.05		不得检出	SN/T 2150
78	氯苯胺灵	Chlorpropham	0.05		不得检出	GB/T 19650
79	毒死蜱	Chlorpyrifos	0.05		不得检出	GB/T 19650
80	甲基毒死蜱	Chlorpyrifos - methyl	0.05		不得检出	GB/T 19650
81	氯磺隆	Chlorsulfuron	0.01		不得检出	GB/T 20772
82	氯酞酸甲酯	Chlorthaldimethyl	0.01		不得检出	GB/T 19650
83	氯硫酰草胺	Chlorthiamid	0.02		不得检出	GB/T 20772
84	烯草酮	Clethodim	0.2		不得检出	GB/T 19650
85	炔草酯	Clodinafop - propargyl	0.02		不得检出	GB/T 19650
86	四螨嗪	Clofentezine	0.05		不得检出	GB/T 20772
87	二氯吡啶酸	Clopyralid	0.05		不得检出	SN/T 2228
88	噻虫胺	Clothianidin	0.01		不得检出	GB/T 20772
89	邻氯青霉素	Cloxacillin	300μg/kg		不得检出	GB/T 18932.25
90	黏菌素	Colistin	150μg/kg		不得检出	参照同类标准
91	铜化合物	Copper compounds	5		不得检出	参照同类标准
92	环烷基酰苯胺	Cyclanilide	0.01		不得检出	参照同类标准
93	噻草酮	Cycloxydim	0.05		不得检出	GB/T 19650
94	环氟菌胺	Cyflufenamid	0.03		不得检出	GB/T 23210
95	氟氯氰菊酯和高效氟氯氰菊酯	Cyfluthrin and beta - cyfluthrin	0.05		不得检出	GB/T 19650
96	霜脲氰	Cymoxanil	0.05		不得检出	GB/T 20772
97	氯氰菊酯和高效氯氰菊酯	Cypermethrin and beta - cypermethrin	0.1		不得检出	GB/T 19650
98	环丙唑醇	Cyproconazole	0.05		不得检出	GB/T 20772
99	嘧菌环胺	Cyprodinil	0.05		不得检出	GB/T 19650
100	灭蝇胺	Cyromazine	0.05		不得检出	GB/T 20772
101	丁酰肼	Daminozide	0.05		不得检出	SN/T 1989
102	达氟沙星	Danofloxacin	100μg/kg		不得检出	GB/T 22985
103	滴滴涕	DDT	1		不得检出	SN/T 0127
104	溴氰菊酯	Deltamethrin	0.1		不得检出	GB/T 19650
105	燕麦敌	Diallate	0.2		不得检出	GB/T 23211
106	二嗪磷	Diazinon	0.05		不得检出	GB/T 19650
107	麦草畏	Dicamba	0.04		不得检出	GB/T 20772
108	敌草腈	Dichlobenil	0.01		不得检出	GB/T 19650
109	滴丙酸	Dichlorprop	0.05		不得检出	SN/T 2228
110	地克珠利(杀球灵)	Diclazuril	500μg/kg		不得检出	SN/T 2318

序号	农兽药中文名	农兽药英文名	欧盟标准限量要求 mg/kg	国家标准限量要求 mg/kg	三安超有机食品标准	
					限量要求 mg/kg	检测方法
111	二氯苯氧基丙酸	Diclofop	0.01		不得检出	参照同类标准
112	氯硝胺	Dicloran	0.01		不得检出	GB/T 19650
113	双氯青霉素	Dicloxacillin	300μg/kg		不得检出	GB/T 18932.25
114	三氯杀螨醇	Dicofol	0.1		不得检出	GB/T 19650
115	乙霉威	Diethofencarb	0.05		不得检出	GB/T 19650
116	苯醚甲环唑	Difenoconazole	0.1		不得检出	GB/T 19650
117	双氟沙星	Difloxacin	400μg/kg		不得检出	GB/T 20366
118	除虫脲	Diflubenzuron	0.05		不得检出	SN/T 0528
119	吡氟酰草胺	Diflufenican	0.05		不得检出	GB/T 20772
120	油菜安	Dimethachlor	0.02		不得检出	GB/T 20772
121	烯酰吗啉	Dimethomorph	0.05		不得检出	GB/T 20772
122	醚菌胺	Dimoxystrobin	0.05		不得检出	SN/T 2237
123	烯唑醇	Diniconazole	0.01		不得检出	GB/T 19650
124	敌螨普	Dinocap	0.05		不得检出	日本肯定列表（增补本 1）
125	地乐酚	Dinoseb	0.01		不得检出	GB/T 20772
126	特乐酚	Dinoterb	0.05		不得检出	GB/T 20772
127	敌噁磷	Dioxathion	0.05		不得检出	GB/T 19650
128	敌草快	Diquat	0.05		不得检出	GB/T 5009.221
129	乙拌磷	Disulfoton	0.01		不得检出	GB/T 20772
130	二氰蒽醌	Dithianon	0.01		不得检出	GB/T 20769
131	二硫代氨基甲酸酯	Dithiocarbamates	0.05		不得检出	SN 0139
132	敌草隆	Diuron	0.05		不得检出	SN/T 0645
133	二硝甲酚	DNOC	0.05		不得检出	GB/T 20772
134	多果定	Dodine	0.2		不得检出	SN 0500
135	甲氨基阿维菌素苯甲酸盐	Emamectin benzoate	0.01		不得检出	GB/T 20769
136	硫丹	Endosulfan	0.05	0.2	不得检出	GB/T 19650
137	异狄氏剂	Endrin	0.05		不得检出	GB/T 19650
138	恩诺沙星	Enrofloxacin	100μg/kg		不得检出	GB/T 20366
139	氟环唑	Epoxiconazole	0.01		不得检出	GB/T 20772
140	茵草敌	EPTC	0.02		不得检出	GB/T 20772
141	红霉素	Erythromycin	200μg/kg		不得检出	GB/T 20762
142	乙丁烯氟灵	Ethalfluralin	0.01		不得检出	GB/T 19650
143	胺苯磺隆	Ethametsulfuron	0.01		不得检出	NY/T 1616
144	乙烯利	Ethephon	0.05		不得检出	SN 0705
145	乙硫磷	Ethion	0.01		不得检出	GB/T 19650
146	乙嘧酚	Ethirimol	0.05		不得检出	GB/T 20772
147	乙氧呋草黄	Ethofumesate	0.1		不得检出	GB/T 20772
148	灭线磷	Ethoprophos	0.01		不得检出	GB/T 19650

序号	农兽药中文名	农兽药英文名	欧盟标准限量要求 mg/kg	国家标准限量要求 mg/kg	三安超有机食品标准	
					限量要求 mg/kg	检测方法
149	乙氧喹啉	Ethoxyquin	0.05		不得检出	GB/T 20772
150	环氧乙烷	Ethylene oxide	0.02		不得检出	GB/T 23296.11
151	醚菊酯	Etofenprox	0.01		不得检出	GB/T 19650
152	乙螨唑	Etoxazole	0.01		不得检出	GB/T 19650
153	氯唑灵	Etridiazole	0.05		不得检出	GB/T 20772
154	噁唑菌酮	Famoxadone	0.05		不得检出	GB/T 20772
155	咪唑菌酮	Fenamidone	0.01		不得检出	GB/T 19650
156	苯线磷	Fenamiphos	0.02		不得检出	GB/T 19650
157	氯苯嘧啶醇	Fenarimol	0.02		不得检出	GB/T 20772
158	喹螨醚	Fenazaquin	0.01		不得检出	GB/T 19650
159	腈苯唑	Fenbuconazole	0.05		不得检出	GB/T 20772
160	苯丁锡	Fenbutatin oxide	0.05		不得检出	SN/T 3149
161	环酰菌胺	Fenhexamid	0.05		不得检出	GB/T 20772
162	杀螟硫磷	Fenitrothion	0.01		不得检出	GB/T 20772
163	精噁唑禾草灵	Fenoxaprop - *P* - ethyl	0.05		不得检出	GB 22617
164	双氧威	Fenoxycarb	0.05		不得检出	GB/T 19650
165	苯锈啶	Fenpropidin	0.02		不得检出	GB/T 19650
166	丁苯吗啉	Fenpropimorph	0.01		不得检出	GB/T 20772
167	胺苯吡菌酮	Fenpyrazamine	0.01		不得检出	参照同类标准
168	唑螨酯	Fenpyroximate	0.01		不得检出	GB/T 19650
169	倍硫磷	Fenthion	0.05		不得检出	GB/T 20772
170	三苯锡	Fentin	0.05		不得检出	SN/T 3149
171	薯瘟锡	Fentin acetate	0.05		不得检出	参照同类标准
172	氰戊菊酯和高效氰戊菊酯(RR & SS 异构体总量)	Fenvalerate and esfenvalerate (sum of RR & SS isomers)	0.2		不得检出	GB/T 19650
173	氰戊菊酯和高效氰戊菊酯(RS & SR 异构体总量)	Fenvalerate and esfenvalerate (sum of RS & SR isomers)	0.05		不得检出	GB/T 19650
174	氟虫腈	Fipronil	0.01		不得检出	SN/T 1982
175	氟啶虫酰胺	Flonicamid	0.02		不得检出	SN/T 2796
176	氟苯尼考	Florfenicol	200μg/kg		不得检出	GB/T 20756
177	精吡氟禾草灵	Fluazifop - *P* - butyl	0.05		不得检出	GB/T 5009.142
178	氟啶胺	Fluazinam	0.05		不得检出	SN/T 2150
179	氟苯虫酰胺	Flubendiamide	0.01		不得检出	SN/T 2581
180	氟环脲	Flucycloxuron	0.05		不得检出	参照同类标准
181	氟氰戊菊酯	Flucythrinate	0.05		不得检出	GB/T 23210
182	咯菌腈	Fludioxonil	0.05		不得检出	GB/T 20772
183	氟虫脲	Flufenoxuron	0.05		不得检出	SN/T 2150
184	—	Flufenzin	0.02		不得检出	参照同类标准
185	氟甲喹	Flumequin	250μg/kg		不得检出	SN/T 1921

序号	农兽药中文名	农兽药英文名	欧盟标准限量要求 mg/kg	国家标准限量要求 mg/kg	三安超有机食品标准	
					限量要求 mg/kg	检测方法
186	氟吡菌胺	Fluopicolide	0.01		不得检出	参照同类标准
187	—	Fluopyram	0.1		不得检出	参照同类标准
188	氟离子	Fluoride ion	1		不得检出	GB/T 5009.167
189	氟腈嘧菌酯	Fluoxastrobin	0.05		不得检出	SN/T 2237
190	氟喹唑	Fluquinconazole	0.02		不得检出	GB/T 19650
191	氟咯草酮	Fluorochloridone	0.05		不得检出	GB/T 20772
192	氟草烟	Fluroxypyr	0.05		不得检出	GB/T 20772
193	氟硅唑	Flusilazole	0.1		不得检出	GB/T 20772
194	氟酰胺	Flutolanil	0.05		不得检出	GB/T 20772
195	粉唑醇	Flutriafol	0.01		不得检出	GB/T 20772
196	—	Fluxapyroxad	0.01		不得检出	参照同类标准
197	氟磺胺草醚	Fomesafen	0.01		不得检出	GB/T 5009.130
198	氯吡脲	Forchlorfenuron	0.05		不得检出	SN/T 3643
199	伐虫脒	Formetanate	0.01		不得检出	NY/T 1453
200	三乙膦酸铝	Fosetyl - aluminium	0.5		不得检出	参照同类标准
201	麦穗宁	Fuberidazole	0.05		不得检出	GB/T 19650
202	呋线威	Furathiocarb	0.01		不得检出	GB/T 20772
203	糠醛	Furfural	1		不得检出	参照同类标准
204	勃激素	Gibberellic acid	0.1		不得检出	GB/T 23211
205	草胺膦	Glufosinate - ammonium	0.1		不得检出	日本肯定列表
206	草甘膦	Glyphosate	0.05		不得检出	SN/T 1923
207	氟吡禾灵	Haloxyfop	0.1		不得检出	SN/T 2228
208	七氯	Heptachlor	0.2		不得检出	SN 0663
209	六氯苯	Hexachlorobenzene	0.2		不得检出	SN/T 0127
210	六六六(HCH),α - 异构体	Hexachlorociclohexane (HCH), alpha - isomer	0.2		不得检出	SN/T 0127
211	六六六(HCH),β - 异构体	Hexachlorociclohexane (HCH), beta - isomer	0.1		不得检出	SN/T 0127
212	噻螨酮	Hexythiazox	0.05		不得检出	GB/T 20772
213	噁霉灵	Hymexazol	0.05		不得检出	GB/T 20772
214	抑霉唑	Imazalil	0.05		不得检出	GB/T 20772
215	甲咪唑烟酸	Imazapic	0.01		不得检出	GB/T 20772
216	咪唑喹啉酸	Imazaquin	0.05		不得检出	GB/T 20772
217	吡虫啉	Imidacloprid	0.05		不得检出	GB/T 20772
218	双胍辛胺	Iminoctadine	0.1		不得检出	日本肯定列表
219	茚虫威	Indoxacarb	0.3		不得检出	GB/T 20772
220	碘苯腈	Ioxynil	0.05		不得检出	GB/T 20772
221	异菌脲	Iprodione	0.05		不得检出	GB/T 19650

序号	农兽药中文名	农兽药英文名	欧盟标准限量要求 mg/kg	国家标准限量要求 mg/kg	三安超有机食品标准 限量要求 mg/kg	检测方法
222	稻瘟灵	Isoprothiolane	0.01		不得检出	GB/T 20772
223	异丙隆	Isoproturon	0.05		不得检出	GB/T 20772
224	—	Isopyrazam	0.01		不得检出	参照同类标准
225	异噁酰草胺	Isoxaben	0.01		不得检出	GB/T 20772
226	卡那霉素	Kanamycin	100μg/kg		不得检出	GB/T 21323
227	醚菌酯	Kresoxim – methyl	0.02		不得检出	GB/T 20772
228	乳氟禾草灵	Lactofen	0.01		不得检出	GB/T 19650
229	高效氯氟氰菊酯	Lambda – cyhalothrin	0.02		不得检出	GB/T 23210
230	拉沙里菌素	Lasalocid	100μg/kg		不得检出	SN 0501
231	环草定	Lenacil	0.1		不得检出	GB/T 19650
232	左旋咪唑	Levamisole	10μg/kg		不得检出	SN 0349
233	林可霉素	Lincomycin	50μg/kg		不得检出	GB/T 20762
234	林丹	Lindane	0.02	0.05	不得检出	NY/T 761
235	虱螨脲	Lufenuron	0.02		不得检出	SN/T 2540
236	马拉硫磷	Malathion	0.02		不得检出	GB/T 19650
237	抑芽丹	Maleic hydrazide	0.02		不得检出	GB/T 23211
238	双炔酰菌胺	Mandipropamid	0.02		不得检出	参照同类标准
239	二甲四氯和二甲四氯丁酸	MCPA and MCPB	0.1		不得检出	SN/T 2228
240	壮棉素	Mepiquat chloride	0.05		不得检出	GB/T 23211
241	—	Meptyldinocap	0.05		不得检出	参照同类标准
242	汞化合物	Mercury compounds	0.01		不得检出	参照同类标准
243	氰氟虫腙	Metaflumizone	0.1		不得检出	SN/T 3852
244	甲霜灵和精甲霜灵	Metalaxyl and metalaxyl – M	0.05		不得检出	GB/T 20772
245	四聚乙醛	Metaldehyde	0.05		不得检出	SN/T 1787
246	苯嗪草酮	Metamitron	0.05		不得检出	GB/T 19650
247	吡唑草胺	Metazachlor	0.05		不得检出	GB/T 19650
248	叶菌唑	Metconazole	0.01		不得检出	GB/T 20772
249	甲基苯噻隆	Methabenzthiazuron	0.05		不得检出	GB/T 19650
250	虫螨畏	Methacrifos	0.01		不得检出	GB/T 20772
251	甲胺磷	Methamidophos	0.01		不得检出	GB/T 20772
252	杀扑磷	Methidathion	0.02		不得检出	GB/T 20772
253	甲硫威	Methiocarb	0.05		不得检出	GB/T 20770
254	灭多威和硫双威	Methomyl and thiodicarb	0.02		不得检出	GB/T 20772
255	烯虫酯	Methoprene	0.05		不得检出	GB/T 19650
256	甲氧滴滴涕	Methoxychlor	0.01		不得检出	SN/T 0529
257	甲氧虫酰肼	Methoxyfenozide	0.01		不得检出	GB/T 20772
258	磺草唑胺	Metosulam	0.01		不得检出	GB/T 20772
259	苯菌酮	Metrafenone	0.05		不得检出	参照同类标准
260	嗪草酮	Metribuzin	0.1		不得检出	GB/T 19650

序号	农兽药中文名	农兽药英文名	欧盟标准限量要求 mg/kg	国家标准限量要求 mg/kg	三安超有机食品标准	
					限量要求 mg/kg	检测方法
261	绿谷隆	Monolinuron	0.05		不得检出	GB/T 20772
262	灭草隆	Monuron	0.01		不得检出	GB/T 20772
263	腈菌唑	Myclobutanil	0.01		不得检出	GB/T 20772
264	1－萘乙酰胺	1－Naphthylacetamide	0.05		不得检出	GB/T 23205
265	敌草胺	Napropamide	0.01		不得检出	GB/T 19650
266	新霉素(包括 framycetin)	Neomycin (including framycetin)	500μg/kg		不得检出	SN 0646
267	烟嘧磺隆	Nicosulfuron	0.05		不得检出	SN/T 2325
268	除草醚	Nitrofen	0.01		不得检出	GB/T 19650
269	氟酰脲	Novaluron	0.5		不得检出	GB/T 23211
270	嘧苯胺磺隆	Orthosulfamuron	0.01		不得检出	GB/T 23817
271	苯唑青霉素	Oxacillin	300μg/kg		不得检出	GB/T 18932.25
272	噁草酮	Oxadiazon	0.05		不得检出	GB/T 19650
273	噁霜灵	Oxadixyl	0.01		不得检出	GB/T 19650
274	环氧嘧磺隆	Oxasulfuron	0.05		不得检出	GB/T 23817
275	喹菌酮	Oxolinic acid	50μg/kg		不得检出	日本肯定列表
276	氧化萎锈灵	Oxycarboxin	0.05		不得检出	GB/T 19650
277	亚砜磷	Oxydemeton－methyl	0.01		不得检出	参照同类标准
278	乙氧氟草醚	Oxyfluorfen	0.05		不得检出	GB/T 20772
279	多效唑	Paclobutrazol	0.02		不得检出	GB/T 19650
280	对硫磷	Parathion	0.05		不得检出	GB/T 19650
281	甲基对硫磷	Parathion－methyl	0.01		不得检出	GB/T 5009.161
282	戊菌唑	Penconazole	0.05		不得检出	GB/T 20772
283	戊菌隆	Pencycuron	0.05		不得检出	GB/T 19650
284	二甲戊灵	Pendimethalin	0.05		不得检出	GB/T 19650
285	氯菊酯	Permethrin	0.05		不得检出	GB/T 19650
286	甜菜宁	Phenmedipham	0.05		不得检出	GB/T 23205
287	苯醚菊酯	Phenothrin	0.05		不得检出	GB/T 20772
288	苯氧甲基青霉素	Phenoxymethylpenicillin	25μg/kg		不得检出	GB/T 21315
289	甲拌磷	Phorate	0.01		不得检出	GB/T 20772
290	伏杀硫磷	Phosalone	0.01		不得检出	GB/T 20772
291	亚胺硫磷	Phosmet	0.1		不得检出	GB/T 20772
292	—	Phosphines and phosphides	0.01		不得检出	参照同类标准
293	辛硫磷	Phoxim	0.55		不得检出	GB/T 20772
294	氨氯吡啶酸	Picloram	0.01		不得检出	GB/T 23211
295	啶氧菌酯	Picoxystrobin	0.05		不得检出	GB/T 19650
296	抗蚜威	Pirimicarb	0.05		不得检出	GB/T 20772
297	甲基嘧啶磷	Pirimiphos－methyl	0.05		不得检出	GB/T 20772
298	咪鲜胺	Prochloraz	0.1		不得检出	GB/T 19650

序号	农兽药中文名	农兽药英文名	欧盟标准限量要求 mg/kg	国家标准限量要求 mg/kg	三安超有机食品标准	
					限量要求 mg/kg	检测方法
299	腐霉利	Procymidone	0.01		不得检出	GB/T 20772
300	丙溴磷	Profenofos	0.05		不得检出	GB/T 20772
301	调环酸	Prohexadione	0.05		不得检出	日本肯定列表
302	毒草安	Propachlor	0.02		不得检出	GB/T 20772
303	扑派威	Propamocarb	0.1		不得检出	GB/T 20772
304	恶草酸	Propaquizafop	0.05		不得检出	GB/T 20772
305	炔螨特	Propargite	0.1		不得检出	GB/T 19650
306	苯胺灵	Propham	0.05		不得检出	GB/T 19650
307	丙环唑	Propiconazole	0.01		不得检出	GB/T 19650
308	异丙草胺	Propisochlor	0.01		不得检出	GB/T 19650
309	残杀威	Propoxur	0.05		不得检出	GB/T 20772
310	炔苯酰草胺	Propyzamide	0.05		不得检出	GB/T 19650
311	苄草丹	Prosulfocarb	0.05		不得检出	GB/T 19650
312	丙硫菌唑	Prothioconazole	0.05		不得检出	参照同类标准
313	吡蚜酮	Pymetrozine	0.01		不得检出	GB/T 20772
314	吡唑醚菌酯	Pyraclostrobin	0.05		不得检出	GB/T 20772
315	—	Pyrasulfotole	0.01		不得检出	参照同类标准
316	吡菌磷	Pyrazophos	0.02		不得检出	GB/T 20772
317	除虫菊素	Pyrethrins	0.05		不得检出	GB/T 20772
318	哒螨灵	Pyridaben	0.02		不得检出	GB/T 19650
319	啶虫丙醚	Pyridalyl	0.01		不得检出	日本肯定列表
320	哒草特	Pyridate	0.05		不得检出	日本肯定列表
321	嘧霉胺	Pyrimethanil	0.05		不得检出	GB/T 19650
322	吡丙醚	Pyriproxyfen	0.05		不得检出	GB/T 19650
323	甲氧磺草胺	Pyroxsulam	0.01		不得检出	SN/T 2325
324	氯甲喹啉酸	Quinmerac	0.05		不得检出	参照同类标准
325	喹氧灵	Quinoxyfen	0.2		不得检出	SN/T 2319
326	五氯硝基苯	Quintozene	0.01	0.1	不得检出	GB/T 19650
327	精喹禾灵	Quizalofop - *P* - ethyl	0.05		不得检出	SN/T 2150
328	灭虫菊	Resmethrin	0.1		不得检出	GB/T 20772
329	鱼藤酮	Rotenone	0.01		不得检出	GB/T 20772
330	西玛津	Simazine	0.01		不得检出	SN 0594
331	壮观霉素	Spectinomycin	500μg/kg		不得检出	GB/T 21323
332	乙基多杀菌素	Spinetoram	0.01		不得检出	参照同类标准
333	多杀霉素	Spinosad	1		不得检出	GB/T 20772
334	螺螨酯	Spirodiclofen	0.05		不得检出	GB/T 20772
335	螺甲螨酯	Spiromesifen	0.01		不得检出	GB/T 23210
336	螺虫乙酯	Spirotetramat	0.01		不得检出	参照同类标准
337	葚孢菌素	Spiroxamine	0.05		不得检出	GB/T 20772

序号	农兽药中文名	农兽药英文名	欧盟标准限量要求 mg/kg	国家标准限量要求 mg/kg	三安超有机食品标准	
					限量要求 mg/kg	检测方法
338	磺草酮	Sulcotrione	0.05		不得检出	参照同类标准
339	磺胺类(所有属于磺胺类的物质)	Sulfonamides (all substances belonging to the sulfonamide-group)	100μg/kg		不得检出	GB 29694
340	乙黄隆	Sulfosulfuron	0.05		不得检出	SN/T 2325
341	硫磺粉	Sulfur	0.5		不得检出	参照同类标准
342	氟胺氰菊酯	Tau - fluvalinate	0.01		不得检出	SN 0691
343	戊唑醇	Tebuconazole	0.1		不得检出	GB/T 20772
344	虫酰肼	Tebufenozide	0.05		不得检出	GB/T 20772
345	吡螨胺	Tebufenpyrad	0.05		不得检出	GB/T 19650
346	四氯硝基苯	Tecnazene	0.05		不得检出	GB/T 19650
347	氟苯脲	Teflubenzuron	0.05		不得检出	SN/T 2150
348	七氟菊酯	Tefluthrin	0.05		不得检出	GB/T 23210
349	得杀草	Tepraloxydim	0.5		不得检出	GB/T 20772
350	特丁硫磷	Terbufos	0.01		不得检出	GB/T 20772
351	特丁津	Terbuthylazine	0.05		不得检出	GB/T 19650
352	四氟醚唑	Tetraconazole	0.02		不得检出	GB/T 20772
353	三氯杀螨砜	Tetradifon	0.05		不得检出	GB/T 19650
354	噻菌灵	Thiabendazole	0.1		不得检出	GB/T 20772
355	噻虫啉	Thiacloprid	0.05		不得检出	GB/T 20772
356	噻虫嗪	Thiamethoxam	0.01		不得检出	GB/T 20772
357	甲砜霉素	Thiamphenicol	50μg/kg		不得检出	GB/T 20756
358	禾草丹	Thiobencarb	0.01		不得检出	GB/T 20772
359	甲基硫菌灵	Thiophanate - methyl	0.05		不得检出	SN/T 0162
360	替米考星	Tilmicosin	75μg/kg		不得检出	GB/T 20762
361	甲基立枯磷	Tolclofos - methyl	0.05		不得检出	GB/T 19650
362	甲苯三嗪酮	Toltrazuril	200μg/kg		不得检出	参照同类标准
363	甲苯氟磺胺	Tolylfluanid	0.1		不得检出	GB/T 19650
364	—	Topramezone	0.05		不得检出	参照同类标准
365	三唑酮和三唑醇	Triadimefon and triadimenol	0.1		不得检出	GB/T 20772
366	野麦畏	Triallate	0.05		不得检出	GB/T 20772
367	醚苯磺隆	Triasulfuron	0.05		不得检出	GB/T 20772
368	三唑磷	Triazophos	0.01		不得检出	GB/T 20772
369	敌百虫	Trichlorphon	0.01		不得检出	GB/T 20772
370	绿草定	Triclopyr	0.05		不得检出	SN/T 2228
371	三环唑	Tricyclazole	0.05		不得检出	GB/T 20769
372	十三吗啉	Tridemorph	0.01		不得检出	GB/T 20772
373	肟菌酯	Trifloxystrobin	0.04		不得检出	GB/T 19650
374	氟菌唑	Triflumizole	0.05		不得检出	GB/T 20769

序号	农兽药中文名	农兽药英文名	欧盟标准限量要求 mg/kg	国家标准限量要求 mg/kg	三安超有机食品标准	
					限量要求 mg/kg	检测方法
375	杀铃脲	Triflumuron	0.01		不得检出	GB/T 20772
376	氟乐灵	Trifluralin	0.01		不得检出	GB/T 20772
377	嗪氨灵	Triforine	0.01		不得检出	SN 0695
378	甲氧苄氨嘧啶	Trimethoprim	50μg/kg		不得检出	SN/T 1769
379	三甲基锍阳离子	Trimethyl – sulfonium cation	0.05		不得检出	参照同类标准
380	抗倒酯	Trinexapac	0.05		不得检出	GB/T 20769
381	灭菌唑	Triticonazole	0.01		不得检出	GB/T 20772
382	三氟甲磺隆	Tritosulfuron	0.01		不得检出	参照同类标准
383	泰乐霉素	Tylosin	100μg/kg		不得检出	GB/T 22941
384	乙酰异戊酰素乐菌素	Tylvalosin	50μg/kg		不得检出	参照同类标准
385	—	Valifenalate	0.01		不得检出	参照同类标准
386	乙烯菌核利	Vinclozolin	0.05		不得检出	GB/T 20772
387	2,3,4,5 – 四氯苯胺	2,3,4,5 – Tetrachloraniline			不得检出	GB/T 19650
388	2,3,4,5 – 四氯甲氧基苯	2,3,4,5 – Tetrachloroanisole			不得检出	GB/T 19650
389	2,3,5,6 – 四氯苯胺	2,3,5,6 – Tetrachloroaniline			不得检出	GB/T 19650
390	2,4,5 – 涕	2,4,5 – T			不得检出	GB/T 20772
391	*o*,*p*′ – 滴滴滴	2,4′ – DDD			不得检出	GB/T 19650
392	*o*,*p*′ – 滴滴伊	2,4′ – DDE			不得检出	GB/T 19650
393	*o*,*p*′ – 滴滴涕	2,4′ – DDT			不得检出	GB/T 19650
394	2,6 – 二氯苯甲酰胺	2,6 – Dichlorobenzamide			不得检出	GB/T 19650
395	3,5 – 二氯苯胺	3,5 – Dichloroaniline			不得检出	GB/T 19650
396	*p*,*p*′ – 滴滴滴	4,4′ – DDD			不得检出	GB/T 19650
397	*p*,*p*′ – 滴滴伊	4,4′ – DDE			不得检出	GB/T 19650
398	*p*,*p*′ – 滴滴涕	4,4′ – DDT			不得检出	GB/T 19650
399	4,4′ – 二溴二苯甲酮	4,4′ – Dibromobenzophenone			不得检出	GB/T 19650
400	4,4′ – 二氯二苯甲酮	4,4′ – Dichlorobenzophenone			不得检出	GB/T 19650
401	二氢苊	Acenaphthene			不得检出	GB/T 19650
402	乙酰丙嗪	Acepromazine			不得检出	GB/T 20763
403	三氟羧草醚	Acifluorfen			不得检出	GB/T 20772
404	1 – 氨基 – 2 – 乙内酰脲	AHD			不得检出	GB/T 21311
405	涕灭砜威	Aldoxycarb			不得检出	GB/T 20772
406	烯丙菊酯	Allethrin			不得检出	GB/T 20772
407	二丙烯草胺	Allidochlor			不得检出	GB/T 19650
408	烯丙孕素	Altrenogest			不得检出	SN/T 1980
409	莠灭净	Ametryn			不得检出	GB/T 20772
410	杀草强	Amitrole			不得检出	SN/T 1737.6
411	5 – 吗啉甲基 – 3 – 氨基 – 2 – 噁唑烷基酮	AMOZ			不得检出	GB/T 21311
412	氨丙嘧吡啶	Amprolium			不得检出	SN/T 0276

序号	农兽药中文名	农兽药英文名	欧盟标准限量要求 mg/kg	国家标准限量要求 mg/kg	三安超有机食品标准	
					限量要求 mg/kg	检测方法
413	莎稗磷	Anilofos			不得检出	GB/T 19650
414	蒽醌	Anthraquinone			不得检出	GB/T 19650
415	3－氨基－2－噁唑酮	AOZ			不得检出	GB/T 21311
416	安普霉素	Apramycin			不得检出	GB/T 21323
417	丙硫特普	Aspon			不得检出	GB/T 19650
418	羟氨卡青霉素	Aspoxicillin			不得检出	GB/T 21315
419	乙基杀扑磷	Athidathion			不得检出	GB/T 19650
420	莠去通	Atratone			不得检出	GB/T 19650
421	莠去津	Atrazine			不得检出	GB/T 20772
422	脱乙基阿特拉津	Atrazine－desethyl			不得检出	GB/T 19650
423	甲基吡噁磷	Azamethiphos			不得检出	GB/T 20763
424	氮哌酮	Azaperone			不得检出	SN/T 2221
425	叠氮津	Aziprotryne			不得检出	GB/T 19650
426	杆菌肽	Bacitracin			不得检出	GB/T 20743
427	4－溴－3,5－二甲苯基－*N*－甲基氨基甲酸酯－1	BDMC－1			不得检出	GB/T 19650
428	4－溴－3,5－二甲苯基－*N*－甲基氨基甲酸酯－2	BDMC－2			不得检出	GB/T 19650
429	噁虫威	Bendiocarb			不得检出	GB/T 20772
430	乙丁氟灵	Benfluralin			不得检出	GB/T 19650
431	呋草黄	Benfuresate			不得检出	GB/T 19650
432	麦锈灵	Benodanil			不得检出	GB/T 19650
433	解草酮	Benoxacor			不得检出	GB/T 19650
434	新燕灵	Benzoylprop－ethyl			不得检出	GB/T 19650
435	倍他米松	Betamethasone			不得检出	SN/T 1970
436	生物烯丙菊酯－1	Bioallethrin－1			不得检出	GB/T 19650
437	生物烯丙菊酯－2	Bioallethrin－2			不得检出	GB/T 19650
438	生物苄呋菊酯	Bioresmethrin			不得检出	GB/T 20772
439	除草定	Bromacil			不得检出	GB/T 20772
440	溴苯烯磷	Bromfenvinfos			不得检出	GB/T 19650
441	溴烯杀	Bromocylen			不得检出	GB/T 23210
442	溴硫磷	Bromofos			不得检出	GB/T 19650
443	乙基溴硫磷	Bromophos－ethyl			不得检出	GB/T 19650
444	溴丁酰草胺	Btomobutide			不得检出	GB/T 19650
445	氟丙嘧草酯	Butafenacil			不得检出	GB/T 19650
446	抑草磷	Butamifos			不得检出	GB/T 19650
447	丁草胺	Butaxhlor			不得检出	GB/T 19650
448	苯酮唑	Cafenstrole			不得检出	GB/T 19650
449	角黄素	Canthaxanthin			不得检出	SN/T 2327

序号	农兽药中文名	农兽药英文名	欧盟标准限量要求 mg/kg	国家标准限量要求 mg/kg	三安超有机食品标准	
					限量要求 mg/kg	检测方法
450	咔唑心安	Carazolol			不得检出	GB/T 20763
451	卡巴氧	Carbadox			不得检出	GB/T 20746
452	三硫磷	Carbophenothion			不得检出	GB/T 19650
453	唑草酮	Carfentrazone - ethyl			不得检出	GB/T 19650
454	卡洛芬	Carprofen			不得检出	SN/T 2190
455	头孢洛宁	Cefalonium			不得检出	GB/T 22989
456	头孢匹林	Cefapirin			不得检出	GB/T 22989
457	头孢喹肟	Cefquinome			不得检出	GB/T 22989
458	头孢噻呋	Ceftiofur			不得检出	GB/T 21314
459	头孢氨苄	Cefalexin			不得检出	GB/T 22989
460	氯霉素	Chloramphenicolum			不得检出	GB/T 20772
461	氯杀螨砜	Chlorbenside sulfone			不得检出	GB/T 19650
462	氯溴隆	Chlorbromuron			不得检出	GB/T 19650
463	杀虫脒	Chlordimeform			不得检出	GB/T 19650
464	氯氧磷	Chlorethoxyfos			不得检出	GB/T 19650
465	溴虫腈	Chlorfenapyr			不得检出	GB/T 19650
466	杀螨醇	Chlorfenethol			不得检出	GB/T 19650
467	燕麦酯	Chlorfenprop - methyl			不得检出	GB/T 19650
468	氟啶脲	Chlorfluazuron			不得检出	SN/T 2540
469	整形醇	Chlorflurenol			不得检出	GB/T 19650
470	氯地孕酮	Chlormadinone			不得检出	SN/T 1980
471	醋酸氯地孕酮	Chlormadinone acetate			不得检出	GB/T 20753
472	氯甲硫磷	Chlormephos			不得检出	GB/T 19650
473	氯苯甲醚	Chloroneb			不得检出	GB/T 19650
474	丙酯杀螨醇	Chloropropylate			不得检出	GB/T 19650
475	氯丙嗪	Chlorpromazine			不得检出	GB/T 20763
476	金霉素	Chlortetracycline			不得检出	GB/T 21317
477	氯硫磷	Chlorthion			不得检出	GB/T 19650
478	虫螨磷	Chlorthiophos			不得检出	GB/T 19650
479	乙菌利	Chlozolinate			不得检出	GB/T 19650
480	顺式 - 氯丹	*cis* - Chlordane			不得检出	GB/T 19650
481	顺式 - 燕麦敌	*cis* - Diallate			不得检出	GB/T 19650
482	顺式 - 氯菊酯	*cis* - Permethrin			不得检出	GB/T 19650
483	克仑特罗	Clenbuterol			不得检出	GB/T 22286
484	异噁草酮	Clomazone			不得检出	GB/T 20772
485	氯甲酰草胺	Clomeprop			不得检出	GB/T 19650
486	氯羟吡啶	Clopidol			不得检出	GB 29700
487	解草酯	Cloquintocet - mexyl			不得检出	GB/T 19650
488	蝇毒磷	Coumaphos			不得检出	GB/T 19650

序号	农兽药中文名	农兽药英文名	欧盟标准限量要求 mg/kg	国家标准限量要求 mg/kg	三安超有机食品标准	
					限量要求 mg/kg	检测方法
489	鼠立死	Crimidine			不得检出	GB/T 19650
490	巴毒磷	Crotxyphos			不得检出	GB/T 19650
491	育畜磷	Crufomate			不得检出	GB/T 19650
492	苯腈磷	Cyanofenphos			不得检出	GB/T 19650
493	杀螟腈	Cyanophos			不得检出	GB/T 20772
494	环草敌	Cycloate			不得检出	GB/T 20772
495	环莠隆	Cycluron			不得检出	GB/T 20772
496	环丙津	Cyprazine			不得检出	GB/T 20772
497	敌草索	Dacthal			不得检出	GB/T 19650
498	癸氧喹酯	Decoquinate			不得检出	SN/T 2444
499	脱叶磷	DEF			不得检出	GB/T 19650
500	2,2′,4,5,5′-五氯联苯	DE-PCB 101			不得检出	GB/T 19650
501	2,3,4,4′,5-五氯联苯	DE-PCB 118			不得检出	GB/T 19650
502	2,2′,3,4,4′,5-六氯联苯	DE-PCB 138			不得检出	GB/T 19650
503	2,2′,4,4′,5,5′-六氯联苯	DE-PCB 153			不得检出	GB/T 19650
504	2,2′,3,4,4′,5,5′-七氯联苯	DE-PCB 180			不得检出	GB/T 19650
505	2,4,4′-三氯联苯	DE-PCB 28			不得检出	GB/T 19650
506	2,4,5-三氯联苯	DE-PCB 31			不得检出	GB/T 19650
507	2,2′,5,5′-四氯联苯	DE-PCB 52			不得检出	GB/T 19650
508	脱溴溴苯磷	Desbrom-leptophos			不得检出	GB/T 19650
509	脱乙基另丁津	Desethyl-sebuthylazine			不得检出	GB/T 19650
510	敌草净	Desmetryn			不得检出	GB/T 19650
511	地塞米松	Dexamethasone			不得检出	SN/T 1970
512	氯亚胺硫磷	Dialifos			不得检出	GB/T 19650
513	敌菌净	Diaveridine			不得检出	SN/T 1926
514	驱虫特	Dibutyl succinate			不得检出	GB/T 20772
515	异氯磷	Dicapthon			不得检出	GB/T 20772
516	除线磷	Dichlofenthion			不得检出	GB/T 20772
517	苯氟磺胺	Dichlofluanid			不得检出	GB/T 19650
518	烯丙酰草胺	Dichlormid			不得检出	GB/T 19650
519	敌敌畏	Dichlorvos			不得检出	GB/T 20772
520	苄氯三唑醇	Diclobutrazole			不得检出	GB/T 20772
521	禾草灵	Diclofop-methyl			不得检出	GB/T 19650
522	己烯雌酚	Diethylstilbestrol			不得检出	GB/T 20766
523	二氢链霉素	Dihydro-streptomycin			不得检出	GB/T 22969
524	甲氟磷	Dimefox			不得检出	GB/T 19650
525	哌草丹	Dimepiperate			不得检出	GB/T 19650
526	异戊乙净	Dimethametryn			不得检出	GB/T 19650

序号	农兽药中文名	农兽药英文名	欧盟标准限量要求 mg/kg	国家标准限量要求 mg/kg	三安超有机食品标准	
					限量要求 mg/kg	检测方法
527	二甲酚草胺	Dimethenamid			不得检出	GB/T 19650
528	乐果	Dimethoate			不得检出	GB/T 20772
529	甲基毒虫畏	Dimethylvinphos			不得检出	GB/T 19650
530	地美硝唑	Dimetridazole			不得检出	GB/T 21318
531	二硝托安	Dinitolmide			不得检出	SN/T 2453
532	氨氟灵	Dinitramine			不得检出	GB/T 19650
533	消螨通	Dinobuton			不得检出	GB/T 19650
534	呋虫胺	Dinotefuran			不得检出	GB/T 20772
535	苯虫醚 -1	Diofenolan -1			不得检出	GB/T 19650
536	苯虫醚 -2	Diofenolan -2			不得检出	GB/T 19650
537	蔬果磷	Dioxabenzofos			不得检出	GB/T 19650
538	双苯酰草胺	Diphenamid			不得检出	GB/T 19650
539	二苯胺	Diphenylamine			不得检出	GB/T 19650
540	异丙净	Dipropetryn			不得检出	GB/T 19650
541	灭菌磷	Ditalimfos			不得检出	GB/T 19650
542	氟硫草定	Dithiopyr			不得检出	GB/T 19650
543	多拉菌素	Doramectin			不得检出	GB/T 22968
544	强力霉素	Doxycycline			不得检出	GB/T 20764
545	敌瘟磷	Edifenphos			不得检出	GB/T 19650
546	硫丹硫酸盐	Endosulfan - sulfate			不得检出	GB/T 19650
547	异狄氏剂酮	Endrin ketone			不得检出	GB/T 19650
548	苯硫磷	EPN			不得检出	GB/T 19650
549	埃普利诺菌素	Eprinomectin			不得检出	GB/T 21320
550	抑草蓬	Erbon			不得检出	GB/T 19650
551	*S* - 氰戊菊酯	Esfenvalerate			不得检出	GB/T 19650
552	戊草丹	Esprocarb			不得检出	GB/T 19650
553	乙环唑 -1	Etaconazole -1			不得检出	GB/T 19650
554	乙环唑 -2	Etaconazole -2			不得检出	GB/T 19650
555	乙嘧硫磷	Etrimfos			不得检出	GB/T 19650
556	氧乙嘧硫磷	Etrimfos oxon			不得检出	GB/T 19650
557	伐灭磷	Famphur			不得检出	GB/T 19650
558	苯线磷亚砜	Fenamiphos sulfoxide			不得检出	GB/T 19650
559	苯线磷砜	Fenamiphos - sulfone			不得检出	GB/T 19650
560	苯硫苯咪唑	Fenbendazole			不得检出	SN 0638
561	氧皮蝇磷	Fenchlorphos oxon			不得检出	GB/T 19650
562	甲呋酰胺	Fenfuram			不得检出	GB/T 19650
563	仲丁威	Fenobucarb			不得检出	GB/T 19650
564	苯硫威	Fenothiocarb			不得检出	GB/T 19650
565	稻瘟酰胺	Fenoxanil			不得检出	GB/T 19650

序号	农兽药中文名	农兽药英文名	欧盟标准限量要求 mg/kg	国家标准限量要求 mg/kg	三安超有机食品标准 限量要求 mg/kg	三安超有机食品标准 检测方法
566	拌种咯	Fenpiclonil			不得检出	GB/T 19650
567	甲氰菊酯	Fenpropathrin			不得检出	GB/T 19650
568	芬螨酯	Fenson			不得检出	GB/T 19650
569	丰索磷	Fensulfothion			不得检出	GB/T 19650
570	倍硫磷亚砜	Fenthion sulfoxide			不得检出	GB/T 19650
571	麦草氟异丙酯	Flamprop – isopropyl			不得检出	GB/T 19650
572	麦草氟甲酯	Flamprop – methyl			不得检出	GB/T 19650
573	吡氟禾草灵	Fluazifop – butyl			不得检出	GB/T 19650
574	啶蜱脲	Fluazuron			不得检出	SN/T 2540
575	氟苯咪唑	Flubendazole			不得检出	GB/T 21324
576	氟噻草胺	Flufenacet			不得检出	GB/T 19650
577	氟节胺	Flumetralin			不得检出	GB/T 19650
578	唑嘧磺草胺	Flumetsulam			不得检出	GB/T 20772
579	氟烯草酸	Flumiclorac			不得检出	GB/T 19650
580	丙炔氟草胺	Flumioxazin			不得检出	GB/T 19650
581	氟胺烟酸	Flunixin			不得检出	GB/T 20750
582	三氟硝草醚	Fluorodifen			不得检出	GB/T 19650
583	乙羧氟草醚	Fluoroglycofen – ethyl			不得检出	GB/T 19650
584	三氟苯唑	Fluotrimazole			不得检出	GB/T 19650
585	氟啶草酮	Fluridone			不得检出	GB/T 19650
586	氟草烟 – 1 – 甲庚酯	Fluroxypr – 1 – methylheptyl ester			不得检出	GB/T 19650
587	呋草酮	Flurtamone			不得检出	GB/T 19650
588	地虫硫磷	Fonofos			不得检出	GB/T 19650
589	安果	Formothion			不得检出	GB/T 19650
590	呋霜灵	Furalaxyl			不得检出	GB/T 19650
591	庆大霉素	Gentamicin			不得检出	GB/T 21323
592	苄螨醚	Halfenprox			不得检出	GB/T 19650
593	氟哌啶醇	Haloperidol			不得检出	GB/T 20763
594	庚烯磷	Heptanophos			不得检出	GB/T 19650
595	己唑醇	Hexaconazole			不得检出	GB/T 19650
596	环嗪酮	Hexazinone			不得检出	GB/T 19650
597	咪草酸	Imazamethabenz – methyl			不得检出	GB/T 19650
598	脱苯甲基亚胺唑	Imibenconazole – *des* – benzyl			不得检出	GB/T 19650
599	炔咪菊酯 – 1	Imiprothrin – 1			不得检出	GB/T 19650
600	炔咪菊酯 – 2	Imiprothrin – 2			不得检出	GB/T 19650
601	碘硫磷	Iodofenphos			不得检出	GB/T 19650
602	甲基碘磺隆	Iodosulfuron – methyl			不得检出	GB/T 20772
603	异稻瘟净	Iprobenfos			不得检出	GB/T 19650

序号	农兽药中文名	农兽药英文名	欧盟标准限量要求 mg/kg	国家标准限量要求 mg/kg	三安超有机食品标准	
					限量要求 mg/kg	检测方法
604	氯唑磷	Isazofos			不得检出	GB/T 19650
605	碳氯灵	Isobenzan			不得检出	GB/T 19650
606	丁咪酰胺	Isocarbamid			不得检出	GB/T 19650
607	水胺硫磷	Isocarbophos			不得检出	GB/T 19650
608	异艾氏剂	Isodrin			不得检出	GB/T 19650
609	异柳磷	Isofenphos			不得检出	GB/T 19650
610	氧异柳磷	Isofenphos oxon			不得检出	GB/T 19650
611	氮氨菲啶	Isometamidium			不得检出	SN/T 2239
612	丁嗪草酮	Isomethiozin			不得检出	GB/T 19650
613	异丙威 – 1	Isoprocarb – 1			不得检出	GB/T 19650
614	异丙威 – 2	Isoprocarb – 2			不得检出	GB/T 19650
615	异丙乐灵	Isopropalin			不得检出	GB/T 19650
616	双苯噁唑酸	Isoxadifen – ethyl			不得检出	GB/T 19650
617	异噁氟草	Isoxaflutole			不得检出	GB/T 20772
618	噁唑啉	Isoxathion			不得检出	GB/T 19650
619	依维菌素	Ivermectin			不得检出	GB/T 21320
620	交沙霉素	Josamycin			不得检出	GB/T 20762
621	溴苯磷	Leptophos			不得检出	GB/T 19650
622	利谷隆	Linuron			不得检出	GB/T 19650
623	麻保沙星	Marbofloxacin			不得检出	GB/T 22985
624	2 – 甲 – 4 – 氯丁氧乙基酯	MCPA – butoxyethyl ester			不得检出	GB/T 19650
625	甲苯咪唑	Mebendazole			不得检出	GB/T 21324
626	灭蚜磷	Mecarbam			不得检出	GB/T 19650
627	二甲四氯丙酸	Mecoprop			不得检出	SN/T 2325
628	苯噻酰草胺	Mefenacet			不得检出	GB/T 19650
629	吡唑解草酯	Mefenpyr – diethyl			不得检出	GB/T 19650
630	醋酸甲地孕酮	Megestrol acetate			不得检出	GB/T 20753
631	醋酸美仑孕酮	Melengestrol acetate			不得检出	GB/T 20753
632	嘧菌胺	Mepanipyrim			不得检出	GB/T 19650
633	地胺磷	Mephosfolan			不得检出	GB/T 19650
634	灭锈胺	Mepronil			不得检出	GB/T 19650
635	硝磺草酮	Mesotrione			不得检出	参照同类标准
636	呋菌胺	Methfuroxam			不得检出	GB/T 19650
637	灭梭威砜	Methiocarb sulfone			不得检出	GB/T 19650
638	异丙甲草胺和 *S* – 异丙甲草胺	Metolachlor and *S* – metolachlor			不得检出	GB/T 19650
639	盖草津	Methoprotryne			不得检出	GB/T 19650
640	甲醚菊酯 – 1	Methothrin – 1			不得检出	GB/T 19650
641	甲醚菊酯 – 2	Methothrin – 2			不得检出	GB/T 19650

序号	农兽药中文名	农兽药英文名	欧盟标准限量要求 mg/kg	国家标准限量要求 mg/kg	三安超有机食品标准	
					限量要求 mg/kg	检测方法
642	甲基泼尼松龙	Methylprednisolone			不得检出	GB/T 21981
643	溴谷隆	Metobromuron			不得检出	GB/T 19650
644	甲氧氯普胺	Metoclopramide			不得检出	SN/T 2227
645	苯氧菌胺 - 1	Metominsstrobin - 1			不得检出	GB/T 19650
646	苯氧菌胺 - 2	Metominsstrobin - 2			不得检出	GB/T 19650
647	甲硝唑	Metronidazole			不得检出	GB/T 21318
648	速灭磷	Mevinphos			不得检出	GB/T 19650
649	兹克威	Mexacarbate			不得检出	GB/T 19650
650	灭蚁灵	Mirex			不得检出	GB/T 19650
651	禾草敌	Molinate			不得检出	GB/T 19650
652	庚酰草胺	Monalide			不得检出	GB/T 19650
653	莫能菌素	Monensin			不得检出	SN 0698
654	莫西丁克	Moxidectin			不得检出	SN/T 2442
655	合成麝香	Musk ambrecte			不得检出	GB/T 19650
656	麝香	Musk moskene			不得检出	GB/T 19650
657	西藏麝香	Musk tibeten			不得检出	GB/T 19650
658	二甲苯麝香	Musk xylene			不得检出	GB/T 19650
659	萘夫西林	Nafcillin			不得检出	GB/T 22975
660	二溴磷	Naled			不得检出	SN/T 0706
661	萘丙胺	Naproanilide			不得检出	GB/T 19650
662	甲基盐霉素	Narasin			不得检出	GB/T 20364
663	甲磺乐灵	Nitralin			不得检出	GB/T 19650
664	三氯甲基吡啶	Nitrapyrin			不得检出	GB/T 19650
665	酞菌酯	Nitrothal - isopropyl			不得检出	GB/T 19650
666	诺氟沙星	Norfloxacin			不得检出	GB/T 20366
667	氟草敏	Norflurazon			不得检出	GB/T 19650
668	新生霉素	Novobiocin			不得检出	SN 0674
669	氟苯嘧啶醇	Nuarimol			不得检出	GB/T 19650
670	八氯苯乙烯	Octachlorostyrene			不得检出	GB/T 19650
671	氧氟沙星	Ofloxacin			不得检出	GB/T 20366
672	喹乙醇	Olaquindox			不得检出	GB/T 20746
673	竹桃霉素	Oleandomycin			不得检出	GB/T 20762
674	氧乐果	Omethoate			不得检出	GB/T 19650
675	奥比沙星	Orbifloxacin			不得检出	GB/T 22985
676	杀线威	Oxamyl			不得检出	GB/T 20772
677	奥芬达唑	Oxfendazole			不得检出	GB/T 22972
678	丙氧苯咪唑	Oxibendazole			不得检出	GB/T 21324
679	氧化氯丹	Oxy - chlordane			不得检出	GB/T 19650
680	土霉素	Oxytetracycline			不得检出	GB/T 21317

序号	农兽药中文名	农兽药英文名	欧盟标准限量要求 mg/kg	国家标准限量要求 mg/kg	三安超有机食品标准	
					限量要求 mg/kg	检测方法
681	对氧磷	Paraoxon			不得检出	GB/T 19650
682	甲基对氧磷	Paraoxon - methyl			不得检出	GB/T 19650
683	克草敌	Pebulate			不得检出	GB/T 19650
684	五氯苯胺	Pentachloroaniline			不得检出	GB/T 19650
685	五氯甲氧基苯	Pentachloroanisole			不得检出	GB/T 19650
686	五氯苯	Pentachlorobenzene			不得检出	GB/T 19650
687	乙滴涕	Perthane			不得检出	GB/T 19650
688	菲	Phenanthrene			不得检出	GB/T 19650
689	稻丰散	Phenthoate			不得检出	GB/T 19650
690	甲拌磷砜	Phorate sulfone			不得检出	GB/T 19650
691	磷胺 - 1	Phosphamidon - 1			不得检出	GB/T 19650
692	磷胺 - 2	Phosphamidon - 2			不得检出	GB/T 19650
693	酞酸苯甲基丁酯	Phthalic acid, benzylbutyl ester			不得检出	GB/T 19650
694	四氯苯肽	Phthalide			不得检出	GB/T 19650
695	邻苯二甲酰亚胺	Phthalimide			不得检出	GB/T 19650
696	氟吡酰草胺	Picolinafen			不得检出	GB/T 19650
697	增效醚	Piperonyl butoxide			不得检出	GB/T 19650
698	哌草磷	Piperophos			不得检出	GB/T 19650
699	乙基虫螨清	Pirimiphos - ethyl			不得检出	GB/T 19650
700	吡利霉素	Pirlimycin			不得检出	GB/T 22988
701	炔丙菊酯	Prallethrin			不得检出	GB/T 19650
702	泼尼松龙	Prednisolone			不得检出	GB/T 21981
703	丙草胺	Pretilachlor			不得检出	GB/T 19650
704	环丙氟灵	Profluralin			不得检出	GB/T 19650
705	茉莉酮	Prohydrojasmon			不得检出	GB/T 19650
706	扑灭通	Prometon			不得检出	GB/T 19650
707	扑草净	Prometryne			不得检出	GB/T 19650
708	炔丙烯草胺	Pronamide			不得检出	GB/T 19650
709	敌稗	Propanil			不得检出	GB/T 19650
710	扑灭津	Propazine			不得检出	GB/T 19650
711	胺丙畏	Propetamphos			不得检出	GB/T 19650
712	丙酰二甲氨基丙吩噻嗪	Propionylpromazin			不得检出	GB/T 20763
713	丙硫磷	Prothiophos			不得检出	GB/T 19650
714	哒嗪硫磷	Pyridafenthion			不得检出	GB/T 19650
715	吡唑硫磷	Pyraclofos			不得检出	GB/T 19650
716	吡草醚	Pyraflufen - ethyl			不得检出	GB/T 19650
717	啶斑肟 - 1	Pyrifenox - 1			不得检出	GB/T 19650
718	啶斑肟 - 2	Pyrifenox - 2			不得检出	GB/T 19650
719	环酯草醚	Pyriftalid			不得检出	GB/T 19650

序号	农兽药中文名	农兽药英文名	欧盟标准限量要求 mg/kg	国家标准限量要求 mg/kg	三安超有机食品标准	
					限量要求 mg/kg	检测方法
720	嘧螨醚	Pyrimidifen			不得检出	GB/T 19650
721	嘧草醚	Pyriminobac - methyl			不得检出	GB/T 19650
722	嘧啶磷	Pyrimitate			不得检出	GB/T 19650
723	喹硫磷	Quinalphos			不得检出	GB/T 19650
724	灭藻醌	Quinoclamine			不得检出	GB/T 19650
725	吡咪唑	Rabenzazole			不得检出	GB/T 19650
726	莱克多巴胺	Ractopamine			不得检出	GB/T 21313
727	洛硝达唑	Ronidazole			不得检出	GB/T 21318
728	皮蝇磷	Ronnel			不得检出	GB/T 19650
729	盐霉素	Salinomycin			不得检出	GB/T 20364
730	沙拉沙星	Sarafloxacin			不得检出	GB/T 20366
731	另丁津	Sebutylazine			不得检出	GB/T 19650
732	密草通	Secbumeton			不得检出	GB/T 19650
733	氨基脲	Semduramicin			不得检出	GB/T 20752
734	烯禾啶	Sethoxydim			不得检出	GB/T 19650
735	氟硅菊酯	Silafluofen			不得检出	GB/T 19650
736	硅氟唑	Simeconazole			不得检出	GB/T 19650
737	西玛通	Simetone			不得检出	GB/T 19650
738	西草净	Simetryn			不得检出	GB/T 19650
739	螺旋霉素	Spiramycin			不得检出	GB/T 20762
740	链霉素	Streptomycin			不得检出	GB/T 21323
741	磺胺苯酰	Sulfabenzamide			不得检出	GB/T 21316
742	磺胺醋酰	Sulfacetamide			不得检出	GB/T 21316
743	磺胺氯哒嗪	Sulfachloropyridazine			不得检出	GB/T 21316
744	磺胺嘧啶	Sulfadiazine			不得检出	GB/T 21316
745	磺胺间二甲氧嘧啶	Sulfadimethoxine			不得检出	GB/T 21316
746	磺胺二甲嘧啶	Sulfadimidine			不得检出	GB/T 21316
747	磺胺多辛	Sulfadoxine			不得检出	GB/T 21316
748	磺胺胍	Sulfaguanidine			不得检出	GB/T 21316
749	菜草畏	Sulfallate			不得检出	GB/T 19650
750	磺胺甲嘧啶	Sulfamerazine			不得检出	GB/T 21316
751	新诺明	Sulfamethoxazole			不得检出	GB/T 21316
752	磺胺间甲氧嘧啶	Sulfamonomethoxine			不得检出	GB/T 21316
753	乙酰磺胺对硝基苯	Sulfanitran			不得检出	GB/T 20772
754	磺胺吡啶	Sulfapyridine			不得检出	GB/T 21316
755	磺胺喹沙啉	Sulfaquinoxaline			不得检出	GB/T 21316
756	磺胺噻唑	Sulfathiazole			不得检出	GB/T 21316
757	治螟磷	Sulfotep			不得检出	GB/T 19650
758	硫丙磷	Sulprofos			不得检出	GB/T 19650

序号	农兽药中文名	农兽药英文名	欧盟标准限量要求 mg/kg	国家标准限量要求 mg/kg	三安超有机食品标准	
					限量要求 mg/kg	检测方法
759	苯噻硫氰	TCMTB			不得检出	GB/T 19650
760	丁基嘧啶磷	Tebupirimfos			不得检出	GB/T 19650
761	牧草胺	Tebutam			不得检出	GB/T 19650
762	丁噻隆	Tebuthiuron			不得检出	GB/T 20772
763	双硫磷	Temephos			不得检出	GB/T 20772
764	特草灵	Terbucarb			不得检出	GB/T 19650
765	特丁通	Terbumeton			不得检出	GB/T 19650
766	特丁净	Terbutryn			不得检出	GB/T 19650
767	四氢邻苯二甲酰亚胺	Tetrabydrophthalimide			不得检出	GB/T 19650
768	杀虫畏	Tetrachlorvinphos			不得检出	GB/T 19650
769	四环素	Tetracycline			不得检出	GB/T 21317
770	胺菊酯	Tetramethirn			不得检出	GB/T 19650
771	杀螨氯硫	Tetrasul			不得检出	GB/T 19650
772	噻吩草胺	Thenylchlor			不得检出	GB/T 19650
773	噻唑烟酸	Thiazopyr			不得检出	GB/T 19650
774	噻苯隆	Thidiazuron			不得检出	GB/T 20772
775	噻吩磺隆	Thifensulfuron – methyl			不得检出	GB/T 20772
776	甲基乙拌磷	Thiometon			不得检出	GB/T 20772
777	虫线磷	Thionazin			不得检出	GB/T 19650
778	硫普罗宁	Tiopronin			不得检出	SN/T 2225
779	三甲苯草酮	Tralkoxydim			不得检出	GB/T 19650
780	四溴菊酯	Tralomethrin			不得检出	SN/T 2320
781	反式 – 氯丹	*trans* – Chlordane			不得检出	GB/T 19650
782	反式 – 燕麦敌	*trans* – Diallate			不得检出	GB/T 19650
783	四氟苯菊酯	Transfluthrin			不得检出	GB/T 19650
784	反式九氯	*trans* – Nonachlor			不得检出	GB/T 19650
785	反式 – 氯菊酯	*trans* – Permethrin			不得检出	GB/T 19650
786	群勃龙	Trenbolone			不得检出	GB/T 21981
787	威菌磷	Triamiphos			不得检出	GB/T 19650
788	毒壤磷	Trichloronate			不得检出	GB/T 19650
789	灭草环	Tridiphane			不得检出	GB/T 19650
790	草达津	Trietazine			不得检出	GB/T 19650
791	三异丁基磷酸盐	Tri – *iso* – butyl phosphate			不得检出	GB/T 19650
792	三正丁基磷酸盐	Tri – *n* – butyl phosphate			不得检出	GB/T 19650
793	三苯基磷酸盐	Triphenyl phosphate			不得检出	GB/T 19650
794	烯效唑	Uniconazole			不得检出	GB/T 19650
795	灭草敌	Vernolate			不得检出	GB/T 19650
796	维吉尼霉素	Virginiamycin			不得检出	GB/T 20765
797	杀鼠灵	War farin			不得检出	GB/T 20772

序号	农兽药中文名	农兽药英文名	欧盟标准限量要求 mg/kg	国家标准限量要求 mg/kg	三安超有机食品标准	
					限量要求 mg/kg	检测方法
798	甲苯噻嗪	Xylazine			不得检出	GB/T 20763
799	右环十四酮酚	Zeranol			不得检出	GB/T 21982
800	苯酰菌胺	Zoxamide			不得检出	GB/T 19650

11.3 鹅肝脏 Goose Liver

序号	农兽药中文名	农兽药英文名	欧盟标准限量要求 mg/kg	国家标准限量要求 mg/kg	三安超有机食品标准	
					限量要求 mg/kg	检测方法
1	1,1-二氯-2,2-二(4-乙苯)乙烷	1,1-Dichloro-2,2-bis(4-ethylphenyl)ethane	0.01		不得检出	日本肯定列表(增补本1)
2	1,2-二氯乙烷	1,2-Dichloroethane	0.1		不得检出	SN/T 2238
3	1,3-二氯丙烯	1,3-Dichloropropene	0.01		不得检出	SN/T 2238
4	1-萘乙酸	1-Naphthylacetic acid	0.05		不得检出	SN/T 2228
5	2,4-滴	2,4-D	0.05		不得检出	GB/T 20772
6	2,4-滴丁酸	2,4-DB	0.1		不得检出	GB/T 20769
7	2-苯酚	2-Phenylphenol	0.05		不得检出	GB/T 19650
8	阿维菌素	Abamectin	0.02		不得检出	SN/T 2661
9	乙酰甲胺磷	Acephate	0.02		不得检出	GB/T 20772
10	灭螨醌	Acequinocyl	0.01		不得检出	参照同类标准
11	啶虫脒	Acetamiprid	0.1		不得检出	GB/T 20772
12	乙草胺	Acetochlor	0.01		不得检出	GB/T 19650
13	苯并噻二唑	Acibenzolar-*S*-methyl	0.02		不得检出	GB/T 20772
14	苯草醚	Aclonifen	0.02		不得检出	GB/T 20772
15	氟丙菊酯	Acrinathrin	0.05		不得检出	GB/T 19648
16	甲草胺	Alachlor	0.01		不得检出	GB/T 20772
17	涕灭威	Aldicarb	0.01		不得检出	GB/T 20772
18	艾氏剂和狄氏剂	Aldrin and dieldrin	0.2		不得检出	GB/T 19650
19	—	Ametoctradin	0.03		不得检出	参照同类标准
20	酰嘧磺隆	Amidosulfuron	0.02		不得检出	参照同类标准
21	氯氨吡啶酸	Aminopyralid	0.02		不得检出	GB/T 23211
22	—	Amisulbrom	0.01		不得检出	参照同类标准
23	双甲脒	Amitraz	0.05		不得检出	GB/T 19650
24	阿莫西林	Amoxicillin	50μg/kg		不得检出	NY/T 830
25	氨苄青霉素	Ampicillin	50μg/kg		不得检出	GB/T 21315
26	敌菌灵	Anilazine	0.01		不得检出	GB/T 20769
27	杀螨特	Aramite	0.01		不得检出	GB/T 19650
28	磺草灵	Asulam	0.1		不得检出	日本肯定列表(增补本1)
29	阿维拉霉素	Avilamycin	300μg/kg		不得检出	GB/T21315

序号	农兽药中文名	农兽药英文名	欧盟标准限量要求 mg/kg	国家标准限量要求 mg/kg	三安超有机食品标准	
					限量要求 mg/kg	检测方法
30	印楝素	Azadirachtin	0.01		不得检出	SN/T 3264
31	益棉磷	Azinphos - ethyl	0.01		不得检出	GB/T 19650
32	保棉磷	Azinphos - methyl	0.01		不得检出	GB/T 20772
33	三唑锡和三环锡	Azocyclotin and cyhexatin	0.05		不得检出	SN/T 1990
34	嘧菌酯	Azoxystrobin	0.05		不得检出	GB/T 20772
35	燕麦灵	Barban	0.05		不得检出	参照同类标准
36	氟丁酰草胺	Beflubutamid	0.05		不得检出	参照同类标准
37	苯霜灵	Benalaxyl	0.05		不得检出	GB/T 20772
38	丙硫克百威	Benfuracarb	0.02		不得检出	GB/T 20772
39	苄青霉素	Benzyl pencillin	50μg/kg		不得检出	GB/T 21315
40	联苯肼酯	Bifenazate	0.01		不得检出	GB/T 20772
41	甲羧除草醚	Bifenox	0.05		不得检出	GB/T 23210
42	联苯菊酯	Bifenthrin	0.05		不得检出	GB/T 19650
43	乐杀螨	Binapacryl	0.01		不得检出	SN 0523
44	联苯	Biphenyl	0.01		不得检出	GB/T 19650
45	联苯三唑醇	Bitertanol	0.05		不得检出	GB/T 20772
46	—	Bixafen	0.02		不得检出	参照同类标准
47	啶酰菌胺	Boscalid	0.1		不得检出	GB/T 20772
48	溴离子	Bromide ion	0.05		不得检出	GB/T5009.167
49	溴螨酯	Bromopropylate	0.01		不得检出	GB/T 19650
50	溴苯腈	Bromoxynil	0.05		不得检出	GB/T 20772
51	糠菌唑	Bromuconazole	0.05		不得检出	GB/T 19650
52	乙嘧酚磺酸酯	Bupirimate	0.05		不得检出	GB/T 19650
53	噻嗪酮	Buprofezin	0.05		不得检出	GB/T 20772
54	仲丁灵	Butralin	0.02		不得检出	GB/T 19650
55	丁草敌	Butylate	0.01		不得检出	GB/T 19650
56	硫线磷	Cadusafos	0.01		不得检出	GB/T 19650
57	敌菌丹	Captafol	0.01		不得检出	GB/T 23210
58	克菌丹	Captan	0.02		不得检出	GB/T 19648
59	甲萘威	Carbaryl	0.05		不得检出	GB/T 20796
60	多菌灵和苯菌灵	Carbendazim and benomyl	0.05		不得检出	GB/T 20772
61	长杀草	Carbetamide	0.05		不得检出	GB/T 20772
62	克百威	Carbofuran	0.01		不得检出	GB/T 20772
63	丁硫克百威	Carbosulfan	0.05		不得检出	GB/T 19650
64	萎锈灵	Carboxin	0.05		不得检出	GB/T 20772
65	氯虫苯甲酰胺	Chlorantraniliprole	0.01		不得检出	参照同类标准
66	杀螨醚	Chlorbenside	0.05		不得检出	GB/T 19650
67	氯炔灵	Chlorbufam	0.05		不得检出	GB/T 20772
68	氯丹	Chlordane	0.05		不得检出	GB/T 5009.19

序号	农兽药中文名	农兽药英文名	欧盟标准限量要求 mg/kg	国家标准限量要求 mg/kg	三安超有机食品标准	
					限量要求 mg/kg	检测方法
69	十氯酮	Chlordecone	0.2		不得检出	参照同类标准
70	杀螨酯	Chlorfenson	0.05		不得检出	GB/T 19650
71	毒虫畏	Chlorfenvinphos	0.01		不得检出	GB/T 19650
72	氯草敏	Chloridazon	0.05		不得检出	GB/T 20772
73	矮壮素	Chlormequat	0.05		不得检出	GB/T 23211
74	乙酯杀螨醇	Chlorobenzilate	0.1		不得检出	GB/T 23210
75	百菌清	Chlorothalonil	0.07		不得检出	SN/T 2320
76	绿麦隆	Chlortoluron	0.05		不得检出	GB/T 20772
77	枯草隆	Chloroxuron	0.05		不得检出	SN/T 2150
78	氯苯胺灵	Chlorpropham	0.05		不得检出	GB/T 19650
79	毒死蜱	Chlorpyrifos	0.05		不得检出	GB/T 19650
80	甲基毒死蜱	Chlorpyrifos - methyl	0.05		不得检出	GB/T 19650
81	氯磺隆	Chlorsulfuron	0.01		不得检出	GB/T 20772
82	金霉素	Chlortetracycline	300μg/kg		不得检出	GB/T 21317
83	氯酞酸甲酯	Chlorthaldimethyl	0.01		不得检出	GB/T 19650
84	氯硫酰草胺	Chlorthiamid	0.02		不得检出	GB/T 20772
85	烯草酮	Clethodim	0.2		不得检出	GB/T 19650
86	炔草酯	Clodinafop - propargyl	0.02		不得检出	GB/T 19650
87	四螨嗪	Clofentezine	0.05		不得检出	GB/T 20772
88	二氯吡啶酸	Clopyralid	0.05		不得检出	SN/T 2228
89	噻虫胺	Clothianidin	0.1		不得检出	GB/T 20772
90	邻氯青霉素	Cloxacillin	300μg/kg		不得检出	GB/T 18932.25
91	黏菌素	Colistin	150μg/kg		不得检出	参照同类标准
92	铜化合物	Copper compounds	30		不得检出	参照同类标准
93	环烷基酰苯胺	Cyclanilide	0.01		不得检出	参照同类标准
94	噻草酮	Cycloxydim	0.05		不得检出	GB/T 19650
95	环氟菌胺	Cyflufenamid	0.03		不得检出	GB/T 23210
96	氟氯氰菊酯和高效氟氯氰菊酯	Cyfluthrin and beta - cyfluthrin	0.05		不得检出	GB/T 19650
97	霜脲氰	Cymoxanil	0.05		不得检出	GB/T 20772
98	氯氰菊酯和高效氯氰菊酯	Cypermethrin and beta - cypermethrin	0.05		不得检出	GB/T 19650
99	环丙唑醇	Cyproconazole	0.05		不得检出	GB/T 20772
100	嘧菌环胺	Cyprodinil	0.05		不得检出	GB/T 19650
101	灭蝇胺	Cyromazine	0.05		不得检出	GB/T 20772
102	丁酰肼	Daminozide	0.05		不得检出	SN/T 1989
103	滴滴涕	DDT	1		不得检出	SN/T 0127
104	溴氰菊酯	Deltamethrin	0.1		不得检出	GB/T 19650
105	燕麦敌	Diallate	0.2		不得检出	GB/T 23211

序号	农兽药中文名	农兽药英文名	欧盟标准限量要求 mg/kg	国家标准限量要求 mg/kg	三安超有机食品标准	
					限量要求 mg/kg	检测方法
106	二嗪磷	Diazinon	0.01		不得检出	GB/T 19650
107	麦草畏	Dicamba	0.07		不得检出	GB/T 20772
108	敌草腈	Dichlobenil	0.01		不得检出	GB/T 19650
109	滴丙酸	Dichlorprop	0.05		不得检出	SN/T 2228
110	地克珠利(杀球灵)	Diclazuril	1500μg/kg		不得检出	SN/T 2318
111	二氯苯氧基丙酸	Diclofop	0.01		不得检出	参照同类标准
112	氯硝胺	Dicloran	0.01		不得检出	GB/T 19650
113	双氯青霉素	Dicloxacillin	300μg/kg		不得检出	GB/T 18932.25
114	三氯杀螨醇	Dicofol	0.05		不得检出	GB/T 19650
115	乙霉威	Diethofencarb	0.05		不得检出	GB/T 19650
116	己烯雌酚	Diethylstilbestrol			不得检出	GB/T 20766
117	苯醚甲环唑	Difenoconazole	0.1		不得检出	GB/T 19650
118	双氟沙星	Difloxacin	1900μg/kg		不得检出	GB/T 20366
119	除虫脲	Diflubenzuron	0.05		不得检出	SN/T 0528
120	吡氟酰草胺	Diflufenican	0.05		不得检出	GB/T 20772
121	油菜安	Dimethachlor	0.02		不得检出	GB/T 20772
122	烯酰吗啉	Dimethomorph	0.05		不得检出	GB/T 20772
123	醚菌胺	Dimoxystrobin	0.05		不得检出	SN/T 2237
124	烯唑醇	Diniconazole	0.01		不得检出	GB/T 19650
125	敌螨普	Dinocap	0.05		不得检出	日本肯定列表(增补本 1)
126	地乐酚	Dinoseb	0.01		不得检出	GB/T 20772
127	特乐酚	Dinoterb	0.05		不得检出	GB/T 20772
128	敌噁磷	Dioxathion	0.05		不得检出	GB/T 19650
129	敌草快	Diquat	0.05		不得检出	GB/T 5009.221
130	乙拌磷	Disulfoton	0.01		不得检出	GB/T 20772
131	二氰蒽醌	Dithianon	0.01		不得检出	GB/T 20769
132	二硫代氨基甲酸酯	Dithiocarbamates	0.05		不得检出	SN 0139
133	敌草隆	Diuron	0.05		不得检出	SN/T 0645
134	二硝甲酚	DNOC	0.05		不得检出	GB/T 20772
135	多果定	Dodine	0.2		不得检出	SN 0500
136	强力霉素	Doxycycline	300μg/kg		不得检出	GB/T 20764
137	甲氨基阿维菌素苯甲酸盐	Emamectin benzoate	0.01		不得检出	GB/T 20769
138	硫丹	Endosulfan	0.05	0.03	不得检出	GB/T 19650
139	异狄氏剂	Endrin	0.05		不得检出	GB/T 19650
140	恩诺沙星	Enrofloxacin	200μg/kg		不得检出	GB/T 20366
141	氟环唑	Epoxiconazole	0.01		不得检出	GB/T 20772
142	茵草敌	EPTC	0.02		不得检出	GB/T 20772
143	红霉素	Erythromycin	200μg/kg		不得检出	GB/T 20762

序号	农兽药中文名	农兽药英文名	欧盟标准限量要求 mg/kg	国家标准限量要求 mg/kg	三安超有机食品标准	
					限量要求 mg/kg	检测方法
144	乙丁烯氟灵	Ethalfluralin	0.01		不得检出	GB/T 19650
145	胺苯磺隆	Ethametsulfuron	0.01		不得检出	NY/T 1616
146	乙烯利	Ethephon	0.05		不得检出	SN 0705
147	乙硫磷	Ethion	0.01		不得检出	GB/T 19650
148	乙嘧酚	Ethirimol	0.05		不得检出	GB/T 20772
149	乙氧呋草黄	Ethofumesate	0.1		不得检出	GB/T 20772
150	灭线磷	Ethoprophos	0.01		不得检出	GB/T 19650
151	乙氧喹啉	Ethoxyquin	0.05		不得检出	GB/T 20772
152	环氧乙烷	Ethylene oxide	0.02		不得检出	GB/T 23296.11
153	醚菊酯	Etofenprox	0.01		不得检出	GB/T 19650
154	乙螨唑	Etoxazole	0.01		不得检出	GB/T 19650
155	氯唑灵	Etridiazole	0.05		不得检出	GB/T 20772
156	噁唑菌酮	Famoxadone	0.05		不得检出	GB/T 20772
157	咪唑菌酮	Fenamidone	0.01		不得检出	GB/T 19650
158	苯线磷	Fenamiphos	0.02		不得检出	GB/T 19650
159	氯苯嘧啶醇	Fenarimol	0.02		不得检出	GB/T 20772
160	喹螨醚	Fenazaquin	0.01		不得检出	GB/T 19650
161	腈苯唑	Fenbuconazole	0.05		不得检出	GB/T 20772
162	苯丁锡	Fenbutatin oxide	0.05		不得检出	SN/T 3149
163	环酰菌胺	Fenhexamid	0.05		不得检出	GB/T 20772
164	杀螟硫磷	Fenitrothion	0.01		不得检出	GB/T 20772
165	精噁唑禾草灵	Fenoxaprop - *P* - ethyl	0.05		不得检出	GB 22617
166	双氧威	Fenoxycarb	0.05		不得检出	GB/T 19650
167	苯锈啶	Fenpropidin	0.02		不得检出	GB/T 19650
168	丁苯吗啉	Fenpropimorph	0.01		不得检出	GB/T 20772
169	胺苯吡菌酮	Fenpyrazamine	0.01		不得检出	参照同类标准
170	唑螨酯	Fenpyroximate	0.01		不得检出	GB/T 19650
171	倍硫磷	Fenthion	0.05		不得检出	GB/T 20772
172	三苯锡	Fentin	0.05		不得检出	SN/T 3149
173	薯瘟锡	Fentin acetate	0.05		不得检出	参照同类标准
174	氰戊菊酯和高效氰戊菊酯(RR & SS 异构体总量)	Fenvalerate and esfenvalerate (sum of RR & SS isomers)	0.2		不得检出	GB/T 19650
175	氰戊菊酯和高效氰戊菊酯(RS & SR 异构体总量)	Fenvalerate and esfenvalerate (sum of RS & SR isomers)	0.05		不得检出	GB/T 19650
176	氟虫腈	Fipronil	0.02		不得检出	SN/T 1982
177	氟啶虫酰胺	Flonicamid	0.03		不得检出	SN/T 2796
178	氟苯尼考	Florfenicol	2500μg/kg		不得检出	GB/T 20756
179	精吡氟禾草灵	Fluazifop - *P* - butyl	0.05		不得检出	GB/T 5009.142
180	氟啶胺	Fluazinam	0.05		不得检出	SN/T 2150

序号	农兽药中文名	农兽药英文名	欧盟标准限量要求 mg/kg	国家标准限量要求 mg/kg	三安超有机食品标准	
					限量要求 mg/kg	检测方法
181	氟苯咪唑	Flubendazole	400μg/kg		不得检出	GB/T 21324
182	氟苯虫酰胺	Flubendiamide	0.01		不得检出	SN/T 2581
183	氟环脲	Flucycloxuron	0.05		不得检出	参照同类标准
184	氟氰戊菊酯	Flucythrinate	0.05		不得检出	GB/T 23210
185	咯菌腈	Fludioxonil	0.05		不得检出	GB/T 20772
186	氟虫脲	Flufenoxuron	0.05		不得检出	SN/T 2150
187	—	Flufenzin	0.02		不得检出	参照同类标准
188	氟甲喹	Flumequin	800μg/kg		不得检出	SN/T 1921
189	氟吡菌胺	Fluopicolide	0.01		不得检出	参照同类标准
190	—	Fluopyram	0.2		不得检出	参照同类标准
191	氟离子	Fluoride ion	1		不得检出	GB/T 5009.167
192	氟腈嘧菌酯	Fluoxastrobin	0.05		不得检出	SN/T 2237
193	氟喹唑	Fluquinconazole	0.02		不得检出	GB/T 19650
194	氟咯草酮	Fluorochloridone	0.05		不得检出	GB/T 20772
195	氟草烟	Fluroxypyr	0.05		不得检出	GB/T 20772
196	氟硅唑	Flusilazole	0.1		不得检出	GB/T 20772
197	氟酰胺	Flutolanil	0.05		不得检出	GB/T 20772
198	粉唑醇	Flutriafol	0.01		不得检出	GB/T 20772
199	—	Fluxapyroxad	0.01		不得检出	参照同类标准
200	氟磺胺草醚	Fomesafen	0.01		不得检出	GB/T 5009.130
201	氯吡脲	Forchlorfenuron	0.05		不得检出	SN/T 3643
202	伐虫脒	Formetanate	0.01		不得检出	NY/T 1453
203	三乙膦酸铝	Fosetyl - aluminium	0.5		不得检出	参照同类标准
204	麦穗宁	Fuberidazole	0.05		不得检出	GB/T 19650
205	呋线威	Furathiocarb	0.01		不得检出	GB/T 20772
206	糠醛	Furfural	1		不得检出	参照同类标准
207	勃激素	Gibberellic acid	0.1		不得检出	GB/T 23211
208	草胺膦	Glufosinate - ammonium	0.2		不得检出	日本肯定列表
209	草甘膦	Glyphosate	0.05		不得检出	SN/T 1923
210	双胍盐	Guazatine	0.1		不得检出	参照同类标准
211	氟吡禾灵	Haloxyfop	0.1		不得检出	SN/T 2228
212	七氯	Heptachlor	0.2		不得检出	SN 0663
213	六氯苯	Hexachlorobenzene	0.2		不得检出	SN/T 0127
214	六六六(HCH), α - 异构体	Hexachlorociclohexane (HCH), alpha - isomer	0.2		不得检出	SN/T 0127
215	六六六(HCH), β - 异构体	Hexachlorociclohexane (HCH), beta - isomer	0.1		不得检出	SN/T 0127
216	噻螨酮	Hexythiazox	0.05		不得检出	GB/T 20772

序号	农兽药中文名	农兽药英文名	欧盟标准限量要求 mg/kg	国家标准限量要求 mg/kg	三安超有机食品标准	
					限量要求 mg/kg	检测方法
217	噁霉灵	Hymexazol	0.05		不得检出	GB/T 20772
218	抑霉唑	Imazalil	0.05		不得检出	GB/T 20772
219	甲咪唑烟酸	Imazapic	0.01		不得检出	GB/T 20772
220	咪唑喹啉酸	Imazaquin	0.05		不得检出	GB/T 20772
221	吡虫啉	Imidacloprid	0.05		不得检出	GB/T 20772
222	茚虫威	Indoxacarb	0.01		不得检出	GB/T 20772
223	碘苯腈	Ioxynil	0.05		不得检出	GB/T 20772
224	异菌脲	Iprodione	0.05		不得检出	GB/T 19650
225	稻瘟灵	Isoprothiolane	0.01		不得检出	GB/T 20772
226	异丙隆	Isoproturon	0.05		不得检出	GB/T 20772
227	—	Isopyrazam	0.01		不得检出	参照同类标准
228	异噁酰草胺	Isoxaben	0.01		不得检出	GB/T 20772
229	卡那霉素	Kanamycin	600μg/kg		不得检出	GB/T 21323
230	醚菌酯	Kresoxim – methyl	0.02		不得检出	GB/T 20772
231	乳氟禾草灵	Lactofen	0.01		不得检出	GB/T 19650
232	高效氯氟氰菊酯	Lambda – cyhalothrin	0.02		不得检出	GB/T 23210
233	拉沙里菌素	Lasalocid	100μg/kg		不得检出	SN 0501
234	林可霉素	Lincomycin	500μg/kg		不得检出	GB/T 20762
235	林丹	Lindane	0.02	0.01	不得检出	NY/T 761
236	虱螨脲	Lufenuron	0.02		不得检出	SN/T 2540
237	马拉硫磷	Malathion	0.02		不得检出	GB/T 19650
238	抑芽丹	Maleic hydrazide	0.02		不得检出	GB/T 23211
239	双炔酰菌胺	Mandipropamid	0.02		不得检出	参照同类标准
240	二甲四氯和二甲四氯丁酸	MCPA and MCPB	0.1		不得检出	SN/T 2228
241	壮棉素	Mepiquat chloride	0.05		不得检出	GB/T 23211
242	—	Meptyldinocap	0.05		不得检出	参照同类标准
243	汞化合物	Mercury compounds	0.01		不得检出	参照同类标准
244	氰氟虫腙	Metaflumizone	0.02		不得检出	SN/T 3852
245	甲霜灵和精甲霜灵	Metalaxyl and metalaxyl – M	0.05		不得检出	GB/T 20772
246	四聚乙醛	Metaldehyde	0.05		不得检出	SN/T 1787
247	苯嗪草酮	Metamitron	0.05		不得检出	GB/T 19650
248	吡唑草胺	Metazachlor	0.05		不得检出	GB/T 19650
249	叶菌唑	Metconazole	0.01		不得检出	GB/T 20772
250	甲基苯噻隆	Methabenzthiazuron	0.05		不得检出	GB/T 19650
251	虫螨畏	Methacrifos	0.01		不得检出	GB/T 20772
252	甲胺磷	Methamidophos	0.01		不得检出	GB/T 20772
253	杀扑磷	Methidathion	0.02		不得检出	GB/T 20772
254	甲硫威	Methiocarb	0.05		不得检出	GB/T 20770
255	灭多威和硫双威	Methomyl and thiodicarb	0.02		不得检出	GB/T 20772

序号	农兽药中文名	农兽药英文名	欧盟标准限量要求 mg/kg	国家标准限量要求 mg/kg	三安超有机食品标准	
					限量要求 mg/kg	检测方法
256	烯虫酯	Methoprene	0.05		不得检出	GB/T 19650
257	甲氧滴滴涕	Methoxychlor	0.01		不得检出	SN/T 0529
258	甲氧虫酰肼	Methoxyfenozide	0.01		不得检出	GB/T 20772
259	磺草唑胺	Metosulam	0.01		不得检出	GB/T 20772
260	苯菌酮	Metrafenone	0.05		不得检出	参照同类标准
261	嗪草酮	Metribuzin	0.1		不得检出	GB/T 19650
262	绿谷隆	Monolinuron	0.05		不得检出	GB/T 20772
263	灭草隆	Monuron	0.01		不得检出	GB/T 20772
264	腈菌唑	Myclobutanil	0.01		不得检出	GB/T 20772
265	1 - 萘乙酰胺	1 - Naphthylacetamide	0.05		不得检出	GB/T 23205
266	敌草胺	Napropamide	0.01		不得检出	GB/T 19650
267	新霉素	Neomycin	500μg/kg		不得检出	SN 0646
268	烟嘧磺隆	Nicosulfuron	0.05		不得检出	SN/T 2325
269	除草醚	Nitrofen	0.01		不得检出	GB/T 19650
270	氟酰脲	Novaluron	0.1		不得检出	GB/T 23211
271	嘧苯胺磺隆	Orthosulfamuron	0.01		不得检出	GB/T 23817
272	苯唑青霉素	Oxacillin	300μg/kg		不得检出	GB/T 18932.25
273	噁草酮	Oxadiazon	0.05		不得检出	GB/T 19650
274	噁霜灵	Oxadixyl	0.01		不得检出	GB/T 19650
275	环氧嘧磺隆	Oxasulfuron	0.05		不得检出	GB/T 23817
276	喹菌酮	Oxolinic acid	150μg/kg		不得检出	日本肯定列表
277	氧化萎锈灵	Oxycarboxin	0.05		不得检出	GB/T 19650
278	亚砜磷	Oxydemeton - methyl	0.01		不得检出	参照同类标准
279	乙氧氟草醚	Oxyfluorfen	0.05		不得检出	GB/T 20772
280	土霉素	Oxytetracycline	300μg/kg		不得检出	GB/T 21317
281	多效唑	Paclobutrazol	0.02		不得检出	GB/T 19650
282	对硫磷	Parathion	0.05		不得检出	GB/T 19650
283	甲基对硫磷	Parathion - methyl	0.01		不得检出	GB/T 5009.161
284	巴龙霉素	Paromomycin	1500μg/kg		不得检出	SN/T 2315
285	戊菌唑	Penconazole	0.05		不得检出	GB/T 20772
286	戊菌隆	Pencycuron	0.05		不得检出	GB/T 19650
287	二甲戊灵	Pendimethalin	0.05		不得检出	GB/T 19650
288	氯菊酯	Permethrin	0.05		不得检出	GB/T 19650
289	甜菜宁	Phenmedipham	0.05		不得检出	GB/T 23205
290	苯醚菊酯	Phenothrin	0.05		不得检出	GB/T 20772
291	苯氧甲基青霉素	Phenoxymethylpenicillin	25μg/kg		不得检出	GB/T21315
292	甲拌磷	Phorate	0.01		不得检出	GB/T 20772
293	伏杀硫磷	Phosalone	0.01		不得检出	GB/T 20772
294	亚胺硫磷	Phosmet	0.1		不得检出	GB/T 20772

序号	农兽药中文名	农兽药英文名	欧盟标准限量要求 mg/kg	国家标准限量要求 mg/kg	三安超有机食品标准	
					限量要求 mg/kg	检测方法
295	—	Phosphines and phosphides	0.01		不得检出	参照同类标准
296	辛硫磷	Phoxim	0.05		不得检出	GB/T 20772
297	氨氯吡啶酸	Picloram	0.01		不得检出	GB/T 23211
298	啶氧菌酯	Picoxystrobin	0.05		不得检出	GB/T 19650
299	抗蚜威	Pirimicarb	0.05		不得检出	GB/T 20772
300	甲基嘧啶磷	Pirimiphos – methyl	0.05		不得检出	GB/T 20772
301	咪鲜胺	Prochloraz	0.1		不得检出	GB/T 19650
302	腐霉利	Procymidone	0.01		不得检出	GB/T 20772
303	丙溴磷	Profenofos	0.05		不得检出	GB/T 20772
304	调环酸	Prohexadione	0.05		不得检出	日本肯定列表
305	毒草安	Propachlor	0.02		不得检出	GB/T 20772
306	扑派威	Propamocarb	0.1		不得检出	GB/T 20772
307	恶草酸	Propaquizafop	0.05		不得检出	GB/T 20772
308	炔螨特	Propargite	0.1		不得检出	GB/T 19650
309	苯胺灵	Propham	0.05		不得检出	GB/T 19650
310	丙环唑	Propiconazole	0.01		不得检出	GB/T 19650
311	异丙草胺	Propisochlor	0.01		不得检出	GB/T 19650
312	残杀威	Propoxur	0.05		不得检出	GB/T 20772
313	炔苯酰草胺	Propyzamide	0.05		不得检出	GB/T 19650
314	苄草丹	Prosulfocarb	0.05		不得检出	GB/T 19650
315	丙硫菌唑	Prothioconazole	0.05		不得检出	参照同类标准
316	吡蚜酮	Pymetrozine	0.01		不得检出	GB/T 20772
317	吡唑醚菌酯	Pyraclostrobin	0.05		不得检出	GB/T 20772
318	—	Pyrasulfotole	0.01		不得检出	参照同类标准
319	吡菌磷	Pyrazophos	0.02		不得检出	GB/T 20772
320	除虫菊素	Pyrethrins	0.05		不得检出	GB/T 20772
321	哒螨灵	Pyridaben	0.02		不得检出	GB/T 19650
322	啶虫丙醚	Pyridalyl	0.01		不得检出	日本肯定列表
323	哒草特	Pyridate	0.05		不得检出	日本肯定列表
324	嘧霉胺	Pyrimethanil	0.05		不得检出	GB/T 19650
325	吡丙醚	Pyriproxyfen	0.05		不得检出	GB/T 19650
326	甲氧磺草胺	Pyroxsulam	0.01		不得检出	SN/T 2325
327	氯甲喹啉酸	Quinmerac	0.05		不得检出	参照同类标准
328	喹氧灵	Quinoxyfen	0.2		不得检出	SN/T 2319
329	五氯硝基苯	Quintozene	0.01	0.1	不得检出	GB/T 19650
330	精喹禾灵	Quizalofop – *P* – ethyl	0.05		不得检出	SN/T 2150
331	灭虫菊	Resmethrin	0.1		不得检出	GB/T 20772
332	鱼藤酮	Rotenone	0.01		不得检出	GB/T 20772
333	西玛津	Simazine	0.01		不得检出	SN 0594

序号	农兽药中文名	农兽药英文名	欧盟标准限量要求 mg/kg	国家标准限量要求 mg/kg	三安超有机食品标准	
					限量要求 mg/kg	检测方法
334	壮观霉素	Spectinomycin	1000μg/kg		不得检出	GB/T 21323
335	乙基多杀菌素	Spinetoram	0.01		不得检出	参照同类标准
336	多杀霉素	Spinosad	0.2		不得检出	GB/T 20772
337	螺螨酯	Spirodiclofen	0.01		不得检出	GB/T 20772
338	螺甲螨酯	Spiromesifen	0.01		不得检出	GB/T 23210
339	螺虫乙酯	Spirotetramat	0.01		不得检出	参照同类标准
340	萁孢菌素	Spiroxamine	0.2		不得检出	GB/T 20772
341	磺草酮	Sulcotrione	0.05		不得检出	参照同类标准
342	磺胺类(所有属于磺胺类的物质)	Sulfonamides (all substances belonging to the sulfonamide-group)	100μg/kg		不得检出	GB 29694
343	乙黄隆	Sulfosulfuron	0.05		不得检出	SN/T 2325
344	硫磺粉	Sulfur	0.5		不得检出	参照同类标准
345	氟胺氰菊酯	Tau - fluvalinate	0.01		不得检出	SN 0691
346	戊唑醇	Tebuconazole	0.1		不得检出	GB/T 20772
347	虫酰肼	Tebufenozide	0.05		不得检出	GB/T 20772
348	吡螨胺	Tebufenpyrad	0.05		不得检出	GB/T 19650
349	四氯硝基苯	Tecnazene	0.05		不得检出	GB/T 19650
350	氟苯脲	Teflubenzuron	0.05		不得检出	SN/T 2150
351	七氟菊酯	Tefluthrin	0.05		不得检出	GB/T 23210
352	得杀草	Tepraloxydim	1		不得检出	GB/T 20772
353	特丁硫磷	Terbufos	0.01		不得检出	GB/T 20772
354	特丁津	Terbuthylazine	0.05		不得检出	GB/T 19650
355	四氟醚唑	Tetraconazole	1		不得检出	GB/T 20772
356	四环素	Tetracycline	300μg/kg		不得检出	GB/T 21317
357	三氯杀螨砜	Tetradifon	0.05		不得检出	GB/T 19650
358	噻菌灵	Thiabendazole	0.1		不得检出	GB/T 20772
359	噻虫啉	Thiacloprid	0.3		不得检出	GB/T 20772
360	噻虫嗪	Thiamethoxam	0.01		不得检出	GB/T 20772
361	甲砜霉素	Thiamphenicol	50μg/kg		不得检出	GB/T 20756
362	禾草丹	Thiobencarb	0.01		不得检出	GB/T 20772
363	甲基硫菌灵	Thiophanate - methyl	0.05		不得检出	SN/T 0162
364	替米考星	Tilmicosin	1000μg/kg		不得检出	GB/T 20762
365	甲基立枯磷	Tolclofos - methyl	0.05		不得检出	GB/T 19650
366	甲苯三嗪酮	Toltrazuril	600μg/kg		不得检出	参照同类标准
367	甲苯氟磺胺	Tolylfluanid	0.1		不得检出	GB/T 19650
368	—	Topramezone	0.05		不得检出	参照同类标准
369	三唑酮和三唑醇	Triadimefon and triadimenol	0.1		不得检出	GB/T 20772
370	野麦畏	Triallate	0.05		不得检出	GB/T 20772

序号	农兽药中文名	农兽药英文名	欧盟标准限量要求 mg/kg	国家标准限量要求 mg/kg	三安超有机食品标准	
					限量要求 mg/kg	检测方法
371	醚苯磺隆	Triasulfuron	0.05		不得检出	GB/T 20772
372	三唑磷	Triazophos	0.01		不得检出	GB/T 20772
373	敌百虫	Trichlorphon	0.01		不得检出	GB/T 20772
374	绿草定	Triclopyr	0.05		不得检出	SN/T 2228
375	三环唑	Tricyclazole	0.05		不得检出	GB/T 20769
376	十三吗啉	Tridemorph	0.01		不得检出	GB/T 20772
377	肟菌酯	Trifloxystrobin	0.04		不得检出	GB/T 19650
378	氟菌唑	Triflumizole	0.05		不得检出	GB/T 20769
379	杀铃脲	Triflumuron	0.01		不得检出	GB/T 20772
380	氟乐灵	Trifluralin	0.01		不得检出	GB/T 20772
381	嗪氨灵	Triforine	0.01		不得检出	SN 0695
382	甲氧苄氨嘧啶	Trimethoprim	50μg/kg		不得检出	SN/T 1769
383	三甲基锍阳离子	Trimethyl – sulfonium cation	0.05		不得检出	参照同类标准
384	抗倒酯	Trinexapac	0.05		不得检出	GB/T 20769
385	灭菌唑	Triticonazole	0.01		不得检出	GB/T 20772
386	三氟甲磺隆	Tritosulfuron	0.01		不得检出	参照同类标准
387	泰乐霉素	Tylosin	100μg/kg		不得检出	GB/T 22941
388	乙酰异戊酰素乐菌素	Tylvalosin	50μg/kg		不得检出	参照同类标准
389	—	Valifenalate	0.01		不得检出	参照同类标准
390	乙烯菌核利	Vinclozolin	0.05		不得检出	GB/T 20772
391	2,3,4,5 – 四氯苯胺	2,3,4,5 – Tetrachloraniline			不得检出	GB/T 19650
392	2,3,4,5 – 四氯甲氧基苯	2,3,4,5 – Tetrachloroanisole			不得检出	GB/T 19650
393	2,3,5,6 – 四氯苯胺	2,3,5,6 – Tetrachloroaniline			不得检出	GB/T 19650
394	2,4,5 – 涕	2,4,5 – T			不得检出	GB/T 20772
395	*o,p'* – 滴滴滴	2,4' – DDD			不得检出	GB/T 19650
396	*o,p'* – 滴滴伊	2,4' – DDE			不得检出	GB/T 19650
397	*o,p'* – 滴滴涕	2,4' – DDT			不得检出	GB/T 19650
398	2,6 – 二氯苯甲酰胺	2,6 – Dichlorobenzamide			不得检出	GB/T 19650
399	3,5 – 二氯苯胺	3,5 – Dichloroaniline			不得检出	GB/T 19650
400	*p,p'* – 滴滴滴	4,4' – DDD			不得检出	GB/T 19650
401	*p,p'* – 滴滴伊	4,4' – DDE			不得检出	GB/T 19650
402	*p,p'* – 滴滴涕	4,4' – DDT			不得检出	GB/T 19650
403	4,4' – 二溴二苯甲酮	4,4' – Dibromobenzophenone			不得检出	GB/T 19650
404	4,4' – 二氯二苯甲酮	4,4' – Dichlorobenzophenone			不得检出	GB/T 19650
405	二氢苊	Acenaphthene			不得检出	GB/T 19650
406	乙酰丙嗪	Acepromazine			不得检出	GB/T 20763
407	三氟羧草醚	Acifluorfen			不得检出	GB/T 20772
408	1 – 氨基 – 2 – 乙内酰脲	AHD			不得检出	GB/T 21311
409	涕灭砜威	Aldoxycarb			不得检出	GB/T 20772

序号	农兽药中文名	农兽药英文名	欧盟标准限量要求 mg/kg	国家标准限量要求 mg/kg	三安超有机食品标准	
					限量要求 mg/kg	检测方法
410	烯丙菊酯	Allethrin			不得检出	GB/T 20772
411	二丙烯草胺	Allidochlor			不得检出	GB/T 19650
412	烯丙孕素	Altrenogest			不得检出	SN/T 1980
413	莠灭净	Ametryn			不得检出	GB/T 20772
414	杀草强	Amitrole			不得检出	SN/T 1737.6
415	5－吗啉甲基－3－氨基－2－噁唑烷基酮	AMOZ			不得检出	GB/T 21311
416	氨丙嘧吡啶	Amprolium			不得检出	SN/T 0276
417	莎稗磷	Anilofos			不得检出	GB/T 19650
418	蒽醌	Anthraquinone			不得检出	GB/T 19650
419	3－氨基－2－噁唑酮	AOZ			不得检出	GB/T 21311
420	安普霉素	Apramycin			不得检出	GB/T 21323
421	丙硫特普	Aspon			不得检出	GB/T 19650
422	羟氨卡青霉素	Aspoxicillin			不得检出	GB/T 21315
423	乙基杀扑磷	Athidathion			不得检出	GB/T 19650
424	莠去通	Atratone			不得检出	GB/T 19650
425	莠去津	Atrazine			不得检出	GB/T 20772
426	脱乙基阿特拉津	Atrazine－desethyl			不得检出	GB/T 19650
427	甲基吡噁磷	Azamethiphos			不得检出	GB/T 20763
428	氮哌酮	Azaperone			不得检出	SN/T2221
429	叠氮津	Aziprotryne			不得检出	GB/T 19650
430	杆菌肽	Bacitracin			不得检出	GB/T 20743
431	4－溴－3,5－二甲苯基－*N*－甲基氨基甲酸酯－1	BDMC－1			不得检出	GB/T 19650
432	4－溴－3,5－二甲苯基－*N*－甲基氨基甲酸酯－2	BDMC－2			不得检出	GB/T 19650
433	噁虫威	Bendiocarb			不得检出	GB/T 20772
434	乙丁氟灵	Benfluralin			不得检出	GB/T 19650
435	呋草黄	Benfuresate			不得检出	GB/T 19650
436	麦锈灵	Benodanil			不得检出	GB/T 19650
437	解草酮	Benoxacor			不得检出	GB/T 19650
438	新燕灵	Benzoylprop－ethyl			不得检出	GB/T 19650
439	倍他米松	Betamethasone			不得检出	SN/T 1970
440	生物烯丙菊酯－1	Bioallethrin－1			不得检出	GB/T 19650
441	生物烯丙菊酯－2	Bioallethrin－2			不得检出	GB/T 19650
442	除草定	Bromacil			不得检出	GB/T 20772
443	溴苯烯磷	Bromfenvinfos			不得检出	GB/T 19650
444	溴烯杀	Bromocylen			不得检出	GB/T 19650
445	溴硫磷	Bromofos			不得检出	GB/T 19650

序号	农兽药中文名	农兽药英文名	欧盟标准限量要求 mg/kg	国家标准限量要求 mg/kg	三安超有机食品标准	
					限量要求 mg/kg	检测方法
446	乙基溴硫磷	Bromophos - ethyl			不得检出	GB/T 19650
447	溴丁酰草胺	Btomobutide			不得检出	GB/T 19650
448	氟丙嘧草酯	Butafenacil			不得检出	GB/T 19650
449	抑草磷	Butamifos			不得检出	GB/T 19650
450	丁草胺	Butaxhlor			不得检出	GB/T 19650
451	苯酮唑	Cafenstrole			不得检出	GB/T 19650
452	角黄素	Canthaxanthin			不得检出	SN/T 2327
453	咔唑心安	Carazolol			不得检出	GB/T 20763
454	卡巴氧	Carbadox			不得检出	GB/T 20746
455	三硫磷	Carbophenothion			不得检出	GB/T 19650
456	唑草酮	Carfentrazone - ethyl			不得检出	GB/T 19650
457	卡洛芬	Carprofen			不得检出	SN/T 2190
458	头孢洛宁	Cefalonium			不得检出	GB/T 22989
459	头孢匹林	Cefapirin			不得检出	GB/T 22989
460	头孢喹肟	Cefquinome			不得检出	GB/T 22989
461	头孢噻呋	Ceftiofur			不得检出	GB/T 21314
462	头孢氨苄	Cefalexin			不得检出	GB/T 22989
463	氯霉素	Chloramphenicolum			不得检出	GB/T 20772
464	氯杀螨砜	Chlorbenside sulfone			不得检出	GB/T 19650
465	氯溴隆	Chlorbromuron			不得检出	GB/T 19650
466	杀虫脒	Chlordimeform			不得检出	GB/T 19650
467	氯氧磷	Chlorethoxyfos			不得检出	GB/T 19650
468	溴虫腈	Chlorfenapyr			不得检出	GB/T 19650
469	杀螨醇	Chlorfenethol			不得检出	GB/T 19650
470	燕麦酯	Chlorfenprop - methyl			不得检出	GB/T 19650
471	氟啶脲	Chlorfluazuron			不得检出	SN/T 2540
472	整形醇	Chlorflurenol			不得检出	GB/T 19650
473	氯地孕酮	Chlormadinone			不得检出	SN/T 1980
474	醋酸氯地孕酮	Chlormadinone acetate			不得检出	GB/T 20753
475	氯甲硫磷	Chlormephos			不得检出	GB/T 19650
476	氯苯甲醚	Chloroneb			不得检出	GB/T 19650
477	丙酯杀螨醇	Chloropropylate			不得检出	GB/T 19650
478	氯丙嗪	Chlorpromazine			不得检出	GB/T 20763
479	氯硫磷	Chlorthion			不得检出	GB/T 19650
480	虫螨磷	Chlorthiophos			不得检出	GB/T 19650
481	乙菌利	Chlozolinate			不得检出	GB/T 19650
482	顺式-氯丹	*cis* - Chlordane			不得检出	GB/T 19650
483	顺式-燕麦敌	*cis* - Diallate			不得检出	GB/T 19650
484	顺式-氯菊酯	*cis* - Permethrin			不得检出	GB/T 19650

序号	农兽药中文名	农兽药英文名	欧盟标准限量要求 mg/kg	国家标准限量要求 mg/kg	三安超有机食品标准	
					限量要求 mg/kg	检测方法
485	克仑特罗	Clenbuterol			不得检出	GB/T 22286
486	异噁草酮	Clomazone			不得检出	GB/T 20772
487	氯甲酰草胺	Clomeprop			不得检出	GB/T 19650
488	氯羟吡啶	Clopidol			不得检出	GB 29700
489	解草酯	Cloquintocet – mexyl			不得检出	GB/T 19650
490	蝇毒磷	Coumaphos			不得检出	GB/T 19650
491	鼠立死	Crimidine			不得检出	GB/T 19650
492	巴毒磷	Crotxyphos			不得检出	GB/T 19650
493	育畜磷	Crufomate			不得检出	GB/T 19650
494	苯腈磷	Cyanofenphos			不得检出	GB/T 19650
495	杀螟腈	Cyanophos			不得检出	GB/T 20772
496	环草敌	Cycloate			不得检出	GB/T 20772
497	环莠隆	Cycluron			不得检出	GB/T 20772
498	环丙津	Cyprazine			不得检出	GB/T 20772
499	敌草索	Dacthal			不得检出	GB/T 19650
500	达氟沙星	Danofloxacin			不得检出	GB/T 22985
501	癸氧喹酯	Decoquinate			不得检出	SN/T2444
502	脱叶磷	DEF			不得检出	GB/T 19650
503	2,2′,4,5,5′ – 五氯联苯	DE – PCB 101			不得检出	GB/T 19650
504	2,3,4,4′,5 – 五氯联苯	DE – PCB 118			不得检出	GB/T 19650
505	2,2′,3,4,4′,5 – 六氯联苯	DE – PCB 138			不得检出	GB/T 19650
506	2,2′,4,4′,5,5′ – 六氯联苯	DE – PCB 153			不得检出	GB/T 19650
507	2,2′,3,4,4′,5,5′ – 七氯联苯	DE – PCB 180			不得检出	GB/T 19650
508	2,4,4′ – 三氯联苯	DE – PCB 28			不得检出	GB/T 19650
509	2,4,5 – 三氯联苯	DE – PCB 31			不得检出	GB/T 19650
510	2,2′,5,5′ – 四氯联苯	DE – PCB 52			不得检出	GB/T 19650
511	脱溴溴苯磷	Desbrom – leptophos			不得检出	GB/T 19650
512	脱乙基另丁津	Desethyl – sebuthylazine			不得检出	GB/T 19650
513	敌草净	Desmetryn			不得检出	GB/T 19650
514	地塞米松	Dexamethasone			不得检出	SN/T 1970
515	氯亚胺硫磷	Dialifos			不得检出	GB/T 19650
516	敌菌净	Diaveridine			不得检出	SN/T 1926
517	驱虫特	Dibutyl succinate			不得检出	GB/T 20772
518	异氯磷	Dicapthon			不得检出	GB/T 20772
519	除线磷	Dichlofenthion			不得检出	GB/T 20772
520	苯氟磺胺	Dichlofluanid			不得检出	GB/T 19650
521	烯丙酰草胺	Dichlormid			不得检出	GB/T 19650
522	敌敌畏	Dichlorvos			不得检出	GB/T 20772

序号	农兽药中文名	农兽药英文名	欧盟标准限量要求 mg/kg	国家标准限量要求 mg/kg	三安超有机食品标准	
					限量要求 mg/kg	检测方法
523	苄氯三唑醇	Diclobutrazole			不得检出	GB/T 20772
524	禾草灵	Diclofop - methyl			不得检出	GB/T 19650
525	二氢链霉素	Dihydro - streptomycin			不得检出	GB/T 22969
526	甲氟磷	Dimefox			不得检出	GB/T 19650
527	哌草丹	Dimepiperate			不得检出	GB/T 19650
528	异戊乙净	Dimethametryn			不得检出	GB/T 19650
529	二甲酚草胺	Dimethenamid			不得检出	GB/T 19650
530	乐果	Dimethoate			不得检出	GB/T 20772
531	甲基毒虫畏	Dimethylvinphos			不得检出	GB/T 19650
532	地美硝唑	Dimetridazole			不得检出	GB/T 21318
533	二硝托安	Dinitolmide			不得检出	SN/T 2453
534	氨氟灵	Dinitramine			不得检出	GB/T 19650
535	消螨通	Dinobuton			不得检出	GB/T 19650
536	呋虫胺	Dinotefuran			不得检出	GB/T 20772
537	苯虫醚 - 1	Diofenolan - 1			不得检出	GB/T 19650
538	苯虫醚 - 2	Diofenolan - 2			不得检出	GB/T 19650
539	蔬果磷	Dioxabenzofos			不得检出	GB/T 19650
540	双苯酰草胺	Diphenamid			不得检出	GB/T 19650
541	二苯胺	Diphenylamine			不得检出	GB/T 19650
542	异丙净	Dipropetryn			不得检出	GB/T 19650
543	灭菌磷	Ditalimfos			不得检出	GB/T 19650
544	氟硫草定	Dithiopyr			不得检出	GB/T 19650
545	多拉菌素	Doramectin			不得检出	GB/T 22968
546	敌瘟磷	Edifenphos			不得检出	GB/T 19650
547	硫丹硫酸盐	Endosulfan - sulfate			不得检出	GB/T 19650
548	异狄氏剂酮	Endrin ketone			不得检出	GB/T 19650
549	苯硫磷	EPN			不得检出	GB/T 19650
550	埃普利诺菌素	Eprinomectin			不得检出	GB/T 21320
551	抑草蓬	Erbon			不得检出	GB/T 19650
552	*S* - 氰戊菊酯	Esfenvalerate			不得检出	GB/T 19650
553	戊草丹	Esprocarb			不得检出	GB/T 19650
554	乙环唑 - 1	Etaconazole - 1			不得检出	GB/T 19650
555	乙环唑 - 2	Etaconazole - 2			不得检出	GB/T 19650
556	乙嘧硫磷	Etrimfos			不得检出	GB/T 19650
557	氧乙嘧硫磷	Etrimfos oxon			不得检出	GB/T 19650
558	伐灭磷	Famphur			不得检出	GB/T 19650
559	苯线磷亚砜	Fenamiphos sulfoxide			不得检出	GB/T 19650
560	苯线磷砜	Fenamiphos - sulfone			不得检出	GB/T 19650
561	苯硫苯咪唑	Fenbendazole			不得检出	SN 0638

序号	农兽药中文名	农兽药英文名	欧盟标准限量要求 mg/kg	国家标准限量要求 mg/kg	三安超有机食品标准	
					限量要求 mg/kg	检测方法
562	氧皮蝇磷	Fenchlorphos oxon			不得检出	GB/T 19650
563	甲呋酰胺	Fenfuram			不得检出	GB/T 19650
564	仲丁威	Fenobucarb			不得检出	GB/T 19650
565	苯硫威	Fenothiocarb			不得检出	GB/T 19650
566	稻瘟酰胺	Fenoxanil			不得检出	GB/T 19650
567	拌种咯	Fenpiclonil			不得检出	GB/T 19650
568	甲氰菊酯	Fenpropathrin			不得检出	GB/T 19650
569	芬螨酯	Fenson			不得检出	GB/T 19650
570	丰索磷	Fensulfothion			不得检出	GB/T 19650
571	倍硫磷亚砜	Fenthion sulfoxide			不得检出	GB/T 19650
572	麦草氟异丙酯	Flamprop – isopropyl			不得检出	GB/T 19650
573	麦草氟甲酯	Flamprop – methyl			不得检出	GB/T 19650
574	吡氟禾草灵	Fluazifop – butyl			不得检出	GB/T 19650
575	啶蜱脲	Fluazuron			不得检出	SN/T 2540
576	氟苯咪唑	Flubendazole			不得检出	GB/T 21324
577	氟噻草胺	Flufenacet			不得检出	GB/T 19650
578	氟节胺	Flumetralin			不得检出	GB/T 19650
579	唑嘧磺草胺	Flumetsulam			不得检出	GB/T 20772
580	氟烯草酸	Flumiclorac			不得检出	GB/T 19650
581	丙炔氟草胺	Flumioxazin			不得检出	GB/T 19650
582	氟胺烟酸	Flunixin			不得检出	GB/T 20750
583	三氟硝草醚	Fluorodifen			不得检出	GB/T 19650
584	乙羧氟草醚	Fluoroglycofen – ethyl			不得检出	GB/T 19650
585	三氟苯唑	Fluotrimazole			不得检出	GB/T 19650
586	氟啶草酮	Fluridone			不得检出	GB/T 19650
587	氟草烟 – 1 – 甲庚酯	Fluroxypr – 1 – methylheptyl ester			不得检出	GB/T 19650
588	呋草酮	Flurtamone			不得检出	GB/T 19650
589	地虫硫磷	Fonofos			不得检出	GB/T 19650
590	安果	Formothion			不得检出	GB/T 19650
591	呋霜灵	Furalaxyl			不得检出	GB/T 19650
592	庆大霉素	Gentamicin			不得检出	GB/T 21323
593	苄螨醚	Halfenprox			不得检出	GB/T 19650
594	氟哌啶醇	Haloperidol			不得检出	GB/T 20763
595	庚烯磷	Heptanophos			不得检出	GB/T 19650
596	己唑醇	Hexaconazole			不得检出	GB/T 19650
597	环嗪酮	Hexazinone			不得检出	GB/T 19650
598	咪草酸	Imazamethabenz – methyl			不得检出	GB/T 19650
599	脱苯甲基亚胺唑	Imibenconazole – *des* – benzyl			不得检出	GB/T 19650

序号	农兽药中文名	农兽药英文名	欧盟标准限量要求 mg/kg	国家标准限量要求 mg/kg	三安超有机食品标准	
					限量要求 mg/kg	检测方法
600	炔咪菊酯 - 1	Imiprothrin - 1			不得检出	GB/T 19650
601	炔咪菊酯 - 2	Imiprothrin - 2			不得检出	GB/T 19650
602	碘硫磷	Iodofenphos			不得检出	GB/T 19650
603	甲基碘磺隆	Iodosulfuron - methyl			不得检出	GB/T 20772
604	异稻瘟净	Iprobenfos			不得检出	GB/T 19650
605	氯唑磷	Isazofos			不得检出	GB/T 19650
606	碳氯灵	Isobenzan			不得检出	GB/T 19650
607	丁咪酰胺	Isocarbamid			不得检出	GB/T 19650
608	水胺硫磷	Isocarbophos			不得检出	GB/T 19650
609	异艾氏剂	Isodrin			不得检出	GB/T 19650
610	异柳磷	Isofenphos			不得检出	GB/T 19650
611	氧异柳磷	Isofenphos oxon			不得检出	GB/T 19650
612	氮氨菲啶	Isometamidium			不得检出	SN/T 2239
613	丁嗪草酮	Isomethiozin			不得检出	GB/T 19650
614	异丙威 - 1	Isoprocarb - 1			不得检出	GB/T 19650
615	异丙威 - 2	Isoprocarb - 2			不得检出	GB/T 19650
616	异丙乐灵	Isopropalin			不得检出	GB/T 19650
617	双苯噁唑酸	Isoxadifen - ethyl			不得检出	GB/T 19650
618	异噁氟草	Isoxaflutole			不得检出	GB/T 20772
619	噁唑啉	Isoxathion			不得检出	GB/T 19650
620	依维菌素	Ivermectin			不得检出	GB/T 21320
621	交沙霉素	Josamycin			不得检出	GB/T 20762
622	溴苯磷	Leptophos			不得检出	GB/T 19650
623	左旋咪唑	Levamisole			不得检出	SN 0349
624	利谷隆	Linuron			不得检出	GB/T 19650
625	麻保沙星	Marbofloxacin			不得检出	GB/T 22985
626	2 - 甲 - 4 - 氯丁氧乙基酯	MCPA - butoxyethyl ester			不得检出	GB/T 19650
627	甲苯咪唑	Mebendazole			不得检出	GB/T 21324
628	灭蚜磷	Mecarbam			不得检出	GB/T 19650
629	二甲四氯丙酸	Mecoprop			不得检出	SN/T 2325
630	苯噻酰草胺	Mefenacet			不得检出	GB/T 19650
631	吡唑解草酯	Mefenpyr - diethyl			不得检出	GB/T 19650
632	醋酸甲地孕酮	Megestrol acetate			不得检出	GB/T 20753
633	醋酸美仑孕酮	Melengestrol acetate			不得检出	GB/T 20753
634	嘧菌胺	Mepanipyrim			不得检出	GB/T 19650
635	地胺磷	Mephosfolan			不得检出	GB/T 19650
636	灭锈胺	Mepronil			不得检出	GB/T 19650
637	硝磺草酮	Mesotrione			不得检出	参照同类标准
638	呋菌胺	Methfuroxam			不得检出	GB/T 19650

序号	农兽药中文名	农兽药英文名	欧盟标准限量要求 mg/kg	国家标准限量要求 mg/kg	三安超有机食品标准	
					限量要求 mg/kg	检测方法
639	灭梭威砜	Methiocarb sulfone			不得检出	GB/T 19650
640	盖草津	Methoprotryne			不得检出	GB/T 19650
641	甲醚菊酯－1	Methothrin－1			不得检出	GB/T 19650
642	甲醚菊酯－2	Methothrin－2			不得检出	GB/T 19650
643	甲基泼尼松龙	Methylprednisolone			不得检出	GB/T 21981
644	溴谷隆	Metobromuron			不得检出	GB/T 19650
645	甲氧氯普胺	Metoclopramide			不得检出	SN/T 2227
646	苯氧菌胺－1	Metominsstrobin－1			不得检出	GB/T 19650
647	苯氧菌胺－2	Metominsstrobin－2			不得检出	GB/T 19650
648	甲硝唑	Metronidazole			不得检出	GB/T 21318
649	速灭磷	Mevinphos			不得检出	GB/T 19650
650	兹克威	Mexacarbate			不得检出	GB/T 19650
651	灭蚁灵	Mirex			不得检出	GB/T 19650
652	禾草敌	Molinate			不得检出	GB/T 19650
653	庚酰草胺	Monalide			不得检出	GB/T 19650
654	莫能菌素	Monensin			不得检出	SN 0698
655	莫西丁克	Moxidectin			不得检出	SN/T 2442
656	合成麝香	Musk ambrecte			不得检出	GB/T 19650
657	麝香	Musk moskene			不得检出	GB/T 19650
658	西藏麝香	Musk tibeten			不得检出	GB/T 19650
659	二甲苯麝香	Musk xylene			不得检出	GB/T 19650
660	萘夫西林	Nafcillin			不得检出	GB/T 22975
661	二溴磷	Naled			不得检出	SN/T 0706
662	萘丙胺	Naproanilide			不得检出	GB/T 19650
663	甲基盐霉素	Narasin			不得检出	GB/T 20364
664	甲磺乐灵	Nitralin			不得检出	GB/T 19650
665	三氯甲基吡啶	Nitrapyrin			不得检出	GB/T 19650
666	酞菌酯	Nitrothal－isopropyl			不得检出	GB/T 19650
667	诺氟沙星	Norfloxacin			不得检出	GB/T 20366
668	氟草敏	Norflurazon			不得检出	GB/T 19650
669	新生霉素	Novobiocin			不得检出	SN 0674
670	氟苯嘧啶醇	Nuarimol			不得检出	GB/T 19650
671	八氯苯乙烯	Octachlorostyrene			不得检出	GB/T 19650
672	氧氟沙星	Ofloxacin			不得检出	GB/T 20366
673	喹乙醇	Olaquindox			不得检出	GB/T 20746
674	竹桃霉素	Oleandomycin			不得检出	GB/T 20762
675	氧乐果	Omethoate			不得检出	GB/T 19650
676	奥比沙星	Orbifloxacin			不得检出	GB/T 22985
677	杀线威	Oxamyl			不得检出	GB/T 20772

序号	农兽药中文名	农兽药英文名	欧盟标准限量要求 mg/kg	国家标准限量要求 mg/kg	三安超有机食品标准	
					限量要求 mg/kg	检测方法
678	奥芬达唑	Oxfendazole			不得检出	GB/T 22972
679	丙氧苯咪唑	Oxibendazole			不得检出	GB/T 21324
680	氧化氯丹	Oxy – chlordane			不得检出	GB/T 19650
681	对氧磷	Paraoxon			不得检出	GB/T 19650
682	甲基对氧磷	Paraoxon – methyl			不得检出	GB/T 19650
683	克草敌	Pebulate			不得检出	GB/T 19650
684	五氯苯胺	Pentachloroaniline			不得检出	GB/T 19650
685	五氯甲氧基苯	Pentachloroanisole			不得检出	GB/T 19650
686	五氯苯	Pentachlorobenzene			不得检出	GB/T 19650
687	乙滴涕	Perthane			不得检出	GB/T 19650
688	菲	Phenanthrene			不得检出	GB/T 19650
689	稻丰散	Phenthoate			不得检出	GB/T 19650
690	甲拌磷砜	Phorate sulfone			不得检出	GB/T 19650
691	磷胺 – 1	Phosphamidon – 1			不得检出	GB/T 19650
692	磷胺 – 2	Phosphamidon – 2			不得检出	GB/T 19650
693	酞酸苯甲基丁酯	Phthalic acid, benzylbutyl ester			不得检出	GB/T 19650
694	四氯苯肽	Phthalide			不得检出	GB/T 19650
695	邻苯二甲酰亚胺	Phthalimide			不得检出	GB/T 19650
696	氟吡酰草胺	Picolinafen			不得检出	GB/T 19650
697	增效醚	Piperonyl butoxide			不得检出	GB/T 19650
698	哌草磷	Piperophos			不得检出	GB/T 19650
699	乙基虫螨清	Pirimiphos – ethyl			不得检出	GB/T 19650
700	吡利霉素	Pirlimycin			不得检出	GB/T 22988
701	炔丙菊酯	Prallethrin			不得检出	GB/T 19650
702	泼尼松龙	Prednisolone			不得检出	GB/T 21981
703	丙草胺	Pretilachlor			不得检出	GB/T 19650
704	环丙氟灵	Profluralin			不得检出	GB/T 19650
705	茉莉酮	Prohydrojasmon			不得检出	GB/T 19650
706	扑灭通	Prometon			不得检出	GB/T 19650
707	扑草净	Prometryne			不得检出	GB/T 19650
708	炔丙烯草胺	Pronamide			不得检出	GB/T 19650
709	敌稗	Propanil			不得检出	GB/T 19650
710	扑灭津	Propazine			不得检出	GB/T 19650
711	胺丙畏	Propetamphos			不得检出	GB/T 19650
712	丙酰二甲氨基丙吩噻嗪	Propionylpromazin			不得检出	GB/T 20763
713	丙硫磷	Prothiophos			不得检出	GB/T 19650
714	哒嗪硫磷	Pyridafenthion			不得检出	GB/T 19650
715	吡唑硫磷	Pyraclofos			不得检出	GB/T 19650
716	吡草醚	Pyraflufen – ethyl			不得检出	GB/T 19650

序号	农兽药中文名	农兽药英文名	欧盟标准限量要求 mg/kg	国家标准限量要求 mg/kg	三安超有机食品标准	
					限量要求 mg/kg	检测方法
717	啶斑肟-1	Pyrifenox-1			不得检出	GB/T 19650
718	啶斑肟-2	Pyrifenox-2			不得检出	GB/T 19650
719	环酯草醚	Pyriftalid			不得检出	GB/T 19650
720	嘧螨醚	Pyrimidifen			不得检出	GB/T 19650
721	嘧草醚	Pyriminobac-methyl			不得检出	GB/T 19650
722	嘧啶磷	Pyrimitate			不得检出	GB/T 19650
723	喹硫磷	Quinalphos			不得检出	GB/T 19650
724	灭藻醌	Quinoclamine			不得检出	GB/T 19650
725	精喹禾灵	Quizalofop-*P*-ethyl			不得检出	GB/T 20769
726	吡咪唑	Rabenzazole			不得检出	GB/T 19650
727	莱克多巴胺	Ractopamine			不得检出	GB/T 21313
728	洛硝达唑	Ronidazole			不得检出	GB/T 21318
729	皮蝇磷	Ronnel			不得检出	GB/T 19650
730	盐霉素	Salinomycin			不得检出	GB/T 20364
731	沙拉沙星	Sarafloxacin			不得检出	GB/T 20366
732	另丁津	Sebutylazine			不得检出	GB/T 19650
733	密草通	Secbumeton			不得检出	GB/T 19650
734	氨基脲	Semduramicin			不得检出	GB/T 20752
735	烯禾啶	Sethoxydim			不得检出	GB/T 19650
736	氟硅菊酯	Silafluofen			不得检出	GB/T 19650
737	硅氟唑	Simeconazole			不得检出	GB/T 19650
738	西玛通	Simetone			不得检出	GB/T 19650
739	西草净	Simetryn			不得检出	GB/T 19650
740	螺旋霉素	Spiramycin			不得检出	GB/T 20762
741	链霉素	Streptomycin			不得检出	GB/T 21323
742	磺胺苯酰	Sulfabenzamide			不得检出	GB/T 21316
743	磺胺醋酰	Sulfacetamide			不得检出	GB/T 21316
744	磺胺氯哒嗪	Sulfachloropyridazine			不得检出	GB/T 21316
745	磺胺嘧啶	Sulfadiazine			不得检出	GB/T 21316
746	磺胺间二甲氧嘧啶	Sulfadimethoxine			不得检出	GB/T 21316
747	磺胺二甲嘧啶	Sulfadimidine			不得检出	GB/T 21316
748	磺胺多辛	Sulfadoxine			不得检出	GB/T 21316
749	磺胺胍	Sulfaguanidine			不得检出	GB/T 21316
750	菜草畏	Sulfallate			不得检出	GB/T 19650
751	磺胺甲嘧啶	Sulfamerazine			不得检出	GB/T 21316
752	新诺明	Sulfamethoxazole			不得检出	GB/T 21316
753	磺胺间甲氧嘧啶	Sulfamonomethoxine			不得检出	GB/T 21316
754	乙酰磺胺对硝基苯	Sulfanitran			不得检出	GB/T 20772
755	磺胺吡啶	Sulfapyridine			不得检出	GB/T 21316

序号	农兽药中文名	农兽药英文名	欧盟标准限量要求 mg/kg	国家标准限量要求 mg/kg	三安超有机食品标准	
					限量要求 mg/kg	检测方法
756	磺胺喹沙啉	Sulfaquinoxaline			不得检出	GB/T 21316
757	磺胺噻唑	Sulfathiazole			不得检出	GB/T 21316
758	治螟磷	Sulfotep			不得检出	GB/T 19650
759	硫丙磷	Sulprofos			不得检出	GB/T 19650
760	苯噻硫氰	TCMTB			不得检出	GB/T 19650
761	丁基嘧啶磷	Tebupirimfos			不得检出	GB/T 19650
762	牧草胺	Tebutam			不得检出	GB/T 19650
763	丁噻隆	Tebuthiuron			不得检出	GB/T 20772
764	双硫磷	Temephos			不得检出	GB/T 20772
765	特草灵	Terbucarb			不得检出	GB/T 19650
766	特丁通	Terbumeton			不得检出	GB/T 19650
767	特丁净	Terbutryn			不得检出	GB/T 19650
768	四氢邻苯二甲酰亚胺	Tetrabydrophthalimide			不得检出	GB/T 19650
769	杀虫畏	Tetrachlorvinphos			不得检出	GB/T 19650
770	胺菊酯	Tetramethirn			不得检出	GB/T 19650
771	杀螨氯硫	Tetrasul			不得检出	GB/T 19650
772	噻吩草胺	Thenylchlor			不得检出	GB/T 19650
773	噻唑烟酸	Thiazopyr			不得检出	GB/T 19650
774	噻苯隆	Thidiazuron			不得检出	GB/T 20772
775	噻吩磺隆	Thifensulfuron – methyl			不得检出	GB/T 20772
776	甲基乙拌磷	Thiometon			不得检出	GB/T 20772
777	虫线磷	Thionazin			不得检出	GB/T 19650
778	硫普罗宁	Tiopronin			不得检出	SN/T 2225
779	三甲苯草酮	Tralkoxydim			不得检出	GB/T 19650
780	四溴菊酯	Tralomethrin			不得检出	SN/T 2320
781	反式 – 氯丹	*trans* – Chlordane			不得检出	GB/T 19650
782	反式 – 燕麦敌	*trans* – Diallate			不得检出	GB/T 19650
783	四氟苯菊酯	Transfluthrin			不得检出	GB/T 19650
784	反式九氯	*trans* – Nonachlor			不得检出	GB/T 19650
785	反式 – 氯菊酯	*trans* – Permethrin			不得检出	GB/T 19650
786	群勃龙	Trenbolone			不得检出	GB/T 21981
787	威菌磷	Triamiphos			不得检出	GB/T 19650
788	毒壤磷	Trichloronate			不得检出	GB/T 19650
789	灭草环	Tridiphane			不得检出	GB/T 19650
790	草达津	Trietazine			不得检出	GB/T 19650
791	三异丁基磷酸盐	Tri – *iso* – butyl phosphate			不得检出	GB/T 19650
792	三正丁基磷酸盐	Tri – *n* – butyl phosphate			不得检出	GB/T 19650
793	三苯基磷酸盐	Triphenyl phosphate			不得检出	GB/T 19650
794	烯效唑	Uniconazole			不得检出	GB/T 19650

序号	农兽药中文名	农兽药英文名	欧盟标准限量要求 mg/kg	国家标准限量要求 mg/kg	三安超有机食品标准	
					限量要求 mg/kg	检测方法
795	灭草敌	Vernolate			不得检出	GB/T 19650
796	维吉尼霉素	Virginiamycin			不得检出	GB/T 20765
797	杀鼠灵*	War farin			不得检出	GB/T 20772
798	甲苯噻嗪	Xylazine			不得检出	GB/T 20763
799	右环十四酮酚	Zeranol			不得检出	GB/T 21982
800	苯酰菌胺	Zoxamide			不得检出	GB/T 19650

11.4 鹅肾脏 Goose Kidney

序号	农兽药中文名	农兽药英文名	欧盟标准限量要求 mg/kg	国家标准限量要求 mg/kg	三安超有机食品标准	
					限量要求 mg/kg	检测方法
1	1,1-二氯-2,2-二(4-乙苯)乙烷	1,1-Dichloro-2,2-bis(4-ethylphenyl)ethane	0.01		不得检出	日本肯定列表(增补本1)
2	1,2-二氯乙烷	1,2-Dichloroethane	0.1		不得检出	SN/T 2238
3	1,3-二氯丙烯	1,3-Dichloropropene	0.01		不得检出	SN/T 2238
4	1-萘乙酸	1-Naphthylacetic acid	0.05		不得检出	SN/T 2228
5	2,4-滴	2,4-D	0.05		不得检出	GB/T 20772
6	2,4-滴丁酸	2,4-DB	0.1		不得检出	GB/T 20769
7	2-苯酚	2-Phenylphenol	0.05		不得检出	GB/T 19650
8	阿维菌素	Abamectin	0.02		不得检出	SN/T 2661
9	乙酰甲胺磷	Acephate	0.02		不得检出	GB/T 20772
10	灭螨醌	Acequinocyl	0.01		不得检出	参照同类标准
11	啶虫脒	Acetamiprid	0.2		不得检出	GB/T 20772
12	乙草胺	Acetochlor	0.01		不得检出	GB/T 19650
13	苯并噻二唑	Acibenzolar-*S*-methyl	0.02		不得检出	GB/T 20772
14	苯草醚	Aclonifen	0.02		不得检出	GB/T 20772
15	氟丙菊酯	Acrinathrin	0.05		不得检出	GB/T 19648
16	甲草胺	Alachlor	0.01		不得检出	GB/T 20772
17	涕灭威	Aldicarb	0.01		不得检出	GB/T 20772
18	艾氏剂和狄氏剂	Aldrin and dieldrin	0.2		不得检出	GB/T 19650
19	—	Ametoctradin	0.03		不得检出	参照同类标准
20	酰嘧磺隆	Amidosulfuron	0.02		不得检出	参照同类标准
21	氯氨吡啶酸	Aminopyralid	0.3		不得检出	GB/T 23211
22	—	Amisulbrom	0.01		不得检出	参照同类标准
23	双甲脒	Amitraz	0.05		不得检出	GB/T 19650
24	阿莫西林	Amoxicillin	50μg/kg		不得检出	NY/T 830
25	氨苄青霉素	Ampicillin	50μg/kg		不得检出	GB/T 21315
26	敌菌灵	Anilazine	0.01		不得检出	GB/T 20769
27	杀螨特	Aramite	0.01		不得检出	GB/T 19650

序号	农兽药中文名	农兽药英文名	欧盟标准限量要求 mg/kg	国家标准限量要求 mg/kg	三安超有机食品标准	
					限量要求 mg/kg	检测方法
28	磺草灵	Asulam	0.1		不得检出	日本肯定列表(增补本 1)
29	阿维拉霉素	Avilamycin	200μg/kg		不得检出	参照同类标准
30	印楝素	Azadirachtin	0.01		不得检出	SN/T 3264
31	益棉磷	Azinphos – ethyl	0.01		不得检出	GB/T 19650
32	保棉磷	Azinphos – methyl	0.01		不得检出	GB/T 20772
33	三唑锡和三环锡	Azocyclotin and cyhexatin	0.05		不得检出	SN/T 1990
34	嘧菌酯	Azoxystrobin	0.05		不得检出	GB/T 20772
35	燕麦灵	Barban	0.05		不得检出	参照同类标准
36	氟丁酰草胺	Beflubutamid	0.05		不得检出	参照同类标准
37	苯霜灵	Benalaxyl	0.05		不得检出	GB/T 20772
38	丙硫克百威	Benfuracarb	0.02		不得检出	GB/T 20772
39	苄青霉素	Benzyl penicillin	50μg/kg		不得检出	GB/T 21315
40	联苯肼酯	Bifenazate	0.01		不得检出	GB/T 20772
41	甲羧除草醚	Bifenox	0.05		不得检出	GB/T 23210
42	联苯菊酯	Bifenthrin	0.05		不得检出	GB/T 19650
43	乐杀螨	Binapacryl	0.01		不得检出	SN 0523
44	联苯	Biphenyl	0.01		不得检出	GB/T 19650
45	联苯三唑醇	Bitertanol	0.05		不得检出	GB/T 20772
46	—	Bixafen	0.02		不得检出	参照同类标准
47	啶酰菌胺	Boscalid	0.05		不得检出	GB/T 20772
48	溴离子	Bromide ion	0.05		不得检出	GB/T5009.167
49	溴螨酯	Bromopropylate	0.01		不得检出	GB/T 19650
50	溴苯腈	Bromoxynil	0.05		不得检出	GB/T 20772
51	糠菌唑	Bromuconazole	0.05		不得检出	GB/T 19650
52	乙嘧酚磺酸酯	Bupirimate	0.05		不得检出	GB/T 19650
53	噻嗪酮	Buprofezin	0.05		不得检出	GB/T 20772
54	仲丁灵	Butralin	0.02		不得检出	GB/T 19650
55	丁草敌	Butylate	0.01		不得检出	GB/T 19650
56	硫线磷	Cadusafos	0.01		不得检出	GB/T 19650
57	敌菌丹	Captafol	0.01		不得检出	GB/T 23210
58	克菌丹	Captan	0.02		不得检出	GB/T 19648
59	甲萘威	Carbaryl	0.05		不得检出	GB/T 20796
60	多菌灵和苯菌灵	Carbendazim and benomyl	0.05		不得检出	GB/T 20772
61	长杀草	Carbetamide	0.05		不得检出	GB/T 20772
62	克百威	Carbofuran	0.01		不得检出	GB/T 20772
63	丁硫克百威	Carbosulfan	0.05		不得检出	GB/T 19650
64	萎锈灵	Carboxin	0.05		不得检出	GB/T 20772
65	氯虫苯甲酰胺	Chlorantraniliprole	0.01		不得检出	参照同类标准

序号	农兽药中文名	农兽药英文名	欧盟标准限量要求 mg/kg	国家标准限量要求 mg/kg	三安超有机食品标准	
					限量要求 mg/kg	检测方法
66	杀螨醚	Chlorbenside	0.05		不得检出	GB/T 19650
67	氯炔灵	Chlorbufam	0.05		不得检出	GB/T 20772
68	氯丹	Chlordane	0.05		不得检出	GB/T 5009.19
69	十氯酮	Chlordecone	0.2		不得检出	参照同类标准
70	杀螨酯	Chlorfenson	0.05		不得检出	GB/T 19650
71	毒虫畏	Chlorfenvinphos	0.01		不得检出	GB/T 19650
72	氯草敏	Chloridazon	0.05		不得检出	GB/T 20772
73	矮壮素	Chlormequat	0.05		不得检出	GB/T 23211
74	乙酯杀螨醇	Chlorobenzilate	0.1		不得检出	GB/T 23210
75	百菌清	Chlorothalonil	0.07		不得检出	SN/T 2320
76	绿麦隆	Chlortoluron	0.05		不得检出	GB/T 20772
77	枯草隆	Chloroxuron	0.05		不得检出	SN/T 2150
78	氯苯胺灵	Chlorpropham	0.05		不得检出	GB/T 19650
79	甲基毒死蜱	Chlorpyrifos - methyl	0.05		不得检出	GB/T 19650
80	氯磺隆	Chlorsulfuron	0.01		不得检出	GB/T 20772
81	金霉素	Chlortetracycline	600μg/kg		不得检出	GB/T 21317
82	氯酞酸甲酯	Chlorthaldimethyl	0.01		不得检出	GB/T 19650
83	氯硫酰草胺	Chlorthiamid	0.02		不得检出	GB/T 20772
84	烯草酮	Clethodim	0.2		不得检出	GB/T 19650
85	炔草酯	Clodinafop - propargyl	0.02		不得检出	GB/T 19650
86	四螨嗪	Clofentezine	0.05		不得检出	GB/T 20772
87	二氯吡啶酸	Clopyralid	0.05		不得检出	SN/T 2228
88	噻虫胺	Clothianidin	0.1		不得检出	GB/T 20772
89	邻氯青霉素	Cloxacillin	300μg/kg		不得检出	GB/T 18932.25
90	黏菌素	Colistin	200μg/kg		不得检出	参照同类标准
91	铜化合物	Copper compounds	30		不得检出	参照同类标准
92	环烷基酰苯胺	Cyclanilide	0.01		不得检出	参照同类标准
93	噻草酮	Cycloxydim	0.05		不得检出	GB/T 19650
94	环氟菌胺	Cyflufenamid	0.03		不得检出	GB/T 23210
95	氟氯氰菊酯和高效氟氯氰菊酯	Cyfluthrin and beta - cyfluthrin	0.05		不得检出	GB/T 19650
96	霜脲氰	Cymoxanil	0.05		不得检出	GB/T 20772
97	氯氰菊酯和高效氯氰菊酯	Cypermethrin and beta - cypermethrin	0.05		不得检出	GB/T 19650
98	环丙唑醇	Cyproconazole	0.05		不得检出	GB/T 20772
99	嘧菌环胺	Cyprodinil	0.05		不得检出	GB/T 19650
100	灭蝇胺	Cyromazine	0.05		不得检出	GB/T 20772
101	丁酰肼	Daminozide	0.05		不得检出	SN/T 1989
102	达氟沙星	Danofloxacin	400μg/kg		不得检出	GB/T 22985

序号	农兽药中文名	农兽药英文名	欧盟标准限量要求 mg/kg	国家标准限量要求 mg/kg	三安超有机食品标准	
					限量要求 mg/kg	检测方法
103	滴滴涕	DDT	1		不得检出	SN/T 0127
104	溴氰菊酯	Deltamethrin	0.1		不得检出	GB/T 19650
105	燕麦敌	Diallate	0.2		不得检出	GB/T 23211
106	二嗪磷	Diazinon	0.01		不得检出	GB/T 19650
107	麦草畏	Dicamba	0.07		不得检出	GB/T 20772
108	敌草腈	Dichlobenil	0.01		不得检出	GB/T 19650
109	滴丙酸	Dichlorprop	0.05		不得检出	SN/T 2228
110	地克珠利(杀球灵)	Diclazuril	1000μg/kg		不得检出	SN/T 2318
111	二氯苯氧基丙酸	Diclofop	0.01		不得检出	参照同类标准
112	氯硝胺	Dicloran	0.01		不得检出	GB/T 19650
113	双氯青霉素	Dicloxacillin	300μg/kg		不得检出	GB/T 18932.25
114	三氯杀螨醇	Dicofol	0.05		不得检出	GB/T 19650
115	乙霉威	Diethofencarb	0.05		不得检出	GB/T 19650
116	苯醚甲环唑	Difenoconazole	0.1		不得检出	GB/T 19650
117	双氟沙星	Difloxacin	600μg/kg		不得检出	GB/T 20366
118	除虫脲	Diflubenzuron	0.05		不得检出	SN/T 0528
119	吡氟酰草胺	Diflufenican	0.05		不得检出	GB/T 20772
120	油菜安	Dimethachlor	0.02		不得检出	GB/T 20772
121	烯酰吗啉	Dimethomorph	0.05		不得检出	GB/T 20772
122	醚菌胺	Dimoxystrobin	0.05		不得检出	SN/T 2237
123	烯唑醇	Diniconazole	0.01		不得检出	GB/T 19650
124	敌螨普	Dinocap	0.05		不得检出	日本肯定列表(增补本 1)
125	地乐酚	Dinoseb	0.01		不得检出	GB/T 20772
126	特乐酚	Dinoterb	0.05		不得检出	GB/T 20772
127	敌噁磷	Dioxathion	0.05		不得检出	GB/T 19650
128	敌草快	Diquat	0.05		不得检出	GB/T 5009.221
129	乙拌磷	Disulfoton	0.01		不得检出	GB/T 20772
130	二氰蒽醌	Dithianon	0.01		不得检出	GB/T 20769
131	二硫代氨基甲酸酯	Dithiocarbamates	0.05		不得检出	SN 0139
132	敌草隆	Diuron	0.05		不得检出	SN/T 0645
133	二硝甲酚	DNOC	0.05		不得检出	GB/T 20772
134	多果定	Dodine	0.2		不得检出	SN 0500
135	强力霉素	Doxycycline	600μg/kg		不得检出	GB/T 20764
136	甲氨基阿维菌素苯甲酸盐	Emamectin benzoate	0.01		不得检出	GB/T 20769
137	硫丹	Endosulfan	0.05	0.03	不得检出	GB/T 19650
138	异狄氏剂	Endrin	0.05		不得检出	GB/T 19650
139	恩诺沙星	Enrofloxacin	300μg/kg		不得检出	GB/T 20366
140	氟环唑	Epoxiconazole	0.01		不得检出	GB/T 20772

序号	农兽药中文名	农兽药英文名	欧盟标准限量要求 mg/kg	国家标准限量要求 mg/kg	三安超有机食品标准	
					限量要求 mg/kg	检测方法
141	茵草敌	EPTC	0.02		不得检出	GB/T 20772
142	红霉素	Erythromycin	200μg/kg		不得检出	GB/T 20762
143	乙丁烯氟灵	Ethalfluralin	0.01		不得检出	GB/T 19650
144	胺苯磺隆	Ethametsulfuron	0.01		不得检出	NY/T 1616
145	乙烯利	Ethephon	0.05		不得检出	SN 0705
146	乙硫磷	Ethion	0.01		不得检出	GB/T 19650
147	乙嘧酚	Ethirimol	0.05		不得检出	GB/T 20772
148	乙氧呋草黄	Ethofumesate	0.1		不得检出	GB/T 20772
149	灭线磷	Ethoprophos	0.01		不得检出	GB/T 19650
150	乙氧喹啉	Ethoxyquin	0.05		不得检出	GB/T 20772
151	环氧乙烷	Ethylene oxide	0.02		不得检出	GB/T 23296.11
152	醚菊酯	Etofenprox	0.01		不得检出	GB/T 19650
153	乙螨唑	Etoxazole	0.01		不得检出	GB/T 19650
154	氯唑灵	Etridiazole	0.05		不得检出	GB/T 20772
155	噁唑菌酮	Famoxadone	0.05		不得检出	GB/T 20772
156	咪唑菌酮	Fenamidone	0.01		不得检出	GB/T 19650
157	苯线磷	Fenamiphos	0.02		不得检出	GB/T 19650
158	氯苯嘧啶醇	Fenarimol	0.02		不得检出	GB/T 20772
159	喹螨醚	Fenazaquin	0.01		不得检出	GB/T 19650
160	腈苯唑	Fenbuconazole	0.05		不得检出	GB/T 20772
161	苯丁锡	Fenbutatin oxide	0.05		不得检出	SN/T 3149
162	环酰菌胺	Fenhexamid	0.05		不得检出	GB/T 20772
163	杀螟硫磷	Fenitrothion	0.01		不得检出	GB/T 20772
164	精噁唑禾草灵	Fenoxaprop - *P* - ethyl	0.05		不得检出	GB 22617
165	双氧威	Fenoxycarb	0.05		不得检出	GB/T 19650
166	苯锈啶	Fenpropidin	0.02		不得检出	GB/T 19650
167	丁苯吗啉	Fenpropimorph	0.01		不得检出	GB/T 20772
168	胺苯吡菌酮	Fenpyrazamine	0.01		不得检出	参照同类标准
169	唑螨酯	Fenpyroximate	0.01		不得检出	GB/T 19650
170	倍硫磷	Fenthion	0.05		不得检出	GB/T 20772
171	三苯锡	Fentin	0.05		不得检出	SN/T 3149
172	薯瘟锡	Fentin acetate	0.05		不得检出	参照同类标准
173	氰戊菊酯和高效氰戊菊酯(RR & SS 异构体总量)	Fenvalerate and esfenvalerate (sum of RR & SS isomers)	0.2		不得检出	GB/T 19650
174	氰戊菊酯和高效氰戊菊酯(RS & SR 异构体总量)	Fenvalerate and esfenvalerate (sum of RS & SR isomers)	0.05		不得检出	GB/T 19650
175	氟虫腈	Fipronil	0.01		不得检出	SN/T 1982
176	氟啶虫酰胺	Flonicamid	0.03		不得检出	SN/T 2796
177	氟苯尼考	Florfenicol	750μg/kg		不得检出	GB/T 20756

序号	农兽药中文名	农兽药英文名	欧盟标准限量要求 mg/kg	国家标准限量要求 mg/kg	三安超有机食品标准	
					限量要求 mg/kg	检测方法
178	精吡氟禾草灵	Fluazifop – *P* – butyl	0.05		不得检出	GB/T 5009.142
179	氟啶胺	Fluazinam	0.05		不得检出	SN/T 2150
180	氟苯咪唑	Flubendazole	300μg/kg		不得检出	GB/T 21324
181	氟苯虫酰胺	Flubendiamide	0.01		不得检出	SN/T 2581
182	氟环脲	Flucycloxuron	0.05		不得检出	参照同类标准
183	氟氰戊菊酯	Flucythrinate	0.05		不得检出	GB/T 23210
184	咯菌腈	Fludioxonil	0.05		不得检出	GB/T 20772
185	氟虫脲	Flufenoxuron	0.05		不得检出	SN/T 2150
186	—	Flufenzin	0.02		不得检出	参照同类标准
187	氟甲喹	Flumequin	1000μg/kg		不得检出	SN/T 1921
188	—	Fluopyram	0.02		不得检出	参照同类标准
189	氟离子	Fluoride ion	1		不得检出	GB/T 5009.167
190	氟腈嘧菌酯	Fluoxastrobin	0.1		不得检出	SN/T 2237
191	氟喹唑	Fluquinconazole	0.02		不得检出	GB/T 19650
192	氟咯草酮	Fluorochloridone	0.05		不得检出	GB/T 20772
193	氟草烟	Fluroxypyr	0.05		不得检出	GB/T 20772
194	氟硅唑	Flusilazole	0.5		不得检出	GB/T 20772
195	氟酰胺	Flutolanil	0.05		不得检出	GB/T 20772
196	粉唑醇	Flutriafol	0.01		不得检出	GB/T 20772
197	—	Fluxapyroxad	0.01		不得检出	参照同类标准
198	氟磺胺草醚	Fomesafen	0.01		不得检出	GB/T 5009.130
199	氯吡脲	Forchlorfenuron	0.05		不得检出	SN/T 3643
200	伐虫脒	Formetanate	0.01		不得检出	NY/T 1453
201	三乙膦酸铝	Fosetyl – aluminium	0.5		不得检出	参照同类标准
202	麦穗宁	Fuberidazole	0.05		不得检出	GB/T 19650
203	呋线威	Furathiocarb	0.01		不得检出	GB/T 20772
204	糠醛	Furfural	1		不得检出	参照同类标准
205	勃激素	Gibberellic acid	0.1		不得检出	GB/T 23211
206	草胺膦	Glufosinate – ammonium	1		不得检出	日本肯定列表
207	草甘膦	Glyphosate	0.1		不得检出	SN/T 1923
208	双胍盐	Guazatine	0.1		不得检出	参照同类标准
209	氟吡禾灵	Haloxyfop	0.1		不得检出	SN/T 2228
210	七氯	Heptachlor	0.2		不得检出	SN 0663
211	六氯苯	Hexachlorobenzene	0.2		不得检出	SN/T 0127
212	六六六(HCH), α – 异构体	Hexachlorociclohexane (HCH), alpha – isomer	0.2		不得检出	SN/T 0127
213	六六六(HCH), β – 异构体	Hexachlorociclohexane (HCH), beta – isomer	0.1		不得检出	SN/T 0127
214	噻螨酮	Hexythiazox	0.05		不得检出	GB/T 20772

序号	农兽药中文名	农兽药英文名	欧盟标准限量要求 mg/kg	国家标准限量要求 mg/kg	三安超有机食品标准	
					限量要求 mg/kg	检测方法
215	噁霉灵	Hymexazol	0.05		不得检出	GB/T 20772
216	抑霉唑	Imazalil	0.05		不得检出	GB/T 20772
217	甲咪唑烟酸	Imazapic	0.01		不得检出	GB/T 20772
218	咪唑喹啉酸	Imazaquin	0.05		不得检出	GB/T 20772
219	吡虫啉	Imidacloprid	0.05		不得检出	GB/T 20772
220	茚虫威	Indoxacarb	0.01		不得检出	GB/T 20772
221	碘苯腈	Ioxynil	0.05		不得检出	GB/T 20772
222	异菌脲	Iprodione	0.05		不得检出	GB/T 19650
223	稻瘟灵	Isoprothiolane	0.01		不得检出	GB/T 20772
224	异丙隆	Isoproturon	0.05		不得检出	GB/T 20772
225	—	Isopyrazam	0.01		不得检出	参照同类标准
226	异噁酰草胺	Isoxaben	0.01		不得检出	GB/T 20772
227	卡那霉素	Kanamycin	2500μg/kg		不得检出	GB/T 21323
228	醚菌酯	Kresoxim - methyl	0.05		不得检出	GB/T 20772
229	乳氟禾草灵	Lactofen	0.01		不得检出	GB/T 19650
230	高效氯氟氰菊酯	Lambda - cyhalothrin	0.02		不得检出	GB/T 23210
231	拉沙里菌素	Lasalocid	50μg/kg		不得检出	SN 0501
232	环草定	Lenacil	0.1		不得检出	GB/T 19650
233	左旋咪唑	Levamisole	10μg/kg		不得检出	SN 0349
234	林可霉素	Lincomycin	1500μg/kg		不得检出	GB/T 20762
235	林丹	Lindane	0.02	0.01	不得检出	NY/T 761
236	虱螨脲	Lufenuron	0.02		不得检出	SN/T 2540
237	马拉硫磷	Malathion	0.02		不得检出	GB/T 19650
238	抑芽丹	Maleic hydrazide	0.02		不得检出	GB/T 23211
239	双炔酰菌胺	Mandipropamid	0.02		不得检出	参照同类标准
240	二甲四氯和二甲四氯丁酸	MCPA and MCPB	0.1		不得检出	SN/T 2228
241	壮棉素	Mepiquat chloride	0.05		不得检出	GB/T 23211
242	—	Meptyldinocap	0.05		不得检出	参照同类标准
243	汞化合物	Mercury compounds	0.01		不得检出	参照同类标准
244	氰氟虫腙	Metaflumizone	0.02		不得检出	SN/T 3852
245	甲霜灵和精甲霜灵	Metalaxyl and metalaxyl - M	0.05		不得检出	GB/T 20772
246	四聚乙醛	Metaldehyde	0.05		不得检出	SN/T 1787
247	苯嗪草酮	Metamitron	0.05		不得检出	GB/T 19650
248	吡唑草胺	Metazachlor	0.05		不得检出	GB/T 19650
249	叶菌唑	Metconazole	0.01		不得检出	GB/T 20772
250	甲基苯噻隆	Methabenzthiazuron	0.05		不得检出	GB/T 19650
251	虫螨畏	Methacrifos	0.01		不得检出	GB/T 20772
252	甲胺磷	Methamidophos	0.01		不得检出	GB/T 20772
253	杀扑磷	Methidathion	0.02		不得检出	GB/T 20772

序号	农兽药中文名	农兽药英文名	欧盟标准限量要求 mg/kg	国家标准限量要求 mg/kg	三安超有机食品标准	
					限量要求 mg/kg	检测方法
254	甲硫威	Methiocarb	0.05		不得检出	GB/T 20770
255	灭多威和硫双威	Methomyl and thiodicarb	0.02		不得检出	GB/T 20772
256	烯虫酯	Methoprene	0.05		不得检出	GB/T 19650
257	甲氧滴滴涕	Methoxychlor	0.01		不得检出	SN/T 0529
258	甲氧虫酰肼	Methoxyfenozide	0.01		不得检出	GB/T 20772
259	磺草唑胺	Metosulam	0.01		不得检出	GB/T 20772
260	苯菌酮	Metrafenone	0.05		不得检出	参照同类标准
261	嗪草酮	Metribuzin	0.1		不得检出	GB/T 19650
262	绿谷隆	Monolinuron	0.05		不得检出	GB/T 20772
263	灭草隆	Monuron	0.01		不得检出	GB/T 20772
264	腈菌唑	Myclobutanil	0.01		不得检出	GB/T 20772
265	1-萘乙酰胺	1-Naphthylacetamide	0.05		不得检出	GB/T 23205
266	敌草胺	Napropamide	0.01		不得检出	GB/T 19650
267	新霉素(包括 framycetin)	Neomycin (including framycetin)	5000μg/kg		不得检出	SN 0646
268	烟嘧磺隆	Nicosulfuron	0.05		不得检出	SN/T 2325
269	除草醚	Nitrofen	0.01		不得检出	GB/T 19650
270	氟酰脲	Novaluron	0.1		不得检出	GB/T 23211
271	嘧苯胺磺隆	Orthosulfamuron	0.01		不得检出	GB/T 23817
272	苯唑青霉素	Oxacillin	300μg/kg		不得检出	GB/T 18932.25
273	噁草酮	Oxadiazon	0.05		不得检出	GB/T 19650
274	噁霜灵	Oxadixyl	0.01		不得检出	GB/T 19650
275	环氧嘧磺隆	Oxasulfuron	0.05		不得检出	GB/T 23817
276	喹菌酮	Oxolinic acid	150μg/kg		不得检出	日本肯定列表
277	氧化萎锈灵	Oxycarboxin	0.05		不得检出	GB/T 19650
278	亚砜磷	Oxydemeton-methyl	0.01		不得检出	参照同类标准
279	乙氧氟草醚	Oxyfluorfen	0.05		不得检出	GB/T 20772
280	土霉素	Oxytetracycline	600μg/kg		不得检出	GB/T 21317
281	多效唑	Paclobutrazol	0.02		不得检出	GB/T 19650
282	对硫磷	Parathion	0.05		不得检出	GB/T 19650
283	甲基对硫磷	Parathion-methyl	0.01		不得检出	GB/T 5009.161
284	巴龙霉素	Paromomycin	1500μg/kg		不得检出	SN/T 2315
285	戊菌唑	Penconazole	0.05		不得检出	GB/T 20772
286	戊菌隆	Pencycuron	0.05		不得检出	GB/T 19650
287	二甲戊灵	Pendimethalin	0.05		不得检出	GB/T 19650
288	氯菊酯	Permethrin	0.05		不得检出	GB/T 19650
289	甜菜宁	Phenmedipham	0.05		不得检出	GB/T 23205
290	苯醚菊酯	Phenothrin	0.05		不得检出	GB/T 20772
291	苯氧甲基青霉素	Phenoxymethylpenicillin	25μg/kg		不得检出	GB/T 21315

序号	农兽药中文名	农兽药英文名	欧盟标准限量要求 mg/kg	国家标准限量要求 mg/kg	三安超有机食品标准	
					限量要求 mg/kg	检测方法
292	甲拌磷	Phorate	0.01		不得检出	GB/T 20772
293	伏杀硫磷	Phosalone	0.01		不得检出	GB/T 20772
294	亚胺硫磷	Phosmet	0.1		不得检出	GB/T 20772
295	—	Phosphines and phosphides	0.01		不得检出	参照同类标准
296	辛硫磷	Phoxim	0.03		不得检出	GB/T 20772
297	氨氯吡啶酸	Picloram	0.01		不得检出	GB/T 23211
298	啶氧菌酯	Picoxystrobin	0.05		不得检出	GB/T 19650
299	抗蚜威	Pirimicarb	0.05		不得检出	GB/T 20772
300	甲基嘧啶磷	Pirimiphos – methyl	0.05		不得检出	GB/T 20772
301	咪鲜胺	Prochloraz	0.1		不得检出	GB/T 19650
302	腐霉利	Procymidone	0.01		不得检出	GB/T 20772
303	丙溴磷	Profenofos	0.05		不得检出	GB/T 20772
304	调环酸	Prohexadione	0.05		不得检出	日本肯定列表
305	毒草安	Propachlor	0.02		不得检出	GB/T 20772
306	扑派威	Propamocarb	0.1		不得检出	GB/T 20772
307	恶草酸	Propaquizafop	0.05		不得检出	GB/T 20772
308	炔螨特	Propargite	0.1		不得检出	GB/T 19650
309	苯胺灵	Propham	0.05		不得检出	GB/T 19650
310	丙环唑	Propiconazole	0.01		不得检出	GB/T 19650
311	异丙草胺	Propisochlor	0.01		不得检出	GB/T 19650
312	残杀威	Propoxur	0.05		不得检出	GB/T 20772
313	炔苯酰草胺	Propyzamide	0.05		不得检出	GB/T 19650
314	苄草丹	Prosulfocarb	0.05		不得检出	GB/T 19650
315	丙硫菌唑	Prothioconazole	0.05		不得检出	参照同类标准
316	吡蚜酮	Pymetrozine	0.01		不得检出	GB/T 20772
317	吡唑醚菌酯	Pyraclostrobin	0.05		不得检出	GB/T 20772
318	—	Pyrasulfotole	0.01		不得检出	参照同类标准
319	吡菌磷	Pyrazophos	0.02		不得检出	GB/T 20772
320	除虫菊素	Pyrethrins	0.05		不得检出	GB/T 20772
321	哒螨灵	Pyridaben	0.02		不得检出	GB/T 19650
322	啶虫丙醚	Pyridalyl	0.01		不得检出	日本肯定列表
323	哒草特	Pyridate	0.05		不得检出	日本肯定列表
324	嘧霉胺	Pyrimethanil	0.05		不得检出	GB/T 19650
325	吡丙醚	Pyriproxyfen	0.05		不得检出	GB/T 19650
326	甲氧磺草胺	Pyroxsulam	0.01		不得检出	SN/T 2325
327	氯甲喹啉酸	Quinmerac	0.05		不得检出	参照同类标准
328	喹氧灵	Quinoxyfen	0.2		不得检出	SN/T 2319
329	五氯硝基苯	Quintozene	0.01	0.1	不得检出	GB/T 19650
330	精喹禾灵	Quizalofop – *P* – ethyl	0.05		不得检出	SN/T 2150

序号	农兽药中文名	农兽药英文名	欧盟标准限量要求 mg/kg	国家标准限量要求 mg/kg	三安超有机食品标准	
					限量要求 mg/kg	检测方法
331	灭虫菊	Resmethrin	0.1		不得检出	GB/T 20772
332	鱼藤酮	Rotenone	0.01		不得检出	GB/T 20772
333	西玛津	Simazine	0.01		不得检出	SN 0594
334	壮观霉素	Spectinomycin	5000μg/kg		不得检出	GB/T 21323
335	乙基多杀菌素	Spinetoram	0.01		不得检出	参照同类标准
336	多杀霉素	Spinosad	0.2		不得检出	GB/T 20772
337	螺螨酯	Spirodiclofen	0.01		不得检出	GB/T 20772
338	螺甲螨酯	Spiromesifen	0.01		不得检出	GB/T 23210
339	螺虫乙酯	Spirotetramat	0.01		不得检出	参照同类标准
340	萁孢菌素	Spiroxamine	0.2		不得检出	GB/T 20772
341	磺草酮	Sulcotrione	0.05		不得检出	参照同类标准
342	磺胺类(所有属于磺胺类的物质)	Sulfonamides (all substances belonging to the sulfonamide-group)	100μg/kg		不得检出	GB 29694
343	乙黄隆	Sulfosulfuron	0.05		不得检出	SN/T 2325
344	硫磺粉	Sulfur	0.5		不得检出	参照同类标准
345	氟胺氰菊酯	Tau – fluvalinate	0.01		不得检出	SN 0691
346	戊唑醇	Tebuconazole	0.1		不得检出	GB/T 20772
347	虫酰肼	Tebufenozide	0.05		不得检出	GB/T 20772
348	吡螨胺	Tebufenpyrad	0.05		不得检出	GB/T 19650
349	四氯硝基苯	Tecnazene	0.05		不得检出	GB/T 19650
350	氟苯脲	Teflubenzuron	0.05		不得检出	SN/T 2150
351	七氟菊酯	Tefluthrin	0.05		不得检出	GB/T 23210
352	得杀草	Tepraloxydim	0.1		不得检出	GB/T 20772
353	特丁硫磷	Terbufos	0.01		不得检出	GB/T 20772
354	特丁津	Terbuthylazine	0.05		不得检出	GB/T 19650
355	四氟醚唑	Tetraconazole	0.05		不得检出	GB/T 20772
356	四环素	Tetracycline	600μg/kg		不得检出	GB/T 21317
357	三氯杀螨砜	Tetradifon	0.05		不得检出	GB/T 19650
358	噻菌灵	Thiabendazole	0.1		不得检出	GB/T 20772
359	噻虫啉	Thiacloprid	0.3		不得检出	GB/T 20772
360	噻虫嗪	Thiamethoxam	0.01		不得检出	GB/T 20772
361	甲砜霉素	Thiamphenicol	50μg/kg		不得检出	GB/T 20756
362	禾草丹	Thiobencarb	0.01		不得检出	GB/T 20772
363	甲基硫菌灵	Thiophanate – methyl	0.05		不得检出	SN/T 0162
364	替米考星	Tilmicosin	250μg/kg		不得检出	GB/T 20762
365	甲基立枯磷	Tolclofos – methyl	0.05		不得检出	GB/T 19650
366	甲苯三嗪酮	Toltrazuril	400μg/kg		不得检出	参照同类标准
367	甲苯氟磺胺	Tolylfluanid	0.1		不得检出	GB/T 19650

序号	农兽药中文名	农兽药英文名	欧盟标准限量要求 mg/kg	国家标准限量要求 mg/kg	三安超有机食品标准	
					限量要求 mg/kg	检测方法
368	—	Topramezone	0.05		不得检出	参照同类标准
369	三唑酮和三唑醇	Triadimefon and triadimenol	0.1		不得检出	GB/T 20772
370	野麦畏	Triallate	0.05		不得检出	GB/T 20772
371	醚苯磺隆	Triasulfuron	0.05		不得检出	GB/T 20772
372	三唑磷	Triazophos	0.01		不得检出	GB/T 20772
373	敌百虫	Trichlorphon	0.01		不得检出	GB/T 20772
374	绿草定	Triclopyr	0.05		不得检出	SN/T 2228
375	三环唑	Tricyclazole	0.05		不得检出	GB/T 20769
376	十三吗啉	Tridemorph	0.01		不得检出	GB/T 20772
377	肟菌酯	Trifloxystrobin	0.04		不得检出	GB/T 19650
378	氟菌唑	Triflumizole	0.05		不得检出	GB/T 20769
379	杀铃脲	Triflumuron	0.01		不得检出	GB/T 20772
380	氟乐灵	Trifluralin	0.01		不得检出	GB/T 20772
381	嗪氨灵	Triforine	0.01		不得检出	SN 0695
382	甲氧苄氨嘧啶	Trimethoprim	50μg/kg		不得检出	SN/T 1769
383	三甲基锍阳离子	Trimethyl – sulfonium cation	0.1		不得检出	参照同类标准
384	抗倒酯	Trinexapac	0.05		不得检出	GB/T 20769
385	灭菌唑	Triticonazole	0.01		不得检出	GB/T 20772
386	三氟甲磺隆	Tritosulfuron	0.01		不得检出	参照同类标准
387	泰乐霉素	Tylosin	100μg/kg		不得检出	GB/T 22941
388	—	Valifenalate	0.01		不得检出	参照同类标准
389	乙烯菌核利	Vinclozolin	0.05		不得检出	GB/T 20772
390	2,3,4,5 – 四氯苯胺	2,3,4,5 – Tetrachloraniline			不得检出	GB/T 19650
391	2,3,4,5 – 四氯甲氧基苯	2,3,4,5 – Tetrachloroanisole			不得检出	GB/T 19650
392	2,3,5,6 – 四氯苯胺	2,3,5,6 – Tetrachloroaniline			不得检出	GB/T 19650
393	2,4,5 – 涕	2,4,5 – T			不得检出	GB/T 20772
394	*o,p'* – 滴滴滴	2,4′ – DDD			不得检出	GB/T 19650
395	*o,p'* – 滴滴伊	2,4′ – DDE			不得检出	GB/T 19650
396	*o,p'* – 滴滴涕	2,4′ – DDT			不得检出	GB/T 19650
397	2,6 – 二氯苯甲酰胺	2,6 – Dichlorobenzamide			不得检出	GB/T 19650
398	3,5 – 二氯苯胺	3,5 – Dichloroaniline			不得检出	GB/T 19650
399	*p,p'* – 滴滴滴	4,4′ – DDD			不得检出	GB/T 19650
400	*p,p'* – 滴滴伊	4,4′ – DDE			不得检出	GB/T 19650
401	*p,p'* – 滴滴涕	4,4′ – DDT			不得检出	GB/T 19650
402	4,4′ – 二溴二苯甲酮	4,4′ – Dibromobenzophenone			不得检出	GB/T 19650
403	4,4′ – 二氯二苯甲酮	4,4′ – Dichlorobenzophenone			不得检出	GB/T 19650
404	二氢苊	Acenaphthene			不得检出	GB/T 19650
405	乙酰丙嗪	Acepromazine			不得检出	GB/T 20763
406	三氟羧草醚	Acifluorfen			不得检出	GB/T 20772

序号	农兽药中文名	农兽药英文名	欧盟标准限量要求 mg/kg	国家标准限量要求 mg/kg	三安超有机食品标准	
					限量要求 mg/kg	检测方法
407	1－氨基－2－乙内酰脲	AHD			不得检出	GB/T 21311
408	涕灭砜威	Aldoxycarb			不得检出	GB/T 20772
409	烯丙菊酯	Allethrin			不得检出	GB/T 20772
410	二丙烯草胺	Allidochlor			不得检出	GB/T 19650
411	α－六六六	Alpha－HCH			不得检出	GB/T 19650
412	烯丙孕素	Altrenogest			不得检出	SN/T 1980
413	莠灭净	Ametryn			不得检出	GB/T 20772
414	5－吗啉甲基－3－氨基－2－噁唑烷基酮	AMOZ			不得检出	GB/T 21311
415	氨丙嘧吡啶	Amprolium			不得检出	SN/T 0276
416	莎稗磷	Anilofos			不得检出	GB/T 19650
417	蒽醌	Anthraquinone			不得检出	GB/T 19650
418	3－氨基－2－噁唑酮	AOZ			不得检出	GB/T 21311
419	安普霉素	Apramycin			不得检出	GB/T 21323
420	丙硫特普	Aspon			不得检出	GB/T 19650
421	羟氨卡青霉素	Aspoxicillin			不得检出	GB/T 21315
422	乙基杀扑磷	Athidathion			不得检出	GB/T 19650
423	莠去通	Atratone			不得检出	GB/T 19650
424	莠去津	Atrazine			不得检出	GB/T 20772
425	脱乙基阿特拉津	Atrazine－desethyl			不得检出	GB/T 19650
426	甲基吡噁磷	Azamethiphos			不得检出	GB/T 20763
427	氮哌酮	Azaperone			不得检出	SN/T2221
428	叠氮津	Aziprotryne			不得检出	GB/T 19650
429	杆菌肽	Bacitracin			不得检出	GB/T 20743
430	4－溴－3,5－二甲苯基－N－甲基氨基甲酸酯－1	BDMC－1			不得检出	GB/T 19650
431	4－溴－3,5－二甲苯基－N－甲基氨基甲酸酯－2	BDMC－2			不得检出	GB/T 19650
432	噁虫威	Bendiocarb			不得检出	GB/T 20772
433	乙丁氟灵	Benfluralin			不得检出	GB/T 19650
434	呋草黄	Benfuresate			不得检出	GB/T 19650
435	麦锈灵	Benodanil			不得检出	GB/T 19650
436	解草酮	Benoxacor			不得检出	GB/T 19650
437	新燕灵	Benzoylprop－ethyl			不得检出	GB/T 19650
438	β－六六六	Beta－HCH			不得检出	GB/T 19650
439	倍他米松	Betamethasone			不得检出	SN/T 1970
440	生物烯丙菊酯－1	Bioallethrin－1			不得检出	GB/T 19650
441	生物烯丙菊酯－2	Bioallethrin－2			不得检出	GB/T 19650
442	生物苄呋菊酯	Bioresmethrin			不得检出	GB/T 20772

序号	农兽药中文名	农兽药英文名	欧盟标准限量要求 mg/kg	国家标准限量要求 mg/kg	三安超有机食品标准	
					限量要求 mg/kg	检测方法
443	除草定	Bromacil			不得检出	GB/T 20772
444	溴苯烯磷	Bromfenvinfos			不得检出	GB/T 19650
445	溴烯杀	Bromocylen			不得检出	GB/T 23210
446	溴硫磷	Bromofos			不得检出	GB/T 19650
447	乙基溴硫磷	Bromophos - ethyl			不得检出	GB/T 19650
448	溴丁酰草胺	Btomobutide			不得检出	GB/T 19650
449	氟丙嘧草酯	Butafenacil			不得检出	GB/T 19650
450	抑草磷	Butamifos			不得检出	GB/T 19650
451	丁草胺	Butaxhlor			不得检出	GB/T 19650
452	苯酮唑	Cafenstrole			不得检出	GB/T 19650
453	角黄素	Canthaxanthin			不得检出	SN/T 2327
454	咔唑心安	Carazolol			不得检出	GB/T 20763
455	卡巴氧	Carbadox			不得检出	GB/T 20746
456	三硫磷	Carbophenothion			不得检出	GB/T 19650
457	唑草酮	Carfentrazone - ethyl			不得检出	GB/T 19650
458	卡洛芬	Carprofen			不得检出	SN/T 2190
459	头孢洛宁	Cefalonium			不得检出	GB/T 22989
460	头孢匹林	Cefapirin			不得检出	GB/T 22989
461	头孢喹肟	Cefquinome			不得检出	GB/T 22989
462	头孢噻呋	Ceftiofur			不得检出	GB/T 21314
463	头孢氨苄	Cefalexin			不得检出	GB/T 22989
464	氯霉素	Chloramphenicolum			不得检出	GB/T 20772
465	氯杀螨砜	Chlorbenside sulfone			不得检出	GB/T 19650
466	氯溴隆	Chlorbromuron			不得检出	GB/T 19650
467	杀虫脒	Chlordimeform			不得检出	GB/T 19650
468	氯氧磷	Chlorethoxyfos			不得检出	GB/T 19650
469	溴虫腈	Chlorfenapyr			不得检出	GB/T 19650
470	杀螨醇	Chlorfenethol			不得检出	GB/T 19650
471	燕麦酯	Chlorfenprop - methyl			不得检出	GB/T 19650
472	氟啶脲	Chlorfluazuron			不得检出	SN/T 2540
473	整形醇	Chlorflurenol			不得检出	GB/T 19650
474	氯地孕酮	Chlormadinone			不得检出	SN/T 1980
475	醋酸氯地孕酮	Chlormadinone acetate			不得检出	GB/T 20753
476	氯甲硫磷	Chlormephos			不得检出	GB/T 19650
477	氯苯甲醚	Chloroneb			不得检出	GB/T 19650
478	丙酯杀螨醇	Chloropropylate			不得检出	GB/T 19650
479	氯丙嗪	Chlorpromazine			不得检出	GB/T 20763
480	氯硫磷	Chlorthion			不得检出	GB/T 19650
481	虫螨磷	Chlorthiophos			不得检出	GB/T 19650

序号	农兽药中文名	农兽药英文名	欧盟标准限量要求 mg/kg	国家标准限量要求 mg/kg	三安超有机食品标准	
					限量要求 mg/kg	检测方法
482	乙菌利	Chlozolinate			不得检出	GB/T 19650
483	顺式 – 氯丹	*cis* – Chlordane			不得检出	GB/T 19650
484	顺式 – 燕麦敌	*cis* – Diallate			不得检出	GB/T 19650
485	顺式 – 氯菊酯	*cis* – Permethrin			不得检出	GB/T 19650
486	克仑特罗	Clenbuterol			不得检出	GB/T 22286
487	异噁草酮	Clomazone			不得检出	GB/T 20772
488	氯甲酰草胺	Clomeprop			不得检出	GB/T 19650
489	氯羟吡啶	Clopidol			不得检出	GB 29700
490	解草酯	Cloquintocet – mexyl			不得检出	GB/T 19650
491	蝇毒磷	Coumaphos			不得检出	GB/T 19650
492	鼠立死	Crimidine			不得检出	GB/T 19650
493	巴毒磷	Crotxyphos			不得检出	GB/T 19650
494	育畜磷	Crufomate			不得检出	GB/T 19650
495	苯腈磷	Cyanofenphos			不得检出	GB/T 19650
496	杀螟腈	Cyanophos			不得检出	GB/T 20772
497	环草敌	Cycloate			不得检出	GB/T 20772
498	环莠隆	Cycluron			不得检出	GB/T 20772
499	环丙津	Cyprazine			不得检出	GB/T 20772
500	敌草索	Dacthal			不得检出	GB/T 19650
501	癸氧喹酯	Decoquinate			不得检出	SN/T2444
502	脱叶磷	DEF			不得检出	GB/T 19650
503	δ – 六六六	Delta – HCH			不得检出	GB/T 19650
504	2,2′,4,5,5′ – 五氯联苯	DE – PCB 101			不得检出	GB/T 19650
505	2,3,4,4′,5 – 五氯联苯	DE – PCB 118			不得检出	GB/T 19650
506	2,2′,3,4,4′,5 – 六氯联苯	DE – PCB 138			不得检出	GB/T 19650
507	2,2′,4,4′,5,5′ – 六氯联苯	DE – PCB 153			不得检出	GB/T 19650
508	2,2′,3,4,4′,5,5′ – 七氯联苯	DE – PCB 180			不得检出	GB/T 19650
509	2,4,4′ – 三氯联苯	DE – PCB 28			不得检出	GB/T 19650
510	2,4,5 – 三氯联苯	DE – PCB 31			不得检出	GB/T 19650
511	2,2′,5,5′ – 四氯联苯	DE – PCB 52			不得检出	GB/T 19650
512	脱溴溴苯磷	Desbrom – leptophos			不得检出	GB/T 19650
513	脱乙基另丁津	Desethyl – sebuthylazine			不得检出	GB/T 19650
514	敌草净	Desmetryn			不得检出	GB/T 19650
515	地塞米松	Dexamethasone			不得检出	SN/T 1970
516	氯亚胺硫磷	Dialifos			不得检出	GB/T 19650
517	敌菌净	Diaveridine			不得检出	SN/T 1926
518	驱虫特	Dibutyl succinate			不得检出	GB/T 20772
519	异氯磷	Dicapthon			不得检出	GB/T 20772

序号	农兽药中文名	农兽药英文名	欧盟标准限量要求 mg/kg	国家标准限量要求 mg/kg	三安超有机食品标准	
					限量要求 mg/kg	检测方法
520	除线磷	Dichlofenthion			不得检出	GB/T 20772
521	苯氟磺胺	Dichlofluanid			不得检出	GB/T 19650
522	烯丙酰草胺	Dichlormid			不得检出	GB/T 19650
523	敌敌畏	Dichlorvos			不得检出	GB/T 20772
524	苄氯三唑醇	Diclobutrazole			不得检出	GB/T 20772
525	禾草灵	Diclofop – methyl			不得检出	GB/T 19650
526	己烯雌酚	Diethylstilbestrol			不得检出	GB/T 20766
527	二氢链霉素	Dihydro – streptomycin			不得检出	GB/T 22969
528	甲氟磷	Dimefox			不得检出	GB/T 19650
529	哌草丹	Dimepiperate			不得检出	GB/T 19650
530	异戊乙净	Dimethametryn			不得检出	GB/T 19650
531	二甲酚草胺	Dimethenamid			不得检出	GB/T 19650
532	乐果	Dimethoate			不得检出	GB/T 20772
533	甲基毒虫畏	Dimethylvinphos			不得检出	GB/T 19650
534	地美硝唑	Dimetridazole			不得检出	GB/T 21318
535	二硝托安	Dinitolmide			不得检出	SN/T 2453
536	氨氟灵	Dinitramine			不得检出	GB/T 19650
537	消螨通	Dinobuton			不得检出	GB/T 19650
538	呋虫胺	Dinotefuran			不得检出	GB/T 20772
539	苯虫醚 – 1	Diofenolan – 1			不得检出	GB/T 19650
540	苯虫醚 – 2	Diofenolan – 2			不得检出	GB/T 19650
541	蔬果磷	Dioxabenzofos			不得检出	GB/T 19650
542	双苯酰草胺	Diphenamid			不得检出	GB/T 19650
543	二苯胺	Diphenylamine			不得检出	GB/T 19650
544	异丙净	Dipropetryn			不得检出	GB/T 19650
545	灭菌磷	Ditalimfos			不得检出	GB/T 19650
546	氟硫草定	Dithiopyr			不得检出	GB/T 19650
547	多拉菌素	Doramectin			不得检出	GB/T 22968
548	敌瘟磷	Edifenphos			不得检出	GB/T 19650
549	硫丹硫酸盐	Endosulfan – sulfate			不得检出	GB/T 19650
550	异狄氏剂酮	Endrin ketone			不得检出	GB/T 19650
551	苯硫磷	EPN			不得检出	GB/T 19650
552	埃普利诺菌素	Eprinomectin			不得检出	GB/T 21320
553	抑草蓬	Erbon			不得检出	GB/T 19650
554	*S* – 氰戊菊酯	Esfenvalerate			不得检出	GB/T 19650
555	戊草丹	Esprocarb			不得检出	GB/T 19650
556	乙环唑 – 1	Etaconazole – 1			不得检出	GB/T 19650
557	乙环唑 – 2	Etaconazole – 2			不得检出	GB/T 19650
558	乙嘧硫磷	Etrimfos			不得检出	GB/T 19650

序号	农兽药中文名	农兽药英文名	欧盟标准限量要求 mg/kg	国家标准限量要求 mg/kg	三安超有机食品标准	
					限量要求 mg/kg	检测方法
559	氧乙嘧硫磷	Etrimfos oxon			不得检出	GB/T 19650
560	伐灭磷	Famphur			不得检出	GB/T 19650
561	苯线磷亚砜	Fenamiphos sulfoxide			不得检出	GB/T 19650
562	苯线磷砜	Fenamiphos - sulfone			不得检出	GB/T 19650
563	苯硫苯咪唑	Fenbendazole			不得检出	SN 0638
564	氧皮蝇磷	Fenchlorphos oxon			不得检出	GB/T 19650
565	甲呋酰胺	Fenfuram			不得检出	GB/T 19650
566	仲丁威	Fenobucarb			不得检出	GB/T 19650
567	苯硫威	Fenothiocarb			不得检出	GB/T 19650
568	稻瘟酰胺	Fenoxanil			不得检出	GB/T 19650
569	拌种咯	Fenpiclonil			不得检出	GB/T 19650
570	甲氰菊酯	Fenpropathrin			不得检出	GB/T 19650
571	芬螨酯	Fenson			不得检出	GB/T 19650
572	丰索磷	Fensulfothion			不得检出	GB/T 19650
573	倍硫磷亚砜	Fenthion sulfoxide			不得检出	GB/T 19650
574	麦草氟异丙酯	Flamprop - isopropyl			不得检出	GB/T 19650
575	麦草氟甲酯	Flamprop - methyl			不得检出	GB/T 19650
576	吡氟禾草灵	Fluazifop - butyl			不得检出	GB/T 19650
577	啶蜱脲	Fluazuron			不得检出	SN/T 2540
578	氟噻草胺	Flufenacet			不得检出	GB/T 19650
579	氟节胺	Flumetralin			不得检出	GB/T 19650
580	唑嘧磺草胺	Flumetsulam			不得检出	GB/T 20772
581	氟烯草酸	Flumiclorac			不得检出	GB/T 19650
582	丙炔氟草胺	Flumioxazin			不得检出	GB/T 19650
583	氟胺烟酸	Flunixin			不得检出	GB/T 20750
584	三氟硝草醚	Fluorodifen			不得检出	GB/T 19650
585	乙羧氟草醚	Fluoroglycofen - ethyl			不得检出	GB/T 19650
586	三氟苯唑	Fluotrimazole			不得检出	GB/T 19650
587	氟啶草酮	Fluridone			不得检出	GB/T 19650
588	氟草烟 -1 - 甲庚酯	Fluroxypr - 1 - methylheptyl ester			不得检出	GB/T 19650
589	呋草酮	Flurtamone			不得检出	GB/T 19650
590	地虫硫磷	Fonofos			不得检出	GB/T 19650
591	安果	Formothion			不得检出	GB/T 19650
592	呋霜灵	Furalaxyl			不得检出	GB/T 19650
593	庆大霉素	Gentamicin			不得检出	GB/T 21323
594	苄螨醚	Halfenprox			不得检出	GB/T 19650
595	氟哌啶醇	Haloperidol			不得检出	GB/T 20763
596	ε - 六六六	HCH, epsilon			不得检出	GB/T 19650

序号	农兽药中文名	农兽药英文名	欧盟标准限量要求 mg/kg	国家标准限量要求 mg/kg	三安超有机食品标准	
					限量要求 mg/kg	检测方法
597	庚烯磷	Heptanophos			不得检出	GB/T 19650
598	己唑醇	Hexaconazole			不得检出	GB/T 19650
599	环嗪酮	Hexazinone			不得检出	GB/T 19650
600	咪草酸	Imazamethabenz - methyl			不得检出	GB/T 19650
601	脱苯甲基亚胺唑	Imibenconazole - *des* - benzyl			不得检出	GB/T 19650
602	炔咪菊酯 -1	Imiprothrin - 1			不得检出	GB/T 19650
603	炔咪菊酯 -2	Imiprothrin - 2			不得检出	GB/T 19650
604	碘硫磷	Iodofenphos			不得检出	GB/T 19650
605	甲基碘磺隆	Iodosulfuron - methyl			不得检出	GB/T 20772
606	异稻瘟净	Iprobenfos			不得检出	GB/T 19650
607	氯唑磷	Isazofos			不得检出	GB/T 19650
608	碳氯灵	Isobenzan			不得检出	GB/T 19650
609	丁咪酰胺	Isocarbamid			不得检出	GB/T 19650
610	水胺硫磷	Isocarbophos			不得检出	GB/T 19650
611	异艾氏剂	Isodrin			不得检出	GB/T 19650
612	异柳磷	Isofenphos			不得检出	GB/T 19650
613	氧异柳磷	Isofenphos oxon			不得检出	GB/T 19650
614	氮氨菲啶	IsoMetamidium			不得检出	SN/T 2239
615	丁嗪草酮	Isomethiozin			不得检出	GB/T 19650
616	异丙威 -1	Isoprocarb - 1			不得检出	GB/T 19650
617	异丙威 -2	Isoprocarb - 2			不得检出	GB/T 19650
618	异丙乐灵	Isopropalin			不得检出	GB/T 19650
619	双苯噁唑酸	Isoxadifen - ethyl			不得检出	GB/T 19650
620	异噁氟草	Isoxaflutole			不得检出	GB/T 20772
621	噁唑啉	Isoxathion			不得检出	GB/T 19650
622	依维菌素	Ivermectin			不得检出	GB/T 21320
623	交沙霉素	Josamycin			不得检出	GB/T 20762
624	溴苯磷	Leptophos			不得检出	GB/T 19650
625	利谷隆	Linuron			不得检出	GB/T 19650
626	麻保沙星	Marbofloxacin			不得检出	GB/T 22985
627	2 - 甲 - 4 - 氯丁氧乙基酯	MCPA - butoxyethyl ester			不得检出	GB/T 19650
628	甲苯咪唑	Mebendazole			不得检出	GB/T 21324
629	灭蚜磷	Mecarbam			不得检出	GB/T 19650
630	二甲四氯丙酸	Mecoprop			不得检出	SN/T 2325
631	苯噻酰草胺	Mefenacet			不得检出	GB/T 19650
632	吡唑解草酯	Mefenpyr - diethyl			不得检出	GB/T 19650
633	醋酸甲地孕酮	Megestrol acetate			不得检出	GB/T 20753
634	醋酸美仑孕酮	Melengestrol acetate			不得检出	GB/T 20753
635	嘧菌胺	Mepanipyrim			不得检出	GB/T 19650

序号	农兽药中文名	农兽药英文名	欧盟标准限量要求 mg/kg	国家标准限量要求 mg/kg	三安超有机食品标准	
					限量要求 mg/kg	检测方法
636	地胺磷	Mephosfolan			不得检出	GB/T 19650
637	灭锈胺	mepronil			不得检出	GB/T 19650
638	硝磺草酮	Mesotrione			不得检出	参照同类标准
639	呋菌胺	Methfuroxam			不得检出	GB/T 19650
640	灭梭威砜	Methiocarb sulfone			不得检出	GB/T 19650
641	盖草津	Methoprotryne			不得检出	GB/T 19650
642	甲醚菊酯 – 1	Methothrin – 1			不得检出	GB/T 19650
643	甲醚菊酯 – 2	Methothrin – 2			不得检出	GB/T 19650
644	甲基泼尼松龙	Methylprednisolone			不得检出	GB/T 21981
645	溴谷隆	Metobromuron			不得检出	GB/T 19650
646	甲氧氯普胺	Metoclopramide			不得检出	SN/T 2227
647	苯氧菌胺 – 1	Metominsstrobin – 1			不得检出	GB/T 19650
648	苯氧菌胺 – 2	Metominsstrobin – 2			不得检出	GB/T 19650
649	甲硝唑	Metronidazole			不得检出	GB/T 21318
650	速灭磷	Mevinphos			不得检出	GB/T 19650
651	兹克威	Mexacarbate			不得检出	GB/T 19650
652	灭蚁灵	Mirex			不得检出	GB/T 19650
653	禾草敌	molinate			不得检出	GB/T 19650
654	庚酰草胺	Monalide			不得检出	GB/T 19650
655	莫能菌素	Monensin			不得检出	SN 0698
656	莫西丁克	Moxidectin			不得检出	SN/T 2442
657	合成麝香	Musk ambrecte			不得检出	GB/T 19650
658	麝香	Musk moskene			不得检出	GB/T 19650
659	西藏麝香	Musk tibeten			不得检出	GB/T 19650
660	二甲苯麝香	Musk xylene			不得检出	GB/T 19650
661	萘夫西林	Nafcillin			不得检出	GB/T 22975
662	二溴磷	Naled			不得检出	SN/T 0706
663	甲基盐霉素	Narasin			不得检出	GB/T 20364
664	甲磺乐灵	Nitralin			不得检出	GB/T 19650
665	三氯甲基吡啶	Nitrapyrin			不得检出	GB/T 19650
666	酞菌酯	Nitrothal – isopropyl			不得检出	GB/T 19650
667	诺氟沙星	Norfloxacin			不得检出	GB/T 20366
668	氟草敏	Norflurazon			不得检出	GB/T 19650
669	新生霉素	Novobiocin			不得检出	SN 0674
670	氟苯嘧啶醇	Nuarimol			不得检出	GB/T 19650
671	八氯苯乙烯	Octachlorostyrene			不得检出	GB/T 19650
672	氧氟沙星	Ofloxacin			不得检出	GB/T 20366
673	喹乙醇	Olaquindox			不得检出	GB/T 20746
674	竹桃霉素	Oleandomycin			不得检出	GB/T 20762

序号	农兽药中文名	农兽药英文名	欧盟标准限量要求 mg/kg	国家标准限量要求 mg/kg	三安超有机食品标准	
					限量要求 mg/kg	检测方法
675	氧乐果	Omethoate			不得检出	GB/T 19650
676	奥比沙星	Orbifloxacin			不得检出	GB/T 22985
677	杀线威	Oxamyl			不得检出	GB/T 20772
678	奥芬达唑	Oxfendazole			不得检出	GB/T 22972
679	丙氧苯咪唑	Oxibendazole			不得检出	GB/T 21324
680	氧化氯丹	Oxy - chlordane			不得检出	GB/T 19650
681	对氧磷	Paraoxon			不得检出	GB/T 19650
682	甲基对氧磷	Paraoxon - methyl			不得检出	GB/T 19650
683	克草敌	Pebulate			不得检出	GB/T 19650
684	五氯苯胺	Pentachloroaniline			不得检出	GB/T 19650
685	五氯甲氧基苯	Pentachloroanisole			不得检出	GB/T 19650
686	五氯苯	Pentachlorobenzene			不得检出	GB/T 19650
687	乙滴涕	Perthane			不得检出	GB/T 19650
688	菲	Phenanthrene			不得检出	GB/T 19650
689	稻丰散	Phenthoate			不得检出	GB/T 19650
690	伏杀硫磷	Phodalone			不得检出	GB/T 19650
691	甲拌磷砜	Phorate sulfone			不得检出	GB/T 19650
692	磷胺 - 1	Phosphamidon - 1			不得检出	GB/T 19650
693	磷胺 - 2	Phosphamidon - 2			不得检出	GB/T 19650
694	酞酸苯甲基丁酯	Phthalic acid, benzylbutyl ester			不得检出	GB/T 19650
695	四氯苯肽	Phthalide			不得检出	GB/T 19650
696	邻苯二甲酰亚胺	Phthalimide			不得检出	GB/T 19650
697	氟吡酰草胺	Picolinafen			不得检出	GB/T 19650
698	增效醚	Piperonyl butoxide			不得检出	GB/T 19650
699	哌草磷	Piperophos			不得检出	GB/T 19650
700	乙基虫螨清	Pirimiphos - ethyl			不得检出	GB/T 19650
701	吡利霉素	Pirlimycin			不得检出	GB/T 22988
702	炔丙菊酯	Prallethrin			不得检出	GB/T 19650
703	泼尼松龙	Prednisolone			不得检出	GB/T 21981
704	环丙氟灵	Profluralin			不得检出	GB/T 19650
705	茉莉酮	Prohydrojasmon			不得检出	GB/T 19650
706	扑灭通	Prometon			不得检出	GB/T 19650
707	扑草净	Prometryne			不得检出	GB/T 19650
708	炔丙烯草胺	Pronamide			不得检出	GB/T 19650
709	敌稗	Propanil			不得检出	GB/T 19650
710	扑灭津	Propazine			不得检出	GB/T 19650
711	胺丙畏	Propetamphos			不得检出	GB/T 19650
712	丙酰二甲氨基丙吩噻嗪	Propionylpromazin			不得检出	GB/T 20763
713	丙硫磷	Prothiophos			不得检出	GB/T 19650

序号	农兽药中文名	农兽药英文名	欧盟标准限量要求 mg/kg	国家标准限量要求 mg/kg	三安超有机食品标准	
					限量要求 mg/kg	检测方法
714	哒嗪硫磷	Pyridafenthion			不得检出	GB/T 19650
715	吡唑硫磷	Pyraclofos			不得检出	GB/T 19650
716	吡草醚	Pyraflufen - ethyl			不得检出	GB/T 19650
717	啶斑肟 - 1	Pyrifenox - 1			不得检出	GB/T 19650
718	啶斑肟 - 2	Pyrifenox - 2			不得检出	GB/T 19650
719	环酯草醚	Pyriftalid			不得检出	GB/T 19650
720	嘧螨醚	Pyrimidifen			不得检出	GB/T 19650
721	嘧草醚	Pyriminobac - methyl			不得检出	GB/T 19650
722	嘧啶磷	Pyrimitate			不得检出	GB/T 19650
723	喹硫磷	Quinalphos			不得检出	GB/T 19650
724	灭藻醌	Quinoclamine			不得检出	GB/T 19650
725	吡咪唑	Rabenzazole			不得检出	GB/T 19650
726	莱克多巴胺	Ractopamine			不得检出	GB/T 21313
727	洛硝达唑	Ronidazole			不得检出	GB/T 21318
728	皮蝇磷	Ronnel			不得检出	GB/T 19650
729	盐霉素	Salinomycin			不得检出	GB/T 20364
730	沙拉沙星	Sarafloxacin			不得检出	GB/T 20366
731	另丁津	Sebutylazine			不得检出	GB/T 19650
732	密草通	Secbumeton			不得检出	GB/T 19650
733	氨基脲	Semduramicin			不得检出	GB/T 20752
734	烯禾啶	Sethoxydim			不得检出	GB/T 19650
735	氟硅菊酯	Silafluofen			不得检出	GB/T 19650
736	硅氟唑	Simeconazole			不得检出	GB/T 19650
737	西玛通	Simetone			不得检出	GB/T 19650
738	西草净	Simetryn			不得检出	GB/T 19650
739	螺旋霉素	Spiramycin			不得检出	GB/T 20762
740	链霉素	Streptomycin			不得检出	GB/T 21323
741	磺胺苯酰	Sulfabenzamide			不得检出	GB/T 21316
742	磺胺醋酰	Sulfacetamide			不得检出	GB/T 21316
743	磺胺氯哒嗪	Sulfachloropyridazine			不得检出	GB/T 21316
744	磺胺嘧啶	Sulfadiazine			不得检出	GB/T 21316
745	磺胺间二甲氧嘧啶	Sulfadimethoxine			不得检出	GB/T 21316
746	磺胺二甲嘧啶	Sulfadimidine			不得检出	GB/T 21316
747	磺胺多辛	Sulfadoxine			不得检出	GB/T 21316
748	磺胺胍	Sulfaguanidine			不得检出	GB/T 21316
749	菜草畏	Sulfallate			不得检出	GB/T 19650
750	磺胺甲嘧啶	Sulfamerazine			不得检出	GB/T 21316
751	新诺明	Sulfamethoxazole			不得检出	GB/T 21316
752	磺胺间甲氧嘧啶	Sulfamonomethoxine			不得检出	GB/T 21316

序号	农兽药中文名	农兽药英文名	欧盟标准限量要求 mg/kg	国家标准限量要求 mg/kg	三安超有机食品标准	
					限量要求 mg/kg	检测方法
753	乙酰磺胺对硝基苯	Sulfanitran			不得检出	GB/T 20772
754	磺胺吡啶	Sulfapyridine			不得检出	GB/T 21316
755	磺胺喹沙啉	Sulfaquinoxaline			不得检出	GB/T 21316
756	磺胺噻唑	Sulfathiazole			不得检出	GB/T 21316
757	治螟磷	Sulfotep			不得检出	GB/T 19650
758	硫丙磷	Sulprofos			不得检出	GB/T 19650
759	苯噻硫氰	TCMTB			不得检出	GB/T 19650
760	丁基嘧啶磷	Tebupirimfos			不得检出	GB/T 19650
761	牧草胺	Tebutam			不得检出	GB/T 19650
762	丁噻隆	Tebuthiuron			不得检出	GB/T 20772
763	双硫磷	Temephos			不得检出	GB/T 20772
764	特草灵	Terbucarb			不得检出	GB/T 19650
765	特丁通	Terbumeton			不得检出	GB/T 19650
766	特丁净	Terbutryn			不得检出	GB/T 19650
767	四氢邻苯二甲酰亚胺	Tetrabydrophthalimide			不得检出	GB/T 19650
768	杀虫畏	Tetrachlorvinphos			不得检出	GB/T 19650
769	胺菊酯	Tetramethirn			不得检出	GB/T 19650
770	杀螨氯硫	Tetrasul			不得检出	GB/T 19650
771	噻吩草胺	Thenylchlor			不得检出	GB/T 19650
772	噻唑烟酸	Thiazopyr			不得检出	GB/T 19650
773	噻苯隆	Thidiazuron			不得检出	GB/T 20772
774	噻吩磺隆	Thifensulfuron – methyl			不得检出	GB/T 20772
775	甲基乙拌磷	Thiometon			不得检出	GB/T 20772
776	虫线磷	Thionazin			不得检出	GB/T 19650
777	硫普罗宁	Tiopronin			不得检出	SN/T 2225
778	三甲苯草酮	Tralkoxydim			不得检出	GB/T 19650
779	四溴菊酯	Tralomethrin			不得检出	SN/T 2320
780	反式 – 氯丹	*trans* – Chlordane			不得检出	GB/T 19650
781	反式 – 燕麦敌	*trans* – Diallate			不得检出	GB/T 19650
782	四氟苯菊酯	Transfluthrin			不得检出	GB/T 19650
783	反式九氯	*trans* – Nonachlor			不得检出	GB/T 19650
784	反式 – 氯菊酯	*trans* – Permethrin			不得检出	GB/T 19650
785	群勃龙	Trenbolone			不得检出	GB/T 21981
786	威菌磷	Triamiphos			不得检出	GB/T 19650
787	毒壤磷	Trichloronate			不得检出	GB/T 19650
788	灭草环	Tridiphane			不得检出	GB/T 19650
789	草达津	Trietazine			不得检出	GB/T 19650
790	三异丁基磷酸盐	Tri – *iso* – butyl phosphate			不得检出	GB/T 19650
791	三正丁基磷酸盐	Tri – *n* – butyl phosphate			不得检出	GB/T 19650

序号	农兽药中文名	农兽药英文名	欧盟标准限量要求 mg/kg	国家标准限量要求 mg/kg	三安超有机食品标准	
					限量要求 mg/kg	检测方法
792	三苯基磷酸盐	Triphenyl phosphate			不得检出	GB/T 19650
793	烯效唑	Uniconazole			不得检出	GB/T 19650
794	灭草敌	Vernolate			不得检出	GB/T 19650
795	维吉尼霉素	Virginiamycin			不得检出	GB/T 20765
796	杀鼠灵	War farin			不得检出	GB/T 20772
797	甲苯噻嗪	Xylazine			不得检出	GB/T 20763
798	右环十四酮酚	Zeranol			不得检出	GB/T 21982
799	苯酰菌胺	Zoxamide			不得检出	GB/T 19650

11.5 鹅可食用下水 Goose Edible Offal

序号	农兽药中文名	农兽药英文名	欧盟标准限量要求 mg/kg	国家标准限量要求 mg/kg	三安超有机食品标准	
					限量要求 mg/kg	检测方法
1	1,1-二氯-2,2-二(4-乙苯)乙烷	1,1-Dichloro-2,2-bis(4-ethylphenyl)ethane	0.01		不得检出	日本肯定列表(增补本1)
2	1,2-二氯乙烷	1,2-Dichloroethane	0.1		不得检出	SN/T 2238
3	1,3-二氯丙烯	1,3-Dichloropropene	0.01		不得检出	SN/T 2238
4	1-萘乙酸	1-Naphthylacetic acid	0.05		不得检出	SN/T 2228
5	2,4-滴丁酸	2,4-DB	0.05		不得检出	GB/T 20769
6	2,4-滴	2,4-D	0.05		不得检出	GB/T 20772
7	2-苯酚	2-Phenylphenol	0.05		不得检出	GB/T 19650
8	阿维菌素	Abamectin	0.02		不得检出	SN/T 2661
9	乙酰甲胺磷	Acephate	0.02		不得检出	GB/T 20772
10	灭螨醌	Acequinocyl	0.01		不得检出	参照同类标准
11	啶虫脒	Acetamiprid	0.05		不得检出	GB/T 20772
12	乙草胺	Acetochlor	0.01		不得检出	GB/T 19650
13	苯并噻二唑	Acibenzolar-*S*-methyl	0.02		不得检出	GB/T 20772
14	苯草醚	Aclonifen	0.02		不得检出	GB/T 20772
15	氟丙菊酯	Acrinathrin	0.05		不得检出	GB/T 19648
16	甲草胺	Alachlor	0.01		不得检出	GB/T 20772
17	涕灭威	Aldicarb	0.01		不得检出	GB/T 20772
18	艾氏剂和狄氏剂	Aldrin and dieldrin	0.2		不得检出	GB/T 19650
19	—	Ametoctradin	0.03		不得检出	参照同类标准
20	酰嘧磺隆	Amidosulfuron	0.02		不得检出	参照同类标准
21	氯氨吡啶酸	Aminopyralid	0.01		不得检出	GB/T 23211
22	—	Amisulbrom	0.01		不得检出	参照同类标准
23	双甲脒	Amitraz	0.05		不得检出	GB/T 19650
24	敌菌灵	Anilazine	0.01		不得检出	GB/T 20769
25	杀螨特	Aramite	0.01		不得检出	GB/T 19650

序号	农兽药中文名	农兽药英文名	欧盟标准限量要求 mg/kg	国家标准限量要求 mg/kg	三安超有机食品标准	
					限量要求 mg/kg	检测方法
26	磺草灵	Asulam	0.1		不得检出	日本肯定列表(增补本1)
27	印楝素	Azadirachtin	0.01		不得检出	SN/T 3264
28	益棉磷	Azinphos - ethyl	0.01		不得检出	GB/T 19650
29	保棉磷	Azinphos - methyl	0.01		不得检出	GB/T 20772
30	三唑锡和三环锡	Azocyclotin and cyhexatin	0.05		不得检出	SN/T 1990
31	嘧菌酯	Azoxystrobin	0.05		不得检出	GB/T 20772
32	燕麦灵	Barban	0.05		不得检出	参照同类标准
33	氟丁酰草胺	Beflubutamid	0.05		不得检出	参照同类标准
34	苯霜灵	Benalaxyl	0.05		不得检出	GB/T 20772
35	丙硫克百威	Benfuracarb	0.02		不得检出	GB/T 20772
36	联苯肼酯	Bifenazate	0.01		不得检出	GB/T 20772
37	甲羧除草醚	Bifenox	0.05		不得检出	GB/T 23210
38	联苯菊酯	Bifenthrin	0.05		不得检出	GB/T 19650
39	乐杀螨	Binapacryl	0.01		不得检出	SN 0523
40	联苯	Biphenyl	0.01		不得检出	GB/T 19650
41	联苯三唑醇	Bitertanol	0.05		不得检出	GB/T 20772
42	—	Bixafen	0.02		不得检出	参照同类标准
43	啶酰菌胺	Boscalid	0.1		不得检出	GB/T 20772
44	溴离子	Bromide ion	0.05		不得检出	GB/T5009.167
45	溴螨酯	Bromopropylate	0.01		不得检出	GB/T 19650
46	溴苯腈	Bromoxynil	0.2		不得检出	GB/T 20772
47	糠菌唑	Bromuconazole	0.05		不得检出	GB/T 19650
48	乙嘧酚磺酸酯	Bupirimate	0.05		不得检出	GB/T 19650
49	噻嗪酮	Buprofezin	0.05		不得检出	GB/T 20772
50	仲丁灵	Butralin	0.02		不得检出	GB/T 19650
51	丁草敌	Butylate	0.01		不得检出	GB/T 19650
52	硫线磷	Cadusafos	0.01		不得检出	GB/T 19650
53	敌菌丹	Captafol	0.01		不得检出	GB/T 23210
54	克菌丹	Captan	0.02		不得检出	GB/T 19648
55	甲萘威	Carbaryl	0.05		不得检出	GB/T 20796
56	多菌灵和苯菌灵	Carbendazim and benomyl	0.05		不得检出	GB/T 20772
57	长杀草	Carbetamide	0.05		不得检出	GB/T 20772
58	克百威	Carbofuran	0.01		不得检出	GB/T 20772
59	丁硫克百威	Carbosulfan	0.05		不得检出	GB/T 19650
60	萎锈灵	Carboxin	0.05		不得检出	GB/T 20772
61	氯虫苯甲酰胺	Chlorantraniliprole	0.01		不得检出	参照同类标准
62	杀螨醚	Chlorbenside	0.05		不得检出	GB/T 19650
63	氯炔灵	Chlorbufam	0.05		不得检出	GB/T 20772

序号	农兽药中文名	农兽药英文名	欧盟标准限量要求 mg/kg	国家标准限量要求 mg/kg	三安超有机食品标准	
					限量要求 mg/kg	检测方法
64	氯丹	Chlordane	0.05		不得检出	GB/T 5009.19
65	十氯酮	Chlordecone	0.2		不得检出	参照同类标准
66	杀螨酯	Chlorfenson	0.05		不得检出	GB/T 19650
67	毒虫畏	Chlorfenvinphos	0.01		不得检出	GB/T 19650
68	氯草敏	Chloridazon	0.05		不得检出	GB/T 20772
69	矮壮素	Chlormequat	0.05		不得检出	GB/T 23211
70	乙酯杀螨醇	Chlorobenzilate	0.1		不得检出	GB/T 23210
71	百菌清	Chlorothalonil	0.07		不得检出	SN/T 2320
72	绿麦隆	Chlortoluron	0.05		不得检出	GB/T 20772
73	枯草隆	Chloroxuron	0.05		不得检出	SN/T 2150
74	氯苯胺灵	Chlorpropham	0.05		不得检出	GB/T 19650
75	毒死蜱	Chlorpyrifos	0.05		不得检出	GB/T 19650
76	甲基毒死蜱	Chlorpyrifos - methyl	0.05		不得检出	GB/T 19650
77	氯磺隆	Chlorsulfuron	0.01		不得检出	GB/T 20772
78	氯酞酸甲酯	Chlorthaldimethyl	0.01		不得检出	GB/T 19650
79	氯硫酰草胺	Chlorthiamid	0.02		不得检出	GB/T 20772
80	烯草酮	Clethodim	0.2		不得检出	GB/T 19650
81	炔草酯	Clodinafop - propargyl	0.02		不得检出	GB/T 19650
82	四螨嗪	Clofentezine	0.05		不得检出	GB/T 20772
83	二氯吡啶酸	Clopyralid	0.05		不得检出	SN/T 2228
84	噻虫胺	Clothianidin	0.1		不得检出	GB/T 20772
85	铜化合物	Copper compounds	30		不得检出	参照同类标准
86	环烷基酰苯胺	Cyclanilide	0.01		不得检出	参照同类标准
87	噻草酮	Cycloxydim	0.05		不得检出	GB/T 19650
88	环氟菌胺	Cyflufenamid	0.03		不得检出	GB/T 23210
89	氟氯氰菊酯和高效氟氯氰菊酯	Cyfluthrin and beta - cyfluthrin	0.05		不得检出	GB/T 19650
90	霜脲氰	Cymoxanil	0.05		不得检出	GB/T 20772
91	氯氰菊酯和高效氯氰菊酯	Cypermethrin and beta - cypermethrin	0.05		不得检出	GB/T 19650
92	环丙唑醇	Cyproconazole	0.05		不得检出	GB/T 20772
93	嘧菌环胺	Cyprodinil	0.05		不得检出	GB/T 19650
94	灭蝇胺	Cyromazine	0.05		不得检出	GB/T 20772
95	丁酰肼	Daminozide	0.05		不得检出	SN/T 1989
96	滴滴涕	DDT	1		不得检出	SN/T 0127
97	溴氰菊酯	Deltamethrin	0.1		不得检出	GB/T 19650
98	燕麦敌	Diallate	0.2		不得检出	GB/T 23211
99	二嗪磷	Diazinon	0.02		不得检出	GB/T 19650
100	麦草畏	Dicamba	0.07		不得检出	GB/T 20772

序号	农兽药中文名	农兽药英文名	欧盟标准限量要求 mg/kg	国家标准限量要求 mg/kg	三安超有机食品标准	
					限量要求 mg/kg	检测方法
101	敌草腈	Dichlobenil	0.01		不得检出	GB/T 19650
102	滴丙酸	Dichlorprop	0.05		不得检出	SN/T 2228
103	二氯苯氧基丙酸	Diclofop	0.01		不得检出	参照同类标准
104	氯硝胺	Dicloran	0.01		不得检出	GB/T 19650
105	三氯杀螨醇	Dicofol	0.05		不得检出	GB/T 19650
106	乙霉威	Diethofencarb	0.05		不得检出	GB/T 19650
107	苯醚甲环唑	Difenoconazole	0.1		不得检出	GB/T 19650
108	除虫脲	Diflubenzuron	0.05		不得检出	SN/T 0528
109	吡氟酰草胺	Diflufenican	0.05		不得检出	GB/T 20772
110	油菜安	Dimethachlor	0.02		不得检出	GB/T 20772
111	烯酰吗啉	Dimethomorph	0.05		不得检出	GB/T 20772
112	醚菌胺	Dimoxystrobin	0.05		不得检出	SN/T 2237
113	烯唑醇	Diniconazole	0.01		不得检出	GB/T 19650
114	敌螨普	Dinocap	0.05		不得检出	日本肯定列表（增补本 1）
115	地乐酚	Dinoseb	0.01		不得检出	GB/T 20772
116	特乐酚	Dinoterb	0.05		不得检出	GB/T 20772
117	敌噁磷	Dioxathion	0.05		不得检出	GB/T 19650
118	敌草快	Diquat	0.05		不得检出	GB/T 5009.221
119	乙拌磷	Disulfoton	0.01		不得检出	GB/T 20772
120	二氰蒽醌	Dithianon	0.01		不得检出	GB/T 20769
121	二硫代氨基甲酸酯	Dithiocarbamates	0.05		不得检出	SN 0139
122	敌草隆	Diuron	0.05		不得检出	SN/T 0645
123	二硝甲酚	DNOC	0.05		不得检出	GB/T 20772
124	多果定	Dodine	0.2		不得检出	SN 0500
125	甲氨基阿维菌素苯甲酸盐	Emamectin benzoate	0.01		不得检出	GB/T 20769
126	硫丹	Endosulfan	0.05	0.03	不得检出	GB/T 19650
127	异狄氏剂	Endrin	0.05		不得检出	GB/T 19650
128	氟环唑	Epoxiconazole	0.01		不得检出	GB/T 20772
129	茵草敌	EPTC	0.02		不得检出	GB/T 20772
130	乙丁烯氟灵	Ethalfluralin	0.01		不得检出	GB/T 19650
131	胺苯磺隆	Ethametsulfuron	0.01		不得检出	NY/T 1616
132	乙烯利	Ethephon	0.05		不得检出	SN 0705
133	乙硫磷	Ethion	0.01		不得检出	GB/T 19650
134	乙嘧酚	Ethirimol	0.05		不得检出	GB/T 20772
135	乙氧呋草黄	Ethofumesate	0.1		不得检出	GB/T 20772
136	灭线磷	Ethoprophos	0.01		不得检出	GB/T 19650
137	乙氧喹啉	Ethoxyquin	0.05		不得检出	GB/T 20772
138	环氧乙烷	Ethylene oxide	0.02		不得检出	GB/T 23296.11

序号	农兽药中文名	农兽药英文名	欧盟标准限量要求 mg/kg	国家标准限量要求 mg/kg	三安超有机食品标准	
					限量要求 mg/kg	检测方法
139	醚菊酯	Etofenprox	0.01		不得检出	GB/T 19650
140	乙螨唑	Etoxazole	0.01		不得检出	GB/T 19650
141	氯唑灵	Etridiazole	0.05		不得检出	GB/T 20772
142	噁唑菌酮	Famoxadone	0.05		不得检出	GB/T 20772
143	咪唑菌酮	Fenamidone	0.01		不得检出	GB/T 19650
144	苯线磷	Fenamiphos	0.02		不得检出	GB/T 19650
145	氯苯嘧啶醇	Fenarimol	0.02		不得检出	GB/T 20772
146	喹螨醚	Fenazaquin	0.01		不得检出	GB/T 19650
147	腈苯唑	Fenbuconazole	0.05		不得检出	GB/T 20772
148	苯丁锡	Fenbutatin oxide	0.05		不得检出	SN/T 3149
149	环酰菌胺	Fenhexamid	0.05		不得检出	GB/T 20772
150	杀螟硫磷	Fenitrothion	0.01		不得检出	GB/T 20772
151	精噁唑禾草灵	Fenoxaprop - *P* - ethyl	0.05		不得检出	GB 22617
152	双氧威	Fenoxycarb	0.05		不得检出	GB/T 19650
153	苯锈啶	Fenpropidin	0.02		不得检出	GB/T 19650
154	丁苯吗啉	Fenpropimorph	0.01		不得检出	GB/T 20772
155	胺苯吡菌酮	Fenpyrazamine	0.01		不得检出	参照同类标准
156	唑螨酯	Fenpyroximate	0.01		不得检出	GB/T 19650
157	倍硫磷	Fenthion	0.05		不得检出	GB/T 20772
158	三苯锡	Fentin	0.05		不得检出	SN/T 3149
159	薯瘟锡	Fentin acetate	0.05		不得检出	参照同类标准
160	氰戊菊酯和高效氰戊菊酯(RR & SS 异构体总量)	Fenvalerate and esfenvalerate (sum of RR & SS isomers)	0.2		不得检出	GB/T 19650
161	氰戊菊酯和高效氰戊菊酯(RS & SR 异构体总量)	Fenvalerate and esfenvalerate (sum of RS & SR isomers)	0.05		不得检出	GB/T 19650
162	氟虫腈	Fipronil	0.01		不得检出	SN/T 1982
163	氟啶虫酰胺	Flonicamid	0.03		不得检出	SN/T 2796
164	精吡氟禾草灵	Fluazifop - *P* - butyl	0.05		不得检出	GB/T 5009.142
165	氟啶胺	Fluazinam	0.05		不得检出	SN/T 2150
166	氟苯虫酰胺	Flubendiamide	0.01		不得检出	SN/T 2581
167	氟环脲	Flucycloxuron	0.05		不得检出	参照同类标准
168	氟氰戊菊酯	Flucythrinate	0.05		不得检出	GB/T 23210
169	咯菌腈	Fludioxonil	0.05		不得检出	GB/T 20772
170	氟虫脲	Flufenoxuron	0.05		不得检出	SN/T 2150
171	—	Flufenzin	0.02		不得检出	参照同类标准
172	氟吡菌胺	Fluopicolide	0.01		不得检出	参照同类标准
173	—	Fluopyram	0.02		不得检出	参照同类标准
174	氟离子	Fluoride ion	1		不得检出	GB/T 5009.167
175	氟腈嘧菌酯	Fluoxastrobin	0.05		不得检出	SN/T 2237

序号	农兽药中文名	农兽药英文名	欧盟标准限量要求 mg/kg	国家标准限量要求 mg/kg	三安超有机食品标准	
					限量要求 mg/kg	检测方法
176	氟喹唑	Fluquinconazole	0.02		不得检出	GB/T 19650
177	氟咯草酮	Fluorochloridone	0.05		不得检出	GB/T 20772
178	氟草烟	Fluroxypyr	0.05		不得检出	GB/T 20772
179	氟硅唑	Flusilazole	0.5		不得检出	GB/T 20772
180	氟酰胺	Flutolanil	0.05		不得检出	GB/T 20772
181	粉唑醇	Flutriafol	0.01		不得检出	GB/T 20772
182	—	Fluxapyroxad	0.01		不得检出	参照同类标准
183	氟磺胺草醚	Fomesafen	0.01		不得检出	GB/T 5009.130
184	氯吡脲	Forchlorfenuron	0.05		不得检出	SN/T 3643
185	伐虫脒	Formetanate	0.01		不得检出	NY/T 1453
186	三乙膦酸铝	Fosetyl - aluminium	0.5		不得检出	参照同类标准
187	麦穗宁	Fuberidazole	0.05		不得检出	GB/T 19650
188	呋线威	Furathiocarb	0.01		不得检出	GB/T 20772
189	糠醛	Furfural	1		不得检出	参照同类标准
190	勃激素	Gibberellic acid	0.1		不得检出	GB/T 23211
191	草胺膦	Glufosinate - ammonium	0.1		不得检出	日本肯定列表
192	草甘膦	Glyphosate	0.05		不得检出	SN/T 1923
193	双胍盐	Guazatine	0.1		不得检出	参照同类标准
194	氟吡禾灵	Haloxyfop	0.1		不得检出	SN/T 2228
195	七氯	Heptachlor	0.2		不得检出	SN 0663
196	六氯苯	Hexachlorobenzene	0.2		不得检出	SN/T 0127
197	六六六(HCH), α - 异构体	Hexachlorociclohexane (HCH), alpha - isomer	0.2		不得检出	SN/T 0127
198	六六六(HCH), β - 异构体	Hexachlorociclohexane (HCH), beta - isomer	0.1		不得检出	SN/T 0127
199	噻螨酮	Hexythiazox	0.05		不得检出	GB/T 20772
200	噁霉灵	Hymexazol	0.05		不得检出	GB/T 20772
201	抑霉唑	Imazalil	0.05		不得检出	GB/T 20772
202	甲咪唑烟酸	Imazapic	0.01		不得检出	GB/T 20772
203	咪唑喹啉酸	Imazaquin	0.05		不得检出	GB/T 20772
204	吡虫啉	Imidacloprid	0.05		不得检出	GB/T 20772
205	茚虫威	Indoxacarb	0.01		不得检出	GB/T 20772
206	碘苯腈	Ioxynil	0.2		不得检出	GB/T 20772
207	异菌脲	Iprodione	0.05		不得检出	GB/T 19650
208	稻瘟灵	Isoprothiolane	0.01		不得检出	GB/T 20772
209	异丙隆	Isoproturon	0.05		不得检出	GB/T 20772
210	—	Isopyrazam	0.01		不得检出	参照同类标准
211	异噁酰草胺	Isoxaben	0.01		不得检出	GB/T 20772

序号	农兽药中文名	农兽药英文名	欧盟标准限量要求 mg/kg	国家标准限量要求 mg/kg	三安超有机食品标准	
					限量要求 mg/kg	检测方法
212	醚菌酯	Kresoxim – methyl	0.02		不得检出	GB/T 20772
213	乳氟禾草灵	Lactofen	0.01		不得检出	GB/T 19650
214	高效氯氟氰菊酯	Lambda – cyhalothrin	0.02		不得检出	GB/T 23210
215	环草定	Lenacil	0.1		不得检出	GB/T 19650
216	林丹	Lindane	0.02	0.01	不得检出	NY/T 761
217	虱螨脲	Lufenuron	0.02		不得检出	SN/T 2540
218	马拉硫磷	Malathion	0.02		不得检出	GB/T 19650
219	抑芽丹	Maleic hydrazide	0.02		不得检出	GB/T 23211
220	双炔酰菌胺	Mandipropamid	0.02		不得检出	参照同类标准
221	二甲四氯和二甲四氯丁酸	MCPA and MCPB	0.5		不得检出	SN/T 2228
222	壮棉素	Mepiquat chloride	0.05		不得检出	GB/T 23211
223	—	Meptyldinocap	0.05		不得检出	参照同类标准
224	汞化合物	Mercury compounds	0.01		不得检出	参照同类标准
225	氰氟虫腙	Metaflumizone	0.02		不得检出	SN/T 3852
226	甲霜灵和精甲霜灵	Metalaxyl and metalaxyl – M	0.05		不得检出	GB/T 20772
227	四聚乙醛	Metaldehyde	0.05		不得检出	SN/T 1787
228	苯嗪草酮	Metamitron	0.05		不得检出	GB/T 19650
229	吡唑草胺	Metazachlor	0.05		不得检出	GB/T 19650
230	叶菌唑	Metconazole	0.01		不得检出	GB/T 20772
231	甲基苯噻隆	Methabenzthiazuron	0.05		不得检出	GB/T 19650
232	虫螨畏	Methacrifos	0.01		不得检出	GB/T 20772
233	甲胺磷	Methamidophos	0.01		不得检出	GB/T 20772
234	杀扑磷	Methidathion	0.02		不得检出	GB/T 20772
235	甲硫威	Methiocarb	0.05		不得检出	GB/T 20770
236	灭多威和硫双威	Methomyl and thiodicarb	0.02		不得检出	GB/T 20772
237	烯虫酯	Methoprene	0.05		不得检出	GB/T 19650
238	甲氧滴滴涕	Methoxychlor	0.01		不得检出	SN/T 0529
239	甲氧虫酰肼	Methoxyfenozide	0.01		不得检出	GB/T 20772
240	磺草唑胺	Metosulam	0.01		不得检出	GB/T 20772
241	苯菌酮	Metrafenone	0.05		不得检出	参照同类标准
242	嗪草酮	Metribuzin	0.1		不得检出	GB/T 19650
243	绿谷隆	Monolinuron	0.05		不得检出	GB/T 20772
244	灭草隆	Monuron	0.01		不得检出	GB/T 20772
245	腈菌唑	Myclobutanil	0.01		不得检出	GB/T 20772
246	1 – 萘乙酰胺	1 – Naphthylacetamide	0.05		不得检出	GB/T 23205
247	敌草胺	Napropamide	0.01		不得检出	GB/T 19650
248	烟嘧磺隆	Nicosulfuron	0.05		不得检出	SN/T 2325
249	除草醚	Nitrofen	0.01		不得检出	GB/T 19650
250	氟酰脲	Novaluron	0.1		不得检出	GB/T 23211

序号	农兽药中文名	农兽药英文名	欧盟标准限量要求 mg/kg	国家标准限量要求 mg/kg	三安超有机食品标准	
					限量要求 mg/kg	检测方法
251	嘧苯胺磺隆	Orthosulfamuron	0.01		不得检出	GB/T 23817
252	噁草酮	Oxadiazon	0.05		不得检出	GB/T 19650
253	噁霜灵	Oxadixyl	0.01		不得检出	GB/T 19650
254	环氧嘧磺隆	Oxasulfuron	0.05		不得检出	GB/T 23817
255	氧化萎锈灵	Oxycarboxin	0.05		不得检出	GB/T 19650
256	亚砜磷	Oxydemeton - methyl	0.01		不得检出	参照同类标准
257	乙氧氟草醚	Oxyfluorfen	0.05		不得检出	GB/T 20772
258	多效唑	Paclobutrazol	0.02		不得检出	GB/T 19650
259	对硫磷	Parathion	0.05		不得检出	GB/T 19650
260	甲基对硫磷	Parathion - methyl	0.01		不得检出	GB/T 5009.161
261	戊菌唑	Penconazole	0.05		不得检出	GB/T 20772
262	戊菌隆	Pencycuron	0.05		不得检出	GB/T 19650
263	二甲戊灵	Pendimethalin	0.05		不得检出	GB/T 19650
264	氯菊酯	Permethrin	0.05		不得检出	GB/T 19650
265	甜菜宁	Phenmedipham	0.05		不得检出	GB/T 23205
266	苯醚菊酯	Phenothrin	0.05		不得检出	GB/T 20772
267	甲拌磷	Phorate	0.01		不得检出	GB/T 20772
268	伏杀硫磷	Phosalone	0.01		不得检出	GB/T 20772
269	亚胺硫磷	Phosmet	0.1		不得检出	GB/T 20772
270	—	Phosphines and phosphides	0.01		不得检出	参照同类标准
271	辛硫磷	Phoxim	0.02		不得检出	GB/T 20772
272	氨氯吡啶酸	Picloram	0.01		不得检出	GB/T 23211
273	啶氧菌酯	Picoxystrobin	0.05		不得检出	GB/T 19650
274	抗蚜威	Pirimicarb	0.05		不得检出	GB/T 20772
275	甲基嘧啶磷	Pirimiphos - methyl	0.05		不得检出	GB/T 20772
276	咪鲜胺	Prochloraz	0.1		不得检出	GB/T 19650
277	腐霉利	Procymidone	0.01		不得检出	GB/T 20772
278	丙溴磷	Profenofos	0.05		不得检出	GB/T 20772
279	调环酸	Prohexadione	0.05		不得检出	日本肯定列表
280	毒草安	Propachlor	0.02		不得检出	GB/T 20772
281	扑派威	Propamocarb	0.1		不得检出	GB/T 20772
282	恶草酸	Propaquizafop	0.05		不得检出	GB/T 20772
283	炔螨特	Propargite	0.1		不得检出	GB/T 19650
284	苯胺灵	Propham	0.05		不得检出	GB/T 19650
285	丙环唑	Propiconazole	0.01		不得检出	GB/T 19650
286	异丙草胺	Propisochlor	0.01		不得检出	GB/T 19650
287	残杀威	Propoxur	0.05		不得检出	GB/T 20772
288	炔苯酰草胺	Propyzamide	0.02		不得检出	GB/T 19650
289	苄草丹	Prosulfocarb	0.05		不得检出	GB/T 19650

序号	农兽药中文名	农兽药英文名	欧盟标准限量要求 mg/kg	国家标准限量要求 mg/kg	三安超有机食品标准	
					限量要求 mg/kg	检测方法
290	丙硫菌唑	Prothioconazole	0.01		不得检出	参照同类标准
291	吡蚜酮	Pymetrozine	0.01		不得检出	GB/T 20772
292	吡唑醚菌酯	Pyraclostrobin	0.05		不得检出	GB/T 20772
293	—	Pyrasulfotole	0.01		不得检出	参照同类标准
294	吡菌磷	Pyrazophos	0.02		不得检出	GB/T 20772
295	除虫菊素	Pyrethrins	0.05		不得检出	GB/T 20772
296	哒螨灵	Pyridaben	0.02		不得检出	GB/T 19650
297	啶虫丙醚	Pyridalyl	0.01		不得检出	日本肯定列表
298	哒草特	Pyridate	0.05		不得检出	日本肯定列表
299	嘧霉胺	Pyrimethanil	0.05		不得检出	GB/T 19650
300	吡丙醚	Pyriproxyfen	0.05		不得检出	GB/T 19650
301	甲氧磺草胺	Pyroxsulam	0.01		不得检出	SN/T 2325
302	氯甲喹啉酸	Quinmerac	0.05		不得检出	参照同类标准
303	喹氧灵	Quinoxyfen	0.2		不得检出	SN/T 2319
304	五氯硝基苯	Quintozene	0.01	0.1	不得检出	GB/T 19650
305	精喹禾灵	Quizalofop - *P* - ethyl	0.05		不得检出	SN/T 2150
306	灭虫菊	Resmethrin	0.1		不得检出	GB/T 20772
307	鱼藤酮	Rotenone	0.01		不得检出	GB/T 20772
308	西玛津	Simazine	0.01		不得检出	SN 0594
309	乙基多杀菌素	Spinetoram	0.01		不得检出	参照同类标准
310	多杀霉素	Spinosad	0.2		不得检出	GB/T 20772
311	螺螨酯	Spirodiclofen	0.01		不得检出	GB/T 20772
312	螺甲螨酯	Spiromesifen	0.01		不得检出	GB/T 23210
313	螺虫乙酯	Spirotetramat	0.01		不得检出	参照同类标准
314	萜孢菌素	Spiroxamine	0.05		不得检出	GB/T 20772
315	磺草酮	Sulcotrione	0.05		不得检出	参照同类标准
316	乙黄隆	Sulfosulfuron	0.05		不得检出	SN/T 2325
317	硫磺粉	Sulfur	0.5		不得检出	参照同类标准
318	氟胺氰菊酯	Tau - fluvalinate	0.01		不得检出	SN 0691
319	戊唑醇	Tebuconazole	0.1		不得检出	GB/T 20772
320	虫酰肼	Tebufenozide	0.05		不得检出	GB/T 20772
321	吡螨胺	Tebufenpyrad	0.05		不得检出	GB/T 19650
322	四氯硝基苯	Tecnazene	0.05		不得检出	GB/T 19650
323	氟苯脲	Teflubenzuron	0.05		不得检出	SN/T 2150
324	七氟菊酯	Tefluthrin	0.05		不得检出	GB/T 23210
325	得杀草	Tepraloxydim	0.1		不得检出	GB/T 20772
326	特丁硫磷	Terbufos	0.01		不得检出	GB/T 20772
327	特丁津	Terbuthylazine	0.05		不得检出	GB/T 19650
328	四氟醚唑	Tetraconazole	0.02		不得检出	GB/T 20772

序号	农兽药中文名	农兽药英文名	欧盟标准限量要求 mg/kg	国家标准限量要求 mg/kg	三安超有机食品标准	
					限量要求 mg/kg	检测方法
329	三氯杀螨砜	Tetradifon	0.05		不得检出	GB/T 19650
330	噻菌灵	Thiabendazole	0.1		不得检出	GB/T 20772
331	噻虫啉	Thiacloprid	0.01		不得检出	GB/T 20772
332	噻虫嗪	Thiamethoxam	0.01		不得检出	GB/T 20772
333	禾草丹	Thiobencarb	0.01		不得检出	GB/T 20772
334	甲基硫菌灵	Thiophanate – methyl	0.05		不得检出	SN/T 0162
335	甲基立枯磷	Tolclofos – methyl	0.05		不得检出	参照同类标准
336	甲苯氟磺胺	Tolylfluanid	0.1		不得检出	GB/T 19650
337	—	Topramezone	0.05		不得检出	参照同类标准
338	三唑酮和三唑醇	Triadimefon and triadimenol	0.1		不得检出	GB/T 20772
339	野麦畏	Triallate	0.05		不得检出	GB/T 20772
340	醚苯磺隆	Triasulfuron	0.05		不得检出	GB/T 20772
341	三唑磷	Triazophos	0.01		不得检出	GB/T 20772
342	敌百虫	Trichlorphon	0.01		不得检出	GB/T 20772
343	绿草定	Triclopyr	0.05		不得检出	SN/T 2228
344	三环唑	Tricyclazole	0.05		不得检出	GB/T 20769
345	十三吗啉	Tridemorph	0.01		不得检出	GB/T 20772
346	肟菌酯	Trifloxystrobin	0.04		不得检出	GB/T 19650
347	氟菌唑	Triflumizole	0.05		不得检出	GB/T 20769
348	杀铃脲	Triflumuron	0.01		不得检出	GB/T 20772
349	氟乐灵	Trifluralin	0.01		不得检出	GB/T 20772
350	嗪氨灵	Triforine	0.01		不得检出	SN 0695
351	三甲基锍阳离子	Trimethyl – sulfonium cation	0.05		不得检出	参照同类标准
352	抗倒酯	Trinexapac	0.05		不得检出	GB/T 20769
353	灭菌唑	Triticonazole	0.01		不得检出	GB/T 20772
354	三氟甲磺隆	Tritosulfuron	0.01		不得检出	参照同类标准
355	—	Valifenalate	0.01		不得检出	参照同类标准
356	乙烯菌核利	Vinclozolin	0.05		不得检出	GB/T 20772
357	2,3,4,5 – 四氯苯胺	2,3,4,5 – Tetrachloraniline			不得检出	GB/T 19650
358	2,3,4,5 – 四氯甲氧基苯	2,3,4,5 – Tetrachloroanisole			不得检出	GB/T 19650
359	2,3,5,6 – 四氯苯胺	2,3,5,6 – Tetrachloroaniline			不得检出	GB/T 19650
360	2,4,5 – 涕	2,4,5 – T			不得检出	GB/T 20772
361	*o,p′* – 滴滴滴	2,4′ – DDD			不得检出	GB/T 19650
362	*o,p′* – 滴滴伊	2,4′ – DDE			不得检出	GB/T 19650
363	*o,p′* – 滴滴涕	2,4′ – DDT			不得检出	GB/T 19650
364	2,6 – 二氯苯甲酰胺	2,6 – Dichlorobenzamide			不得检出	GB/T 19650
365	3,5 – 二氯苯胺	3,5 – Dichloroaniline			不得检出	GB/T 19650
366	*p,p′* – 滴滴滴	4,4′ – DDD			不得检出	GB/T 19650
367	*p,p′* – 滴滴伊	4,4′ – DDE			不得检出	GB/T 19650

序号	农兽药中文名	农兽药英文名	欧盟标准限量要求 mg/kg	国家标准限量要求 mg/kg	三安超有机食品标准	
					限量要求 mg/kg	检测方法
368	*p*,*p*′-滴滴涕	4,4′-DDT			不得检出	GB/T 19650
369	4,4′-二溴二苯甲酮	4,4′-Dibromobenzophenone			不得检出	GB/T 19650
370	4,4′-二氯二苯甲酮	4,4′-Dichlorobenzophenone			不得检出	GB/T 19650
371	二氢苊	Acenaphthene			不得检出	GB/T 19650
372	乙酰丙嗪	Acepromazine			不得检出	GB/T 20763
373	三氟羧草醚	Acifluorfen			不得检出	GB/T 20772
374	1-氨基-2-乙内酰脲	AHD			不得检出	GB/T 21311
375	涕灭砜威	Aldoxycarb			不得检出	GB/T 20772
376	烯丙菊酯	Allethrin			不得检出	GB/T 20772
377	二丙烯草胺	Allidochlor			不得检出	GB/T 19650
378	烯丙孕素	Altrenogest			不得检出	SN/T 1980
379	莠灭净	Ametryn			不得检出	GB/T 20772
380	杀草强	Amitrole			不得检出	SN/T 1737.6
381	5-吗啉甲基-3-氨基-2-噁唑烷基酮	AMOZ			不得检出	GB/T 21311
382	氨苄青霉素	Ampicillin			不得检出	GB/T 21315
383	氨丙嘧吡啶	Amprolium			不得检出	SN/T 0276
384	莎稗磷	Anilofos			不得检出	GB/T 19650
385	蒽醌	Anthraquinone			不得检出	GB/T 19650
386	3-氨基-2-噁唑酮	AOZ			不得检出	GB/T 21311
387	安普霉素	Apramycin			不得检出	GB/T 21323
388	丙硫特普	Aspon			不得检出	GB/T 19650
389	羟氨卡青霉素	Aspoxicillin			不得检出	GB/T 21315
390	乙基杀扑磷	Athidathion			不得检出	GB/T 19650
391	莠去通	Atratone			不得检出	GB/T 19650
392	莠去津	Atrazine			不得检出	GB/T 20772
393	脱乙基阿特拉津	Atrazine-desethyl			不得检出	GB/T 19650
394	甲基吡噁磷	Azamethiphos			不得检出	GB/T 20763
395	氮哌酮	Azaperone			不得检出	SN/T 2221
396	叠氮津	Aziprotryne			不得检出	GB/T 19650
397	杆菌肽	Bacitracin			不得检出	GB/T 20743
398	4-溴-3,5-二甲苯基-*N*-甲基氨基甲酸酯-1	BDMC-1			不得检出	GB/T 19650
399	4-溴-3,5-二甲苯基-*N*-甲基氨基甲酸酯-2	BDMC-2			不得检出	GB/T 19650
400	噁虫威	Bendiocarb			不得检出	GB/T 20772
401	乙丁氟灵	Benfluralin			不得检出	GB/T 19650
402	呋草黄	Benfuresate			不得检出	GB/T 19650
403	麦锈灵	Benodanil			不得检出	GB/T 19650

序号	农兽药中文名	农兽药英文名	欧盟标准限量要求 mg/kg	国家标准限量要求 mg/kg	三安超有机食品标准	
					限量要求 mg/kg	检测方法
404	解草酮	Benoxacor			不得检出	GB/T 19650
405	新燕灵	Benzoylprop - ethyl			不得检出	GB/T 19650
406	苄青霉素	Benzyl pencillin			不得检出	GB/T 21315
407	倍他米松	Betamethasone			不得检出	SN/T 1970
408	生物烯丙菊酯 - 1	Bioallethrin - 1			不得检出	GB/T 19650
409	生物烯丙菊酯 - 2	Bioallethrin - 2			不得检出	GB/T 19650
410	生物苄呋菊酯	Bioresmethrin			不得检出	GB/T 20772
411	除草定	Bromacil			不得检出	GB/T 20772
412	溴苯烯磷	Bromfenvinfos			不得检出	GB/T 19650
413	溴烯杀	Bromocylen			不得检出	GB/T 19650
414	溴硫磷	Bromofos			不得检出	GB/T 19650
415	乙基溴硫磷	Bromophos - ethyl			不得检出	GB/T 19650
416	溴丁酰草胺	Btomobutide			不得检出	GB/T 19650
417	氟丙嘧草酯	Butafenacil			不得检出	GB/T 19650
418	抑草磷	Butamifos			不得检出	GB/T 19650
419	丁草胺	Butaxhlor			不得检出	GB/T 19650
420	苯酮唑	Cafenstrole			不得检出	GB/T 19650
421	角黄素	Canthaxanthin			不得检出	SN/T 2327
422	咔唑心安	Carazolol			不得检出	GB/T 20763
423	卡巴氧	Carbadox			不得检出	GB/T 20746
424	三硫磷	Carbophenothion			不得检出	GB/T 19650
425	唑草酮	Carfentrazone - ethyl			不得检出	GB/T 19650
426	卡洛芬	Carprofen			不得检出	SN/T 2190
427	头孢洛宁	Cefalonium			不得检出	GB/T 22989
428	头孢匹林	Cefapirin			不得检出	GB/T 22989
429	头孢喹肟	Cefquinome			不得检出	GB/T 22989
430	头孢噻呋	Ceftiofur			不得检出	GB/T 21314
431	头孢氨苄	Cefalexin			不得检出	GB/T 22989
432	氯霉素	Chloramphenicolum			不得检出	GB/T 20772
433	氯杀螨砜	Chlorbenside sulfone			不得检出	GB/T 19650
434	氯溴隆	Chlorbromuron			不得检出	GB/T 19650
435	杀虫脒	Chlordimeform			不得检出	GB/T 19650
436	氯氧磷	Chlorethoxyfos			不得检出	GB/T 19650
437	溴虫腈	Chlorfenapyr			不得检出	GB/T 19650
438	杀螨醇	Chlorfenethol			不得检出	GB/T 19650
439	燕麦酯	Chlorfenprop - methyl			不得检出	GB/T 19650
440	氟啶脲	Chlorfluazuron			不得检出	SN/T 2540
441	整形醇	Chlorflurenol			不得检出	GB/T 19650

序号	农兽药中文名	农兽药英文名	欧盟标准限量要求 mg/kg	国家标准限量要求 mg/kg	三安超有机食品标准	
					限量要求 mg/kg	检测方法
442	氯地孕酮	Chlormadinone			不得检出	SN/T 1980
443	醋酸氯地孕酮	Chlormadinone acetate			不得检出	GB/T 20753
444	氯甲硫磷	Chlormephos			不得检出	GB/T 19650
445	氯苯甲醚	Chloroneb			不得检出	GB/T 19650
446	丙酯杀螨醇	Chloropropylate			不得检出	GB/T 19650
447	氯丙嗪	Chlorpromazine			不得检出	GB/T 20763
448	金霉素	Chlortetracycline			不得检出	GB/T 21317
449	氯硫磷	Chlorthion			不得检出	GB/T 19650
450	虫螨磷	Chlorthiophos			不得检出	GB/T 19650
451	乙菌利	Chlozolinate			不得检出	GB/T 19650
452	顺式－氯丹	*cis*－Chlordane			不得检出	GB/T 19650
453	顺式－燕麦敌	*cis*－Diallate			不得检出	GB/T 19650
454	顺式－氯菊酯	*cis*－Permethrin			不得检出	GB/T 19650
455	克仑特罗	Clenbuterol			不得检出	GB/T 22286
456	异噁草酮	Clomazone			不得检出	GB/T 20772
457	氯甲酰草胺	Clomeprop			不得检出	GB/T 19650
458	氯羟吡啶	Clopidol			不得检出	GB 29700
459	解草酯	Cloquintocet－mexyl			不得检出	GB/T 19650
460	邻氯青霉素	Cloxacillin			不得检出	GB/T 18932.25
461	蝇毒磷	Coumaphos			不得检出	GB/T 19650
462	鼠立死	Crimidine			不得检出	GB/T 19650
463	巴毒磷	Crotxyphos			不得检出	GB/T 19650
464	育畜磷	Crufomate			不得检出	GB/T 19650
465	苯腈磷	Cyanofenphos			不得检出	GB/T 19650
466	杀螟腈	Cyanophos			不得检出	GB/T 20772
467	环草敌	Cycloate			不得检出	GB/T 20772
468	环莠隆	Cycluron			不得检出	GB/T 20772
469	环丙津	Cyprazine			不得检出	GB/T 20772
470	敌草索	Dacthal			不得检出	GB/T 19650
471	达氟沙星	Danofloxacin			不得检出	GB/T 22985
472	癸氧喹酯	Decoquinate			不得检出	SN/T2444
473	脱叶磷	DEF			不得检出	GB/T 19650
474	2,2′,4,5,5′－五氯联苯	DE－PCB 101			不得检出	GB/T 19650
475	2,3,4,4′,5－五氯联苯	DE－PCB 118			不得检出	GB/T 19650
476	2,2′,3,4,4′,5－六氯联苯	DE－PCB 138			不得检出	GB/T 19650
477	2,2′,4,4′,5,5′－六氯联苯	DE－PCB 153			不得检出	GB/T 19650
478	2,2′,3,4,4′,5,5′－七氯联苯	DE－PCB 180			不得检出	GB/T 19650
479	2,4,4′－三氯联苯	DE－PCB 28			不得检出	GB/T 19650

序号	农兽药中文名	农兽药英文名	欧盟标准限量要求 mg/kg	国家标准限量要求 mg/kg	三安超有机食品标准	
					限量要求 mg/kg	检测方法
480	2,4,5-三氯联苯	DE-PCB 31			不得检出	GB/T 19650
481	2,2′,5,5′-四氯联苯	DE-PCB 52			不得检出	GB/T 19650
482	脱溴溴苯磷	Desbrom-leptophos			不得检出	GB/T 19650
483	脱乙基另丁津	Desethyl-sebuthylazine			不得检出	GB/T 19650
484	敌草净	Desmetryn			不得检出	GB/T 19650
485	地塞米松	Dexamethasone			不得检出	SN/T 1970
486	氯亚胺硫磷	Dialifos			不得检出	GB/T 19650
487	敌菌净	Diaveridine			不得检出	SN/T 1926
488	驱虫特	Dibutyl succinate			不得检出	GB/T 20772
489	异氯磷	Dicapthon			不得检出	GB/T 20772
490	除线磷	Dichlofenthion			不得检出	GB/T 20772
491	苯氟磺胺	Dichlofluanid			不得检出	GB/T 19650
492	烯丙酰草胺	Dichlormid			不得检出	GB/T 19650
493	敌敌畏	Dichlorvos			不得检出	GB/T 20772
494	苄氯三唑醇	Diclobutrazole			不得检出	GB/T 20772
495	禾草灵	Diclofop-methyl			不得检出	GB/T 19650
496	双氯青霉素	Dicloxacillin			不得检出	GB/T 18932.25
497	己烯雌酚	Diethylstilbestrol			不得检出	GB/T 20766
498	双氟沙星	Difloxacin			不得检出	GB/T 20366
499	二氢链霉素	Dihydro-streptomycin			不得检出	GB/T 22969
500	甲氟磷	Dimefox			不得检出	GB/T 19650
501	哌草丹	Dimepiperate			不得检出	GB/T 19650
502	异戊乙净	Dimethametryn			不得检出	GB/T 19650
503	二甲酚草胺	Dimethenamid			不得检出	GB/T 19650
504	乐果	Dimethoate			不得检出	GB/T 20772
505	甲基毒虫畏	Dimethylvinphos			不得检出	GB/T 19650
506	地美硝唑	Dimetridazole			不得检出	GB/T 21318
507	二硝托安	Dinitolmide			不得检出	SN/T 2453
508	氨氟灵	Dinitramine			不得检出	GB/T 19650
509	消螨通	Dinobuton			不得检出	GB/T 19650
510	呋虫胺	Dinotefuran			不得检出	GB/T 20772
511	苯虫醚-1	Diofenolan-1			不得检出	GB/T 19650
512	苯虫醚-2	Diofenolan-2			不得检出	GB/T 19650
513	蔬果磷	Dioxabenzofos			不得检出	GB/T 19650
514	双苯酰草胺	Diphenamid			不得检出	GB/T 19650
515	二苯胺	Diphenylamine			不得检出	GB/T 19650
516	异丙净	Dipropetryn			不得检出	GB/T 19650
517	灭菌磷	Ditalimfos			不得检出	GB/T 19650
518	氟硫草定	Dithiopyr			不得检出	GB/T 19650

序号	农兽药中文名	农兽药英文名	欧盟标准限量要求 mg/kg	国家标准限量要求 mg/kg	三安超有机食品标准	
					限量要求 mg/kg	检测方法
519	多拉菌素	Doramectin			不得检出	GB/T 22968
520	强力霉素	Doxycycline			不得检出	GB/T 20764
521	敌瘟磷	Edifenphos			不得检出	GB/T 19650
522	硫丹硫酸盐	Endosulfan – sulfate			不得检出	GB/T 19650
523	异狄氏剂酮	Endrin ketone			不得检出	GB/T 19650
524	恩诺沙星	Enrofloxacin			不得检出	GB/T 20366
525	苯硫磷	EPN			不得检出	GB/T 19650
526	埃普利诺菌素	Eprinomectin			不得检出	GB/T 21320
527	抑草蓬	Erbon			不得检出	GB/T 19650
528	红霉素	Erythromycin			不得检出	GB/T20762
529	*S* – 氰戊菊酯	Esfenvalerate			不得检出	GB/T 19650
530	戊草丹	Esprocarb			不得检出	GB/T 19650
531	乙环唑 – 1	Etaconazole – 1			不得检出	GB/T 19650
532	乙环唑 – 2	Etaconazole – 2			不得检出	GB/T 19650
533	乙嘧硫磷	Etrimfos			不得检出	GB/T 19650
534	氧乙嘧硫磷	Etrimfos oxon			不得检出	GB/T 19650
535	伐灭磷	Famphur			不得检出	GB/T 19650
536	苯线磷亚砜	Fenamiphos sulfoxide			不得检出	GB/T 19650
537	苯线磷砜	Fenamiphos – sulfone			不得检出	GB/T 19650
538	苯硫苯咪唑	Fenbendazole			不得检出	SN 0638
539	氧皮蝇磷	Fenchlorphos oxon			不得检出	GB/T 19650
540	甲呋酰胺	Fenfuram			不得检出	GB/T 19650
541	仲丁威	Fenobucarb			不得检出	GB/T 19650
542	苯硫威	Fenothiocarb			不得检出	GB/T 19650
543	稻瘟酰胺	Fenoxanil			不得检出	GB/T 19650
544	拌种咯	Fenpiclonil			不得检出	GB/T 19650
545	甲氰菊酯	Fenpropathrin			不得检出	GB/T 19650
546	芬螨酯	Fenson			不得检出	GB/T 19650
547	丰索磷	Fensulfothion			不得检出	GB/T 19650
548	倍硫磷亚砜	Fenthion sulfoxide			不得检出	GB/T 19650
549	麦草氟异丙酯	Flamprop – isopropyl			不得检出	GB/T 19650
550	麦草氟甲酯	Flamprop – methyl			不得检出	GB/T 19650
551	氟苯尼考	Florfenicol			不得检出	GB/T 20756
552	吡氟禾草灵	Fluazifop – butyl			不得检出	GB/T 19650
553	啶蜱脲	Fluazuron			不得检出	SN/T 2540
554	氟苯咪唑	Flubendazole			不得检出	GB/T 21324
555	氟噻草胺	Flufenacet			不得检出	GB/T 19650
556	氟甲喹	Flumequin			不得检出	SN/T 1921
557	氟节胺	Flumetralin			不得检出	GB/T 19650

序号	农兽药中文名	农兽药英文名	欧盟标准限量要求 mg/kg	国家标准限量要求 mg/kg	三安超有机食品标准	
					限量要求 mg/kg	检测方法
558	唑嘧磺草胺	Flumetsulam			不得检出	GB/T 20772
559	氟烯草酸	Flumiclorac			不得检出	GB/T 19650
560	丙炔氟草胺	Flumioxazin			不得检出	GB/T 19650
561	氟胺烟酸	Flunixin			不得检出	GB/T 20750
562	三氟硝草醚	Fluorodifen			不得检出	GB/T 19650
563	乙羧氟草醚	Fluoroglycofen – ethyl			不得检出	GB/T 19650
564	三氟苯唑	Fluotrimazole			不得检出	GB/T 19650
565	氟啶草酮	Fluridone			不得检出	GB/T 19650
566	氟草烟 – 1 – 甲庚酯	Fluroxypr – 1 – methylheptyl ester			不得检出	GB/T 19650
567	呋草酮	Flurtamone			不得检出	GB/T 19650
568	地虫硫磷	Fonofos			不得检出	GB/T 19650
569	安果	Formothion			不得检出	GB/T 19650
570	呋霜灵	Furalaxyl			不得检出	GB/T 19650
571	庆大霉素	Gentamicin			不得检出	GB/T 21323
572	苄螨醚	Halfenprox			不得检出	GB/T 19650
573	氟哌啶醇	Haloperidol			不得检出	GB/T 20763
574	庚烯磷	Heptanophos			不得检出	GB/T 19650
575	已唑醇	Hexaconazole			不得检出	GB/T 19650
576	环嗪酮	Hexazinone			不得检出	GB/T 19650
577	咪草酸	Imazamethabenz – methyl			不得检出	GB/T 19650
578	脱苯甲基亚胺唑	Imibenconazole – *des* – benzyl			不得检出	GB/T 19650
579	炔咪菊酯 – 1	Imiprothrin – 1			不得检出	GB/T 19650
580	炔咪菊酯 – 2	Imiprothrin – 2			不得检出	GB/T 19650
581	碘硫磷	Iodofenphos			不得检出	GB/T 19650
582	甲基碘磺隆	Iodosulfuron – methyl			不得检出	GB/T 20772
583	异稻瘟净	Iprobenfos			不得检出	GB/T 19650
584	氯唑磷	Isazofos			不得检出	GB/T 19650
585	碳氯灵	Isobenzan			不得检出	GB/T 19650
586	丁咪酰胺	Isocarbamid			不得检出	GB/T 19650
587	水胺硫磷	Isocarbophos			不得检出	GB/T 19650
588	异艾氏剂	Isodrin			不得检出	GB/T 19650
589	异柳磷	Isofenphos			不得检出	GB/T 19650
590	氧异柳磷	Isofenphos oxon			不得检出	GB/T 19650
591	氮氨菲啶	Isometamidium			不得检出	SN/T 2239
592	丁嗪草酮	Isomethiozin			不得检出	GB/T 19650
593	异丙威 – 1	Isoprocarb – 1			不得检出	GB/T 19650
594	异丙威 – 2	Isoprocarb – 2			不得检出	GB/T 19650
595	异丙乐灵	Isopropalin			不得检出	GB/T 19650

序号	农兽药中文名	农兽药英文名	欧盟标准限量要求 mg/kg	国家标准限量要求 mg/kg	三安超有机食品标准	
					限量要求 mg/kg	检测方法
596	双苯噁唑酸	Isoxadifen – ethyl			不得检出	GB/T 19650
597	异噁氟草	Isoxaflutole			不得检出	GB/T 20772
598	噁唑啉	Isoxathion			不得检出	GB/T 19650
599	依维菌素	Ivermectin			不得检出	GB/T 21320
600	交沙霉素	Josamycin			不得检出	GB/T 20762
601	卡那霉素	Kanamycin			不得检出	GB/T 21323
602	拉沙里菌素	Lasalocid			不得检出	SN 0501
603	溴苯磷	Leptophos			不得检出	GB/T 19650
604	左旋咪唑	Levamisole			不得检出	SN 0349
605	林可霉素	Lincomycin			不得检出	GB/T 20762
606	利谷隆	Linuron			不得检出	GB/T 19650
607	麻保沙星	Marbofloxacin			不得检出	GB/T 22985
608	2 – 甲 – 4 – 氯丁氧乙基酯	MCPA – butoxyethyl ester			不得检出	GB/T 19650
609	甲苯咪唑	Mebendazole			不得检出	GB/T 21324
610	灭蚜磷	Mecarbam			不得检出	GB/T 19650
611	二甲四氯丙酸	Mecoprop			不得检出	SN/T 2325
612	苯噻酰草胺	Mefenacet			不得检出	GB/T 19650
613	吡唑解草酯	Mefenpyr – diethyl			不得检出	GB/T 19650
614	醋酸甲地孕酮	Megestrol acetate			不得检出	GB/T 20753
615	醋酸美仑孕酮	Melengestrol acetate			不得检出	GB/T 20753
616	嘧菌胺	Mepanipyrim			不得检出	GB/T 19650
617	地胺磷	Mephosfolan			不得检出	GB/T 19650
618	灭锈胺	Mepronil			不得检出	GB/T 19650
619	硝磺草酮	Mesotrione			不得检出	参照同类标准
620	呋菌胺	Methfuroxam			不得检出	GB/T 19650
621	灭梭威砜	Methiocarb sulfone			不得检出	GB/T 19650
622	异丙甲草胺和 *S* – 异丙甲草胺	Metolachlor and *S* – metolachlor			不得检出	GB/T 19650
623	盖草津	Methoprotryne			不得检出	GB/T 19650
624	甲醚菊酯 – 1	Methothrin – 1			不得检出	GB/T 19650
625	甲醚菊酯 – 2	Methothrin – 2			不得检出	GB/T 19650
626	甲基泼尼松龙	Methylprednisolone			不得检出	GB/T 21981
627	溴谷隆	Metobromuron			不得检出	GB/T 19650
628	甲氧氯普胺	Metoclopramide			不得检出	SN/T 2227
629	苯氧菌胺 – 1	Metominsstrobin – 1			不得检出	GB/T 19650
630	苯氧菌胺 – 2	Metominsstrobin – 2			不得检出	GB/T 19650
631	甲硝唑	Metronidazole			不得检出	GB/T 21318
632	速灭磷	Mevinphos			不得检出	GB/T 19650
633	兹克威	Mexacarbate			不得检出	GB/T 19650

序号	农兽药中文名	农兽药英文名	欧盟标准限量要求 mg/kg	国家标准限量要求 mg/kg	三安超有机食品标准	
					限量要求 mg/kg	检测方法
634	灭蚁灵	Mirex			不得检出	GB/T 19650
635	禾草敌	Molinate			不得检出	GB/T 19650
636	庚酰草胺	Monalide			不得检出	GB/T 19650
637	莫能菌素	Monensin			不得检出	SN 0698
638	莫西丁克	Moxidectin			不得检出	SN/T 2442
639	合成麝香	Musk ambrecte			不得检出	GB/T 19650
640	麝香	Musk moskene			不得检出	GB/T 19650
641	西藏麝香	Musk tibeten			不得检出	GB/T 19650
642	二甲苯麝香	Musk xylene			不得检出	GB/T 19650
643	萘夫西林	Nafcillin			不得检出	GB/T 22975
644	二溴磷	Naled			不得检出	SN/T 0706
645	甲基盐霉素	Narasin			不得检出	GB/T 20364
646	新霉素	Neomycin			不得检出	SN 0646
647	甲磺乐灵	Nitralin			不得检出	GB/T 19650
648	三氯甲基吡啶	Nitrapyrin			不得检出	GB/T 19650
649	酞菌酯	Nitrothal – isopropyl			不得检出	GB/T 19650
650	诺氟沙星	Norfloxacin			不得检出	GB/T 20366
651	氟草敏	Norflurazon			不得检出	GB/T 19650
652	新生霉素	Novobiocin			不得检出	SN 0674
653	氟苯嘧啶醇	Nuarimol			不得检出	GB/T 19650
654	八氯苯乙烯	Octachlorostyrene			不得检出	GB/T 19650
655	氧氟沙星	Ofloxacin			不得检出	GB/T 20366
656	喹乙醇	Olaquindox			不得检出	GB/T 20746
657	竹桃霉素	Oleandomycin			不得检出	GB/T 20762
658	氧乐果	Omethoate			不得检出	GB/T 19650
659	奥比沙星	Orbifloxacin			不得检出	GB/T 22985
660	苯唑青霉素	Oxacillin			不得检出	GB/T 18932.25
661	杀线威	Oxamyl			不得检出	GB/T 20772
662	奥芬达唑	Oxfendazole			不得检出	GB/T 22972
663	丙氧苯咪唑	Oxibendazole			不得检出	GB/T 21324
664	喹菌酮	Oxolinic acid			不得检出	日本肯定列表
665	氧化氯丹	Oxy – chlordane			不得检出	GB/T 19650
666	土霉素	Oxytetracycline			不得检出	GB/T 21317
667	对氧磷	Paraoxon			不得检出	GB/T 19650
668	甲基对氧磷	Paraoxon – methyl			不得检出	GB/T 19650
669	克草敌	Pebulate			不得检出	GB/T 19650
670	五氯苯胺	Pentachloroaniline			不得检出	GB/T 19650
671	五氯甲氧基苯	Pentachloroanisole			不得检出	GB/T 19650
672	五氯苯	Pentachlorobenzene			不得检出	GB/T 19650

序号	农兽药中文名	农兽药英文名	欧盟标准限量要求 mg/kg	国家标准限量要求 mg/kg	三安超有机食品标准	
					限量要求 mg/kg	检测方法
673	乙滴涕	Perthane			不得检出	GB/T 19650
674	菲	Phenanthrene			不得检出	GB/T 19650
675	稻丰散	Phenthoate			不得检出	GB/T 19650
676	甲拌磷砜	Phorate sulfone			不得检出	GB/T 19650
677	磷胺-1	Phosphamidon-1			不得检出	GB/T 19650
678	磷胺-2	Phosphamidon-2			不得检出	GB/T 19650
679	酞酸苯甲基丁酯	Phthalic acid, benzylbutyl ester			不得检出	GB/T 19650
680	四氯苯肽	Phthalide			不得检出	GB/T 19650
681	邻苯二甲酰亚胺	Phthalimide			不得检出	GB/T 19650
682	氟吡酰草胺	Picolinafen			不得检出	GB/T 19650
683	增效醚	Piperonyl butoxide			不得检出	GB/T 19650
684	哌草磷	Piperophos			不得检出	GB/T 19650
685	乙基虫螨清	Pirimiphos-ethyl			不得检出	GB/T 19650
686	吡利霉素	Pirlimycin			不得检出	GB/T 22988
687	炔丙菊酯	Prallethrin			不得检出	GB/T 19650
688	泼尼松龙	Prednisolone			不得检出	GB/T 21981
689	丙草胺	Pretilachlor			不得检出	GB/T 19650
690	环丙氟灵	Profluralin			不得检出	GB/T 19650
691	茉莉酮	Prohydrojasmon			不得检出	GB/T 19650
692	扑灭通	Prometon			不得检出	GB/T 19650
693	扑草净	Prometryne			不得检出	GB/T 19650
694	炔丙烯草胺	Pronamide			不得检出	GB/T 19650
695	敌稗	Propanil			不得检出	GB/T 19650
696	扑灭津	Propazine			不得检出	GB/T 19650
697	胺丙畏	Propetamphos			不得检出	GB/T 19650
698	丙酰二甲氨基丙吩噻嗪	Propionylpromazin			不得检出	GB/T 20763
699	丙硫磷	Prothiophos			不得检出	GB/T 19650
700	哒嗪硫磷	Pyridafenthion			不得检出	GB/T 19650
701	吡唑硫磷	Pyraclofos			不得检出	GB/T 19650
702	吡草醚	Pyraflufen-ethyl			不得检出	GB/T 19650
703	啶斑肟-1	Pyrifenox-1			不得检出	GB/T 19650
704	啶斑肟-2	Pyrifenox-2			不得检出	GB/T 19650
705	环酯草醚	Pyriftalid			不得检出	GB/T 19650
706	嘧螨醚	Pyrimidifen			不得检出	GB/T 19650
707	嘧草醚	Pyriminobac-methyl			不得检出	GB/T 19650
708	嘧啶磷	Pyrimitate			不得检出	GB/T 19650
709	喹硫磷	Quinalphos			不得检出	GB/T 19650
710	灭藻醌	Quinoclamine			不得检出	GB/T 19650
711	吡咪唑	Rabenzazole			不得检出	GB/T 19650

序号	农兽药中文名	农兽药英文名	欧盟标准限量要求 mg/kg	国家标准限量要求 mg/kg	三安超有机食品标准	
					限量要求 mg/kg	检测方法
712	莱克多巴胺	Ractopamine			不得检出	GB/T 21313
713	洛硝达唑	Ronidazole			不得检出	GB/T 21318
714	皮蝇磷	Ronnel			不得检出	GB/T 19650
715	盐霉素	Salinomycin			不得检出	GB/T 20364
716	沙拉沙星	Sarafloxacin			不得检出	GB/T 20366
717	另丁津	Sebutylazine			不得检出	GB/T 19650
718	密草通	Secbumeton			不得检出	GB/T 19650
719	氨基脲	Semduramicin			不得检出	GB/T 20752
720	烯禾啶	Sethoxydim			不得检出	GB/T 19650
721	氟硅菊酯	Silafluofen			不得检出	GB/T 19650
722	硅氟唑	Simeconazole			不得检出	GB/T 19650
723	西玛通	Simetone			不得检出	GB/T 19650
724	西草净	Simetryn			不得检出	GB/T 19650
725	壮观霉素	Spectinomycin			不得检出	GB/T 21323
726	螺旋霉素	Spiramycin			不得检出	GB/T 20762
727	链霉素	Streptomycin			不得检出	GB/T 21323
728	磺胺苯酰	Sulfabenzamide			不得检出	GB/T 21316
729	磺胺醋酰	Sulfacetamide			不得检出	GB/T 21316
730	磺胺氯哒嗪	Sulfachloropyridazine			不得检出	GB/T 21316
731	磺胺嘧啶	Sulfadiazine			不得检出	GB/T 21316
732	磺胺间二甲氧嘧啶	Sulfadimethoxine			不得检出	GB/T 21316
733	磺胺二甲嘧啶	Sulfadimidine			不得检出	GB/T 21316
734	磺胺多辛	Sulfadoxine			不得检出	GB/T 21316
735	磺胺脒	Sulfaguanidine			不得检出	GB/T 21316
736	菜草畏	Sulfallate			不得检出	GB/T 19650
737	磺胺甲嘧啶	Sulfamerazine			不得检出	GB/T 21316
738	新诺明	Sulfamethoxazole			不得检出	GB/T 21316
739	磺胺间甲氧嘧啶	Sulfamonomethoxine			不得检出	GB/T 21316
740	乙酰磺胺对硝基苯	Sulfanitran			不得检出	GB/T 20772
741	磺胺吡啶	Sulfapyridine			不得检出	GB/T 21316
742	磺胺喹沙啉	Sulfaquinoxaline			不得检出	GB/T 21316
743	磺胺噻唑	Sulfathiazole			不得检出	GB/T 21316
744	治螟磷	Sulfotep			不得检出	GB/T 19650
745	硫丙磷	Sulprofos			不得检出	GB/T 19650
746	苯噻硫氰	TCMTB			不得检出	GB/T 19650
747	丁基嘧啶磷	Tebupirimfos			不得检出	GB/T 19650
748	牧草胺	Tebutam			不得检出	GB/T 19650
749	丁噻隆	Tebuthiuron			不得检出	GB/T 20772
750	双硫磷	Temephos			不得检出	GB/T 20772

序号	农兽药中文名	农兽药英文名	欧盟标准限量要求 mg/kg	国家标准限量要求 mg/kg	三安超有机食品标准	
					限量要求 mg/kg	检测方法
751	特草灵	Terbucarb			不得检出	GB/T 19650
752	特丁通	Terbumeton			不得检出	GB/T 19650
753	特丁净	Terbutryn			不得检出	GB/T 19650
754	四氢邻苯二甲酰亚胺	Tetrabydrophthalimide			不得检出	GB/T 19650
755	杀虫畏	Tetrachlorvinphos			不得检出	GB/T 19650
756	四环素	Tetracycline			不得检出	GB/T 21317
757	胺菊酯	Tetramethirn			不得检出	GB/T 19650
758	杀螨氯硫	Tetrasul			不得检出	GB/T 19650
759	噻吩草胺	Thenylchlor			不得检出	GB/T 19650
760	甲砜霉素	Thiamphenicol			不得检出	GB/T 20756
761	噻唑烟酸	Thiazopyr			不得检出	GB/T 19650
762	噻苯隆	Thidiazuron			不得检出	GB/T 20772
763	噻吩磺隆	Thifensulfuron – methyl			不得检出	GB/T 20772
764	甲基乙拌磷	Thiometon			不得检出	GB/T 20772
765	虫线磷	Thionazin			不得检出	GB/T 19650
766	替米考星	Tilmicosin			不得检出	GB/T 20762
767	硫普罗宁	Tiopronin			不得检出	SN/T 2225
768	三甲苯草酮	Tralkoxydim			不得检出	GB/T 19650
769	四溴菊酯	Tralomethrin			不得检出	SN/T 2320
770	反式 – 氯丹	*trans* – Chlordane			不得检出	GB/T 19650
771	反式 – 燕麦敌	*trans* – Diallate			不得检出	GB/T 19650
772	四氟苯菊酯	Transfluthrin			不得检出	GB/T 19650
773	反式九氯	*trans* – Nonachlor			不得检出	GB/T 19650
774	反式 – 氯菊酯	*trans* – Permethrin			不得检出	GB/T 19650
775	群勃龙	Trenbolone			不得检出	GB/T 21981
776	威菌磷	Triamiphos			不得检出	GB/T 19650
777	毒壤磷	Trichloronate			不得检出	GB/T 19650
778	灭草环	Tridiphane			不得检出	GB/T 19650
779	草达津	Trietazine			不得检出	GB/T 19650
780	三异丁基磷酸盐	Tri – *iso* – butyl phosphate			不得检出	GB/T 19650
781	甲氧苄氨嘧啶	Trimethoprim			不得检出	SN/T 1769
782	三正丁基磷酸盐	Tri – *n* – butyl phosphate			不得检出	GB/T 19650
783	三苯基磷酸盐	Triphenyl phosphate			不得检出	GB/T 19650
784	泰乐霉素	Tylosin			不得检出	GB/T 22941
785	烯效唑	Uniconazole			不得检出	GB/T 19650
786	灭草敌	Vernolate			不得检出	GB/T 19650
787	维吉尼霉素	Virginiamycin			不得检出	GB/T 20765
788	杀鼠灵	War farin			不得检出	GB/T 20772
789	甲苯噻嗪	Xylazine			不得检出	GB/T 20763

序号	农兽药中文名	农兽药英文名	欧盟标准限量要求 mg/kg	国家标准限量要求 mg/kg	三安超有机食品标准	
					限量要求 mg/kg	检测方法
790	右环十四酮酚	Zeranol			不得检出	GB/T 21982
791	苯酰菌胺	Zoxamide			不得检出	GB/T 19650

12　鸽子(1 种)

12.1　鸽子肉　Pigeon Meat

序号	农兽药中文名	农兽药英文名	欧盟标准限量要求 mg/kg	国家标准限量要求 mg/kg	三安超有机食品标准	
					限量要求 mg/kg	检测方法
1	1,1-二氯-2,2-二(4-乙苯)乙烷	1,1-Dichloro-2,2-bis(4-ethylphenyl)ethane	0.01		不得检出	日本肯定列表(增补本1)
2	1,2-二氯乙烷	1,2-Dichloroethane	0.1		不得检出	SN/T 2238
3	1,3-二氯丙烯	1,3-Dichloropropene	0.01		不得检出	SN/T 2238
4	1-萘乙酰胺	1-Naphthylacetamide	0.05		不得检出	GB/T 20772
5	1-萘乙酸	1-Naphthylacetic acid	0.05		不得检出	SN/T 2228
6	2,4-滴丁酸	2,4-DB	0.05		不得检出	GB/T 20769
7	2,4-滴	2,4-D	0.05		不得检出	GB/T 20772
8	2-苯酚	2-Phenylphenol	0.05		不得检出	GB/T 19650
9	阿维菌素	Abamectin	0.02		不得检出	SN/T 2661
10	乙酰甲胺磷	Acephate	0.02		不得检出	GB/T 20772
11	灭螨醌	Acequinocyl	0.01		不得检出	参照同类标准
12	啶虫脒	Acetamiprid	0.05		不得检出	GB/T 20772
13	乙草胺	Acetochlor	0.01		不得检出	GB/T 19650
14	苯并噻二唑	Acibenzolar-*S*-methyl	0.02		不得检出	GB/T 20772
15	苯草醚	Aclonifen	0.02		不得检出	GB/T 20772
16	氟丙菊酯	Acrinathrin	0.05		不得检出	GB/T 19648
17	甲草胺	Alachlor	0.01		不得检出	GB/T 20772
18	涕灭威	Aldicarb	0.01		不得检出	GB/T 20772
19	艾氏剂和狄氏剂	Aldrin and dieldrin	0.2	0.2 和 0.2	不得检出	GB/T 19650
20	—	Ametoctradin	0.03		不得检出	参照同类标准
21	酰嘧磺隆	Amidosulfuron	0.02		不得检出	参照同类标准
22	氯氨吡啶酸	Aminopyralid	0.01		不得检出	GB/T 23211
23	—	Amisulbrom	0.01		不得检出	参照同类标准
24	双甲脒	Amitraz	0.05		不得检出	GB/T 5009.143
25	阿莫西林	Amoxicillin	50μg/kg		不得检出	NY/T 830
26	氨苄青霉素	Ampicillin	50μg/kg		不得检出	GB/T 21315
27	敌菌灵	Anilazine	0.01		不得检出	GB/T 20769
28	杀螨特	Aramite	0.01		不得检出	GB/T 19650
29	磺草灵	Asulam	0.1		不得检出	日本肯定列表(增补本1)

序号	农兽药中文名	农兽药英文名	欧盟标准限量要求 mg/kg	国家标准限量要求 mg/kg	三安超有机食品标准	
					限量要求 mg/kg	检测方法
30	印楝素	Azadirachtin	0.01		不得检出	SN/T 3264
31	益棉磷	Azinphos – ethyl	0.01		不得检出	GB/T 19650
32	保棉磷	Azinphos – methyl	0.01		不得检出	GB/T 20772
33	三唑锡和三环锡	Azocyclotin and cyhexatin	0.05		不得检出	SN/T 1990
34	嘧菌酯	Azoxystrobin	0.05		不得检出	GB/T 20772
35	燕麦灵	Barban	0.05		不得检出	参照同类标准
36	氟丁酰草胺	Beflubutamid	0.05		不得检出	参照同类标准
37	苯霜灵	Benalaxyl	0.05		不得检出	GB/T 20772
38	丙硫克百威	Benfuracarb	0.02		不得检出	GB/T 20772
39	苄青霉素	Benzyl penicillin	50μg/kg		不得检出	GB/T 21315
40	联苯肼酯	Bifenazate	0.01		不得检出	GB/T 20772
41	甲羧除草醚	Bifenox	0.05		不得检出	GB/T 23210
42	联苯菊酯	Bifenthrin	0.05		不得检出	GB/T 19650
43	乐杀螨	Binapacryl	0.01		不得检出	SN 0523
44	联苯	Biphenyl	0.01		不得检出	GB/T 19650
45	联苯三唑醇	Bitertanol	0.05		不得检出	GB/T 20772
46	—	Bixafen	0.02		不得检出	参照同类标准
47	啶酰菌胺	Boscalid	0.05		不得检出	GB/T 20772
48	溴离子	Bromide ion	0.05		不得检出	GB/T 5009.167
49	溴螨酯	Bromopropylate	0.01		不得检出	GB/T 19650
50	溴苯腈	Bromoxynil	0.05		不得检出	GB/T 20772
51	糠菌唑	Bromuconazole	0.05		不得检出	GB/T 19650
52	乙嘧酚磺酸酯	Bupirimate	0.05		不得检出	GB/T 19650
53	噻嗪酮	Buprofezin	0.05		不得检出	GB/T 20772
54	仲丁灵	Butralin	0.02		不得检出	GB/T 19650
55	丁草敌	Butylate	0.01		不得检出	GB/T 19650
56	硫线磷	Cadusafos	0.01		不得检出	GB/T 19650
57	敌菌丹	Captafol	0.01		不得检出	SN 0338
58	克菌丹	Captan	0.02		不得检出	GB/T 19648
59	甲萘威	Carbaryl	0.05		不得检出	GB/T 20796
60	多菌灵和苯菌灵	Carbendazim and benomyl	0.05		不得检出	GB/T 20772
61	长杀草	Carbetamide	0.05		不得检出	GB/T 20772
62	克百威	Carbofuran	0.01		不得检出	GB/T 20772
63	丁硫克百威	Carbosulfan	0.05		不得检出	GB/T 19650
64	萎锈灵	Carboxin	0.05		不得检出	GB/T 20772
65	氯虫苯甲酰胺	Chlorantraniliprole	0.01		不得检出	参照同类标准
66	杀螨醚	Chlorbenside	0.05		不得检出	GB/T 19650
67	氯炔灵	Chlorbufam	0.05		不得检出	GB/T 20772
68	氯丹	Chlordane	0.05	0.5	不得检出	GB/T 19648

序号	农兽药中文名	农兽药英文名	欧盟标准限量要求 mg/kg	国家标准限量要求 mg/kg	三安超有机食品标准	
					限量要求 mg/kg	检测方法
69	十氯酮	Chlordecone	0.2		不得检出	参照同类标准
70	杀螨酯	Chlorfenson	0.05		不得检出	GB/T 19650
71	毒虫畏	Chlorfenvinphos	0.01		不得检出	GB/T 19650
72	氯草敏	Chloridazon	0.05		不得检出	GB/T 20772
73	矮壮素	Chlormequat	0.05		不得检出	日本肯定列表
74	乙酯杀螨醇	Chlorobenzilate	0.1		不得检出	日本肯定列表
75	百菌清	Chlorothalonil	0.01		不得检出	SN/T 2320
76	绿麦隆	Chlortoluron	0.05		不得检出	GB/T 20772
77	枯草隆	Chloroxuron	0.05		不得检出	GB/T 20769
78	氯苯胺灵	Chlorpropham	0.05		不得检出	GB/T 19650
79	毒死蜱	Chlorpyrifos	0.05		不得检出	SN/T 2158
80	甲基毒死蜱	Chlorpyrifos - methyl	0.05		不得检出	GB/T 19650
81	氯磺隆	Chlorsulfuron	0.01		不得检出	GB/T 20769
82	金霉素	Chlortetracycline	100μg/kg		不得检出	GB/T 21317
83	氯酞酸甲酯	Chlorthaldimethyl	0.01		不得检出	GB/T 19650
84	氯硫酰草胺	Chlorthiamid	0.02		不得检出	GB/T 20772
85	烯草酮	Clethodim	0.2		不得检出	GB/T 19648
86	炔草酯	Clodinafop - propargyl	0.02		不得检出	GB 2763
87	四螨嗪	Clofentezine	0.05		不得检出	SN/T 1740
88	二氯吡啶酸	Clopyralid	0.05		不得检出	SN/T 2228
89	噻虫胺	Clothianidin	0.01		不得检出	GB/T 20772
90	邻氯青霉素	Cloxacillin	300μg/kg		不得检出	GB/T 21315
91	黏菌素	Colistin	150μg/kg		不得检出	参照同类标准
92	铜化合物	Copper compounds	5		不得检出	参照同类标准
93	环烷基酰苯胺	Cyclanilide	0.01		不得检出	参照同类标准
94	噻草酮	Cycloxydim	0.05		不得检出	GB/T 19650
95	环氟菌胺	Cyflufenamid	0.03		不得检出	GB/T 19648
96	氟氯氰菊酯和高效氟氯氰菊酯	Cyfluthrin and beta - cyfluthrin	0.05		不得检出	GB/T 19650
97	霜脲氰	Cymoxanil	0.05		不得检出	GB/T 20772
98	氯氰菊酯和高效氯氰菊酯	Cypermethrin and beta - cypermethrin	0.1		不得检出	GB/T 5009.110
99	环丙唑醇	Cyproconazole	0.05		不得检出	GB/T 20772
100	嘧菌环胺	Cyprodinil	0.05		不得检出	GB/T 20769
101	灭蝇胺	Cyromazine	0.05		不得检出	GB/T 20772
102	丁酰肼	Daminozide	0.05		不得检出	日本肯定列表
103	达氟沙星	Danofloxacin	200μg/kg		不得检出	GB/T 22985
104	滴滴涕	DDT	1		不得检出	SN/T 0127
105	溴氰菊酯	Deltamethrin	0.1		不得检出	SN/T 2912

序号	农兽药中文名	农兽药英文名	欧盟标准限量要求 mg/kg	国家标准限量要求 mg/kg	三安超有机食品标准	
					限量要求 mg/kg	检测方法
106	燕麦敌	Diallate	0.2		不得检出	GB/T 20772
107	二嗪磷	Diazinon	0.05		不得检出	GB/T 19650
108	麦草畏	Dicamba	0.02		不得检出	GB/T 20772
109	敌草腈	Dichlobenil	0.01		不得检出	GB/T 19650
110	滴丙酸	Dichlorprop	0.05		不得检出	SN/T 2228
111	地克珠利(杀球灵)	Diclazuril	500μg/kg		不得检出	SN/T 2318
112	二氯苯氧基丙酸	Diclofop	0.01		不得检出	参照同类标准
113	氯硝胺	Dicloran	0.01		不得检出	GB/T 19650
114	双氯青霉素	Dicloxacillin	300μg/kg		不得检出	GB/T 21315
115	三氯杀螨醇	Dicofol	0.1		不得检出	GB/T 19650
116	乙霉威	Diethofencarb	0.05		不得检出	GB/T 19650
117	苯醚甲环唑	Difenoconazole	0.1		不得检出	GB/T 19650
118	双氟沙星	Difloxacin	300μg/kg		不得检出	SN/T 3155
119	除虫脲	Diflubenzuron	0.05		不得检出	SN/T 0528
120	吡氟酰草胺	Diflufenican	0.05		不得检出	GB/T 20772
121	油菜安	Dimethachlor	0.02		不得检出	GB/T 20772
122	烯酰吗啉	Dimethomorph	0.05		不得检出	GB/T 20772
123	醚菌胺	Dimoxystrobin	0.05		不得检出	SN/T 2237
124	烯唑醇	Diniconazole	0.01		不得检出	GB/T 19650
125	敌螨普	Dinocap	0.05		不得检出	日本肯定列表(增补本1)
126	地乐酚	Dinoseb	0.01		不得检出	GB/T 20772
127	特乐酚	Dinoterb	0.05		不得检出	GB/T 20772
128	敌噁磷	Dioxathion	0.05		不得检出	GB/T 19650
129	敌草快	Diquat	0.05		不得检出	GB/T 5009.221
130	乙拌磷	Disulfoton	0.02		不得检出	GB/T 20772
131	二氰蒽醌	Dithianon	0.01		不得检出	GB/T 20769
132	二硫代氨基甲酸酯	Dithiocarbamates	0.05		不得检出	SN/T 0157
133	敌草隆	Diuron	0.05		不得检出	SN/T 0645
134	二硝甲酚	DNOC	0.05		不得检出	GB/T 20772
135	多果定	Dodine	0.2		不得检出	SN 0500
136	甲氨基阿维菌素苯甲酸盐	Emamectin benzoate	0.01		不得检出	GB/T 20769
137	硫丹	Endosulfan	0.05	0.2	不得检出	GB/T 19650
138	异狄氏剂	Endrin	0.05		不得检出	GB/T 19650
139	恩诺沙星	Enrofloxacin	100μg/kg		不得检出	GB/T 22985
140	氟环唑	Epoxiconazole	0.01		不得检出	GB/T 20772
141	茵草敌	EPTC	0.02		不得检出	GB/T 20772
142	红霉素	Erythromycin	200μg/kg		不得检出	GB/T 20762
143	乙丁烯氟灵	Ethalfluralin	0.01		不得检出	GB/T 19650

序号	农兽药中文名	农兽药英文名	欧盟标准限量要求 mg/kg	国家标准限量要求 mg/kg	三安超有机食品标准	
					限量要求 mg/kg	检测方法
144	胺苯磺隆	Ethametsulfuron	0.01		不得检出	NY/T 1616
145	乙烯利	Ethephon	0.05		不得检出	SN 0705
146	乙硫磷	Ethion	0.01		不得检出	GB/T 19650
147	乙嘧酚	Ethirimol	0.05		不得检出	GB/T 20772
148	乙氧呋草黄	Ethofumesate	0.1		不得检出	GB/T 20772
149	灭线磷	Ethoprophos	0.01		不得检出	GB/T 19650
150	乙氧喹啉	Ethoxyquin	0.05		不得检出	GB/T 20772
151	环氧乙烷	Ethylene oxide	0.02		不得检出	GB/T 23296.11
152	醚菊酯	Etofenprox	0.01		不得检出	GB/T 19650
153	乙螨唑	Etoxazole	0.01		不得检出	GB/T 19648
154	氯唑灵	Etridiazole	0.05		不得检出	GB/T 20769
155	噁唑菌酮	Famoxadone	0.05		不得检出	GB/T 20772
156	咪唑菌酮	Fenamidone	0.01		不得检出	GB/T 19650
157	苯线磷	Fenamiphos	0.02		不得检出	GB/T 19650
158	氯苯嘧啶醇	Fenarimol	0.02		不得检出	GB/T 20772
159	喹螨醚	Fenazaquin	0.01		不得检出	GB/T 19648
160	腈苯唑	Fenbuconazole	0.05		不得检出	GB/T 20772
161	苯丁锡	Fenbutatin oxide	0.05		不得检出	SN 0592
162	环酰菌胺	Fenhexamid	0.05		不得检出	GB/T 20772
163	杀螟硫磷	Fenitrothion	0.01		不得检出	GB/T 20772
164	精噁唑禾草灵	Fenoxaprop - *P* - ethyl	0.05		不得检出	GB 22617
165	双氧威	Fenoxycarb	0.05		不得检出	GB/T 19650
166	苯锈啶	Fenpropidin	0.02		不得检出	GB/T 19650
167	丁苯吗啉	Fenpropimorph	0.01		不得检出	GB/T 20772
168	胺苯吡菌酮	Fenpyrazamine	0.01		不得检出	参照同类标准
169	唑螨酯	Fenpyroximate	0.01		不得检出	GB/T 20769
170	倍硫磷	Fenthion	0.05		不得检出	GB/T 20772
171	三苯锡	Fentin	0.05		不得检出	日本肯定列表（增补本 1）
172	薯瘟锡	Fentin acetate	0.05		不得检出	参照同类标准
173	氰戊菊酯和高效氰戊菊酯（RR & SS 异构体总量）	Fenvalerate and esfenvalerate (sum of RR & SS isomers)	0.02		不得检出	GB/T 19650
174	氰戊菊酯和高效氰戊菊酯（RS & SR 异构体总量）	Fenvalerate and esfenvalerate (sum of RS & SR isomers)	0.02		不得检出	GB/T 19650
175	氟虫腈	Fipronil	0.01		不得检出	SN/T 1982
176	氟啶虫酰胺	Flonicamid	0.03		不得检出	SN/T 2796
177	氟苯尼考	Florfenicol	100μg/kg		不得检出	GB/T 20756
178	精吡氟禾草灵	Fluazifop - *P* - butyl	0.05		不得检出	GB/T 5009.142
179	氟啶胺	Fluazinam	0.05		不得检出	SN/T 2150

序号	农兽药中文名	农兽药英文名	欧盟标准限量要求 mg/kg	国家标准限量要求 mg/kg	三安超有机食品标准	
					限量要求 mg/kg	检测方法
180	氟苯咪唑	Flubendazole	50μg/kg		不得检出	参照同类标准
181	氟苯虫酰胺	Flubendiamide	0.01		不得检出	SN/T 2581
182	氟环脲	Flucycloxuron	0.05		不得检出	参照同类标准
183	氟氰戊菊酯	Flucythrinate	0.05		不得检出	GB/T 19648
184	咯菌腈	Fludioxonil	0.05		不得检出	GB/T 20772
185	氟虫脲	Flufenoxuron	0.05		不得检出	SN/T 2150
186	—	Flufenzin	0.02		不得检出	参照同类标准
187	氟甲喹	Flumequin	400μg/kg		不得检出	SN/T 1921
188	氟吡菌胺	Fluopicolide	0.01		不得检出	参照同类标准
189	—	Fluopyram	0.1		不得检出	参照同类标准
190	氟离子	Fluoride ion	1		不得检出	GB/T 5009.167
191	氟腈嘧菌酯	Fluoxastrobin	0.05		不得检出	SN/T 2237
192	氟喹唑	Fluquinconazole	0.02		不得检出	GB/T 19650
193	氟咯草酮	Fluorochloridone	0.05		不得检出	GB/T 20772
194	氟草烟	Fluroxypyr	0.05		不得检出	GB/T 20772
195	氟硅唑	Flusilazole	0.02		不得检出	GB/T 20772
196	氟酰胺	Flutolanil	0.05		不得检出	GB/T 20772
197	粉唑醇	Flutriafol	0.01		不得检出	GB/T 20772
198	—	Fluxapyroxad	0.01		不得检出	参照同类标准
199	氟磺胺草醚	Fomesafen	0.01		不得检出	GB/T 5009.130
200	氯吡脲	Forchlorfenuron	0.05		不得检出	SN/T 3643
201	伐虫脒	Formetanate	0.01		不得检出	NY/T 1453
202	三乙膦酸铝	Fosetyl - aluminium	0.5		不得检出	参照同类标准
203	麦穗宁	Fuberidazole	0.05		不得检出	GB/T 19650
204	呋线威	Furathiocarb	0.01		不得检出	GB/T 20772
205	糠醛	Furfural	1		不得检出	参照同类标准
206	勃激素	Gibberellic acid	0.1		不得检出	GB/T 23211
207	草胺膦	Glufosinate - ammonium	0.1		不得检出	日本肯定列表
208	草甘膦	Glyphosate	0.05		不得检出	NY/T 1096
209	氟吡禾灵	Haloxyfop	0.1		不得检出	SN/T 2228
210	七氯	Heptachlor	0.2	0.2	不得检出	SN 0663
211	六氯苯	Hexachlorobenzene	0.2		不得检出	SN/T 0127
212	六六六(HCH),α-异构体	Hexachlorociclohexane (HCH), alpha - isomer	0.2		不得检出	SN/T 0127
213	六六六(HCH),β-异构体	Hexachlorociclohexane (HCH), beta - isomer	0.1		不得检出	SN/T 0127
214	噻螨酮	Hexythiazox	0.05		不得检出	GB/T 20772
215	噁霉灵	Hymexazol	0.05		不得检出	GB/T 20772
216	抑霉唑	Imazalil	0.05		不得检出	GB/T 20772

序号	农兽药中文名	农兽药英文名	欧盟标准限量要求 mg/kg	国家标准限量要求 mg/kg	三安超有机食品标准	
					限量要求 mg/kg	检测方法
217	甲咪唑烟酸	Imazapic	0.01		不得检出	GB/T 20772
218	咪唑喹啉酸	Imazaquin	0.05		不得检出	GB/T 20772
219	吡虫啉	Imidacloprid	0.05		不得检出	GB/T 20772
220	双胍盐	Guazatine	0.1		不得检出	参照同类标准
221	茚虫威	Indoxacarb	0.3		不得检出	GB/T 20772
222	碘苯腈	Ioxynil	0.05		不得检出	GB/T 20772
223	异菌脲	Iprodione	0.05		不得检出	GB/T 19650
224	稻瘟灵	Isoprothiolane	0.01		不得检出	参照同类标准
225	异丙隆	Isoproturon	0.05		不得检出	GB/T 20772
226	—	Isopyrazam	0.01		不得检出	参照同类标准
227	异噁酰草胺	Isoxaben	0.01		不得检出	GB/T 20772
228	卡那霉素	Kanamycin	100μg/kg		不得检出	GB/T 21323
229	醚菌酯	Kresoxim - methyl	0.02		不得检出	GB/T 20772
230	乳氟禾草灵	Lactofen	0.01		不得检出	GB/T 19650
231	高效氯氟氰菊酯	Lambda - cyhalothrin	0.02		不得检出	GB/T 19648
232	拉沙里菌素	Lasalocid	20μg/kg		不得检出	SN 0501
233	环草定	Lenacil	0.1		不得检出	GB/T 19650
234	左旋咪唑	Levamisole	10μg/kg		不得检出	SN 0349
235	林可霉素	Lincomycin	100μg/kg		不得检出	GB/T 20762
236	林丹	Lindane	0.02	0.05	不得检出	NY/T 761
237	虱螨脲	Lufenuron	0.02		不得检出	SN/T 2540
238	马拉硫磷	Malathion	0.02		不得检出	GB/T 19650
239	抑芽丹	Maleic hydrazide	0.02		不得检出	日本肯定列表
240	双炔酰菌胺	Mandipropamid	0.02		不得检出	GB/T 20772
241	二甲四氯和二甲四氯丁酸	MCPA and MCPB	0.1		不得检出	SN/T 2228
242	壮棉素	Mepiquat chloride	0.05		不得检出	GB/T 20769
243	—	Meptyldinocap	0.05		不得检出	参照同类标准
244	汞化合物	Mercury compounds	0.01		不得检出	参照同类标准
245	氰氟虫腙	Metaflumizone	0.02		不得检出	SN/T 3852
246	甲霜灵和精甲霜灵	Metalaxyl and metalaxyl - M	0.05		不得检出	GB/T 20772
247	四聚乙醛	Metaldehyde	0.05		不得检出	SN/T 1787
248	苯嗪草酮	Metamitron	0.05		不得检出	GB/T 19650
249	吡唑草胺	Metazachlor	0.05		不得检出	GB/T 19650
250	叶菌唑	Metconazole	0.01		不得检出	GB/T 20769
251	甲基苯噻隆	Methabenzthiazuron	0.05		不得检出	GB/T 19650
252	虫螨畏	Methacrifos	0.01		不得检出	GB/T 20772
253	甲胺磷	Methamidophos	0.01		不得检出	GB/T 20772
254	杀扑磷	Methidathion	0.02		不得检出	GB/T 20772
255	甲硫威	Methiocarb	0.05		不得检出	GB/T 20769

序号	农兽药中文名	农兽药英文名	欧盟标准限量要求 mg/kg	国家标准限量要求 mg/kg	三安超有机食品标准	
					限量要求 mg/kg	检测方法
256	灭多威和硫双威	Methomyl and thiodicarb	0.02		不得检出	GB/T 20772
257	烯虫酯	Methoprene	0.05		不得检出	GB/T 19648
258	甲氧滴滴涕	Methoxychlor	0.01		不得检出	GB/T 19648
259	甲氧虫酰肼	Methoxyfenozide	0.01		不得检出	GB/T 20772
260	磺草唑胺	Metosulam	0.01		不得检出	GB/T 20772
261	苯菌酮	Metrafenone	0.05		不得检出	参照同类标准
262	嗪草酮	Metribuzin	0.1		不得检出	GB/T 20769
263	绿谷隆	Monolinuron	0.05		不得检出	GB/T 20772
264	灭草隆	Monuron	0.01		不得检出	GB/T 20772
265	腈菌唑	Myclobutanil	0.01		不得检出	GB/T 20772
266	敌草胺	Napropamide	0.01		不得检出	GB/T 19650
267	新霉素(包括 framycetin)	Neomycin (including framycetin)	500μg/kg		不得检出	SN 0646
268	烟嘧磺隆	Nicosulfuron	0.05		不得检出	日本肯定列表(增补本1)
269	除草醚	Nitrofen	0.01		不得检出	GB/T 19648
270	氟酰脲	Novaluron	0.5		不得检出	GB/T 20769
271	嘧苯胺磺隆	Orthosulfamuron	0.01		不得检出	GB/T 23817
272	苯唑青霉素	Oxacillin	300μg/kg		不得检出	GB/T 21315
273	噁草酮	Oxadiazon	0.05		不得检出	GB/T 19650
274	噁霜灵	Oxadixyl	0.01		不得检出	GB/T 19650
275	环氧嘧磺隆	Oxasulfuron	0.05		不得检出	GB/T 23817
276	喹菌酮	Oxolinic acid	100μg/kg		不得检出	日本肯定列表
277	氧化萎锈灵	Oxycarboxin	0.05		不得检出	GB/T 19650
278	亚砜磷	Oxydemeton - methyl	0.01		不得检出	参照同类标准
279	乙氧氟草醚	Oxyfluorfen	0.05		不得检出	GB/T 20772
280	土霉素	Oxytetracycline	100μg/kg		不得检出	GB/T 21317
281	多效唑	Paclobutrazol	0.02		不得检出	GB/T 19650
282	对硫磷	Parathion	0.05		不得检出	GB/T 19650
283	甲基对硫磷	Parathion - methyl	0.01		不得检出	GB/T 20772
284	巴龙霉素	Paromomycin	500μg/kg		不得检出	SN/T 2315
285	戊菌唑	Penconazole	0.05		不得检出	GB/T 20772
286	戊菌隆	Pencycuron	0.05		不得检出	GB/T 19650
287	二甲戊灵	Pendimethalin	0.05		不得检出	GB/T 19648
288	氯菊酯	Permethrin	0.05		不得检出	GB/T 19650
289	甜菜宁	Phenmedipham	0.05		不得检出	GB/T 23205
290	苯醚菊酯	Phenothrin	0.05		不得检出	GB/T 20772
291	苯氧甲基青霉素	Phenoxymethylpenicillin	25μg/kg		不得检出	SN/T 2050
292	甲拌磷	Phorate	0.05		不得检出	GB/T 20772

序号	农兽药中文名	农兽药英文名	欧盟标准限量要求 mg/kg	国家标准限量要求 mg/kg	三安超有机食品标准	
					限量要求 mg/kg	检测方法
293	伏杀硫磷	Phosalone	0.01		不得检出	GB/T 20772
294	亚胺硫磷	Phosmet	0.1		不得检出	GB/T 20772
295	—	Phosphines and phosphides	0.01		不得检出	参照同类标准
296	辛硫磷	Phoxim	0.025		不得检出	GB/T 20772
297	氨氯吡啶酸	Picloram	0.2		不得检出	GB/T 23211
298	啶氧菌酯	Picoxystrobin	0.05		不得检出	GB/T 19650
299	抗蚜威	Pirimicarb	0.05		不得检出	GB/T 20772
300	甲基嘧啶磷	Pirimiphos - methyl	0.05		不得检出	GB/T 20772
301	咪鲜胺	Prochloraz	0.1		不得检出	GB/T 19650
302	腐霉利	Procymidone	0.01		不得检出	GB/T 20772
303	丙溴磷	Profenofos	0.05		不得检出	GB/T 20772
304	调环酸	Prohexadione	0.05		不得检出	日本肯定列表
305	毒草安	Propachlor	0.02		不得检出	GB/T 20772
306	扑派威	Propamocarb	0.1		不得检出	GB/T 20772
307	恶草酸	Propaquizafop	0.05		不得检出	GB/T 20772
308	炔螨特	Propargite	0.1		不得检出	GB/T 19650
309	苯胺灵	Propham	0.05		不得检出	GB/T 19650
310	丙环唑	Propiconazole	0.01		不得检出	GB/T 19650
311	异丙草胺	Propisochlor	0.01		不得检出	GB/T 19650
312	残杀威	Propoxur	0.05		不得检出	GB/T 20772
313	炔苯酰草胺	Propyzamide	0.02		不得检出	GB/T 19650
314	苄草丹	Prosulfocarb	0.05		不得检出	GB/T 19648
315	丙硫菌唑	Prothioconazole	0.05		不得检出	参照同类标准
316	吡蚜酮	Pymetrozine	0.01		不得检出	GB/T 20772
317	吡唑醚菌酯	Pyraclostrobin	0.05		不得检出	GB/T 20772
318	—	Pyrasulfotole	0.01		不得检出	参照同类标准
319	吡菌磷	Pyrazophos	0.02		不得检出	GB/T 20772
320	除虫菊素	Pyrethrins	0.05		不得检出	GB/T 20772
321	哒螨灵	Pyridaben	0.02		不得检出	SN/T 2432
322	啶虫丙醚	Pyridalyl	0.01		不得检出	日本肯定列表
323	哒草特	Pyridate	0.05		不得检出	日本肯定列表
324	嘧霉胺	Pyrimethanil	0.05		不得检出	GB/T 19650
325	吡丙醚	Pyriproxyfen	0.05		不得检出	GB/T 19650
326	甲氧磺草胺	Pyroxsulam	0.01		不得检出	SN/T 2325
327	氯甲喹啉酸	Quinmerac	0.05		不得检出	参照同类标准
328	喹氧灵	Quinoxyfen	0.2		不得检出	SN/T 2319
329	五氯硝基苯	Quintozene	0.01	0.1	不得检出	GB/T 19650
330	精喹禾灵	Quizalofop - *P* - ethyl	0.05		不得检出	SN/T 2150
331	灭虫菊	Resmethrin	0.1		不得检出	GB/T 20772

序号	农兽药中文名	农兽药英文名	欧盟标准限量要求 mg/kg	国家标准限量要求 mg/kg	三安超有机食品标准	
					限量要求 mg/kg	检测方法
332	鱼藤酮	Rotenone	0.01		不得检出	GB/T 20772
333	西玛津	Simazine	0.01		不得检出	SN 0594
334	壮观霉素	Spectinomycin	300μg/kg		不得检出	GB/T 21323
335	乙基多杀菌素	Spinetoram	0.01		不得检出	参照同类标准
336	多杀霉素	Spinosad	0.2		不得检出	GB/T 20772
337	螺螨酯	Spirodiclofen	0.01		不得检出	GB/T 20772
338	螺甲螨酯	Spiromesifen	0.01		不得检出	GB/T 23210
339	螺虫乙酯	Spirotetramat	0.01		不得检出	参照同类标准
340	萁孢菌素	Spiroxamine	0.05		不得检出	GB/T 20772
341	磺草酮	Sulcotrione	0.05		不得检出	参照同类标准
342	磺胺类(所有属于磺胺类的物质)	Sulfonamides (all substances belonging to the sulfonamide-group)	100μg/kg		不得检出	GB 29694
343	乙黄隆	Sulfosulfuron	0.05		不得检出	日本肯定列表(增补本1)
344	硫磺粉	Sulfur	0.5		不得检出	参照同类标准
345	氟胺氰菊酯	Tau – fluvalinate	0.01		不得检出	JAP – 053
346	戊唑醇	Tebuconazole	0.1		不得检出	GB/T 20772
347	虫酰肼	Tebufenozide	0.05		不得检出	GB/T 20772
348	吡螨胺	Tebufenpyrad	0.05		不得检出	GB/T 20772
349	四氯硝基苯	Tecnazene	0.05		不得检出	GB/T 19650
350	氟苯脲	Teflubenzuron	0.05		不得检出	SN/T 2150
351	七氟菊酯	Tefluthrin	0.05		不得检出	日本肯定列表
352	得杀草	Tepraloxydim	0.5		不得检出	GB/T 20772
353	特丁硫磷	Terbufos	0.01		不得检出	GB/T 20772
354	特丁津	Terbuthylazine	0.05		不得检出	GB/T 19650
355	四氟醚唑	Tetraconazole	0.02		不得检出	GB/T 20772
356	四环素	Tetracycline	100μg/kg		不得检出	GB/T 21317
357	三氯杀螨砜	Tetradifon	0.05		不得检出	GB/T 19650
358	噻菌灵	Thiabendazole	0.1		不得检出	GB/T 20772
359	噻虫啉	Thiacloprid	0.05		不得检出	GB/T 20772
360	噻虫嗪	Thiamethoxam	0.01		不得检出	GB/T 20772
361	甲砜霉素	Thiamphenicol	50μg/kg		不得检出	GB/T 20756
362	禾草丹	Thiobencarb	0.01		不得检出	GB/T 20772
363	甲基硫菌灵	Thiophanate – methyl	0.05		不得检出	SN/T 0162
364	替米考星	Tilmicosin	75μg/kg		不得检出	GB/T 20762
365	甲基立枯磷	Tolclofos – methyl	0.05		不得检出	GB/T 20772
366	甲苯三嗪酮	Toltrazuril	100μg/kg		不得检出	参照同类标准
367	甲苯氟磺胺	Tolylfluanid	0.1		不得检出	GB/T 19650

序号	农兽药中文名	农兽药英文名	欧盟标准限量要求 mg/kg	国家标准限量要求 mg/kg	三安超有机食品标准	
					限量要求 mg/kg	检测方法
368	—	Topramezone	0.01		不得检出	参照同类标准
369	三唑酮和三唑醇	Triadimefon and triadimenol	0.1		不得检出	GB/T 20772
370	野麦畏	Triallate	0.05		不得检出	GB/T 20772
371	醚苯磺隆	Triasulfuron	0.05		不得检出	GB/T 20772
372	三唑磷	Triazophos	0.01		不得检出	GB/T 20772
373	敌百虫	Trichlorphon	0.01		不得检出	GB/T 20772
374	绿草定	Triclopyr	0.05		不得检出	SN/T 2228
375	三环唑	Tricyclazole	0.05		不得检出	GB/T 20769
376	十三吗啉	Tridemorph	0.01		不得检出	GB/T 20772
377	肟菌酯	Trifloxystrobin	0.04		不得检出	GB/T 20769
378	氟菌唑	Triflumizole	0.05		不得检出	GB/T 20769
379	杀铃脲	Triflumuron	0.01		不得检出	GB/T 20772
380	氟乐灵	Trifluralin	0.01		不得检出	GB/T 20772
381	嗪氨灵	Triforine	0.01		不得检出	SN 0695
382	甲氧苄氨嘧啶	Trimethoprim	50μg/kg		不得检出	SN/T 1769
383	三甲基锍阳离子	Trimethyl - sulfonium cation	0.05		不得检出	参照同类标准
384	抗倒酯	Trinexapac	0.05		不得检出	GB/T 20769
385	灭菌唑	Triticonazole	0.01		不得检出	GB/T 20769
386	三氟甲磺隆	Tritosulfuron	0.01		不得检出	参照同类标准
387	泰乐菌素	Tylosin	100μg/kg		不得检出	GB/T 20762
388	—	Valifenalate	0.01		不得检出	参照同类标准
389	乙烯菌核利	Vinclozolin	0.05		不得检出	GB/T 20772
390	1-氨基-2-乙内酰脲	AHD			不得检出	GB/T 21311
391	2,3,4,5-四氯苯胺	2,3,4,5 - Tetrachloraniline			不得检出	GB/T 19650
392	2,3,4,5-四氯甲氧基苯	2,3,4,5 - Tetrachloroanisole			不得检出	GB/T 19650
393	2,3,5,6-四氯苯胺	2,3,5,6 - Tetrachloroaniline			不得检出	GB/T 19650
394	2,4,5-涕	2,4,5 - T			不得检出	GB/T 20772
395	*o*,*p*′-滴滴滴	2,4′ - DDD			不得检出	GB/T 19650
396	*o*,*p*′-滴滴伊	2,4′ - DDE			不得检出	GB/T 19650
397	*o*,*p*′-滴滴涕	2,4′ - DDT			不得检出	GB/T 19650
398	2,6-二氯苯甲酰胺	2,6 - Dichlorobenzamide			不得检出	GB/T 19650
399	3,5-二氯苯胺	3,5 - Dichloroaniline			不得检出	GB/T 19650
400	*p*,*p*′-滴滴滴	4,4′ - DDD			不得检出	GB/T 19650
401	*p*,*p*′-滴滴伊	4,4′ - DDE			不得检出	GB/T 19650
402	*p*,*p*′-滴滴涕	4,4′ - DDT			不得检出	GB/T 19650
403	4,4′-二溴二苯甲酮	4,4′ - Dibromobenzophenone			不得检出	GB/T 19650
404	4,4′-二氯二苯甲酮	4,4′ - Dichlorobenzophenone			不得检出	GB/T 19650
405	二氢苊	Acenaphthene			不得检出	GB/T 19650
406	乙酰丙嗪	Acepromazine			不得检出	GB/T 20763

序号	农兽药中文名	农兽药英文名	欧盟标准限量要求 mg/kg	国家标准限量要求 mg/kg	三安超有机食品标准	
					限量要求 mg/kg	检测方法
407	三氟羧草醚	Acifluorfen			不得检出	GB/T 20772
408	涕灭砜威	Aldoxycarb			不得检出	GB/T 20772
409	烯丙菊酯	Allethrin			不得检出	GB/T 20772
410	二丙烯草胺	Allidochlor			不得检出	GB/T 19650
411	烯丙孕素	Altrenogest			不得检出	SN/T 1980
412	莠灭净	Ametryn			不得检出	GB/T 19650
413	杀草强	Amitrole			不得检出	SN/T 1737.6
414	5－吗啉甲基－3－氨基－2－噁唑烷基酮	AMOZ			不得检出	GB/T 21311
415	氨丙嘧吡啶	Amprolium			不得检出	SN/T 0276
416	莎稗磷	Anilofos			不得检出	GB/T 19650
417	蒽醌	Anthraquinone			不得检出	GB/T 19650
418	3－氨基－2－噁唑酮	AOZ			不得检出	GB/T 21311
419	安普霉素	Apramycin			不得检出	GB/T 21323
420	丙硫特普	Aspon			不得检出	GB/T 19650
421	羟氨卡青霉素	Aspoxicillin			不得检出	GB/T 21315
422	乙基杀扑磷	Athidathion			不得检出	GB/T 19650
423	莠去通	Atratone			不得检出	GB/T 19650
424	莠去津	Atrazine			不得检出	GB/T 19650
425	脱乙基阿特拉津	Atrazine－desethyl			不得检出	GB/T 19650
426	甲基吡噁磷	Azamethiphos			不得检出	GB/T 20763
427	氮哌酮	Azaperone			不得检出	GB/T 20763
428	叠氮津	Aziprotryne			不得检出	GB/T 19650
429	杆菌肽	Bacitracin			不得检出	GB/T 20743
430	4－溴－3,5－二甲苯基－*N*－甲基氨基甲酸酯－1	BDMC－1			不得检出	GB/T 19650
431	4－溴－3,5－二甲苯基－*N*－甲基氨基甲酸酯－2	BDMC－2			不得检出	GB/T 19650
432	噁虫威	Bendiocarb			不得检出	GB/T 20772
433	乙丁氟灵	Benfluralin			不得检出	GB/T 19650
434	呋草黄	Benfuresate			不得检出	GB/T 19650
435	麦锈灵	Benodanil			不得检出	GB/T 19650
436	解草酮	Benoxacor			不得检出	GB/T 19650
437	新燕灵	Benzoylprop－ethyl			不得检出	GB/T 19650
438	倍他米松	Betamethasone			不得检出	SN/T 1970
439	生物烯丙菊酯－1	Bioallethrin－1			不得检出	GB/T 19650
440	生物烯丙菊酯－2	Bioallethrin－2			不得检出	GB/T 19650
441	溴烯杀	Bromocylen			不得检出	GB/T 20772
442	除草定	Bromacil			不得检出	GB/T 19650

序号	农兽药中文名	农兽药英文名	欧盟标准限量要求 mg/kg	国家标准限量要求 mg/kg	三安超有机食品标准	
					限量要求 mg/kg	检测方法
443	溴苯烯磷	Bromfenvinfos			不得检出	GB/T 19650
444	溴硫磷	Bromofos			不得检出	GB/T 19650
445	乙基溴硫磷	Bromophos – ethyl			不得检出	GB/T 19650
446	溴丁酰草胺	Btomobutide			不得检出	GB/T 19650
447	氟丙嘧草酯	Butafenacil			不得检出	GB/T 19650
448	抑草磷	Butamifos			不得检出	GB/T 19650
449	丁草胺	Butaxhlor			不得检出	GB/T 19650
450	苯酮唑	Cafenstrole			不得检出	GB/T 19650
451	角黄素	Canthaxanthin			不得检出	SN/T 2327
452	咔唑心安	Carazolol			不得检出	GB/T 22993
453	卡巴氧	Carbadox			不得检出	GB/T 20746
454	三硫磷	Carbophenothion			不得检出	GB/T 19650
455	唑草酮	Carfentrazone – ethyl			不得检出	GB/T 19650
456	卡洛芬	Carprofen			不得检出	SN/T 2190
457	头孢氨苄	Cefalexin			不得检出	GB/T 22989
458	头孢洛宁	Cefalonium			不得检出	GB/T 22989
459	头孢匹林	Cefapirin			不得检出	GB/T 22989
460	头孢喹肟	Cefquinome			不得检出	GB/T 22989
461	头孢噻呋	Ceftiofur			不得检出	GB/T 22989
462	氯氧磷	Chlorethoxyfos			不得检出	GB/T 19650
463	杀螨醇	Chlorfenethol			不得检出	GB/T 19650
464	燕麦酯	Chlorfenprop – methyl			不得检出	GB/T 19650
465	氯甲硫磷	Chlormephos			不得检出	GB/T 19650
466	氯霉素	Chloramphenicolum			不得检出	GB/T 20772
467	氯杀螨砜	Chlorbenside sulfone			不得检出	GB/T 19648
468	氯溴隆	Chlorbromuron			不得检出	GB/T 19648
469	杀虫脒	Chlordimeform			不得检出	GB/T 19648
470	溴虫腈	Chlorfenapyr			不得检出	SN/T 1986
471	氟啶脲	Chlorfluazuron			不得检出	GB/T 20769
472	整形醇	Chlorflurenol			不得检出	GB/T 19650
473	氯地孕酮	Chlormadinone			不得检出	SN/T 1980
474	醋酸氯地孕酮	Chlormadinone acetate			不得检出	GB/T 20753
475	氯苯甲醚	Chloroneb			不得检出	GB/T 19650
476	丙酯杀螨醇	Chloropropylate			不得检出	GB/T 19650
477	氯丙嗪	Chlorpromazine			不得检出	GB/T 20763
478	毒死蜱	Chlorpyrifos			不得检出	GB/T 19650
479	氯硫磷	Chlorthion			不得检出	GB/T 19650
480	虫螨磷	Chlorthiophos			不得检出	GB/T 19650
481	乙菌利	Chlozolinate			不得检出	GB/T 19650

序号	农兽药中文名	农兽药英文名	欧盟标准限量要求 mg/kg	国家标准限量要求 mg/kg	三安超有机食品标准	
					限量要求 mg/kg	检测方法
482	顺式－氯丹	*cis* – Chlordane			不得检出	GB/T 19650
483	顺式－燕麦敌	*cis* – Diallate			不得检出	GB/T 19650
484	顺式－氯菊酯	*cis* – Permethrin			不得检出	GB/T 19650
485	克仑特罗	Clenbuterol			不得检出	GB/T 19650
486	异噁草酮	Clomazone			不得检出	GB/T 20772
487	氯甲酰草胺	Clomeprop			不得检出	GB/T 19650
488	氯羟吡啶	Clopidol			不得检出	GB/T 19650
489	解草酯	Cloquintocet – mexyl			不得检出	GB/T 19650
490	蝇毒磷	Coumaphos			不得检出	GB/T 19650
491	鼠立死	Crimidine			不得检出	GB/T 19650
492	巴毒磷	Crotxyphos			不得检出	GB/T 19650
493	育畜磷	Crufomate			不得检出	GB/T 19650
494	苯腈磷	Cyanofenphos			不得检出	GB/T 19650
495	杀螟腈	Cyanophos			不得检出	GB/T 20772
496	环草敌	Cycloate			不得检出	GB/T 20772
497	环莠隆	Cycluron			不得检出	GB/T 20772
498	环丙津	Cyprazine			不得检出	GB/T 20772
499	敌草索	Dacthal			不得检出	GB/T 19650
500	癸氧喹酯	Decoquinate			不得检出	GB/T 20745
501	脱叶磷	DEF			不得检出	GB/T 19650
502	2,2′,4,5,5′－五氯联苯	DE – PCB 101			不得检出	GB/T 19650
503	2,3,4,4′,5－五氯联苯	DE – PCB 118			不得检出	GB/T 19650
504	2,2′,3,4,4′,5－六氯联苯	DE – PCB 138			不得检出	GB/T 19650
505	2,2′,4,4′,5,5′－六氯联苯	DE – PCB 153			不得检出	GB/T 19650
506	2,2′,3,4,4′,5,5′－七氯联苯	DE – PCB 180			不得检出	GB/T 19650
507	2,4,4′－三氯联苯	DE – PCB 28			不得检出	GB/T 19650
508	2,4,5－三氯联苯	DE – PCB 31			不得检出	GB/T 19650
509	2,2′,5,5′－四氯联苯	DE – PCB 52			不得检出	GB/T 19650
510	脱溴溴苯磷	Desbrom – leptophos			不得检出	GB/T 19650
511	脱乙基另丁津	Desethyl – sebuthylazine			不得检出	GB/T 19650
512	敌草净	Desmetryn			不得检出	GB/T 19650
513	地塞米松	Dexamethasone			不得检出	GB/T 21981
514	氯亚胺硫磷	Dialifos			不得检出	GB/T 19650
515	敌菌净	Diaveridine			不得检出	SN/T 1926
516	驱虫特	Dibutyl succinate			不得检出	GB/T 20772
517	异氯磷	Dicapthon			不得检出	GB/T 19650
518	除线磷	Dichlofenthion			不得检出	GB/T 19650
519	苯氟磺胺	Dichlofluanid			不得检出	GB/T 19650

序号	农兽药中文名	农兽药英文名	欧盟标准限量要求 mg/kg	国家标准限量要求 mg/kg	三安超有机食品标准	
					限量要求 mg/kg	检测方法
520	烯丙酰草胺	Dichlormid			不得检出	GB/T 19650
521	敌敌畏	Dichlorvos			不得检出	GB/T 19650
522	苄氯三唑醇	Diclobutrazole			不得检出	GB/T 19650
523	禾草灵	Diclofop - methyl			不得检出	GB/T 19650
524	己烯雌酚	Diethylstilbestrol			不得检出	GB/T 21981
525	二氢链霉素	Dihydro - streptomycin			不得检出	GB/T 22969
526	甲氟磷	Dimefox			不得检出	GB/T 19650
527	哌草丹	Dimepiperate			不得检出	GB/T 19650
528	异戊乙净	Dimethametryn			不得检出	GB/T 19650
529	乐果	Dimethoate			不得检出	GB/T 20772
530	甲基毒虫畏	Dimethylvinphos			不得检出	GB/T 19650
531	地美硝唑	Dimetridazole			不得检出	GB/T 21318
532	二甲草胺	Dinethachlor			不得检出	GB/T 19650
533	二甲酚草胺	Dimethenamid			不得检出	GB/T 19650
534	二硝托安	Dinitolmide			不得检出	GB/T 19650
535	氨氟灵	Dinitramine			不得检出	GB/T 19650
536	消螨通	Dinobuton			不得检出	GB/T 19650
537	呋虫胺	Dinotefuran			不得检出	SN/T 2323
538	苯虫醚 - 1	Diofenolan - 1			不得检出	GB/T 19650
539	苯虫醚 - 2	Diofenolan - 2			不得检出	GB/T 19650
540	蔬果磷	Dioxabenzofos			不得检出	GB/T 19650
541	双苯酰草胺	Diphenamid			不得检出	GB/T 19650
542	二苯胺	Diphenylamine			不得检出	GB/T 19650
543	异丙净	Dipropetryn			不得检出	GB/T 19650
544	灭菌磷	Ditalimfos			不得检出	GB/T 19650
545	氟硫草定	Dithiopyr			不得检出	GB/T 19650
546	多拉菌素	Doramectin			不得检出	GB/T 22968
547	强力霉素	Doxycycline			不得检出	GB/T 21317
548	敌瘟磷	Edifenphos			不得检出	GB/T 19650
549	硫丹硫酸盐	Endosulfan - sulfate			不得检出	GB/T 19650
550	异狄氏剂酮	Endrin ketone			不得检出	GB/T 19650
551	苯硫磷	EPN			不得检出	GB/T 19650
552	埃普利诺菌素	Eprinomectin			不得检出	GB/T 21320
553	抑草蓬	Erbon			不得检出	GB/T 19650
554	*S* - 氰戊菊酯	Esfenvalerate			不得检出	GB/T 19650
555	戊草丹	Esprocarb			不得检出	GB/T 19650
556	乙环唑 - 1	Etaconazole - 1			不得检出	GB/T 19650
557	乙环唑 - 2	Etaconazole - 2			不得检出	GB/T 19650
558	乙嘧硫磷	Etrimfos			不得检出	GB/T 19650

序号	农兽药中文名	农兽药英文名	欧盟标准限量要求 mg/kg	国家标准限量要求 mg/kg	三安超有机食品标准	
					限量要求 mg/kg	检测方法
559	氧乙嘧硫磷	Etrimfos oxon			不得检出	GB/T 19650
560	伐灭磷	Famphur			不得检出	GB/T 19650
561	苯线磷砜	Fenamiphos – sulfone			不得检出	GB/T 19650
562	苯线磷亚砜	Fenamiphos sulfoxide			不得检出	GB/T 19650
563	苯硫苯咪唑	Fenbendazole			不得检出	GB/T 22972
564	氧皮蝇磷	Fenchlorphos oxon			不得检出	GB/T 19650
565	甲呋酰胺	Fenfuram			不得检出	GB/T 19650
566	仲丁威	Fenobucarb			不得检出	GB/T 19650
567	苯硫威	Fenothiocarb			不得检出	GB/T 19650
568	稻瘟酰胺	Fenoxanil			不得检出	GB/T 19650
569	拌种咯	Fenpiclonil			不得检出	GB/T 19650
570	甲氰菊酯	Fenpropathrin			不得检出	GB/T 19650
571	芬螨酯	Fenson			不得检出	GB/T 19650
572	丰索磷	Fensulfothion			不得检出	GB/T 19650
573	倍硫磷亚砜	Fenthion sulfoxide			不得检出	GB/T 19650
574	麦草氟甲酯	Flamprop – methyl			不得检出	GB/T 19650
575	麦草氟异丙酯	Flamprop – isopropyl			不得检出	GB/T 19650
576	吡氟禾草灵	Fluazifop – butyl			不得检出	GB/T 19650
577	啶蜱脲	Fluazuron			不得检出	GB/T 20772
578	氟噻草胺	Flufenacet			不得检出	GB/T 19650
579	氟节胺	Flumetralin			不得检出	GB/T 19648
580	唑嘧磺草胺	Flumetsulam			不得检出	GB/T 20772
581	氟烯草酸	Flumiclorac			不得检出	GB/T 19650
582	丙炔氟草胺	Flumioxazin			不得检出	GB/T 19650
583	氟胺烟酸	Flunixin			不得检出	GB/T 20750
584	三氟硝草醚	Fluorodifen			不得检出	GB/T 19650
585	乙羧氟草醚	Fluoroglycofen – ethyl			不得检出	GB/T 19650
586	三氟苯唑	Fluotrimazole			不得检出	GB/T 19650
587	氟啶草酮	Fluridone			不得检出	GB/T 19650
588	呋草酮	Flurtamone			不得检出	GB/T 19650
589	氟草烟 – 1 – 甲庚酯	Fluroxypr – 1 – methylheptyl ester			不得检出	GB/T 19650
590	地虫硫磷	Fonofos			不得检出	GB/T 19650
591	安果	Formothion			不得检出	GB/T 19650
592	呋霜灵	Furalaxyl			不得检出	GB/T 19650
593	庆大霉素	Gentamicin			不得检出	GB/T 21323
594	苄螨醚	Halfenprox			不得检出	GB/T 19650
595	氟哌啶醇	Haloperidol			不得检出	GB/T 21323
596	庚烯磷	Heptanophos			不得检出	GB/T 19650

序号	农兽药中文名	农兽药英文名	欧盟标准限量要求 mg/kg	国家标准限量要求 mg/kg	三安超有机食品标准	
					限量要求 mg/kg	检测方法
597	己唑醇	Hexaconazole			不得检出	GB/T 19650
598	环嗪酮	Hexazinone			不得检出	GB/T 19650
599	咪草酸	Imazamethabenz – methyl			不得检出	GB/T 19650
600	咪唑喹啉酸	Imazaquin			不得检出	GB/T 19650
601	脱苯甲基亚胺唑	Imibenconazole – *des* – benzyl			不得检出	GB/T 19650
602	炔咪菊酯 – 1	Imiprothrin – 1			不得检出	GB/T 19650
603	炔咪菊酯 – 2	Imiprothrin – 2			不得检出	GB/T 19650
604	碘硫磷	Iodofenphos			不得检出	GB/T 19650
605	甲基碘磺隆	Iodosulfuron – methyl			不得检出	GB/T 20772
606	异稻瘟净	Iprobenfos			不得检出	GB/T 19650
607	氯唑磷	Isazofos			不得检出	GB/T 19650
608	碳氯灵	Isobenzan			不得检出	GB/T 19650
609	丁咪酰胺	Isocarbamid			不得检出	GB/T 19650
610	水胺硫磷	Isocarbophos			不得检出	GB/T 19650
611	异艾氏剂	Isodrin			不得检出	GB/T 19650
612	异柳磷	Isofenphos			不得检出	GB/T 19650
613	氧异柳磷	Isofenphos oxon			不得检出	GB/T 19650
614	氮氨菲啶	Isometamidium			不得检出	SN/T 2239
615	丁嗪草酮	Isomethiozin			不得检出	GB/T 19650
616	异丙威 – 1	Isoprocarb – 1			不得检出	GB/T 19650
617	异丙威 – 2	Isoprocarb – 2			不得检出	GB/T 19650
618	异丙乐灵	Isopropalin			不得检出	GB/T 19650
619	双苯噁唑酸	Isoxadifen – ethyl			不得检出	GB/T 19650
620	异噁氟草	Isoxaflutole			不得检出	GB/T 20772
621	噁唑啉	Isoxathion			不得检出	GB/T 19650
622	依维菌素	Ivermectin			不得检出	GB/T 21320
623	交沙霉素	Josamycin			不得检出	GB/T 20762
624	溴苯磷	Leptophos			不得检出	GB/T 19650
625	利谷隆	Linuron			不得检出	GB/T 20772
626	麻保沙星	Marbofloxacin			不得检出	GB/T 22985
627	2 – 甲 – 4 – 氯丁氧乙基酯	MCPA – butoxyethyl ester			不得检出	GB/T 19650
628	甲苯咪唑	Mebendazole			不得检出	GB/T 21324
629	灭蚜磷	Mecarbam			不得检出	GB/T 19650
630	二甲四氯丙酸	Mecoprop			不得检出	SN/T 2325
631	苯噻酰草胺	Mefenacet			不得检出	GB/T 19650
632	吡唑解草酯	Mefenpyr – diethyl			不得检出	GB/T 19650
633	醋酸甲地孕酮	Megestrol acetate			不得检出	GB/T 20753
634	醋酸美仑孕酮	Melengestrol acetate			不得检出	GB/T 20753
635	嘧菌胺	Mepanipyrim			不得检出	GB/T 19650

序号	农兽药中文名	农兽药英文名	欧盟标准限量要求 mg/kg	国家标准限量要求 mg/kg	三安超有机食品标准	
					限量要求 mg/kg	检测方法
636	地胺磷	Mephosfolan			不得检出	GB/T 19650
637	灭锈胺	Mepronil			不得检出	GB/T 19650
638	硝磺草酮	Mesotrione			不得检出	GB/T 20772
639	呋菌胺	Methfuroxam			不得检出	GB/T 19650
640	灭梭威砜	Methiocarb sulfone			不得检出	GB/T 19650
641	盖草津	Metoprotryne			不得检出	GB/T 19650
642	甲醚菊酯 - 1	Methothrin - 1			不得检出	GB/T 19650
643	甲醚菊酯 - 2	Methothrin - 2			不得检出	GB/T 19650
644	甲基泼尼松龙	Methylprednisolone			不得检出	GB/T 21981
645	溴谷隆	Metobromuron			不得检出	GB/T 19650
646	甲氧氯普胺	Metoclopramide			不得检出	SN/T 2227
647	异丙甲草胺和 *S* - 异丙甲草胺	Metolachlor and *S* - metolachlor			不得检出	GB/T 19650
648	苯氧菌胺 - 1	Metominsstrobin - 1			不得检出	GB/T 20772
649	苯氧菌胺 - 2	Metominsstrobin - 2			不得检出	GB/T 19650
650	甲硝唑	Metronidazole			不得检出	GB/T 21318
651	速灭磷	Mevinphos			不得检出	GB/T 19650
652	兹克威	Mexacarbate			不得检出	GB/T 19650
653	灭蚁灵	Mirex			不得检出	GB/T 19650
654	禾草敌	Molinate			不得检出	GB/T 19650
655	庚酰草胺	Monalide			不得检出	GB/T 19650
656	莫能菌素	Monensin			不得检出	GB/T 20364
657	莫西丁克	Moxidectin			不得检出	SN/T 2442
658	合成麝香	Musk ambrecte			不得检出	GB/T 19650
659	麝香	Musk moskene			不得检出	GB/T 19650
660	西藏麝香	Musk tibeten			不得检出	GB/T 19650
661	二甲苯麝香	Musk xylene			不得检出	GB/T 19650
662	萘夫西林	Nafcillin			不得检出	GB/T 22975
663	二溴磷	Naled			不得检出	SN/T 0706
664	萘丙胺	Naproanilide			不得检出	GB/T 19650
665	甲基盐霉素	Narasin			不得检出	GB/T 20364
666	甲磺乐灵	Nitralin			不得检出	GB/T 19650
667	三氯甲基吡啶	Nitrapyrin			不得检出	GB/T 19650
668	酞菌酯	Nitrothal - isopropyl			不得检出	GB/T 19650
669	诺氟沙星	Norfloxacin			不得检出	GB/T 20366
670	氟草敏	Norflurazon			不得检出	GB/T 19650
671	新生霉素	Novobiocin			不得检出	SN 0674

序号	农兽药中文名	农兽药英文名	欧盟标准限量要求 mg/kg	国家标准限量要求 mg/kg	三安超有机食品标准	
					限量要求 mg/kg	检测方法
672	氟苯嘧啶醇	Nuarimol			不得检出	GB/T 19650
673	八氯苯乙烯	Octachlorostyrene			不得检出	GB/T 19650
674	氧氟沙星	Ofloxacin			不得检出	GB/T 20366
675	喹乙醇	Olaquindox			不得检出	GB/T 20746
676	竹桃霉素	Oleandomycin			不得检出	GB/T 20762
677	氧乐果	Omethoate			不得检出	GB/T 20772
678	奥比沙星	Orbifloxacin			不得检出	GB/T 22985
679	杀线威	Oxamyl			不得检出	GB/T 20772
680	奥芬达唑	Oxfendazole			不得检出	SN/T 0684
681	丙氧苯咪唑	Oxibendazole			不得检出	GB/T 21324
682	氧化氯丹	Oxy – chlordane			不得检出	GB/T 19650
683	对氧磷	Paraoxon			不得检出	GB/T 19650
684	甲基对氧磷	Paraoxon – methyl			不得检出	GB/T 19650
685	克草敌	Pebulate			不得检出	GB/T 19650
686	五氯苯胺	Pentachloroaniline			不得检出	GB/T 19650
687	五氯甲氧基苯	Pentachloroanisole			不得检出	GB/T 19650
688	五氯苯	Pentachlorobenzene			不得检出	GB/T 19650
689	乙滴涕	Perthane			不得检出	GB/T 19650
690	菲	Phenanthrene			不得检出	GB/T 19650
691	稻丰散	Phenthoate			不得检出	GB/T 19650
692	甲拌磷砜	Phorate sulfone			不得检出	GB/T 19650
693	磷胺 – 1	Phosphamidon – 1			不得检出	GB/T 19650
694	磷胺 – 2	Phosphamidon – 2			不得检出	GB/T 19650
695	酞酸苯甲基丁酯	Phthalic acid, benzylbutyl ester			不得检出	GB/T 19650
696	四氯苯肽	Phthalide			不得检出	GB/T 19650
697	邻苯二甲酰亚胺	Phthalimide			不得检出	GB/T 19650
698	氟吡酰草胺	Picolinafen			不得检出	GB/T 19650
699	增效醚	Piperonyl butoxide			不得检出	GB/T 19650
700	哌草磷	Piperophos			不得检出	GB/T 19650
701	乙基虫螨清	Pirimiphos – ethyl			不得检出	GB/T 19650
702	吡利霉素	Pirlimycin			不得检出	GB/T 22988
703	炔丙菊酯	Prallethrin			不得检出	GB/T 19650
704	泼尼松龙	Prednisolone			不得检出	GB/T 21981
705	环丙氟灵	Profluralin			不得检出	GB/T 19650
706	茉莉酮	Prohydrojasmon			不得检出	GB/T 19650
707	扑灭通	Prometon			不得检出	GB/T 19650
708	扑草净	Prometryne			不得检出	GB/T 19650
709	炔丙烯草胺	Pronamide			不得检出	GB/T 19650
710	敌稗	Propanil			不得检出	GB/T 19650
711	扑灭津	Propazine			不得检出	GB/T 19650

序号	农兽药中文名	农兽药英文名	欧盟标准限量要求 mg/kg	国家标准限量要求 mg/kg	三安超有机食品标准	
					限量要求 mg/kg	检测方法
712	胺丙畏	Propetamphos			不得检出	GB/T 19650
713	丙酰二甲氨基丙吩噻嗪	Propionylpromazin			不得检出	GB/T 20763
714	丙硫磷	Prothiophos			不得检出	GB/T 19650
715	吡唑硫磷	Pyraclofos			不得检出	GB/T 19650
716	吡草醚	Pyraflufen – ethyl			不得检出	GB/T 19650
717	哒嗪硫磷	Pyridafenthion			不得检出	GB/T 19650
718	啶斑肟 – 1	Pyrifenox – 1			不得检出	GB/T 19650
719	啶斑肟 – 2	Pyrifenox – 2			不得检出	GB/T 19650
720	环酯草醚	Pyriftalid			不得检出	GB/T 19650
721	嘧草醚	Pyriminobac – methyl			不得检出	GB/T 19650
722	嘧啶磷	Pyrimitate			不得检出	GB/T 19650
723	嘧螨醚	Pyrimidifen			不得检出	GB/T 19650
724	喹硫磷	Quinalphos			不得检出	GB/T 19650
725	灭藻醌	Quinoclamine			不得检出	GB/T 19650
726	苯氧喹啉	Quinoxyphen			不得检出	GB/T 19650
727	精喹禾灵	Quizalofop – *P* – ethyl			不得检出	GB/T 20772
728	吡咪唑	Rabenzazole			不得检出	GB/T 19650
729	莱克多巴胺	Ractopamine			不得检出	GB/T 21313
730	洛硝达唑	Ronidazole			不得检出	GB/T 21318
731	皮蝇磷	Ronnel			不得检出	GB/T 19650
732	盐霉素	Salinomycin			不得检出	GB/T 20364
733	沙拉沙星	Sarafloxacin			不得检出	GB/T 20366
734	另丁津	Sebutylazine			不得检出	GB/T 19650
735	密草通	Secbumeton			不得检出	GB/T 19650
736	氨基脲	Semduramicin			不得检出	GB/T 19650
737	烯禾啶	Sethoxydim			不得检出	GB/T 19650
738	整形醇	Chlorflurenol			不得检出	GB/T 19650
739	氟硅菊酯	Silafluofen			不得检出	GB/T 19650
740	硅氟唑	Simeconazole			不得检出	GB/T 19650
741	西玛通	Simetone			不得检出	GB/T 19650
742	西草净	Simetryne			不得检出	GB/T 19650
743	螺旋霉素	Spiramycin			不得检出	SN/T 0538
744	链霉素	Streptomycin			不得检出	GB/T 19650
745	磺胺苯酰	Sulfabenzamide			不得检出	GB/T 21316
746	磺胺醋酰	Sulfacetamide			不得检出	GB/T 21316
747	磺胺氯哒嗪	Sulfachloropyridazine			不得检出	GB/T 21316
748	磺胺嘧啶	Sulfadiazine			不得检出	GB/T 21316
749	磺胺间二甲氧嘧啶	Sulfadimethoxine			不得检出	GB/T 21316
750	磺胺二甲嘧啶	Sulfadimidine			不得检出	GB/T 21316

序号	农兽药中文名	农兽药英文名	欧盟标准限量要求 mg/kg	国家标准限量要求 mg/kg	三安超有机食品标准	
					限量要求 mg/kg	检测方法
751	磺胺多辛	Sulfadoxine			不得检出	GB/T 21316
752	磺胺胍	Sulfaguanidine			不得检出	GB/T 21316
753	菜草畏	Sulfallate			不得检出	GB/T 21316
754	磺胺甲嘧啶	Sulfamerazine			不得检出	GB/T 21316
755	新诺明	Sulfamethoxazole			不得检出	GB/T 21316
756	磺胺间甲氧嘧啶	Sulfamonomethoxine			不得检出	GB/T 21316
757	乙酰磺胺对硝基苯	Sulfanitran			不得检出	GB/T 20772
758	磺胺吡啶	Sulfapyridine			不得检出	GB/T 21316
759	磺胺喹沙啉	Sulfaquinoxaline			不得检出	GB/T 21316
760	磺胺噻唑	Sulfathiazole			不得检出	GB/T 21316
761	治螟磷	Sulfotep			不得检出	GB/T 19650
762	硫丙磷	Sulprofos			不得检出	GB/T 19650
763	苯噻硫氰	TCMTB			不得检出	GB/T 19650
764	丁基嘧啶磷	Tebupirimfos			不得检出	GB/T 19650
765	丁噻隆	Tebuthiuron			不得检出	GB/T 20772
766	牧草胺	Tebutam			不得检出	GB/T 19650
767	双硫磷	Temephos			不得检出	GB/T 20772
768	特草灵	Terbucarb			不得检出	GB/T 19650
769	特丁通	Terbumeton			不得检出	GB/T 19650
770	特丁净	Terbutryn			不得检出	GB/T 19650
771	四氢邻苯二甲酰亚胺	Tetrabydrophthalimide			不得检出	GB/T 19650
772	杀虫畏	Tetrachlorvinphos			不得检出	GB/T 19650
773	胺菊酯	Tetramethirn			不得检出	GB/T 19650
774	杀螨氯硫	Tetrasul			不得检出	GB/T 19650
775	噻吩草胺	Thenylchlor			不得检出	GB/T 19650
776	噻唑烟酸	Thiazopyr			不得检出	GB/T 19650
777	噻苯隆	Thidiazuron			不得检出	GB/T 20772
778	噻吩磺隆	Thifensulfuron – methyl			不得检出	GB/T 20772
779	甲基乙拌磷	Thiometon			不得检出	GB/T 20772
780	虫线磷	Thionazin			不得检出	GB/T 19650
781	硫普罗宁	Tiopronin			不得检出	SN/T 2225
782	三甲苯草酮	Tralkoxydim			不得检出	GB/T 19650
783	四溴菊酯	Tralomethrin			不得检出	SN/T 2320
784	反式 – 氯丹	*trans* – Chlordane			不得检出	GB/T 19650
785	反式 – 燕麦敌	*trans* – Diallate			不得检出	GB/T 19650
786	四氟苯菊酯	Transfluthrin			不得检出	GB/T 19650
787	反式九氯	*trans* – Nonachlor			不得检出	GB/T 19650
788	反式 – 氯菊酯	*trans* – Permethrin			不得检出	GB/T 19650
789	群勃龙	Trenbolone			不得检出	GB/T 21981

序号	农兽药中文名	农兽药英文名	欧盟标准限量要求 mg/kg	国家标准限量要求 mg/kg	三安超有机食品标准	
					限量要求 mg/kg	检测方法
790	威菌磷	Triamiphos			不得检出	GB/T 19650
791	毒壤磷	Trichloronate			不得检出	GB/T 19650
792	灭草环	Tridiphane			不得检出	GB/T 19650
793	草达津	Trietazine			不得检出	GB/T 19650
794	三异丁基磷酸盐	Tri – *iso* – butyl phosphate			不得检出	GB/T 19650
795	三正丁基磷酸盐	Tri – *n* – butyl phosphate			不得检出	GB/T 19650
796	三苯基磷酸盐	Triphenyl phosphate			不得检出	GB/T 19650
797	烯效唑	Uniconazole			不得检出	GB/T 19650
798	灭草敌	Vernolate			不得检出	GB/T 19650
799	维吉尼霉素	Virginiamycin			不得检出	GB/T 20765
800	杀鼠灵	War farin			不得检出	GB/T 20772
801	甲苯噻嗪	Xylazine			不得检出	GB/T 20763
802	右环十四酮酚	Zeranol			不得检出	GB/T 21982
803	苯酰菌胺	Zoxamide			不得检出	GB/T 19650

13 兔(5 种)

13.1 兔肉 Rabbit Meat

序号	农兽药中文名	农兽药英文名	欧盟标准限量要求 mg/kg	国家标准限量要求 mg/kg	三安超有机食品标准	
					限量要求 mg/kg	检测方法
1	1,1 – 二氯 – 2,2 – 二(4 – 乙苯)乙烷	1,1 – Dichloro – 2,2 – bis(4 – ethylphenyl) ethane	0.01		不得检出	日本肯定列表(增补本 1)
2	1,2 – 二氯乙烷	1,2 – Dichloroethane	0.1		不得检出	SN/T 2238
3	1,3 – 二氯丙烯	1,3 – Dichloropropene	0.01		不得检出	SN/T 2238
4	1 – 萘乙酰胺	1 – Naphthylacetamide	0.05		不得检出	GB/T 20772
5	1 – 萘乙酸	1 – Naphthylacetic acid	0.05		不得检出	SN/T 2228
6	2,4 – 滴丁酸	2,4 – DB	0.05		不得检出	GB/T 20769
7	2,4 – 滴	2,4 – D	0.05		不得检出	GB/T 20772
8	2 – 苯酚	2 – Phenylphenol	0.05		不得检出	GB/T 19650
9	阿维菌素	Abamectin	0.01		不得检出	SN/T 2661
10	乙酰甲胺磷	Acephate	0.02		不得检出	GB/T 20772
11	灭螨醌	Acequinocyl	0.01		不得检出	参照同类标准
12	啶虫脒	Acetamiprid	0.05		不得检出	GB/T 20772
13	乙草胺	Acetochlor	0.01		不得检出	GB/T 19650
14	苯并噻二唑	Acibenzolar – *S* – methyl	0.02		不得检出	GB/T 20772
15	苯草醚	Aclonifen	0.02		不得检出	GB/T 20772
16	氟丙菊酯	Acrinathrin	0.05		不得检出	GB/T 19648
17	甲草胺	Alachlor	0.01		不得检出	GB/T 20772

序号	农兽药中文名	农兽药英文名	欧盟标准限量要求 mg/kg	国家标准限量要求 mg/kg	三安超有机食品标准	
					限量要求 mg/kg	检测方法
18	阿苯达唑	Albendazole	100μg/kg			GB 29687
19	涕灭威	Aldicarb	0.01		不得检出	GB/T 20772
20	艾氏剂和狄氏剂	Aldrin and dieldrin	0.2	0.2 和 0.2	不得检出	GB/T 19650
21	—	Ametoctradin	0.03		不得检出	参照同类标准
22	酰嘧磺隆	Amidosulfuron	0.02		不得检出	参照同类标准
23	氯氨吡啶酸	Aminopyralid	0.01		不得检出	GB/T 23211
24	—	Amisulbrom	0.01		不得检出	参照同类标准
25	阿莫西林	Amoxicillin	50μg/kg		不得检出	NY/T 830
26	氨苄青霉素	Ampicillin	50μg/kg		不得检出	GB/T 21315
27	敌菌灵	Anilazine	0.01		不得检出	GB/T 20769
28	杀螨特	Aramite	0.01		不得检出	GB/T 19650
29	磺草灵	Asulam	0.1		不得检出	日本肯定列表(增补本 1)
30	印楝素	Azadirachtin	0.01		不得检出	SN/T 3264
31	益棉磷	Azinphos – ethyl	0.01		不得检出	GB/T 19650
32	保棉磷	Azinphos – methyl	0.01		不得检出	GB/T 20772
33	三唑锡和三环锡	Azocyclotin and cyhexatin	0.05		不得检出	SN/T 1990
34	嘧菌酯	Azoxystrobin	0.05		不得检出	GB/T 20772
35	燕麦灵	Barban	0.05		不得检出	参照同类标准
36	氟丁酰草胺	Beflubutamid	0.05		不得检出	参照同类标准
37	苯霜灵	Benalaxyl	0.05		不得检出	GB/T 20772
38	丙硫克百威	Benfuracarb	0.02		不得检出	GB/T 20772
39	苄青霉素	Benzyl pencillin	50μg/kg		不得检出	GB/T 21315
40	联苯肼酯	Bifenazate	0.01		不得检出	GB/T 20772
41	甲羧除草醚	Bifenox	0.05		不得检出	GB/T 23210
42	联苯菊酯	Bifenthrin	3		不得检出	GB/T 19650
43	乐杀螨	Binapacryl	0.01		不得检出	SN 0523
44	联苯	Biphenyl	0.01		不得检出	GB/T 19650
45	联苯三唑醇	Bitertanol	0.05		不得检出	GB/T 20772
46	—	Bixafen	0.02		不得检出	参照同类标准
47	啶酰菌胺	Boscalid	0.7		不得检出	GB/T 20772
48	溴离子	Bromide ion	0.05		不得检出	GB/T 5009.167
49	溴螨酯	Bromopropylate	0.01		不得检出	GB/T 19650
50	溴苯腈	Bromoxynil	0.05		不得检出	GB/T 20772
51	糠菌唑	Bromuconazole	0.05		不得检出	GB/T 19650
52	乙嘧酚磺酸酯	Bupirimate	0.05		不得检出	GB/T 19650
53	噻嗪酮	Buprofezin	0.05		不得检出	GB/T 20772
54	仲丁灵	Butralin	0.02		不得检出	GB/T 19650
55	丁草敌	Butylate	0.01		不得检出	GB/T 19650

序号	农兽药中文名	农兽药英文名	欧盟标准限量要求 mg/kg	国家标准限量要求 mg/kg	三安超有机食品标准	
					限量要求 mg/kg	检测方法
56	硫线磷	Cadusafos	0.01		不得检出	GB/T 19650
57	毒杀芬	Camphechlor	0.05		不得检出	YC/T 180
58	敌菌丹	Captafol	0.01		不得检出	SN 0338
59	克菌丹	Captan	0.02		不得检出	GB/T 19648
60	甲萘威	Carbaryl	0.05		不得检出	GB/T 20796
61	多菌灵和苯菌灵	Carbendazim and benomyl	0.05		不得检出	GB/T 20772
62	长杀草	Carbetamide	0.05		不得检出	GB/T 20772
63	克百威	Carbofuran	0.01		不得检出	GB/T 20772
64	丁硫克百威	Carbosulfan	0.05		不得检出	GB/T 19650
65	萎锈灵	Carboxin	0.05		不得检出	GB/T 20772
66	头孢噻呋	Ceftiofur	1000μg/kg		不得检出	GB/T 21314
67	氯虫苯甲酰胺	Chlorantraniliprole	0.2		不得检出	参照同类标准
68	杀螨醚	Chlorbenside	0.05		不得检出	GB/T 19650
69	氯炔灵	Chlorbufam	0.05		不得检出	GB/T 20772
70	氯丹	Chlordane	0.05	0.05	不得检出	GB/T 19648
71	十氯酮	Chlordecone	0.1		不得检出	参照同类标准
72	杀螨酯	Chlorfenson	0.05		不得检出	GB/T 19650
73	毒虫畏	Chlorfenvinphos	0.01		不得检出	GB/T 19650
74	氯草敏	Chloridazon	0.1		不得检出	GB/T 20772
75	矮壮素	Chlormequat	0.05		不得检出	日本肯定列表
76	乙酯杀螨醇	Chlorobenzilate	0.1		不得检出	日本肯定列表
77	百菌清	Chlorothalonil	0.02		不得检出	SN/T 2320
78	绿麦隆	Chlortoluron	0.05		不得检出	GB/T 20772
79	枯草隆	Chloroxuron	0.05		不得检出	GB/T 20769
80	氯苯胺灵	Chlorpropham	0.05		不得检出	GB/T 19650
81	甲基毒死蜱	Chlorpyrifos - methyl	0.05		不得检出	GB/T 19650
82	氯磺隆	Chlorsulfuron	0.01		不得检出	GB/T 20769
83	金霉素	Chlortetracycline	100μg/kg		不得检出	GB/T 21317
84	氯酞酸甲酯	Chlorthaldimethyl	0.01		不得检出	GB/T 19650
85	氯硫酰草胺	Chlorthiamid	0.02		不得检出	GB/T 20772
86	烯草酮	Clethodim	0.05		不得检出	GB/T 19648
87	炔草酯	Clodinafop - propargyl	0.02		不得检出	GB 2763
88	四螨嗪	Clofentezine	0.05		不得检出	SN/T 1740
89	二氯吡啶酸	Clopyralid	0.05		不得检出	SN/T 2228
90	噻虫胺	Clothianidin	0.02		不得检出	GB/T 20772
91	邻氯青霉素	Cloxacillin	300μg/kg		不得检出	GB/T 21315
92	黏菌素	Colistin	150μg/kg		不得检出	参照同类标准
93	铜化合物	Copper compounds	5		不得检出	参照同类标准
94	环烷基酰苯胺	Cyclanilide	0.01		不得检出	参照同类标准

序号	农兽药中文名	农兽药英文名	欧盟标准限量要求 mg/kg	国家标准限量要求 mg/kg	三安超有机食品标准	
					限量要求 mg/kg	检测方法
95	噻草酮	Cycloxydim	0.05		不得检出	GB/T 19650
96	环氟菌胺	Cyflufenamid	0.03		不得检出	GB/T 19648
97	氟氯氰菊酯和高效氟氯氰菊酯	Cyfluthrin and beta - cyfluthrin	0.05		不得检出	GB/T 19650
98	霜脲氰	Cymoxanil	0.05		不得检出	GB/T 20772
99	氯氰菊酯和高效氯氰菊酯	Cypermethrin and beta - cypermethrin	20μg/kg		不得检出	GB/T 19650
100	环丙唑醇	Cyproconazole	0.05		不得检出	GB/T 20772
101	嘧菌环胺	Cyprodinil	0.05		不得检出	GB/T 20769
102	灭蝇胺	Cyromazine	0.05		不得检出	GB/T 20772
103	丁酰肼	Daminozide	0.05		不得检出	日本肯定列表
104	滴滴涕	DDT	1	0.2	不得检出	SN/T 0127
105	溴氰菊酯	Deltamethrin	10μg/kg		不得检出	GB/T 19650
106	燕麦敌	Diallate	0.2		不得检出	GB/T 20772
107	二嗪磷	Diazinon	0.05		不得检出	GB/T 19650
108	麦草畏	Dicamba	0.05		不得检出	GB/T 20772
109	双氯青霉素	Dicloxacillin	300μg/kg		不得检出	GB/T 21315
110	敌草腈	Dichlobenil	0.05		不得检出	GB/T 19650
111	滴丙酸	Dichlorprop	0.05		不得检出	SN/T 2228
112	二氯苯氧基丙酸	Diclofop	0.01		不得检出	参照同类标准
113	氯硝胺	Dicloran	0.01		不得检出	GB/T 19650
114	三氯杀螨醇	Dicofol	0.02		不得检出	GB/T 19650
115	乙霉威	Diethofencarb	0.05		不得检出	GB/T 19650
116	苯醚甲环唑	Difenoconazole	0.1		不得检出	GB/T 19650
117	除虫脲	Diflubenzuron	0.05		不得检出	SN/T 0528
118	吡氟酰草胺	Diflufenican	0.05		不得检出	GB/T 20772
119	二氢链霉素	Dihydro - streptomycin	500μg/kg		不得检出	GB/T 22969
120	油菜安	Dimethachlor	0.02		不得检出	GB/T 20772
121	烯酰吗啉	Dimethomorph	0.05		不得检出	GB/T 20772
122	醚菌胺	Dimoxystrobin	0.05		不得检出	SN/T 2237
123	烯唑醇	Diniconazole	0.01		不得检出	GB/T 19650
124	敌螨普	Dinocap	0.05		不得检出	日本肯定列表(增补本1)
125	地乐酚	Dinoseb	0.01		不得检出	GB/T 20772
126	特乐酚	Dinoterb	0.05		不得检出	GB/T 20772
127	敌噁磷	Dioxathion	0.05		不得检出	GB/T 19650
128	敌草快	Diquat	0.05		不得检出	GB/T 5009.221
129	乙拌磷	Disulfoton	0.01		不得检出	GB/T 20772
130	二氰蒽醌	Dithianon	0.01		不得检出	GB/T 20769

序号	农兽药中文名	农兽药英文名	欧盟标准限量要求 mg/kg	国家标准限量要求 mg/kg	三安超有机食品标准	
					限量要求 mg/kg	检测方法
131	二硫代氨基甲酸酯	Dithiocarbamates	0.05		不得检出	SN/T 0157
132	敌草隆	Diuron	0.05		不得检出	SN/T 0645
133	二硝甲酚	DNOC	0.05		不得检出	GB/T 20772
134	多果定	Dodine	0.2		不得检出	SN 0500
135	多拉菌素	Doramectin	40μg/kg		不得检出	GB/T 22968
136	甲氨基阿维菌素苯甲酸盐	Emamectin benzoate	0.01		不得检出	GB/T 20769
137	硫丹	Endosulfan	0.05		不得检出	GB/T 19650
138	异狄氏剂	Endrin	0.05	0.05	不得检出	GB/T 19650
139	氟环唑	Epoxiconazole	0.01		不得检出	GB/T 20772
140	茵草敌	EPTC	0.02		不得检出	GB/T 20772
141	红霉素	Erythromycin	200μg/kg		不得检出	GB/T 20762
142	胺苯磺隆	Ethametsulfuron	0.01		不得检出	NY/T 1616
143	乙烯利	Ethephon	0.05		不得检出	SN 0705
144	乙硫磷	Ethion	0.01		不得检出	GB/T 19650
145	乙嘧酚	Ethirimol	0.05		不得检出	GB/T 20772
146	乙氧呋草黄	Ethofumesate	0.1		不得检出	GB/T 20772
147	灭线磷	Ethoprophos	0.01		不得检出	GB/T 19650
148	乙氧喹啉	Ethoxyquin	0.05		不得检出	GB/T 20772
149	环氧乙烷	Ethylene oxide	0.02		不得检出	GB/T 23296.11
150	醚菊酯	Etofenprox	0.5		不得检出	GB/T 19650
151	乙螨唑	Etoxazole	0.01		不得检出	GB/T 19648
152	氯唑灵	Etridiazole	0.05		不得检出	GB/T 20769
153	噁唑菌酮	Famoxadone	0.05		不得检出	GB/T 20772
154	苯硫氨酯	Febantel	50μg/kg		不得检出	日本肯定列表
155	咪唑菌酮	Fenamidone	0.01		不得检出	GB/T 19650
156	苯线磷	Fenamiphos	0.01		不得检出	GB/T 19650
157	氯苯嘧啶醇	Fenarimol	0.02		不得检出	GB/T 20772
158	喹螨醚	Fenazaquin	0.01		不得检出	GB/T 19648
159	苯硫苯咪唑	Fenbendazole	50μg/kg		不得检出	SN 0638
160	腈苯唑	Fenbuconazole	0.05		不得检出	GB/T 20772
161	苯丁锡	Fenbutatin oxide	0.05		不得检出	SN 0592
162	环酰菌胺	Fenhexamid	0.05		不得检出	GB/T 20772
163	杀螟硫磷	Fenitrothion	0.01		不得检出	GB/T 20772
164	精噁唑禾草灵	Fenoxaprop – *P* – ethyl	0.05		不得检出	GB 22617
165	双氧威	Fenoxycarb	0.05		不得检出	GB/T 19650
166	苯锈啶	Fenpropidin	0.02		不得检出	GB/T 19650
167	丁苯吗啉	Fenpropimorph	0.01		不得检出	GB/T 20772
168	胺苯吡菌酮	Fenpyrazamine	0.01		不得检出	参照同类标准
169	唑螨酯	Fenpyroximate	0.01		不得检出	GB/T 20769

序号	农兽药中文名	农兽药英文名	欧盟标准限量要求 mg/kg	国家标准限量要求 mg/kg	三安超有机食品标准	
					限量要求 mg/kg	检测方法
170	倍硫磷	Fenthion	0.05		不得检出	GB/T 20772
171	薯瘟锡	Fentin acetate	0.05		不得检出	参照同类标准
172	三苯锡	Fentin	0.05		不得检出	日本肯定列表(增补本1)
173	氰戊菊酯和高效氰戊菊酯(RR & SS 异构体总量)	Fenvalerate and esfenvalerate (sum of RR & SS isomers)	0.2		不得检出	GB/T 19650
174	氰戊菊酯和高效氰戊菊酯(RS & SR 异构体总量)	Fenvalerate and esfenvalerate (sum of RS & SR isomers)	0.05		不得检出	GB/T 19650
175	氟虫腈	Fipronil	0.01		不得检出	SN/T 1982
176	氟啶虫酰胺	Flonicamid	0.03		不得检出	SN/T 2796
177	精吡氟禾草灵	Fluazifop - *P* - butyl	0.05		不得检出	GB/T 5009.142
178	氟啶胺	Fluazinam	0.05		不得检出	SN/T 2150
179	氟苯虫酰胺	Flubendiamide	2		不得检出	SN/T 2581
180	氟环脲	Flucycloxuron	0.05		不得检出	参照同类标准
181	氟氰戊菊酯	Flucythrinate	0.05		不得检出	GB/T 19648
182	咯菌腈	Fludioxonil	0.05		不得检出	GB/T 20772
183	氟虫脲	Flufenoxuron	0.05		不得检出	SN/T 2150
184	—	Flufenzin	0.02		不得检出	参照同类标准
185	氟吡菌胺	Fluopicolide	0.01		不得检出	参照同类标准
186	—	Fluopyram	0.1		不得检出	参照同类标准
187	氟离子	Fluoride ion	1		不得检出	GB/T 5009.167
188	氟腈嘧菌酯	Fluoxastrobin	0.05		不得检出	SN/T 2237
189	氟喹唑	Fluquinconazole	2		不得检出	GB/T 19650
190	氟咯草酮	Fluorochloridone	0.05		不得检出	GB/T 20772
191	氟草烟	Fluroxypyr	0.05		不得检出	GB/T 20772
192	氟硅唑	Flusilazole	0.02		不得检出	GB/T 20772
193	氟酰胺	Flutolanil	0.02		不得检出	GB/T 20772
194	粉唑醇	Flutriafol	0.01		不得检出	GB/T 20772
195	—	Fluxapyroxad	0.01		不得检出	参照同类标准
196	氟磺胺草醚	Fomesafen	0.01		不得检出	GB/T 5009.130
197	氯吡脲	Forchlorfenuron	0.05		不得检出	SN/T 3643
198	伐虫脒	Formetanate	0.01		不得检出	NY/T 1453
199	三乙膦酸铝	Fosetyl - aluminium	0.5		不得检出	参照同类标准
200	麦穗宁	Fuberidazole	0.05		不得检出	GB/T 19650
201	呋线威	Furathiocarb	0.01		不得检出	GB/T 20772
202	糠醛	Furfural	1		不得检出	参照同类标准
203	勃激素	Gibberellic acid	0.1		不得检出	GB/T 23211
204	草胺膦	Glufosinate - ammonium	0.1		不得检出	日本肯定列表
205	草甘膦	Glyphosate	0.05		不得检出	NY/T 1096

序号	农兽药中文名	农兽药英文名	欧盟标准限量要求 mg/kg	国家标准限量要求 mg/kg	三安超有机食品标准	
					限量要求 mg/kg	检测方法
206	双胍盐	Guazatine	0.1		不得检出	参照同类标准
207	氟吡禾灵	Haloxyfop	0.01		不得检出	SN/T 2228
208	七氯	Heptachlor	0.2	0.2	不得检出	SN 0663
209	六氯苯	Hexachlorobenzene	0.2		不得检出	SN/T 0127
210	六六六(HCH), α-异构体	Hexachlorociclohexane (HCH), alpha - isomer	0.2	0.1	不得检出	SN/T 0127
211	六六六(HCH), β-异构体	Hexachlorociclohexane (HCH), beta - isomer	0.1	0.1	不得检出	SN/T 0127
212	噻螨酮	Hexythiazox	0.05		不得检出	GB/T 20772
213	噁霉灵	Hymexazol	0.05		不得检出	GB/T 20772
214	抑霉唑	Imazalil	0.05		不得检出	GB/T 20772
215	甲咪唑烟酸	Imazapic	0.01		不得检出	GB/T 20772
216	咪唑喹啉酸	Imazaquin	0.05		不得检出	GB/T 20772
217	吡虫啉	Imidacloprid	0.1		不得检出	GB/T 20772
218	茚虫威	Indoxacarb	2		不得检出	GB/T 20772
219	碘苯腈	Ioxynil	0.05		不得检出	GB/T 20772
220	异菌脲	Iprodione	0.05		不得检出	GB/T 19650
221	稻瘟灵	Isoprothiolane	0.01		不得检出	GB/T 20772
222	异丙隆	Isoproturon	0.05		不得检出	GB/T 20772
223	—	Isopyrazam	0.01		不得检出	参照同类标准
224	异噁酰草胺	Isoxaben	0.01		不得检出	GB/T 20772
225	卡那霉素	Kanamycin	100μg/kg		不得检出	GB/T 21323
226	醚菌酯	Kresoxim - methyl	0.02		不得检出	GB/T 20772
227	乳氟禾草灵	Lactofen	0.01		不得检出	GB/T 19650
228	高效氯氟氰菊酯	Lambda - cyhalothrin	0.5		不得检出	GB/T 19648
229	环草定	Lenacil	0.1		不得检出	GB/T 19650
230	林可霉素	Lincomycin	100μg/kg		不得检出	GB/T 20762
231	林丹	Lindane	0.02	0.1	不得检出	NY/T 761.2
232	虱螨脲	Lufenuron	0.02		不得检出	SN/T 2540
233	马拉硫磷	Malathion	0.02		不得检出	GB/T 19650
234	抑芽丹	Maleic hydrazide	0.05		不得检出	日本肯定列表
235	双炔酰菌胺	Mandipropamid	0.02		不得检出	参照同类标准
236	二甲四氯和二甲四氯丁酸	MCPA and MCPB	0.1		不得检出	SN/T 2228
237	壮棉素	Mepiquat chloride	0.05		不得检出	GB/T 20769
238	—	Meptyldinocap	0.05		不得检出	参照同类标准
239	汞化合物	Mercury compounds	0.01		不得检出	参照同类标准
240	氰氟虫腙	Metaflumizone	0.02		不得检出	SN/T 3852
241	甲霜灵和精甲霜灵	Metalaxyl and metalaxyl - M	0.05		不得检出	GB/T 20772
242	四聚乙醛	Metaldehyde	0.05		不得检出	SN/T 1787

序号	农兽药中文名	农兽药英文名	欧盟标准限量要求 mg/kg	国家标准限量要求 mg/kg	三安超有机食品标准	
					限量要求 mg/kg	检测方法
243	苯嗪草酮	Metamitron	0.05		不得检出	GB/T 19650
244	吡唑草胺	Metazachlor	0.05		不得检出	GB/T 19650
245	叶菌唑	Metconazole	0.01		不得检出	GB/T 20769
246	甲基苯噻隆	Methabenzthiazuron	0.05		不得检出	GB/T 19650
247	虫螨畏	Methacrifos	0.01		不得检出	GB/T 20772
248	甲胺磷	Methamidophos	0.01		不得检出	GB/T 20772
249	杀扑磷	Methidathion	0.02		不得检出	GB/T 20772
250	甲硫威	Methiocarb	0.05		不得检出	GB/T 20769
251	灭多威和硫双威	Methomyl and thiodicarb	0.02		不得检出	GB/T 20772
252	烯虫酯	Methoprene	0.05		不得检出	GB/T 19648
253	甲氧滴滴涕	Methoxychlor	0.01		不得检出	GB/T 19648
254	甲氧虫酰肼	Methoxyfenozide	0.2		不得检出	GB/T 20772
255	磺草唑胺	Metosulam	0.01		不得检出	GB/T 20772
256	苯菌酮	Metrafenone	0.05		不得检出	参照同类标准
257	嗪草酮	Metribuzin	0.1		不得检出	GB/T 20769
258	绿谷隆	Monolinuron	0.05		不得检出	GB/T 20772
259	灭草隆	Monuron	0.01		不得检出	GB/T 20772
260	甲噻吩嘧啶	Morantel	100μg/kg		不得检出	参照同类标准
261	腈菌唑	Myclobutanil	0.01		不得检出	GB/T 20772
262	萘夫西林	Nafcillin	300μg/kg		不得检出	GB/T 22975
263	敌草胺	Napropamide	0.01		不得检出	GB/T 19650
264	新霉素	Neomycin	500μg/kg		不得检出	SN 0646
265	烟嘧磺隆	Nicosulfuron	0.05		不得检出	日本肯定列表(增补本 1)
266	除草醚	Nitrofen	0.01		不得检出	GB/T 19648
267	氟酰脲	Novaluron	10		不得检出	GB/T 20769
268	嘧苯胺磺隆	Orthosulfamuron	0.01		不得检出	GB/T 23817
269	苯唑青霉素	Oxacillin	300μg/kg		不得检出	GB/T 21315
270	噁草酮	Oxadiazon	0.05		不得检出	GB/T 19650
271	噁霜灵	Oxadixyl	0.01		不得检出	GB/T 19650
272	环氧嘧磺隆	Oxasulfuron	0.05		不得检出	GB/T 23817
273	苯亚砜苯咪唑	Oxfendazole	50μg/kg		不得检出	参照同类标准
274	喹菌酮	Oxolinic acid	100μg/kg		不得检出	日本肯定列表
275	氧化萎锈灵	Oxycarboxin	0.05		不得检出	GB/T 19650
276	羟氯柳苯胺	Oxyclozanide	20μg/kg		不得检出	SN/T 2909
277	亚砜磷	Oxydemeton - methyl	0.02		不得检出	参照同类标准
278	乙氧氟草醚	Oxyfluorfen	0.05		不得检出	GB/T 20772
279	土霉素	Oxytetracycline	100μg/kg		不得检出	GB/T 21317
280	多效唑	Paclobutrazol	0.02		不得检出	GB/T 19650

序号	农兽药中文名	农兽药英文名	欧盟标准限量要求 mg/kg	国家标准限量要求 mg/kg	三安超有机食品标准	
					限量要求 mg/kg	检测方法
281	对硫磷	Parathion	0.05		不得检出	GB/T 19650
282	甲基对硫磷	Parathion – methyl	0.01		不得检出	GB/T 20772
283	巴龙霉素	Paromomycin	500μg/kg		不得检出	SN/T 2315
284	戊菌唑	Penconazole	0.05		不得检出	GB/T 20772
285	戊菌隆	Pencycuron	0.05		不得检出	GB/T 19650
286	二甲戊灵	Pendimethalin	0.05		不得检出	GB/T 19648
287	喷沙西林	Penethamate	50μg/kg		不得检出	GB/T 19650
288	甜菜宁	Phenmedipham	0.05		不得检出	GB/T 23205
289	苯醚菊酯	Phenothrin	0.05		不得检出	GB/T 20772
290	甲拌磷	Phorate	0.01		不得检出	GB/T 20772
291	伏杀硫磷	Phosalone	0.01		不得检出	GB/T 20772
292	亚胺硫磷	Phosmet	0.1		不得检出	GB/T 20772
293	—	Phosphines and phosphides	0.01		不得检出	参照同类标准
294	辛硫磷	Phoxim	0.02		不得检出	GB/T 20772
295	氨氯吡啶酸	Picloram	0.2		不得检出	GB/T 23211
296	啶氧菌酯	Picoxystrobin	0.05		不得检出	GB/T 19650
297	抗蚜威	Pirimicarb	0.05		不得检出	GB/T 20772
298	甲基嘧啶磷	Pirimiphos – methyl	0.05		不得检出	GB/T 20772
299	咪鲜胺	Prochloraz	0.1		不得检出	GB/T 19650
300	腐霉利	Procymidone	0.01		不得检出	GB/T 20772
301	丙溴磷	Profenofos	0.05		不得检出	GB/T 20772
302	调环酸	Prohexadione	0.05		不得检出	日本肯定列表
303	毒草安	Propachlor	0.02		不得检出	GB/T 20772
304	扑派威	Propamocarb	0.1		不得检出	GB/T 20772
305	恶草酸	Propaquizafop	0.05		不得检出	GB/T 20772
306	炔螨特	Propargite	0.1		不得检出	GB/T 19650
307	苯胺灵	Propham	0.05		不得检出	GB/T 19650
308	丙环唑	Propiconazole	0.01		不得检出	GB/T 19650
309	异丙草胺	Propisochlor	0.01		不得检出	GB/T 19650
310	残杀威	Propoxur	0.05		不得检出	GB/T 20772
311	炔苯酰草胺	Propyzamide	0.02		不得检出	GB/T 19650
312	苄草丹	Prosulfocarb	0.05		不得检出	GB/T 19648
313	丙硫菌唑	Prothioconazole	0.05		不得检出	参照同类标准
314	吡蚜酮	Pymetrozine	0.01		不得检出	GB/T 20772
315	吡唑醚菌酯	Pyraclostrobin	0.05		不得检出	GB/T 20772
316	—	Pyrasulfotole	0.01		不得检出	参照同类标准
317	吡菌磷	Pyrazophos	0.02		不得检出	GB/T 20772
318	除虫菊素	Pyrethrins	0.05		不得检出	GB/T 20772
319	哒螨灵	Pyridaben	0.02		不得检出	SN/T 2432

序号	农兽药中文名	农兽药英文名	欧盟标准限量要求 mg/kg	国家标准限量要求 mg/kg	三安超有机食品标准	
					限量要求 mg/kg	检测方法
320	啶虫丙醚	Pyridalyl	0.01		不得检出	日本肯定列表
321	哒草特	Pyridate	0.05		不得检出	日本肯定列表
322	嘧霉胺	Pyrimethanil	0.05		不得检出	GB/T 19650
323	吡丙醚	Pyriproxyfen	0.05		不得检出	GB/T 19650
324	甲氧磺草胺	Pyroxsulam	0.01		不得检出	SN/T 2325
325	氯甲喹啉酸	Quinmerac	0.05		不得检出	参照同类标准
326	喹氧灵	Quinoxyfen	0.2		不得检出	SN/T 2319
327	五氯硝基苯	Quintozene	0.01		不得检出	GB/T 19650
328	精喹禾灵	Quizalofop – *P* – ethyl	0.05		不得检出	SN/T 2150
329	灭虫菊	Resmethrin	0.1		不得检出	GB/T 20772
330	鱼藤酮	Rotenone	0.01		不得检出	GB/T 20772
331	西玛津	Simazine	0.01		不得检出	SN 0594
332	壮观霉素	Spectinomycin	300μg/kg		不得检出	GB/T 21323
333	乙基多杀菌素	Spinetoram	0.2		不得检出	参照同类标准
334	多杀霉素	Spinosad	0.02		不得检出	GB/T 20772
335	螺螨酯	Spirodiclofen	0.01		不得检出	GB/T 20772
336	螺甲螨酯	Spiromesifen	0.01		不得检出	GB/T 23210
337	螺虫乙酯	Spirotetramat	0.01		不得检出	参照同类标准
338	葚孢菌素	Spiroxamine	0.05		不得检出	GB/T 20772
339	链霉素	Streptomycin	500μg/kg		不得检出	GB/T 21323
340	磺草酮	Sulcotrione	0.05		不得检出	参照同类标准
341	磺胺类(所有属于磺胺类的物质)	Sulfonamides (all substances belonging to the sulfonamide-group)	100μg/kg		不得检出	GB 29694
342	乙黄隆	Sulfosulfuron	0.05		不得检出	日本肯定列表(增补本1)
343	硫磺粉	Sulfur	0.5		不得检出	参照同类标准
344	氟胺氰菊酯	Tau – fluvalinate	0.01		不得检出	SN 0691
345	戊唑醇	Tebuconazole	0.1		不得检出	GB/T 20772
346	虫酰肼	Tebufenozide	0.05		不得检出	GB/T 20772
347	吡螨胺	Tebufenpyrad	0.05		不得检出	GB/T 20772
348	四氯硝基苯	Tecnazene	0.05		不得检出	GB/T 19650
349	氟苯脲	Teflubenzuron	0.05		不得检出	SN/T 2150
350	七氟菊酯	Tefluthrin	0.05		不得检出	日本肯定列表
351	得杀草	Tepraloxydim	0.1		不得检出	GB/T 20772
352	特丁硫磷	Terbufos	0.01		不得检出	GB/T 20772
353	特丁津	Terbuthylazine	0.05		不得检出	GB/T 19650
354	四氟醚唑	Tetraconazole	0.5		不得检出	GB/T 20772
355	四环素	Tetracycline	100μg/kg		不得检出	GB/T 21317

序号	农兽药中文名	农兽药英文名	欧盟标准限量要求 mg/kg	国家标准限量要求 mg/kg	三安超有机食品标准	
					限量要求 mg/kg	检测方法
356	三氯杀螨砜	Tetradifon	0.05		不得检出	GB/T 19650
357	噻虫啉	Thiacloprid	0.05		不得检出	GB/T 20772
358	噻虫嗪	Thiamethoxam	0.03		不得检出	GB/T 20772
359	甲砜霉素	Thiamphenicol	50μg/kg		不得检出	GB/T 20756
360	禾草丹	Thiobencarb	0.01		不得检出	GB/T 20762
361	甲基硫菌灵	Thiophanate – methyl	0.05		不得检出	GB/T 20772
362	替米考星	Tilmicosin	50μg/kg		不得检出	SN/T 0162
363	甲基立枯磷	Tolclofos – methyl	0.05		不得检出	GB/T 20772
364	甲苯三嗪酮	Toltrazuril	100μg/kg		不得检出	参照同类标准
365	甲苯氟磺胺	Tolylfluanid	0.1		不得检出	GB/T 19650
366	—	Topramezone	0.01		不得检出	参照同类标准
367	三唑酮和三唑醇	Triadimefon and triadimenol	0.1		不得检出	GB/T 20772
368	野麦畏	Triallate	0.05		不得检出	GB/T 20772
369	醚苯磺隆	Triasulfuron	0.05		不得检出	GB/T 20772
370	三唑磷	Triazophos	0.01		不得检出	GB/T 20772
371	敌百虫	Trichlorphon	0.01		不得检出	GB/T 20772
372	三氯苯哒唑	Triclabendazole	225 μg/kg		不得检出	参照同类标准
373	绿草定	Triclopyr	0.05		不得检出	SN/T 2228
374	三环唑	Tricyclazole	0.05		不得检出	GB/T 20769
375	十三吗啉	Tridemorph	0.01		不得检出	GB/T 20772
376	肟菌酯	Trifloxystrobin	0.04		不得检出	GB/T 20769
377	氟菌唑	Triflumizole	0.05		不得检出	GB/T 20769
378	杀铃脲	Triflumuron	0.01		不得检出	GB/T 20772
379	氟乐灵	Trifluralin	0.01		不得检出	GB/T 20772
380	嗪氨灵	Triforine	0.01		不得检出	SN 0695
381	甲氧苄氨嘧啶	Trimethoprim	50μg/kg		不得检出	SN/T 1769
382	三甲基锍阳离子	Trimethyl – sulfonium cation	0.05		不得检出	参照同类标准
383	抗倒酯	Trinexapac	0.05		不得检出	GB/T 20769
384	灭菌唑	Triticonazole	0.01		不得检出	GB/T 20769
385	三氟甲磺隆	Tritosulfuron	0.01		不得检出	参照同类标准
386	泰乐霉素	Tylosin	50μg/kg		不得检出	GB/T 20762
387	—	Valifenalate	0.01		不得检出	参照同类标准
388	乙烯菌核利	Vinclozolin	0.05		不得检出	GB/T 20772
389	1 – 氨基 – 2 – 乙内酰脲	AHD			不得检出	GB/T 21311
390	2,3,4,5 – 四氯苯胺	2,3,4,5 – Tetrachloraniline			不得检出	GB/T 19650
391	2,3,4,5 – 四氯甲氧基苯	2,3,4,5 – Tetrachloroanisole			不得检出	GB/T 19650
392	2,3,5,6 – 四氯苯胺	2,3,5,6 – Tetrachloroaniline			不得检出	GB/T 19650
393	2,4,5 – 涕	2,4,5 – T			不得检出	GB/T 20772
394	*o,p′* – 滴滴滴	2,4′ – DDD			不得检出	GB/T 19650

序号	农兽药中文名	农兽药英文名	欧盟标准限量要求 mg/kg	国家标准限量要求 mg/kg	三安超有机食品标准	
					限量要求 mg/kg	检测方法
395	*o*,*p*′-滴滴伊	2,4′-DDE			不得检出	GB/T 19650
396	*o*,*p*′-滴滴涕	2,4′-DDT			不得检出	GB/T 19650
397	2,6-二氯苯甲酰胺	2,6-Dichlorobenzamide			不得检出	GB/T 19650
398	3,5-二氯苯胺	3,5-Dichloroaniline			不得检出	GB/T 19650
399	*p*,*p*′-滴滴滴	4,4′-DDD			不得检出	GB/T 19650
400	*p*,*p*′-滴滴伊	4,4′-DDE			不得检出	GB/T 19650
401	*p*,*p*′-滴滴涕	4,4′-DDT			不得检出	GB/T 19650
402	4,4′-二溴二苯甲酮	4,4′-Dibromobenzophenone			不得检出	GB/T 19650
403	4,4′-二氯二苯甲酮	4,4′-Dichlorobenzophenone			不得检出	GB/T 19650
404	二氢苊	Acenaphthene			不得检出	GB/T 19650
405	乙酰丙嗪	Acepromazine			不得检出	GB/T 20763
406	苯并噻二唑	Acibenzolar-*S*-methyl			不得检出	GB/T 19650
407	三氟羧草醚	Acifluorfen			不得检出	GB/T 20772
408	涕灭砜威	Aldoxycarb			不得检出	GB/T 20772
409	烯丙菊酯	Allethrin			不得检出	GB/T 20772
410	二丙烯草胺	Allidochlor			不得检出	GB/T 19650
411	烯丙孕素	Altrenogest			不得检出	SN/T 1980
412	莠灭净	Ametryn			不得检出	GB/T 19650
413	双甲脒	Amitraz			不得检出	GB/T 19650
414	杀草强	Amitrole			不得检出	SN/T 1737.6
415	5-吗啉甲基-3-氨基-2-噁唑烷基酮	AMOZ			不得检出	GB/T 21311
416	氨丙嘧吡啶	Amprolium			不得检出	SN/T 0276
417	莎稗磷	Anilofos			不得检出	GB/T 19650
418	蒽醌	Anthraquinone			不得检出	GB/T 19650
419	3-氨基-2-噁唑酮	AOZ			不得检出	GB/T 21311
420	安普霉素	Apramycin			不得检出	GB/T 21323
421	丙硫特普	Aspon			不得检出	GB/T 19650
422	羟氨卡青霉素	Aspoxicillin			不得检出	GB/T 21315
423	乙基杀扑磷	Athidathion			不得检出	GB/T 19650
424	莠去通	Atratone			不得检出	GB/T 19650
425	莠去津	Atrazine			不得检出	GB/T 19650
426	脱乙基阿特拉津	Atrazine-desethyl			不得检出	GB/T 19650
427	甲基吡噁磷	Azamethiphos			不得检出	GB/T 20763
428	氮哌酮	Azaperone			不得检出	GB/T 20763
429	叠氮津	Aziprotryne			不得检出	GB/T 19650
430	杆菌肽	Bacitracin			不得检出	GB/T 20743
431	4-溴-3,5-二甲苯基-*N*-甲基氨基甲酸酯-1	BDMC-1			不得检出	GB/T 19650

序号	农兽药中文名	农兽药英文名	欧盟标准限量要求 mg/kg	国家标准限量要求 mg/kg	三安超有机食品标准	
					限量要求 mg/kg	检测方法
432	4-溴-3,5-二甲苯基-N-甲基氨基甲酸酯-2	BDMC-2			不得检出	GB/T 19650
433	噁虫威	Bendiocarb			不得检出	GB/T 20772
434	乙丁氟灵	Benfluralin			不得检出	GB/T 19650
435	呋草黄	Benfuresate			不得检出	GB/T 19650
436	麦锈灵	Benodanil			不得检出	GB/T 19650
437	解草酮	Benoxacor			不得检出	GB/T 19650
438	新燕灵	Benzoylprop-ethyl			不得检出	GB/T 19650
439	倍他米松	Betamethasone			不得检出	SN/T 1970
440	生物烯丙菊酯-1	Bioallethrin-1			不得检出	GB/T 19650
441	生物烯丙菊酯-2	Bioallethrin-2			不得检出	GB/T 19650
442	溴烯杀	Bromocylen			不得检出	GB/T 19650
443	除草定	Bromacil			不得检出	GB/T 19650
444	溴苯烯磷	Bromfenvinfos			不得检出	GB/T 19650
445	溴硫磷	Bromofos			不得检出	GB/T 19650
446	乙基溴硫磷	Bromophos-ethyl			不得检出	GB/T 19650
447	溴丁酰草胺	Btomobutide			不得检出	GB/T 19650
448	氟丙嘧草酯	Butafenacil			不得检出	GB/T 19650
449	抑草磷	Butamifos			不得检出	GB/T 19650
450	丁草胺	Butaxhlor			不得检出	GB/T 19650
451	苯酮唑	Cafenstrole			不得检出	GB/T 19650
452	角黄素	Canthaxanthin			不得检出	SN/T 2327
453	咔唑心安	Carazolol			不得检出	GB/T 22993
454	卡巴氧	Carbadox			不得检出	GB/T 20746
455	三硫磷	Carbophenothion			不得检出	GB/T 19650
456	唑草酮	Carfentrazone-ethyl			不得检出	GB/T 19650
457	卡洛芬	Carprofen			不得检出	SN/T 2190
458	头孢氨苄	Cefalexin			不得检出	GB/T 22989
459	头孢洛宁	Cefalonium			不得检出	GB/T 22989
460	头孢匹林	Cefapirin			不得检出	GB/T 22989
461	头孢喹肟	Cefquinome			不得检出	GB/T 22989
462	氯氧磷	Chlorethoxyfos			不得检出	GB/T 19650
463	杀螨醇	Chlorfenethol			不得检出	GB/T 19650
464	燕麦酯	Chlorfenprop-methyl			不得检出	GB/T 19650
465	氯甲硫磷	Chlormephos			不得检出	GB/T 19650
466	氯霉素	Chloramphenicolum			不得检出	GB/T 20772
467	氯杀螨砜	Chlorbenside sulfone			不得检出	GB/T 19648
468	氯溴隆	Chlorbromuron			不得检出	GB/T 19648
469	杀虫脒	Chlordimeform			不得检出	GB/T 19648

序号	农兽药中文名	农兽药英文名	欧盟标准限量要求 mg/kg	国家标准限量要求 mg/kg	三安超有机食品标准	
					限量要求 mg/kg	检测方法
470	溴虫腈	Chlorfenapyr			不得检出	SN/T 1986
471	氟啶脲	Chlorfluazuron			不得检出	GB/T 20769
472	整形醇	Chlorflurenol			不得检出	GB/T 19650
473	氯地孕酮	Chlormadinone			不得检出	SN/T 1980
474	醋酸氯地孕酮	Chlormadinone acetate			不得检出	GB/T 20753
475	氯苯甲醚	Chloroneb			不得检出	GB/T 19650
476	丙酯杀螨醇	Chloropropylate			不得检出	GB/T 19650
477	氯丙嗪	Chlorpromazine			不得检出	GB/T 20763
478	毒死蜱	Chlorpyrifos			不得检出	GB/T 19650
479	氯硫磷	Chlorthion			不得检出	GB/T 19650
480	虫螨磷	Chlorthiophos			不得检出	GB/T 19650
481	乙菌利	Chlozolinate			不得检出	GB/T 19650
482	顺式－氯丹	*cis* – Chlordane			不得检出	GB/T 19650
483	顺式－燕麦敌	*cis* – Diallate			不得检出	GB/T 19650
484	顺式－氯菊酯	*cis* – Permethrin			不得检出	GB/T 19650
485	克仑特罗	Clenbuterol			不得检出	GB/T 22286
486	异噁草酮	Clomazone			不得检出	GB/T 20772
487	氯甲酰草胺	Clomeprop			不得检出	GB/T 19650
488	氯羟吡啶	Clopidol			不得检出	GB/T 19650
489	解草酯	Cloquintocet – mexyl			不得检出	GB/T 19650
490	蝇毒磷	Coumaphos			不得检出	GB/T 19650
491	鼠立死	Crimidine			不得检出	GB/T 19650
492	巴毒磷	Crotxyphos			不得检出	GB/T 19650
493	育畜磷	Crufomate			不得检出	GB/T 20772
494	苯腈磷	Cyanofenphos			不得检出	GB/T 20772
495	杀螟腈	Cyanophos			不得检出	GB/T 20772
496	环草敌	Cycloate			不得检出	GB/T 20772
497	环莠隆	Cycluron			不得检出	GB/T 20772
498	环丙津	Cyprazine			不得检出	GB/T 20772
499	敌草索	Dacthal			不得检出	GB/T 19650
500	达氟沙星	Danofloxacin			不得检出	GB/T 22985
501	敌草腈	Dichlobenil			不得检出	GB/T 20745
502	脱叶磷	DEF			不得检出	GB/T 19650
503	2,2′,4,5,5′－五氯联苯	DE – PCB 101			不得检出	GB/T 19650
504	2,3,4,4′,5－五氯联苯	DE – PCB 118			不得检出	GB/T 19650
505	2,2′,3,4,4′,5－六氯联苯	DE – PCB 138			不得检出	GB/T 19650
506	2,2′,4,4′,5,5′－六氯联苯	DE – PCB 153			不得检出	GB/T 19650
507	2,2′,3,4,4′,5,5′－七氯联苯	DE – PCB 180			不得检出	GB/T 19650

序号	农兽药中文名	农兽药英文名	欧盟标准限量要求 mg/kg	国家标准限量要求 mg/kg	三安超有机食品标准	
					限量要求 mg/kg	检测方法
508	2,4,4′-三氯联苯	DE-PCB 28			不得检出	GB/T 19650
509	2,4,5-三氯联苯	DE-PCB 31			不得检出	GB/T 19650
510	2,2′,5,5′-四氯联苯	DE-PCB 52			不得检出	GB/T 19650
511	脱溴溴苯磷	Desbrom-leptophos			不得检出	GB/T 19650
512	脱乙基另丁津	Desethyl-sebuthylazine			不得检出	GB/T 19650
513	敌草净	Desmetryn			不得检出	GB/T 19650
514	地塞米松	Dexamethasone			不得检出	GB/T 21981
515	氯亚胺硫磷	Dialifos			不得检出	GB/T 19650
516	敌菌净	Diaveridine			不得检出	SN/T 1926
517	驱虫特	Dibutyl succinate			不得检出	GB/T 20772
518	异氯磷	Dicapthon			不得检出	GB/T 19650
519	除线磷	Dichlofenthion			不得检出	GB/T 19650
520	苯氟磺胺	Dichlofluanid			不得检出	GB/T 19650
521	烯丙酰草胺	Dichlormid			不得检出	GB/T 19650
522	敌敌畏	Dichlorvos			不得检出	GB/T 19650
523	苄氯三唑醇	Diclobutrazole			不得检出	GB/T 19650
524	禾草灵	Diclofop-methyl			不得检出	GB/T 19650
525	己烯雌酚	Diethylstilbestrol			不得检出	GB/T 21981
526	双氟沙星	Difloxacin			不得检出	GB/T 20366
527	甲氟磷	Dimefox			不得检出	GB/T 19650
528	哌草丹	Dimepiperate			不得检出	GB/T 19650
529	异戊乙净	Dimethametryn			不得检出	GB/T 19650
530	乐果	Dimethoate			不得检出	GB/T 20772
531	甲基毒虫畏	Dimethylvinphos			不得检出	GB/T 19650
532	地美硝唑	Dimetridazole			不得检出	GB/T 21318
533	二甲草胺	Dinethachlor			不得检出	GB/T 19650
534	二甲酚草胺	Dimethenamid			不得检出	GB/T 19650
535	二硝托安	Dinitolmide			不得检出	GB/T 19650
536	氨氟灵	Dinitramine			不得检出	GB/T 19650
537	消螨通	Dinobuton			不得检出	GB/T 19650
538	呋虫胺	Dinotefuran			不得检出	SN/T 2323
539	苯虫醚-1	Diofenolan-1			不得检出	GB/T 19650
540	苯虫醚-2	Diofenolan-2			不得检出	GB/T 19650
541	蔬果磷	Dioxabenzofos			不得检出	GB/T 19650
542	双苯酰草胺	Diphenamid			不得检出	GB/T 19650
543	二苯胺	Diphenylamine			不得检出	GB/T 19650
544	异丙净	Dipropetryn			不得检出	GB/T 19650
545	灭菌磷	Ditalimfos			不得检出	GB/T 19650
546	氟硫草定	Dithiopyr			不得检出	GB/T 19650

序号	农兽药中文名	农兽药英文名	欧盟标准限量要求 mg/kg	国家标准限量要求 mg/kg	三安超有机食品标准 限量要求 mg/kg	检测方法
547	强力霉素	Doxycycline			不得检出	GB/T 21317
548	敌瘟磷	Edifenphos			不得检出	GB/T 19650
549	硫丹硫酸盐	Endosulfan - sulfate			不得检出	GB/T 19650
550	异狄氏剂酮	Endrin ketone			不得检出	GB/T 19650
551	恩诺沙星	Enrofloxacin			不得检出	GB/T 22985
552	苯硫磷	EPN			不得检出	GB/T 19650
553	埃普利诺菌素	Eprinomectin			不得检出	GB/T 21320
554	抑草蓬	Erbon			不得检出	GB/T 19650
555	*S* - 氰戊菊酯	Esfenvalerate			不得检出	GB/T 19650
556	戊草丹	Esprocarb			不得检出	GB/T 19650
557	乙环唑 - 1	Etaconazole - 1			不得检出	GB/T 19650
558	乙环唑 - 2	Etaconazole - 2			不得检出	GB/T 19650
559	乙嘧硫磷	Etrimfos			不得检出	GB/T 19650
560	氧乙嘧硫磷	Etrimfos oxon			不得检出	GB/T 19650
561	伐灭磷	Famphur			不得检出	GB/T 19650
562	苯线磷砜	Fenamiphos - sulfone			不得检出	GB/T 19650
563	苯线磷亚砜	Fenamiphos sulfoxide			不得检出	GB/T 19650
564	苯硫苯咪唑	Fenbendazole			不得检出	GB/T 22972
565	氧皮蝇磷	Fenchlorphos oxon			不得检出	GB/T 19650
566	甲呋酰胺	Fenfuram			不得检出	GB/T 19650
567	仲丁威	Fenobucarb			不得检出	GB/T 19650
568	苯硫威	Fenothiocarb			不得检出	GB/T 19650
569	稻瘟酰胺	Fenoxanil			不得检出	GB/T 19650
570	拌种咯	Fenpiclonil			不得检出	GB/T 19650
571	甲氰菊酯	Fenpropathrin			不得检出	GB/T 19650
572	芬螨酯	Fenson			不得检出	GB/T 19650
573	丰索磷	Fensulfothion			不得检出	GB/T 19650
574	倍硫磷亚砜	Fenthion sulfoxide			不得检出	GB/T 19650
575	麦草氟甲酯	Flamprop - methyl			不得检出	GB/T 19650
576	麦草氟异丙酯	Flamprop - isopropyl			不得检出	GB/T 19650
577	氟苯尼考	Florfenicol			不得检出	GB/T 20756
578	吡氟禾草灵	Fluazifop - butyl			不得检出	GB/T 19650
579	啶蜱脲	Fluazuron			不得检出	GB/T 20772
580	氟苯咪唑	Flubendazole			不得检出	GB/T 21324
581	氟噻草胺	Flufenacet			不得检出	GB/T 19650
582	氟甲喹	Flumequin			不得检出	SN/T 1921
583	氟节胺	Flumetralin			不得检出	GB/T 19648
584	唑嘧磺草胺	Flumetsulam			不得检出	GB/T 20772
585	氟烯草酸	Flumiclorac			不得检出	GB/T 19650

序号	农兽药中文名	农兽药英文名	欧盟标准限量要求 mg/kg	国家标准限量要求 mg/kg	三安超有机食品标准	
					限量要求 mg/kg	检测方法
586	丙炔氟草胺	Flumioxazin			不得检出	GB/T 19650
587	氟胺烟酸	Flunixin			不得检出	GB/T 20750
588	三氟硝草醚	Fluorodifen			不得检出	GB/T 19650
589	乙羧氟草醚	Fluoroglycofen - ethyl			不得检出	GB/T 19650
590	三氟苯唑	Fluotrimazole			不得检出	GB/T 19650
591	氟啶草酮	Fluridone			不得检出	GB/T 19650
592	呋草酮	Flurtamone			不得检出	GB/T 19650
593	氟草烟 - 1 - 甲庚酯	Fluroxypr - 1 - methylheptyl ester			不得检出	GB/T 19650
594	地虫硫磷	Fonofos			不得检出	GB/T 19650
595	安果	Formothion			不得检出	GB/T 19650
596	呋霜灵	Furalaxyl			不得检出	GB/T 19650
597	庆大霉素	Gentamicin			不得检出	GB/T 21323
598	苄螨醚	Halfenprox			不得检出	GB/T 19650
599	氟哌啶醇	Haloperidol			不得检出	GB/T 20763
600	庚烯磷	Heptanophos			不得检出	GB/T 19650
601	己唑醇	Hexaconazole			不得检出	GB/T 19650
602	环嗪酮	Hexazinone			不得检出	GB/T 19650
603	咪草酸	Imazamethabenz - methyl			不得检出	GB/T 19650
604	脱苯甲基亚胺唑	Imibenconazole - *des* - benzyl			不得检出	GB/T 19650
605	炔咪菊酯 - 1	Imiprothrin - 1			不得检出	GB/T 19650
606	炔咪菊酯 - 2	Imiprothrin - 2			不得检出	GB/T 19650
607	碘硫磷	Iodofenphos			不得检出	GB/T 19650
608	甲基碘磺隆	Iodosulfuron - methyl			不得检出	GB/T 20772
609	异稻瘟净	Iprobenfos			不得检出	GB/T 19650
610	氯唑磷	Isazofos			不得检出	GB/T 19650
611	碳氯灵	Isobenzan			不得检出	GB/T 19650
612	丁咪酰胺	Isocarbamid			不得检出	GB/T 19650
613	水胺硫磷	Isocarbophos			不得检出	GB/T 19650
614	异艾氏剂	Isodrin			不得检出	GB/T 19650
615	异柳磷	Isofenphos			不得检出	GB/T 19650
616	氧异柳磷	Isofenphos oxon			不得检出	GB/T 19650
617	氮氨菲啶	Isometamidium			不得检出	SN/T 2239
618	丁嗪草酮	Isomethiozin			不得检出	GB/T 19650
619	异丙威 - 1	Isoprocarb - 1			不得检出	GB/T 19650
620	异丙威 - 2	Isoprocarb - 2			不得检出	GB/T 19650
621	异丙乐灵	Isopropalin			不得检出	GB/T 19650
622	双苯噁唑酸	Isoxadifen - ethyl			不得检出	GB/T 19650
623	异噁氟草	Isoxaflutole			不得检出	GB/T 20772

序号	农兽药中文名	农兽药英文名	欧盟标准限量要求 mg/kg	国家标准限量要求 mg/kg	三安超有机食品标准	
					限量要求 mg/kg	检测方法
624	噁唑啉	Isoxathion			不得检出	GB/T 19650
625	依维菌素	Ivermectin			不得检出	GB/T 21320
626	交沙霉素	Josamycin			不得检出	GB/T 20762
627	拉沙里菌素	Lasalocid			不得检出	GB/T 22983
628	溴苯磷	Leptophos			不得检出	GB/T 19650
629	左旋咪唑	Levanisole			不得检出	GB/T 19650
630	利谷隆	Linuron			不得检出	GB/T 20772
631	麻保沙星	Marbofloxacin			不得检出	GB/T 22985
632	2－甲－4－氯丁氧乙基酯	MCPA－butoxyethyl ester			不得检出	GB/T 19650
633	甲苯咪唑	Mebendazole			不得检出	GB/T 21324
634	灭蚜磷	Mecarbam			不得检出	GB/T 19650
635	二甲四氯丙酸	Mecoprop			不得检出	SN/T 2325
636	苯噻酰草胺	Mefenacet			不得检出	GB/T 19650
637	吡唑解草酯	Mefenpyr－diethyl			不得检出	GB/T 19650
638	醋酸甲地孕酮	Megestrol acetate			不得检出	GB/T 20753
639	醋酸美仑孕酮	Melengestrol acetate			不得检出	GB/T 20753
640	嘧菌胺	Mepanipyrim			不得检出	GB/T 19650
641	地胺磷	Mephosfolan			不得检出	GB/T 19650
642	灭锈胺	Mepronil			不得检出	GB/T 19650
643	硝磺草酮	Mesotrione			不得检出	GB/T 20772
644	呋菌胺	Methfuroxam			不得检出	GB/T 19650
645	灭梭威砜	Methiocarb sulfone			不得检出	GB/T 19650
646	盖草津	Methoprotryne			不得检出	GB/T 19650
647	甲醚菊酯－1	Methothrin－1			不得检出	GB/T 19650
648	甲醚菊酯－2	Methothrin－2			不得检出	GB/T 19650
649	甲基泼尼松龙	Methylprednisolone			不得检出	GB/T 21981
650	溴谷隆	Metobromuron			不得检出	GB/T 19650
651	甲氧氯普胺	Metoclopramide			不得检出	SN/T 2227
652	异丙甲草胺和 *S*－异丙甲草胺	Metolachlor and *S*－metolachlor			不得检出	GB/T 19650
653	苯氧菌胺－1	Metominsstrobin－1			不得检出	GB/T 20772
654	苯氧菌胺－2	Metominsstrobin－2			不得检出	GB/T 19650
655	甲硝唑	Metronidazole			不得检出	GB/T 21318
656	速灭磷	Mevinphos			不得检出	GB/T 19650
657	兹克威	Mexacarbate			不得检出	GB/T 19650
658	灭蚁灵	Mirex			不得检出	GB/T 19650
659	禾草敌	Molinate			不得检出	GB/T 19650
660	庚酰草胺	Monalide			不得检出	GB/T 19650

序号	农兽药中文名	农兽药英文名	欧盟标准限量要求 mg/kg	国家标准限量要求 mg/kg	三安超有机食品标准	
					限量要求 mg/kg	检测方法
661	莫能菌素	Monensin			不得检出	GB/T 20364
662	莫西丁克	Moxidectin			不得检出	SN/T 2442
663	合成麝香	Musk ambrecte			不得检出	GB/T 19650
664	麝香	Musk moskene			不得检出	GB/T 19650
665	西藏麝香	Musk tibeten			不得检出	GB/T 19650
666	二甲苯麝香	Musk xylene			不得检出	GB/T 19650
667	二溴磷	Naled			不得检出	SN/T 0706
668	萘丙胺	Naproanilide			不得检出	GB/T 19650
669	甲基盐霉素	Narasin			不得检出	GB/T 20364
670	甲磺乐灵	Nitralin			不得检出	GB/T 19650
671	三氯甲基吡啶	Nitrapyrin			不得检出	GB/T 19650
672	酞菌酯	Nitrothal – isopropyl			不得检出	GB/T 19650
673	诺氟沙星	Norfloxacin			不得检出	GB/T 20366
674	氟草敏	Norflurazon			不得检出	GB/T 19650
675	新生霉素	Novobiocin			不得检出	SN 0674
676	氟苯嘧啶醇	Nuarimol			不得检出	GB/T 19650
677	八氯苯乙烯	Octachlorostyrene			不得检出	GB/T 19650
678	氧氟沙星	Ofloxacin			不得检出	GB/T 20366
679	喹乙醇	Olaquindox			不得检出	GB/T 20746
680	竹桃霉素	Oleandomycin			不得检出	GB/T 20762
681	氧乐果	Omethoate			不得检出	GB/T 20772
682	奥比沙星	Orbifloxacin			不得检出	GB/T 22985
683	杀线威	Oxamyl			不得检出	GB/T 20772
684	丙氧苯咪唑	Oxibendazole			不得检出	GB/T 21324
685	氧化氯丹	Oxy – chlordane			不得检出	GB/T 19650
686	对氧磷	Paraoxon			不得检出	GB/T 19650
687	甲基对氧磷	Paraoxon – methyl			不得检出	GB/T 19650
688	克草敌	Pebulate			不得检出	GB/T 19650
689	五氯苯胺	Pentachloroaniline			不得检出	GB/T 19650
690	五氯甲氧基苯	Pentachloroanisole			不得检出	GB/T 19650
691	五氯苯	Pentachlorobenzene			不得检出	GB/T 19650
692	乙滴涕	Perthane			不得检出	GB/T 19650
693	菲	Phenanthrene			不得检出	GB/T 19650
694	稻丰散	Phenthoate			不得检出	GB/T 19650
695	甲拌磷砜	Phorate sulfone			不得检出	GB/T 19650
696	磷胺 – 1	Phosphamidon – 1			不得检出	GB/T 19650
697	磷胺 – 2	Phosphamidon – 2			不得检出	GB/T 19650
698	酞酸苯甲基丁酯	Phthalic acid, benzylbutyl ester			不得检出	GB/T 19650
699	四氯苯肽	Phthalide			不得检出	GB/T 19650

序号	农兽药中文名	农兽药英文名	欧盟标准限量要求 mg/kg	国家标准限量要求 mg/kg	三安超有机食品标准	
					限量要求 mg/kg	检测方法
700	邻苯二甲酰亚胺	Phthalimide			不得检出	GB/T 19650
701	氟吡酰草胺	Picolinafen			不得检出	GB/T 19650
702	增效醚	Piperonyl butoxide			不得检出	GB/T 19650
703	哌草磷	Piperophos			不得检出	GB/T 19650
704	乙基虫螨清	Pirimiphos - ethyl			不得检出	GB/T 19650
705	吡利霉素	Pirlimycin			不得检出	GB/T 22988
706	炔丙菊酯	Prallethrin			不得检出	GB/T 19650
707	泼尼松龙	Prednisolone			不得检出	GB/T 21981
708	环丙氟灵	Profluralin			不得检出	GB/T 19650
709	茉莉酮	Prohydrojasmon			不得检出	GB/T 19650
710	扑灭通	Prometon			不得检出	GB/T 19650
711	扑草净	Prometryne			不得检出	GB/T 19650
712	炔丙烯草胺	Pronamide			不得检出	GB/T 19650
713	敌稗	Propanil			不得检出	GB/T 19650
714	扑灭津	Propazine			不得检出	GB/T 19650
715	胺丙畏	Propetamphos			不得检出	GB/T 19650
716	丙酰二甲氨基丙吩噻嗪	Propionylpromazin			不得检出	GB/T 20763
717	丙硫磷	Prothiophos			不得检出	GB/T 19650
718	吡唑硫磷	Pyraclofos			不得检出	GB/T 19650
719	吡草醚	Pyraflufen - ethyl			不得检出	GB/T 19650
720	哒嗪硫磷	Pyridafenthion			不得检出	GB/T 19650
721	啶斑肟 - 1	Pyrifenox - 1			不得检出	GB/T 19650
722	啶斑肟 - 2	Pyrifenox - 2			不得检出	GB/T 19650
723	环酯草醚	Pyriftalid			不得检出	GB/T 19650
724	嘧草醚	Pyriminobac - methyl			不得检出	GB/T 19650
725	嘧啶磷	Pyrimitate			不得检出	GB/T 19650
726	嘧螨醚	Pyrimidifen			不得检出	GB/T 19650
727	喹硫磷	Quinalphos			不得检出	GB/T 19650
728	灭藻醌	Quinoclamine			不得检出	GB/T 19650
729	苯氧喹啉	Quinoxyphen			不得检出	GB/T 19650
730	喹禾灵	Quizalofop - ethyl			不得检出	GB/T 20772
731	吡咪唑	Rabenzazole			不得检出	GB/T 19650
732	莱克多巴胺	Ractopamine			不得检出	GB/T 21313
733	洛硝达唑	Ronidazole			不得检出	GB/T 21318
734	皮蝇磷	Ronnel			不得检出	GB/T 19650
735	盐霉素	Salinomycin			不得检出	GB/T 20364
736	沙拉沙星	Sarafloxacin			不得检出	GB/T 20366
737	另丁津	Sebutylazine			不得检出	GB/T 19650
738	密草通	Secbumeton			不得检出	GB/T 19650

序号	农兽药中文名	农兽药英文名	欧盟标准限量要求 mg/kg	国家标准限量要求 mg/kg	三安超有机食品标准	
					限量要求 mg/kg	检测方法
739	氨基脲	Semduramicin			不得检出	GB/T 19650
740	烯禾啶	Sethoxydim			不得检出	GB/T 19650
741	整形醇	Chlorflurenol			不得检出	GB/T 19650
742	氟硅菊酯	Silafluofen			不得检出	GB/T 19650
743	硅氟唑	Simeconazole			不得检出	GB/T 19650
744	西玛通	Simetone			不得检出	GB/T 19650
745	西草净	Simetryn			不得检出	GB/T 19650
746	螺旋霉素	Spiramycin			不得检出	GB/T 20762
747	磺胺苯酰	Sulfabenzamide			不得检出	GB/T 21316
748	磺胺醋酰	Sulfacetamide			不得检出	GB/T 21316
749	磺胺氯哒嗪	Sulfachloropyridazine			不得检出	GB/T 21316
750	磺胺嘧啶	Sulfadiazine			不得检出	GB/T 21316
751	磺胺间二甲氧嘧啶	Sulfadimethoxine			不得检出	GB/T 21316
752	磺胺二甲嘧啶	Sulfadimidine			不得检出	GB/T 21316
753	磺胺多辛	Sulfadoxine			不得检出	GB/T 21316
754	磺胺胍	Sulfaguanidine			不得检出	GB/T 21316
755	菜草畏	Sulfallate			不得检出	GB/T 19650
756	磺胺甲嘧啶	Sulfamerazine			不得检出	GB/T 21316
757	新诺明	Sulfamethoxazole			不得检出	GB/T 21316
758	磺胺间甲氧嘧啶	Sulfamonomethoxine			不得检出	GB/T 21316
759	乙酰磺胺对硝基苯	Sulfanitran			不得检出	GB/T 20772
760	磺胺吡啶	Sulfapyridine			不得检出	GB/T 21316
761	磺胺喹沙啉	Sulfaquinoxaline			不得检出	GB/T 21316
762	磺胺噻唑	Sulfathiazole			不得检出	GB/T 21316
763	治螟磷	Sulfotep			不得检出	GB/T 19650
764	硫丙磷	Sulprofos			不得检出	GB/T 19650
765	苯噻硫氰	TCMTB			不得检出	GB/T 19650
766	丁基嘧啶磷	Tebupirimfos			不得检出	GB/T 19650
767	丁噻隆	Tebuthiuron			不得检出	GB/T 20772
768	牧草胺	Tebutam			不得检出	GB/T 19650
769	双硫磷	Temephos			不得检出	GB/T 20772
770	特草灵	Terbucarb			不得检出	GB/T 19650
771	特丁通	Terbumeton			不得检出	GB/T 19650
772	特丁净	Terbutryn			不得检出	GB/T 19650
773	四氢邻苯二甲酰亚胺	Tetrabydrophthalimide			不得检出	GB/T 19650
774	杀虫畏	Tetrachlorvinphos			不得检出	GB/T 19650
775	胺菊酯	Tetramethirn			不得检出	GB/T 19650
776	杀螨氯硫	Tetrasul			不得检出	GB/T 19650
777	噻吩草胺	Thenylchlor			不得检出	GB/T 19650

序号	农兽药中文名	农兽药英文名	欧盟标准限量要求 mg/kg	国家标准限量要求 mg/kg	三安超有机食品标准	
					限量要求 mg/kg	检测方法
778	噻菌灵	Thiabendazole			不得检出	GB/T 20772
779	噻唑烟酸	Thiazopyr			不得检出	GB/T 19650
780	噻苯隆	Thidiazuron			不得检出	GB/T 20772
781	噻吩磺隆	Thifensulfuron – methyl			不得检出	GB/T 20772
782	甲基乙拌磷	Thiometon			不得检出	GB/T 20772
783	虫线磷	Thionazin			不得检出	GB/T 19650
784	硫普罗宁	Tiopronin			不得检出	SN/T 2225
785	甲苯氟磺胺	Tolylfluanid			不得检出	GB/T 19650
786	三甲苯草酮	Tralkoxydim			不得检出	GB/T 19650
787	四溴菊酯	Tralomethrin			不得检出	SN/T 2320
788	反式 – 氯丹	*trans* – Chlordane			不得检出	GB/T 19650
789	反式 – 燕麦敌	*trans* – Diallate			不得检出	GB/T 19650
790	四氟苯菊酯	Transfluthrin			不得检出	GB/T 19650
791	反式九氯	*trans* – Nonachlor			不得检出	GB/T 19650
792	反式 – 氯菊酯	*trans* – Permethrin			不得检出	GB/T 19650
793	群勃龙	Trenbolone			不得检出	GB/T 21981
794	威菌磷	Triamiphos			不得检出	GB/T 19650
795	毒壤磷	Trichloronate			不得检出	GB/T 19650
796	灭草环	Tridiphane			不得检出	GB/T 19650
797	草达津	Trietazine			不得检出	GB/T 19650
798	三异丁基磷酸盐	Tri – *iso* – butyl phosphate			不得检出	GB/T 19650
799	三正丁基磷酸盐	Tri – *n* – butyl phosphate			不得检出	GB/T 19650
800	三苯基磷酸盐	Triphenyl phosphate			不得检出	GB/T 19650
801	烯效唑	Uniconazole			不得检出	GB/T 19650
802	灭草敌	Vernolate			不得检出	GB/T 19650
803	维吉尼霉素	Virginiamycin			不得检出	GB/T 20765
804	杀鼠灵	War farin			不得检出	GB/T 20772
805	甲苯噻嗪	Xylazine			不得检出	GB/T 20763
806	右环十四酮酚	Zeranol			不得检出	GB/T 21982
807	苯酰菌胺	Zoxamide			不得检出	GB/T 19650

13.2 兔脂肪 Rabbit Fat

序号	农兽药中文名	农兽药英文名	欧盟标准限量要求 mg/kg	国家标准限量要求 mg/kg	三安超有机食品标准	
					限量要求 mg/kg	检测方法
1	1,1 – 二氯 – 2,2 – 二(4 – 乙苯)乙烷	1,1 – Dichloro – 2,2 – bis(4 – ethylphenyl) ethane	0.01		不得检出	日本肯定列表(增补本 1)
2	1,2 – 二氯乙烷	1,2 – Dichloroethane	0.1		不得检出	SN/T 2238
3	1,3 – 二氯丙烯	1,3 – Dichloropropene	0.01		不得检出	SN/T 2238

序号	农兽药中文名	农兽药英文名	欧盟标准限量要求 mg/kg	国家标准限量要求 mg/kg	三安超有机食品标准	
					限量要求 mg/kg	检测方法
4	1－萘乙酸	1－Naphthylacetic acid	0.05		不得检出	SN/T 2228
5	2,4－滴	2,4－D	0.05		不得检出	GB/T 20772
6	2,4－滴丁酸	2,4－DB	0.05		不得检出	GB/T 20769
7	2－苯酚	2－Phenylphenol	0.05		不得检出	GB/T 19650
8	阿维菌素	Abamectin	0.01		不得检出	SN/T 2661
9	乙酰甲胺磷	Acephate	0.02		不得检出	GB/T 20772
10	灭螨醌	Acequinocyl	0.01		不得检出	参照同类标准
11	啶虫脒	Acetamiprid	0.05		不得检出	GB/T 20772
12	乙草胺	Acetochlor	0.01		不得检出	GB/T 19650
13	苯并噻二唑	Acibenzolar－*S*－methyl	0.02		不得检出	GB/T 20772
14	苯草醚	Aclonifen	0.02		不得检出	GB/T 20772
15	氟丙菊酯	Acrinathrin	0.05		不得检出	GB/T 19648
16	甲草胺	Alachlor	0.01		不得检出	GB/T 20772
17	涕灭威	Aldicarb	0.01		不得检出	GB/T 20772
18	艾氏剂和狄氏剂	Aldrin and dieldrin	0.2	0.2 和 0.2	不得检出	GB/T 19650
19	—	Ametoctradin	0.03		不得检出	参照同类标准
20	酰嘧磺隆	Amidosulfuron	0.02		不得检出	参照同类标准
21	氯氨吡啶酸	Aminopyralid	0.02		不得检出	GB/T 23211
22	—	Amisulbrom	0.01		不得检出	参照同类标准
23	阿莫西林	Amoxicillin	50μg/kg		不得检出	NY/T 830
24	氨苄青霉素	Ampicillin	50μg/kg		不得检出	GB/T 21315
25	敌菌灵	Anilazine	0.01		不得检出	GB/T 20769
26	杀螨特	Aramite	0.01		不得检出	GB/T 19650
27	磺草灵	Asulam	0.1		不得检出	日本肯定列表（增补本 1）
28	维拉霉素	Avilamycin	100μg/kg		不得检出	GB 29686
29	印楝素	Azadirachtin	0.01		不得检出	SN/T 3264
30	益棉磷	Azinphos－ethyl	0.01		不得检出	GB/T 19650
31	保棉磷	Azinphos－methyl	0.01		不得检出	GB/T 20772
32	三唑锡和三环锡	Azocyclotin and cyhexatin	0.05		不得检出	SN/T 1990
33	嘧菌酯	Azoxystrobin	0.05		不得检出	GB/T 20772
34	杆菌肽	Bacitracin	150μg/kg		不得检出	GB/T 20743
35	燕麦灵	Barban	0.05		不得检出	参照同类标准
36	氟丁酰草胺	Beflubutamid	0.05		不得检出	参照同类标准
37	苯霜灵	Benalaxyl	0.05		不得检出	GB/T 20772
38	丙硫克百威	Benfuracarb	0.02		不得检出	GB/T 20772
39	苄青霉素	Benzyl penicillin	50μg/kg		不得检出	GB/T 21315
40	联苯肼酯	Bifenazate	0.01		不得检出	GB/T 20772
41	甲羧除草醚	Bifenox	0.05		不得检出	GB/T 23210

序号	农兽药中文名	农兽药英文名	欧盟标准限量要求 mg/kg	国家标准限量要求 mg/kg	三安超有机食品标准	
					限量要求 mg/kg	检测方法
42	联苯菊酯	Bifenthrin	3		不得检出	GB/T 19650
43	乐杀螨	Binapacryl	0.01		不得检出	SN 0523
44	联苯	Biphenyl	0.01		不得检出	GB/T 19650
45	联苯三唑醇	Bitertanol	0.05		不得检出	GB/T 20772
46	—	Bixafen	0.02		不得检出	参照同类标准
47	啶酰菌胺	Boscalid	0.7		不得检出	GB/T 20772
48	溴离子	Bromide ion	0.05		不得检出	GB/T5009.167
49	溴螨酯	Bromopropylate	0.01		不得检出	GB/T 19650
50	溴苯腈	Bromoxynil	0.05		不得检出	GB/T 20772
51	糠菌唑	Bromuconazole	0.05		不得检出	GB/T 19650
52	乙嘧酚磺酸酯	Bupirimate	0.05		不得检出	GB/T 19650
53	噻嗪酮	Buprofezin	0.05		不得检出	GB/T 20772
54	仲丁灵	Butralin	0.02		不得检出	GB/T 19650
55	丁草敌	Butylate	0.01		不得检出	GB/T 19650
56	硫线磷	Cadusafos	0.01		不得检出	GB/T 19650
57	毒杀芬	Camphechlor	0.05		不得检出	YC/T 180
58	敌菌丹	Captafol	0.01		不得检出	GB/T 23210
59	克菌丹	Captan	0.02		不得检出	GB/T 19648
60	甲萘威	Carbaryl	0.05		不得检出	GB/T 20796
61	多菌灵和苯菌灵	Carbendazim and benomyl	0.05		不得检出	GB/T 20772
62	长杀草	Carbetamide	0.05		不得检出	GB/T 20772
63	克百威	Carbofuran	0.01		不得检出	GB/T 20772
64	丁硫克百威	Carbosulfan	0.05		不得检出	GB/T 19650
65	萎锈灵	Carboxin	0.05		不得检出	GB/T 20772
66	头孢噻呋	Ceftiofur	2000μg/kg		不得检出	GB/T 21314
67	氯虫苯甲酰胺	Chlorantraniliprole	0.2		不得检出	参照同类标准
68	杀螨醚	Chlorbenside	0.05		不得检出	GB/T 19650
69	氯炔灵	Chlorbufam	0.05		不得检出	GB/T 20772
70	氯丹	Chlordane	0.05	0.05	不得检出	GB/T 5009.19
71	十氯酮	Chlordecone	0.1		不得检出	参照同类标准
72	杀螨酯	Chlorfenson	0.05		不得检出	GB/T 19650
73	毒虫畏	Chlorfenvinphos	0.01		不得检出	GB/T 19650
74	氯草敏	Chloridazon	0.1		不得检出	GB/T 20772
75	矮壮素	Chlormequat	0.05		不得检出	GB/T 23211
76	乙酯杀螨醇	Chlorobenzilate	0.1		不得检出	GB/T 23210
77	百菌清	Chlorothalonil	0.07		不得检出	SN/T 2320
78	绿麦隆	Chlortoluron	0.05		不得检出	GB/T 20772
79	枯草隆	Chloroxuron	0.05		不得检出	SN/T 2150
80	氯苯胺灵	Chlorpropham	0.05		不得检出	GB/T 19650

序号	农兽药中文名	农兽药英文名	欧盟标准限量要求 mg/kg	国家标准限量要求 mg/kg	三安超有机食品标准	
					限量要求 mg/kg	检测方法
81	甲基毒死蜱	Chlorpyrifos – methyl	0.05		不得检出	GB/T 19650
82	氯磺隆	Chlorsulfuron	0.01		不得检出	GB/T 20772
83	氯酞酸甲酯	Chlorthaldimethyl	0.01		不得检出	GB/T 19650
84	氯硫酰草胺	Chlorthiamid	0.02		不得检出	GB/T 23211
85	烯草酮	Clethodim	0.05		不得检出	GB/T 19650
86	炔草酯	Clodinafop – propargyl	0.02		不得检出	GB/T 19650
87	四螨嗪	Clofentezine	0.05		不得检出	GB/T 20772
88	二氯吡啶酸	Clopyralid	0.05		不得检出	SN/T 2228
89	噻虫胺	Clothianidin	0.02		不得检出	GB/T 20772
90	邻氯青霉素	Cloxacillin	300μg/kg		不得检出	GB/T 18932.25
91	黏菌素	Colistin	150μg/kg		不得检出	参照同类标准
92	铜化合物	Copper compounds	5		不得检出	参照同类标准
93	环烷基酰苯胺	Cyclanilide	0.01		不得检出	参照同类标准
94	噻草酮	Cycloxydim	0.05		不得检出	GB/T 19650
95	环氟菌胺	Cyflufenamid	0.03		不得检出	GB/T 23210
96	氟氯氰菊酯和高效氟氯氰菊酯	Cyfluthrin and beta – cyfluthrin	0.05		不得检出	GB/T 19650
97	霜脲氰	Cymoxanil	0.05		不得检出	GB/T 20772
98	氯氰菊酯和高效氯氰菊酯	Cypermethrin and beta – cypermethrin	0.2		不得检出	GB/T 19650
99	环丙唑醇	Cyproconazole	0.05		不得检出	GB/T 20772
100	嘧菌环胺	Cyprodinil	0.05		不得检出	GB/T 19650
101	灭蝇胺	Cyromazine	0.05		不得检出	GB/T 20772
102	丁酰肼	Daminozide	0.05		不得检出	SN/T 1989
103	达氟沙星	Danofloxacin	50μg/kg		不得检出	GB/T 22985
104	滴滴涕	DDT	1	2	不得检出	SN/T 0127
105	溴氰菊酯	Deltamethrin	0.5		不得检出	GB/T 19650
106	燕麦敌	Diallate	0.2		不得检出	GB/T 23211
107	二嗪磷	Diazinon	0.05		不得检出	GB/T 19650
108	麦草畏	Dicamba	0.07		不得检出	GB/T 20772
109	敌草腈	Dichlobenil	0.01		不得检出	GB/T 19650
110	滴丙酸	Dichlorprop	0.05		不得检出	SN/T 2228
111	二氯苯氧基丙酸	Diclofop	0.01		不得检出	参照同类标准
112	氯硝胺	Dicloran	0.01		不得检出	GB/T 19650
113	双氯青霉素	Dicloxacillin	300μg/kg		不得检出	GB/T 18932.25
114	三氯杀螨醇	Dicofol	0.02		不得检出	GB/T 19650
115	乙霉威	Diethofencarb	0.05		不得检出	GB/T 19650
116	苯醚甲环唑	Difenoconazole	0.1		不得检出	GB/T 19650
117	双氟沙星	Difloxacin	100μg/kg		不得检出	GB/T 20366

序号	农兽药中文名	农兽药英文名	欧盟标准限量要求 mg/kg	国家标准限量要求 mg/kg	三安超有机食品标准	
					限量要求 mg/kg	检测方法
118	除虫脲	Diflubenzuron	0.05		不得检出	SN/T 0528
119	吡氟酰草胺	Diflufenican	0.05		不得检出	GB/T 20772
120	二氢链霉素	Dihydro – streptomycin	500μg/kg		不得检出	GB/T 22969
121	油菜安	Dimethachlor	0.02		不得检出	GB/T 20772
122	烯酰吗啉	Dimethomorph	0.05		不得检出	GB/T 20772
123	醚菌胺	Dimoxystrobin	0.05		不得检出	SN/T 2237
124	烯唑醇	Diniconazole	0.01		不得检出	GB/T 19650
125	敌螨普	Dinocap	0.05		不得检出	日本肯定列表(增补本 1)
126	地乐酚	Dinoseb	0.01		不得检出	GB/T 20772
127	特乐酚	Dinoterb	0.05		不得检出	GB/T 20772
128	敌噁磷	Dioxathion	0.05		不得检出	GB/T 19650
129	敌草快	Diquat	0.05		不得检出	GB/T 5009.221
130	乙拌磷	Disulfoton	0.01		不得检出	GB/T 20772
131	二氰蒽醌	Dithianon	0.01		不得检出	GB/T 20769
132	二硫代氨基甲酸酯	Dithiocarbamates	0.05		不得检出	SN 0139
133	敌草隆	Diuron	0.05		不得检出	SN/T 0645
134	二硝甲酚	DNOC	0.05		不得检出	GB/T 20772
135	多果定	Dodine	0.2		不得检出	SN 0500
136	多拉菌素	Doramectin	150μg/kg		不得检出	GB/T 22968
137	甲氨基阿维菌素苯甲酸盐	Emamectin benzoate	0.02		不得检出	GB/T 20769
138	硫丹	Endosulfan	0.05		不得检出	GB/T 19650
139	异狄氏剂	Endrin	0.05	0.05	不得检出	GB/T 19650
140	恩诺沙星	Enrofloxacin	100μg/kg		不得检出	GB/T 20366
141	氟环唑	Epoxiconazole	0.01		不得检出	GB/T 20772
142	茵草敌	EPTC	0.02		不得检出	GB/T 20772
143	红霉素	Erythromycin	200μg/kg		不得检出	GB/T 20762
144	乙丁烯氟灵	Ethalfluralin	0.01		不得检出	GB/T 19650
145	胺苯磺隆	Ethametsulfuron	0.01		不得检出	NY/T 1616
146	乙烯利	Ethephon	0.05		不得检出	SN 0705
147	乙硫磷	Ethion	0.01		不得检出	GB/T 19650
148	乙嘧酚	Ethirimol	0.05		不得检出	GB/T 20772
149	乙氧呋草黄	Ethofumesate	0.1		不得检出	GB/T 20772
150	灭线磷	Ethoprophos	0.01		不得检出	GB/T 19650
151	乙氧喹啉	Ethoxyquin	0.05		不得检出	GB/T 20772
152	环氧乙烷	Ethylene oxide	0.02		不得检出	GB/T 23296.11
153	醚菊酯	Etofenprox	0.5		不得检出	GB/T 19650

序号	农兽药中文名	农兽药英文名	欧盟标准限量要求 mg/kg	国家标准限量要求 mg/kg	三安超有机食品标准	
					限量要求 mg/kg	检测方法
154	乙螨唑	Etoxazole	0.01		不得检出	GB/T 19650
155	氯唑灵	Etridiazole	0.05		不得检出	GB/T 20772
156	噁唑菌酮	Famoxadone	0.05		不得检出	GB/T 20772
157	咪唑菌酮	Fenamidone	0.01		不得检出	GB/T 19650
158	苯线磷	Fenamiphos	0.01		不得检出	GB/T 19650
159	氯苯嘧啶醇	Fenarimol	0.02		不得检出	GB/T 20772
160	喹螨醚	Fenazaquin	0.01		不得检出	GB/T 19650
161	腈苯唑	Fenbuconazole	0.05		不得检出	GB/T 20772
162	苯丁锡	Fenbutatin oxide	0.05		不得检出	SN/T 3149
163	环酰菌胺	Fenhexamid	0.05		不得检出	GB/T 20772
164	杀螟硫磷	Fenitrothion	0.01		不得检出	GB/T 20772
165	精噁唑禾草灵	Fenoxaprop - *P* - ethyl	0.05		不得检出	GB 22617
166	双氧威	Fenoxycarb	0.05		不得检出	GB/T 19650
167	苯锈啶	Fenpropidin	0.02		不得检出	GB/T 19650
168	丁苯吗啉	Fenpropimorph	0.01		不得检出	GB/T 20772
169	胺苯吡菌酮	Fenpyrazamine	0.01		不得检出	参照同类标准
170	唑螨酯	Fenpyroximate	0.01		不得检出	GB/T 19650
171	倍硫磷	Fenthion	0.05		不得检出	GB/T 20772
172	三苯锡	Fentin	0.05		不得检出	SN/T 3149
173	薯瘟锡	Fentin acetate	0.05		不得检出	参照同类标准
174	氰戊菊酯和高效氰戊菊酯(RR & SS 异构体总量)	Fenvalerate and esfenvalerate (sum of RR & SS isomers)	0.2		不得检出	GB/T 19650
175	氰戊菊酯和高效氰戊菊酯(RS & SR 异构体总量)	Fenvalerate and esfenvalerate (sum of RS & SR isomers)	0.05		不得检出	GB/T 19650
176	氟虫腈	Fipronil	0.01		不得检出	SN/T 1982
177	氟啶虫酰胺	Flonicamid	0.02		不得检出	SN/T 2796
178	氟苯尼考	Florfenicol	200μg/kg		不得检出	GB/T 20756
179	精吡氟禾草灵	Fluazifop - *P* - butyl	0.05		不得检出	GB/T 5009.142
180	氟啶胺	Fluazinam	0.05		不得检出	SN/T 2150
181	氟苯虫酰胺	Flubendiamide	2		不得检出	SN/T 2581
182	氟环脲	Flucycloxuron	0.05		不得检出	参照同类标准
183	氟氰戊菊酯	Flucythrinate	0.05		不得检出	GB/T 23210
184	咯菌腈	Fludioxonil	0.05		不得检出	GB/T 20772
185	氟虫脲	Flufenoxuron	0.05		不得检出	SN/T 2150
186	—	Flufenzin	0.02		不得检出	参照同类标准
187	氟甲喹	Flumequin	250μg/kg		不得检出	SN/T 1921
188	氟吡菌胺	Fluopicolide	0.01		不得检出	参照同类标准
189	—	Fluopyram	0.02		不得检出	参照同类标准
190	氟离子	Fluoride ion	1		不得检出	GB/T 5009.167

序号	农兽药中文名	农兽药英文名	欧盟标准限量要求 mg/kg	国家标准限量要求 mg/kg	三安超有机食品标准	
					限量要求 mg/kg	检测方法
191	氟腈嘧菌酯	Fluoxastrobin	0.05		不得检出	SN/T 2237
192	氟喹唑	Fluquinconazole	2		不得检出	GB/T 19650
193	氟咯草酮	Fluorochloridone	0.05		不得检出	GB/T 20772
194	氟草烟	Fluroxypyr	0.05		不得检出	GB/T 20772
195	氟硅唑	Flusilazole	0.1		不得检出	GB/T 20772
196	氟酰胺	Flutolanil	0.02		不得检出	GB/T 20772
197	粉唑醇	Flutriafol	0.01		不得检出	GB/T 20772
198	—	Fluxapyroxad	0.01		不得检出	参照同类标准
199	氟磺胺草醚	Fomesafen	0.01		不得检出	GB/T 5009.130
200	氯吡脲	Forchlorfenuron	0.05		不得检出	SN/T 3643
201	伐虫脒	Formetanate	0.01		不得检出	NY/T 1453
202	三乙膦酸铝	Fosetyl - aluminium	0.5		不得检出	参照同类标准
203	麦穗宁	Fuberidazole	0.05		不得检出	GB/T 19650
204	呋线威	Furathiocarb	0.01		不得检出	GB/T 20772
205	糠醛	Furfural	1		不得检出	参照同类标准
206	勃激素	Gibberellic acid	0.1		不得检出	GB/T 23211
207	草胺膦	Glufosinate - ammonium	0.1		不得检出	日本肯定列表
208	草甘膦	Glyphosate	0.05		不得检出	SN/T 1923
209	氟吡禾灵	Haloxyfop	0.01		不得检出	SN/T 2228
210	七氯	Heptachlor	0.2		不得检出	SN 0663
211	六氯苯	Hexachlorobenzene	0.2		不得检出	SN/T 0127
212	六六六(HCH), α - 异构体	Hexachlorociclohexane (HCH), alpha - isomer	0.2	1	不得检出	SN/T 0127
213	六六六(HCH), β - 异构体	Hexachlorociclohexane (HCH), beta - isomer	0.1		不得检出	SN/T 0127
214	噻螨酮	Hexythiazox	0.05		不得检出	GB/T 20772
215	噁霉灵	Hymexazol	0.05		不得检出	GB/T 20772
216	抑霉唑	Imazalil	0.05		不得检出	GB/T 20772
217	甲咪唑烟酸	Imazapic	0.01		不得检出	GB/T 20772
218	咪唑喹啉酸	Imazaquin	0.05		不得检出	GB/T 20772
219	吡虫啉	Imidacloprid	0.05		不得检出	GB/T 20772
220	双胍辛胺	Iminoctadine	0.1		不得检出	日本肯定列表
221	茚虫威	Indoxacarb	2		不得检出	GB/T 20772
222	碘苯腈	Ioxynil	0.05		不得检出	GB/T 20772
223	异菌脲	Iprodione	0.05		不得检出	GB/T 19650
224	稻瘟灵	Isoprothiolane	0.01		不得检出	GB/T 20772
225	异丙隆	Isoproturon	0.05		不得检出	GB/T 20772
226	—	Isopyrazam	0.01		不得检出	参照同类标准
227	异噁酰草胺	Isoxaben	0.01		不得检出	GB/T 20772

序号	农兽药中文名	农兽药英文名	欧盟标准限量要求 mg/kg	国家标准限量要求 mg/kg	三安超有机食品标准	
					限量要求 mg/kg	检测方法
228	依维菌素	Ivermectin	100μg/kg		不得检出	GB/T 21320
229	卡那霉素	Kanamycin	100μg/kg		不得检出	GB/T 21323
230	醚菌酯	Kresoxim – methyl	0.02		不得检出	GB/T 20772
231	乳氟禾草灵	Lactofen	0.01		不得检出	GB/T 19650
232	高效氯氟氰菊酯	Lambda – cyhalothrin	0.5		不得检出	GB/T 23210
233	环草定	Lenacil	0.1		不得检出	GB/T 19650
234	林可霉素	Lincomycin	50μg/kg		不得检出	GB/T 20762
235	林丹	Lindane	0.02	1	不得检出	NY/T 761
236	虱螨脲	Lufenuron	0.02		不得检出	SN/T 2540
237	马拉硫磷	Malathion	0.02		不得检出	GB/T 19650
238	抑芽丹	Maleic hydrazide	0.02		不得检出	GB/T 23211
239	双炔酰菌胺	Mandipropamid	0.02		不得检出	参照同类标准
240	二甲四氯和二甲四氯丁酸	MCPA and MCPB	0.1		不得检出	SN/T 2228
241	壮棉素	Mepiquat chloride	0.05		不得检出	GB/T 23211
242	—	Meptyldinocap	0.05		不得检出	参照同类标准
243	汞化合物	Mercury compounds	0.01		不得检出	参照同类标准
244	氰氟虫腙	Metaflumizone	0.02		不得检出	SN/T 3852
245	甲霜灵和精甲霜灵	Metalaxyl and metalaxyl – M	0.05		不得检出	GB/T 20772
246	四聚乙醛	Metaldehyde	0.05		不得检出	SN/T 1787
247	苯嗪草酮	Metamitron	0.05		不得检出	GB/T 19650
248	吡唑草胺	Metazachlor	0.05		不得检出	GB/T 19650
249	叶菌唑	Metconazole	0.01		不得检出	GB/T 20772
250	甲基苯噻隆	Methabenzthiazuron	0.05		不得检出	GB/T 19650
251	虫螨畏	Methacrifos	0.01		不得检出	GB/T 20772
252	甲胺磷	Methamidophos	0.01		不得检出	GB/T 20772
253	杀扑磷	Methidathion	0.02		不得检出	GB/T 20772
254	甲硫威	Methiocarb	0.05		不得检出	GB/T 20770
255	灭多威和硫双威	Methomyl and thiodicarb	0.02		不得检出	GB/T 20772
256	烯虫酯	Methoprene	0.05		不得检出	GB/T 19650
257	甲氧滴滴涕	Methoxychlor	0.01		不得检出	SN/T 0529
258	甲氧虫酰肼	Methoxyfenozide	0.2		不得检出	GB/T 20772
259	磺草唑胺	Metosulam	0.01		不得检出	GB/T 20772
260	苯菌酮	Metrafenone	0.05		不得检出	参照同类标准
261	嗪草酮	Metribuzin	0.1		不得检出	GB/T 19650
262	绿谷隆	Monolinuron	0.05		不得检出	GB/T 20772
263	灭草隆	Monuron	0.01		不得检出	GB/T 20772
264	腈菌唑	Myclobutanil	0.01		不得检出	GB/T 20772
265	1 – 萘乙酰胺	1 – Naphthylacetamide	0.05		不得检出	GB/T 23205
266	敌草胺	Napropamide	0.01		不得检出	GB/T 19650

序号	农兽药中文名	农兽药英文名	欧盟标准限量要求 mg/kg	国家标准限量要求 mg/kg	三安超有机食品标准	
					限量要求 mg/kg	检测方法
267	新霉素(包括 framycetin)	Neomycin (including framycetin)	500μg/kg		不得检出	SN 0646
268	烟嘧磺隆	Nicosulfuron	0.05		不得检出	SN/T 2325
269	除草醚	Nitrofen	0.01		不得检出	GB/T 19650
270	氟酰脲	Novaluron	10		不得检出	GB/T 23211
271	嘧苯胺磺隆	Orthosulfamuron	0.01		不得检出	GB/T 23817
272	苯唑青霉素	Oxacillin	300μg/kg		不得检出	GB/T 18932.25
273	噁草酮	Oxadiazon	0.05		不得检出	GB/T 19650
274	噁霜灵	Oxadixyl	0.01		不得检出	GB/T 19650
275	环氧嘧磺隆	Oxasulfuron	0.05		不得检出	GB/T 23817
276	喹菌酮	Oxolinic acid	50μg/kg		不得检出	日本肯定列表
277	氧化萎锈灵	Oxycarboxin	0.05		不得检出	GB/T 19650
278	亚砜磷	Oxydemeton - methyl	0.02		不得检出	参照同类标准
279	乙氧氟草醚	Oxyfluorfen	0.05		不得检出	GB/T 20772
280	多效唑	Paclobutrazol	0.02		不得检出	GB/T 19650
281	对硫磷	Parathion	0.05		不得检出	GB/T 19650
282	甲基对硫磷	Parathion - methyl	0.01		不得检出	GB/T 5009.161
283	戊菌唑	Penconazole	0.05		不得检出	GB/T 20772
284	戊菌隆	Pencycuron	0.05		不得检出	GB/T 19650
285	二甲戊灵	Pendimethalin	0.05		不得检出	GB/T 19650
286	喷沙西林	Penethamate	50μg/kg		不得检出	参照同类标准
287	甜菜宁	Phenmedipham	0.05		不得检出	GB/T 23205
288	苯醚菊酯	Phenothrin	0.05		不得检出	GB/T 20772
289	甲拌磷	Phorate	0.01		不得检出	GB/T 20772
290	伏杀硫磷	Phosalone	0.01		不得检出	GB/T 20772
291	亚胺硫磷	Phosmet	0.1		不得检出	GB/T 20772
292	—	Phosphines and phosphides	0.01		不得检出	参照同类标准
293	辛硫磷	Phoxim	0.02		不得检出	GB/T 20772
294	氨氯吡啶酸	Picloram	0.01		不得检出	GB/T 23211
295	啶氧菌酯	Picoxystrobin	0.05		不得检出	GB/T 19650
296	抗蚜威	Pirimicarb	0.05		不得检出	GB/T 20772
297	甲基嘧啶磷	Pirimiphos - methyl	0.05		不得检出	GB/T 20772
298	咪鲜胺	Prochloraz	0.1		不得检出	GB/T 19650
299	腐霉利	Procymidone	0.01		不得检出	GB/T 20772
300	丙溴磷	Profenofos	0.05		不得检出	GB/T 20772
301	调环酸	Prohexadione	0.05		不得检出	日本肯定列表
302	毒草安	Propachlor	0.02		不得检出	GB/T 20772
303	扑派威	Propamocarb	0.1		不得检出	GB/T 20772
304	恶草酸	Propaquizafop	0.05		不得检出	GB/T 20772

序号	农兽药中文名	农兽药英文名	欧盟标准限量要求 mg/kg	国家标准限量要求 mg/kg	三安超有机食品标准	
					限量要求 mg/kg	检测方法
305	炔螨特	Propargite	0.1		不得检出	GB/T 19650
306	苯胺灵	Propham	0.05		不得检出	GB/T 19650
307	丙环唑	Propiconazole	0.01		不得检出	GB/T 19650
308	异丙草胺	Propisochlor	0.01		不得检出	GB/T 19650
309	残杀威	Propoxur	0.05		不得检出	GB/T 20772
310	炔苯酰草胺	Propyzamide	0.05		不得检出	GB/T 19650
311	苄草丹	Prosulfocarb	0.05		不得检出	GB/T 19650
312	丙硫菌唑	Prothioconazole	0.05		不得检出	参照同类标准
313	吡蚜酮	Pymetrozine	0.01		不得检出	GB/T 20772
314	吡唑醚菌酯	Pyraclostrobin	0.05		不得检出	GB/T 20772
315	—	Pyrasulfotole	0.01		不得检出	参照同类标准
316	吡菌磷	Pyrazophos	0.02		不得检出	GB/T 20772
317	除虫菊素	Pyrethrins	0.05		不得检出	GB/T 20772
318	哒螨灵	Pyridaben	0.02		不得检出	GB/T 19650
319	啶虫丙醚	Pyridalyl	0.01		不得检出	日本肯定列表
320	哒草特	Pyridate	0.05		不得检出	日本肯定列表
321	嘧霉胺	Pyrimethanil	0.05		不得检出	GB/T 19650
322	吡丙醚	Pyriproxyfen	0.05		不得检出	GB/T 19650
323	甲氧磺草胺	Pyroxsulam	0.01		不得检出	SN/T 2325
324	氯甲喹啉酸	Quinmerac	0.05		不得检出	参照同类标准
325	喹氧灵	Quinoxyfen	0.2		不得检出	SN/T 2319
326	五氯硝基苯	Quintozene	0.01		不得检出	GB/T 19650
327	精喹禾灵	Quizalofop - *P* - ethyl	0.05		不得检出	SN/T 2150
328	灭虫菊	Resmethrin	0.1		不得检出	GB/T 20772
329	鱼藤酮	Rotenone	0.01		不得检出	GB/T 20772
330	西玛津	Simazine	0.01		不得检出	SN 0594
331	壮观霉素	Spectinomycin	500μg/kg		不得检出	GB/T 21323
332	乙基多杀菌素	Spinetoram	0.01		不得检出	参照同类标准
333	多杀霉素	Spinosad	0.02		不得检出	GB/T 20772
334	螺螨酯	Spirodiclofen	0.05		不得检出	GB/T 20772
335	螺甲螨酯	Spiromesifen	0.01		不得检出	GB/T 23210
336	螺虫乙酯	Spirotetramat	0.01		不得检出	参照同类标准
337	萁孢菌素	Spiroxamine	0.05		不得检出	GB/T 20772
338	链霉素	Streptomycin	500μg/kg		不得检出	GB/T 21323
339	磺草酮	Sulcotrione	0.05		不得检出	参照同类标准
340	磺胺类(所有属于磺胺类的物质)	Sulfonamides (all substances belonging to the sulfonamide-group)	100μg/kg		不得检出	GB 29694
341	乙黄隆	Sulfosulfuron	0.05		不得检出	SN/T 2325

序号	农兽药中文名	农兽药英文名	欧盟标准限量要求 mg/kg	国家标准限量要求 mg/kg	三安超有机食品标准	
					限量要求 mg/kg	检测方法
342	硫磺粉	Sulfur	0.5		不得检出	参照同类标准
343	氟胺氰菊酯	Tau - fluvalinate	0.01		不得检出	SN 0691
344	戊唑醇	Tebuconazole	0.1		不得检出	GB/T 20772
345	虫酰肼	Tebufenozide	0.05		不得检出	GB/T 20772
346	吡螨胺	Tebufenpyrad	0.05		不得检出	GB/T 19650
347	四氯硝基苯	Tecnazene	0.05		不得检出	GB/T 19650
348	氟苯脲	Teflubenzuron	0.05		不得检出	SN/T 2150
349	七氟菊酯	Tefluthrin	0.05		不得检出	GB/T 23210
350	得杀草	Tepraloxydim	0.1		不得检出	GB/T 20772
351	特丁硫磷	Terbufos	0.01		不得检出	GB/T 20772
352	特丁津	Terbuthylazine	0.05		不得检出	GB/T 19650
353	四氟醚唑	Tetraconazole	0.5		不得检出	GB/T 20772
354	三氯杀螨砜	Tetradifon	0.05		不得检出	GB/T 19650
355	噻虫啉	Thiacloprid	0.05		不得检出	GB/T 20772
356	噻虫嗪	Thiamethoxam	0.03		不得检出	GB/T 20772
357	甲砜霉素	Thiamphenicol	50μg/kg		不得检出	GB/T 20756
358	禾草丹	Thiobencarb	0.01		不得检出	GB/T 20772
359	甲基硫菌灵	Thiophanate - methyl	0.05		不得检出	SN/T 0162
360	替米考星	Tilmicosin	50μg/kg		不得检出	GB/T 20762
361	甲基立枯磷	Tolclofos - methyl	0.05		不得检出	GB/T 19650
362	甲苯三嗪酮	Toltrazuril	150μg/kg		不得检出	参照同类标准
363	甲苯氟磺胺	Tolylfluanid	0.1		不得检出	GB/T 19650
364	—	Topramezone	0.05		不得检出	参照同类标准
365	三唑酮和三唑醇	Triadimefon and triadimenol	0.1		不得检出	GB/T 20772
366	野麦畏	Triallate	0.05		不得检出	GB/T 20772
367	醚苯磺隆	Triasulfuron	0.05		不得检出	GB/T 20772
368	三唑磷	Triazophos	0.01		不得检出	GB/T 20772
369	敌百虫	Trichlorphon	0.01		不得检出	GB/T 20772
370	绿草定	Triclopyr	0.05		不得检出	SN/T 2228
371	三环唑	Tricyclazole	0.05		不得检出	GB/T 20769
372	十三吗啉	Tridemorph	0.01		不得检出	GB/T 20772
373	肟菌酯	Trifloxystrobin	0.04		不得检出	GB/T 19650
374	氟菌唑	Triflumizole	0.05		不得检出	GB/T 20769
375	杀铃脲	Triflumuron	0.01		不得检出	GB/T 20772
376	氟乐灵	Trifluralin	0.01		不得检出	GB/T 20772
377	嗪氨灵	Triforine	0.01		不得检出	SN 0695
378	甲氧苄氨嘧啶	Trimethoprim	50μg/kg		不得检出	SN/T 1769
379	三甲基锍阳离子	Trimethyl - sulfonium cation	0.05		不得检出	参照同类标准
380	抗倒酯	Trinexapac	0.05		不得检出	GB/T 20769

序号	农兽药中文名	农兽药英文名	欧盟标准限量要求 mg/kg	国家标准限量要求 mg/kg	三安超有机食品标准	
					限量要求 mg/kg	检测方法
381	灭菌唑	Triticonazole	0.01		不得检出	GB/T 20772
382	三氟甲磺隆	Tritosulfuron	0.01		不得检出	参照同类标准
383	泰乐霉素	Tylosin	100μg/kg		不得检出	GB/T 22941
384	—	Valifenalate	0.01		不得检出	参照同类标准
385	乙烯菌核利	Vinclozolin	0.05		不得检出	GB/T 20772
386	2,3,4,5 - 四氯苯胺	2,3,4,5 - Tetrachloraniline			不得检出	GB/T 21311
387	2,3,4,5 - 四氯甲氧基苯	2,3,4,5 - Tetrachloroanisole			不得检出	GB/T 19650
388	2,3,5,6 - 四氯苯胺	2,3,5,6 - Tetrachloroaniline			不得检出	GB/T 19650
389	2,4,5 - 涕	2,4,5 - T			不得检出	GB/T 20772
390	*o,p'* - 滴滴滴	2,4' - DDD			不得检出	GB/T 19650
391	*o,p'* - 滴滴伊	2,4' - DDE			不得检出	GB/T 19650
392	*o,p'* - 滴滴涕	2,4' - DDT			不得检出	GB/T 19650
393	2,6 - 二氯苯甲酰胺	2,6 - Dichlorobenzamide			不得检出	GB/T 19650
394	3,5 - 二氯苯胺	3,5 - Dichloroaniline			不得检出	GB/T 19650
395	*p,p'* - 滴滴滴	4,4' - DDD			不得检出	GB/T 19650
396	*p,p'* - 滴滴伊	4,4' - DDE			不得检出	GB/T 19650
397	*p,p'* - 滴滴涕	4,4' - DDT			不得检出	GB/T 19650
398	4,4' - 二溴二苯甲酮	4,4' - Dibromobenzophenone			不得检出	GB/T 19650
399	4,4' - 二氯二苯甲酮	4,4' - Dichlorobenzophenone			不得检出	GB/T 19650
400	二氢苊	Acenaphthene			不得检出	GB/T 19650
401	乙酰丙嗪	Acepromazine			不得检出	GB/T 20763
402	三氟羧草醚	Acifluorfen			不得检出	GB/T 20772
403	1 - 氨基 - 2 - 乙内酰脲	AHD			不得检出	GB/T 21311
404	涕灭砜威	Aldoxycarb			不得检出	GB/T 20772
405	烯丙菊酯	Allethrin			不得检出	GB/T 20772
406	二丙烯草胺	Allidochlor			不得检出	GB/T 19650
407	烯丙孕素	Altrenogest			不得检出	SN/T 1980
408	莠灭净	Ametryn			不得检出	GB/T 20772
409	双甲脒	Amitraz			不得检出	GB/T 19650
410	杀草强	Amitrole			不得检出	SN/T 1737.6
411	5 - 吗啉甲基 - 3 - 氨基 - 2 - 噁唑烷基酮	AMOZ			不得检出	GB/T 21311
412	氨丙嘧吡啶	Amprolium			不得检出	SN/T 0276
413	莎稗磷	Anilofos			不得检出	GB/T 19650
414	蒽醌	Anthraquinone			不得检出	GB/T 19650
415	3 - 氨基 - 2 - 噁唑酮	AOZ			不得检出	GB/T 21311
416	安普霉素	Apramycin			不得检出	GB/T 21323
417	丙硫特普	Aspon			不得检出	GB/T 19650
418	羟氨卡青霉素	Aspoxicillin			不得检出	GB/T 21315

序号	农兽药中文名	农兽药英文名	欧盟标准限量要求 mg/kg	国家标准限量要求 mg/kg	三安超有机食品标准	
					限量要求 mg/kg	检测方法
419	乙基杀扑磷	Athidathion			不得检出	GB/T 19650
420	莠去通	Atratone			不得检出	GB/T 19650
421	莠去津	Atrazine			不得检出	GB/T 20772
422	脱乙基阿特拉津	Atrazine - desethyl			不得检出	GB/T 19650
423	甲基吡噁磷	Azamethiphos			不得检出	GB/T 20763
424	氮哌酮	Azaperone			不得检出	SN/T2221
425	叠氮津	Aziprotryne			不得检出	GB/T 19650
426	4 - 溴 - 3,5 - 二甲苯基 - *N* - 甲基氨基甲酸酯 - 1	BDMC - 1			不得检出	GB/T 19650
427	4 - 溴 - 3,5 - 二甲苯基 - *N* - 甲基氨基甲酸酯 - 2	BDMC - 2			不得检出	GB/T 19650
428	噁虫威	Bendiocarb			不得检出	GB/T 20772
429	乙丁氟灵	Benfluralin			不得检出	GB/T 19650
430	呋草黄	Benfuresate			不得检出	GB/T 19650
431	麦锈灵	Benodanil			不得检出	GB/T 19650
432	解草酮	Benoxacor			不得检出	GB/T 19650
433	新燕灵	Benzoylprop - ethyl			不得检出	GB/T 19650
434	倍他米松	Betamethasone			不得检出	SN/T 1970
435	生物烯丙菊酯 - 1	Bioallethrin - 1			不得检出	GB/T 19650
436	生物烯丙菊酯 - 2	Bioallethrin - 2			不得检出	GB/T 19650
437	生物苄呋菊酯	Bioresmethrin			不得检出	GB/T 20772
438	除草定	Bromacil			不得检出	GB/T 19650
439	溴苯烯磷	Bromfenvinfos			不得检出	GB/T 23210
440	溴烯杀	Bromocylen			不得检出	GB/T 20772
441	溴硫磷	Bromofos			不得检出	GB/T 19650
442	乙基溴硫磷	Bromophos - ethyl			不得检出	GB/T 19650
443	溴丁酰草胺	Btomobutide			不得检出	GB/T 19650
444	氟丙嘧草酯	Butafenacil			不得检出	GB/T 19650
445	抑草磷	Butamifos			不得检出	GB/T 19650
446	丁草胺	Butaxhlor			不得检出	GB/T 19650
447	苯酮唑	Cafenstrole			不得检出	GB/T 19650
448	角黄素	Canthaxanthin			不得检出	SN/T 2327
449	咔唑心安	Carazolol			不得检出	GB/T 20763
450	卡巴氧	Carbadox			不得检出	GB/T 20746
451	三硫磷	Carbophenothion			不得检出	GB/T 19650
452	唑草酮	Carfentrazone - ethyl			不得检出	GB/T 19650
453	卡洛芬	Carprofen			不得检出	SN/T 2190
454	头孢洛宁	Cefalonium			不得检出	GB/T 22989
455	头孢匹林	Cefapirin			不得检出	GB/T 22989

序号	农兽药中文名	农兽药英文名	欧盟标准限量要求 mg/kg	国家标准限量要求 mg/kg	三安超有机食品标准	
					限量要求 mg/kg	检测方法
456	头孢喹肟	Cefquinome			不得检出	GB/T 22989
457	头孢氨苄	Cefalexin			不得检出	GB/T 22989
458	氯霉素	Chloramphenicolum			不得检出	GB/T 20772
459	氯杀螨砜	Chlorbenside sulfone			不得检出	GB/T 19650
460	氯溴隆	Chlorbromuron			不得检出	GB/T 19650
461	杀虫脒	Chlordimeform			不得检出	GB/T 19650
462	氯氧磷	Chlorethoxyfos			不得检出	GB/T 19650
463	溴虫腈	Chlorfenapyr			不得检出	GB/T 19650
464	杀螨醇	Chlorfenethol			不得检出	GB/T 19650
465	燕麦酯	Chlorfenprop – methyl			不得检出	GB/T 19650
466	氟啶脲	Chlorfluazuron			不得检出	SN/T 2540
467	整形醇	Chlorflurenol			不得检出	GB/T 19650
468	氯地孕酮	Chlormadinone			不得检出	SN/T 1980
469	醋酸氯地孕酮	Chlormadinone acetate			不得检出	GB/T 20753
470	氯甲硫磷	Chlormephos			不得检出	GB/T 19650
471	氯苯甲醚	Chloroneb			不得检出	GB/T 19650
472	丙酯杀螨醇	Chloropropylate			不得检出	GB/T 19650
473	氯丙嗪	Chlorpromazine			不得检出	GB/T 20763
474	毒死蜱	Chlorpyrifos			不得检出	GB/T 19650
475	金霉素	Chlortetracycline			不得检出	GB/T 21317
476	氯硫磷	Chlorthion			不得检出	GB/T 19650
477	虫螨磷	Chlorthiophos			不得检出	GB/T 19650
478	乙菌利	Chlozolinate			不得检出	GB/T 19650
479	顺式 – 氯丹	*cis* – Chlordane			不得检出	GB/T 19650
480	顺式 – 燕麦敌	*cis* – Diallate			不得检出	GB/T 19650
481	顺式 – 氯菊酯	*cis* – Permethrin			不得检出	GB/T 19650
482	克仑特罗	Clenbuterol			不得检出	GB/T 22286
483	异噁草酮	Clomazone			不得检出	GB/T 20772
484	氯甲酰草胺	Clomeprop			不得检出	GB/T 19650
485	氯羟吡啶	Clopidol			不得检出	GB 29700
486	解草酯	Cloquintocet – mexyl			不得检出	GB/T 19650
487	蝇毒磷	Coumaphos			不得检出	GB/T 19650
488	鼠立死	Crimidine			不得检出	GB/T 19650
489	巴毒磷	Crotxyphos			不得检出	GB/T 19650
490	育畜磷	Crufomate			不得检出	GB/T 19650
491	苯腈磷	Cyanofenphos			不得检出	GB/T 19650
492	杀螟腈	Cyanophos			不得检出	GB/T 20772
493	环草敌	Cycloate			不得检出	GB/T 20772
494	环莠隆	Cycluron			不得检出	GB/T 20772

序号	农兽药中文名	农兽药英文名	欧盟标准限量要求 mg/kg	国家标准限量要求 mg/kg	三安超有机食品标准	
					限量要求 mg/kg	检测方法
495	环丙津	Cyprazine			不得检出	GB/T 20772
496	敌草索	Dacthal			不得检出	GB/T 19650
497	癸氧喹酯	Decoquinate			不得检出	SN/T 2444
498	脱叶磷	DEF			不得检出	GB/T 19650
499	2,2′,4,5,5′-五氯联苯	DE-PCB 101			不得检出	GB/T 19650
500	2,3,4,4′,5-五氯联苯	DE-PCB 118			不得检出	GB/T 19650
501	2,2′,3,4,4′,5-六氯联苯	DE-PCB 138			不得检出	GB/T 19650
502	2,2′,4,4′,5,5′-六氯联苯	DE-PCB 153			不得检出	GB/T 19650
503	2,2′,3,4,4′,5,5′-七氯联苯	DE-PCB 180			不得检出	GB/T 19650
504	2,4,4′-三氯联苯	DE-PCB 28			不得检出	GB/T 19650
505	2,4,5-三氯联苯	DE-PCB 31			不得检出	GB/T 19650
506	2,2′,5,5′-四氯联苯	DE-PCB 52			不得检出	GB/T 19650
507	脱溴溴苯磷	Desbrom-leptophos			不得检出	GB/T 19650
508	脱乙基另丁津	Desethyl-sebuthylazine			不得检出	GB/T 19650
509	敌草净	Desmetryn			不得检出	GB/T 19650
510	地塞米松	Dexamethasone			不得检出	SN/T 1970
511	氯亚胺硫磷	Dialifos			不得检出	GB/T 19650
512	敌菌净	Diaveridine			不得检出	SN/T 1926
513	驱虫特	Dibutyl succinate			不得检出	GB/T 20772
514	异氯磷	Dicapthon			不得检出	GB/T 20772
515	除线磷	Dichlofenthion			不得检出	GB/T 20772
516	苯氟磺胺	Dichlofluanid			不得检出	GB/T 19650
517	烯丙酰草胺	Dichlormid			不得检出	GB/T 19650
518	敌敌畏	Dichlorvos			不得检出	GB/T 20772
519	苄氯三唑醇	Diclobutrazole			不得检出	GB/T 20772
520	禾草灵	Diclofop-methyl			不得检出	GB/T 19650
521	己烯雌酚	Diethylstilbestrol			不得检出	GB/T 20766
522	甲氟磷	Dimefox			不得检出	GB/T 19650
523	哌草丹	Dimepiperate			不得检出	GB/T 19650
524	异戊乙净	Dimethametryn			不得检出	GB/T 19650
525	二甲酚草胺	Dimethenamid			不得检出	GB/T 19650
526	乐果	Dimethoate			不得检出	GB/T 20772
527	甲基毒虫畏	Dimethylvinphos			不得检出	GB/T 19650
528	地美硝唑	Dimetridazole			不得检出	GB/T 21318
529	二硝托安	Dinitolmide			不得检出	SN/T 2453
530	氨氟灵	Dinitramine			不得检出	GB/T 19650
531	消螨通	Dinobuton			不得检出	GB/T 19650
532	呋虫胺	Dinotefuran			不得检出	GB/T 20772

序号	农兽药中文名	农兽药英文名	欧盟标准限量要求 mg/kg	国家标准限量要求 mg/kg	三安超有机食品标准	
					限量要求 mg/kg	检测方法
533	苯虫醚-1	Diofenolan-1			不得检出	GB/T 19650
534	苯虫醚-2	Diofenolan-2			不得检出	GB/T 19650
535	蔬果磷	Dioxabenzofos			不得检出	GB/T 19650
536	双苯酰草胺	Diphenamid			不得检出	GB/T 19650
537	二苯胺	Diphenylamine			不得检出	GB/T 19650
538	异丙净	Dipropetryn			不得检出	GB/T 19650
539	灭菌磷	Ditalimfos			不得检出	GB/T 19650
540	氟硫草定	Dithiopyr			不得检出	GB/T 19650
541	强力霉素	Doxycycline			不得检出	GB/T 20764
542	敌瘟磷	Edifenphos			不得检出	GB/T 19650
543	硫丹硫酸盐	Endosulfan-sulfate			不得检出	GB/T 19650
544	异狄氏剂酮	Endrin ketone			不得检出	GB/T 19650
545	苯硫磷	EPN			不得检出	GB/T 19650
546	抑草蓬	Erbon			不得检出	GB/T 19650
547	*S*-氰戊菊酯	Esfenvalerate			不得检出	GB/T 19650
548	戊草丹	Esprocarb			不得检出	GB/T 19650
549	乙环唑-1	Etaconazole-1			不得检出	GB/T 19650
550	乙环唑-2	Etaconazole-2			不得检出	GB/T 19650
551	乙嘧硫磷	Etrimfos			不得检出	GB/T 19650
552	氧乙嘧硫磷	Etrimfos oxon			不得检出	GB/T 19650
553	伐灭磷	Famphur			不得检出	GB/T 19650
554	苯线磷亚砜	Fenamiphos sulfoxide			不得检出	GB/T 19650
555	苯线磷砜	Fenamiphos-sulfone			不得检出	GB/T 19650
556	氧皮蝇磷	Fenchlorphos oxon			不得检出	GB/T 19650
557	甲呋酰胺	Fenfuram			不得检出	GB/T 19650
558	仲丁威	Fenobucarb			不得检出	GB/T 19650
559	苯硫威	Fenothiocarb			不得检出	GB/T 19650
560	稻瘟酰胺	Fenoxanil			不得检出	GB/T 19650
561	拌种咯	Fenpiclonil			不得检出	GB/T 19650
562	甲氰菊酯	Fenpropathrin			不得检出	GB/T 19650
563	芬螨酯	Fenson			不得检出	GB/T 19650
564	丰索磷	Fensulfothion			不得检出	GB/T 19650
565	倍硫磷亚砜	Fenthion sulfoxide			不得检出	GB/T 19650
566	麦草氟异丙酯	Flamprop-isopropyl			不得检出	GB/T 19650
567	麦草氟甲酯	Flamprop-methyl			不得检出	GB/T 19650
568	吡氟禾草灵	Fluazifop-butyl			不得检出	GB/T 19650
569	啶蜱脲	Fluazuron			不得检出	SN/T 2540
570	氟苯咪唑	Flubendazole			不得检出	GB/T 21324
571	氟噻草胺	Flufenacet			不得检出	GB/T 19650

序号	农兽药中文名	农兽药英文名	欧盟标准限量要求 mg/kg	国家标准限量要求 mg/kg	三安超有机食品标准	
					限量要求 mg/kg	检测方法
572	氟节胺	Flumetralin			不得检出	GB/T 19650
573	唑嘧磺草胺	Flumetsulam			不得检出	GB/T 20772
574	氟烯草酸	Flumiclorac			不得检出	GB/T 19650
575	丙炔氟草胺	Flumioxazin			不得检出	GB/T 19650
576	氟胺烟酸	Flunixin			不得检出	GB/T 20750
577	三氟硝草醚	Fluorodifen			不得检出	GB/T 19650
578	乙羧氟草醚	Fluoroglycofen – ethyl			不得检出	GB/T 19650
579	三氟苯唑	Fluotrimazole			不得检出	GB/T 19650
580	氟啶草酮	Fluridone			不得检出	GB/T 19650
581	氟草烟 – 1 – 甲庚酯	Fluroxypr – 1 – methylheptyl ester			不得检出	GB/T 19650
582	呋草酮	Flurtamone			不得检出	GB/T 19650
583	地虫硫磷	Fonofos			不得检出	GB/T 19650
584	安果	Formothion			不得检出	GB/T 19650
585	呋霜灵	Furalaxyl			不得检出	GB/T 19650
586	庆大霉素	Gentamicin			不得检出	GB/T 21323
587	苄螨醚	Halfenprox			不得检出	GB/T 19650
588	氟哌啶醇	Haloperidol			不得检出	GB/T 20763
589	庚烯磷	Heptanophos			不得检出	GB/T 19650
590	己唑醇	Hexaconazole			不得检出	GB/T 19650
591	环嗪酮	Hexazinone			不得检出	GB/T 19650
592	咪草酸	Imazamethabenz – methyl			不得检出	GB/T 19650
593	脱苯甲基亚胺唑	Imibenconazole – *des* – benzyl			不得检出	GB/T 19650
594	炔咪菊酯 – 1	Imiprothrin – 1			不得检出	GB/T 19650
595	炔咪菊酯 – 2	Imiprothrin – 2			不得检出	GB/T 19650
596	碘硫磷	Iodofenphos			不得检出	GB/T 19650
597	甲基碘磺隆	Iodosulfuron – methyl			不得检出	GB/T 20772
598	异稻瘟净	Iprobenfos			不得检出	GB/T 19650
599	氯唑磷	Isazofos			不得检出	GB/T 19650
600	碳氯灵	Isobenzan			不得检出	GB/T 19650
601	丁咪酰胺	Isocarbamid			不得检出	GB/T 19650
602	水胺硫磷	Isocarbophos			不得检出	GB/T 19650
603	异艾氏剂	Isodrin			不得检出	GB/T 19650
604	异柳磷	Isofenphos			不得检出	GB/T 19650
605	氧异柳磷	Isofenphos oxon			不得检出	GB/T 19650
606	氮氨菲啶	Isometamidium			不得检出	SN/T 2239
607	丁嗪草酮	Isomethiozin			不得检出	GB/T 19650
608	异丙威 – 1	Isoprocarb – 1			不得检出	GB/T 19650
609	异丙威 – 2	Isoprocarb – 2			不得检出	GB/T 19650

序号	农兽药中文名	农兽药英文名	欧盟标准限量要求 mg/kg	国家标准限量要求 mg/kg	三安超有机食品标准	
					限量要求 mg/kg	检测方法
610	异丙乐灵	Isopropalin			不得检出	GB/T 19650
611	双苯噁唑酸	Isoxadifen – ethyl			不得检出	GB/T 19650
612	异噁氟草	Isoxaflutole			不得检出	GB/T 20772
613	噁唑啉	Isoxathion			不得检出	GB/T 19650
614	交沙霉素	Josamycin			不得检出	GB/T 20762
615	拉沙里菌素	Lasalocid			不得检出	SN 0501
616	溴苯磷	Leptophos			不得检出	GB/T 19650
617	左旋咪唑	Levamisole			不得检出	SN 0349
618	利谷隆	Linuron			不得检出	GB/T 19650
619	麻保沙星	Marbofloxacin			不得检出	GB/T 22985
620	2 – 甲 – 4 – 氯丁氧乙基酯	MCPA – butoxyethyl ester			不得检出	GB/T 19650
621	灭蚜磷	Mecarbam			不得检出	GB/T 19650
622	二甲四氯丙酸	Mecoprop			不得检出	SN/T 2325
623	苯噻酰草胺	Mefenacet			不得检出	GB/T 19650
624	吡唑解草酯	Mefenpyr – diethyl			不得检出	GB/T 19650
625	醋酸甲地孕酮	Megestrol acetate			不得检出	GB/T 20753
626	醋酸美仑孕酮	Melengestrol acetate			不得检出	GB/T 20753
627	嘧菌胺	Mepanipyrim			不得检出	GB/T 19650
628	地胺磷	Mephosfolan			不得检出	GB/T 19650
629	灭锈胺	Mepronil			不得检出	GB/T 19650
630	硝磺草酮	Mesotrione			不得检出	参照同类标准
631	呋菌胺	Methfuroxam			不得检出	GB/T 19650
632	灭梭威砜	Methiocarb sulfone			不得检出	GB/T 19650
633	盖草津	Methoprotryne			不得检出	GB/T 19650
634	甲醚菊酯 – 1	Methothrin – 1			不得检出	GB/T 19650
635	甲醚菊酯 – 2	Methothrin – 2			不得检出	GB/T 19650
636	甲基泼尼松龙	Methylprednisolone			不得检出	GB/T 21981
637	溴谷隆	Metobromuron			不得检出	GB/T 19650
638	甲氧氯普胺	Metoclopramide			不得检出	SN/T 2227
639	苯氧菌胺 – 1	Metominsstrobin – 1			不得检出	GB/T 19650
640	苯氧菌胺 – 2	Metominsstrobin – 2			不得检出	GB/T 19650
641	甲硝唑	Metronidazole			不得检出	GB/T 21318
642	速灭磷	Mevinphos			不得检出	GB/T 19650
643	兹克威	Mexacarbate			不得检出	GB/T 19650
644	灭蚁灵	Mirex			不得检出	GB/T 19650
645	禾草敌	Molinate			不得检出	GB/T 19650
646	庚酰草胺	Monalide			不得检出	GB/T 19650
647	莫能菌素	Monensin			不得检出	SN 0698
648	莫西丁克	Moxidectin			不得检出	SN/T 2442

序号	农兽药中文名	农兽药英文名	欧盟标准限量要求 mg/kg	国家标准限量要求 mg/kg	三安超有机食品标准	
					限量要求 mg/kg	检测方法
649	合成麝香	Musk ambrecte			不得检出	GB/T 19650
650	麝香	Musk moskene			不得检出	GB/T 19650
651	西藏麝香	Musk tibeten			不得检出	GB/T 19650
652	二甲苯麝香	Musk xylene			不得检出	GB/T 19650
653	萘夫西林	Nafcillin			不得检出	GB/T 22975
654	二溴磷	Naled			不得检出	SN/T 0706
655	萘丙胺	Naproanilide			不得检出	GB/T 19650
656	甲基盐霉素	Narasin			不得检出	GB/T 20364
657	甲磺乐灵	Nitralin			不得检出	GB/T 19650
658	三氯甲基吡啶	Nitrapyrin			不得检出	GB/T 19650
659	酞菌酯	Nitrothal – isopropyl			不得检出	GB/T 19650
660	诺氟沙星	Norfloxacin			不得检出	GB/T 20366
661	氟草敏	Norflurazon			不得检出	GB/T 19650
662	新生霉素	Novobiocin			不得检出	SN 0674
663	氟苯嘧啶醇	Nuarimol			不得检出	GB/T 19650
664	八氯苯乙烯	Octachlorostyrene			不得检出	GB/T 19650
665	氧氟沙星	Ofloxacin			不得检出	GB/T 20366
666	呋酰胺	Ofurace			不得检出	GB/T 20746
667	喹乙醇	Olaquindox			不得检出	GB/T 20746
668	竹桃霉素	Oleandomycin			不得检出	GB/T 20762
669	氧乐果	Omethoate			不得检出	GB/T 19650
670	奥比沙星	Orbifloxacin			不得检出	GB/T 22985
671	杀线威	Oxamyl			不得检出	GB/T 20772
672	奥芬达唑	Oxfendazole			不得检出	GB/T 22972
673	丙氧苯咪唑	Oxibendazole			不得检出	GB/T 21324
674	氧化氯丹	Oxy – chlordane			不得检出	GB/T 19650
675	土霉素	Oxytetracycline			不得检出	GB/T 21317
676	对氧磷	Paraoxon			不得检出	GB/T 19650
677	甲基对氧磷	Paraoxon – methyl			不得检出	GB/T 19650
678	克草敌	Pebulate			不得检出	GB/T 19650
679	五氯苯胺	Pentachloroaniline			不得检出	GB/T 19650
680	五氯甲氧基苯	Pentachloroanisole			不得检出	GB/T 19650
681	五氯苯	Pentachlorobenzene			不得检出	GB/T 19650
682	氯菊酯	Permethrin			不得检出	GB/T 19650
683	乙滴涕	Perthane			不得检出	GB/T 19650
684	菲	Phenanthrene			不得检出	GB/T 19650
685	稻丰散	Phenthoate			不得检出	GB/T 19650
686	甲拌磷砜	Phorate sulfone			不得检出	GB/T 19650
687	磷胺 – 1	Phosphamidon – 1			不得检出	GB/T 19650

序号	农兽药中文名	农兽药英文名	欧盟标准限量要求 mg/kg	国家标准限量要求 mg/kg	三安超有机食品标准	
					限量要求 mg/kg	检测方法
688	磷胺-2	Phosphamidon-2			不得检出	GB/T 19650
689	酞酸苯甲基丁酯	Phthalic acid, benzylbutyl ester			不得检出	GB/T 19650
690	四氯苯肽	Phthalide			不得检出	GB/T 19650
691	邻苯二甲酰亚胺	Phthalimide			不得检出	GB/T 19650
692	氟吡酰草胺	Picolinafen			不得检出	GB/T 19650
693	增效醚	Piperonyl butoxide			不得检出	GB/T 19650
694	哌草磷	Piperophos			不得检出	GB/T 19650
695	乙基虫螨清	Pirimiphos-ethyl			不得检出	GB/T 19650
696	吡利霉素	Pirlimycin			不得检出	GB/T 22988
697	炔丙菊酯	Prallethrin			不得检出	GB/T 19650
698	泼尼松龙	Prednisolone			不得检出	GB/T 21981
699	丙草胺	Pretilachlor			不得检出	GB/T 19650
700	环丙氟灵	Profluralin			不得检出	GB/T 19650
701	茉莉酮	Prohydrojasmon			不得检出	GB/T 19650
702	扑灭通	Prometon			不得检出	GB/T 19650
703	扑草净	Prometryne			不得检出	GB/T 19650
704	炔丙烯草胺	Pronamide			不得检出	GB/T 19650
705	敌稗	Propanil			不得检出	GB/T 19650
706	扑灭津	Propazine			不得检出	GB/T 19650
707	胺丙畏	Propetamphos			不得检出	GB/T 19650
708	丙酰二甲氨基丙吩噻嗪	Propionylpromazin			不得检出	GB/T 20763
709	丙硫磷	Prothiophos			不得检出	GB/T 19650
710	哒嗪硫磷	Pyridafenthion			不得检出	GB/T 19650
711	吡唑硫磷	Pyraclofos			不得检出	GB/T 19650
712	吡草醚	Pyraflufen-ethyl			不得检出	GB/T 19650
713	啶斑肟-1	Pyrifenox-1			不得检出	GB/T 19650
714	啶斑肟-2	Pyrifenox-2			不得检出	GB/T 19650
715	环酯草醚	Pyriftalid			不得检出	GB/T 19650
716	嘧螨醚	Pyrimidifen			不得检出	GB/T 19650
717	嘧草醚	Pyriminobac-methyl			不得检出	GB/T 19650
718	嘧啶磷	Pyrimitate			不得检出	GB/T 19650
719	喹硫磷	Quinalphos			不得检出	GB/T 19650
720	灭藻醌	Quinoclamine			不得检出	GB/T 19650
721	吡咪唑	Rabenzazole			不得检出	GB/T 19650
722	莱克多巴胺	Ractopamine			不得检出	GB/T 21313
723	洛硝达唑	Ronidazole			不得检出	GB/T 21318
724	皮蝇磷	Ronnel			不得检出	GB/T 19650
725	盐霉素	Salinomycin			不得检出	GB/T 20364
726	沙拉沙星	Sarafloxacin			不得检出	GB/T 20366

序号	农兽药中文名	农兽药英文名	欧盟标准限量要求 mg/kg	国家标准限量要求 mg/kg	三安超有机食品标准	
					限量要求 mg/kg	检测方法
727	另丁津	Sebutylazine			不得检出	GB/T 19650
728	密草通	Secbumeton			不得检出	GB/T 19650
729	氨基脲	Semduramicin			不得检出	GB/T 20752
730	烯禾啶	Sethoxydim			不得检出	GB/T 19650
731	氟硅菊酯	Silafluofen			不得检出	GB/T 19650
732	硅氟唑	Simeconazole			不得检出	GB/T 19650
733	西玛通	Simetone			不得检出	GB/T 19650
734	西草净	Simetryn			不得检出	GB/T 19650
735	螺旋霉素	Spiramycin			不得检出	GB/T 20762
736	磺胺苯酰	Sulfabenzamide			不得检出	GB/T 21316
737	磺胺醋酰	Sulfacetamide			不得检出	GB/T 21316
738	磺胺氯哒嗪	Sulfachloropyridazine			不得检出	GB/T 21316
739	磺胺嘧啶	Sulfadiazine			不得检出	GB/T 21316
740	磺胺间二甲氧嘧啶	Sulfadimethoxine			不得检出	GB/T 21316
741	磺胺二甲嘧啶	Sulfadimidine			不得检出	GB/T 21316
742	磺胺多辛	Sulfadoxine			不得检出	GB/T 21316
743	磺胺胍	Sulfaguanidine			不得检出	GB/T 21316
744	菜草畏	Sulfallate			不得检出	GB/T 19650
745	磺胺甲嘧啶	Sulfamerazine			不得检出	GB/T 21316
746	新诺明	Sulfamethoxazole			不得检出	GB/T 21316
747	磺胺间甲氧嘧啶	Sulfamonomethoxine			不得检出	GB/T 21316
748	乙酰磺胺对硝基苯	Sulfanitran			不得检出	GB/T 20772
749	磺胺吡啶	Sulfapyridine			不得检出	GB/T 21316
750	磺胺喹沙啉	Sulfaquinoxaline			不得检出	GB/T 21316
751	磺胺噻唑	Sulfathiazole			不得检出	GB/T 21316
752	治螟磷	Sulfotep			不得检出	GB/T 19650
753	硫丙磷	Sulprofos			不得检出	GB/T 19650
754	苯噻硫氰	TCMTB			不得检出	GB/T 19650
755	丁基嘧啶磷	Tebupirimfos			不得检出	GB/T 19650
756	牧草胺	Tebutam			不得检出	GB/T 19650
757	丁噻隆	Tebuthiuron			不得检出	GB/T 20772
758	双硫磷	Temephos			不得检出	GB/T 20772
759	特草灵	Terbucarb			不得检出	GB/T 19650
760	特丁通	Terbumeton			不得检出	GB/T 19650
761	特丁净	Terbutryn			不得检出	GB/T 19650
762	四氢邻苯二甲酰亚胺	Tetrabydrophthalimide			不得检出	GB/T 19650
763	杀虫畏	Tetrachlorvinphos			不得检出	GB/T 19650
764	四环素	Tetracycline			不得检出	GB/T 21317
765	胺菊酯	Tetramethirn			不得检出	GB/T 19650

序号	农兽药中文名	农兽药英文名	欧盟标准限量要求 mg/kg	国家标准限量要求 mg/kg	三安超有机食品标准	
					限量要求 mg/kg	检测方法
766	杀螨氯硫	Tetrasul			不得检出	GB/T 19650
767	噻吩草胺	Thenylchlor			不得检出	GB/T 19650
768	噻菌灵	Thiabendazole			不得检出	GB/T 20772
769	噻唑烟酸	Thiazopyr			不得检出	GB/T 19650
770	噻苯隆	Thidiazuron			不得检出	GB/T 20772
771	噻吩磺隆	Thifensulfuron – methyl			不得检出	GB/T 20772
772	甲基乙拌磷	Thiometon			不得检出	GB/T 20772
773	虫线磷	Thionazin			不得检出	GB/T 19650
774	硫普罗宁	Tiopronin			不得检出	SN/T 2225
775	三甲苯草酮	Tralkoxydim			不得检出	GB/T 19650
776	四溴菊酯	Tralomethrin			不得检出	SN/T 2320
777	反式 – 氯丹	*trans* – Chlordane			不得检出	GB/T 19650
778	反式 – 燕麦敌	*trans* – Diallate			不得检出	GB/T 19650
779	四氟苯菊酯	Transfluthrin			不得检出	GB/T 19650
780	反式九氯	*trans* – Nonachlor			不得检出	GB/T 19650
781	反式 – 氯菊酯	*trans* – Permethrin			不得检出	GB/T 19650
782	群勃龙	Trenbolone			不得检出	GB/T 21981
783	威菌磷	Triamiphos			不得检出	GB/T 19650
784	毒壤磷	Trichloronate			不得检出	GB/T 19650
785	灭草环	Tridiphane			不得检出	GB/T 19650
786	草达津	Trietazine			不得检出	GB/T 19650
787	三异丁基磷酸盐	Tri – *iso* – butyl phosphate			不得检出	GB/T 19650
788	三正丁基磷酸盐	Tri – *n* – butyl phosphate			不得检出	GB/T 19650
789	三苯基磷酸盐	Triphenyl phosphate			不得检出	GB/T 19650
790	烯效唑	Uniconazole			不得检出	GB/T 19650
791	灭草敌	Vernolate			不得检出	GB/T 19650
792	维吉尼霉素	Virginiamycin			不得检出	GB/T 20765
793	杀鼠灵	War farin			不得检出	GB/T 20772
794	甲苯噻嗪	Xylazine			不得检出	GB/T 20763
795	右环十四酮酚	Zeranol			不得检出	GB/T 21982
796	苯酰菌胺	Zoxamide			不得检出	GB/T 19650

13.3 兔肝脏 Rabbit Liver

序号	农兽药中文名	农兽药英文名	欧盟标准限量要求 mg/kg	国家标准限量要求 mg/kg	三安超有机食品标准	
					限量要求 mg/kg	检测方法
1	1,1 – 二氯 – 2,2 – 二(4 – 乙苯)乙烷	1,1 – Dichloro – 2,2 – bis(4 – ethylphenyl)ethane	0.01		不得检出	日本肯定列表(增补本 1)
2	1,2 – 二氯乙烷	1,2 – Dichloroethane	0.1		不得检出	SN/T 2238

序号	农兽药中文名	农兽药英文名	欧盟标准限量要求 mg/kg	国家标准限量要求 mg/kg	三安超有机食品标准	
					限量要求 mg/kg	检测方法
3	1,3 - 二氯丙烯	1,3 - Dichloropropene	0.01		不得检出	SN/T 2238
4	1 - 萘乙酸	1 - Naphthylacetic acid	0.05		不得检出	SN/T 2228
5	2,4 - 滴	2,4 - D	0.05		不得检出	GB/T 20772
6	2,4 - 滴丁酸	2,4 - DB	0.1		不得检出	GB/T 20769
7	2 - 苯酚	2 - Phenylphenol	0.05		不得检出	GB/T 19650
8	阿维菌素	Abamectin	0.02		不得检出	SN/T 2661
9	乙酰甲胺磷	Acephate			不得检出	GB/T 20772
10	灭螨醌	Acequinocyl	0.01		不得检出	参照同类标准
11	啶虫脒	Acetamiprid	0.1		不得检出	GB/T 20772
12	乙草胺	Acetochlor	0.01		不得检出	GB/T 19650
13	苯并噻二唑	Acibenzolar - *S* - methyl	0.02		不得检出	GB/T 20772
14	苯草醚	Aclonifen	0.02		不得检出	GB/T 20772
15	氟丙菊酯	Acrinathrin	0.05		不得检出	GB/T 19648
16	甲草胺	Alachlor	0.01		不得检出	GB/T 20772
17	涕灭威	Aldicarb	0.01		不得检出	GB/T 20772
18	艾氏剂和狄氏剂	Aldrin and dieldrin	0.2		不得检出	GB/T 19650
19	—	Ametoctradin	0.03		不得检出	参照同类标准
20	酰嘧磺隆	Amidosulfuron	0.02		不得检出	参照同类标准
21	氯氨吡啶酸	Aminopyralid	0.02		不得检出	GB/T 23211
22	—	Amisulbrom	0.01		不得检出	参照同类标准
23	阿莫西林	Amoxicillin	50μg/kg		不得检出	NY/T 830
24	氨苄青霉素	Ampicillin	50μg/kg		不得检出	GB/T 21315
25	敌菌灵	Anilazine	0.01		不得检出	GB/T 20769
26	杀螨特	Aramite	0.01		不得检出	GB/T 19650
27	磺草灵	Asulam	0.1		不得检出	日本肯定列表(增补本 1)
28	阿维拉霉素	Avilamycin	300μg/kg		不得检出	GB/T 21315
29	印楝素	Azadirachtin	0.01		不得检出	SN/T 3264
30	益棉磷	Azinphos - ethyl	0.01		不得检出	GB/T 19650
31	保棉磷	Azinphos - methyl	0.01		不得检出	GB/T 20772
32	三唑锡和三环锡	Azocyclotin and cyhexatin	0.05		不得检出	SN/T 1990
33	嘧菌酯	Azoxystrobin	0.07		不得检出	GB/T 20772
34	杆菌肽	Bacitracin	150μg/kg		不得检出	GB/T 20743
35	氟丁酰草胺	Beflubutamid	0.05		不得检出	参照同类标准
36	苯霜灵	Benalaxyl	0.05		不得检出	GB/T 20772
37	丙硫克百威	Benfuracarb	0.02		不得检出	GB/T 20772
38	苄青霉素	Benzyl pencillin	50μg/kg		不得检出	GB/T 21315
39	联苯肼酯	Bifenazate	0.01		不得检出	GB/T 20772
40	甲羧除草醚	Bifenox	0.05		不得检出	GB/T 23210

序号	农兽药中文名	农兽药英文名	欧盟标准限量要求 mg/kg	国家标准限量要求 mg/kg	三安超有机食品标准	
					限量要求 mg/kg	检测方法
41	联苯菊酯	Bifenthrin	0.2		不得检出	GB/T 19650
42	乐杀螨	Binapacryl	0.01		不得检出	SN 0523
43	联苯	Biphenyl	0.01		不得检出	GB/T 19650
44	联苯三唑醇	Bitertanol	0.05		不得检出	GB/T 20772
45	—	Bixafen	0.02		不得检出	参照同类标准
46	啶酰菌胺	Boscalid	0.2		不得检出	GB/T 20772
47	溴离子	Bromide ion	0.05		不得检出	GB/T5009.167
48	溴螨酯	Bromopropylate	0.01		不得检出	GB/T 19650
49	溴苯腈	Bromoxynil	0.05		不得检出	GB/T 20772
50	糠菌唑	Bromuconazole	0.05		不得检出	GB/T 19650
51	乙嘧酚磺酸酯	Bupirimate	0.05		不得检出	GB/T 19650
52	噻嗪酮	Buprofezin	0.05		不得检出	GB/T 20772
53	仲丁灵	Butralin	0.02		不得检出	GB/T 19650
54	丁草敌	Butylate	0.01		不得检出	GB/T 19650
55	硫线磷	Cadusafos	0.01		不得检出	GB/T 19650
56	毒杀芬	Camphechlor	0.05		不得检出	YC/T 180
57	敌菌丹	Captafol	0.01		不得检出	GB/T 23210
58	克菌丹	Captan	0.02		不得检出	GB/T 19648
59	甲萘威	Carbaryl	0.05		不得检出	GB/T 20796
60	多菌灵和苯菌灵	Carbendazim and benomyl	0.05		不得检出	GB/T 20772
61	长杀草	Carbetamide	0.05		不得检出	GB/T 20772
62	克百威	Carbofuran	0.01		不得检出	GB/T 20772
63	丁硫克百威	Carbosulfan	0.05		不得检出	GB/T 19650
64	萎锈灵	Carboxin	0.05		不得检出	GB/T 20772
65	头孢噻呋	Ceftiofur	2000μg/kg		不得检出	GB/T 21314
66	氯虫苯甲酰胺	Chlorantraniliprole	0.2		不得检出	参照同类标准
67	杀螨醚	Chlorbenside	0.05		不得检出	GB/T 19650
68	氯炔灵	Chlorbufam	0.05		不得检出	GB/T 20772
69	氯丹	Chlordane	0.05		不得检出	GB/T 5009.19
70	十氯酮	Chlordecone	0.1		不得检出	参照同类标准
71	杀螨酯	Chlorfenson	0.05		不得检出	GB/T 19650
72	毒虫畏	Chlorfenvinphos	0.01		不得检出	GB/T 19650
73	氯草敏	Chloridazon	0.1		不得检出	GB/T 20772
74	矮壮素	Chlormequat	0.05		不得检出	GB/T 23211
75	乙酯杀螨醇	Chlorobenzilate	0.1		不得检出	GB/T 23210
76	百菌清	Chlorothalonil	0.2		不得检出	SN/T 2320
77	绿麦隆	Chlortoluron	0.05		不得检出	GB/T 20772
78	枯草隆	Chloroxuron	0.05		不得检出	SN/T 2150
79	氯苯胺灵	Chlorpropham	0.05		不得检出	GB/T 19650

序号	农兽药中文名	农兽药英文名	欧盟标准限量要求 mg/kg	国家标准限量要求 mg/kg	三安超有机食品标准	
					限量要求 mg/kg	检测方法
80	甲基毒死蜱	Chlorpyrifos - methyl	0.05		不得检出	GB/T 19650
81	氯磺隆	Chlorsulfuron	0.01		不得检出	GB/T 20772
82	金霉素	Chlortetracycline	300μg/kg		不得检出	GB/T 21317
83	氯酞酸甲酯	Chlorthaldimethyl	0.01		不得检出	GB/T 19650
84	氯硫酰草胺	Chlorthiamid	0.02		不得检出	GB/T 20772
85	烯草酮	Clethodim	0.05		不得检出	GB/T 19650
86	炔草酯	Clodinafop - propargyl	0.02		不得检出	GB/T 19650
87	四螨嗪	Clofentezine	0.05		不得检出	GB/T 20772
88	二氯吡啶酸	Clopyralid	0.05		不得检出	SN/T 2228
89	噻虫胺	Clothianidin	0.2		不得检出	GB/T 20772
90	邻氯青霉素	Cloxacillin	300μg/kg		不得检出	GB/T 18932.25
91	黏菌素	Colistin	150μg/kg		不得检出	参照同类标准
92	铜化合物	Copper compounds	30		不得检出	参照同类标准
93	环烷基酰苯胺	Cyclanilide	0.01		不得检出	参照同类标准
94	噻草酮	Cycloxydim	0.05		不得检出	GB/T 19650
95	环氟菌胺	Cyflufenamid	0.03		不得检出	GB/T 23210
96	氟氯氰菊酯和高效氟氯氰菊酯	Cyfluthrin and beta - cyfluthrin	0.05		不得检出	GB/T 19650
97	霜脲氰	Cymoxanil	0.05		不得检出	GB/T 20772
98	氯氰菊酯和高效氯氰菊酯	Cypermethrin and beta - cypermethrin	0.2		不得检出	GB/T 19650
99	环丙唑醇	Cyproconazole	0.5		不得检出	GB/T 20772
100	嘧菌环胺	Cyprodinil	0.05		不得检出	GB/T 19650
101	灭蝇胺	Cyromazine	0.05		不得检出	GB/T 20772
102	丁酰肼	Daminozide	0.05		不得检出	SN/T 1989
103	滴滴涕	DDT	1		不得检出	SN/T 0127
104	溴氰菊酯	Deltamethrin	0.03		不得检出	GB/T 19650
105	燕麦敌	Diallate	0.2		不得检出	GB/T 23211
106	二嗪磷	Diazinon	0.01		不得检出	GB/T 19650
107	麦草畏	Dicamba	0.7		不得检出	GB/T 20772
108	敌草腈	Dichlobenil	0.01		不得检出	GB/T 19650
109	滴丙酸	Dichlorprop	0.1		不得检出	SN/T 2228
110	二氯苯氧基丙酸	Diclofop	0.01		不得检出	参照同类标准
111	氯硝胺	Dicloran	0.01		不得检出	GB/T 19650
112	双氯青霉素	Dicloxacillin	300μg/kg		不得检出	GB/T 18932.25
113	三氯杀螨醇	Dicofol	0.02		不得检出	GB/T 19650
114	乙霉威	Diethofencarb	0.05		不得检出	GB/T 19650
115	苯醚甲环唑	Difenoconazole	0.2		不得检出	GB/T 19650
116	除虫脲	Diflubenzuron	0.05		不得检出	SN/T 0528

序号	农兽药中文名	农兽药英文名	欧盟标准限量要求 mg/kg	国家标准限量要求 mg/kg	三安超有机食品标准	
					限量要求 mg/kg	检测方法
117	吡氟酰草胺	Diflufenican	0.05		不得检出	GB/T 20772
118	二氢链霉素	Dihydro – streptomycin	500μg/kg		不得检出	GB/T 22969
119	油菜安	Dimethachlor	0.02		不得检出	GB/T 20772
120	烯酰吗啉	Dimethomorph	0.05		不得检出	GB/T 20772
121	醚菌胺	Dimoxystrobin	0.05		不得检出	SN/T 2237
122	烯唑醇	Diniconazole	0.01		不得检出	GB/T 19650
123	敌螨普	Dinocap	0.05		不得检出	日本肯定列表（增补本 1）
124	地乐酚	Dinoseb	0.01		不得检出	GB/T 20772
125	特乐酚	Dinoterb	0.05		不得检出	GB/T 20772
126	敌噁磷	Dioxathion	0.05		不得检出	GB/T 19650
127	敌草快	Diquat	0.05		不得检出	GB/T 5009.221
128	乙拌磷	Disulfoton	0.01		不得检出	GB/T 20772
129	二氰蒽醌	Dithianon	0.01		不得检出	GB/T 20769
130	二硫代氨基甲酸酯	Dithiocarbamates	0.05		不得检出	SN 0139
131	敌草隆	Diuron	0.05		不得检出	SN/T 0645
132	二硝甲酚	DNOC	0.05		不得检出	GB/T 20772
133	多果定	Dodine	0.2		不得检出	SN 0500
134	多拉菌素	Doramectin	100μg/kg		不得检出	GB/T 22968
135	甲氨基阿维菌素苯甲酸盐	Emamectin benzoate	0.08		不得检出	GB/T 20769
136	硫丹	Endosulfan	0.05		不得检出	GB/T 19650
137	异狄氏剂	Endrin	0.05		不得检出	GB/T 19650
138	恩诺沙星	Enrofloxacin	200μg/kg		不得检出	GB/T 20366
139	氟环唑	Epoxiconazole	0.2		不得检出	GB/T 20772
140	茵草敌	EPTC	0.02		不得检出	GB/T 20772
141	红霉素	Erythromycin	200μg/kg		不得检出	GB/T 20762
142	乙丁烯氟灵	Ethalfluralin	0.01		不得检出	GB/T 19650
143	胺苯磺隆	Ethametsulfuron	0.01		不得检出	NY/T 1616
144	乙烯利	Ethephon	0.05		不得检出	SN 0705
145	乙硫磷	Ethion	0.01		不得检出	GB/T 19650
146	乙嘧酚	Ethirimol	0.05		不得检出	GB/T 20772
147	乙氧呋草黄	Ethofumesate	0.1		不得检出	GB/T 20772
148	灭线磷	Ethoprophos	0.01		不得检出	GB/T 19650
149	乙氧喹啉	Ethoxyquin	0.05		不得检出	GB/T 20772
150	环氧乙烷	Ethylene oxide	0.02		不得检出	GB/T 23296.11
151	醚菊酯	Etofenprox	0.5		不得检出	GB/T 19650
152	乙螨唑	Etoxazole	0.01		不得检出	GB/T 19650
153	氯唑灵	Etridiazole	0.05		不得检出	GB/T 20772
154	噁唑菌酮	Famoxadone	0.05		不得检出	GB/T 20772

序号	农兽药中文名	农兽药英文名	欧盟标准限量要求 mg/kg	国家标准限量要求 mg/kg	三安超有机食品标准	
					限量要求 mg/kg	检测方法
155	咪唑菌酮	Fenamidone	0.01		不得检出	GB/T 19650
156	苯线磷	Fenamiphos	0.01		不得检出	GB/T 19650
157	氯苯嘧啶醇	Fenarimol	0.02		不得检出	GB/T 20772
158	喹螨醚	Fenazaquin	0.01		不得检出	GB/T 19650
159	腈苯唑	Fenbuconazole	0.05		不得检出	GB/T 20772
160	苯丁锡	Fenbutatin oxide	0.05		不得检出	SN 0592
161	环酰菌胺	Fenhexamid	0.05		不得检出	GB/T 20772
162	杀螟硫磷	Fenitrothion	0.01		不得检出	GB/T 20772
163	精噁唑禾草灵	Fenoxaprop - *P* - ethyl	0.05		不得检出	GB 22617
164	双氧威	Fenoxycarb	0.05		不得检出	GB/T 19650
165	苯锈啶	Fenpropidin	0.02		不得检出	GB/T 19650
166	丁苯吗啉	Fenpropimorph	0.01		不得检出	GB/T 20772
167	胺苯吡菌酮	Fenpyrazamine	0.01		不得检出	参照同类标准
168	唑螨酯	Fenpyroximate	0.01		不得检出	GB/T 19650
169	倍硫磷	Fenthion	0.05		不得检出	GB/T 20772
170	三苯锡	Fentin	0.05		不得检出	SN/T 3149
171	薯瘟锡	Fentin acetate	0.05		不得检出	参照同类标准
172	氰戊菊酯和高效氰戊菊酯(RR & SS 异构体总量)	Fenvalerate and esfenvalerate (sum of RR & SS isomers)	0.2		不得检出	GB/T 19650
173	氰戊菊酯和高效氰戊菊酯(RS & SR 异构体总量)	Fenvalerate and esfenvalerate (sum of RS & SR isomers)	0.05		不得检出	GB/T 19650
174	氟虫腈	Fipronil	0.01		不得检出	SN/T 1982
175	氟啶虫酰胺	Flonicamid	0.03		不得检出	SN/T 2796
176	精吡氟禾草灵	Fluazifop - *P* - butyl	0.05		不得检出	GB/T 20756
177	氟啶胺	Fluazinam	0.05		不得检出	SN/T 2150
178	氟苯虫酰胺	Flubendiamide	1		不得检出	SN/T 2581
179	氟环脲	Flucycloxuron	0.05		不得检出	参照同类标准
180	氟氰戊菊酯	Flucythrinate	0.05		不得检出	GB/T 23210
181	咯菌腈	Fludioxonil	0.05		不得检出	GB/T 20772
182	氟虫脲	Flufenoxuron	0.05		不得检出	SN/T 2150
183	—	Flufenzin	0.02		不得检出	参照同类标准
184	氟吡菌胺	Fluopicolide	0.01		不得检出	参照同类标准
185	—	Fluopyram	0.7		不得检出	参照同类标准
186	氟离子	Fluoride ion	1		不得检出	GB/T 5009.167
187	氟腈嘧菌酯	Fluoxastrobin	0.05		不得检出	SN/T 2237
188	氟喹唑	Fluquinconazole	0.3		不得检出	GB/T 19650
189	氟咯草酮	Fluorochloridone	0.05		不得检出	GB/T 20772
190	氟草烟	Fluroxypyr	0.05		不得检出	GB/T 20772
191	氟硅唑	Flusilazole	0.1		不得检出	GB/T 20772

序号	农兽药中文名	农兽药英文名	欧盟标准限量要求 mg/kg	国家标准限量要求 mg/kg	三安超有机食品标准	
					限量要求 mg/kg	检测方法
192	氟酰胺	Flutolanil	0.02		不得检出	GB/T 20772
193	粉唑醇	Flutriafol	0.01		不得检出	GB/T 20772
194	—	Fluxapyroxad	0.01		不得检出	参照同类标准
195	氟磺胺草醚	Fomesafen	0.01		不得检出	GB/T 5009.130
196	氯吡脲	Forchlorfenuron	0.05		不得检出	SN/T 3643
197	伐虫脒	Formetanate	0.01		不得检出	NY/T 1453
198	三乙膦酸铝	Fosetyl – aluminium	0.5		不得检出	参照同类标准
199	麦穗宁	Fuberidazole	0.05		不得检出	GB/T 19650
200	呋线威	Furathiocarb	0.01		不得检出	GB/T 20772
201	糠醛	Furfural	1		不得检出	参照同类标准
202	勃激素	Gibberellic acid	0.1		不得检出	GB/T 23211
203	草胺膦	Glufosinate – ammonium	0.1		不得检出	日本肯定列表
204	草甘膦	Glyphosate	0.05		不得检出	SN/T 1923
205	双胍盐	Guazatine	0.1		不得检出	参照同类标准
206	氟吡禾灵	Haloxyfop	0.01		不得检出	SN/T 2228
207	七氯	Heptachlor	0.2		不得检出	SN 0663
208	六氯苯	Hexachlorobenzene	0.2		不得检出	SN/T 0127
209	六六六(HCH), α – 异构体	Hexachlorociclohexane (HCH), alpha – isomer	0.2		不得检出	SN/T 0127
210	六六六(HCH), β – 异构体	Hexachlorociclohexane (HCH), beta – isomer	0.1		不得检出	SN/T 0127
211	噻螨酮	Hexythiazox	0.05		不得检出	GB/T 20772
212	噁霉灵	Hymexazol	0.05		不得检出	GB/T 20772
213	抑霉唑	Imazalil	0.05		不得检出	GB/T 20772
214	甲咪唑烟酸	Imazapic	0.01		不得检出	GB/T 20772
215	咪唑喹啉酸	Imazaquin	0.05		不得检出	GB/T 20772
216	吡虫啉	Imidacloprid	0.3		不得检出	GB/T 20772
217	茚虫威	Indoxacarb	0.05		不得检出	GB/T 20772
218	碘苯腈	Ioxynil	0.05		不得检出	GB/T 20772
219	异菌脲	Iprodione	0.05		不得检出	GB/T 19650
220	稻瘟灵	Isoprothiolane	0.01		不得检出	GB/T 20772
221	异丙隆	Isoproturon	0.05		不得检出	GB/T 20772
222	—	Isopyrazam	0.01		不得检出	参照同类标准
223	异噁酰草胺	Isoxaben	0.01		不得检出	GB/T 20772
224	依维菌素	Ivermectin	100μg/kg		不得检出	GB/T 21320
225	卡那霉素	Kanamycin	600μg/kg		不得检出	GB/T 21323
226	醚菌酯	Kresoxim – methyl	0.02		不得检出	GB/T 20772
227	乳氟禾草灵	Lactofen	0.01		不得检出	GB/T 19650
228	高效氯氟氰菊酯	Lambda – cyhalothrin	0.5		不得检出	GB/T 23210

序号	农兽药中文名	农兽药英文名	欧盟标准限量要求 mg/kg	国家标准限量要求 mg/kg	三安超有机食品标准	
					限量要求 mg/kg	检测方法
229	环草定	Lenacil	0.1		不得检出	GB/T 19650
230	林可霉素	Lincomycin	500μg/kg		不得检出	GB/T 20762
231	林丹	Lindane	0.02	0.01	不得检出	NY/T 761
232	虱螨脲	Lufenuron	0.02		不得检出	SN/T 2540
233	马拉硫磷	Malathion	0.02		不得检出	GB/T 19650
234	抑芽丹	Maleic hydrazide	0.05		不得检出	GB/T 23211
235	双炔酰菌胺	Mandipropamid	0.02		不得检出	参照同类标准
236	二甲四氯和二甲四氯丁酸	MCPA and MCPB	0.1		不得检出	SN/T 2228
237	美洛昔康	Meloxicam	65μg/kg		不得检出	SN/T2190
238	壮棉素	Mepiquat chloride	0.05		不得检出	GB/T 23211
239	—	Meptyldinocap	0.05		不得检出	参照同类标准
240	汞化合物	Mercury compounds	0.01		不得检出	参照同类标准
241	氰氟虫腙	Metaflumizone	0.02		不得检出	SN/T 3852
242	甲霜灵和精甲霜灵	Metalaxyl and metalaxyl – M	0.05		不得检出	GB/T 20772
243	四聚乙醛	Metaldehyde	0.05		不得检出	SN/T 1787
244	苯嗪草酮	Metamitron	0.05		不得检出	GB/T 19650
245	吡唑草胺	Metazachlor	0.05		不得检出	GB/T 19650
246	叶菌唑	Metconazole	0.01		不得检出	GB/T 20772
247	甲基苯噻隆	Methabenzthiazuron	0.05		不得检出	GB/T 19650
248	虫螨畏	Methacrifos	0.01		不得检出	GB/T 20772
249	甲胺磷	Methamidophos	0.01		不得检出	GB/T 20772
250	杀扑磷	Methidathion	0.02		不得检出	GB/T 20772
251	甲硫威	Methiocarb	0.05		不得检出	GB/T 20770
252	灭多威和硫双威	Methomyl and thiodicarb	0.02		不得检出	GB/T 20772
253	烯虫酯	Methoprene	0.05		不得检出	GB/T 19650
254	甲氧滴滴涕	Methoxychlor	0.01		不得检出	SN/T 0529
255	甲氧虫酰肼	Methoxyfenozide	0.1		不得检出	GB/T 20772
256	磺草唑胺	Metosulam	0.01		不得检出	GB/T 20772
257	苯菌酮	Metrafenone	0.05		不得检出	参照同类标准
258	嗪草酮	Metribuzin	0.1		不得检出	GB/T 19650
259	绿谷隆	Monolinuron	0.05		不得检出	GB/T 20772
260	灭草隆	Monuron	0.01		不得检出	GB/T 20772
261	腈菌唑	Myclobutanil	0.01		不得检出	GB/T 20772
262	1 – 萘乙酰胺	1 – Naphthylacetamide	0.05		不得检出	GB/T 23205
263	敌草胺	Napropamide	0.01		不得检出	GB/T 19650
264	新霉素	Neomycin	500μg/kg		不得检出	SN 0646
265	烟嘧磺隆	Nicosulfuron	0.05		不得检出	SN/T 2325
266	除草醚	Nitrofen	0.01		不得检出	GB/T 19650
267	氟酰脲	Novaluron	0.7		不得检出	GB/T 23211

序号	农兽药中文名	农兽药英文名	欧盟标准限量要求 mg/kg	国家标准限量要求 mg/kg	三安超有机食品标准	
					限量要求 mg/kg	检测方法
268	嘧苯胺磺隆	Orthosulfamuron	0.01		不得检出	GB/T 23817
269	苯唑青霉素	Oxacillin	300μg/kg		不得检出	GB/T 18932.25
270	噁草酮	Oxadiazon	0.05		不得检出	GB/T 19650
271	噁霜灵	Oxadixyl	0.01		不得检出	GB/T 19650
272	环氧嘧磺隆	Oxasulfuron	0.05		不得检出	GB/T 23817
273	喹菌酮	Oxolinic acid	150μg/kg		不得检出	日本肯定列表
274	氧化萎锈灵	Oxycarboxin	0.05		不得检出	GB/T 19650
275	亚砜磷	Oxydemeton – methyl	0.02		不得检出	SN/T 2909
276	乙氧氟草醚	Oxyfluorfen	0.05		不得检出	参照同类标准
277	土霉素	Oxytetracycline	300μg/kg		不得检出	GB/T 20772
278	多效唑	Paclobutrazol	0.02		不得检出	GB/T 19650
279	对硫磷	Parathion	0.05		不得检出	GB/T 19650
280	甲基对硫磷	Parathion – methyl	0.01		不得检出	GB/T 5009.161
281	巴龙霉素	Paromomycin	1500μg/kg		不得检出	SN/T 2315
282	戊菌唑	Penconazole	0.05		不得检出	GB/T 20772
283	戊菌隆	Pencycuron	0.05		不得检出	GB/T 19650
284	二甲戊灵	Pendimethalin	0.05		不得检出	GB/T 19650
285	喷沙西林	Penethamate	50μg/kg		不得检出	参照同类标准
286	甜菜宁	Phenmedipham	0.05		不得检出	参照同类标准
287	苯醚菊酯	Phenothrin	0.05		不得检出	GB/T 20772
288	甲拌磷	Phorate	0.01		不得检出	GB/T 20772
289	伏杀硫磷	Phosalone	0.01		不得检出	GB/T 20772
290	亚胺硫磷	Phosmet	0.1		不得检出	GB/T 20772
291	—	Phosphines and phosphides	0.01		不得检出	参照同类标准
292	辛硫磷	Phoxim	0.02		不得检出	GB/T 20772
293	氨氯吡啶酸	Picloram	0.01		不得检出	GB/T 23211
294	啶氧菌酯	Picoxystrobin	0.05		不得检出	GB/T 19650
295	抗蚜威	Pirimicarb	0.05		不得检出	GB/T 20772
296	甲基嘧啶磷	Pirimiphos – methyl	0.05		不得检出	GB/T 20772
297	咪鲜胺	Prochloraz	0.1		不得检出	GB/T 19650
298	腐霉利	Procymidone	0.01		不得检出	GB/T 20772
299	丙溴磷	Profenofos	0.05		不得检出	GB/T 20772
300	调环酸	Prohexadione	0.05		不得检出	日本肯定列表
301	毒草安	Propachlor	0.02		不得检出	GB/T 20772
302	扑派威	Propamocarb	0.1		不得检出	GB/T 20772
303	恶草酸	Propaquizafop	0.05		不得检出	GB/T 20772
304	炔螨特	Propargite	0.1		不得检出	GB/T 19650
305	苯胺灵	Propham	0.05		不得检出	GB/T 19650
306	丙环唑	Propiconazole	0.01		不得检出	GB/T 19650

序号	农兽药中文名	农兽药英文名	欧盟标准限量要求 mg/kg	国家标准限量要求 mg/kg	三安超有机食品标准	
					限量要求 mg/kg	检测方法
307	异丙草胺	Propisochlor	0.01		不得检出	GB/T 19650
308	残杀威	Propoxur	0.05		不得检出	GB/T 20772
309	炔苯酰草胺	Propyzamide	0.05		不得检出	GB/T 19650
310	苄草丹	Prosulfocarb	0.05		不得检出	GB/T 19650
311	丙硫菌唑	Prothioconazole	0.5		不得检出	参照同类标准
312	吡蚜酮	Pymetrozine	0.01		不得检出	GB/T 20772
313	吡唑醚菌酯	Pyraclostrobin	0.05		不得检出	GB/T 20772
314	—	Pyrasulfotole	0.01		不得检出	参照同类标准
315	吡菌磷	Pyrazophos	0.02		不得检出	GB/T 20772
316	除虫菊素	Pyrethrins	0.05		不得检出	GB/T 20772
317	哒螨灵	Pyridaben	0.02		不得检出	GB/T 19650
318	啶虫丙醚	Pyridalyl	0.01		不得检出	日本肯定列表
319	哒草特	Pyridate	0.05		不得检出	日本肯定列表
320	嘧霉胺	Pyrimethanil	0.05		不得检出	GB/T 19650
321	吡丙醚	Pyriproxyfen	0.05		不得检出	GB/T 19650
322	甲氧磺草胺	Pyroxsulam	0.01		不得检出	SN/T 2325
323	氯甲喹啉酸	Quinmerac	0.05		不得检出	参照同类标准
324	喹氧灵	Quinoxyfen	0.2		不得检出	SN/T 2319
325	五氯硝基苯	Quintozene	0.01		不得检出	GB/T 19650
326	精喹禾灵	Quizalofop - *P* - ethyl	0.05		不得检出	SN/T 2150
327	灭虫菊	Resmethrin	0.1		不得检出	GB/T 20772
328	鱼藤酮	Rotenone	0.01		不得检出	GB/T 20772
329	西玛津	Simazine	0.01		不得检出	SN 0594
330	乙基多杀菌素	Spinetoram	0.01		不得检出	参照同类标准
331	多杀霉素	Spinosad	0.02		不得检出	GB/T 20772
332	螺螨酯	Spirodiclofen	0.05		不得检出	GB/T 20772
333	螺甲螨酯	Spiromesifen	0.01		不得检出	GB/T 23210
334	螺虫乙酯	Spirotetramat	0.03		不得检出	参照同类标准
335	甚孢菌素	Spiroxamine	0.2		不得检出	GB/T 20772
336	链霉素	Streptomycin	500μg/kg		不得检出	GB/T 21323
337	磺草酮	Sulcotrione	0.05		不得检出	参照同类标准
338	磺胺类(所有属于磺胺类的物质)	Sulfonamides (all substances belonging to the sulfonamide-group)	100μg/kg		不得检出	GB 29694
339	乙黄隆	Sulfosulfuron	0.05		不得检出	SN/T 2325
340	硫磺粉	Sulfur	0.5		不得检出	参照同类标准
341	氟胺氰菊酯	Tau - fluvalinate	0.01		不得检出	SN 0691
342	戊唑醇	Tebuconazole	0.1		不得检出	GB/T 20772
343	虫酰肼	Tebufenozide	0.05		不得检出	GB/T 20772

序号	农兽药中文名	农兽药英文名	欧盟标准限量要求 mg/kg	国家标准限量要求 mg/kg	三安超有机食品标准	
					限量要求 mg/kg	检测方法
344	吡螨胺	Tebufenpyrad	0.05		不得检出	GB/T 19650
345	四氯硝基苯	Tecnazene	0.05		不得检出	GB/T 19650
346	氟苯脲	Teflubenzuron	0.05		不得检出	SN/T 2150
347	七氟菊酯	Tefluthrin	0.05		不得检出	GB/T 23210
348	得杀草	Tepraloxydim	0.1		不得检出	GB/T 20772
349	特丁硫磷	Terbufos	0.01		不得检出	GB/T 20772
350	特丁津	Terbuthylazine	0.05		不得检出	GB/T 19650
351	四氟醚唑	Tetraconazole	0.5		不得检出	GB/T 20772
352	四环素	Tetracycline	300μg/kg		不得检出	GB/T 21317
353	三氯杀螨砜	Tetradifon	0.05		不得检出	GB/T 20772
354	噻虫啉	Thiacloprid	0.3		不得检出	GB/T 20772
355	噻虫嗪	Thiamethoxam	0.03		不得检出	GB/T 20756
356	甲砜霉素	Thiamphenicol	50μg/kg		不得检出	GB/T 19650
357	禾草丹	Thiobencarb	0.01		不得检出	GB/T 20772
358	甲基硫菌灵	Thiophanate - methyl	0.05		不得检出	SN/T 0162
359	硫粘菌素	Tiamulin	500μg/kg		不得检出	参照同类标准
360	替米考星	Tilmicosin	1000μg/kg		不得检出	GB/T 20772
361	甲基立枯磷	Tolclofos - methyl	0.05		不得检出	GB/T 19650
362	甲苯三嗪酮	Toltrazuril	500μg/kg		不得检出	参照同类标准
363	甲苯氟磺胺	Tolylfluanid	0.1		不得检出	GB/T 19650
364	—	Topramezone	0.05		不得检出	参照同类标准
365	三唑酮和三唑醇	Triadimefon and triadimenol	0.1		不得检出	GB/T 20772
366	野麦畏	Triallate	0.05		不得检出	GB/T 20772
367	醚苯磺隆	Triasulfuron	0.05		不得检出	GB/T 20772
368	三唑磷	Triazophos	0.01		不得检出	GB/T 20772
369	敌百虫	Trichlorphon	0.01		不得检出	GB/T 20772
370	绿草定	Triclopyr	0.05		不得检出	SN/T 2228
371	三环唑	Tricyclazole	0.05		不得检出	GB/T 20769
372	十三吗啉	Tridemorph	0.01		不得检出	GB/T 20772
373	肟菌酯	Trifloxystrobin	0.04		不得检出	GB/T 19650
374	氟菌唑	Triflumizole	0.05		不得检出	GB/T 20769
375	杀铃脲	Triflumuron	0.01		不得检出	GB/T 20772
376	氟乐灵	Trifluralin	0.01		不得检出	GB/T 20772
377	嗪氨灵	Triforine	0.01		不得检出	SN 0695
378	三甲基锍阳离子	Trimethyl - sulfonium cation	0.05		不得检出	参照同类标准
379	抗倒酯	Trinexapac	0.05		不得检出	GB/T 20769
380	灭菌唑	Triticonazole	0.01		不得检出	GB/T 20772
381	三氟甲磺隆	Tritosulfuron	0.01		不得检出	参照同类标准
382	泰乐霉素	Tylosin	100μg/kg		不得检出	GB/T 22941

序号	农兽药中文名	农兽药英文名	欧盟标准限量要求 mg/kg	国家标准限量要求 mg/kg	三安超有机食品标准	
					限量要求 mg/kg	检测方法
383	—	Valifenalate	0.01		不得检出	参照同类标准
384	伐奈莫林	Valnemulin	500μg/kg		不得检出	参照同类标准
385	乙烯菌核利	Vinclozolin	0.05		不得检出	GB/T 20772
386	2,3,4,5 - 四氯苯胺	2,3,4,5 - Tetrachloraniline			不得检出	GB/T 19650
387	2,3,4,5 - 四氯甲氧基苯	2,3,4,5 - Tetrachloroanisole			不得检出	GB/T 19650
388	2,3,5,6 - 四氯苯胺	2,3,5,6 - Tetrachloroaniline			不得检出	GB/T 19650
389	2,4,5 - 涕	2,4,5 - T			不得检出	GB/T 20772
390	*o*,*p*′ - 滴滴滴	2,4′ - DDD			不得检出	GB/T 19650
391	*o*,*p*′ - 滴滴伊	2,4′ - DDE			不得检出	GB/T 19650
392	*o*,*p*′ - 滴滴涕	2,4′ - DDT			不得检出	GB/T 19650
393	2,6 - 二氯苯甲酰胺	2,6 - Dichlorobenzamide			不得检出	GB/T 19650
394	3,5 - 二氯苯胺	3,5 - Dichloroaniline			不得检出	GB/T 19650
395	*p*,*p*′ - 滴滴滴	4,4′ - DDD			不得检出	GB/T 19650
396	*p*,*p*′ - 滴滴伊	4,4′ - DDE			不得检出	GB/T 19650
397	*p*,*p*′ - 滴滴涕	4,4′ - DDT			不得检出	GB/T 19650
398	4,4′ - 二溴二苯甲酮	4,4′ - Dibromobenzophenone			不得检出	GB/T 19650
399	4,4′ - 二氯二苯甲酮	4,4′ - Dichlorobenzophenone			不得检出	GB/T 19650
400	二氢苊	Acenaphthene			不得检出	GB/T 19650
401	乙酰丙嗪	Acepromazine			不得检出	GB/T 20763
402	三氟羧草醚	Acifluorfen			不得检出	GB/T 20772
403	1 - 氨基 - 2 - 乙内酰脲	AHD			不得检出	GB/T 21311
404	涕灭砜威	Aldoxycarb			不得检出	GB/T 20772
405	烯丙菊酯	Allethrin			不得检出	GB/T 20772
406	二丙烯草胺	Allidochlor			不得检出	GB/T 19650
407	烯丙孕素	Altrenogest			不得检出	SN/T 1980
408	莠灭净	Ametryn			不得检出	GB/T 20772
409	双甲脒	Amitraz			不得检出	GB/T 19650
410	杀草强	Amitrole			不得检出	SN/T 1737.6
411	5 - 吗啉甲基 - 3 - 氨基 - 2 - 噁唑烷基酮	AMOZ			不得检出	GB/T 21311
412	氨丙嘧吡啶	Amprolium			不得检出	SN/T 0276
413	莎稗磷	Anilofos			不得检出	GB/T 19650
414	蒽醌	Anthraquinone			不得检出	GB/T 19650
415	3 - 氨基 - 2 - 噁唑酮	AOZ			不得检出	GB/T 21311
416	安普霉素	Apramycin			不得检出	GB/T 21323
417	丙硫特普	Aspon			不得检出	GB/T 19650
418	羟氨卡青霉素	Aspoxicillin			不得检出	GB/T 21315
419	乙基杀扑磷	Athidathion			不得检出	GB/T 19650
420	莠去通	Atratone			不得检出	GB/T 19650

序号	农兽药中文名	农兽药英文名	欧盟标准限量要求mg/kg	国家标准限量要求mg/kg	三安超有机食品标准	
					限量要求mg/kg	检测方法
421	莠去津	Atrazine			不得检出	GB/T 20772
422	脱乙基阿特拉津	Atrazine – desethyl			不得检出	GB/T 19650
423	甲基吡噁磷	Azamethiphos			不得检出	GB/T 20763
424	氮哌酮	Azaperone			不得检出	SN/T2221
425	叠氮津	Aziprotryne			不得检出	GB/T 19650
426	4 – 溴 – 3,5 – 二甲苯基 – *N* – 甲基氨基甲酸酯 – 1	BDMC – 1			不得检出	GB/T 19650
427	4 – 溴 – 3,5 – 二甲苯基 – *N* – 甲基氨基甲酸酯 – 2	BDMC – 2			不得检出	GB/T 19650
428	噁虫威	Bendiocarb			不得检出	GB/T 20772
429	乙丁氟灵	Benfluralin			不得检出	GB/T 19650
430	呋草黄	Benfuresate			不得检出	GB/T 19650
431	麦锈灵	Benodanil			不得检出	GB/T 19650
432	解草酮	Benoxacor			不得检出	GB/T 19650
433	新燕灵	Benzoylprop – ethyl			不得检出	GB/T 19650
434	倍他米松	Betamethasone			不得检出	SN/T 1970
435	生物烯丙菊酯 – 1	Bioallethrin – 1			不得检出	GB/T 19650
436	生物烯丙菊酯 – 2	Bioallethrin – 2			不得检出	GB/T 19650
437	除草定	Bromacil			不得检出	GB/T 20772
438	溴苯烯磷	Bromfenvinfos			不得检出	GB/T 19650
439	溴烯杀	Bromocylen			不得检出	GB/T 19650
440	溴硫磷	Bromofos			不得检出	GB/T 19650
441	乙基溴硫磷	Bromophos – ethyl			不得检出	GB/T 19650
442	溴丁酰草胺	Btomobutide			不得检出	GB/T 19650
443	氟丙嘧草酯	Butafenacil			不得检出	GB/T 19650
444	抑草磷	Butamifos			不得检出	GB/T 19650
445	丁草胺	Butaxhlor			不得检出	GB/T 19650
446	苯酮唑	Cafenstrole			不得检出	GB/T 19650
447	角黄素	Canthaxanthin			不得检出	SN/T 2327
448	咔唑心安	Carazolol			不得检出	GB/T 20763
449	卡巴氧	Carbadox			不得检出	GB/T 20746
450	三硫磷	Carbophenothion			不得检出	GB/T 19650
451	唑草酮	Carfentrazone – ethyl			不得检出	GB/T 19650
452	卡洛芬	Carprofen			不得检出	SN/T 2190
453	头孢洛宁	Cefalonium			不得检出	GB/T 22989
454	头孢匹林	Cefapirin			不得检出	GB/T 22989
455	头孢喹肟	Cefquinome			不得检出	GB/T 22989
456	头孢氨苄	Cefalexin			不得检出	GB/T 22989
457	氯霉素	Chloramphenicolum			不得检出	GB/T 20772

序号	农兽药中文名	农兽药英文名	欧盟标准限量要求 mg/kg	国家标准限量要求 mg/kg	三安超有机食品标准	
					限量要求 mg/kg	检测方法
458	氯杀螨砜	Chlorbenside sulfone			不得检出	GB/T 19650
459	氯溴隆	Chlorbromuron			不得检出	GB/T 19650
460	杀虫脒	Chlordimeform			不得检出	GB/T 19650
461	氯氧磷	Chlorethoxyfos			不得检出	GB/T 19650
462	溴虫腈	Chlorfenapyr			不得检出	GB/T 19650
463	杀螨醇	Chlorfenethol			不得检出	GB/T 19650
464	燕麦酯	Chlorfenprop - methyl			不得检出	GB/T 19650
465	氟啶脲	Chlorfluazuron			不得检出	SN/T 2540
466	整形醇	Chlorflurenol			不得检出	GB/T 19650
467	氯地孕酮	Chlormadinone			不得检出	SN/T 1980
468	醋酸氯地孕酮	Chlormadinone acetate			不得检出	GB/T 20753
469	氯甲硫磷	Chlormephos			不得检出	GB/T 19650
470	氯苯甲醚	Chloroneb			不得检出	GB/T 19650
471	丙酯杀螨醇	Chloropropylate			不得检出	GB/T 19650
472	氯丙嗪	Chlorpromazine			不得检出	GB/T 20763
473	毒死蜱	Chlorpyrifos			不得检出	GB/T 19650
474	氯硫磷	Chlorthion			不得检出	GB/T 19650
475	虫螨磷	Chlorthiophos			不得检出	GB/T 19650
476	乙菌利	Chlozolinate			不得检出	GB/T 19650
477	顺式 - 氯丹	*cis* - Chlordane			不得检出	GB/T 19650
478	顺式 - 燕麦敌	*cis* - Diallate			不得检出	GB/T 19650
479	顺式 - 氯菊酯	*cis* - Permethrin			不得检出	GB/T 19650
480	克仑特罗	Clenbuterol			不得检出	GB/T 22286
481	异噁草酮	Clomazone			不得检出	GB/T 20772
482	氯甲酰草胺	Clomeprop			不得检出	GB/T 19650
483	氯羟吡啶	Clopidol			不得检出	GB 29700
484	解草酯	Cloquintocet - mexyl			不得检出	GB/T 19650
485	蝇毒磷	Coumaphos			不得检出	GB/T 19650
486	鼠立死	Crimidine			不得检出	GB/T 19650
487	巴毒磷	Crotxyphos			不得检出	GB/T 19650
488	育畜磷	Crufomate			不得检出	GB/T 19650
489	苯腈磷	Cyanofenphos			不得检出	GB/T 19650
490	杀螟腈	Cyanophos			不得检出	GB/T 20772
491	环草敌	Cycloate			不得检出	GB/T 20772
492	环莠隆	Cycluron			不得检出	GB/T 20772
493	环丙津	Cyprazine			不得检出	GB/T 20772
494	敌草索	Dacthal			不得检出	GB/T 19650
495	达氟沙星	Danofloxacin			不得检出	GB/T 22985
496	癸氧喹酯	Decoquinate			不得检出	SN/T2444

序号	农兽药中文名	农兽药英文名	欧盟标准限量要求 mg/kg	国家标准限量要求 mg/kg	三安超有机食品标准	
					限量要求 mg/kg	检测方法
497	脱叶磷	DEF			不得检出	GB/T 19650
498	2,2′,4,5,5′-五氯联苯	DE-PCB 101			不得检出	GB/T 19650
499	2,3,4,4′,5-五氯联苯	DE-PCB 118			不得检出	GB/T 19650
500	2,2′,3,4,4′,5-六氯联苯	DE-PCB 138			不得检出	GB/T 19650
501	2,2′,4,4′,5,5′-六氯联苯	DE-PCB 153			不得检出	GB/T 19650
502	2,2′,3,4,4′,5,5′-七氯联苯	DE-PCB 180			不得检出	GB/T 19650
503	2,4,4′-三氯联苯	DE-PCB 28			不得检出	GB/T 19650
504	2,4,5-三氯联苯	DE-PCB 31			不得检出	GB/T 19650
505	2,2′,5,5′-四氯联苯	DE-PCB 52			不得检出	GB/T 19650
506	脱溴溴苯磷	Desbrom-leptophos			不得检出	GB/T 19650
507	脱乙基另丁津	Desethyl-sebuthylazine			不得检出	GB/T 19650
508	敌草净	Desmetryn			不得检出	GB/T 19650
509	地塞米松	Dexamethasone			不得检出	SN/T 1970
510	氯亚胺硫磷	Dialifos			不得检出	GB/T 19650
511	敌菌净	Diaveridine			不得检出	SN/T 1926
512	驱虫特	Dibutyl succinate			不得检出	GB/T 20772
513	异氯磷	Dicapthon			不得检出	GB/T 20772
514	除线磷	Dichlofenthion			不得检出	GB/T 19650
515	苯氟磺胺	Dichlofluanid			不得检出	GB/T 19650
516	烯丙酰草胺	Dichlormid			不得检出	GB/T 20772
517	敌敌畏	Dichlorvos			不得检出	GB/T 20772
518	苄氯三唑醇	Diclobutrazole			不得检出	GB/T 19650
519	禾草灵	Diclofop-methyl			不得检出	GB/T 20766
520	己烯雌酚	Diethylstilbestrol			不得检出	GB/T 20366
521	双氟沙星	Difloxacin			不得检出	GB/T 20366
522	甲氟磷	Dimefox			不得检出	GB/T 19650
523	哌草丹	Dimepiperate			不得检出	GB/T 19650
524	异戊乙净	Dimethametryn			不得检出	GB/T 19650
525	二甲酚草胺	Dimethenamid			不得检出	GB/T 19650
526	乐果	Dimethoate			不得检出	GB/T 19650
527	甲基毒虫畏	Dimethylvinphos			不得检出	GB/T 20772
528	地美硝唑	Dimetridazole			不得检出	GB/T 19650
529	二硝托安	Dinitolmide			不得检出	SN/T 2453
530	氨氟灵	Dinitramine			不得检出	GB/T 19650
531	消螨通	Dinobuton			不得检出	GB/T 19650
532	呋虫胺	Dinotefuran			不得检出	GB/T 20772
533	苯虫醚-1	Diofenolan-1			不得检出	GB/T 19650
534	苯虫醚-2	Diofenolan-2			不得检出	GB/T 19650

序号	农兽药中文名	农兽药英文名	欧盟标准限量要求 mg/kg	国家标准限量要求 mg/kg	三安超有机食品标准	
					限量要求 mg/kg	检测方法
535	蔬果磷	Dioxabenzofos			不得检出	GB/T 19650
536	双苯酰草胺	Diphenamid			不得检出	GB/T 19650
537	二苯胺	Diphenylamine			不得检出	GB/T 19650
538	异丙净	Dipropetryn			不得检出	GB/T 19650
539	灭菌磷	Ditalimfos			不得检出	GB/T 19650
540	氟硫草定	Dithiopyr			不得检出	GB/T 19650
541	强力霉素	Doxycycline			不得检出	GB/T 20764
542	敌瘟磷	Edifenphos			不得检出	GB/T 19650
543	硫丹硫酸盐	Endosulfan - sulfate			不得检出	GB/T 19650
544	异狄氏剂酮	Endrin ketone			不得检出	GB/T 19650
545	苯硫磷	EPN			不得检出	GB/T 19650
546	埃普利诺菌素	Eprinomectin			不得检出	GB/T 21320
547	抑草蓬	Erbon			不得检出	GB/T 19650
548	*S* - 氰戊菊酯	Esfenvalerate			不得检出	GB/T 19650
549	戊草丹	Esprocarb			不得检出	GB/T 19650
550	乙环唑 - 1	Etaconazole - 1			不得检出	GB/T 19650
551	乙环唑 - 2	Etaconazole - 2			不得检出	GB/T 19650
552	乙嘧硫磷	Etrimfos			不得检出	GB/T 19650
553	氧乙嘧硫磷	Etrimfos oxon			不得检出	GB/T 19650
554	伐灭磷	Famphur			不得检出	GB/T 19650
555	苯线磷亚砜	Fenamiphos sulfoxide			不得检出	GB/T 19650
556	苯线磷砜	Fenamiphos - sulfone			不得检出	GB/T 19650
557	苯硫苯咪唑	Fenbendazole			不得检出	SN 0638
558	氧皮蝇磷	Fenchlorphos oxon			不得检出	GB/T 19650
559	甲呋酰胺	Fenfuram			不得检出	GB/T 19650
560	仲丁威	Fenobucarb			不得检出	GB/T 19650
561	苯硫威	Fenothiocarb			不得检出	GB/T 19650
562	稻瘟酰胺	Fenoxanil			不得检出	GB/T 19650
563	拌种咯	Fenpiclonil			不得检出	GB/T 19650
564	甲氰菊酯	Fenpropathrin			不得检出	GB/T 19650
565	芬螨酯	Fenson			不得检出	GB/T 19650
566	丰索磷	Fensulfothion			不得检出	GB/T 19650
567	倍硫磷亚砜	Fenthion sulfoxide			不得检出	GB/T 19650
568	麦草氟异丙酯	Flamprop - isopropyl			不得检出	GB/T 19650
569	麦草氟甲酯	Flamprop - methyl			不得检出	GB/T 19650
570	氟苯尼考	Florfenicol			不得检出	GB/T 20756
571	吡氟禾草灵	Fluazifop - butyl			不得检出	GB/T 19650
572	啶蜱脲	Fluazuron			不得检出	SN/T 2540
573	氟苯咪唑	Flubendazole			不得检出	GB/T 21324

序号	农兽药中文名	农兽药英文名	欧盟标准限量要求 mg/kg	国家标准限量要求 mg/kg	三安超有机食品标准	
					限量要求 mg/kg	检测方法
574	氟噻草胺	Flufenacet			不得检出	GB/T 19650
575	氟甲喹	Flumequin			不得检出	SN/T 1921
576	氟节胺	Flumetralin			不得检出	GB/T 19650
577	唑嘧磺草胺	Flumetsulam			不得检出	GB/T 20772
578	氟烯草酸	Flumiclorac			不得检出	GB/T 19650
579	丙炔氟草胺	Flumioxazin			不得检出	GB/T 19650
580	氟胺烟酸	Flunixin			不得检出	GB/T 20750
581	三氟硝草醚	Fluorodifen			不得检出	GB/T 19650
582	乙羧氟草醚	Fluoroglycofen – ethyl			不得检出	GB/T 19650
583	三氟苯唑	Fluotrimazole			不得检出	GB/T 19650
584	氟啶草酮	Fluridone			不得检出	GB/T 19650
585	氟草烟 –1 – 甲庚酯	Fluroxypr – 1 – methylheptyl ester			不得检出	GB/T 19650
586	呋草酮	Flurtamone			不得检出	GB/T 19650
587	地虫硫磷	Fonofos			不得检出	GB/T 19650
588	安果	Formothion			不得检出	GB/T 19650
589	呋霜灵	Furalaxyl			不得检出	GB/T 19650
590	庆大霉素	Gentamicin			不得检出	GB/T 21323
591	苄螨醚	Halfenprox			不得检出	GB/T 19650
592	氟哌啶醇	Haloperidol			不得检出	GB/T 20763
593	庚烯磷	Heptanophos			不得检出	GB/T 19650
594	己唑醇	Hexaconazole			不得检出	GB/T 19650
595	环嗪酮	Hexazinone			不得检出	GB/T 19650
596	咪草酸	Imazamethabenz – methyl			不得检出	GB/T 19650
597	脱苯甲基亚胺唑	Imibenconazole – *des* – benzyl			不得检出	GB/T 19650
598	炔咪菊酯 –1	Imiprothrin – 1			不得检出	GB/T 19650
599	炔咪菊酯 –2	Imiprothrin – 2			不得检出	GB/T 19650
600	碘硫磷	Iodofenphos			不得检出	GB/T 19650
601	甲基碘磺隆	Iodosulfuron – methyl			不得检出	GB/T 20772
602	异稻瘟净	Iprobenfos			不得检出	GB/T 19650
603	氯唑磷	Isazofos			不得检出	GB/T 19650
604	碳氯灵	Isobenzan			不得检出	GB/T 19650
605	丁咪酰胺	Isocarbamid			不得检出	GB/T 19650
606	水胺硫磷	Isocarbophos			不得检出	GB/T 19650
607	异艾氏剂	Isodrin			不得检出	GB/T 19650
608	异柳磷	Isofenphos			不得检出	GB/T 19650
609	氧异柳磷	Isofenphos oxon			不得检出	GB/T 19650
610	氮氨菲啶	Isometamidium			不得检出	SN/T 2239
611	丁嗪草酮	Isomethiozin			不得检出	GB/T 19650

序号	农兽药中文名	农兽药英文名	欧盟标准限量要求 mg/kg	国家标准限量要求 mg/kg	三安超有机食品标准	
					限量要求 mg/kg	检测方法
612	异丙威-1	Isoprocarb-1			不得检出	GB/T 19650
613	异丙威-2	Isoprocarb-2			不得检出	GB/T 19650
614	异丙乐灵	Isopropalin			不得检出	GB/T 19650
615	双苯噁唑酸	Isoxadifen-ethyl			不得检出	GB/T 19650
616	异噁氟草	Isoxaflutole			不得检出	GB/T 20772
617	噁唑啉	Isoxathion			不得检出	GB/T 19650
618	交沙霉素	Josamycin			不得检出	GB/T 20762
619	拉沙里菌素	Lasalocid			不得检出	SN 0501
620	溴苯磷	Leptophos			不得检出	GB/T 19650
621	左旋咪唑	Levamisole			不得检出	SN 0349
622	利谷隆	Linuron			不得检出	GB/T 19650
623	麻保沙星	Marbofloxacin			不得检出	GB/T 22985
624	2-甲-4-氯丁氧乙基酯	MCPA-butoxyethyl ester			不得检出	GB/T 19650
625	甲苯咪唑	Mebendazole			不得检出	GB/T 21324
626	灭蚜磷	Mecarbam			不得检出	GB/T 19650
627	二甲四氯丙酸	Mecoprop			不得检出	SN/T 2325
628	苯噻酰草胺	Mefenacet			不得检出	GB/T 19650
629	吡唑解草酯	Mefenpyr-diethyl			不得检出	GB/T 19650
630	醋酸甲地孕酮	Megestrol acetate			不得检出	GB/T 20753
631	醋酸美仑孕酮	Melengestrol acetate			不得检出	GB/T 20753
632	嘧菌胺	Mepanipyrim			不得检出	GB/T 19650
633	地胺磷	Mephosfolan			不得检出	GB/T 19650
634	灭锈胺	Mepronil			不得检出	GB/T 20772
635	硝磺草酮	Mesotrione			不得检出	参照同类标准
636	呋菌胺	Methfuroxam			不得检出	GB/T 19650
637	灭梭威砜	Methiocarb sulfone			不得检出	GB/T 19650
638	盖草津	Methoprotryne			不得检出	GB/T 19650
639	甲醚菊酯-1	Methothrin-1			不得检出	GB/T 19650
640	甲醚菊酯-2	Methothrin-2			不得检出	GB/T 19650
641	甲基泼尼松龙	Methylprednisolone			不得检出	GB/T 21981
642	溴谷隆	Metobromuron			不得检出	GB/T 19650
643	甲氧氯普胺	Metoclopramide			不得检出	SN/T 2227
644	苯氧菌胺-1	Metominsstrobin-1			不得检出	GB/T 19650
645	苯氧菌胺-2	Metominsstrobin-2			不得检出	GB/T 19650
646	甲硝唑	Metronidazole			不得检出	GB/T 21318
647	速灭磷	Mevinphos			不得检出	GB/T 19650
648	兹克威	Mexacarbate			不得检出	GB/T 19650
649	灭蚁灵	Mirex			不得检出	GB/T 19650
650	禾草敌	Molinate			不得检出	GB/T 19650

序号	农兽药中文名	农兽药英文名	欧盟标准限量要求 mg/kg	国家标准限量要求 mg/kg	三安超有机食品标准	
					限量要求 mg/kg	检测方法
651	庚酰草胺	Monalide			不得检出	GB/T 19650
652	莫能菌素	Monensin			不得检出	SN 0698
653	莫西丁克	Moxidectin			不得检出	SN/T 2442
654	合成麝香	Musk ambrecte			不得检出	GB/T 19650
655	麝香	Musk moskene			不得检出	GB/T 19650
656	西藏麝香	Musk tibeten			不得检出	GB/T 19650
657	二甲苯麝香	Musk xylene			不得检出	GB/T 19650
658	萘夫西林	Nafcillin			不得检出	GB/T 22975
659	二溴磷	Naled			不得检出	SN/T 0706
660	萘丙胺	Naproanilide			不得检出	GB/T 19650
661	甲基盐霉素	Narasin			不得检出	GB/T 20364
662	甲磺乐灵	Nitralin			不得检出	GB/T 19650
663	三氯甲基吡啶	Nitrapyrin			不得检出	GB/T 19650
664	酞菌酯	Nitrothal – isopropyl			不得检出	GB/T 19650
665	诺氟沙星	Norfloxacin			不得检出	GB/T 20366
666	氟草敏	Norflurazon			不得检出	GB/T 19650
667	新生霉素	Novobiocin			不得检出	SN 0674
668	氟苯嘧啶醇	Nuarimol			不得检出	GB/T 19650
669	八氯苯乙烯	Octachlorostyrene			不得检出	GB/T 19650
670	氧氟沙星	Ofloxacin			不得检出	GB/T 20366
671	喹乙醇	Olaquindox			不得检出	GB/T 20746
672	竹桃霉素	Oleandomycin			不得检出	GB/T 20762
673	氧乐果	Omethoate			不得检出	GB/T 19650
674	奥比沙星	Orbifloxacin			不得检出	GB/T 22985
675	杀线威	Oxamyl			不得检出	GB/T 20772
676	奥芬达唑	Oxfendazole			不得检出	GB/T 22972
677	丙氧苯咪唑	Oxibendazole			不得检出	GB/T 21324
678	氧化氯丹	Oxy – chlordane			不得检出	GB/T 19650
679	对氧磷	Paraoxon			不得检出	GB/T 19650
680	甲基对氧磷	Paraoxon – methyl			不得检出	GB/T 19650
681	克草敌	Pebulate			不得检出	GB/T 19650
682	五氯苯胺	Pentachloroaniline			不得检出	GB/T 19650
683	五氯甲氧基苯	Pentachloroanisole			不得检出	GB/T 19650
684	五氯苯	Pentachlorobenzene			不得检出	GB/T 19650
685	氯菊酯	Permethrin			不得检出	GB/T 19650
686	乙滴涕	Perthane			不得检出	GB/T 19650
687	菲	Phenanthrene			不得检出	GB/T 19650
688	稻丰散	Phenthoate			不得检出	GB/T 19650
689	甲拌磷砜	Phorate sulfone			不得检出	GB/T 19650

序号	农兽药中文名	农兽药英文名	欧盟标准限量要求 mg/kg	国家标准限量要求 mg/kg	三安超有机食品标准	
					限量要求 mg/kg	检测方法
690	磷胺－1	Phosphamidon－1			不得检出	GB/T 19650
691	磷胺－2	Phosphamidon－2			不得检出	GB/T 19650
692	酞酸苯甲基丁酯	Phthalic acid, benzylbutyl ester			不得检出	GB/T 19650
693	四氯苯肽	Phthalide			不得检出	GB/T 19650
694	邻苯二甲酰亚胺	Phthalimide			不得检出	GB/T 19650
695	氟吡酰草胺	Picolinafen			不得检出	GB/T 19650
696	增效醚	Piperonyl butoxide			不得检出	GB/T 19650
697	哌草磷	Piperophos			不得检出	GB/T 19650
698	乙基虫螨清	Pirimiphos－ethyl			不得检出	GB/T 19650
699	吡利霉素	Pirlimycin			不得检出	GB/T 22988
700	炔丙菊酯	Prallethrin			不得检出	GB/T 19650
701	泼尼松龙	Prednisolone			不得检出	GB/T 21981
702	环丙氟灵	Profluralin			不得检出	GB/T 19650
703	茉莉酮	Prohydrojasmon			不得检出	GB/T 19650
704	扑灭通	Prometon			不得检出	GB/T 19650
705	扑草净	Prometryne			不得检出	GB/T 19650
706	炔丙烯草胺	Pronamide			不得检出	GB/T 19650
707	敌稗	Propanil			不得检出	GB/T 19650
708	扑灭津	Propazine			不得检出	GB/T 19650
709	胺丙畏	Propetamphos			不得检出	GB/T 19650
710	丙酰二甲氨基丙吩噻嗪	Propionylpromazin			不得检出	GB/T 20763
711	丙硫磷	Prothiophos			不得检出	GB/T 19650
712	哒嗪硫磷	Pyridafenthion			不得检出	GB/T 19650
713	吡唑硫磷	Pyraclofos			不得检出	GB/T 19650
714	吡草醚	Pyraflufen－ethyl			不得检出	GB/T 19650
715	啶斑肟－1	Pyrifenox－1			不得检出	GB/T 19650
716	啶斑肟－2	Pyrifenox－2			不得检出	GB/T 19650
717	环酯草醚	Pyriftalid			不得检出	GB/T 19650
718	嘧螨醚	Pyrimidifen			不得检出	GB/T 19650
719	嘧草醚	Pyriminobac－methyl			不得检出	GB/T 19650
720	嘧啶磷	Pyrimitate			不得检出	GB/T 19650
721	喹硫磷	Quinalphos			不得检出	GB/T 19650
722	灭藻醌	Quinoclamine			不得检出	GB/T 19650
723	精喹禾灵	Quizalofop－*P*－ethyl			不得检出	GB/T 20769
724	吡咪唑	Rabenzazole			不得检出	GB/T 19650
725	莱克多巴胺	Ractopamine			不得检出	GB/T 21313
726	洛硝达唑	Ronidazole			不得检出	GB/T 21318
727	皮蝇磷	Ronnel			不得检出	GB/T 19650
728	盐霉素	Salinomycin			不得检出	GB/T 20364

序号	农兽药中文名	农兽药英文名	欧盟标准限量要求 mg/kg	国家标准限量要求 mg/kg	三安超有机食品标准	
					限量要求 mg/kg	检测方法
729	沙拉沙星	Sarafloxacin			不得检出	GB/T 20366
730	另丁津	Sebutylazine			不得检出	GB/T 19650
731	密草通	Secbumeton			不得检出	GB/T 19650
732	氨基脲	Semduramicin			不得检出	GB/T 20752
733	烯禾啶	Sethoxydim			不得检出	GB/T 19650
734	氟硅菊酯	Silafluofen			不得检出	GB/T 19650
735	硅氟唑	Simeconazole			不得检出	GB/T 19650
736	西玛通	Simetone			不得检出	GB/T 19650
737	西草净	Simetryn			不得检出	GB/T 19650
738	壮观霉素	Spectinomycin			不得检出	GB/T 21323
739	螺旋霉素	Spiramycin			不得检出	GB/T 20762
740	磺胺苯酰	Sulfabenzamide			不得检出	GB/T 21316
741	磺胺醋酰	Sulfacetamide			不得检出	GB/T 21316
742	磺胺氯哒嗪	Sulfachloropyridazine			不得检出	GB/T 21316
743	磺胺嘧啶	Sulfadiazine			不得检出	GB/T 21316
744	磺胺间二甲氧嘧啶	Sulfadimethoxine			不得检出	GB/T 21316
745	磺胺二甲嘧啶	Sulfadimidine			不得检出	GB/T 21316
746	磺胺多辛	Sulfadoxine			不得检出	GB/T 21316
747	磺胺胍	Sulfaguanidine			不得检出	GB/T 21316
748	菜草畏	Sulfallate			不得检出	GB/T 19650
749	磺胺甲嘧啶	Sulfamerazine			不得检出	GB/T 21316
750	新诺明	Sulfamethoxazole			不得检出	GB/T 21316
751	磺胺间甲氧嘧啶	Sulfamonomethoxine			不得检出	GB/T 21316
752	乙酰磺胺对硝基苯	Sulfanitran			不得检出	GB/T 20772
753	磺胺吡啶	Sulfapyridine			不得检出	GB/T 21316
754	磺胺喹沙啉	Sulfaquinoxaline			不得检出	GB/T 21316
755	磺胺噻唑	Sulfathiazole			不得检出	GB/T 21316
756	治螟磷	Sulfotep			不得检出	GB/T 19650
757	硫丙磷	Sulprofos			不得检出	GB/T 19650
758	苯噻硫氰	TCMTB			不得检出	GB/T 19650
759	丁基嘧啶磷	Tebupirimfos			不得检出	GB/T 19650
760	牧草胺	Tebutam			不得检出	GB/T 20772
761	丁噻隆	Tebuthiuron			不得检出	GB/T 19650
762	双硫磷	Temephos			不得检出	GB/T 20772
763	特草灵	Terbucarb			不得检出	GB/T 19650
764	特丁通	Terbumeton			不得检出	GB/T 19650
765	特丁净	Terbutryn			不得检出	GB/T 19650
766	四氢邻苯二甲酰亚胺	Tetrabydrophthalimide			不得检出	GB/T 19650
767	杀虫畏	Tetrachlorvinphos			不得检出	GB/T 19650
768	胺菊酯	Tetramethirn			不得检出	GB/T 19650

序号	农兽药中文名	农兽药英文名	欧盟标准限量要求 mg/kg	国家标准限量要求 mg/kg	三安超有机食品标准	
					限量要求 mg/kg	检测方法
769	杀螨氯硫	Tetrasul			不得检出	GB/T 19650
770	噻吩草胺	Thenylchlor			不得检出	GB/T 19650
771	噻菌灵	Thiabendazole			不得检出	GB/T 20772
772	噻唑烟酸	Thiazopyr			不得检出	GB/T 19650
773	噻苯隆	Thidiazuron			不得检出	GB/T 20772
774	噻吩磺隆	Thifensulfuron – methyl			不得检出	GB/T 20772
775	甲基乙拌磷	Thiometon			不得检出	GB/T 20772
776	虫线磷	Thionazin			不得检出	GB/T 19650
777	硫普罗宁	Tiopronin			不得检出	SN/T 2225
778	三甲苯草酮	Tralkoxydim			不得检出	GB/T 19650
779	四溴菊酯	Tralomethrin			不得检出	SN/T 2320
780	反式 – 氯丹	*trans* – Chlordane			不得检出	GB/T 19650
781	反式 – 燕麦敌	*trans* – Diallate			不得检出	GB/T 19650
782	四氟苯菊酯	Transfluthrin			不得检出	GB/T 19650
783	反式九氯	*trans* – Nonachlor			不得检出	GB/T 19650
784	反式 – 氯菊酯	*trans* – Permethrin			不得检出	GB/T 19650
785	群勃龙	Trenbolone			不得检出	GB/T 21981
786	威菌磷	Triamiphos			不得检出	GB/T 19650
787	毒壤磷	Trichloronate			不得检出	GB/T 19650
788	灭草环	Tridiphane			不得检出	GB/T 19650
789	草达津	Trietazine			不得检出	GB/T 19650
790	三异丁基磷酸盐	Tri – *iso* – butyl phosphate			不得检出	GB/T 19650
791	甲氧苄氨嘧啶	Trimethoprim			不得检出	SN/T 1769
792	三正丁基磷酸盐	Tri – *n* – butyl phosphate			不得检出	GB/T 19650
793	三苯基磷酸盐	Triphenyl phosphate			不得检出	GB/T 19650
794	烯效唑	Uniconazole			不得检出	GB/T 19650
795	灭草敌	Vernolate			不得检出	GB/T 19650
796	维吉尼霉素	Virginiamycin			不得检出	GB/T 20765
797	杀鼠灵	War farin			不得检出	GB/T 20772
798	甲苯噻嗪	Xylazine			不得检出	GB/T 20763
799	右环十四酮酚	Zeranol			不得检出	GB/T 21982
800	苯酰菌胺	Zoxamide			不得检出	GB/T 19650

13.4 兔肾脏 Rabbit Kidney

序号	农兽药中文名	农兽药英文名	欧盟标准限量要求 mg/kg	国家标准限量要求 mg/kg	三安超有机食品标准	
					限量要求 mg/kg	检测方法
1	1,1 – 二氯 – 2,2 – 二(4 – 乙苯)乙烷	1,1 – Dichloro – 2,2 – bis(4 – ethylphenyl) ethane	0.01		不得检出	日本肯定列表(增补本 1)

序号	农兽药中文名	农兽药英文名	欧盟标准限量要求 mg/kg	国家标准限量要求 mg/kg	三安超有机食品标准	
					限量要求 mg/kg	检测方法
2	1,2-二氯乙烷	1,2-Dichloroethane	0.1		不得检出	SN/T 2238
3	1,3-二氯丙烯	1,3-Dichloropropene	0.01		不得检出	SN/T 2238
4	1-萘乙酸	1-Naphthylacetic acid	0.05		不得检出	SN/T 2228
5	2,4-滴	2,4-D	1		不得检出	GB/T 20772
6	2,4-滴丁酸	2,4-DB	0.1		不得检出	GB/T 20769
7	2-苯酚	2-Phenylphenol	0.05		不得检出	GB/T 19650
8	阿维菌素	Abamectin	0.02		不得检出	SN/T 2661
9	乙酰甲胺磷	Acephate	0.02		不得检出	GB/T 20772
10	灭螨醌	Acequinocyl	0.01		不得检出	参照同类标准
11	啶虫脒	Acetamiprid	0.2		不得检出	GB/T 20772
12	乙草胺	Acetochlor	0.01		不得检出	GB/T 19650
13	苯并噻二唑	Acibenzolar-*S*-methyl	0.02		不得检出	GB/T 20772
14	苯草醚	Aclonifen	0.02		不得检出	GB/T 20772
15	氟丙菊酯	Acrinathrin	0.05		不得检出	GB/T 19648
16	甲草胺	Alachlor	0.01		不得检出	GB/T 20772
17	涕灭威	Aldicarb	0.01		不得检出	GB/T 20772
18	艾氏剂和狄氏剂	Aldrin and dieldrin	0.2		不得检出	GB/T 19650
19	—	Ametoctradin	0.03		不得检出	参照同类标准
20	酰嘧磺隆	Amidosulfuron	0.02		不得检出	参照同类标准
21	氯氨吡啶酸	Aminopyralid	0.3		不得检出	GB/T 23211
22	—	Amisulbrom	0.01		不得检出	参照同类标准
23	阿莫西林	Amoxicillin	50μg/kg		不得检出	NY/T 830
24	氨苄青霉素	Ampicillin	50μg/kg		不得检出	GB/T 21315
25	敌菌灵	Anilazine	0.01		不得检出	GB/T 20769
26	杀螨特	Aramite	0.01		不得检出	GB/T 19650
27	磺草灵	Asulam	0.1		不得检出	日本肯定列表（增补本1）
28	阿维拉霉素	Avilamycin	200μg/kg		不得检出	GB 29686
29	印楝素	Azadirachtin	0.01		不得检出	SN/T 3264
30	益棉磷	Azinphos-ethyl	0.01		不得检出	GB/T 19650
31	保棉磷	Azinphos-methyl	0.01		不得检出	GB/T 20772
32	三唑锡和三环锡	Azocyclotin and cyhexatin	0.05		不得检出	SN/T 1990
33	嘧菌酯	Azoxystrobin	0.07		不得检出	GB/T 20772
34	杆菌肽	Bacitracin	150μg/kg		不得检出	GB/T 20743
35	燕麦灵	Barban	0.05		不得检出	参照同类标准
36	氟丁酰草胺	Beflubutamid	0.05		不得检出	参照同类标准
37	苯霜灵	Benalaxyl	0.05		不得检出	GB/T 20772
38	丙硫克百威	Benfuracarb	0.02		不得检出	GB/T 20772
39	苄青霉素	Benzyl pencillin	50μg/kg		不得检出	GB/T 21315

序号	农兽药中文名	农兽药英文名	欧盟标准限量要求 mg/kg	国家标准限量要求 mg/kg	三安超有机食品标准	
					限量要求 mg/kg	检测方法
40	联苯肼酯	Bifenazate	0.01		不得检出	GB/T 20772
41	甲羧除草醚	Bifenox	0.05		不得检出	GB/T 23210
42	联苯菊酯	Bifenthrin	0.2		不得检出	GB/T 19650
43	乐杀螨	Binapacryl	0.01		不得检出	SN 0523
44	联苯	Biphenyl	0.01		不得检出	GB/T 19650
45	联苯三唑醇	Bitertanol	0.05		不得检出	GB/T 20772
46	—	Bixafen	0.02		不得检出	参照同类标准
47	啶酰菌胺	Boscalid	0.3		不得检出	GB/T 20772
48	溴离子	Bromide ion	0.05		不得检出	GB/T5009.167
49	溴螨酯	Bromopropylate	0.01		不得检出	GB/T 19650
50	溴苯腈	Bromoxynil	0.05		不得检出	GB/T 20772
51	糠菌唑	Bromuconazole	0.05		不得检出	GB/T 19650
52	乙嘧酚磺酸酯	Bupirimate	0.05		不得检出	GB/T 19650
53	噻嗪酮	Buprofezin	0.05		不得检出	GB/T 20772
54	仲丁灵	Butralin	0.02		不得检出	GB/T 19650
55	丁草敌	Butylate	0.01		不得检出	GB/T 19650
56	硫线磷	Cadusafos	0.01		不得检出	GB/T 19650
57	毒杀芬	Camphechlor	0.05		不得检出	YC/T 180
58	敌菌丹	Captafol	0.01		不得检出	GB/T 23210
59	克菌丹	Captan	0.02		不得检出	GB/T 19648
60	甲萘威	Carbaryl	0.05		不得检出	GB/T 20796
61	多菌灵和苯菌灵	Carbendazim and benomyl	0.05		不得检出	GB/T 20772
62	长杀草	Carbetamide	0.05		不得检出	GB/T 20772
63	克百威	Carbofuran	0.01		不得检出	GB/T 20772
64	丁硫克百威	Carbosulfan	0.05		不得检出	GB/T 19650
65	萎锈灵	Carboxin	0.05		不得检出	GB/T 20772
66	头孢噻呋	Ceftiofur	6000μg/kg		不得检出	GB/T 21314
67	氯虫苯甲酰胺	Chlorantraniliprole	0.2		不得检出	参照同类标准
68	杀螨醚	Chlorbenside	0.05		不得检出	GB/T 19650
69	氯炔灵	Chlorbufam	0.05		不得检出	GB/T 20772
70	氯丹	Chlordane	0.05		不得检出	GB/T 5009.19
71	十氯酮	Chlordecone	0.1		不得检出	参照同类标准
72	杀螨酯	Chlorfenson	0.05		不得检出	GB/T 19650
73	毒虫畏	Chlorfenvinphos	0.01		不得检出	GB/T 19650
74	氯草敏	Chloridazon	0.1		不得检出	GB/T 20772
75	矮壮素	Chlormequat	0.05		不得检出	GB/T 23211
76	乙酯杀螨醇	Chlorobenzilate	0.1		不得检出	GB/T 23210
77	百菌清	Chlorothalonil	0.2		不得检出	SN/T 2320
78	绿麦隆	Chlortoluron	0.05		不得检出	GB/T 20772

序号	农兽药中文名	农兽药英文名	欧盟标准限量要求 mg/kg	国家标准限量要求 mg/kg	三安超有机食品标准	
					限量要求 mg/kg	检测方法
79	枯草隆	Chloroxuron	0.05		不得检出	SN/T 2150
80	氯苯胺灵	Chlorpropham	0.2		不得检出	GB/T 19650
81	甲基毒死蜱	Chlorpyrifos – methyl	0.05		不得检出	GB/T 19650
82	氯磺隆	Chlorsulfuron	0.01		不得检出	GB/T 20772
83	金霉素	Chlortetracycline	600μg/kg		不得检出	GB/T 21317
84	氯酞酸甲酯	Chlorthaldimethyl	0.01		不得检出	GB/T 19650
85	氯硫酰草胺	Chlorthiamid	0.02		不得检出	GB/T 20772
86	烯草酮	Clethodim	0.05		不得检出	GB/T 19650
87	炔草酯	Clodinafop – propargyl	0.02		不得检出	GB/T 19650
88	四螨嗪	Clofentezine	0.05		不得检出	GB/T 20772
89	二氯吡啶酸	Clopyralid	0.05		不得检出	SN/T 2228
90	噻虫胺	Clothianidin	0.02		不得检出	GB/T 20772
91	邻氯青霉素	Cloxacillin	300μg/kg		不得检出	GB/T 18932.25
92	黏菌素	Colistin	200μg/kg		不得检出	参照同类标准
93	铜化合物	Copper compounds	30		不得检出	参照同类标准
94	环烷基酰苯胺	Cyclanilide	0.01		不得检出	参照同类标准
95	噻草酮	Cycloxydim	0.05		不得检出	GB/T 19650
96	环氟菌胺	Cyflufenamid	0.03		不得检出	GB/T 23210
97	氟氯氰菊酯和高效氟氯氰菊酯	Cyfluthrin and beta – cyfluthrin	0.05		不得检出	GB/T 19650
98	霜脲氰	Cymoxanil	0.05		不得检出	GB/T 20772
99	氯氰菊酯和高效氯氰菊酯	Cypermethrin and beta – cypermethrin	0.2		不得检出	GB/T 19650
100	环丙唑醇	Cyproconazole	0.5		不得检出	GB/T 20772
101	嘧菌环胺	Cyprodinil	0.05		不得检出	GB/T 19650
102	灭蝇胺	Cyromazine	0.05		不得检出	GB/T 20772
103	丁酰肼	Daminozide	0.05		不得检出	SN/T 1989
104	达氟沙星	Danofloxacin	200μg/kg		不得检出	GB/T 22985
105	滴滴涕	DDT	1		不得检出	SN/T 0127
106	溴氰菊酯	Deltamethrin	0.03		不得检出	GB/T 19650
107	燕麦敌	Diallate	0.2		不得检出	GB/T 23211
108	二嗪磷	Diazinon	0.01		不得检出	GB/T 19650
109	麦草畏	Dicamba	0.7		不得检出	GB/T 20772
110	敌草腈	Dichlobenil	0.01		不得检出	GB/T 19650
111	滴丙酸	Dichlorprop	0.7		不得检出	SN/T 2228
112	二氯苯氧基丙酸	Diclofop	0.01		不得检出	参照同类标准
113	氯硝胺	Dicloran	0.01		不得检出	GB/T 19650
114	双氯青霉素	Dicloxacillin	300μg/kg		不得检出	GB/T 18932.25
115	三氯杀螨醇	Dicofol	0.02		不得检出	GB/T 19650

序号	农兽药中文名	农兽药英文名	欧盟标准限量要求 mg/kg	国家标准限量要求 mg/kg	三安超有机食品标准	
					限量要求 mg/kg	检测方法
116	乙霉威	Diethofencarb	0.05		不得检出	GB/T 19650
117	苯醚甲环唑	Difenoconazole	0.2		不得检出	GB/T 19650
118	双氟沙星	Difloxacin	600μg/kg		不得检出	GB/T 20366
119	除虫脲	Diflubenzuron	0.05		不得检出	SN/T 0528
120	吡氟酰草胺	Diflufenican	0.05		不得检出	GB/T 20772
121	二氢链霉素	Dihydro – streptomycin	1000μg/kg		不得检出	GB/T 22969
122	油菜安	Dimethachlor	0.02		不得检出	GB/T 20772
123	烯酰吗啉	Dimethomorph	0.05		不得检出	GB/T 20772
124	醚菌胺	Dimoxystrobin	0.05		不得检出	SN/T 2237
125	烯唑醇	Diniconazole	0.01		不得检出	GB/T 19650
126	敌螨普	Dinocap	0.05		不得检出	日本肯定列表（增补本 1）
127	地乐酚	Dinoseb	0.01		不得检出	GB/T 20772
128	特乐酚	Dinoterb	0.05		不得检出	GB/T 20772
129	敌噁磷	Dioxathion	0.05		不得检出	GB/T 19650
130	敌草快	Diquat	0.05		不得检出	GB/T 5009.221
131	乙拌磷	Disulfoton	0.01		不得检出	GB/T 20772
132	二氰蒽醌	Dithianon	0.01		不得检出	GB/T 20769
133	二硫代氨基甲酸酯	Dithiocarbamates	0.05		不得检出	SN 0139
134	敌草隆	Diuron	0.05		不得检出	SN/T 0645
135	二硝甲酚	DNOC	0.05		不得检出	GB/T 20772
136	多果定	Dodine	0.2		不得检出	SN 0500
137	多拉菌素	Doramectin	60μg/kg		不得检出	GB/T 22968
138	甲氨基阿维菌素苯甲酸盐	Emamectin benzoate	0.08		不得检出	GB/T 20769
139	硫丹	Endosulfan	0.05		不得检出	GB/T 19650
140	异狄氏剂	Endrin	0.05		不得检出	GB/T 19650
141	恩诺沙星	Enrofloxacin	300μg/kg		不得检出	GB/T 20366
142	氟环唑	Epoxiconazole	0.02		不得检出	GB/T 20772
143	茵草敌	EPTC	0.02		不得检出	GB/T 20772
144	红霉素	Erythromycin	200μg/kg		不得检出	GB/T 20762
145	乙丁烯氟灵	Ethalfluralin	0.01		不得检出	GB/T 19650
146	胺苯磺隆	Ethametsulfuron	0.01		不得检出	NY/T 1616
147	乙烯利	Ethephon	0.05		不得检出	SN 0705
148	乙硫磷	Ethion	0.01		不得检出	GB/T 19650
149	乙嘧酚	Ethirimol	0.05		不得检出	GB/T 20772
150	乙氧呋草黄	Ethofumesate	0.1		不得检出	GB/T 20772
151	灭线磷	Ethoprophos	0.01		不得检出	GB/T 19650
152	乙氧喹啉	Ethoxyquin	0.05		不得检出	GB/T 20772
153	环氧乙烷	Ethylene oxide	0.02		不得检出	GB/T 23296.11

序号	农兽药中文名	农兽药英文名	欧盟标准限量要求 mg/kg	国家标准限量要求 mg/kg	三安超有机食品标准	
					限量要求 mg/kg	检测方法
154	醚菊酯	Etofenprox	0.5		不得检出	GB/T 19650
155	乙螨唑	Etoxazole	0.01		不得检出	GB/T 19650
156	氯唑灵	Etridiazole	0.05		不得检出	GB/T 20772
157	噁唑菌酮	Famoxadone	0.05		不得检出	GB/T 20772
158	咪唑菌酮	Fenamidone	0.01		不得检出	GB/T 19650
159	苯线磷	Fenamiphos	0.01		不得检出	GB/T 19650
160	氯苯嘧啶醇	Fenarimol	0.02		不得检出	GB/T 20772
161	喹螨醚	Fenazaquin	0.01		不得检出	GB/T 19650
162	腈苯唑	Fenbuconazole	0.05		不得检出	GB/T 20772
163	苯丁锡	Fenbutatin oxide	0.05		不得检出	SN/T 3149
164	环酰菌胺	Fenhexamid	0.05		不得检出	GB/T 20772
165	杀螟硫磷	Fenitrothion	0.01		不得检出	GB/T 20772
166	精噁唑禾草灵	Fenoxaprop - *P* - ethyl	0.05		不得检出	GB 22617
167	双氧威	Fenoxycarb	0.05		不得检出	GB/T 19650
168	苯锈啶	Fenpropidin	0.02		不得检出	GB/T 19650
169	丁苯吗啉	Fenpropimorph	0.01		不得检出	GB/T 20772
170	胺苯吡菌酮	Fenpyrazamine	0.01		不得检出	参照同类标准
171	唑螨酯	Fenpyroximate	0.01		不得检出	GB/T 19650
172	倍硫磷	Fenthion	0.05		不得检出	GB/T 20772
173	三苯锡	Fentin	0.05		不得检出	SN/T 3149
174	薯瘟锡	Fentin acetate	0.05		不得检出	参照同类标准
175	氰戊菊酯和高效氰戊菊酯(RR & SS 异构体总量)	Fenvalerate and esfenvalerate (sum of RR & SS isomers)	0.2		不得检出	GB/T 19650
176	氰戊菊酯和高效氰戊菊酯(RS & SR 异构体总量)	Fenvalerate and esfenvalerate (sum of RS & SR isomers)	0.05		不得检出	GB/T 19650
177	氟虫腈	Fipronil	0.01		不得检出	SN/T 1982
178	氟啶虫酰胺	Flonicamid	0.03		不得检出	SN/T 2796
179	氟苯尼考	Florfenicol	300μg/kg		不得检出	GB/T 20756
180	精吡氟禾草灵	Fluazifop - *P* - butyl	0.05		不得检出	GB/T 5009.142
181	氟啶胺	Fluazinam	0.05		不得检出	SN/T 2150
182	氟苯虫酰胺	Flubendiamide	1		不得检出	SN/T 2581
183	氟环脲	Flucycloxuron	0.05		不得检出	参照同类标准
184	氟氰戊菊酯	Flucythrinate	0.05		不得检出	GB/T 23210
185	咯菌腈	Fludioxonil	0.05		不得检出	GB/T 20772
186	氟虫脲	Flufenoxuron	0.05		不得检出	SN/T 2150
187	—	Flufenzin	0.05		不得检出	参照同类标准
188	氟甲喹	Flumequin	1000μg/kg		不得检出	SN/T 1921
189	氟吡菌胺	Fluopicolide	0.01		不得检出	参照同类标准
190	—	Fluopyram	0.7		不得检出	参照同类标准

序号	农兽药中文名	农兽药英文名	欧盟标准限量要求 mg/kg	国家标准限量要求 mg/kg	三安超有机食品标准	
					限量要求 mg/kg	检测方法
191	氟离子	Fluoride ion	1		不得检出	GB/T 5009.167
192	氟腈嘧菌酯	Fluoxastrobin	0.1		不得检出	SN/T 2237
193	氟喹唑	Fluquinconazole	0.3		不得检出	GB/T 19650
194	氟咯草酮	Fluorochloridone	0.05		不得检出	GB/T 20772
195	氟草烟	Fluroxypyr	0.05		不得检出	GB/T 20772
196	氟硅唑	Flusilazole	0.5		不得检出	GB/T 20772
197	氟酰胺	Flutolanil	0.02		不得检出	GB/T 20772
198	粉唑醇	Flutriafol	0.01		不得检出	GB/T 20772
199	—	Fluxapyroxad	0.01		不得检出	参照同类标准
200	氟磺胺草醚	Fomesafen	0.01		不得检出	GB/T 5009.130
201	氯吡脲	Forchlorfenuron	0.05		不得检出	SN/T 3643
202	伐虫脒	Formetanate	0.01		不得检出	NY/T 1453
203	三乙膦酸铝	Fosetyl – aluminium	0.5		不得检出	参照同类标准
204	麦穗宁	Fuberidazole	0.05		不得检出	GB/T 19650
205	呋线威	Furathiocarb	0.01		不得检出	GB/T 20772
206	糠醛	Furfural	1		不得检出	参照同类标准
207	勃激素	Gibberellic acid	0.1		不得检出	GB/T 23211
208	草胺膦	Glufosinate – ammonium	0.1		不得检出	日本肯定列表
209	草甘膦	Glyphosate	0.05		不得检出	SN/T 1923
210	双胍盐	Guazatine	0.1		不得检出	参照同类标准
211	氟吡禾灵	Haloxyfop	0.02		不得检出	SN/T 2228
212	七氯	Heptachlor	0.2		不得检出	SN 0663
213	六氯苯	Hexachlorobenzene	0.2		不得检出	SN/T 0127
214	六六六(HCH),α – 异构体	Hexachlorociclohexane (HCH), alpha – isomer	0.2		不得检出	SN/T 0127
215	六六六(HCH),β – 异构体	Hexachlorociclohexane (HCH), beta – isomer	0.1		不得检出	SN/T 0127
216	噻螨酮	Hexythiazox	0.05		不得检出	GB/T 20772
217	噁霉灵	Hymexazol	0.05		不得检出	GB/T 20772
218	抑霉唑	Imazalil	0.05		不得检出	GB/T 20772
219	甲咪唑烟酸	Imazapic	0.01		不得检出	GB/T 20772
220	咪唑喹啉酸	Imazaquin	0.05		不得检出	GB/T 20772
221	吡虫啉	Imidacloprid	0.3		不得检出	GB/T 20772
222	茚虫威	Indoxacarb	0.05		不得检出	GB/T 20772
223	碘苯腈	Ioxynil	0.05		不得检出	GB/T 20772
224	异菌脲	Iprodione	0.05		不得检出	GB/T 19650
225	稻瘟灵	Isoprothiolane	0.01		不得检出	GB/T 20772
226	异丙隆	Isoproturon	0.05		不得检出	GB/T 20772
227	—	Isopyrazam	0.01		不得检出	参照同类标准

序号	农兽药中文名	农兽药英文名	欧盟标准限量要求 mg/kg	国家标准限量要求 mg/kg	三安超有机食品标准	
					限量要求 mg/kg	检测方法
228	异噁酰草胺	Isoxaben	0.01		不得检出	GB/T 20772
229	依维菌素	Ivermectin	30μg/kg		不得检出	GB/T 21320
230	卡那霉素	Kanamycin	2500μg/kg		不得检出	GB/T 21323
231	醚菌酯	Kresoxim – methyl	0.05		不得检出	GB/T 20772
232	乳氟禾草灵	Lactofen	0.01		不得检出	GB/T 19650
233	高效氯氟氰菊酯	Lambda – cyhalothrin	0.5		不得检出	GB/T 23210
234	环草定	Lenacil	0.1		不得检出	GB/T 19650
235	林可霉素	Lincomycin	1500μg/kg		不得检出	GB/T 20762
236	林丹	Lindane	0.02	0.01	不得检出	NY/T 761
237	虱螨脲	Lufenuron	0.02		不得检出	SN/T 2540
238	马拉硫磷	Malathion	0.02		不得检出	GB/T 19650
239	抑芽丹	Maleic hydrazide	0.5		不得检出	GB/T 23211
240	双炔酰菌胺	Mandipropamid	0.02		不得检出	参照同类标准
241	二甲四氯和二甲四氯丁酸	MCPA and MCPB	0.1		不得检出	SN/T 2228
242	美洛昔康	Meloxicam	65μg/kg		不得检出	SN/T2190
243	壮棉素	Mepiquat chloride	5000μg/kg		不得检出	SN 0646
244	—	Meptyldinocap	0.05		不得检出	参照同类标准
245	汞化合物	Mercury compounds	0.01		不得检出	参照同类标准
246	氰氟虫腙	Metaflumizone	0.02		不得检出	SN/T 3852
247	甲霜灵和精甲霜灵	Metalaxyl and metalaxyl – M	0.05		不得检出	GB/T 20772
248	四聚乙醛	Metaldehyde	0.05		不得检出	SN/T 1787
249	苯嗪草酮	Metamitron	0.05		不得检出	GB/T 19650
250	吡唑草胺	Metazachlor	0.05		不得检出	GB/T 19650
251	叶菌唑	Metconazole	0.01		不得检出	GB/T 20772
252	甲基苯噻隆	Methabenzthiazuron	0.05		不得检出	GB/T 19650
253	虫螨畏	Methacrifos	0.01		不得检出	GB/T 20772
254	甲胺磷	Methamidophos	0.01		不得检出	GB/T 20772
255	杀扑磷	Methidathion	0.02		不得检出	GB/T 20772
256	甲硫威	Methiocarb	0.05		不得检出	GB/T 20770
257	灭多威和硫双威	Methomyl and thiodicarb	0.02		不得检出	GB/T 20772
258	烯虫酯	Methoprene	0.05		不得检出	GB/T 19650
259	甲氧滴滴涕	Methoxychlor	0.01		不得检出	SN/T 0529
260	甲氧虫酰肼	Methoxyfenozide	0.1		不得检出	GB/T 20772
261	磺草唑胺	Metosulam	0.01		不得检出	GB/T 20772
262	苯菌酮	Metrafenone	0.05		不得检出	参照同类标准
263	嗪草酮	Metribuzin	0.1		不得检出	GB/T 19650
264	绿谷隆	Monolinuron	0.05		不得检出	GB/T 20772
265	灭草隆	Monuron	0.01		不得检出	GB/T 20772
266	腈菌唑	Myclobutanil	0.01		不得检出	GB/T 20772

序号	农兽药中文名	农兽药英文名	欧盟标准限量要求mg/kg	国家标准限量要求mg/kg	三安超有机食品标准	
					限量要求mg/kg	检测方法
267	1-萘乙酰胺	1-Naphthylacetamide	0.05		不得检出	GB/T 23205
268	敌草胺	Napropamide	0.01		不得检出	GB/T 19650
269	烟嘧磺隆	Nicosulfuron	0.05		不得检出	SN/T 2325
270	除草醚	Nitrofen	0.01		不得检出	GB/T 19650
271	氟酰脲	Novaluron	0.7		不得检出	GB/T 23211
272	嘧苯胺磺隆	Orthosulfamuron	0.01		不得检出	GB/T 23817
273	苯唑青霉素	Oxacillin	300μg/kg		不得检出	GB/T 18932.25
274	噁草酮	Oxadiazon	0.05		不得检出	GB/T 19650
275	噁霜灵	Oxadixyl	0.01		不得检出	GB/T 19650
276	环氧嘧磺隆	Oxasulfuron	0.05		不得检出	GB/T 23817
277	喹菌酮	Oxolinic acid	150μg/kg		不得检出	日本肯定列表
278	氧化萎锈灵	Oxycarboxin	0.05		不得检出	GB/T 19650
279	亚砜磷	Oxydemeton-methyl	0.02		不得检出	参照同类标准
280	乙氧氟草醚	Oxyfluorfen	0.05		不得检出	GB/T 20772
281	土霉素	Oxytetracycline	600μg/kg		不得检出	GB/T 21317
282	多效唑	Paclobutrazol	0.02		不得检出	GB/T 19650
283	对硫磷	Parathion	0.05		不得检出	GB/T 19650
284	甲基对硫磷	Parathion-methyl	0.01		不得检出	GB/T 5009.161
285	巴龙霉素	Paromomycin	1500μg/kg		不得检出	SN/T 2315
286	戊菌唑	Penconazole	0.05		不得检出	GB/T 20772
287	戊菌隆	Pencycuron	0.05		不得检出	GB/T 19650
288	二甲戊灵	Pendimethalin	0.05		不得检出	GB/T 19650
289	喷沙西林	Penethamate	50μg/kg		不得检出	参照同类标准
290	甜菜宁	Phenmedipham	0.05		不得检出	GB/T 23205
291	苯醚菊酯	Phenothrin	0.05		不得检出	GB/T 20772
292	甲拌磷	Phorate	0.01		不得检出	GB/T 20772
293	伏杀硫磷	Phosalone	0.01		不得检出	GB/T 20772
294	亚胺硫磷	Phosmet	0.1		不得检出	GB/T 20772
295	—	Phosphines and phosphides	0.01		不得检出	参照同类标准
296	辛硫磷	Phoxim	0.02		不得检出	GB/T 20772
297	氨氯吡啶酸	Picloram	5		不得检出	GB/T 23211
298	啶氧菌酯	Picoxystrobin	0.05		不得检出	GB/T 19650
299	抗蚜威	Pirimicarb	0.05		不得检出	GB/T 20772
300	甲基嘧啶磷	Pirimiphos-methyl	0.05		不得检出	GB/T 20772
301	咪鲜胺	Prochloraz	0.1		不得检出	GB/T 19650
302	腐霉利	Procymidone	0.01		不得检出	GB/T 20772
303	丙溴磷	Profenofos	0.05		不得检出	GB/T 20772
304	调环酸	Prohexadione	0.05		不得检出	日本肯定列表
305	毒草安	Propachlor	0.02		不得检出	GB/T 20772
306	扑派威	Propamocarb	0.1		不得检出	GB/T 20772

序号	农兽药中文名	农兽药英文名	欧盟标准限量要求 mg/kg	国家标准限量要求 mg/kg	三安超有机食品标准	
					限量要求 mg/kg	检测方法
307	恶草酸	Propaquizafop	0.05		不得检出	GB/T 20772
308	炔螨特	Propargite	0.1		不得检出	GB/T 19650
309	苯胺灵	Propham	0.05		不得检出	GB/T 19650
310	丙环唑	Propiconazole	0.01		不得检出	GB/T 19650
311	异丙草胺	Propisochlor	0.01		不得检出	GB/T 19650
312	残杀威	Propoxur	0.05		不得检出	GB/T 20772
313	炔苯酰草胺	Propyzamide	0.05		不得检出	GB/T 19650
314	苄草丹	Prosulfocarb	0.05		不得检出	GB/T 19650
315	丙硫菌唑	Prothioconazole	0.5		不得检出	参照同类标准
316	吡蚜酮	Pymetrozine	0.01		不得检出	GB/T 20772
317	吡唑醚菌酯	Pyraclostrobin	0.05		不得检出	GB/T 20772
318	—	Pyrasulfotole	0.01		不得检出	参照同类标准
319	吡菌磷	Pyrazophos	0.02		不得检出	GB/T 20772
320	除虫菊素	Pyrethrins	0.05		不得检出	GB/T 20772
321	哒螨灵	Pyridaben	0.02		不得检出	GB/T 19650
322	啶虫丙醚	Pyridalyl	0.01		不得检出	日本肯定列表
323	哒草特	Pyridate	0.05		不得检出	日本肯定列表
324	嘧霉胺	Pyrimethanil	0.05		不得检出	GB/T 19650
325	吡丙醚	Pyriproxyfen	0.05		不得检出	GB/T 19650
326	甲氧磺草胺	Pyroxsulam	0.01		不得检出	SN/T 2325
327	氯甲喹啉酸	Quinmerac	0.05		不得检出	参照同类标准
328	喹氧灵	Quinoxyfen	0.2		不得检出	SN/T 2319
329	五氯硝基苯	Quintozene	0.01		不得检出	GB/T 19650
330	精喹禾灵	Quizalofop - *P* - ethyl	0.05		不得检出	SN/T 2150
331	灭虫菊	Resmethrin	0.1		不得检出	GB/T 20772
332	鱼藤酮	Rotenone	0.01		不得检出	GB/T 20772
333	西玛津	Simazine	0.01		不得检出	SN 0594
334	壮观霉素	Spectinomycin	5000μg/kg		不得检出	GB/T 21323
335	乙基多杀菌素	Spinetoram	0.01		不得检出	参照同类标准
336	多杀霉素	Spinosad	0.02		不得检出	GB/T 20772
337	螺螨酯	Spirodiclofen	0.05		不得检出	GB/T 20772
338	螺甲螨酯	Spiromesifen	0.01		不得检出	GB/T 23210
339	螺虫乙酯	Spirotetramat	0.03		不得检出	参照同类标准
340	葚孢菌素	Spiroxamine	0.2		不得检出	GB/T 20772
341	链霉素	Streptomycin	1000μg/kg		不得检出	GB/T 21323
342	磺草酮	Sulcotrione	0.05		不得检出	参照同类标准
343	磺胺类(所有属于磺胺类的物质)	Sulfonamides (all substances belonging to the sulfonamide-group)	100μg/kg		不得检出	GB 29694

序号	农兽药中文名	农兽药英文名	欧盟标准限量要求 mg/kg	国家标准限量要求 mg/kg	三安超有机食品标准	
					限量要求 mg/kg	检测方法
344	乙黄隆	Sulfosulfuron	0.05		不得检出	SN/T 2325
345	硫磺粉	Sulfur	0.5		不得检出	参照同类标准
346	氟胺氰菊酯	Tau - fluvalinate	0.01		不得检出	SN 0691
347	戊唑醇	Tebuconazole	0.1		不得检出	GB/T 20772
348	虫酰肼	Tebufenozide	0.05		不得检出	GB/T 20772
349	吡螨胺	Tebufenpyrad	0.05		不得检出	GB/T 19650
350	四氯硝基苯	Tecnazene	0.05		不得检出	GB/T 19650
351	氟苯脲	Teflubenzuron	0.05		不得检出	SN/T 2150
352	七氟菊酯	Tefluthrin	0.05		不得检出	GB/T 23210
353	得杀草	Tepraloxydim	0.1		不得检出	GB/T 20772
354	特丁硫磷	Terbufos	0.01		不得检出	GB/T 20772
355	特丁津	Terbuthylazine	0.05		不得检出	GB/T 19650
356	四氟醚唑	Tetraconazole	0.5		不得检出	GB/T 20772
357	四环素	Tetracycline	600μg/kg		不得检出	GB/T 21317
358	三氯杀螨砜	Tetradifon	0.05		不得检出	GB/T 19650
359	噻虫啉	Thiacloprid	0.3		不得检出	GB/T 20772
360	噻虫嗪	Thiamethoxam	0.03		不得检出	GB/T 20772
361	甲砜霉素	Thiamphenicol	50μg/kg		不得检出	GB/T 20756
362	禾草丹	Thiobencarb	0.01		不得检出	GB/T 20772
363	甲基硫菌灵	Thiophanate - methyl	0.05		不得检出	SN/T 0162
364	替米考星	Tilmicosin	1000μg/kg		不得检出	GB/T 20762
365	甲苯三嗪酮	Toltrazuril	250μg/kg		不得检出	参照同类标准
366	甲苯氟磺胺	Tolylfluanid	0.1		不得检出	GB/T 19650
367	—	Topramezone	0.05		不得检出	参照同类标准
368	三唑酮和三唑醇	Triadimefon and triadimenol	0.1		不得检出	GB/T 20772
369	野麦畏	Triallate	0.05		不得检出	GB/T 20772
370	醚苯磺隆	Triasulfuron	0.05		不得检出	GB/T 20772
371	三唑磷	Triazophos	0.01		不得检出	GB/T 20772
372	敌百虫	Trichlorphon	0.01		不得检出	GB/T 20772
373	绿草定	Triclopyr	0.05		不得检出	SN/T 2228
374	三环唑	Tricyclazole	0.05		不得检出	GB/T 20769
375	十三吗啉	Tridemorph	0.01		不得检出	GB/T 20772
376	肟菌酯	Trifloxystrobin	0.04		不得检出	GB/T 19650
377	氟菌唑	Triflumizole	0.05		不得检出	GB/T 20769
378	杀铃脲	Triflumuron	0.01		不得检出	GB/T 20772
379	氟乐灵	Trifluralin	0.01		不得检出	GB/T 20772
380	嗪氨灵	Triforine	0.01		不得检出	SN 0695
381	甲氧苄氨嘧啶	Trimethoprim	50μg/kg		不得检出	SN/T 1769
382	三甲基锍阳离子	Trimethyl - sulfonium cation	0.05		不得检出	参照同类标准

序号	农兽药中文名	农兽药英文名	欧盟标准限量要求 mg/kg	国家标准限量要求 mg/kg	三安超有机食品标准	
					限量要求 mg/kg	检测方法
383	泰乐霉素	Tylosin	100μg/kg		不得检出	GB/T 22941
384	—	Valifenalate	0.01		不得检出	参照同类标准
385	伐奈莫林	Valnemulin	100μg/kg		不得检出	参照同类标准
386	乙烯菌核利	Vinclozolin	0.05		不得检出	GB/T 20772
387	2,3,4,5-四氯苯胺	2,3,4,5-Tetrachloraniline			不得检出	GB/T 19650
388	2,3,4,5-四氯甲氧基苯	2,3,4,5-Tetrachloroanisole			不得检出	GB/T 19650
389	2,3,5,6-四氯苯胺	2,3,5,6-Tetrachloroaniline			不得检出	GB/T 19650
390	2,4,5-涕	2,4,5-T			不得检出	GB/T 20772
391	*o,p'*-滴滴滴	2,4'-DDD			不得检出	GB/T 19650
392	*o,p'*-滴滴伊	2,4'-DDE			不得检出	GB/T 19650
393	*o,p'*-滴滴涕	2,4'-DDT			不得检出	GB/T 19650
394	2,6-二氯苯甲酰胺	2,6-Dichlorobenzamide			不得检出	GB/T 19650
395	3,5-二氯苯胺	3,5-Dichloroaniline			不得检出	GB/T 19650
396	*p,p'*-滴滴滴	4,4'-DDD			不得检出	GB/T 19650
397	*p,p'*-滴滴伊	4,4'-DDE			不得检出	GB/T 19650
398	*p,p'*-滴滴涕	4,4'-DDT			不得检出	GB/T 19650
399	4,4'-二溴二苯甲酮	4,4'-Dibromobenzophenone			不得检出	GB/T 19650
400	4,4'-二氯二苯甲酮	4,4'-Dichlorobenzophenone			不得检出	GB/T 19650
401	二氢苊	Acenaphthene			不得检出	GB/T 19650
402	乙酰丙嗪	Acepromazine			不得检出	GB/T 20763
403	三氟羧草醚	Acifluorfen			不得检出	GB/T 20772
404	1-氨基-2-乙内酰脲	AHD			不得检出	GB/T 21311
405	涕灭砜威	Aldoxycarb			不得检出	GB/T 20772
406	烯丙菊酯	Allethrin			不得检出	GB/T 20772
407	二丙烯草胺	Allidochlor			不得检出	GB/T 19650
408	烯丙孕素	Altrenogest			不得检出	SN/T 1980
409	莠灭净	Ametryn			不得检出	GB/T 20772
410	双甲脒	Amitraz			不得检出	GB/T 19650
411	杀草强	Amitrole			不得检出	SN/T 1737.6
412	5-吗啉甲基-3-氨基-2-噁唑烷基酮	AMOZ			不得检出	GB/T 21311
413	氨丙嘧吡啶	Amprolium			不得检出	SN/T 0276
414	莎稗磷	Anilofos			不得检出	GB/T 19650
415	蒽醌	Anthraquinone			不得检出	GB/T 19650
416	3-氨基-2-噁唑酮	AOZ			不得检出	GB/T 21311
417	安普霉素	Apramycin			不得检出	GB/T 21323
418	丙硫特普	Aspon			不得检出	GB/T 19650
419	羟氨卡青霉素	Aspoxicillin			不得检出	GB/T 21315
420	乙基杀扑磷	Athidathion			不得检出	GB/T 19650

序号	农兽药中文名	农兽药英文名	欧盟标准限量要求 mg/kg	国家标准限量要求 mg/kg	三安超有机食品标准	
					限量要求 mg/kg	检测方法
421	莠去通	Atratone			不得检出	GB/T 19650
422	莠去津	Atrazine			不得检出	GB/T 20772
423	脱乙基阿特拉津	Atrazine - desethyl			不得检出	GB/T 19650
424	甲基吡噁磷	Azamethiphos			不得检出	GB/T 20763
425	氮哌酮	Azaperone			不得检出	SN/T2221
426	叠氮津	Aziprotryne			不得检出	GB/T 19650
427	4 - 溴 - 3,5 - 二甲苯基 - *N* - 甲基氨基甲酸酯 - 1	BDMC - 1			不得检出	GB/T 19650
428	4 - 溴 - 3,5 - 二甲苯基 - *N* - 甲基氨基甲酸酯 - 2	BDMC - 2			不得检出	GB/T 19650
429	噁虫威	Bendiocarb			不得检出	GB/T 20772
430	乙丁氟灵	Benfluralin			不得检出	GB/T 19650
431	呋草黄	Benfuresate			不得检出	GB/T 19650
432	麦锈灵	Benodanil			不得检出	GB/T 19650
433	解草酮	Benoxacor			不得检出	GB/T 19650
434	新燕灵	Benzoylprop - ethyl			不得检出	GB/T 19650
435	倍他米松	Betamethasone			不得检出	SN/T 1970
436	生物烯丙菊酯 - 1	Bioallethrin - 1			不得检出	GB/T 19650
437	生物烯丙菊酯 - 2	Bioallethrin - 2			不得检出	GB/T 19650
438	除草定	Bromacil			不得检出	GB/T 20772
439	溴苯烯磷	Bromfenvinfos			不得检出	GB/T 19650
440	溴烯杀	Bromocylen			不得检出	GB/T 19650
441	溴硫磷	Bromofos			不得检出	GB/T 19650
442	乙基溴硫磷	Bromophos - ethyl			不得检出	GB/T 19650
443	溴丁酰草胺	Btomobutide			不得检出	GB/T 19650
444	氟丙嘧草酯	Butafenacil			不得检出	GB/T 19650
445	抑草磷	Butamifos			不得检出	GB/T 19650
446	丁草胺	Butaxhlor			不得检出	GB/T 19650
447	苯酮唑	Cafenstrole			不得检出	GB/T 19650
448	角黄素	Canthaxanthin			不得检出	SN/T 2327
449	咔唑心安	Carazolol			不得检出	GB/T 20763
450	卡巴氧	Carbadox			不得检出	GB/T 20746
451	三硫磷	Carbophenothion			不得检出	GB/T 19650
452	唑草酮	Carfentrazone - ethyl			不得检出	GB/T 19650
453	卡洛芬	Carprofen			不得检出	SN/T 2190
454	头孢洛宁	Cefalonium			不得检出	GB/T 22989
455	头孢匹林	Cefapirin			不得检出	GB/T 22989
456	头孢喹肟	Cefquinome			不得检出	GB/T 22989
457	头孢氨苄	Cefalexin			不得检出	GB/T 22989

序号	农兽药中文名	农兽药英文名	欧盟标准限量要求 mg/kg	国家标准限量要求 mg/kg	三安超有机食品标准	
					限量要求 mg/kg	检测方法
458	氯霉素	Chloramphenicolum			不得检出	GB/T 20772
459	氯杀螨砜	Chlorbenside sulfone			不得检出	GB/T 19650
460	氯溴隆	Chlorbromuron			不得检出	GB/T 19650
461	杀虫脒	Chlordimeform			不得检出	GB/T 19650
462	氯氧磷	Chlorethoxyfos			不得检出	GB/T 19650
463	溴虫腈	Chlorfenapyr			不得检出	GB/T 19650
464	杀螨醇	Chlorfenethol			不得检出	GB/T 19650
465	燕麦酯	Chlorfenprop - methyl			不得检出	GB/T 19650
466	氟啶脲	Chlorfluazuron			不得检出	SN/T 2540
467	整形醇	Chlorflurenol			不得检出	GB/T 19650
468	氯地孕酮	Chlormadinone			不得检出	SN/T 1980
469	醋酸氯地孕酮	Chlormadinone acetate			不得检出	GB/T 20753
470	氯甲硫磷	Chlormephos			不得检出	GB/T 19650
471	氯苯甲醚	Chloroneb			不得检出	GB/T 19650
472	丙酯杀螨醇	Chloropropylate			不得检出	GB/T 19650
473	氯丙嗪	Chlorpromazine			不得检出	GB/T 20763
474	毒死蜱	Chlorpyrifos			不得检出	GB/T 19650
475	氯硫磷	Chlorthion			不得检出	GB/T 19650
476	虫螨磷	Chlorthiophos			不得检出	GB/T 19650
477	乙菌利	Chlozolinate			不得检出	GB/T 19650
478	顺式 - 氯丹	*cis* - Chlordane			不得检出	GB/T 19650
479	顺式 - 燕麦敌	*cis* - Diallate			不得检出	GB/T 19650
480	顺式 - 氯菊酯	*cis* - Permethrin			不得检出	GB/T 19650
481	克仑特罗	Clenbuterol			不得检出	GB/T 22286
482	异噁草酮	Clomazone			不得检出	GB/T 20772
483	氯甲酰草胺	Clomeprop			不得检出	GB/T 19650
484	氯羟吡啶	Clopidol			不得检出	GB 29700
485	解草酯	Cloquintocet - mexyl			不得检出	GB/T 19650
486	蝇毒磷	Coumaphos			不得检出	GB/T 19650
487	鼠立死	Crimidine			不得检出	GB/T 19650
488	巴毒磷	Crotxyphos			不得检出	GB/T 19650
489	育畜磷	Crufomate			不得检出	GB/T 19650
490	苯腈磷	Cyanofenphos			不得检出	GB/T 19650
491	杀螟腈	Cyanophos			不得检出	GB/T 20772
492	环草敌	Cycloate			不得检出	GB/T 20772
493	环莠隆	Cycluron			不得检出	GB/T 20772
494	环丙津	Cyprazine			不得检出	GB/T 20772
495	敌草索	Dacthal			不得检出	GB/T 19650
496	癸氧喹酯	Decoquinate			不得检出	SN/T 2444

序号	农兽药中文名	农兽药英文名	欧盟标准限量要求 mg/kg	国家标准限量要求 mg/kg	三安超有机食品标准	
					限量要求 mg/kg	检测方法
497	脱叶磷	DEF			不得检出	GB/T 19650
498	2,2′,4,5,5′-五氯联苯	DE-PCB 101			不得检出	GB/T 19650
499	2,3,4,4′,5-五氯联苯	DE-PCB 118			不得检出	GB/T 19650
500	2,2′,3,4,4′,5-六氯联苯	DE-PCB 138			不得检出	GB/T 19650
501	2,2′,4,4′,5,5′-六氯联苯	DE-PCB 153			不得检出	GB/T 19650
502	2,2′,3,4,4′,5,5′-七氯联苯	DE-PCB 180			不得检出	GB/T 19650
503	2,4,4′-三氯联苯	DE-PCB 28			不得检出	GB/T 19650
504	2,4,5-三氯联苯	DE-PCB 31			不得检出	GB/T 19650
505	2,2′,5,5′-四氯联苯	DE-PCB 52			不得检出	GB/T 19650
506	脱溴溴苯磷	Desbrom-leptophos			不得检出	GB/T 19650
507	脱乙基另丁津	Desethyl-sebuthylazine			不得检出	GB/T 19650
508	敌草净	Desmetryn			不得检出	GB/T 19650
509	地塞米松	Dexamethasone			不得检出	SN/T 1970
510	氯亚胺硫磷	Dialifos			不得检出	GB/T 19650
511	敌菌净	Diaveridine			不得检出	SN/T 1926
512	驱虫特	Dibutyl succinate			不得检出	GB/T 20772
513	异氯磷	Dicapthon			不得检出	GB/T 20772
514	除线磷	Dichlofenthion			不得检出	GB/T 20772
515	苯氟磺胺	Dichlofluanid			不得检出	GB/T 19650
516	烯丙酰草胺	Dichlormid			不得检出	GB/T 19650
517	敌敌畏	Dichlorvos			不得检出	GB/T 20772
518	苄氯三唑醇	Diclobutrazole			不得检出	GB/T 20772
519	禾草灵	Diclofop-methyl			不得检出	GB/T 19650
520	己烯雌酚	Diethylstilbestrol			不得检出	GB/T 20766
521	甲氟磷	Dimefox			不得检出	GB/T 19650
522	哌草丹	Dimepiperate			不得检出	GB/T 19650
523	异戊乙净	Dimethametryn			不得检出	GB/T 19650
524	二甲酚草胺	Dimethenamid			不得检出	GB/T 19650
525	乐果	Dimethoate			不得检出	GB/T 20772
526	甲基毒虫畏	Dimethylvinphos			不得检出	GB/T 19650
527	地美硝唑	Dimetridazole			不得检出	GB/T 21318
528	二硝托安	Dinitolmide			不得检出	SN/T 2453
529	氨氟灵	Dinitramine			不得检出	GB/T 19650
530	消螨通	Dinobuton			不得检出	GB/T 19650
531	呋虫胺	Dinotefuran			不得检出	GB/T 20772
532	苯虫醚-1	Diofenolan-1			不得检出	GB/T 19650
533	苯虫醚-2	Diofenolan-2			不得检出	GB/T 19650
534	蔬果磷	Dioxabenzofos			不得检出	GB/T 19650

序号	农兽药中文名	农兽药英文名	欧盟标准限量要求 mg/kg	国家标准限量要求 mg/kg	三安超有机食品标准	
					限量要求 mg/kg	检测方法
535	双苯酰草胺	Diphenamid			不得检出	GB/T 19650
536	二苯胺	Diphenylamine			不得检出	GB/T 19650
537	异丙净	Dipropetryn			不得检出	GB/T 19650
538	灭菌磷	Ditalimfos			不得检出	GB/T 19650
539	氟硫草定	Dithiopyr			不得检出	GB/T 19650
540	强力霉素	Doxycycline			不得检出	GB/T 20764
541	敌瘟磷	Edifenphos			不得检出	GB/T 19650
542	硫丹硫酸盐	Endosulfan - sulfate			不得检出	GB/T 19650
543	异狄氏剂酮	Endrin ketone			不得检出	GB/T 19650
544	苯硫磷	EPN			不得检出	GB/T 19650
545	埃普利诺菌素	Eprinomectin			不得检出	GB/T 21320
546	抑草蓬	Erbon			不得检出	GB/T 19650
547	*S* - 氰戊菊酯	Esfenvalerate			不得检出	GB/T 19650
548	戊草丹	Esprocarb			不得检出	GB/T 19650
549	乙环唑 - 1	Etaconazole - 1			不得检出	GB/T 19650
550	乙环唑 - 2	Etaconazole - 2			不得检出	GB/T 19650
551	乙嘧硫磷	Etrimfos			不得检出	GB/T 19650
552	氧乙嘧硫磷	Etrimfos oxon			不得检出	GB/T 19650
553	伐灭磷	Famphur			不得检出	GB/T 19650
554	苯线磷亚砜	Fenamiphos sulfoxide			不得检出	GB/T 19650
555	苯线磷砜	Fenamiphos - sulfone			不得检出	GB/T 19650
556	苯硫苯咪唑	Fenbendazole			不得检出	SN 0638
557	氧皮蝇磷	Fenchlorphos oxon			不得检出	GB/T 19650
558	甲呋酰胺	Fenfuram			不得检出	GB/T 19650
559	仲丁威	Fenobucarb			不得检出	GB/T 19650
560	苯硫威	Fenothiocarb			不得检出	GB/T 19650
561	稻瘟酰胺	Fenoxanil			不得检出	GB/T 19650
562	拌种咯	Fenpiclonil			不得检出	GB/T 19650
563	甲氰菊酯	Fenpropathrin			不得检出	GB/T 19650
564	芬螨酯	Fenson			不得检出	GB/T 19650
565	丰索磷	Fensulfothion			不得检出	GB/T 19650
566	倍硫磷亚砜	Fenthion sulfoxide			不得检出	GB/T 19650
567	麦草氟异丙酯	Flamprop - isopropyl			不得检出	GB/T 19650
568	麦草氟甲酯	Flamprop - methyl			不得检出	GB/T 19650
569	吡氟禾草灵	Fluazifop - butyl			不得检出	GB/T 19650
570	啶蜱脲	Fluazuron			不得检出	SN/T 2540
571	氟苯咪唑	Flubendazole			不得检出	GB/T 21324
572	氟噻草胺	Flufenacet			不得检出	GB/T 19650
573	氟节胺	Flumetralin			不得检出	GB/T 19650

序号	农兽药中文名	农兽药英文名	欧盟标准限量要求 mg/kg	国家标准限量要求 mg/kg	三安超有机食品标准	
					限量要求 mg/kg	检测方法
574	唑嘧磺草胺	Flumetsulam			不得检出	GB/T 20772
575	氟烯草酸	Flumiclorac			不得检出	GB/T 19650
576	丙炔氟草胺	Flumioxazin			不得检出	GB/T 19650
577	氟胺烟酸	Flunixin			不得检出	GB/T 20750
578	三氟硝草醚	Fluorodifen			不得检出	GB/T 19650
579	乙羧氟草醚	Fluoroglycofen – ethyl			不得检出	GB/T 19650
580	三氟苯唑	Fluotrimazole			不得检出	GB/T 19650
581	氟啶草酮	Fluridone			不得检出	GB/T 19650
582	氟草烟 – 1 – 甲庚酯	Fluroxypr – 1 – methylheptyl ester			不得检出	GB/T 19650
583	呋草酮	Flurtamone			不得检出	GB/T 19650
584	地虫硫磷	Fonofos			不得检出	GB/T 19650
585	安果	Formothion			不得检出	GB/T 19650
586	呋霜灵	Furalaxyl			不得检出	GB/T 19650
587	庆大霉素	Gentamicin			不得检出	GB/T 21323
588	苄螨醚	Halfenprox			不得检出	GB/T 19650
589	氟哌啶醇	Haloperidol			不得检出	GB/T 20763
590	庚烯磷	Heptanophos			不得检出	GB/T 19650
591	己唑醇	Hexaconazole			不得检出	GB/T 19650
592	环嗪酮	Hexazinone			不得检出	GB/T 19650
593	咪草酸	Imazamethabenz – methyl			不得检出	GB/T 19650
594	脱苯甲基亚胺唑	Imibenconazole – *des* – benzyl			不得检出	GB/T 19650
595	炔咪菊酯 – 1	Imiprothrin – 1			不得检出	GB/T 19650
596	炔咪菊酯 – 2	Imiprothrin – 2			不得检出	GB/T 19650
597	碘硫磷	Iodofenphos			不得检出	GB/T 19650
598	甲基碘磺隆	Iodosulfuron – methyl			不得检出	GB/T 20772
599	异稻瘟净	Iprobenfos			不得检出	GB/T 19650
600	氯唑磷	Isazofos			不得检出	GB/T 19650
601	碳氯灵	Isobenzan			不得检出	GB/T 19650
602	丁咪酰胺	Isocarbamid			不得检出	GB/T 19650
603	水胺硫磷	Isocarbophos			不得检出	GB/T 19650
604	异艾氏剂	Isodrin			不得检出	GB/T 19650
605	异柳磷	Isofenphos			不得检出	GB/T 19650
606	氧异柳磷	Isofenphos oxon			不得检出	GB/T 19650
607	氮氨菲啶	Isometamidium			不得检出	SN/T 2239
608	丁嗪草酮	Isomethiozin			不得检出	GB/T 19650
609	异丙威 – 1	Isoprocarb – 1			不得检出	GB/T 19650
610	异丙威 – 2	Isoprocarb – 2			不得检出	GB/T 19650
611	异丙乐灵	Isopropalin			不得检出	GB/T 19650

序号	农兽药中文名	农兽药英文名	欧盟标准限量要求 mg/kg	国家标准限量要求 mg/kg	三安超有机食品标准	
					限量要求 mg/kg	检测方法
612	双苯噁唑酸	Isoxadifen – ethyl			不得检出	GB/T 19650
613	异噁氟草	Isoxaflutole			不得检出	GB/T 20772
614	噁唑啉	Isoxathion			不得检出	GB/T 19650
615	交沙霉素	Josamycin			不得检出	GB/T 20762
616	拉沙里菌素	Lasalocid			不得检出	SN 0501
617	溴苯磷	Leptophos			不得检出	GB/T 19650
618	左旋咪唑	Levamisole			不得检出	SN 0349
619	利谷隆	Linuron			不得检出	GB/T 19650
620	麻保沙星	Marbofloxacin			不得检出	GB/T 22985
621	2 – 甲 – 4 – 氯丁氧乙基酯	MCPA – butoxyethyl ester			不得检出	GB/T 19650
622	甲苯咪唑	Mebendazole			不得检出	GB/T 21324
623	灭蚜磷	Mecarbam			不得检出	GB/T 19650
624	二甲四氯丙酸	Mecoprop			不得检出	SN/T 2325
625	苯噻酰草胺	Mefenacet			不得检出	GB/T 19650
626	吡唑解草酯	Mefenpyr – diethyl			不得检出	GB/T 19650
627	醋酸甲地孕酮	Megestrol acetate			不得检出	GB/T 20753
628	醋酸美仑孕酮	Melengestrol acetate			不得检出	GB/T 20753
629	嘧菌胺	Mepanipyrim			不得检出	GB/T 19650
630	地胺磷	Mephosfolan			不得检出	GB/T 19650
631	灭锈胺	Mepronil			不得检出	GB/T 19650
632	硝磺草酮	Mesotrione			不得检出	参照同类标准
633	呋菌胺	Methfuroxam			不得检出	GB/T 19650
634	灭梭威砜	Methiocarb sulfone			不得检出	GB/T 19650
635	异丙甲草胺和 *S* – 异丙甲草胺	Metolachlor and *S* – metolachlor			不得检出	GB/T 19650
636	盖草津	Methoprotryne			不得检出	GB/T 19650
637	甲醚菊酯 – 1	Methothrin – 1			不得检出	GB/T 19650
638	甲醚菊酯 – 2	Methothrin – 2			不得检出	GB/T 19650
639	甲基泼尼松龙	Methylprednisolone			不得检出	GB/T 21981
640	溴谷隆	Metobromuron			不得检出	GB/T 19650
641	甲氧氯普胺	Metoclopramide			不得检出	SN/T 2227
642	苯氧菌胺 – 1	Metominsstrobin – 1			不得检出	GB/T 19650
643	苯氧菌胺 – 2	Metominsstrobin – 2			不得检出	GB/T 19650
644	甲硝唑	Metronidazole			不得检出	GB/T 21318
645	速灭磷	Mevinphos			不得检出	GB/T 19650
646	兹克威	Mexacarbate			不得检出	GB/T 19650
647	灭蚁灵	Mirex			不得检出	GB/T 19650
648	禾草敌	Molinate			不得检出	GB/T 19650
649	庚酰草胺	Monalide			不得检出	GB/T 19650

序号	农兽药中文名	农兽药英文名	欧盟标准限量要求 mg/kg	国家标准限量要求 mg/kg	三安超有机食品标准	
					限量要求 mg/kg	检测方法
650	莫能菌素	Monensin			不得检出	SN 0698
651	莫西丁克	Moxidectin			不得检出	SN/T 2442
652	合成麝香	Musk ambrecte			不得检出	GB/T 19650
653	麝香	Musk moskene			不得检出	GB/T 19650
654	西藏麝香	Musk tibeten			不得检出	GB/T 19650
655	二甲苯麝香	Musk xylene			不得检出	GB/T 19650
656	萘夫西林	Nafcillin			不得检出	GB/T 22975
657	二溴磷	Naled			不得检出	SN/T 0706
658	萘丙胺	Naproanilide			不得检出	GB/T 19650
659	甲基盐霉素	Narasin			不得检出	GB/T 20364
660	甲磺乐灵	Nitralin			不得检出	GB/T 19650
661	三氯甲基吡啶	Nitrapyrin			不得检出	GB/T 19650
662	酞菌酯	Nitrothal – isopropyl			不得检出	GB/T 19650
663	诺氟沙星	Norfloxacin			不得检出	GB/T 20366
664	氟草敏	Norflurazon			不得检出	GB/T 19650
665	新生霉素	Novobiocin			不得检出	SN 0674
666	氟苯嘧啶醇	Nuarimol			不得检出	GB/T 19650
667	八氯苯乙烯	Octachlorostyrene			不得检出	GB/T 19650
668	氧氟沙星	Ofloxacin			不得检出	GB/T 20366
669	喹乙醇	Olaquindox			不得检出	GB/T 20746
670	竹桃霉素	Oleandomycin			不得检出	GB/T 20762
671	氧乐果	Omethoate			不得检出	GB/T 19650
672	奥比沙星	Orbifloxacin			不得检出	GB/T 22985
673	杀线威	Oxamyl			不得检出	GB/T 20772
674	奥芬达唑	Oxfendazole			不得检出	GB/T 22972
675	丙氧苯咪唑	Oxibendazole			不得检出	GB/T 21324
676	氧化氯丹	Oxy – chlordane			不得检出	GB/T 19650
677	对氧磷	Paraoxon			不得检出	GB/T 19650
678	甲基对氧磷	Paraoxon – methyl			不得检出	GB/T 19650
679	克草敌	Pebulate			不得检出	GB/T 19650
680	五氯苯胺	Pentachloroaniline			不得检出	GB/T 19650
681	五氯甲氧基苯	Pentachloroanisole			不得检出	GB/T 19650
682	五氯苯	Pentachlorobenzene			不得检出	GB/T 19650
683	氯菊酯	Permethrin			不得检出	GB/T 19650
684	乙滴涕	Perthane			不得检出	GB/T 19650
685	菲	Phenanthrene			不得检出	GB/T 19650
686	稻丰散	Phenthoate			不得检出	GB/T 19650
687	甲拌磷砜	Phorate sulfone			不得检出	GB/T 19650
688	磷胺 – 1	Phosphamidon – 1			不得检出	GB/T 19650
689	磷胺 – 2	Phosphamidon – 2			不得检出	GB/T 19650

序号	农兽药中文名	农兽药英文名	欧盟标准限量要求 mg/kg	国家标准限量要求 mg/kg	三安超有机食品标准	
					限量要求 mg/kg	检测方法
690	酞酸苯甲基丁酯	Phthalic acid, benzylbutyl ester			不得检出	GB/T 19650
691	四氯苯肽	Phthalide			不得检出	GB/T 19650
692	邻苯二甲酰亚胺	Phthalimide			不得检出	GB/T 19650
693	氟吡酰草胺	Picolinafen			不得检出	GB/T 19650
694	增效醚	Piperonyl butoxide			不得检出	GB/T 19650
695	哌草磷	Piperophos			不得检出	GB/T 19650
696	乙基虫螨清	Pirimiphos - ethyl			不得检出	GB/T 19650
697	吡利霉素	Pirlimycin			不得检出	GB/T 22988
698	炔丙菊酯	Prallethrin			不得检出	GB/T 19650
699	泼尼松龙	Prednisolone			不得检出	GB/T 21981
700	丙草胺	Pretilachlor			不得检出	GB/T 19650
701	环丙氟灵	Profluralin			不得检出	GB/T 19650
702	茉莉酮	Prohydrojasmon			不得检出	GB/T 19650
703	扑灭通	Prometon			不得检出	GB/T 19650
704	扑草净	Prometryne			不得检出	GB/T 19650
705	炔丙烯草胺	Pronamide			不得检出	GB/T 19650
706	敌稗	Propanil			不得检出	GB/T 19650
707	扑灭津	Propazine			不得检出	GB/T 19650
708	胺丙畏	Propetamphos			不得检出	GB/T 19650
709	丙酰二甲氨基丙吩噻嗪	Propionylpromazin			不得检出	GB/T 20763
710	丙硫磷	Prothiophos			不得检出	GB/T 19650
711	哒嗪硫磷	Pyridafenthion			不得检出	GB/T 19650
712	吡唑硫磷	Pyraclofos			不得检出	GB/T 19650
713	吡草醚	Pyraflufen - ethyl			不得检出	GB/T 19650
714	啶斑肟 - 1	Pyrifenox - 1			不得检出	GB/T 19650
715	啶斑肟 - 2	Pyrifenox - 2			不得检出	GB/T 19650
716	环酯草醚	Pyriftalid			不得检出	GB/T 19650
717	嘧螨醚	Pyrimidifen			不得检出	GB/T 19650
718	嘧草醚	Pyriminobac - methyl			不得检出	GB/T 19650
719	嘧啶磷	Pyrimitate			不得检出	GB/T 19650
720	喹硫磷	Quinalphos			不得检出	GB/T 19650
721	灭藻醌	Quinoclamine			不得检出	GB/T 19650
722	精喹禾灵	Quizalofop - *P* - ethyl			不得检出	GB/T 20769
723	吡咪唑	Rabenzazole			不得检出	GB/T 19650
724	莱克多巴胺	Ractopamine			不得检出	GB/T 21313
725	洛硝达唑	Ronidazole			不得检出	GB/T 21318
726	皮蝇磷	Ronnel			不得检出	GB/T 19650
727	盐霉素	Salinomycin			不得检出	GB/T 20364
728	沙拉沙星	Sarafloxacin			不得检出	GB/T 20366
729	另丁津	Sebutylazine			不得检出	GB/T 19650

序号	农兽药中文名	农兽药英文名	欧盟标准限量要求 mg/kg	国家标准限量要求 mg/kg	三安超有机食品标准	
					限量要求 mg/kg	检测方法
730	密草通	Secbumeton			不得检出	GB/T 19650
731	氨基脲	Semduramicinduramicin			不得检出	GB/T 20752
732	烯禾啶	Sethoxydim			不得检出	GB/T 19650
733	氟硅菊酯	Silafluofen			不得检出	GB/T 19650
734	硅氟唑	Simeconazole			不得检出	GB/T 19650
735	西玛通	Simetone			不得检出	GB/T 19650
736	西草净	Simetryn			不得检出	GB/T 19650
737	螺旋霉素	Spiramycin			不得检出	GB/T 20762
738	磺胺苯酰	Sulfabenzamide			不得检出	GB/T 21316
739	磺胺醋酰	Sulfacetamide			不得检出	GB/T 21316
740	磺胺氯哒嗪	Sulfachloropyridazine			不得检出	GB/T 21316
741	磺胺嘧啶	Sulfadiazine			不得检出	GB/T 21316
742	磺胺间二甲氧嘧啶	Sulfadimethoxine			不得检出	GB/T 21316
743	磺胺二甲嘧啶	Sulfadimidine			不得检出	GB/T 21316
744	磺胺多辛	Sulfadoxine			不得检出	GB/T 21316
745	磺胺脒	Sulfaguanidine			不得检出	GB/T 21316
746	菜草畏	Sulfallate			不得检出	GB/T 19650
747	磺胺甲嘧啶	Sulfamerazine			不得检出	GB/T 21316
748	新诺明	Sulfamethoxazole			不得检出	GB/T 21316
749	磺胺间甲氧嘧啶	Sulfamonomethoxine			不得检出	GB/T 21316
750	乙酰磺胺对硝基苯	Sulfanitran			不得检出	GB/T 20772
751	磺胺吡啶	Sulfapyridine			不得检出	GB/T 21316
752	磺胺喹沙啉	Sulfaquinoxaline			不得检出	GB/T 21316
753	磺胺噻唑	Sulfathiazole			不得检出	GB/T 21316
754	治螟磷	Sulfotep			不得检出	GB/T 19650
755	硫丙磷	Sulprofos			不得检出	GB/T 19650
756	苯噻硫氰	TCMTB			不得检出	GB/T 19650
757	丁基嘧啶磷	Tebupirimfos			不得检出	GB/T 19650
758	牧草胺	Tebutam			不得检出	GB/T 19650
759	丁噻隆	Tebuthiuron			不得检出	GB/T 20772
760	双硫磷	Temephos			不得检出	GB/T 20772
761	特草灵	Terbucarb			不得检出	GB/T 19650
762	特丁通	Terbumeton			不得检出	GB/T 19650
763	特丁净	Terbutryn			不得检出	GB/T 19650
764	四氢邻苯二甲酰亚胺	Tetrabydrophthalimide			不得检出	GB/T 19650
765	杀虫畏	Tetrachlorvinphos			不得检出	GB/T 19650
766	胺菊酯	Tetramethirn			不得检出	GB/T 19650
767	杀螨氯硫	Tetrasul			不得检出	GB/T 19650
768	噻吩草胺	Thenylchlor			不得检出	GB/T 19650

序号	农兽药中文名	农兽药英文名	欧盟标准限量要求 mg/kg	国家标准限量要求 mg/kg	三安超有机食品标准	
					限量要求 mg/kg	检测方法
769	噻菌灵	Thiabendazole			不得检出	GB/T 20772
770	噻唑烟酸	Thiazopyr			不得检出	GB/T 19650
771	噻苯隆	Thidiazuron			不得检出	GB/T 20772
772	噻吩磺隆	Thifensulfuron – methyl			不得检出	GB/T 20772
773	甲基乙拌磷	Thiometon			不得检出	GB/T 20772
774	虫线磷	Thionazin			不得检出	GB/T 19650
775	硫普罗宁	Tiopronin			不得检出	SN/T 2225
776	三甲苯草酮	Tralkoxydim			不得检出	GB/T 19650
777	四溴菊酯	Tralomethrin			不得检出	SN/T 2320
778	反式 – 氯丹	*trans* – Chlordane			不得检出	GB/T 19650
779	反式 – 燕麦敌	*trans* – Diallate			不得检出	GB/T 19650
780	四氟苯菊酯	Transfluthrin			不得检出	GB/T 19650
781	反式九氯	*trans* – Nonachlor			不得检出	GB/T 19650
782	反式 – 氯菊酯	*trans* – Permethrin			不得检出	GB/T 19650
783	群勃龙	Trenbolone			不得检出	GB/T 21981
784	威菌磷	Triamiphos			不得检出	GB/T 19650
785	毒壤磷	Trichloronatee			不得检出	GB/T 19650
786	灭草环	Tridiphane			不得检出	GB/T 19650
787	草达津	Trietazine			不得检出	GB/T 19650
788	三异丁基磷酸盐	Tri – *iso* – butyl phosphate			不得检出	GB/T 19650
789	三正丁基磷酸盐	Tri – *n* – butyl phosphate			不得检出	GB/T 19650
790	三苯基磷酸盐	Triphenyl phosphate			不得检出	GB/T 19650
791	烯效唑	Uniconazole			不得检出	GB/T 19650
792	灭草敌	Vernolate			不得检出	GB/T 19650
793	维吉尼霉素	Virginiamycin			不得检出	GB/T 20765
794	杀鼠灵	War farin			不得检出	GB/T 20772
795	甲苯噻嗪	Xylazine			不得检出	GB/T 20763
796	右环十四酮酚	Zeranol			不得检出	GB/T 21982
797	苯酰菌胺	Zoxamide			不得检出	GB/T 19650

13.5 兔可食用下水 Rabbit Edible Offal

序号	农兽药中文名	农兽药英文名	欧盟标准限量要求 mg/kg	国家标准限量要求 mg/kg	三安超有机食品标准	
					限量要求 mg/kg	检测方法
1	1,1 – 二氯 – 2,2 – 二(4 – 乙苯)乙烷	1,1 – Dichloro – 2,2 – bis(4 – ethylphenyl) ethane	0.01		不得检出	日本肯定列表(增补本 1)
2	1,2 – 二氯乙烷	1,2 – Dichloroethane	0.1		不得检出	SN/T 2238
3	1,3 – 二氯丙烯	1,3 – Dichloropropene	0.01		不得检出	SN/T 2238
4	1 – 萘乙酸	1 – Naphthylacetic acid	0.05		不得检出	SN/T 2228

序号	农兽药中文名	农兽药英文名	欧盟标准限量要求 mg/kg	国家标准限量要求 mg/kg	三安超有机食品标准	
					限量要求 mg/kg	检测方法
5	2,4-滴丁酸	2,4-DB	0.05		不得检出	GB/T 20769
6	2,4-滴	2,4-D	0.05		不得检出	GB/T 20772
7	2-苯酚	2-Phenylphenol	0.05		不得检出	GB/T 19650
8	阿维菌素	Abamectin	0.02		不得检出	SN/T 2661
9	乙酰甲胺磷	Acephate	0.02		不得检出	GB/T 20772
10	灭螨醌	Acequinocyl	0.01		不得检出	参照同类标准
11	啶虫脒	Acetamiprid	0.05		不得检出	GB/T 20772
12	乙草胺	Acetochlor	0.01		不得检出	GB/T 19650
13	苯并噻二唑	Acibenzolar-*S*-methyl	0.02		不得检出	GB/T 20772
14	苯草醚	Aclonifen	0.02		不得检出	GB/T 20772
15	氟丙菊酯	Acrinathrin	0.05		不得检出	GB/T 19648
16	甲草胺	Alachlor	0.01		不得检出	GB/T 20772
17	涕灭威	Aldicarb	0.01		不得检出	GB/T 20772
18	艾氏剂和狄氏剂	Aldrin and dieldrin	0.2		不得检出	GB/T 19650
19	—	Ametoctradin	0.03		不得检出	参照同类标准
20	酰嘧磺隆	Amidosulfuron	0.02		不得检出	参照同类标准
21	氯氨吡啶酸	Aminopyralid	0.01		不得检出	GB/T 23211
22	—	Amisulbrom	0.01		不得检出	参照同类标准
23	敌菌灵	Anilazine	0.01		不得检出	GB/T 20769
24	杀螨特	Aramite	0.01		不得检出	GB/T 19650
25	磺草灵	Asulam	0.1		不得检出	日本肯定列表(增补本1)
26	印楝素	Azadirachtin	0.01		不得检出	SN/T 3264
27	益棉磷	Azinphos-ethyl	0.01		不得检出	GB/T 19650
28	保棉磷	Azinphos-methyl	0.01		不得检出	GB/T 20772
29	三唑锡和三环锡	Azocyclotin and cyhexatin	0.05		不得检出	SN/T 1990
30	嘧菌酯	Azoxystrobin	0.07		不得检出	GB/T 20772
31	燕麦灵	Barban	0.05		不得检出	参照同类标准
32	氟丁酰草胺	Beflubutamid	0.05		不得检出	参照同类标准
33	苯霜灵	Benalaxyl	0.05		不得检出	GB/T 20772
34	丙硫克百威	Benfuracarb	0.02		不得检出	GB/T 20772
35	联苯肼酯	Bifenazate	0.01		不得检出	GB/T 20772
36	甲羧除草醚	Bifenox	0.05		不得检出	GB/T 23210
37	联苯菊酯	Bifenthrin	0.2		不得检出	GB/T 19650
38	乐杀螨	Binapacryl	0.01		不得检出	SN 0523
39	联苯	Biphenyl	0.01		不得检出	GB/T 19650
40	联苯三唑醇	Bitertanol	0.05		不得检出	GB/T 20772
41	—	Bixafen	0.02		不得检出	参照同类标准
42	啶酰菌胺	Boscalid	0.3		不得检出	GB/T 20772

序号	农兽药中文名	农兽药英文名	欧盟标准限量要求 mg/kg	国家标准限量要求 mg/kg	三安超有机食品标准	
					限量要求 mg/kg	检测方法
43	溴离子	Bromide ion	0.05		不得检出	GB/T5009.167
44	溴螨酯	Bromopropylate	0.01		不得检出	GB/T 19650
45	溴苯腈	Bromoxynil	0.2		不得检出	GB/T 20772
46	糠菌唑	Bromuconazole	0.05		不得检出	GB/T 19650
47	乙嘧酚磺酸酯	Bupirimate	0.05		不得检出	GB/T 19650
48	噻嗪酮	Buprofezin	0.05		不得检出	GB/T 20772
49	仲丁灵	Butralin	0.02		不得检出	GB/T 19650
50	丁草敌	Butylate	0.01		不得检出	GB/T 19650
51	硫线磷	Cadusafos	0.01		不得检出	GB/T 19650
52	咪唑菌酮	Cadusafos	0.01		不得检出	GB/T 19650
53	毒杀芬	Camphechlor	0.05		不得检出	YC/T 180
54	敌菌丹	Captafol	0.01		不得检出	GB/T 23210
55	克菌丹	Captan	0.02		不得检出	GB/T 19648
56	甲萘威	Carbaryl	0.05		不得检出	GB/T 20796
57	多菌灵和苯菌灵	Carbendazim and benomyl	0.05		不得检出	GB/T 20772
58	长杀草	Carbetamide	0.05		不得检出	GB/T 20772
59	克百威	Carbofuran	0.01		不得检出	GB/T 20772
60	丁硫克百威	Carbosulfan	0.05		不得检出	GB/T 19650
61	萎锈灵	Carboxin	0.05		不得检出	GB/T 20772
62	氯虫苯甲酰胺	Chlorantraniliprole	0.2		不得检出	参照同类标准
63	杀螨醚	Chlorbenside	0.05		不得检出	GB/T 19650
64	氯炔灵	Chlorbufam	0.05		不得检出	GB/T 20772
65	氯丹	Chlordane	0.05		不得检出	GB/T 5009.19
66	十氯酮	Chlordecone	0.1		不得检出	参照同类标准
67	杀螨酯	Chlorfenson	0.05		不得检出	GB/T 19650
68	毒虫畏	Chlorfenvinphos	0.01		不得检出	GB/T 19650
69	氯草敏	Chloridazon	0.1		不得检出	GB/T 20772
70	矮壮素	Chlormequat	0.05		不得检出	GB/T 23211
71	乙酯杀螨醇	Chlorobenzilate	0.1		不得检出	GB/T 23210
72	百菌清	Chlorothalonil	0.2		不得检出	SN/T 2320
73	绿麦隆	Chlortoluron	0.05		不得检出	GB/T 20772
74	枯草隆	Chloroxuron	0.05		不得检出	SN/T 2150
75	氯苯胺灵	Chlorpropham	0.05		不得检出	GB/T 19650
76	甲基毒死蜱	Chlorpyrifos - methyl	0.05		不得检出	GB/T 19650
77	氯磺隆	Chlorsulfuron	0.01		不得检出	GB/T 20772
78	氯酞酸甲酯	Chlorthaldimethyl	0.01		不得检出	GB/T 19650
79	氯硫酰草胺	Chlorthiamid	0.02		不得检出	GB/T 20772
80	烯草酮	Clethodim	0.05		不得检出	GB/T 19650
81	炔草酯	Clodinafop - propargyl	0.02		不得检出	GB/T 19650

序号	农兽药中文名	农兽药英文名	欧盟标准限量要求 mg/kg	国家标准限量要求 mg/kg	三安超有机食品标准	
					限量要求 mg/kg	检测方法
82	四螨嗪	Clofentezine	0.05		不得检出	GB/T 20772
83	二氯吡啶酸	Clopyralid	0.05		不得检出	SN/T 2228
84	噻虫胺	Clothianidin	0.02		不得检出	GB/T 20772
85	铜化合物	Copper compounds	30		不得检出	参照同类标准
86	环烷基酰苯胺	Cyclanilide	0.01		不得检出	参照同类标准
87	噻草酮	Cycloxydim	0.05		不得检出	GB/T 19650
88	环氟菌胺	Cyflufenamid	0.03		不得检出	GB/T 23210
89	氟氯氰菊酯和高效氟氯氰菊酯	Cyfluthrin and beta - cyfluthrin	0.05		不得检出	GB/T 19650
90	霜脲氰	Cymoxanil	0.05		不得检出	GB/T 20772
91	氯氰菊酯和高效氯氰菊酯	Cypermethrin and beta - cypermethrin	0.2		不得检出	GB/T 19650
92	环丙唑醇	Cyproconazole	0.5		不得检出	GB/T 20772
93	嘧菌环胺	Cyprodinil	0.05		不得检出	GB/T 19650
94	灭蝇胺	Cyromazine	0.05		不得检出	GB/T 20772
95	丁酰肼	Daminozide	0.05		不得检出	SN/T 1989
96	滴滴涕	DDT	1		不得检出	SN/T 0127
97	溴氰菊酯	Deltamethrin	0.5		不得检出	GB/T 19650
98	燕麦敌	Diallate	0.2		不得检出	GB/T 23211
99	二嗪磷	Diazinon	0.01		不得检出	GB/T 19650
100	麦草畏	Dicamba	0.7		不得检出	GB/T 20772
101	敌草腈	Dichlobenil	0.01		不得检出	GB/T 19650
102	滴丙酸	Dichlorprop	0.05		不得检出	SN/T 2228
103	二氯苯氧基丙酸	Diclofop	0.01		不得检出	参照同类标准
104	氯硝胺	Dicloran	0.01		不得检出	GB/T 19650
105	三氯杀螨醇	Dicofol	0.02		不得检出	GB/T 19650
106	乙霉威	Diethofencarb	0.05		不得检出	GB/T 19650
107	苯醚甲环唑	Difenoconazole	0.2		不得检出	GB/T 19650
108	除虫脲	Diflubenzuron	0.05		不得检出	SN/T 0528
109	吡氟酰草胺	Diflufenican	0.05		不得检出	GB/T 20772
110	油菜安	Dimethachlor	0.02		不得检出	GB/T 20772
111	烯酰吗啉	Dimethomorph	0.05		不得检出	GB/T 20772
112	醚菌胺	Dimoxystrobin	0.05		不得检出	SN/T 2237
113	烯唑醇	Diniconazole	0.01		不得检出	GB/T 19650
114	敌螨普	Dinocap	0.05		不得检出	日本肯定列表(增补本1)
115	地乐酚	Dinoseb	0.01		不得检出	GB/T 20772
116	特乐酚	Dinoterb	0.05		不得检出	GB/T 20772
117	敌噁磷	Dioxathion	0.05		不得检出	GB/T 19650

序号	农兽药中文名	农兽药英文名	欧盟标准限量要求 mg/kg	国家标准限量要求 mg/kg	三安超有机食品标准	
					限量要求 mg/kg	检测方法
118	敌草快	Diquat	0.05		不得检出	GB/T 5009.221
119	乙拌磷	Disulfoton	0.01		不得检出	GB/T 20772
120	二氰蒽醌	Dithianon	0.01		不得检出	GB/T 20769
121	二硫代氨基甲酸酯	Dithiocarbamates	0.05		不得检出	SN 0139
122	敌草隆	Diuron	0.05		不得检出	SN/T 0645
123	二硝甲酚	DNOC	0.05		不得检出	GB/T 20772
124	多果定	Dodine	0.2		不得检出	SN 0500
125	甲氨基阿维菌素苯甲酸盐	Emamectin benzoate	0.08		不得检出	GB/T 20769
126	硫丹	Endosulfan	0.05		不得检出	GB/T 19650
127	异狄氏剂	Endrin	0.05		不得检出	GB/T 19650
128	氟环唑	Epoxiconazole	0.02		不得检出	GB/T 20772
129	茵草敌	EPTC	0.02		不得检出	GB/T 20772
130	乙丁烯氟灵	Ethalfluralin	0.01		不得检出	GB/T 19650
131	胺苯磺隆	Ethametsulfuron	0.01		不得检出	NY/T 1616
132	乙烯利	Ethephon	0.05		不得检出	SN 0705
133	乙硫磷	Ethion	0.01		不得检出	GB/T 19650
134	乙嘧酚	Ethirimol	0.05		不得检出	GB/T 20772
135	乙氧呋草黄	Ethofumesate	0.1		不得检出	GB/T 20772
136	灭线磷	Ethoprophos	0.01		不得检出	GB/T 19650
137	乙氧喹啉	Ethoxyquin	0.05		不得检出	GB/T 20772
138	环氧乙烷	Ethylene oxide	0.02		不得检出	GB/T 23296.11
139	醚菊酯	Etofenprox	0.5		不得检出	GB/T 19650
140	乙螨唑	Etoxazole	0.01		不得检出	GB/T 19650
141	氯唑灵	Etridiazole	0.05		不得检出	GB/T 20772
142	噁唑菌酮	Famoxadone	0.05		不得检出	GB/T 20772
143	苯线磷	Fenamiphos	0.01		不得检出	GB/T 19650
144	氯苯嘧啶醇	Fenarimol	0.02		不得检出	GB/T 20772
145	喹螨醚	Fenazaquin	0.01		不得检出	GB/T 19650
146	腈苯唑	Fenbuconazole	0.05		不得检出	GB/T 20772
147	苯丁锡	Fenbutatin oxide	0.05		不得检出	SN/T 3149
148	环酰菌胺	Fenhexamid	0.05		不得检出	GB/T 20772
149	杀螟硫磷	Fenitrothion	0.01		不得检出	GB/T 20772
150	精噁唑禾草灵	Fenoxaprop - *P* - ethyl	0.05		不得检出	GB 22617
151	双氧威	Fenoxycarb	0.05		不得检出	GB/T 19650
152	苯锈啶	Fenpropidin	0.02		不得检出	GB/T 19650
153	丁苯吗啉	Fenpropimorph	0.01		不得检出	GB/T 20772
154	胺苯吡菌酮	Fenpyrazamine	0.01		不得检出	参照同类标准
155	唑螨酯	Fenpyroximate	0.01		不得检出	GB/T 19650
156	倍硫磷	Fenthion	0.05		不得检出	GB/T 20772

序号	农兽药中文名	农兽药英文名	欧盟标准限量要求 mg/kg	国家标准限量要求 mg/kg	三安超有机食品标准	
					限量要求 mg/kg	检测方法
157	三苯锡	Fentin	0.05		不得检出	SN/T 3149
158	薯瘟锡	Fentin acetate	0.05		不得检出	参照同类标准
159	氰戊菊酯和高效氰戊菊酯(RR & SS 异构体总量)	Fenvalerate and esfenvalerate (sum of RR & SS isomers)	0.2		不得检出	GB/T 19650
160	氰戊菊酯和高效氰戊菊酯(RS & SR 异构体总量)	Fenvalerate and esfenvalerate (sum of RS & SR isomers)	0.05		不得检出	GB/T 19650
161	氟虫腈	Fipronil	0.01		不得检出	SN/T 1982
162	氟啶虫酰胺	Flonicamid	0.03		不得检出	SN/T 2796
163	精吡氟禾草灵	Fluazifop – *P* – butyl	0.05		不得检出	GB/T 5009.142
164	氟啶胺	Fluazinam	0.05		不得检出	SN/T 2150
165	氟苯虫酰胺	Flubendiamide	1		不得检出	SN/T 2581
166	氟环脲	Flucycloxuron	0.05		不得检出	参照同类标准
167	氟氰戊菊酯	Flucythrinate	0.05		不得检出	GB/T 23210
168	咯菌腈	Fludioxonil	0.05		不得检出	GB/T 20772
169	氟虫脲	Flufenoxuron	0.05		不得检出	SN/T 2150
170	—	Flufenzin	0.02		不得检出	参照同类标准
171	氟吡菌胺	Fluopicolide	0.01		不得检出	参照同类标准
172	—	Fluopyram	0.7		不得检出	参照同类标准
173	氟离子	Fluoride ion	1		不得检出	GB/T 5009.167
174	氟腈嘧菌酯	Fluoxastrobin	0.05		不得检出	SN/T 2237
175	氟喹唑	Fluquinconazole	0.3		不得检出	GB/T 19650
176	氟咯草酮	Fluorochloridone	0.05		不得检出	GB/T 20772
177	氟草烟	Fluroxypyr	0.05		不得检出	GB/T 20772
178	氟硅唑	Flusilazole	0.5		不得检出	GB/T 20772
179	氟酰胺	Flutolanil	0.02		不得检出	GB/T 20772
180	粉唑醇	Flutriafol	0.01		不得检出	GB/T 20772
181	—	Fluxapyroxad	0.01		不得检出	参照同类标准
182	氟磺胺草醚	Fomesafen	0.01		不得检出	GB/T 5009.130
183	氯吡脲	Forchlorfenuron	0.05		不得检出	SN/T 3643
184	伐虫脒	Formetanate	0.01		不得检出	NY/T 1453
185	三乙膦酸铝	Fosetyl – aluminium	0.5		不得检出	参照同类标准
186	麦穗宁	Fuberidazole	0.05		不得检出	GB/T 19650
187	呋线威	Furathiocarb	0.01		不得检出	GB/T 20772
188	糠醛	Furfural	1		不得检出	参照同类标准
189	勃激素	Gibberellic acid	0.1		不得检出	GB/T 23211
190	草胺膦	Glufosinate – ammonium	0.1		不得检出	日本肯定列表
191	草甘膦	Glyphosate	0.05		不得检出	SN/T 1923
192	双胍盐	Guazatine	0.1		不得检出	参照同类标准
193	氟吡禾灵	Haloxyfop	0.1		不得检出	SN/T 2228

序号	农兽药中文名	农兽药英文名	欧盟标准限量要求 mg/kg	国家标准限量要求 mg/kg	三安超有机食品标准	
					限量要求 mg/kg	检测方法
194	七氯	Heptachlor	0.2		不得检出	SN 0663
195	六氯苯	Hexachlorobenzene	0.2		不得检出	SN/T 0127
196	六六六(HCH), α－异构体	Hexachlorociclohexane (HCH), alpha－isomer	0.2		不得检出	SN/T 0127
197	六六六(HCH), β－异构体	Hexachlorociclohexane (HCH), beta－isomer	0.1		不得检出	SN/T 0127
198	噻螨酮	Hexythiazox	0.05		不得检出	GB/T 20772
199	噁霉灵	Hymexazol	0.05		不得检出	GB/T 20772
200	抑霉唑	Imazalil	0.05		不得检出	GB/T 20772
201	甲咪唑烟酸	Imazapic	0.01		不得检出	GB/T 20772
202	咪唑喹啉酸	Imazaquin	0.05		不得检出	GB/T 20772
203	吡虫啉	Imidacloprid	0.3		不得检出	GB/T 20772
204	茚虫威	Indoxacarb	0.05		不得检出	GB/T 20772
205	碘苯腈	Ioxynil	0.2		不得检出	GB/T 20772
206	异菌脲	Iprodione	0.05		不得检出	GB/T 19650
207	稻瘟灵	Isoprothiolane	0.01		不得检出	GB/T 20772
208	异丙隆	Isoproturon	0.05		不得检出	GB/T 20772
209	—	Isopyrazam	0.01		不得检出	参照同类标准
210	异噁酰草胺	Isoxaben	0.01		不得检出	GB/T 20772
211	醚菌酯	Kresoxim－methyl	0.02		不得检出	GB/T 20772
212	乳氟禾草灵	Lactofen	0.01		不得检出	GB/T 19650
213	高效氯氟氰菊酯	Lambda－cyhalothrin	0.5		不得检出	GB/T 23210
214	环草定	Lenacil	0.1		不得检出	GB/T 19650
215	林丹	Lindane	0.02	0.01	不得检出	NY/T 761
216	虱螨脲	Lufenuron	0.02		不得检出	SN/T 2540
217	马拉硫磷	Malathion	0.02		不得检出	GB/T 19650
218	抑芽丹	Maleic hydrazide	0.02		不得检出	GB/T 23211
219	双炔酰菌胺	Mandipropamid	0.02		不得检出	参照同类标准
220	二甲四氯和二甲四氯丁酸	MCPA and MCPB	0.1		不得检出	SN/T 2228
221	壮棉素	Mepiquat chloride	0.05		不得检出	GB/T 23211
222	—	Meptyldinocap	0.05		不得检出	参照同类标准
223	汞化合物	Mercury compounds	0.01		不得检出	参照同类标准
224	氰氟虫腙	Metaflumizone	0.02		不得检出	SN/T 3852
225	甲霜灵和精甲霜灵	Metalaxyl and metalaxyl－M	0.05		不得检出	GB/T 20772
226	四聚乙醛	Metaldehyde	0.05		不得检出	SN/T 1787
227	苯嗪草酮	Metamitron	0.05		不得检出	GB/T 19650
228	吡唑草胺	Metazachlor	0.05		不得检出	GB/T 19650
229	叶菌唑	Metconazole	0.01		不得检出	GB/T 20772
230	甲基苯噻隆	Methabenzthiazuron	0.05		不得检出	GB/T 19650

序号	农兽药中文名	农兽药英文名	欧盟标准限量要求 mg/kg	国家标准限量要求 mg/kg	三安超有机食品标准	
					限量要求 mg/kg	检测方法
231	虫螨畏	Methacrifos	0.01		不得检出	GB/T 20772
232	甲胺磷	Methamidophos	0.01		不得检出	GB/T 20772
233	杀扑磷	Methidathion	0.02		不得检出	GB/T 20772
234	甲硫威	Methiocarb	0.05		不得检出	GB/T 20770
235	灭多威和硫双威	Methomyl and thiodicarb	0.02		不得检出	GB/T 20772
236	烯虫酯	Methoprene	0.05		不得检出	GB/T 19650
237	甲氧滴滴涕	Methoxychlor	0.01		不得检出	SN/T 0529
238	甲氧虫酰肼	Methoxyfenozide	0.1		不得检出	GB/T 20772
239	磺草唑胺	Metosulam	0.01		不得检出	GB/T 20772
240	苯菌酮	Metrafenone	0.05		不得检出	参照同类标准
241	嗪草酮	Metribuzin	0.1		不得检出	GB/T 19650
242	绿谷隆	Monolinuron	0.05		不得检出	GB/T 20772
243	灭草隆	Monuron	0.01		不得检出	GB/T 20772
244	腈菌唑	Myclobutanil	0.01		不得检出	GB/T 20772
245	1-萘乙酰胺	1-Naphthylacetamide	0.05		不得检出	GB/T 23205
246	敌草胺	Napropamide	0.01		不得检出	GB/T 19650
247	烟嘧磺隆	Nicosulfuron	0.05		不得检出	SN/T 2325
248	除草醚	Nitrofen	0.01		不得检出	GB/T 19650
249	氟酰脲	Novaluron	0.7		不得检出	GB/T 23211
250	嘧苯胺磺隆	Orthosulfamuron	0.01		不得检出	GB/T 23817
251	噁草酮	Oxadiazon	0.05		不得检出	GB/T 19650
252	噁霜灵	Oxadixyl	0.01		不得检出	GB/T 19650
253	环氧嘧磺隆	Oxasulfuron	0.05		不得检出	GB/T 23817
254	氧化萎锈灵	Oxycarboxin	0.05		不得检出	GB/T 19650
255	亚砜磷	Oxydemeton-methyl	0.02		不得检出	参照同类标准
256	乙氧氟草醚	Oxyfluorfen	0.05		不得检出	GB/T 20772
257	多效唑	Paclobutrazol	0.02		不得检出	GB/T 19650
258	对硫磷	Parathion	0.05		不得检出	GB/T 19650
259	甲基对硫磷	Parathion-methyl	0.01		不得检出	GB/T 5009.161
260	戊菌唑	Penconazole	0.05		不得检出	GB/T 20772
261	戊菌隆	Pencycuron	0.05		不得检出	GB/T 19650
262	二甲戊灵	Pendimethalin	0.05		不得检出	GB/T 19650
263	甜菜宁	Phenmedipham	0.05		不得检出	GB/T 23205
264	苯醚菊酯	Phenothrin	0.05		不得检出	GB/T 20772
265	甲拌磷	Phorate	0.01		不得检出	GB/T 20772
266	伏杀硫磷	Phosalone	0.01		不得检出	GB/T 20772
267	亚胺硫磷	Phosmet	0.1		不得检出	GB/T 20772
268	—	Phosphines and phosphides	0.01		不得检出	参照同类标准
269	辛硫磷	Phoxim	0.02		不得检出	GB/T 20772

序号	农兽药中文名	农兽药英文名	欧盟标准限量要求 mg/kg	国家标准限量要求 mg/kg	三安超有机食品标准	
					限量要求 mg/kg	检测方法
270	氨氯吡啶酸	Picloram	0.5		不得检出	GB/T 23211
271	啶氧菌酯	Picoxystrobin	0.05		不得检出	GB/T 19650
272	抗蚜威	Pirimicarb	0.05		不得检出	GB/T 20772
273	甲基嘧啶磷	Pirimiphos - methyl	0.05		不得检出	GB/T 20772
274	咪鲜胺	Prochloraz	0.1		不得检出	GB/T 19650
275	腐霉利	Procymidone	0.01		不得检出	GB/T 20772
276	丙溴磷	Profenofos	0.05		不得检出	GB/T 20772
277	调环酸	Prohexadione	0.05		不得检出	日本肯定列表
278	毒草安	Propachlor	0.02		不得检出	GB/T 20772
279	扑派威	Propamocarb	0.1		不得检出	GB/T 20772
280	恶草酸	Propaquizafop	0.05		不得检出	GB/T 20772
281	炔螨特	Propargite	0.1		不得检出	GB/T 19650
282	苯胺灵	Propham	0.05		不得检出	GB/T 19650
283	丙环唑	Propiconazole	0.01		不得检出	GB/T 19650
284	异丙草胺	Propisochlor	0.01		不得检出	GB/T 19650
285	残杀威	Propoxur	0.05		不得检出	GB/T 20772
286	炔苯酰草胺	Propyzamide	0.02		不得检出	GB/T 19650
287	苄草丹	Prosulfocarb	0.05		不得检出	GB/T 19650
288	丙硫菌唑	Prothioconazole	0.5		不得检出	参照同类标准
289	吡蚜酮	Pymetrozine	0.01		不得检出	GB/T 20772
290	吡唑醚菌酯	Pyraclostrobin	0.05		不得检出	GB/T 20772
291	—	Pyrasulfotole	0.01		不得检出	参照同类标准
292	吡菌磷	Pyrazophos	0.02		不得检出	GB/T 20772
293	除虫菊素	Pyrethrins	0.05		不得检出	GB/T 20772
294	哒螨灵	Pyridaben	0.02		不得检出	GB/T 19650
295	啶虫丙醚	Pyridalyl	0.01		不得检出	日本肯定列表
296	哒草特	Pyridate	0.05		不得检出	日本肯定列表
297	嘧霉胺	Pyrimethanil	0.05		不得检出	GB/T 19650
298	吡丙醚	Pyriproxyfen	0.05		不得检出	GB/T 19650
299	甲氧磺草胺	Pyroxsulam	0.01		不得检出	SN/T 2325
300	氯甲喹啉酸	Quinmerac	0.05		不得检出	参照同类标准
301	喹氧灵	Quinoxyfen	0.2		不得检出	SN/T 2319
302	五氯硝基苯	Quintozene	0.01		不得检出	GB/T 19650
303	精喹禾灵	Quizalofop - *P* - ethyl	0.05		不得检出	SN/T 2150
304	灭虫菊	Resmethrin	0.1		不得检出	GB/T 20772
305	鱼藤酮	Rotenone	0.01		不得检出	GB/T 20772
306	西玛津	Simazine	0.01		不得检出	SN 0594
307	乙基多杀菌素	Spinetoram	0.01		不得检出	参照同类标准
308	多杀霉素	Spinosad	0.02		不得检出	GB/T 20772

<table>
<tr><th rowspan="2">序号</th><th rowspan="2">农兽药中文名</th><th rowspan="2">农兽药英文名</th><th rowspan="2">欧盟标准限量要求 mg/kg</th><th rowspan="2">国家标准限量要求 mg/kg</th><th colspan="2">三安超有机食品标准</th></tr>
<tr><th>限量要求 mg/kg</th><th>检测方法</th></tr>
<tr><td>309</td><td>螺螨酯</td><td>Spirodiclofen</td><td>0.05</td><td></td><td>不得检出</td><td>GB/T 20772</td></tr>
<tr><td>310</td><td>螺甲螨酯</td><td>Spiromesifen</td><td>0.01</td><td></td><td>不得检出</td><td>GB/T 23210</td></tr>
<tr><td>311</td><td>螺虫乙酯</td><td>Spirotetramat</td><td>0.03</td><td></td><td>不得检出</td><td>参照同类标准</td></tr>
<tr><td>312</td><td>葚孢菌素</td><td>Spiroxamine</td><td>0.05</td><td></td><td>不得检出</td><td>GB/T 20772</td></tr>
<tr><td>313</td><td>磺草酮</td><td>Sulcotrione</td><td>0.05</td><td></td><td>不得检出</td><td>参照同类标准</td></tr>
<tr><td>314</td><td>乙黄隆</td><td>Sulfosulfuron</td><td>0.05</td><td></td><td>不得检出</td><td>SN/T 2325</td></tr>
<tr><td>315</td><td>硫磺粉</td><td>Sulfur</td><td>0.5</td><td></td><td>不得检出</td><td>参照同类标准</td></tr>
<tr><td>316</td><td>氟胺氰菊酯</td><td>Tau – fluvalinate</td><td>0.01</td><td></td><td>不得检出</td><td>SN 0691</td></tr>
<tr><td>317</td><td>戊唑醇</td><td>Tebuconazole</td><td>0.1</td><td></td><td>不得检出</td><td>GB/T 20772</td></tr>
<tr><td>318</td><td>虫酰肼</td><td>Tebufenozide</td><td>0.05</td><td></td><td>不得检出</td><td>GB/T 20772</td></tr>
<tr><td>319</td><td>吡螨胺</td><td>Tebufenpyrad</td><td>0.05</td><td></td><td>不得检出</td><td>GB/T 19650</td></tr>
<tr><td>320</td><td>四氯硝基苯</td><td>Tecnazene</td><td>0.05</td><td></td><td>不得检出</td><td>GB/T 19650</td></tr>
<tr><td>321</td><td>氟苯脲</td><td>Teflubenzuron</td><td>0.05</td><td></td><td>不得检出</td><td>SN/T 2150</td></tr>
<tr><td>322</td><td>七氟菊酯</td><td>Tefluthrin</td><td>0.05</td><td></td><td>不得检出</td><td>GB/T 23210</td></tr>
<tr><td>323</td><td>得杀草</td><td>Tepraloxydim</td><td>0.1</td><td></td><td>不得检出</td><td>GB/T 20772</td></tr>
<tr><td>324</td><td>特丁硫磷</td><td>Terbufos</td><td>0.01</td><td></td><td>不得检出</td><td>GB/T 20772</td></tr>
<tr><td>325</td><td>特丁津</td><td>Terbuthylazine</td><td>0.05</td><td></td><td>不得检出</td><td>GB/T 19650</td></tr>
<tr><td>326</td><td>四氟醚唑</td><td>Tetraconazole</td><td>0.5</td><td></td><td>不得检出</td><td>GB/T 20772</td></tr>
<tr><td>327</td><td>三氯杀螨砜</td><td>Tetradifon</td><td>0.05</td><td></td><td>不得检出</td><td>GB/T 19650</td></tr>
<tr><td>328</td><td>噻虫啉</td><td>Thiacloprid</td><td>0.01</td><td></td><td>不得检出</td><td>GB/T 20772</td></tr>
<tr><td>329</td><td>噻虫嗪</td><td>Thiamethoxam</td><td>0.03</td><td></td><td>不得检出</td><td>GB/T 20772</td></tr>
<tr><td>330</td><td>禾草丹</td><td>Thiobencarb</td><td>0.01</td><td></td><td>不得检出</td><td>GB/T 20772</td></tr>
<tr><td>331</td><td>甲基硫菌灵</td><td>Thiophanate – methyl</td><td>0.05</td><td></td><td>不得检出</td><td>SN/T 0162</td></tr>
<tr><td>332</td><td>甲基立枯磷</td><td>Tolclofos – methyl</td><td>0.05</td><td></td><td>不得检出</td><td>GB/T 19650</td></tr>
<tr><td>333</td><td>甲苯氟磺胺</td><td>Tolylfluanid</td><td>0.1</td><td></td><td>不得检出</td><td>GB/T 19650</td></tr>
<tr><td>334</td><td>—</td><td>Topramezone</td><td>0.05</td><td></td><td>不得检出</td><td>参照同类标准</td></tr>
<tr><td>335</td><td>三唑酮和三唑醇</td><td>Triadimefon and triadimenol</td><td>0.1</td><td></td><td>不得检出</td><td>GB/T 20772</td></tr>
<tr><td>336</td><td>野麦畏</td><td>Triallate</td><td>0.05</td><td></td><td>不得检出</td><td>GB/T 20772</td></tr>
<tr><td>337</td><td>醚苯磺隆</td><td>Triasulfuron</td><td>0.05</td><td></td><td>不得检出</td><td>GB/T 20772</td></tr>
<tr><td>338</td><td>三唑磷</td><td>Triazophos</td><td>0.01</td><td></td><td>不得检出</td><td>GB/T 20772</td></tr>
<tr><td>339</td><td>敌百虫</td><td>Trichlorphon</td><td>0.01</td><td></td><td>不得检出</td><td>GB/T 20772</td></tr>
<tr><td>340</td><td>绿草定</td><td>Triclopyr</td><td>0.05</td><td></td><td>不得检出</td><td>SN/T 2228</td></tr>
<tr><td>341</td><td>三环唑</td><td>Tricyclazole</td><td>0.05</td><td></td><td>不得检出</td><td>GB/T 20769</td></tr>
<tr><td>342</td><td>十三吗啉</td><td>Tridemorph</td><td>0.01</td><td></td><td>不得检出</td><td>GB/T 20772</td></tr>
<tr><td>343</td><td>肟菌酯</td><td>Trifloxystrobin</td><td>0.04</td><td></td><td>不得检出</td><td>GB/T 19650</td></tr>
<tr><td>344</td><td>氟菌唑</td><td>Triflumizole</td><td>0.05</td><td></td><td>不得检出</td><td>GB/T 20769</td></tr>
<tr><td>345</td><td>杀铃脲</td><td>Triflumuron</td><td>0.01</td><td></td><td>不得检出</td><td>GB/T 20772</td></tr>
<tr><td>346</td><td>氟乐灵</td><td>Trifluralin</td><td>0.01</td><td></td><td>不得检出</td><td>GB/T 20772</td></tr>
<tr><td>347</td><td>嗪氨灵</td><td>Triforine</td><td>0.01</td><td></td><td>不得检出</td><td>SN 0695</td></tr>
</table>

序号	农兽药中文名	农兽药英文名	欧盟标准限量要求 mg/kg	国家标准限量要求 mg/kg	三安超有机食品标准	
					限量要求 mg/kg	检测方法
348	三甲基锍阳离子	Trimethyl – sulfonium cation	0.05		不得检出	参照同类标准
349	抗倒酯	Trinexapac	0.05		不得检出	GB/T 20769
350	灭菌唑	Triticonazole	0.01		不得检出	GB/T 20772
351	三氟甲磺隆	Tritosulfuron	0.01		不得检出	参照同类标准
352	—	Valifenalate	0.01		不得检出	参照同类标准
353	乙烯菌核利	Vinclozolin	0.05		不得检出	GB/T 20772
354	2,3,4,5 – 四氯苯胺	2,3,4,5 – Tetrachloraniline			不得检出	GB/T 19650
355	2,3,4,5 – 四氯甲氧基苯	2,3,4,5 – Tetrachloroanisole			不得检出	GB/T 19650
356	2,3,5,6 – 四氯苯胺	2,3,5,6 – Tetrachloroaniline			不得检出	GB/T 19650
357	2,4,5 – 涕	2,4,5 – T			不得检出	GB/T 20772
358	*o*,*p*′ – 滴滴滴	2,4′ – DDD			不得检出	GB/T 19650
359	*o*,*p*′ – 滴滴伊	2,4′ – DDE			不得检出	GB/T 19650
360	*o*,*p*′ – 滴滴涕	2,4′ – DDT			不得检出	GB/T 19650
361	2,6 – 二氯苯甲酰胺	2,6 – Dichlorobenzamide			不得检出	GB/T 19650
362	3,5 – 二氯苯胺	3,5 – Dichloroaniline			不得检出	GB/T 19650
363	*p*,*p*′ – 滴滴滴	4,4′ – DDD			不得检出	GB/T 19650
364	*p*,*p*′ – 滴滴伊	4,4′ – DDE			不得检出	GB/T 19650
365	*p*,*p*′ – 滴滴涕	4,4′ – DDT			不得检出	GB/T 19650
366	4,4′ – 二溴二苯甲酮	4,4′ – Dibromobenzophenone			不得检出	GB/T 19650
367	4,4′ – 二氯二苯甲酮	4,4′ – Dichlorobenzophenone			不得检出	GB/T 19650
368	二氢苊	Acenaphthene			不得检出	GB/T 19650
369	乙酰丙嗪	Acepromazine			不得检出	GB/T 20763
370	三氟羧草醚	Acifluorfen			不得检出	GB/T 20772
371	1 – 氨基 – 2 – 乙内酰脲	AHD			不得检出	GB/T 21311
372	涕灭砜威	Aldoxycarb			不得检出	GB/T 20772
373	烯丙菊酯	Allethrin			不得检出	GB/T 20772
374	二丙烯草胺	Allidochlor			不得检出	GB/T 19650
375	烯丙孕素	Altrenogest			不得检出	SN/T 1980
376	莠灭净	Ametryn			不得检出	GB/T 20772
377	双甲脒	Amitraz			不得检出	GB/T 19650
378	杀草强	Amitrole			不得检出	SN/T 1737.6
379	5 – 吗啉甲基 – 3 – 氨基 – 2 – 噁唑烷基酮	AMOZ			不得检出	GB/T 21311
380	氨苄青霉素	Ampicillin			不得检出	GB/T 21315
381	氨丙嘧吡啶	Amprolium			不得检出	SN/T 0276
382	莎稗磷	Anilofos			不得检出	GB/T 19650
383	蒽醌	Anthraquinone			不得检出	GB/T 19650
384	3 – 氨基 – 2 – 噁唑酮	AOZ			不得检出	GB/T 21311
385	安普霉素	Apramycin			不得检出	GB/T 21323

序号	农兽药中文名	农兽药英文名	欧盟标准限量要求 mg/kg	国家标准限量要求 mg/kg	三安超有机食品标准	
					限量要求 mg/kg	检测方法
386	丙硫特普	Aspon			不得检出	GB/T 19650
387	羟氨卡青霉素	Aspoxicillin			不得检出	GB/T 21315
388	乙基杀扑磷	Athidathion			不得检出	GB/T 19650
389	莠去通	Atratone			不得检出	GB/T 19650
390	莠去津	Atrazine			不得检出	GB/T 20772
391	脱乙基阿特拉津	Atrazine - desethyl			不得检出	GB/T 19650
392	甲基吡噁磷	Azamethiphos			不得检出	GB/T 20763
393	氮哌酮	Azaperone			不得检出	SN/T2221
394	叠氮津	Aziprotryne			不得检出	GB/T 19650
395	杆菌肽	Bacitracin			不得检出	GB/T 20743
396	4 - 溴 - 3,5 - 二甲苯基 - *N* - 甲基氨基甲酸酯 - 1	BDMC - 1			不得检出	GB/T 19650
397	4 - 溴 - 3,5 - 二甲苯基 - *N* - 甲基氨基甲酸酯 - 2	BDMC - 2			不得检出	GB/T 19650
398	噁虫威	Bendiocarb			不得检出	GB/T 20772
399	乙丁氟灵	Benfluralin			不得检出	GB/T 19650
400	呋草黄	Benfuresate			不得检出	GB/T 19650
401	麦锈灵	Benodanil			不得检出	GB/T 19650
402	解草酮	Benoxacor			不得检出	GB/T 19650
403	新燕灵	Benzoylprop - ethyl			不得检出	GB/T 19650
404	苄青霉素	Benzyl pencillin			不得检出	GB/T 21315
405	倍他米松	Betamethasone			不得检出	SN/T 1970
406	生物烯丙菊酯 - 1	Bioallethrin - 1			不得检出	GB/T 19650
407	生物烯丙菊酯 - 2	Bioallethrin - 2			不得检出	GB/T 19650
408	生物苄呋菊酯	Bioresmethrin			不得检出	GB/T 20772
409	除草定	Bromacil			不得检出	GB/T 20772
410	溴苯烯磷	Bromfenvinfos			不得检出	GB/T 19650
411	溴烯杀	Bromocylen			不得检出	GB/T 19650
412	溴硫磷	Bromofos			不得检出	GB/T 19650
413	乙基溴硫磷	Bromophos - ethyl			不得检出	GB/T 19650
414	溴丁酰草胺	Btomobutide			不得检出	GB/T 19650
415	氟丙嘧草酯	Butafenacil			不得检出	GB/T 19650
416	抑草磷	Butamifos			不得检出	GB/T 19650
417	丁草胺	Butaxhlor			不得检出	GB/T 19650
418	苯酮唑	Cafenstrole			不得检出	GB/T 19650
419	角黄素	Canthaxanthin			不得检出	SN/T 2327
420	咔唑心安	Carazolol			不得检出	GB/T 20763
421	卡巴氧	Carbadox			不得检出	GB/T 20746
422	三硫磷	Carbophenothion			不得检出	GB/T 19650

序号	农兽药中文名	农兽药英文名	欧盟标准限量要求 mg/kg	国家标准限量要求 mg/kg	三安超有机食品标准	
					限量要求 mg/kg	检测方法
423	唑草酮	Carfentrazone – ethyl			不得检出	GB/T 19650
424	卡洛芬	Carprofen			不得检出	SN/T 2190
425	头孢洛宁	Cefalonium			不得检出	GB/T 22989
426	头孢匹林	Cefapirin			不得检出	GB/T 22989
427	头孢喹肟	Cefquinome			不得检出	GB/T 22989
428	头孢噻呋	Ceftiofur			不得检出	GB/T 21314
429	头孢氨苄	Cefalexin			不得检出	GB/T 22989
430	氯霉素	Chloramphenicolum			不得检出	GB/T 20772
431	氯杀螨砜	Chlorbenside sulfone			不得检出	GB/T 19650
432	氯溴隆	Chlorbromuron			不得检出	GB/T 19650
433	杀虫脒	Chlordimeform			不得检出	GB/T 19650
434	氯氧磷	Chlorethoxyfos			不得检出	GB/T 19650
435	溴虫腈	Chlorfenapyr			不得检出	GB/T 19650
436	杀螨醇	Chlorfenethol			不得检出	GB/T 19650
437	燕麦酯	Chlorfenprop – methyl			不得检出	GB/T 19650
438	氟啶脲	Chlorfluazuron			不得检出	SN/T 2540
439	整形醇	Chlorflurenol			不得检出	GB/T 19650
440	氯地孕酮	Chlormadinone			不得检出	SN/T 1980
441	醋酸氯地孕酮	Chlormadinone acetate			不得检出	GB/T 20753
442	氯甲硫磷	Chlormephos			不得检出	GB/T 19650
443	氯苯甲醚	Chloroneb			不得检出	GB/T 19650
444	丙酯杀螨醇	Chloropropylate			不得检出	GB/T 19650
445	氯丙嗪	Chlorpromazine			不得检出	GB/T 20763
446	毒死蜱	Chlorpyrifos			不得检出	GB/T 19650
447	金霉素	Chlortetracycline			不得检出	GB/T 21317
448	氯硫磷	Chlorthion			不得检出	GB/T 19650
449	虫螨磷	Chlorthiophos			不得检出	GB/T 19650
450	乙菌利	Chlozolinate			不得检出	GB/T 19650
451	顺式 – 氯丹	*cis* – Chlordane			不得检出	GB/T 19650
452	顺式 – 燕麦敌	*cis* – Diallate			不得检出	GB/T 19650
453	顺式 – 氯菊酯	*cis* – Permethrin			不得检出	GB/T 19650
454	克仑特罗	Clenbuterol			不得检出	GB/T 22286
455	异噁草酮	Clomazone			不得检出	GB/T 20772
456	氯甲酰草胺	Clomeprop			不得检出	GB/T 19650
457	氯羟吡啶	Clopidol			不得检出	GB 29700
458	解草酯	Cloquintocet – mexyl			不得检出	GB/T 19650
459	邻氯青霉素	Cloxacillin			不得检出	GB/T 18932.25
460	蝇毒磷	Coumaphos			不得检出	GB/T 19650

序号	农兽药中文名	农兽药英文名	欧盟标准限量要求 mg/kg	国家标准限量要求 mg/kg	三安超有机食品标准	
					限量要求 mg/kg	检测方法
461	鼠立死	Crimidine			不得检出	GB/T 19650
462	巴毒磷	Crotxyphos			不得检出	GB/T 19650
463	育畜磷	Crufomate			不得检出	GB/T 19650
464	苯腈磷	Cyanofenphos			不得检出	GB/T 19650
465	杀螟腈	Cyanophos			不得检出	GB/T 20772
466	环草敌	Cycloate			不得检出	GB/T 20772
467	环莠隆	Cycluron			不得检出	GB/T 20772
468	环丙津	Cyprazine			不得检出	GB/T 20772
469	敌草索	Dacthal			不得检出	GB/T 19650
470	达氟沙星	Danofloxacin			不得检出	GB/T 22985
471	癸氧喹酯	Decoquinate			不得检出	SN/T2444
472	脱叶磷	DEF			不得检出	GB/T 19650
473	2,2′,4,5,5′-五氯联苯	DE-PCB 101			不得检出	GB/T 19650
474	2,3,4,4′,5-五氯联苯	DE-PCB 118			不得检出	GB/T 19650
475	2,2′,3,4,4′,5-六氯联苯	DE-PCB 138			不得检出	GB/T 19650
476	2,2′,4,4′,5,5′-六氯联苯	DE-PCB 153			不得检出	GB/T 19650
477	2,2′,3,4,4′,5,5′-七氯联苯	DE-PCB 180			不得检出	GB/T 19650
478	2,4,4′-三氯联苯	DE-PCB 28			不得检出	GB/T 19650
479	2,4,5-三氯联苯	DE-PCB 31			不得检出	GB/T 19650
480	2,2′,5,5′-四氯联苯	DE-PCB 52			不得检出	GB/T 19650
481	脱溴溴苯磷	Desbrom-leptophos			不得检出	GB/T 19650
482	脱乙基另丁津	Desethyl-sebuthylazine			不得检出	GB/T 19650
483	敌草净	Desmetryn			不得检出	GB/T 19650
484	地塞米松	Dexamethasone			不得检出	SN/T 1970
485	氯亚胺硫磷	Dialifos			不得检出	GB/T 19650
486	敌菌净	Diaveridine			不得检出	SN/T 1926
487	驱虫特	Dibutyl succinate			不得检出	GB/T 20772
488	异氯磷	Dicapthon			不得检出	GB/T 20772
489	敌草腈	Dichlobenil			不得检出	GB/T 19650
490	除线磷	Dichlofenthion			不得检出	GB/T 20772
491	苯氟磺胺	Dichlofluanid			不得检出	GB/T 19650
492	烯丙酰草胺	Dichlormid			不得检出	GB/T 19650
493	敌敌畏	Dichlorvos			不得检出	GB/T 20772
494	苄氯三唑醇	Diclobutrazole			不得检出	GB/T 20772
495	禾草灵	Diclofop-methyl			不得检出	GB/T 19650
496	双氯青霉素	Dicloxacillin			不得检出	GB/T 18932.25
497	己烯雌酚	Diethylstilbestrol			不得检出	GB/T 20766
498	双氟沙星	Difloxacin			不得检出	GB/T 20366

序号	农兽药中文名	农兽药英文名	欧盟标准限量要求 mg/kg	国家标准限量要求 mg/kg	三安超有机食品标准	
					限量要求 mg/kg	检测方法
499	二氢链霉素	Dihydro - streptomycin			不得检出	GB/T 22969
500	甲氟磷	Dimefox			不得检出	GB/T 19650
501	哌草丹	Dimepiperate			不得检出	GB/T 19650
502	异戊乙净	Dimethametryn			不得检出	GB/T 19650
503	二甲酚草胺	Dimethenamid			不得检出	GB/T 19650
504	乐果	Dimethoate			不得检出	GB/T 20772
505	甲基毒虫畏	Dimethylvinphos			不得检出	GB/T 19650
506	地美硝唑	Dimetridazole			不得检出	GB/T 21318
507	二硝托安	Dinitolmide			不得检出	SN/T 2453
508	氨氟灵	Dinitramine			不得检出	GB/T 19650
509	消螨通	Dinobuton			不得检出	GB/T 19650
510	呋虫胺	Dinotefuran			不得检出	GB/T 20772
511	苯虫醚 - 1	Diofenolan - 1			不得检出	GB/T 19650
512	苯虫醚 - 2	Diofenolan - 2			不得检出	GB/T 19650
513	蔬果磷	Dioxabenzofos			不得检出	GB/T 19650
514	双苯酰草胺	Diphenamid			不得检出	GB/T 19650
515	二苯胺	Diphenylamine			不得检出	GB/T 19650
516	异丙净	Dipropetryn			不得检出	GB/T 19650
517	灭菌磷	Ditalimfos			不得检出	GB/T 19650
518	氟硫草定	Dithiopyr			不得检出	GB/T 19650
519	多拉菌素	Doramectin			不得检出	GB/T 22968
520	强力霉素	Doxycycline			不得检出	GB/ T20764
521	敌瘟磷	Edifenphos			不得检出	GB/T 19650
522	硫丹硫酸盐	Endosulfan - sulfate			不得检出	GB/T 19650
523	异狄氏剂酮	Endrin ketone			不得检出	GB/T 19650
524	恩诺沙星	Enrofloxacin			不得检出	GB/T 20366
525	苯硫磷	EPN			不得检出	GB/T 19650
526	埃普利诺菌素	Eprinomectin			不得检出	GB/T 21320
527	抑草蓬	Erbon			不得检出	GB/T 19650
528	红霉素	Erythromycin			不得检出	GB/T20762
529	*S* - 氰戊菊酯	Esfenvalerate			不得检出	GB/T 19650
530	戊草丹	Esprocarb			不得检出	GB/T 19650
531	乙环唑 - 1	Etaconazole - 1			不得检出	GB/T 19650
532	乙环唑 - 2	Etaconazole - 2			不得检出	GB/T 19650
533	乙嘧硫磷	Etrimfos			不得检出	GB/T 19650
534	氧乙嘧硫磷	Etrimfos oxon			不得检出	GB/T 19650
535	伐灭磷	Famphur			不得检出	GB/T 19650
536	苯线磷亚砜	Fenamiphos sulfoxide			不得检出	GB/T 19650
537	苯线磷砜	Fenamiphos - sulfone			不得检出	GB/T 19650

序号	农兽药中文名	农兽药英文名	欧盟标准限量要求 mg/kg	国家标准限量要求 mg/kg	三安超有机食品标准	
					限量要求 mg/kg	检测方法
538	苯硫苯咪唑	Fenbendazole			不得检出	SN 0638
539	氧皮蝇磷	Fenchlorphos oxon			不得检出	GB/T 19650
540	甲呋酰胺	Fenfuram			不得检出	GB/T 19650
541	仲丁威	Fenobucarb			不得检出	GB/T 19650
542	苯硫威	Fenothiocarb			不得检出	GB/T 19650
543	稻瘟酰胺	Fenoxanil			不得检出	GB/T 19650
544	拌种咯	Fenpiclonil			不得检出	GB/T 19650
545	甲氰菊酯	Fenpropathrin			不得检出	GB/T 19650
546	芬螨酯	Fenson			不得检出	GB/T 19650
547	丰索磷	Fensulfothion			不得检出	GB/T 19650
548	倍硫磷亚砜	Fenthion sulfoxide			不得检出	GB/T 19650
549	麦草氟异丙酯	Flamprop - isopropyl			不得检出	GB/T 19650
550	麦草氟甲酯	Flamprop - methyl			不得检出	GB/T 19650
551	氟苯尼考	Florfenicol			不得检出	GB/T 20756
552	吡氟禾草灵	Fluazifop - butyl			不得检出	GB/T 19650
553	啶蜱脲	Fluazuron			不得检出	SN/T 2540
554	氟苯咪唑	Flubendazole			不得检出	GB/T 21324
555	氟噻草胺	Flufenacet			不得检出	GB/T 19650
556	氟甲喹	Flumequin			不得检出	SN/T 1921
557	氟节胺	Flumetralin			不得检出	GB/T 19650
558	唑嘧磺草胺	Flumetsulam			不得检出	GB/T 20772
559	氟烯草酸	Flumiclorac			不得检出	GB/T 19650
560	丙炔氟草胺	Flumioxazin			不得检出	GB/T 19650
561	氟胺烟酸	Flunixin			不得检出	GB/T 20750
562	三氟硝草醚	Fluorodifen			不得检出	GB/T 19650
563	乙羧氟草醚	Fluoroglycofen - ethyl			不得检出	GB/T 19650
564	三氟苯唑	Fluotrimazole			不得检出	GB/T 19650
565	氟啶草酮	Fluridone			不得检出	GB/T 19650
566	氟草烟 - 1 - 甲庚酯	Fluroxypr - 1 - methylheptyl ester			不得检出	GB/T 19650
567	呋草酮	Flurtamone			不得检出	GB/T 19650
568	地虫硫磷	Fonofos			不得检出	GB/T 19650
569	安果	Formothion			不得检出	GB/T 19650
570	呋霜灵	Furalaxyl			不得检出	GB/T 19650
571	庆大霉素	Gentamicin			不得检出	GB/T 21323
572	苄螨醚	Halfenprox			不得检出	GB/T 19650
573	氟哌啶醇	Haloperidol			不得检出	GB/T 20763
574	庚烯磷	Heptanophos			不得检出	GB/T 19650
575	己唑醇	Hexaconazole			不得检出	GB/T 19650

序号	农兽药中文名	农兽药英文名	欧盟标准限量要求 mg/kg	国家标准限量要求 mg/kg	三安超有机食品标准	
					限量要求 mg/kg	检测方法
576	环嗪酮	Hexazinone			不得检出	GB/T 19650
577	咪草酸	Imazamethabenz – methyl			不得检出	GB/T 19650
578	咪唑喹啉酸	Imazaquin			不得检出	GB/T 20772
579	脱苯甲基亚胺唑	Imibenconazole – *des* – benzyl			不得检出	GB/T 19650
580	炔咪菊酯 –1	Imiprothrin – 1			不得检出	GB/T 19650
581	炔咪菊酯 –2	Imiprothrin – 2			不得检出	GB/T 19650
582	碘硫磷	Iodofenphos			不得检出	GB/T 19650
583	甲基碘磺隆	Iodosulfuron – methyl			不得检出	GB/T 20772
584	异稻瘟净	Iprobenfos			不得检出	GB/T 19650
585	氯唑磷	Isazofos			不得检出	GB/T 19650
586	碳氯灵	Isobenzan			不得检出	GB/T 19650
587	丁咪酰胺	Isocarbamid			不得检出	GB/T 19650
588	水胺硫磷	Isocarbophos			不得检出	GB/T 19650
589	异艾氏剂	Isodrin			不得检出	GB/T 19650
590	异柳磷	Isofenphos			不得检出	GB/T 19650
591	氧异柳磷	Isofenphos oxon			不得检出	GB/T 19650
592	氮氨菲啶	Isometamidium			不得检出	SN/T 2239
593	丁嗪草酮	Isomethiozin			不得检出	GB/T 19650
594	异丙威 –1	Isoprocarb – 1			不得检出	GB/T 19650
595	异丙威 –2	Isoprocarb – 2			不得检出	GB/T 19650
596	异丙乐灵	Isopropalin			不得检出	GB/T 19650
597	双苯噁唑酸	Isoxadifen – ethyl			不得检出	GB/T 19650
598	异噁氟草	Isoxaflutole			不得检出	GB/T 20772
599	噁唑啉	Isoxathion			不得检出	GB/T 19650
600	依维菌素	Ivermectin			不得检出	GB/T 21320
601	交沙霉素	Josamycin			不得检出	GB/T 20762
602	卡那霉素	Kanamycin			不得检出	GB/T 21323
603	拉沙里菌素	Lasalocid			不得检出	SN 0501
604	溴苯磷	Leptophos			不得检出	GB/T 19650
605	左旋咪唑	Levamisole			不得检出	SN 0349
606	林可霉素	Lincomycin			不得检出	GB/T 20762
607	利谷隆	Linuron			不得检出	GB/T 19650
608	麻保沙星	Marbofloxacin			不得检出	GB/T 22985
609	2 – 甲 – 4 – 氯丁氧乙基酯	MCPA – butoxyethyl ester			不得检出	GB/T 19650
610	甲苯咪唑	Mebendazole			不得检出	GB/T 21324
611	灭蚜磷	Mecarbam			不得检出	GB/T 19650
612	二甲四氯丙酸	Mecoprop			不得检出	SN/T 2325
613	苯噻酰草胺	Mefenacet			不得检出	GB/T 19650
614	吡唑解草酯	Mefenpyr – diethyl			不得检出	GB/T 19650

序号	农兽药中文名	农兽药英文名	欧盟标准限量要求 mg/kg	国家标准限量要求 mg/kg	三安超有机食品标准	
					限量要求 mg/kg	检测方法
615	醋酸甲地孕酮	Megestrol acetate			不得检出	GB/T 20753
616	醋酸美仑孕酮	Melengestrol acetate			不得检出	GB/T 20753
617	嘧菌胺	Mepanipyrim			不得检出	GB/T 19650
618	地胺磷	Mephosfolan			不得检出	GB/T 19650
619	灭锈胺	Mepronil			不得检出	GB/T 19650
620	硝磺草酮	Mesotrione			不得检出	参照同类标准
621	呋菌胺	Methfuroxam			不得检出	GB/T 19650
622	灭梭威砜	Methiocarb sulfone			不得检出	GB/T 19650
623	异丙甲草胺和 *S* - 异丙甲草胺	Metolachlor and *S* - metolachlor			不得检出	GB/T 19650
624	盖草津	Methoprotryne			不得检出	GB/T 19650
625	甲醚菊酯 - 1	Methothrin - 1			不得检出	GB/T 19650
626	甲醚菊酯 - 2	Methothrin - 2			不得检出	GB/T 19650
627	甲基泼尼松龙	Methylprednisolone			不得检出	GB/T 21981
628	溴谷隆	Metobromuron			不得检出	GB/T 19650
629	甲氧氯普胺	Metoclopramide			不得检出	SN/T 2227
630	苯氧菌胺 - 1	Metominsstrobin - 1			不得检出	GB/T 19650
631	苯氧菌胺 - 2	Metominsstrobin - 2			不得检出	GB/T 19650
632	甲硝唑	Metronidazole			不得检出	GB/T 21318
633	速灭磷	Mevinphos			不得检出	GB/T 19650
634	兹克威	Mexacarbate			不得检出	GB/T 19650
635	灭蚁灵	Mirex			不得检出	GB/T 19650
636	禾草敌	Molinate			不得检出	GB/T 19650
637	庚酰草胺	Monalide			不得检出	GB/T 19650
638	莫能菌素	Monensin			不得检出	SN 0698
639	莫西丁克	Moxidectin			不得检出	SN/T 2442
640	合成麝香	Musk ambrecte			不得检出	GB/T 19650
641	麝香	Musk moskene			不得检出	GB/T 19650
642	西藏麝香	Musk tibeten			不得检出	GB/T 19650
643	二甲苯麝香	Musk xylene			不得检出	GB/T 19650
644	萘夫西林	Nafcillin			不得检出	GB/T 22975
645	二溴磷	Naled			不得检出	SN/T 0706
646	萘丙胺	Naproanilide			不得检出	GB/T 19650
647	甲基盐霉素	Narasin			不得检出	GB/T 20364
648	新霉素	Neomycin			不得检出	SN 0646
649	甲磺乐灵	Nitralin			不得检出	GB/T 19650
650	三氯甲基吡啶	Nitrapyrin			不得检出	GB/T 19650
651	酞菌酯	Nitrothal - isopropyl			不得检出	GB/T 19650
652	诺氟沙星	Norfloxacin			不得检出	GB/T 20366

序号	农兽药中文名	农兽药英文名	欧盟标准限量要求 mg/kg	国家标准限量要求 mg/kg	三安超有机食品标准	
					限量要求 mg/kg	检测方法
653	氟草敏	Norflurazon			不得检出	GB/T 19650
654	新生霉素	Novobiocin			不得检出	SN 0674
655	氟苯嘧啶醇	Nuarimol			不得检出	GB/T 19650
656	八氯苯乙烯	Octachlorostyrene			不得检出	GB/T 19650
657	氧氟沙星	Ofloxacin			不得检出	GB/T 20366
658	喹乙醇	Olaquindox			不得检出	GB/T 20746
659	竹桃霉素	Oleandomycin			不得检出	GB/T 20762
660	氧乐果	Omethoate			不得检出	GB/T 19650
661	奥比沙星	Orbifloxacin			不得检出	GB/T 22985
662	苯唑青霉素	Oxacillin			不得检出	GB/T 18932.25
663	杀线威	Oxamyl			不得检出	GB/T 20772
664	奥芬达唑	Oxfendazole			不得检出	GB/T 22972
665	丙氧苯咪唑	Oxibendazole			不得检出	GB/T 21324
666	喹菌酮	Oxolinic acid			不得检出	日本肯定列表
667	氧化氯丹	Oxy - chlordane			不得检出	GB/T 19650
668	土霉素	Oxytetracycline			不得检出	GB/T 21317
669	对氧磷	Paraoxon			不得检出	GB/T 19650
670	甲基对氧磷	Paraoxon - methyl			不得检出	GB/T 19650
671	克草敌	Pebulate			不得检出	GB/T 19650
672	五氯苯胺	Pentachloroaniline			不得检出	GB/T 19650
673	五氯甲氧基苯	Pentachloroanisole			不得检出	GB/T 19650
674	五氯苯	Pentachlorobenzene			不得检出	GB/T 19650
675	乙滴涕	Perthane			不得检出	GB/T 19650
676	菲	Phenanthrene			不得检出	GB/T 19650
677	稻丰散	Phenthoate			不得检出	GB/T 19650
678	甲拌磷砜	Phorate sulfone			不得检出	GB/T 19650
679	磷胺 - 1	Phosphamidon - 1			不得检出	GB/T 19650
680	磷胺 - 2	Phosphamidon - 2			不得检出	GB/T 19650
681	酞酸苯甲基丁酯	Phthalic acid, benzylbutyl ester			不得检出	GB/T 19650
682	四氯苯肽	Phthalide			不得检出	GB/T 19650
683	邻苯二甲酰亚胺	Phthalimide			不得检出	GB/T 19650
684	氟吡酰草胺	Picolinafen			不得检出	GB/T 19650
685	增效醚	Piperonyl butoxide			不得检出	GB/T 19650
686	哌草磷	Piperophos			不得检出	GB/T 19650
687	乙基虫螨清	Pirimiphos - ethyl			不得检出	GB/T 19650
688	吡利霉素	Pirlimycin			不得检出	GB/T 22988
689	炔丙菊酯	Prallethrin			不得检出	GB/T 19650
690	泼尼松龙	Prednisolone			不得检出	GB/T 21981
691	丙草胺	Pretilachlor			不得检出	GB/T 19650

序号	农兽药中文名	农兽药英文名	欧盟标准限量要求 mg/kg	国家标准限量要求 mg/kg	三安超有机食品标准	
					限量要求 mg/kg	检测方法
692	环丙氟灵	Profluralin			不得检出	GB/T 19650
693	茉莉酮	Prohydrojasmon			不得检出	GB/T 19650
694	扑灭通	Prometon			不得检出	GB/T 19650
695	扑草净	Prometryne			不得检出	GB/T 19650
696	炔丙烯草胺	Pronamide			不得检出	GB/T 19650
697	敌稗	Propanil			不得检出	GB/T 19650
698	扑灭津	Propazine			不得检出	GB/T 19650
699	胺丙畏	Propetamphos			不得检出	GB/T 19650
700	丙酰二甲氨基丙吩噻嗪	Propionylpromazin			不得检出	GB/T 20763
701	丙硫磷	Prothiophos			不得检出	GB/T 19650
702	哒嗪硫磷	Pyridafenthion			不得检出	GB/T 19650
703	吡唑硫磷	Pyraclofos			不得检出	GB/T 19650
704	吡草醚	Pyraflufen - ethyl			不得检出	GB/T 19650
705	啶斑肟 - 1	Pyrifenox - 1			不得检出	GB/T 19650
706	啶斑肟 - 2	Pyrifenox - 2			不得检出	GB/T 19650
707	环酯草醚	Pyriftalid			不得检出	GB/T 19650
708	嘧螨醚	Pyrimidifen			不得检出	GB/T 19650
709	嘧草醚	Pyriminobac - methyl			不得检出	GB/T 19650
710	嘧啶磷	Pyrimitate			不得检出	GB/T 19650
711	喹硫磷	Quinalphos			不得检出	GB/T 19650
712	灭藻醌	Quinoclamine			不得检出	GB/T 19650
713	苯氧喹啉	Quinoxyphen			不得检出	GB/T 19650
714	吡咪唑	Rabenzazole			不得检出	GB/T 19650
715	莱克多巴胺	Ractopamine			不得检出	GB/T 21313
716	洛硝达唑	Ronidazole			不得检出	GB/T 21318
717	皮蝇磷	Ronnel			不得检出	GB/T 19650
718	盐霉素	Salinomycin			不得检出	GB/T 20364
719	沙拉沙星	Sarafloxacin			不得检出	GB/T 20366
720	另丁津	Sebutylazine			不得检出	GB/T 19650
721	密草通	Secbumeton			不得检出	GB/T 19650
722	氨基脲	Semduramicin			不得检出	GB/T 20752
723	烯禾啶	Sethoxydim			不得检出	GB/T 19650
724	氟硅菊酯	Silafluofen			不得检出	GB/T 19650
725	硅氟唑	Simeconazole			不得检出	GB/T 19650
726	西玛通	Simetone			不得检出	GB/T 19650
727	西草净	Simetryn			不得检出	GB/T 19650
728	壮观霉素	Spectinomycin			不得检出	GB/T 21323
729	螺旋霉素	Spiramycin			不得检出	GB/T 20762
730	链霉素	Streptomycin			不得检出	GB/T 21323

序号	农兽药中文名	农兽药英文名	欧盟标准限量要求 mg/kg	国家标准限量要求 mg/kg	三安超有机食品标准	
					限量要求 mg/kg	检测方法
731	磺胺苯酰	Sulfabenzamide			不得检出	GB/T 21316
732	磺胺醋酰	Sulfacetamide			不得检出	GB/T 21316
733	磺胺氯哒嗪	Sulfachloropyridazine			不得检出	GB/T 21316
734	磺胺嘧啶	Sulfadiazine			不得检出	GB/T 21316
735	磺胺间二甲氧嘧啶	Sulfadimethoxine			不得检出	GB/T 21316
736	磺胺二甲嘧啶	Sulfadimidine			不得检出	GB/T 21316
737	磺胺多辛	Sulfadoxine			不得检出	GB/T 21316
738	磺胺胍	Sulfaguanidine			不得检出	GB/T 21316
739	菜草畏	Sulfallate			不得检出	GB/T 19650
740	磺胺甲嘧啶	Sulfamerazine			不得检出	GB/T 21316
741	新诺明	Sulfamethoxazole			不得检出	GB/T 21316
742	磺胺间甲氧嘧啶	Sulfamonomethoxine			不得检出	GB/T 21316
743	乙酰磺胺对硝基苯	Sulfanitran			不得检出	GB/T 20772
744	磺胺吡啶	Sulfapyridine			不得检出	GB/T 21316
745	磺胺喹沙啉	Sulfaquinoxaline			不得检出	GB/T 21316
746	磺胺噻唑	Sulfathiazole			不得检出	GB/T 21316
747	治螟磷	Sulfotep			不得检出	GB/T 19650
748	硫丙磷	Sulprofos			不得检出	GB/T 19650
749	苯噻硫氰	TCMTB			不得检出	GB/T 19650
750	丁基嘧啶磷	Tebupirimfos			不得检出	GB/T 19650
751	牧草胺	Tebutam			不得检出	GB/T 19650
752	丁噻隆	Tebuthiuron			不得检出	GB/T 20772
753	双硫磷	Temephos			不得检出	GB/T 20772
754	特草灵	Terbucarb			不得检出	GB/T 19650
755	特丁通	Terbumeton			不得检出	GB/T 19650
756	特丁净	Terbutryn			不得检出	GB/T 19650
757	四氢邻苯二甲酰亚胺	Tetrabydrophthalimide			不得检出	GB/T 19650
758	杀虫畏	Tetrachlorvinphos			不得检出	GB/T 19650
759	四环素	Tetracycline			不得检出	GB/T 21317
760	胺菊酯	Tetramethirn			不得检出	GB/T 19650
761	杀螨氯硫	Tetrasul			不得检出	GB/T 19650
762	噻吩草胺	Thenylchlor			不得检出	GB/T 19650
763	噻菌灵	Thiabendazole			不得检出	GB/T 20772
764	甲砜霉素	Thiamphenicol			不得检出	GB/T 20756
765	噻唑烟酸	Thiazopyr			不得检出	GB/T 19650
766	噻苯隆	Thidiazuron			不得检出	GB/T 20772
767	噻吩磺隆	Thifensulfuron - methyl			不得检出	GB/T 20772
768	甲基乙拌磷	Thiometon			不得检出	GB/T 20772
769	虫线磷	Thionazin			不得检出	GB/T 19650

序号	农兽药中文名	农兽药英文名	欧盟标准限量要求 mg/kg	国家标准限量要求 mg/kg	三安超有机食品标准	
					限量要求 mg/kg	检测方法
770	替米考星	Tilmicosin			不得检出	GB/T 20762
771	硫普罗宁	Tiopronin			不得检出	SN/T 2225
772	三甲苯草酮	Tralkoxydim			不得检出	GB/T 19650
773	四溴菊酯	Tralomethrin			不得检出	SN/T 2320
774	反式-氯丹	*trans*-Chlordane			不得检出	GB/T 19650
775	反式-燕麦敌	*trans*-Diallate			不得检出	GB/T 19650
776	四氟苯菊酯	Transfluthrin			不得检出	GB/T 19650
777	反式九氯	*trans*-Nonachlor			不得检出	GB/T 19650
778	反式-氯菊酯	*trans*-Permethrin			不得检出	GB/T 19650
779	群勃龙	Trenbolone			不得检出	GB/T 21981
780	威菌磷	Triamiphos			不得检出	GB/T 19650
781	毒壤磷	Trichloronate			不得检出	GB/T 19650
782	灭草环	Tridiphane			不得检出	GB/T 19650
783	草达津	Trietazine			不得检出	GB/T 19650
784	三异丁基磷酸盐	Tri-*iso*-butyl phosphate			不得检出	GB/T 19650
785	甲氧苄氨嘧啶	Trimethoprim			不得检出	SN/T 1769
786	三正丁基磷酸盐	Tri-*n*-butyl phosphate			不得检出	GB/T 19650
787	三苯基磷酸盐	Triphenyl phosphate			不得检出	GB/T 19650
788	泰乐霉素	Tylosin			不得检出	GB/T 22941
789	烯效唑	Uniconazole			不得检出	GB/T 19650
790	灭草敌	Vernolate			不得检出	GB/T 19650
791	维吉尼霉素	Virginiamycin			不得检出	GB/T 20765
792	杀鼠灵	War farin			不得检出	GB/T 20772
793	甲苯噻嗪	Xylazine			不得检出	GB/T 20763
794	右环十四酮酚	Zeranol			不得检出	GB/T 21982
795	苯酰菌胺	Zoxamide			不得检出	GB/T 19650

14 鹿(1种)

14.1 鹿肉 Venison

序号	农兽药中文名	农兽药英文名	欧盟标准限量要求 mg/kg	国家标准限量要求 mg/kg	三安超有机食品标准	
					限量要求 mg/kg	检测方法
1	1,1-二氯-2,2-二(4-乙苯)乙烷	1,1-Dichloro-2,2-bis(4-ethylphenyl)ethane	0.01		不得检出	日本肯定列表(增补本1)
2	1,2-二氯乙烷	1,2-Dichloroethane	0.1		不得检出	SN/T 2238
3	1,3-二氯丙烯	1,3-Dichloropropene	0.01		不得检出	SN/T 2238
4	1-萘乙酰胺	1-Naphthylacetamide	0.05		不得检出	GB/T 20772
5	1-萘乙酸	1-Naphthylacetic acid	0.05		不得检出	SN/T 2228

序号	农兽药中文名	农兽药英文名	欧盟标准限量要求 mg/kg	国家标准限量要求 mg/kg	三安超有机食品标准	
					限量要求 mg/kg	检测方法
6	2,4-滴丁酸	2,4-DB	0.05		不得检出	GB/T 20769
7	2,4-滴	2,4-D	0.05		不得检出	GB/T 20772
8	2-苯酚	2-Phenylphenol	0.05		不得检出	GB/T 19650
9	阿维菌素	Abamectin	0.01		不得检出	SN/T 2661
10	乙酰甲胺磷	Acephate	0.02		不得检出	GB/T 20772
11	灭螨醌	Acequinocyl	0.01		不得检出	参照同类标准
12	啶虫脒	Acetamiprid	0.05		不得检出	GB/T 20772
13	乙草胺	Acetochlor	0.01		不得检出	GB/T 19650
14	苯并噻二唑	Acibenzolar-*S*-methyl	0.02		不得检出	GB/T 20772
15	苯草醚	Aclonifen	0.02		不得检出	GB/T 20772
16	氟丙菊酯	Acrinathrin	0.05		不得检出	GB/T 19648
17	甲草胺	Alachlor	0.01		不得检出	GB/T 20772
18	阿苯达唑	Albendazole	100μg/kg		不得检出	GB 29687
19	涕灭威	Aldicarb	0.01		不得检出	GB/T 20772
20	艾氏剂和狄氏剂	Aldrin and dieldrin	0.2	0.2 和 0.2	不得检出	GB/T 19650
21	—	Ametoctradin	0.03		不得检出	参照同类标准
22	阿莫西林	Amoxicillin	50μg/kg		不得检出	NY/T 830
23	酰嘧磺隆	Amidosulfuron	0.02		不得检出	参照同类标准
24	氯氨吡啶酸	Aminopyralid	0.01		不得检出	GB/T 23211
25	—	Amisulbrom	0.01		不得检出	参照同类标准
26	氨苄青霉素	Ampicillin	50μg/kg		不得检出	GB/T 21315
27	敌菌灵	Anilazine	0.01		不得检出	GB/T 20769
28	杀螨特	Aramite	0.01		不得检出	GB/T 19650
29	磺草灵	Asulam	0.1		不得检出	日本肯定列表（增补本1）
30	印楝素	Azadirachtin	0.01		不得检出	SN/T 3264
31	益棉磷	Azinphos-ethyl	0.01		不得检出	GB/T 19650
32	保棉磷	Azinphos-methyl	0.01		不得检出	GB/T 20772
33	三唑锡和三环锡	Azocyclotin and cyhexatin	0.05		不得检出	SN/T 1990
34	嘧菌酯	Azoxystrobin	0.05		不得检出	GB/T 20772
35	燕麦灵	Barban	0.05		不得检出	参照同类标准
36	氟丁酰草胺	Beflubutamid	0.05		不得检出	参照同类标准
37	苯霜灵	Benalaxyl	0.05		不得检出	GB/T 20772
38	丙硫克百威	Benfuracarb	0.02		不得检出	GB/T 20772
39	苄青霉素	Benzyl penicillin	50μg/kg		不得检出	GB/T 21315
40	联苯肼酯	Bifenazate	0.01		不得检出	GB/T 20772
41	甲羧除草醚	Bifenox	0.05		不得检出	GB/T 23210
42	联苯菊酯	Bifenthrin	3		不得检出	GB/T 19650
43	乐杀螨	Binapacryl	0.01		不得检出	SN 0523

序号	农兽药中文名	农兽药英文名	欧盟标准限量要求 mg/kg	国家标准限量要求 mg/kg	三安超有机食品标准	
					限量要求 mg/kg	检测方法
44	联苯	Biphenyl	0.01		不得检出	GB/T 19650
45	联苯三唑醇	Bitertanol	0.05		不得检出	GB/T 20772
46	—	Bixafen	0.02		不得检出	参照同类标准
47	啶酰菌胺	Boscalid	0.7		不得检出	GB/T 20772
48	溴离子	Bromide ion	0.05		不得检出	GB/T 5009.167
49	溴螨酯	Bromopropylate	0.01		不得检出	GB/T 19650
50	溴苯腈	Bromoxynil	0.05		不得检出	GB/T 20772
51	糠菌唑	Bromuconazole	0.05		不得检出	GB/T 19650
52	乙嘧酚磺酸酯	Bupirimate	0.05		不得检出	GB/T 19650
53	噻嗪酮	Buprofezin	0.05		不得检出	GB/T 20772
54	仲丁灵	Butralin	0.02		不得检出	GB/T 19650
55	丁草敌	Butylate	0.01		不得检出	GB/T 19650
56	硫线磷	Cadusafos	0.01		不得检出	GB/T 19650
57	毒杀芬	Camphechlor	0.05		不得检出	YC/T 180
58	敌菌丹	Captafol	0.01		不得检出	SN 0338
59	克菌丹	Captan	0.02		不得检出	GB/T 19648
60	甲萘威	Carbaryl	0.05		不得检出	GB/T 20796
61	多菌灵和苯菌灵	Carbendazim and benomyl	0.05		不得检出	GB/T 20772
62	长杀草	Carbetamide	0.05		不得检出	GB/T 20772
63	克百威	Carbofuran	0.01		不得检出	GB/T 20772
64	丁硫克百威	Carbosulfan	0.05		不得检出	GB/T 19650
65	萎锈灵	Carboxin	0.05		不得检出	GB/T 20772
66	头孢噻呋	Ceftiofur	1000μg/kg		不得检出	GB/T 21314
67	氯虫苯甲酰胺	Chlorantraniliprole	0.2		不得检出	参照同类标准
68	杀螨醚	Chlorbenside	0.05		不得检出	GB/T 19650
69	氯炔灵	Chlorbufam	0.05		不得检出	GB/T 20772
70	氯丹	Chlordane	0.05	0.05	不得检出	GB/T 19648
71	十氯酮	Chlordecone	0.1		不得检出	参照同类标准
72	杀螨酯	Chlorfenson	0.05		不得检出	GB/T 19650
73	毒虫畏	Chlorfenvinphos	0.01		不得检出	GB/T 19650
74	氯草敏	Chloridazon	0.1		不得检出	GB/T 20772
75	矮壮素	Chlormequat	0.05		不得检出	日本肯定列表
76	乙酯杀螨醇	Chlorobenzilate	0.1		不得检出	日本肯定列表
77	百菌清	Chlorothalonil	0.02		不得检出	SN/T 2320
78	绿麦隆	Chlortoluron	0.05		不得检出	GB/T 20772
79	枯草隆	Chloroxuron	0.05		不得检出	GB/T 20769
80	氯苯胺灵	Chlorpropham	0.05		不得检出	GB/T 19650
81	甲基毒死蜱	Chlorpyrifos – methyl	0.05		不得检出	GB/T 19650
82	氯磺隆	Chlorsulfuron	0.01		不得检出	GB/T 20769

序号	农兽药中文名	农兽药英文名	欧盟标准限量要求 mg/kg	国家标准限量要求 mg/kg	三安超有机食品标准	
					限量要求 mg/kg	检测方法
83	金霉素	Chlortetracycline	100μg/kg		不得检出	GB/T 21317
84	氯酞酸甲酯	Chlorthaldimethyl	0.01		不得检出	GB/T 19650
85	氯硫酰草胺	Chlorthiamid	0.02		不得检出	GB/T 20772
86	烯草酮	Clethodim	0.05		不得检出	GB/T 19648
87	炔草酯	Clodinafop – propargyl	0.02		不得检出	GB 2763
88	四螨嗪	Clofentezine	0.05		不得检出	SN/T 1740
89	二氯吡啶酸	Clopyralid	0.05		不得检出	SN/T 2228
90	噻虫胺	Clothianidin	0.02		不得检出	GB/T 20772
91	邻氯青霉素	Cloxacillin	300μg/kg		不得检出	GB/T 21315
92	黏菌素	Colistin	150μg/kg		不得检出	SN 0668
93	铜化合物	Copper compounds	5		不得检出	参照同类标准
94	环烷基酰苯胺	Cyclanilide	0.01		不得检出	参照同类标准
95	噻草酮	Cycloxydim	0.05		不得检出	GB/T 19650
96	环氟菌胺	Cyflufenamid	0.03		不得检出	GB/T 19648
97	氟氯氰菊酯和高效氟氯氰菊酯	Cyfluthrin and beta – cyfluthrin	0.05		不得检出	GB/T 19650
98	霜脲氰	Cymoxanil	0.05		不得检出	GB/T 20772
99	氯氰菊酯和高效氯氰菊酯	Cypermethrin and beta – cypermethrin	20μg/kg		不得检出	GB/T 19650
100	环丙唑醇	Cyproconazole	0.05		不得检出	GB/T 20772
101	嘧菌环胺	Cyprodinil	0.05		不得检出	GB/T 20769
102	灭蝇胺	Cyromazine	0.05		不得检出	GB/T 20772
103	丁酰肼	Daminozide	0.05		不得检出	日本肯定列表
104	滴滴涕	DDT	1	0.2	不得检出	SN/T 0127
105	溴氰菊酯	Deltamethrin	10μg/kg		不得检出	GB/T 19650
106	燕麦敌	Diallate	0.2		不得检出	GB/T 20772
107	二嗪磷	Diazinon	0.05		不得检出	GB/T 19650
108	麦草畏	Dicamba	0.05		不得检出	GB/T 20772
109	敌草腈	Dichlobenil	0.05		不得检出	GB/T 19650
110	滴丙酸	Dichlorprop	0.05		不得检出	SN/T 2228
111	二氯苯氧基丙酸	Diclofop	0.01		不得检出	参照同类标准
112	氯硝胺	Dicloran	0.01		不得检出	GB/T 19650
113	双氯青霉素	Dicloxacillin	300μg/kg		不得检出	GB/T 21315
114	三氯杀螨醇	Dicofol	0.02		不得检出	GB/T 19650
115	乙霉威	Diethofencarb	0.05		不得检出	GB/T 19650
116	苯醚甲环唑	Difenoconazole	0.1		不得检出	GB/T 19650
117	除虫脲	Diflubenzuron	0.05		不得检出	SN/T 0528
118	吡氟酰草胺	Diflufenican	0.05		不得检出	GB/T 20772
119	二氢链霉素	Dihydro – streptomycin	500μg/kg		不得检出	GB/T 22969

序号	农兽药中文名	农兽药英文名	欧盟标准限量要求 mg/kg	国家标准限量要求 mg/kg	三安超有机食品标准	
					限量要求 mg/kg	检测方法
120	油菜安	Dimethachlor	0.02		不得检出	GB/T 20772
121	烯酰吗啉	Dimethomorph	0.05		不得检出	GB/T 20772
122	醚菌胺	Dimoxystrobin	0.05		不得检出	SN/T 2237
123	烯唑醇	Diniconazole	0.01		不得检出	GB/T 19650
124	敌螨普	Dinocap	0.05		不得检出	日本肯定列表（增补本 1）
125	地乐酚	Dinoseb	0.01		不得检出	GB/T 20772
126	特乐酚	Dinoterb	0.05		不得检出	GB/T 20772
127	敌噁磷	Dioxathion	0.05		不得检出	GB/T 19650
128	敌草快	Diquat	0.05		不得检出	GB/T 5009.221
129	乙拌磷	Disulfoton	0.01		不得检出	GB/T 20772
130	二氰蒽醌	Dithianon	0.01		不得检出	GB/T 20769
131	二硫代氨基甲酸酯	Dithiocarbamates	0.05		不得检出	SN/T 0157
132	敌草隆	Diuron	0.05		不得检出	SN/T 0645
133	二硝甲酚	DNOC	0.05		不得检出	GB/T 20772
134	多果定	Dodine	0.2		不得检出	SN 0500
135	多拉菌素	Doramectin	40μg/kg		不得检出	GB/T 22968
136	甲氨基阿维菌素苯甲酸盐	Emamectin benzoate	0.01		不得检出	GB/T 20769
137	硫丹	Endosulfan	0.05		不得检出	GB/T 19650
138	异狄氏剂	Endrin	0.05	0.05	不得检出	GB/T 19650
139	氟环唑	Epoxiconazole	0.01		不得检出	GB/T 20772
140	茵草敌	EPTC	0.02		不得检出	GB/T 20772
141	红霉素	Erythromycin	200μg/kg		不得检出	GB/T 29648
142	乙丁烯氟灵	Ethalfluralin	0.01		不得检出	GB/T 19650
143	胺苯磺隆	Ethametsulfuron	0.01		不得检出	NY/T 1616
144	乙烯利	Ethephon	0.05		不得检出	SN 0705
145	乙硫磷	Ethion	0.01		不得检出	GB/T 19650
146	乙嘧酚	Ethirimol	0.05		不得检出	GB/T 20772
147	乙氧呋草黄	Ethofumesate	0.1		不得检出	GB/T 20772
148	灭线磷	Ethoprophos	0.01		不得检出	GB/T 19650
149	乙氧喹啉	Ethoxyquin	0.05		不得检出	GB/T 20772
150	环氧乙烷	Ethylene oxide	0.02		不得检出	GB/T 23296.11
151	醚菊酯	Etofenprox	0.5		不得检出	GB/T 19650
152	乙螨唑	Etoxazole	0.01		不得检出	GB/T 19648
153	氯唑灵	Etridiazole	0.05		不得检出	GB/T 20769
154	噁唑菌酮	Famoxadone	0.05		不得检出	GB/T 20772
155	苯硫氨酯	Febantel	50μg/kg		不得检出	日本肯定列表
156	苯硫苯咪唑	Fenbendazole	50μg/kg		不得检出	GB/T 22955
157	咪唑菌酮	Fenamidone	0.01		不得检出	GB/T 19650

序号	农兽药中文名	农兽药英文名	欧盟标准限量要求 mg/kg	国家标准限量要求 mg/kg	三安超有机食品标准	
					限量要求 mg/kg	检测方法
158	苯线磷	Fenamiphos	0.01		不得检出	GB/T 19650
159	氯苯嘧啶醇	Fenarimol	0.02		不得检出	GB/T 20772
160	喹螨醚	Fenazaquin	0.01		不得检出	GB/T 19648
161	腈苯唑	Fenbuconazole	0.05		不得检出	GB/T 20772
162	苯丁锡	Fenbutatin oxide	0.05		不得检出	SN 0592
163	环酰菌胺	Fenhexamid	0.05		不得检出	GB/T 20772
164	杀螟硫磷	Fenitrothion	0.01		不得检出	GB/T 20772
165	精噁唑禾草灵	Fenoxaprop - *P* - ethyl	0.05		不得检出	GB 22617
166	双氧威	Fenoxycarb	0.05		不得检出	GB/T 19650
167	苯锈啶	Fenpropidin	0.02		不得检出	GB/T 19650
168	丁苯吗啉	Fenpropimorph	0.01		不得检出	GB/T 20772
169	胺苯吡菌酮	Fenpyrazamine	0.01		不得检出	参照同类标准
170	唑螨酯	Fenpyroximate	0.01		不得检出	GB/T 20769
171	倍硫磷	Fenthion	0.05		不得检出	GB/T 20772
172	薯瘟锡	Fentin acetate	0.05		不得检出	参照同类标准
173	三苯锡	Fentin	0.05		不得检出	日本肯定列表(增补本 1)
174	氰戊菊酯和高效氰戊菊酯(RR & SS 异构体总量)	Fenvalerate and esfenvalerate (sum of RR & SS isomers)	0.2		不得检出	GB/T 19650
175	氰戊菊酯和高效氰戊菊酯(RS & SR 异构体总量)	Fenvalerate and esfenvalerate (sum of RS & SR isomers)	0.05		不得检出	GB/T 19650
176	氟虫腈	Fipronil	0.01		不得检出	SN/T 1982
177	氟啶虫酰胺	Flonicamid	0.03		不得检出	SN/T 2796
178	精吡氟禾草灵	Fluazifop - *P* - butyl	0.05		不得检出	GB/T 5009.142
179	氟啶胺	Fluazinam	0.05		不得检出	SN/T 2150
180	氟苯虫酰胺	Flubendiamide	2		不得检出	SN/T 2581
181	氟环脲	Flucycloxuron	0.05		不得检出	参照同类标准
182	氟氰戊菊酯	Flucythrinate	0.05		不得检出	GB/T 19648
183	咯菌腈	Fludioxonil	0.05		不得检出	GB/T 20772
184	氟虫脲	Flufenoxuron	0.05		不得检出	SN/T 2150
185	—	Flufenzin	0.02		不得检出	参照同类标准
186	氟吡菌胺	Fluopicolide	0.01		不得检出	参照同类标准
187	—	Fluopyram	0.1		不得检出	参照同类标准
188	氟离子	Fluoride ion	1		不得检出	GB/T 5009.167
189	氟腈嘧菌酯	Fluoxastrobin	0.05		不得检出	SN/T 2237
190	氟喹唑	Fluquinconazole	2		不得检出	GB/T 19650
191	氟咯草酮	Flurochloridone	0.05		不得检出	GB/T 20772
192	氟草烟	Fluroxypyr	0.05		不得检出	GB/T 20772
193	氟硅唑	Flusilazole	0.02		不得检出	GB/T 20772

序号	农兽药中文名	农兽药英文名	欧盟标准限量要求 mg/kg	国家标准限量要求 mg/kg	三安超有机食品标准	
					限量要求 mg/kg	检测方法
194	氟酰胺	Flutolanil	0.02		不得检出	GB/T 20772
195	粉唑醇	Flutriafol	0.01		不得检出	GB/T 20772
196	—	Fluxapyroxad	0.01		不得检出	参照同类标准
197	氟磺胺草醚	Fomesafen	0.01		不得检出	GB/T 5009.130
198	氯吡脲	Forchlorfenuron	0.05		不得检出	SN/T 3643
199	伐虫脒	Formetanate	0.01		不得检出	NY/T 1453
200	三乙膦酸铝	Fosetyl – aluminium	0.5		不得检出	参照同类标准
201	麦穗宁	Fuberidazole	0.05		不得检出	GB/T 19650
202	呋线威	Furathiocarb	0.01		不得检出	GB/T 20772
203	糠醛	Furfural	1		不得检出	参照同类标准
204	勃激素	Gibberellic acid	0.1		不得检出	GB/T 23211
205	草胺膦	Glufosinate – ammonium	0.1		不得检出	日本肯定列表
206	草甘膦	Glyphosate	0.05		不得检出	NY/T 1096
207	双胍盐	Guazatine	0.1		不得检出	参照同类标准
208	氟吡禾灵	Haloxyfop	0.01		不得检出	SN/T 2228
209	七氯	Heptachlor	0.2	0.2	不得检出	SN 0663
210	六氯苯	Hexachlorobenzene	0.2		不得检出	SN/T 0127
211	六六六(HCH),α – 异构体	Hexachlorociclohexane (HCH), alpha – isomer	0.2	0.1	不得检出	SN/T 0127
212	六六六(HCH),β – 异构体	Hexachlorociclohexane (HCH), beta – isomer	0.1	0.1	不得检出	SN/T 0127
213	噻螨酮	Hexythiazox	0.05		不得检出	GB/T 20772
214	噁霉灵	Hymexazol	0.05		不得检出	GB/T 20772
215	抑霉唑	Imazalil	0.05		不得检出	GB/T 20772
216	甲咪唑烟酸	Imazapic	0.01		不得检出	GB/T 20772
217	咪唑喹啉酸	Imazaquin	0.05		不得检出	GB/T 20772
218	吡虫啉	Imidacloprid	0.1		不得检出	GB/T 20772
219	茚虫威	Indoxacarb	2		不得检出	GB/T 20772
220	碘苯腈	Ioxynil	0.05		不得检出	GB/T 20772
221	异菌脲	Iprodione	0.05		不得检出	GB/T 19650
222	稻瘟灵	Isoprothiolane	0.01		不得检出	GB/T 20772
223	异丙隆	Isoproturon	0.05		不得检出	GB/T 20772
224	—	Isopyrazam	0.01		不得检出	参照同类标准
225	异噁酰草胺	Isoxaben	0.01		不得检出	GB/T 20772
226	卡那霉素	Kanamycin	100μg/kg		不得检出	GB/T 21323
227	醚菌酯	Kresoxim – methyl	0.02		不得检出	GB/T 20772
228	乳氟禾草灵	Lactofen	0.01		不得检出	GB/T 19650
229	高效氯氟氰菊酯	Lambda – cyhalothrin	0.5		不得检出	GB/T 19648
230	环草定	Lenacil	0.1		不得检出	GB/T 19650

序号	农兽药中文名	农兽药英文名	欧盟标准限量要求 mg/kg	国家标准限量要求 mg/kg	三安超有机食品标准	
					限量要求 mg/kg	检测方法
231	林可霉素	Lincomycin	100μg/kg		不得检出	GB/T 20762
232	林丹	Lindane	0.02	0.1	不得检出	NY/T 761.2
233	虱螨脲	Lufenuron	0.02		不得检出	SN/T 2540
234	马拉硫磷	Malathion	0.02		不得检出	GB/T 19650
235	抑芽丹	Maleic hydrazide	0.05		不得检出	日本肯定列表
236	双炔酰菌胺	Mandipropamid	0.02		不得检出	参照同类标准
237	二甲四氯和二甲四氯丁酸	MCPA and MCPB	0.1		不得检出	SN/T 2228
238	壮棉素	Mepiquat chloride	0.05		不得检出	GB/T 20769
239	—	Meptyldinocap	0.05		不得检出	参照同类标准
240	汞化合物	Mercury compounds	0.01		不得检出	参照同类标准
241	氰氟虫腙	Metaflumizone	0.02		不得检出	SN/T 3852
242	甲霜灵和精甲霜灵	Metalaxyl and metalaxyl – M	0.05		不得检出	GB/T 20772
243	四聚乙醛	Metaldehyde	0.05		不得检出	SN/T 1787
244	苯嗪草酮	Metamitron	0.05		不得检出	GB/T 19650
245	吡唑草胺	Metazachlor	0.05		不得检出	GB/T 19650
246	叶菌唑	Metconazole	0.01		不得检出	GB/T 20769
247	甲基苯噻隆	Methabenzthiazuron	0.05		不得检出	GB/T 19650
248	虫螨畏	Methacrifos	0.01		不得检出	GB/T 20772
249	甲胺磷	Methamidophos	0.01		不得检出	GB/T 20772
250	杀扑磷	Methidathion	0.02		不得检出	GB/T 20772
251	甲硫威	Methiocarb	0.05		不得检出	GB/T 20769
252	灭多威和硫双威	Methomyl and thiodicarb	0.02		不得检出	GB/T 20772
253	烯虫酯	Methoprene	0.05		不得检出	GB/T 19648
254	甲氧滴滴涕	Methoxychlor	0.01		不得检出	GB/T 19648
255	甲氧虫酰肼	Methoxyfenozide	0.2		不得检出	GB/T 20772
256	磺草唑胺	Metosulam	0.01		不得检出	GB/T 20772
257	苯菌酮	Metrafenone	0.05		不得检出	参照同类标准
258	嗪草酮	Metribuzin	0.1		不得检出	GB/T 20769
259	绿谷隆	Monolinuron	0.05		不得检出	GB/T 20772
260	灭草隆	Monuron	0.01		不得检出	GB/T 20772
261	甲噻吩嘧啶	Morantel	100μg/kg		不得检出	参照同类标准
262	腈菌唑	Myclobutanil	0.01		不得检出	GB/T 20772
263	萘夫西林	Nafcillin	300μg/kg		不得检出	GB/T 22975
264	敌草胺	Napropamide	0.01		不得检出	GB/T 19650
265	新霉素(包括 framycetin)	Neomycin (including framycetin)	500μg/kg		不得检出	SN 0646
266	烟嘧磺隆	Nicosulfuron	0.05		不得检出	日本肯定列表(增补本 1)
267	除草醚	Nitrofen	0.01		不得检出	GB/T 19648
268	氟酰脲	Novaluron	10		不得检出	GB/T 20769

序号	农兽药中文名	农兽药英文名	欧盟标准限量要求 mg/kg	国家标准限量要求 mg/kg	三安超有机食品标准	
					限量要求 mg/kg	检测方法
269	嘧苯胺磺隆	Orthosulfamuron	0.01		不得检出	GB/T 23817
270	噁草酮	Oxadiazon	0.05		不得检出	GB/T 21315
271	苯唑青霉素	Oxacillin	300μg/kg		不得检出	GB/T 19650
272	噁霜灵	Oxadixyl	0.01		不得检出	GB/T 19650
273	环氧嘧磺隆	Oxasulfuron	0.05		不得检出	GB/T 23817
274	奥芬达唑	Oxfendazole	50μg/kg		不得检出	SN 0684
275	喹菌酮	Oxolinic acid	100μg/kg		不得检出	日本肯定列表
276	氧化萎锈灵	Oxycarboxin	0.05		不得检出	GB/T 19650
277	羟氯柳苯胺	Oxyclozanide	20μg/kg		不得检出	SN/T 2909
278	亚砜磷	Oxydemeton – methyl	0.02		不得检出	参照同类标准
279	乙氧氟草醚	Oxyfluorfen	0.05		不得检出	GB/T 20772
280	多效唑	Paclobutrazol	0.02		不得检出	GB/T 21317
281	土霉素	Oxytetracycline	100μg/kg		不得检出	GB/T 19650
282	对硫磷	Parathion	0.05		不得检出	GB/T 19650
283	甲基对硫磷	Parathion – methyl	0.01		不得检出	GB/T 20772
284	巴龙霉素	Paromomycin	500μg/kg		不得检出	SN/T 2315
285	戊菌唑	Penconazole	0.05		不得检出	GB/T 20772
286	戊菌隆	Pencycuron	0.05		不得检出	GB/T 19650
287	二甲戊灵	Pendimethalin	0.05		不得检出	GB/T 19648
288	喷沙西林	Penethamate	50μg/kg		不得检出	GB/T 19650
289	甜菜宁	Phenmedipham	0.05		不得检出	GB/T 23205
290	苯醚菊酯	Phenothrin	0.05		不得检出	GB/T 20772
291	甲拌磷	Phorate	0.01		不得检出	GB/T 20772
292	伏杀硫磷	Phosalone	0.01		不得检出	GB/T 20772
293	亚胺硫磷	Phosmet	0.1		不得检出	GB/T 20772
294	—	Phosphines and phosphides	0.01		不得检出	参照同类标准
295	辛硫磷	Phoxim	0.02		不得检出	GB/T 20772
296	氨氯吡啶酸	Picloram	0.2		不得检出	GB/T 23211
297	啶氧菌酯	Picoxystrobin	0.05		不得检出	GB/T 19650
298	抗蚜威	Pirimicarb	0.05		不得检出	GB/T 20772
299	甲基嘧啶磷	Pirimiphos – methyl	0.05		不得检出	GB/T 20772
300	咪鲜胺	Prochloraz	0.1		不得检出	GB/T 19650
301	腐霉利	Procymidone	0.01		不得检出	GB/T 20772
302	丙溴磷	Profenofos	0.05		不得检出	GB/T 20772
303	调环酸	Prohexadione	0.05		不得检出	日本肯定列表
304	毒草安	Propachlor	0.02		不得检出	GB/T 20772
305	扑派威	Propamocarb	0.1		不得检出	GB/T 20772
306	恶草酸	Propaquizafop	0.05		不得检出	GB/T 20772
307	炔螨特	Propargite	0.1		不得检出	GB/T 19650
308	苯胺灵	Propham	0.05		不得检出	GB/T 19650

序号	农兽药中文名	农兽药英文名	欧盟标准限量要求 mg/kg	国家标准限量要求 mg/kg	三安超有机食品标准	
					限量要求 mg/kg	检测方法
309	丙环唑	Propiconazole	0.01		不得检出	GB/T 19650
310	异丙草胺	Propisochlor	0.01		不得检出	GB/T 19650
311	残杀威	Propoxur	0.05		不得检出	GB/T 20772
312	炔苯酰草胺	Propyzamide	0.02		不得检出	GB/T 19650
313	苄草丹	Prosulfocarb	0.05		不得检出	GB/T 19648
314	丙硫菌唑	Prothioconazole	0.05		不得检出	参照同类标准
315	吡蚜酮	Pymetrozine	0.01		不得检出	GB/T 20772
316	吡唑醚菌酯	Pyraclostrobin	0.05		不得检出	GB/T 20772
317	—	Pyrasulfotole	0.01		不得检出	GB/T 20772
318	吡菌磷	Pyrazophos	0.02		不得检出	GB/T 20772
319	除虫菊素	Pyrethrins	0.05		不得检出	GB/T 20772
320	哒螨灵	Pyridaben	0.02		不得检出	SN/T 2432
321	啶虫丙醚	Pyridalyl	0.01		不得检出	日本肯定列表
322	哒草特	Pyridate	0.05		不得检出	日本肯定列表
323	嘧霉胺	Pyrimethanil	0.05		不得检出	GB/T 19650
324	吡丙醚	Pyriproxyfen	0.05		不得检出	GB/T 19650
325	甲氧磺草胺	Pyroxsulam	0.01		不得检出	SN/T 2325
326	氯甲喹啉酸	Quinmerac	0.05		不得检出	参照同类标准
327	喹氧灵	Quinoxyfen	0.2		不得检出	SN/T 2319
328	五氯硝基苯	Quintozene	0.01		不得检出	GB/T 19650
329	精喹禾灵	Quizalofop - *P* - ethyl	0.05		不得检出	SN/T 2150
330	灭虫菊	Resmethrin	0.1		不得检出	GB/T 20772
331	鱼藤酮	Rotenone	0.01		不得检出	GB/T 20772
332	西玛津	Simazine	0.01		不得检出	SN 0594
333	壮观霉素	Spectinomycin	300μg/kg		不得检出	GB/T 21323
334	乙基多杀菌素	Spinetoram	0.2		不得检出	参照同类标准
335	多杀霉素	Spinosad	0.02		不得检出	GB/T 20772
336	螺螨酯	Spirodiclofen	0.01		不得检出	GB/T 20772
337	螺甲螨酯	Spiromesifen	0.01		不得检出	GB/T 23210
338	螺虫乙酯	Spirotetramat	0.01		不得检出	参照同类标准
339	萁孢菌素	Spiroxamine	0.05		不得检出	GB/T 20772
340	链霉素	Streptomycin	500μg/kg		不得检出	GB/T 21323
341	磺草酮	Sulcotrione	0.05		不得检出	参照同类标准
342	磺胺类(所有属于磺胺类的物质)	Sulfonamides (all substances belonging to the sulfonamide-group)	100μg/kg		不得检出	GB 29694
343	乙黄隆	Sulfosulfuron	0.05		不得检出	日本肯定列表(增补本 1)

序号	农兽药中文名	农兽药英文名	欧盟标准限量要求 mg/kg	国家标准限量要求 mg/kg	三安超有机食品标准	
					限量要求 mg/kg	检测方法
344	硫磺粉	Sulfur	0.5		不得检出	参照同类标准
345	氟胺氰菊酯	Tau – fluvalinate	0.01		不得检出	SN 0691
346	戊唑醇	Tebuconazole	0.1		不得检出	GB/T 20772
347	虫酰肼	Tebufenozide	0.05		不得检出	GB/T 20772
348	吡螨胺	Tebufenpyrad	0.05		不得检出	GB/T 20772
349	四氯硝基苯	Tecnazene	0.05		不得检出	GB/T 19650
350	氟苯脲	Teflubenzuron	0.05		不得检出	SN/T 2150
351	七氟菊酯	Tefluthrin	0.05		不得检出	日本肯定列表
352	得杀草	Tepraloxydim	0.1		不得检出	GB/T 20772
353	特丁硫磷	Terbufos	0.01		不得检出	GB/T 20772
354	特丁津	Terbuthylazine	0.05		不得检出	GB/T 19650
355	四氟醚唑	Tetraconazole	0.5		不得检出	GB/T 20772
356	四环素	Tetracycline	100μg/kg		不得检出	GB/T 21317
357	三氯杀螨砜	Tetradifon	0.05		不得检出	GB/T 19650
358	噻虫啉	Thiacloprid	0.05		不得检出	GB/T 20772
359	噻虫嗪	Thiamethoxam	0.03		不得检出	GB/T 20772
360	甲砜霉素	Thiamphenicol	50μg/kg		不得检出	GB/T 20756
361	禾草丹	Thiobencarb	0.01		不得检出	GB/T 20772
362	甲基硫菌灵	Thiophanate – methyl	0.05		不得检出	SN/T 0162
363	替米考星	Tilmicosin	50μg/kg		不得检出	GB/T 20762
364	甲基立枯磷	Tolclofos – methyl	0.05		不得检出	GB/T 20772
365	甲苯三嗪酮	Toltrazuril	100μg/kg		不得检出	参照同类标准
366	甲苯氟磺胺	Tolylfluanid	0.1		不得检出	GB/T 19650
367	—	Topramezone	0.01		不得检出	参照同类标准
368	三唑酮和三唑醇	Triadimefon and triadimenol	0.1		不得检出	GB/T 20772
369	野麦畏	Triallate	0.05		不得检出	GB/T 20772
370	醚苯磺隆	Triasulfuron	0.05		不得检出	GB/T 20772
371	三唑磷	Triazophos	0.01		不得检出	GB/T 20772
372	敌百虫	Trichlorphon	0.01		不得检出	GB/T 20772
373	三氯苯哒唑	Triclabendazole	225 μg/kg		不得检出	参照同类标准
374	绿草定	Triclopyr	0.05		不得检出	SN/T 2228
375	三环唑	Tricyclazole	0.05		不得检出	GB/T 20769
376	十三吗啉	Tridemorph	0.01		不得检出	GB/T 20772
377	肟菌酯	Trifloxystrobin	0.04		不得检出	GB/T 20769
378	氟菌唑	Triflumizole	0.05		不得检出	GB/T 20769
379	杀铃脲	Triflumuron	0.01		不得检出	GB/T 20772
380	氟乐灵	Trifluralin	0.01		不得检出	GB/T 20772
381	嗪氨灵	Triforine	0.01		不得检出	SN 0695
382	甲氧苄氨嘧啶	Trimethoprim	50 μg/kg		不得检出	SN/T 1769

序号	农兽药中文名	农兽药英文名	欧盟标准限量要求 mg/kg	国家标准限量要求 mg/kg	三安超有机食品标准	
					限量要求 mg/kg	检测方法
383	三甲基锍阳离子	Trimethyl – sulfonium cation	0.05		不得检出	参照同类标准
384	抗倒酯	Trinexapac	0.05		不得检出	GB/T 20769
385	灭菌唑	Triticonazole	0.01		不得检出	GB/T 20769
386	三氟甲磺隆	Tritosulfuron	0.01		不得检出	参照同类标准
387	泰乐霉素	Tylosin	100 μg/kg		不得检出	GB/T 20762
388	—	Valifenalate	0.01		不得检出	参照同类标准
389	乙烯菌核利	Vinclozolin	0.05		不得检出	GB/T 20772
390	1 – 氨基 – 2 – 乙内酰脲	AHD			不得检出	GB/T 21311
391	2,3,4,5 – 四氯苯胺	2,3,4,5 – Tetrachloraniline			不得检出	GB/T 19650
392	2,3,4,5 – 四氯甲氧基苯	2,3,4,5 – Tetrachloroanisole			不得检出	GB/T 19650
393	2,3,5,6 – 四氯苯胺	2,3,5,6 – Tetrachloroaniline			不得检出	GB/T 19650
394	2,4,5 – 涕	2,4,5 – T			不得检出	GB/T 20772
395	*o*,*p*′ – 滴滴滴	2,4′ – DDD			不得检出	GB/T 19650
396	*o*,*p*′ – 滴滴伊	2,4′ – DDE			不得检出	GB/T 19650
397	*o*,*p*′ – 滴滴涕	2,4′ – DDT			不得检出	GB/T 19650
398	2,6 – 二氯苯甲酰胺	2,6 – Dichlorobenzamide			不得检出	GB/T 19650
399	3,5 – 二氯苯胺	3,5 – Dichloroaniline			不得检出	GB/T 19650
400	*p*,*p*′ – 滴滴滴	4,4′ – DDD			不得检出	GB/T 19650
401	*p*,*p*′ – 滴滴伊	4,4′ – DDE			不得检出	GB/T 19650
402	*p*,*p*′ – 滴滴涕	4,4′ – DDT			不得检出	GB/T 19650
403	4,4′ – 二溴二苯甲酮	4,4′ – Dibromobenzophenone			不得检出	GB/T 19650
404	4,4′ – 二氯二苯甲酮	4,4′ – Dichlorobenzophenone			不得检出	GB/T 19650
405	二氢苊	Acenaphthene			不得检出	GB/T 19650
406	乙酰丙嗪	Acepromazine			不得检出	GB/T 20763
407	苯并噻二唑	Acibenzolar – *S* – methyl			不得检出	GB/T 19650
408	三氟羧草醚	Acifluorfen			不得检出	GB/T 20772
409	涕灭砜威	Aldoxycarb			不得检出	GB/T 20772
410	烯丙菊酯	Allethrin			不得检出	GB/T 20772
411	二丙烯草胺	Allidochlor			不得检出	GB/T 19650
412	烯丙孕素	Altrenogest			不得检出	SN/T 1980
413	莠灭净	Ametryn			不得检出	GB/T 19650
414	双甲脒	Amitraz			不得检出	GB/T 19650
415	杀草强	Amitrole			不得检出	SN/T 1737.6
416	5 – 吗啉甲基 – 3 – 氨基 – 2 – 噁唑烷基酮	AMOZ			不得检出	GB/T 21311
417	氨丙嘧吡啶	Amprolium			不得检出	SN/T 0276
418	莎稗磷	Anilofos			不得检出	GB/T 19650
419	蒽醌	Anthraquinone			不得检出	GB/T 19650
420	3 – 氨基 – 2 – 噁唑酮	AOZ			不得检出	GB/T 21311

序号	农兽药中文名	农兽药英文名	欧盟标准限量要求 mg/kg	国家标准限量要求 mg/kg	三安超有机食品标准	
					限量要求 mg/kg	检测方法
421	安普霉素	Apramycin			不得检出	GB/T 21323
422	丙硫特普	Aspon			不得检出	GB/T 19650
423	羟氨卡青霉素	Aspoxicillin			不得检出	GB/T 21315
424	乙基杀扑磷	Athidathion			不得检出	GB/T 19650
425	莠去通	Atratone			不得检出	GB/T 19650
426	莠去津	Atrazine			不得检出	GB/T 19650
427	脱乙基阿特拉津	Atrazine – desethyl			不得检出	GB/T 19650
428	甲基吡噁磷	Azamethiphos			不得检出	GB/T 20763
429	氮哌酮	Azaperone			不得检出	GB/T 20763
430	叠氮津	Aziprotryne			不得检出	GB/T 19650
431	杆菌肽	Bacitracin			不得检出	GB/T 20743
432	4 – 溴 – 3,5 – 二甲苯基 – *N* – 甲基氨基甲酸酯 – 1	BDMC – 1			不得检出	GB/T 19650
433	4 – 溴 – 3,5 – 二甲苯基 – *N* – 甲基氨基甲酸酯 – 2	BDMC – 2			不得检出	GB/T 19650
434	噁虫威	Bendiocarb			不得检出	GB/T 20772
435	乙丁氟灵	Benfluralin			不得检出	GB/T 19650
436	呋草黄	Benfuresate			不得检出	GB/T 19650
437	麦锈灵	Benodanil			不得检出	GB/T 19650
438	解草酮	Benoxacor			不得检出	GB/T 19650
439	新燕灵	Benzoylprop – ethyl			不得检出	GB/T 19650
440	苄青霉素	Benzyl pencillin			不得检出	GB/T 21315
441	倍他米松	Betamethasone			不得检出	SN/T 1970
442	生物烯丙菊酯 – 1	Bioallethrin – 1			不得检出	GB/T 19650
443	生物烯丙菊酯 – 2	Bioallethrin – 2			不得检出	GB/T 19650
444	溴烯杀	Bromocylen			不得检出	GB/T 19650
445	除草定	Bromacil			不得检出	GB/T 19650
446	溴苯烯磷	Bromfenvinfos			不得检出	GB/T 19650
447	溴硫磷	Bromofos			不得检出	GB/T 19650
448	乙基溴硫磷	Bromophos – ethyl			不得检出	GB/T 19650
449	溴丁酰草胺	Btomobutide			不得检出	GB/T 19650
450	氟丙嘧草酯	Butafenacil			不得检出	GB/T 19650
451	抑草磷	Butamifos			不得检出	GB/T 19650
452	丁草胺	Butaxhlor			不得检出	GB/T 19650
453	苯酮唑	Cafenstrole			不得检出	GB/T 19650
454	角黄素	Canthaxanthin			不得检出	SN/T 2327
455	咔唑心安	Carazolol			不得检出	GB/T 22993
456	卡巴氧	Carbadox			不得检出	GB/T 20746
457	三硫磷	Carbophenothion			不得检出	GB/T 19650

序号	农兽药中文名	农兽药英文名	欧盟标准限量要求 mg/kg	国家标准限量要求 mg/kg	三安超有机食品标准	
					限量要求 mg/kg	检测方法
458	唑草酮	Carfentrazone – ethyl			不得检出	GB/T 19650
459	卡洛芬	Carprofen			不得检出	SN/T 2190
460	头孢氨苄	Cefalexin			不得检出	GB/T 22989
461	头孢洛宁	Cefalonium			不得检出	GB/T 22989
462	头孢匹林	Cefapirin			不得检出	GB/T 22989
463	头孢喹肟	Cefquinome			不得检出	GB/T 22989
464	氯氧磷	Chlorethoxyfos			不得检出	GB/T 19650
465	杀螨醇	Chlorfenethol			不得检出	GB/T 19650
466	燕麦酯	Chlorfenprop – methyl			不得检出	GB/T 19650
467	氯甲硫磷	Chlormephos			不得检出	GB/T 19650
468	氯霉素	Chloramphenicolum			不得检出	GB/T 20772
469	氯杀螨砜	Chlorbenside sulfone			不得检出	GB/T 19648
470	氯溴隆	Chlorbromuron			不得检出	GB/T 19648
471	杀虫脒	Chlordimeform			不得检出	GB/T 19648
472	溴虫腈	Chlorfenapyr			不得检出	GB/T 19650
473	氟啶脲	Chlorfluazuron			不得检出	SN/T 1986
474	整形醇	Chlorflurenol			不得检出	GB/T 20769
475	氯地孕酮	Chlormadinone			不得检出	GB/T 19650
476	醋酸氯地孕酮	Chlormadinone acetate			不得检出	SN/T 1980
477	氯苯甲醚	Chloroneb			不得检出	GB/T 20753
478	丙酯杀螨醇	Chloropropylate			不得检出	GB/T 19650
479	氯丙嗪	Chlorpromazine			不得检出	GB/T 20763
480	毒死蜱	Chlorpyrifos			不得检出	GB/T 19650
481	氯硫磷	Chlorthion			不得检出	GB/T 19650
482	虫螨磷	Chlorthiophos			不得检出	GB/T 19650
483	乙菌利	Chlozolinate			不得检出	GB/T 19650
484	顺式 – 氯丹	*cis* – Chlordane			不得检出	GB/T 19650
485	顺式 – 燕麦敌	*cis* – Diallate			不得检出	GB/T 19650
486	顺式 – 氯菊酯	*cis* – Permethrin			不得检出	GB/T 19650
487	克仑特罗	Clenbuterol			不得检出	GB/T 22286
488	异噁草酮	Clomazone			不得检出	GB/T 20772
489	氯甲酰草胺	Clomeprop			不得检出	GB/T 19650
490	氯羟吡啶	Clopidol			不得检出	GB/T 19650
491	解草酯	Cloquintocet – mexyl			不得检出	GB/T 19650
492	蝇毒磷	Coumaphos			不得检出	GB/T 19650
493	鼠立死	Crimidine			不得检出	GB/T 19650
494	巴毒磷	Crotxyphos			不得检出	GB/T 19650
495	育畜磷	Crufomate			不得检出	GB/T 20772
496	苯腈磷	Cyanofenphos			不得检出	GB/T 20772

序号	农兽药中文名	农兽药英文名	欧盟标准限量要求 mg/kg	国家标准限量要求 mg/kg	三安超有机食品标准	
					限量要求 mg/kg	检测方法
497	杀螟腈	Cyanophos			不得检出	GB/T 20772
498	环草敌	Cycloate			不得检出	GB/T 20772
499	环莠隆	Cycluron			不得检出	GB/T 20772
500	环丙津	Cyprazine			不得检出	GB/T 20772
501	敌草索	Dacthal			不得检出	GB/T 19650
502	达氟沙星	Danofloxacin			不得检出	GB/T 22985
503	敌草腈	Dichlobenil			不得检出	SN/T 2385
504	癸氧喹酯	Decoquinate			不得检出	GB/T 20745
505	脱叶磷	DEF			不得检出	GB/T 19650
506	2,2′,4,5,5′-五氯联苯	DE-PCB 101			不得检出	GB/T 19650
507	2,3,4,4′,5-五氯联苯	DE-PCB 118			不得检出	GB/T 19650
508	2,2′,3,4,4′,5-六氯联苯	DE-PCB 138			不得检出	GB/T 19650
509	2,2′,4,4′,5,5′-六氯联苯	DE-PCB 153			不得检出	GB/T 19650
510	2,2′,3,4,4′,5,5′-七氯联苯	DE-PCB 180			不得检出	GB/T 19650
511	2,4,4′-三氯联苯	DE-PCB 28			不得检出	GB/T 19650
512	2,4,5-三氯联苯	DE-PCB 31			不得检出	GB/T 19650
513	2,2′,5,5′-四氯联苯	DE-PCB 52			不得检出	GB/T 19650
514	脱溴溴苯磷	Desbrom-leptophos			不得检出	GB/T 19650
515	脱乙基另丁津	Desethyl-sebuthylazine			不得检出	GB/T 19650
516	敌草净	Desmetryn			不得检出	GB/T 19650
517	地塞米松	Dexamethasone			不得检出	GB/T 21981
518	氯亚胺硫磷	Dialifos			不得检出	GB/T 19650
519	敌菌净	Diaveridine			不得检出	SN/T 1926
520	驱虫特	Dibutyl succinate			不得检出	GB/T 20772
521	异氯磷	Dicapthon			不得检出	GB/T 19650
522	除线磷	Dichlofenthion			不得检出	GB/T 19650
523	苯氟磺胺	Dichlofluanid			不得检出	GB/T 19650
524	烯丙酰草胺	Dichlormid			不得检出	GB/T 19650
525	敌敌畏	Dichlorvos			不得检出	GB/T 19650
526	苄氯三唑醇	Diclobutrazole			不得检出	GB/T 19650
527	禾草灵	Diclofop-methyl			不得检出	GB/T 19650
528	己烯雌酚	Diethylstilbestro			不得检出	GB/T 21981
529	双氟沙星	Difloxacin			不得检出	GB/T 20366
530	甲氟磷	Dimefox			不得检出	GB/T 19650
531	哌草丹	Dimepiperate			不得检出	GB/T 19650
532	异戊乙净	Dimethametryn			不得检出	GB/T 19650
533	乐果	Dimethoate			不得检出	GB/T 20772
534	甲基毒虫畏	Dimethylvinphos			不得检出	GB/T 19650

序号	农兽药中文名	农兽药英文名	欧盟标准限量要求 mg/kg	国家标准限量要求 mg/kg	三安超有机食品标准	
					限量要求 mg/kg	检测方法
535	地美硝唑	Dimetridazole			不得检出	GB/T 21318
536	二甲草胺	Dinethachlor			不得检出	GB/T 19650
537	二甲酚草胺	Dimethenamid			不得检出	GB/T 19650
538	二硝托安	Dinitolmide			不得检出	GB/T 19650
539	氨氟灵	Dinitramine			不得检出	GB/T 19650
540	消螨通	Dinobuton			不得检出	GB/T 19650
541	呋虫胺	Dinotefuran			不得检出	SN/T 2323
542	苯虫醚 - 1	Diofenolan - 1			不得检出	GB/T 19650
543	苯虫醚 - 2	Diofenolan - 2			不得检出	GB/T 19650
544	蔬果磷	Dioxabenzofos			不得检出	GB/T 19650
545	双苯酰草胺	Diphenamid			不得检出	GB/T 19650
546	二苯胺	Diphenylamine			不得检出	GB/T 19650
547	异丙净	Dipropetryn			不得检出	GB/T 19650
548	灭菌磷	Ditalimfos			不得检出	GB/T 19650
549	氟硫草定	Dithiopyr			不得检出	GB/T 19650
550	强力霉素	Doxycycline			不得检出	GB/T 21317
551	敌瘟磷	Edifenphos			不得检出	GB/T 19650
552	硫丹硫酸盐	Endosulfan - sulfate			不得检出	GB/T 19650
553	异狄氏剂酮	Endrin ketone			不得检出	GB/T 19650
554	恩诺沙星	Enrofloxacin			不得检出	GB/T 22985
555	苯硫磷	EPN			不得检出	GB/T 19650
556	埃普利诺菌素	Eprinomectin			不得检出	GB/T 21320
557	抑草蓬	Erbon			不得检出	GB/T 19650
558	S - 氰戊菊酯	Esfenvalerate			不得检出	GB/T 19650
559	戊草丹	Esprocarb			不得检出	GB/T 19650
560	乙环唑 - 1	Etaconazole - 1			不得检出	GB/T 19650
561	乙环唑 - 2	Etaconazole - 2			不得检出	GB/T 19650
562	乙嘧硫磷	Etrimfos			不得检出	GB/T 19650
563	氧乙嘧硫磷	Etrimfos oxon			不得检出	GB/T 19650
564	伐灭磷	Famphur			不得检出	GB/T 19650
565	苯线磷砜	Fenamiphos - sulfone			不得检出	GB/T 19650
566	苯线磷亚砜	Fenamiphos sulfoxide			不得检出	GB/T 19650
567	氧皮蝇磷	Fenchlorphos oxon			不得检出	GB/T 19650
568	甲呋酰胺	Fenfuram			不得检出	GB/T 19650
569	仲丁威	Fenobucarb			不得检出	GB/T 19650
570	苯硫威	Fenothiocarb			不得检出	GB/T 19650
571	稻瘟酰胺	Fenoxanil			不得检出	GB/T 19650
572	拌种咯	Fenpiclonil			不得检出	GB/T 19650
573	甲氰菊酯	Fenpropathrin			不得检出	GB/T 19650

序号	农兽药中文名	农兽药英文名	欧盟标准限量要求 mg/kg	国家标准限量要求 mg/kg	三安超有机食品标准	
					限量要求 mg/kg	检测方法
574	芬螨酯	Fenson			不得检出	GB/T 19650
575	丰索磷	Fensulfothion			不得检出	GB/T 19650
576	倍硫磷亚砜	Fenthion sulfoxide			不得检出	GB/T 19650
577	麦草氟甲酯	Flamprop – methyl			不得检出	GB/T 19650
578	麦草氟异丙酯	Flamprop – isopropyl			不得检出	GB/T 19650
579	氟苯尼考	Florfenicol			不得检出	GB/T 20756
580	吡氟禾草灵	Fluazifop – butyl			不得检出	GB/T 19650
581	啶蜱脲	Fluazuron			不得检出	GB/T 20772
582	氟苯咪唑	Flubendazole			不得检出	GB/T 21324
583	氟噻草胺	Flufenacet			不得检出	GB/T 19650
584	氟甲喹	Flumequin			不得检出	SN/T 1921
585	氟节胺	Flumetralin			不得检出	GB/T 19648
586	唑嘧磺草胺	Flumetsulam			不得检出	GB/T 20772
587	氟烯草酸	Flumiclorac			不得检出	GB/T 19650
588	丙炔氟草胺	Flomioxazine			不得检出	GB/T 19650
589	氟胺烟酸	Flunixin			不得检出	GB/T 20750
590	三氟硝草醚	Fluorodifen			不得检出	GB/T 19650
591	乙羧氟草醚	Fluoroglycofen – ethyl			不得检出	GB/T 19650
592	三氟苯唑	Fluotrimazole			不得检出	GB/T 19650
593	氟啶草酮	Fluridone			不得检出	GB/T 19650
594	呋草酮	Flurtamone			不得检出	GB/T 19650
595	氟草烟 – 1 – 甲庚酯	Fluroxypr – 1 – methylheptyl ester			不得检出	GB/T 19650
596	地虫硫磷	Fonofos			不得检出	GB/T 19650
597	安果	Formothion			不得检出	GB/T 19650
598	呋霜灵	Furalaxyl			不得检出	GB/T 19650
599	庆大霉素	Gentamicin			不得检出	GB/T 21323
600	苄螨醚	Halfenprox			不得检出	GB/T 19650
601	氟哌啶醇	Haloperidol			不得检出	GB/T 20763
602	庚烯磷	Heptanophos			不得检出	GB/T 19650
603	己唑醇	Hexaconazole			不得检出	GB/T 19650
604	环嗪酮	Hexazinone			不得检出	GB/T 19650
605	咪草酸	Imazamethabenz – methyl			不得检出	GB/T 19650
606	咪唑喹啉酸	Imazaquin			不得检出	GB/T 20772
607	脱苯甲基亚胺唑	Imibenconazole – *des* – benzyl			不得检出	GB/T 19650
608	炔咪菊酯 – 1	Imiprothrin – 1			不得检出	GB/T 19650
609	炔咪菊酯 – 2	Imiprothrin – 2			不得检出	GB/T 19650
610	碘硫磷	Iodofenphos			不得检出	GB/T 19650
611	甲基碘磺隆	Iodosulfuron – methyl			不得检出	GB/T 20772

序号	农兽药中文名	农兽药英文名	欧盟标准限量要求 mg/kg	国家标准限量要求 mg/kg	三安超有机食品标准	
					限量要求 mg/kg	检测方法
612	异稻瘟净	Iprobenfos			不得检出	GB/T 19650
613	氯唑磷	Isazofos			不得检出	GB/T 19650
614	碳氯灵	Isobenzan			不得检出	GB/T 19650
615	丁咪酰胺	Isocarbamid			不得检出	GB/T 19650
616	水胺硫磷	Isocarbophos			不得检出	GB/T 19650
617	异艾氏剂	Isodrin			不得检出	GB/T 19650
618	异柳磷	Isofenphos			不得检出	GB/T 19650
619	氧异柳磷	Isofenphos oxon			不得检出	GB/T 19650
620	氮氨菲啶	Isometamidium			不得检出	SN/T 2239
621	丁嗪草酮	Isomethiozin			不得检出	GB/T 19650
622	异丙威 -1	Isoprocarb -1			不得检出	GB/T 19650
623	异丙威 -2	Isoprocarb -2			不得检出	GB/T 19650
624	异丙乐灵	Isopropalin			不得检出	GB/T 19650
625	双苯噁唑酸	Isoxadifen - ethyl			不得检出	GB/T 19650
626	异噁氟草	Isoxaflutole			不得检出	GB/T 20772
627	噁唑啉	Isoxathion			不得检出	GB/T 19650
628	依维菌素	Ivermectin			不得检出	GB/T 21320
629	交沙霉素	Josamycin			不得检出	GB/T 20762
630	拉沙里菌素	Lasalocid			不得检出	GB/T 22983
631	溴苯磷	Leptophos			不得检出	GB/T 19650
632	左旋咪唑	Levanisole			不得检出	GB/T 19650
633	利谷隆	Linuron			不得检出	GB/T 20772
634	麻保沙星	Marbofloxacin			不得检出	GB/T 22985
635	2 - 甲 -4 - 氯丁氧乙基酯	MCPA - butoxyethyl ester			不得检出	GB/T 19650
636	甲苯咪唑	Mebendazole			不得检出	GB/T 21324
637	灭蚜磷	Mecarbam			不得检出	GB/T 19650
638	二甲四氯丙酸	Mecoprop			不得检出	SN/T 2325
639	苯噻酰草胺	Mefenacet			不得检出	GB/T 19650
640	吡唑解草酯	Mefenpyr - diethyl			不得检出	GB/T 19650
641	醋酸甲地孕酮	Megestrol acetate			不得检出	GB/T 20753
642	醋酸美仑孕酮	Melengestrol acetate			不得检出	GB/T 20753
643	嘧菌胺	Mepanipyrim			不得检出	GB/T 19650
644	地胺磷	Mephosfolan			不得检出	GB/T 19650
645	灭锈胺	Mepronil			不得检出	GB/T 19650
646	硝磺草酮	Mesotrione			不得检出	GB/T 20772
647	呋菌胺	Methfuroxam			不得检出	GB/T 19650
648	灭梭威砜	Methiocarb sulfone			不得检出	GB/T 19650
649	盖草津	Methoprotryne			不得检出	GB/T 19650

序号	农兽药中文名	农兽药英文名	欧盟标准限量要求 mg/kg	国家标准限量要求 mg/kg	三安超有机食品标准	
					限量要求 mg/kg	检测方法
650	甲醚菊酯-1	Methothrin-1			不得检出	GB/T 19650
651	甲醚菊酯-2	Methothrin-2			不得检出	GB/T 19650
652	甲基泼尼松龙	Methylprednisolone			不得检出	GB/T 21981
653	溴谷隆	Metobromuron			不得检出	GB/T 19650
654	甲氧氯普胺	Metoclopramide			不得检出	SN/T 2227
655	异丙甲草胺和 *S*-异丙甲草胺	Metolachlor and *S*-metolachlor			不得检出	GB/T 19650
656	苯氧菌胺-1	Metominsstrobin-1			不得检出	GB/T 20772
657	苯氧菌胺-2	Metominsstrobin-2			不得检出	GB/T 19650
658	甲硝唑	Metronidazole			不得检出	GB/T 21318
659	速灭磷	Mevinphos			不得检出	GB/T 19650
660	兹克威	Mexacarbate			不得检出	GB/T 19650
661	灭蚁灵	Mirex			不得检出	GB/T 19650
662	禾草敌	Molinate			不得检出	GB/T 19650
663	庚酰草胺	Monalide			不得检出	GB/T 19650
664	莫能菌素	Monensin			不得检出	GB/T 20364
665	莫西丁克	Moxidectin			不得检出	SN/T 2442
666	合成麝香	Musk ambrecte			不得检出	GB/T 19650
667	麝香	Musk moskene			不得检出	GB/T 19650
668	西藏麝香	Musk tibeten			不得检出	GB/T 19650
669	二甲苯麝香	Musk xylene			不得检出	GB/T 19650
670	二溴磷	Naled			不得检出	SN/T 0706
671	萘丙胺	Naproanilide			不得检出	GB/T 19650
672	甲基盐霉素	Narasin			不得检出	GB/T 20364
673	甲磺乐灵	Nitralin			不得检出	GB/T 19650
674	三氯甲基吡啶	Nitrapyrin			不得检出	GB/T 19650
675	酞菌酯	Nitrothal-isopropyl			不得检出	GB/T 19650
676	诺氟沙星	Norfloxacin			不得检出	GB/T 20366
677	氟草敏	Norflurazon			不得检出	GB/T 19650
678	新生霉素	Novobiocin			不得检出	SN 0674
679	氟苯嘧啶醇	Nuarimol			不得检出	GB/T 19650
680	八氯苯乙烯	Octachlorostyrene			不得检出	GB/T 19650
681	氧氟沙星	Ofloxacin			不得检出	GB/T 20366
682	喹乙醇	Olaquindox			不得检出	GB/T 20746
683	竹桃霉素	Oleandomycin			不得检出	GB/T 20762
684	氧乐果	Omethoate			不得检出	GB/T 20772
685	奥比沙星	Orbifloxacin			不得检出	GB/T 22985
686	杀线威	Oxamyl			不得检出	GB/T 20772
687	丙氧苯咪唑	Oxibendazole			不得检出	GB/T 21324

序号	农兽药中文名	农兽药英文名	欧盟标准限量要求 mg/kg	国家标准限量要求 mg/kg	三安超有机食品标准	
					限量要求 mg/kg	检测方法
688	氧化氯丹	Oxy - chlordane			不得检出	GB/T 19650
689	对氧磷	Paraoxon			不得检出	GB/T 19650
690	甲基对氧磷	Paraoxon - methyl			不得检出	GB/T 19650
691	克草敌	Pebulate			不得检出	GB/T 19650
692	氯菊酯	Permethrin			不得检出	GB/T 19650
693	五氯苯胺	Pentachloroaniline			不得检出	GB/T 19650
694	五氯甲氧基苯	Pentachloroanisole			不得检出	GB/T 19650
695	五氯苯	Pentachlorobenzene			不得检出	GB/T 19650
696	乙滴涕	Perthane			不得检出	GB/T 19650
697	菲	Phenanthrene			不得检出	GB/T 19650
698	稻丰散	Phenthoate			不得检出	GB/T 19650
699	甲拌磷砜	Phorate sulfone			不得检出	GB/T 19650
700	磷胺 - 1	Phosphamidon - 1			不得检出	GB/T 19650
701	磷胺 - 2	Phosphamidon - 2			不得检出	GB/T 19650
702	酞酸苯甲基丁酯	Phthalic acid, benzylbutyl ester			不得检出	GB/T 19650
703	四氯苯肽	Phthalide			不得检出	GB/T 19650
704	邻苯二甲酰亚胺	Phthalimide			不得检出	GB/T 19650
705	氟吡酰草胺	Picolnafen			不得检出	GB/T 19650
706	增效醚	Piperonyl butoxide			不得检出	GB/T 19650
707	哌草磷	Piperophos			不得检出	GB/T 19650
708	乙基虫螨清	Pirimiphos - ethyl			不得检出	GB/T 19650
709	吡利霉素	Pirlimycin			不得检出	GB/T 22988
710	炔丙菊酯	Prallethrin			不得检出	GB/T 19650
711	泼尼松龙	Prednisolone			不得检出	GB/T 21981
712	环丙氟灵	Profluralin			不得检出	GB/T 19650
713	茉莉酮	Prohydrojasmon			不得检出	GB/T 19650
714	扑灭通	Prometon			不得检出	GB/T 19650
715	扑草净	Prometryne			不得检出	GB/T 19650
716	炔丙烯草胺	Pronamide			不得检出	GB/T 19650
717	敌稗	Propanil			不得检出	GB/T 19650
718	扑灭津	Propazine			不得检出	GB/T 19650
719	胺丙畏	Propetamphos			不得检出	GB/T 19650
720	丙酰二甲氨基丙吩噻嗪	Propionylpromazin			不得检出	GB/T 20763
721	丙硫磷	Prothiophos			不得检出	GB/T 19650
722	吡唑硫磷	Pyraclofos			不得检出	GB/T 19650
723	吡草醚	Pyraflufen - ethyl			不得检出	GB/T 19650
724	哒嗪硫磷	Pyridafenthion			不得检出	GB/T 19650
725	啶斑肟 - 1	Pyrifenox - 1			不得检出	GB/T 19650
726	啶斑肟 - 2	Pyrifenox - 2			不得检出	GB/T 19650

序号	农兽药中文名	农兽药英文名	欧盟标准限量要求 mg/kg	国家标准限量要求 mg/kg	三安超有机食品标准	
					限量要求 mg/kg	检测方法
727	环酯草醚	Pyriftalid			不得检出	GB/T 19650
728	嘧草醚	Pyriminobac - methyl			不得检出	GB/T 19650
729	嘧啶磷	Pyrimitate			不得检出	GB/T 19650
730	嘧螨醚	Pyrimidifen			不得检出	GB/T 19650
731	喹硫磷	Quinalphos			不得检出	GB/T 19650
732	灭藻醌	Quinoclamine			不得检出	GB/T 19650
733	精喹禾灵	Quizalofop - *P* - ethyl			不得检出	GB/T 20772
734	喹禾灵	Quizalofop - ethyl			不得检出	GB/T 20772
735	吡咪唑	Rabenzazole			不得检出	GB/T 19650
736	莱克多巴胺	Ractopamine			不得检出	GB/T 21313
737	洛硝达唑	Ronidazole			不得检出	GB/T 21318
738	皮蝇磷	Ronnel			不得检出	GB/T 19650
739	盐霉素	Salinomycin			不得检出	GB/T 20364
740	沙拉沙星	Sarafloxacin			不得检出	GB/T 20366
741	另丁津	Sebutylazine			不得检出	GB/T 19650
742	密草通	Secbumeton			不得检出	GB/T 19650
743	氨基脲	Semduramicin			不得检出	GB/T 19650
744	烯禾啶	Sethoxydim			不得检出	GB/T 19650
745	氟硅菊酯	Silafluofen			不得检出	GB/T 19650
746	硅氟唑	Simeconazole			不得检出	GB/T 19650
747	西玛通	Simetone			不得检出	GB/T 19650
748	西草净	Simetryn			不得检出	GB/T 19650
749	螺旋霉素	Spiramycin			不得检出	GB/T 20762
750	磺胺苯酰	Sulfabenzamide			不得检出	GB/T 21316
751	磺胺醋酰	Sulfacetamide			不得检出	GB/T 21316
752	磺胺氯哒嗪	Sulfachloropyridazine			不得检出	GB/T 21316
753	磺胺嘧啶	Sulfadiazine			不得检出	GB/T 21316
754	磺胺间二甲氧嘧啶	Sulfadimethoxine			不得检出	GB/T 21316
755	磺胺二甲嘧啶	Sulfadimidine			不得检出	GB/T 21316
756	磺胺多辛	Sulfadoxine			不得检出	GB/T 21316
757	磺胺胍	Sulfaguanidine			不得检出	GB/T 21316
758	菜草畏	Sulfallate			不得检出	GB/T 19650
759	磺胺甲嘧啶	Sulfamerazine			不得检出	GB/T 21316
760	新诺明	Sulfamethoxazole			不得检出	GB/T 21316
761	磺胺间甲氧嘧啶	Sulfamonomethoxine			不得检出	GB/T 21316
762	乙酰磺胺对硝基苯	Sulfanitran			不得检出	GB/T 20772
763	磺胺吡啶	Sulfapyridine			不得检出	GB/T 21316
764	磺胺喹沙啉	Sulfaquinoxaline			不得检出	GB/T 21316
765	磺胺噻唑	Sulfathiazole			不得检出	GB/T 21316

序号	农兽药中文名	农兽药英文名	欧盟标准限量要求 mg/kg	国家标准限量要求 mg/kg	三安超有机食品标准	
					限量要求 mg/kg	检测方法
766	治螟磷	Sulfotep			不得检出	GB/T 19650
767	硫丙磷	Sulprofos			不得检出	GB/T 19650
768	苯噻硫氰	TCMTB			不得检出	GB/T 19650
769	丁基嘧啶磷	Tebupirimfos			不得检出	GB/T 19650
770	丁噻隆	Tebuthiuron			不得检出	GB/T 20772
771	牧草胺	Tebutam			不得检出	GB/T 19650
772	双硫磷	Temephos			不得检出	GB/T 20772
773	特草灵	Terbucarb			不得检出	GB/T 19650
774	特丁通	Terbumeton			不得检出	GB/T 19650
775	特丁净	Terbutryn			不得检出	GB/T 19650
776	四氢邻苯二甲酰亚胺	Tetrabydrophthalimide			不得检出	GB/T 19650
777	杀虫畏	Tetrachlorvinphos			不得检出	GB/T 19650
778	胺菊酯	Tetramethirn			不得检出	GB/T 19650
779	杀螨氯硫	Tetrasul			不得检出	GB/T 19650
780	噻吩草胺	Thenylchlor			不得检出	GB/T 19650
781	噻菌灵	Thiabendazole			不得检出	GB/T 20772
782	噻唑烟酸	Thiazopyr			不得检出	GB/T 19650
783	噻苯隆	Thidiazuron			不得检出	GB/T 20772
784	噻吩磺隆	Thifensulfuron – methyl			不得检出	GB/T 20772
785	甲基乙拌磷	Thiometon			不得检出	GB/T 20772
786	虫线磷	Thionazin			不得检出	GB/T 19650
787	硫普罗宁	Tiopronin			不得检出	SN/T 2225
788	三甲苯草酮	Tralkoxydim			不得检出	GB/T 19650
789	四溴菊酯	Tralomethrin			不得检出	SN/T 2320
790	反式 – 氯丹	*trans* – Chlordane			不得检出	GB/T 19650
791	反式 – 燕麦敌	*trans* – Diallate			不得检出	GB/T 19650
792	四氟苯菊酯	Transfluthrin			不得检出	GB/T 19650
793	反式九氯	*trans* – Nonachlor			不得检出	GB/T 19650
794	反式 – 氯菊酯	*trans* – Permethrin			不得检出	GB/T 19650
795	群勃龙	Trenbolone			不得检出	GB/T 21981
796	威菌磷	Triamiphos			不得检出	GB/T 19650
797	毒壤磷	Trichloronate			不得检出	GB/T 19650
798	灭草环	Tridiphane			不得检出	GB/T 19650
799	草达津	Trietazine			不得检出	GB/T 19650
800	三异丁基磷酸盐	Tri – *iso* – butyl phosphate			不得检出	GB/T 19650
801	三正丁基磷酸盐	Tri – *n* – butyl phosphate			不得检出	GB/T 19650
802	三苯基磷酸盐	Triphenyl phosphate			不得检出	GB/T 19650
803	烯效唑	Uniconazole			不得检出	GB/T 19650
804	灭草敌	Vernolate			不得检出	GB/T 19650

序号	农兽药中文名	农兽药英文名	欧盟标准限量要求 mg/kg	国家标准限量要求 mg/kg	三安超有机食品标准	
					限量要求 mg/kg	检测方法
805	维吉尼霉素	Virginiamycin			不得检出	GB/T 20765
806	杀鼠灵	War farin			不得检出	GB/T 20772
807	甲苯噻嗪	Xylazine			不得检出	GB/T 20763
808	右环十四酮酚	Zeranol			不得检出	GB/T 21982
809	苯酰菌胺	Zoxamide			不得检出	GB/T 19650

15 液态乳(4 种)

15.1 牛奶 Milk

序号	农兽药中文名	农兽药英文名	欧盟标准限量要求 mg/kg	国家标准限量要求 mg/kg	三安超有机食品标准	
					限量要求 mg/kg	检测方法
1	1,1 - 二氯 - 2,2 - 二(4 - 乙苯)乙烷	1,1 - Dichloro - 2,2 - bis(4 - ethylphenyl)ethane	0.01		不得检出	日本肯定列表(增补本 1)
2	1,2 - 二氯乙烷	1,2 - Dichloroethane	0.1		不得检出	SN/T 2238
3	1,3 - 二氯丙烯	1,3 - Dichloropropene	0.01		不得检出	SN/T 2238
4	1 - 萘乙酸	1 - Naphthylacetic acid	0.05		不得检出	SN/T 2228
5	2,4 - 滴	2,4 - D	0.01		不得检出	GB/T 23210
6	2,4 - 滴丁酸	2,4 - DB	0.01		不得检出	GB/T 20769
7	2 - 苯酚	2 - Phenylphenol	0.05		不得检出	GB/T 23210
8	阿维菌素	Abamectin	0.02		不得检出	SN/T 1973
9	乙酰甲胺磷	Acephate	0.02		不得检出	GB/T 23210
10	灭螨醌	Acequinocyl	0.01		不得检出	参照同类标准
11	啶虫脒	Acetamiprid	0.05		不得检出	GB/T 23210
12	乙草胺	Acetochlor	0.01		不得检出	GB/T 23210
13	苯并噻二唑	Acibenzolar - *S* - methyl	0.02		不得检出	GB/T 23210
14	苯草醚	Aclonifen	0.02		不得检出	GB/T 23210
15	氟丙菊酯	Acrinathrin	0.05		不得检出	GB/T 23210
16	甲草胺	Alachlor	0.01		不得检出	GB/T 23210
17	阿苯达唑	Albendazole	100μg/kg		不得检出	GB/T 22972
18	氧阿苯达唑	Albendazole oxide	100μg/kg		不得检出	参照同类标准
19	涕灭威	Aldicarb	0.01		不得检出	GB/T 23211
20	艾氏剂和狄氏剂	Aldrin and dieldrin	0.006	0.006	不得检出	GB/T 23210
21	顺式 - 氯氰菊酯	Alpha - cypermethrin	20μg/kg		不得检出	GB/T 23210
22	—	Ametoctradin	0.03		不得检出	参照同类标准
23	酰嘧磺隆	Amidosulfuron	0.02		不得检出	参照同类标准
24	氯氨吡啶酸	Aminopyralid	0.02		不得检出	GB/T 23211
25	—	Amisulbrom	0.01		不得检出	参照同类标准
26	双甲脒	Amitraz	10μg/kg		不得检出	GB/T 29707

序号	农兽药中文名	农兽药英文名	欧盟标准限量要求 mg/kg	国家标准限量要求 mg/kg	三安超有机食品标准	
					限量要求 mg/kg	检测方法
27	阿莫西林	Amoxicillin	4μg/kg		不得检出	GB/T 22975
28	氨苄青霉素	Ampicillin	4μg/kg		不得检出	NY/T 829
29	杀螨特	Aramite	0.01		不得检出	GB/T 19649
30	磺草灵	Asulam	0.1		不得检出	日本肯定列表(增补本1)
31	印楝素	Azadirachtin	0.01		不得检出	SN/T 3264
32	益棉磷	Azinphos – ethyl	0.01		不得检出	GB/T 23210
33	保棉磷	Azinphos – methyl	0.01		不得检出	GB/T 23210
34	三唑锡和三环锡	Azocyclotin and cyhexatin	0.05		不得检出	SN/T 1990
35	嘧菌酯	Azoxystrobin	0.01		不得检出	GB/T 23210
36	杆菌肽	Bacitracin	100μg/kg		不得检出	GB/T 22981
37	巴喹普林	Baquiloprim	30μg/kg		不得检出	参照同类标准
38	燕麦灵	Barban	0.05		不得检出	参照同类标准
39	氟丁酰草胺	Beflubutamid	0.05		不得检出	参照同类标准
40	苯霜灵	Benalaxyl	0.05		不得检出	GB/T 23210
41	丙硫克百威	Benfuracarb	0.02		不得检出	日本肯定列表(增补本1)
42	苄青霉素	Benzyl penicillin	4μg/kg		不得检出	GB/T 20755
43	倍他米松	Betamethasone	0.3μg/kg		不得检出	SN/T 1970
44	联苯肼酯	Bifenazate	0.01		不得检出	GB/T 23210
45	甲羧除草醚	Bifenox	0.05		不得检出	GB/T 23210
46	联苯菊酯	Bifenthrin	0.2		不得检出	GB/T 23210
47	乐杀螨	Binapacryl	0.01		不得检出	SN 0523
48	联苯	Biphenyl	0.01		不得检出	GB/T 23210
49	联苯三唑醇	Bitertanol	0.05		不得检出	GB/T 23210
50	—	Bixafen	0.04		不得检出	参照同类标准
51	啶酰菌胺	Boscalid	0.1		不得检出	GB/T 23211
52	溴离子	Bromide ion	0.05		不得检出	GB/T 5009.167
53	溴螨酯	Bromopropylate	0.01		不得检出	GB/T 23210
54	溴苯腈	Bromoxynil	0.01		不得检出	GB/T 23211
55	糠菌唑	Bromuconazole	0.05		不得检出	GB/T 23211
56	乙嘧酚磺酸酯	Bupirimate	0.05		不得检出	GB/T 23210
57	噻嗪酮	Buprofezin	0.05		不得检出	GB/T 23210
58	仲丁灵	Butralin	0.02		不得检出	GB/T 23210
59	丁草敌	Butylate	0.01		不得检出	GB/T 23210
60	硫线磷	Cadusafos	0.01		不得检出	GB/T 23211
61	毒杀芬	Camphechlor	0.01		不得检出	YC/T 180
62	敌菌丹	Captafol	0.01		不得检出	GB/T 23210
63	克菌丹	Captan	0.02		不得检出	GB/T 19648

序号	农兽药中文名	农兽药英文名	欧盟标准限量要求 mg/kg	国家标准限量要求 mg/kg	三安超有机食品标准	
					限量要求 mg/kg	检测方法
64	咔唑心安	Carazolol	1μg/kg		不得检出	GB/T 22993
65	甲萘威	Carbaryl	0.05		不得检出	GB/T 23210
66	多菌灵和苯菌灵	Carbendazim and benomyl	0.05		不得检出	GB/T 20770
67	长杀草	Carbetamide	0.05		不得检出	GB/T 23211
68	克百威	Carbofuran	0.01		不得检出	GB/T 23211
69	丁硫克百威	Carbosulfan	0.05		不得检出	GB/T 19650
70	萎锈灵	Carboxin	0.05		不得检出	GB/T 23210
71	头孢乙腈	Cefacetrile	125μg/kg		不得检出	参照同类标准
72	头孢氨苄	Cefalexin	100μg/kg		不得检出	GB/T 22989
73	头孢洛宁	Cefalonium	20μg/kg		不得检出	GB/T 22989
74	头孢吡啉	Cefapirin	60μg/kg		不得检出	GB/T 22989
75	头孢唑啉	Cefazolin	50μg/kg		不得检出	SN/T 1988
76	头孢哌酮	Cefoperazone	50μg/kg		不得检出	参照同类标准
77	头孢喹肟	Cefquinome	20μg/kg		不得检出	GB/T 22989
78	头孢噻呋	Ceftiofur	100μg/kg		不得检出	GB/T 21314
79	氯虫苯甲酰胺	Chlorantraniliprole	0.05		不得检出	参照同类标准
80	杀螨醚	Chlorbenside	0.05		不得检出	GB/T 23210
81	氯炔灵	Chlorbufam	0.05		不得检出	GB/T 23210
82	氯丹	Chlordane	0.002	0.002	不得检出	GB/T 5009.19
83	十氯酮	Chlordecone	0.02		不得检出	参照同类标准
84	杀螨酯	Chlorfenson	0.05		不得检出	GB/T 23210
85	毒虫畏	Chlorfenvinphos	0.01		不得检出	GB/T 23210
86	氯草敏	Chloridazon	0.1		不得检出	GB/T 23211
87	氯地孕酮	Chlormadinone	2.5μg/kg		不得检出	SN/T 1980
88	矮壮素	Chlormequat	0.05		不得检出	GB/T 23211
89	乙酯杀螨醇	Chlorobenzilate	0.1		不得检出	GB/T 23210
90	百菌清	Chlorothalonil	0.07		不得检出	SN/T 2320
91	绿麦隆	Chlortoluron	0.05		不得检出	GB/T 23211
92	枯草隆	Chloroxuron	0.05		不得检出	SN/T 2150
93	氯苯胺灵	Chlorpropham	0.2		不得检出	GB/T 23210
94	毒死蜱	Chlorpyrifos	0.01		不得检出	GB/T 23210
95	甲基毒死蜱	Chlorpyrifos - methyl	0.01		不得检出	GB/T 23210
96	氯磺隆	Chlorsulfuron	0.01		不得检出	GB/T 23211
97	金霉素	Chlortetracycline	100μg/kg		不得检出	GB/T 22990
98	氯酞酸甲酯	Chlorthaldimethyl	0.01		不得检出	GB/T 23210
99	氯硫酰草胺	Chlorthiamid	0.02		不得检出	GB/T 23211
100	克拉维酸	Clavulanic acid	200μg/kg		不得检出	SN/T 2488
101	盐酸克仑特罗	Clenbuterol hydrochloride	0.05μg/kg		不得检出	GB/T 22147
102	烯草酮	Clethodim	0.05		不得检出	GB/T 23210

序号	农兽药中文名	农兽药英文名	欧盟标准限量要求 mg/kg	国家标准限量要求 mg/kg	三安超有机食品标准	
					限量要求 mg/kg	检测方法
103	炔草酯	Clodinafop – propargyl	0.02		不得检出	GB/T 23210
104	四螨嗪	Clofentezine	0.05		不得检出	GB/T 23211
105	二氯吡啶酸	Clopyralid	0.05		不得检出	SN/T 2228
106	氯舒隆	Clorsulon	16μg/kg		不得检出	SN/T 2908
107	氯氰碘柳胺	Closantel	45μg/kg		不得检出	SN/T 1628
108	噻虫胺	Clothianidin	0.02		不得检出	GB/T 23211
109	邻氯青霉素	Cloxacillin	30μg/kg		不得检出	GB/T 18932.25
110	黏菌素	Colistin	50μg/kg		不得检出	参照同类标准
111	铜化合物	Copper compounds	2		不得检出	参照同类标准
112	环烷基酰苯胺	Cyclanilide	0.01		不得检出	GB/T 23211
113	噻草酮	Cycloxydim	0.05		不得检出	GB/T 23210
114	环氟菌胺	Cyflufenamid	0.03		不得检出	GB/T 23210
115	氟氯氰菊酯和高效氟氯氰菊酯	Cyfluthrin and beta – cyfluthrin	0.02		不得检出	GB/T 23210
116	氯氟氰菊酯和高效氯氟氰菊酯	Cyhalothrin and lambda – cyhalothrin	50μg/kg		不得检出	SN/T 1117
117	霜脲氰	Cymoxanil	0.05		不得检出	GB/T 23211
118	氯氰菊酯和高效氯氰菊酯	Cypermethrin and beta – cypermethrin	0.05		不得检出	GB/T 23210
119	环丙唑醇	Cyproconazole	0.05		不得检出	GB/T 23210
120	嘧菌环胺	Cyprodinil	0.05		不得检出	GB/T 23210
121	灭蝇胺	Cyromazine	0.02		不得检出	GB/T 23211
122	丁酰肼	Daminozide	0.05		不得检出	SN/T 1989
123	达氟沙星	Danofloxacin	30μg/kg		不得检出	GB/T 22985
124	滴滴涕	DDT	0.04	0.02	不得检出	GB/T 5009.19
125	溴氰菊酯	Deltamethrin	0.05		不得检出	GB/T 23210
126	地塞米松	Dexamethasone	0.3μg/kg		不得检出	GB/T 22978
127	燕麦敌	Diallate	0.2		不得检出	GB/T 23211
128	二嗪磷	Diazinon	0.02		不得检出	GB/T 23210
129	麦草畏	Dicamba	0.5		不得检出	GB/T 23211
130	敌草腈	Dichlobenil	0.01		不得检出	GB/T 23210
131	滴丙酸	Dichlorprop	0.05		不得检出	参照同类标准
132	二氯苯氧基丙酸	Diclofop	0.01		不得检出	参照同类标准
133	氯硝胺	Dicloran	0.01		不得检出	GB/T 23210
134	双氯青霉素	Dicloxacillin	30μg/kg		不得检出	GB/T 18932.25
135	三氯杀螨醇	Dicofol	0.1		不得检出	GB/T 23210
136	乙霉威	Diethofencarb	0.05		不得检出	GB/T 23210
137	苯醚甲环唑	Difenoconazole	0.005		不得检出	GB/T 23210
138	除虫脲	Diflubenzuron	0.05		不得检出	SN/T 0528
139	吡氟酰草胺	Diflufenican	0.05		不得检出	GB/T 23210

序号	农兽药中文名	农兽药英文名	欧盟标准限量要求 mg/kg	国家标准限量要求 mg/kg	三安超有机食品标准	
					限量要求 mg/kg	检测方法
140	二氢链霉素	Dihydro - streptomycin	200μg/kg		不得检出	GB/T 22969
141	油菜安	Dimethachlor	0.02		不得检出	GB/T 23210
142	烯酰吗啉	Dimethomorph	0.05		不得检出	GB/T 23210
143	醚菌胺	Dimoxystrobin	0.01		不得检出	SN/T 2237
144	烯唑醇	Diniconazole	0.01		不得检出	GB/T 23210
145	敌螨普	Dinocap	0.05		不得检出	日本肯定列表（增补本 1）
146	地乐酚	Dinoseb	0.01		不得检出	GB/T 23211
147	特乐酚	Dinoterb	0.05		不得检出	GB/T 23210
148	敌噁磷	Dioxathion	0.05		不得检出	GB/T 23210
149	敌草快	Diquat	0.05		不得检出	GB/T 5009.221
150	乙拌磷	Disulfoton	0.01		不得检出	GB/T 23210
151	二氰蒽醌	Dithianon	0.01		不得检出	GB/T 20769
152	二硫代氨基甲酸酯	Dithiocarbamates	0.05		不得检出	SN 0139
153	敌草隆	Diuron	0.05		不得检出	GB/T 23211
154	二硝甲酚	DNOC	0.05		不得检出	GB/T 23211
155	多果定	Dodine	0.2		不得检出	GB/T 23211
156	甲氨基阿维菌素苯甲酸盐	Emamectin benzoate	0.01		不得检出	GB/T 23211
157	硫丹	Endosulfan	0.05	0.01	不得检出	GB/T 23210
158	异狄氏剂	Endrin	0.0008		不得检出	GB/T 23210
159	恩诺沙星	Enrofloxacin	100μg/kg		不得检出	GB/T 22985
160	氟环唑	Epoxiconazole	0.002		不得检出	GB/T 23210
161	埃普利诺菌素	Eprinomectin	20μg/kg		不得检出	GB/T 20748
162	茵草敌	EPTC	0.02		不得检出	GB/T 23210
163	红霉素	Erythromycin	40μg/kg		不得检出	GB/T 22988
164	乙丁烯氟灵	Ethalfluralin	0.01		不得检出	GB/T 23210
165	胺苯磺隆	Ethametsulfuron	0.01		不得检出	NY/T 1616
166	乙烯利	Ethephon	0.05		不得检出	SN 0705
167	乙硫磷	Ethion	0.01		不得检出	GB/T 23210
168	乙嘧酚	Ethirimol	0.05		不得检出	GB/T 23211
169	乙氧呋草黄	Ethofumesate	0.1		不得检出	GB/T 23210
170	灭线磷	Ethoprophos	0.01		不得检出	GB/T 23211
171	乙氧喹啉	Ethoxyquin	0.05		不得检出	GB/T 23211
172	环氧乙烷	Ethylene oxide	0.02		不得检出	GB/T 23296.11
173	醚菊酯	Etofenprox	0.05		不得检出	GB/T 23210
174	乙螨唑	Etoxazole	0.01		不得检出	GB/T 23210
175	氯唑灵	Etridiazole	0.05		不得检出	GB/T 23211
176	噁唑菌酮	Famoxadone	0.05		不得检出	GB/T 23211
177	苯硫氨酯	Febantel	10μg/kg		不得检出	GB/T 22972

序号	农兽药中文名	农兽药英文名	欧盟标准限量要求 mg/kg	国家标准限量要求 mg/kg	三安超有机食品标准	
					限量要求 mg/kg	检测方法
178	咪唑菌酮	Fenamidone	0.01		不得检出	GB/T 23210
179	苯线磷	Fenamiphos	0.005		不得检出	GB/T 23210
180	氯苯嘧啶醇	Fenarimol	0.02		不得检出	GB/T 23210
181	喹螨醚	Fenazaquin	0.01		不得检出	GB/T 23210
182	苯硫苯咪唑	Fenbendazole	10μg/kg		不得检出	SN 0638
183	腈苯唑	Fenbuconazole	0.05		不得检出	GB/T 23210
184	苯丁锡	Fenbutatin oxide	0.05		不得检出	SN/T 3149
185	环酰菌胺	Fenhexamid	0.05		不得检出	GB/T 23210
186	杀螟硫磷	Fenitrothion	0.01		不得检出	GB/T 23210
187	精噁唑禾草灵	Fenoxaprop – *P* – ethyl	0.05		不得检出	GB 22617
188	双氧威	Fenoxycarb	0.05		不得检出	GB/T 23210
189	苯锈啶	Fenpropidin	0.01		不得检出	GB/T 23210
190	丁苯吗啉	Fenpropimorph	0.01		不得检出	GB/T 23210
191	胺苯吡菌酮	Fenpyrazamine	0.01		不得检出	参照同类标准
192	唑螨酯	Fenpyroximate	0.01		不得检出	GB/T 23210
193	倍硫磷	Fenthion	0.01		不得检出	GB/T 23210
194	三苯锡	Fentin	0.05		不得检出	SN/T 3149
195	薯瘟锡	Fentin acetate	0.05		不得检出	参照同类标准
196	氰戊菊酯和高效氰戊菊酯(RR & SS 异构体总量)	Fenvalerate and esfenvalerate (sum of RR & SS isomers)	0.04		不得检出	GB/T 23210
197	氰戊菊酯和高效氰戊菊酯(RS & SR 异构体总量)	Fenvalerate and esfenvalerate (sum of RS & SR isomers)	0.02		不得检出	GB/T 23210
198	氟虫腈	Fipronil	0.005		不得检出	GB/T 19649
199	氟啶虫酰胺	Flonicamid	0.02		不得检出	SN/T 2796
200	精吡氟禾草灵	Fluazifop – *P* – butyl	0.1		不得检出	GB/T 5009.142
201	氟啶胺	Fluazinam	0.05		不得检出	GB/T 23210
202	氟苯虫酰胺	Flubendiamide	0.1		不得检出	SN/T 2581
203	氟环脲	Flucycloxuron	0.05		不得检出	参照同类标准
204	氟氰戊菊酯	Flucythrinate	0.05		不得检出	GB/T 23210
205	咯菌腈	Fludioxonil	0.05		不得检出	GB/T 23210
206	氟虫脲	Flufenoxuron	0.05		不得检出	GB/T 23210
207	—	Flufenzin	0.02		不得检出	参照同类标准
208	氟甲喹	Flumequin	50μg/kg		不得检出	SN/T 1921
209	氟氯苯氰菊酯	Flumethrin	30μg/kg		不得检出	农业部 781 号公告 – 7
210	氟胺烟酸	Flunixin	40μg/kg		不得检出	GB/T 20750
211	氟离子	Fluoride ion	0.2		不得检出	GB/T 5009.167
212	氟腈嘧菌酯	Fluoxastrobin	0.2		不得检出	SN/T 2237
213	氟喹唑	Fluquinconazole	0.03		不得检出	GB/T 23210

序号	农兽药中文名	农兽药英文名	欧盟标准限量要求 mg/kg	国家标准限量要求 mg/kg	三安超有机食品标准	
					限量要求 mg/kg	检测方法
214	氟咯草酮	Fluorochloridone	0.05		不得检出	GB/T 23211
215	氟草烟	Fluroxypyr	0.05		不得检出	GB/T 23211
216	氟硅唑	Flusilazole	0.02		不得检出	GB/T 23210
217	氟酰胺	Flutolanil	0.05		不得检出	GB/T 23210
218	粉唑醇	Flutriafol	0.01		不得检出	GB/T 23210
219	—	Fluxapyroxad	0.005		不得检出	参照同类标准
220	氟磺胺草醚	Fomesafen	0.01		不得检出	GB/T 23211
221	氯吡脲	Forchlorfenuron	0.05		不得检出	GB/T 23211
222	伐虫脒	Formetanate	0.01		不得检出	NY/T 1453
223	三乙膦酸铝	Fosetyl - aluminium	0.1		不得检出	参照同类标准
224	麦穗宁	Fuberidazole	0.05		不得检出	GB/T 23210
225	呋线威	Furathiocarb	0.01		不得检出	GB/T 23211
226	糠醛	Furfural	1		不得检出	参照同类标准
227	庆大霉素	Gentamicin	100μg/kg		不得检出	GB/T 21329
228	勃激素	Gibberellic acid	0.1		不得检出	GB/T 23211
229	草胺膦	Glufosinate - ammonium	0.1		不得检出	日本肯定列表
230	草甘膦	Glyphosate	0.05		不得检出	SN/T 1923
231	双胍盐	Guazatine	0.1		不得检出	参照同类标准
232	氟吡禾灵	Haloxyfop	0.01		不得检出	SN/T 2228
233	七氯	Heptachlor	0.004	0.006	不得检出	GB/T 23210
234	六氯苯	Hexachlorobenzene	0.01		不得检出	GB/T 23210
235	六六六(HCH),α-异构体	Hexachlorociclohexane (HCH), alpha - isomer	0.004	0.02	不得检出	SN/T 0145
236	六六六(HCH),β-异构体	Hexachlorociclohexane (HCH), beta - isomer	0.003	0.02	不得检出	SN/T 0145
237	噻螨酮	Hexythiazox	0.05		不得检出	GB/T 23210
238	噁霉灵	Hymexazol	0.05		不得检出	GB/T 23211
239	抑霉唑	Imazalil	0.05		不得检出	GB/T 23210
240	甲咪唑烟酸	Imazapic	0.01		不得检出	GB/T 23211
241	咪唑喹啉酸	Imazaquin	0.05		不得检出	GB/T 23211
242	吡虫啉	Imidacloprid	0.1		不得检出	GB/T 23211
243	双咪苯脲	Imidocarb	50μg/kg		不得检出	SN/T 2314
244	茚虫威	Indoxacarb	0.1		不得检出	GB/T 23211
245	碘苯腈	Ioxynil	0.01		不得检出	GB/T 23211
246	异菌脲	Iprodione	0.05		不得检出	GB/T 19650
247	稻瘟灵	Isoprothiolane	0.01		不得检出	GB/T 23211
248	异丙隆	Isoproturon	0.05		不得检出	GB/T 23211
249	—	Isopyrazam	0.01		不得检出	参照同类标准
250	异噁酰草胺	Isoxaben	0.01		不得检出	GB/T 23211

序号	农兽药中文名	农兽药英文名	欧盟标准限量要求 mg/kg	国家标准限量要求 mg/kg	三安超有机食品标准	
					限量要求 mg/kg	检测方法
251	卡那霉素	Kanamycin	150μg/kg		不得检出	GB/T 22969
252	醚菌酯	Kresoxim – methyl	0.05		不得检出	GB/T 23210
253	乳氟禾草灵	Lactofen	0.01		不得检出	GB/T 23211
254	高效氯氟氰菊酯	Lambda – cyhalothrin	0.05		不得检出	GB/T 23210
255	环草定	Lenacil	0.1		不得检出	GB/T 23210
256	林可霉素	Lincomycin	150μg/kg		不得检出	GB/T 29685
257	林丹	Lindane	0.02	0.01	不得检出	NY/T 761
258	虱螨脲	Lufenuron	0.02		不得检出	SN/T 2540
259	马拉硫磷	Malathion	0.02		不得检出	GB/T 23210
260	抑芽丹	Maleic hydrazide	0.2		不得检出	GB/T 23211
261	双炔酰菌胺	Mandipropamid	0.02		不得检出	参照同类标准
262	麻保沙星	Marbofloxacin	75μg/kg		不得检出	GB/T 22985
263	二甲四氯和二甲四氯丁酸	MCPA and MCPB	0.05		不得检出	SN/T 2228
264	美洛昔康	Meloxicam	15μg/kg		不得检出	SN/T 2190
265	壮棉素	Mepiquat chloride	0.1		不得检出	GB/T 23211
266	—	Meptyldinocap	0.05		不得检出	参照同类标准
267	汞化合物	Mercury compounds	0.01		不得检出	参照同类标准
268	氰氟虫腙	Metaflumizone	0.02		不得检出	SN/T 3852
269	甲霜灵和精甲霜灵	Metalaxyl and metalaxyl – M	0.05		不得检出	GB/T 23210
270	四聚乙醛	Metaldehyde	0.05		不得检出	SN/T 1787
271	苯嗪草酮	Metamitron	0.05		不得检出	GB/T 23211
272	安乃近	Metamizole	50μg/kg		不得检出	GB/T 22971
273	吡唑草胺	Metazachlor	0.05		不得检出	GB/T 23210
274	叶菌唑	Metconazole	0.01		不得检出	GB/T 23211
275	甲基苯噻隆	Methabenzthiazuron	0.05		不得检出	GB/T 23210
276	虫螨畏	Methacrifos	0.01		不得检出	GB/T 23210
277	甲胺磷	Methamidophos	0.01		不得检出	GB/T 23211
278	杀扑磷	Methidathion	0.02		不得检出	GB/T 23210
279	甲硫威	Methiocarb	0.05		不得检出	GB/T 20770
280	灭多威和硫双威	Methomyl and thiodicarb	0.02		不得检出	GB/T 23211
281	烯虫酯	Methoprene	0.05		不得检出	GB/T 23210
282	甲氧滴滴涕	Methoxychlor	0.01		不得检出	GB/T 23210
283	甲氧虫酰肼	Methoxyfenozide	0.05		不得检出	GB/T 23211
284	甲基泼尼松龙	Methylprednisolone	2μg/kg		不得检出	GB/T 21981
285	磺草唑胺	Metosulam	0.01		不得检出	GB/T 23211
286	苯菌酮	Metrafenone	0.05		不得检出	参照同类标准
287	嗪草酮	Metribuzin	0.1		不得检出	GB/T 23210
288	莫能菌素	Monensin	2μg/kg		不得检出	SN 0698
289	绿谷隆	Monolinuron	0.05		不得检出	GB/T 23210

序号	农兽药中文名	农兽药英文名	欧盟标准限量要求 mg/kg	国家标准限量要求 mg/kg	三安超有机食品标准	
					限量要求 mg/kg	检测方法
290	灭草隆	Monuron	0.01		不得检出	GB/T 23211
291	甲噻吩嘧啶	Morantel	50μg/kg		不得检出	参照同类标准
292	莫西丁克	Moxidectin	40μg/kg		不得检出	SN/T 2442
293	腈菌唑	Myclobutanil	0.01		不得检出	GB/T 23211
294	奈夫西林	Nafcillin	30μg/kg		不得检出	GB/T 22975
295	1 - 萘乙酰胺	1 - Naphthylacetamide	0.05		不得检出	GB/T 23205
296	敌草胺	Napropamide	0.01		不得检出	GB/T 23210
297	新霉素(包括 framycetin)	Neomycin (including framycetin)	1500μg/kg		不得检出	SN 0646
298	尼托比明	Netobimin	100μg/kg		不得检出	参照同类标准
299	烟嘧磺隆	Nicosulfuron	0.05		不得检出	SN/T 2325
300	除草醚	Nitrofen	0.01		不得检出	GB/T 23210
301	硝碘酚腈	Nitroxinil	20μg/kg		不得检出	参照同类标准
302	诺孕美特	Norgestomet	0.12μg/kg		不得检出	参照同类标准
303	氟酰脲	Novaluron	0.4		不得检出	GB/T 23211
304	新生霉素	Novobiocin	50μg/kg		不得检出	参照同类标准
305	嘧苯胺磺隆	Orthosulfamuron	0.01		不得检出	GB/T 23817
306	苯唑青霉素	Oxacillin	30μg/kg		不得检出	GB/T 18932.25
307	噁草酮	Oxadiazon	0.05		不得检出	GB/T 23210
308	噁霜灵	Oxadixyl	0.01		不得检出	GB/T 23210
309	奥芬达唑	Oxfendazole	10μg/kg		不得检出	GB/T 22972
310	氧化萎锈灵	Oxycarboxin	0.05		不得检出	GB/T 23211
311	亚砜磷	Oxydemeton - methyl	0.01		不得检出	参照同类标准
312	乙氧氟草醚	Oxyfluorfen	0.05		不得检出	GB/T 23210
313	土霉素	Oxytetracycline	100μg/kg		不得检出	GB/T 22990
314	多效唑	Paclobutrazol	0.02		不得检出	GB/T 23210
315	对硫磷	Parathion	0.05		不得检出	GB/T 5009.161
316	甲基对硫磷	Parathion - methyl	0.01		不得检出	GB/T 5009.161
317	戊菌唑	Penconazole	0.01		不得检出	GB/T 23210
318	戊菌隆	Pencycuron	0.05		不得检出	GB/T 23210
319	二甲戊灵	Pendimethalin	0.05		不得检出	GB/T 23210
320	喷沙西林	Penethamate	4μg/kg		不得检出	参照同类标准
321	氯菊酯	Permethrin	0.05		不得检出	GB/T 23210
322	甜菜宁	Phenmedipham	0.05		不得检出	GB/T 23211
323	苯醚菊酯	Phenothrin	0.05		不得检出	GB/T 23210
324	甲拌磷	Phorate	0.01		不得检出	GB/T 23210
325	伏杀硫磷	Phosalone	0.01		不得检出	GB/T 23210
326	亚胺硫磷	Phosmet	0.05		不得检出	GB/T 23210
327	—	Phosphines and phosphides	0.01		不得检出	参照同类标准

序号	农兽药中文名	农兽药英文名	欧盟标准限量要求 mg/kg	国家标准限量要求 mg/kg	三安超有机食品标准	
					限量要求 mg/kg	检测方法
328	辛硫磷	Phoxim	0.02		不得检出	GB/T 23211
329	氨氯吡啶酸	Picloram	0.05		不得检出	GB/T 23211
330	啶氧菌酯	Picoxystrobin	0.02		不得检出	GB/T 23210
331	抗蚜威	Pirimicarb	0.05		不得检出	GB/T 23210
332	甲基嘧啶磷	Pirimiphos – methyl	0.05		不得检出	GB/T 23210
333	吡利霉素	Pirlimycin	100μg/kg		不得检出	GB/T 22988
334	泼尼松龙	Prednisolone	6μg/kg		不得检出	GB/T 21981
335	咪鲜胺	Prochloraz	0.02		不得检出	GB/T 23211
336	腐霉利	Procymidone	0.01		不得检出	GB/T 23210
337	丙溴磷	Profenofos	0.05		不得检出	GB/T 23210
338	调环酸	Prohexadione	0.01		不得检出	日本肯定列表
339	毒草安	Propachlor	0.02		不得检出	GB/T 23210
340	扑派威	Propamocarb	0.1		不得检出	GB/T 23210
341	恶草酸	Propaquizafop	0.05		不得检出	GB/T 23211
342	炔螨特	Propargite	0.1		不得检出	GB/T 23210
343	苯胺灵	Propham	0.05		不得检出	GB/T 23210
344	丙环唑	Propiconazole	0.01		不得检出	GB/T 23210
345	异丙草胺	Propisochlor	0.01		不得检出	GB/T 23210
346	残杀威	Propoxur	0.05		不得检出	GB/T 23210
347	炔苯酰草胺	Propyzamide	0.01		不得检出	GB/T 23210
348	苄草丹	Prosulfocarb	0.05		不得检出	GB/T 23210
349	丙硫菌唑	Prothioconazole	0.01		不得检出	参照同类标准
350	吡蚜酮	Pymetrozine	0.01		不得检出	GB/T 23211
351	吡唑醚菌酯	Pyraclostrobin	0.01		不得检出	GB/T 23210
352	—	Pyrasulfotole	0.01		不得检出	参照同类标准
353	吡菌磷	Pyrazophos	0.02		不得检出	GB/T 23210
354	除虫菊素	Pyrethrins	0.05		不得检出	GB/T 23211
355	哒螨灵	Pyridaben	0.02		不得检出	GB/T 23210
356	啶虫丙醚	Pyridalyl	0.01		不得检出	日本肯定列表
357	哒草特	Pyridate	0.05		不得检出	日本肯定列表
358	嘧霉胺	Pyrimethanil	0.05		不得检出	GB/T 23210
359	吡丙醚	Pyriproxyfen	0.05		不得检出	GB/T 23210
360	甲氧磺草胺	Pyroxsulam	0.01		不得检出	SN/T 2325
361	氯甲喹啉酸	Quinmerac	0.05		不得检出	参照同类标准
362	喹氧灵	Quinoxyfen	0.05		不得检出	SN/T 2319
363	五氯硝基苯	Quintozene	0.01		不得检出	GB/T 23210
364	精喹禾灵	Quizalofop – *P* – ethyl	0.05		不得检出	SN/T 2150
365	灭虫菊	Resmethrin	0.1		不得检出	GB/T 23210
366	利福西明	Rifaximin	60μg/kg		不得检出	SN/T 2224

序号	农兽药中文名	农兽药英文名	欧盟标准限量要求 mg/kg	国家标准限量要求 mg/kg	三安超有机食品标准	
					限量要求 mg/kg	检测方法
367	鱼藤酮	Rotenone	0.01		不得检出	GB/T 23211
368	西玛津	Simazine	0.01		不得检出	SN 0594
369	壮观霉素	Spectinomycin	200μg/kg		不得检出	SN 0694
370	乙基多杀菌素	Spinetoram	0.01		不得检出	参照同类标准
371	多杀霉素	Spinosad	0.5		不得检出	GB/T 23211
372	螺旋霉素	Spiramycin	200μg/kg		不得检出	GB/T 22988
373	螺螨酯	Spirodiclofen	0.004		不得检出	GB/T 23210
374	螺甲螨酯	Spiromesifen	0.01		不得检出	GB/T 23210
375	螺虫乙酯	Spirotetramat	0.005		不得检出	参照同类标准
376	萁孢菌素	Spiroxamine	0.02		不得检出	GB/T 23210
377	磺草酮	Sulcotrione	0.05		不得检出	参照同类标准
378	磺胺类(所有属于磺胺类的物质)	Sulfonamides (all substances belonging to the sulfonamide-group)	100μg/kg		不得检出	GB/T 22966
379	乙黄隆	Sulfosulfuron	0.05		不得检出	SN/T 2325
380	硫磺粉	Sulfur	0.5		不得检出	参照同类标准
381	氟胺氰菊酯	Tau - fluvalinate	0.05		不得检出	GB/T 23211
382	戊唑醇	Tebuconazole	0.05		不得检出	GB/T 23210
383	虫酰肼	Tebufenozide	0.05		不得检出	GB/T 23211
384	吡螨胺	Tebufenpyrad	0.05		不得检出	GB/T 23210
385	四氯硝基苯	Tecnazene	0.05		不得检出	GB/T 23210
386	氟苯脲	Teflubenzuron	0.05		不得检出	SN/T 2150
387	七氟菊酯	Tefluthrin	0.05		不得检出	GB/T 23210
388	得杀草	Tepraloxydim	0.02		不得检出	GB/T 23211
389	特丁硫磷	Terbufos	0.01		不得检出	GB/T 23210
390	特丁津	Terbuthylazine	0.05		不得检出	GB/T 23210
391	四氟醚唑	Tetraconazole	0.05		不得检出	GB/T 23210
392	四环素	Tetracycline	100μg/kg		不得检出	GB/T 22990
393	三氯杀螨砜	Tetradifon	0.05		不得检出	GB/T 23210
394	噻菌灵	Thiabendazole	100μg/kg		不得检出	GB/T 23210
395	噻虫啉	Thiacloprid	0.03		不得检出	GB/T 23211
396	噻虫嗪	Thiamethoxam	0.05		不得检出	GB/T 23210
397	甲砜霉素	Thiamphenicol	50μg/kg		不得检出	GB 29689
398	禾草丹	Thiobencarb	0.01		不得检出	GB/T 23210
399	甲基硫菌灵	Thiophanate - methyl	0.05		不得检出	GB/T 23211
400	替米考星	Tilmicosin	50μg/kg		不得检出	GB/T 20762
401	甲基立枯磷	Tolclofos - methyl	0.05		不得检出	GB/T 23210
402	托芬那酸	Tolfenamic acid	50μg/kg		不得检出	SN/T 2190
403	甲苯氟磺胺	Tolylfluanid	0.02		不得检出	GB/T 23210

序号	农兽药中文名	农兽药英文名	欧盟标准限量要求 mg/kg	国家标准限量要求 mg/kg	三安超有机食品标准	
					限量要求 mg/kg	检测方法
404	—	Topramezone	0.01		不得检出	参照同类标准
405	三唑酮和三唑醇	Triadimefon and triadimenol	0.1		不得检出	GB/T 23210
406	野麦畏	Triallate	0.05		不得检出	GB/T 23210
407	醚苯磺隆	Triasulfuron	0.05		不得检出	GB/T 20770
408	三唑磷	Triazophos	0.01		不得检出	GB/T 23210
409	敌百虫	Trichlorphon	0.01		不得检出	GB/T 23211
410	三氯苯哒唑	Triclabendazole	10μg/kg		不得检出	参照同类标准
411	绿草定	Triclopyr	0.05		不得检出	SN/T 2228
412	三环唑	Tricyclazole	0.05		不得检出	GB/T 23210
413	十三吗啉	Tridemorph	0.01		不得检出	GB/T 23211
414	肟菌酯	Trifloxystrobin	0.02		不得检出	GB/T 23210
415	氟菌唑	Triflumizole	0.05		不得检出	GB/T 19648
416	杀铃脲	Triflumuron	0.01		不得检出	GB/T 23211
417	氟乐灵	Trifluralin	0.01		不得检出	GB/T 23210
418	嗪氨灵	Triforine	0.01		不得检出	SN 0695
419	甲氧苄氨嘧啶	Trimethoprim	50μg/kg		不得检出	SN/T 2538
420	三甲基锍阳离子	Trimethyl – sulfonium cation	0.1		不得检出	参照同类标准
421	抗倒酯	Trinexapac	0.05		不得检出	日本肯定列表
422	灭菌唑	Triticonazole	0.01		不得检出	GB/T 23211
423	三氟甲磺隆	Tritosulfuron	0.01		不得检出	参照同类标准
424	泰乐霉素	Tylosin	50μg/kg		不得检出	GB/T 22941
425	—	Valifenalate	0.01		不得检出	参照同类标准
426	乙烯菌核利	Vinclozolin	0.05		不得检出	GB/T 23210
427	茅草枯	2,2 – DPA			不得检出	日本肯定列表(增补本1)
428	2,3,4,5 – 四氯苯胺	2,3,4,5 – Tetrachloraniline			不得检出	GB/T 23210
429	2,3,4,5 – 四氯甲氧基苯	2,3,4,5 – Tetrachloroanisole			不得检出	GB/T 23210
430	2,3,5,6 – 四氯苯胺	2,3,5,6 – Tetrachloroaniline			不得检出	GB/T 23210
431	2,4,5 – 涕	2,4,5 – T			不得检出	GB/T 23210
432	*o*,*p*′ – 滴滴滴	2,4′ – DDD			不得检出	GB/T 23210
433	*o*,*p*′ – 滴滴伊	2,4′ – DDE			不得检出	GB/T 23210
434	*o*,*p*′ – 滴滴涕	2,4′ – DDT			不得检出	GB/T 23210
435	2,6 – 二氯苯甲酰胺	2,6 – Dichlorobenzamide			不得检出	GB/T 23210
436	3,4,5 – 混杀威	3,4,5 – Trimethacarb			不得检出	GB/T 23210
437	3,5 – 二氯苯胺	3,5 – Dichloroaniline			不得检出	GB/T 23210
438	4,4′ – 二溴二苯甲酮	4,4′ – Dibromobenzophenone			不得检出	GB/T 23210
439	4,4′ – 二氯二苯甲酮	4,4′ – Dichlorobenzophenone			不得检出	GB/T 23210
440	4 – 氯苯氧乙酸	4 – Chlorophenoxyacetic acid			不得检出	GB/T 23210
441	6 – 氯 – 4 – 羟基 – 3 – 苯基哒嗪	6 – Chloro – 4 – hydroxy – 3 – phenyl – pyridazin			不得检出	GB/T 23211

序号	农兽药中文名	农兽药英文名	欧盟标准限量要求 mg/kg	国家标准限量要求 mg/kg	三安超有机食品标准	
					限量要求 mg/kg	检测方法
442	二氢苊	Acenaphthene			不得检出	GB/T 23210
443	三氟羧草醚	Acifluorfen			不得检出	GB/T 23211
444	丙烯酰胺	Acrylamide			不得检出	GB/T 23211
445	4－十二烷基－2,6－二甲基吗啉	Aldimorph			不得检出	GB/T 23211
446	涕灭砜威	Aldoxycarb			不得检出	SN/T 2150
447	烯丙菊酯	Allethrin			不得检出	GB/T 23210
448	二丙烯草胺	Allidochlor			不得检出	GB/T 23210
449	禾草灭	Alloxydim－sodium			不得检出	GB/T 23211
450	莠灭净	Ametryn			不得检出	GB/T 23210
451	赛硫磷	Amidithion			不得检出	GB/T 23211
452	灭害威	Aminocarb			不得检出	GB/T 23211
453	氯氨吡啶酸	Aminopyalid			不得检出	GB/T 23211
454	莎稗磷	Anilofos			不得检出	GB/T 23210
455	丙硫特普	Aspon			不得检出	GB/T 23210
456	羟氨卡青霉素	Aspoxicillin			不得检出	GB/T 20755
457	莠去通	Atratone			不得检出	GB/T 23210
458	莠去津	Atrazine			不得检出	GB/T 23210
459	脱乙基阿特拉津	Atrazine－desethyl			不得检出	GB/T 23210
460	戊环唑	Azaconazole			不得检出	GB/T 23210
461	甲基吡噁磷	Azamethiphos			不得检出	GB/T 23211
462	叠氮津	Aziprotryne			不得检出	GB/T 23210
463	4－溴－3,5－二甲苯基－*N*－甲基氨基甲酸酯－1	BDMC－1			不得检出	GB/T 23210
464	4－溴－3,5－二甲苯基－*N*－甲基氨基甲酸酯－2	BDMC－2			不得检出	GB/T 23210
465	噁虫威	Bendiocarb			不得检出	GB/T 23211
466	乙丁氟灵	Benfluralin			不得检出	GB/T 23210
467	甲基丙硫克百威	Benfuracarb－methyl			不得检出	GB/T 23211
468	呋草黄	Benfuresate			不得检出	GB/T 23210
469	麦锈灵	Benodanil			不得检出	GB/T 23210
470	解草酮	Benoxacor			不得检出	GB/T 23210
471	地散磷	Bensulide			不得检出	GB/T 23210
472	吡草酮	Benzofenap			不得检出	GB/T 23211
473	苯螨特	Benzoximate			不得检出	GB/T 23211
474	新燕灵	Benzoylprop－ethyl			不得检出	GB/T 23210
475	苄基腺嘌呤	Benzyladenine			不得检出	GB/T 23211
476	生物烯丙菊酯－1	Bioallethrin－1			不得检出	GB/T 23210
477	生物烯丙菊酯－2	Bioallethrin－2			不得检出	GB/T 23210

序号	农兽药中文名	农兽药英文名	欧盟标准限量要求 mg/kg	国家标准限量要求 mg/kg	三安超有机食品标准	
					限量要求 mg/kg	检测方法
478	杀虫双	Bisultap thiosultap – disodium			不得检出	GB/T 5009.114
479	除草定	Bromacil			不得检出	GB/T 23211
480	溴苯烯磷	Bromfenvinfos			不得检出	GB/T 23210
481	溴烯杀	Bromocylen			不得检出	GB/T 23210
482	溴硫磷	Bromofos			不得检出	GB/T 23210
483	乙基溴硫磷	Bromophos – ethyl			不得检出	GB/T 23210
484	溴莠敏	Brompyrazon			不得检出	GB/T 23211
485	糠菌唑 – 1	Bromuconazole – 1			不得检出	GB/T 23210
486	糠菌唑 – 2	Bromuconazole – 2			不得检出	GB/T 23210
487	丁草胺	Butachlor			不得检出	GB/T 23210
488	氟丙嘧草酯	Butafenacil			不得检出	GB/T 23210
489	抑草磷	Butamifos			不得检出	GB/T 23210
490	丁酮威	Butocarboxim			不得检出	GB/T 23211
491	丁酮砜威	Butoxycarboxim			不得检出	GB/T 23211
492	播土隆	Buturon			不得检出	GB/T 23211
493	三硫磷	Carbophenothion			不得检出	GB/T 23210
494	唑草酮	Carfentrazone – ethyl			不得检出	GB/T 23210
495	环丙酰菌胺	Carpropamid			不得检出	GB/T 23211
496	氯霉素	Chloramphenicolum			不得检出	GB/T 23211
497	氯杀螨砜	Chlorbenside sulfone			不得检出	GB/T 23210
498	灭幼脲	Chlorbenzuron			不得检出	GB/T 23211
499	氯溴隆	Chlorbromuron			不得检出	GB/T 23210
500	杀虫脒	Chlordimeform			不得检出	GB/T 23210
501	杀虫脒盐酸盐	Chlordimeform hydrochloride			不得检出	GB/T 23211
502	氯氧磷	Chlorethoxyfos			不得检出	GB/T 23210
503	溴虫腈	Chlorfenapyr			不得检出	SN/T 1986
504	杀螨醇	Chlorfenethol			不得检出	GB/T 23210
505	燕麦酯	Chlorfenprop – methyl			不得检出	GB/T 23210
506	氟啶脲	Chlorfluazuron			不得检出	GB/T 23210
507	整形醇	Chlorflurenol			不得检出	GB/T 23210
508	氯嘧磺隆	Chlorimuron – ethyl			不得检出	GB/T 23211
509	氯甲硫磷	Chlormephos			不得检出	GB/T 23210
510	氯苯甲醚	Chloroneb			不得检出	GB/T 23210
511	丙酯杀螨醇	Chloropropylate			不得检出	GB/T 23210
512	氯辛硫磷	Chlorphoxim			不得检出	GB/T 23211
513	氯硫磷	Chlorthion			不得检出	GB/T 23211
514	虫螨磷	Chlorthiophos			不得检出	GB/T 23210
515	乙菌利	Chlozolinate			不得检出	GB/T 23210
516	环虫酰肼	Chromafenozide			不得检出	GB/T 23210

序号	农兽药中文名	农兽药英文名	欧盟标准限量要求 mg/kg	国家标准限量要求 mg/kg	三安超有机食品标准	
					限量要求 mg/kg	检测方法
517	苯并菲	Chrysene			不得检出	GB/T 23210
518	吲哚酮草酯	Cinidon - ethyl			不得检出	GB/T 23211
519	环庚草醚	Cinmethylin			不得检出	GB/T 23210
520	醚磺隆	Cinosulfuron			不得检出	GB/T 23211
521	四氢邻苯二甲酰亚胺	*cis* - 1,2,3,6 - Tetrahydrophthalimide			不得检出	GB/T 23210
522	顺式 - 氯丹	*cis* - Chlordane			不得检出	GB/T 23210
523	顺式 - 燕麦敌	*cis* - Diallate			不得检出	GB/T 23210
524	顺式 - 氯菊酯	*cis* - Permethrin			不得检出	GB/T 23210
525	克林霉素	Clindamycin			不得检出	GB/T 20762
526	异噁草酮	Clomazone			不得检出	GB/T 23210
527	氯羟吡啶	Clopidol			不得检出	GB 29700
528	调果酸	Cloprop			不得检出	GB/T 23211
529	解草酯	Cloquintocet - mexyl			不得检出	GB/T 23210
530	蝇毒磷	Coumaphos			不得检出	GB/T 23210
531	杀鼠醚	Coumatetralyl			不得检出	GB/T 23211
532	鼠立死	Crimidine			不得检出	GB/T 23210
533	育畜磷	Crufomate			不得检出	GB/T 23210
534	可灭隆	Cumyluron			不得检出	GB/T 23211
535	氰草津	Cyanazine			不得检出	GB/T 23210
536	苯腈磷	Cyanofenphos			不得检出	GB/T 23210
537	杀螟腈	Cyanophos			不得检出	GB/T 23210
538	环草敌	Cycloate			不得检出	GB/T 23210
539	环丙嘧磺隆	Cyclosulfamuron			不得检出	GB/T 23211
540	环莠隆	Cycluron			不得检出	GB/T 23210
541	氰氟草酯	Cyhalofop - butyl			不得检出	GB/T 23210
542	苯醚氰菊酯	Cyphenothrin			不得检出	GB/T 23211
543	环丙津	Cyprazine			不得检出	GB/T 23210
544	畜蜱磷	Cythioate			不得检出	GB/T 23210
545	敌草索	Dacthal			不得检出	GB/T 23210
546	棉隆	Dazomet			不得检出	GB/T 23211
547	脱叶磷	DEF			不得检出	GB/T 23210
548	内吸磷	Demeton			不得检出	GB/T 23211
549	甲基内吸磷	Demeton - *s* - methyl			不得检出	GB/T 23210
550	砜吸磷	Demeton - *s* - methyl sulfone			不得检出	GB/T 23211
551	砜吸磷亚砜	Demeton - *s* - methyl sulfoxide			不得检出	GB/T 23211
552	2,2′,4,5,5′ - 五氯联苯	DE - PCB 101			不得检出	GB/T 23210
553	2,3,4,4′,5 - 五氯联苯	DE - PCB 118			不得检出	GB/T 23210
554	2,2′,3,4,4′,5 - 六氯联苯	DE - PCB 138			不得检出	GB/T 23210

序号	农兽药中文名	农兽药英文名	欧盟标准限量要求 mg/kg	国家标准限量要求 mg/kg	三安超有机食品标准	
					限量要求 mg/kg	检测方法
555	2,2′,4,4′,5,5′-六氯联苯	DE-PCB 153			不得检出	GB/T 23210
556	2,2′,3,4,4′,5,5′-七氯联苯	DE-PCB 180			不得检出	GB/T 23210
557	2,4,4′-三氯联苯	DE-PCB 28			不得检出	GB/T 23210
558	2,4,5-三氯联苯	DE-PCB 31			不得检出	GB/T 23210
559	2,2′,5,5′-四氯联苯	DE-PCB 52			不得检出	GB/T 23210
560	脱乙基另丁津	Desethyl-sebuthylazine			不得检出	GB/T 23210
561	甜菜安	Desmedipham			不得检出	GB/T 23210
562	敌草净	Desmetryn			不得检出	GB/T 23210
563	丁醚脲	Diafenthiuron			不得检出	GB/T 23211
564	氯亚胺硫磷	Dialifos			不得检出	GB/T 23210
565	驱虫特	Dibutyl succinate			不得检出	GB/T 23210
566	异氯磷	Dicapthon			不得检出	GB/T 23210
567	除线磷	Dichlofenthion			不得检出	GB/T 23210
568	苯氟磺胺	Dichlofluanid			不得检出	GB/T 23210
569	烯丙酰草胺	Dichlormid			不得检出	GB/T 23210
570	敌敌畏	Dichlorvos			不得检出	GB/T 23210
571	苄氯三唑醇	Diclobutrazole			不得检出	GB/T 23210
572	禾草灵	Diclofop-methyl			不得检出	GB/T 19650
573	百治磷	Dicrotophos			不得检出	GB/T 23210
574	避蚊胺	Diethyltoluamide			不得检出	GB/T 23210
575	枯莠隆	Difenoxuron			不得检出	GB/T 23210
576	野燕枯	Difenzoquat			不得检出	GB/T 23211
577	甲氟磷	Dimefox			不得检出	GB/T 23210
578	噁唑隆	Dimefuron			不得检出	GB/T 23210
579	哌草丹	Dimepiperate			不得检出	GB/T 23210
580	异戊乙净	Dimethametryn			不得检出	GB/T 23210
581	二甲酚草胺	Dimethenamid			不得检出	GB/T 23210
582	噻节因	Dimethipin			不得检出	GB/T 23210
583	甲菌定	Dimethirimol			不得检出	GB/T 23211
584	乐果	Dimethoate			不得检出	GB/T 23210
585	避蚊酯	Dimethyl phthalate			不得检出	GB/T 23210
586	甲基毒虫畏	Dimethylvinphos			不得检出	GB/T 23210
587	氨氟灵	Dinitramine			不得检出	GB/T 23210
588	消螨通	Dinobuton			不得检出	GB/T 23210
589	地乐酯	Dinoseb acetate			不得检出	GB/T 23211
590	呋虫胺	Dinotefuran			不得检出	GB/T 23211
591	苯虫醚-1	Diofenolan-1			不得检出	GB/T 23210
592	苯虫醚-2	Diofenolan-2			不得检出	GB/T 23210

序号	农兽药中文名	农兽药英文名	欧盟标准限量要求 mg/kg	国家标准限量要求 mg/kg	三安超有机食品标准	
					限量要求 mg/kg	检测方法
593	蔬果磷	Dioxabenzofos			不得检出	GB/T 23211
594	二氧威	Dioxacarb			不得检出	GB/T 23210
595	双苯酰草胺	Diphenamid			不得检出	GB/T 23210
596	二苯胺	Diphenylamine			不得检出	GB/T 23210
597	异丙净	Dipropetryn			不得检出	GB/T 23210
598	乙拌磷砜	Disulfoton sulfone			不得检出	GB/T 23210
599	乙拌磷亚砜	Disulfoton - sulfoxide			不得检出	GB/T 23210
600	灭菌磷	Ditalimfos			不得检出	GB/T 23210
601	氟硫草定	Dithiopyr			不得检出	GB/T 23211
602	十二环吗啉	Dodemorph			不得检出	GB/T 23210
603	多拉菌素	Doramectin			不得检出	GB/T 22968
604	强力霉素	Doxycycline			不得检出	GB/T 22990
605	敌瘟磷	Edifenphos			不得检出	GB/T 23210
606	甲氨基阿维菌素苯甲酸盐	Emamectin benzoate			不得检出	GB/T 23211
607	硫丹-1	Endosulfan - 1			不得检出	GB/T 23210
608	硫丹-2	Endosulfan - 2			不得检出	GB/T 23210
609	硫丹硫酸盐	Endosulfan - sulfate			不得检出	GB/T 23210
610	草藻灭	Endothal			不得检出	GB/T 23210
611	异狄氏剂醛	Endrin aldehyde			不得检出	GB/T 23210
612	异狄氏剂酮	Endrin ketone			不得检出	GB/T 23210
613	苯硫磷	EPN			不得检出	GB/T 23210
614	抑草蓬	Erbon			不得检出	GB/T 23210
615	*S*-氰戊菊酯	Esfenvalerate			不得检出	GB/T 23210
616	戊草丹	Esprocarb			不得检出	GB/T 23210
617	乙环唑-1	Etaconazole - 1			不得检出	GB/T 23210
618	乙环唑-2	Etaconazole - 2			不得检出	GB/T 23210
619	磺噻隆	Ethidimuron			不得检出	GB/T 23211
620	乙硫苯威	Ethiofencarb			不得检出	GB/T 23210
621	乙硫苯威亚砜	Ethiofencarb - sulfoxide			不得检出	GB/T 23211
622	乙虫腈	Ethiprole			不得检出	GB/T 23211
623	乙氧磺隆	Ethoxysulfuron			不得检出	GB/T 23211
624	乙撑硫脲	Ethylene thiourea			不得检出	GB/T 23211
625	乙氧苯草胺	Etobenzanid			不得检出	GB/T 23211
626	乙嘧硫磷	Etrimfos			不得检出	GB/T 23210
627	伐灭磷	Famphur			不得检出	GB/T 23210
628	敌磺钠	Fenaminosulf			不得检出	GB/T 23211
629	苯线磷亚砜	Fenamiphos sulfoxide			不得检出	GB/T 23210
630	苯线磷砜	Fenamiphos - sulfone			不得检出	GB/T 23210
631	皮蝇磷	Fenchlorphos			不得检出	GB/T 23210

序号	农兽药中文名	农兽药英文名	欧盟标准限量要求 mg/kg	国家标准限量要求 mg/kg	三安超有机食品标准	
					限量要求 mg/kg	检测方法
632	甲呋酰胺	Fenfuram			不得检出	GB/T 23210
633	仲丁威	Fenobucarb			不得检出	GB/T 23210
634	涕丙酸	Fenoprop			不得检出	GB/T 23211
635	稻瘟酰胺	Fenoxanil			不得检出	GB/T 23210
636	拌种咯	Fenpiclonil			不得检出	GB/T 23210
637	甲氰菊酯	Fenpropathrin			不得检出	GB/T 23210
638	芬螨酯	Fenson			不得检出	GB/T 23210
639	丰索磷	Fensulfothion			不得检出	GB/T 23210
640	倍硫磷砜	Fenthion sulfone			不得检出	GB/T 23210
641	倍硫磷亚砜	Fenthion sulfoxide			不得检出	GB/T 23210
642	氯化薯瘟锡	Fentin – chloride			不得检出	GB/T 23211
643	四唑酰草胺	Fentrazamide			不得检出	GB/T 23211
644	非草隆	Fenuron			不得检出	GB/T 23211
645	麦草氟异丙酯	Flamprop – isopropyl			不得检出	GB/T 23210
646	麦草氟甲酯	Flamprop – methyl			不得检出	GB/T 23210
647	双氟磺草胺	Florasulam			不得检出	GB/T 23211
648	吡氟禾草灵	Fluazifop – butyl			不得检出	GB/T 23211
649	啶蜱脲	Fluazuron			不得检出	GB/T 23211
650	咪唑螨	Flubenzimine			不得检出	GB/T 23211
651	氯乙氟灵	Fluchloralin			不得检出	GB/T 23210
652	氟噻草胺	Flufenacet			不得检出	GB/T 23210
653	氟节胺	Flumetralin			不得检出	GB/T 23210
654	唑嘧磺草胺	Flumetsulam			不得检出	GB/T 23211
655	氟烯草酸	Flumiclorac			不得检出	GB/T 23210
656	丙炔氟草胺	Flumioxazin			不得检出	GB/T 23210
657	伏草隆	Fluometuron			不得检出	GB/T 23211
658	三氟硝草醚	Fluorodifen			不得检出	GB/T 23210
659	乙羧氟草醚	Fluoroglycofen – ethyl			不得检出	GB/T 23210
660	三氟苯唑	Fluotrimazole			不得检出	GB/T 23210
661	氟啶草酮	Fluridone			不得检出	GB/T 23211
662	氟草烟 – 1 – 甲庚酯	Fluroxypr – 1 – methylheptyl ester			不得检出	GB/T 23210
663	磺菌胺	Flusulfamide			不得检出	GB/T 23211
664	氟噻乙草酯	Fluthiacet – methyl			不得检出	GB/T 23211
665	灭菌丹	Folpet			不得检出	GB/T 23210
666	地虫硫磷	Fonofos			不得检出	GB/T 23210
667	安果	Formothion			不得检出	GB/T 23210
668	呋霜灵	Furalaxyl			不得检出	GB/T 23210
669	茂谷乐	Furmecyclox			不得检出	GB/T 23210

序号	农兽药中文名	农兽药英文名	欧盟标准限量要求 mg/kg	国家标准限量要求 mg/kg	三安超有机食品标准	
					限量要求 mg/kg	检测方法
670	精高效氨氟氰菊酯 - 1	Gamma - cyhalothrin - 1			不得检出	GB/T 23210
671	精高效氨氟氰菊酯 - 2	Gamma - cyhalothrin - 2			不得检出	GB/T 23210
672	苄螨醚	Halfenprox			不得检出	GB/T 23210
673	氯吡嘧磺隆	Halosulfuron - methyl			不得检出	GB/T 23210
674	氟吡乙禾灵	Haloxyfop - 2 - ethoxy - ethyl			不得检出	GB/T 23211
675	氟吡甲禾灵和高效氟吡甲禾灵	Haloxyfop - methyl and haloxyfop - *P* - methyl			不得检出	GB/T 23211
676	庚烯磷	Heptanophos			不得检出	GB/T 23210
677	己唑醇	Hexaconazole			不得检出	GB/T 23210
678	氟铃脲	Hexaflumuron			不得检出	GB/T 23210
679	环嗪酮	Hexazinone			不得检出	GB/T 23210
680	伏蚁腙	Hydramethylnon			不得检出	GB/T 23211
681	氢化可的松	Hydrocortisone			不得检出	NY/T 914
682	咪草酸	Imazamethabenz - methyl			不得检出	GB/T 23210
683	咪唑乙烟酸	Imazethapyr			不得检出	GB/T 23211
684	亚胺唑	Imibenconazole			不得检出	GB/T 23211
685	脱苯甲基亚胺唑	Imibenconazole - *des* - benzyl			不得检出	GB/T 23210
686	炔咪菊酯 - 1	Imiprothrin - 1			不得检出	GB/T 23210
687	炔咪菊酯 - 2	Imiprothrin - 2			不得检出	GB/T 23210
688	碘硫磷	Iodofenphos			不得检出	GB/T 23210
689	甲基碘磺隆	Iodosulfuron - methyl			不得检出	GB/T 23211
690	碘甲磺隆钠	Iodosulfuron - methyl - sodium			不得检出	GB/T 23211
691	异稻瘟净	Iprobenfos			不得检出	GB/T 23210
692	缬霉威 - 1	Iprovalicarb - 1			不得检出	GB/T 23210
693	缬霉威 - 2	Iprovalicarb - 2			不得检出	GB/T 23210
694	氯唑磷	Isazofos			不得检出	GB/T 23210
695	丁咪酰胺	Isocarbamid			不得检出	GB/T 23210
696	水胺硫磷	Isocarbophos			不得检出	GB/T 23210
697	异艾氏剂	Isodrin			不得检出	GB/T 23210
698	异柳磷	Isofenphos			不得检出	GB/T 23210
699	氮氨菲啶	Isometamidium			不得检出	GB/T 22974
700	丁嗪草酮	Isomethiozin			不得检出	GB/T 23210
701	异丙威 - 1	Isoprocarb - 1			不得检出	GB/T 23210
702	异丙威 - 2	Isoprocarb - 2			不得检出	GB/T 23210
703	异丙乐灵	Isopropalin			不得检出	GB/T 23210
704	异噁隆	Isouron			不得检出	GB/T 23211
705	异噁氟草	Isoxaflutole			不得检出	GB/T 20772
706	依维菌素	Ivermectin			不得检出	GB/T 22968
707	交沙霉素	Josamycin			不得检出	GB/T 20762

序号	农兽药中文名	农兽药英文名	欧盟标准限量要求 mg/kg	国家标准限量要求 mg/kg	三安超有机食品标准	
					限量要求 mg/kg	检测方法
708	噻嗯菊酯	Kadethrin			不得检出	GB/T 23211
709	克来范	Kelevan			不得检出	GB/T 23211
710	吉他霉素	Kitasamycin			不得检出	GB/T 20762
711	拉沙里菌素	Lasalocid			不得检出	SN 0501
712	溴苯磷	Leptophos			不得检出	GB/T 23210
713	左旋咪唑	Levamisole			不得检出	GB 29681
714	利谷隆	Linuron			不得检出	GB/T 23210
715	马拉氧磷	Malaoxon			不得检出	GB/T 23210
716	二甲四氯	MCPA			不得检出	SN/T 2228
717	2-甲-4-氯丁氧乙基酸	MCPA-butoxyethyl ester			不得检出	GB/T 23210
718	灭蚜磷	Mecarbam			不得检出	GB/T 23210
719	苯噻酰草胺	Mefenacet			不得检出	GB/T 23210
720	吡唑解草酯	Mefenpyr-diethyl			不得检出	GB/T 23210
721	嘧菌胺	Mepanipyrim			不得检出	GB/T 23211
722	地胺磷	Mephosfolan			不得检出	GB/T 23210
723	灭锈胺	Mepronil			不得检出	GB/T 23210
724	呋菌胺	Methfuroxam			不得检出	GB/T 23210
725	灭梭威砜	Methiocarb sulfone			不得检出	GB/T 23210
726	溴谷隆	Methobromuron			不得检出	GB/T 23211
727	异丙甲草胺和 *S*-异丙甲草胺	Metolachlor and *S*-metolachlor			不得检出	GB/T5009.174
728	盖草津	Methoprotryne			不得检出	GB/T 23210
729	甲醚菊酯-1	Methothrin-1			不得检出	GB/T 23210
730	甲醚菊酯-2	Methothrin-2			不得检出	GB/T 23210
731	速灭威	Metolcarb			不得检出	GB/T 23211
732	苯氧菌胺	Metominostrobin			不得检出	GB/T 23210
733	甲氧隆	Metoxuron			不得检出	GB/T 23211
734	速灭磷	Mevinphos			不得检出	GB/T 23211
735	兹克威	Mexacarbate			不得检出	GB/T 23210
736	灭蚁灵	Mirex			不得检出	GB/T 23210
737	禾草敌	Molinate			不得检出	GB/T 23210
738	庚酰草胺	Monalide			不得检出	GB/T 23210
739	久效磷	Monocrotophos			不得检出	GB/T 5009.20
740	合成麝香	Musk ambrecte			不得检出	GB/T 23210
741	麝香酮	Musk ketone			不得检出	GB/T 23210
742	麝香	Musk moskene			不得检出	GB/T 23210
743	二甲苯麝香	Musk xylene			不得检出	GB/T 23210
744	二溴磷	Naled			不得检出	SN/T 0706
745	萘草胺	Naptalam			不得检出	GB/T 23211

序号	农兽药中文名	农兽药英文名	欧盟标准限量要求 mg/kg	国家标准限量要求 mg/kg	三安超有机食品标准	
					限量要求 mg/kg	检测方法
746	草不隆	Neburon			不得检出	GB/T 23211
747	烟碱	Nicotine			不得检出	GB/T 23211
748	烯啶虫胺	Nitenpyram			不得检出	GB/T 23211
749	甲磺乐灵	Nitralin			不得检出	GB/T 23210
750	三氯甲基吡啶	Nitrapyrin			不得检出	GB/T 23210
751	酞菌酯	Nitrothal - isopropyl			不得检出	GB/T 23210
752	氟草敏	Norflurazon			不得检出	GB/T 23211
753	氟苯嘧啶醇	Nuarimol			不得检出	GB/T 23210
754	八氯苯乙烯	Octachlorostyrene			不得检出	GB/T 23210
755	呋酰胺	Ofurace			不得检出	GB/T 23211
756	竹桃霉素	Oleandomycin			不得检出	GB/T 22988
757	氧乐果	Omethoate			不得检出	GB/T 23211
758	氨磺乐灵	Oryzalin			不得检出	GB/T 23211
759	杀线威	Oxamyl			不得检出	GB/T 23211
760	丙氧苯咪唑	Oxibendazole			不得检出	GB/T 21324
761	氧化氯丹	Oxy - chlordane			不得检出	GB/T 23210
762	*p,p'* - 滴滴滴	*p,p'* - DDD			不得检出	GB/T 23210
763	*p,p'* - 滴滴伊	*p,p'* - DDE			不得检出	GB/T 23210
764	对氧磷	Paraoxon			不得检出	GB/T 23210
765	克草敌	Pebulate			不得检出	GB/T 23210
766	青霉素 G	Penicillin G			不得检出	GB/T 22975
767	青霉素 V	Penicillin V			不得检出	GB/T 22975
768	五氯苯胺	Pentachloroaniline			不得检出	GB/T 23210
769	五氯甲氧基苯	Pentachloroanisole			不得检出	GB/T 23210
770	五氯苯	Pentachlorobenzene			不得检出	GB/T 23210
771	乙滴涕	Perthane			不得检出	GB/T 23210
772	菲	Phenanthrene			不得检出	GB/T 23210
773	芬硫磷	Phenkapton			不得检出	GB/T 23210
774	稻丰散	Phenthoate			不得检出	GB/T 23210
775	甲拌磷砜	Phorate sulfone			不得检出	GB/T 23210
776	甲拌磷亚砜	Phorate sulfoxide			不得检出	GB/T 23211
777	硫环磷	Phosfolan			不得检出	GB/T 23211
778	磷胺 - 1	Phosphamidon - 1			不得检出	GB/T 23210
779	磷胺 - 2	Phosphamidon - 2			不得检出	GB/T 23210
780	酞酸苯甲基丁酯	Phthalic acid, benzylbutyl ester			不得检出	GB/T 23210
781	酞酸二环己酯	Phthalic acid, biscyclohexyl ester			不得检出	GB/T 23211
782	酞酸二丁酯	Phthalic acid, dibutyl ester			不得检出	GB/T 23211
783	邻苯二甲酰亚胺	Phthalimide			不得检出	GB/T 23210

序号	农兽药中文名	农兽药英文名	欧盟标准限量要求 mg/kg	国家标准限量要求 mg/kg	三安超有机食品标准	
					限量要求 mg/kg	检测方法
784	氟吡酰草胺	Picolinafen			不得检出	GB/T 23211
785	哌拉西林	Piperacillin			不得检出	GB/T 20755
786	增效醚	Piperonyl butoxide			不得检出	GB/T 23211
787	哌草磷	Piperophos			不得检出	GB/T 23210
788	乙基虫螨清	Pirimiphos – ethyl			不得检出	GB/T 23210
789	三氯杀虫酯	Plifenate			不得检出	GB/T 23210
790	丙草胺	Pretilachlor			不得检出	GB/T 23211
791	环丙氟灵	Profluralin			不得检出	GB/T 23210
792	茉莉酮	Prohydrojasmon			不得检出	GB/T 23210
793	扑灭通	Prometon			不得检出	GB/T 23210
794	扑草净	Prometryne			不得检出	GB/T 23210
795	炔丙烯草胺	Pronamide			不得检出	GB/T 23210
796	敌稗	Propanil			不得检出	GB/T 23210
797	丙虫磷	Propaphos			不得检出	GB/T 23210
798	扑灭津	Propazine			不得检出	GB/T 23210
799	胺丙畏	Propetamphos			不得检出	GB/T 23210
800	丙烯硫脲	Propylene thiourea			不得检出	GB/T 23211
801	丙硫磷	Prothiophos			不得检出	GB/T 23210
802	吡唑硫磷	Pyraclofos			不得检出	GB/T 23210
803	吡草醚	Pyraflufen – ethyl			不得检出	GB/T 23210
804	吡嘧磺隆	Pyrazosulfuron – ethyl			不得检出	GB/T 23211
805	苄草唑	Pyrazoxyfen			不得检出	GB/T 23211
806	稗草丹	Pyributicarb			不得检出	GB/T 23210
807	哒嗪硫磷	Pyridafenthion			不得检出	GB/T 23210
808	啶斑肟 – 1	Pyrifenox – 1			不得检出	GB/T 23210
809	环酯草醚	Pyriftalid			不得检出	GB/T 23210
810	嘧螨醚	Pyrimidifen			不得检出	GB/T 23210
811	嘧草醚	Pyriminobac – methyl			不得检出	GB/T 23210
812	嘧啶磷	Pyrimitate			不得检出	GB/T 23211
813	嘧草硫醚	Pyrithiobac – sodium			不得检出	GB/T 23211
814	咯喹酮	Pyroquilon			不得检出	GB/T 23210
815	喹硫磷	Quinalphos			不得检出	GB/T 23210
816	灭藻醌	Quinoclamine			不得检出	GB/T 23210
817	吡咪唑	Rabenzazole			不得检出	GB/T 23210
818	皮蝇磷	Ronnel			不得检出	GB/T 23210
819	八氯二甲醚 – 1	S421 (octachlorodipro – pyl ether) – 1			不得检出	GB/T 23210
820	八氯二甲醚 – 2	S421 (octachlorodipro – pyl ether) – 2			不得检出	GB/T 23210

序号	农兽药中文名	农兽药英文名	欧盟标准限量要求 mg/kg	国家标准限量要求 mg/kg	三安超有机食品标准	
					限量要求 mg/kg	检测方法
821	另丁津	Sebutylazine			不得检出	GB/T 23210
822	密草通	Secbumeton			不得检出	GB/T 23210
823	烯禾啶	Sethoxydim			不得检出	SN/T 0596
824	氟硅菊酯	Silafluofen			不得检出	GB/T 23210
825	硅氟唑	Simeconazole			不得检出	GB/T 23210
826	西玛通	Simetone			不得检出	GB/T 23210
827	西草净	Simetryn			不得检出	GB/T 23211
828	链霉素	Streptomycin			不得检出	GB/T 22969
829	磺胺苯酰	Sulfabenzamide			不得检出	GB/T 21316
830	磺胺醋酰	Sulfacetamide			不得检出	GB/T 21316
831	磺胺氯哒嗪	Sulfachloropyridazine			不得检出	GB/T 21316
832	磺胺嘧啶	Sulfadiazine			不得检出	GB/T 21316
833	磺胺间二甲氧嘧啶	Sulfadimethoxine			不得检出	GB/T 21316
834	磺胺二甲嘧啶	Sulfadimidine			不得检出	GB/T 21316
835	磺胺多辛	Sulfadoxine			不得检出	GB/T 21316
836	菜草畏	Sulfallate			不得检出	GB/T 23210
837	磺胺甲嘧啶	Sulfamerazine			不得检出	GB/T 21316
838	磺胺甲噻二唑	Sulfamethizole			不得检出	GB/T 21316
839	新诺明	Sulfamethoxazole			不得检出	GB/T 21316
840	磺胺对甲氧嘧啶	Sulfamethoxydiazine			不得检出	GB/T 21316
841	磺胺甲氧哒嗪	Sulfamethoxypyridazine			不得检出	GB/T 21316
842	磺胺间甲基嘧啶	Sulfamonomethoxine			不得检出	GB/T 21316
843	乙酰磺胺对硝基苯	Sulfanitran			不得检出	GB/T 23211
844	磺胺苯吡唑	Sulfaphenazole			不得检出	GB/T 21316
845	磺胺吡啶	Sulfapyridine			不得检出	GB/T 21316
846	磺胺喹沙啉	Sulfaquinoxaline			不得检出	GB/T 21316
847	磺胺噻唑	Sulfathiazole			不得检出	GB/T 21316
848	磺酰唑草酮	Sulfentrazone			不得检出	GB/T 23211
849	磺胺二甲异噁唑	Sulfisoxazole			不得检出	GB/T 20759
850	治螟磷	Sulfotep			不得检出	GB/T 23210
851	硫丙磷	Sulprofos			不得检出	GB/T 23210
852	苯噻硫氰	TCMTB			不得检出	GB/T 23210
853	丁基嘧啶磷	Tebupirimfos			不得检出	GB/T 23210
854	牧草胺	Tebutam			不得检出	GB/T 23210
855	丁噻隆	Tebuthiuron			不得检出	GB/T 23210
856	双硫磷	Temephos			不得检出	GB/T 23211
857	特普	TEPP			不得检出	GB/T 23211
858	特草净	Terbacil			不得检出	GB/T 23210
859	特草灵	Terbucarb			不得检出	GB/T 23211

序号	农兽药中文名	农兽药英文名	欧盟标准限量要求 mg/kg	国家标准限量要求 mg/kg	三安超有机食品标准	
					限量要求 mg/kg	检测方法
860	特草灵 -1	Terbucarb -1			不得检出	GB/T 23210
861	特草灵 -2	Terbucarb -2			不得检出	GB/T 23210
862	特丁硫磷砜	Terbufos sulfone			不得检出	GB/T 23211
863	特丁通	Terbumeton			不得检出	GB/T 23210
864	特丁净	Terbutryn			不得检出	GB/T 23210
865	叔丁基胺	Tert - butylamine			不得检出	GB/T 23211
866	杀虫畏	Tetrachlorvinphos			不得检出	GB/T 23210
867	胺菊酯	Tetramethirn			不得检出	GB/T 23210
868	杀螨氯硫	Tetrasul			不得检出	GB/T 23210
869	噻吩草胺	Thenylchlor			不得检出	GB/T 23210
870	噻唑烟酸	Thiazopyr			不得检出	GB/T 23210
871	噻吩磺隆	Thifensulfuron - methyl			不得检出	GB/T 23211
872	久效威	Thiofanox			不得检出	GB/T 23211
873	久效威亚砜	Thiofanox - sulfoxide			不得检出	GB/T 23211
874	甲基乙拌磷	Thiometon			不得检出	GB/T 23211
875	虫线磷	Thionazin			不得检出	GB/T 23210
876	硫菌灵	Thiophanat - ethyl			不得检出	GB/T 23211
877	三甲苯草酮	Tralkoxydim			不得检出	GB/T 23210
878	四溴菊酯 -1	Tralomethrin -1			不得检出	GB/T 23210
879	四溴菊酯 -2	Tralomethrin -2			不得检出	GB/T 23210
880	反式 - 氯丹	*trans* - Chlordane			不得检出	GB/T 23210
881	反式 - 燕麦敌	*trans* - Diallate			不得检出	GB/T 23210
882	四氟苯菊酯	Transfluthrin			不得检出	GB/T 23210
883	反式九氯	*trans* - Nonachlor			不得检出	GB/T 23210
884	反式 - 氯菊酯	*trans* - Permethrin			不得检出	GB/T 23210
885	咪唑嗪	Triazoxide			不得检出	GB/T 23211
886	苯磺隆	Tribenuron - methyl			不得检出	GB/T 23210
887	毒壤磷	Trichloronate			不得检出	GB/T 23210
888	灭草环	Tridiphane			不得检出	GB/T 23210
889	草达津	Trietazine			不得检出	GB/T 23210
890	三异丁基磷酸盐	Tri - *iso* - butyl phosphate			不得检出	GB/T 23211
891	三正丁基磷酸盐	Tri - *n* - butyl phosphate			不得检出	GB/T 23210
892	三苯基磷酸盐	Triphenyl phosphate			不得检出	GB/T 23210
893	烯效唑	Uniconazole			不得检出	GB/T 23210
894	蚜灭磷	Vamidothion			不得检出	GB/T 23211
895	蚜灭多砜	Vamidothion sulfone			不得检出	GB/T 23211
896	灭草敌	Vernolate			不得检出	GB/T 23210
897	维吉尼霉素	Virginiamycin			不得检出	GB/T 20765
898	灭除威	XMC			不得检出	GB/T 23210

序号	农兽药中文名	农兽药英文名	欧盟标准限量要求 mg/kg	国家标准限量要求 mg/kg	三安超有机食品标准	
					限量要求 mg/kg	检测方法
899	福美锌	Ziram			不得检出	GB/T 23211
900	苯酰菌胺	Zoxamide			不得检出	GB/T 23210

15.2 绵羊奶 Sheep Milk

序号	农兽药中文名	农兽药英文名	欧盟标准限量要求 mg/kg	国家标准限量要求 mg/kg	三安超有机食品标准	
					限量要求 mg/kg	检测方法
1	1,1-二氯-2,2-二(4-乙苯)乙烷	1,1-Dichloro-2,2-bis(4-ethylphenyl)ethane	0.01		不得检出	日本肯定列表(增补本1)
2	1,2-二氯乙烷	1,2-Dichloroethane	0.1		不得检出	SN/T 2238
3	1,3-二氯丙烯	1,3-Dichloropropene	0.01		不得检出	SN/T 2238
4	1-萘乙酸	1-Naphthylacetic acid	0.05		不得检出	SN/T 2228
5	2,4-滴	2,4-D	0.01		不得检出	GB/T 23210
6	2,4-滴丁酸	2,4-DB	0.01		不得检出	GB/T 20769
7	2-苯酚	2-Phenylphenol	0.05		不得检出	GB/T 23210
8	阿维菌素	Abamectin	0.02		不得检出	SN/T 1973
9	乙酰甲胺磷	Acephate	0.02		不得检出	GB/T 23210
10	灭螨醌	Acequinocyl	0.01		不得检出	参照同类标准
11	啶虫脒	Acetamiprid	0.05		不得检出	GB/T 23210
12	乙草胺	Acetochlor	0.01		不得检出	GB/T 23210
13	苯并噻二唑	Acibenzolar-*S*-methyl	0.02		不得检出	GB/T 23210
14	苯草醚	Aclonifen	0.02		不得检出	GB/T 23210
15	氟丙菊酯	Acrinathrin	0.05		不得检出	GB/T 23210
16	甲草胺	Alachlor	0.01		不得检出	GB/T 23210
17	阿苯达唑	Albendazole	100μg/kg		不得检出	GB/T 22972
18	氧阿苯达唑	Albendazole oxide	100μg/kg		不得检出	参照同类标准
19	涕灭威	Aldicarb	0.01		不得检出	GB/T 23211
20	艾氏剂和狄氏剂	Aldrin and dieldrin	0.006	0.006	不得检出	GB/T 23210
21	顺式-氯氰菊酯	Alpha-cypermethrin	20μg/kg		不得检出	GB/T 23210
22	—	Ametoctradin	0.03		不得检出	参照同类标准
23	酰嘧磺隆	Amidosulfuron	0.02		不得检出	参照同类标准
24	氯氨吡啶酸	Aminopyralid	0.02		不得检出	GB/T 23211
25	—	Amisulbrom	0.01		不得检出	参照同类标准
26	双甲脒	Amitraz	10μg/kg		不得检出	GB/T 29707
27	阿莫西林	Amoxicillin	4μg/kg		不得检出	GB/T 22975
28	氨苄青霉素	Ampicillin	4μg/kg		不得检出	NY/T 829
29	敌菌灵	Anilazine	0.01		不得检出	GB/T 20769
30	杀螨特	Aramite	0.01		不得检出	GB/T 19649

序号	农兽药中文名	农兽药英文名	欧盟标准限量要求 mg/kg	国家标准限量要求 mg/kg	三安超有机食品标准	
					限量要求 mg/kg	检测方法
31	磺草灵	Asulam	0.1		不得检出	日本肯定列表（增补本 1）
32	印楝素	Azadirachtin	0.01		不得检出	SN/T 3264
33	益棉磷	Azinphos – ethyl	0.01		不得检出	GB/T 23210
34	保棉磷	Azinphos – methyl	0.01		不得检出	GB/T 23210
35	三唑锡和三环锡	Azocyclotin and cyhexatin	0.05		不得检出	SN/T 1990
36	嘧菌酯	Azoxystrobin	0.01		不得检出	GB/T 23210
37	燕麦灵	Barban	0.05		不得检出	参照同类标准
38	氟丁酰草胺	Beflubutamid	0.05		不得检出	参照同类标准
39	苯霜灵	Benalaxyl	0.05		不得检出	GB/T 23210
40	丙硫克百威	Benfuracarb	0.02		不得检出	日本肯定列表（增补本 1）
41	苄青霉素	Benzyl penicillin	4μg/kg		不得检出	GB/T 20755
42	联苯肼酯	Bifenazate	0.01		不得检出	GB/T 23210
43	甲羧除草醚	Bifenox	0.05		不得检出	GB/T 23210
44	联苯菊酯	Bifenthrin	0.2		不得检出	GB/T 23210
45	乐杀螨	Binapacryl	0.01		不得检出	SN 0523
46	联苯	Biphenyl	0.01		不得检出	GB/T 23210
47	联苯三唑醇	Bitertanol	0.05		不得检出	GB/T 23210
48	—	Bixafen	0.04		不得检出	参照同类标准
49	啶酰菌胺	Boscalid	0.1		不得检出	GB/T 23211
50	溴离子	Bromide ion	0.05		不得检出	GB/T5009.167
51	溴螨酯	Bromopropylate	0.01		不得检出	GB/T 23210
52	溴苯腈	Bromoxynil	0.01		不得检出	GB/T 23211
53	糠菌唑	Bromuconazole	0.05		不得检出	GB/T 23211
54	乙嘧酚磺酸酯	Bupirimate	0.05		不得检出	GB/T 23210
55	噻嗪酮	Buprofezin	0.05		不得检出	GB/T 23210
56	仲丁灵	Butralin	0.02		不得检出	GB/T 23210
57	丁草敌	Butylate	0.01		不得检出	GB/T 23210
58	硫线磷	Cadusafos	0.01		不得检出	GB/T 23211
59	毒杀芬	Camphechlor	0.01		不得检出	YC/T 180
60	敌菌丹	Captafol	0.01		不得检出	GB/T 23210
61	克菌丹	Captan	0.02		不得检出	GB/T 19648
62	甲萘威	Carbaryl	0.05		不得检出	GB/T 23210
63	多菌灵和苯菌灵	Carbendazim and benomyl	0.05		不得检出	GB/T 20770
64	长杀草	Carbetamide	0.05		不得检出	GB/T 23211
65	克百威	Carbofuran	0.01		不得检出	GB/T 23211
66	丁硫克百威	Carbosulfan	0.05		不得检出	GB/T 19650
67	萎锈灵	Carboxin	0.05		不得检出	GB/T 23210

序号	农兽药中文名	农兽药英文名	欧盟标准限量要求 mg/kg	国家标准限量要求 mg/kg	三安超有机食品标准	
					限量要求 mg/kg	检测方法
68	头孢唑啉	Cefazolin	50μg/kg		不得检出	SN/T 1988
69	头孢噻呋	Ceftiofur	100μg/kg		不得检出	GB/T 21314
70	氯虫苯甲酰胺	Chlorantraniliprole	0.05		不得检出	参照同类标准
71	杀螨醚	Chlorbenside	0.05		不得检出	GB/T 23210
72	氯炔灵	Chlorbufam	0.05		不得检出	GB/T 23210
73	氯丹	Chlordane	0.002	0.002	不得检出	GB/T 5009.19
74	十氯酮	Chlordecone	0.02		不得检出	参照同类标准
75	杀螨酯	Chlorfenson	0.05		不得检出	GB/T 23210
76	毒虫畏	Chlorfenvinphos	0.01		不得检出	GB/T 23210
77	氯草敏	Chloridazon	0.1		不得检出	GB/T 23211
78	矮壮素	Chlormequat	0.05		不得检出	GB/T 23211
79	乙酯杀螨醇	Chlorobenzilate	0.1		不得检出	GB/T 23210
80	百菌清	Chlorothalonil	0.07		不得检出	SN/T 2320
81	绿麦隆	Chlortoluron	0.05		不得检出	GB/T 23211
82	枯草隆	Chloroxuron	0.05		不得检出	SN/T 2150
83	氯苯胺灵	Chlorpropham	0.2		不得检出	GB/T 23210
84	毒死蜱	Chlorpyrifos	0.01		不得检出	GB/T 23210
85	甲基毒死蜱	Chlorpyrifos - methyl	0.01		不得检出	GB/T 23210
86	氯磺隆	Chlorsulfuron	0.01		不得检出	GB/T 23211
87	金霉素	Chlortetracycline	100μg/kg		不得检出	GB/T 22990
88	氯酞酸甲酯	Chlorthaldimethyl	0.01		不得检出	GB/T 23210
89	氯硫酰草胺	Chlorthiamid	0.02		不得检出	GB/T 23211
90	烯草酮	Clethodim	0.05		不得检出	GB/T 23210
91	炔草酯	Clodinafop - propargyl	0.02		不得检出	GB/T 23210
92	四螨嗪	Clofentezine	0.05		不得检出	GB/T 23211
93	二氯吡啶酸	Clopyralid	0.05		不得检出	SN/T 2228
94	氯氰碘柳胺	Closantel	45μg/kg		不得检出	SN/T 1628
95	噻虫胺	Clothianidin	0.02		不得检出	GB/T 23211
96	邻氯青霉素	Cloxacillin	30μg/kg		不得检出	GB/T 18932.25
97	黏菌素	Colistin	50μg/kg		不得检出	参照同类标准
98	铜化合物	Copper compounds	2		不得检出	参照同类标准
99	环烷基酰苯胺	Cyclanilide	0.01		不得检出	GB/T 23211
100	噻草酮	Cycloxydim	0.05		不得检出	GB/T 23210
101	环氟菌胺	Cyflufenamid	0.03		不得检出	GB/T 23210
102	氟氯氰菊酯和高效氟氯氰菊酯	Cyfluthrin and beta - cyfluthrin	0.02		不得检出	GB/T 23210
103	霜脲氰	Cymoxanil	0.05		不得检出	GB/T 23211
104	氯氰菊酯和高效氯氰菊酯	Cypermethrin and beta - cypermethrin	0.05		不得检出	GB/T 23210

序号	农兽药中文名	农兽药英文名	欧盟标准限量要求 mg/kg	国家标准限量要求 mg/kg	三安超有机食品标准	
					限量要求 mg/kg	检测方法
105	环丙唑醇	Cyproconazole	0.05		不得检出	GB/T 23210
106	嘧菌环胺	Cyprodinil	0.05		不得检出	GB/T 23210
107	灭蝇胺	Cyromazine	0.02		不得检出	GB/T 23211
108	丁酰肼	Daminozide	0.05		不得检出	SN/T 1989
109	达氟沙星	Danofloxacin	30μg/kg		不得检出	GB/T 22985
110	滴滴涕	DDT	0.04	0.02	不得检出	GB/T 5009.19
111	溴氰菊酯	Deltamethrin	0.05		不得检出	GB/T 23210
112	燕麦敌	Diallate	0.2		不得检出	GB/T 23211
113	二嗪磷	Diazinon	0.02		不得检出	GB/T 23210
114	麦草畏	Dicamba	0.2		不得检出	GB/T 23211
115	敌草腈	Dichlobenil	0.01		不得检出	GB/T 23210
116	滴丙酸	Dichlorprop	0.05		不得检出	参照同类标准
117	二氯苯氧基丙酸	Diclofop	0.01		不得检出	参照同类标准
118	氯硝胺	Dicloran	0.01		不得检出	GB/T 23210
119	双氯青霉素	Dicloxacillin	30μg/kg		不得检出	GB/T 18932.25
120	三氯杀螨醇	Dicofol	0.1		不得检出	GB/T 23210
121	乙霉威	Diethofencarb	0.05		不得检出	GB/T 23210
122	苯醚甲环唑	Difenoconazole	0.005		不得检出	GB/T 23210
123	除虫脲	Diflubenzuron	0.05		不得检出	SN/T 0528
124	吡氟酰草胺	Diflufenican	0.05		不得检出	GB/T 23210
125	二氢链霉素	Dihydro - streptomycin	200μg/kg		不得检出	GB/T 22969
126	油菜安	Dimethachlor	0.02		不得检出	GB/T 23210
127	烯酰吗啉	Dimethomorph	0.05		不得检出	GB/T 23210
128	醚菌胺	Dimoxystrobin	0.01		不得检出	SN/T 2237
129	烯唑醇	Diniconazole	0.01		不得检出	GB/T 23210
130	敌螨普	Dinocap	0.05		不得检出	日本肯定列表（增补本1）
131	地乐酚	Dinoseb	0.01		不得检出	GB/T 23211
132	特乐酚	Dinoterb	0.05		不得检出	GB/T 23210
133	敌噁磷	Dioxathion	0.05		不得检出	GB/T 23210
134	敌草快	Diquat	0.05		不得检出	GB/T 5009.221
135	乙拌磷	Disulfoton	0.01		不得检出	GB/T 23210
136	二氰蒽醌	Dithianon	0.01		不得检出	GB/T 20769
137	二硫代氨基甲酸酯	Dithiocarbamates	0.05		不得检出	SN 0139
138	敌草隆	Diuron	0.05		不得检出	GB/T 23211
139	二硝甲酚	DNOC	0.05		不得检出	GB/T 23211
140	多果定	Dodine	0.2		不得检出	GB/T 23211
141	甲氨基阿维菌素苯甲酸盐	Emamectin benzoate	0.01		不得检出	GB/T 23211
142	硫丹	Endosulfan	0.05	0.01	不得检出	GB/T 23210

序号	农兽药中文名	农兽药英文名	欧盟标准限量要求 mg/kg	国家标准限量要求 mg/kg	三安超有机食品标准	
					限量要求 mg/kg	检测方法
143	异狄氏剂	Endrin	0.0008		不得检出	GB/T 23210
144	恩诺沙星	Enrofloxacin	100μg/kg		不得检出	GB/T 22985
145	氟环唑	Epoxiconazole	0.002		不得检出	GB/T 23210
146	埃普利诺菌素	Eprinomectin	20μg/kg		不得检出	GB/T 20748
147	茵草敌	EPTC	0.02		不得检出	GB/T 23210
148	红霉素	Erythromycin	40μg/kg		不得检出	GB/T 22988
149	乙丁烯氟灵	Ethalfluralin	0.01		不得检出	GB/T 23210
150	胺苯磺隆	Ethametsulfuron	0.01		不得检出	NY/T 1616
151	乙烯利	Ethephon	0.05		不得检出	SN 0705
152	乙硫磷	Ethion	0.01		不得检出	GB/T 23210
153	乙嘧酚	Ethirimol	0.05		不得检出	GB/T 23211
154	乙氧呋草黄	Ethofumesate	0.1		不得检出	GB/T 23210
155	灭线磷	Ethoprophos	0.01		不得检出	GB/T 23211
156	乙氧喹啉	Ethoxyquin	0.05		不得检出	GB/T 23211
157	环氧乙烷	Ethylene oxide	0.02		不得检出	GB/T 23296.11
158	醚菊酯	Etofenprox	0.05		不得检出	GB/T 23210
159	乙螨唑	Etoxazole	0.01		不得检出	GB/T 23210
160	氯唑灵	Etridiazole	0.05		不得检出	GB/T 23211
161	噁唑菌酮	Famoxadone	0.05		不得检出	GB/T 23211
162	苯硫氨酯	Febantel	10μg/kg		不得检出	GB/T 22972
163	咪唑菌酮	Fenamidone	0.01		不得检出	GB/T 23210
164	苯线磷	Fenamiphos	0.005		不得检出	GB/T 23210
165	氯苯嘧啶醇	Fenarimol	0.02		不得检出	GB/T 23210
166	喹螨醚	Fenazaquin	0.01		不得检出	GB/T 23210
167	苯硫苯咪唑	Fenbendazole	10μg/kg		不得检出	SN 0638
168	腈苯唑	Fenbuconazole	0.05		不得检出	GB/T 23210
169	苯丁锡	Fenbutatin oxide	0.05		不得检出	SN/T 3149
170	环酰菌胺	Fenhexamid	0.05		不得检出	GB/T 23210
171	杀螟硫磷	Fenitrothion	0.01		不得检出	GB/T 23210
172	精噁唑禾草灵	Fenoxaprop - *P* - ethyl	0.05		不得检出	GB 22617
173	双氧威	Fenoxycarb	0.05		不得检出	GB/T 23210
174	苯锈啶	Fenpropidin	0.01		不得检出	GB/T 23210
175	丁苯吗啉	Fenpropimorph	0.01		不得检出	GB/T 23210
176	胺苯吡菌酮	Fenpyrazamine	0.01		不得检出	参照同类标准
177	唑螨酯	Fenpyroximate	0.01		不得检出	GB/T 23210
178	倍硫磷	Fenthion	0.01		不得检出	GB/T 23210
179	三苯锡	Fentin	0.05		不得检出	SN/T 3149
180	薯瘟锡	Fentin acetate	0.05		不得检出	参照同类标准

序号	农兽药中文名	农兽药英文名	欧盟标准限量要求 mg/kg	国家标准限量要求 mg/kg	三安超有机食品标准	
					限量要求 mg/kg	检测方法
181	氰戊菊酯和高效氰戊菊酯(RR & SS 异构体总量)	Fenvalerate and esfenvalerate (sum of RR & SS isomers)	0.02		不得检出	GB/T 23210
182	氰戊菊酯和高效氰戊菊酯(RS & SR 异构体总量)	Fenvalerate and esfenvalerate (sum of RS & SR isomers)	0.02		不得检出	GB/T 23210
183	氟虫腈	Fipronil	0.005		不得检出	GB/T 19649
184	氟啶虫酰胺	Flonicamid	0.02		不得检出	SN/T 2796
185	精吡氟禾草灵	Fluazifop - *P* - butyl	0.1		不得检出	GB/T 5009.142
186	氟啶胺	Fluazinam	0.05		不得检出	GB/T 23210
187	氟苯虫酰胺	Flubendiamide	0.1		不得检出	SN/T 2581
188	氟环脲	Flucycloxuron	0.05		不得检出	参照同类标准
189	氟氰戊菊酯	Flucythrinate	0.05		不得检出	GB/T 23210
190	咯菌腈	Fludioxonil	0.05		不得检出	GB/T 23210
191	氟虫脲	Flufenoxuron	0.05		不得检出	GB/T 23210
192	—	Flufenzin	0.02		不得检出	参照同类标准
193	醋酸氟孕酮	Flugestone acetate	1μg/kg		不得检出	参照同类标准
194	氟甲喹	Flumequin	50μg/kg		不得检出	SN/T 1921
195	氟吡菌胺	Fluopicolide	0.02		不得检出	参照同类标准
196	—	Fluopyram			不得检出	参照同类标准
197	氟离子	Fluoride ion	0.2		不得检出	GB/T 5009.167
198	氟腈嘧菌酯	Fluoxastrobin	0.2		不得检出	SN/T 2237
199	氟喹唑	Fluquinconazole	0.03		不得检出	GB/T 23210
200	氟咯草酮	Fluorochloridone	0.05		不得检出	GB/T 23211
201	氟草烟	Fluroxypyr	0.05		不得检出	GB/T 23211
202	氟硅唑	Flusilazole	0.05		不得检出	GB/T 23210
203	氟酰胺	Flutolanil	0.05		不得检出	GB/T 23210
204	粉唑醇	Flutriafol	0.01		不得检出	GB/T 23210
205	—	Fluxapyroxad	0.005		不得检出	参照同类标准
206	氟磺胺草醚	Fomesafen	0.01		不得检出	GB/T 23211
207	氯吡脲	Forchlorfenuron	0.05		不得检出	GB/T 23211
208	伐虫脒	Formetanate	0.01		不得检出	NY/T 1453
209	三乙膦酸铝	Fosetyl - aluminium	0.1		不得检出	参照同类标准
210	麦穗宁	Fuberidazole	0.05		不得检出	GB/T 23210
211	呋线威	Furathiocarb	0.01		不得检出	GB/T 23211
212	糠醛	Furfural	1		不得检出	参照同类标准
213	勃激素	Gibberellic acid	0.1		不得检出	GB/T 23211
214	草胺膦	Glufosinate - ammonium	0.1		不得检出	日本肯定列表
215	草甘膦	Glyphosate	0.05		不得检出	SN/T 1923
216	双胍盐	Guazatine	0.1		不得检出	参照同类标准
217	氟吡禾灵	Haloxyfop	0.01		不得检出	SN/T 2228

序号	农兽药中文名	农兽药英文名	欧盟标准限量要求 mg/kg	国家标准限量要求 mg/kg	三安超有机食品标准	
					限量要求 mg/kg	检测方法
218	七氯	Heptachlor	0.004	0.006	不得检出	GB/T 23210
219	六氯苯	Hexachlorobenzene	0.01		不得检出	GB/T 23210
220	六六六(HCH), α－异构体	Hexachlorociclohexane (HCH), alpha－isomer	0.004	0.02	不得检出	SN/T 0145
221	六六六(HCH), β－异构体	Hexachlorociclohexane (HCH), beta－isomer	0.003	0.02	不得检出	SN/T 0145
222	噻螨酮	Hexythiazox	0.05		不得检出	GB/T 23210
223	噁霉灵	Hymexazol	0.05		不得检出	GB/T 23211
224	抑霉唑	Imazalil	0.05		不得检出	GB/T 23210
225	甲咪唑烟酸	Imazapic	0.01		不得检出	GB/T 23211
226	咪唑喹啉酸	Imazaquin	0.05		不得检出	GB/T 23211
227	吡虫啉	Imidacloprid	0.1		不得检出	GB/T 23211
228	茚虫威	Indoxacarb	0.1		不得检出	GB/T 23211
229	碘苯腈	Ioxynil	0.01		不得检出	GB/T 23211
230	异菌脲	Iprodione	0.05		不得检出	GB/T 19650
231	稻瘟灵	Isoprothiolane			不得检出	GB/T 23211
232	异丙隆	Isoproturon	0.05		不得检出	GB/T 23211
233	—	Isopyrazam	0.01		不得检出	参照同类标准
234	异噁酰草胺	Isoxaben	0.01		不得检出	GB/T 23211
235	卡那霉素	Kanamycin	150μg/kg		不得检出	GB/T 22969
236	醚菌酯	Kresoxim－methyl	0.05		不得检出	GB/T 23210
237	乳氟禾草灵	Lactofen	0.01		不得检出	GB/T 23211
238	高效氯氟氰菊酯	Lambda－cyhalothrin	0.05		不得检出	GB/T 23210
239	环草定	Lenacil	0.1		不得检出	GB/T 23210
240	林可霉素	Lincomycin	150μg/kg		不得检出	GB/T 29685
241	林丹	Lindane	0.001	0.01	不得检出	NY/T 761
242	虱螨脲	Lufenuron	0.02		不得检出	SN/T 2540
243	马拉硫磷	Malathion	0.02		不得检出	GB/T 23210
244	抑芽丹	Maleic hydrazide	0.2		不得检出	GB/T 23211
245	双炔酰菌胺	Mandipropamid	0.02		不得检出	参照同类标准
246	二甲四氯和二甲四氯丁酸	MCPA and MCPB	0.05		不得检出	SN/T 2228
247	壮棉素	Mepiquat chloride	0.05		不得检出	GB/T 23211
248	—	Meptyldinocap	0.05		不得检出	参照同类标准
249	汞化合物	Mercury compounds	0.01		不得检出	参照同类标准
250	氰氟虫腙	Metaflumizone	0.02		不得检出	SN/T 3852
251	甲霜灵和精甲霜灵	Metalaxyl and metalaxyl－M	0.05		不得检出	GB/T 23210
252	四聚乙醛	Metaldehyde	0.05		不得检出	SN/T 1787
253	苯嗪草酮	Metamitron	0.05		不得检出	GB/T 23211
254	吡唑草胺	Metazachlor	0.05		不得检出	GB/T 23210

序号	农兽药中文名	农兽药英文名	欧盟标准限量要求 mg/kg	国家标准限量要求 mg/kg	三安超有机食品标准	
					限量要求 mg/kg	检测方法
255	叶菌唑	Metconazole	0.01		不得检出	GB/T 23211
256	甲基苯噻隆	Methabenzthiazuron	0.05		不得检出	GB/T 23210
257	虫螨畏	Methacrifos	0.01		不得检出	GB/T 23210
258	甲胺磷	Methamidophos	0.01		不得检出	GB/T 23211
259	杀扑磷	Methidathion	0.02		不得检出	GB/T 23210
260	甲硫威	Methiocarb	0.05		不得检出	GB/T 20770
261	灭多威和硫双威	Methomyl and thiodicarb	0.02		不得检出	GB/T 23211
262	烯虫酯	Methoprene	0.05		不得检出	GB/T 23210
263	甲氧滴滴涕	Methoxychlor	0.01		不得检出	GB/T 23210
264	甲氧虫酰肼	Methoxyfenozide	0.05		不得检出	GB/T 23211
265	磺草唑胺	Metosulam	0.01		不得检出	GB/T 23211
266	苯菌酮	Metrafenone	0.05		不得检出	参照同类标准
267	嗪草酮	Metribuzin	0.1		不得检出	GB/T 23210
268	—	Monepantel	170μg/kg		不得检出	参照同类标准
269	绿谷隆	Monolinuron	0.05		不得检出	GB/T 23210
270	灭草隆	Monuron	0.01		不得检出	GB/T 23211
271	甲噻吩嘧啶	Morantel	50μg/kg		不得检出	参照同类标准
272	莫西丁克	Moxidectin	40μg/kg		不得检出	SN/T 2442
273	腈菌唑	Myclobutanil	0.01		不得检出	GB/T 23211
274	奈夫西林	Nafcillin	30μg/kg		不得检出	GB/T 20755
275	1-萘乙酰胺	1 - Naphthylacetamide	0.05		不得检出	GB/T 23205
276	敌草胺	Napropamide	0.01		不得检出	GB/T 23210
277	新霉素	Neomycin	1500μg/kg		不得检出	SN 0646
278	尼托比明	Netobimin	100μg/kg		不得检出	参照同类标准
279	烟嘧磺隆	Nicosulfuron	0.05		不得检出	SN/T 2325
280	除草醚	Nitrofen	0.01		不得检出	GB/T 23210
281	硝碘酚腈	Nitroxinil	20μg/kg		不得检出	参照同类标准
282	氟酰脲	Novaluron	0.4		不得检出	GB/T 23211
283	嘧苯胺磺隆	Orthosulfamuron	0.01		不得检出	参照同类标准
284	苯唑青霉素	Oxacillin	30μg/kg		不得检出	GB/T 18932.25
285	噁草酮	Oxadiazon	0.05		不得检出	GB/T 23210
286	噁霜灵	Oxadixyl	0.01		不得检出	GB/T 23210
287	奥芬达唑	Oxfendazole	10μg/kg		不得检出	GB/T 22972
288	氧化萎锈灵	Oxycarboxin	0.05		不得检出	GB/T 23211
289	亚砜磷	Oxydemeton - methyl	0.01		不得检出	参照同类标准
290	乙氧氟草醚	Oxyfluorfen	0.05		不得检出	GB/T 23210
291	土霉素	Oxytetracycline	100μg/kg		不得检出	GB/T 22990
292	多效唑	Paclobutrazol	0.02		不得检出	GB/T 23210
293	对硫磷	Parathion	0.05		不得检出	GB/T 5009.161

序号	农兽药中文名	农兽药英文名	欧盟标准限量要求 mg/kg	国家标准限量要求 mg/kg	三安超有机食品标准	
					限量要求 mg/kg	检测方法
294	甲基对硫磷	Parathion – methyl	0.01		不得检出	GB/T 5009.161
295	戊菌唑	Penconazole	0.01		不得检出	GB/T 23210
296	戊菌隆	Pencycuron	0.05		不得检出	GB/T 23210
297	二甲戊灵	Pendimethalin	0.05		不得检出	GB/T 23210
298	喷沙西林	Penethamate	4μg/kg		不得检出	参照同类标准
299	氯菊酯	Permethrin	0.05		不得检出	GB/T 23210
300	甜菜宁	Phenmedipham	0.05		不得检出	GB/T 23211
301	苯醚菊酯	Phenothrin	0.05		不得检出	GB/T 23210
302	甲拌磷	Phorate	0.01		不得检出	GB/T 23210
303	伏杀硫磷	Phosalone	0.01		不得检出	GB/T 23210
304	亚胺硫磷	Phosmet	0.05		不得检出	GB/T 23210
305	—	Phosphines and phosphides	0.01		不得检出	参照同类标准
306	辛硫磷	Phoxim	0.02		不得检出	GB/T 23211
307	氨氯吡啶酸	Picloram	0.05		不得检出	GB/T 23211
308	啶氧菌酯	Picoxystrobin	0.02		不得检出	GB/T 23210
309	抗蚜威	Pirimicarb	0.05		不得检出	GB/T 23210
310	甲基嘧啶磷	Pirimiphos – methyl	0.05		不得检出	GB/T 23210
311	咪鲜胺	Prochloraz	0.02		不得检出	GB/T 23211
312	腐霉利	Procymidone	0.01		不得检出	GB/T 23210
313	丙溴磷	Profenofos	0.05		不得检出	GB/T 23210
314	调环酸	Prohexadione	0.01		不得检出	日本肯定列表
315	毒草安	Propachlor	0.02		不得检出	GB/T 23210
316	扑派威	Propamocarb	0.1		不得检出	GB/T 23210
317	恶草酸	Propaquizafop	0.05		不得检出	GB/T 23211
318	炔螨特	Propargite	0.1		不得检出	GB/T 23210
319	苯胺灵	Propham	0.05		不得检出	GB/T 23210
320	丙环唑	Propiconazole	0.01		不得检出	GB/T 23210
321	异丙草胺	Propisochlor	0.01		不得检出	GB/T 23210
322	残杀威	Propoxur	0.05		不得检出	GB/T 23210
323	炔苯酰草胺	Propyzamide	0.01		不得检出	GB/T 23210
324	苄草丹	Prosulfocarb	0.05		不得检出	GB/T 23210
325	丙硫菌唑	Prothioconazole	0.01		不得检出	参照同类标准
326	吡蚜酮	Pymetrozine	0.01		不得检出	GB/T 23211
327	吡唑醚菌酯	Pyraclostrobin	0.01		不得检出	GB/T 23210
328	—	Pyrasulfotole	0.01		不得检出	参照同类标准
329	吡菌磷	Pyrazophos	0.02		不得检出	GB/T 23210
330	除虫菊素	Pyrethrins	0.05		不得检出	GB/T 23211
331	哒螨灵	Pyridaben	0.02		不得检出	GB/T 23210
332	啶虫丙醚	Pyridalyl	0.01		不得检出	日本肯定列表

序号	农兽药中文名	农兽药英文名	欧盟标准限量要求 mg/kg	国家标准限量要求 mg/kg	三安超有机食品标准	
					限量要求 mg/kg	检测方法
333	哒草特	Pyridate	0.05		不得检出	日本肯定列表
334	嘧霉胺	Pyrimethanil	0.05		不得检出	GB/T 23210
335	吡丙醚	Pyriproxyfen	0.05		不得检出	GB/T 23210
336	甲氧磺草胺	Pyroxsulam	0.01		不得检出	SN/T 2325
337	氯甲喹啉酸	Quinmerac	0.05		不得检出	参照同类标准
338	喹氧灵	Quinoxyfen	0.05		不得检出	SN/T 2319
339	五氯硝基苯	Quintozene	0.01		不得检出	GB/T 23210
340	精喹禾灵	Quizalofop - *P* - ethyl	0.05		不得检出	SN/T 2150
341	灭虫菊	Resmethrin	0.1		不得检出	GB/T 23210
342	鱼藤酮	Rotenone	0.01		不得检出	GB/T 23211
343	西玛津	Simazine	0.01		不得检出	SN 0594
344	壮观霉素	Spectinomycin	200μg/kg		不得检出	SN 0694
345	乙基多杀菌素	Spinetoram	0.01		不得检出	参照同类标准
346	多杀霉素	Spinosad	0.5		不得检出	GB/T 23211
347	螺螨酯	Spirodiclofen	0.004		不得检出	GB/T 23210
348	螺甲螨酯	Spiromesifen	0.01		不得检出	GB/T 23210
349	螺虫乙酯	Spirotetramat	0.005		不得检出	参照同类标准
350	萜孢菌素	Spiroxamine	0.02		不得检出	GB/T 23210
351	磺草酮	Sulcotrione	0.05		不得检出	参照同类标准
352	磺胺类(所有属于磺胺类的物质)	Sulfonamides (all substances belonging to the sulfonamide-group)	100μg/kg		不得检出	GB/T 22966
353	乙黄隆	Sulfosulfuron	0.05		不得检出	SN/T 2325
354	硫磺粉	Sulfur	0.5		不得检出	参照同类标准
355	氟胺氰菊酯	Tau - fluvalinate	0.05		不得检出	GB/T 23211
356	戊唑醇	Tebuconazole	0.05		不得检出	GB/T 23210
357	虫酰肼	Tebufenozide	0.05		不得检出	GB/T 23211
358	吡螨胺	Tebufenpyrad	0.05		不得检出	GB/T 23210
359	四氯硝基苯	Tecnazene	0.05		不得检出	GB/T 23210
360	氟苯脲	Teflubenzuron	0.05		不得检出	SN/T 2150
361	七氟菊酯	Tefluthrin	0.05		不得检出	GB/T 23210
362	得杀草	Tepraloxydim	0.02		不得检出	GB/T 23211
363	特丁硫磷	Terbufos	0.01		不得检出	GB/T 23210
364	特丁津	Terbuthylazine	0.05		不得检出	GB/T 23210
365	四氟醚唑	Tetraconazole	0.05		不得检出	GB/T 23210
366	四环素	Tetracycline	100μg/kg		不得检出	GB/T 22990
367	三氯杀螨砜	Tetradifon	0.05		不得检出	GB/T 23210
368	噻虫啉	Thiacloprid	0.03		不得检出	GB/T 23211
369	噻虫嗪	Thiamethoxam	0.05		不得检出	GB/T 23210

序号	农兽药中文名	农兽药英文名	欧盟标准限量要求 mg/kg	国家标准限量要求 mg/kg	三安超有机食品标准	
					限量要求 mg/kg	检测方法
370	甲砜霉素	Thiamphenicol	50μg/kg		不得检出	GB 29689
371	禾草丹	Thiobencarb	0.01		不得检出	GB/T 23210
372	甲基硫菌灵	Thiophanate – methyl	0.05		不得检出	GB/T 23211
373	替米考星	Tilmicosin	50μg/kg		不得检出	GB/T 20762
374	甲基立枯磷	Tolclofos – methyl	0.05		不得检出	GB/T 23210
375	甲苯氟磺胺	Tolylfluanid	0.02		不得检出	GB/T 23210
376	—	Topramezone	0.01		不得检出	参照同类标准
377	三唑酮和三唑醇	Triadimefon and triadimenol	0.1		不得检出	GB/T 23210
378	野麦畏	Triallate	0.05		不得检出	GB/T 23210
379	醚苯磺隆	Triasulfuron	0.05		不得检出	GB/T 20770
380	三唑磷	Triazophos	0.01		不得检出	GB/T 23210
381	敌百虫	Trichlorphon	0.01		不得检出	GB/T 23211
382	三氯苯哒唑	Triclabendazole	10μg/kg		不得检出	参照同类标准
383	绿草定	Triclopyr	0.05		不得检出	SN/T 2228
384	三环唑	Tricyclazole	0.05		不得检出	GB/T 23210
385	十三吗啉	Tridemorph	0.01		不得检出	GB/T 23211
386	肟菌酯	Trifloxystrobin	0.02		不得检出	GB/T 23210
387	氟菌唑	Triflumizole	0.05		不得检出	GB/T 19648
388	杀铃脲	Triflumuron	0.01		不得检出	GB/T 23211
389	氟乐灵	Trifluralin	0.01		不得检出	GB/T 23210
390	嗪氨灵	Triforine	0.01		不得检出	SN 0695
391	甲氧苄氨嘧啶	Trimethoprim	50μg/kg		不得检出	SN/T 2538
392	三甲基锍阳离子	Trimethyl – sulfonium cation	0.1		不得检出	参照同类标准
393	抗倒酯	Trinexapac	0.05		不得检出	日本肯定列表
394	灭菌唑	Triticonazole	0.01		不得检出	GB/T 23211
395	三氟甲磺隆	Tritosulfuron	0.01		不得检出	参照同类标准
396	泰乐霉素	Tylosin	50μg/kg		不得检出	GB/T 22941
397	—	Valifenalate	0.01		不得检出	参照同类标准
398	乙烯菌核利	Vinclozolin	0.05		不得检出	GB/T 23210
399	茅草枯	2,2 – DPA			不得检出	日本肯定列表(增补本 1)
400	2,3,4,5 – 四氯苯胺	2,3,4,5 – Tetrachloraniline			不得检出	GB/T 23210
401	2,3,4,5 – 四氯甲氧基苯	2,3,4,5 – Tetrachloroanisole			不得检出	GB/T 23210
402	2,3,5,6 – 四氯苯胺	2,3,5,6 – Tetrachloroaniline			不得检出	GB/T 23210
403	2,4,5 – 涕	2,4,5 – T			不得检出	GB/T 23210
404	*o*,*p*′ – 滴滴滴	2,4′ – DDD			不得检出	GB/T 23210
405	*o*,*p*′ – 滴滴伊	2,4′ – DDE			不得检出	GB/T 23210
406	*o*,*p*′ – 滴滴涕	2,4′ – DDT			不得检出	GB/T 23210
407	2,6 – 二氯苯甲酰胺	2,6 – Dichlorobenzamide			不得检出	GB/T 23210

序号	农兽药中文名	农兽药英文名	欧盟标准限量要求 mg/kg	国家标准限量要求 mg/kg	三安超有机食品标准	
					限量要求 mg/kg	检测方法
408	3,4,5-混杀威	3,4,5-Trimethacarb			不得检出	GB/T 23210
409	3,5-二氯苯胺	3,5-Dichloroaniline			不得检出	GB/T 23210
410	4,4′-二溴二苯甲酮	4,4′-Dibromobenzophenone			不得检出	GB/T 23210
411	4,4′-二氯二苯甲酮	4,4′-Dichlorobenzophenone			不得检出	GB/T 23210
412	4-氯苯氧乙酸	4-Chlorophenoxyacetic acid			不得检出	GB/T 23210
413	6-氯-4-羟基-3-苯基哒嗪	6-Chloro-4-hydroxy-3-phenyl-pyridazin			不得检出	GB/T 23211
414	二氢苊	Acenaphthene			不得检出	GB/T 23210
415	三氟羧草醚	Acifluorfen			不得检出	GB/T 23211
416	丙烯酰胺	Acrylamide			不得检出	GB/T 23211
417	4-十二烷基-2,6-二甲基吗啉	Aldimorph			不得检出	GB/T 23211
418	涕灭砜威	Aldoxycarb			不得检出	SN/T 2150
419	烯丙菊酯	Allethrin			不得检出	GB/T 23210
420	二丙烯草胺	Allidochlor			不得检出	GB/T 23210
421	禾草灭	Alloxydim-sodium			不得检出	GB/T 23211
422	莠灭净	Ametryn			不得检出	GB/T 23210
423	赛硫磷	Amidithion			不得检出	GB/T 23211
424	灭害威	Aminocarb			不得检出	GB/T 23211
425	氯氨吡啶酸	Aminopyalid			不得检出	GB/T 23211
426	莎稗磷	Anilofos			不得检出	GB/T 23210
427	丙硫特普	Aspon			不得检出	GB/T 23210
428	羟氨卡青霉素	Aspoxicillin			不得检出	GB/T 20755
429	莠去通	Atratone			不得检出	GB/T 23210
430	莠去津	Atrazine			不得检出	GB/T 23210
431	脱乙基阿特拉津	Atrazine-desethyl			不得检出	GB/T 23210
432	戊环唑	Azaconazole			不得检出	GB/T 23210
433	甲基吡噁磷	Azamethiphos			不得检出	GB/T 23211
434	叠氮津	Aziprotryne			不得检出	GB/T 23210
435	杆菌肽	Bacitracin			不得检出	GB/T 22981
436	巴喹普林	Baquiloprim			不得检出	参见同类标准
437	4-溴-3,5-二甲苯基-*N*-甲基氨基甲酸酯-1	BDMC-1			不得检出	GB/T 23210
438	4-溴-3,5-二甲苯基-*N*-甲基氨基甲酸酯-2	BDMC-2			不得检出	GB/T 23210
439	噁虫威	Bendiocarb			不得检出	GB/T 23211
440	乙丁氟灵	Benfluralin			不得检出	GB/T 23210
441	甲基丙硫克百威	Benfuracarb-methyl			不得检出	GB/T 23211
442	呋草黄	Benfuresate			不得检出	GB/T 23210

序号	农兽药中文名	农兽药英文名	欧盟标准限量要求 mg/kg	国家标准限量要求 mg/kg	三安超有机食品标准	
					限量要求 mg/kg	检测方法
443	麦锈灵	Benodanil			不得检出	GB/T 23210
444	解草酮	Benoxacor			不得检出	GB/T 23210
445	地散磷	Bensulide			不得检出	GB/T 23210
446	吡草酮	Benzofenap			不得检出	GB/T 23211
447	苯螨特	Benzoximate			不得检出	GB/T 23211
448	新燕灵	Benzoylprop – ethyl			不得检出	GB/T 23210
449	苄基腺嘌呤	Benzyladenine			不得检出	GB/T 23211
450	倍他米松	Betamethasone			不得检出	SN/T 1970
451	生物烯丙菊酯 – 1	Bioallethrin – 1			不得检出	GB/T 23210
452	生物烯丙菊酯 – 2	Bioallethrin – 2			不得检出	GB/T 23210
453	杀虫双	Bisultap thiosultap – disodium			不得检出	GB/T 5009. 114
454	除草定	Bromacil			不得检出	GB/T 23211
455	溴苯烯磷	Bromfenvinfos			不得检出	GB/T 23210
456	溴烯杀	Bromocylen			不得检出	GB/T 23210
457	溴硫磷	Bromofos			不得检出	GB/T 23210
458	乙基溴硫磷	Bromophos – ethyl			不得检出	GB/T 23210
459	溴莠敏	Brompyrazon			不得检出	GB/T 23211
460	糠菌唑 – 1	Bromuconazole – 1			不得检出	GB/T 23210
461	糠菌唑 – 2	Bromuconazole – 2			不得检出	GB/T 23210
462	丁草胺	Butachlor			不得检出	GB/T 23210
463	氟丙嘧草酯	Butafenacil			不得检出	GB/T 23210
464	抑草磷	Butamifos			不得检出	GB/T 23210
465	丁酮威	Butocarboxim			不得检出	GB/T 23211
466	丁酮砜威	Butoxycarboxim			不得检出	GB/T 23211
467	播土隆	Buturon			不得检出	GB/T 23211
468	咔唑心安	Carazolol			不得检出	GB/T 20763
469	三硫磷	Carbophenothion			不得检出	GB/T 23210
470	唑草酮	Carfentrazone – ethyl			不得检出	GB/T 23210
471	环丙酰菌胺	Carpropamid			不得检出	GB/T 23211
472	氯霉素	Chloramphenicolum			不得检出	GB/T 23211
473	氯杀螨砜	Chlorbenside sulfone			不得检出	GB/T 23210
474	灭幼脲	Chlorbenzuron			不得检出	GB/T 23211
475	氯溴隆	Chlorbromuron			不得检出	GB/T 23210
476	杀虫脒	Chlordimeform			不得检出	GB/T 23210
477	杀虫脒盐酸盐	Chlordimeform hydrochloride			不得检出	GB/T 23211
478	氯氧磷	Chlorethoxyfos			不得检出	GB/T 23210
479	溴虫腈	Chlorfenapyr			不得检出	SN/T 1986
480	杀螨醇	Chlorfenethol			不得检出	GB/T 23210
481	燕麦酯	Chlorfenprop – methyl			不得检出	GB/T 23210

序号	农兽药中文名	农兽药英文名	欧盟标准限量要求 mg/kg	国家标准限量要求 mg/kg	三安超有机食品标准	
					限量要求 mg/kg	检测方法
482	氟啶脲	Chlorfluazuron			不得检出	GB/T 23210
483	整形醇	Chlorflurenol			不得检出	GB/T 23210
484	氯嘧磺隆	Chlorimuron – ethyl			不得检出	GB/T 23211
485	氯甲硫磷	Chlormephos			不得检出	GB/T 23210
486	氯苯甲醚	Chloroneb			不得检出	GB/T 23210
487	丙酯杀螨醇	Chloropropylate			不得检出	GB/T 23210
488	氯辛硫磷	Chlorphoxim			不得检出	GB/T 23211
489	氯硫磷	Chlorthion			不得检出	GB/T 23211
490	虫螨磷	Chlorthiophos			不得检出	GB/T 23210
491	乙菌利	Chlozolinate			不得检出	GB/T 23210
492	环虫酰肼	Chromafenozide			不得检出	GB/T 23210
493	苯并菲	Chrysene			不得检出	GB/T 23210
494	吲哚酮草酯	Cinidon – ethyl			不得检出	GB/T 23211
495	环庚草醚	Cinmethylin			不得检出	GB/T 23210
496	醚磺隆	Cinosulfuron			不得检出	GB/T 23211
497	四氢邻苯二甲酰亚胺	*cis* – 1,2,3,6 – Tetrahydrophthalimide			不得检出	GB/T 23210
498	顺式 – 氯丹	*cis* – Chlordane			不得检出	GB/T 23210
499	顺式 – 燕麦敌	*cis* – Diallate			不得检出	GB/T 23210
500	顺式 – 氯菊酯	*cis* – Permethrin			不得检出	GB/T 23210
501	克林霉素	Clindamycin			不得检出	GB/T 20762
502	异噁草酮	Clomazone			不得检出	GB/T 23210
503	氯羟吡啶	Clopidol			不得检出	GB 29700
504	调果酸	Cloprop			不得检出	GB/T 23211
505	解草酯	Cloquintocet – mexyl			不得检出	GB/T 23210
506	蝇毒磷	Coumaphos			不得检出	GB/T 23210
507	杀鼠醚	Coumatetralyl			不得检出	GB/T 23211
508	鼠立死	Crimidine			不得检出	GB/T 23210
509	育畜磷	Crufomate			不得检出	GB/T 23210
510	可灭隆	Cumyluron			不得检出	GB/T 23211
511	氰草津	Cyanazine			不得检出	GB/T 23210
512	苯腈磷	Cyanofenphos			不得检出	GB/T 23210
513	杀螟腈	Cyanophos			不得检出	GB/T 23210
514	环草敌	Cycloate			不得检出	GB/T 23210
515	环丙嘧磺隆	Cyclosulfamuron			不得检出	GB/T 23211
516	环莠隆	Cycluron			不得检出	GB/T 23210
517	氰氟草酯	Cyhalofop – butyl			不得检出	GB/T 23210
518	氯氟氰菊酯和高效氯氟氰菊酯	Cyhalothrin and lambda – cyhalothrin			不得检出	SN/T 1117
519	苯醚氰菊酯	Cyphenothrin			不得检出	GB/T 23211

序号	农兽药中文名	农兽药英文名	欧盟标准限量要求 mg/kg	国家标准限量要求 mg/kg	三安超有机食品标准	
					限量要求 mg/kg	检测方法
520	环丙津	Cyprazine			不得检出	GB/T 23210
521	畜蜱磷	Cythioate			不得检出	GB/T 23210
522	敌草索	Dacthal			不得检出	GB/T 23210
523	棉隆	Dazomet			不得检出	GB/T 23211
524	脱叶磷	DEF			不得检出	GB/T 23210
525	内吸磷	Demeton			不得检出	GB/T 23211
526	甲基内吸磷	Demeton - *s* - methyl			不得检出	GB/T 23210
527	磺吸磷	Demeton - *s* - methyl sulfone			不得检出	GB/T 23211
528	砜吸磷亚砜	Demeton - *s* - methyl sulfoxide			不得检出	GB/T 23211
529	2,2′,4,5,5′ - 五氯联苯	DE - PCB 101			不得检出	GB/T 23210
530	2,3,4,4′,5 - 五氯联苯	DE - PCB 118			不得检出	GB/T 23210
531	2,2′,3,4,4′,5 - 六氯联苯	DE - PCB 138			不得检出	GB/T 23210
532	2,2′,4,4′,5,5′ - 六氯联苯	DE - PCB 153			不得检出	GB/T 23210
533	2,2′,3,4,4′,5,5′ - 七氯联苯	DE - PCB 180			不得检出	GB/T 23210
534	2,4,4′ - 三氯联苯	DE - PCB 28			不得检出	GB/T 23210
535	2,4,5 - 三氯联苯	DE - PCB 31			不得检出	GB/T 23210
536	2,2′,5,5′ - 四氯联苯	DE - PCB 52			不得检出	GB/T 23210
537	脱乙基另丁津	Desethyl - sebuthylazine			不得检出	GB/T 23210
538	甜菜安	Desmedipham			不得检出	GB/T 23210
539	敌草净	Desmetryn			不得检出	GB/T 23210
540	地塞米松	Dexamethasone			不得检出	GB/T 22978
541	丁醚脲	Diafenthiuron			不得检出	GB/T 23211
542	氯亚胺硫磷	Dialifos			不得检出	GB/T 23210
543	驱虫特	Dibutyl succinate			不得检出	GB/T 23210
544	异氯磷	Dicapthon			不得检出	GB/T 23210
545	除线磷	Dichlofenthion			不得检出	GB/T 23210
546	苯氟磺胺	Dichlofluanid			不得检出	GB/T 23210
547	烯丙酰草胺	Dichlormid			不得检出	GB/T 23210
548	敌敌畏	Dichlorvos			不得检出	GB/T 23210
549	苄氯三唑醇	Diclobutrazole			不得检出	GB/T 23210
550	禾草灵	Diclofop - methyl			不得检出	GB/T 19650
551	百治磷	Dicrotophos			不得检出	GB/T 23210
552	避蚊胺	Diethyltoluamide			不得检出	GB/T 23210
553	枯莠隆	Difenoxuron			不得检出	GB/T 23210
554	野燕枯	Difenzoquat			不得检出	GB/T 23211
555	甲氟磷	Dimefox			不得检出	GB/T 23210
556	噁唑隆	Dimefuron			不得检出	GB/T 23210
557	哌草丹	Dimepiperate			不得检出	GB/T 23210

序号	农兽药中文名	农兽药英文名	欧盟标准限量要求 mg/kg	国家标准限量要求 mg/kg	三安超有机食品标准	
					限量要求 mg/kg	检测方法
558	异戊乙净	Dimethametryn			不得检出	GB/T 23210
559	二甲酚草胺	Dimethenamid			不得检出	GB/T 23210
560	噻节因	Dimethipin			不得检出	GB/T 23210
561	甲菌定	Dimethirimol			不得检出	GB/T 23211
562	乐果	Dimethoate			不得检出	GB/T 23210
563	避蚊酯	Dimethyl phthalate			不得检出	GB/T 23210
564	甲基毒虫畏	Dimethylvinphos			不得检出	GB/T 23210
565	氨氟灵	Dinitramine			不得检出	GB/T 23210
566	消螨通	Dinobuton			不得检出	GB/T 23210
567	地乐酯	Dinoseb acetate			不得检出	GB/T 23211
568	呋虫胺	Dinotefuran			不得检出	GB/T 23211
569	苯虫醚 – 1	Diofenolan – 1			不得检出	GB/T 23210
570	苯虫醚 – 2	Diofenolan – 2			不得检出	GB/T 23210
571	蔬果磷	Dioxabenzofos			不得检出	GB/T 23211
572	二氧威	Dioxacarb			不得检出	GB/T 23210
573	双苯酰草胺	Diphenamid			不得检出	GB/T 23210
574	二苯胺	Diphenylamine			不得检出	GB/T 23210
575	异丙净	Dipropetryn			不得检出	GB/T 23210
576	乙拌磷砜	Disulfoton sulfone			不得检出	GB/T 23210
577	乙拌磷亚砜	Disulfoton – sulfoxide			不得检出	GB/T 23210
578	灭菌磷	Ditalimfos			不得检出	GB/T 23210
579	氟硫草定	Dithiopyr			不得检出	GB/T 23211
580	十二环吗啉	Dodemorph			不得检出	GB/T 23210
581	多拉菌素	Doramectin			不得检出	GB/T 22968
582	强力霉素	Doxycycline			不得检出	GB/T 22990
583	敌瘟磷	Edifenphos			不得检出	GB/T 23210
584	甲氨基阿维菌素苯甲酸盐	Emamectin benzoate			不得检出	GB/T 23211
585	硫丹 – 1	Endosulfan – 1			不得检出	GB/T 23210
586	硫丹 – 2	Endosulfan – 2			不得检出	GB/T 23210
587	硫丹硫酸盐	Endosulfan – sulfate			不得检出	GB/T 23210
588	草藻灭	Endothal			不得检出	GB/T 23210
589	异狄氏剂醛	Endrin aldehyde			不得检出	GB/T 23210
590	异狄氏剂酮	Endrin ketone			不得检出	GB/T 23210
591	抑草蓬	Erbon			不得检出	GB/T 23210
592	*S* – 氰戊菊酯	Esfenvalerate			不得检出	GB/T 23210
593	戊草丹	Esprocarb			不得检出	GB/T 23210
594	乙环唑 – 1	Etaconazole – 1			不得检出	GB/T 23210
595	乙环唑 – 2	Etaconazole – 2			不得检出	GB/T 23210
596	磺噻隆	Ethidimuron			不得检出	GB/T 23211

序号	农兽药中文名	农兽药英文名	欧盟标准限量要求 mg/kg	国家标准限量要求 mg/kg	三安超有机食品标准	
					限量要求 mg/kg	检测方法
597	乙硫苯威	Ethiofencarb			不得检出	GB/T 23210
598	乙硫苯威亚砜	Ethiofencarb - sulfoxide			不得检出	GB/T 23211
599	乙虫腈	Ethiprole			不得检出	GB/T 23211
600	乙氧磺隆	Ethoxysulfuron			不得检出	GB/T 23211
601	乙撑硫脲	Ethylenethiourea			不得检出	GB/T 23211
602	乙氧苯草胺	Etobenzanid			不得检出	GB/T 23211
603	乙嘧硫磷	Etrimfos			不得检出	GB/T 23210
604	伐灭磷	Famphur			不得检出	GB/T 23210
605	敌磺钠	Fenaminosulf			不得检出	GB/T 23211
606	苯线磷亚砜	Fenamiphos sulfoxide			不得检出	GB/T 23210
607	苯线磷砜	Fenamiphos - sulfone			不得检出	GB/T 23210
608	皮蝇磷	Fenchlorphos			不得检出	GB/T 23210
609	甲呋酰胺	Fenfuram			不得检出	GB/T 23210
610	仲丁威	Fenobucarb			不得检出	GB/T 23210
611	涕丙酸	Fenoprop			不得检出	GB/T 23211
612	稻瘟酰胺	Fenoxanil			不得检出	GB/T 23210
613	拌种咯	Fenpiclonil			不得检出	GB/T 23210
614	甲氰菊酯	Fenpropathrin			不得检出	GB/T 23210
615	芬螨酯	Fenson			不得检出	GB/T 23210
616	丰索磷	Fensulfothion			不得检出	GB/T 23210
617	倍硫磷砜	Fenthion sulfone			不得检出	GB/T 23210
618	倍硫磷亚砜	Fenthion sulfoxide			不得检出	GB/T 23210
619	氯化薯瘟锡	Fentin - chloride			不得检出	GB/T 23211
620	四唑酰草胺	Fentrazamide			不得检出	GB/T 23211
621	非草隆	Fenuron			不得检出	GB/T 23211
622	麦草氟异丙酯	Flamprop - isopropyl			不得检出	GB/T 23210
623	麦草氟甲酯	Flamprrop - methyl			不得检出	GB/T 23210
624	双氟磺草胺	Florasulam			不得检出	GB/T 23211
625	吡氟禾草灵	Fluazifop - butyl			不得检出	GB/T 23211
626	啶蜱脲	Fluazuron			不得检出	GB/T 23211
627	咪唑螨	Flubenzimine			不得检出	GB/T 23211
628	氯乙氟灵	Fluchloralin			不得检出	GB/T 23210
629	氟噻草胺	Flufenacet			不得检出	GB/T 23210
630	氟节胺	Flumetralin			不得检出	GB/T 23210
631	唑嘧磺草胺	Flumetsulam			不得检出	GB/T 23211
632	氟烯草酸	Flumiclorac			不得检出	GB/T 23210
633	丙炔氟草胺	Flumioxazin			不得检出	GB/T 23210
634	伏草隆	Fluometuron			不得检出	GB/T 23211
635	三氟硝草醚	Fluorodifen			不得检出	GB/T 23210

序号	农兽药中文名	农兽药英文名	欧盟标准限量要求 mg/kg	国家标准限量要求 mg/kg	三安超有机食品标准	
					限量要求 mg/kg	检测方法
636	乙羧氟草醚	Fluoroglycofen – ethyl			不得检出	GB/T 23210
637	三氟苯唑	Fluotrimazole			不得检出	GB/T 23210
638	氟啶草酮	Fluridone			不得检出	GB/T 23211
639	氟草烟 – 1 – 甲庚酯	Fluroxypr – 1 – methylheptyl ester			不得检出	GB/T 23210
640	磺菌胺	Flusulfamide			不得检出	GB/T 23211
641	氟噻乙草酯	Fluthiacet – methyl			不得检出	GB/T 23211
642	灭菌丹	Folpet			不得检出	GB/T 23210
643	地虫硫磷	Fonofos			不得检出	GB/T 23210
644	安果	Formothion			不得检出	GB/T 23210
645	呋霜灵	Furalaxyl			不得检出	GB/T 23210
646	茂谷乐	Furmecyclox			不得检出	GB/T 23210
647	精高效氨氟氰菊酯 – 1	Gamma – cyhalothrin – 1			不得检出	GB/T 23210
648	精高效氨氟氰菊酯 – 2	Gamma – cyhalothrin – 2			不得检出	GB/T 23210
649	庆大霉素	Gentamicin			不得检出	GB/T 21329
650	苄螨醚	Halfenprox			不得检出	GB/T 23210
651	氯吡嘧磺隆	Halosulfuron – methyl			不得检出	GB/T 23210
652	氟吡乙禾灵	Haloxyfop – 2 – ethoxy – ethyl			不得检出	GB/T 23211
653	氟吡甲禾灵和高效氟吡甲禾灵	Haloxyfop – methyl and haloxyfop – *P* – methyl			不得检出	GB/T 23211
654	庚烯磷	Heptanophos			不得检出	GB/T 23210
655	己唑醇	Hexaconazole			不得检出	GB/T 23210
656	氟铃脲	Hexaflumuron			不得检出	GB/T 23210
657	环嗪酮	Hexazinone			不得检出	GB/T 23210
658	伏蚁腙	Hydramethylnon			不得检出	GB/T 23211
659	氢化可的松	Hydrocortisone			不得检出	NY/T 914
660	咪草酸	Imazamethabenz – methyl			不得检出	GB/T 23210
661	咪唑乙烟酸	Imazethapyr			不得检出	GB/T 23211
662	亚胺唑	Imibenconazole			不得检出	GB/T 23211
663	脱苯甲基亚胺唑	Imibenconazole – *des* – benzyl			不得检出	GB/T 23210
664	炔咪菊酯 – 1	Imiprothrin – 1			不得检出	GB/T 23210
665	炔咪菊酯 – 2	Imiprothrin – 2			不得检出	GB/T 23210
666	碘硫磷	Iodofenphos			不得检出	GB/T 23210
667	甲基碘磺隆	Iodosulfuron – methyl			不得检出	GB/T 23211
668	碘甲磺隆钠	Iodosulfuron – methyl – sodium			不得检出	GB/T 23211
669	异稻瘟净	Iprobenfos			不得检出	GB/T 23210
670	缬霉威 – 1	Iprovalicarb – 1			不得检出	GB/T 23210
671	缬霉威 – 2	Iprovalicarb – 2			不得检出	GB/T 23210
672	氯唑磷	Isazofos			不得检出	GB/T 23210

序号	农兽药中文名	农兽药英文名	欧盟标准限量要求 mg/kg	国家标准限量要求 mg/kg	三安超有机食品标准	
					限量要求 mg/kg	检测方法
673	丁咪酰胺	Isocarbamid			不得检出	GB/T 23210
674	水胺硫磷	Isocarbophos			不得检出	GB/T 23210
675	异艾氏剂	Isodrin			不得检出	GB/T 23210
676	异柳磷	Isofenphos			不得检出	GB/T 23210
677	氮氨菲啶	Isometamidium			不得检出	GB/T 22974
678	丁嗪草酮	Isomethiozin			不得检出	GB/T 23210
679	异丙威 −1	Isoprocarb −1			不得检出	GB/T 23210
680	异丙威 −2	Isoprocarb −2			不得检出	GB/T 23210
681	异丙乐灵	Isopropalin			不得检出	GB/T 23210
682	异噁隆	Isouron			不得检出	GB/T 23211
683	异噁氟草	Isoxaflutole			不得检出	GB/T 20772
684	依维菌素	Ivermectin			不得检出	GB/T 22968
685	交沙霉素	Josamycin			不得检出	GB/T 20762
686	噻嗯菊酯	Kadethrin			不得检出	GB/T 23211
687	克来范	Kelevan			不得检出	GB/T 23211
688	吉他霉素	Kitasamycin			不得检出	GB/T 20762
689	拉沙里菌素	Lasalocid			不得检出	SN 0501
690	溴苯磷	Leptophos			不得检出	GB/T 23210
691	左旋咪唑	Levamisole			不得检出	GB 29681
692	利谷隆	Linuron			不得检出	GB/T 23210
693	马拉氧磷	Malaoxon			不得检出	GB/T 23210
694	二甲四氯	MCPA			不得检出	SN/T 2228
695	2 − 甲 −4 − 氯丁氧乙基酸	MCPA − butoxyethyl ester			不得检出	GB/T 23210
696	灭蚜磷	Mecarbam			不得检出	GB/T 23210
697	苯噻酰草胺	Mefenacet			不得检出	GB/T 23210
698	吡唑解草酯	Mefenpyr − diethyl			不得检出	GB/T 23210
699	嘧菌胺	Mepanipyrim			不得检出	GB/T 23211
700	地胺磷	Mephosfolan			不得检出	GB/T 23210
701	灭锈胺	Mepronil			不得检出	GB/T 23210
702	呋菌胺	Methfuroxam			不得检出	GB/T 23210
703	灭梭威砜	Methiocarb sulfone			不得检出	GB/T 23210
704	溴谷隆	Methobromuron			不得检出	GB/T 23211
705	异丙甲草胺和 *S* − 异丙甲草胺	Metolachlor and *S* − metolachlor			不得检出	GB/T5009. 174
706	盖草津	Methoprotryne			不得检出	GB/T 23210
707	甲醚菊酯 −1	Methothrin −1			不得检出	GB/T 23210
708	甲醚菊酯 −2	Methothrin −2			不得检出	GB/T 23210
709	速灭威	Metolcarb			不得检出	GB/T 23211
710	苯氧菌胺	Metominostrobin			不得检出	GB/T 23210

序号	农兽药中文名	农兽药英文名	欧盟标准限量要求 mg/kg	国家标准限量要求 mg/kg	三安超有机食品标准	
					限量要求 mg/kg	检测方法
711	甲氧隆	Metoxuron			不得检出	GB/T 23211
712	速灭磷	Mevinphos			不得检出	GB/T 23211
713	兹克威	Mexacarbate			不得检出	GB/T 23210
714	灭蚁灵	Mirex			不得检出	GB/T 23210
715	禾草敌	Molinate			不得检出	GB/T 23210
716	庚酰草胺	Monalide			不得检出	GB/T 23210
717	莫能菌素	Monensin			不得检出	SN 0698
718	久效磷	Monocrotophos			不得检出	GB/T 5009.20
719	合成麝香	Musk ambrecte			不得检出	GB/T 23210
720	麝香酮	Musk ketone			不得检出	GB/T 23210
721	麝香	Musk moskene			不得检出	GB/T 23210
722	二甲苯麝香	Musk xylene			不得检出	GB/T 23210
723	二溴磷	Naled			不得检出	SN/T 0706
724	萘草胺	Naptalam			不得检出	GB/T 23211
725	草不隆	Neburon			不得检出	GB/T 23211
726	烟碱	Nicotine			不得检出	GB/T 23211
727	烯啶虫胺	Nitenpyram			不得检出	GB/T 23211
728	甲磺乐灵	Nitralin			不得检出	GB/T 23210
729	三氯甲基吡啶	Nitrapyrin			不得检出	GB/T 23210
730	酞菌酯	Nitrothal – isopropyl			不得检出	GB/T 23210
731	氟草敏	Norflurazon			不得检出	GB/T 23211
732	新生霉素	Novobiocin			不得检出	参照同类标准
733	氟苯嘧啶醇	Nuarimol			不得检出	GB/T 23210
734	八氯苯乙烯	Octachlorostyrene			不得检出	GB/T 23210
735	呋酰胺	Ofurace			不得检出	GB/T 23211
736	竹桃霉素	Oleandomycin			不得检出	GB/T 22988
737	氧乐果	Omethoate			不得检出	GB/T 23211
738	氨磺乐灵	Oryzalin			不得检出	GB/T 23211
739	杀线威	Oxamyl			不得检出	GB/T 23211
740	丙氧苯咪唑	Oxibendazole			不得检出	GB/T 21324
741	氧化氯丹	Oxy – chlordane			不得检出	GB/T 23210
742	p,p' – 滴滴滴	p,p' – DDD			不得检出	GB/T 23210
743	p,p' – 滴滴伊	p,p' – DDE			不得检出	GB/T 23210
744	对氧磷	Paraoxon			不得检出	GB/T 23210
745	克草敌	Pebulate			不得检出	GB/T 23210
746	青霉素 G	Penicillin G			不得检出	GB/T 22975
747	青霉素 V	Penicillin V			不得检出	GB/T 22975
748	五氯苯胺	Pentachloroaniline			不得检出	GB/T 23210
749	五氯甲氧基苯	Pentachloroanisole			不得检出	GB/T 23210

序号	农兽药中文名	农兽药英文名	欧盟标准限量要求 mg/kg	国家标准限量要求 mg/kg	三安超有机食品标准	
					限量要求 mg/kg	检测方法
750	五氯苯	Pentachlorobenzene			不得检出	GB/T 23210
751	乙滴涕	Perthane			不得检出	GB/T 23210
752	菲	Phenanthrene			不得检出	GB/T 23210
753	芬硫磷	Phenkapton			不得检出	GB/T 23210
754	稻丰散	Phenthoate			不得检出	GB/T 23210
755	甲拌磷砜	Phorate sulfone			不得检出	GB/T 23210
756	甲拌磷亚砜	Phorate sulfoxide			不得检出	GB/T 23211
757	硫环磷	Phosfolan			不得检出	GB/T 23211
758	磷胺 -1	Phosphamidon - 1			不得检出	GB/T 23210
759	磷胺 -2	Phosphamidon - 2			不得检出	GB/T 23210
760	酞酸苯甲基丁酯	Phthalic acid, benzylbutyl ester			不得检出	GB/T 23210
761	酞酸二环己酯	Phthalic acid, biscyclohexyl ester			不得检出	GB/T 23211
762	酞酸二丁酯	Phthalic acid, dibutyl ester			不得检出	GB/T 23211
763	邻苯二甲酰亚胺	Phthalimide			不得检出	GB/T 23210
764	氟吡酰草胺	Picolinafen			不得检出	GB/T 23211
765	哌拉西林	Piperacillin			不得检出	GB/T 20755
766	增效醚	Piperonyl butoxide			不得检出	GB/T 23211
767	哌草磷	Piperophos			不得检出	GB/T 23210
768	乙基虫螨清	Pirimiphos - ethyl			不得检出	GB/T 23210
769	吡利霉素	Pirlimycin			不得检出	GB/T 22988
770	三氯杀虫酯	Plifenate			不得检出	GB/T 23210
771	丙草胺	Pretilachlor			不得检出	GB/T 23211
772	环丙氟灵	Profluralin			不得检出	GB/T 23210
773	茉莉酮	Prohydrojasmon			不得检出	GB/T 23210
774	扑灭通	Prometon			不得检出	GB/T 23210
775	扑草净	Prometryne			不得检出	GB/T 23210
776	炔丙烯草胺	Pronamide			不得检出	GB/T 23210
777	敌稗	Propanil			不得检出	GB/T 23210
778	丙虫磷	Propaphos			不得检出	GB/T 23210
779	扑灭津	Propazine			不得检出	GB/T 23210
780	胺丙畏	Propetamphos			不得检出	GB/T 23210
781	丙烯硫脲	Propylene thiourea			不得检出	GB/T 23211
782	丙硫磷	Prothiophos			不得检出	GB/T 23210
783	吡唑硫磷	Pyraclofos			不得检出	GB/T 23210
784	吡草醚	Pyraflufen - ethyl			不得检出	GB/T 23210
785	吡嘧磺隆	Pyrazosulfuron - ethyl			不得检出	GB/T 23211
786	苄草唑	Pyrazoxyfen			不得检出	GB/T 23211
787	稗草丹	Pyributicarb			不得检出	GB/T 23210

序号	农兽药中文名	农兽药英文名	欧盟标准限量要求 mg/kg	国家标准限量要求 mg/kg	三安超有机食品标准	
					限量要求 mg/kg	检测方法
788	哒嗪硫磷	Pyridafenthion			不得检出	GB/T 23210
789	啶斑肟－1	Pyrifenox－1			不得检出	GB/T 23210
790	环酯草醚	Pyriftalid			不得检出	GB/T 23210
791	嘧螨醚	Pyrimidifen			不得检出	GB/T 23210
792	嘧草醚	Pyriminobac－methyl			不得检出	GB/T 23210
793	嘧啶磷	Pyrimitate			不得检出	GB/T 23211
794	嘧草硫醚	Pyrithiobac－sodium			不得检出	GB/T 23211
795	咯喹酮	Pyroquilon			不得检出	GB/T 23210
796	喹硫磷	Quinalphos			不得检出	GB/T 23210
797	灭藻醌	Quinoclamine			不得检出	GB/T 23210
798	吡咪唑	Rabenzazole			不得检出	GB/T 23210
799	皮蝇磷	Ronnel			不得检出	GB/T 23210
800	八氯二甲醚－1	S421(octachlorodipro－pyl ether)－1			不得检出	GB/T 23210
801	八氯二甲醚－2	S421(octachlorodipro－pyl ether)－2			不得检出	GB/T 23210
802	另丁津	Sebutylazine			不得检出	GB/T 23210
803	密草通	Secbumeton			不得检出	GB/T 23210
804	烯禾啶	Sethoxydim			不得检出	SN/T 0596
805	氟硅菊酯	Silafluofen			不得检出	GB/T 23210
806	硅氟唑	Simeconazole			不得检出	GB/T 23210
807	西玛通	Simetone			不得检出	GB/T 23210
808	西草净	Simetryn			不得检出	GB/T 23211
809	螺旋霉素	Spiramycin			不得检出	GB/T 22988
810	链霉素	Streptomycin			不得检出	GB/T 22969
811	磺胺苯酰	Sulfabenzamide			不得检出	GB/T 21316
812	磺胺醋酰	Sulfacetamide			不得检出	GB/T 21316
813	磺胺氯哒嗪	Sulfachloropyridazine			不得检出	GB/T 21316
814	磺胺嘧啶	Sulfadiazine			不得检出	GB/T 21316
815	磺胺间二甲氧嘧啶	Sulfadimethoxine			不得检出	GB/T 21316
816	磺胺二甲嘧啶	Sulfadimidine			不得检出	GB/T 21316
817	磺胺多辛	Sulfadoxine			不得检出	GB/T 21316
818	菜草畏	Sulfallate			不得检出	GB/T 23210
819	磺胺甲嘧啶	Sulfamerazine			不得检出	GB/T 21316
820	磺胺甲噻二唑	Sulfamethizole			不得检出	GB/T 21316
821	新诺明	Sulfamethoxazole			不得检出	GB/T 21316
822	磺胺对甲氧嘧啶	Sulfamethoxydiazine			不得检出	GB/T 21316
823	磺胺甲氧哒嗪	Sulfamethoxypyridazine			不得检出	GB/T 21316
824	磺胺间甲基嘧啶	Sulfamonomethoxine			不得检出	GB/T 21316

序号	农兽药中文名	农兽药英文名	欧盟标准限量要求 mg/kg	国家标准限量要求 mg/kg	三安超有机食品标准	
					限量要求 mg/kg	检测方法
825	乙酰磺胺对硝基苯	Sulfanitran			不得检出	GB/T 23211
826	磺胺苯吡唑	Sulfaphenazole			不得检出	GB/T 21316
827	磺胺吡啶	Sulfapyridine			不得检出	GB/T 21316
828	磺胺喹沙啉	Sulfaquinoxaline			不得检出	GB/T 21316
829	磺胺噻唑	Sulfathiazole			不得检出	GB/T 21316
830	磺酰唑草酮	Sulfentrazone			不得检出	GB/T 23211
831	磺胺二甲异噁唑	Sulfisoxazole			不得检出	GB/T 20759
832	治螟磷	Sulfotep			不得检出	GB/T 23210
833	硫丙磷	Sulprofos			不得检出	GB/T 23210
834	苯噻硫氰	TCMTB			不得检出	GB/T 23210
835	丁基嘧啶磷	Tebupirimfos			不得检出	GB/T 23210
836	牧草胺	Tebutam			不得检出	GB/T 23210
837	丁噻隆	Tebuthiuron			不得检出	GB/T 23210
838	双硫磷	Temephos			不得检出	GB/T 23211
839	特普	TEPP			不得检出	GB/T 23211
840	特草净	Terbacil			不得检出	GB/T 23210
841	特草灵	Terbucarb			不得检出	GB/T 23211
842	特草灵 - 1	Terbucarb - 1			不得检出	GB/T 23210
843	特草灵 - 2	Terbucarb - 2			不得检出	GB/T 23210
844	特丁硫磷砜	Terbufos sulfone			不得检出	GB/T 23211
845	特丁通	Terbumeton			不得检出	GB/T 23210
846	特丁净	Terbutryn			不得检出	GB/T 23210
847	叔丁基胺	Tert - butylamine			不得检出	GB/T 23211
848	杀虫畏	Tetrachlorvinphos			不得检出	GB/T 23210
849	杀螨氯硫	Tetrasul			不得检出	GB/T 23210
850	胺菊酯	Tetramrthirn			不得检出	GB/T 23210
851	噻吩草胺	Thenylchlor			不得检出	GB/T 23210
852	噻菌灵	Thiabendazole			不得检出	GB/T 23210
853	噻唑烟酸	Thiazopyr			不得检出	GB/T 23210
854	噻吩磺隆	Thifensulfuron - methyl			不得检出	GB/T 23211
855	久效威	Thiofanox			不得检出	GB/T 23211
856	久效威亚砜	Thiofanox - sulfoxide			不得检出	GB/T 23211
857	甲基乙拌磷	Thiometon			不得检出	GB/T 23211
858	虫线磷	Thionazin			不得检出	GB/T 23210
859	硫菌灵	Thiophanat - ethyl			不得检出	GB/T 23211
860	三甲苯草酮	Tralkoxydim			不得检出	GB/T 23210
861	四溴菊酯 - 1	Tralomethrin - 1			不得检出	GB/T 23210
862	四溴菊酯 - 2	Tralomethrin - 2			不得检出	GB/T 23210
863	反式 - 氯丹	*trans* - Chlordane			不得检出	GB/T 23210

序号	农兽药中文名	农兽药英文名	欧盟标准限量要求 mg/kg	国家标准限量要求 mg/kg	三安超有机食品标准	
					限量要求 mg/kg	检测方法
864	反式-燕麦敌	*trans*-Diallate			不得检出	GB/T 23210
865	四氟苯菊酯	Transfluthrin			不得检出	GB/T 23210
866	反式九氯	*trans*-Nonachlor			不得检出	GB/T 23210
867	反式-氯菊酯	*trans*-Permethrin			不得检出	GB/T 23210
868	咪唑嗪	Triazoxide			不得检出	GB/T 23211
869	苯磺隆	Tribenuron-methyl			不得检出	GB/T 23210
870	毒壤磷	Trichloronate			不得检出	GB/T 23210
871	灭草环	Tridiphane			不得检出	GB/T 23210
872	草达津	Trietazine			不得检出	GB/T 23210
873	三异丁基磷酸盐	Tri-*iso*-butyl phosphate			不得检出	GB/T 23211
874	三正丁基磷酸盐	Tri-*n*-butyl phosphate			不得检出	GB/T 23210
875	三苯基磷酸盐	Triphenyl phosphate			不得检出	GB/T 23210
876	烯效唑	Uniconazole			不得检出	GB/T 23210
877	蚜灭磷	Vamidothion			不得检出	GB/T 23211
878	蚜灭多砜	Vamidothion sulfone			不得检出	GB/T 23211
879	灭草敌	Vernolate			不得检出	GB/T 23210
880	维吉尼霉素	Virginiamycin			不得检出	GB/T 20765
881	灭除威	XMC			不得检出	GB/T 23210
882	福美锌	Ziram			不得检出	GB/T 23211
883	苯酰菌胺	Zoxamide			不得检出	GB/T 23210

15.3 山羊奶 Goat Milk

序号	农兽药中文名	农兽药英文名	欧盟标准限量要求 mg/kg	国家标准限量要求 mg/kg	三安超有机食品标准	
					限量要求 mg/kg	检测方法
1	1,1-二氯-2,2-二(4-乙苯)乙烷	1,1-Dichloro-2,2-bis(4-ethylphenyl)ethane	0.01		不得检出	日本肯定列表(增补本1)
2	1,2-二氯乙烷	1,2-Dichloroethane	0.1		不得检出	SN/T 2238
3	1,3-二氯丙烯	1,3-Dichloropropene	0.01		不得检出	SN/T 2238
4	1-萘乙酸	1-Naphthylacetic acid	0.05		不得检出	SN/T 2228
5	2,4-滴	2,4-D	0.01		不得检出	GB/T 23210
6	2,4-滴丁酸	2,4-DB	0.01		不得检出	GB/T 20769
7	2-苯酚	2-Phenylphenol	0.05		不得检出	GB/T 23210
8	阿维菌素	Abamectin	0.02		不得检出	SN/T 1973
9	乙酰甲胺磷	Acephate	0.02		不得检出	GB/T 23210
10	灭螨醌	Acequinocyl	0.01		不得检出	参照同类标准
11	啶虫脒	Acetamiprid	0.05		不得检出	GB/T 23210
12	乙草胺	Acetochlor	0.01		不得检出	GB/T 23210
13	苯并噻二唑	Acibenzolar-*S*-methyl	0.02		不得检出	GB/T 23210

序号	农兽药中文名	农兽药英文名	欧盟标准限量要求 mg/kg	国家标准限量要求 mg/kg	三安超有机食品标准	
					限量要求 mg/kg	检测方法
14	苯草醚	Aclonifen	0.02		不得检出	GB/T 23210
15	氟丙菊酯	Acrinathrin	0.05		不得检出	GB/T 23210
16	甲草胺	Alachlor	0.01		不得检出	GB/T 23210
17	阿苯达唑	Albendazole	100μg/kg		不得检出	GB/T 22972
18	涕灭威	Aldicarb	0.01		不得检出	GB/T 23211
19	艾氏剂和狄氏剂	Aldrin and dieldrin	0.006	0.006	不得检出	GB/T 23210
20	—	Ametoctradin	0.01		不得检出	参照同类标准
21	酰嘧磺隆	Amidosulfuron	0.02		不得检出	参照同类标准
22	氯氨吡啶酸	Aminopyralid	0.02		不得检出	GB/T 23211
23	—	Amisulbrom	0.03		不得检出	参照同类标准
24	双甲脒	Amitraz	10μg/kg		不得检出	GB/T 29707
25	阿莫西林	Amoxicillin	4μg/kg		不得检出	GB/T 22975
26	氨苄青霉素	Ampicillin	4μg/kg		不得检出	NY/T 829
27	敌菌灵	Anilazine	0.01		不得检出	GB/T 20769
28	杀螨特	Aramite	0.01		不得检出	GB/T 19649
29	磺草灵	Asulam	0.1		不得检出	日本肯定列表(增补本1)
30	印楝素	Azadirachtin	0.01		不得检出	SN/T 3264
31	益棉磷	Azinphos - ethyl	0.01		不得检出	GB/T 23210
32	保棉磷	Azinphos - methyl	0.01		不得检出	GB/T 23210
33	三唑锡和三环锡	Azocyclotin and cyhexatin	0.05		不得检出	SN/T 1990
34	嘧菌酯	Azoxystrobin	0.01		不得检出	GB/T 23210
35	燕麦灵	Barban	0.05		不得检出	参照同类标准
36	氟丁酰草胺	Beflubutamid	0.05		不得检出	参照同类标准
37	苯霜灵	Benalaxyl	0.05		不得检出	GB/T 23210
38	丙硫克百威	Benfuracarb	0.02		不得检出	日本肯定列表(增补本1)
39	苄青霉素	Benzyl penicillin	4μg/kg		不得检出	GB/T 20755
40	联苯肼酯	Bifenazate	0.01		不得检出	GB/T 23210
41	甲羧除草醚	Bifenox	0.05		不得检出	GB/T 23210
42	联苯菊酯	Bifenthrin	0.2		不得检出	GB/T 23210
43	乐杀螨	Binapacryl	0.01		不得检出	SN 0523
44	联苯	Biphenyl	0.01		不得检出	GB/T 23210
45	联苯三唑醇	Bitertanol	0.05		不得检出	GB/T 23210
46	—	Bixafen	0.04		不得检出	参照同类标准
47	啶酰菌胺	Boscalid	0.1		不得检出	GB/T 23211
48	溴离子	Bromide ion	0.05		不得检出	GB/T 5009.167
49	溴螨酯	Bromopropylate	0.01		不得检出	GB/T 23210
50	溴苯腈	Bromoxynil	0.01		不得检出	GB/T 23211

序号	农兽药中文名	农兽药英文名	欧盟标准限量要求 mg/kg	国家标准限量要求 mg/kg	三安超有机食品标准	
					限量要求 mg/kg	检测方法
51	糠菌唑	Bromuconazole	0.05		不得检出	GB/T 23211
52	乙嘧酚磺酸酯	Bupirimate	0.05		不得检出	GB/T 23210
53	噻嗪酮	Buprofezin	0.05		不得检出	GB/T 23210
54	仲丁灵	Butralin	0.02		不得检出	GB/T 23210
55	丁草敌	Butylate	0.01		不得检出	GB/T 23210
56	硫线磷	Cadusafos	0.01		不得检出	GB/T 23211
57	毒杀芬	Camphechlor	0.01		不得检出	YC/T 180
58	敌菌丹	Captafol	0.01		不得检出	GB/T 23210
59	克菌丹	Captan	0.02		不得检出	GB/T 19648
60	甲萘威	Carbaryl	0.05		不得检出	GB/T 23210
61	多菌灵和苯菌灵	Carbendazim and benomyl	0.05		不得检出	GB/T 20770
62	长杀草	Carbetamide	0.05		不得检出	GB/T 23211
63	克百威	Carbofuran	0.01		不得检出	GB/T 23211
64	丁硫克百威	Carbosulfan	0.05		不得检出	GB/T 19650
65	萎锈灵	Carboxin	0.05		不得检出	GB/T 23210
66	头孢唑啉	Cefazolin	50μg/kg		不得检出	SN/T 1988
67	头孢噻呋	Ceftiofur	100μg/kg		不得检出	GB/T 21314
68	氯虫苯甲酰胺	Chlorantraniliprole	0.05		不得检出	参照同类标准
69	杀螨醚	Chlorbenside	0.05		不得检出	GB/T 23210
70	氯炔灵	Chlorbufam	0.05		不得检出	GB/T 23210
71	氯丹	Chlordane	0.002	0.002	不得检出	GB/T 5009.19
72	十氯酮	Chlordecone	0.02		不得检出	参照同类标准
73	杀螨酯	Chlorfenson	0.05		不得检出	GB/T 23210
74	毒虫畏	Chlorfenvinphos	0.01		不得检出	GB/T 23210
75	氯草敏	Chloridazon	0.1		不得检出	GB/T 23211
76	矮壮素	Chlormequat	0.05		不得检出	GB/T 23211
77	乙酯杀螨醇	Chlorobenzilate	0.1		不得检出	GB/T 23210
78	百菌清	Chlorothalonil	0.07		不得检出	SN/T 2320
79	绿麦隆	Chlortoluron	0.05		不得检出	GB/T 23211
80	枯草隆	Chloroxuron	0.05		不得检出	SN/T 2150
81	氯苯胺灵	Chlorpropham	0.2		不得检出	GB/T 23210
82	毒死蜱	Chlorpyrifos	0.01		不得检出	GB/T 23210
83	甲基毒死蜱	Chlorpyrifos - methyl	0.01		不得检出	GB/T 23210
84	氯磺隆	Chlorsulfuron	0.01		不得检出	GB/T 23211
85	金霉素	Chlortetracycline	100μg/kg		不得检出	GB/T 22990
86	氯酞酸甲酯	Chlorthaldimethyl	0.01		不得检出	GB/T 23210
87	氯硫酰草胺	Chlorthiamid	0.02		不得检出	GB/T 23211
88	烯草酮	Clethodim	0.05		不得检出	GB/T 23210
89	炔草酯	Clodinafop - propargyl	0.02		不得检出	GB/T 23210

序号	农兽药中文名	农兽药英文名	欧盟标准限量要求 mg/kg	国家标准限量要求 mg/kg	三安超有机食品标准	
					限量要求 mg/kg	检测方法
90	四螨嗪	Clofentezine	0.05		不得检出	GB/T 23211
91	二氯吡啶酸	Clopyralid	0.05		不得检出	SN/T 2228
92	噻虫胺	Clothianidin	0.02		不得检出	GB/T 23211
93	邻氯青霉素	Cloxacillin	30μg/kg		不得检出	GB/T 18932.25
94	黏菌素	Colistin	50μg/kg		不得检出	参照同类标准
95	铜化合物	Copper compounds	2		不得检出	参照同类标准
96	环烷基酰苯胺	Cyclanilide	0.01		不得检出	GB/T 23211
97	噻草酮	Cycloxydim	0.05		不得检出	GB/T 23210
98	环氟菌胺	Cyflufenamid	0.03		不得检出	GB/T 23210
99	氟氯氰菊酯和高效氟氯氰菊酯	Cyfluthrin and beta – cyfluthrin	0.02		不得检出	GB/T 23210
100	霜脲氰	Cymoxanil	0.05		不得检出	GB/T 23211
101	氯氰菊酯和高效氯氰菊酯	Cypermethrin and beta – cypermethrin	0.05		不得检出	GB/T 23210
102	环丙唑醇	Cyproconazole	0.05		不得检出	GB/T 23210
103	嘧菌环胺	Cyprodinil	0.05		不得检出	GB/T 23210
104	灭蝇胺	Cyromazine	0.02		不得检出	GB/T 23211
105	丁酰肼	Daminozide	0.05		不得检出	SN/T 1989
106	达氟沙星	Danofloxacin	30μg/kg		不得检出	GB/T 22985
107	滴滴涕	DDT	0.04	0.02	不得检出	GB/T 5009.19
108	溴氰菊酯	Deltamethrin	0.05		不得检出	GB/T 23210
109	地塞米松	Dexamethasone	0.3μg/kg		不得检出	GB/T 22978
110	燕麦敌	Diallate	0.2		不得检出	GB/T 23211
111	二嗪磷	Diazinon	0.02		不得检出	GB/T 23210
112	麦草畏	Dicamba	0.2		不得检出	GB/T 23211
113	敌草腈	Dichlobenil	0.01		不得检出	GB/T 23210
114	滴丙酸	Dichlorprop	0.05		不得检出	参照同类标准
115	二氯苯氧基丙酸	Diclofop	0.01		不得检出	参照同类标准
116	氯硝胺	Dicloran	0.01		不得检出	GB/T 23210
117	双氯青霉素	Dicloxacillin	30μg/kg		不得检出	GB/T 18932.25
118	三氯杀螨醇	Dicofol	0.1		不得检出	GB/T 23210
119	乙霉威	Diethofencarb	0.05		不得检出	GB/T 23210
120	苯醚甲环唑	Difenoconazole	0.005		不得检出	GB/T 23210
121	除虫脲	Diflubenzuron	0.05		不得检出	SN/T 0528
122	吡氟酰草胺	Diflufenican	0.05		不得检出	GB/T 23210
123	二氢链霉素	Dihydro – streptomycin	200μg/kg		不得检出	GB/T 22969
124	油菜安	Dimethachlor	0.02		不得检出	GB/T 23210
125	烯酰吗啉	Dimethomorph	0.05		不得检出	GB/T 23210
126	醚菌胺	Dimoxystrobin	0.01		不得检出	SN/T 2237

序号	农兽药中文名	农兽药英文名	欧盟标准限量要求 mg/kg	国家标准限量要求 mg/kg	三安超有机食品标准	
					限量要求 mg/kg	检测方法
127	烯唑醇	Diniconazole	0.01		不得检出	GB/T 23210
128	敌螨普	Dinocap	0.05		不得检出	日本肯定列表(增补本 1)
129	地乐酚	Dinoseb	0.01		不得检出	GB/T 23211
130	特乐酚	Dinoterb	0.05		不得检出	GB/T 23210
131	敌噁磷	Dioxathion	0.05		不得检出	GB/T 23210
132	敌草快	Diquat	0.05		不得检出	GB/T 5009.221
133	乙拌磷	Disulfoton	0.01		不得检出	GB/T 23210
134	二氰蒽醌	Dithianon	0.01		不得检出	GB/T 20769
135	二硫代氨基甲酸酯	Dithiocarbamates	0.05		不得检出	SN 0139
136	敌草隆	Diuron	0.05		不得检出	GB/T 23211
137	二硝甲酚	DNOC	0.05		不得检出	GB/T 23211
138	多果定	Dodine	0.2		不得检出	GB/T 23211
139	甲氨基阿维菌素苯甲酸盐	Emamectin benzoate	0.01		不得检出	GB/T 23211
140	硫丹	Endosulfan	0.05	0.01	不得检出	GB/T 23210
141	异狄氏剂	Endrin	0.0008		不得检出	GB/T 23210
142	恩诺沙星	Enrofloxacin	100μg/kg		不得检出	GB/T 22985
143	氟环唑	Epoxiconazole	0.002		不得检出	GB/T 23210
144	埃普利诺菌素	Eprinomectin	20μg/kg		不得检出	GB/T 20748
145	茵草敌	EPTC	0.02		不得检出	GB/T 23210
146	红霉素	Erythromycin	40μg/kg		不得检出	GB/T 22988
147	乙丁烯氟灵	Ethalfluralin	0.01		不得检出	GB/T 23210
148	胺苯磺隆	Ethametsulfuron	0.01		不得检出	NY/T 1616
149	乙烯利	Ethephon	0.05		不得检出	SN 0705
150	乙硫磷	Ethion	0.01		不得检出	GB/T 23210
151	乙嘧酚	Ethirimol	0.05		不得检出	GB/T 23211
152	乙氧呋草黄	Ethofumesate	0.1		不得检出	GB/T 23210
153	灭线磷	Ethoprophos	0.01		不得检出	GB/T 23211
154	乙氧喹啉	Ethoxyquin	0.05		不得检出	GB/T 23211
155	环氧乙烷	Ethylene oxide	0.02		不得检出	GB/T 23296.11
156	醚菊酯	Etofenprox	0.05		不得检出	GB/T 23210
157	乙螨唑	Etoxazole	0.01		不得检出	GB/T 23210
158	氯唑灵	Etridiazole	0.05		不得检出	GB/T 23211
159	噁唑菌酮	Famoxadone	0.05		不得检出	GB/T 23211
160	苯硫氨酯	Febantel	10μg/kg		不得检出	GB/T 22972
161	咪唑菌酮	Fenamidone	0.01		不得检出	GB/T 23210
162	苯线磷	Fenamiphos	0.005		不得检出	GB/T 23210
163	氯苯嘧啶醇	Fenarimol	0.02		不得检出	GB/T 23210
164	喹螨醚	Fenazaquin	0.01		不得检出	GB/T 23210

序号	农兽药中文名	农兽药英文名	欧盟标准限量要求 mg/kg	国家标准限量要求 mg/kg	三安超有机食品标准	
					限量要求 mg/kg	检测方法
165	苯硫苯咪唑	Fenbendazole	10μg/kg		不得检出	SN 0638
166	腈苯唑	Fenbuconazole	0.05		不得检出	GB/T 23210
167	苯丁锡	Fenbutatin oxide	0.05		不得检出	SN/T 3149
168	环酰菌胺	Fenhexamid	0.05		不得检出	GB/T 23210
169	杀螟硫磷	Fenitrothion	0.01		不得检出	GB/T 23210
170	精噁唑禾草灵	Fenoxaprop - *P* - ethyl	0.05		不得检出	GB 22617
171	双氧威	Fenoxycarb	0.05		不得检出	GB/T 23210
172	苯锈啶	Fenpropidin	0.01		不得检出	GB/T 23210
173	丁苯吗啉	Fenpropimorph	0.01		不得检出	GB/T 23210
174	胺苯吡菌酮	Fenpyrazamine	0.01		不得检出	参照同类标准
175	唑螨酯	Fenpyroximate	0.01		不得检出	GB/T 23210
176	倍硫磷	Fenthion	0.01		不得检出	GB/T 23210
177	三苯锡	Fentin	0.05		不得检出	SN/T 3149
178	薯瘟锡	Fentin acetate	0.05		不得检出	参照同类标准
179	氰戊菊酯和高效氰戊菊酯(RR & SS 异构体总量)	Fenvalerate and esfenvalerate (sum of RR & SS isomers)	0.02		不得检出	GB/T 23210
180	氰戊菊酯和高效氰戊菊酯(RS & SR 异构体总量)	Fenvalerate and esfenvalerate (sum of RS & SR isomers)	0.02		不得检出	GB/T 23210
181	氟虫腈	Fipronil	0.005		不得检出	GB/T 19649
182	氟啶虫酰胺	Flonicamid	0.02		不得检出	SN/T 2796
183	精吡氟禾草灵	Fluazifop - *P* - butyl	0.1		不得检出	GB/T 5009.142
184	氟啶胺	Fluazinam	0.05		不得检出	GB/T 23210
185	氟苯虫酰胺	Flubendiamide	0.1		不得检出	SN/T 2581
186	氟环脲	Flucycloxuron	0.05		不得检出	参照同类标准
187	氟氰戊菊酯	Flucythrinate	0.05		不得检出	GB/T 23210
188	咯菌腈	Fludioxonil	0.05		不得检出	GB/T 23210
189	氟虫脲	Flufenoxuron	0.05		不得检出	GB/T 23210
190	—	Flufenzin	0.02		不得检出	参照同类标准
191	醋酸氟孕酮	Flugestone acetate	1μg/kg		不得检出	参照同类标准
192	氟甲喹	Flumequin	50μg/kg		不得检出	SN/T 1921
193	氟吡菌胺	Fluopicolide	0.02		不得检出	参照同类标准
194	—	Fluopyram	0.1		不得检出	参照同类标准
195	氟离子	Fluoride ion	0.2		不得检出	GB/T 5009.167
196	氟腈嘧菌酯	Fluoxastrobin	0.2		不得检出	SN/T 2237
197	氟喹唑	Fluquinconazole	0.03		不得检出	GB/T 23210
198	氟咯草酮	Fluorochloridone	0.05		不得检出	GB/T 23211
199	氟草烟	Fluroxypyr	0.05		不得检出	GB/T 23211
200	氟硅唑	Flusilazole	0.05		不得检出	GB/T 23210
201	氟酰胺	Flutolanil	0.05		不得检出	GB/T 23210

序号	农兽药中文名	农兽药英文名	欧盟标准限量要求 mg/kg	国家标准限量要求 mg/kg	三安超有机食品标准	
					限量要求 mg/kg	检测方法
202	粉唑醇	Flutriafol	0.01		不得检出	GB/T 23210
203	—	Fluxapyroxad	0.005		不得检出	参照同类标准
204	氟磺胺草醚	Fomesafen	0.01		不得检出	GB/T 23211
205	氯吡脲	Forchlorfenuron	0.05		不得检出	GB/T 23211
206	伐虫脒	Formetanate	0.01		不得检出	NY/T 1453
207	三乙膦酸铝	Fosetyl - aluminium	0.1		不得检出	GB/T 2763
208	麦穗宁	Fuberidazole	0.05		不得检出	GB/T 23210
209	呋线威	Furathiocarb	0.01		不得检出	GB/T 23211
210	糠醛	Furfural	1		不得检出	参照同类标准
211	勃激素	Gibberellic acid	0.1		不得检出	GB/T 23211
212	草胺膦	Glufosinate - ammonium	0.1		不得检出	日本肯定列表
213	草甘膦	Glyphosate	0.05		不得检出	SN/T 1923
214	双胍盐	Guazatine	0.1		不得检出	参照同类标准
215	氟吡禾灵	Haloxyfop	0.01		不得检出	SN/T 2228
216	七氯	Heptachlor	0.004	0.006	不得检出	GB/T 23210
217	六氯苯	Hexachlorobenzene	0.01		不得检出	GB/T 23210
218	六六六(HCH)，α - 异构体	Hexachlorociclohexane (HCH), alpha - isomer	0.004	0.02	不得检出	SN/T 0145
219	六六六(HCH)，β - 异构体	Hexachlorociclohexane (HCH), beta - isomer	0.003	0.02	不得检出	SN/T 0145
220	噻螨酮	Hexythiazox	0.05		不得检出	GB/T 23210
221	噁霉灵	Hymexazol	0.05		不得检出	GB/T 23211
222	抑霉唑	Imazalil	0.05		不得检出	GB/T 23210
223	甲咪唑烟酸	Imazapic	0.01		不得检出	GB/T 23211
224	咪唑喹啉酸	Imazaquin	0.05		不得检出	GB/T 23211
225	吡虫啉	Imidacloprid	0.1		不得检出	GB/T 23211
226	茚虫威	Indoxacarb	0.1		不得检出	GB/T 23211
227	碘苯腈	Ioxynil	0.01		不得检出	GB/T 23211
228	异菌脲	Iprodione	0.05		不得检出	GB/T 19650
229	稻瘟灵	Isoprothiolane	0.01		不得检出	GB/T 23211
230	异丙隆	Isoproturon	0.05		不得检出	GB/T 23211
231	—	Isopyrazam	0.01		不得检出	参照同类标准
232	异噁酰草胺	Isoxaben	0.01		不得检出	GB/T 23211
233	卡那霉素	Kanamycin	150μg/kg		不得检出	GB/T 22969
234	醚菌酯	Kresoxim - methyl	0.05		不得检出	GB/T 23210
235	乳氟禾草灵	Lactofen	0.01		不得检出	GB/T 23211
236	高效氯氟氰菊酯	Lambda - cyhalothrin	0.05		不得检出	GB/T 23210
237	环草定	Lenacil	0.1		不得检出	GB/T 23210
238	林可霉素	Lincomycin	150μg/kg		不得检出	GB/T 29685

序号	农兽药中文名	农兽药英文名	欧盟标准限量要求 mg/kg	国家标准限量要求 mg/kg	三安超有机食品标准	
					限量要求 mg/kg	检测方法
239	林丹	Lindane	0.001	0.01	不得检出	NY/T 761
240	虱螨脲	Lufenuron	0.02		不得检出	SN/T 2540
241	马拉硫磷	Malathion	0.02		不得检出	GB/T 23210
242	抑芽丹	Maleic hydrazide	0.2		不得检出	GB/T 23211
243	双炔酰菌胺	Mandipropamid	0.02		不得检出	参照同类标准
244	二甲四氯和二甲四氯丁酸	MCPA and MCPB	0.05		不得检出	SN/T 2228
245	美洛昔康	Meloxicam	15μg/kg		不得检出	SN/T 2190
246	壮棉素	Mepiquat chloride	0.05		不得检出	GB/T 23211
247	—	Meptyldinocap	0.05		不得检出	参照同类标准
248	汞化合物	Mercury compounds	0.01		不得检出	参照同类标准
249	氰氟虫腙	Metaflumizone	0.02		不得检出	SN/T 3852
250	甲霜灵和精甲霜灵	Metalaxyl and metalaxyl – M	0.05		不得检出	GB/T 23210
251	四聚乙醛	Metaldehyde	0.05		不得检出	SN/T 1787
252	苯嗪草酮	Metamitron	0.05		不得检出	GB/T 23211
253	吡唑草胺	Metazachlor	0.05		不得检出	GB/T 23210
254	叶菌唑	Metconazole	0.01		不得检出	GB/T 23211
255	甲基苯噻隆	Methabenzthiazuron	0.05		不得检出	GB/T 23210
256	虫螨畏	Methacrifos	0.01		不得检出	GB/T 23210
257	甲胺磷	Methamidophos	0.01		不得检出	GB/T 23211
258	杀扑磷	Methidathion	0.02		不得检出	GB/T 23210
259	甲硫威	Methiocarb	0.05		不得检出	GB/T 20770
260	灭多威和硫双威	Methomyl and thiodicarb	0.02		不得检出	GB/T 23211
261	烯虫酯	Methoprene	0.05		不得检出	GB/T 23210
262	甲氧滴滴涕	Methoxychlor	0.01		不得检出	GB/T 23210
263	甲氧虫酰肼	Methoxyfenozide	0.05		不得检出	GB/T 23211
264	磺草唑胺	Metosulam	0.01		不得检出	GB/T 23211
265	苯菌酮	Metrafenone	0.05		不得检出	参照同类标准
266	嗪草酮	Metribuzin	0.1		不得检出	GB/T 23210
267	—	Monepantel	170μg/kg		不得检出	参照同类标准
268	绿谷隆	Monolinuron	0.05		不得检出	GB/T 23210
269	灭草隆	Monuron	0.01		不得检出	GB/T 23211
270	甲噻吩嘧啶	Morantel	50μg/kg		不得检出	参照同类标准
271	腈菌唑	Myclobutanil	0.01		不得检出	GB/T 23211
272	奈夫西林	Nafcillin	30μg/kg		不得检出	GB/T 20755
273	1 – 萘乙酰胺	1 – Naphthylacetamide	0.05		不得检出	GB/T 23205
274	敌草胺	Napropamide	0.01		不得检出	GB/T 23210
275	新霉素(包括 framycetin)	Neomycin (including framycetin)	1500μg/kg		不得检出	SN 0646
276	烟嘧磺隆	Nicosulfuron	0.05		不得检出	SN/T 2325

序号	农兽药中文名	农兽药英文名	欧盟标准限量要求 mg/kg	国家标准限量要求 mg/kg	三安超有机食品标准	
					限量要求 mg/kg	检测方法
277	除草醚	Nitrofen	0.01		不得检出	GB/T 23210
278	氟酰脲	Novaluron	0.4		不得检出	GB/T 23211
279	嘧苯胺磺隆	Orthosulfamuron	0.01		不得检出	GB/T 23817
280	苯唑青霉素	Oxacillin	30μg/kg		不得检出	GB/T 18932.25
281	噁草酮	Oxadiazone	0.05		不得检出	GB/T 23210
282	噁霜灵	Oxadixyl	0.01		不得检出	GB/T 23210
283	奥芬达唑	Oxfendazole	10μg/kg		不得检出	GB/T 22972
284	氧化萎锈灵	Oxycarboxin	0.05		不得检出	GB/T 23211
285	亚砜磷	Oxydemeton – methyl	0.01		不得检出	参照同类标准
286	乙氧氟草醚	Oxyfluorfen	0.05		不得检出	GB/T 23210
287	土霉素	Oxytetracycline	100μg/kg		不得检出	GB/T 22990
288	多效唑	Paclobutrazol	0.02		不得检出	GB/T 23210
289	对硫磷	Parathion	0.05		不得检出	GB/T 5009.161
290	甲基对硫磷	Parathion – methyl	0.01		不得检出	GB/T 5009.161
291	戊菌唑	Penconazole	0.01		不得检出	GB/T 23210
292	戊菌隆	Pencycuron	0.05		不得检出	GB/T 23210
293	二甲戊灵	Pendimethalin	0.05		不得检出	GB/T 23210
294	喷沙西林	Penethamate	4μg/kg		不得检出	参照同类标准
295	氯菊酯	Permethrin	0.05		不得检出	GB/T 23210
296	甜菜宁	Phenmedipham	0.05		不得检出	GB/T 23211
297	苯醚菊酯	Phenothrin	0.05		不得检出	GB/T 23210
298	甲拌磷	Phorate	0.01		不得检出	GB/T 23210
299	伏杀硫磷	Phosalone	0.01		不得检出	GB/T 23210
300	亚胺硫磷	Phosmet	0.05		不得检出	GB/T 23210
301	—	Phosphines and phosphides	0.01		不得检出	参照同类标准
302	辛硫磷	Phoxim	0.02		不得检出	GB/T 23211
303	氨氯吡啶酸	Picloram	0.05		不得检出	GB/T 23211
304	啶氧菌酯	Picoxystrobin	0.02		不得检出	GB/T 23210
305	抗蚜威	Pirimicarb	0.05		不得检出	GB/T 23210
306	甲基嘧啶磷	Pirimiphos – methyl	0.05		不得检出	GB/T 23210
307	咪鲜胺	Prochloraz	0.02		不得检出	GB/T 23211
308	腐霉利	Procymidone	0.01		不得检出	GB/T 23210
309	丙溴磷	Profenofos	0.05		不得检出	GB/T 23210
310	调环酸	Prohexadione	0.01		不得检出	日本肯定列表
311	毒草安	Propachlor	0.02		不得检出	GB/T 23210
312	扑派威	Propamocarb	0.1		不得检出	GB/T 23210
313	恶草酸	Propaquizafop	0.05		不得检出	GB/T 23211
314	炔螨特	Propargite	0.1		不得检出	GB/T 23210
315	苯胺灵	Propham	0.05		不得检出	GB/T 23210

序号	农兽药中文名	农兽药英文名	欧盟标准限量要求 mg/kg	国家标准限量要求 mg/kg	三安超有机食品标准	
					限量要求 mg/kg	检测方法
316	丙环唑	Propiconazole	0.01		不得检出	GB/T 23210
317	异丙草胺	Propisochlor	0.01		不得检出	GB/T 23210
318	残杀威	Propoxur	0.05		不得检出	GB/T 23210
319	炔苯酰草胺	Propyzamide	0.01		不得检出	GB/T 23210
320	苄草丹	Prosulfocarb	0.05		不得检出	GB/T 23210
321	丙硫菌唑	Prothioconazole	0.01		不得检出	参照同类标准
322	吡蚜酮	Pymetrozine	0.01		不得检出	GB/T 23211
323	吡唑醚菌酯	Pyraclostrobin	0.01		不得检出	GB/T 23210
324	—	Pyrasulfotole	0.01		不得检出	参照同类标准
325	吡菌磷	Pyrazophos	0.02		不得检出	GB/T 23210
326	除虫菊素	Pyrethrins	0.05		不得检出	GB/T 23211
327	哒螨灵	Pyridaben	0.02		不得检出	GB/T 23210
328	啶虫丙醚	Pyridalyl	0.01		不得检出	日本肯定列表
329	哒草特	Pyridate	0.05		不得检出	日本肯定列表
330	嘧霉胺	Pyrimethanil	0.05		不得检出	GB/T 23210
331	吡丙醚	Pyriproxyfen	0.05		不得检出	GB/T 23210
332	甲氧磺草胺	Pyroxsulam	0.01		不得检出	SN/T 2325
333	氯甲喹啉酸	Quinmerac	0.05		不得检出	参照同类标准
334	喹氧灵	Quinoxyfen	0.05		不得检出	SN/T 2319
335	五氯硝基苯	Quintozene	0.01		不得检出	GB/T 23210
336	精喹禾灵	Quizalofop – *P* – ethyl	0.05		不得检出	SN/T 2150
337	灭虫菊	Resmethrin	0.1		不得检出	GB/T 23210
338	鱼藤酮	Rotenone	0.01		不得检出	GB/T 23211
339	西玛津	Simazine	0.01		不得检出	SN 0594
340	壮观霉素	Spectinomycin	200μg/kg		不得检出	SN 0694
341	乙基多杀菌素	Spinetoram	0.01		不得检出	参照同类标准
342	多杀霉素	Spinosad	0.5		不得检出	GB/T 23211
343	螺螨酯	Spirodiclofen	0.004		不得检出	GB/T 23210
344	螺甲螨酯	Spiromesifen	0.01		不得检出	GB/T 23210
345	螺虫乙酯	Spirotetramat	0.005		不得检出	参照同类标准
346	萁孢菌素	Spiroxamine	0.02		不得检出	GB/T 23210
347	磺草酮	Sulcotrione	0.05		不得检出	参照同类标准
348	磺胺类(所有属于磺胺类的物质)	Sulfonamides (all substances belonging to the sulfonamide-group)	100μg/kg		不得检出	GB/T 22966
349	乙黄隆	Sulfosulfuron	0.05		不得检出	SN/T 2325
350	硫磺粉	Sulfur	0.5		不得检出	参照同类标准
351	氟胺氰菊酯	Tau – fluvalinate	0.05		不得检出	GB/T 23211
352	戊唑醇	Tebuconazole	0.05		不得检出	GB/T 23210

序号	农兽药中文名	农兽药英文名	欧盟标准限量要求 mg/kg	国家标准限量要求 mg/kg	三安超有机食品标准	
					限量要求 mg/kg	检测方法
353	虫酰肼	Tebufenozide	0.05		不得检出	GB/T 23211
354	吡螨胺	Tebufenpyrad	0.05		不得检出	GB/T 23210
355	四氯硝基苯	Tecnazene	0.05		不得检出	GB/T 23210
356	氟苯脲	Teflubenzuron	0.05		不得检出	SN/T 2150
357	七氟菊酯	Tefluthrin	0.05		不得检出	GB/T 23210
358	得杀草	Tepraloxydim	0.02		不得检出	GB/T 23211
359	特丁硫磷	Terbufos	0.01		不得检出	GB/T 23210
360	特丁津	Terbuthylazine	0.05		不得检出	GB/T 23210
361	四氟醚唑	Tetraconazole	0.05		不得检出	GB/T 23210
362	四环素	Tetracycline	100μg/kg		不得检出	GB/T 22990
363	三氯杀螨砜	Tetradifon	0.05		不得检出	GB/T 23210
364	噻菌灵	Thiabendazole	100μg/kg		不得检出	GB/T 23210
365	噻虫啉	Thiacloprid	0.03		不得检出	GB/T 23211
366	噻虫嗪	Thiamethoxam	0.05		不得检出	GB/T 23210
367	甲砜霉素	Thiamphenicol	50μg/kg		不得检出	GB 29689
368	禾草丹	Thiobencarb	0.01		不得检出	GB/T 23210
369	甲基硫菌灵	Thiophanate - methyl	0.05		不得检出	GB/T 23211
370	替米考星	Tilmicosin	50μg/kg		不得检出	GB/T 20762
371	甲基立枯磷	Tolclofos - methyl	0.05		不得检出	GB/T 23210
372	甲苯氟磺胺	Tolylfluanid	0.02		不得检出	GB/T 23210
373	—	Topramezone	0.01		不得检出	参照同类标准
374	三唑酮和三唑醇	Triadimefon and triadimenol	0.1		不得检出	GB/T 23210
375	野麦畏	Triallate	0.05		不得检出	GB/T 23210
376	醚苯磺隆	Triasulfuron	0.05		不得检出	GB/T 20770
377	三唑磷	Triazophos	0.01		不得检出	GB/T 23210
378	敌百虫	Trichlorphon	0.01		不得检出	GB/T 23211
379	三氯苯哒唑	Triclabendazole	10μg/kg		不得检出	参照同类标准
380	绿草定	Triclopyr	0.05		不得检出	SN/T 2228
381	三环唑	Tricyclazole	0.05		不得检出	GB/T 23210
382	十三吗啉	Tridemorph	0.01		不得检出	GB/T 23211
383	肟菌酯	Trifloxystrobin	0.02		不得检出	GB/T 23210
384	氟菌唑	Triflumizole	0.05		不得检出	GB/T 19648
385	杀铃脲	Triflumuron	0.01		不得检出	GB/T 23211
386	氟乐灵	Trifluralin	0.01		不得检出	GB/T 23210
387	嗪氨灵	Triforine	0.01		不得检出	SN 0695
388	甲氧苄氨嘧啶	Trimethoprim	50μg/kg		不得检出	SN/T 2538
389	三甲基锍阳离子	Trimethyl - sulfonium cation	0.1		不得检出	参照同类标准
390	抗倒酯	Trinexapac	0.05		不得检出	日本肯定列表
391	灭菌唑	Triticonazole	0.01		不得检出	GB/T 23211

序号	农兽药中文名	农兽药英文名	欧盟标准限量要求 mg/kg	国家标准限量要求 mg/kg	三安超有机食品标准	
					限量要求 mg/kg	检测方法
392	三氟甲磺隆	Tritosulfuron	0.01		不得检出	参照同类标准
393	泰乐霉素	Tylosin	50μg/kg		不得检出	GB/T 22941
394	乙烯菌核利	Vinclozolin	0.05		不得检出	GB/T 23210
395	茅草枯	2,2 – DPA			不得检出	日本肯定列表(增补本1)
396	2,3,4,5 – 四氯苯胺	2,3,4,5 – Tetrachloraniline			不得检出	GB/T 23210
397	2,3,4,5 – 四氯甲氧基苯	2,3,4,5 – Tetrachloroanisole			不得检出	GB/T 23210
398	2,3,5,6 – 四氯苯胺	2,3,5,6 – Tetrachloroaniline			不得检出	GB/T 23210
399	2,4,5 – 涕	2,4,5 – T			不得检出	GB/T 23210
400	*o*,*p*′ – 滴滴滴	2,4′ – DDD			不得检出	GB/T 23210
401	*o*,*p*′ – 滴滴伊	2,4′ – DDE			不得检出	GB/T 23210
402	*o*,*p*′ – 滴滴涕	2,4′ – DDT			不得检出	GB/T 23210
403	2,6 – 二氯苯甲酰胺	2,6 – Dichlorobenzamide			不得检出	GB/T 23210
404	3,4,5 – 混杀威	3,4,5 – Trimethacarb			不得检出	GB/T 23210
405	3,5 – 二氯苯胺	3,5 – Dichloroaniline			不得检出	GB/T 23210
406	4,4′ – 二溴二苯甲酮	4,4′ – Dibromobenzophenone			不得检出	GB/T 23210
407	4,4′ – 二氯二苯甲酮	4,4′ – Dichlorobenzophenone			不得检出	GB/T 23210
408	4 – 氯苯氧乙酸	4 – Chlorophenoxyacetic acid			不得检出	GB/T 23210
409	6 – 氯 – 4 – 羟基 – 3 – 苯基哒嗪	6 – Chloro – 4 – hydroxy – 3 – phenyl – pyridazin			不得检出	GB/T 23211
410	二氢苊	Acenaphthene			不得检出	GB/T 23210
411	三氟羧草醚	Acifluorfen			不得检出	GB/T 23211
412	丙烯酰胺	Acrylamide			不得检出	GB/T 23211
413	4 – 十二烷基 – 2,6 – 二甲基吗啉	Aldimorph			不得检出	GB/T 23211
414	涕灭砜威	Aldoxycarb			不得检出	SN/T 2150
415	烯丙菊酯	Allethrin			不得检出	GB/T 23210
416	二丙烯草胺	Allidochlor			不得检出	GB/T 23210
417	禾草灭	Alloxydim – sodium			不得检出	GB/T 23211
418	顺式 – 氯氰菊酯	Alpha – cypermethrin			不得检出	GB/T 23210
419	莠灭净	Ametryn			不得检出	GB/T 23210
420	赛硫磷	Amidithion			不得检出	GB/T 23211
421	灭害威	Aminocarb			不得检出	GB/T 23211
422	氯氨吡啶酸	Aminopyalid			不得检出	GB/T 23211
423	莎稗磷	Anilofos			不得检出	GB/T 23210
424	丙硫特普	Aspon			不得检出	GB/T 23210
425	羟氨卡青霉素	Aspoxicillin			不得检出	GB/T 20755
426	莠去通	Atratone			不得检出	GB/T 23210
427	莠去津	Atrazine			不得检出	GB/T 23210

序号	农兽药中文名	农兽药英文名	欧盟标准限量要求mg/kg	国家标准限量要求mg/kg	三安超有机食品标准	
					限量要求mg/kg	检测方法
428	脱乙基阿特拉津	Atrazine – desethyl			不得检出	GB/T 23210
429	戊环唑	Azaconazole			不得检出	GB/T 23210
430	甲基吡噁磷	Azamethiphos			不得检出	GB/T 23211
431	叠氮津	Aziprotryne			不得检出	GB/T 23210
432	杆菌肽	Bacitracin			不得检出	GB/T 22981
433	4 – 溴 – 3,5 – 二甲苯基 – *N* – 甲基氨基甲酸酯 – 1	BDMC – 1			不得检出	GB/T 23210
434	4 – 溴 – 3,5 – 二甲苯基 – *N* – 甲基氨基甲酸酯 – 2	BDMC – 2			不得检出	GB/T 23210
435	噁虫威	Bendiocarb			不得检出	GB/T 23211
436	乙丁氟灵	Benfluralin			不得检出	GB/T 23210
437	甲基丙硫克百威	Benfuracarb – methyl			不得检出	GB/T 23211
438	呋草黄	Benfuresate			不得检出	GB/T 23210
439	麦锈灵	Benodanil			不得检出	GB/T 23210
440	解草酮	Benoxacor			不得检出	GB/T 23210
441	地散磷	Bensulide			不得检出	GB/T 23210
442	吡草酮	Benzofenap			不得检出	GB/T 23211
443	苯螨特	Benzoximate			不得检出	GB/T 23211
444	新燕灵	Benzoylprop – ethyl			不得检出	GB/T 23210
445	苄基腺嘌呤	Benzyladenine			不得检出	GB/T 23211
446	生物烯丙菊酯 – 1	Bioallethrin – 1			不得检出	GB/T 23210
447	生物烯丙菊酯 – 2	Bioallethrin – 2			不得检出	GB/T 23210
448	杀虫双	Bisultap thiosultap – disodium			不得检出	GB/T 5009.114
449	除草定	Bromacil			不得检出	GB/T 23211
450	溴苯烯磷	Bromfenvinfos			不得检出	GB/T 23210
451	溴烯杀	Bromocylen			不得检出	GB/T 23210
452	溴硫磷	Bromofos			不得检出	GB/T 23210
453	乙基溴硫磷	Bromophos – ethyl			不得检出	GB/T 23210
454	溴莠敏	Brompyrazon			不得检出	GB/T 23211
455	糠菌唑 – 1	Bromuconazole – 1			不得检出	GB/T 23210
456	糠菌唑 – 2	Bromuconazole – 2			不得检出	GB/T 23210
457	丁草胺	Butachlor			不得检出	GB/T 23210
458	氟丙嘧草酯	Butafenacil			不得检出	GB/T 23210
459	抑草磷	Butamifos			不得检出	GB/T 23210
460	丁酮威	Butocarboxim			不得检出	GB/T 23211
461	丁酮砜威	Butoxycarboxim			不得检出	GB/T 23211
462	播土隆	Buturon			不得检出	GB/T 23211
463	咔唑心安	Carazolol			不得检出	GB/T 20763
464	三硫磷	Carbophenothion			不得检出	GB/T 23210

序号	农兽药中文名	农兽药英文名	欧盟标准限量要求 mg/kg	国家标准限量要求 mg/kg	三安超有机食品标准	
					限量要求 mg/kg	检测方法
465	唑草酮	Carfentrazone - ethyl			不得检出	GB/T 23210
466	环丙酰菌胺	Carpropamid			不得检出	GB/T 23211
467	氯霉素	Chloramphenicolum			不得检出	GB/T 23211
468	氯杀螨砜	Chlorbenside sulfone			不得检出	GB/T 23210
469	灭幼脲	Chlorbenzuron			不得检出	GB/T 23211
470	氯溴隆	Chlorbromuron			不得检出	GB/T 23210
471	杀虫脒	Chlordimeform			不得检出	GB/T 23210
472	杀虫脒盐酸盐	Chlordimeform hydrochloride			不得检出	GB/T 23211
473	氯氧磷	Chlorethoxyfos			不得检出	GB/T 23210
474	溴虫腈	Chlorfenapyr			不得检出	SN/T 1986
475	杀螨醇	Chlorfenethol			不得检出	GB/T 23210
476	燕麦酯	Chlorfenprop - methyl			不得检出	GB/T 23210
477	氟啶脲	Chlorfluazuron			不得检出	GB/T 23210
478	整形醇	Chlorflurenol			不得检出	GB/T 23210
479	氯嘧磺隆	Chlorimuron - ethyl			不得检出	GB/T 23211
480	氯甲硫磷	Chlormephos			不得检出	GB/T 23210
481	氯苯甲醚	Chloroneb			不得检出	GB/T 23210
482	丙酯杀螨醇	Chloropropylate			不得检出	GB/T 23210
483	氯辛硫磷	Chlorphoxim			不得检出	GB/T 23211
484	氯硫磷	Chlorthion			不得检出	GB/T 23211
485	虫螨磷	Chlorthiophos			不得检出	GB/T 23210
486	乙菌利	Chlozolinate			不得检出	GB/T 23210
487	环虫酰肼	Chromafenozide			不得检出	GB/T 23210
488	苯并菲	Chrysene			不得检出	GB/T 23210
489	吲哚酮草酯	Cinidon - ethyl			不得检出	GB/T 23211
490	环庚草醚	Cinmethylin			不得检出	GB/T 23210
491	醚磺隆	Cinosulfuron			不得检出	GB/T 23211
492	四氢邻苯二甲酰亚胺	*cis* - 1,2,3,6 - Tetrahydrophthalimide			不得检出	GB/T 23210
493	顺式 - 氯丹	*cis* - Chlordane			不得检出	GB/T 23210
494	顺式 - 燕麦敌	*cis* - Diallate			不得检出	GB/T 23210
495	顺式 - 氯菊酯	*cis* - Permethrin			不得检出	GB/T 23210
496	克林霉素	Clindamycin			不得检出	GB/T 20762
497	异噁草酮	Clomazone			不得检出	GB/T 23210
498	氯羟吡啶	Clopidol			不得检出	GB 29700
499	调果酸	Cloprop			不得检出	GB/T 23211
500	解草酯	Cloquintocet - mexyl			不得检出	GB/T 23210
501	蝇毒磷	Coumaphos			不得检出	GB/T 23210
502	杀鼠醚	Coumatetralyl			不得检出	GB/T 23211

序号	农兽药中文名	农兽药英文名	欧盟标准限量要求 mg/kg	国家标准限量要求 mg/kg	三安超有机食品标准	
					限量要求 mg/kg	检测方法
503	鼠立死	Crimidine			不得检出	GB/T 23210
504	育畜磷	Crufomate			不得检出	GB/T 23210
505	可灭隆	Cumyluron			不得检出	GB/T 23211
506	氰草津	Cyanazine			不得检出	GB/T 23210
507	苯腈磷	Cyanofenphos			不得检出	GB/T 23210
508	杀螟腈	Cyanophos			不得检出	GB/T 23210
509	环草敌	Cycloate			不得检出	GB/T 23210
510	环丙嘧磺隆	Cyclosulfamuron			不得检出	GB/T 23211
511	环莠隆	Cycluron			不得检出	GB/T 23210
512	氰氟草酯	Cyhalofop – butyl			不得检出	GB/T 23210
513	氯氟氰菊酯和高效氯氟氰菊酯	Cyhalothrin and lambda – cyhalothrin			不得检出	SN/T 1117
514	苯醚氰菊酯	Cyphenothrin			不得检出	GB/T 23211
515	环丙津	Cyprazine			不得检出	GB/T 23210
516	畜蜱磷	Cythioate			不得检出	GB/T 23210
517	敌草索	Dacthal			不得检出	GB/T 23210
518	棉隆	Dazomet			不得检出	GB/T 23211
519	脱叶磷	DEF			不得检出	GB/T 23210
520	内吸磷	Demeton			不得检出	GB/T 23211
521	甲基内吸磷	Demeton – *s* – methyl			不得检出	GB/T 23210
522	砜吸磷	Demeton – *s* – methyl sulfone			不得检出	GB/T 23211
523	砜吸磷亚砜	Demeton – *s* – methyl sulfoxide			不得检出	GB/T 23211
524	2,2′,4,5,5′ – 五氯联苯	DE – PCB 101			不得检出	GB/T 23210
525	2,3,4,4′,5 – 五氯联苯	DE – PCB 118			不得检出	GB/T 23210
526	2,2′,3,4,4′,5 – 六氯联苯	DE – PCB 138			不得检出	GB/T 23210
527	2,2′,4,4′,5,5′ – 六氯联苯	DE – PCB 153			不得检出	GB/T 23210
528	2,2′,3,4,4′,5,5′ – 七氯联苯	DE – PCB 180			不得检出	GB/T 23210
529	2,4,4′ – 三氯联苯	DE – PCB 28			不得检出	GB/T 23210
530	2,4,5 – 三氯联苯	DE – PCB 31			不得检出	GB/T 23210
531	2,2′,5,5′ – 四氯联苯	DE – PCB 52			不得检出	GB/T 23210
532	脱乙基另丁津	Desethyl – sebuthylazine			不得检出	GB/T 23210
533	甜菜安	Desmedipham			不得检出	GB/T 23210
534	敌草净	Desmetryn			不得检出	GB/T 23210
535	丁醚脲	Diafenthiuron			不得检出	GB/T 23211
536	氯亚胺硫磷	Dialifos			不得检出	GB/T 23210
537	驱虫特	Dibutyl succinate			不得检出	GB/T 23210
538	异氯磷	Dicapthon			不得检出	GB/T 23210
539	除线磷	Dichlofenthion			不得检出	GB/T 23210
540	苯氟磺胺	Dichlofluanid			不得检出	GB/T 23210

序号	农兽药中文名	农兽药英文名	欧盟标准限量要求 mg/kg	国家标准限量要求 mg/kg	三安超有机食品标准	
					限量要求 mg/kg	检测方法
541	烯丙酰草胺	Dichlormid			不得检出	GB/T 23210
542	敌敌畏	Dichlorvos			不得检出	GB/T 23210
543	苄氯三唑醇	Diclobutrazole			不得检出	GB/T 23210
544	禾草灵	Diclofop - methyl			不得检出	GB/T 19650
545	百治磷	Dicrotophos			不得检出	GB/T 23210
546	避蚊胺	Diethyltoluamide			不得检出	GB/T 23210
547	枯莠隆	Difenoxuron			不得检出	GB/T 23210
548	野燕枯	Difenzoquat			不得检出	GB/T 23211
549	甲氟磷	Dimefox			不得检出	GB/T 23210
550	噁唑隆	Dimefuron			不得检出	GB/T 23210
551	哌草丹	Dimepiperate			不得检出	GB/T 23210
552	异戊乙净	Dimethametryn			不得检出	GB/T 23210
553	二甲酚草胺	Dimethenamid			不得检出	GB/T 23210
554	噻节因	Dimethipin			不得检出	GB/T 23210
555	甲菌定	Dimethirimol			不得检出	GB/T 23211
556	乐果	Dimethoate			不得检出	GB/T 23210
557	避蚊酯	Dimethyl phthalate			不得检出	GB/T 23210
558	甲基毒虫畏	Dimethylvinphos			不得检出	GB/T 23210
559	氨氟灵	Dinitramine			不得检出	GB/T 23210
560	消螨通	Dinobuton			不得检出	GB/T 23210
561	地乐酯	Dinoseb acetate			不得检出	GB/T 23211
562	呋虫胺	Dinotefuran			不得检出	GB/T 23211
563	苯虫醚 - 1	Diofenolan - 1			不得检出	GB/T 23210
564	苯虫醚 - 2	Diofenolan - 2			不得检出	GB/T 23210
565	蔬果磷	Dioxabenzofos			不得检出	GB/T 23211
566	二氧威	Dioxacarb			不得检出	GB/T 23210
567	双苯酰草胺	Diphenamid			不得检出	GB/T 23210
568	二苯胺	Diphenylamine			不得检出	GB/T 23210
569	异丙净	Dipropetryn			不得检出	GB/T 23210
570	乙拌磷砜	Disulfoton sulfone			不得检出	GB/T 23210
571	乙拌磷亚砜	Disulfoton - sulfoxide			不得检出	GB/T 23210
572	灭菌磷	Ditalimfos			不得检出	GB/T 23210
573	氟硫草定	Dithiopyr			不得检出	GB/T 23211
574	十二环吗啉	Dodemorph			不得检出	GB/T 23210
575	多拉菌素	Doramectin			不得检出	GB/T 22968
576	强力霉素	Doxycycline			不得检出	GB/T 22990
577	敌瘟磷	Edifenphos			不得检出	GB/T 23210
578	甲氨基阿维菌素苯甲酸盐	Emamectin benzoate			不得检出	GB/T 23211
579	硫丹 - 1	Endosulfan - 1			不得检出	GB/T 23210

序号	农兽药中文名	农兽药英文名	欧盟标准限量要求 mg/kg	国家标准限量要求 mg/kg	三安超有机食品标准	
					限量要求 mg/kg	检测方法
580	硫丹 -2	Endosulfan -2			不得检出	GB/T 23210
581	硫丹硫酸盐	Endosulfan - sulfate			不得检出	GB/T 23210
582	草藻灭	Endothal			不得检出	GB/T 23210
583	异狄氏剂醛	Endrin aldehyde			不得检出	GB/T 23210
584	异狄氏剂酮	Endrin ketone			不得检出	GB/T 23210
585	苯硫磷	EPN			不得检出	GB/T 23210
586	抑草蓬	Erbon			不得检出	GB/T 23210
587	*S* - 氰戊菊酯	Esfenvalerate			不得检出	GB/T 23210
588	戊草丹	Esprocarb			不得检出	GB/T 23210
589	乙环唑 -1	Etaconazole -1			不得检出	GB/T 23210
590	乙环唑 -2	Etaconazole -2			不得检出	GB/T 23210
591	磺噻隆	Ethidimuron			不得检出	GB/T 23211
592	乙硫苯威	Ethiofencarb			不得检出	GB/T 23210
593	乙硫苯威亚砜	Ethiofencarb - sulfoxide			不得检出	GB/T 23211
594	乙虫腈	Ethiprole			不得检出	GB/T 23211
595	乙氧磺隆	Ethoxysulfuron			不得检出	GB/T 23211
596	乙撑硫脲	Ethylenethiourea			不得检出	GB/T 23211
597	乙氧苯草胺	Etobenzanid			不得检出	GB/T 23211
598	乙嘧硫磷	Etrimfos			不得检出	GB/T 23210
599	伐灭磷	Famphur			不得检出	GB/T 23210
600	敌磺钠	Fenaminosulf			不得检出	GB/T 23211
601	苯线磷亚砜	Fenamiphos sulfoxide			不得检出	GB/T 23210
602	苯线磷砜	Fenamiphos - sulfone			不得检出	GB/T 23210
603	皮蝇磷	Fenchlorphos			不得检出	GB/T 23210
604	甲呋酰胺	Fenfuram			不得检出	GB/T 23210
605	仲丁威	Fenobucarb			不得检出	GB/T 23210
606	涕丙酸	Fenoprop			不得检出	GB/T 23211
607	稻瘟酰胺	Fenoxanil			不得检出	GB/T 23210
608	拌种咯	Fenpiclonil			不得检出	GB/T 23210
609	甲氰菊酯	Fenpropathrin			不得检出	GB/T 23210
610	芬螨酯	Fenson			不得检出	GB/T 23210
611	丰索磷	Fensulfothion			不得检出	GB/T 23210
612	倍硫磷砜	Fenthion sulfone			不得检出	GB/T 23210
613	倍硫磷亚砜	Fenthion sulfoxide			不得检出	GB/T 23210
614	氯化薯瘟锡	Fentin - chloride			不得检出	GB/T 23211
615	四唑酰草胺	Fentrazamide			不得检出	GB/T 23211
616	非草隆	Fenuron			不得检出	GB/T 23211
617	麦草氟异丙酯	Flamprop - isopropyl			不得检出	GB/T 23210
618	麦草氟甲酯	Flamprrop - methyl			不得检出	GB/T 23210

序号	农兽药中文名	农兽药英文名	欧盟标准限量要求 mg/kg	国家标准限量要求 mg/kg	三安超有机食品标准	
					限量要求 mg/kg	检测方法
619	双氟磺草胺	Florasulam			不得检出	GB/T 23211
620	吡氟禾草灵	Fluazifop - butyl			不得检出	GB/T 23211
621	啶蜱脲	Fluazuron			不得检出	GB/T 23211
622	咪唑螨	Flubenzimine			不得检出	GB/T 23211
623	氯乙氟灵	Fluchloralin			不得检出	GB/T 23210
624	氟噻草胺	Flufenacet			不得检出	GB/T 23210
625	氟节胺	Flumetralin			不得检出	GB/T 23210
626	唑嘧磺草胺	Flumetsulam			不得检出	GB/T 23211
627	氟烯草酸	Flumiclorac			不得检出	GB/T 23210
628	丙炔氟草胺	Flumioxazin			不得检出	GB/T 23210
629	伏草隆	Fluometuron			不得检出	GB/T 23211
630	三氟硝草醚	Fluorodifen			不得检出	GB/T 23210
631	乙羧氟草醚	Fluoroglycofen - ethyl			不得检出	GB/T 23210
632	三氟苯唑	Fluotrimazole			不得检出	GB/T 23210
633	氟啶草酮	Fluridone			不得检出	GB/T 23211
634	氟草烟-1-甲庚酯	Fluroxypr - 1 - methylheptyl ester			不得检出	GB/T 23210
635	磺菌胺	Flusulfamide			不得检出	GB/T 23211
636	氟噻乙草酯	Fluthiacet - methyl			不得检出	GB/T 23211
637	灭菌丹	Folpet			不得检出	GB/T 23210
638	地虫硫磷	Fonofos			不得检出	GB/T 23210
639	安果	Formothion			不得检出	GB/T 23210
640	呋霜灵	Furalaxyl			不得检出	GB/T 23210
641	茂谷乐	Furmecyclox			不得检出	GB/T 23210
642	精高效氨氟氰菊酯-1	Gamma - cyhalothrin - 1			不得检出	GB/T 23210
643	精高效氨氟氰菊酯-2	Gamma - cyhalothrin - 2			不得检出	GB/T 23210
644	庆大霉素	Gentamicin			不得检出	GB/T 21329
645	苄螨醚	Halfenprox			不得检出	GB/T 23210
646	氯吡嘧磺隆	Halosulfuron - methyl			不得检出	GB/T 23210
647	氟吡乙禾灵	Haloxyfop - 2 - ethoxy - ethyl			不得检出	GB/T 23211
648	氟吡甲禾灵和高效氟吡甲禾灵	Haloxyfop - methyl and haloxyfop - *P* - methyl			不得检出	GB/T 23211
649	庚烯磷	Heptanophos			不得检出	GB/T 23210
650	已唑醇	Hexaconazole			不得检出	GB/T 23210
651	氟铃脲	Hexaflumuron			不得检出	GB/T 23210
652	环嗪酮	Hexazinone			不得检出	GB/T 23210
653	伏蚁腙	Hydramethylnon			不得检出	GB/T 23211
654	氢化可的松	Hydrocortisone			不得检出	NY/T 914
655	咪草酸	Imazamethabenz - methyl			不得检出	GB/T 23210

序号	农兽药中文名	农兽药英文名	欧盟标准限量要求 mg/kg	国家标准限量要求 mg/kg	三安超有机食品标准	
					限量要求 mg/kg	检测方法
656	咪唑乙烟酸	Imazethapyr			不得检出	GB/T 23211
657	亚胺唑	Imibenconazole			不得检出	GB/T 23211
658	脱苯甲基亚胺唑	Imibenconazole – *des* – benzyl			不得检出	GB/T 23210
659	炔咪菊酯 – 1	Imiprothrin – 1			不得检出	GB/T 23210
660	炔咪菊酯 – 2	Imiprothrin – 2			不得检出	GB/T 23210
661	碘硫磷	Iodofenphos			不得检出	GB/T 23210
662	甲基碘磺隆	Iodosulfuron – methyl			不得检出	GB/T 23211
663	碘甲磺隆钠	Iodosulfuron – methyl – sodium			不得检出	GB/T 23211
664	异稻瘟净	Iprobenfos			不得检出	GB/T 23210
665	缬霉威 – 1	Iprovalicarb – 1			不得检出	GB/T 23210
666	缬霉威 – 2	Iprovalicarb – 2			不得检出	GB/T 23210
667	氯唑磷	Isazofos			不得检出	GB/T 23210
668	丁咪酰胺	Isocarbamid			不得检出	GB/T 23210
669	水胺硫磷	Isocarbophos			不得检出	GB/T 23210
670	异艾氏剂	Isodrin			不得检出	GB/T 23210
671	异柳磷	Isofenphos			不得检出	GB/T 23210
672	氮氨菲啶	Isometamidium			不得检出	GB/T 22974
673	丁嗪草酮	Isomethiozin			不得检出	GB/T 23210
674	异丙威 – 1	Isoprocarb – 1			不得检出	GB/T 23210
675	异丙威 – 2	Isoprocarb – 2			不得检出	GB/T 23210
676	异丙乐灵	Isopropalin			不得检出	GB/T 23210
677	异噁隆	Isouron			不得检出	GB/T 23211
678	异噁氟草	Isoxaflutole			不得检出	GB/T 20772
679	依维菌素	Ivermectin			不得检出	GB/T 22968
680	交沙霉素	Josamycin			不得检出	GB/T 20762
681	噻嗯菊酯	Kadethrin			不得检出	GB/T 23211
682	克来范	Kelevan			不得检出	GB/T 23211
683	吉他霉素	Kitasamycin			不得检出	GB/T 20762
684	拉沙里菌素	Lasalocid			不得检出	SN 0501
685	溴苯磷	Leptophos			不得检出	GB/T 23210
686	左旋咪唑	Levamisole			不得检出	GB 29681
687	利谷隆	Linuron			不得检出	GB/T 23210
688	马拉氧磷	Malaoxon			不得检出	GB/T 23210
689	二甲四氯	MCPA			不得检出	SN/T 2228
690	2 – 甲 – 4 – 氯丁氧乙基酸	MCPA – butoxyethyl ester			不得检出	GB/T 23210
691	灭蚜磷	Mecarbam			不得检出	GB/T 23210
692	苯噻酰草胺	Mefenacet			不得检出	GB/T 23210
693	吡唑解草酯	Mefenpyr – diethyl			不得检出	GB/T 23210
694	嘧菌胺	Mepanipyrim			不得检出	GB/T 23211

序号	农兽药中文名	农兽药英文名	欧盟标准限量要求 mg/kg	国家标准限量要求 mg/kg	三安超有机食品标准	
					限量要求 mg/kg	检测方法
695	地胺磷	Mephosfolan			不得检出	GB/T 23210
696	灭锈胺	Mepronil			不得检出	GB/T 23210
697	呋菌胺	Methfuroxam			不得检出	GB/T 23210
698	灭梭威砜	Methiocarb sulfone			不得检出	GB/T 23210
699	溴谷隆	Methobromuron			不得检出	GB/T 23211
700	异丙甲草胺和 *S* - 异丙甲草胺	Metolachlor and *S* - metolachlor			不得检出	GB/T 5009. 174
701	盖草津	Methoprotryne			不得检出	GB/T 23210
702	甲醚菊酯 - 1	Methothrin - 1			不得检出	GB/T 23210
703	甲醚菊酯 - 2	Methothrin - 2			不得检出	GB/T 23210
704	速灭威	Metolcarb			不得检出	GB/T 23211
705	苯氧菌胺	Metominostrobin			不得检出	GB/T 23210
706	甲氧隆	Metoxuron			不得检出	GB/T 23211
707	速灭磷	Mevinphos			不得检出	GB/T 23211
708	兹克威	Mexacarbate			不得检出	GB/T 23210
709	灭蚁灵	Mirex			不得检出	GB/T 23210
710	禾草敌	Molinate			不得检出	GB/T 23210
711	庚酰草胺	Monalide			不得检出	GB/T 23210
712	莫能菌素	Monensin			不得检出	SN 0698
713	久效磷	Monocrotophos			不得检出	GB/T 5009. 20
714	莫西丁克	Moxidectin			不得检出	SN/T 2442
715	合成麝香	Musk ambrecte			不得检出	GB/T 23210
716	麝香酮	Musk ketone			不得检出	GB/T 23210
717	麝香	Musk moskene			不得检出	GB/T 23210
718	二甲苯麝香	Musk xylene			不得检出	GB/T 23210
719	二溴磷	Naled			不得检出	SN/T 0706
720	萘草胺	Naptalam			不得检出	GB/T 23211
721	草不隆	Neburon			不得检出	GB/T 23211
722	烟碱	Nicotine			不得检出	GB/T 23211
723	烯啶虫胺	Nitenpyram			不得检出	GB/T 23211
724	甲磺乐灵	Nitralin			不得检出	GB/T 23210
725	三氯甲基吡啶	Nitrapyrin			不得检出	GB/T 23210
726	酞菌酯	Nitrothal - isopropyl			不得检出	GB/T 23210
727	氟草敏	Norflurazon			不得检出	GB/T 23211
728	新生霉素	Novobiocin			不得检出	参照同类标准
729	氟苯嘧啶醇	Nuarimol			不得检出	GB/T 23210
730	八氯苯乙烯	Octachlorostyrene			不得检出	GB/T 23210
731	呋酰胺	Ofurace			不得检出	GB/T 23211
732	竹桃霉素	Oleandomycin			不得检出	GB/T 22988

序号	农兽药中文名	农兽药英文名	欧盟标准限量要求 mg/kg	国家标准限量要求 mg/kg	三安超有机食品标准	
					限量要求 mg/kg	检测方法
733	氧乐果	Omethoate			不得检出	GB/T 23211
734	氨磺乐灵	Oryzalin			不得检出	GB/T 23211
735	杀线威	Oxamyl			不得检出	GB/T 23211
736	丙氧苯咪唑	Oxibendazole			不得检出	GB/T 21324
737	氧化氯丹	Oxy – chlordane			不得检出	GB/T 23210
738	*p*,*p*′ – 滴滴滴	*p*,*p*′ – DDD			不得检出	GB/T 23210
739	*p*,*p*′ – 滴滴伊	*p*,*p*′ – DDE			不得检出	GB/T 23210
740	对氧磷	Paraoxon			不得检出	GB/T 23210
741	克草敌	Pebulate			不得检出	GB/T 23210
742	青霉素 G	Penicillin G			不得检出	GB/T 22975
743	青霉素 V	Penicillin V			不得检出	GB/T 22975
744	五氯苯胺	Pentachloroaniline			不得检出	GB/T 23210
745	五氯甲氧基苯	Pentachloroanisole			不得检出	GB/T 23210
746	五氯苯	Pentachlorobenzene			不得检出	GB/T 23210
747	乙滴涕	Perthane			不得检出	GB/T 23210
748	菲	Phenanthrene			不得检出	GB/T 23210
749	芬硫磷	Phenkapton			不得检出	GB/T 23210
750	稻丰散	Phenthoate			不得检出	GB/T 23210
751	甲拌磷砜	Phorate sulfone			不得检出	GB/T 23210
752	甲拌磷亚砜	Phorate sulfoxide			不得检出	GB/T 23211
753	硫环磷	Phosfolan			不得检出	GB/T 23211
754	磷胺 – 1	Phosphamidon – 1			不得检出	GB/T 23210
755	磷胺 – 2	Phosphamidon – 2			不得检出	GB/T 23210
756	酞酸苯甲基丁酯	Phthalic acid, benzylbutyl ester			不得检出	GB/T 23210
757	酞酸二环己酯	Phthalic acid, biscyclohexyl ester			不得检出	GB/T 23211
758	酞酸二丁酯	Phthalic acid, dibutyl ester			不得检出	GB/T 23211
759	邻苯二甲酰亚胺	Phthalimide			不得检出	GB/T 23210
760	氟吡酰草胺	Picolinafen			不得检出	GB/T 23211
761	哌拉西林	Piperacillin			不得检出	GB/T 20755
762	增效醚	Piperonyl butoxide			不得检出	GB/T 23211
763	哌草磷	Piperophos			不得检出	GB/T 23210
764	乙基虫螨清	Pirimiphos – ethyl			不得检出	GB/T 23210
765	吡利霉素	Pirlimycin			不得检出	GB/T 22988
766	三氯杀虫酯	Plifenate			不得检出	GB/T 23210
767	丙草胺	Pretilachlor			不得检出	GB/T 23211
768	环丙氟灵	Profluralin			不得检出	GB/T 23210
769	茉莉酮	Prohydrojasmon			不得检出	GB/T 23210
770	扑灭通	Prometon			不得检出	GB/T 23210
771	扑草净	Prometryne			不得检出	GB/T 23210

序号	农兽药中文名	农兽药英文名	欧盟标准限量要求 mg/kg	国家标准限量要求 mg/kg	三安超有机食品标准	
					限量要求 mg/kg	检测方法
772	炔丙烯草胺	Pronamide			不得检出	GB/T 23210
773	敌稗	Propanil			不得检出	GB/T 23210
774	丙虫磷	Propaphos			不得检出	GB/T 23210
775	扑灭津	Propazine			不得检出	GB/T 23210
776	胺丙畏	Propetamphos			不得检出	GB/T 23210
777	丙烯硫脲	Propylene thiourea			不得检出	GB/T 23211
778	丙硫磷	Prothiophos			不得检出	GB/T 23210
779	吡唑硫磷	Pyraclofos			不得检出	GB/T 23210
780	吡草醚	Pyraflufen – ethyl			不得检出	GB/T 23210
781	吡嘧磺隆	Pyrazosulfuron – ethyl			不得检出	GB/T 23211
782	苄草唑	Pyrazoxyfen			不得检出	GB/T 23211
783	稗草丹	Pyributicarb			不得检出	GB/T 23210
784	哒嗪硫磷	Pyridafenthion			不得检出	GB/T 23210
785	啶斑肟 – 1	Pyrifenox – 1			不得检出	GB/T 23210
786	环酯草醚	Pyriftalid			不得检出	GB/T 23210
787	嘧螨醚	Pyrimidifen			不得检出	GB/T 23210
788	嘧草醚	Pyriminobac – methyl			不得检出	GB/T 23210
789	嘧啶磷	Pyrimitate			不得检出	GB/T 23211
790	嘧草硫醚	Pyrithiobac – sodium			不得检出	GB/T 23211
791	咯喹酮	Pyroquilon			不得检出	GB/T 23210
792	喹硫磷	Quinalphos			不得检出	GB/T 23210
793	灭藻醌	Quinoclamine			不得检出	GB/T 23210
794	吡咪唑	Rabenzazole			不得检出	GB/T 23210
795	皮蝇磷	Ronnel			不得检出	GB/T 23210
796	八氯二甲醚 – 1	S421(octachlorodipro – pyl ether) – 1			不得检出	GB/T 23210
797	八氯二甲醚 – 2	S421(octachlorodipro – pyl ether) – 2			不得检出	GB/T 23210
798	另丁津	Sebutylazine			不得检出	GB/T 23210
799	密草通	Secbumeton			不得检出	GB/T 23210
800	烯禾啶	Sethoxydim			不得检出	SN/T 0596
801	氟硅菊酯	Silafluofen			不得检出	GB/T 23210
802	硅氟唑	Simeconazole			不得检出	GB/T 23210
803	西玛通	Simetone			不得检出	GB/T 23210
804	螺旋霉素	Spiramycin			不得检出	GB/T 22988
805	链霉素	Streptomycin			不得检出	GB/T 22969
806	磺胺苯酰	Sulfabenzamide			不得检出	GB/T 21316
807	磺胺醋酰	Sulfacetamide			不得检出	GB/T 21316
808	磺胺氯哒嗪	Sulfachloropyridazine			不得检出	GB/T 21316
809	磺胺嘧啶	Sulfadiazine			不得检出	GB/T 21316

序号	农兽药中文名	农兽药英文名	欧盟标准限量要求 mg/kg	国家标准限量要求 mg/kg	三安超有机食品标准	
					限量要求 mg/kg	检测方法
810	磺胺间二甲氧嘧啶	Sulfadimethoxine			不得检出	GB/T 21316
811	磺胺二甲嘧啶	Sulfadimidine			不得检出	GB/T 21316
812	磺胺多辛	Sulfadoxine			不得检出	GB/T 21316
813	菜草畏	Sulfallate			不得检出	GB/T 23210
814	磺胺甲嘧啶	Sulfamerazine			不得检出	GB/T 21316
815	磺胺甲噻二唑	Sulfamethizole			不得检出	GB/T 21316
816	新诺明	Sulfamethoxazole			不得检出	GB/T 21316
817	磺胺对甲氧嘧啶	Sulfamethoxydiazine			不得检出	GB/T 21316
818	磺胺甲氧哒嗪	Sulfamethoxypyridazine			不得检出	GB/T 21316
819	磺胺间甲基嘧啶	Sulfamonomethoxine			不得检出	GB/T 21316
820	乙酰磺胺对硝基苯	Sulfanitran			不得检出	GB/T 23211
821	磺胺苯吡唑	Sulfaphenazole			不得检出	GB/T 21316
822	磺胺吡啶	Sulfapyridine			不得检出	GB/T 21316
823	磺胺喹沙啉	Sulfaquinoxaline			不得检出	GB/T 21316
824	磺胺噻唑	Sulfathiazole			不得检出	GB/T 21316
825	磺酰唑草酮	Sulfentrazone			不得检出	GB/T 23211
826	磺胺二甲异噁唑	Sulfisoxazole			不得检出	GB/T 20759
827	治螟磷	Sulfotep			不得检出	GB/T 23210
828	硫丙磷	Sulprofos			不得检出	GB/T 23210
829	苯噻硫氰	TCMTB			不得检出	GB/T 23210
830	丁基嘧啶磷	Tebupirimfos			不得检出	GB/T 23210
831	牧草胺	Tebutam			不得检出	GB/T 23210
832	丁噻隆	Tebuthiuron			不得检出	GB/T 23210
833	双硫磷	Temephos			不得检出	GB/T 23211
834	特普	TEPP			不得检出	GB/T 23211
835	特草净	Terbacil			不得检出	GB/T 23210
836	特草灵	Terbucarb			不得检出	GB/T 23211
837	特草灵 -1	Terbucarb -1			不得检出	GB/T 23210
838	特草灵 -2	Terbucarb -2			不得检出	GB/T 23210
839	特丁硫磷砜	Terbufos sulfone			不得检出	GB/T 23211
840	特丁通	Terbumeton			不得检出	GB/T 23210
841	特丁净	Terbutryn			不得检出	GB/T 23210
842	叔丁基胺	Tert - butylamine			不得检出	GB/T 23211
843	杀虫畏	Tetrachlorvinphos			不得检出	GB/T 23210
844	杀螨氯硫	Tetrasul			不得检出	GB/T 23210
845	胺菊酯	Tetramrthirn			不得检出	GB/T 23210
846	噻吩草胺	Thenylchlor			不得检出	GB/T 23210
847	噻唑烟酸	Thiazopyr			不得检出	GB/T 23210
848	噻吩磺隆	Thifensulfuron - methyl			不得检出	GB/T 23211

序号	农兽药中文名	农兽药英文名	欧盟标准限量要求 mg/kg	国家标准限量要求 mg/kg	三安超有机食品标准	
					限量要求 mg/kg	检测方法
849	久效威	Thiofanox			不得检出	GB/T 23211
850	久效威亚砜	Thiofanox - sulfoxide			不得检出	GB/T 23211
851	甲基乙拌磷	Thiometon			不得检出	GB/T 23211
852	虫线磷	Thionazin			不得检出	GB/T 23210
853	硫菌灵	Thiophanat - ethyl			不得检出	GB/T 23211
854	三甲苯草酮	Tralkoxydim			不得检出	GB/T 23210
855	四溴菊酯 - 1	Tralomethrin - 1			不得检出	GB/T 23210
856	四溴菊酯 - 2	Tralomethrin - 2			不得检出	GB/T 23210
857	反式 - 氯丹	*trans* - Chlordane			不得检出	GB/T 23210
858	反式 - 燕麦敌	*trans* - Diallate			不得检出	GB/T 23210
859	四氟苯菊酯	Transfluthrin			不得检出	GB/T 23210
860	反式九氯	*trans* - Nonachlor			不得检出	GB/T 23210
861	反式 - 氯菊酯	*trans* - Permethrin			不得检出	GB/T 23210
862	咪唑嗪	Triazoxide			不得检出	GB/T 23211
863	苯磺隆	Tribenuron - methyl			不得检出	GB/T 23210
864	毒壤磷	Trichloronate			不得检出	GB/T 23210
865	灭草环	Tridiphane			不得检出	GB/T 23210
866	草达津	Trietazine			不得检出	GB/T 23210
867	三异丁基磷酸盐	Tri - *iso* - butyl phosphate			不得检出	GB/T 23211
868	三正丁基磷酸盐	Tri - *n* - butyl phosphate			不得检出	GB/T 23210
869	三苯基磷酸盐	Triphenyl phosphate			不得检出	GB/T 23210
870	烯效唑	Uniconazole			不得检出	GB/T 23210
871	蚜灭磷	Vamidothion			不得检出	GB/T 23211
872	蚜灭多砜	Vamidothion sulfone			不得检出	GB/T 23211
873	灭草敌	Vernolate			不得检出	GB/T 23210
874	维吉尼霉素	Virginiamycin			不得检出	GB/T 20765
875	灭除威	XMC			不得检出	GB/T 23210
876	福美锌	Ziram			不得检出	GB/T 23211
877	苯酰菌胺	Zoxamide			不得检出	GB/T 23210

15.4 马奶 Mare's Milk

序号	农兽药中文名	农兽药英文名	欧盟标准限量要求 mg/kg	国家标准限量要求 mg/kg	三安超有机食品标准	
					限量要求 mg/kg	检测方法
1	1,1 - 二氯 - 2,2 - 二(4 - 乙苯)乙烷	1,1 - Dichloro - 2,2 - bis(4 - ethylphenyl) ethane	0.01		不得检出	日本肯定列表(增补本 1)
2	1,2 - 二氯乙烷	1,2 - Dichloroethane	0.1		不得检出	SN/T 2238
3	1,3 - 二氯丙烯	1,3 - Dichloropropene	0.01		不得检出	SN/T 2238
4	1 - 萘乙酸	1 - Naphthylacetic acid	0.05		不得检出	SN/T 2228

序号	农兽药中文名	农兽药英文名	欧盟标准限量要求 mg/kg	国家标准限量要求 mg/kg	三安超有机食品标准	
					限量要求 mg/kg	检测方法
5	2,4-滴	2,4-D	0.01		不得检出	GB/T 23210
6	2,4-滴丁酸	2,4-DB	0.01		不得检出	GB/T 20769
7	2-苯酚	2-Phenylphenol	0.05		不得检出	GB/T 23210
8	阿维菌素	Abamectin	0.02		不得检出	SN/T 1973
9	乙酰甲胺磷	Acephate			不得检出	GB/T 23210
10	灭螨醌	Acequinocyl	0.01		不得检出	参照同类标准
11	啶虫脒	Acetamiprid	0.05		不得检出	GB/T 23210
12	乙草胺	Acetochlor	0.01		不得检出	GB/T 23210
13	苯并噻二唑	Acibenzolar-*S*-methyl	0.02		不得检出	GB/T 23210
14	苯草醚	Aclonifen	0.02		不得检出	GB/T 23210
15	氟丙菊酯	Acrinathrin	0.05		不得检出	GB/T 23210
16	甲草胺	Alachlor	0.01		不得检出	GB/T 23210
17	阿苯达唑	Albendazole	100μg/kg		不得检出	GB/T 22972
18	涕灭威	Aldicarb	0.01		不得检出	GB/T 23211
19	艾氏剂和狄氏剂	Aldrin and dieldrin	0.006	0.006	不得检出	GB/T 23210
20	—	Ametoctradin	0.03		不得检出	参照同类标准
21	酰嘧磺隆	Amidosulfuron	0.02		不得检出	参照同类标准
22	氯氨吡啶酸	Aminopyralid	0.02		不得检出	GB/T 23211
23	—	Amisulbrom	0.01		不得检出	参照同类标准
24	阿莫西林	Amoxicillin	4μg/kg		不得检出	GB/T 22975
25	氨苄青霉素	Ampicillin	4μg/kg		不得检出	NY/T 829
26	敌菌灵	Anilazine	0.01		不得检出	GB/T 20769
27	杀螨特	Aramite	0.01		不得检出	GB/T 19649
28	磺草灵	Asulam	0.1		不得检出	日本肯定列表(增补本1)
29	印楝素	Azadirachtin	0.01		不得检出	SN/T 3264
30	益棉磷	Azinphos-ethyl	0.01		不得检出	GB/T 23210
31	保棉磷	Azinphos-methyl	0.01		不得检出	GB/T 23210
32	三唑锡和三环锡	Azocyclotin and cyhexatin	0.05		不得检出	SN/T 1990
33	嘧菌酯	Azoxystrobin	0.01		不得检出	GB/T 23210
34	燕麦灵	Barban	0.05		不得检出	参照同类标准
35	氟丁酰草胺	Beflubutamid	0.05		不得检出	参照同类标准
36	苯霜灵	Benalaxyl	0.05		不得检出	GB/T 23210
37	丙硫克百威	Benfuracarb	0.02		不得检出	日本肯定列表(增补本1)
38	苄青霉素	Benzyl penicillin	4μg/kg		不得检出	GB/T 20755
39	联苯肼酯	Bifenazate	0.01		不得检出	GB/T 23210
40	甲羧除草醚	Bifenox	0.05		不得检出	GB/T 23210
41	联苯菊酯	Bifenthrin	0.2		不得检出	GB/T 23210

序号	农兽药中文名	农兽药英文名	欧盟标准限量要求 mg/kg	国家标准限量要求 mg/kg	三安超有机食品标准	
					限量要求 mg/kg	检测方法
42	乐杀螨	Binapacryl	0.01		不得检出	SN 0523
43	联苯	Biphenyl	0.01		不得检出	GB/T 23210
44	联苯三唑醇	Bitertanol	0.05		不得检出	GB/T 23210
45	—	Bixafen	0.02		不得检出	参照同类标准
46	啶酰菌胺	Boscalid	0.1		不得检出	GB/T 23211
47	溴离子	Bromide ion	0.05		不得检出	GB/T 5009.167
48	溴螨酯	Bromopropylate	0.01		不得检出	GB/T 23210
49	溴苯腈	Bromoxynil	0.01		不得检出	GB/T 23211
50	糠菌唑	Bromuconazole	0.05		不得检出	GB/T 23211
51	乙嘧酚磺酸酯	Bupirimate	0.05		不得检出	GB/T 23210
52	噻嗪酮	Buprofezin	0.05		不得检出	GB/T 23210
53	仲丁灵	Butralin	0.02		不得检出	GB/T 23210
54	丁草敌	Butylate	0.01		不得检出	GB/T 23210
55	硫线磷	Cadusafos	0.01		不得检出	GB/T 23211
56	毒杀芬	Camphechlor	0.01		不得检出	YC/T 180
57	敌菌丹	Captafol	0.01		不得检出	GB/T 23210
58	克菌丹	Captan	0.02		不得检出	GB/T 19648
59	甲萘威	Carbaryl	0.05		不得检出	GB/T 23210
60	多菌灵和苯菌灵	Carbendazim and benomyl	0.05		不得检出	GB/T 20770
61	长杀草	Carbetamide	0.05		不得检出	GB/T 23211
62	克百威	Carbofuran	0.01		不得检出	GB/T 23211
63	丁硫克百威	Carbosulfan	0.05		不得检出	GB/T 19650
64	萎锈灵	Carboxin	0.05		不得检出	GB/T 23210
65	头孢噻呋	Ceftiofur	100μg/kg			GB/T 21314
66	氯虫苯甲酰胺	Chlorantraniliprole	0.05		不得检出	参照同类标准
67	杀螨醚	Chlorbenside	0.05		不得检出	GB/T 23210
68	氯炔灵	Chlorbufam	0.05		不得检出	GB/T 23210
69	氯丹	Chlordane	0.002	0.002	不得检出	GB/T 5009.19
70	十氯酮	Chlordecone	0.02		不得检出	参照同类标准
71	杀螨酯	Chlorfenson	0.05		不得检出	GB/T 23210
72	毒虫畏	Chlorfenvinphos	0.01		不得检出	GB/T 23210
73	氯草敏	Chloridazon	0.1		不得检出	GB/T 23211
74	矮壮素	Chlormequat	0.05		不得检出	GB/T 23211
75	乙酯杀螨醇	Chlorobenzilate	0.1		不得检出	GB/T 23210
76	百菌清	Chlorothalonil	0.07		不得检出	SN/T 2320
77	绿麦隆	Chlortoluron	0.05		不得检出	GB/T 23211
78	枯草隆	Chloroxuron	0.05		不得检出	SN/T 2150
79	氯苯胺灵	Chlorpropham	0.2		不得检出	GB/T 23210
80	毒死蜱	Chlorpyrifos	0.01		不得检出	GB/T 23210

序号	农兽药中文名	农兽药英文名	欧盟标准限量要求 mg/kg	国家标准限量要求 mg/kg	三安超有机食品标准	
					限量要求 mg/kg	检测方法
81	甲基毒死蜱	Chlorpyrifos – methyl	0.01		不得检出	GB/T 23210
82	氯磺隆	Chlorsulfuron	0.01		不得检出	GB/T 23211
83	金霉素	Chlortetracycline	100μg/kg		不得检出	GB/T 22990
84	氯酞酸甲酯	Chlorthaldimethyl	0.01		不得检出	GB/T 23210
85	氯硫酰草胺	Chlorthiamid	0.02		不得检出	GB/T 23211
86	烯草酮	Clethodim	0.05		不得检出	GB/T 23210
87	炔草酯	Clodinafop – propargyl	0.02		不得检出	GB/T 23210
88	四螨嗪	Clofentezine	0.05		不得检出	GB/T 23211
89	二氯吡啶酸	Clopyralid	0.05		不得检出	SN/T 2228
90	噻虫胺	Clothianidin	0.02		不得检出	GB/T 23211
91	邻氯青霉素	Cloxacillin	30μg/kg		不得检出	GB/T 18932.25
92	黏菌素	Colistin	50μg/kg		不得检出	参照同类标准
93	铜化合物	Copper compounds	2		不得检出	参照同类标准
94	环烷基酰苯胺	Cyclanilide	0.01		不得检出	GB/T 23211
95	噻草酮	Cycloxydim	0.05		不得检出	GB/T 23210
96	环氟菌胺	Cyflufenamid	0.03		不得检出	GB/T 23210
97	氟氯氰菊酯和高效氟氯氰菊酯	Cyfluthrin and beta – cyfluthrin	0.02		不得检出	GB/T 23210
98	霜脲氰	Cymoxanil	0.05		不得检出	GB/T 23211
99	氯氰菊酯和高效氯氰菊酯	Cypermethrin and beta – cypermethrin	0.05		不得检出	GB/T 23210
100	环丙唑醇	Cyproconazole	0.05		不得检出	GB/T 23210
101	嘧菌环胺	Cyprodinil	0.05		不得检出	GB/T 23210
102	灭蝇胺	Cyromazine	0.02		不得检出	GB/T 23211
103	丁酰肼	Daminozide	0.05		不得检出	SN/T 1989
104	滴滴涕	DDT	0.04	0.02	不得检出	GB/T 5009.19
105	溴氰菊酯	Deltamethrin	0.05		不得检出	GB/T 23210
106	燕麦敌	Diallate	0.2		不得检出	GB/T 23211
107	二嗪磷	Diazinon	0.02		不得检出	GB/T 23210
108	麦草畏	Dicamba	0.2		不得检出	GB/T 23211
109	敌草腈	Dichlobenil	0.01		不得检出	GB/T 23210
110	滴丙酸	Dichlorprop	0.05		不得检出	参照同类标准
111	二氯苯氧基丙酸	Diclofop	0.01		不得检出	参照同类标准
112	氯硝胺	Dicloran	0.01		不得检出	GB/T 23210
113	双氯青霉素	Dicloxacillin	30μg/kg		不得检出	GB/T 18932.25
114	三氯杀螨醇	Dicofol	0.1		不得检出	GB/T 23210
115	乙霉威	Diethofencarb	0.05		不得检出	GB/T 23210
116	苯醚甲环唑	Difenoconazole	0.005		不得检出	GB/T 23210
117	除虫脲	Diflubenzuron	0.05		不得检出	SN/T 0528

序号	农兽药中文名	农兽药英文名	欧盟标准限量要求 mg/kg	国家标准限量要求 mg/kg	三安超有机食品标准	
					限量要求 mg/kg	检测方法
118	吡氟酰草胺	Diflufenican	0.05		不得检出	GB/T 23210
119	二氢链霉素	Dihydro - streptomycin	200μg/kg		不得检出	GB/T 22969
120	油菜安	Dimethachlor	0.02		不得检出	GB/T 23210
121	烯酰吗啉	Dimethomorph	0.05		不得检出	GB/T 23210
122	醚菌胺	Dimoxystrobin	0.01		不得检出	SN/T 2237
123	烯唑醇	Diniconazole	0.01		不得检出	GB/T 23210
124	敌螨普	Dinocap	0.05		不得检出	日本肯定列表(增补本1)
125	地乐酚	Dinoseb	0.01		不得检出	GB/T 23211
126	特乐酚	Dinoterb	0.05		不得检出	GB/T 23210
127	敌噁磷	Dioxathion	0.05		不得检出	GB/T 23210
128	敌草快	Diquat	0.05		不得检出	GB/T 5009.221
129	乙拌磷	Disulfoton	0.01		不得检出	GB/T 23210
130	二氰蒽醌	Dithianon	0.01		不得检出	GB/T 20769
131	二硫代氨基甲酸酯	Dithiocarbamates	0.05		不得检出	SN 0139
132	敌草隆	Diuron	0.05		不得检出	GB/T 23211
133	二硝甲酚	DNOC	0.05		不得检出	GB/T 23211
134	多果定	Dodine	0.2		不得检出	GB/T 23211
135	甲氨基阿维菌素苯甲酸盐	Emamectin benzoate	0.01		不得检出	GB/T 23211
136	硫丹	Endosulfan	0.05	0.01	不得检出	GB/T 23210
137	异狄氏剂	Endrin	0.0008		不得检出	GB/T 23210
138	氟环唑	Epoxiconazole	0.002		不得检出	GB/T 23210
139	茵草敌	EPTC	0.02		不得检出	GB/T 23210
140	红霉素	Erythromycin	40μg/kg		不得检出	GB/T 22988
141	乙丁烯氟灵	Ethalfluralin	0.01		不得检出	GB/T 23210
142	胺苯磺隆	Ethametsulfuron	0.01		不得检出	NY/T 1616
143	乙烯利	Ethephon	0.05		不得检出	SN 0705
144	乙硫磷	Ethion	0.01		不得检出	GB/T 23210
145	乙嘧酚	Ethirimol	0.05		不得检出	GB/T 23211
146	乙氧呋草黄	Ethofumesate	0.1		不得检出	GB/T 23210
147	灭线磷	Ethoprophos	0.01		不得检出	GB/T 23211
148	乙氧喹啉	Ethoxyquin	0.05		不得检出	GB/T 23211
149	环氧乙烷	Ethylene oxide	0.02		不得检出	GB/T 23296.11
150	醚菊酯	Etofenprox	0.05		不得检出	GB/T 23210
151	乙螨唑	Etoxazole	0.01		不得检出	GB/T 23210
152	氯唑灵	Etridiazole	0.05		不得检出	GB/T 23211
153	噁唑菌酮	Famoxadone	0.05		不得检出	GB/T 23211
154	苯硫氨酯	Febantel	10μg/kg		不得检出	GB/T 22972
155	咪唑菌酮	Fenamidone	0.01		不得检出	GB/T 23210

序号	农兽药中文名	农兽药英文名	欧盟标准限量要求 mg/kg	国家标准限量要求 mg/kg	三安超有机食品标准	
					限量要求 mg/kg	检测方法
156	苯线磷	Fenamiphos	0.005		不得检出	GB/T 23210
157	氯苯嘧啶醇	Fenarimol	0.02		不得检出	GB/T 23210
158	喹螨醚	Fenazaquin	0.01		不得检出	GB/T 23210
159	苯硫苯咪唑	Fenbendazole	10μg/kg		不得检出	SN 0638
160	腈苯唑	Fenbuconazole	0.05		不得检出	GB/T 23210
161	苯丁锡	Fenbutatin oxide	0.05		不得检出	SN/T 3149
162	环酰菌胺	Fenhexamid	0.05		不得检出	GB/T 23210
163	杀螟硫磷	Fenitrothion	0.01		不得检出	GB/T 23210
164	精噁唑禾草灵	Fenoxaprop - *P* - ethyl	0.05		不得检出	GB 22617
165	双氧威	Fenoxycarb	0.05		不得检出	GB/T 23210
166	苯锈啶	Fenpropidin	0.01		不得检出	GB/T 23210
167	丁苯吗啉	Fenpropimorph	0.01		不得检出	GB/T 23210
168	胺苯吡菌酮	Fenpyrazamine	0.01		不得检出	参照同类标准
169	唑螨酯	Fenpyroximate	0.01		不得检出	GB/T 23210
170	倍硫磷	Fenthion	0.01		不得检出	GB/T 23210
171	三苯锡	Fentin	0.05		不得检出	SN/T 3149
172	薯瘟锡	Fentin acetate	0.05		不得检出	参照同类标准
173	氰戊菊酯和高效氰戊菊酯(RR & SS 异构体总量)	Fenvalerate and esfenvalerate (sum of RR & SS isomers)	0.02		不得检出	GB/T 23210
174	氰戊菊酯和高效氰戊菊酯(RS & SR 异构体总量)	Fenvalerate and esfenvalerate (sum of RS & SR isomers)	0.02		不得检出	GB/T 23210
175	氟虫腈	Fipronil	0.005		不得检出	GB/T 19649
176	氟啶虫酰胺	Flonicamid	0.02		不得检出	SN/T 2796
177	精吡氟禾草灵	Fluazifop - *P* - butyl	0.1		不得检出	GB/T 5009.142
178	氟啶胺	Fluazinam	0.05		不得检出	GB/T 23210
179	氟苯虫酰胺	Flubendiamide	0.1		不得检出	SN/T 2581
180	氟环脲	Flucycloxuron	0.05		不得检出	参照同类标准
181	氟氰戊菊酯	Flucythrinate	0.05		不得检出	GB/T 23210
182	咯菌腈	Fludioxonil	0.05		不得检出	GB/T 23210
183	氟虫脲	Flufenoxuron	0.05		不得检出	GB/T 23210
184	—	Flufenzin	0.02		不得检出	参照同类标准
185	氟吡菌胺	Fluopicolide	0.02		不得检出	参照同类标准
186	—	Fluopyram	0.1		不得检出	参照同类标准
187	氟离子	Fluoride ion	0.2		不得检出	GB/T 5009.167
188	氟腈嘧菌酯	Fluoxastrobin	0.2		不得检出	SN/T 2237
189	氟喹唑	Fluquinconazole	0.03		不得检出	GB/T 23210
190	氟咯草酮	Fluorochloridone	0.05		不得检出	GB/T 23211
191	氟草烟	Fluroxypyr	0.05		不得检出	GB/T 23211
192	氟硅唑	Flusilazole	0.05		不得检出	GB/T 23210

序号	农兽药中文名	农兽药英文名	欧盟标准限量要求 mg/kg	国家标准限量要求 mg/kg	三安超有机食品标准	
					限量要求 mg/kg	检测方法
193	氟酰胺	Flutolanil	0.05		不得检出	GB/T 23210
194	粉唑醇	Flutriafol	0.01		不得检出	GB/T 23210
195	—	Fluxapyroxad	0.005		不得检出	参照同类标准
196	氟磺胺草醚	Fomesafen	0.01		不得检出	GB/T 23211
197	氯吡脲	Forchlorfenuron	0.05		不得检出	GB/T 23211
198	伐虫脒	Formetanate	0.01		不得检出	NY/T 1453
199	三乙膦酸铝	Fosetyl – aluminium	0.1		不得检出	参照同类标准
200	麦穗宁	Fuberidazole	0.05		不得检出	GB/T 23210
201	呋线威	Furathiocarb	0.01		不得检出	GB/T 23211
202	糠醛	Furfural	1		不得检出	参照同类标准
203	勃激素	Gibberellic acid	0.1		不得检出	GB/T 23211
204	草胺膦	Glufosinate – ammonium	0.1		不得检出	日本肯定列表
205	草甘膦	Glyphosate	0.05		不得检出	SN/T 1923
206	双胍盐	Guazatine	0.1		不得检出	参照同类标准
207	氟吡禾灵	Haloxyfop	0.01		不得检出	SN/T 2228
208	七氯	Heptachlor	0.004	0.006	不得检出	GB/T 23210
209	六氯苯	Hexachlorobenzene	0.01		不得检出	GB/T 23210
210	六六六(HCH)，α – 异构体	Hexachlorociclohexane (HCH), alpha – isomer	0.004	0.02	不得检出	SN/T 0145
211	六六六(HCH)，β – 异构体	Hexachlorociclohexane (HCH), beta – isomer	0.003	0.02	不得检出	SN/T 0145
212	噻螨酮	Hexythiazox	0.05		不得检出	GB/T 23210
213	噁霉灵	Hymexazol	0.05		不得检出	GB/T 23211
214	抑霉唑	Imazalil	0.05		不得检出	GB/T 23210
215	甲咪唑烟酸	Imazapic	0.01		不得检出	GB/T 23211
216	咪唑喹啉酸	Imazaquin	0.05		不得检出	GB/T 23211
217	吡虫啉	Imidacloprid	0.1		不得检出	GB/T 23211
218	茚虫威	Indoxacarb	0.1		不得检出	GB/T 23211
219	碘苯腈	Ioxynil	0.01		不得检出	GB/T 23211
220	异菌脲	Iprodione	0.05		不得检出	GB/T 19650
221	稻瘟灵	Isoprothiolane	0.01		不得检出	GB/T 23211
222	异丙隆	Isoproturon	0.05		不得检出	GB/T 23211
223	—	Isopyrazam	0.01		不得检出	参照同类标准
224	异噁酰草胺	Isoxaben	0.01		不得检出	GB/T 23211
225	卡那霉素	Kanamycin	150μg/kg		不得检出	GB/T 22969
226	醚菌酯	Kresoxim – methyl	0.05		不得检出	GB/T 23210
227	乳氟禾草灵	Lactofen	0.01		不得检出	GB/T 23211
228	高效氯氟氰菊酯	Lambda – cyhalothrin	0.05		不得检出	GB/T 23210
229	环草定	Lenacil	0.1		不得检出	GB/T 23210

序号	农兽药中文名	农兽药英文名	欧盟标准限量要求 mg/kg	国家标准限量要求 mg/kg	三安超有机食品标准	
					限量要求 mg/kg	检测方法
230	林可霉素	Lincomycin	150μg/kg		不得检出	GB/T 29685
231	林丹	Lindane	0.001	0.01	不得检出	NY/T 761
232	虱螨脲	Lufenuron	0.02		不得检出	SN/T 2540
233	马拉硫磷	Malathion	0.02		不得检出	GB/T 23210
234	抑芽丹	Maleic hydrazide	0.2		不得检出	GB/T 23211
235	双炔酰菌胺	Mandipropamid	0.02		不得检出	参照同类标准
236	二甲四氯和二甲四氯丁酸	MCPA and MCPB	0.05		不得检出	SN/T 2228
237	壮棉素	Mepiquat chloride	0.05		不得检出	GB/T 23211
238	—	Meptyldinocap	0.05		不得检出	参照同类标准
239	汞化合物	Mercury compounds	0.01		不得检出	参照同类标准
240	氰氟虫腙	Metaflumizone	0.02		不得检出	SN/T 3852
241	甲霜灵和精甲霜灵	Metalaxyl and metalaxyl - M	0.05		不得检出	GB/T 23210
242	四聚乙醛	Metaldehyde	0.05		不得检出	SN/T 1787
243	苯嗪草酮	Metamitron	0.05		不得检出	GB/T 23211
244	吡唑草胺	Metazachlor	0.05		不得检出	GB/T 23210
245	叶菌唑	Metconazole	0.01		不得检出	GB/T 23211
246	甲基苯噻隆	Methabenzthiazuron	0.05		不得检出	GB/T 23210
247	虫螨畏	Methacrifos	0.01		不得检出	GB/T 23210
248	甲胺磷	Methamidophos	0.01		不得检出	GB/T 23211
249	杀扑磷	Methidathion	0.02		不得检出	GB/T 23210
250	甲硫威	Methiocarb	0.05		不得检出	GB/T 20770
251	灭多威和硫双威	Methomyl and thiodicarb	0.02		不得检出	GB/T 23211
252	烯虫酯	Methoprene	0.05		不得检出	GB/T 23210
253	甲氧滴滴涕	Methoxychlor	0.01		不得检出	GB/T 23210
254	甲氧虫酰肼	Methoxyfenozide	0.05		不得检出	GB/T 23211
255	磺草唑胺	Metosulam	0.01		不得检出	GB/T 23211
256	苯菌酮	Metrafenone	0.05		不得检出	参照同类标准
257	嗪草酮	Metribuzin	0.1		不得检出	GB/T 23210
258	绿谷隆	Monolinuron	0.05		不得检出	GB/T 23210
259	灭草隆	Monuron	0.01		不得检出	GB/T 23211
260	甲噻吩嘧啶	Morantel	50μg/kg		不得检出	参照同类标准
261	腈菌唑	Myclobutanil	0.01		不得检出	GB/T 23211
262	奈夫西林	Nafcillin	30μg/kg		不得检出	GB/T 20755
263	1 - 萘乙酰胺	1 - Naphthylacetamide	0.05		不得检出	GB/T 23205
264	敌草胺	Napropamide	0.01		不得检出	GB/T 23210
265	新霉素(包括 framycetin)	Neomycin (including framycetin)	1500μg/kg		不得检出	SN 0646
266	烟嘧磺隆	Nicosulfuron	0.05		不得检出	SN/T 2325
267	除草醚	Nitrofen	0.01		不得检出	GB/T 23210

序号	农兽药中文名	农兽药英文名	欧盟标准限量要求 mg/kg	国家标准限量要求 mg/kg	三安超有机食品标准	
					限量要求 mg/kg	检测方法
268	氟酰脲	Novaluron	0.4		不得检出	GB/T 23211
269	嘧苯胺磺隆	Orthosulfamuron	0.01		不得检出	GB/T 23817
270	苯唑青霉素	Oxacillin	30μg/kg		不得检出	GB/T 18932.25
271	噁草酮	Oxadiazon	0.05		不得检出	GB/T 23210
272	噁霜灵	Oxadixyl	0.01		不得检出	GB/T 23210
273	奥芬达唑	Oxfendazole	10μg/kg		不得检出	GB/T 22972
274	氧化萎锈灵	Oxycarboxin	0.05		不得检出	GB/T 23211
275	亚砜磷	Oxydemeton – methyl	0.01		不得检出	参照同类标准
276	乙氧氟草醚	Oxyfluorfen	0.05		不得检出	GB/T 23210
277	土霉素	Oxytetracycline	100μg/kg		不得检出	GB/T 22990
278	多效唑	Paclobutrazol	0.02		不得检出	GB/T 23210
279	对硫磷	Parathion	0.05		不得检出	GB/T 5009.161
280	甲基对硫磷	Parathion – methyl	0.01		不得检出	GB/T 5009.161
281	戊菌唑	Penconazole	0.01		不得检出	GB/T 23210
282	戊菌隆	Pencycuron	0.05		不得检出	GB/T 23210
283	二甲戊灵	Pendimethalin	0.05		不得检出	GB/T 23210
284	喷沙西林	Penethamate	4μg/kg			参见同类标准
285	氯菊酯	Permethrin	0.05		不得检出	GB/T 23210
286	甜菜宁	Phenmedipham	0.05		不得检出	GB/T 23211
287	苯醚菊酯	Phenothrin	0.05		不得检出	GB/T 23210
288	甲拌磷	Phorate	0.01		不得检出	GB/T 23210
289	伏杀硫磷	Phosalone	0.01		不得检出	GB/T 23210
290	亚胺硫磷	Phosmet	0.05		不得检出	GB/T 23210
291	—	Phosphines and phosphides	0.01		不得检出	参照同类标准
292	辛硫磷	Phoxim	0.02		不得检出	GB/T 23211
293	氨氯吡啶酸	Picloram	0.05		不得检出	GB/T 23211
294	啶氧菌酯	Picoxystrobin	0.02		不得检出	GB/T 23210
295	抗蚜威	Pirimicarb	0.05		不得检出	GB/T 23210
296	甲基嘧啶磷	Pirimiphos – methyl	0.05		不得检出	GB/T 23210
297	咪鲜胺	Prochloraz	0.02		不得检出	GB/T 23211
298	腐霉利	Procymidone	0.01		不得检出	GB/T 23210
299	丙溴磷	Profenofos	0.05		不得检出	GB/T 23210
300	调环酸	Prohexadione	0.01		不得检出	日本肯定列表
301	毒草安	Propachlor	0.02		不得检出	GB/T 23210
302	扑派威	Propamocarb	0.1		不得检出	GB/T 23210
303	恶草酸	Propaquizafop	0.05		不得检出	GB/T 23211
304	炔螨特	Propargite	0.1		不得检出	GB/T 23210
305	苯胺灵	Propham	0.05		不得检出	GB/T 23210
306	丙环唑	Propiconazole	0.01		不得检出	GB/T 23210

序号	农兽药中文名	农兽药英文名	欧盟标准限量要求 mg/kg	国家标准限量要求 mg/kg	三安超有机食品标准	
					限量要求 mg/kg	检测方法
307	异丙草胺	Propisochlor	0.01		不得检出	GB/T 23210
308	残杀威	Propoxur	0.05		不得检出	GB/T 23210
309	炔苯酰草胺	Propyzamide	0.01		不得检出	GB/T 23210
310	苄草丹	Prosulfocarb	0.05		不得检出	GB/T 23210
311	丙硫菌唑	Prothioconazole	0.01		不得检出	参照同类标准
312	吡蚜酮	Pymetrozine	0.01		不得检出	GB/T 23211
313	吡唑醚菌酯	Pyraclostrobin	0.01		不得检出	GB/T 23210
314	—	Pyrasulfotole	0.01		不得检出	参照同类标准
315	吡菌磷	Pyrazophos	0.02		不得检出	GB/T 23210
316	除虫菊素	Pyrethrins	0.05		不得检出	GB/T 23211
317	哒螨灵	Pyridaben	0.02		不得检出	GB/T 23210
318	啶虫丙醚	Pyridalyl	0.01		不得检出	日本肯定列表
319	哒草特	Pyridate	0.05		不得检出	日本肯定列表
320	嘧霉胺	Pyrimethanil	0.05		不得检出	GB/T 23210
321	吡丙醚	Pyriproxyfen	0.05		不得检出	GB/T 23210
322	甲氧磺草胺	Pyroxsulam	0.01		不得检出	SN/T 2325
323	氯甲喹啉酸	Quinmerac	0.05		不得检出	参照同类标准
324	喹氧灵	Quinoxyfen	0.05		不得检出	SN/T 2319
325	五氯硝基苯	Quintozene	0.01		不得检出	GB/T 23210
326	精喹禾灵	Quizalofop - *P* - ethyl	0.05		不得检出	SN/T 2150
327	灭虫菊	Resmethrin	0.1		不得检出	GB/T 23210
328	鱼藤酮	Rotenone	0.01		不得检出	GB/T 23211
329	西玛津	Simazine	0.01		不得检出	SN 0594
330	壮观霉素	Spectinomycin	200μg/kg		不得检出	SN 0694
331	乙基多杀菌素	Spinetoram	0.01		不得检出	参照同类标准
332	多杀霉素	Spinosad	0.5		不得检出	GB/T 23211
333	螺螨酯	Spirodiclofen	0.004		不得检出	GB/T 23210
334	螺甲螨酯	Spiromesifen	0.01		不得检出	GB/T 22988
335	螺虫乙酯	Spirotetramat	0.005		不得检出	参照同类标准
336	萁孢菌素	Spiroxamine	0.02		不得检出	GB/T 23210
337	磺草酮	Sulcotrione	0.05		不得检出	参照同类标准
338	乙黄隆	Sulfosulfuron	0.05		不得检出	SN/T 2325
339	硫磺粉	Sulfur	0.5		不得检出	参照同类标准
340	氟胺氰菊酯	Tau - fluvalinate	0.05		不得检出	GB/T 23211
341	戊唑醇	Tebuconazole	0.05		不得检出	GB/T 23210
342	虫酰肼	Tebufenozide	0.05		不得检出	GB/T 23211
343	吡螨胺	Tebufenpyrad	0.05		不得检出	GB/T 23210
344	四氯硝基苯	Tecnazene	0.05		不得检出	GB/T 23210
345	氟苯脲	Teflubenzuron	0.05		不得检出	SN/T 2150

序号	农兽药中文名	农兽药英文名	欧盟标准限量要求 mg/kg	国家标准限量要求 mg/kg	三安超有机食品标准	
					限量要求 mg/kg	检测方法
346	七氟菊酯	Tefluthrin	0.05		不得检出	GB/T 23210
347	得杀草	Tepraloxydim	0.02		不得检出	GB/T 23211
348	特丁硫磷	Terbufos	0.01		不得检出	GB/T 23210
349	特丁津	Terbuthylazine	0.05		不得检出	GB/T 23210
350	四氟醚唑	Tetraconazole	0.05		不得检出	GB/T 23210
351	四环素	Tetracycline	100μg/kg		不得检出	GB/T 22990
352	三氯杀螨砜	Tetradifon	0.05		不得检出	GB/T 23210
353	噻虫啉	Thiacloprid	0.03		不得检出	GB/T 23211
354	噻虫嗪	Thiamethoxam	0.05		不得检出	GB/T 23210
355	甲砜霉素	Thiamphenicol	50μg/kg		不得检出	GB 29689
356	禾草丹	Thiobencarb	0.01		不得检出	GB/T 23210
357	甲基硫菌灵	Thiophanate – methyl	0.05		不得检出	GB/T 23211
358	替米考星	Tilmicosin	50μg/kg		不得检出	GB/T 20762
359	甲基立枯磷	Tolclofos – methyl	0.05		不得检出	GB/T 23210
360	甲苯氟磺胺	Tolylfluanid	0.02		不得检出	GB/T 23210
361	—	Topramezone	0.01		不得检出	参照同类标准
362	三唑酮和三唑醇	Triadimefon and triadimenol	0.1		不得检出	GB/T 23210
363	野麦畏	Triallate	0.05		不得检出	GB/T 23210
364	醚苯磺隆	Triasulfuron	0.05		不得检出	GB/T 20770
365	三唑磷	Triazophos	0.01		不得检出	GB/T 23210
366	敌百虫	Trichlorphon	0.01		不得检出	GB/T 23211
367	三氯苯哒唑	Triclabendazole	10μg/kg		不得检出	参照同类标准
368	绿草定	Triclopyr	0.05		不得检出	SN/T 2228
369	三环唑	Tricyclazole	0.05		不得检出	GB/T 23210
370	十三吗啉	Tridemorph	0.01		不得检出	GB/T 23211
371	肟菌酯	Trifloxystrobin	0.02		不得检出	GB/T 23210
372	氟菌唑	Triflumizole	0.05		不得检出	GB/T 19648
373	杀铃脲	Triflumuron	0.01		不得检出	GB/T 23211
374	氟乐灵	Trifluralin	0.01		不得检出	GB/T 23210
375	嗪氨灵	Triforine	0.01		不得检出	SN 0695
376	三甲基锍阳离子	Trimethyl – sulfonium cation	0.1		不得检出	参照同类标准
377	抗倒酯	Trinexapac	0.05		不得检出	日本肯定列表
378	灭菌唑	Triticonazole	0.01		不得检出	GB/T 23211
379	三氟甲磺隆	Tritosulfuron	0.01		不得检出	参照同类标准
380	泰乐霉素	Tylosin	50μg/kg		不得检出	GB/T 22941
381	—	Valifenalate	0.01		不得检出	参照同类标准
382	乙烯菌核利	Vinclozolin	0.05		不得检出	GB/T 23210
383	茅草枯	2,2 – DPA			不得检出	日本肯定列表(增补本 1)

序号	农兽药中文名	农兽药英文名	欧盟标准限量要求 mg/kg	国家标准限量要求 mg/kg	三安超有机食品标准	
					限量要求 mg/kg	检测方法
384	2,3,4,5 - 四氯苯胺	2,3,4,5 - Tetrachloraniline			不得检出	GB/T 23210
385	2,3,4,5 - 四氯甲氧基苯	2,3,4,5 - Tetrachloroanisole			不得检出	GB/T 23210
386	2,3,5,6 - 四氯苯胺	2,3,5,6 - Tetrachloroaniline			不得检出	GB/T 23210
387	2,4,5 - 涕	2,4,5 - T			不得检出	GB/T 23210
388	*o,p'* - 滴滴滴	2,4′ - DDD			不得检出	GB/T 23210
389	*o,p'* - 滴滴伊	2,4′ - DDE			不得检出	GB/T 23210
390	*o,p'* - 滴滴涕	2,4′ - DDT			不得检出	GB/T 23210
391	2,6 - 二氯苯甲酰胺	2,6 - Dichlorobenzamide			不得检出	GB/T 23210
392	3,4,5 - 混杀威	3,4,5 - Trimethacarb			不得检出	GB/T 23210
393	3,5 - 二氯苯胺	3,5 - Dichloroaniline			不得检出	GB/T 23210
394	4,4′ - 二溴二苯甲酮	4,4′ - Dibromobenzophenone			不得检出	GB/T 23210
395	4,4′ - 二氯二苯甲酮	4,4′ - Dichlorobenzophenone			不得检出	GB/T 23210
396	4 - 氯苯氧乙酸	4 - Chlorophenoxyacetic acid			不得检出	GB/T 23210
397	6 - 氯 - 4 - 羟基 - 3 - 苯基哒嗪	6 - Chloro - 4 - hydroxy - 3 - phenyl - pyridazin			不得检出	GB/T 23211
398	二氢苊	Acenaphthene			不得检出	GB/T 23210
399	三氟羧草醚	Acifluorfen			不得检出	GB/T 23211
400	丙烯酰胺	Acrylamide			不得检出	GB/T 23211
401	4 - 十二烷基 - 2,6 - 二甲基吗啉	Aldimorph			不得检出	GB/T 23211
402	涕灭砜威	Aldoxycarb			不得检出	SN/T 2150
403	烯丙菊酯	Allethrin			不得检出	GB/T 23210
404	二丙烯草胺	Allidochlor			不得检出	GB/T 23210
405	禾草灭	Alloxydim - sodium			不得检出	GB/T 23211
406	顺式 - 氯氰菊酯	Alpha - cypermethrin			不得检出	GB/T 23210
407	莠灭净	Ametryn			不得检出	GB/T 23210
408	赛硫磷	Amidithion			不得检出	GB/T 23211
409	灭害威	Aminocarb			不得检出	GB/T 23211
410	氯氨吡啶酸	Aminopyalid			不得检出	GB/T 23211
411	双甲脒	Amitraz			不得检出	GB/T 29707
412	莎稗磷	Anilofos			不得检出	GB/T 23210
413	丙硫特普	Aspon			不得检出	GB/T 23210
414	羟氨卡青霉素	Aspoxicillin			不得检出	GB/T 20755
415	莠去通	Atratone			不得检出	GB/T 23210
416	莠去津	Atrazine			不得检出	GB/T 23210
417	脱乙基阿特拉津	Atrazine - desethyl			不得检出	GB/T 23210
418	戊环唑	Azaconazole			不得检出	GB/T 23210
419	甲基吡噁磷	Azamethiphos			不得检出	GB/T 23211

序号	农兽药中文名	农兽药英文名	欧盟标准限量要求 mg/kg	国家标准限量要求 mg/kg	三安超有机食品标准	
					限量要求 mg/kg	检测方法
420	叠氮津	Aziprotryne			不得检出	GB/T 23210
421	杆菌肽	Bacitracin			不得检出	GB/T 22981
422	4-溴-3,5-二甲苯基-*N*-甲基氨基甲酸酯-1	BDMC-1			不得检出	GB/T 23210
423	4-溴-3,5-二甲苯基-*N*-甲基氨基甲酸酯-2	BDMC-2			不得检出	GB/T 23210
424	噁虫威	Bendiocarb			不得检出	GB/T 23211
425	乙丁氟灵	Benfluralin			不得检出	GB/T 23210
426	甲基丙硫克百威	Benfuracarb - methyl			不得检出	GB/T 23211
427	呋草黄	Benfuresate			不得检出	GB/T 23210
428	麦锈灵	Benodanil			不得检出	GB/T 23210
429	解草酮	Benoxacor			不得检出	GB/T 23210
430	地散磷	Bensulide			不得检出	GB/T 23210
431	吡草酮	Benzofenap			不得检出	GB/T 23211
432	苯螨特	Benzoximate			不得检出	GB/T 23211
433	新燕灵	Benzoylprop - ethyl			不得检出	GB/T 23210
434	苄基腺嘌呤	Benzyladenine			不得检出	GB/T 23211
435	生物烯丙菊酯-1	Bioallethrin-1			不得检出	GB/T 23210
436	生物烯丙菊酯-2	Bioallethrin-2			不得检出	GB/T 23210
437	杀虫双	Bisultap thiosultap - disodium			不得检出	GB/T 5009.114
438	除草定	Bromacil			不得检出	GB/T 23211
439	溴苯烯磷	Bromfenvinfos			不得检出	GB/T 23210
440	溴烯杀	Bromocylen			不得检出	GB/T 23210
441	溴硫磷	Bromofos			不得检出	GB/T 23210
442	乙基溴硫磷	Bromophos - ethyl			不得检出	GB/T 23210
443	溴莠敏	Brompyrazon			不得检出	GB/T 23211
444	糠菌唑-1	Bromuconazole-1			不得检出	GB/T 23210
445	糠菌唑-2	Bromuconazole-2			不得检出	GB/T 23210
446	丁草胺	Butachlor			不得检出	GB/T 23210
447	氟丙嘧草酯	Butafenacil			不得检出	GB/T 23210
448	抑草磷	Butamifos			不得检出	GB/T 23210
449	丁酮威	Butocarboxim			不得检出	GB/T 23211
450	丁酮砜威	Butoxycarboxim			不得检出	GB/T 23211
451	播土隆	Buturon			不得检出	GB/T 23211
452	咔唑心安	Carazolol			不得检出	GB/T 20763
453	三硫磷	Carbophenothion			不得检出	GB/T 23210
454	唑草酮	Carfentrazone - ethyl			不得检出	GB/T 23210
455	环丙酰菌胺	Carpropamid			不得检出	GB/T 23211
456	氯霉素	Chloramphenicolum			不得检出	GB/T 23211

序号	农兽药中文名	农兽药英文名	欧盟标准限量要求 mg/kg	国家标准限量要求 mg/kg	三安超有机食品标准	
					限量要求 mg/kg	检测方法
457	氯杀螨砜	Chlorbenside sulfone			不得检出	GB/T 23210
458	灭幼脲	Chlorbenzuron			不得检出	GB/T 23211
459	氯溴隆	Chlorbromuron			不得检出	GB/T 23210
460	杀虫脒	Chlordimeform			不得检出	GB/T 23210
461	杀虫脒盐酸盐	Chlordimeform hydrochloride			不得检出	GB/T 23211
462	氯氧磷	Chlorethoxyfos			不得检出	GB/T 23210
463	溴虫腈	Chlorfenapyr			不得检出	SN/T 1986
464	杀螨醇	Chlorfenethol			不得检出	GB/T 23210
465	燕麦酯	Chlorfenprop – methyl			不得检出	GB/T 23210
466	氟啶脲	Chlorfluazuron			不得检出	GB/T 23210
467	整形醇	Chlorflurenol			不得检出	GB/T 23210
468	氯嘧磺隆	Chlorimuron – ethyl			不得检出	GB/T 23211
469	氯甲硫磷	Chlormephos			不得检出	GB/T 23210
470	氯苯甲醚	Chloroneb			不得检出	GB/T 23210
471	丙酯杀螨醇	Chloropropylate			不得检出	GB/T 23210
472	氯辛硫磷	Chlorphoxim			不得检出	GB/T 23211
473	氯硫磷	Chlorthion			不得检出	GB/T 23211
474	虫螨磷	Chlorthiophos			不得检出	GB/T 23210
475	乙菌利	Chlozolinate			不得检出	GB/T 23210
476	环虫酰肼	Chromafenozide			不得检出	GB/T 23210
477	苯并菲	Chrysene			不得检出	GB/T 23210
478	吲哚酮草酯	Cinidon – ethyl			不得检出	GB/T 23211
479	环庚草醚	Cinmethylin			不得检出	GB/T 23210
480	醚磺隆	Cinosulfuron			不得检出	GB/T 23211
481	四氢邻苯二甲酰亚胺	*cis* – 1,2,3,6 – Tetrahydrophthalimide			不得检出	GB/T 23210
482	顺式 – 氯丹	*cis* – Chlordane			不得检出	GB/T 23210
483	顺式 – 燕麦敌	*cis* – Diallate			不得检出	GB/T 23210
484	顺式 – 氯菊酯	*cis* – Permethrin			不得检出	GB/T 23210
485	异噁草酮	Clomazone			不得检出	GB/T 23210
486	氯羟吡啶	Clopidol			不得检出	GB 29700
487	调果酸	Cloprop			不得检出	GB/T 23211
488	解草酯	Cloquintocet – mexyl			不得检出	GB/T 23210
489	蝇毒磷	Coumaphos			不得检出	GB/T 23210
490	杀鼠醚	Coumatetralyl			不得检出	GB/T 23211
491	鼠立死	Crimidine			不得检出	GB/T 23210
492	育畜磷	Crufomate			不得检出	GB/T 23210
493	可灭隆	Cumyluron			不得检出	GB/T 23211
494	氰草津	Cyanazine			不得检出	GB/T 23210

序号	农兽药中文名	农兽药英文名	欧盟标准限量要求 mg/kg	国家标准限量要求 mg/kg	三安超有机食品标准	
					限量要求 mg/kg	检测方法
495	苯腈磷	Cyanofenphos			不得检出	GB/T 23210
496	杀螟腈	Cyanophos			不得检出	GB/T 23210
497	环草敌	Cycloate			不得检出	GB/T 23210
498	环丙嘧磺隆	Cyclosulfamuron			不得检出	GB/T 23211
499	环莠隆	Cycluron			不得检出	GB/T 23210
500	氰氟草酯	Cyhalofop – butyl			不得检出	GB/T 23210
501	三氟氯氰菊酯	Cyhalothrin			不得检出	SN/T 1117
502	苯醚氰菊酯	Cyphenothrin			不得检出	GB/T 23211
503	环丙津	Cyprazine			不得检出	GB/T 23210
504	畜蜱磷	Cythioate			不得检出	GB/T 23210
505	敌草索	Dacthal			不得检出	GB/T 23210
506	棉隆	Dazomet			不得检出	GB/T 23211
507	脱叶磷	DEF			不得检出	GB/T 23210
508	内吸磷	Demeton			不得检出	GB/T 23211
509	甲基内吸磷	Demeton – *s* – methyl			不得检出	GB/T 23210
510	磺吸磷	Demeton – *s* – methyl sulfone			不得检出	GB/T 23211
511	砜吸磷亚砜	Demeton – *s* – methyl sulfoxide			不得检出	GB/T 23211
512	2,2′,4,5,5′ – 五氯联苯	DE – PCB 101			不得检出	GB/T 23210
513	2,3,4,4′,5 – 五氯联苯	DE – PCB 118			不得检出	GB/T 23210
514	2,2′,3,4,4′,5 – 六氯联苯	DE – PCB 138			不得检出	GB/T 23210
515	2,2′,4,4′,5,5′ – 六氯联苯	DE – PCB 153			不得检出	GB/T 23210
516	2,2′,3,4,4′,5,5′ – 七氯联苯	DE – PCB 180			不得检出	GB/T 23210
517	2,4,4′ – 三氯联苯	DE – PCB 28			不得检出	GB/T 23210
518	2,4,5 – 三氯联苯	DE – PCB 31			不得检出	GB/T 23210
519	2,2′,5,5′ – 四氯联苯	DE – PCB 52			不得检出	GB/T 23210
520	脱乙基另丁津	Desethyl – sebuthylazine			不得检出	GB/T 23210
521	甜菜安	Desmedipham			不得检出	GB/T 23210
522	敌草净	Desmetryn			不得检出	GB/T 23210
523	地塞米松	Dexamethasone			不得检出	GB/T 22978
524	丁醚脲	Diafenthiuron			不得检出	GB/T 23211
525	氯亚胺硫磷	Dialifos			不得检出	GB/T 23210
526	驱虫特	Dibutyl succinate			不得检出	GB/T 23210
527	异氯磷	Dicapthon			不得检出	GB/T 23210
528	除线磷	Dichlofenthion			不得检出	GB/T 23210
529	苯氟磺胺	Dichlofluanid			不得检出	GB/T 23210
530	烯丙酰草胺	Dichlormid			不得检出	GB/T 23210
531	敌敌畏	Dichlorvos			不得检出	GB/T 23210
532	苄氯三唑醇	Diclobutrazole			不得检出	GB/T 23210

序号	农兽药中文名	农兽药英文名	欧盟标准限量要求 mg/kg	国家标准限量要求 mg/kg	三安超有机食品标准	
					限量要求 mg/kg	检测方法
533	禾草灵	Diclofop - methyl			不得检出	GB/T 19650
534	百治磷	Dicrotophos			不得检出	GB/T 23210
535	避蚊胺	Diethyltoluamide			不得检出	GB/T 23210
536	枯莠隆	Difenoxuron			不得检出	GB/T 23210
537	野燕枯	Difenzoquat			不得检出	GB/T 23211
538	甲氟磷	Dimefox			不得检出	GB/T 23210
539	噁唑隆	Dimefuron			不得检出	GB/T 23210
540	哌草丹	Dimepiperate			不得检出	GB/T 23210
541	异戊乙净	Dimethametryn			不得检出	GB/T 23210
542	二甲酚草胺	Dimethenamid			不得检出	GB/T 23210
543	噻节因	Dimethipin			不得检出	GB/T 23210
544	甲菌定	Dimethirimol			不得检出	GB/T 23211
545	乐果	Dimethoate			不得检出	GB/T 23210
546	避蚊酯	Dimethyl phthalate			不得检出	GB/T 23210
547	甲基毒虫畏	Dimethylvinphos			不得检出	GB/T 23210
548	氨氟灵	Dinitramine			不得检出	GB/T 23210
549	消螨通	Dinobuton			不得检出	GB/T 23210
550	地乐酯	Dinoseb acetate			不得检出	GB/T 23211
551	呋虫胺	Dinotefuran			不得检出	GB/T 23211
552	苯虫醚 - 1	Diofenolan - 1			不得检出	GB/T 23210
553	苯虫醚 - 2	Diofenolan - 2			不得检出	GB/T 23210
554	蔬果磷	Dioxabenzofos			不得检出	GB/T 23211
555	二氧威	Dioxacarb			不得检出	GB/T 23210
556	双苯酰草胺	Diphenamid			不得检出	GB/T 23210
557	二苯胺	Diphenylamine			不得检出	GB/T 23210
558	异丙净	Dipropetryn			不得检出	GB/T 23210
559	乙拌磷砜	Disulfoton sulfone			不得检出	GB/T 23210
560	乙拌磷亚砜	Disulfoton - sulfoxide			不得检出	GB/T 23210
561	灭菌磷	Ditalimfos			不得检出	GB/T 23210
562	氟硫草定	Dithiopyr			不得检出	GB/T 23211
563	十二环吗啉	Dodemorph			不得检出	GB/T 23210
564	多拉菌素	Doramectin			不得检出	GB/T 22968
565	强力霉素	Doxycycline			不得检出	GB/T 22990
566	敌瘟磷	Edifenphos			不得检出	GB/T 23210
567	甲氨基阿维菌素苯甲酸盐	Emamectin benzoate			不得检出	GB/T 23211
568	硫丹 - 1	Endosulfan - 1			不得检出	GB/T 23210
569	硫丹 - 2	Endosulfan - 2			不得检出	GB/T 23210
570	硫丹硫酸盐	Endosulfan - sulfate			不得检出	GB/T 23210
571	草藻灭	Endothal			不得检出	GB/T 23210

序号	农兽药中文名	农兽药英文名	欧盟标准限量要求 mg/kg	国家标准限量要求 mg/kg	三安超有机食品标准	
					限量要求 mg/kg	检测方法
572	异狄氏剂醛	Endrin aldehyde			不得检出	GB/T 23210
573	异狄氏剂酮	Endrin ketone			不得检出	GB/T 23210
574	苯硫磷	EPN			不得检出	GB/T 23210
575	埃普利诺菌素	Eprinomectin			不得检出	GB/T 20748
576	抑草蓬	Erbon			不得检出	GB/T 23210
577	*S*－氰戊菊酯	Esfenvalerate			不得检出	GB/T 23210
578	戊草丹	Esprocarb			不得检出	GB/T 23210
579	乙环唑－1	Etaconazole－1			不得检出	GB/T 23210
580	乙环唑－2	Etaconazole－2			不得检出	GB/T 23210
581	磺噻隆	Ethidimuron			不得检出	GB/T 23211
582	乙硫苯威	Ethiofencarb			不得检出	GB/T 23210
583	乙硫苯威亚砜	Ethiofencarb－sulfoxide			不得检出	GB/T 23211
584	乙虫腈	Ethiprole			不得检出	GB/T 23211
585	乙氧磺隆	Ethoxysulfuron			不得检出	GB/T 23211
586	乙撑硫脲	Ethylenethiourea			不得检出	GB/T 23211
587	乙氧苯草胺	Etobenzanid			不得检出	GB/T 23211
588	乙嘧硫磷	Etrimfos			不得检出	GB/T 23210
589	伐灭磷	Famphur			不得检出	GB/T 23210
590	敌磺钠	Fenaminosulf			不得检出	GB/T 23211
591	苯线磷亚砜	Fenamiphos sulfoxide			不得检出	GB/T 23210
592	苯线磷砜	Fenamiphos－sulfone			不得检出	GB/T 23210
593	皮蝇磷	Fenchlorphos			不得检出	GB/T 23210
594	甲呋酰胺	Fenfuram			不得检出	GB/T 23210
595	仲丁威	Fenobucarb			不得检出	GB/T 23210
596	涕丙酸	Fenoprop			不得检出	GB/T 23211
597	稻瘟酰胺	Fenoxanil			不得检出	GB/T 23210
598	拌种咯	Fenpiclonil			不得检出	GB/T 23210
599	甲氰菊酯	Fenpropathrin			不得检出	GB/T 23210
600	芬螨酯	Fenson			不得检出	GB/T 23210
601	丰索磷	Fensulfothion			不得检出	GB/T 23210
602	倍硫磷砜	Fenthion sulfone			不得检出	GB/T 23210
603	倍硫磷亚砜	Fenthion sulfoxide			不得检出	GB/T 23210
604	氯化薯瘟锡	Fentin－chloride			不得检出	GB/T 23211
605	四唑酰草胺	Fentrazamide			不得检出	GB/T 23211
606	非草隆	Fenuron			不得检出	GB/T 23211
607	麦草氟异丙酯	Flamprop－isopropyl			不得检出	GB/T 23210
608	麦草氟甲酯	Flamprrop－methyl			不得检出	GB/T 23210
609	双氟磺草胺	Florasulam			不得检出	GB/T 23211
610	吡氟禾草灵	Fluazifop－butyl			不得检出	GB/T 23211

序号	农兽药中文名	农兽药英文名	欧盟标准限量要求 mg/kg	国家标准限量要求 mg/kg	三安超有机食品标准	
					限量要求 mg/kg	检测方法
611	啶蜱脲	Fluazuron			不得检出	GB/T 23211
612	咪唑螨	Flubenzimine			不得检出	GB/T 23211
613	氯乙氟灵	Fluchloralin			不得检出	GB/T 23210
614	氟噻草胺	Flufenacet			不得检出	GB/T 23210
615	氟节胺	Flumetralin			不得检出	GB/T 23210
616	唑嘧磺草胺	Flumetsulam			不得检出	GB/T 23211
617	氟烯草酸	Flumiclorac			不得检出	GB/T 23210
618	丙炔氟草胺	Flumioxazin			不得检出	GB/T 23210
619	伏草隆	Fluometuron			不得检出	GB/T 23211
620	三氟硝草醚	Fluorodifen			不得检出	GB/T 23210
621	乙羧氟草醚	Fluoroglycofen – ethyl			不得检出	GB/T 23210
622	三氟苯唑	Fluotrimazole			不得检出	GB/T 23210
623	氟啶草酮	Fluridone			不得检出	GB/T 23211
624	氟草烟 – 1 – 甲庚酯	Fluroxypr – 1 – methylheptyl ester			不得检出	GB/T 23210
625	磺菌胺	Flusulfamide			不得检出	GB/T 23211
626	氟噻乙草酯	Fluthiacet – methyl			不得检出	GB/T 23211
627	灭菌丹	Folpet			不得检出	GB/T 23210
628	地虫硫磷	Fonofos			不得检出	GB/T 23210
629	安果	Formothion			不得检出	GB/T 23210
630	呋霜灵	Furalaxyl			不得检出	GB/T 23210
631	茂谷乐	Furmecyclox			不得检出	GB/T 23210
632	精高效氨氟氰菊酯 – 1	Gamma – cyhalothrin – 1			不得检出	GB/T 23210
633	精高效氨氟氰菊酯 – 2	Gamma – cyhalothrin – 2			不得检出	GB/T 23210
634	庆大霉素	Gentamicin			不得检出	GB/T 21329
635	苄螨醚	Halfenprox			不得检出	GB/T 23210
636	氯吡嘧磺隆	Halosulfuron – methyl			不得检出	GB/T 23210
637	氟吡乙禾灵	Haloxyfop – 2 – ethoxy – ethyl			不得检出	GB/T 23211
638	氟吡甲禾灵和高效氟吡甲禾灵	Haloxyfop – methyl and haloxyfop – *P* – methyl			不得检出	GB/T 23211
639	庚烯磷	Heptanophos			不得检出	GB/T 23210
640	己唑醇	Hexaconazole			不得检出	GB/T 23210
641	氟铃脲	Hexaflumuron			不得检出	GB/T 23210
642	环嗪酮	Hexazinone			不得检出	GB/T 23210
643	伏蚁腙	Hydramethylnon			不得检出	GB/T 23211
644	氢化可的松	Hydrocortisone			不得检出	NY/T 914
645	咪草酸	Imazamethabenz – methyl			不得检出	GB/T 23210
646	咪唑乙烟酸	Imazethapyr			不得检出	GB/T 23211
647	亚胺唑	Imibenconazole			不得检出	GB/T 23211

序号	农兽药中文名	农兽药英文名	欧盟标准限量要求 mg/kg	国家标准限量要求 mg/kg	三安超有机食品标准	
					限量要求 mg/kg	检测方法
648	脱苯甲基亚胺唑	Imibenconazole – *des* – benzyl			不得检出	GB/T 23210
649	炔咪菊酯 –1	Imiprothrin –1			不得检出	GB/T 23210
650	炔咪菊酯 –2	Imiprothrin –2			不得检出	GB/T 23210
651	碘硫磷	Iodofenphos			不得检出	GB/T 23210
652	甲基碘磺隆	Iodosulfuron – methyl			不得检出	GB/T 23211
653	碘甲磺隆钠	Iodosulfuron – methyl – sodium			不得检出	GB/T 23211
654	异稻瘟净	Iprobenfos			不得检出	GB/T 23210
655	缬霉威 –1	Iprovalicarb –1			不得检出	GB/T 23210
656	缬霉威 –2	Iprovalicarb –2			不得检出	GB/T 23210
657	氯唑磷	Isazofos			不得检出	GB/T 23210
658	丁咪酰胺	Isocarbamid			不得检出	GB/T 23210
659	水胺硫磷	Isocarbophos			不得检出	GB/T 23210
660	异艾氏剂	Isodrin			不得检出	GB/T 23210
661	异柳磷	Isofenphos			不得检出	GB/T 23210
662	氮氨菲啶	Isometamidium			不得检出	GB/T 22974
663	丁嗪草酮	Isomethiozin			不得检出	GB/T 23210
664	异丙威 –1	Isoprocarb –1			不得检出	GB/T 23210
665	异丙威 –2	Isoprocarb –2			不得检出	GB/T 23210
666	异丙乐灵	Isopropalin			不得检出	GB/T 23210
667	异噁隆	Isouron			不得检出	GB/T 23211
668	异噁氟草	Isoxaflutole			不得检出	GB/T 20772
669	依维菌素	Ivermectin			不得检出	GB/T 22968
670	交沙霉素	Josamycin			不得检出	GB/T 20762
671	噻嗯菊酯	Kadethrin			不得检出	GB/T 23211
672	克来范	Kelevan			不得检出	GB/T 23211
673	吉他霉素	Kitasamycin			不得检出	GB/T 20762
674	拉沙里菌素	Lasalocid			不得检出	SN 0501
675	溴苯磷	Leptophos			不得检出	GB/T 23210
676	左旋咪唑	Levamisole			不得检出	GB 29681
677	利谷隆	Linuron			不得检出	GB/T 23210
678	马拉氧磷	Malaoxon			不得检出	GB/T 23210
679	二甲四氯	MCPA			不得检出	SN/T 2228
680	2 – 甲 –4 – 氯丁氧乙基酸	MCPA – butoxyethyl ester			不得检出	GB/T 23210
681	灭蚜磷	Mecarbam			不得检出	GB/T 23210
682	苯噻酰草胺	Mefenacet			不得检出	GB/T 23210
683	吡唑解草酯	Mefenpyr – diethyl			不得检出	GB/T 23210
684	嘧菌胺	Mepanipyrim			不得检出	GB/T 23211
685	地胺磷	Mephosfolan			不得检出	GB/T 23210
686	灭锈胺	Mepronil			不得检出	GB/T 23210

序号	农兽药中文名	农兽药英文名	欧盟标准限量要求 mg/kg	国家标准限量要求 mg/kg	三安超有机食品标准	
					限量要求 mg/kg	检测方法
687	呋菌胺	Methfuroxam			不得检出	GB/T 23210
688	灭梭威砜	Methiocarb sulfone			不得检出	GB/T 23210
689	溴谷隆	Methobromuron			不得检出	GB/T 23211
690	异丙甲草胺和 *S* - 异丙甲草胺	Metolachlor and *S* - metolachlor			不得检出	GB/T5009. 174
691	盖草津	Methoprotryne			不得检出	GB/T 23210
692	甲醚菊酯 - 1	Methothrin - 1			不得检出	GB/T 23210
693	甲醚菊酯 - 2	Methothrin - 2			不得检出	GB/T 23210
694	速灭威	Metolcarb			不得检出	GB/T 23211
695	苯氧菌胺	Metominostrobin			不得检出	GB/T 23210
696	甲氧隆	Metoxuron			不得检出	GB/T 23211
697	速灭磷	Mevinphos			不得检出	GB/T 23211
698	兹克威	Mexacarbate			不得检出	GB/T 23210
699	灭蚁灵	Mirex			不得检出	GB/T 23210
700	禾草敌	Molinate			不得检出	GB/T 23210
701	庚酰草胺	Monalide			不得检出	GB/T 23210
702	莫能菌素	Monensin			不得检出	SN 0698
703	久效磷	Monocrotophos			不得检出	GB/T 5009. 20
704	莫西丁克	Moxidectin			不得检出	SN/T 2442
705	合成麝香	Musk ambrecte			不得检出	GB/T 23210
706	麝香酮	Musk ketone			不得检出	GB/T 23210
707	麝香	Musk moskene			不得检出	GB/T 23210
708	二甲苯麝香	Musk xylene			不得检出	GB/T 23210
709	二溴磷	Naled			不得检出	SN/T 0706
710	萘草胺	Naptalam			不得检出	GB/T 23211
711	草不隆	Neburon			不得检出	GB/T 23211
712	烟碱	Nicotine			不得检出	GB/T 23211
713	烯啶虫胺	Nitenpyram			不得检出	GB/T 23211
714	甲磺乐灵	Nitralin			不得检出	GB/T 23210
715	三氯甲基吡啶	Nitrapyrin			不得检出	GB/T 23210
716	酞菌酯	Nitrothal - isopropyl			不得检出	GB/T 23210
717	氟草敏	Norflurazon			不得检出	GB/T 23211
718	新生霉素	Novobiocin			不得检出	参照同类标准
719	氟苯嘧啶醇	Nuarimol			不得检出	GB/T 23210
720	八氯苯乙烯	Octachlorostyrene			不得检出	GB/T 23210
721	呋酰胺	Ofurace			不得检出	GB/T 23211
722	竹桃霉素	Oleandomycin			不得检出	GB/T 22988
723	氧乐果	Omethoate			不得检出	GB/T 23211
724	氨磺乐灵	Oryzalin			不得检出	GB/T 23211

序号	农兽药中文名	农兽药英文名	欧盟标准限量要求 mg/kg	国家标准限量要求 mg/kg	三安超有机食品标准	
					限量要求 mg/kg	检测方法
725	杀线威	Oxamyl			不得检出	GB/T 23211
726	丙氧苯咪唑	Oxibendazole			不得检出	GB/T 21324
727	氧化氯丹	Oxy - chlordane			不得检出	GB/T 23210
728	*p,p′* - 滴滴滴	*p,p′* - DDD			不得检出	GB/T 23210
729	*p,p′* - 滴滴伊	*p,p′* - DDE			不得检出	GB/T 23210
730	对氧磷	Paraoxon			不得检出	GB/T 23210
731	克草敌	Pebulate			不得检出	GB/T 23210
732	青霉素 G	Penicillin G			不得检出	GB/T 22975
733	青霉素 V	Penicillin V			不得检出	GB/T 22975
734	五氯苯胺	Pentachloroaniline			不得检出	GB/T 23210
735	五氯甲氧基苯	Pentachloroanisole			不得检出	GB/T 23210
736	五氯苯	Pentachlorobenzene			不得检出	GB/T 23210
737	乙滴涕	Perthane			不得检出	GB/T 23210
738	菲	Phenanthrene			不得检出	GB/T 23210
739	芬硫磷	Phenkapton			不得检出	GB/T 23210
740	稻丰散	Phenthoate			不得检出	GB/T 23210
741	甲拌磷砜	Phorate sulfone			不得检出	GB/T 23210
742	甲拌磷亚砜	Phorate sulfoxide			不得检出	GB/T 23211
743	硫环磷	Phosfolan			不得检出	GB/T 23211
744	磷胺 - 1	Phosphamidon - 1			不得检出	GB/T 23210
745	磷胺 - 2	Phosphamidon - 2			不得检出	GB/T 23210
746	酞酸苯甲基丁酯	Phthalic acid, benzylbutyl ester			不得检出	GB/T 23210
747	酞酸二环已酯	Phthalic acid, biscyclohexyl ester			不得检出	GB/T 23211
748	酞酸二丁酯	Phthalic acid, dibutyl ester			不得检出	GB/T 23211
749	邻苯二甲酰亚胺	Phthalimide			不得检出	GB/T 23210
750	氟吡酰草胺	Picolinafen			不得检出	GB/T 23211
751	哌拉西林	Piperacillin			不得检出	GB/T 20755
752	增效醚	Piperonyl butoxide			不得检出	GB/T 23211
753	哌草磷	Piperophos			不得检出	GB/T 23210
754	乙基虫螨清	Pirimiphos - ethyl			不得检出	GB/T 23210
755	吡利霉素	Pirlimycin			不得检出	GB/T 22988
756	三氯杀虫酯	Plifenate			不得检出	GB/T 23210
757	丙草胺	Pretilachlor			不得检出	GB/T 23211
758	环丙氟灵	Profluralin			不得检出	GB/T 23210
759	茉莉酮	Prohydrojasmon			不得检出	GB/T 23210
760	扑灭通	Prometon			不得检出	GB/T 23210
761	扑草净	Prometryne			不得检出	GB/T 23210
762	炔丙烯草胺	Pronamide			不得检出	GB/T 23210
763	敌稗	Propanil			不得检出	GB/T 23210

序号	农兽药中文名	农兽药英文名	欧盟标准限量要求 mg/kg	国家标准限量要求 mg/kg	三安超有机食品标准	
					限量要求 mg/kg	检测方法
764	丙虫磷	Propaphos			不得检出	GB/T 23210
765	扑灭津	Propazine			不得检出	GB/T 23210
766	胺丙畏	Propetamphos			不得检出	GB/T 23210
767	丙烯硫脲	Propylene thiourea			不得检出	GB/T 23211
768	丙硫磷	Prothiophos			不得检出	GB/T 23210
769	吡唑硫磷	Pyraclofos			不得检出	GB/T 23210
770	吡草醚	Pyraflufen – ethyl			不得检出	GB/T 23210
771	吡嘧磺隆	Pyrazosulfuron – ethyl			不得检出	GB/T 23211
772	苄草唑	Pyrazoxyfen			不得检出	GB/T 23211
773	稗草丹	Pyributicarb			不得检出	GB/T 23210
774	哒嗪硫磷	Pyridafenthion			不得检出	GB/T 23210
775	啶斑肟 – 1	Pyrifenox – 1			不得检出	GB/T 23210
776	环酯草醚	Pyriftalid			不得检出	GB/T 23210
777	嘧螨醚	Pyrimidifen			不得检出	GB/T 23210
778	嘧草醚	Pyriminobac – methyl			不得检出	GB/T 23210
779	嘧啶磷	Pyrimitate			不得检出	GB/T 23211
780	嘧草硫醚	Pyrithiobac – sodium			不得检出	GB/T 23211
781	咯喹酮	Pyroquilon			不得检出	GB/T 23210
782	喹硫磷	Quinalphos			不得检出	GB/T 23210
783	灭藻醌	Quinoclamine			不得检出	GB/T 23210
784	吡咪唑	Rabenzazole			不得检出	GB/T 23210
785	皮蝇磷	Ronnel			不得检出	GB/T 23210
786	八氯二甲醚 – 1	S421 (octachlorodipro – pyl ether) – 1			不得检出	GB/T 23210
787	八氯二甲醚 – 2	S421 (octachlorodipro – pyl ether) – 2			不得检出	GB/T 23210
788	另丁津	Sebutylazine			不得检出	GB/T 23210
789	密草通	Secbumeton			不得检出	GB/T 23210
790	烯禾啶	Sethoxydim			不得检出	SN/T 0596
791	氟硅菊酯	Silafluofen			不得检出	GB/T 23210
792	硅氟唑	Simeconazole			不得检出	GB/T 23210
793	西玛通	Simetone			不得检出	GB/T 23210
794	西草净	Simetryn			不得检出	GB/T 23211
795	螺旋霉素	Spiramycin			不得检出	GB/T 22988
796	链霉素	Streptomycin			不得检出	GB/T 22969
797	磺胺苯酰	Sulfabenzamide			不得检出	GB/T 21316
798	磺胺醋酰	Sulfacetamide			不得检出	GB/T 21316
799	磺胺氯哒嗪	Sulfachloropyridazine			不得检出	GB/T 21316
800	磺胺嘧啶	Sulfadiazine			不得检出	GB/T 21316
801	磺胺间二甲氧嘧啶	Sulfadimethoxine			不得检出	GB/T 21316

序号	农兽药中文名	农兽药英文名	欧盟标准限量要求 mg/kg	国家标准限量要求 mg/kg	三安超有机食品标准	
					限量要求 mg/kg	检测方法
802	磺胺二甲嘧啶	Sulfadimidine			不得检出	GB/T 21316
803	磺胺多辛	Sulfadoxine			不得检出	GB/T 21316
804	菜草畏	Sulfallate			不得检出	GB/T 23210
805	磺胺甲嘧啶	Sulfamerazine			不得检出	GB/T 21316
806	磺胺甲噻二唑	Sulfamethizole			不得检出	GB/T 21316
807	新诺明	Sulfamethoxazole			不得检出	GB/T 21316
808	磺胺对甲氧嘧啶	Sulfamethoxydiazine			不得检出	GB/T 21316
809	磺胺甲氧哒嗪	Sulfamethoxypyridazine			不得检出	GB/T 21316
810	磺胺间甲基嘧啶	Sulfamonomethoxine			不得检出	GB/T 21316
811	乙酰磺胺对硝基苯	Sulfanitran			不得检出	GB/T 23211
812	磺胺苯吡唑	Sulfaphenazole			不得检出	GB/T 21316
813	磺胺吡啶	Sulfapyridine			不得检出	GB/T 21316
814	磺胺喹沙啉	Sulfaquinoxaline			不得检出	GB/T 21316
815	磺胺噻唑	Sulfathiazole			不得检出	GB/T 21316
816	磺酰唑草酮	Sulfentrazone			不得检出	GB/T 23211
817	磺胺二甲异噁唑	Sulfisoxazole			不得检出	GB/T 20759
818	治螟磷	Sulfotep			不得检出	GB/T 23210
819	硫丙磷	Sulprofos			不得检出	GB/T 23210
820	苯噻硫氰	TCMTB			不得检出	GB/T 23210
821	丁基嘧啶磷	Tebupirimfos			不得检出	GB/T 23210
822	牧草胺	Tebutam			不得检出	GB/T 23210
823	丁噻隆	Tebuthiuron			不得检出	GB/T 23210
824	双硫磷	Temephos			不得检出	GB/T 23211
825	特普	TEPP			不得检出	GB/T 23211
826	特草净	Terbacil			不得检出	GB/T 23210
827	特草灵	Terbucarb			不得检出	GB/T 23211
828	特草灵－1	Terbucarb－1			不得检出	GB/T 23210
829	特草灵－2	Terbucarb－2			不得检出	GB/T 23210
830	特丁硫磷砜	Terbufos sulfone			不得检出	GB/T 23211
831	特丁通	Terbumeton			不得检出	GB/T 23210
832	特丁净	Terbutryn			不得检出	GB/T 23210
833	叔丁基胺	Tert－butylamine			不得检出	GB/T 23211
834	杀虫畏	Tetrachlorvinphos			不得检出	GB/T 23210
835	杀螨氯硫	Tetrasul			不得检出	GB/T 23210
836	胺菊酯	Tetramrthirn			不得检出	GB/T 23210
837	噻吩草胺	Thenylchlor			不得检出	GB/T 23210
838	噻菌灵	Thiabendazole			不得检出	GB/T 23210
839	噻唑烟酸	Thiazopyr			不得检出	GB/T 23210
840	噻吩磺隆	Thifensulfuron－methyl			不得检出	GB/T 23211
841	久效威	Thiofanox			不得检出	GB/T 23211

序号	农兽药中文名	农兽药英文名	欧盟标准限量要求 mg/kg	国家标准限量要求 mg/kg	三安超有机食品标准	
					限量要求 mg/kg	检测方法
842	久效威亚砜	Thiofanox – sulfoxide			不得检出	GB/T 23211
843	甲基乙拌磷	Thiometon			不得检出	GB/T 23211
844	虫线磷	Thionazin			不得检出	GB/T 23210
845	硫菌灵	Thiophanat – ethyl			不得检出	GB/T 23211
846	三甲苯草酮	Tralkoxydim			不得检出	GB/T 23210
847	四溴菊酯 – 1	Tralomethrin – 1			不得检出	GB/T 23210
848	四溴菊酯 – 2	Tralomethrin – 2			不得检出	GB/T 23210
849	反式 – 氯丹	*trans* – Chlordane			不得检出	GB/T 23210
850	反式 – 燕麦敌	*trans* – Diallate			不得检出	GB/T 23210
851	四氟苯菊酯	Transfluthrin			不得检出	GB/T 23210
852	反式九氯	*trans* – Nonachlor			不得检出	GB/T 23210
853	反式 – 氯菊酯	*trans* – Permethrin			不得检出	GB/T 23210
854	咪唑嗪	Triazoxide			不得检出	GB/T 23211
855	苯磺隆	Tribenuron – methyl			不得检出	GB/T 23210
856	毒壤磷	Trichloronate			不得检出	GB/T 23210
857	灭草环	Tridiphane			不得检出	GB/T 23210
858	草达津	Trietazine			不得检出	GB/T 23210
859	三异丁基磷酸盐	Tri – *iso* – butyl phosphate			不得检出	GB/T 23211
860	甲氧苄氨嘧啶	Trimethoprim			不得检出	SN/T 2538
861	三正丁基磷酸盐	Tri – *n* – butyl phosphate			不得检出	GB/T 23210
862	三苯基磷酸盐	Triphenyl phosphate			不得检出	GB/T 23210
863	烯效唑	Uniconazole			不得检出	GB/T 23210
864	蚜灭磷	Vamidothion			不得检出	GB/T 23211
865	蚜灭多砜	Vamidothion sulfone			不得检出	GB/T 23211
866	灭草敌	Vernolate			不得检出	GB/T 23210
867	维吉尼霉素	Virginiamycin			不得检出	GB/T 20765
868	灭除威	XMC			不得检出	GB/T 23210
869	福美锌	Ziram			不得检出	GB/T 23211
870	苯酰菌胺	Zoxamide			不得检出	GB/T 23210

16　禽蛋(4 种)

16.1　鸡蛋　Egg

序号	农兽药中文名	农兽药英文名	欧盟标准限量要求 mg/kg	国家标准限量要求 mg/kg	三安超有机食品标准	
					限量要求 mg/kg	检测方法
1	1,1 – 二氯 – 2,2 – 二(4 – 乙苯)乙烷	1,1 – Dichloro – 2,2 – bis(4 – ethylphenyl)ethane	0.01		不得检出	日本肯定列表(增补本 1)
2	1,2 – 二氯乙烷	1,2 – Dichloroethane	0.1		不得检出	SN/T 2238
3	1,3 – 二氯丙烯	1,3 – Dichloropropene	0.01		不得检出	SN/T 2238

序号	农兽药中文名	农兽药英文名	欧盟标准限量要求 mg/kg	国家标准限量要求 mg/kg	三安超有机食品标准	
					限量要求 mg/kg	检测方法
4	1-萘乙酸	1-Naphthylacetic acid	0.05		不得检出	SN/T 2228
5	2,4-滴	2,4-D	0.01		不得检出	GB/T 20772
6	2,4-滴丁酸	2,4-DB	0.05		不得检出	GB/T 20769
7	2-苯酚	2-Phenylphenol	0.05		不得检出	GB/T 19650
8	阿维菌素	Abamectin	0.02		不得检出	SN/T 2661
9	乙酰甲胺磷	Acephate			不得检出	GB/T 20772
10	灭螨醌	Acequinocyl	0.01		不得检出	参照同类标准
11	啶虫脒	Acetamiprid	0.05		不得检出	GB/T 20772
12	乙草胺	Acetochlor	0.01		不得检出	GB/T 19650
13	苯并噻二唑	Acibenzolar-*S*-methyl	0.02		不得检出	GB/T 20772
14	苯草醚	Aclonifen	0.02		不得检出	GB/T 20772
15	氟丙菊酯	Acrinathrin	0.05		不得检出	GB/T 19648
16	甲草胺	Alachlor	0.01		不得检出	GB/T 20772
17	涕灭威	Aldicarb	0.01		不得检出	GB/T 20772
18	艾氏剂和狄氏剂	Aldrin and dieldrin	0.02	0.1 和 0.1	不得检出	GB/T 19650
19	—	Ametoctradin	0.03		不得检出	参照同类标准
20	酰嘧磺隆	Amidosulfuron	0.02		不得检出	参照同类标准
21	氯氨吡啶酸	Aminopyralid	0.01		不得检出	GB/T 23211
22	—	Amisulbrom	0.01		不得检出	参照同类标准
23	双甲脒	Amitraz	0.01		不得检出	GB/T 19650
24	敌菌灵	Anilazine	0.01		不得检出	GB/T 20769
25	杀螨特	Aramite	0.01		不得检出	GB/T 19650
26	磺草灵	Asulam	0.05		不得检出	日本肯定列表(增补本1)
27	印楝素	Azadirachtin	0.01		不得检出	SN/T 3264
28	益棉磷	Azinphos-ethyl	0.01		不得检出	GB/T 20772
29	保棉磷	Azinphos-methyl	0.01		不得检出	GB/T 20772
30	三唑锡和三环锡	Azocyclotin and cyhexatin	0.05		不得检出	SN/T 1990
31	嘧菌酯	Azoxystrobin	0.05		不得检出	GB/T 20772
32	燕麦灵	Barban	0.05		不得检出	参照同类标准
33	氟丁酰草胺	Beflubutamid	0.05		不得检出	参照同类标准
34	苯霜灵	Benalaxyl	0.05		不得检出	GB/T 20772
35	丙硫克百威	Benfuracarb	0.02		不得检出	参照同类标准
36	联苯肼酯	Bifenazate	0.01		不得检出	GB/T 20772
37	甲羧除草醚	Bifenox	0.05		不得检出	GB/T 23210
38	联苯菊酯	Bifenthrin	0.01		不得检出	GB/T 19650
39	乐杀螨	Binapacryl	0.01		不得检出	SN 0523
40	联苯	Biphenyl	0.01		不得检出	GB/T 19650
41	联苯三唑醇	Bitertanol	0.05		不得检出	GB/T 20772

序号	农兽药中文名	农兽药英文名	欧盟标准限量要求 mg/kg	国家标准限量要求 mg/kg	三安超有机食品标准	
					限量要求 mg/kg	检测方法
42	—	Bixafen	0.02		不得检出	参照同类标准
43	啶酰菌胺	Boscalid	0.05		不得检出	GB/T 20772
44	溴离子	Bromide ion	0.05		不得检出	GB/T5009.167
45	溴螨酯	Bromopropylate	0.01		不得检出	GB/T 19650
46	糠菌唑	Bromuconazole	0.05		不得检出	GB/T 20772
47	乙嘧酚磺酸酯	Bupirimate	0.05		不得检出	GB/T 20772
48	噻嗪酮	Buprofezin	0.05		不得检出	GB/T 20772
49	仲丁灵	Butralin	0.02		不得检出	GB/T 20772
50	丁草敌	Butylate	0.01		不得检出	GB/T 20772
51	硫线磷	Cadusafos	0.01		不得检出	GB/T 19650
52	敌菌丹	Captafol	0.01		不得检出	SN/T 2320
53	克菌丹	Captan	0.02		不得检出	SN/T 2320
54	甲萘威	Carbaryl	0.05		不得检出	GB/T 20796
55	多菌灵和苯菌灵	Carbendazim and benomyl	0.05		不得检出	GB/T 20772
56	长杀草	Carbetamide	0.05		不得检出	GB/T 20772
57	克百威	Carbofuran	0.01		不得检出	GB/T 20772
58	丁硫克百威	Carbosulfan	0.05		不得检出	GB/T 19650
59	萎锈灵	Carboxin	0.05		不得检出	GB/T 20772
60	氯虫苯甲酰胺	Chlorantraniliprole	0.1		不得检出	参照同类标准
61	杀螨醚	Chlorbenside	0.05		不得检出	GB/T 19650
62	氯炔灵	Chlorbufam	0.05		不得检出	GB/T 20772
63	氯丹	Chlordane	0.005	0.02	不得检出	GB/T 5009.19
64	十氯酮	Chlordecone	0.02		不得检出	参照同类标准
65	杀螨酯	Chlorfenson	0.05		不得检出	GB/T 19650
66	毒虫畏	Chlorfenvinphos	0.01		不得检出	GB/T 19650
67	氯草敏	Chloridazon	0.05		不得检出	GB/T 20772
68	矮壮素	Chlormequat	0.05		不得检出	GB/T 23211
69	乙酯杀螨醇	Chlorobenzilate	0.1		不得检出	GB/T 19650
70	百菌清	Chlorothalonil	0.01		不得检出	SN/T 2320
71	绿麦隆	Chlortoluron	0.05		不得检出	GB/T 20772
72	枯草隆	Chloroxuron	0.05		不得检出	SN/T 2150
73	毒死蜱	Chlorpyrifos	0.01		不得检出	GB/T 20772
74	甲基毒死蜱	Chlorpyrifos – methyl	0.01		不得检出	GB/T 20772
75	氯磺隆	Chlorsulfuron	0.01		不得检出	GB/T 20772
76	金霉素	Chlortetracycline	0.2		不得检出	GB/T 21317
77	氯酞酸甲酯	Chlorthaldimethyl	0.01		不得检出	GB/T 19650
78	氯硫酰草胺	Chlorthiamid	0.02		不得检出	GB/T 20772
79	烯草酮	Clethodim	0.05		不得检出	GB/T 20772
80	炔草酯	Clodinafop – propargyl	0.02		不得检出	GB/T 19650

序号	农兽药中文名	农兽药英文名	欧盟标准限量要求 mg/kg	国家标准限量要求 mg/kg	三安超有机食品标准	
					限量要求 mg/kg	检测方法
81	四螨嗪	Clofentezine	0.02		不得检出	GB/T 20772
82	二氯吡啶酸	Clopyralid	0.05		不得检出	SN/T 2228
83	噻虫胺	Clothianidin	0.01		不得检出	GB/T 20772
84	黏菌素	Colistin	0.3		不得检出	参照同类标准
85	铜化合物	Copper compounds	2		不得检出	参照同类标准
86	环烷基酰苯胺	Cyclanilide	0.01		不得检出	参照同类标准
87	噻草酮	Cycloxydim	0.05		不得检出	GB/T 20772
88	环氟菌胺	Cyflufenamid	0.03		不得检出	GB/T 23210
89	氟氯氰菊酯和高效氟氯氰菊酯	Cyfluthrin and beta - cyfluthrin	0.02		不得检出	GB/T 19650
90	霜脲氰	Cymoxanil	0.05		不得检出	GB/T 20772
91	氯氰菊酯和高效氯氰菊酯	Cypermethrin and beta - cypermethrin	0.05		不得检出	GB/T 19650
92	环丙唑醇	Cyproconazole	0.05		不得检出	GB/T 19650
93	嘧菌环胺	Cyprodinil	0.05		不得检出	GB/T 19650
94	灭蝇胺	Cyromazine	0.2		不得检出	GB/T 20772
95	丁酰肼	Daminozide	0.05		不得检出	SN/T 1989
96	滴滴涕	DDT	0.05	0.1	不得检出	SN/T 0127
97	溴氰菊酯	Deltamethrin	0.05		不得检出	GB/T 19650
98	燕麦敌	Diallate	0.2		不得检出	GB/T 23211
99	二嗪磷	Diazinon	0.02		不得检出	GB/T 20772
100	麦草畏	Dicamba	0.05		不得检出	GB/T 20772
101	敌草腈	Dichlobenil	0.01		不得检出	GB/T 19650
102	滴丙酸	Dichlorprop	0.05		不得检出	SN/T 2228
103	二氯苯氧基丙酸	Diclofop	0.01		不得检出	参照同类标准
104	氯硝胺	Dicloran	0.01		不得检出	GB/T 20772
105	三氯杀螨醇	Dicofol	0.05		不得检出	GB/T 19650
106	乙霉威	Diethofencarb	0.05		不得检出	GB/T 20772
107	苯醚甲环唑	Difenoconazole	0.05		不得检出	GB/T 19650
108	除虫脲	Diflubenzuron	0.05		不得检出	SN/T 0528
109	吡氟酰草胺	Diflufenican	0.05		不得检出	GB/T 20772
110	油菜安	Dimethachlor	0.02		不得检出	GB/T 20772
111	烯酰吗啉	Dimethomorph	0.05		不得检出	GB/T 20772
112	醚菌胺	Dimoxystrobin	0.05		不得检出	SN/T 2237
113	烯唑醇	Diniconazole	0.01		不得检出	GB/T 20772
114	敌螨普	Dinocap	0.05		不得检出	日本肯定列表(增补本 1)
115	地乐酚	Dinoseb	0.01		不得检出	GB/T 20772
116	特乐酚	Dinoterb	0.05		不得检出	GB/T 20772

序号	农兽药中文名	农兽药英文名	欧盟标准限量要求 mg/kg	国家标准限量要求 mg/kg	三安超有机食品标准	
					限量要求 mg/kg	检测方法
117	敌噁磷	Dioxathion	0.05		不得检出	GB/T 19650
118	敌草快	Diquat	0.05		不得检出	GB/T 5009.221
119	乙拌磷	Disulfoton	0.02		不得检出	GB/T 20772
120	二氰蒽醌	Dithianon	0.01		不得检出	GB/T 20769
121	二硫代氨基甲酸酯	Dithiocarbamates	0.05		不得检出	SN 0139
122	敌草隆	Diuron	0.05		不得检出	GB/T 20772
123	二硝甲酚	DNOC	0.05		不得检出	GB/T 20772
124	多果定	Dodine	0.2		不得检出	SN 0500
125	甲氨基阿维菌素苯甲酸盐	Emamectin benzoate	0.01		不得检出	GB/T 20769
126	硫丹	Endosulfan	0.05	0.03	不得检出	GB/T 19650
127	异狄氏剂	Endrin	0.005		不得检出	GB/T 19650
128	氟环唑	Epoxiconazole	0.02		不得检出	GB/T 20772
129	茵草敌	EPTC	0.02		不得检出	GB/T 20772
130	红霉素	Erythromycin	0.15		不得检出	GB/T 20762
131	乙丁烯氟灵	Ethalfluralin	0.01		不得检出	GB/T 19650
132	胺苯磺隆	Ethametsulfuron	0.01		不得检出	NY/T 1616
133	乙烯利	Ethephon	0.05		不得检出	SN 0705
134	乙硫磷	Ethion	0.01		不得检出	GB/T 19650
135	乙嘧酚	Ethirimol	0.05		不得检出	GB/T 20772
136	乙氧呋草黄	Ethofumesate	0.1		不得检出	GB/T 20772
137	灭线磷	Ethoprophos	0.01		不得检出	GB/T 20772
138	乙氧喹啉	Ethoxyquin	0.05		不得检出	GB/T 20772
139	环氧乙烷	Ethylene oxide	0.02		不得检出	GB/T 23296.11
140	醚菊酯	Etofenprox	0.01		不得检出	GB/T 20772
141	乙螨唑	Etoxazole	0.01		不得检出	GB/T 19650
142	氯唑灵	Etridiazole	0.05		不得检出	GB/T 20772
143	噁唑菌酮	Famoxadone	0.05		不得检出	GB/T 20772
144	咪唑菌酮	Fenamidone	0.01		不得检出	GB/T 19650
145	苯线磷	Fenamiphos	0.01		不得检出	GB/T 19650
146	氯苯嘧啶醇	Fenarimol	0.02		不得检出	GB/T 20772
147	喹螨醚	Fenazaquin	0.01		不得检出	GB/T 20772
148	腈苯唑	Fenbuconazole	0.05		不得检出	GB/T 20772
149	苯丁锡	Fenbutatin oxide	0.05		不得检出	SN/T 3149
150	环酰菌胺	Fenhexamid	0.05		不得检出	GB/T 20772
151	杀螟硫磷	Fenitrothion	0.01		不得检出	GB/T 20772
152	精噁唑禾草灵	Fenoxaprop - *P* - ethyl	0.05		不得检出	GB 22617
153	双氧威	Fenoxycarb	0.05		不得检出	GB/T 20772
154	苯锈啶	Fenpropidin	0.02		不得检出	GB/T 20772
155	丁苯吗啉	Fenpropimorph	0.01		不得检出	GB/T 20772

序号	农兽药中文名	农兽药英文名	欧盟标准限量要求 mg/kg	国家标准限量要求 mg/kg	三安超有机食品标准	
					限量要求 mg/kg	检测方法
156	胺苯吡菌酮	Fenpyrazamine	0.01		不得检出	参照同类标准
157	唑螨酯	Fenpyroximate	0.01		不得检出	GB/T 20772
158	倍硫磷	Fenthion	0.01		不得检出	GB/T 20772
159	三苯锡	Fentin	0.05		不得检出	SN/T 3149
160	薯瘟锡	Fentin acetate	0.05		不得检出	参照同类标准
161	氰戊菊酯和高效氰戊菊酯(RR & SS 异构体总量)	Fenvalerate and esfenvalerate (sum of RR & SS isomers)	0.02		不得检出	GB/T 19650
162	氰戊菊酯和高效氰戊菊酯(RS & SR 异构体总量)	Fenvalerate and esfenvalerate (sum of RS & SR isomers)	0.02		不得检出	GB/T 19650
163	氟虫腈	Fipronil	0.02		不得检出	SN/T 1982
164	氟啶虫酰胺	Flonicamid	0.05		不得检出	SN/T 2796
165	精吡氟禾草灵	Fluazifop - *P* - butyl	0.05		不得检出	GB/T 5009.142
166	氟啶胺	Fluazinam	0.05		不得检出	SN/T 2150
167	氟苯咪唑	Flubendazole	0.4		不得检出	GB/T 21324
168	氟苯虫酰胺	Flubendiamide	0.01		不得检出	SN/T 2581
169	氟环脲	Flucycloxuron	0.05		不得检出	参照同类标准
170	氟氰戊菊酯	Flucythrinate	0.05		不得检出	GB/T 23210
171	咯菌腈	Fludioxonil	0.05		不得检出	GB/T 20772
172	氟虫脲	Flufenoxuron	0.05		不得检出	SN/T 2150
173	—	Flufenzin	0.02		不得检出	参照同类标准
174	氟吡菌胺	Fluopicolide	0.01		不得检出	参照同类标准
175	—	Fluopyram	0.15		不得检出	参照同类标准
176	氟离子	Fluoride ion	0.2		不得检出	GB/T 5009.167
177	氟腈嘧菌酯	Fluoxastrobin	0.01		不得检出	SN/T 2237
178	氟喹唑	Fluquinconazole	0.02		不得检出	GB/T 19650
179	氟咯草酮	Fluorochloridone	0.05		不得检出	GB/T 20772
180	氟草烟	Fluroxypyr	0.05		不得检出	GB/T 20772
181	氟硅唑	Flusilazole	0.05		不得检出	GB/T 20772
182	氟酰胺	Flutolanil	0.05		不得检出	GB/T 20772
183	粉唑醇	Flutriafol	0.01		不得检出	GB/T 20772
184	—	Fluxapyroxad	0.003		不得检出	参照同类标准
185	氟磺胺草醚	Fomesafen	0.01		不得检出	GB/T 5009.130
186	氯吡脲	Forchlorfenuron	0.05		不得检出	SN/T 3643
187	伐虫脒	Formetanate	0.01		不得检出	NY/T 1453
188	三乙膦酸铝	Fosetyl - aluminium	0.1		不得检出	参照同类标准
189	麦穗宁	Fuberidazole	0.05		不得检出	GB/T 20772
190	呋线威	Furathiocarb	0.01		不得检出	GB/T 20772
191	糠醛	Furfural	1		不得检出	参照同类标准
192	勃激素	Gibberellic acid	0.1		不得检出	GB/T 23211

序号	农兽药中文名	农兽药英文名	欧盟标准限量要求 mg/kg	国家标准限量要求 mg/kg	三安超有机食品标准	
					限量要求 mg/kg	检测方法
193	草胺膦	Glufosinate - ammonium	0.1		不得检出	日本肯定列表
194	草甘膦	Glyphosate	0.05		不得检出	SN/T 1923
195	双胍盐	Guazatine	0.1		不得检出	参照同类标准
196	氟吡禾灵	Haloxyfop	0.05		不得检出	SN/T 2228
197	七氯	Heptachlor	0.02	0.05	不得检出	GB/T 19650
198	六氯苯	Hexachlorobenzene	0.02		不得检出	GB/T 19650
199	六六六(HCH), α - 异构体	Hexachlorociclohexane (HCH), alpha - isomer	0.02	0.1	不得检出	SN/T 0127
200	六六六(HCH), β - 异构体	Hexachlorociclohexane (HCH), beta - isomer	0.01	0.1	不得检出	SN/T 0127
201	噻螨酮	Hexythiazox	0.02		不得检出	GB/T 20772
202	噁霉灵	Hymexazol	0.05		不得检出	GB/T 20772
203	抑霉唑	Imazalil	0.05		不得检出	GB/T 20772
204	甲咪唑烟酸	Imazapic	0.01		不得检出	GB/T 20772
205	咪唑喹啉酸	Imazaquin	0.05		不得检出	GB/T 20772
206	吡虫啉	Imidacloprid	0.05		不得检出	GB/T 20772
207	茚虫威	Indoxacarb	0.02		不得检出	GB/T 20772
208	异菌脲	Iprodione	0.05		不得检出	GB/T 19650
209	稻瘟灵	Isoprothiolane	0.01		不得检出	GB/T 20772
210	异丙隆	Isoproturon	0.05		不得检出	GB/T 20772
211	—	Isopyrazam	0.01		不得检出	参照同类标准
212	异噁酰草胺	Isoxaben	0.01		不得检出	GB/T 20772
213	醚菌酯	Kresoxim - methyl	0.02		不得检出	GB/T 20772
214	乳氟禾草灵	Lactofen	0.01		不得检出	GB/T 20772
215	高效氯氟氰菊酯	Lambda - cyhalothrin	0.02		不得检出	GB/T 23210
216	拉沙里菌素	Lasalocid	0.15		不得检出	SN 0501
217	环草定	Lenacil	0.1		不得检出	GB/T 19650
218	林可霉素	Lincomycin	0.05		不得检出	GB/T 20762
219	林丹	Lindane	0.01	0.1	不得检出	NY/T 761
220	虱螨脲	Lufenuron	0.02		不得检出	SN/T 2540
221	马拉硫磷	Malathion	0.02		不得检出	GB/T 20772
222	抑芽丹	Maleic hydrazide	0.1		不得检出	GB/T 23211
223	双炔酰菌胺	Mandipropamid	0.02		不得检出	参照同类标准
224	二甲四氯和二甲四氯丁酸	MCPA and MCPB	0.05		不得检出	SN/T 2228
225	壮棉素	Mepiquat chloride	0.05		不得检出	GB/T 23211
226	—	Meptyldinocap	0.05		不得检出	参照同类标准
227	汞化合物	Mercury compounds	0.01		不得检出	参照同类标准
228	氰氟虫腙	Metaflumizone	0.02		不得检出	SN/T 3852
229	甲霜灵和精甲霜灵	Metalaxyl and metalaxyl - M	0.05		不得检出	GB/T 20772

序号	农兽药中文名	农兽药英文名	欧盟标准限量要求 mg/kg	国家标准限量要求 mg/kg	三安超有机食品标准	
					限量要求 mg/kg	检测方法
230	四聚乙醛	Metaldehyde	0.05		不得检出	SN/T 1787
231	苯嗪草酮	Metamitron	0.05		不得检出	GB/T 20772
232	吡唑草胺	Metazachlor	0.05		不得检出	GB/T 20772
233	叶菌唑	Metconazole	0.01		不得检出	GB/T 20772
234	甲基苯噻隆	Methabenzthiazuron	0.05		不得检出	GB/T 19650
235	虫螨畏	Methacrifos	0.01		不得检出	GB/T 20772
236	甲胺磷	Methamidophos	0.01		不得检出	GB/T 20772
237	杀扑磷	Methidathion	0.02		不得检出	GB/T 20772
238	甲硫威	Methiocarb	0.05		不得检出	GB/T 20770
239	灭多威和硫双威	Methomyl and thiodicarb	0.02		不得检出	GB/T 20772
240	烯虫酯	Methoprene	0.05		不得检出	GB/T 19650
241	甲氧滴滴涕	Methoxychlor	0.01		不得检出	SN 0529
242	甲氧虫酰肼	Methoxyfenozide	0.01		不得检出	GB/T 20772
243	磺草唑胺	Metosulam	0.01		不得检出	GB/T 20772
244	苯菌酮	Metrafenone	0.05		不得检出	参照同类标准
245	嗪草酮	Metribuzin	0.1		不得检出	GB/T 19650
246	绿谷隆	Monolinuron	0.05		不得检出	GB/T 20772
247	灭草隆	Monuron	0.01		不得检出	GB/T 20772
248	腈菌唑	Myclobutanil	0.01		不得检出	GB/T 20772
249	1 - 萘乙酰胺	1 - Naphthylacetamide	0.05		不得检出	GB/T 23205
250	敌草胺	Napropamide	0.01		不得检出	GB/T 20772
251	新霉素	Neomycin	0.5		不得检出	SN 0646
252	烟嘧磺隆	Nicosulfuron	0.05		不得检出	SN/T 2325
253	除草醚	Nitrofen	0.01		不得检出	GB/T 19650
254	氟酰脲	Novaluron	0.1		不得检出	GB/T 23211
255	嘧苯胺磺隆	Orthosulfamuron	0.01		不得检出	GB/T 23817
256	噁草酮	Oxadiazon	0.05		不得检出	GB/T 19650
257	噁霜灵	Oxadixyl	0.01		不得检出	GB/T 19650
258	氧化萎锈灵	Oxycarboxin	0.05		不得检出	GB/T 20772
259	亚砜磷	Oxydemeton - methyl	0.02		不得检出	参照同类标准
260	乙氧氟草醚	Oxyfluorfen	0.05		不得检出	GB/T 20772
261	土霉素	OxyTetracycline	0.2		不得检出	GB/T 21317
262	多效唑	Paclobutrazol	0.02		不得检出	GB/T 20772
263	对硫磷	Parathion	0.05		不得检出	GB/T 19650
264	甲基对硫磷	Parathion - methyl	0.01		不得检出	GB/T 5009.161
265	戊菌唑	Penconazole	0.05		不得检出	GB/T 20772
266	戊菌隆	Pencycuron	0.05		不得检出	GB/T 19650
267	二甲戊灵	Pendimethalin	0.05		不得检出	GB/T 19650
268	氯菊酯	Permethrin	0.05		不得检出	GB/T 19650

序号	农兽药中文名	农兽药英文名	欧盟标准限量要求 mg/kg	国家标准限量要求 mg/kg	三安超有机食品标准	
					限量要求 mg/kg	检测方法
269	甜菜宁	Phenmedipham	0.05		不得检出	GB/T 20772
270	苯醚菊酯	Phenothrin	0.05		不得检出	GB/T 20772
271	苯氧甲基青霉素	Phenoxymethylpenicillin	0.025		不得检出	参照同类标准
272	甲拌磷	Phorate	0.05		不得检出	GB/T 20772
273	伏杀硫磷	Phosalone	0.01		不得检出	GB/T 20772
274	亚胺硫磷	Phosmet	0.05		不得检出	GB/T 20772
275	—	Phosphines and phosphides	0.01		不得检出	参照同类标准
276	辛硫磷	Phoxim	0.06		不得检出	GB/T 20772
277	氨氯吡啶酸	Picloram	0.01		不得检出	GB/T 23211
278	啶氧菌酯	Picoxystrobin	0.05		不得检出	GB/T 20772
279	哌嗪	Piperazine	2		不得检出	SN/T 2317
280	抗蚜威	Pirimicarb	0.05		不得检出	GB/T 20772
281	甲基嘧啶磷	Pirimiphos - methyl	0.05		不得检出	GB/T 20772
282	咪鲜胺	Prochloraz	0.1		不得检出	GB/T 20772
283	腐霉利	Procymidone	0.01		不得检出	GB/T 20772
284	丙溴磷	Profenofos	0.05		不得检出	GB/T 20772
285	调环酸	Prohexadione	0.05		不得检出	日本肯定列表
286	毒草安	Propachlor	0.02		不得检出	GB/T 20772
287	扑派威	Propamocarb	0.1		不得检出	GB/T 20772
288	恶草酸	Propaquizafop	0.05		不得检出	GB/T 20772
289	炔螨特	Propargite	0.1		不得检出	GB/T 20772
290	苯胺灵	Propham	0.05		不得检出	GB/T 20772
291	丙环唑	Propiconazole	0.01		不得检出	GB/T 20772
292	异丙草胺	Propisochlor	0.01		不得检出	GB/T 20772
293	残杀威	Propoxur	0.05		不得检出	GB/T 20772
294	炔苯酰草胺	Propyzamide	0.02		不得检出	GB/T 19650
295	苄草丹	Prosulfocarb	0.05		不得检出	GB/T 20772
296	丙硫菌唑	Prothioconazole	0.05		不得检出	参照同类标准
297	吡蚜酮	Pymetrozine	0.01		不得检出	GB/T 20772
298	吡唑醚菌酯	Pyraclostrobin	0.05		不得检出	GB/T 20772
299	—	Pyrasulfotole	0.01		不得检出	参照同类标准
300	吡菌磷	Pyrazophos	0.1		不得检出	GB/T 20772
301	除虫菊素	Pyrethrins	0.05		不得检出	GB/T 20772
302	哒螨灵	Pyridaben	0.02		不得检出	GB/T 19650
303	啶虫丙醚	Pyridalyl	0.01		不得检出	日本肯定列表
304	哒草特	Pyridate	0.05		不得检出	日本肯定列表
305	嘧霉胺	Pyrimethanil	0.05		不得检出	GB/T 20772
306	吡丙醚	Pyriproxyfen	0.05		不得检出	GB/T 20772
307	甲氧磺草胺	Pyroxsulam	0.01		不得检出	SN/T 2325

序号	农兽药中文名	农兽药英文名	欧盟标准限量要求 mg/kg	国家标准限量要求 mg/kg	三安超有机食品标准	
					限量要求 mg/kg	检测方法
308	氯甲喹啉酸	Quinmerac	0.05		不得检出	参照同类标准
309	喹氧灵	Quinoxyfen	0.02		不得检出	SN/T 2319
310	五氯硝基苯	Quintozene	0.01	0.03	不得检出	GB/T 19650
311	精喹禾灵	Quizalofop – *P* – ethyl	0.05		不得检出	SN/T 2150
312	灭虫菊	Resmethrin	0.1		不得检出	GB/T 20772
313	鱼藤酮	Rotenone	0.01		不得检出	GB/T 20772
314	西玛津	Simazine	0.01		不得检出	GB/T 19650
315	乙基多杀菌素	Spinetoram	0.01		不得检出	参照同类标准
316	多杀霉素	Spinosad	0.2		不得检出	GB/T 20772
317	螺螨酯	Spirodiclofen	0.02		不得检出	GB/T 20772
318	螺甲螨酯	Spiromesifen	0.01		不得检出	GB/T 23210
319	螺虫乙酯	Spirotetramat	0.01		不得检出	参照同类标准
320	葚孢菌素	Spiroxamine	0.05		不得检出	GB/T 20772
321	磺草酮	Sulcotrione	0.05		不得检出	参照同类标准
322	乙黄隆	Sulfosulfuron	0.05		不得检出	SN/T 2325
323	硫磺粉	Sulfur	0.5		不得检出	参照同类标准
324	氟胺氰菊酯	Tau – fluvalinate	0.01		不得检出	SN 0691
325	戊唑醇	Tebuconazole	0.1		不得检出	GB/T 20772
326	虫酰肼	Tebufenozide	0.05		不得检出	GB/T 20772
327	吡螨胺	Tebufenpyrad	0.05		不得检出	GB/T 20772
328	四氯硝基苯	Tecnazene	0.05		不得检出	GB/T 19650
329	氟苯脲	Teflubenzuron	0.05		不得检出	SN/T 2150
330	七氟菊酯	Tefluthrin	0.05		不得检出	GB/T 23210
331	得杀草	Tepraloxydim	0.2		不得检出	GB/T 20772
332	特丁硫磷	Terbufos	0.01		不得检出	GB/T 20772
333	特丁津	Terbuthylazine	0.05		不得检出	GB/T 20772
334	四氟醚唑	Tetraconazole	0.02		不得检出	GB/T 20772
335	四环素	Tetracycline	0.2		不得检出	GB/T 21317
336	三氯杀螨砜	Tetradifon	0.05		不得检出	GB/T 19650
337	噻菌灵	Thiabendazole	0.1		不得检出	GB/T 20772
338	噻虫啉	Thiacloprid	0.01		不得检出	GB/T 20772
339	噻虫嗪	Thiamethoxam	0.01		不得检出	GB/T 20772
340	禾草丹	Thiobencarb	0.01		不得检出	GB/T 20772
341	甲基硫菌灵	Thiophanate – methyl	0.05		不得检出	SN/T 0162
342	硫粘菌素	Tiamulin	1		不得检出	SN/T 2223
343	甲基立枯磷	Tolclofos – methyl	0.05		不得检出	GB/T 19650
344	甲苯氟磺胺	Tolylfluanid	0.1		不得检出	GB/T 19650
345	—	Topramezone	0.01		不得检出	参照同类标准
346	三唑酮和三唑醇	Triadimefon and triadimenol	0.1		不得检出	GB/T 20772

序号	农兽药中文名	农兽药英文名	欧盟标准限量要求 mg/kg	国家标准限量要求 mg/kg	三安超有机食品标准	
					限量要求 mg/kg	检测方法
347	野麦畏	Triallate	0.05		不得检出	GB/T 20772
348	醚苯磺隆	Triasulfuron	0.05		不得检出	GB/T 20772
349	三唑磷	Triazophos	0.01		不得检出	GB/T 20772
350	敌百虫	Trichlorphon	0.01		不得检出	GB/T 20772
351	绿草定	Triclopyr	0.05		不得检出	SN/T 2228
352	三环唑	Tricyclazole	0.05		不得检出	GB/T 20769
353	十三吗啉	Tridemorph	0.01		不得检出	GB/T 20772
354	肟菌酯	Trifloxystrobin	0.04		不得检出	GB/T 19650
355	氟菌唑	Triflumizole	0.05		不得检出	GB/T 20769
356	杀铃脲	Triflumuron	0.01		不得检出	GB/T 20772
357	氟乐灵	Trifluralin	0.01		不得检出	GB/T 20772
358	嗪氨灵	Triforine	0.01		不得检出	SN 0695
359	三甲基锍阳离子	Trimethyl – sulfonium cation	0.01		不得检出	参照同类标准
360	抗倒酯	Trinexapac	0.05		不得检出	GB/T 20769
361	灭菌唑	Triticonazole	0.01		不得检出	GB/T 20772
362	三氟甲磺隆	Tritosulfuron	0.01		不得检出	参照同类标准
363	泰乐霉素	Tylosin	0.2		不得检出	GB/T 22941
364	—	Valifenalate	0.01		不得检出	参照同类标准
365	乙烯菌核利	Vinclozolin	0.05		不得检出	GB/T 20772
366	2,4,5 – 涕	2,4,5 – T			不得检出	GB/T 20772
367	乙酰丙嗪	Acepromazine			不得检出	GB/T 20763
368	三氟羧草醚	Acifluorfen			不得检出	GB/T 20772
369	1 – 氨基 – 2 – 乙内酰脲	AHD			不得检出	GB/T 21311
370	涕灭砜威	Aldoxycarb			不得检出	GB/T 20772
371	烯丙菊酯	Allethrin			不得检出	GB/T 20772
372	烯丙孕素	Altrenogest			不得检出	SN/T 1980
373	莠灭净	Ametryn			不得检出	GB/T 20772
374	5 – 吗啉甲基 – 3 – 氨基 – 2 – 噁唑烷基酮	AMOZ			不得检出	GB/T 21311
375	氨苄青霉素	Ampicillin			不得检出	GB/T 21315
376	氨丙嘧吡啶	Amprolium			不得检出	SN/T 0276
377	3 – 氨基 – 2 – 噁唑酮	AOZ			不得检出	GB/T 21311
378	安普霉素	Apramycin			不得检出	GB/T 21323
379	羟氨卡青霉素	Aspoxicillin			不得检出	GB/T 21315
380	莠去津	Atrazine			不得检出	GB/T 20772
381	甲基吡噁磷	Azamethiphos			不得检出	GB/T 20763
382	氮哌酮	Azaperone			不得检出	SN/T 2221
383	四唑嘧磺隆	Azimsulfuron			不得检出	SN/T 2325
384	杆菌肽	Bacitracin			不得检出	GB/T 20743

序号	农兽药中文名	农兽药英文名	欧盟标准限量要求 mg/kg	国家标准限量要求 mg/kg	三安超有机食品标准	
					限量要求 mg/kg	检测方法
385	噁虫威	Bendiocarb			不得检出	GB/T 20772
386	乙丁氟灵	Benfluralin			不得检出	GB/T 19650
387	苄青霉素	Benzyl pencillin			不得检出	GB/T 21315
388	倍他米松	Betamethasone			不得检出	SN/T 1970
389	生物苄呋菊酯	Bioresmethrin			不得检出	GB/T 20772
390	除草定	Bromacil			不得检出	GB/T 20772
391	乙基溴硫磷	Bromophos - ethyl			不得检出	GB/T 20772
392	溴苯腈	Bromoxynil			不得检出	GB/T 20772
393	氟丙嘧草酯	Butafenacil			不得检出	GB/T 20772
394	毒杀芬	Camphechlor			不得检出	YC/T 180
395	角黄素	Canthaxanthin			不得检出	SN/T 2327
396	咔唑心安	Carazolol			不得检出	GB/T 20763
397	卡巴氧	Carbadox			不得检出	GB/T 20746
398	多菌灵	Carbendazim			不得检出	GB/T 20772
399	唑草酮	Carfentrazone - ethyl			不得检出	GB/T 19650
400	卡洛芬	Carprofen			不得检出	SN/T 2190
401	头孢洛宁	Cefalonium			不得检出	GB/T 22989
402	头孢匹林	Cefapirin			不得检出	GB/T 22989
403	头孢喹肟	Cefquinome			不得检出	GB/T 22989
404	头孢噻呋	Ceftiofur			不得检出	GB/T 21314
405	头孢氨苄	Cefalexin			不得检出	GB/T 22989
406	氯霉素	Chloramphenicolum			不得检出	GB/T 20772
407	溴虫腈	Chlorfenapyr			不得检出	GB/T 19650
408	氟啶脲	Chlorfluazuron			不得检出	SN/T 2540
409	氯地孕酮	Chlormadinone			不得检出	SN/T 1980
410	醋酸氯地孕酮	Chlormadinone acetate			不得检出	GB/T 20753
411	氯苯甲醚	Chloroneb			不得检出	GB/T 19650
412	氯丙嗪	Chlorpromazine			不得检出	GB/T 20763
413	氯苯胺灵	Chlorpropham			不得检出	GB/T 19650
414	乙菌利	Chlozolinate			不得检出	GB/T 19650
415	克仑特罗	Clenbuterol			不得检出	GB/T 22286
416	异噁草酮	Clomazone			不得检出	GB/T 20772
417	氯羟吡啶	Clopidol			不得检出	GB 29700
418	解草酯	Cloquintocet - mexyl			不得检出	GB/T 20772
419	邻氯青霉素	Cloxacillin			不得检出	GB/T 18932.25
420	蝇毒磷	Coumaphos			不得检出	GB/T 20772
421	氰霜唑	Cyazofamid			不得检出	GB/T 23211
422	氰氟草酯	Cyhalofop - butyl			不得检出	GB/T 23210
423	达氟沙星	Danofloxacin			不得检出	GB/T 22985

序号	农兽药中文名	农兽药英文名	欧盟标准限量要求 mg/kg	国家标准限量要求 mg/kg	三安超有机食品标准	
					限量要求 mg/kg	检测方法
424	癸氧喹酯	Decoquinate			不得检出	SN/T 2444
425	地塞米松	Dexamethasone			不得检出	SN/T 1970
426	敌菌净	Diaveridine			不得检出	SN/T 1926
427	驱虫特	Dibutyl succinate			不得检出	GB/T 20772
428	敌敌畏	Dichlorvos			不得检出	GB/T 20772
429	禾草灵	Diclofop – methyl			不得检出	GB/T 19650
430	双氯青霉素	Dicloxacillin			不得检出	GB/T 18932.25
431	己烯雌酚	Diethylstilbestrol			不得检出	GB/T 20766
432	双氟沙星	Difloxacin			不得检出	GB/T 20366
433	二氢链霉素	Dihydro – streptomycin			不得检出	GB/T 22969
434	乐果	Dimethoate			不得检出	GB/T 20772
435	地美硝唑	Dimetridazole			不得检出	GB/T 21318
436	二硝托安	Dinitolmide			不得检出	SN/T 2453
437	呋虫胺	Dinotefuran			不得检出	GB/T 20772
438	二苯胺	Diphenylamine			不得检出	GB/T 20772
439	多拉菌素	Doramectin			不得检出	GB/T 22968
440	强力霉素	Doxycycline			不得检出	GB/T 20764
441	恩诺沙星	Enrofloxacin			不得检出	GB/T 20366
442	埃普利诺菌素	Eprinomectin			不得检出	GB/T 21320
443	伐灭磷	Famphur			不得检出	GB/T 20772
444	苯硫苯咪唑	Fenbendazole			不得检出	SN 0638
445	仲丁威	Fenobucarb			不得检出	GB/T 20772
446	甲氰菊酯	Fenpropathrin			不得检出	GB/T 19650
447	氰戊菊酯	Fenvalerate			不得检出	GB/T 19650
448	麦草氟甲酯	Flamprop – methyl			不得检出	GB/T 20772
449	嘧啶磺隆	Flazasulfuron			不得检出	SN/T 2325
450	氟苯尼考	Florfenicol			不得检出	GB/T 20756
451	吡氟禾草灵	Fluazifop – butyl			不得检出	GB/T 19650
452	啶蜱脲	Fluazuron			不得检出	SN/T 2540
453	氟噻草胺	Flufenacet			不得检出	GB/T 19650
454	氟甲喹	Flumequin			不得检出	SN/T 1921
455	唑嘧磺草胺	Flumetsulam			不得检出	GB/T 20772
456	氟烯草酸	Flumiclorac			不得检出	GB/T 19650
457	丙炔氟草胺	Flumioxazin			不得检出	GB/T 19650
458	氟胺烟酸	Flunixin			不得检出	GB/T 20750
459	乙羧氟草醚	Fluoroglycofen – ethyl			不得检出	GB/T 20772
460	氟啶草酮	Fluridone			不得检出	GB/T 20772
461	呋草酮	Flurtamone			不得检出	GB/T 20772
462	灭菌丹	Folpet			不得检出	SN/T 2320

序号	农兽药中文名	农兽药英文名	欧盟标准限量要求 mg/kg	国家标准限量要求 mg/kg	三安超有机食品标准	
					限量要求 mg/kg	检测方法
463	安果	Formothion			不得检出	GB/T 19650
464	庆大霉素	Gentamicin			不得检出	GB/T 21323
465	氟哌啶醇	Haloperidol			不得检出	GB/T 20763
466	己唑醇	Hexaconazole			不得检出	GB/T 19650
467	环嗪酮	Hexazinone			不得检出	GB/T 20772
468	氢氰酸	Hydrogen cyanide			不得检出	GB/T 15665
469	咪唑磺隆	Imazosulfuron			不得检出	SN/T 2325
470	甲基碘磺隆	Iodosulfuron – methyl			不得检出	GB/T 20772
471	氮氨菲啶	Isometamidium			不得检出	SN/T 2239
472	异噁氟草	Isoxaflutole			不得检出	GB/T 20772
473	依维菌素	Ivermectin			不得检出	GB/T 21320
474	交沙霉素	Josamycin			不得检出	GB/T 20762
475	卡那霉素	Kanamycin			不得检出	GB/T 21323
476	左旋咪唑	Levamisole			不得检出	SN 0349
477	利谷隆	Linuron			不得检出	GB/T 20772
478	麻保沙星	Marbofloxacin			不得检出	GB/T 22985
479	甲苯咪唑	Mebendazole			不得检出	GB/T 21324
480	灭蚜磷	Mecarbam			不得检出	GB/T 20772
481	二甲四氯丙酸	Mecoprop			不得检出	GB/T 20772
482	吡唑解草酯	Mefenpyr – diethyl			不得检出	GB/T 20772
483	醋酸甲地孕酮	Megestrol acetate			不得检出	GB/T 20753
484	醋酸美仑孕酮	Melengestrol acetate			不得检出	GB/T 20753
485	嘧菌胺	Mepanipyrim			不得检出	GB/T 20772
486	灭锈胺	Mepronil			不得检出	GB/T 20772
487	硝磺草酮	Mesotrione			不得检出	参照同类标准
488	异丙甲草胺和 *S* – 异丙甲草胺	Metolachlor and *S* – metolachlor			不得检出	GB/T 19650
489	甲基泼尼松龙	Methylprednisolone			不得检出	GB/T 21981
490	甲氧氯普胺	Metoclopramide			不得检出	SN/T 2227
491	甲硝唑	Metronidazole			不得检出	GB/T 21318
492	甲磺隆	Metsulfuron – methyl			不得检出	SN/T 2325
493	速灭磷	Mevinphos			不得检出	GB/T 20772
494	禾草敌	Molinate			不得检出	GB/T 20772
495	莫能菌素	Monensin			不得检出	SN 0698
496	莫西丁克	Moxidectin			不得检出	SN/T 2442
497	萘夫西林	Nafcillin			不得检出	GB/T 22975
498	二溴磷	Naled			不得检出	SN/T 0706
499	甲基盐霉素	Narasin			不得检出	GB/T 20364
500	三氯甲基吡啶	Nitrapyrin			不得检出	GB/T 19650

序号	农兽药中文名	农兽药英文名	欧盟标准限量要求 mg/kg	国家标准限量要求 mg/kg	三安超有机食品标准	
					限量要求 mg/kg	检测方法
501	诺氟沙星	Norfloxacin			不得检出	GB/T 20366
502	氟草敏	Norflurazon			不得检出	GB/T 20772
503	新生霉素	Novobiocin			不得检出	SN 0646
504	氧氟沙星	Ofloxacin			不得检出	GB/T 20366
505	喹乙醇	Olaquindox			不得检出	GB/T 20746
506	竹桃霉素	Oleandomycin			不得检出	GB/T 20762
507	氧乐果	Omethoate			不得检出	GB/T 20772
508	奥比沙星	Orbifloxacin			不得检出	GB/T 22985
509	苯唑青霉素	Oxacillin			不得检出	GB/T 18932.25
510	杀线威	Oxamyl			不得检出	GB/T 20772
511	奥芬达唑	Oxfendazole			不得检出	GB/T 22972
512	丙氧苯咪唑	Oxibendazole			不得检出	GB/T 21324
513	喹菌酮	Oxolinic acid			不得检出	日本肯定列表
514	磷胺	Phosphamidon			不得检出	GB/T 20772
515	氟吡酰草胺	Picolinafen			不得检出	GB/T 20772
516	增效醚	Piperonyl butoxide			不得检出	GB/T 20772
517	吡利霉素	Pirlimycin			不得检出	GB/T 22988
518	泼尼松龙	Prednisolone			不得检出	GB/T 21981
519	扑草净	Prometryne			不得检出	GB/T 20772
520	敌稗	Propanil			不得检出	GB/T 20772
521	胺丙畏	Propetamphos			不得检出	GB/T 20772
522	丙酰二甲氨基丙吩噻嗪	Propionylpromazin			不得检出	GB/T 20763
523	吡草醚	Pyraflufen - ethyl			不得检出	GB/T 19650
524	喹硫磷	Quinalphos			不得检出	GB/T 19650
525	莱克多巴胺	Ractopamine			不得检出	GB/T 21313
526	洛硝达唑	Ronidazole			不得检出	GB/T 21318
527	盐霉素	Salinomycin			不得检出	GB/T 20364
528	沙拉沙星	Sarafloxacin			不得检出	GB/T 20366
529	氨基脲	Semduramicin			不得检出	GB/T 20752
530	烯禾啶	Sethoxydim			不得检出	GB/T 19650
531	壮观霉素	Spectinomycin			不得检出	GB/T 21323
532	螺旋霉素	Spiramycin			不得检出	GB/T 20762
533	链霉素	Streptomycin			不得检出	GB/T 21323
534	磺胺苯酰	Sulfabenzamide			不得检出	GB/T 21316
535	磺胺醋酰	Sulfacetamide			不得检出	GB/T 21316
536	磺胺氯哒嗪	Sulfachloropyridazine			不得检出	GB/T 21316
537	磺胺嘧啶	Sulfadiazine			不得检出	GB/T 21316
538	磺胺间二甲氧嘧啶	Sulfadimethoxine			不得检出	GB/T 21316
539	磺胺二甲嘧啶	Sulfadimidine			不得检出	GB/T 21316

序号	农兽药中文名	农兽药英文名	欧盟标准限量要求 mg/kg	国家标准限量要求 mg/kg	三安超有机食品标准	
					限量要求 mg/kg	检测方法
540	磺胺多辛	Sulfadoxine			不得检出	GB/T 21316
541	磺胺脒	Sulfaguanidine			不得检出	GB/T 21316
542	磺胺甲嘧啶	Sulfamerazine			不得检出	GB/T 21316
543	新诺明	Sulfamethoxazole			不得检出	GB/T 21316
544	磺胺间甲氧嘧啶	Sulfamonomethoxine			不得检出	GB/T 21316
545	乙酰磺胺对硝基苯	Sulfanitran			不得检出	GB/T 20772
546	磺胺吡啶	Sulfapyridine			不得检出	GB/T 21316
547	磺胺喹沙啉	Sulfaquinoxaline			不得检出	GB/T 21316
548	磺胺噻唑	Sulfathiazole			不得检出	GB/T 21316
549	丁噻隆	Tebuthiuron			不得检出	GB/T 20772
550	双硫磷	Temephos			不得检出	GB/T 20772
551	特普	TEPP			不得检出	GB/T 20772
552	特丁净	Terbutryn			不得检出	GB/T 20772
553	杀虫畏	Tetrachlorvinphos			不得检出	GB/T 20772
554	甲砜霉素	Thiamphenicol			不得检出	GB/T 20756
555	噻苯隆	Thidiazuron			不得检出	GB/T 20772
556	噻吩磺隆	Thifensulfuron – methyl			不得检出	GB/T 20772
557	甲基乙拌磷	Thiometon			不得检出	GB/T 20772
558	福美双	Thiram			不得检出	SN/T 0525
559	替米考星	Tilmicosin			不得检出	GB/T 20762
560	硫普罗宁	Tiopronin			不得检出	SN/T 2225
561	三甲苯草酮	Tralkoxydim			不得检出	GB/T 19650
562	四溴菊酯	Tralomethrin			不得检出	SN/T 2320
563	群勃龙	Trenbolone			不得检出	GB/T 21981
564	苯磺隆	Tribenuron – methyl			不得检出	GB/T 23210
565	甲氧苄氨嘧啶	Trimethoprim			不得检出	SN/T 1769
566	维吉尼霉素	Virginiamycin			不得检出	GB/T 20765
567	杀鼠灵	War farin			不得检出	GB/T 20772
568	甲苯噻嗪	Xylazine			不得检出	GB/T 20763
569	右环十四酮酚	Zeranol			不得检出	GB/T 21982
570	苯酰菌胺	Zoxamide			不得检出	GB/T 19650

16.2 鸭蛋 Duck Egg

序号	农兽药中文名	农兽药英文名	欧盟标准限量要求 mg/kg	国家标准限量要求 mg/kg	三安超有机食品标准	
					限量要求 mg/kg	检测方法
1	1,1 – 二氯 – 2,2 – 二(4 – 乙苯)乙烷	1,1 – Dichloro – 2,2 – bis(4 – ethylphenyl) ethane	0.01		不得检出	日本肯定列表(增补本 1)
2	1,2 – 二氯乙烷	1,2 – Dichloroethane	0.1		不得检出	SN/T 2238

序号	农兽药中文名	农兽药英文名	欧盟标准限量要求 mg/kg	国家标准限量要求 mg/kg	三安超有机食品标准	
					限量要求 mg/kg	检测方法
3	1,3-二氯丙烯	1,3-Dichloropropene	0.01		不得检出	SN/T 2238
4	1-萘乙酸	1-Naphthylacetic acid	0.05		不得检出	SN/T 2228
5	2,4-滴丁酸	2,4-DB	0.05		不得检出	GB/T 20769
6	2,4-滴	2,4-D	0.01		不得检出	GB/T 20772
7	2-苯酚	2-Phenylphenol	0.05		不得检出	GB/T 19650
8	阿维菌素	Abamectin	0.01		不得检出	SN/T 2661
9	乙酰甲胺磷	Acephate	0.02		不得检出	GB/T 20772
10	灭螨醌	Acequinocyl	0.01		不得检出	参照同类标准
11	啶虫脒	Acetamiprid	0.05		不得检出	GB/T 20772
12	乙草胺	Acetochlor	0.01		不得检出	GB/T 19650
13	苯并噻二唑	Acibenzolar-*S*-methyl	0.02		不得检出	GB/T 20772
14	苯草醚	Aclonifen	0.02		不得检出	GB/T 20772
15	氟丙菊酯	Acrinathrin	0.05		不得检出	GB/T 19648
16	甲草胺	Alachlor	0.01		不得检出	GB/T 20772
17	涕灭威	Aldicarb	0.01		不得检出	GB/T 20772
18	艾氏剂和狄氏剂	Aldrin and dieldrin	0.02	0.1和0.1	不得检出	GB/T 19650
19	—	Ametoctradin	0.03		不得检出	参照同类标准
20	酰嘧磺隆	Amidosulfuron	0.02		不得检出	参照同类标准
21	氯氨吡啶酸	Aminopyralid	0.01		不得检出	GB/T 23211
22	—	Amisulbrom	0.01		不得检出	参照同类标准
23	双甲脒	Amitraz	0.01		不得检出	GB/T 19650
24	敌菌灵	Anilazine	0.01		不得检出	GB/T 20769
25	杀螨特	Aramite	0.01		不得检出	GB/T 19650
26	磺草灵	Asulam	0.05		不得检出	日本肯定列表(增补本1)
27	印楝素	Azadirachtin	0.01		不得检出	SN/T 3264
28	益棉磷	Azinphos-ethyl	0.01		不得检出	GB/T 20772
29	保棉磷	Azinphos-methyl	0.01		不得检出	GB/T 20772
30	三唑锡和三环锡	Azocyclotin and cyhexatin	0.05		不得检出	SN/T 1990
31	嘧菌酯	Azoxystrobin	0.05		不得检出	GB/T 20772
32	燕麦灵	Barban	0.05		不得检出	参照同类标准
33	氟丁酰草胺	Beflubutamid	0.05		不得检出	参照同类标准
34	苯霜灵	Benalaxyl	0.05		不得检出	GB/T 20772
35	丙硫克百威	Benfuracarb	0.02		不得检出	参照同类标准
36	联苯肼酯	Bifenazate	0.01		不得检出	GB/T 20772
37	甲羧除草醚	Bifenox	0.05		不得检出	GB/T 23210
38	联苯菊酯	Bifenthrin	0.01		不得检出	GB/T 19650
39	乐杀螨	Binapacryl	0.01		不得检出	SN 0523
40	联苯	Biphenyl	0.01		不得检出	GB/T 19650

序号	农兽药中文名	农兽药英文名	欧盟标准限量要求 mg/kg	国家标准限量要求 mg/kg	三安超有机食品标准	
					限量要求 mg/kg	检测方法
41	联苯三唑醇	Bitertanol	0.05		不得检出	GB/T 20772
42	—	Bixafen	0.02		不得检出	参照同类标准
43	啶酰菌胺	Boscalid	0.05		不得检出	GB/T 20772
44	溴离子	Bromide ion	0.05		不得检出	GB/T 5009.167
45	溴螨酯	Bromopropylate	0.01		不得检出	GB/T 19650
46	糠菌唑	Bromuconazole	0.05		不得检出	GB/T 20772
47	乙嘧酚磺酸酯	Bupirimate	0.05		不得检出	GB/T 20772
48	噻嗪酮	Buprofezin	0.05		不得检出	GB/T 20772
49	仲丁灵	Butralin	0.02		不得检出	GB/T 20772
50	丁草敌	Butylate	0.01		不得检出	GB/T 20772
51	硫线磷	Cadusafos	0.01		不得检出	GB/T 19650
52	敌菌丹	Captafol	0.01		不得检出	SN/T 2320
53	克菌丹	Captan	0.02		不得检出	SN/T 2320
54	甲萘威	Carbaryl	0.05		不得检出	GB/T 20796
55	多菌灵和苯菌灵	Carbendazim and benomyl	0.05		不得检出	GB/T 20772
56	长杀草	Carbetamide	0.05		不得检出	GB/T 20772
57	克百威	Carbofuran	0.01		不得检出	GB/T 20772
58	丁硫克百威	Carbosulfan	0.05		不得检出	GB/T 19650
59	萎锈灵	Carboxin	0.05		不得检出	GB/T 20772
60	氯虫苯甲酰胺	Chlorantraniliprole	0.1		不得检出	参照同类标准
61	杀螨醚	Chlorbenside	0.05		不得检出	GB/T 19650
62	氯炔灵	Chlorbufam	0.05		不得检出	GB/T 20772
63	氯丹	Chlordane	0.005	0.02	不得检出	GB/T 5009.19
64	十氯酮	Chlordecone	0.02		不得检出	参照同类标准
65	杀螨酯	Chlorfenson	0.05		不得检出	GB/T 19650
66	毒虫畏	Chlorfenvinphos	0.01		不得检出	GB/T 19650
67	氯草敏	Chloridazon	0.05		不得检出	GB/T 20772
68	矮壮素	Chlormequat	0.05		不得检出	GB/T 23211
69	乙酯杀螨醇	Chlorobenzilate	0.1		不得检出	GB/T 19650
70	百菌清	Chlorothalonil	0.01		不得检出	SN/T 2320
71	绿麦隆	Chlortoluron	0.05		不得检出	GB/T 20772
72	枯草隆	Chloroxuron	0.05		不得检出	SN/T 2150
73	毒死蜱	Chlorpyrifos	0.01		不得检出	GB/T 20772
74	甲基毒死蜱	Chlorpyrifos - methyl	0.01		不得检出	GB/T 20772
75	氯磺隆	Chlorsulfuron	0.01		不得检出	GB/T 20772
76	金霉素	Chlortetracycline	0.2		不得检出	GB/T 21317
77	氯酞酸甲酯	Chlorthaldimethyl	0.01		不得检出	GB/T 19650
78	氯硫酰草胺	Chlorthiamid	0.02		不得检出	GB/T 20772
79	烯草酮	Clethodim	0.05		不得检出	GB/T 20772

序号	农兽药中文名	农兽药英文名	欧盟标准限量要求 mg/kg	国家标准限量要求 mg/kg	三安超有机食品标准	
					限量要求 mg/kg	检测方法
80	炔草酯	Clodinafop - propargyl	0.02		不得检出	GB/T 19650
81	四螨嗪	Clofentezine	0.02		不得检出	GB/T 20772
82	二氯吡啶酸	Clopyralid	0.05		不得检出	SN/T 2228
83	噻虫胺	Clothianidin	0.01		不得检出	GB/T 20772
84	黏菌素	Colistin	0.3		不得检出	参照同类标准
85	铜化合物	Copper compounds	2		不得检出	参照同类标准
86	环烷基酰苯胺	Cyclanilide	0.01		不得检出	参照同类标准
87	噻草酮	Cycloxydim	0.05		不得检出	GB/T 20772
88	环氟菌胺	Cyflufenamid	0.03		不得检出	GB/T 23210
89	氟氯氰菊酯和高效氟氯氰菊酯	Cyfluthrin and beta - cyfluthrin	0.02		不得检出	GB/T 19650
90	霜脲氰	Cymoxanil	0.05		不得检出	GB/T 20772
91	氯氰菊酯和高效氯氰菊酯	Cypermethrin and beta - cypermethrin	0.05		不得检出	GB/T 19650
92	环丙唑醇	Cyproconazole	0.05		不得检出	GB/T 19650
93	嘧菌环胺	Cyprodinil	0.05		不得检出	GB/T 19650
94	灭蝇胺	Cyromazine	0.2		不得检出	GB/T 20772
95	丁酰肼	Daminozide	0.05		不得检出	SN/T 1989
96	滴滴涕	DDT	0.05	0.1	不得检出	SN/T 0127
97	溴氰菊酯	Deltamethrin	0.05		不得检出	GB/T 19650
98	燕麦敌	Diallate	0.2		不得检出	GB/T 23211
99	二嗪磷	Diazinon	0.02		不得检出	GB/T 20772
100	麦草畏	Dicamba	0.05		不得检出	GB/T 20772
101	敌草腈	Dichlobenil	0.01		不得检出	GB/T 19650
102	滴丙酸	Dichlorprop	0.05		不得检出	SN/T 2228
103	二氯苯氧基丙酸	Diclofop	0.01		不得检出	参照同类标准
104	氯硝胺	Dicloran	0.01		不得检出	GB/T 20772
105	三氯杀螨醇	Dicofol	0.05		不得检出	GB/T 19650
106	乙霉威	Diethofencarb	0.05		不得检出	GB/T 20772
107	苯醚甲环唑	Difenoconazole	0.05		不得检出	GB/T 19650
108	除虫脲	Diflubenzuron	0.05		不得检出	SN/T 0528
109	吡氟酰草胺	Diflufenican	0.05		不得检出	GB/T 20772
110	油菜安	Dimethachlor	0.02		不得检出	GB/T 20772
111	烯酰吗啉	Dimethomorph	0.05		不得检出	GB/T 20772
112	醚菌胺	Dimoxystrobin	0.05		不得检出	SN/T 2237
113	烯唑醇	Diniconazole	0.01		不得检出	GB/T 20772
114	敌螨普	Dinocap	0.05		不得检出	日本肯定列表(增补本 1)
115	地乐酚	Dinoseb	0.01		不得检出	GB/T 20772

序号	农兽药中文名	农兽药英文名	欧盟标准限量要求 mg/kg	国家标准限量要求 mg/kg	三安超有机食品标准	
					限量要求 mg/kg	检测方法
116	特乐酚	Dinoterb	0.05		不得检出	GB/T 20772
117	敌噁磷	Dioxathion	0.05		不得检出	GB/T 19650
118	敌草快	Diquat	0.05		不得检出	GB/T 5009.221
119	乙拌磷	Disulfoton	0.01		不得检出	GB/T 20772
120	二氰蒽醌	Dithianon	0.01		不得检出	GB/T 20769
121	二硫代氨基甲酸酯	Dithiocarbamates	0.05		不得检出	SN 0139
122	敌草隆	Diuron	0.05		不得检出	GB/T 20772
123	二硝甲酚	DNOC	0.05		不得检出	GB/T 20772
124	多果定	Dodine	0.2		不得检出	SN 0500
125	甲氨基阿维菌素苯甲酸盐	Emamectin benzoate	0.01		不得检出	GB/T 20769
126	硫丹	Endosulfan	0.05	0.03	不得检出	GB/T 19650
127	异狄氏剂	Endrin	0.005		不得检出	GB/T 19650
128	氟环唑	Epoxiconazole	0.02		不得检出	GB/T 20772
129	茵草敌	EPTC	0.02		不得检出	GB/T 20772
130	红霉素	Erythromycin	0.15		不得检出	GB/T 20762
131	乙丁烯氟灵	Ethalfluralin	0.01		不得检出	GB/T 19650
132	胺苯磺隆	Ethametsulfuron	0.01		不得检出	NY/T 1616
133	乙烯利	Ethephon	0.05		不得检出	SN 0705
134	乙硫磷	Ethion	0.01		不得检出	GB/T 19650
135	乙嘧酚	Ethirimol	0.05		不得检出	GB/T 20772
136	乙氧呋草黄	Ethofumesate	0.1		不得检出	GB/T 20772
137	灭线磷	Ethoprophos	0.01		不得检出	GB/T 20772
138	乙氧喹啉	Ethoxyquin	0.05		不得检出	GB/T 20772
139	环氧乙烷	Ethylene oxide	0.02		不得检出	GB/T 23296.11
140	醚菊酯	Etofenprox	0.01		不得检出	GB/T 20772
141	乙螨唑	Etoxazole	0.01		不得检出	GB/T 19650
142	氯唑灵	Etridiazole	0.05		不得检出	GB/T 20772
143	噁唑菌酮	Famoxadone	0.05		不得检出	GB/T 20772
144	咪唑菌酮	Fenamidone	0.01		不得检出	GB/T 19650
145	苯线磷	Fenamiphos	0.01		不得检出	GB/T 19650
146	氯苯嘧啶醇	Fenarimol	0.02		不得检出	GB/T 20772
147	喹螨醚	Fenazaquin	0.01		不得检出	GB/T 20772
148	腈苯唑	Fenbuconazole	0.05		不得检出	GB/T 20772
149	苯丁锡	Fenbutatin oxide	0.05		不得检出	SN/T 3149
150	环酰菌胺	Fenhexamid	0.05		不得检出	GB/T 20772
151	杀螟硫磷	Fenitrothion	0.01		不得检出	GB/T 20772
152	精噁唑禾草灵	Fenoxaprop - *P* - ethyl	0.05		不得检出	GB 22617
153	双氧威	Fenoxycarb	0.05		不得检出	GB/T 20772
154	苯锈啶	Fenpropidin	0.02		不得检出	GB/T 20772

序号	农兽药中文名	农兽药英文名	欧盟标准限量要求 mg/kg	国家标准限量要求 mg/kg	三安超有机食品标准	
					限量要求 mg/kg	检测方法
155	丁苯吗啉	Fenpropimorph	0.01		不得检出	GB/T 20772
156	胺苯吡菌酮	Fenpyrazamine	0.01		不得检出	参照同类标准
157	唑螨酯	Fenpyroximate	0.01		不得检出	GB/T 20772
158	倍硫磷	Fenthion	0.01		不得检出	GB/T 20772
159	三苯锡	Fentin	0.05		不得检出	SN/T 3149
160	薯瘟锡	Fentin acetate	0.05		不得检出	参照同类标准
161	氰戊菊酯和高效氰戊菊酯(RR & SS 异构体总量)	Fenvalerate and esfenvalerate (sum of RR & SS isomers)	0.02		不得检出	GB/T 19650
162	氰戊菊酯和高效氰戊菊酯(RS & SR 异构体总量)	Fenvalerate and esfenvalerate (sum of RS & SR isomers)	0.02		不得检出	GB/T 19650
163	氟虫腈	Fipronil	0.02		不得检出	SN/T 1982
164	氟啶虫酰胺	Flonicamid	0.05		不得检出	SN/T 2796
165	精吡氟禾草灵	Fluazifop - *P* - butyl	0.05		不得检出	GB/T 5009.142
166	氟啶胺	Fluazinam	0.05		不得检出	GB/T 21324
167	氟苯咪唑	Flubendazole	0.4		不得检出	GB/T 21324
168	氟苯虫酰胺	Flubendiamide	0.01		不得检出	SN/T 2581
169	氟环脲	Flucycloxuron	0.05		不得检出	参照同类标准
170	氟氰戊菊酯	Flucythrinate	0.05		不得检出	GB/T 23210
171	咯菌腈	Fludioxonil	0.05		不得检出	GB/T 20772
172	氟虫脲	Flufenoxuron	0.05		不得检出	SN/T 2150
173	—	Flufenzin	0.02		不得检出	参照同类标准
174	氟吡菌胺	Fluopicolide	0.01		不得检出	参照同类标准
175	—	Fluopyram	0.15		不得检出	参照同类标准
176	氟离子	Fluoride ion	0.2		不得检出	GB/T 5009.167
177	氟腈嘧菌酯	Fluoxastrobin	0.01		不得检出	SN/T 2237
178	氟喹唑	Fluquinconazole	0.02		不得检出	GB/T 19650
179	氟咯草酮	Flurochloridone	0.05		不得检出	GB/T 20772
180	氟草烟	Fluroxypyr	0.05		不得检出	GB/T 20772
181	氟硅唑	Flusilazole	0.05		不得检出	GB/T 20772
182	氟酰胺	Flutolanil	0.05		不得检出	GB/T 20772
183	粉唑醇	Flutriafol	0.01		不得检出	GB/T 20772
184	—	Fluxapyroxad	0.003		不得检出	参照同类标准
185	氟磺胺草醚	Fomesafen	0.01		不得检出	GB/T 5009.130
186	氯吡脲	Forchlorfenuron	0.05		不得检出	SN/T 3643
187	伐虫脒	Formetanate	0.01		不得检出	NY/T 1453
188	三乙膦酸铝	Fosetyl - aluminium	0.1		不得检出	参照同类标准
189	麦穗宁	Fuberidazole	0.05		不得检出	GB/T 20772
190	呋线威	Furathiocarb	0.01		不得检出	GB/T 20772
191	糠醛	Furfural	1		不得检出	参照同类标准

序号	农兽药中文名	农兽药英文名	欧盟标准限量要求 mg/kg	国家标准限量要求 mg/kg	三安超有机食品标准	
					限量要求 mg/kg	检测方法
192	勃激素	Gibberellic acid	0.1		不得检出	GB/T 23211
193	草胺膦	Glufosinate - ammonium	0.1		不得检出	日本肯定列表
194	草甘膦	Glyphosate	0.05		不得检出	SN/T 1923
195	双胍盐	Guazatine	0.1		不得检出	参照同类标准
196	氟吡禾灵	Haloxyfop	0.05		不得检出	SN/T 2228
197	七氯	Heptachlor	0.02	0.05	不得检出	GB/T 19650
198	六氯苯	Hexachlorobenzene	0.02		不得检出	GB/T 19650
199	六六六(HCH), α - 异构体	Hexachlorociclohexane (HCH), alpha - isomer	0.02	0.1	不得检出	SN/T 0127
200	六六六(HCH), β - 异构体	Hexachlorociclohexane (HCH), beta - isomer	0.01	0.1	不得检出	SN/T 0127
201	噻螨酮	Hexythiazox	0.02		不得检出	GB/T 20772
202	噁霉灵	Hymexazol	0.05		不得检出	GB/T 20772
203	抑霉唑	Imazalil	0.05		不得检出	GB/T 20772
204	甲咪唑烟酸	Imazapic	0.01		不得检出	GB/T 20772
205	咪唑喹啉酸	Imazaquin	0.05		不得检出	GB/T 20772
206	吡虫啉	Imidacloprid	0.05		不得检出	GB/T 20772
207	茚虫威	Indoxacarb	0.02		不得检出	GB/T 20772
208	异菌脲	Iprodione	0.05		不得检出	GB/T 19650
209	稻瘟灵	Isoprothiolane	0.01		不得检出	GB/T 20772
210	异丙隆	Isoproturon	0.05		不得检出	GB/T 20772
211	—	Isopyrazam	0.01		不得检出	参照同类标准
212	异噁酰草胺	Isoxaben	0.01		不得检出	GB/T 20772
213	醚菌酯	Kresoxim - methyl	0.02		不得检出	GB/T 20772
214	乳氟禾草灵	Lactofen	0.01		不得检出	GB/T 20772
215	高效氯氟氰菊酯	Lambda - cyhalothrin	0.02		不得检出	GB/T 23210
216	拉沙里菌素	Lasalocid	0.15		不得检出	SN 0501
217	环草定	Lenacil	0.1		不得检出	GB/T 19650
218	林可霉素	Lincomycin	0.05		不得检出	GB/T 20762
219	林丹	Lindane	0.01	0.1	不得检出	GB/T 19650
220	虱螨脲	Lufenuron	0.02		不得检出	SN/T 2540
221	马拉硫磷	Malathion	0.02		不得检出	GB/T 20772
222	抑芽丹	Maleic hydrazide	0.1		不得检出	GB/T 23211
223	双炔酰菌胺	Mandipropamid	0.02		不得检出	参照同类标准
224	二甲四氯和二甲四氯丁酸	MCPA and MCPB	0.05		不得检出	SN/T 2228
225	壮棉素	Mepiquat chloride	0.05		不得检出	GB/T 23211
226	—	Meptyldinocap	0.05		不得检出	参照同类标准
227	汞化合物	Mercury compounds	0.01		不得检出	参照同类标准
228	氰氟虫腙	Metaflumizone	0.02		不得检出	SN/T 3852

序号	农兽药中文名	农兽药英文名	欧盟标准限量要求 mg/kg	国家标准限量要求 mg/kg	三安超有机食品标准	
					限量要求 mg/kg	检测方法
229	甲霜灵和精甲霜灵	Metalaxyl and metalaxyl – M	0.05		不得检出	GB/T 20772
230	四聚乙醛	Metaldehyde	0.05		不得检出	SN/T 1787
231	苯嗪草酮	Metamitron	0.05		不得检出	GB/T 20772
232	吡唑草胺	Metazachlor	0.05		不得检出	GB/T 20772
233	叶菌唑	Metconazole	0.01		不得检出	GB/T 20772
234	甲基苯噻隆	Methabenzthiazuron	0.05		不得检出	GB/T 19650
235	虫螨畏	Methacrifos	0.01		不得检出	GB/T 20772
236	甲胺磷	Methamidophos	0.01		不得检出	GB/T 20772
237	杀扑磷	Methidathion	0.02		不得检出	GB/T 20772
238	甲硫威	Methiocarb	0.05		不得检出	GB/T 20770
239	灭多威和硫双威	Methomyl and thiodicarb	0.02		不得检出	GB/T 20772
240	烯虫酯	Methoprene	0.05		不得检出	GB/T 19650
241	甲氧滴滴涕	Methoxychlor	0.01		不得检出	SN 0529
242	甲氧虫酰肼	Methoxyfenozide	0.01		不得检出	GB/T 20772
243	磺草唑胺	Metosulam	0.01		不得检出	GB/T 20772
244	苯菌酮	Metrafenone	0.05		不得检出	参照同类标准
245	嗪草酮	Metribuzin	0.1		不得检出	GB/T 19650
246	绿谷隆	Monolinuron	0.05		不得检出	GB/T 20772
247	灭草隆	Monuron	0.01		不得检出	GB/T 20772
248	腈菌唑	Myclobutanil	0.01		不得检出	GB/T 20772
249	1 – 萘乙酰胺	1 – Naphthylacetamide	0.05		不得检出	GB/T 23205
250	敌草胺	Napropamide	0.01		不得检出	GB/T 20772
251	新霉素	Neomycin	0.5		不得检出	SN 0646
252	烟嘧磺隆	Nicosulfuron	0.05		不得检出	SN/T 2325
253	除草醚	Nitrofen	0.01		不得检出	GB/T 19650
254	氟酰脲	Novaluron	0.1		不得检出	GB/T 23211
255	嘧苯胺磺隆	Orthosulfamuron	0.01		不得检出	GB/T 23817
256	噁草酮	Oxadiazon	0.05		不得检出	GB/T 19650
257	噁霜灵	Oxadixyl	0.01		不得检出	GB/T 19650
258	氧化萎锈灵	Oxycarboxin	0.05		不得检出	GB/T 20772
259	亚砜磷	Oxydemeton – methyl	0.02		不得检出	参照同类标准
260	乙氧氟草醚	Oxyfluorfen	0.05		不得检出	GB/T 20772
261	土霉素	OxyTetracycline	0.2		不得检出	GB/T 21317
262	多效唑	Paclobutrazol	0.02		不得检出	GB/T 20772
263	对硫磷	Parathion	0.05		不得检出	GB/T 19650
264	甲基对硫磷	Parathion – methyl	0.01		不得检出	GB/T 5009.161
265	戊菌唑	Penconazole	0.05		不得检出	GB/T 20772
266	戊菌隆	Pencycuron	0.05		不得检出	GB/T 19650
267	二甲戊灵	Pendimethalin	0.05		不得检出	GB/T 19650

序号	农兽药中文名	农兽药英文名	欧盟标准限量要求 mg/kg	国家标准限量要求 mg/kg	三安超有机食品标准	
					限量要求 mg/kg	检测方法
268	甜菜宁	Phenmedipham	0.05		不得检出	GB/T 20772
269	苯醚菊酯	Phenothrin	0.05		不得检出	GB/T 20772
270	苯氧甲基青霉素	Phenoxymethylpenicillin	0.025		不得检出	参照同类标准
271	甲拌磷	Phorate	0.05		不得检出	GB/T 20772
272	伏杀硫磷	Phosalone	0.01		不得检出	GB/T 20772
273	亚胺硫磷	Phosmet	0.05		不得检出	GB/T 20772
274	—	Phosphines and phosphides	0.01		不得检出	参照同类标准
275	辛硫磷	Phoxim	0.02		不得检出	GB/T 20772
276	氨氯吡啶酸	Picloram	0.01		不得检出	GB/T 23211
277	啶氧菌酯	Picoxystrobin	0.05		不得检出	GB/T 20772
278	抗蚜威	Pirimicarb	0.05		不得检出	GB/T 20772
279	甲基嘧啶磷	Pirimiphos - methyl	0.05		不得检出	GB/T 20772
280	咪鲜胺	Prochloraz	0.1		不得检出	GB/T 20772
281	腐霉利	Procymidone	0.01		不得检出	GB/T 20772
282	丙溴磷	Profenofos	0.05		不得检出	GB/T 20772
283	调环酸	Prohexadione	0.05		不得检出	日本肯定列表
284	毒草安	Propachlor	0.02		不得检出	GB/T 20772
285	扑派威	Propamocarb	0.1		不得检出	GB/T 20772
286	恶草酸	Propaquizafop	0.05		不得检出	GB/T 20772
287	炔螨特	Propargite	0.1		不得检出	GB/T 20772
288	苯胺灵	Propham	0.05		不得检出	GB/T 20772
289	丙环唑	Propiconazole	0.01		不得检出	GB/T 20772
290	异丙草胺	Propisochlor	0.01		不得检出	GB/T 20772
291	残杀威	Propoxur	0.05		不得检出	GB/T 20772
292	炔苯酰草胺	Propyzamide	0.02		不得检出	GB/T 19650
293	苄草丹	Prosulfocarb	0.05		不得检出	GB/T 20772
294	丙硫菌唑	Prothioconazole	0.05		不得检出	参照同类标准
295	吡蚜酮	Pymetrozine	0.01		不得检出	GB/T 20772
296	吡唑醚菌酯	Pyraclostrobin	0.05		不得检出	GB/T 20772
297	—	Pyrasulfotole	0.01		不得检出	参照同类标准
298	吡菌磷	Pyrazophos	0.1		不得检出	GB/T 20772
299	除虫菊素	Pyrethrins	0.05		不得检出	GB/T 20772
300	哒螨灵	Pyridaben	0.02		不得检出	GB/T 19650
301	啶虫丙醚	Pyridalyl	0.01		不得检出	日本肯定列表
302	哒草特	Pyridate	0.05		不得检出	日本肯定列表
303	嘧霉胺	Pyrimethanil	0.05		不得检出	GB/T 20772
304	吡丙醚	Pyriproxyfen	0.05		不得检出	GB/T 20772
305	甲氧磺草胺	Pyroxsulam	0.01		不得检出	SN/T 2325
306	氯甲喹啉酸	Quinmerac	0.05		不得检出	参照同类标准

序号	农兽药中文名	农兽药英文名	欧盟标准限量要求 mg/kg	国家标准限量要求 mg/kg	三安超有机食品标准	
					限量要求 mg/kg	检测方法
307	喹氧灵	Quinoxyfen	0.02		不得检出	SN/T 2319
308	五氯硝基苯	Quintozene	0.01	0.03	不得检出	GB/T 19650
309	精喹禾灵	Quizalofop - *P* - ethyl	0.05		不得检出	SN/T 2150
310	灭虫菊	Resmethrin	0.1		不得检出	GB/T 20772
311	鱼藤酮	Rotenone	0.01		不得检出	GB/T 20772
312	西玛津	Simazine	0.01		不得检出	GB/T 19650
313	乙基多杀菌素	Spinetoram	0.01		不得检出	参照同类标准
314	多杀霉素	Spinosad	0.2		不得检出	GB/T 20772
315	螺螨酯	Spirodiclofen	0.02		不得检出	GB/T 20772
316	螺甲螨酯	Spiromesifen	0.01		不得检出	GB/T 23210
317	螺虫乙酯	Spirotetramat	0.01		不得检出	参照同类标准
318	葚孢菌素	Spiroxamine	0.05		不得检出	GB/T 20772
319	磺草酮	Sulcotrione	0.05		不得检出	参照同类标准
320	乙黄隆	Sulfosulfuron	0.05		不得检出	SN/T 2325
321	硫磺粉	Sulfur	0.5		不得检出	参照同类标准
322	氟胺氰菊酯	Tau - fluvalinate	0.01		不得检出	SN 0691
323	戊唑醇	Tebuconazole	0.1		不得检出	GB/T 20772
324	虫酰肼	Tebufenozide	0.05		不得检出	GB/T 20772
325	吡螨胺	Tebufenpyrad	0.05		不得检出	GB/T 20772
326	四氯硝基苯	Tecnazene	0.05		不得检出	GB/T 19650
327	氟苯脲	Teflubenzuron	0.05		不得检出	SN/T 2150
328	七氟菊酯	Tefluthrin	0.05		不得检出	GB/T 23210
329	得杀草	Tepraloxydim	0.2		不得检出	GB/T 20772
330	特丁硫磷	Terbufos	0.01		不得检出	GB/T 20772
331	特丁津	Terbuthylazine	0.05		不得检出	GB/T 20772
332	四氟醚唑	Tetraconazole	0.02		不得检出	GB/T 20772
333	四环素	Tetracycline	0.2		不得检出	GB/T 21317
334	三氯杀螨砜	Tetradifon	0.05		不得检出	GB/T 19650
335	噻菌灵	Thiabendazole	0.1		不得检出	GB/T 20772
336	噻虫啉	Thiacloprid	0.01		不得检出	GB/T 20772
337	噻虫嗪	Thiamethoxam	0.01		不得检出	GB/T 20772
338	禾草丹	Thiobencarb	0.01		不得检出	GB/T 20772
339	甲基硫菌灵	Thiophanate - methyl	0.05		不得检出	SN/T 0162
340	甲基立枯磷	Tolclofos - methyl	0.05		不得检出	GB/T 19650
341	甲苯氟磺胺	Tolylfluanid	0.1		不得检出	GB/T 19650
342	—	Topramezone	0.01		不得检出	参照同类标准
343	三唑酮和三唑醇	Triadimefon and triadimenol	0.1		不得检出	GB/T 20772
344	野麦畏	Triallate	0.05		不得检出	GB/T 20772
345	醚苯磺隆	Triasulfuron	0.05		不得检出	GB/T 20772

序号	农兽药中文名	农兽药英文名	欧盟标准限量要求 mg/kg	国家标准限量要求 mg/kg	三安超有机食品标准	
					限量要求 mg/kg	检测方法
346	三唑磷	Triazophos	0.01		不得检出	GB/T 20772
347	敌百虫	Trichlorphon	0.01		不得检出	GB/T 20772
348	绿草定	Triclopyr	0.05		不得检出	SN/T 2228
349	三环唑	Tricyclazole	0.05		不得检出	GB/T 20769
350	十三吗啉	Tridemorph	0.01		不得检出	GB/T 20772
351	肟菌酯	Trifloxystrobin	0.04		不得检出	GB/T 19650
352	氟菌唑	Triflumizole	0.05		不得检出	GB/T 20769
353	杀铃脲	Triflumuron	0.01		不得检出	GB/T 20772
354	氟乐灵	Trifluralin	0.01		不得检出	GB/T 20772
355	嗪氨灵	Triforine	0.01		不得检出	SN 0695
356	三甲基锍阳离子	Trimethyl - sulfonium cation	0.01		不得检出	参照同类标准
357	抗倒酯	Trinexapac	0.05		不得检出	GB/T 20769
358	灭菌唑	Triticonazole	0.01		不得检出	GB/T 20772
359	三氟甲磺隆	Tritosulfuron	0.01		不得检出	参照同类标准
360	泰乐霉素	Tylosin	0.2		不得检出	GB/T 22941
361	—	Valifenalate	0.01		不得检出	参照同类标准
362	乙烯菌核利	Vinclozolin	0.05		不得检出	GB/T 20772
363	2,4,5 - 涕	2,4,5 - T			不得检出	GB/T 20772
364	乙酰丙嗪	Acepromazine			不得检出	GB/T 20763
365	三氟羧草醚	Acifluorfen			不得检出	GB/T 20772
366	1 - 氨基 - 2 - 乙内酰脲	AHD			不得检出	GB/T 21311
367	涕灭砜威	Aldoxycarb			不得检出	GB/T 20772
368	烯丙菊酯	Allethrin			不得检出	GB/T 20772
369	烯丙孕素	Altrenogest			不得检出	SN/T 1980
370	莠灭净	Ametryn			不得检出	GB/T 20772
371	杀草强	Amitrole			不得检出	SN/T 1737.6
372	5 - 吗啉甲基 - 3 - 氨基 - 2 - 噁唑烷基酮	AMOZ			不得检出	GB/T 21311
373	氨苄青霉素	Ampicillin			不得检出	GB/T 21315
374	氨丙嘧吡啶	Amprolium			不得检出	SN/T 0276
375	3 - 氨基 - 2 - 噁唑酮	AOZ			不得检出	GB/T 21311
376	安普霉素	Apramycin			不得检出	GB/T 21323
377	羟氨卡青霉素	Aspoxicillin			不得检出	GB/T 21315
378	莠去津	Atrazine			不得检出	GB/T 20772
379	甲基吡噁磷	Azamethiphos			不得检出	GB/T 20763
380	氮哌酮	Azaperone			不得检出	SN/T 2221
381	四唑嘧磺隆	Azimsulfuron			不得检出	SN/T 2325
382	杆菌肽	Bacitracin			不得检出	GB/T 20743
383	噁虫威	Bendiocarb			不得检出	GB/T 20772

序号	农兽药中文名	农兽药英文名	欧盟标准限量要求 mg/kg	国家标准限量要求 mg/kg	三安超有机食品标准	
					限量要求 mg/kg	检测方法
384	乙丁氟灵	Benfluralin			不得检出	GB/T 19650
385	苄青霉素	Benzyl pencillin			不得检出	GB/T 21315
386	倍他米松	Betamethasone			不得检出	SN/T 1970
387	生物苄呋菊酯	Bioresmethrin			不得检出	GB/T 20772
388	除草定	Bromacil			不得检出	GB/T 20772
389	乙基溴硫磷	Bromophos – ethyl			不得检出	GB/T 20772
390	溴苯腈	Bromoxynil			不得检出	GB/T 20772
391	氟丙嘧草酯	Butafenacil			不得检出	GB/T 20772
392	毒杀芬	Camphechlor			不得检出	YC/T 180
393	角黄素	Canthaxanthin			不得检出	SN/T 2327
394	咔唑心安	Carazolol			不得检出	GB/T 20763
395	卡巴氧	Carbadox			不得检出	GB/T 20746
396	多菌灵	Carbendazim			不得检出	GB/T 20772
397	唑草酮	Carfentrazone – ethyl			不得检出	GB/T 19650
398	卡洛芬	Carprofen			不得检出	SN/T 2190
399	头孢洛宁	Cefalonium			不得检出	GB/T 22989
400	头孢匹林	Cefapirin			不得检出	GB/T 22989
401	头孢喹肟	Cefquinome			不得检出	GB/T 22989
402	头孢噻呋	Ceftiofur			不得检出	GB/T 21314
403	头孢氨苄	Cefalexin			不得检出	GB/T 22989
404	氯霉素	Chloramphenicolum			不得检出	GB/T 20772
405	溴虫腈	Chlorfenapyr			不得检出	GB/T 19650
406	氟啶脲	Chlorfluazuron			不得检出	SN/T 2540
407	氯地孕酮	Chlormadinone			不得检出	SN/T 1980
408	醋酸氯地孕酮	Chlormadinone acetate			不得检出	GB/T 20753
409	氯苯甲醚	Chloroneb			不得检出	GB/T 19650
410	氯丙嗪	Chlorpromazine			不得检出	GB/T 20763
411	氯苯胺灵	Chlorpropham			不得检出	GB/T 19650
412	乙菌利	Chlozolinate			不得检出	GB/T 19650
413	克仑特罗	Clenbuterol			不得检出	GB/T 22286
414	异噁草酮	Clomazone			不得检出	GB/T 20772
415	氯羟吡啶	Clopidol			不得检出	GB 29700
416	解草酯	Cloquintocet – mexyl			不得检出	GB/T 20772
417	邻氯青霉素	Cloxacillin			不得检出	GB/T 18932.25
418	蝇毒磷	Coumaphos			不得检出	GB/T 20772
419	氰霜唑	Cyazofamid			不得检出	GB/T 23211
420	氰氟草酯	Cyhalofop – butyl			不得检出	GB/T 23210
421	达氟沙星	Danofloxacin			不得检出	GB/T 22985
422	癸氧喹酯	Decoquinate			不得检出	SN/T 2444

序号	农兽药中文名	农兽药英文名	欧盟标准限量要求 mg/kg	国家标准限量要求 mg/kg	三安超有机食品标准	
					限量要求 mg/kg	检测方法
423	地塞米松	Dexamethasone			不得检出	SN/T 1970
424	敌菌净	Diaveridine			不得检出	SN/T 1926
425	驱虫特	Dibutyl succinate			不得检出	GB/T 20772
426	敌敌畏	Dichlorvos			不得检出	GB/T 20772
427	禾草灵	Diclofop - methyl			不得检出	GB/T 19650
428	双氯青霉素	Dicloxacillin			不得检出	GB/T 18932. 25
429	己烯雌酚	Diethylstilbestrol			不得检出	GB/T 20766
430	双氟沙星	Difloxacin			不得检出	GB/T 20366
431	二氢链霉素	Dihydro - streptomycin			不得检出	GB/T 22969
432	乐果	Dimethoate			不得检出	GB/T 20772
433	地美硝唑	Dimetridazole			不得检出	GB/T 21318
434	二硝托安	Dinitolmide			不得检出	SN/T 2453
435	呋虫胺	Dinotefuran			不得检出	GB/T 20772
436	二苯胺	Diphenylamine			不得检出	GB/T 20772
437	多拉菌素	Doramectin			不得检出	GB/T 22968
438	强力霉素	Doxycycline			不得检出	GB/T 20764
439	恩诺沙星	Enrofloxacin			不得检出	GB/T 20366
440	埃普利诺菌素	Eprinomectin			不得检出	GB/T 21320
441	伐灭磷	Famphur			不得检出	GB/T 20772
442	苯硫苯咪唑	Fenbendazole			不得检出	SN 0638
443	仲丁威	Fenobucarb			不得检出	GB/T 20772
444	甲氰菊酯	Fenpropathrin			不得检出	GB/T 19650
445	氰戊菊酯	Fenvalerate			不得检出	GB/T 19650
446	麦草氟甲酯	Flamprop - methyl			不得检出	GB/T 20772
447	嘧啶磺隆	Flazasulfuron			不得检出	SN/T 2325
448	氟苯尼考	Florfenicol			不得检出	GB/T 20756
449	吡氟禾草灵	Fluazifop - butyl			不得检出	GB/T 19650
450	啶蜱脲	Fluazuron			不得检出	SN/T 2540
451	氟噻草胺	Flufenacet			不得检出	GB/T 19650
452	唑嘧磺草胺	Flumetsulam			不得检出	GB/T 20772
453	氟烯草酸	Flumiclorac			不得检出	GB/T 19650
454	丙炔氟草胺	Flumioxazin			不得检出	GB/T 19650
455	氟胺烟酸	Flunixin			不得检出	GB/T 20750
456	乙羧氟草醚	Fluoroglycofen - ethyl			不得检出	GB/T 20772
457	氟啶草酮	Fluridone			不得检出	GB/T 20772
458	呋草酮	Flurtamone			不得检出	GB/T 20772
459	灭菌丹	Folpet			不得检出	SN/T 2320
460	安果	Formothion			不得检出	GB/T 19650
461	庆大霉素	Gentamicin			不得检出	GB/T 21323

序号	农兽药中文名	农兽药英文名	欧盟标准限量要求 mg/kg	国家标准限量要求 mg/kg	三安超有机食品标准	
					限量要求 mg/kg	检测方法
462	氟哌啶醇	Haloperidol			不得检出	GB/T 20763
463	己唑醇	Hexaconazole			不得检出	GB/T 19650
464	环嗪酮	Hexazinone			不得检出	GB/T 20772
465	氢氰酸	Hydrogen cyanide			不得检出	GB/T 15665
466	咪唑磺隆	Imazosulfuron			不得检出	SN/T 2325
467	甲基碘磺隆	Iodosulfuron – methyl			不得检出	GB/T 20772
468	氮氨菲啶	Isometamidium			不得检出	SN/T 2239
469	异噁氟草	Isoxaflutole			不得检出	GB/T 20772
470	依维菌素	Ivermectin			不得检出	GB/T 21320
471	交沙霉素	Josamycin			不得检出	GB/T 20762
472	卡那霉素	Kanamycin			不得检出	GB/T 21323
473	左旋咪唑	Levamisole			不得检出	SN 0349
474	利谷隆	Linuron			不得检出	GB/T 20772
475	麻保沙星	Marbofloxacin			不得检出	GB/T 22985
476	甲苯咪唑	Mebendazole			不得检出	GB/T 21324
477	灭蚜磷	Mecarbam			不得检出	GB/T 20772
478	二甲四氯丙酸	Mecoprop			不得检出	GB/T 20772
479	吡唑解草酯	Mefenpyr – diethyl			不得检出	GB/T 20772
480	醋酸甲地孕酮	Megestrol acetate			不得检出	GB/T 20753
481	醋酸美仑孕酮	Melengestrol acetate			不得检出	GB/T 20753
482	嘧菌胺	Mepanipyrim			不得检出	GB/T 20772
483	灭锈胺	Mepronil			不得检出	GB/T 20772
484	硝磺草酮	Mesotrione			不得检出	参照同类标准
485	异丙甲草胺和 S – 异丙甲草胺	Metolachlor and S – metolachlor			不得检出	GB/T 19650
486	甲基泼尼松龙	Methylprednisolone			不得检出	GB/T 21981
487	甲氧氯普胺	Metoclopramide			不得检出	SN/T 2227
488	甲硝唑	Metronidazole			不得检出	GB/T 21318
489	甲磺隆	Metsulfuron – methyl			不得检出	SN/T 2325
490	速灭磷	Mevinphos			不得检出	GB/T 20772
491	禾草敌	Molinate			不得检出	GB/T 20772
492	莫能菌素	Monensin			不得检出	SN 0698
493	莫西丁克	Moxidectin			不得检出	SN/T 2442
494	萘夫西林	Nafcillin			不得检出	GB/T 22975
495	二溴磷	Naled			不得检出	SN/T 0706
496	甲基盐霉素	Narasin			不得检出	GB/T 20364
497	三氯甲基吡啶	Nitrapyrin			不得检出	GB/T 19650
498	诺氟沙星	Norfloxacin			不得检出	GB/T 20366
499	氟草敏	Norflurazon			不得检出	GB/T 20772

序号	农兽药中文名	农兽药英文名	欧盟标准限量要求 mg/kg	国家标准限量要求 mg/kg	三安超有机食品标准	
					限量要求 mg/kg	检测方法
500	新生霉素	Novobiocin			不得检出	SN 0646
501	氧氟沙星	Ofloxacin			不得检出	GB/T 20366
502	喹乙醇	Olaquindox			不得检出	GB/T 20746
503	竹桃霉素	Oleandomycin			不得检出	GB/T 20762
504	氧乐果	Omethoate			不得检出	GB/T 20772
505	奥比沙星	Orbifloxacin			不得检出	GB/T 22985
506	苯唑青霉素	Oxacillin			不得检出	GB/T 18932.25
507	杀线威	Oxamyl			不得检出	GB/T 20772
508	奥芬达唑	Oxfendazole			不得检出	GB/T 22972
509	丙氧苯咪唑	Oxibendazole			不得检出	GB/T 21324
510	喹菌酮	Oxolinic acid			不得检出	日本肯定列表
511	磷胺	Phosphamidon			不得检出	GB/T 20772
512	氟吡酰草胺	Picolinafen			不得检出	GB/T 20772
513	增效醚	Piperonyl butoxide			不得检出	GB/T 20772
514	吡利霉素	Pirlimycin			不得检出	GB/T 22988
515	泼尼松龙	Prednisolone			不得检出	GB/T 21981
516	扑草净	Prometryne			不得检出	GB/T 20772
517	敌稗	Propanil			不得检出	GB/T 20772
518	胺丙畏	Propetamphos			不得检出	GB/T 20772
519	丙酰二甲氨基丙吩噻嗪	Propionylpromazin			不得检出	GB/T 20763
520	吡草醚	Pyraflufen - ethyl			不得检出	GB/T 19650
521	喹硫磷	Quinalphos			不得检出	GB/T 19650
522	莱克多巴胺	Ractopamine			不得检出	GB/T 21313
523	洛硝达唑	Ronidazole			不得检出	GB/T 21318
524	盐霉素	Salinomycin			不得检出	GB/T 20364
525	沙拉沙星	Sarafloxacin			不得检出	GB/T 20366
526	氨基脲	Semduramicin			不得检出	GB/T 20752
527	烯禾啶	Sethoxydim			不得检出	GB/T 19650
528	壮观霉素	Spectinomycin			不得检出	GB/T 21323
529	螺旋霉素	Spiramycin			不得检出	GB/T 20762
530	链霉素	Streptomycin			不得检出	GB/T 21323
531	磺胺苯酰	Sulfabenzamide			不得检出	GB/T 21316
532	磺胺醋酰	Sulfacetamide			不得检出	GB/T 21316
533	磺胺氯哒嗪	Sulfachloropyridazine			不得检出	GB/T 21316
534	磺胺嘧啶	Sulfadiazine			不得检出	GB/T 21316
535	磺胺间二甲氧嘧啶	Sulfadimethoxine			不得检出	GB/T 21316
536	磺胺二甲嘧啶	Sulfadimidine			不得检出	GB/T 21316
537	磺胺多辛	Sulfadoxine			不得检出	GB/T 21316
538	磺胺胍	Sulfaguanidine			不得检出	GB/T 21316

序号	农兽药中文名	农兽药英文名	欧盟标准限量要求 mg/kg	国家标准限量要求 mg/kg	三安超有机食品标准	
					限量要求 mg/kg	检测方法
539	磺胺甲嘧啶	Sulfamerazine			不得检出	GB/T 21316
540	新诺明	Sulfamethoxazole			不得检出	GB/T 21316
541	磺胺间甲氧嘧啶	Sulfamonomethoxine			不得检出	GB/T 21316
542	乙酰磺胺对硝基苯	Sulfanitran			不得检出	GB/T 20772
543	磺胺吡啶	Sulfapyridine			不得检出	GB/T 21316
544	磺胺喹沙啉	Sulfaquinoxaline			不得检出	GB/T 21316
545	磺胺噻唑	Sulfathiazole			不得检出	GB/T 21316
546	丁噻隆	Tebuthiuron			不得检出	GB/T 20772
547	双硫磷	Temephos			不得检出	GB/T 20772
548	特普	TEPP			不得检出	GB/T 20772
549	特丁净	Terbutryn			不得检出	GB/T 20772
550	杀虫畏	Tetrachlorvinphos			不得检出	GB/T 20772
551	甲砜霉素	Thiamphenicol			不得检出	GB/T 20756
552	噻苯隆	Thidiazuron			不得检出	GB/T 20772
553	噻吩磺隆	Thifensulfuron – methyl			不得检出	GB/T 20772
554	甲基乙拌磷	Thiometon			不得检出	GB/T 20772
555	福美双	Thiram			不得检出	SN/T 0525
556	替米考星	Tilmicosin			不得检出	GB/T 20762
557	硫普罗宁	Tiopronin			不得检出	SN/T 2225
558	三甲苯草酮	Tralkoxydim			不得检出	GB/T 19650
559	四溴菊酯	Tralomethrin			不得检出	SN/T 2320
560	群勃龙	Trenbolone			不得检出	GB/T 21981
561	苯磺隆	Tribenuron – methyl			不得检出	GB/T 23210
562	甲氧苄氨嘧啶	Trimethoprim			不得检出	SN/T 1769
563	维吉尼霉素	Virginiamycin			不得检出	GB/T 20765
564	杀鼠灵	War farin			不得检出	GB/T 20772
565	甲苯噻嗪	Xylazine			不得检出	GB/T 20763
566	右环十四酮酚	Zeranol			不得检出	GB/T 21982
567	苯酰菌胺	Zoxamide			不得检出	GB/T 19650

16.3　鹅蛋　Goose Egg

序号	农兽药中文名	农兽药英文名	欧盟标准限量要求 mg/kg	国家标准限量要求 mg/kg	三安超有机食品标准	
					限量要求 mg/kg	检测方法
1	1,1 – 二氯 – 2,2 – 二(4 – 乙苯)乙烷	1,1 – Dichloro – 2,2 – bis(4 – ethylphenyl) ethane	0.01		不得检出	日本肯定列表(增补本 1)
2	1,2 – 二氯乙烷	1,2 – Dichloroethane	0.1		不得检出	SN/T 2238
3	1,3 – 二氯丙烯	1,3 – Dichloropropene	0.01		不得检出	SN/T 2238
4	1 – 萘乙酸	1 – Naphthylacetic acid	0.05		不得检出	SN/T 2228

序号	农兽药中文名	农兽药英文名	欧盟标准限量要求 mg/kg	国家标准限量要求 mg/kg	三安超有机食品标准	
					限量要求 mg/kg	检测方法
5	2,4-滴丁酸	2,4-DB	0.05		不得检出	GB/T 20769
6	2,4-滴	2,4-D	0.01		不得检出	GB/T 20772
7	2-苯酚	2-Phenylphenol	0.05		不得检出	GB/T 19650
8	阿维菌素	Abamectin	0.01		不得检出	SN/T 2661
9	乙酰甲胺磷	Acephate	0.02		不得检出	GB/T 20772
10	灭螨醌	Acequinocyl	0.01		不得检出	参照同类标准
11	啶虫脒	Acetamiprid	0.05		不得检出	GB/T 20772
12	乙草胺	Acetochlor	0.01		不得检出	GB/T 19650
13	苯并噻二唑	Acibenzolar-*S*-methyl	0.02		不得检出	GB/T 20772
14	苯草醚	Aclonifen	0.02		不得检出	GB/T 20772
15	氟丙菊酯	Acrinathrin	0.05		不得检出	GB/T 19648
16	甲草胺	Alachlor	0.01		不得检出	GB/T 20772
17	涕灭威	Aldicarb	0.01		不得检出	GB/T 20772
18	艾氏剂和狄氏剂	Aldrin and dieldrin	0.02	0.1 和 0.1	不得检出	GB/T 19650
19	—	Ametoctradin	0.03		不得检出	参照同类标准
20	酰嘧磺隆	Amidosulfuron	0.02		不得检出	参照同类标准
21	氯氨吡啶酸	Aminopyralid	0.01		不得检出	GB/T 23211
22	—	Amisulbrom	0.01		不得检出	参照同类标准
23	双甲脒	Amitraz	0.01		不得检出	GB/T 19650
24	敌菌灵	Anilazine	0.01		不得检出	GB/T 20769
25	杀螨特	Aramite	0.01		不得检出	GB/T 19650
26	磺草灵	Asulam	0.05		不得检出	日本肯定列表(增补本1)
27	印楝素	Azadirachtin	0.01		不得检出	SN/T 3264
28	益棉磷	Azinphos-ethyl	0.01		不得检出	GB/T 20772
29	保棉磷	Azinphos-methyl	0.01		不得检出	GB/T 20772
30	三唑锡和三环锡	Azocyclotin and cyhexatin	0.05		不得检出	SN/T 1990
31	嘧菌酯	Azoxystrobin	0.05		不得检出	GB/T 20772
32	燕麦灵	Barban	0.05		不得检出	参照同类标准
33	氟丁酰草胺	Beflubutamid	0.05		不得检出	参照同类标准
34	苯霜灵	Benalaxyl	0.05		不得检出	GB/T 20772
35	丙硫克百威	Benfuracarb	0.02		不得检出	参照同类标准
36	联苯肼酯	Bifenazate	0.01		不得检出	GB/T 20772
37	甲羧除草醚	Bifenox	0.05		不得检出	GB/T 23210
38	联苯菊酯	Bifenthrin	0.01		不得检出	GB/T 19650
39	乐杀螨	Binapacryl	0.01		不得检出	SN 0523
40	联苯	Biphenyl	0.01		不得检出	GB/T 19650
41	联苯三唑醇	Bitertanol	0.05		不得检出	GB/T 20772
42	—	Bixafen	0.02		不得检出	参照同类标准

序号	农兽药中文名	农兽药英文名	欧盟标准限量要求 mg/kg	国家标准限量要求 mg/kg	三安超有机食品标准	
					限量要求 mg/kg	检测方法
43	啶酰菌胺	Boscalid	0.05		不得检出	GB/T 20772
44	溴离子	Bromide ion	0.05		不得检出	GB/T 5009.167
45	溴螨酯	Bromopropylate	0.01		不得检出	GB/T 19650
46	糠菌唑	Bromuconazole	0.05		不得检出	GB/T 20772
47	乙嘧酚磺酸酯	Bupirimate	0.05		不得检出	GB/T 20772
48	噻嗪酮	Buprofezin	0.05		不得检出	GB/T 20772
49	仲丁灵	Butralin	0.02		不得检出	GB/T 20772
50	丁草敌	Butylate	0.01		不得检出	GB/T 20772
51	硫线磷	Cadusafos	0.01		不得检出	GB/T 19650
52	敌菌丹	Captafol	0.01		不得检出	SN/T 2320
53	克菌丹	Captan	0.02		不得检出	SN/T 2320
54	甲萘威	Carbaryl	0.05		不得检出	GB/T 20796
55	多菌灵和苯菌灵	Carbendazim and benomyl	0.05		不得检出	GB/T 20772
56	长杀草	Carbetamide	0.05		不得检出	GB/T 20772
57	克百威	Carbofuran	0.01		不得检出	GB/T 20772
58	丁硫克百威	Carbosulfan	0.05		不得检出	GB/T 19650
59	萎锈灵	Carboxin	0.05		不得检出	GB/T 20772
60	氯虫苯甲酰胺	Chlorantraniliprole	0.1		不得检出	参照同类标准
61	杀螨醚	Chlorbenside	0.05		不得检出	GB/T 19650
62	氯炔灵	Chlorbufam	0.05		不得检出	GB/T 20772
63	氯丹	Chlordane	0.005	0.02	不得检出	GB/T 5009.19
64	十氯酮	Chlordecone	0.02		不得检出	参照同类标准
65	杀螨酯	Chlorfenson	0.05		不得检出	GB/T 19650
66	毒虫畏	Chlorfenvinphos	0.01		不得检出	GB/T 19650
67	氯草敏	Chloridazon	0.05		不得检出	GB/T 20772
68	矮壮素	Chlormequat	0.05		不得检出	GB/T 23211
69	乙酯杀螨醇	Chlorobenzilate	0.1		不得检出	GB/T 19650
70	百菌清	Chlorothalonil	0.01		不得检出	SN/T 2320
71	绿麦隆	Chlortoluron	0.05		不得检出	GB/T 20772
72	枯草隆	Chloroxuron	0.05		不得检出	SN/T 2150
73	毒死蜱	Chlorpyrifos	0.01		不得检出	GB/T 20772
74	甲基毒死蜱	Chlorpyrifos - methyl	0.01		不得检出	GB/T 20772
75	氯磺隆	Chlorsulfuron	0.01		不得检出	GB/T 20772
76	氯酞酸甲酯	Chlorthaldimethyl	0.01		不得检出	GB/T 19650
77	氯硫酰草胺	Chlorthiamid	0.02		不得检出	GB/T 20772
78	烯草酮	Clethodim	0.05		不得检出	GB/T 20772
79	炔草酯	Clodinafop - propargyl	0.02		不得检出	GB/T 19650
80	四螨嗪	Clofentezine	0.02		不得检出	GB/T 20772
81	二氯吡啶酸	Clopyralid	0.05		不得检出	SN/T 2228

序号	农兽药中文名	农兽药英文名	欧盟标准限量要求 mg/kg	国家标准限量要求 mg/kg	三安超有机食品标准	
					限量要求 mg/kg	检测方法
82	噻虫胺	Clothianidin	0.01		不得检出	GB/T 20772
83	铜化合物	Copper compounds	2		不得检出	参照同类标准
84	环烷基酰苯胺	Cyclanilide	0.01		不得检出	参照同类标准
85	噻草酮	Cycloxydim	0.05		不得检出	GB/T 20772
86	环氟菌胺	Cyflufenamid	0.03		不得检出	GB/T 23210
87	氟氯氰菊酯和高效氟氯氰菊酯	Cyfluthrin and beta - cyfluthrin	0.02		不得检出	GB/T 19650
88	霜脲氰	Cymoxanil	0.05		不得检出	GB/T 20772
89	氯氰菊酯和高效氯氰菊酯	Cypermethrin and beta - cypermethrin	0.05		不得检出	GB/T 19650
90	环丙唑醇	Cyproconazole	0.05		不得检出	GB/T 19650
91	嘧菌环胺	Cyprodinil	0.05		不得检出	GB/T 19650
92	灭蝇胺	Cyromazine	0.2		不得检出	GB/T 20772
93	丁酰肼	Daminozide	0.05		不得检出	SN/T 1989
94	滴滴涕	DDT	0.05	0.1	不得检出	SN/T 0127
95	溴氰菊酯	Deltamethrin	0.05		不得检出	GB/T 19650
96	燕麦敌	Diallate	0.2		不得检出	GB/T 23211
97	二嗪磷	Diazinon	0.02		不得检出	GB/T 20772
98	麦草畏	Dicamba	0.05		不得检出	GB/T 20772
99	敌草腈	Dichlobenil	0.01		不得检出	GB/T 19650
100	滴丙酸	Dichlorprop	0.05		不得检出	SN/T 2228
101	二氯苯氧基丙酸	Diclofop	0.01		不得检出	参照同类标准
102	氯硝胺	Dicloran	0.01		不得检出	GB/T 20772
103	三氯杀螨醇	Dicofol	0.05		不得检出	GB/T 19650
104	乙霉威	Diethofencarb	0.05		不得检出	GB/T 20772
105	苯醚甲环唑	Difenoconazole	0.05		不得检出	GB/T 19650
106	除虫脲	Diflubenzuron	0.05		不得检出	SN/T 0528
107	吡氟酰草胺	Diflufenican	0.05		不得检出	GB/T 20772
108	油菜安	Dimethachlor	0.02		不得检出	GB/T 20772
109	烯酰吗啉	Dimethomorph	0.05		不得检出	GB/T 20772
110	醚菌胺	Dimoxystrobin	0.05		不得检出	SN/T 2237
111	烯唑醇	Diniconazole	0.01		不得检出	GB/T 20772
112	敌螨普	Dinocap	0.05		不得检出	日本肯定列表（增补本 1）
113	地乐酚	Dinoseb	0.01		不得检出	GB/T 20772
114	特乐酚	Dinoterb	0.05		不得检出	GB/T 20772
115	敌噁磷	Dioxathion	0.05		不得检出	GB/T 19650
116	敌草快	Diquat	0.05		不得检出	GB/T 5009.221
117	乙拌磷	Disulfoton	0.01		不得检出	GB/T 20772

序号	农兽药中文名	农兽药英文名	欧盟标准限量要求 mg/kg	国家标准限量要求 mg/kg	三安超有机食品标准	
					限量要求 mg/kg	检测方法
118	二氰蒽醌	Dithianon	0.01		不得检出	GB/T 20769
119	二硫代氨基甲酸酯	Dithiocarbamates	0.05		不得检出	SN 0139
120	敌草隆	Diuron	0.05		不得检出	GB/T 20772
121	二硝甲酚	DNOC	0.05		不得检出	GB/T 20772
122	多果定	Dodine	0.2		不得检出	SN 0500
123	甲氨基阿维菌素苯甲酸盐	Emamectin benzoate	0.01		不得检出	GB/T 20769
124	硫丹	Endosulfan	0.05	0.03	不得检出	GB/T 19650
125	异狄氏剂	Endrin	0.005		不得检出	GB/T 19650
126	氟环唑	Epoxiconazole	0.02		不得检出	GB/T 20772
127	茵草敌	EPTC	0.02		不得检出	GB/T 20772
128	乙丁烯氟灵	Ethalfluralin	0.01		不得检出	GB/T 19650
129	胺苯磺隆	Ethametsulfuron	0.01		不得检出	NY/T 1616
130	乙烯利	Ethephon	0.05		不得检出	SN 0705
131	乙硫磷	Ethion	0.01		不得检出	GB/T 19650
132	乙嘧酚	Ethirimol	0.05		不得检出	GB/T 20772
133	乙氧呋草黄	Ethofumesate	0.1		不得检出	GB/T 20772
134	灭线磷	Ethoprophos	0.01		不得检出	GB/T 20772
135	乙氧喹啉	Ethoxyquin	0.05		不得检出	GB/T 20772
136	环氧乙烷	Ethylene oxide	0.02		不得检出	GB/T 23296.11
137	醚菊酯	Etofenprox	0.01		不得检出	GB/T 20772
138	乙螨唑	Etoxazole	0.01		不得检出	GB/T 19650
139	氯唑灵	Etridiazole	0.05		不得检出	GB/T 20772
140	噁唑菌酮	Famoxadone	0.05		不得检出	GB/T 20772
141	咪唑菌酮	Fenamidone	0.01		不得检出	GB/T 19650
142	苯线磷	Fenamiphos	0.01		不得检出	GB/T 19650
143	氯苯嘧啶醇	Fenarimol	0.02		不得检出	GB/T 20772
144	喹螨醚	Fenazaquin	0.01		不得检出	GB/T 20772
145	腈苯唑	Fenbuconazole	0.05		不得检出	GB/T 20772
146	苯丁锡	Fenbutatin oxide	0.05		不得检出	SN/T 3149
147	环酰菌胺	Fenhexamid	0.05		不得检出	GB/T 20772
148	杀螟硫磷	Fenitrothion	0.01		不得检出	GB/T 20772
149	精噁唑禾草灵	Fenoxaprop – *P* – ethyl	0.05		不得检出	GB 22617
150	双氧威	Fenoxycarb	0.05		不得检出	GB/T 20772
151	苯锈啶	Fenpropidin	0.02		不得检出	GB/T 20772
152	丁苯吗啉	Fenpropimorph	0.01		不得检出	GB/T 20772
153	胺苯吡菌酮	Fenpyrazamine	0.01		不得检出	参照同类标准
154	唑螨酯	Fenpyroximate	0.01		不得检出	GB/T 20772
155	倍硫磷	Fenthion	0.01		不得检出	GB/T 20772
156	三苯锡	Fentin	0.05		不得检出	SN/T 3149

序号	农兽药中文名	农兽药英文名	欧盟标准限量要求 mg/kg	国家标准限量要求 mg/kg	三安超有机食品标准	
					限量要求 mg/kg	检测方法
157	薯瘟锡	Fentin acetate	0.05		不得检出	参照同类标准
158	氰戊菊酯和高效氰戊菊酯(RR & SS 异构体总量)	Fenvalerate and esfenvalerate (sum of RR & SS isomers)	0.02		不得检出	GB/T 19650
159	氰戊菊酯和高效氰戊菊酯(RS & SR 异构体总量)	Fenvalerate and esfenvalerate (sum of RS & SR isomers)	0.02		不得检出	GB/T 19650
160	氟虫腈	Fipronil	0.02		不得检出	SN/T 1982
161	氟啶虫酰胺	Flonicamid	0.05		不得检出	SN/T 2796
162	精吡氟禾草灵	Fluazifop - *P* - butyl	0.05		不得检出	GB/T 5009.142
163	氟啶胺	Fluazinam	0.05		不得检出	SN/T 2150
164	氟苯虫酰胺	Flubendiamide	0.01		不得检出	SN/T 2581
165	氟环脲	Flucycloxuron	0.05		不得检出	参照同类标准
166	氟氰戊菊酯	Flucythrinate	0.05		不得检出	GB/T 23210
167	咯菌腈	Fludioxonil	0.05		不得检出	GB/T 20772
168	氟虫脲	Flufenoxuron	0.05		不得检出	SN/T 2150
169	—	Flufenzin	0.02		不得检出	参照同类标准
170	氟吡菌胺	Fluopicolide	0.01		不得检出	参照同类标准
171	—	Fluopyram	0.15		不得检出	参照同类标准
172	氟离子	Fluoride ion	0.2		不得检出	GB/T 5009.167
173	氟腈嘧菌酯	Fluoxastrobin	0.01		不得检出	SN/T 2237
174	氟喹唑	Fluquinconazole	0.02		不得检出	GB/T 19650
175	氟咯草酮	Fluorochloridone	0.05		不得检出	GB/T 20772
176	氟草烟	Fluroxypyr	0.05		不得检出	GB/T 20772
177	氟硅唑	Flusilazole	0.05		不得检出	GB/T 20772
178	氟酰胺	Flutolanil	0.05		不得检出	GB/T 20772
179	粉唑醇	Flutriafol	0.01		不得检出	GB/T 20772
180	—	Fluxapyroxad	0.003		不得检出	参照同类标准
181	氟磺胺草醚	Fomesafen	0.01		不得检出	GB/T 5009.130
182	氯吡脲	Forchlorfenuron	0.05		不得检出	SN/T 3643
183	伐虫脒	Formetanate	0.01		不得检出	NY/T 1453
184	三乙膦酸铝	Fosetyl - aluminium	0.1		不得检出	参照同类标准
185	麦穗宁	Fuberidazole	0.05		不得检出	GB/T 20772
186	呋线威	Furathiocarb	0.01		不得检出	GB/T 20772
187	糠醛	Furfural	1		不得检出	参照同类标准
188	勃激素	Gibberellic acid	0.1		不得检出	GB/T 23211
189	草胺膦	Glufosinate - ammonium	0.1		不得检出	日本肯定列表
190	草甘膦	Glyphosate	0.05		不得检出	SN/T 1923
191	双胍盐	Guazatine	0.1		不得检出	参照同类标准
192	氟吡禾灵	Haloxyfop	0.05		不得检出	SN/T 2228
193	七氯	Heptachlor	0.02	0.05	不得检出	GB/T 19650

序号	农兽药中文名	农兽药英文名	欧盟标准限量要求 mg/kg	国家标准限量要求 mg/kg	三安超有机食品标准	
					限量要求 mg/kg	检测方法
194	六氯苯	Hexachlorobenzene	0.02		不得检出	GB/T 19650
195	六六六(HCH)，α－异构体	Hexachlorociclohexane (HCH), alpha – isomer	0.02	0.1	不得检出	SN/T 0127
196	六六六(HCH)，β－异构体	Hexachlorociclohexane (HCH), beta – isomer	0.01	0.1	不得检出	SN/T 0127
197	噻螨酮	Hexythiazox	0.02		不得检出	GB/T 20772
198	噁霉灵	Hymexazol	0.05		不得检出	GB/T 20772
199	抑霉唑	Imazalil	0.05		不得检出	GB/T 20772
200	甲咪唑烟酸	Imazapic	0.01		不得检出	GB/T 20772
201	咪唑喹啉酸	Imazaquin	0.05		不得检出	GB/T 20772
202	吡虫啉	Imidacloprid	0.05		不得检出	GB/T 20772
203	茚虫威	Indoxacarb	0.02		不得检出	GB/T 20772
204	异菌脲	Iprodione	0.05		不得检出	GB/T 19650
205	稻瘟灵	Isoprothiolane	0.01		不得检出	GB/T 20772
206	异丙隆	Isoproturon	0.05		不得检出	GB/T 20772
207	—	Isopyrazam	0.01		不得检出	参照同类标准
208	异噁酰草胺	Isoxaben	0.01		不得检出	GB/T 20772
209	醚菌酯	Kresoxim – methyl	0.02		不得检出	GB/T 20772
210	乳氟禾草灵	Lactofen	0.01		不得检出	GB/T 20772
211	高效氯氟氰菊酯	Lambda – cyhalothrin	0.02		不得检出	GB/T 23210
212	环草定	Lenacil	0.1		不得检出	GB/T 19650
213	林丹	Lindane	0.01	0.1	不得检出	GB/T 19650
214	虱螨脲	Lufenuron	0.02		不得检出	SN/T 2540
215	马拉硫磷	Malathion	0.02		不得检出	GB/T 20772
216	抑芽丹	Maleic hydrazide	0.1		不得检出	GB/T 23211
217	双炔酰菌胺	Mandipropamid	0.02		不得检出	参照同类标准
218	二甲四氯和二甲四氯丁酸	MCPA and MCPB	0.05		不得检出	SN/T 2228
219	壮棉素	Mepiquat chloride	0.05		不得检出	GB/T 23211
220	—	Meptyldinocap	0.05		不得检出	参照同类标准
221	汞化合物	Mercury compounds	0.01		不得检出	参照同类标准
222	氰氟虫腙	Metaflumizone	0.02		不得检出	SN/T 3852
223	甲霜灵和精甲霜灵	Metalaxyl and metalaxyl – M	0.05		不得检出	GB/T 20772
224	四聚乙醛	Metaldehyde	0.05		不得检出	SN/T 1787
225	苯嗪草酮	Metamitron	0.05		不得检出	GB/T 20772
226	吡唑草胺	Metazachlor	0.05		不得检出	GB/T 20772
227	叶菌唑	Metconazole	0.01		不得检出	GB/T 20772
228	甲基苯噻隆	Methabenzthiazuron	0.05		不得检出	GB/T 19650
229	虫螨畏	Methacrifos	0.01		不得检出	GB/T 20772
230	甲胺磷	Methamidophos	0.01		不得检出	GB/T 20772

序号	农兽药中文名	农兽药英文名	欧盟标准限量要求 mg/kg	国家标准限量要求 mg/kg	三安超有机食品标准	
					限量要求 mg/kg	检测方法
231	杀扑磷	Methidathion	0.02		不得检出	GB/T 20772
232	甲硫威	Methiocarb	0.05		不得检出	GB/T 20770
233	灭多威和硫双威	Methomyl and thiodicarb	0.02		不得检出	GB/T 20772
234	烯虫酯	Methoprene	0.05		不得检出	GB/T 19650
235	甲氧滴滴涕	Methoxychlor	0.01		不得检出	SN 0529
236	甲氧虫酰肼	Methoxyfenozide	0.01		不得检出	GB/T 20772
237	磺草唑胺	Metosulam	0.01		不得检出	GB/T 20772
238	苯菌酮	Metrafenone	0.05		不得检出	参照同类标准
239	嗪草酮	Metribuzin	0.1		不得检出	GB/T 19650
240	绿谷隆	Monolinuron	0.05		不得检出	GB/T 20772
241	灭草隆	Monuron	0.01		不得检出	GB/T 20772
242	腈菌唑	Myclobutanil	0.01		不得检出	参照同类标准
243	1-萘乙酰胺	1-Naphthylacetamide	0.05		不得检出	GB/T 23205
244	敌草胺	Napropamide	0.01		不得检出	GB/T 20772
245	烟嘧磺隆	Nicosulfuron	0.05		不得检出	SN/T 2325
246	除草醚	Nitrofen	0.01		不得检出	GB/T 19650
247	氟酰脲	Novaluron	0.1		不得检出	GB/T 23211
248	嘧苯胺磺隆	Orthosulfamuron	0.01		不得检出	GB/T 23817
249	噁草酮	Oxadiazon	0.05		不得检出	GB/T 19650
250	噁霜灵	Oxadixyl	0.01		不得检出	GB/T 19650
251	氧化萎锈灵	Oxycarboxin	0.05		不得检出	GB/T 20772
252	亚砜磷	Oxydemeton-methyl	0.02		不得检出	参照同类标准
253	乙氧氟草醚	Oxyfluorfen	0.05		不得检出	GB/T 20772
254	多效唑	Paclobutrazol	0.02		不得检出	GB/T 20772
255	对硫磷	Parathion	0.05		不得检出	GB/T 19650
256	甲基对硫磷	Parathion-methyl	0.01		不得检出	GB/T 5009.161
257	戊菌唑	Penconazole	0.05		不得检出	GB/T 20772
258	戊菌隆	Pencycuron	0.05		不得检出	GB/T 19650
259	二甲戊灵	Pendimethalin	0.05		不得检出	GB/T 19650
260	甜菜宁	Phenmedipham	0.05		不得检出	GB/T 20772
261	苯醚菊酯	Phenothrin	0.05		不得检出	GB/T 20772
262	甲拌磷	Phorate	0.05		不得检出	GB/T 20772
263	伏杀硫磷	Phosalone	0.01		不得检出	GB/T 20772
264	亚胺硫磷	Phosmet	0.05		不得检出	GB/T 20772
265	—	Phosphines and phosphides	0.01		不得检出	参照同类标准
266	辛硫磷	Phoxim	0.02		不得检出	GB/T 20772
267	氨氯吡啶酸	Picloram	0.01		不得检出	GB/T 23211
268	啶氧菌酯	Picoxystrobin	0.05		不得检出	GB/T 20772
269	抗蚜威	Pirimicarb	0.05		不得检出	GB/T 20772

序号	农兽药中文名	农兽药英文名	欧盟标准限量要求 mg/kg	国家标准限量要求 mg/kg	三安超有机食品标准	
					限量要求 mg/kg	检测方法
270	甲基嘧啶磷	Pirimiphos - methyl	0.05		不得检出	GB/T 20772
271	咪鲜胺	Prochloraz	0.1		不得检出	GB/T 20772
272	腐霉利	Procymidone	0.01		不得检出	GB/T 20772
273	丙溴磷	Profenofos	0.05		不得检出	GB/T 20772
274	调环酸	Prohexadione	0.05		不得检出	日本肯定列表
275	毒草安	Propachlor	0.02		不得检出	GB/T 20772
276	扑派威	Propamocarb	0.1		不得检出	GB/T 20772
277	恶草酸	Propaquizafop	0.05		不得检出	GB/T 20772
278	炔螨特	Propargite	0.1		不得检出	GB/T 20772
279	苯胺灵	Propham	0.05		不得检出	GB/T 20772
280	丙环唑	Propiconazole	0.01		不得检出	GB/T 20772
281	异丙草胺	Propisochlor	0.01		不得检出	GB/T 20772
282	残杀威	Propoxur	0.05		不得检出	GB/T 20772
283	炔苯酰草胺	Propyzamide	0.02		不得检出	GB/T 19650
284	苄草丹	Prosulfocarb	0.05		不得检出	GB/T 20772
285	丙硫菌唑	Prothioconazole	0.05		不得检出	参照同类标准
286	吡蚜酮	Pymetrozine	0.01		不得检出	GB/T 20772
287	吡唑醚菌酯	Pyraclostrobin	0.05		不得检出	GB/T 20772
288	—	Pyrasulfotole	0.01		不得检出	参照同类标准
289	吡菌磷	Pyrazophos	0.1		不得检出	GB/T 20772
290	除虫菊素	Pyrethrins	0.05		不得检出	GB/T 20772
291	哒螨灵	Pyridaben	0.02		不得检出	GB/T 19650
292	啶虫丙醚	Pyridalyl	0.01		不得检出	日本肯定列表
293	哒草特	Pyridate	0.05		不得检出	日本肯定列表
294	嘧霉胺	Pyrimethanil	0.05		不得检出	GB/T 20772
295	吡丙醚	Pyriproxyfen	0.05		不得检出	GB/T 20772
296	甲氧磺草胺	Pyroxsulam	0.01		不得检出	SN/T 2325
297	氯甲喹啉酸	Quinmerac	0.05		不得检出	参照同类标准
298	喹氧灵	Quinoxyfen	0.02		不得检出	SN/T 2319
299	五氯硝基苯	Quintozene	0.01	0.03	不得检出	GB/T 19650
300	精喹禾灵	Quizalofop - *P* - ethyl	0.05		不得检出	SN/T 2150
301	灭虫菊	Resmethrin	0.1		不得检出	GB/T 20772
302	鱼藤酮	Rotenone	0.01		不得检出	GB/T 20772
303	西玛津	Simazine	0.01		不得检出	GB/T 19650
304	乙基多杀菌素	Spinetoram	0.01		不得检出	参照同类标准
305	多杀霉素	Spinosad	0.2		不得检出	GB/T 20772
306	螺螨酯	Spirodiclofen	0.02		不得检出	GB/T 20772
307	螺甲螨酯	Spiromesifen	0.01		不得检出	GB/T 23210
308	螺虫乙酯	Spirotetramat	0.01		不得检出	参照同类标准

序号	农兽药中文名	农兽药英文名	欧盟标准限量要求 mg/kg	国家标准限量要求 mg/kg	三安超有机食品标准	
					限量要求 mg/kg	检测方法
309	螺环菌胺	Spiroxamine	0.05		不得检出	GB/T 20772
310	磺草酮	Sulcotrione	0.05		不得检出	参照同类标准
311	乙黄隆	Sulfosulfuron	0.05		不得检出	SN/T 2325
312	硫磺粉	Sulfur	0.5		不得检出	参照同类标准
313	氟胺氰菊酯	Tau - fluvalinate	0.01		不得检出	SN 0691
314	戊唑醇	Tebuconazole	0.1		不得检出	GB/T 20772
315	虫酰肼	Tebufenozide	0.05		不得检出	GB/T 20772
316	吡螨胺	Tebufenpyrad	0.05		不得检出	GB/T 20772
317	四氯硝基苯	Tecnazene	0.05		不得检出	GB/T 19650
318	氟苯脲	Teflubenzuron	0.05		不得检出	SN/T 2150
319	七氟菊酯	Tefluthrin	0.05		不得检出	GB/T 23210
320	得杀草	Tepraloxydim	0.2		不得检出	GB/T 20772
321	特丁硫磷	Terbufos	0.01		不得检出	GB/T 20772
322	特丁津	Terbuthylazine	0.05		不得检出	GB/T 20772
323	四氟醚唑	Tetraconazole	0.02		不得检出	GB/T 20772
324	三氯杀螨砜	Tetradifon	0.05		不得检出	GB/T 19650
325	噻菌灵	Thiabendazole	0.1		不得检出	GB/T 20772
326	噻虫啉	Thiacloprid	0.01		不得检出	GB/T 20772
327	噻虫嗪	Thiamethoxam	0.01		不得检出	GB/T 20772
328	禾草丹	Thiobencarb	0.01		不得检出	GB/T 20772
329	甲基硫菌灵	Thiophanate - methyl	0.05		不得检出	SN/T 0162
330	甲基立枯磷	Tolclofos - methyl	0.05		不得检出	GB/T 19650
331	甲苯氟磺胺	Tolylfluanid	0.1		不得检出	GB/T 19650
332	—	Topramezone	0.01		不得检出	参照同类标准
333	三唑酮和三唑醇	Triadimefon and triadimenol	0.1		不得检出	GB/T 20772
334	野麦畏	Triallate	0.05		不得检出	GB/T 20772
335	醚苯磺隆	Triasulfuron	0.05		不得检出	GB/T 20772
336	三唑磷	Triazophos	0.01		不得检出	GB/T 20772
337	敌百虫	Trichlorphon	0.01		不得检出	GB/T 20772
338	绿草定	Triclopyr	0.05		不得检出	SN/T 2228
339	三环唑	Tricyclazole	0.05		不得检出	GB/T 20769
340	十三吗啉	Tridemorph	0.01		不得检出	GB/T 20772
341	肟菌酯	Trifloxystrobin	0.04		不得检出	GB/T 19650
342	氟菌唑	Triflumizole	0.05		不得检出	GB/T 20769
343	杀铃脲	Triflumuron	0.01		不得检出	GB/T 20772
344	氟乐灵	Trifluralin	0.01		不得检出	GB/T 20772
345	嗪氨灵	Triforine	0.01		不得检出	SN 0695
346	三甲基锍阳离子	Trimethyl - sulfonium cation	0.01		不得检出	参照同类标准
347	抗倒酯	Trinexapac	0.05		不得检出	GB/T 20769

序号	农兽药中文名	农兽药英文名	欧盟标准限量要求 mg/kg	国家标准限量要求 mg/kg	三安超有机食品标准	
					限量要求 mg/kg	检测方法
348	灭菌唑	Triticonazole	0.01		不得检出	GB/T 20772
349	三氟甲磺隆	Tritosulfuron	0.01		不得检出	参照同类标准
350	—	Valifenalate	0.01		不得检出	参照同类标准
351	乙烯菌核利	Vinclozolin	0.05		不得检出	GB/T 20772
352	2,4,5-涕	2,4,5-T			不得检出	GB/T 20772
353	乙酰丙嗪	Acepromazine			不得检出	GB/T 20763
354	三氟羧草醚	Acifluorfen			不得检出	GB/T 20772
355	1-氨基-2-乙内酰脲	AHD			不得检出	GB/T 21311
356	涕灭砜威	Aldoxycarb			不得检出	GB/T 20772
357	烯丙菊酯	Allethrin			不得检出	GB/T 20772
358	烯丙孕素	Altrenogest			不得检出	SN/T 1980
359	莠灭净	Ametryn			不得检出	GB/T 20772
360	杀草强	Amitrole			不得检出	SN/T 1737.6
361	5-吗啉甲基-3-氨基-2-噁唑烷基酮	AMOZ			不得检出	GB/T 21311
362	氨苄青霉素	Ampicillin			不得检出	GB/T 21315
363	氨丙嘧吡啶	Amprolium			不得检出	SN/T 0276
364	3-氨基-2-噁唑酮	AOZ			不得检出	GB/T 21311
365	安普霉素	Apramycin			不得检出	GB/T 21323
366	羟氨卡青霉素	Aspoxicillin			不得检出	GB/T 21315
367	莠去津	Atrazine			不得检出	GB/T 20772
368	甲基吡噁磷	Azamethiphos			不得检出	GB/T 20763
369	氮哌酮	Azaperone			不得检出	SN/T 2221
370	四唑嘧磺隆	Azimsulfuron			不得检出	SN/T 2325
371	杆菌肽	Bacitracin			不得检出	GB/T 20743
372	噁虫威	Bendiocarb			不得检出	GB/T 20772
373	乙丁氟灵	Benfluralin			不得检出	GB/T 19650
374	苄青霉素	Benzyl pencillin			不得检出	GB/T 21315
375	倍他米松	Betamethasone			不得检出	SN/T 1970
376	生物苄呋菊酯	Bioresmethrin			不得检出	GB/T 20772
377	除草定	Bromacil			不得检出	GB/T 20772
378	乙基溴硫磷	Bromophos-ethyl			不得检出	GB/T 20772
379	溴苯腈	Bromoxynil			不得检出	GB/T 20772
380	氟丙嘧草酯	Butafenacil			不得检出	GB/T 20772
381	毒杀芬	Camphechlor			不得检出	YC/T 180
382	角黄素	Canthaxanthin			不得检出	SN/T 2327
383	咔唑心安	Carazolol			不得检出	GB/T 20763
384	卡巴氧	Carbadox			不得检出	GB/T 20746
385	多菌灵	Carbendazim			不得检出	GB/T 20772

序号	农兽药中文名	农兽药英文名	欧盟标准限量要求 mg/kg	国家标准限量要求 mg/kg	三安超有机食品标准	
					限量要求 mg/kg	检测方法
386	唑草酮	Carfentrazone – ethyl			不得检出	GB/T 19650
387	卡洛芬	Carprofen			不得检出	SN/T 2190
388	头孢洛宁	Cefalonium			不得检出	GB/T 22989
389	头孢匹林	Cefapirin			不得检出	GB/T 22989
390	头孢喹肟	Cefquinome			不得检出	GB/T 22989
391	头孢噻呋	Ceftiofur			不得检出	GB/T 21314
392	头孢氨苄	Cefalexin			不得检出	GB/T 22989
393	氯霉素	Chloramphenicolum			不得检出	GB/T 20772
394	溴虫腈	Chlorfenapyr			不得检出	GB/T 19650
395	氟啶脲	Chlorfluazuron			不得检出	SN/T 2540
396	氯地孕酮	Chlormadinone			不得检出	SN/T 1980
397	醋酸氯地孕酮	Chlormadinone acetate			不得检出	GB/T 20753
398	氯苯甲醚	Chloroneb			不得检出	GB/T 19650
399	氯丙嗪	Chlorpromazine			不得检出	GB/T 20763
400	氯苯胺灵	Chlorpropham			不得检出	GB/T 19650
401	金霉素	Chlortetracycline			不得检出	GB/T 21317
402	乙菌利	Chlozolinate			不得检出	GB/T 19650
403	克仑特罗	Clenbuterol			不得检出	GB/T 22286
404	异噁草酮	Clomazone			不得检出	GB/T 20772
405	氯羟吡啶	Clopidol			不得检出	GB 29700
406	解草酯	Cloquintocet – mexyl			不得检出	GB/T 20772
407	邻氯青霉素	Cloxacillin			不得检出	GB/T 18932. 25
408	蝇毒磷	Coumaphos			不得检出	GB/T 20772
409	氰霜唑	Cyazofamid			不得检出	GB/T 23211
410	氰氟草酯	Cyhalofop – butyl			不得检出	GB/T 23210
411	达氟沙星	Danofloxacin			不得检出	GB/T 22985
412	癸氧喹酯	Decoquinate			不得检出	SN/T 2444
413	地塞米松	Dexamethasone			不得检出	SN/T 1970
414	敌菌净	Diaveridine			不得检出	SN/T 1926
415	驱虫特	Dibutyl succinate			不得检出	GB/T 20772
416	敌敌畏	Dichlorvos			不得检出	GB/T 20772
417	禾草灵	Diclofop – methyl			不得检出	GB/T 19650
418	双氯青霉素	Dicloxacillin			不得检出	GB/T 18932. 25
419	己烯雌酚	Diethylstilbestrol			不得检出	GB/T 20766
420	双氟沙星	Difloxacin			不得检出	GB/T 20366
421	二氢链霉素	Dihydro – streptomycin			不得检出	GB/T 22969
422	乐果	Dimethoate			不得检出	GB/T 20772
423	地美硝唑	Dimetridazole			不得检出	GB/T 21318
424	二硝托安	Dinitolmide			不得检出	SN/T 2453

序号	农兽药中文名	农兽药英文名	欧盟标准限量要求 mg/kg	国家标准限量要求 mg/kg	三安超有机食品标准	
					限量要求 mg/kg	检测方法
425	呋虫胺	Dinotefuran			不得检出	GB/T 20772
426	二苯胺	Diphenylamine			不得检出	GB/T 20772
427	多拉菌素	Doramectin			不得检出	GB/T 22968
428	强力霉素	Doxycycline			不得检出	GB/T 20764
429	恩诺沙星	Enrofloxacin			不得检出	GB/T 20366
430	埃普利诺菌素	Eprinomectin			不得检出	GB/T 21320
431	红霉素	Erythromycin			不得检出	GB/T 20762
432	伐灭磷	Famphur			不得检出	GB/T 20772
433	苯硫苯咪唑	Fenbendazole			不得检出	SN 0638
434	仲丁威	Fenobucarb			不得检出	GB/T 20772
435	甲氰菊酯	Fenpropathrin			不得检出	GB/T 19650
436	氰戊菊酯	Fenvalerate			不得检出	GB/T 19650
437	麦草氟甲酯	Flamprop – methyl			不得检出	GB/T 20772
438	嘧啶磺隆	Flazasulfuron			不得检出	SN/T 2325
439	氟苯尼考	Florfenicol			不得检出	GB/T 20756
440	吡氟禾草灵	Fluazifop – butyl			不得检出	GB/T 19650
441	啶蜱脲	Fluazuron			不得检出	SN/T 2540
442	氟苯咪唑	Flubendazole			不得检出	GB/T 21324
443	氟噻草胺	Flufenacet			不得检出	GB/T 19650
444	氟甲喹	Flumequin			不得检出	SN/T 1921
445	唑嘧磺草胺	Flumetsulam			不得检出	GB/T 20772
446	氟烯草酸	Flumiclorac			不得检出	GB/T 19650
447	丙炔氟草胺	Flumioxazin			不得检出	GB/T 19650
448	氟胺烟酸	Flunixin			不得检出	GB/T 20750
449	乙羧氟草醚	Fluoroglycofen – ethyl			不得检出	GB/T 20772
450	氟啶草酮	Fluridone			不得检出	GB/T 20772
451	呋草酮	Flurtamone			不得检出	GB/T 20772
452	灭菌丹	Folpet			不得检出	SN/T 2320
453	安果	Formothion			不得检出	GB/T 19650
454	庆大霉素	Gentamicin			不得检出	GB/T 21323
455	氟哌啶醇	Haloperidol			不得检出	GB/T 20763
456	六六六	HCH(BH)		0.1	不得检出	SN/T 0127
457	己唑醇	Hexaconazole			不得检出	GB/T 19650
458	环嗪酮	Hexazinone			不得检出	GB/T 20772
459	氢氰酸	Hydrogen cyanide			不得检出	GB/T 15665
460	咪唑磺隆	Imazosulfuron			不得检出	SN/T 2325
461	甲基碘磺隆	Iodosulfuron – methyl			不得检出	GB/T 20772
462	氮氨菲啶	Isometamidium			不得检出	SN/T 2239
463	异噁氟草	Isoxaflutole			不得检出	GB/T 20772
464	依维菌素	Ivermectin			不得检出	GB/T 21320

序号	农兽药中文名	农兽药英文名	欧盟标准限量要求 mg/kg	国家标准限量要求 mg/kg	三安超有机食品标准	
					限量要求 mg/kg	检测方法
465	交沙霉素	Josamycin			不得检出	GB/T 20762
466	卡那霉素	Kanamycin			不得检出	GB/T 21323
467	拉沙里菌素	Lasalocid			不得检出	SN 0501
468	左旋咪唑	Levamisole			不得检出	SN 0349
469	林可霉素	Lincomycin			不得检出	GB/T 20762
470	利谷隆	Linuron			不得检出	GB/T 20772
471	麻保沙星	Marbofloxacin			不得检出	GB/T 22985
472	二甲四氯	MCPA			不得检出	SN/T 2228
473	二甲四氯丁酸	MCPB			不得检出	SN/T 2228
474	甲苯咪唑	Mebendazole			不得检出	GB/T 21324
475	灭蚜磷	Mecarbam			不得检出	GB/T 20772
476	二甲四氯丙酸	Mecoprop			不得检出	GB/T 20772
477	精甲霜灵	Mefenoxam			不得检出	GB/T 19650
478	吡唑解草酯	Mefenpyr - diethyl			不得检出	GB/T 20772
479	醋酸甲地孕酮	Megestrol acetate			不得检出	GB/T 20753
480	醋酸美仑孕酮	Melengestrol acetate			不得检出	GB/T 20753
481	嘧菌胺	Mepanipyrim			不得检出	GB/T 20772
482	灭锈胺	Mepronil			不得检出	GB/T 20772
483	硝磺草酮	Mesotrione			不得检出	参照同类标准
484	异丙甲草胺和 *S* - 异丙甲草胺	Metolachlor and *S* - metolachlor			不得检出	GB/T 19650
485	甲基泼尼松龙	Methylprednisolone			不得检出	GB/T 21981
486	甲氧氯普胺	Metoclopramide			不得检出	SN/T 2227
487	甲硝唑	Metronidazole			不得检出	GB/T 21318
488	甲磺隆	Metsulfuron - methyl			不得检出	SN/T 2325
489	速灭磷	Mevinphos			不得检出	GB/T 20772
490	禾草敌	Molinate			不得检出	GB/T 20772
491	莫能菌素	Monensin			不得检出	SN 0698
492	莫西丁克	Moxidectin			不得检出	SN/T 2442
493	腈菌唑	Myclobutanil			不得检出	GB/T 20772
494	萘夫西林	Nafcillin			不得检出	GB/T 22975
495	二溴磷	Naled			不得检出	SN/T 0706
496	甲基盐霉素	Narasin			不得检出	GB/T 20364
497	新霉素	Neomycin			不得检出	SN 0646
498	三氯甲基吡啶	Nitrapyrin			不得检出	GB/T 19650
499	诺氟沙星	Norfloxacin			不得检出	GB/T 20366
500	氟草敏	Norflurazon			不得检出	GB/T 20772
501	新生霉素	Novobiocin			不得检出	SN 0646
502	氧氟沙星	Ofloxacin			不得检出	GB/T 20366
503	喹乙醇	Olaquindox			不得检出	GB/T 20746

序号	农兽药中文名	农兽药英文名	欧盟标准限量要求 mg/kg	国家标准限量要求 mg/kg	三安超有机食品标准	
					限量要求 mg/kg	检测方法
504	竹桃霉素	Oleandomycin			不得检出	GB/T 20762
505	氧乐果	Omethoate			不得检出	GB/T 20772
506	奥比沙星	Orbifloxacin			不得检出	GB/T 22985
507	苯唑青霉素	Oxacillin			不得检出	GB/T 18932.25
508	杀线威	Oxamyl			不得检出	GB/T 20772
509	奥芬达唑	Oxfendazole			不得检出	GB/T 22972
510	丙氧苯咪唑	Oxibendazole			不得检出	GB/T 21324
511	喹菌酮	Oxolinic acid			不得检出	日本肯定列表
512	土霉素	OxyTetracycline			不得检出	GB/T 21317
513	磷胺	Phosphamidon			不得检出	GB/T 20772
514	氟吡酰草胺	Picolinafen			不得检出	GB/T 20772
515	增效醚	Piperonyl butoxide			不得检出	GB/T 20772
516	吡利霉素	Pirlimycin			不得检出	GB/T 22988
517	泼尼松龙	Prednisolone			不得检出	GB/T 21981
518	扑草净	Prometryne			不得检出	GB/T 20772
519	敌稗	Propanil			不得检出	GB/T 20772
520	胺丙畏	Propetamphos			不得检出	GB/T 20772
521	丙酰二甲氨基丙吩噻嗪	Propionylpromazin			不得检出	GB/T 20763
522	吡草醚	Pyraflufen – ethyl			不得检出	GB/T 19650
523	喹硫磷	Quinalphos			不得检出	GB/T 19650
524	苯氧喹啉	Quinoxyphen			不得检出	GB/T 21313
525	喹禾灵	Quizalofop – ethyl			不得检出	GB/T 20769
526	莱克多巴胺	Ractopamine			不得检出	GB/T 21313
527	洛硝达唑	Ronidazole			不得检出	GB/T 21318
528	盐霉素	Salinomycin			不得检出	GB/T 20364
529	沙拉沙星	Sarafloxacin			不得检出	GB/T 20366
530	氨基脲	Semduramicin			不得检出	GB/T 20752
531	烯禾啶	Sethoxydim			不得检出	GB/T 19650
532	壮观霉素	Spectinomycin			不得检出	GB/T 21323
533	螺旋霉素	Spiramycin			不得检出	GB/T 20762
534	链霉素	Streptomycin			不得检出	GB/T 21323
535	磺胺苯酰	Sulfabenzamide			不得检出	GB/T 21316
536	磺胺醋酰	Sulfacetamide			不得检出	GB/T 21316
537	磺胺氯哒嗪	Sulfachloropyridazine			不得检出	GB/T 21316
538	磺胺嘧啶	Sulfadiazine			不得检出	GB/T 21316
539	磺胺间二甲氧嘧啶	Sulfadimethoxine			不得检出	GB/T 21316
540	磺胺二甲嘧啶	Sulfadimidine			不得检出	GB/T 21316
541	磺胺多辛	Sulfadoxine			不得检出	GB/T 21316
542	磺胺胍	Sulfaguanidine			不得检出	GB/T 21316

序号	农兽药中文名	农兽药英文名	欧盟标准限量要求 mg/kg	国家标准限量要求 mg/kg	三安超有机食品标准	
					限量要求 mg/kg	检测方法
543	磺胺甲嘧啶	Sulfamerazine			不得检出	GB/T 21316
544	新诺明	Sulfamethoxazole			不得检出	GB/T 21316
545	磺胺间甲氧嘧啶	Sulfamonomethoxine			不得检出	GB/T 21316
546	乙酰磺胺对硝基苯	Sulfanitran			不得检出	GB/T 20772
547	磺胺吡啶	Sulfapyridine			不得检出	GB/T 21316
548	磺胺喹沙啉	Sulfaquinoxaline			不得检出	GB/T 21316
549	磺胺噻唑	Sulfathiazole			不得检出	GB/T 21316
550	丁噻隆	Tebuthiuron			不得检出	GB/T 20772
551	双硫磷	Temephos			不得检出	GB/T 20772
552	特普	TEPP			不得检出	GB/T 20772
553	特丁净	Terbutryn			不得检出	GB/T 20772
554	杀虫畏	Tetrachlorvinphos			不得检出	GB/T 20772
555	四环素	Tetracycline			不得检出	GB/T 21317
556	甲砜霉素	Thiamphenicol			不得检出	GB/T 20756
557	噻苯隆	Thidiazuron			不得检出	GB/T 20772
558	噻吩磺隆	Thifensulfuron – methyl			不得检出	GB/T 20772
559	甲基乙拌磷	Thiometon			不得检出	GB/T 20772
560	福美双	Thiram			不得检出	SN/T 0525
561	替米考星	Tilmicosin			不得检出	GB/T 20762
562	硫普罗宁	Tiopronin			不得检出	SN/T 2225
563	三甲苯草酮	Tralkoxydim			不得检出	GB/T 19650
564	四溴菊酯	Tralomethrin			不得检出	SN/T 2320
565	群勃龙	Trenbolone			不得检出	GB/T 21981
566	苯磺隆	Tribenuron – methyl			不得检出	GB/T 23210
567	甲氧苄氨嘧啶	Trimethoprim			不得检出	SN/T 1769
568	泰乐霉素	Tylosin			不得检出	GB/T 22941
569	维吉尼霉素	Virginiamycin			不得检出	GB/T 20765
570	杀鼠灵	War farin			不得检出	GB/T 20772
571	甲苯噻嗪	Xylazine			不得检出	GB/T 20763
572	右环十四酮酚	Zeranol			不得检出	GB/T 21982
573	苯酰菌胺	Zoxamide			不得检出	GB/T 19650

16.4 鹌鹑蛋 Quail Egg

序号	农兽药中文名	农兽药英文名	欧盟标准限量要求 mg/kg	国家标准限量要求 mg/kg	三安超有机食品标准	
					限量要求 mg/kg	检测方法
1	1,1 – 二氯 – 2,2 – 二(4 – 乙苯)乙烷	1,1 – Dichloro – 2,2 – bis(4 – ethylphenyl) ethane	0.01		不得检出	日本肯定列表(增补本 1)
2	1,2 – 二氯乙烷	1,2 – Dichloroethane	0.1		不得检出	SN/T 2238

序号	农兽药中文名	农兽药英文名	欧盟标准限量要求 mg/kg	国家标准限量要求 mg/kg	三安超有机食品标准	
					限量要求 mg/kg	检测方法
3	1,3-二氯丙烯	1,3-Dichloropropene	0.01		不得检出	SN/T 2238
4	1-萘乙酸	1-Naphthylacetic acid	0.05		不得检出	SN/T 2228
5	2,4-滴丁酸	2,4-DB	0.05		不得检出	GB/T 20769
6	2,4-滴	2,4-D	0.01		不得检出	GB/T 20772
7	2-苯酚	2-Phenylphenol	0.05		不得检出	GB/T 19650
8	阿维菌素	Abamectin	0.01		不得检出	SN/T 2661
9	乙酰甲胺磷	Acephate	0.02		不得检出	GB/T 20772
10	灭螨醌	Acequinocyl	0.01		不得检出	参照同类标准
11	啶虫脒	Acetamiprid	0.05		不得检出	GB/T 20772
12	乙草胺	Acetochlor	0.01		不得检出	GB/T 19650
13	苯并噻二唑	Acibenzolar-*S*-methyl	0.02		不得检出	GB/T 20772
14	苯草醚	Aclonifen	0.02		不得检出	GB/T 20772
15	氟丙菊酯	Acrinathrin	0.05		不得检出	GB/T 19648
16	甲草胺	Alachlor	0.01		不得检出	GB/T 20772
17	涕灭威	Aldicarb	0.01		不得检出	GB/T 20772
18	艾氏剂和狄氏剂	Aldrin and dieldrin	0.02	0.1 和 0.1	不得检出	GB/T 19650
19	—	Ametoctradin	0.03		不得检出	参照同类标准
20	酰嘧磺隆	Amidosulfuron	0.02		不得检出	参照同类标准
21	氯氨吡啶酸	Aminopyralid	0.01		不得检出	GB/T 23211
22	—	Amisulbrom	0.01		不得检出	参照同类标准
23	双甲脒	Amitraz	0.01		不得检出	GB/T 19650
24	敌菌灵	Anilazine	0.01		不得检出	GB/T 20769
25	杀螨特	Aramite	0.01		不得检出	GB/T 19650
26	磺草灵	Asulam	0.05		不得检出	日本肯定列表(增补本 1)
27	印楝素	Azadirachtin	0.01		不得检出	SN/T 3264
28	益棉磷	Azinphos-ethyl	0.01		不得检出	GB/T 20772
29	保棉磷	Azinphos-methyl	0.01		不得检出	GB/T 20772
30	三唑锡和三环锡	Azocyclotin and cyhexatin	0.05		不得检出	SN/T 1990
31	嘧菌酯	Azoxystrobin	0.05		不得检出	GB/T 20772
32	燕麦灵	Barban	0.05		不得检出	参照同类标准
33	氟丁酰草胺	Beflubutamid	0.05		不得检出	参照同类标准
34	苯霜灵	Benalaxyl	0.05		不得检出	GB/T 20772
35	丙硫克百威	Benfuracarb	0.02		不得检出	参照同类标准
36	联苯肼酯	Bifenazate	0.01		不得检出	GB/T 20772
37	甲羧除草醚	Bifenox	0.05		不得检出	GB/T 23210
38	联苯菊酯	Bifenthrin	0.01		不得检出	GB/T 19650
39	乐杀螨	Binapacryl	0.01		不得检出	SN 0523
40	联苯	Biphenyl	0.01		不得检出	GB/T 19650

序号	农兽药中文名	农兽药英文名	欧盟标准限量要求 mg/kg	国家标准限量要求 mg/kg	三安超有机食品标准	
					限量要求 mg/kg	检测方法
41	联苯三唑醇	Bitertanol	0.05		不得检出	GB/T 20772
42	—	Bixafen	0.02		不得检出	参照同类标准
43	啶酰菌胺	Boscalid	0.05		不得检出	GB/T 20772
44	溴离子	Bromide ion	0.05		不得检出	GB/T5009.167
45	溴螨酯	Bromopropylate	0.01		不得检出	GB/T 19650
46	糠菌唑	Bromuconazole	0.05		不得检出	GB/T 20772
47	乙嘧酚磺酸酯	Bupirimate	0.05		不得检出	GB/T 20772
48	噻嗪酮	Buprofezin	0.05		不得检出	GB/T 20772
49	仲丁灵	Butralin	0.02		不得检出	GB/T 20772
50	丁草敌	Butylate	0.01		不得检出	GB/T 20772
51	硫线磷	Cadusafos	0.01		不得检出	GB/T 19650
52	敌菌丹	Captafol	0.01		不得检出	SN/T 2320
53	克菌丹	Captan	0.02		不得检出	SN/T 2320
54	甲萘威	Carbaryl	0.05		不得检出	GB/T 20796
55	多菌灵和苯菌灵	Carbendazim and benomyl	0.05		不得检出	GB/T 20772
56	长杀草	Carbetamide	0.05		不得检出	GB/T 20772
57	克百威	Carbofuran	0.01		不得检出	GB/T 20772
58	丁硫克百威	Carbosulfan	0.05		不得检出	GB/T 19650
59	萎锈灵	Carboxin	0.05		不得检出	GB/T 20772
60	氯虫苯甲酰胺	Chlorantraniliprole	0.1		不得检出	参照同类标准
61	杀螨醚	Chlorbenside	0.05		不得检出	GB/T 19650
62	氯炔灵	Chlorbufam	0.05		不得检出	GB/T 20772
63	氯丹	Chlordane	0.005	0.02	不得检出	GB/T 5009.19
64	十氯酮	Chlordecone	0.02		不得检出	参照同类标准
65	杀螨酯	Chlorfenson	0.05		不得检出	GB/T 19650
66	毒虫畏	Chlorfenvinphos	0.01		不得检出	GB/T 19650
67	氯草敏	Chloridazon	0.05		不得检出	GB/T 20772
68	矮壮素	Chlormequat	0.05		不得检出	GB/T 23211
69	乙酯杀螨醇	Chlorobenzilate	0.1		不得检出	GB/T 19650
70	百菌清	Chlorothalonil	0.01		不得检出	SN/T 2320
71	绿麦隆	Chlortoluron	0.05		不得检出	GB/T 20772
72	枯草隆	Chloroxuron	0.05		不得检出	SN/T 2150
73	毒死蜱	Chlorpyrifos	0.01		不得检出	GB/T 20772
74	甲基毒死蜱	Chlorpyrifos – methyl	0.01		不得检出	GB/T 20772
75	氯磺隆	Chlorsulfuron	0.01		不得检出	GB/T 20772
76	金霉素	Chlortetracycline	0.2		不得检出	GB/T 21317
77	氯酞酸甲酯	Chlorthaldimethyl	0.01		不得检出	GB/T 19650
78	氯硫酰草胺	Chlorthiamid	0.02		不得检出	GB/T 20772
79	烯草酮	Clethodim	0.05		不得检出	GB/T 20772

序号	农兽药中文名	农兽药英文名	欧盟标准限量要求 mg/kg	国家标准限量要求 mg/kg	三安超有机食品标准	
					限量要求 mg/kg	检测方法
80	炔草酯	Clodinafop – propargyl	0.02		不得检出	GB/T 19650
81	四螨嗪	Clofentezine	0.02		不得检出	GB/T 20772
82	二氯吡啶酸	Clopyralid	0.05		不得检出	SN/T 2228
83	噻虫胺	Clothianidin	0.01		不得检出	GB/T 20772
84	黏菌素	Colistin	0.3		不得检出	参照同类标准
85	铜化合物	Copper compounds	2		不得检出	参照同类标准
86	环烷基酰苯胺	Cyclanilide	0.01		不得检出	参照同类标准
87	噻草酮	Cycloxydim	0.05		不得检出	GB/T 20772
88	环氟菌胺	Cyflufenamid	0.03		不得检出	GB/T 23210
89	氟氯氰菊酯和高效氟氯氰菊酯	Cyfluthrin and beta – cyfluthrin	0.02		不得检出	GB/T 19650
90	霜脲氰	Cymoxanil	0.05		不得检出	GB/T 20772
91	氯氰菊酯和高效氯氰菊酯	Cypermethrin and beta – cypermethrin	0.05		不得检出	GB/T 19650
92	环丙唑醇	Cyproconazole	0.05		不得检出	GB/T 19650
93	嘧菌环胺	Cyprodinil	0.05		不得检出	GB/T 19650
94	灭蝇胺	Cyromazine	0.2		不得检出	GB/T 20772
95	丁酰肼	Daminozide	0.05		不得检出	SN/T 1989
96	滴滴涕	DDT	0.05	0.1	不得检出	SN/T 0127
97	溴氰菊酯	Deltamethrin	0.05		不得检出	GB/T 19650
98	燕麦敌	Diallate	0.2		不得检出	GB/T 23211
99	二嗪磷	Diazinon	0.02		不得检出	GB/T 20772
100	麦草畏	Dicamba	0.05		不得检出	GB/T 20772
101	敌草腈	Dichlobenil	0.01		不得检出	GB/T 19650
102	滴丙酸	Dichlorprop	0.05		不得检出	SN/T 2228
103	二氯苯氧基丙酸	Diclofop	0.01		不得检出	参照同类标准
104	氯硝胺	Dicloran	0.01		不得检出	GB/T 20772
105	三氯杀螨醇	Dicofol	0.05		不得检出	GB/T 19650
106	乙霉威	Diethofencarb	0.05		不得检出	GB/T 20772
107	苯醚甲环唑	Difenoconazole	0.05		不得检出	GB/T 19650
108	除虫脲	Diflubenzuron	0.05		不得检出	SN/T 0528
109	吡氟酰草胺	Diflufenican	0.05		不得检出	GB/T 20772
110	油菜安	Dimethachlor	0.02		不得检出	GB/T 20772
111	烯酰吗啉	Dimethomorph	0.05		不得检出	GB/T 20772
112	醚菌胺	Dimoxystrobin	0.05		不得检出	SN/T 2237
113	烯唑醇	Diniconazole	0.01		不得检出	GB/T 20772
114	敌螨普	Dinocap	0.05		不得检出	日本肯定列表（增补本1）
115	地乐酚	Dinoseb	0.01		不得检出	GB/T 20772

序号	农兽药中文名	农兽药英文名	欧盟标准限量要求 mg/kg	国家标准限量要求 mg/kg	三安超有机食品标准	
					限量要求 mg/kg	检测方法
116	特乐酚	Dinoterb	0.05		不得检出	GB/T 20772
117	敌噁磷	Dioxathion	0.05		不得检出	GB/T 19650
118	敌草快	Diquat	0.05		不得检出	GB/T 5009.221
119	乙拌磷	Disulfoton	0.01		不得检出	GB/T 20772
120	二氰蒽醌	Dithianon	0.01		不得检出	GB/T 20769
121	二硫代氨基甲酸酯	Dithiocarbamates	0.05		不得检出	SN 0139
122	敌草隆	Diuron	0.05		不得检出	GB/T 20772
123	二硝甲酚	DNOC	0.05		不得检出	GB/T 20772
124	多果定	Dodine	0.2		不得检出	SN 0500
125	甲氨基阿维菌素苯甲酸盐	Emamectin benzoate	0.01		不得检出	GB/T 20769
126	硫丹	Endosulfan	0.05	0.03	不得检出	GB/T 19650
127	异狄氏剂	Endrin	0.005		不得检出	GB/T 19650
128	氟环唑	Epoxiconazole	0.02		不得检出	GB/T 20772
129	茵草敌	EPTC	0.02		不得检出	GB/T 20772
130	红霉素	Erythromycin	0.15		不得检出	GB/T 20762
131	乙丁烯氟灵	Ethalfluralin	0.01		不得检出	GB/T 19650
132	胺苯磺隆	Ethametsulfuron	0.01		不得检出	NY/T 1616
133	乙烯利	Ethephon	0.05		不得检出	SN 0705
134	乙硫磷	Ethion	0.01		不得检出	GB/T 19650
135	乙嘧酚	Ethirimol	0.05		不得检出	GB/T 20772
136	乙氧呋草黄	Ethofumesate	0.1		不得检出	GB/T 20772
137	灭线磷	Ethoprophos	0.01		不得检出	GB/T 20772
138	乙氧喹啉	Ethoxyquin	0.05		不得检出	GB/T 20772
139	环氧乙烷	Ethylene oxide	0.02		不得检出	GB/T 23296.11
140	醚菊酯	Etofenprox	0.01		不得检出	GB/T 20772
141	乙螨唑	Etoxazole	0.01		不得检出	GB/T 19650
142	氯唑灵	Etridiazole	0.05		不得检出	GB/T 20772
143	噁唑菌酮	Famoxadone	0.05		不得检出	GB/T 20772
144	咪唑菌酮	Fenamidone	0.01		不得检出	GB/T 19650
145	苯线磷	Fenamiphos	0.01		不得检出	GB/T 19650
146	氯苯嘧啶醇	Fenarimol	0.02		不得检出	GB/T 20772
147	喹螨醚	Fenazaquin	0.01		不得检出	GB/T 20772
148	腈苯唑	Fenbuconazole	0.05		不得检出	GB/T 20772
149	苯丁锡	Fenbutatin oxide	0.05		不得检出	SN/T 3149
150	环酰菌胺	Fenhexamid	0.05		不得检出	GB/T 20772
151	杀螟硫磷	Fenitrothion	0.01		不得检出	GB/T 20772
152	精噁唑禾草灵	Fenoxaprop - *P* - ethyl	0.05		不得检出	GB 22617
153	双氧威	Fenoxycarb	0.05		不得检出	GB/T 20772
154	苯锈啶	Fenpropidin	0.02		不得检出	GB/T 20772

序号	农兽药中文名	农兽药英文名	欧盟标准限量要求 mg/kg	国家标准限量要求 mg/kg	三安超有机食品标准	
					限量要求 mg/kg	检测方法
155	丁苯吗啉	Fenpropimorph	0.01		不得检出	GB/T 20772
156	胺苯吡菌酮	Fenpyrazamine	0.01		不得检出	参照同类标准
157	唑螨酯	Fenpyroximate	0.01		不得检出	GB/T 20772
158	倍硫磷	Fenthion	0.01		不得检出	GB/T 20772
159	三苯锡	Fentin	0.05		不得检出	SN/T 3149
160	薯瘟锡	Fentin acetate	0.05		不得检出	参照同类标准
161	氰戊菊酯和高效氰戊菊酯(RR & SS 异构体总量)	Fenvalerate and esfenvalerate (sum of RR & SS isomers)	0.02		不得检出	GB/T 19650
162	氰戊菊酯和高效氰戊菊酯(RS & SR 异构体总量)	Fenvalerate and esfenvalerate (sum of RS & SR isomers)	0.02		不得检出	GB/T 19650
163	氟虫腈	Fipronil	0.02		不得检出	SN/T 1982
164	氟啶虫酰胺	Flonicamid	0.05		不得检出	SN/T 2796
165	精吡氟禾草灵	Fluazifop – *P* – butyl	0.05		不得检出	GB/T 5009.142
166	氟啶胺	Fluazinam	0.05		不得检出	SN/T 2150
167	氟苯咪唑	Flubendazole	0.4		不得检出	参照同类标准
168	氟苯虫酰胺	Flubendiamide	0.01		不得检出	SN/T 2581
169	氟环脲	Flucycloxuron	0.05		不得检出	参照同类标准
170	氟氰戊菊酯	Flucythrinate	0.05		不得检出	GB/T 23210
171	咯菌腈	Fludioxonil	0.05		不得检出	GB/T 20772
172	氟虫脲	Flufenoxuron	0.05		不得检出	SN/T 2150
173	—	Flufenzin	0.02		不得检出	参照同类标准
174	氟吡菌胺	Fluopicolide	0.01		不得检出	参照同类标准
175	—	Fluopyram	0.15		不得检出	参照同类标准
176	氟离子	Fluoride ion	0.2		不得检出	GB/T 5009.167
177	氟腈嘧菌酯	Fluoxastrobin	0.01		不得检出	SN/T 2237
178	氟喹唑	Fluquinconazole	0.02		不得检出	GB/T 19650
179	氟咯草酮	Fluorochloridone	0.05		不得检出	GB/T 20772
180	氟草烟	Fluroxypyr	0.05		不得检出	GB/T 20772
181	氟硅唑	Flusilazole	0.05		不得检出	GB/T 20772
182	氟酰胺	Flutolanil	0.05		不得检出	GB/T 20772
183	粉唑醇	Flutriafol	0.01		不得检出	GB/T 20772
184	—	Fluxapyroxad	0.003		不得检出	参照同类标准
185	氟磺胺草醚	Fomesafen	0.01		不得检出	GB/T 5009.130
186	氯吡脲	Forchlorfenuron	0.05		不得检出	SN/T 3643
187	伐虫脒	Formetanate	0.01		不得检出	NY/T 1453
188	三乙膦酸铝	Fosetyl – aluminium	0.1		不得检出	参照同类标准
189	麦穗宁	Fuberidazole	0.05		不得检出	GB/T 20772
190	呋线威	Furathiocarb	0.01		不得检出	GB/T 20772
191	糠醛	Furfural	1		不得检出	参照同类标准

序号	农兽药中文名	农兽药英文名	欧盟标准限量要求 mg/kg	国家标准限量要求 mg/kg	三安超有机食品标准	
					限量要求 mg/kg	检测方法
192	勃激素	Gibberellic acid	0.1		不得检出	GB/T 23211
193	草胺膦	Glufosinate - ammonium	0.1		不得检出	日本肯定列表
194	草甘膦	Glyphosate	0.05		不得检出	SN/T 1923
195	双胍盐	Guazatine	0.1		不得检出	参照同类标准
196	氟吡禾灵	Haloxyfop	0.05		不得检出	SN/T 2228
197	七氯	Heptachlor	0.02	0.05	不得检出	GB/T 19650
198	六氯苯	Hexachlorobenzene	0.02		不得检出	GB/T 19650
199	六六六(HCH),α-异构体	Hexachlorociclohexane (HCH), alpha - isomer	0.02	0.1	不得检出	SN/T 0127
200	六六六(HCH),β-异构体	Hexachlorociclohexane (HCH), beta - isomer	0.01	0.1	不得检出	SN/T 0127
201	噻螨酮	Hexythiazox	0.02		不得检出	GB/T 20772
202	噁霉灵	Hymexazol	0.05		不得检出	GB/T 20772
203	抑霉唑	Imazalil	0.05		不得检出	GB/T 20772
204	甲咪唑烟酸	Imazapic	0.01		不得检出	GB/T 20772
205	咪唑喹啉酸	Imazaquin	0.05		不得检出	GB/T 20772
206	吡虫啉	Imidacloprid	0.05		不得检出	GB/T 20772
207	茚虫威	Indoxacarb	0.02		不得检出	GB/T 20772
208	异菌脲	Iprodione	0.05		不得检出	GB/T 19650
209	稻瘟灵	Isoprothiolane	0.01		不得检出	GB/T 20772
210	异丙隆	Isoproturon	0.05		不得检出	GB/T 20772
211	—	Isopyrazam	0.01		不得检出	参照同类标准
212	异噁酰草胺	Isoxaben	0.01		不得检出	GB/T 20772
213	醚菌酯	Kresoxim - methyl	0.02		不得检出	GB/T 20772
214	乳氟禾草灵	Lactofen	0.01		不得检出	GB/T 20772
215	高效氯氟氰菊酯	Lambda - cyhalothrin	0.02		不得检出	GB/T 23210
216	拉沙里菌素	Lasalocid	0.15		不得检出	SN 0501
217	环草定	Lenacil	0.1		不得检出	GB/T 19650
218	林可霉素	Lincomycin	0.05		不得检出	GB/T 20762
219	林丹	Lindane	0.01	0.1	不得检出	NY/T 761
220	虱螨脲	Lufenuron	0.02		不得检出	SN/T 2540
221	马拉硫磷	Malathion	0.02		不得检出	GB/T 20772
222	抑芽丹	Maleic hydrazide	0.1		不得检出	GB/T 23211
223	双炔酰菌胺	Mandipropamid	0.02		不得检出	参照同类标准
224	二甲四氯和二甲四氯丁酸	MCPA and MCPB	0.05		不得检出	SN/T 2228
225	壮棉素	Mepiquat chloride	0.05		不得检出	GB/T 23211
226	—	Meptyldinocap	0.05		不得检出	参照同类标准
227	汞化合物	Mercury compounds	0.01		不得检出	参照同类标准
228	氰氟虫腙	Metaflumizone	0.02		不得检出	SN/T 3852

序号	农兽药中文名	农兽药英文名	欧盟标准限量要求 mg/kg	国家标准限量要求 mg/kg	三安超有机食品标准	
					限量要求 mg/kg	检测方法
229	甲霜灵和精甲霜灵	Metalaxyl and metalaxyl - M	0.05		不得检出	GB/T 20772
230	四聚乙醛	Metaldehyde	0.05		不得检出	SN/T 1787
231	苯嗪草酮	Metamitron	0.05		不得检出	GB/T 20772
232	吡唑草胺	Metazachlor	0.05		不得检出	GB/T 20772
233	叶菌唑	Metconazole	0.01		不得检出	GB/T 20772
234	甲基苯噻隆	Methabenzthiazuron	0.05		不得检出	GB/T 19650
235	虫螨畏	Methacrifos	0.01		不得检出	GB/T 20772
236	甲胺磷	Methamidophos	0.01		不得检出	GB/T 20772
237	杀扑磷	Methidathion	0.02		不得检出	GB/T 20772
238	甲硫威	Methiocarb	0.05		不得检出	GB/T 20770
239	灭多威和硫双威	Methomyl and thiodicarb	0.02		不得检出	GB/T 20772
240	烯虫酯	Methoprene	0.05		不得检出	GB/T 19650
241	甲氧滴滴涕	Methoxychlor	0.01		不得检出	SN 0529
242	甲氧虫酰肼	Methoxyfenozide	0.01		不得检出	GB/T 20772
243	磺草唑胺	Metosulam	0.01		不得检出	GB/T 20772
244	苯菌酮	Metrafenone	0.05		不得检出	参照同类标准
245	嗪草酮	Metribuzin	0.1		不得检出	GB/T 19650
246	绿谷隆	Monolinuron	0.05		不得检出	GB/T 20772
247	灭草隆	Monuron	0.01		不得检出	GB/T 20772
248	腈菌唑	Myclobutanil	0.01		不得检出	GB/T 20772
249	1 - 萘乙酰胺	1 - Naphthylacetamide	0.05		不得检出	GB/T 23205
250	敌草胺	Napropamide	0.01		不得检出	GB/T 20772
251	新霉素	Neomycin	0.5		不得检出	SN 0646
252	烟嘧磺隆	Nicosulfuron	0.05		不得检出	SN/T 2325
253	除草醚	Nitrofen	0.01		不得检出	GB/T 19650
254	氟酰脲	Novaluron	0.1		不得检出	GB/T 23211
255	嘧苯胺磺隆	Orthosulfamuron	0.01		不得检出	GB/T 23817
256	噁草酮	Oxadiazon	0.05		不得检出	GB/T 19650
257	噁霜灵	Oxadixyl	0.01		不得检出	GB/T 19650
258	氧化萎锈灵	Oxycarboxin	0.05		不得检出	GB/T 20772
259	亚砜磷	Oxydemeton - methyl	0.02		不得检出	参照同类标准
260	乙氧氟草醚	Oxyfluorfen	0.05		不得检出	GB/T 20772
261	土霉素	OxyTetracycline	0.2		不得检出	GB/T 21317
262	多效唑	Paclobutrazol	0.02		不得检出	GB/T 20772
263	对硫磷	Parathion	0.05		不得检出	GB/T 19650
264	甲基对硫磷	Parathion - methyl	0.01		不得检出	GB/T 5009.161
265	戊菌唑	Penconazole	0.05		不得检出	GB/T 20772
266	戊菌隆	Pencycuron	0.05		不得检出	GB/T 19650
267	二甲戊灵	Pendimethalin	0.05		不得检出	GB/T 19650

序号	农兽药中文名	农兽药英文名	欧盟标准限量要求 mg/kg	国家标准限量要求 mg/kg	三安超有机食品标准	
					限量要求 mg/kg	检测方法
268	甜菜宁	Phenmedipham	0.05		不得检出	GB/T 20772
269	苯醚菊酯	Phenothrin	0.05		不得检出	GB/T 20772
270	苯氧甲基青霉素	Phenoxymethylpenicillin	0.025		不得检出	参照同类标准
271	甲拌磷	Phorate	0.05		不得检出	GB/T 20772
272	伏杀硫磷	Phosalone	0.01		不得检出	GB/T 20772
273	亚胺硫磷	Phosmet	0.05		不得检出	GB/T 20772
274	—	Phosphines and phosphides	0.01		不得检出	参照同类标准
275	辛硫磷	Phoxim	0.02		不得检出	GB/T 20772
276	氨氯吡啶酸	Picloram	0.01		不得检出	GB/T 23211
277	啶氧菌酯	Picoxystrobin	0.05		不得检出	GB/T 20772
278	抗蚜威	Pirimicarb	0.05		不得检出	GB/T 20772
279	甲基嘧啶磷	Pirimiphos – methyl	0.05		不得检出	GB/T 20772
280	咪鲜胺	Prochloraz	0.1		不得检出	GB/T 20772
281	腐霉利	Procymidone	0.01		不得检出	GB/T 20772
282	丙溴磷	Profenofos	0.05		不得检出	GB/T 20772
283	调环酸	Prohexadione	0.05		不得检出	日本肯定列表
284	毒草安	Propachlor	0.02		不得检出	GB/T 20772
285	扑派威	Propamocarb	0.1		不得检出	GB/T 20772
286	恶草酸	Propaquizafop	0.05		不得检出	GB/T 20772
287	炔螨特	Propargite	0.1		不得检出	GB/T 20772
288	苯胺灵	Propham	0.05		不得检出	GB/T 20772
289	丙环唑	Propiconazole	0.01		不得检出	GB/T 20772
290	异丙草胺	Propisochlor	0.01		不得检出	GB/T 20772
291	残杀威	Propoxur	0.05		不得检出	GB/T 20772
292	炔苯酰草胺	Propyzamide	0.02		不得检出	GB/T 19650
293	苄草丹	Prosulfocarb	0.05		不得检出	GB/T 20772
294	丙硫菌唑	Prothioconazole	0.05		不得检出	参照同类标准
295	吡蚜酮	Pymetrozine	0.01		不得检出	GB/T 20772
296	吡唑醚菌酯	Pyraclostrobin	0.05		不得检出	GB/T 20772
297	—	Pyrasulfotole	0.01		不得检出	参照同类标准
298	吡菌磷	Pyrazophos	0.1		不得检出	GB/T 20772
299	除虫菊素	Pyrethrins	0.05		不得检出	GB/T 20772
300	哒螨灵	Pyridaben	0.02		不得检出	GB/T 19650
301	啶虫丙醚	Pyridalyl	0.01		不得检出	日本肯定列表
302	哒草特	Pyridate	0.05		不得检出	日本肯定列表
303	嘧霉胺	Pyrimethanil	0.05		不得检出	GB/T 20772
304	吡丙醚	Pyriproxyfen	0.05		不得检出	GB/T 20772
305	甲氧磺草胺	Pyroxsulam	0.01		不得检出	SN/T 2325
306	氯甲喹啉酸	Quinmerac	0.05		不得检出	参照同类标准

序号	农兽药中文名	农兽药英文名	欧盟标准限量要求 mg/kg	国家标准限量要求 mg/kg	三安超有机食品标准	
					限量要求 mg/kg	检测方法
307	喹氧灵	Quinoxyfen	0.02		不得检出	SN/T 2319
308	五氯硝基苯	Quintozene	0.01	0.03	不得检出	GB/T 19650
309	精喹禾灵	Quizalofop – *P* – ethyl	0.05		不得检出	SN/T 2150
310	灭虫菊	Resmethrin	0.1		不得检出	GB/T 20772
311	鱼藤酮	Rotenone	0.01		不得检出	GB/T 20772
312	西玛津	Simazine	0.01		不得检出	GB/T 19650
313	乙基多杀菌素	Spinetoram	0.01		不得检出	参照同类标准
314	多杀霉素	Spinosad	0.2		不得检出	GB/T 20772
315	螺螨酯	Spirodiclofen	0.02		不得检出	GB/T 20772
316	螺甲螨酯	Spiromesifen	0.01		不得检出	GB/T 23210
317	螺虫乙酯	Spirotetramat	0.01		不得检出	参照同类标准
318	萁孢菌素	Spiroxamine	0.05		不得检出	GB/T 20772
319	磺草酮	Sulcotrione	0.05		不得检出	参照同类标准
320	乙黄隆	Sulfosulfuron	0.05		不得检出	SN/T 2325
321	硫磺粉	Sulfur	0.5		不得检出	参照同类标准
322	氟胺氰菊酯	Tau – fluvalinate	0.01		不得检出	SN 0691
323	戊唑醇	Tebuconazole	0.1		不得检出	GB/T 20772
324	虫酰肼	Tebufenozide	0.05		不得检出	GB/T 20772
325	吡螨胺	Tebufenpyrad	0.05		不得检出	GB/T 20772
326	四氯硝基苯	Tecnazene	0.05		不得检出	GB/T 19650
327	氟苯脲	Teflubenzuron	0.05		不得检出	SN/T 2150
328	七氟菊酯	Tefluthrin	0.05		不得检出	GB/T 23210
329	得杀草	Tepraloxydim	0.2		不得检出	GB/T 20772
330	特丁硫磷	Terbufos	0.01		不得检出	GB/T 20772
331	特丁津	Terbuthylazine	0.05		不得检出	GB/T 20772
332	四氟醚唑	Tetraconazole	0.02		不得检出	GB/T 20772
333	四环素	Tetracycline	0.2		不得检出	GB/T 21317
334	三氯杀螨砜	Tetradifon	0.05		不得检出	GB/T 19650
335	噻菌灵	Thiabendazole	0.1		不得检出	GB/T 20772
336	噻虫啉	Thiacloprid	0.01		不得检出	GB/T 20772
337	噻虫嗪	Thiamethoxam	0.01		不得检出	GB/T 20772
338	禾草丹	Thiobencarb	0.01		不得检出	GB/T 20772
339	甲基硫菌灵	Thiophanate – methyl	0.05		不得检出	SN/T 0162
340	甲基立枯磷	Tolclofos – methyl	0.05		不得检出	GB/T 19650
341	甲苯氟磺胺	Tolylfluanid	0.1		不得检出	GB/T 19650
342	—	Topramezone	0.01		不得检出	参照同类标准
343	三唑酮和三唑醇	Triadimefon and triadimenol	0.1		不得检出	GB/T 20772
344	野麦畏	Triallate	0.05		不得检出	GB/T 20772
345	醚苯磺隆	Triasulfuron	0.05		不得检出	GB/T 20772

序号	农兽药中文名	农兽药英文名	欧盟标准限量要求 mg/kg	国家标准限量要求 mg/kg	三安超有机食品标准	
					限量要求 mg/kg	检测方法
346	三唑磷	Triazophos	0.01		不得检出	GB/T 20772
347	敌百虫	Trichlorphon	0.01		不得检出	GB/T 20772
348	绿草定	Triclopyr	0.05		不得检出	SN/T 2228
349	三环唑	Tricyclazole	0.05		不得检出	GB/T 20769
350	十三吗啉	Tridemorph	0.01		不得检出	GB/T 20772
351	肟菌酯	Trifloxystrobin	0.04		不得检出	GB/T 19650
352	氟菌唑	Triflumizole	0.05		不得检出	GB/T 20769
353	杀铃脲	Triflumuron	0.01		不得检出	GB/T 20772
354	氟乐灵	Trifluralin	0.01		不得检出	GB/T 20772
355	嗪氨灵	Triforine	0.01		不得检出	SN 0695
356	三甲基锍阳离子	Trimethyl - sulfonium cation	0.01		不得检出	参照同类标准
357	抗倒酯	Trinexapac	0.05		不得检出	GB/T 20769
358	灭菌唑	Triticonazole	0.01		不得检出	GB/T 20772
359	三氟甲磺隆	Tritosulfuron	0.01		不得检出	参照同类标准
360	泰乐霉素	Tylosin	0.2		不得检出	GB/T 22941
361	—	Valifenalate	0.01		不得检出	参照同类标准
362	乙烯菌核利	Vinclozolin	0.05		不得检出	GB/T 20772
363	2,4,5-涕	2,4,5-T			不得检出	GB/T 20772
364	乙酰丙嗪	Acepromazine			不得检出	GB/T 20763
365	三氟羧草醚	Acifluorfen			不得检出	GB/T 20772
366	1-氨基-2-乙内酰脲	AHD			不得检出	GB/T 21311
367	涕灭砜威	Aldoxycarb			不得检出	GB/T 20772
368	烯丙菊酯	Allethrin			不得检出	GB/T 20772
369	烯丙孕素	Altrenogest			不得检出	SN/T 1980
370	莠灭净	Ametryn			不得检出	GB/T 20772
371	杀草强	Amitrole			不得检出	SN/T 1737.6
372	5-吗啉甲基-3-氨基-2-噁唑烷基酮	AMOZ			不得检出	GB/T 21311
373	氨苄青霉素	Ampicillin			不得检出	GB/T 21315
374	氨丙嘧吡啶	Amprolium			不得检出	SN/T 0276
375	3-氨基-2-噁唑酮	AOZ			不得检出	GB/T 21311
376	安普霉素	Apramycin			不得检出	GB/T 21323
377	羟氨卡青霉素	Aspoxicillin			不得检出	GB/T 21315
378	莠去津	Atrazine			不得检出	GB/T 20772
379	甲基吡噁磷	Azamethiphos			不得检出	GB/T 20763
380	氮哌酮	Azaperone			不得检出	SN/T 2221
381	四唑嘧磺隆	Azimsulfuron			不得检出	SN/T 2325
382	杆菌肽	Bacitracin			不得检出	GB/T 20743
383	噁虫威	Bendiocarb			不得检出	GB/T 20772

序号	农兽药中文名	农兽药英文名	欧盟标准限量要求 mg/kg	国家标准限量要求 mg/kg	三安超有机食品标准	
					限量要求 mg/kg	检测方法
384	乙丁氟灵	Benfluralin			不得检出	GB/T 19650
385	苄青霉素	Benzyl pencillin			不得检出	GB/T 21315
386	倍他米松	Betamethasone			不得检出	SN/T 1970
387	生物苄呋菊酯	Bioresmethrin			不得检出	GB/T 20772
388	除草定	Bromacil			不得检出	GB/T 20772
389	乙基溴硫磷	Bromophos - ethyl			不得检出	GB/T 20772
390	溴苯腈	Bromoxynil			不得检出	GB/T 20772
391	氟丙嘧草酯	Butafenacil			不得检出	GB/T 20772
392	毒杀芬	Camphechlor			不得检出	YC/T 180
393	角黄素	Canthaxanthin			不得检出	SN/T 2327
394	咔唑心安	Carazolol			不得检出	GB/T 20763
395	卡巴氧	Carbadox			不得检出	GB/T 20746
396	多菌灵	Carbendazim			不得检出	GB/T 20772
397	唑草酮	Carfentrazone - ethyl			不得检出	GB/T 19650
398	卡洛芬	Carprofen			不得检出	SN/T 2190
399	头孢洛宁	Cefalonium			不得检出	GB/T 22989
400	头孢匹林	Cefapirin			不得检出	GB/T 22989
401	头孢喹肟	Cefquinome			不得检出	GB/T 22989
402	头孢噻呋	Ceftiofur			不得检出	GB/T 21314
403	头孢氨苄	Cefalexin			不得检出	GB/T 22989
404	氯霉素	Chloramphenicolum			不得检出	GB/T 20772
405	溴虫腈	Chlorfenapyr			不得检出	GB/T 19650
406	氟啶脲	Chlorfluazuron			不得检出	SN/T 2540
407	氯地孕酮	Chlormadinone			不得检出	SN/T 1980
408	醋酸氯地孕酮	Chlormadinone acetate			不得检出	GB/T 20753
409	氯苯甲醚	Chloroneb			不得检出	GB/T 19650
410	氯丙嗪	Chlorpromazine			不得检出	GB/T 20763
411	氯苯胺灵	Chlorpropham			不得检出	GB/T 19650
412	乙菌利	Chlozolinate			不得检出	GB/T 19650
413	克仑特罗	Clenbuterol			不得检出	GB/T 22286
414	异噁草酮	Clomazone			不得检出	GB/T 20772
415	氯羟吡啶	Clopidol			不得检出	GB 29700
416	解草酯	Cloquintocet - mexyl			不得检出	GB/T 20772
417	邻氯青霉素	Cloxacillin			不得检出	GB/T 18932.25
418	蝇毒磷	Coumaphos			不得检出	GB/T 20772
419	氰霜唑	Cyazofamid			不得检出	GB/T 23211
420	氰氟草酯	Cyhalofop - butyl			不得检出	GB/T 23210
421	达氟沙星	Danofloxacin			不得检出	GB/T 22985
422	癸氧喹酯	Decoquinate			不得检出	SN/T 2444

序号	农兽药中文名	农兽药英文名	欧盟标准限量要求 mg/kg	国家标准限量要求 mg/kg	三安超有机食品标准	
					限量要求 mg/kg	检测方法
423	地塞米松	Dexamethasone			不得检出	SN/T 1970
424	敌菌净	Diaveridine			不得检出	SN/T 1926
425	驱虫特	Dibutyl succinate			不得检出	GB/T 20772
426	敌敌畏	Dichlorvos			不得检出	GB/T 20772
427	禾草灵	Diclofop – methyl			不得检出	GB/T 19650
428	双氯青霉素	Dicloxacillin			不得检出	GB/T 18932.25
429	己烯雌酚	Diethylstilbestrol			不得检出	GB/T 20766
430	双氟沙星	Difloxacin			不得检出	GB/T 20366
431	二氢链霉素	Dihydro – streptomycin			不得检出	GB/T 22969
432	乐果	Dimethoate			不得检出	GB/T 20772
433	地美硝唑	Dimetridazole			不得检出	GB/T 21318
434	二硝托安	Dinitolmide			不得检出	SN/T 2453
435	呋虫胺	Dinotefuran			不得检出	GB/T 20772
436	二苯胺	Diphenylamine			不得检出	GB/T 20772
437	多拉菌素	Doramectin			不得检出	GB/T 22968
438	强力霉素	Doxycycline			不得检出	GB/T 20764
439	恩诺沙星	Enrofloxacin			不得检出	GB/T 20366
440	埃普利诺菌素	Eprinomectin			不得检出	GB/T 21320
441	伐灭磷	Famphur			不得检出	GB/T 20772
442	苯硫苯咪唑	Fenbendazole			不得检出	SN 0638
443	仲丁威	Fenobucarb			不得检出	GB/T 20772
444	甲氰菊酯	Fenpropathrin			不得检出	GB/T 19650
445	麦草氟甲酯	Flamprop – methyl			不得检出	GB/T 20772
446	嘧啶磺隆	Flazasulfuron			不得检出	SN/T 2325
447	氟苯尼考	Florfenicol			不得检出	GB/T 20756
448	吡氟禾草灵	Fluazifop – butyl			不得检出	GB/T 19650
449	啶蜱脲	Fluazuron			不得检出	SN/T 2540
450	氟噻草胺	Flufenacet			不得检出	GB/T 19650
451	氟甲喹	Flumequin			不得检出	SN/T 1921
452	唑嘧磺草胺	Flumetsulam			不得检出	GB/T 20772
453	氟烯草酸	Flumiclorac			不得检出	GB/T 19650
454	丙炔氟草胺	Flumioxazin			不得检出	GB/T 19650
455	氟胺烟酸	Flunixin			不得检出	GB/T 20750
456	乙羧氟草醚	Fluoroglycofen – ethyl			不得检出	GB/T 20772
457	氟啶草酮	Fluridone			不得检出	GB/T 20772
458	呋草酮	Flurtamone			不得检出	GB/T 20772
459	灭菌丹	Folpet			不得检出	SN/T 2320
460	安果	Formothion			不得检出	GB/T 19650
461	庆大霉素	Gentamicin			不得检出	GB/T 21323
462	氟哌啶醇	Haloperidol			不得检出	GB/T 20763

序号	农兽药中文名	农兽药英文名	欧盟标准限量要求 mg/kg	国家标准限量要求 mg/kg	三安超有机食品标准	
					限量要求 mg/kg	检测方法
463	己唑醇	Hexaconazole			不得检出	GB/T 19650
464	环嗪酮	Hexazinone			不得检出	GB/T 20772
465	氢氰酸	Hydrogen cyanide			不得检出	GB/T 15665
466	咪唑磺隆	Imazosulfuron			不得检出	SN/T 2325
467	甲基碘磺隆	Iodosulfuron - methyl			不得检出	GB/T 20772
468	氮氨菲啶	Isometamidium			不得检出	SN/T 2239
469	异噁氟草	Isoxaflutole			不得检出	GB/T 20772
470	依维菌素	Ivermectin			不得检出	GB/T 21320
471	交沙霉素	Josamycin			不得检出	GB/T 20762
472	卡那霉素	Kanamycin			不得检出	GB/T 21323
473	左旋咪唑	Levamisole			不得检出	SN 0349
474	利谷隆	Linuron			不得检出	GB/T 20772
475	麻保沙星	Marbofloxacin			不得检出	GB/T 22985
476	甲苯咪唑	Mebendazole			不得检出	GB/T 21324
477	灭蚜磷	Mecarbam			不得检出	GB/T 20772
478	二甲四氯丙酸	Mecoprop			不得检出	GB/T 20772
479	吡唑解草酯	Mefenpyr - diethyl			不得检出	GB/T 20772
480	醋酸甲地孕酮	Megestrol acetate			不得检出	GB/T 20753
481	醋酸美仑孕酮	Melengestrol acetate			不得检出	GB/T 20753
482	嘧菌胺	Mepanipyrim			不得检出	GB/T 20772
483	灭锈胺	Mepronil			不得检出	GB/T 20772
484	硝磺草酮	Mesotrione			不得检出	参照同类标准
485	异丙甲草胺和 S - 异丙甲草胺	Metolachlor and S - metolachlor			不得检出	GB/T 19650
486	甲基泼尼松龙	Methylprednisolone			不得检出	GB/T 21981
487	甲氧氯普胺	Metoclopramide			不得检出	SN/T 2227
488	甲硝唑	Metronidazole			不得检出	GB/T 21318
489	甲磺隆	Metsulfuron - methyl			不得检出	SN/T 2325
490	速灭磷	Mevinphos			不得检出	GB/T 20772
491	禾草敌	Molinate			不得检出	GB/T 20772
492	莫能菌素	Monensin			不得检出	SN 0698
493	莫西丁克	Moxidectin			不得检出	SN/T 2442
494	萘夫西林	Nafcillin			不得检出	GB/T 22975
495	二溴磷	Naled			不得检出	SN/T 0706
496	甲基盐霉素	Narasin			不得检出	GB/T 20364
497	三氯甲基吡啶	Nitrapyrin			不得检出	GB/T 19650
498	诺氟沙星	Norfloxacin			不得检出	GB/T 20366
499	氟草敏	Norflurazon			不得检出	GB/T 20772
500	新生霉素	Novobiocin			不得检出	SN 0646
501	氧氟沙星	Ofloxacin			不得检出	GB/T 20366

序号	农兽药中文名	农兽药英文名	欧盟标准限量要求 mg/kg	国家标准限量要求 mg/kg	三安超有机食品标准	
					限量要求 mg/kg	检测方法
502	喹乙醇	Olaquindox			不得检出	GB/T 20746
503	竹桃霉素	Oleandomycin			不得检出	GB/T 20762
504	氧乐果	Omethoate			不得检出	GB/T 20772
505	奥比沙星	Orbifloxacin			不得检出	GB/T 22985
506	苯唑青霉素	Oxacillin			不得检出	GB/T 18932.25
507	杀线威	Oxamyl			不得检出	GB/T 20772
508	奥芬达唑	Oxfendazole			不得检出	GB/T 22972
509	丙氧苯咪唑	Oxibendazole			不得检出	GB/T 21324
510	喹菌酮	Oxolinic acid			不得检出	日本肯定列表
511	磷胺	Phosphamidon			不得检出	GB/T 20772
512	氟吡酰草胺	Picolinafen			不得检出	GB/T 20772
513	增效醚	Piperonyl butoxide			不得检出	GB/T 20772
514	吡利霉素	Pirlimycin			不得检出	GB/T 22988
515	泼尼松龙	Prednisolone			不得检出	GB/T 21981
516	扑草净	Prometryne			不得检出	GB/T 20772
517	敌稗	Propanil			不得检出	GB/T 20772
518	炔螨特	Propargite			不得检出	GB/T 20772
519	胺丙畏	Propetamphos			不得检出	GB/T 20772
520	丙酰二甲氨基丙吩噻嗪	Propionylpromazin			不得检出	GB/T 20763
521	吡草醚	Pyraflufen - ethyl			不得检出	GB/T 19650
522	喹硫磷	Quinalphos			不得检出	GB/T 19650
523	苯氧喹啉	Quinoxyphen			不得检出	GB/T 19650
524	莱克多巴胺	Ractopamine			不得检出	GB/T 21313
525	洛硝达唑	Ronidazole			不得检出	GB/T 21318
526	盐霉素	Salinomycin			不得检出	GB/T 20364
527	沙拉沙星	Sarafloxacin			不得检出	GB/T 20366
528	氨基脲	Semduramicin			不得检出	GB/T 20752
529	烯禾啶	Sethoxydim			不得检出	GB/T 19650
530	壮观霉素	Spectinomycin			不得检出	GB/T 21323
531	螺旋霉素	Spiramycin			不得检出	GB/T 20762
532	链霉素	Streptomycin			不得检出	GB/T 21323
533	磺胺苯酰	Sulfabenzamide			不得检出	GB/T 21316
534	磺胺醋酰	Sulfacetamide			不得检出	GB/T 21316
535	磺胺氯哒嗪	Sulfachloropyridazine			不得检出	GB/T 21316
536	磺胺嘧啶	Sulfadiazine			不得检出	GB/T 21316
537	磺胺间二甲氧嘧啶	Sulfadimethoxine			不得检出	GB/T 21316
538	磺胺二甲嘧啶	Sulfadimidine			不得检出	GB/T 21316
539	磺胺多辛	Sulfadoxine			不得检出	GB/T 21316
540	磺胺胍	Sulfaguanidine			不得检出	GB/T 21316

序号	农兽药中文名	农兽药英文名	欧盟标准限量要求 mg/kg	国家标准限量要求 mg/kg	三安超有机食品标准	
					限量要求 mg/kg	检测方法
541	磺胺甲嘧啶	Sulfamerazine			不得检出	GB/T 21316
542	新诺明	Sulfamethoxazole			不得检出	GB/T 21316
543	磺胺间甲氧嘧啶	Sulfamonomethoxine			不得检出	GB/T 21316
544	乙酰磺胺对硝基苯	Sulfanitran			不得检出	GB/T 20772
545	磺胺吡啶	Sulfapyridine			不得检出	GB/T 21316
546	磺胺喹沙啉	Sulfaquinoxaline			不得检出	GB/T 21316
547	磺胺噻唑	Sulfathiazole			不得检出	GB/T 21316
548	丁噻隆	Tebuthiuron			不得检出	GB/T 20772
549	双硫磷	Temephos			不得检出	GB/T 20772
550	特普	TEPP			不得检出	GB/T 20772
551	特丁净	Terbutryn			不得检出	GB/T 20772
552	杀虫畏	Tetrachlorvinphos			不得检出	GB/T 20772
553	甲砜霉素	Thiamphenicol			不得检出	GB/T 20756
554	噻苯隆	Thidiazuron			不得检出	GB/T 20772
555	噻吩磺隆	Thifensulfuron - methyl			不得检出	GB/T 20772
556	甲基乙拌磷	Thiometon			不得检出	GB/T 20772
557	福美双	Thiram			不得检出	SN/T 0525
558	替米考星	Tilmicosin			不得检出	GB/T 20762
559	硫普罗宁	Tiopronin			不得检出	SN/T 2225
560	三甲苯草酮	Tralkoxydim			不得检出	GB/T 19650
561	四溴菊酯	Tralomethrin			不得检出	SN/T 2320
562	群勃龙	Trenbolone			不得检出	GB/T 21981
563	苯磺隆	Tribenuron - methyl			不得检出	GB/T 23210
564	甲氧苄氨嘧啶	Trimethoprim			不得检出	SN/T 1769
565	维吉尼霉素	Virginiamycin			不得检出	GB/T 20765
566	杀鼠灵	War farin			不得检出	GB/T 20772
567	甲苯噻嗪	Xylazine			不得检出	GB/T 20763
568	右环十四酮酚	Zeranol			不得检出	GB/T 21982
569	苯酰菌胺	Zoxamide			不得检出	GB/T 19650

17 水产品(3种)

17.1 鱼 Fish

序号	农兽药中文名	农兽药英文名	欧盟标准限量要求 μg/kg	国家标准限量要求 μg/kg	三安超有机食品标准	
					限量要求 μg/kg	检测方法
1	阿莫西林	Amoxicillin	50		不得检出	GB/T 22952
2	氨苄青霉素	Ampicillin	50		不得检出	GB/T 21315
3	苄青霉素	Benzyl penicillin	50		不得检出	GB/T 21315

序号	农兽药中文名	农兽药英文名	欧盟标准限量要求 μg/kg	国家标准限量要求 μg/kg	三安超有机食品标准	
					限量要求 μg/kg	检测方法
4	金霉素	Chlortetracycline	100		不得检出	SC/T 3015
5	邻氯青霉素	Cloxacillin	300		不得检出	GB/T 21315
6	黏菌素	Colistin	150		不得检出	参照同类标准
7	达氟沙星	Danofloxacin	100		不得检出	SN/T 3155
8	溴氰菊酯	Deltamethrin	10		不得检出	GB 29705
9	双氯青霉素	Dicloxacillin	300		不得检出	GB/T 21315
10	双氟沙星	Difloxacin	300		不得检出	SN/T 1751.3
11	依马菌素	Emamectin	100		不得检出	参照同类标准
12	恩诺沙星	Enrofloxacin	100		不得检出	SN/T 1751.3
13	红霉素	Erythromycin	200		不得检出	GB 29684
14	氟苯尼考	Florfenicol	1000		不得检出	GB/T 20756
15	氟甲喹	Flumequin	600		不得检出	SN/T1921
16	异丁香酚	Isoeugenol	6000		不得检出	参照同类标准
17	林可霉素	Lincomycin	100		不得检出	GB 29685
18	新霉素(包括 framycetin)	Neomycin (including framycetin)	500		不得检出	GB/T 21323
19	苯唑青霉素	Oxacillin	300		不得检出	GB/T 21315
20	喹菌酮	Oxolinic acid	100		不得检出	SN/T 3155
21	土霉素	Oxytetracycline	100		不得检出	SC/T 3015
22	巴龙霉素	Paromomycin	500		不得检出	SN/T 2315
23	壮观霉素	Spectinomycin	300		不得检出	GB/T 21323
24	磺胺类(所有属于磺胺类的物质)	Sulfonamides (all substances belonging to the sulfonamide-group)	100		不得检出	SN/T 2624
25	四环素	Tetracycline	100		不得检出	SC/T 3015
26	甲砜霉素	Thiamphenicol	50		不得检出	SN/T 1865
27	替米考星	Tilmicosin	50		不得检出	SN/T 3155
28	甲氧苄氨嘧啶	Trimethoprim	50		不得检出	DB33/T 615
29	泰乐菌素	Tylosin	100		不得检出	SN/T 3155
30	2,3,4,5 – 四氯苯胺	2,3,4,5 – Tetrachloraniline			不得检出	GB/T 23207
31	2,3,4,5 – 四氯甲氧基苯	2,3,4,5 – Tetrachloroanisole			不得检出	GB/T 23207
32	2,3,5,6 – 四氯苯胺	2,3,5,6 – Tetrachloroaniline			不得检出	GB/T 23207
33	2,4 – 滴	2,4 – D			不得检出	GB/T 23207
34	2,6 – 二氯苯甲酰胺	2,6 – Dichlorobenzamide			不得检出	GB/T 23207
35	2 – 苯酚	2 – Phenylphenol			不得检出	GB/T 23207
36	3,4,5 – 混杀威	3,4,5 – Trimethacarb			不得检出	GB/T 23207
37	3,5 – 二氯苯胺	3,5 – Dichloroaniline			不得检出	GB/T 23207
38	呋喃唑酮(代谢物 AOZ)	3 – Amino – 2 – oxalidinone, AOZ			不得检出	GB/T 20752

序号	农兽药中文名	农兽药英文名	欧盟标准限量要求 μg/kg	国家标准限量要求 μg/kg	三安超有机食品标准	
					限量要求 μg/kg	检测方法
39	4,4′-二溴二苯甲酮	4,4′-Dibromobenzophenone			不得检出	GB/T 23207
40	4,4′-二氯二苯甲酮	4,4′-Dichlorobenzophenone			不得检出	GB/T 23207
41	呋喃它酮(代谢物 AMOZ)	5-Morpholinomethyl-3-amino-2-oxalidinone,AMOZ			不得检出	GB/T 20752
42	阿维菌素	Abamectin			不得检出	GB 29695
43	二氢苊	Acenaphthene			不得检出	GB/T 23207
44	乙草胺	Acetochlor			不得检出	GB/T 23207
45	苯并噻二唑	Acibenzolar-*S*-methyl			不得检出	GB/T 23207
46	苯草醚	Aclonifen			不得检出	GB/T 23207
47	甲草胺	Alachlor			不得检出	GB/T 23207
48	阿苯达唑(包括其代谢物)	Albendazole			不得检出	GB 29687
49	艾氏剂	Aldrin			不得检出	GB/T 23207
50	烯丙菊酯	Allethrin			不得检出	GB/T 23207
51	二丙烯草胺	Allidochlor			不得检出	GB/T 23207
52	顺式-氯氰菊酯	Alpha-cypermethrini			不得检出	GB/T 23207
53	烯丙孕素	Altrenogest			不得检出	GB/T 22962
54	莠灭净	Ametryn			不得检出	GB/T 23207
55	莎稗磷	Anilofos			不得检出	GB/T 23207
56	丙硫特普	Aspon			不得检出	GB/T 23207
57	羟氨卡青霉素	Aspoxicillin			不得检出	GB/T 22952
58	莠去通	Atratone			不得检出	GB/T 23207
59	莠去净	Atrazine			不得检出	GB/T 23207
60	脱乙基阿特拉津	Atrazine-desethyl			不得检出	GB/T 23207
61	戊环唑	Azaconazole			不得检出	GB/T 23207
62	益棉磷	Azinphos-ethyl			不得检出	GB/T 23207
63	保棉磷	Azinphos-methyl			不得检出	GB/T 23207
64	叠氮津	Aziprotryne			不得检出	GB/T 23207
65	嘧菌酯	Azoxystrobin			不得检出	GB/T 23208
66	4-溴-3,5-二甲苯基-*N*-甲基氨基甲酸酯-1	BDMC-1			不得检出	GB/T 23207
67	4-溴-3,5-二甲苯基-*N*-甲基氨基甲酸酯-2	BDMC-2			不得检出	GB/T 23207
68	倍氯米松	Beclomethasone			不得检出	GB/T 22957
69	苯霜灵	Benalaxyl			不得检出	GB/T 23207
70	乙丁氟灵	Benfluralin			不得检出	GB/T 23207
71	呋草黄	Benfuresate			不得检出	GB/T 23207
72	麦锈灵	Benodanil			不得检出	GB/T 23207
73	解草酮	Benoxacor			不得检出	GB/T 23207
74	新燕灵	Benzoylprop-ethyl			不得检出	GB/T 23207

序号	农兽药中文名	农兽药英文名	欧盟标准限量要求 μg/kg	国家标准限量要求 μg/kg	三安超有机食品标准	
					限量要求 μg/kg	检测方法
75	倍他米松	Betamethasone			不得检出	GB/T 22957
76	联苯肼酯	Bifenazate			不得检出	GB/T 23207
77	甲羧除草醚	Bifenox			不得检出	GB/T 23207
78	联苯菊酯	Bifenthrin			不得检出	GB/T 23207
79	生物烯丙菊酯 - 1	Bioallethrin - 1			不得检出	GB/T 23207
80	生物烯丙菊酯 - 2	Bioallethrin - 2			不得检出	GB/T 23207
81	联苯	Biphenyl			不得检出	GB/T 23207
82	联苯三唑醇	Bitertanol			不得检出	GB/T 23207
83	啶酰菌胺	Boscalid			不得检出	GB/T 23207
84	除草定	Bromacil			不得检出	GB/T 23207
85	溴苯烯磷	Bromfenvinfos			不得检出	GB/T 23207
86	溴烯杀	Bromocylen			不得检出	GB/T 23207
87	溴硫磷	Bromofos			不得检出	GB/T 23207
88	乙基溴硫磷	Bromophos - ethyl			不得检出	GB/T 23207
89	溴螨酯	Bromopropylate			不得检出	GB/T 23207
90	糠菌唑 - 1	Bromuconazole - 1			不得检出	GB/T 23207
91	糠菌唑 - 2	Bromuconazole - 2			不得检出	GB/T 23207
92	乙嘧酚磺酸酯	Bupirimate			不得检出	GB/T 23207
93	噻嗪酮	Buprofezin			不得检出	GB/T 23207
94	丁草胺	Butachlor			不得检出	GB/T 23207
95	氟丙嘧草酯	Butafenacil			不得检出	GB/T 23207
96	抑草磷	Butamifos			不得检出	GB/T 23207
97	仲丁灵	Butralin			不得检出	GB/T 23207
98	丁草敌	Butylate			不得检出	GB/T 23207
99	硫线磷	Cadusafos			不得检出	GB/T 23207
100	头孢匹林	Cafapirin			不得检出	GB/T 22960
101	苯酮唑	Cafenstrole			不得检出	GB/T 23207
102	噻苯咪唑酯	Cambendazole			不得检出	GB/T 22955
103	角黄素	Canthaxanthin			不得检出	GB/T 22958
104	咔唑心安	Carazolol			不得检出	GB/T 20763
105	卡巴氧	Carbadox			不得检出	GB/T 20746
106	甲萘威	Carbaryl			不得检出	GB/T 23207
107	三硫磷	Carbophenothion			不得检出	GB/T 23207
108	丁硫克百威	Carbosulfan			不得检出	GB/T 23207
109	萎锈灵	Carboxin			不得检出	GB/T 23207
110	唑草酮	Carfentrazone - ethyl			不得检出	GB/T 23207
111	头孢洛宁	Cefalonium			不得检出	GB/T 22960
112	头孢唑啉	Cefazolin			不得检出	GB/T 22960
113	头孢喹肟	Cefquinome			不得检出	GB/T 22960

序号	农兽药中文名	农兽药英文名	欧盟标准限量要求 μg/kg	国家标准限量要求 μg/kg	三安超有机食品标准	
					限量要求 μg/kg	检测方法
114	头孢氨苄	Cefalexin			不得检出	GB/T 22960
115	氯霉素	Chloramphenicolum			不得检出	GB/T 23208
116	杀螨醚	Chlorbenside			不得检出	GB/T 23207
117	氯杀螨砜	Chlorbenside sulfore			不得检出	GB/T 23207
118	氯炔灵	Chlorbufam			不得检出	GB/T 23207
119	氯丹	Chlordane			不得检出	GB/T 23207
120	杀虫脒	Chlordimeform			不得检出	GB/T 23207
121	氯氧磷	Chlorethoxyfos			不得检出	GB/T 23207
122	杀螨醇	Chlorfenethol			不得检出	GB/T 23207
123	燕麦酯	Chlorfenprop - methyl			不得检出	GB/T 23207
124	杀螨酯	Chlorfenson			不得检出	GB/T 23207
125	毒虫畏	Chlorfenvinphos			不得检出	GB/T 23207
126	整形醇	Chlorflurenol			不得检出	GB/T 23207
127	氯地孕酮	Chlormadinone			不得检出	GB/T 22962
128	氯甲硫磷	Chlormephos			不得检出	GB/T 23207
129	乙酯杀螨醇	Chlorobenzilate			不得检出	GB/T 23207
130	氯苯甲醚	Chloroneb			不得检出	GB/T 23207
131	丙酯杀螨醇	Chloropropylate			不得检出	GB/T 23207
132	氯丙嗪	Chlorpromazine			不得检出	SN/T 2215
133	氯苯胺灵	Chlorpropham			不得检出	GB/T 23207
134	毒死蜱	Chlorpyrifos			不得检出	GB/T 23207
135	甲基毒死蜱	Chlorpyrifos - methyl			不得检出	GB/T 23207
136	氯酞酸甲酯	Chlorthaldimethyl			不得检出	GB/T 23207
137	虫螨磷	Chlorthiophos			不得检出	GB/T 23207
138	乙菌利	Chlozolinate			不得检出	GB/T 23207
139	环丙沙星	Ciprofloxacin			不得检出	SN/T 3155
140	四氢邻苯二甲酰亚胺	*cis* - 1,2,3,6 - Tetrahydrophthalimide			不得检出	GB/T 23207
141	顺式 - 氯丹	*cis* - Chlordane			不得检出	GB/T 23207
142	顺式 - 燕麦敌	*cis* - Diallate			不得检出	GB/T 23207
143	顺式 - 氯菊酯	*cis* - Permethrin			不得检出	GB/T 23207
144	克伦特罗	Clenbuterol			不得检出	GB/T 22950
145	烯草酮	Clethodim			不得检出	GB/T 23207
146	炔草酯	Clodinafop - propargyl			不得检出	GB/T 23207
147	异噁草酮	Clomazone			不得检出	GB/T 23207
148	氯甲酰草胺	Clomeprop			不得检出	GB/T 23207
149	解草酯	Cloquinocet - mexyl			不得检出	GB/T 23207
150	可的松	Cortisone			不得检出	GB/T 22957
151	蝇毒磷	Coumaphos			不得检出	GB/T 23207

序号	农兽药中文名	农兽药英文名	欧盟标准限量要求 μg/kg	国家标准限量要求 μg/kg	三安超有机食品标准	
					限量要求 μg/kg	检测方法
152	结晶紫	Cpystal violet			不得检出	GB/T 20361
153	鼠立死	Crimidine			不得检出	GB/T 23207
154	育畜磷	Crufomate			不得检出	GB/T 23207
155	氰草津	Cyanazine			不得检出	GB/T 23207
156	苯腈磷	Cyanofenphos			不得检出	GB/T 23207
157	杀螟腈	Cyanophos			不得检出	GB/T 23207
158	环草敌	Cycloate			不得检出	GB/T 23207
159	噻草酮	Cycloxydim			不得检出	GB/T 23207
160	环莠隆	Cycluron			不得检出	GB/T 23207
161	环氟菌胺	Cyflufenamid			不得检出	GB/T 23207
162	氟氯氰菊酯和高效氟氯氰菊酯	Cyfluthrin and beta – cyfluthrin			不得检出	GB/T 23207
163	氰氟草酯	Cyhalofop – butyl			不得检出	GB/T 23207
164	氯氰菊酯和高效氯氰菊酯	Cypermethrin and beta – cypermethrin			不得检出	GB/T 23207
165	环丙津	Cyprazine			不得检出	GB/T 23207
166	环丙唑醇	Cyproconazole			不得检出	GB/T 23207
167	嘧菌环胺	Cyprodinil			不得检出	GB/T 23207
168	敌草索	Dacthal			不得检出	GB/T 23207
169	滴滴涕(包括DDD和DDE)	DDT (including DDD and DDE)		500	不得检出	GB/T 23207
170	脱叶磷	DEF			不得检出	GB/T 23207
171	内吸磷	Demeton			不得检出	GB/T 23207
172	甲基内吸磷	Demeton – *S* – methyl			不得检出	GB/T 23207
173	2,2′,4,5,5′ – 五氯联苯	DE – PCB 101			不得检出	GB/T 23207
174	2,3,4,4′,5 – 五氯联苯	DE – PCB 118			不得检出	GB/T 23207
175	2,2′,3,4,4′,5 – 六氯联苯	DE – PCB 138			不得检出	GB/T 23207
176	2,2′,4,4′,5,5′ – 六氯联苯	DE – PCB 153			不得检出	GB/T 23207
177	2,2′,3,4,4′,5,5′ – 七氯联苯	DE – PCB 180			不得检出	GB/T 23207
178	2,4,4′ – 三氯联苯	DE – PCB 28			不得检出	GB/T 23207
179	2,4,5 – 三氯联苯	DE – PCB 31			不得检出	GB/T 23207
180	2,2′,5,5′ – 四氯联苯	DE – PCB 52			不得检出	GB/T 23207
181	脱乙基另丁津	Desethyl – sebuthylazine			不得检出	GB/T 23207
182	脱异丙基莠去津	Desisopropyl – atrazine			不得检出	GB/T 23207
183	甜菜安	Desmedipham			不得检出	GB/T 23207
184	敌草净	Desmetryn			不得检出	GB/T 23207
185	地塞米松	Dexamethasone			不得检出	GB/T 22957
186	氯亚胺硫磷	Dialifos			不得检出	GB/T 23207

序号	农兽药中文名	农兽药英文名	欧盟标准限量要求μg/kg	国家标准限量要求μg/kg	三安超有机食品标准	
					限量要求μg/kg	检测方法
187	二嗪磷	Diazinon			不得检出	GB/T 23207
188	驱虫特	Dibutyl succinate			不得检出	GB/T 23207
189	异氯磷	Dicapthon			不得检出	GB/T 23207
190	敌草腈	Dichlobenil			不得检出	GB/T 23207
191	除线磷	Dichlofenthion			不得检出	GB/T 23207
192	苯氟磺胺	Dichlofluanid			不得检出	GB/T 23207
193	烯丙酰草胺	Dichlormid			不得检出	GB/T 23207
194	敌敌畏	Dichlorvos			不得检出	GB/T 23207
195	苄氯三唑醇	Diclobutrazole			不得检出	GB/T 23207
196	禾草灵	Diclofop – methyl			不得检出	GB/T 23207
197	氯硝胺	Dicloran			不得检出	GB/T 23207
198	三氯杀螨醇	Dicofol			不得检出	GB/T 23207
199	百治磷	Dicrotophos			不得检出	GB/T 23207
200	狄氏剂	Dieldrin			不得检出	GB/T 23207
201	双烯雌酚	Dienestrol			不得检出	GB/T 22963
202	乙霉威	Diethofencarb			不得检出	GB/T 23207
203	己烯雌酚	Diethylstilbestrol			不得检出	GB/T 22963
204	避蚊胺	Diethyltoluamide			不得检出	GB/T 23207
205	苯醚甲环唑	Difenoconazole			不得检出	GB/T 23207
206	枯莠隆	Difenoxuron			不得检出	GB/T 23207
207	吡氟酰草胺	Diflufenican			不得检出	GB/T 23207
208	二氢链霉素	Dihydro – streptomycin			不得检出	GB/T 22954
209	甲氟磷	Dimefox			不得检出	GB/T 23207
210	哌草丹	Dimepiperate			不得检出	GB/T 23207
211	油菜安	Dimethachlor			不得检出	GB/T 23207
212	异戊乙净	Dimethametryn			不得检出	GB/T 23207
213	二甲酚草胺	Dimethenamid			不得检出	GB/T 23207
214	乐果	Dimethoate			不得检出	GB/T 23207
215	烯酰吗啉	Dimethomorph			不得检出	GB/T 23207
216	避蚊酯	Dimethyl phthalate			不得检出	GB/T 23207
217	烯唑醇	Diniconazole			不得检出	GB/T 23207
218	氨氟灵	Dinitramine			不得检出	GB/T 23207
219	苯虫醚 – 1	Diofenolan – 1			不得检出	GB/T 23207
220	苯虫醚 – 2	Diofenolan – 2			不得检出	GB/T 23207
221	二氧威	Dioxacarb			不得检出	GB/T 23207
222	敌噁磷	Dioxathion			不得检出	GB/T 23207
223	双苯酰草胺	Diphenamid			不得检出	GB/T 23207
224	二苯胺	Diphenylamine			不得检出	GB/T 23207
225	异丙净	Dipropetryn			不得检出	GB/T 23207

序号	农兽药中文名	农兽药英文名	欧盟标准限量要求 μg/kg	国家标准限量要求 μg/kg	三安超有机食品标准	
					限量要求 μg/kg	检测方法
226	乙拌磷	Disulfoton			不得检出	GB/T 23207
227	乙拌磷砜	Disulfoton sulfone			不得检出	GB/T 23207
228	乙拌磷亚砜	Disulfoton – sulfoxide			不得检出	GB/T 23207
229	灭菌磷	Ditalimfos			不得检出	GB/T 23207
230	十二环吗啉	Dodemorph			不得检出	GB/T 23207
231	多拉菌素	Doramectin			不得检出	GB/T 22953
232	强力霉素	Doxycycline			不得检出	GB/T 22961
233	敌瘟磷	Edifenphos			不得检出	GB/T 23207
234	硫丹	Endosulfan			不得检出	GB/T 23207
235	硫丹硫酸盐	Endosulfan – sulfate			不得检出	GB/T 23207
236	异狄氏剂	Endrin			不得检出	GB/T 23207
237	异狄氏剂醛	Endrin aldehyde			不得检出	GB/T 23207
238	异狄氏剂酮	Endrin ketone			不得检出	GB/T 23207
239	依诺沙星	Enoxaxin			不得检出	SN/T 3155
240	苯硫磷	EPN			不得检出	GB/T 23207
241	氟环唑 – 1	Epoxiconazole – 1			不得检出	GB/T 23207
242	氟环唑 – 2	Epoxiconazole – 2			不得检出	GB/T 23207
243	埃普利诺菌素	Eprinomectin			不得检出	GB/T 22953
244	茵草敌	EPTC			不得检出	GB/T 23207
245	*S* – 氰戊菊酯	Esfenvalerate			不得检出	GB/T 23207
246	戊草丹	Esprocarb			不得检出	GB/T 23207
247	乙环唑 – 1	Etaconazole – 1			不得检出	GB/T 23207
248	乙环唑 – 2	Etaconazole – 2			不得检出	GB/T 23207
249	乙丁烯氟灵	Ethalfluralin			不得检出	GB/T 23207
250	乙硫苯威	Ethiofencarb			不得检出	GB/T 23207
251	异硫磷	Ethion			不得检出	GB/T 23207
252	乙氧呋草黄	Ethofumesate			不得检出	GB/T 23207
253	灭线磷	Ethoprophos			不得检出	GB/T 23207
254	乙氧喹啉	Ethoxyquin			不得检出	GB/T 23208
255	醚菊酯	Etofenprox			不得检出	GB/T 23207
256	乙螨唑	Etoxazole			不得检出	GB/T 23207
257	氯唑灵	Etridiazole			不得检出	GB/T 23207
258	乙嘧硫磷	Etrimfos			不得检出	GB/T 23207
259	伐灭磷	Famphur			不得检出	GB/T 23207
260	咪唑菌酮	Fenamidone			不得检出	GB/T 23207
261	苯线磷	Fenamiphos			不得检出	GB/T 23207
262	苯线磷砜	Fenamiphos – sulfone			不得检出	GB/T 23207
263	氯苯嘧啶醇	Fenarimol			不得检出	GB/T 23207
264	喹螨醚	Fenazaquin			不得检出	GB/T 23207

序号	农兽药中文名	农兽药英文名	欧盟标准限量要求 μg/kg	国家标准限量要求 μg/kg	三安超有机食品标准	
					限量要求 μg/kg	检测方法
265	苯硫苯咪唑	Fenbendazole			不得检出	GB/T 22955
266	腈苯唑	Fenbuconazole			不得检出	GB/T 23207
267	氧皮蝇磷	Fenchlorphos oxon			不得检出	GB/T 23207
268	甲呋酰胺	Fenfuram			不得检出	GB/T 23207
269	环酰菌胺	Fenhexamid			不得检出	GB/T 23207
270	杀螟硫磷	Fenitrothion			不得检出	GB/T 23207
271	仲丁威	Fenobucarb			不得检出	GB/T 23207
272	拌种咯	Fenpiclonil			不得检出	GB/T 23207
273	甲氰菊酯	Fenpropathrin			不得检出	GB/T 23207
274	苯锈啶	Fenpropidin			不得检出	GB/T 23207
275	丁苯吗啉	Fenpropimorph			不得检出	GB/T 23207
276	唑螨酯	Fenpyroximate			不得检出	GB/T 23207
277	芬螨酯	Fenson			不得检出	GB/T 23207
278	倍硫磷	Fenthion			不得检出	GB/T 23207
279	倍硫磷砜	Fenthion sulfone			不得检出	GB/T 23207
280	倍硫磷亚砜	Fenthion sulfoxide			不得检出	GB/T 23207
281	氰戊菊酯 - 1	Fenvalerate - 1			不得检出	GB/T 23207
282	氰戊菊酯 - 2	Fenvalerate - 2			不得检出	GB/T 23207
283	麦草氟异丙酯	Flamprop - isopropyl			不得检出	GB/T 23207
284	麦草氟甲酯	Flamprop - methyl			不得检出	GB/T 23207
285	氟罗沙星	Fleroxaxin			不得检出	SN/T 1751.3
286	吡氟禾草灵	Fluazifop - butyl			不得检出	GB/T 23207
287	氟苯咪唑(包括其代谢物)	Flubendazole			不得检出	GB/T 22955
288	氯乙氟灵	Fluchloralin			不得检出	GB/T 23207
289	氟氰戊菊酯 - 1	Flucythrinate - 1			不得检出	GB/T 23207
290	氟氰戊菊酯 - 2	Flucythrinate - 2			不得检出	GB/T 23207
291	咯菌腈	Fludioxonil			不得检出	GB/T 23207
292	醋酸氟氢可的松	Fludrocorttsone acetate			不得检出	GB/T 22957
293	氟虫脲	Flufenoxuron			不得检出	GB/T 23207
294	氟节胺	Flumetralin			不得检出	GB/T 23207
295	氟烯草酸	Flumiclorac			不得检出	GB/T 23207
296	丙炔氟草胺	Flumioxazin			不得检出	GB/T 23207
297	氟咯草酮	Fluorochloridone			不得检出	GB/T 23207
298	三氟硝草醚	Fluorodifen			不得检出	GB/T 23207
299	乙羧氟草醚	Fluoroglycofen - ethyl			不得检出	GB/T 23207
300	三氟苯唑	Fluotrimazole			不得检出	GB/T 23207
301	氟喹唑	Fluquinconazole			不得检出	GB/T 23207
302	氟啶草酮	Fluridone			不得检出	GB/T 23208
303	氟草烟 - 1 - 甲庚酯	Fluroxypr - 1 - methylheptyl ester			不得检出	GB/T 23207

序号	农兽药中文名	农兽药英文名	欧盟标准限量要求 μg/kg	国家标准限量要求 μg/kg	三安超有机食品标准	
					限量要求 μg/kg	检测方法
304	呋草酮	Flurtamone			不得检出	GB/T 23207
305	氟哇唑	Flusilazole			不得检出	GB/T 23207
306	氟酰胺	Flutolanil			不得检出	GB/T 23207
307	粉唑醇	Flutriafol			不得检出	GB/T 23207
308	氟胺氰菊酯	Tau - fluvalinate			不得检出	GB/T 23207
309	灭菌丹	Folpet			不得检出	GB/T 23207
310	地虫硫磷	Fonofos			不得检出	GB/T 23207
311	安果	Formothion			不得检出	GB/T 23207
312	麦穗宁	Fuberidazole			不得检出	GB/T 23207
313	呋霜灵	Furalaxyl			不得检出	GB/T 23207
314	茂谷乐	Furmecyclox			不得检出	GB/T 23207
315	苄螨醚	Halfenprox			不得检出	GB/T 23207
316	氯吡嘧磺隆	Halosulfuron - methyl			不得检出	GB/T 23207
317	六六六(包括林丹)	HCH(including Lindane)		100	不得检出	GB/T 23207
318	七氯	Heptachlor			不得检出	GB/T 23207
319	庚烯磷	Heptanophos			不得检出	GB/T 23207
320	六氯苯	Hexachlorobenzene			不得检出	GB/T 23207
321	己唑醇	Hexaconazole			不得检出	GB/T 23207
322	环嗪酮	Hexazinone			不得检出	GB/T 23207
323	己烷雌酚	Hexestrol			不得检出	GB/T 22963
324	噻螨酮	Hexythiazox			不得检出	GB/T 23207
325	氢化可的松	Hydrocortisone			不得检出	GB/T 22957
326	抑霉唑	Imazalil			不得检出	GB/T 23207
327	咪草酸	Imazamethabenz - methyl			不得检出	GB/T 23207
328	脱苯甲基亚胺唑	Imibenconazole - *des* - benzyl			不得检出	GB/T 23207
329	炔咪菊酯 - 1	Imiprothrin - 1			不得检出	GB/T 23207
330	炔咪菊酯 - 2	Imiprothrin - 2			不得检出	GB/T 23207
331	碘硫磷	Iodofenphos			不得检出	GB/T 23207
332	异稻瘟净	Iprobenfos			不得检出	GB/T 23207
333	异菌脲	Iprodione			不得检出	GB/T 23207
334	缬霉威 - 1	Iprovalicarb - 1			不得检出	GB/T 23207
335	缬霉威 - 2	Iprovalicarb - 2			不得检出	GB/T 23207
336	氯唑磷	Isazofos			不得检出	GB/T 23207
337	碳氯灵	Isobenzan			不得检出	GB/T 23207
338	丁咪酰胺	Isocarbamid			不得检出	GB/T 23207
339	水胺硫磷	Isocarbophos			不得检出	GB/T 23207
340	异艾氏剂	Isodrin			不得检出	GB/T 23207
341	异柳磷	Isofenphos			不得检出	GB/T 23207
342	氧异柳磷	Isofenphos oxon			不得检出	GB/T 23207

序号	农兽药中文名	农兽药英文名	欧盟标准限量要求 μg/kg	国家标准限量要求 μg/kg	三安超有机食品标准	
					限量要求 μg/kg	检测方法
343	丁嗪草酮	Isomethiozin			不得检出	GB/T 23207
344	异丙威 - 1	Isoprocarb - 1			不得检出	GB/T 23207
345	异丙威 - 2	Isoprocarb - 2			不得检出	GB/T 23207
346	异丙乐灵	Isopropalin			不得检出	GB/T 23207
347	稻瘟灵	Isoprothiolane			不得检出	GB/T 23207
348	双苯噁唑酸	Isoxadifen - ethyl			不得检出	GB/T 23207
349	依维菌素	Ivermectin			不得检出	GB/T 22953
350	交沙霉素	Josamycin			不得检出	GB/T 22964
351	卡那霉素	Kanamycin			不得检出	GB/T 22954
352	吉他霉素	Kitasamycin			不得检出	GB/T 22964
353	醚菌酯	Kresoxim - methyl			不得检出	GB/T 23207
354	高效氯氟氰菊酯	Lambda - cyhalothrin			不得检出	GB/T 23207
355	环草定	Lenacil			不得检出	GB/T 23207
356	溴苯磷	Leptophos			不得检出	GB/T 23207
357	林丹	Lindane			不得检出	GB/T 23207
358	利谷隆	Linuron			不得检出	GB/T 23207
359	洛美沙星	Lomefloxacin			不得检出	SN/T 1751.3
360	孔雀石绿	Malachite - green			不得检出	GB/T 20361
361	马拉硫磷	Malathion			不得检出	GB/T 23207
362	2 - 甲 - 4 - 氯丁氧乙基酯	MCPA - butoxyethyl ester			不得检出	GB/T 23207
363	甲苯咪唑(包括其代谢物)	Mebendazole			不得检出	GB/T 22955
364	灭蚜磷	Mecarbam			不得检出	GB/T 23207
365	苯噻酰草胺	Mefenacet			不得检出	GB/T 23207
366	精甲霜灵	Mefenoxam			不得检出	GB/T 23207
367	吡唑解草酯	Mefenpyr - diethyl			不得检出	GB/T 23207
368	地胺磷	Mephosfolan			不得检出	GB/T 23207
369	甲霜灵	Metalaxyl			不得检出	GB/T 23207
370	苯嗪草酮	Metamitron			不得检出	GB/T 23207
371	吡唑草胺	Metazachlor			不得检出	GB/T 23207
372	甲基苯噻隆	Methabenzthiazuron			不得检出	GB/T 23207
373	虫螨畏	Methacrifos			不得检出	GB/T 23207
374	杀扑磷	Methidathion			不得检出	GB/T 23207
375	异丙甲草胺和 *S* - 异丙甲草胺	Metolachlor and *S* - metolachlor			不得检出	GB/T 23207
376	烯虫酯	Methoprene			不得检出	GB/T 23207
377	盖草津	Methoprotryne			不得检出	GB/T 23207
378	甲氧滴滴涕	Methoxychlor			不得检出	GB/T 23207
379	甲基泼尼松龙	Methylprednisolone			不得检出	GB/T 22957
380	甲基睾酮	Methyl - testosterone			不得检出	SC/T 3029

序号	农兽药中文名	农兽药英文名	欧盟标准限量要求 μg/kg	国家标准限量要求 μg/kg	三安超有机食品标准	
					限量要求 μg/kg	检测方法
381	甲氧氯普胺	Metoclopramide			不得检出	SN/T 2227
382	苯氧菌胺 -1	Metominsstrobin - 1			不得检出	GB/T 23207
383	苯氧菌胺 -2	Metominsstrobin - 2			不得检出	GB/T 23207
384	嗪草酮	Metribuzin			不得检出	GB/T 23207
385	甲硝唑	Metronidazole			不得检出	GB/T 21318
386	速灭磷	Mevinphos			不得检出	GB/T 23207
387	兹克威	Mexacarbate			不得检出	GB/T 23207
388	灭蚁灵	Mirex			不得检出	GB/T 23207
389	禾草敌	Molinate			不得检出	GB/T 23207
390	庚酰草胺	Monalide			不得检出	GB/T 23207
391	久效磷	Monocrotophos			不得检出	GB/T 23207
392	绿谷隆	Monolinuron			不得检出	GB/T 23207
393	合成麝香	Musk ambrecte			不得检出	GB/T 23207
394	麝香酮	Musk ketone			不得检出	GB/T 23207
395	麝香	Musk moskene			不得检出	GB/T 23207
396	西藏麝香	Musk tibeten			不得检出	GB/T 23207
397	二甲苯麝香	Musk xylene			不得检出	GB/T 23207
398	腈菌唑	Myclobutanil			不得检出	GB/T 23207
399	萘夫西林	Nafcillin			不得检出	GB/T 22952
400	敌草胺	Napropamide			不得检出	GB/T 23207
401	甲磺乐灵	Nitralin			不得检出	GB/T 23207
402	三氯甲基吡啶	Nitrapyrin			不得检出	GB/T 23207
403	除草醚	Nitrofen			不得检出	GB/T 23207
404	酞菌酯	Nitrothal - isopropyl			不得检出	GB/T 23207
405	诺氟沙星	Norfloxacin			不得检出	SN/T 3155
406	氟草敏	Norflurazon			不得检出	GB/T 23207
407	新生霉素	Novobiocin			不得检出	SN 0674
408	氟苯嘧啶醇	Nuarimol			不得检出	GB/T 23207
409	八氯苯乙烯	Octachlorostyrene			不得检出	GB/T 23207
410	氧氟沙星	Ofloxacin			不得检出	SN/T 3155
411	呋酰胺	Ofurace			不得检出	GB/T 23207
412	喹乙醇	Olaquindox			不得检出	SC/T 3019
413	竹桃霉素	Oleandomycin			不得检出	GB/T 22964
414	奥比沙星	Orbifloxacin			不得检出	SN/T 3155
415	噁草酮	Oxadiazon			不得检出	GB/T 23207
416	噁霜灵	Oxadixyl			不得检出	GB/T 23207
417	奥芬达唑(包括其代谢物)	Oxfendazole			不得检出	GB/T 22955
418	丙氧苯咪唑	Oxibendazole			不得检出	GB/T 22955
419	氧化萎锈灵	Oxycarboxin			不得检出	GB/T 23207

序号	农兽药中文名	农兽药英文名	欧盟标准限量要求 μg/kg	国家标准限量要求 μg/kg	三安超有机食品标准	
					限量要求 μg/kg	检测方法
420	氧化氯丹	Oxy - chlordane			不得检出	GB/T 23207
421	乙氧氟草醚	Oxyfluorfen			不得检出	GB/T 23207
422	多效唑	Paclobutrazol			不得检出	GB/T 23207
423	对氧磷	Paraoxon			不得检出	GB/T 23207
424	甲基对硫磷	Parathion - methyl			不得检出	GB/T 23207
425	克草敌	Pebulate			不得检出	GB/T 23207
426	培氟沙星	Pefloxacin			不得检出	SN/T 1751.3
427	戊菌隆	Pencycuron			不得检出	GB/T 23207
428	二甲戊灵	Pendimethalin			不得检出	GB/T 23207
429	青霉素 G	Penicillin G			不得检出	GB/T 22952
430	青霉素 V	Penicillin V			不得检出	GB/T 22952
431	五氯苯胺	Pentachloroaniline			不得检出	GB/T 23207
432	五氯甲氧基苯	Pentachloroanisole			不得检出	GB/T 23207
433	五氯苯	Pentachlorobenzene			不得检出	GB/T 23207
434	五氯苯酚	Pentachlorophenol			不得检出	SC/T 3030
435	氯菊酯	Permethrin			不得检出	GB/T 23207
436	乙滴涕	Perthane			不得检出	GB/T 23207
437	菲	Phenanthrene			不得检出	GB/T 23207
438	苯醚菊酯	Phenothrin			不得检出	GB/T 23207
439	稻丰散	Phenthoate			不得检出	GB/T 23207
440	甲拌磷	Phorate			不得检出	GB/T 23207
441	甲拌磷砜	Phorate sulfone			不得检出	GB/T 23207
442	伏杀硫磷	Phosalone			不得检出	GB/T 23207
443	亚胺硫磷	Phosmet			不得检出	GB/T 23207
444	磷胺 - 1	Phosphamidon - 1			不得检出	GB/T 23207
445	酞酸苯甲基丁酯	Phthalic acid, benzylbutyl ester			不得检出	GB/T 23207
446	邻苯二甲酰亚胺	Phthalimide			不得检出	GB/T 23207
447	啶氧菌酯	Picoxystrobin			不得检出	GB/T 23207
448	哌拉西林	Piperacillin			不得检出	GB/T 22952
449	哌嗪	Piperazine			不得检出	SN/T 2317
450	增效醚	Piperonyl butoxide			不得检出	GB/T 23207
451	哌草磷	Piperophos			不得检出	GB/T 23207
452	抗蚜威	Pirimicarb			不得检出	GB/T 23207
453	乙基虫螨清	Pirimiphos - ethyl			不得检出	GB/T 23207
454	甲基嘧啶磷	Pirimiphos - methyl			不得检出	GB/T 23207
455	三氯杀虫酯	Plifenate			不得检出	GB/T 23207
456	多氯联苯	Polychlorodiphenyls			不得检出	GB/T 22331
457	吡喹酮	Praziquantel			不得检出	GB/T 22956
458	泼尼松龙	Prednisolone			不得检出	GB/T 22957

序号	农兽药中文名	农兽药英文名	欧盟标准限量要求 μg/kg	国家标准限量要求 μg/kg	三安超有机食品标准	
					限量要求 μg/kg	检测方法
459	泼尼松	Prednisone			不得检出	GB/T 22957
460	丙草胺	Pretilachlor			不得检出	GB/T 23207
461	咪鲜胺	Prochloraz			不得检出	GB/T 23207
462	腐霉利	Procymidone			不得检出	GB/T 23207
463	丙溴磷	Profenofos			不得检出	GB/T 23207
464	环丙氟灵	Profluralin			不得检出	GB/T 23207
465	茉莉酮	Prohydrojasmon			不得检出	GB/T 23207
466	扑灭通	Prometon			不得检出	GB/T 23207
467	炔丙烯草胺	Pronamide			不得检出	GB/T 23207
468	毒草安	Propachlor			不得检出	GB/T 23207
469	敌稗	Propanil			不得检出	GB/T 23207
470	丙虫磷	Propaphos			不得检出	GB/T 23207
471	炔螨特	Propargite			不得检出	GB/T 23207
472	扑灭津	Propazine			不得检出	GB/T 23207
473	胺丙畏	Propetamphos			不得检出	GB/T 23207
474	苯胺灵	Propham			不得检出	GB/T 23207
475	丙环唑 - 1	propixonazole - 1			不得检出	GB/T 23207
476	丙环唑 - 2	Propixonazole - 2			不得检出	GB/T 23207
477	异丙草胺	Propisochlor			不得检出	GB/T 23207
478	残杀威 - 1	Propoxur - 1			不得检出	GB/T 23207
479	残杀威 - 2	Propoxur - 2			不得检出	GB/T 23207
480	炔苯酰草胺	Propyzamide			不得检出	GB/T 23207
481	苄草丹	Prosulfocarb			不得检出	GB/T 23207
482	丙硫磷	Prothiophos			不得检出	GB/T 23207
483	吡唑硫磷	Pyraclofos			不得检出	GB/T 23207
484	吡草醚	Pyraflufen - ethyl			不得检出	GB/T 23207
485	吡菌磷	Pyrazophos			不得检出	GB/T 23207
486	稗草丹	Pyributicarb			不得检出	GB/T 23207
487	哒螨灵	Pyridaben			不得检出	GB/T 23207
488	哒嗪硫磷	Pyridafenthion			不得检出	GB/T 23207
489	啶斑肟 - 1	Pyrifenox - 1			不得检出	GB/T 23207
490	啶斑肟 - 2	Pyrifenox - 2			不得检出	GB/T 23207
491	环酯草醚	Pyriftalid			不得检出	GB/T 23207
492	嘧霉胺	Pyrimethanil			不得检出	GB/T 23207
493	嘧螨醚	Pyrimidifen			不得检出	GB/T 23207
494	吡丙醚	Pyriproxyfen			不得检出	GB/T 23207
495	喹硫磷	Quinalphos			不得检出	GB/T 23207
496	灭藻醌	Quinoclamine			不得检出	GB/T 23207
497	苯氧喹啉	Quinoxyphen			不得检出	GB/T 23207

序号	农兽药中文名	农兽药英文名	欧盟标准限量要求 μg/kg	国家标准限量要求 μg/kg	三安超有机食品标准	
					限量要求 μg/kg	检测方法
498	五氯硝基苯	Quintozene			不得检出	GB/T 23207
499	吡咪唑	Rabenzazole			不得检出	GB/T 23207
500	苄呋菊酯-1	Resmethrin-1			不得检出	GB/T 23207
501	苄呋菊酯-2	Resmethrin-2			不得检出	GB/T 23207
502	皮蝇磷	Ronnel			不得检出	GB/T 23207
503	沙拉沙星	Sarafloxacin			不得检出	SN/T 3155
504	另丁津	Sebutylazine			不得检出	GB/T 23207
505	密草通	Secbumeton			不得检出	GB/T 23207
506	呋喃西林(代谢物 Semduramicin)	Semduramicin, Semduramicin			不得检出	GB/T 20752
507	氟硅菊酯	Silafluofen			不得检出	GB/T 23207
508	西玛津	Simazine			不得检出	SN 0594
509	硅氟唑	Simeconazole			不得检出	GB/T 23207
510	西玛通	Simetone			不得检出	GB/T 23207
511	西草净	Simetryn			不得检出	GB/T 23207
512	司帕沙星	Sparfloxacin			不得检出	SN/T 3155
513	螺旋霉素	Spiramycin			不得检出	GB/T 22964
514	螺螨酯	Spirodiclofen			不得检出	GB/T 23207
515	螺菌环胺-1	Spiroxamine-1			不得检出	GB/T 23207
516	螺菌环胺-2	Spiroxamine-2			不得检出	GB/T 23207
517	链霉素	Streptomycin			不得检出	GB/T 22954
518	磺胺氯哒嗪	Sulfachloropyridazine			不得检出	GB/T 21316
519	磺胺嘧啶	Sulfadiazine			不得检出	GB/T 21316
520	磺胺二甲基嘧啶	Sulfadimidine			不得检出	GB 29694
521	磺胺多辛	Sulfadoxine			不得检出	SN/T 3155
522	磺胺胍	Sulfaguanidine			不得检出	DB33/T 746
523	菜草畏	Sulfallate			不得检出	GB/T 23207
524	磺胺甲嘧啶	Sulfamerazine			不得检出	农业部 1077 号公告-1
525	磺胺甲噻二唑	Sulfamethizole			不得检出	SN/T 3155
526	新诺明	Sulfamethoxazole			不得检出	GB 29694
527	磺胺对甲氧嘧啶	Sulfamethoxydiazine			不得检出	GB/T 21316
528	磺胺甲氧哒嗪	Sulfamethoxypyridazine			不得检出	GB/T 21316
529	磺胺间甲氧嘧啶	Sulfamonomethoxine			不得检出	GB 29694
530	磺胺吡啶	Sulfapyridine			不得检出	GB/T 21316
531	磺胺噻唑	Sulfathiazole			不得检出	GB/T 21316
532	磺胺喹噁啉	Sulfchinoxalin			不得检出	GB/T 21316
533	磺胺二甲异嘧啶	Sulfisimidin			不得检出	农业部 1077 号公告-1

序号	农兽药中文名	农兽药英文名	欧盟标准限量要求 μg/kg	国家标准限量要求 μg/kg	三安超有机食品标准	
					限量要求 μg/kg	检测方法
534	磺胺间二甲氧嘧啶	Sulfisomidin			不得检出	GB/T 21316
535	磺磺胺二甲异嘧唑	Sulfisoxazole			不得检出	农业部 1077 号公告 - 1
536	治螟磷	Sulfotep			不得检出	GB/T 23207
537	硫丙磷	Sulprofos			不得检出	GB/T 23207
538	苯噻硫氰	TCMTB			不得检出	GB/T 23207
539	戊唑醇	Tebuconazole			不得检出	GB/T 23207
540	吡螨胺	Tebufenpyrad			不得检出	GB/T 23207
541	丁基嘧啶磷	Tebupirimfos			不得检出	GB/T 23207
542	牧草胺	Tebutam			不得检出	GB/T 23207
543	丁噻隆	Tebuthiuron			不得检出	GB/T 23207
544	四氯硝基苯	Tecnazene			不得检出	GB/T 23207
545	七氟菊酯	Tefluthrin			不得检出	GB/T 23207
546	特草灵	Terbucarb			不得检出	GB/T 23208
547	特丁硫磷	Terbufos			不得检出	GB/T 23207
548	特丁通	Terbumeton			不得检出	GB/T 23207
549	特丁津	Terbuthylazine			不得检出	GB/T 23207
550	特丁净	Terbutryn			不得检出	GB/T 23207
551	杀虫畏	Tetrachlorvinphos			不得检出	GB/T 23207
552	四氟醚唑	Tetraconazole			不得检出	GB/T 23207
553	三氯杀螨砜	Tetradifon			不得检出	GB/T 23207
554	胺菊酯	Tetramethirn			不得检出	GB/T 23207
555	杀螨氯硫	Tetrasul			不得检出	GB/T 23207
556	河豚毒素	Tetrodotoxin			不得检出	GB/T 23217
557	噻吩草胺	Thenylchlor			不得检出	GB/T 23207
558	噻菌灵	Thiabendazole			不得检出	GB/T 23207
559	噻虫嗪	Thiamethoxam			不得检出	GB/T 23207
560	噻唑烟酸	Thiazopyr			不得检出	GB/T 23207
561	禾草丹	Thiobencarb			不得检出	GB/T 23207
562	甲基乙拌磷	Thiometon			不得检出	GB/T 23207
563	虫线磷	Thionazin			不得检出	GB/T 23207
564	甲基立枯磷	Tolclofos - methyl			不得检出	GB/T 23207
565	甲苯氟磺胺	Tolylfluanid			不得检出	GB/T 23207
566	毒杀芬	Toxaphene			不得检出	SN/T 0502
567	三甲苯草酮	Tralkoxydim			不得检出	GB/T 23207
568	四溴菊酯	Tralomethrin			不得检出	SN/T 2320
569	反式 - 氯丹	*trans* - Chlordane			不得检出	GB/T 23207
570	反式 - 燕麦敌	*trans* - Diallate			不得检出	GB/T 23207
571	四氟苯菊酯	Transfluthrin			不得检出	GB/T 23207

序号	农兽药中文名	农兽药英文名	欧盟标准限量要求 μg/kg	国家标准限量要求 μg/kg	三安超有机食品标准	
					限量要求 μg/kg	检测方法
572	反式九氯	*trans* – Nonachlor			不得检出	GB/T 23207
573	反式 – 氯菊酯	*trans* – Permethrin			不得检出	GB/T 23207
574	群勃龙	Trenbolone			不得检出	GB/T 21981
575	三唑酮	Triadimefon			不得检出	GB/T 23207
576	三唑醇 – 1	Triadimenol – 1			不得检出	GB/T 23207
577	三唑醇 – 2	Triadimenol – 2			不得检出	GB/T 23207
578	野麦畏	Triallate			不得检出	GB/T 23207
579	三唑磷	Triazophos			不得检出	GB/T 23207
580	苯磺隆	Tribenuron – methyl			不得检出	GB/T 23207
581	毒壤磷	Trichloronate			不得检出	GB/T 23207
582	敌百虫	Trichlorphon			不得检出	GB/T 23208
583	三环唑	Tricyclazole			不得检出	GB/T 23207
584	灭草环	Tridiphane			不得检出	GB/T 23207
585	草达津	Trietazine			不得检出	GB/T 23207
586	肟菌酯	Trifloxystrobin			不得检出	GB/T 23207
587	氟乐灵	Trifluralin			不得检出	GB/T 23207
588	三正丁基磷酸盐	Tri – *n* – butyl phosphate			不得检出	GB/T 23207
589	三苯基磷酸盐	Triphenyl phosphate			不得检出	GB/T 23207
590	灭草敌	Vernolate			不得检出	GB/T 23207
591	乙烯菌核利	Vinclozolin			不得检出	GB/T 23207
592	杀鼠灵	War farin			不得检出	GB/T 23208
593	灭除威	XMC			不得检出	GB/T 23207
594	玉米赤霉醇	Zearalanol			不得检出	GB/T 22963
595	玉米赤霉酮	Zearalanone			不得检出	GB/T 22963
596	苯酰菌胺	Zoxamide			不得检出	GB/T 23207

17.2　虾　Shrimp

序号	农兽药中文名	农兽药英文名	欧盟标准限量要求 μg/kg	国家标准限量要求 μg/kg	三安超有机食品标准	
					限量要求 μg/kg	检测方法
1	阿莫西林	Amoxicillin	50		不得检出	GB/T 22952
2	氨苄青霉素	Ampicillin	50		不得检出	GB/T 21315
3	苄青霉素	Benzyl penicillin	50		不得检出	GB/T 21315
4	金霉素	Chlortetracycline	100		不得检出	SC/T 3015
5	邻氯青霉素	Cloxacillin	300		不得检出	GB/T 21315
6	黏菌素	Colistin	150		不得检出	参照同类标准
7	达氟沙星	Danofloxacin	100		不得检出	SN/T 3155
8	双氯青霉素	Dicloxacillin	300		不得检出	GB/T 21315
9	双氟沙星	Difloxacin	300		不得检出	SN/T 1751.3

序号	农兽药中文名	农兽药英文名	欧盟标准限量要求 μg/kg	国家标准限量要求 μg/kg	三安超有机食品标准	
					限量要求 μg/kg	检测方法
10	恩诺沙星	Enrofloxacin	100		不得检出	SN/T 1751.3
11	红霉素	Erythromycin	200		不得检出	GB 29684
12	氟苯尼考	Florfenicol	100		不得检出	GB/T 20756
13	氟甲喹	Flumequin	200		不得检出	SN/T1921
14	卡那霉素	Kanamycin	100		不得检出	GB/T 22954
15	林可霉素	Lincomycin	100		不得检出	GB 29685
16	新霉素(包括 framycetin)	Neomycin (including framycetin)	500		不得检出	GB/T 21323
17	苯唑青霉素	Oxacillin	300		不得检出	GB/T 21315
18	喹菌酮	Oxolinic acid	100		不得检出	SN/T 3155
19	土霉素	Oxytetracycline	100		不得检出	SC/T 3015
20	巴龙霉素	Paromomycin	500		不得检出	SN/T 2315
21	壮观霉素	Spectinomycin	300		不得检出	GB/T 21323
22	磺胺类(所有属于磺胺类的物质)	Sulfonamides (all substances belonging to the sulfonamide-group)	100		不得检出	SN/T 2624
23	四环素	Tetracycline	100		不得检出	SC/T 3015
24	甲砜霉素	Thiamphenicol	50		不得检出	SN/T 1865
25	替米考星	Tilmicosin	50		不得检出	SN/T 3155
26	甲氧苄氨嘧啶	Trimethoprim	50		不得检出	DB33/T 615
27	泰乐菌素	Tylosin	100		不得检出	SN/T 3155
28	呋喃妥因(代谢物 AHD)	1 – amino – Hydantoin, AHD			不得检出	GB/T 20752
29	2,3,4,5 – 四氯苯胺	2,3,4,5 – Tetrachloraniline			不得检出	GB/T 23207
30	2,3,4,5 – 四氯甲氧基苯	2,3,4,5 – Tetrachloroanisole			不得检出	GB/T 23207
31	2,3,5,6 – 四氯苯胺	2,3,5,6 – Tetrachloroaniline			不得检出	GB/T 23207
32	2,4 – 滴	2,4 – D			不得检出	GB/T 23207
33	2,6 – 二氯苯甲酰胺	2,6 – Dichlorobenzamide			不得检出	GB/T 23207
34	2 – 苯酚	2 – Phenylphenol			不得检出	GB/T 23207
35	3,4,5 – 混杀威	3,4,5 – Trimethacarb			不得检出	GB/T 23207
36	3,5 – 二氯苯胺	3,5 – Dichloroaniline			不得检出	GB/T 23207
37	呋喃唑酮(代谢物 AOZ)	3 – Amino – 2 – oxalidinone, AOZ			不得检出	GB/T 20752
38	4,4′ – 二溴二苯甲酮	4,4′ – Dibromobenzophenone			不得检出	GB/T 23207
39	4,4′ – 二氯二苯甲酮	4,4′ – Dichlorobenzophenone			不得检出	GB/T 23207
40	呋喃它酮(代谢物 AMOZ)	5 – Morpholinomethyl – 3 – amino – 2 – oxalidinone, AMOZ			不得检出	GB/T 20752
41	阿维菌素	Abamectin			不得检出	GB 29695
42	二氢苊	Acenaphthene			不得检出	GB/T 23207
43	乙草胺	Acetochlor			不得检出	GB/T 23207

序号	农兽药中文名	农兽药英文名	欧盟标准限量要求 μg/kg	国家标准限量要求 μg/kg	三安超有机食品标准	
					限量要求 μg/kg	检测方法
44	苯并噻二唑	Acibenzolar－*S*－methyl			不得检出	GB/T 23207
45	苯草醚	Aclonifen			不得检出	GB/T 23207
46	甲草胺	Alachlor			不得检出	GB/T 23207
47	阿苯达唑(包括其代谢物)	Albendazole			不得检出	GB 29687
48	艾氏剂	Aldrin			不得检出	GB/T 23207
49	烯丙菊酯	Allethrin			不得检出	GB/T 23207
50	二丙烯草胺	Allidochlor			不得检出	GB/T 23207
51	顺式－氯氰菊酯	Alpha－cypermethrini			不得检出	GB/T 23207
52	烯丙孕素	Altrenogest			不得检出	GB/T 22962
53	莠灭净	Ametryn			不得检出	GB/T 23207
54	莎稗磷	Anilofos			不得检出	GB/T 23207
55	丙硫特普	Aspon			不得检出	GB/T 23207
56	羟氨卡青霉素	Aspoxicillin			不得检出	GB/T 22952
57	莠去通	Atratone			不得检出	GB/T 23207
58	莠去净	Atrazine			不得检出	GB/T 23207
59	脱乙基阿特拉津	Atrazine－desethyl			不得检出	GB/T 23207
60	戊环唑	Azaconazole			不得检出	GB/T 23207
61	益棉磷	Azinphos－ethyl			不得检出	GB/T 23207
62	保棉磷	Azinphos－methyl			不得检出	GB/T 23207
63	叠氮津	Aziprotryne			不得检出	GB/T 23207
64	嘧菌酯	Azoxystrobin			不得检出	GB/T 23208
65	4－溴－3,5－二甲苯基－*N*－甲基氨基甲酸酯－1	BDMC－1			不得检出	GB/T 23207
66	4－溴－3,5－二甲苯基－*N*－甲基氨基甲酸酯－2	BDMC－2			不得检出	GB/T 23207
67	倍氯米松	Beclomethasone			不得检出	GB/T 22957
68	苯霜灵	Benalaxyl			不得检出	GB/T 23207
69	乙丁氟灵	Benfluralin			不得检出	GB/T 23207
70	呋草黄	Benfuresate			不得检出	GB/T 23207
71	麦锈灵	Benodanil			不得检出	GB/T 23207
72	解草酮	Benoxacor			不得检出	GB/T 23207
73	新燕灵	Benzoylprop－ethyl			不得检出	GB/T 23207
74	倍他米松	Betamethasone			不得检出	GB/T 22957
75	联苯肼酯	Bifenazate			不得检出	GB/T 23207
76	甲羧除草醚	Bifenox			不得检出	GB/T 23207
77	联苯菊酯	Bifenthrin			不得检出	GB/T 23207
78	生物烯丙菊酯－1	Bioallethrin－1			不得检出	GB/T 23207
79	生物烯丙菊酯－2	Bioallethrin－2			不得检出	GB/T 23207
80	联苯	Biphenyl			不得检出	GB/T 23207

序号	农兽药中文名	农兽药英文名	欧盟标准限量要求 μg/kg	国家标准限量要求 μg/kg	三安超有机食品标准	
					限量要求 μg/kg	检测方法
81	联苯三唑醇	Bitertanol			不得检出	GB/T 23207
82	啶酰菌胺	Boscalid			不得检出	GB/T 23207
83	除草定	Bromacil			不得检出	GB/T 23207
84	溴苯烯磷	Bromfenvinfos			不得检出	GB/T 23207
85	溴烯杀	Bromocylen			不得检出	GB/T 23207
86	溴硫磷	Bromofos			不得检出	GB/T 23207
87	乙基溴硫磷	Bromophos - ethyl			不得检出	GB/T 23207
88	溴螨酯	Bromopropylate			不得检出	GB/T 23207
89	糠菌唑 - 1	Bromuconazole - 1			不得检出	GB/T 23207
90	糠菌唑 - 2	Bromuconazole - 2			不得检出	GB/T 23207
91	乙嘧酚磺酸酯	Bupirimate			不得检出	GB/T 23207
92	噻嗪酮	Buprofezin			不得检出	GB/T 23207
93	丁草胺	Butachlor			不得检出	GB/T 23207
94	氟丙嘧草酯	Butafenacil			不得检出	GB/T 23207
95	抑草磷	Butamifos			不得检出	GB/T 23207
96	仲丁灵	Butralin			不得检出	GB/T 23207
97	丁草敌	Butylate			不得检出	GB/T 23207
98	硫线磷	Cadusafos			不得检出	GB/T 23207
99	头孢匹林	Cafapirin			不得检出	GB/T 22960
100	苯酮唑	Cafenstrole			不得检出	GB/T 23207
101	噻苯咪唑酯	Cambendazole			不得检出	GB/T 22955
102	角黄素	Canthaxanthin			不得检出	GB/T 22958
103	咔唑心安	Carazolol			不得检出	GB/T 20763
104	卡巴氧	Carbadox			不得检出	GB/T 20746
105	甲萘威	Carbaryl			不得检出	GB/T 23207
106	三硫磷	Carbophenothion			不得检出	GB/T 23207
107	丁硫克百威	Carbosulfan			不得检出	GB/T 23207
108	萎锈灵	Carboxin			不得检出	GB/T 23207
109	唑草酮	Carfentrazone - ethyl			不得检出	GB/T 23207
110	头孢洛宁	Cefalonium			不得检出	GB/T 22960
111	头孢唑啉	Cefazolin			不得检出	GB/T 22960
112	头孢喹肟	Cefquinome			不得检出	GB/T 22960
113	头孢氨苄	Cefalexin			不得检出	GB/T 22960
114	氯霉素	Chloramphenicolum			不得检出	GB/T 23208
115	杀螨醚	Chlorbenside			不得检出	GB/T 23207
116	氯杀螨砜	Chlorbenside sulfore			不得检出	GB/T 23207
117	氯炔灵	Chlorbufam			不得检出	GB/T 23207
118	氯丹	Chlordane			不得检出	GB/T 23207
119	杀虫脒	Chlordineform			不得检出	GB/T 23207

序号	农兽药中文名	农兽药英文名	欧盟标准限量要求 μg/kg	国家标准限量要求 μg/kg	三安超有机食品标准	
					限量要求 μg/kg	检测方法
120	氯氧磷	Chlorethoxyfos			不得检出	GB/T 23207
121	杀螨醇	Chlorfenethol			不得检出	GB/T 23207
122	燕麦酯	Chlorfenprop – methyl			不得检出	GB/T 23207
123	杀螨酯	Chlorfenson			不得检出	GB/T 23207
124	毒虫畏	Chlorfenvinphos			不得检出	GB/T 23207
125	整形醇	Chlorflurenol			不得检出	GB/T 23207
126	氯地孕酮	Chlormadinone			不得检出	GB/T 22962
127	氯甲硫磷	Chlormephos			不得检出	GB/T 23207
128	乙酯杀螨醇	Chlorobenzilate			不得检出	GB/T 23207
129	氯苯甲醚	Chloroneb			不得检出	GB/T 23207
130	丙酯杀螨醇	Chloropropylate			不得检出	GB/T 23207
131	氯丙嗪	Chlorpromazine			不得检出	SN/T 2215
132	氯苯胺灵	Chlorpropham			不得检出	GB/T 23207
133	毒死蜱	Chlorpyrifos			不得检出	GB/T 23207
134	甲基毒死蜱	Chlorpyrifos – methyl			不得检出	GB/T 23207
135	氯酞酸甲酯	Chlorthaldimethyl			不得检出	GB/T 23207
136	虫螨磷	Chlorthiophos			不得检出	GB/T 23207
137	乙菌利	Chlozolinate			不得检出	GB/T 23207
138	环丙沙星	Ciprofloxacin			不得检出	SN/T 3155
139	四氢邻苯王二甲酰亚胺	*cis* – 1,2,3,6 – Tetrahydrophthalimide			不得检出	GB/T 23207
140	顺式 – 氯丹	*cis* – Chlordane			不得检出	GB/T 23207
141	顺式 – 燕麦敌	*cis* – Diallate			不得检出	GB/T 23207
142	顺式 – 氯菊酯	*cis* – Permethrin			不得检出	GB/T 23207
143	克伦特罗	Clenbuterol			不得检出	GB/T 22950
144	烯草酮	Clethodim			不得检出	GB/T 23207
145	炔草酯	Clodinafop – propargyl			不得检出	GB/T 23207
146	异噁草酮	Clomazone			不得检出	GB/T 23207
147	氯甲酰草胺	Clomeprop			不得检出	GB/T 23207
148	解草酯	Cloquinocet – mexyl			不得检出	GB/T 23207
149	可的松	Cortisone			不得检出	GB/T 22957
150	蝇毒磷	Coumaphos			不得检出	GB/T 23207
151	结晶紫	Cpystal violet			不得检出	GB/T 20361
152	鼠立死	Crimidine			不得检出	GB/T 23207
153	育畜磷	Crufomate			不得检出	GB/T 23207
154	氰草津	Cyanazine			不得检出	GB/T 23207
155	苯腈磷	Cyanofenphos			不得检出	GB/T 23207
156	杀螟腈	Cyanophos			不得检出	GB/T 23207
157	环草敌	Cycloate			不得检出	GB/T 23207

序号	农兽药中文名	农兽药英文名	欧盟标准限量要求 μg/kg	国家标准限量要求 μg/kg	三安超有机食品标准	
					限量要求 μg/kg	检测方法
158	噻草酮	Cycloxydim			不得检出	GB/T 23207
159	环莠隆	Cycluron			不得检出	GB/T 23207
160	环氟菌胺	Cyflufenamid			不得检出	GB/T 23207
161	氟氯氰菊酯和高效氟氯氰菊酯	Cyfluthrin and beta – cyfluthrin			不得检出	GB/T 23207
162	氰氟草酯	Cyhalofop – butyl			不得检出	GB/T 23207
163	氯氰菊酯和高效氯氰菊酯	Cypermethrin and beta – cypermethrin			不得检出	GB/T 23207
164	环丙津	Cyprazine			不得检出	GB/T 23207
165	环丙唑醇	Cyproconazole			不得检出	GB/T 23207
166	嘧菌环胺	Cyprodinil			不得检出	GB/T 23207
167	敌草索	Dacthal			不得检出	GB/T 23207
168	滴滴涕(包括DDD和DDE)	DDT (including DDD and DDE)		500	不得检出	GB/T 23207
169	脱叶磷	DEF			不得检出	GB/T 23207
170	溴氰菊酯	Deltamethrin			不得检出	GB 29705
171	内吸磷	Demeton			不得检出	GB/T 23207
172	甲基内吸磷	Demeton – *s* – methyl			不得检出	GB/T 23207
173	2,2′,4,5,5′ – 五氯联苯	DE – PCB 101			不得检出	GB/T 23207
174	2,3,4,4′,5 – 五氯联苯	DE – PCB 118			不得检出	GB/T 23207
175	2,2′,3,4,4′,5 – 六氯联苯	DE – PCB 138			不得检出	GB/T 23207
176	2,2′,4,4′,5,5′ – 六氯联苯	DE – PCB 153			不得检出	GB/T 23207
177	2,2′,3,4,4′,5,5′ – 七氯联苯	DE – PCB 180			不得检出	GB/T 23207
178	2,4,4′ – 三氯联苯	DE – PCB 28			不得检出	GB/T 23207
179	2,4,5 – 三氯联苯	DE – PCB 31			不得检出	GB/T 23207
180	2,2′,5,5′ – 四氯联苯	DE – PCB 52			不得检出	GB/T 23207
181	脱乙基另丁津	Desethyl – sebuthylazine			不得检出	GB/T 23207
182	脱异丙基莠去津	Desisopropyl – atrazine			不得检出	GB/T 23207
183	甜菜安	Desmedipham			不得检出	GB/T 23207
184	敌草净	Desmetryn			不得检出	GB/T 23207
185	地塞米松	Dexamethasone			不得检出	GB/T 22957
186	氯亚胺硫磷	Dialifos			不得检出	GB/T 23207
187	二嗪磷	Diazinon			不得检出	GB/T 23207
188	驱虫特	Dibutyl succinate			不得检出	GB/T 23207
189	异氯磷	Dicapthon			不得检出	GB/T 23207
190	敌草腈	Dichlobenil			不得检出	GB/T 23207
191	除线磷	Dichlofenthion			不得检出	GB/T 23207
192	苯氟磺胺	Dichlofluanid			不得检出	GB/T 23207

序号	农兽药中文名	农兽药英文名	欧盟标准限量要求 μg/kg	国家标准限量要求 μg/kg	三安超有机食品标准	
					限量要求 μg/kg	检测方法
193	烯丙酰草胺	Dichlormid			不得检出	GB/T 23207
194	敌敌畏	Dichlorvos			不得检出	GB/T 23207
195	苄氯三唑醇	Diclobutrazole			不得检出	GB/T 23207
196	禾草灵	Diclofop – methyl			不得检出	GB/T 23207
197	氯硝胺	Dicloran			不得检出	GB/T 23207
198	三氯杀螨醇	Dicofol			不得检出	GB/T 23207
199	百治磷	Dicrotophos			不得检出	GB/T 23207
200	狄氏剂	Dieldrin			不得检出	GB/T 23207
201	双烯雌酚	Dienestrol			不得检出	GB/T 22963
202	乙霉威	Diethofencarb			不得检出	GB/T 23207
203	己烯雌酚	Diethylstilbestrol			不得检出	GB/T 22963
204	避蚊胺	Diethyltoluamide			不得检出	GB/T 23207
205	苯醚甲环唑	Difenoconazole			不得检出	GB/T 23207
206	枯莠隆	Difenoxuron			不得检出	GB/T 23207
207	吡氟酰草胺	Diflufenican			不得检出	GB/T 23207
208	二氢链霉素	Dihydro – streptomycin			不得检出	GB/T 22954
209	甲氟磷	Dimefox			不得检出	GB/T 23207
210	哌草丹	Dimepiperate			不得检出	GB/T 23207
211	油菜安	Dimethachlor			不得检出	GB/T 23207
212	异戊乙净	Dimethametryn			不得检出	GB/T 23207
213	二甲酚草胺	Dimethenamid			不得检出	GB/T 23207
214	乐果	Dimethoate			不得检出	GB/T 23207
215	烯酰吗啉	Dimethomorph			不得检出	GB/T 23207
216	避蚊酯	Dimethyl phthalate			不得检出	GB/T 23207
217	烯唑醇	Diniconazole			不得检出	GB/T 23207
218	氨氟灵	Dinitramine			不得检出	GB/T 23207
219	苯虫醚 – 1	Diofenolan – 1			不得检出	GB/T 23207
220	苯虫醚 – 2	Diofenolan – 2			不得检出	GB/T 23207
221	二氧威	Dioxacarb			不得检出	GB/T 23207
222	敌噁磷	Dioxathion			不得检出	GB/T 23207
223	双苯酰草胺	Diphenamid			不得检出	GB/T 23207
224	二苯胺	Diphenylamine			不得检出	GB/T 23207
225	异丙净	Dipropetryn			不得检出	GB/T 23207
226	乙拌磷	Disulfoton			不得检出	GB/T 23207
227	乙拌磷砜	Disulfoton sulfone			不得检出	GB/T 23207
228	乙拌磷亚砜	Disulfoton – sulfoxide			不得检出	GB/T 23207
229	灭菌磷	Ditalimfos			不得检出	GB/T 23207
230	十二环吗啉	Dodemorph			不得检出	GB/T 23207
231	多拉菌素	Doramectin			不得检出	GB/T 22953

序号	农兽药中文名	农兽药英文名	欧盟标准限量要求 μg/kg	国家标准限量要求 μg/kg	三安超有机食品标准	
					限量要求 μg/kg	检测方法
232	强力霉素	Doxycycline			不得检出	GB/T 22961
233	敌瘟磷	Edifenphos			不得检出	GB/T 23207
234	硫丹	Endosulfan			不得检出	GB/T 23207
235	硫丹硫酸盐	Endosulfan - sulfate			不得检出	GB/T 23207
236	异狄氏剂	Endrin			不得检出	GB/T 23207
237	异狄氏剂醛	Endrin aldehyde			不得检出	GB/T 23207
238	异狄氏剂酮	Endrin ketone			不得检出	GB/T 23207
239	依诺沙星	Enoxaxin			不得检出	SN/T 3155
240	苯硫磷	EPN			不得检出	GB/T 23207
241	氟环唑 - 1	Epoxiconazole - 1			不得检出	GB/T 23207
242	氟环唑 - 2	Epoxiconazole - 2			不得检出	GB/T 23207
243	埃普利诺菌素	Eprinomectin			不得检出	GB/T 22953
244	茵草敌	EPTC			不得检出	GB/T 23207
245	*S* - 氰戊菊酯	Esfenvalerate			不得检出	GB/T 23207
246	戊草丹	Esprocarb			不得检出	GB/T 23207
247	乙环唑 - 1	Etaconazole - 1			不得检出	GB/T 23207
248	乙环唑 - 2	Etaconazole - 2			不得检出	GB/T 23207
249	乙丁烯氟灵	Ethalfluralin			不得检出	GB/T 23207
250	乙硫苯威	Ethiofencarb			不得检出	GB/T 23207
251	异硫磷	Ethion			不得检出	GB/T 23207
252	乙氧呋草黄	Ethofumesate			不得检出	GB/T 23207
253	灭线磷	Ethoprophos			不得检出	GB/T 23207
254	乙氧喹啉	Ethoxyquin			不得检出	GB/T 23208
255	醚菊酯	Etofenprox			不得检出	GB/T 23207
256	乙螨唑	Etoxazole			不得检出	GB/T 23207
257	氯唑灵	Etridiazole			不得检出	GB/T 23207
258	乙嘧硫磷	Etrimfos			不得检出	GB/T 23207
259	伐灭磷	Famphur			不得检出	GB/T 23207
260	咪唑菌酮	Fenamidone			不得检出	GB/T 23207
261	苯线磷	Fenamiphos			不得检出	GB/T 23207
262	苯线磷砜	Fenamiphos - sulfone			不得检出	GB/T 23207
263	氯苯嘧啶醇	Fenarimol			不得检出	GB/T 23207
264	喹螨醚	Fenazaquin			不得检出	GB/T 23207
265	苯硫苯咪唑	Fenbendazole			不得检出	GB/T 22955
266	腈苯唑	Fenbuconazole			不得检出	GB/T 23207
267	氧皮蝇磷	Fenchlorphos oxon			不得检出	GB/T 23207
268	甲呋酰胺	Fenfuram			不得检出	GB/T 23207
269	环酰菌胺	Fenhexamid			不得检出	GB/T 23207
270	杀螟硫磷	Fenitrothion			不得检出	GB/T 23207

序号	农兽药中文名	农兽药英文名	欧盟标准限量要求 μg/kg	国家标准限量要求 μg/kg	三安超有机食品标准	
					限量要求 μg/kg	检测方法
271	仲丁威	Fenobucarb			不得检出	GB/T 23207
272	拌种咯	Fenpiclonil			不得检出	GB/T 23207
273	甲氰菊酯	Fenpropathrin			不得检出	GB/T 23207
274	苯锈啶	Fenpropidin			不得检出	GB/T 23207
275	丁苯吗啉	Fenpropimorph			不得检出	GB/T 23207
276	唑螨酯	Fenpyroximate			不得检出	GB/T 23207
277	芬螨酯	Fenson			不得检出	GB/T 23207
278	倍硫磷	Fenthion			不得检出	GB/T 23207
279	倍硫磷砜	Fenthion sulfone			不得检出	GB/T 23207
280	倍硫磷亚砜	Fenthion sulfoxide			不得检出	GB/T 23207
281	氰戊菊酯 -1	Fenvalerate - 1			不得检出	GB/T 23207
282	氰戊菊酯 -2	Fenvalerate - 2			不得检出	GB/T 23207
283	麦草氟异丙酯	Flamprop - isopropyl			不得检出	GB/T 23207
284	麦草氟甲酯	Flamprop - methyl			不得检出	GB/T 23207
285	氟罗沙星	Fleroxaxin			不得检出	SN/T 1751.3
286	吡氟禾草灵	Fluazifop - butyl			不得检出	GB/T 23207
287	氟苯咪唑(包括其代谢物)	Flubendazole			不得检出	GB/T 22955
288	氯乙氟灵	Fluchloralin			不得检出	GB/T 23207
289	氟氰戊菊酯 -1	Flucythrinate - 1			不得检出	GB/T 23207
290	氟氰戊菊酯 -2	Flucythrinate - 2			不得检出	GB/T 23207
291	咯菌腈	Fludioxonil			不得检出	GB/T 23207
292	醋酸氟氢可的松	Fludrocorttsone acetate			不得检出	GB/T 22957
293	氟虫脲	Flufenoxuron			不得检出	GB/T 23207
294	氟节胺	Flumetralin			不得检出	GB/T 23207
295	氟烯草酸	Flumiclorac			不得检出	GB/T 23207
296	丙炔氟草胺	Flumioxazin			不得检出	GB/T 23207
297	氟咯草酮	Fluorochloridone			不得检出	GB/T 23207
298	三氟硝草醚	Fluorodifen			不得检出	GB/T 23207
299	乙羧氟草醚	Fluoroglycofen - ethyl			不得检出	GB/T 23207
300	三氟苯唑	Fluotrimazole			不得检出	GB/T 23207
301	氟喹唑	Fluquinconazole			不得检出	GB/T 23207
302	氟啶草酮	Fluridone			不得检出	GB/T 23208
303	氟草烟 -1 - 甲庚酯	Fluroxypr - 1 - methylheptyl ester			不得检出	GB/T 23207
304	呋草酮	Flurtamone			不得检出	GB/T 23207
305	氟哇唑	Flusilazole			不得检出	GB/T 23207
306	氟酰胺	Flutolanil			不得检出	GB/T 23207
307	粉唑醇	Flutriafol			不得检出	GB/T 23207
308	氟胺氰菊酯	Tau - fluvalinate			不得检出	GB/T 23207

序号	农兽药中文名	农兽药英文名	欧盟标准限量要求 μg/kg	国家标准限量要求 μg/kg	三安超有机食品标准	
					限量要求 μg/kg	检测方法
309	灭菌丹	Folpet			不得检出	GB/T 23207
310	地虫硫磷	Fonofos			不得检出	GB/T 23207
311	安果	Formothion			不得检出	GB/T 23207
312	麦穗宁	Fuberidazole			不得检出	GB/T 23207
313	呋霜灵	Furalaxyl			不得检出	GB/T 23207
314	茂谷乐	Furmecyclox			不得检出	GB/T 23207
315	苄螨醚	Halfenprox			不得检出	GB/T 23207
316	氯吡嘧磺隆	Halosulfuron - methyl			不得检出	GB/T 23207
317	六六六(包括林丹)	HCH(including Lindane)		100	不得检出	GB/T 23207
318	七氯	Heptachlor			不得检出	GB/T 23207
319	庚烯磷	Heptanophos			不得检出	GB/T 23207
320	六氯苯	Hexachlorobenzene			不得检出	GB/T 23207
321	己唑醇	Hexaconazole			不得检出	GB/T 23207
322	环嗪酮	Hexazinone			不得检出	GB/T 23207
323	己烷雌酚	Hexestrol			不得检出	GB/T 22963
324	噻螨酮	Hexythiazox			不得检出	GB/T 23207
325	氢化可的松	Hydrocortisone			不得检出	GB/T 22957
326	抑霉唑	Imazalil			不得检出	GB/T 23207
327	咪草酸	Imazamethabenz - methyl			不得检出	GB/T 23207
328	脱苯甲基亚胺唑	Imibenconazole - *des* - benzyl			不得检出	GB/T 23207
329	炔咪菊酯 - 1	Imiprothrin - 1			不得检出	GB/T 23207
330	炔咪菊酯 - 2	Imiprothrin - 2			不得检出	GB/T 23207
331	碘硫磷	Iodofenphos			不得检出	GB/T 23207
332	异稻瘟净	Iprobenfos			不得检出	GB/T 23207
333	异菌脲	Iprodione			不得检出	GB/T 23207
334	缬霉威 - 1	Iprovalicarb - 1			不得检出	GB/T 23207
335	缬霉威 - 2	Iprovalicarb - 2			不得检出	GB/T 23207
336	氯唑磷	Isazofos			不得检出	GB/T 23207
337	碳氯灵	Isobenzan			不得检出	GB/T 23207
338	丁咪酰胺	Isocarbamid			不得检出	GB/T 23207
339	水胺硫磷	Isocarbophos			不得检出	GB/T 23207
340	异艾氏剂	Isodrin			不得检出	GB/T 23207
341	异柳磷	Isofenphos			不得检出	GB/T 23207
342	氧异柳磷	Isofenphos oxon			不得检出	GB/T 23207
343	丁嗪草酮	Isomethiozin			不得检出	GB/T 23207
344	异丙威 - 1	Isoprocarb - 1			不得检出	GB/T 23207
345	异丙威 - 2	Isoprocarb - 2			不得检出	GB/T 23207
346	异丙乐灵	Isopropalin			不得检出	GB/T 23207
347	稻瘟灵	Isoprothiolane			不得检出	GB/T 23207

序号	农兽药中文名	农兽药英文名	欧盟标准限量要求 μg/kg	国家标准限量要求 μg/kg	三安超有机食品标准	
					限量要求 μg/kg	检测方法
348	双苯噁唑酸	Isoxadifen - ethyl			不得检出	GB/T 23207
349	依维菌素	Ivermectin			不得检出	GB/T 22953
350	交沙霉素	Josamycin			不得检出	GB/T 22964
351	吉他霉素	Kitasamycin			不得检出	GB/T 22964
352	醚菌酯	Kresoxim - methyl			不得检出	GB/T 23207
353	高效氯氟氰菊酯	Lambda - cyhalothrin			不得检出	GB/T 23207
354	环草定	Lenacil			不得检出	GB/T 23207
355	溴苯磷	Leptophos			不得检出	GB/T 23207
356	林丹	Lindane			不得检出	GB/T 23207
357	利谷隆	Linuron			不得检出	GB/T 23207
358	洛美沙星	Lomefloxacin			不得检出	SN/T 1751.3
359	孔雀石绿	Malachite - green			不得检出	GB/T 20361
360	马拉硫磷	Malathion			不得检出	GB/T 23207
361	2-甲-4-氯丁氧乙基酯	MCPA - butoxyethyl ester			不得检出	GB/T 23207
362	甲苯咪唑(包括其代谢物)	Mebendazole			不得检出	GB/T 22955
363	灭蚜磷	Mecarbam			不得检出	GB/T 23207
364	苯噻酰草胺	Mefenacet			不得检出	GB/T 23207
365	精甲霜灵	Mefenoxam			不得检出	GB/T 23207
366	吡唑解草酯	Mefenpyr - diethyl			不得检出	GB/T 23207
367	地胺磷	Mephosfolan			不得检出	GB/T 23207
368	甲霜灵	Metalaxyl			不得检出	GB/T 23207
369	苯嗪草酮	Metamitron			不得检出	GB/T 23207
370	吡唑草胺	Metazachlor			不得检出	GB/T 23207
371	甲基苯噻隆	Methabenzthiazuron			不得检出	GB/T 23207
372	虫螨畏	Methacrifos			不得检出	GB/T 23207
373	杀扑磷	Methidathion			不得检出	GB/T 23207
374	异丙甲草胺和 *S* - 异丙甲草胺	Metolachlor and *S* - metolachlor			不得检出	GB/T 23207
375	烯虫酯	Methoprene			不得检出	GB/T 23207
376	盖草津	Methoprotryne			不得检出	GB/T 23207
377	甲氧滴滴涕	Methoxychlor			不得检出	GB/T 23207
378	甲基泼尼松龙	Methylprednisolone			不得检出	GB/T 22957
379	甲基睾酮	Methyl - testosterone			不得检出	SC/T 3029
380	甲氧氯普胺	Metoclopramide			不得检出	SN/T 2227
381	苯氧菌胺 -1	Metominsstrobin - 1			不得检出	GB/T 23207
382	苯氧菌胺 -2	Metominsstrobin - 2			不得检出	GB/T 23207
383	嗪草酮	Metribuzin			不得检出	GB/T 23207
384	甲硝唑	Metronidazole			不得检出	GB/T 21318
385	速灭磷	Mevinphos			不得检出	GB/T 23207

序号	农兽药中文名	农兽药英文名	欧盟标准限量要求 μg/kg	国家标准限量要求 μg/kg	三安超有机食品标准	
					限量要求 μg/kg	检测方法
386	兹克威	Mexacarbate			不得检出	GB/T 23207
387	灭蚁灵	Mirex			不得检出	GB/T 23207
388	禾草敌	Molinate			不得检出	GB/T 23207
389	庚酰草胺	Monalide			不得检出	GB/T 23207
390	久效磷	Monocrotophos			不得检出	GB/T 23207
391	绿谷隆	Monolinuron			不得检出	GB/T 23207
392	合成麝香	Musk ambrecte			不得检出	GB/T 23207
393	麝香酮	Musk ketone			不得检出	GB/T 23207
394	麝香	Musk moskene			不得检出	GB/T 23207
395	西藏麝香	Musk tibeten			不得检出	GB/T 23207
396	二甲苯麝香	Musk xylene			不得检出	GB/T 23207
397	腈菌唑	Myclobutanil			不得检出	GB/T 23207
398	萘夫西林	Nafcillin			不得检出	GB/T 22952
399	敌草胺	Napropamide			不得检出	GB/T 23207
400	甲磺乐灵	Nitralin			不得检出	GB/T 23207
401	三氯甲基吡啶	Nitrapyrin			不得检出	GB/T 23207
402	除草醚	Nitrofen			不得检出	GB/T 23207
403	酞菌酯	Nitrothal - isopropyl			不得检出	GB/T 23207
404	诺氟沙星	Norfloxacin			不得检出	SN/T 3155
405	氟草敏	Norflurazon			不得检出	GB/T 23207
406	新生霉素	Novobiocin			不得检出	SN 0674
407	氟苯嘧啶醇	Nuarimol			不得检出	GB/T 23207
408	八氯苯乙烯	Octachlorostyrene			不得检出	GB/T 23207
409	氧氟沙星	Ofloxacin			不得检出	SN/T 3155
410	呋酰胺	Ofurace			不得检出	GB/T 23207
411	喹乙醇	Olaquindox			不得检出	SC/T 3019
412	竹桃霉素	Oleandomycin			不得检出	GB/T 22964
413	奥比沙星	Orbifloxacin			不得检出	SN/T 3155
414	噁草酮	Oxadiazon			不得检出	GB/T 23207
415	噁霜灵	Oxadixyl			不得检出	GB/T 23207
416	奥芬达唑(包括其代谢物)	Oxfendazole			不得检出	GB/T 22955
417	丙氧苯咪唑	Oxibendazole			不得检出	GB/T 22955
418	氧化萎锈灵	Oxycarboxin			不得检出	GB/T 23207
419	氧化氯丹	Oxy - chlordane			不得检出	GB/T 23207
420	乙氧氟草醚	Oxyfluorfen			不得检出	GB/T 23207
421	多效唑	Paclobutrazol			不得检出	GB/T 23207
422	对氧磷	Paraoxon			不得检出	GB/T 23207
423	甲基对硫磷	Parathion - methyl			不得检出	GB/T 23207
424	克草敌	Pebulate			不得检出	GB/T 23207

序号	农兽药中文名	农兽药英文名	欧盟标准限量要求 μg/kg	国家标准限量要求 μg/kg	三安超有机食品标准	
					限量要求 μg/kg	检测方法
425	培氟沙星	Pefloxacin			不得检出	SN/T 1751.3
426	戊菌隆	Pencycuron			不得检出	GB/T 23207
427	二甲戊灵	Pendimethalin			不得检出	GB/T 23207
428	青霉素 G	Penicillin G			不得检出	GB/T 22952
429	青霉素 V	Penicillin V			不得检出	GB/T 22952
430	五氯苯胺	Pentachloroaniline			不得检出	GB/T 23207
431	五氯甲氧基苯	Pentachloroanisole			不得检出	GB/T 23207
432	五氯苯	Pentachlorobenzene			不得检出	GB/T 23207
433	五氯苯酚	Pentachlorophenol			不得检出	SC/T 3030
434	氯菊酯	Permethrin			不得检出	GB/T 23207
435	乙滴涕	Perthane			不得检出	GB/T 23207
436	菲	Phenanthrene			不得检出	GB/T 23207
437	苯醚菊酯	Phenothrin			不得检出	GB/T 23207
438	稻丰散	Phenthoate			不得检出	GB/T 23207
439	甲拌磷	Phorate			不得检出	GB/T 23207
440	甲拌磷砜	Phorate sulfone			不得检出	GB/T 23207
441	伏杀硫磷	Phosalone			不得检出	GB/T 23207
442	亚胺硫磷	Phosmet			不得检出	GB/T 23207
443	磷胺 - 1	Phosphamidon - 1			不得检出	GB/T 23207
444	酞酸苯甲基丁酯	Phthalic acid, benzylbutyl ester			不得检出	GB/T 23207
445	邻苯二甲酰亚胺	Phthalimide			不得检出	GB/T 23207
446	啶氧菌酯	Picoxystrobin			不得检出	GB/T 23207
447	哌拉西林	Piperacillin			不得检出	GB/T 22952
448	哌嗪	Piperazine			不得检出	SN/T 2317
449	增效醚	Piperonyl butoxide			不得检出	GB/T 23207
450	哌草磷	Piperophos			不得检出	GB/T 23207
451	抗蚜威	Pirimicarb			不得检出	GB/T 23207
452	乙基虫螨清	Pirimiphos - ethyl			不得检出	GB/T 23207
453	甲基嘧啶磷	Pirimiphos - methyl			不得检出	GB/T 23207
454	三氯杀虫酯	Plifenate			不得检出	GB/T 23207
455	多氯联苯	Polychlorodiphenyls			不得检出	GB/T 22331
456	吡喹酮	Praziquantel			不得检出	GB/T 22956
457	泼尼松龙	Prednisolone			不得检出	GB/T 22957
458	泼尼松	Prednisone			不得检出	GB/T 22957
459	丙草胺	Pretilachlor			不得检出	GB/T 23207
460	咪鲜胺	Prochloraz			不得检出	GB/T 23207
461	腐霉利	Procymidone			不得检出	GB/T 23207
462	丙溴磷	Profenofos			不得检出	GB/T 23207
463	环丙氟灵	Profluralin			不得检出	GB/T 23207

序号	农兽药中文名	农兽药英文名	欧盟标准限量要求 μg/kg	国家标准限量要求 μg/kg	三安超有机食品标准	
					限量要求 μg/kg	检测方法
464	茉莉酮	Prohydrojasmon			不得检出	GB/T 23207
465	扑灭通	Prometon			不得检出	GB/T 23207
466	炔丙烯草胺	Pronamide			不得检出	GB/T 23207
467	毒草安	Propachlor			不得检出	GB/T 23207
468	敌稗	Propanil			不得检出	GB/T 23207
469	丙虫磷	Propaphos			不得检出	GB/T 23207
470	炔螨特	Propargite			不得检出	GB/T 23207
471	扑灭津	Propazine			不得检出	GB/T 23207
472	胺丙畏	Propetamphos			不得检出	GB/T 23207
473	苯胺灵	Propham			不得检出	GB/T 23207
474	丙环唑 - 1	Propixonazole - 1			不得检出	GB/T 23207
475	丙环唑 - 2	Propixonazole - 2			不得检出	GB/T 23207
476	异丙草胺	Propisochlor			不得检出	GB/T 23207
477	残杀威 - 1	Propoxur - 1			不得检出	GB/T 23207
478	残杀威 - 2	Propoxur - 2			不得检出	GB/T 23207
479	炔苯酰草胺	Propyzamide			不得检出	GB/T 23207
480	苄草丹	Prosulfocarb			不得检出	GB/T 23207
481	丙硫磷	Prothiophos			不得检出	GB/T 23207
482	吡唑硫磷	Pyraclofos			不得检出	GB/T 23207
483	吡草醚	Pyraflufen - ethyl			不得检出	GB/T 23207
484	吡菌磷	Pyrazophos			不得检出	GB/T 23207
485	稗草丹	Pyributicarb			不得检出	GB/T 23207
486	哒螨灵	Pyridaben			不得检出	GB/T 23207
487	哒嗪硫磷	Pyridafenthion			不得检出	GB/T 23207
488	啶斑肟 - 1	Pyrifenox - 1			不得检出	GB/T 23207
489	啶斑肟 - 2	Pyrifenox - 2			不得检出	GB/T 23207
490	环酯草醚	Pyriftalid			不得检出	GB/T 23207
491	嘧霉胺	Pyrimethanil			不得检出	GB/T 23207
492	嘧螨醚	Pyrimidifen			不得检出	GB/T 23207
493	吡丙醚	Pyriproxyfen			不得检出	GB/T 23207
494	喹硫磷	Quinalphos			不得检出	GB/T 23207
495	灭藻醌	Quinoclamine			不得检出	GB/T 23207
496	苯氧喹啉	Quinoxyphen			不得检出	GB/T 23207
497	五氯硝基苯	Quintozene			不得检出	GB/T 23207
498	吡咪唑	Rabenzazole			不得检出	GB/T 23207
499	苄呋菊酯 - 1	Resmethrin - 1			不得检出	GB/T 23207
500	苄呋菊酯 - 2	Resmethrin - 2			不得检出	GB/T 23207
501	皮蝇磷	Ronnel			不得检出	GB/T 23207
502	沙拉沙星	Sarafloxacin			不得检出	SN/T 3155

序号	农兽药中文名	农兽药英文名	欧盟标准限量要求 μg/kg	国家标准限量要求 μg/kg	三安超有机食品标准	
					限量要求 μg/kg	检测方法
503	另丁津	Sebutylazine			不得检出	GB/T 23207
504	密草通	Secbumeton			不得检出	GB/T 23207
505	呋喃西林(代谢物 Semduramicin)	Semduramicin,Semduramicin			不得检出	GB/T 20752
506	氟硅菊酯	Silafluofen			不得检出	GB/T 23207
507	西玛津	Simazine			不得检出	SN 0594
508	硅氟唑	Simeconazole			不得检出	GB/T 23207
509	西玛通	Simetone			不得检出	GB/T 23207
510	西草净	Simetryn			不得检出	GB/T 23207
511	司帕沙星	Sparfloxacin			不得检出	SN/T 3155
512	螺旋霉素	Spiramycin			不得检出	GB/T 22964
513	螺螨酯	Spirodiclofen			不得检出	GB/T 23207
514	螺菌环胺-1	Spiroxamine-1			不得检出	GB/T 23207
515	螺菌环胺-2	Spiroxamine-2			不得检出	GB/T 23207
516	链霉素	Streptomycin			不得检出	GB/T 22954
517	磺胺氯哒嗪	Sulfachloropyridazine			不得检出	GB/T 21316
518	磺胺嘧啶	Sulfadiazine			不得检出	GB/T 21316
519	磺胺二甲基嘧啶	Sulfadimidine			不得检出	GB 29694
520	磺胺多辛	Sulfadoxine			不得检出	SN/T 3155
521	磺胺脒	Sulfaguanidine			不得检出	DB33/T 746
522	菜草畏	Sulfallate			不得检出	GB/T 23207
523	磺胺甲嘧啶	Sulfamerazine			不得检出	农业部 1077 号公告-1
524	磺胺甲噻二唑	Sulfamethizole			不得检出	SN/T 3155
525	新诺明	Sulfamethoxazole			不得检出	GB 29694
526	磺胺对甲氧嘧啶	Sulfamethoxydiazine			不得检出	GB/T 21316
527	磺胺甲氧哒嗪	Sulfamethoxypyridazine			不得检出	GB/T 21316
528	磺胺间甲氧嘧啶	Sulfamonomethoxine			不得检出	GB 29694
529	磺胺吡啶	Sulfapyridine			不得检出	GB/T 21316
530	磺胺噻唑	Sulfathiazole			不得检出	GB/T 21316
531	磺胺喹噁啉	Sulfchinoxalin			不得检出	GB/T 21316
532	磺胺二甲异嘧啶	Sulfisimidin			不得检出	农业部 1077 号公告-1
533	磺胺间二甲氧嘧啶	Sulfisomidin			不得检出	GB/T 21316
534	磺磺胺二甲异噁唑	Sulfisoxazole			不得检出	农业部 1077 号公告-1
535	治螟磷	Sulfotep			不得检出	GB/T 23207
536	硫丙磷	Sulprofos			不得检出	GB/T 23207
537	苯噻硫氰	TCMTB			不得检出	GB/T 23207

序号	农兽药中文名	农兽药英文名	欧盟标准限量要求 μg/kg	国家标准限量要求 μg/kg	三安超有机食品标准	
					限量要求 μg/kg	检测方法
538	戊唑醇	Tebuconazole			不得检出	GB/T 23207
539	吡螨胺	Tebufenpyrad			不得检出	GB/T 23207
540	丁基嘧啶磷	Tebupirimfos			不得检出	GB/T 23207
541	牧草胺	Tebutam			不得检出	GB/T 23207
542	丁噻隆	Tebuthiuron			不得检出	GB/T 23207
543	四氯硝基苯	Tecnazene			不得检出	GB/T 23207
544	七氟菊酯	Tefluthrin			不得检出	GB/T 23207
545	特草灵	Terbucarb			不得检出	GB/T 23208
546	特丁硫磷	Terbufos			不得检出	GB/T 23207
547	特丁通	Terbumeton			不得检出	GB/T 23207
548	特丁津	Terbuthylazine			不得检出	GB/T 23207
549	特丁净	Terbutryn			不得检出	GB/T 23207
550	杀虫畏	Tetrachlorvinphos			不得检出	GB/T 23207
551	四氟醚唑	Tetraconazole			不得检出	GB/T 23207
552	三氯杀螨砜	Tetradifon			不得检出	GB/T 23207
553	胺菊酯	Tetramethirn			不得检出	GB/T 23207
554	杀螨氯硫	Tetrasul			不得检出	GB/T 23207
555	河豚毒素	Tetrodotoxin			不得检出	GB/T 23217
556	噻吩草胺	Thenylchlor			不得检出	GB/T 23207
557	噻菌灵	Thiabendazole			不得检出	GB/T 23207
558	噻虫嗪	Thiamethoxam			不得检出	GB/T 23207
559	噻唑烟酸	Thiazopyr			不得检出	GB/T 23207
560	禾草丹	Thiobencarb			不得检出	GB/T 23207
561	甲基乙拌磷	Thiometon			不得检出	GB/T 23207
562	虫线磷	Thionazin			不得检出	GB/T 23207
563	甲基立枯磷	Tolclofos - methyl			不得检出	GB/T 23207
564	甲苯氟磺胺	Tolylfluanid			不得检出	GB/T 23207
565	毒杀芬	Toxaphene			不得检出	SN/T 0502
566	三甲苯草酮	Tralkoxydim			不得检出	GB/T 23207
567	四溴菊酯	Tralomethrin			不得检出	SN/T 2320
568	反式 - 氯丹	*trans* - Chlordane			不得检出	GB/T 23207
569	反式 - 燕麦敌	*trans* - Diallate			不得检出	GB/T 23207
570	四氟苯菊酯	Transfluthrin			不得检出	GB/T 23207
571	反式九氯	*trans* - Nonachlor			不得检出	GB/T 23207
572	反式 - 氯菊酯	*trans* - Permethrin			不得检出	GB/T 23207
573	群勃龙	Trenbolone			不得检出	GB/T 21981
574	三唑酮	Triadimefon			不得检出	GB/T 23207
575	三唑醇 - 1	Triadimenol - 1			不得检出	GB/T 23207
576	三唑醇 - 2	Triadimenol - 2			不得检出	GB/T 23207

序号	农兽药中文名	农兽药英文名	欧盟标准限量要求 μg/kg	国家标准限量要求 μg/kg	三安超有机食品标准	
					限量要求 μg/kg	检测方法
577	野麦畏	Triallate			不得检出	GB/T 23207
578	三唑磷	Triazophos			不得检出	GB/T 23207
579	苯磺隆	Tribenuron - methyl			不得检出	GB/T 23207
580	毒壤磷	Trichloronate			不得检出	GB/T 23207
581	敌百虫	Trichlorphon			不得检出	GB/T 23208
582	三环唑	Tricyclazole			不得检出	GB/T 23207
583	灭草环	Tridiphane			不得检出	GB/T 23207
584	草达津	Trietazine			不得检出	GB/T 23207
585	肟菌酯	Trifloxystrobin			不得检出	GB/T 23207
586	氟乐灵	Trifluralin			不得检出	GB/T 23207
587	三正丁基磷酸盐	Tri - *n* - butyl phosphate			不得检出	GB/T 23207
588	三苯基磷酸盐	Triphenyl phosphate			不得检出	GB/T 23207
589	灭草敌	Vernolate			不得检出	GB/T 23207
590	乙烯菌核利	Vinclozolin			不得检出	GB/T 23207
591	杀鼠灵	War farin			不得检出	GB/T 23208
592	灭除威	XMC			不得检出	GB/T 23207
593	玉米赤霉醇	Zearalanol			不得检出	GB/T 22963
594	玉米赤霉酮	Zearalanone			不得检出	GB/T 22963
595	苯酰菌胺	Zoxamide			不得检出	GB/T 23207

17.3 蟹 Crab

序号	农兽药中文名	农兽药英文名	欧盟标准限量要求 μg/kg	国家标准限量要求 μg/kg	三安超有机食品标准	
					限量要求 μg/kg	检测方法
1	阿莫西林	Amoxicillin	50		不得检出	GB/T 22952
2	氨苄青霉素	Ampicillin	50		不得检出	GB/T 21315
3	苄青霉素	Benzyl penicillin	50		不得检出	GB/T 21315
4	金霉素	Chlortetracycline	100		不得检出	SC/T 3015
5	邻氯青霉素	Cloxacillin	300		不得检出	GB/T 21315
6	黏菌素	Colistin	150		不得检出	参照同类标准
7	达氟沙星	Danofloxacin	100		不得检出	SN/T 3155
8	双氯青霉素	Dicloxacillin	300		不得检出	GB/T 21315
9	双氟沙星	Difloxacin	300		不得检出	SN/T 1751.3
10	恩诺沙星	Enrofloxacin	100		不得检出	SN/T 1751.3
11	红霉素	Erythromycin	200		不得检出	GB 29684
12	氟苯尼考	Florfenicol	100		不得检出	GB/T 20756
13	氟甲喹	Flumequin	200		不得检出	SN/T1921
14	卡那霉素	Kanamycin	100		不得检出	GB/T 22954
15	林可霉素	Lincomycin	100		不得检出	GB 29685

序号	农兽药中文名	农兽药英文名	欧盟标准限量要求 μg/kg	国家标准限量要求 μg/kg	三安超有机食品标准	
					限量要求 μg/kg	检测方法
16	新霉素(包括 framycetin)	Neomycin (including framycetin)	500		不得检出	GB/T 21323
17	苯唑青霉素	Oxacillin	300		不得检出	GB/T 21315
18	喹菌酮	Oxolinic acid	100		不得检出	SN/T 3155
19	土霉素	Oxytetracycline	100		不得检出	SC/T 3015
20	巴龙霉素	Paromomycin	500		不得检出	SN/T 2315
21	壮观霉素	Spectinomycin	300		不得检出	GB/T 21323
22	磺胺类(所有属于磺胺类的物质)	Sulfonamides (all substances belonging to the sulfonamide-group)	100		不得检出	SN/T 2624
23	四环素	Tetracycline	100		不得检出	SC/T 3015
24	甲砜霉素	Thiamphenicol	50		不得检出	SN/T 1865
25	替米考星	Tilmicosin	50		不得检出	SN/T 3155
26	甲氧苄氨嘧啶	Trimethoprim	50		不得检出	DB33/T 615
27	泰乐菌素	Tylosin	100		不得检出	SN/T 3155
28	呋喃妥因(代谢物 AHD)	1 - amino - Hydantoin, AHD			不得检出	GB/T 20752
29	2,3,4,5 - 四氯苯胺	2,3,4,5 - Tetrachloraniline			不得检出	GB/T 23207
30	2,3,4,5 - 四氯甲氧基苯	2,3,4,5 - Tetrachloroanisole			不得检出	GB/T 23207
31	2,3,5,6 - 四氯苯胺	2,3,5,6 - Tetrachloroaniline			不得检出	GB/T 23207
32	2,4 - 滴	2,4 - D			不得检出	GB/T 23207
33	2,6 - 二氯苯甲酰胺	2,6 - Dichlorobenzamide			不得检出	GB/T 23207
34	2 - 苯酚	2 - Phenylphenol			不得检出	GB/T 23207
35	3,4,5 - 混杀威	3,4,5 - Trimethacarb			不得检出	GB/T 23207
36	3,5 - 二氯苯胺	3,5 - Dichloroaniline			不得检出	GB/T 23207
37	呋喃唑酮(代谢物 AOZ)	3 - Amino - 2 - oxalidinone, AOZ			不得检出	GB/T 20752
38	4,4′ - 二溴二苯甲酮	4,4′ - Dibromobenzophenone			不得检出	GB/T 23207
39	4,4′ - 二氯二苯甲酮	4,4′ - Dichlorobenzophenone			不得检出	GB/T 23207
40	呋喃它酮(代谢物 AMOZ)	5 - Morpholinomethyl - 3 - amino - 2 - oxalidinone, AMOZ			不得检出	GB/T 20752
41	阿维菌素	Abamectin			不得检出	GB 29695
42	二氢苊	Acenaphthene			不得检出	GB/T 23207
43	乙草胺	Acetochlor			不得检出	GB/T 23207
44	苯并噻二唑	Acibenzolar - *S* - methyl			不得检出	GB/T 23207
45	苯草醚	Aclonifen			不得检出	GB/T 23207
46	甲草胺	Alachlor			不得检出	GB/T 23207
47	阿苯达唑(包括其代谢物)	Albendazole			不得检出	GB 29687
48	艾氏剂	Aldrin			不得检出	GB/T 23207
49	烯丙菊酯	Allethrin			不得检出	GB/T 23207

序号	农兽药中文名	农兽药英文名	欧盟标准限量要求 μg/kg	国家标准限量要求 μg/kg	三安超有机食品标准	
					限量要求 μg/kg	检测方法
50	二丙烯草胺	Allidochlor			不得检出	GB/T 23207
51	顺式－氯氰菊酯	Alpha－cypermethrini			不得检出	GB/T 23207
52	烯丙孕素	Altrenogest			不得检出	GB/T 22962
53	莠灭净	Ametryn			不得检出	GB/T 23207
54	莎稗磷	Anilofos			不得检出	GB/T 23207
55	丙硫特普	Aspon			不得检出	GB/T 23207
56	羟氨卡青霉素	Aspoxicillin			不得检出	GB/T 22952
57	莠去通	Atratone			不得检出	GB/T 23207
58	莠去净	Atrazine			不得检出	GB/T 23207
59	脱乙基阿特拉津	Atrazine－desethyl			不得检出	GB/T 23207
60	戊环唑	Azaconazole			不得检出	GB/T 23207
61	益棉磷	Azinphos－ethyl			不得检出	GB/T 23207
62	保棉磷	Azinphos－methyl			不得检出	GB/T 23207
63	叠氮津	Aziprotryne			不得检出	GB/T 23207
64	嘧菌酯	Azoxystrobin			不得检出	GB/T 23208
65	4－溴－3,5－二甲苯基－*N*－甲基氨基甲酸酯－1	BDMC－1			不得检出	GB/T 23207
66	4－溴－3,5－二甲苯基－*N*－甲基氨基甲酸酯－2	BDMC－2			不得检出	GB/T 23207
67	倍氯米松	Beclomethasone			不得检出	GB/T 22957
68	苯霜灵	Benalaxyl			不得检出	GB/T 23207
69	乙丁氟灵	Benfluralin			不得检出	GB/T 23207
70	呋草黄	Benfuresate			不得检出	GB/T 23207
71	麦锈灵	Benodanil			不得检出	GB/T 23207
72	解草酮	Benoxacor			不得检出	GB/T 23207
73	新燕灵	Benzoylprop－ethyl			不得检出	GB/T 23207
74	倍他米松	Betamethasone			不得检出	GB/T 22957
75	联苯肼酯	Bifenazate			不得检出	GB/T 23207
76	甲羧除草醚	Bifenox			不得检出	GB/T 23207
77	联苯菊酯	Bifenthrin			不得检出	GB/T 23207
78	生物烯丙菊酯－1	Bioallethrin－1			不得检出	GB/T 23207
79	生物烯丙菊酯－2	Bioallethrin－2			不得检出	GB/T 23207
80	联苯	Biphenyl			不得检出	GB/T 23207
81	联苯三唑醇	Bitertanol			不得检出	GB/T 23207
82	啶酰菌胺	Boscalid			不得检出	GB/T 23207
83	除草定	Bromacil			不得检出	GB/T 23207
84	溴苯烯磷	Bromfenvinfos			不得检出	GB/T 23207
85	溴烯杀	Bromocylen			不得检出	GB/T 23207
86	溴硫磷	Bromofos			不得检出	GB/T 23207

序号	农兽药中文名	农兽药英文名	欧盟标准限量要求 μg/kg	国家标准限量要求 μg/kg	三安超有机食品标准	
					限量要求 μg/kg	检测方法
87	乙基溴硫磷	Bromophos – ethyl			不得检出	GB/T 23207
88	溴螨酯	Bromopropylate			不得检出	GB/T 23207
89	糠菌唑 – 1	Bromuconazole – 1			不得检出	GB/T 23207
90	糠菌唑 – 2	Bromuconazole – 2			不得检出	GB/T 23207
91	乙嘧酚磺酸酯	Bupirimate			不得检出	GB/T 23207
92	噻嗪酮	Buprofezin			不得检出	GB/T 23207
93	丁草胺	Butachlor			不得检出	GB/T 23207
94	氟丙嘧草酯	Butafenacil			不得检出	GB/T 23207
95	抑草磷	Butamifos			不得检出	GB/T 23207
96	仲丁灵	Butralin			不得检出	GB/T 23207
97	丁草敌	Butylate			不得检出	GB/T 23207
98	硫线磷	Cadusafos			不得检出	GB/T 23207
99	头孢匹林	Cafapirin			不得检出	GB/T 22960
100	苯酮唑	Cafenstrole			不得检出	GB/T 23207
101	噻苯咪唑酯	Cambendazole			不得检出	GB/T 22955
102	角黄素	Canthaxanthin			不得检出	GB/T 22958
103	咔唑心安	Carazolol			不得检出	GB/T 20763
104	卡巴氧	Carbadox			不得检出	GB/T 20746
105	甲萘威	Carbaryl			不得检出	GB/T 23207
106	三硫磷	Carbophenothion			不得检出	GB/T 23207
107	丁硫克百威	Carbosulfan			不得检出	GB/T 23207
108	萎锈灵	Carboxin			不得检出	GB/T 23207
109	唑草酮	Carfentrazone – ethyl			不得检出	GB/T 23207
110	头孢洛宁	Cefalonium			不得检出	GB/T 22960
111	头孢唑啉	Cefazolin			不得检出	GB/T 22960
112	头孢喹肟	Cefquinome			不得检出	GB/T 22960
113	头孢氨苄	Cefalexin			不得检出	GB/T 22960
114	氯霉素	Chloramphenicolum			不得检出	GB/T 23208
115	杀螨醚	Chlorbenside			不得检出	GB/T 23207
116	氯杀螨砜	Chlorbenside sulfore			不得检出	GB/T 23207
117	氯炔灵	Chlorbufam			不得检出	GB/T 23207
118	氯丹	Chlordane			不得检出	GB/T 23207
119	杀虫脒	Chlordineform			不得检出	GB/T 23207
120	氯氧磷	Chlorethoxyfos			不得检出	GB/T 23207
121	杀螨醇	Chlorfenethol			不得检出	GB/T 23207
122	燕麦酯	Chlorfenprop – methyl			不得检出	GB/T 23207
123	杀螨酯	Chlorfenson			不得检出	GB/T 23207
124	毒虫畏	Chlorfenvinphos			不得检出	GB/T 23207
125	整形醇	Chlorflurenol			不得检出	GB/T 23207

序号	农兽药中文名	农兽药英文名	欧盟标准限量要求 μg/kg	国家标准限量要求 μg/kg	三安超有机食品标准	
					限量要求 μg/kg	检测方法
126	氯地孕酮	Chlormadinone			不得检出	GB/T 22962
127	氯甲硫磷	Chlormephos			不得检出	GB/T 23207
128	乙酯杀螨醇	Chlorobenzilate			不得检出	GB/T 23207
129	氯苯甲醚	Chloroneb			不得检出	GB/T 23207
130	丙酯杀螨醇	Chloropropylate			不得检出	GB/T 23207
131	氯丙嗪	Chlorpromazine			不得检出	SN/T 2215
132	氯苯胺灵	Chlorpropham			不得检出	GB/T 23207
133	毒死蜱	Chlorpyrifos			不得检出	GB/T 23207
134	甲基毒死蜱	Chlorpyrifos - methyl			不得检出	GB/T 23207
135	氯酞酸甲酯	Chlorthaldimethyl			不得检出	GB/T 23207
136	虫螨磷	Chlorthiophos			不得检出	GB/T 23207
137	乙菌利	Chlozolinate			不得检出	GB/T 23207
138	环丙沙星	Ciprofloxacin			不得检出	SN/T 3155
139	四氢邻苯王二甲酰亚胺	*cis* - 1,2,3,6 - Tetrahydrophthalimide			不得检出	GB/T 23207
140	顺式 - 氯丹	*cis* - Chlordane			不得检出	GB/T 23207
141	顺式 - 燕麦敌	*cis* - Diallate			不得检出	GB/T 23207
142	顺式 - 氯菊酯	*cis* - Permethrin			不得检出	GB/T 23207
143	克伦特罗	Clenbuterol			不得检出	GB/T 22950
144	烯草酮	Clethodim			不得检出	GB/T 23207
145	炔草酯	Clodinafop - propargyl			不得检出	GB/T 23207
146	异噁草酮	Clomazone			不得检出	GB/T 23207
147	氯甲酰草胺	Clomeprop			不得检出	GB/T 23207
148	解草酯	Cloquinocet - mexyl			不得检出	GB/T 23207
149	可的松	Cortisone			不得检出	GB/T 22957
150	蝇毒磷	Coumaphos			不得检出	GB/T 23207
151	结晶紫	Cpystal violet			不得检出	GB/T 20361
152	鼠立死	Crimidine			不得检出	GB/T 23207
153	育畜磷	Crufomate			不得检出	GB/T 23207
154	氰草津	Cyanazine			不得检出	GB/T 23207
155	苯腈磷	Cyanofenphos			不得检出	GB/T 23207
156	杀螟腈	Cyanophos			不得检出	GB/T 23207
157	环草敌	Cycloate			不得检出	GB/T 23207
158	噻草酮	Cycloxydim			不得检出	GB/T 23207
159	环莠隆	Cycluron			不得检出	GB/T 23207
160	环氟菌胺	Cyflufenamid			不得检出	GB/T 23207
161	氟氯氰菊酯和高效氟氯氰菊酯	Cyfluthrin and beta - cyfluthrin			不得检出	GB/T 23207
162	氰氟草酯	Cyhalofop - butyl			不得检出	GB/T 23207

序号	农兽药中文名	农兽药英文名	欧盟标准限量要求 μg/kg	国家标准限量要求 μg/kg	三安超有机食品标准	
					限量要求 μg/kg	检测方法
163	氯氰菊酯和高效氯氰菊酯	Cypermethrin and beta - cypermethrin			不得检出	GB/T 23207
164	环丙津	Cyprazine			不得检出	GB/T 23207
165	环丙唑醇	Cyproconazole			不得检出	GB/T 23207
166	嘧菌环胺	Cyprodinil			不得检出	GB/T 23207
167	敌草索	Dacthal			不得检出	GB/T 23207
168	滴滴涕(包括 DDD 和 DDE)	DDT (including DDD and DDE)		500	不得检出	GB/T 23207
169	脱叶磷	DEF			不得检出	GB/T 23207
170	溴氰菊酯	Deltamethrin			不得检出	GB 29705
171	内吸磷	Demeton			不得检出	GB/T 23207
172	甲基内吸磷	Demeton - *s* - methyl			不得检出	GB/T 23207
173	2,2′,4,5,5′ - 五氯联苯	DE - PCB 101			不得检出	GB/T 23207
174	2,3,4,4′,5 - 五氯联苯	DE - PCB 118			不得检出	GB/T 23207
175	2,2′,3,4,4′,5 - 六氯联苯	DE - PCB 138			不得检出	GB/T 23207
176	2,2′,4,4′,5,5′ - 六氯联苯	DE - PCB 153			不得检出	GB/T 23207
177	2,2′,3,4,4′,5,5′ - 七氯联苯	DE - PCB 180			不得检出	GB/T 23207
178	2,4,4′ - 三氯联苯	DE - PCB 28			不得检出	GB/T 23207
179	2,4,5 - 三氯联苯	DE - PCB 31			不得检出	GB/T 23207
180	2,2′,5,5′ - 四氯联苯	DE - PCB 52			不得检出	GB/T 23207
181	脱乙基另丁津	Desethyl - sebuthylazine			不得检出	GB/T 23207
182	脱异丙基莠去津	Desisopropyl - atrazine			不得检出	GB/T 23207
183	甜菜安	Desmedipham			不得检出	GB/T 23207
184	敌草净	Desmetryn			不得检出	GB/T 23207
185	地塞米松	Dexamethasone			不得检出	GB/T 22957
186	氯亚胺硫磷	Dialifos			不得检出	GB/T 23207
187	二嗪磷	Diazinon			不得检出	GB/T 23207
188	驱虫特	Dibutyl succinate			不得检出	GB/T 23207
189	异氯磷	Dicapthon			不得检出	GB/T 23207
190	敌草腈	Dichlobenil			不得检出	GB/T 23207
191	除线磷	Dichlofenthion			不得检出	GB/T 23207
192	苯氟磺胺	Dichlofluanid			不得检出	GB/T 23207
193	烯丙酰草胺	Dichlormid			不得检出	GB/T 23207
194	敌敌畏	Dichlorvos			不得检出	GB/T 23207
195	苄氯三唑醇	Diclobutrazole			不得检出	GB/T 23207
196	禾草灵	Diclofop - methyl			不得检出	GB/T 23207
197	氯硝胺	Dicloran			不得检出	GB/T 23207
198	三氯杀螨醇	Dicofol			不得检出	GB/T 23207

序号	农兽药中文名	农兽药英文名	欧盟标准限量要求 μg/kg	国家标准限量要求 μg/kg	三安超有机食品标准	
					限量要求 μg/kg	检测方法
199	百治磷	Dicrotophos			不得检出	GB/T 23207
200	狄氏剂	Dieldrin			不得检出	GB/T 23207
201	双烯雌酚	Dienestrol			不得检出	GB/T 22963
202	乙霉威	Diethofencarb			不得检出	GB/T 23207
203	己烯雌酚	Diethylstilbestrol			不得检出	GB/T 22963
204	避蚊胺	Diethyltoluamide			不得检出	GB/T 23207
205	苯醚甲环唑	Difenoconazole			不得检出	GB/T 23207
206	枯莠隆	Difenoxuron			不得检出	GB/T 23207
207	吡氟酰草胺	Diflufenican			不得检出	GB/T 23207
208	二氢链霉素	Dihydro – streptomycin			不得检出	GB/T 22954
209	甲氟磷	Dimefox			不得检出	GB/T 23207
210	哌草丹	Dimepiperate			不得检出	GB/T 23207
211	油菜安	Dimethachlor			不得检出	GB/T 23207
212	异戊乙净	Dimethametryn			不得检出	GB/T 23207
213	二甲酚草胺	Dimethenamid			不得检出	GB/T 23207
214	乐果	Dimethoate			不得检出	GB/T 23207
215	烯酰吗啉	Dimethomorph			不得检出	GB/T 23207
216	避蚊酯	Dimethyl phthalate			不得检出	GB/T 23207
217	烯唑醇	Diniconazole			不得检出	GB/T 23207
218	氨氟灵	Dinitramine			不得检出	GB/T 23207
219	苯虫醚 – 1	Diofenolan – 1			不得检出	GB/T 23207
220	苯虫醚 – 2	Diofenolan – 2			不得检出	GB/T 23207
221	二氧威	Dioxacarb			不得检出	GB/T 23207
222	敌噁磷	Dioxathion			不得检出	GB/T 23207
223	双苯酰草胺	Diphenamid			不得检出	GB/T 23207
224	二苯胺	Diphenylamine			不得检出	GB/T 23207
225	异丙净	Dipropetryn			不得检出	GB/T 23207
226	乙拌磷	Disulfoton			不得检出	GB/T 23207
227	乙拌磷砜	Disulfoton sulfone			不得检出	GB/T 23207
228	乙拌磷亚砜	Disulfoton – sulfoxide			不得检出	GB/T 23207
229	灭菌磷	Ditalimfos			不得检出	GB/T 23207
230	十二环吗啉	Dodemorph			不得检出	GB/T 23207
231	多拉菌素	Doramectin			不得检出	GB/T 22953
232	强力霉素	Doxycycline			不得检出	GB/T 22961
233	敌瘟磷	Edifenphos			不得检出	GB/T 23207
234	硫丹	Endosulfan			不得检出	GB/T 23207
235	硫丹硫酸盐	Endosulfan – sulfate			不得检出	GB/T 23207
236	异狄氏剂	Endrin			不得检出	GB/T 23207
237	异狄氏剂醛	Endrin aldehyde			不得检出	GB/T 23207

序号	农兽药中文名	农兽药英文名	欧盟标准限量要求 μg/kg	国家标准限量要求 μg/kg	三安超有机食品标准	
					限量要求 μg/kg	检测方法
238	异狄氏剂酮	Endrin ketone			不得检出	GB/T 23207
239	依诺沙星	Enoxaxin			不得检出	SN/T 3155
240	苯硫磷	EPN			不得检出	GB/T 23207
241	氟环唑 - 1	Epoxiconazole - 1			不得检出	GB/T 23207
242	氟环唑 - 2	Epoxiconazole - 2			不得检出	GB/T 23207
243	埃普利诺菌素	Eprinomectin			不得检出	GB/T 22953
244	茵草敌	EPTC			不得检出	GB/T 23207
245	*S* - 氰戊菊酯	Esfenvalerate			不得检出	GB/T 23207
246	戊草丹	Esprocarb			不得检出	GB/T 23207
247	乙环唑 - 1	Etaconazole - 1			不得检出	GB/T 23207
248	乙环唑 - 2	Etaconazole - 2			不得检出	GB/T 23207
249	乙丁烯氟灵	Ethalfluralin			不得检出	GB/T 23207
250	乙硫苯威	Ethiofencarb			不得检出	GB/T 23207
251	异硫磷	Ethion			不得检出	GB/T 23207
252	乙氧呋草黄	Ethofumesate			不得检出	GB/T 23207
253	灭线磷	Ethoprophos			不得检出	GB/T 23207
254	乙氧喹啉	Ethoxyquin			不得检出	GB/T 23208
255	醚菊酯	Etofenprox			不得检出	GB/T 23207
256	乙螨唑	Etoxazole			不得检出	GB/T 23207
257	氯唑灵	Etridiazole			不得检出	GB/T 23207
258	乙嘧硫磷	Etrimfos			不得检出	GB/T 23207
259	伐灭磷	Famphur			不得检出	GB/T 23207
260	咪唑菌酮	Fenamidone			不得检出	GB/T 23207
261	苯线磷	Fenamiphos			不得检出	GB/T 23207
262	苯线磷砜	Fenamiphos - sulfone			不得检出	GB/T 23207
263	氯苯嘧啶醇	Fenarimol			不得检出	GB/T 23207
264	喹螨醚	Fenazaquin			不得检出	GB/T 23207
265	苯硫苯咪唑	Fenbendazole			不得检出	GB/T 22955
266	腈苯唑	Fenbuconazole			不得检出	GB/T 23207
267	氧皮蝇磷	Fenchlorphos oxon			不得检出	GB/T 23207
268	甲呋酰胺	Fenfuram			不得检出	GB/T 23207
269	环酰菌胺	Fenhexamid			不得检出	GB/T 23207
270	杀螟硫磷	Fenitrothion			不得检出	GB/T 23207
271	仲丁威	Fenobucarb			不得检出	GB/T 23207
272	拌种咯	Fenpiclonil			不得检出	GB/T 23207
273	甲氰菊酯	Fenpropathrin			不得检出	GB/T 23207
274	苯锈啶	Fenpropidin			不得检出	GB/T 23207
275	丁苯吗啉	Fenpropimorph			不得检出	GB/T 23207
276	唑螨酯	Fenpyroximate			不得检出	GB/T 23207

序号	农兽药中文名	农兽药英文名	欧盟标准限量要求 μg/kg	国家标准限量要求 μg/kg	三安超有机食品标准	
					限量要求 μg/kg	检测方法
277	芬螨酯	Fenson			不得检出	GB/T 23207
278	倍硫磷	Fenthion			不得检出	GB/T 23207
279	倍硫磷砜	Fenthion sulfone			不得检出	GB/T 23207
280	倍硫磷亚砜	Fenthion sulfoxide			不得检出	GB/T 23207
281	氰戊菊酯 -1	Fenvalerate -1			不得检出	GB/T 23207
282	氰戊菊酯 -2	Fenvalerate -2			不得检出	GB/T 23207
283	麦草氟异丙酯	Flamprop - isopropyl			不得检出	GB/T 23207
284	麦草氟甲酯	Flamprop - methyl			不得检出	GB/T 23207
285	氟罗沙星	Fleroxaxin			不得检出	SN/T 1751.3
286	吡氟禾草灵	Fluazifop - butyl			不得检出	GB/T 23207
287	氟苯咪唑(包括其代谢物)	Flubendazole			不得检出	GB/T 22955
288	氯乙氟灵	Fluchloralin			不得检出	GB/T 23207
289	氟氰戊菊酯 -1	Flucythrinate -1			不得检出	GB/T 23207
290	氟氰戊菊酯 -2	Flucythrinate -2			不得检出	GB/T 23207
291	咯菌腈	Fludioxonil			不得检出	GB/T 23207
292	醋酸氟氢可的松	Fludrocorttsone acetate			不得检出	GB/T 22957
293	氟虫脲	Flufenoxuron			不得检出	GB/T 23207
294	氟节胺	Flumetralin			不得检出	GB/T 23207
295	氟烯草酸	Flumiclorac			不得检出	GB/T 23207
296	丙炔氟草胺	Flumioxazin			不得检出	GB/T 23207
297	氟咯草酮	Fluorochloridone			不得检出	GB/T 23207
298	三氟硝草醚	Fluorodifen			不得检出	GB/T 23207
299	乙羧氟草醚	Fluoroglycofen - ethyl			不得检出	GB/T 23207
300	三氟苯唑	Fluotrimazole			不得检出	GB/T 23207
301	氟喹唑	Fluquinconazole			不得检出	GB/T 23207
302	氟啶草酮	Fluridone			不得检出	GB/T 23208
303	氟草烟 -1 - 甲庚酯	Fluroxypr - 1 - methylheptyl ester			不得检出	GB/T 23207
304	呋草酮	Flurtamone			不得检出	GB/T 23207
305	氟哇唑	Flusilazole			不得检出	GB/T 23207
306	氟酰胺	Flutolanil			不得检出	GB/T 23207
307	粉唑醇	Flutriafol			不得检出	GB/T 23207
308	氟胺氰菊酯	Tau - fluvalinate			不得检出	GB/T 23207
309	灭菌丹	Folpet			不得检出	GB/T 23207
310	地虫硫磷	Fonofos			不得检出	GB/T 23207
311	安果	Formothion			不得检出	GB/T 23207
312	麦穗宁	Fuberidazole			不得检出	GB/T 23207
313	呋霜灵	Furalaxyl			不得检出	GB/T 23207
314	茂谷乐	Furmecyclox			不得检出	GB/T 23207

序号	农兽药中文名	农兽药英文名	欧盟标准限量要求 μg/kg	国家标准限量要求 μg/kg	三安超有机食品标准	
					限量要求 μg/kg	检测方法
315	苄螨醚	Halfenprox			不得检出	GB/T 23207
316	氯吡嘧磺隆	Halosulfuron - methyl			不得检出	GB/T 23207
317	六六六(包括林丹)	HCH(including Lindane)		100	不得检出	GB/T 23207
318	七氯	Heptachlor			不得检出	GB/T 23207
319	庚烯磷	Heptanophos			不得检出	GB/T 23207
320	六氯苯	Hexachlorobenzene			不得检出	GB/T 23207
321	己唑醇	Hexaconazole			不得检出	GB/T 23207
322	环嗪酮	Hexazinone			不得检出	GB/T 23207
323	己烷雌酚	Hexestrol			不得检出	GB/T 22963
324	噻螨酮	Hexythiazox			不得检出	GB/T 23207
325	氢化可的松	Hydrocortisone			不得检出	GB/T 22957
326	抑霉唑	Imazalil			不得检出	GB/T 23207
327	咪草酸	Imazamethabenz - methyl			不得检出	GB/T 23207
328	脱苯甲基亚胺唑	Imibenconazole - *des* - benzyl			不得检出	GB/T 23207
329	炔咪菊酯 - 1	Imiprothrin - 1			不得检出	GB/T 23207
330	炔咪菊酯 - 2	Imiprothrin - 2			不得检出	GB/T 23207
331	碘硫磷	Iodofenphos			不得检出	GB/T 23207
332	异稻瘟净	Iprobenfos			不得检出	GB/T 23207
333	异菌脲	Iprodione			不得检出	GB/T 23207
334	缬霉威 - 1	Iprovalicarb - 1			不得检出	GB/T 23207
335	缬霉威 - 2	Iprovalicarb - 2			不得检出	GB/T 23207
336	氯唑磷	Isazofos			不得检出	GB/T 23207
337	碳氯灵	Isobenzan			不得检出	GB/T 23207
338	丁咪酰胺	Isocarbamid			不得检出	GB/T 23207
339	水胺硫磷	Isocarbophos			不得检出	GB/T 23207
340	异艾氏剂	Isodrin			不得检出	GB/T 23207
341	异柳磷	Isofenphos			不得检出	GB/T 23207
342	氧异柳磷	Isofenphos oxon			不得检出	GB/T 23207
343	丁嗪草酮	Isomethiozin			不得检出	GB/T 23207
344	异丙威 - 1	Isoprocarb - 1			不得检出	GB/T 23207
345	异丙威 - 2	Isoprocarb - 2			不得检出	GB/T 23207
346	异丙乐灵	Isopropalin			不得检出	GB/T 23207
347	稻瘟灵	Isoprothiolane			不得检出	GB/T 23207
348	双苯噁唑酸	Isoxadifen - ethyl			不得检出	GB/T 23207
349	依维菌素	Ivermectin			不得检出	GB/T 22953
350	交沙霉素	Josamycin			不得检出	GB/T 22964
351	吉他霉素	Kitasamycin			不得检出	GB/T 22964
352	醚菌酯	Kresoxim - methyl			不得检出	GB/T 23207
353	高效氯氟氰菊酯	Lambda - cyhalothrin			不得检出	GB/T 23207

序号	农兽药中文名	农兽药英文名	欧盟标准限量要求 μg/kg	国家标准限量要求 μg/kg	三安超有机食品标准	
					限量要求 μg/kg	检测方法
354	环草定	Lenacil			不得检出	GB/T 23207
355	溴苯磷	Leptophos			不得检出	GB/T 23207
356	林丹	Lindane			不得检出	GB/T 23207
357	利谷隆	Linuron			不得检出	GB/T 23207
358	洛美沙星	Lomefloxacin			不得检出	SN/T 1751.3
359	孔雀石绿	Malachite - green			不得检出	GB/T 20361
360	马拉硫磷	Malathion			不得检出	GB/T 23207
361	2-甲-4-氯丁氧乙基酯	MCPA - butoxyethyl ester			不得检出	GB/T 23207
362	甲苯咪唑(包括其代谢物)	Mebendazole			不得检出	GB/T 22955
363	灭蚜磷	Mecarbam			不得检出	GB/T 23207
364	苯噻酰草胺	Mefenacet			不得检出	GB/T 23207
365	精甲霜灵	Mefenoxam			不得检出	GB/T 23207
366	吡唑解草酯	Mefenpyr - diethyl			不得检出	GB/T 23207
367	地胺磷	Mephosfolan			不得检出	GB/T 23207
368	甲霜灵	Metalaxyl			不得检出	GB/T 23207
369	苯嗪草酮	Metamitron			不得检出	GB/T 23207
370	吡唑草胺	Metazachlor			不得检出	GB/T 23207
371	甲基苯噻隆	Methabenzthiazuron			不得检出	GB/T 23207
372	虫螨畏	Methacrifos			不得检出	GB/T 23207
373	杀扑磷	Methidathion			不得检出	GB/T 23207
374	异丙甲草胺和 *S*-异丙甲草胺	Metolachlor and *S* - metolachlor			不得检出	GB/T 23207
375	烯虫酯	Methoprene			不得检出	GB/T 23207
376	盖草津	Methoprotryne			不得检出	GB/T 23207
377	甲氧滴滴涕	Methoxychlor			不得检出	GB/T 23207
378	甲基泼尼松龙	Methylprednisolone			不得检出	GB/T 22957
379	甲基睾酮	Methyl - testosterone			不得检出	SC/T 3029
380	甲氧氯普胺	Metoclopramide			不得检出	SN/T 2227
381	苯氧菌胺-1	Metominsstrobin - 1			不得检出	GB/T 23207
382	苯氧菌胺-2	Metominsstrobin - 2			不得检出	GB/T 23207
383	嗪草酮	Metribuzin			不得检出	GB/T 23207
384	甲硝唑	Metronidazole			不得检出	GB/T 21318
385	速灭磷	Mevinphos			不得检出	GB/T 23207
386	兹克威	Mexacarbate			不得检出	GB/T 23207
387	灭蚁灵	Mirex			不得检出	GB/T 23207
388	禾草敌	Molinate			不得检出	GB/T 23207
389	庚酰草胺	Monalide			不得检出	GB/T 23207
390	久效磷	Monocrotophos			不得检出	GB/T 23207
391	绿谷隆	Monolinuron			不得检出	GB/T 23207

序号	农兽药中文名	农兽药英文名	欧盟标准限量要求 μg/kg	国家标准限量要求 μg/kg	三安超有机食品标准	
					限量要求 μg/kg	检测方法
392	合成麝香	Musk ambrecte			不得检出	GB/T 23207
393	麝香酮	Musk ketone			不得检出	GB/T 23207
394	麝香	Musk moskene			不得检出	GB/T 23207
395	西藏麝香	Musk tibeten			不得检出	GB/T 23207
396	二甲苯麝香	Musk xylene			不得检出	GB/T 23207
397	腈菌唑	Myclobutanil			不得检出	GB/T 23207
398	萘夫西林	Nafcillin			不得检出	GB/T 22952
399	敌草胺	Napropamide			不得检出	GB/T 23207
400	甲磺乐灵	Nitralin			不得检出	GB/T 23207
401	三氯甲基吡啶	Nitrapyrin			不得检出	GB/T 23207
402	除草醚	Nitrofen			不得检出	GB/T 23207
403	酞菌酯	Nitrothal - isopropyl			不得检出	GB/T 23207
404	诺氟沙星	Norfloxacin			不得检出	SN/T 3155
405	氟草敏	Norflurazon			不得检出	GB/T 23207
406	新生霉素	Novobiocin			不得检出	SN 0674
407	氟苯嘧啶醇	Nuarimol			不得检出	GB/T 23207
408	八氯苯乙烯	Octachlorostyrene			不得检出	GB/T 23207
409	氧氟沙星	Ofloxacin			不得检出	SN/T 3155
410	呋酰胺	Ofurace			不得检出	GB/T 23207
411	喹乙醇	Olaquindox			不得检出	SC/T 3019
412	竹桃霉素	Oleandomycin			不得检出	GB/T 22964
413	奥比沙星	Orbifloxacin			不得检出	SN/T 3155
414	噁草酮	Oxadiazon			不得检出	GB/T 23207
415	噁霜灵	Oxadixyl			不得检出	GB/T 23207
416	奥芬达唑(包括其代谢物)	Oxfendazole			不得检出	GB/T 22955
417	丙氧苯咪唑	Oxibendazole			不得检出	GB/T 22955
418	氧化萎锈灵	Oxycarboxin			不得检出	GB/T 23207
419	氧化氯丹	Oxy - chlordane			不得检出	GB/T 23207
420	乙氧氟草醚	Oxyfluorfen			不得检出	GB/T 23207
421	多效唑	Paclobutrazol			不得检出	GB/T 23207
422	对氧磷	Paraoxon			不得检出	GB/T 23207
423	甲基对硫磷	Parathion - methyl			不得检出	GB/T 23207
424	克草敌	Pebulate			不得检出	GB/T 23207
425	培氟沙星	Pefloxacin			不得检出	SN/T1751.3
426	戊菌隆	Pencycuron			不得检出	GB/T 23207
427	二甲戊灵	Pendimethalin			不得检出	GB/T 23207
428	青霉素 G	Penicillin G			不得检出	GB/T 22952
429	青霉素 V	Penicillin V			不得检出	GB/T 22952
430	五氯苯胺	Pentachloroaniline			不得检出	GB/T 23207

序号	农兽药中文名	农兽药英文名	欧盟标准限量要求 μg/kg	国家标准限量要求 μg/kg	三安超有机食品标准	
					限量要求 μg/kg	检测方法
431	五氯甲氧基苯	Pentachloroanisole			不得检出	GB/T 23207
432	五氯苯	Pentachlorobenzene			不得检出	GB/T 23207
433	五氯苯酚	Pentachlorophenol			不得检出	SC/T 3030
434	氯菊酯	Permethrin			不得检出	GB/T 23207
435	乙滴涕	Perthane			不得检出	GB/T 23207
436	菲	Phenanthrene			不得检出	GB/T 23207
437	苯醚菊酯	Phenothrin			不得检出	GB/T 23207
438	稻丰散	Phenthoate			不得检出	GB/T 23207
439	甲拌磷	Phorate			不得检出	GB/T 23207
440	甲拌磷砜	Phorate sulfone			不得检出	GB/T 23207
441	伏杀硫磷	Phosalone			不得检出	GB/T 23207
442	亚胺硫磷	Phosmet			不得检出	GB/T 23207
443	磷胺 - 1	Phosphamidon - 1			不得检出	GB/T 23207
444	酞酸苯甲基丁酯	Phthalic acid, benzylbutyl ester			不得检出	GB/T 23207
445	邻苯二甲酰亚胺	Phthalimide			不得检出	GB/T 23207
446	啶氧菌酯	Picoxystrobin			不得检出	GB/T 23207
447	哌拉西林	Piperacillin			不得检出	GB/T 22952
448	哌嗪	Piperazine			不得检出	SN/T 2317
449	增效醚	Piperonyl butoxide			不得检出	GB/T 23207
450	哌草磷	Piperophos			不得检出	GB/T 23207
451	抗蚜威	Pirimicarb			不得检出	GB/T 23207
452	乙基虫螨清	Pirimiphos - ethyl			不得检出	GB/T 23207
453	甲基嘧啶磷	Pirimiphos - methyl			不得检出	GB/T 23207
454	三氯杀虫酯	Plifenate			不得检出	GB/T 23207
455	多氯联苯	Polychlorodiphenyls			不得检出	GB/T 22331
456	吡喹酮	Praziquantel			不得检出	GB/T 22956
457	泼尼松龙	Prednisolone			不得检出	GB/T 22957
458	泼尼松	Prednisone			不得检出	GB/T 22957
459	丙草胺	Pretilachlor			不得检出	GB/T 23207
460	咪鲜胺	Prochloraz			不得检出	GB/T 23207
461	腐霉利	Procymidone			不得检出	GB/T 23207
462	丙溴磷	Profenofos			不得检出	GB/T 23207
463	环丙氟灵	Profluralin			不得检出	GB/T 23207
464	茉莉酮	Prohydrojasmon			不得检出	GB/T 23207
465	扑灭通	Prometon			不得检出	GB/T 23207
466	炔丙烯草胺	Pronamide			不得检出	GB/T 23207
467	毒草安	Propachlor			不得检出	GB/T 23207
468	敌稗	Propanil			不得检出	GB/T 23207
469	丙虫磷	Propaphos			不得检出	GB/T 23207

序号	农兽药中文名	农兽药英文名	欧盟标准限量要求 μg/kg	国家标准限量要求 μg/kg	三安超有机食品标准	
					限量要求 μg/kg	检测方法
470	炔螨特	Propargite			不得检出	GB/T 23207
471	扑灭津	Propazine			不得检出	GB/T 23207
472	胺丙畏	Propetamphos			不得检出	GB/T 23207
473	苯胺灵	Propham			不得检出	GB/T 23207
474	丙环唑 - 1	Propixonazole - 1			不得检出	GB/T 23207
475	丙环唑 - 2	Propixonazole - 2			不得检出	GB/T 23207
476	异丙草胺	Propisochlor			不得检出	GB/T 23207
477	残杀威 - 1	Propoxur - 1			不得检出	GB/T 23207
478	残杀威 - 2	Propoxur - 2			不得检出	GB/T 23207
479	炔苯酰草胺	Propyzamide			不得检出	GB/T 23207
480	苄草丹	Prosulfocarb			不得检出	GB/T 23207
481	丙硫磷	Prothiophos			不得检出	GB/T 23207
482	吡唑硫磷	Pyraclofos			不得检出	GB/T 23207
483	吡草醚	Pyraflufen - ethyl			不得检出	GB/T 23207
484	吡菌磷	Pyrazophos			不得检出	GB/T 23207
485	稗草丹	Pyributicarb			不得检出	GB/T 23207
486	哒螨灵	Pyridaben			不得检出	GB/T 23207
487	哒嗪硫磷	Pyridafenthion			不得检出	GB/T 23207
488	啶斑肟 - 1	Pyrifenox - 1			不得检出	GB/T 23207
489	啶斑肟 - 2	Pyrifenox - 2			不得检出	GB/T 23207
490	环酯草醚	Pyriftalid			不得检出	GB/T 23207
491	嘧霉胺	Pyrimethanil			不得检出	GB/T 23207
492	嘧螨醚	Pyrimidifen			不得检出	GB/T 23207
493	吡丙醚	Pyriproxyfen			不得检出	GB/T 23207
494	喹硫磷	Quinalphos			不得检出	GB/T 23207
495	灭藻醌	Quinoclamine			不得检出	GB/T 23207
496	苯氧喹啉	Quinoxyphen			不得检出	GB/T 23207
497	五氯硝基苯	Quintozene			不得检出	GB/T 23207
498	吡咪唑	Rabenzazole			不得检出	GB/T 23207
499	苄呋菊酯 - 1	Resmethrin - 1			不得检出	GB/T 23207
500	苄呋菊酯 - 2	Resmethrin - 2			不得检出	GB/T 23207
501	皮蝇磷	Ronnel			不得检出	GB/T 23207
502	沙拉沙星	Sarafloxacin			不得检出	SN/T 3155
503	另丁津	Sebutylazine			不得检出	GB/T 23207
504	密草通	Secbumeton			不得检出	GB/T 23207
505	呋喃西林(代谢物 Semduramicin)	Semduramicin, Semduramicin			不得检出	GB/T 20752
506	氟硅菊酯	Silafluofen			不得检出	GB/T 23207
507	西玛津	Simazine			不得检出	SN 0594

序号	农兽药中文名	农兽药英文名	欧盟标准限量要求 μg/kg	国家标准限量要求 μg/kg	三安超有机食品标准	
					限量要求 μg/kg	检测方法
508	硅氟唑	Simeconazole			不得检出	GB/T 23207
509	西玛通	Simetone			不得检出	GB/T 23207
510	西草净	Simetryn			不得检出	GB/T 23207
511	司帕沙星	Sparfloxacin			不得检出	SN/T 3155
512	螺旋霉素	Spiramycin			不得检出	GB/T 22964
513	螺螨酯	Spirodiclofen			不得检出	GB/T 23207
514	螺菌环胺 -1	Spiroxamine -1			不得检出	GB/T 23207
515	螺菌环胺 -2	Spiroxamine -2			不得检出	GB/T 23207
516	链霉素	Streptomycin			不得检出	GB/T 22954
517	磺胺氯哒嗪	Sulfachloropyridazine			不得检出	GB/T 21316
518	磺胺嘧啶	Sulfadiazine			不得检出	GB/T 21316
519	磺胺二甲基嘧啶	Sulfadimidine			不得检出	GB 29694
520	磺胺多辛	Sulfadoxine			不得检出	SN/T 3155
521	磺胺脒	Sulfaguanidine			不得检出	DB33/T 746
522	菜草畏	Sulfallate			不得检出	GB/T 23207
523	磺胺甲嘧啶	Sulfamerazine			不得检出	农业部 1077 号公告 -1
524	磺胺甲噻二唑	Sulfamethizole			不得检出	SN/T 3155
525	新诺明	Sulfamethoxazole			不得检出	GB 29694
526	磺胺对甲氧嘧啶	Sulfamethoxydiazine			不得检出	GB/T 21316
527	磺胺甲氧哒嗪	Sulfamethoxypyridazine			不得检出	GB/T 21316
528	磺胺间甲氧嘧啶	Sulfamonomethoxine			不得检出	GB 29694
529	磺胺吡啶	Sulfapyridine			不得检出	GB/T 21316
530	磺胺噻唑	Sulfathiazole			不得检出	GB/T 21316
531	磺胺喹噁啉	Sulfchinoxalin			不得检出	GB/T 21316
532	磺胺二甲异嘧啶	Sulfisimidin			不得检出	农业部 1077 号公告 -1
533	磺胺间二甲氧嘧啶	Sulfisomidin			不得检出	GB/T 21316
534	磺磺胺二甲异噁唑	Sulfisoxazole			不得检出	农业部 1077 号公告 -1
535	治螟磷	Sulfotep			不得检出	GB/T 23207
536	硫丙磷	Sulprofos			不得检出	GB/T 23207
537	苯噻硫氰	TCMTB			不得检出	GB/T 23207
538	戊唑醇	Tebuconazole			不得检出	GB/T 23207
539	吡螨胺	Tebufenpyrad			不得检出	GB/T 23207
540	丁基嘧啶磷	Tebupirimfos			不得检出	GB/T 23207
541	牧草胺	Tebutam			不得检出	GB/T 23207
542	丁噻隆	Tebuthiuron			不得检出	GB/T 23207
543	四氯硝基苯	Tecnazene			不得检出	GB/T 23207

序号	农兽药中文名	农兽药英文名	欧盟标准限量要求 μg/kg	国家标准限量要求 μg/kg	三安超有机食品标准	
					限量要求 μg/kg	检测方法
544	七氟菊酯	Tefluthrin			不得检出	GB/T 23207
545	特草灵	Terbucarb			不得检出	GB/T 23208
546	特丁硫磷	Terbufos			不得检出	GB/T 23207
547	特丁通	Terbumeton			不得检出	GB/T 23207
548	特丁津	Terbuthylazine			不得检出	GB/T 23207
549	特丁净	Terbutryn			不得检出	GB/T 23207
550	杀虫畏	Tetrachlorvinphos			不得检出	GB/T 23207
551	四氟醚唑	Tetraconazole			不得检出	GB/T 23207
552	三氯杀螨砜	Tetradifon			不得检出	GB/T 23207
553	胺菊酯	Tetramethirn			不得检出	GB/T 23207
554	杀螨氯硫	Tetrasul			不得检出	GB/T 23207
555	河豚毒素	Tetrodotoxin			不得检出	GB/T 23217
556	噻吩草胺	Thenylchlor			不得检出	GB/T 23207
557	噻菌灵	Thiabendazole			不得检出	GB/T 23207
558	噻虫嗪	Thiamethoxam			不得检出	GB/T 23207
559	噻唑烟酸	Thiazopyr			不得检出	GB/T 23207
560	禾草丹	Thiobencarb			不得检出	GB/T 23207
561	甲基乙拌磷	Thiometon			不得检出	GB/T 23207
562	虫线磷	Thionazin			不得检出	GB/T 23207
563	甲基立枯磷	Tolclofos - methyl			不得检出	GB/T 23207
564	甲苯氟磺胺	Tolylfluanid			不得检出	GB/T 23207
565	毒杀芬	Toxaphene			不得检出	SN/T 0502
566	三甲苯草酮	Tralkoxydim			不得检出	GB/T 23207
567	四溴菊酯	Tralomethrin			不得检出	SN/T 2320
568	反式 - 氯丹	*trans* - Chlordane			不得检出	GB/T 23207
569	反式 - 燕麦敌	*trans* - Diallate			不得检出	GB/T 23207
570	四氟苯菊酯	Transfluthrin			不得检出	GB/T 23207
571	反式九氯	*trans* - Nonachlor			不得检出	GB/T 23207
572	反式 - 氯菊酯	*trans* - Permethrin			不得检出	GB/T 23207
573	群勃龙	Trenbolone			不得检出	GB/T 21981
574	三唑酮	Triadimefon			不得检出	GB/T 23207
575	三唑醇 - 1	Triadimenol - 1			不得检出	GB/T 23207
576	三唑醇 - 2	Triadimenol - 2			不得检出	GB/T 23207
577	野麦畏	Triallate			不得检出	GB/T 23207
578	三唑磷	Triazophos			不得检出	GB/T 23207
579	苯磺隆	Tribenuron - methyl			不得检出	GB/T 23207
580	毒壤磷	Trichloronate			不得检出	GB/T 23207
581	敌百虫	Trichlorphon			不得检出	GB/T 23208
582	三环唑	Tricyclazole			不得检出	GB/T 23207

序号	农兽药中文名	农兽药英文名	欧盟标准限量要求 μg/kg	国家标准限量要求 μg/kg	三安超有机食品标准	
					限量要求 μg/kg	检测方法
583	灭草环	Tridiphane			不得检出	GB/T 23207
584	草达津	Trietazine			不得检出	GB/T 23207
585	肟菌酯	Trifloxystrobin			不得检出	GB/T 23207
586	氟乐灵	Trifluralin			不得检出	GB/T 23207
587	三正丁基磷酸盐	Tri - *n* - butyl phosphate			不得检出	GB/T 23207
588	三苯基磷酸盐	Triphenyl phosphate			不得检出	GB/T 23207
589	灭草敌	Vernolate			不得检出	GB/T 23207
590	乙烯菌核利	Vinclozolin			不得检出	GB/T 23207
591	杀鼠灵	War farin			不得检出	GB/T 23208
592	灭除威	XMC			不得检出	GB/T 23207
593	玉米赤霉醇	Zearalanol			不得检出	GB/T 22963
594	玉米赤霉酮	Zearalanone			不得检出	GB/T 22963
595	苯酰菌胺	Zoxamide			不得检出	GB/T 23207

附录一　检测项目中英文对照

序号	农兽药中文名	农兽药英文名
1	1,1-二氯-2,2-二(4-乙苯)乙烷	1,1-Dichloro-2,2-bis(4-ethylphenyl)ethane
2	1,2-二溴乙烷	1,2-Dibromoethane
3	1,2-二氯乙烷	1,2-Dichloroethane
4	1,3-二氯丙烯	1,3-Dichloropropene
5	1-甲基环丙烯	1-Methylcyclopropene
6	1-萘乙酰胺	1-Naphthylacetamide
7	1-萘乙酸	1-Naphthylacetic acid
8	茅草枯	2,2-DPA
9	2,3,4,5-四氯苯胺	2,3,4,5-Tetrachloraniline
10	2,3,4,5-四氯甲氧基苯	2,3,4,5-Tetrachloroanisole
11	2,3,5,6-四氯苯胺	2,3,5,6-Tetrachloroaniline
12	2,4-滴丁酸	2,4-DB
13	2,4,5-涕	2,4,5-T
14	2,4-滴	2,4-D
15	o,p′-滴滴滴	2,4′-DDD
16	o,p′-滴滴伊	2,4′-DDE
17	o,p′-滴滴涕	2,4′-DDT
18	2,6-二氯苯甲酰胺	2,6-Dichlorobenzamide
19	2-苯酚	2-Phenylphenol
20	3,4,5-混杀威	3,4,5-Trimethacarb
21	3,5-二氯苯胺	3,5-Dichloroaniline
22	呋喃唑酮(代谢物 AOZ)	3-Amino-2-oxalidinone,AOZ
23	*p,p′*-滴滴滴	4,4′-DDD
24	*p,p′*-滴滴伊	4,4′-DDE
25	*p,p′*-滴滴涕	4,4′-DDT
26	4,4′-二溴二苯甲酮	4,4′-Dibromobenzophenone
27	4,4-二氯二苯甲酮	4,4′-Dichlorobenzophenone
28	4-氨基吡啶	4-Aminopyidme
29	对氯苯氧乙酸	4-CPA
30	呋喃它酮(代谢物 AMOZ)	5-Morpholinomethyl-3-amino-2-oxalidinone,AMOZ
31	6-氯-4-羟基-3-苯基哒嗪	6-Chloro-4-hydroxy-3-phenyl-pyridazin
32	阿维菌素	Abamectin
33	二氢苊	Acenaphthene
34	乙酰甲胺磷	Acephate
35	乙酰丙嗪	Acepromazine
36	灭螨醌	Acequinocyl

序号	农兽药中文名	农兽药英文名
37	啶虫脒	Acetamiprid
38	乙草胺	Acetochlor
39	苯并噻二唑	Acibenzolar - *S* - methyl
40	三氟羧草醚	Acifluorfen
41	苯草醚	Aclonifen
42	氟丙菊酯	Acrinathrin
43	丙烯酰胺	Acrylamide
44	1 - 氨基 - 2 - 乙内酰脲	AHD
45	甲草胺	Alachlor
46	棉铃威	Alanycarb
47	阿苯达唑	Albendazole
48	氧阿苯达唑	Albendazole oxide
49	涕灭威	Aldicarb
50	涕灭威砜	Aldicarb sulfone
51	4 - 十二烷基 - 2,6 - 二甲基吗啉	Aldimorph
52	涕灭砜威	Aldoxycarb
53	艾氏剂和狄氏剂	Aldrin and dieldrin
54	烯丙菊酯	Allethrin
55	二丙烯草胺	Allidochlor
56	禾草灭	Alloxydim - sodium
57	顺式 - 氯氰菊酯	Alpha - cypermethrin
58	烯丙孕素	Altrenogest
59	磷化铝	Aluminium phosphide
60	—	Ametoctradin
61	莠灭净	Ametryn
62	赛硫磷	Amidithion
63	酰嘧磺隆	Amidosulfuron
64	灭害威	Aminocarb
65	氯氨吡啶酸	Aminopyralid
66	—	Amisulbrom
67	双甲脒	Amitraz
68	杀草强	Amitrole
69	阿莫西林	Amoxicillin
70	5 - 吗啉甲基 - 3 - 氨基 - 2 - 噁唑烷基酮	AMOZ
71	氨苄青霉素	Ampicillin
72	氨丙嘧吡啶	Amprolium
73	敌菌灵	Anilazine
74	莎稗磷	Anilofos
75	蒽醌	Anthraquinone
76	3 - 氨基 - 2 - 噁唑酮	AOZ
77	安普霉素	Apramycin

序号	农兽药中文名	农兽药英文名
78	杀螨特	Aramite
79	丙硫特普	Aspon
80	羟氨卡青霉素	Aspoxicillin
81	磺草灵	Asulam
82	乙基杀扑磷	Athidathion
83	莠去通	Atratone
84	莠去津	Atrazine
85	脱乙基阿特拉津	Atrazine – desethyl
86	戊环唑	Azaconazole
87	印楝素	Azadirachtin
88	甲基吡噁磷	Azamethiphos
89	氮哌酮	Azaperone
90	四唑嘧磺隆	Azimsulfuron
91	益棉磷	Azinphos – ethyl
92	保棉磷	Azinphos – methyl
93	叠氮津	Aziprotryne
94	三唑锡和三环锡	Azocyclotin and cyhexatin
95	嘧菌酯	Azoxystrobin
96	杆菌肽	Bacitracin
97	巴喹普林	Baquiloprim
98	燕麦灵	Barban
99	4 – 溴 – 3,5 – 二甲苯基 – *N* – 甲基氨基甲酸酯 – 1	BDMC – 1
100	4 – 溴 – 3,5 – 二甲苯基 – *N* – 甲基氨基甲酸酯 – 2	BDMC – 2
101	倍氯米松	Beclomethasone
102	氟丁酰草胺	Beflubutamid
103	苯霜灵	Benalaxyl
104	噁虫威	Bendiocarb
105	乙丁氟灵	Benfluralin
106	丙硫克百威	Benfuracarb
107	甲基丙硫克百威	Benfuracarb – methyl
108	呋草黄	Benfuresate
109	麦锈灵	Benodanil
110	苯菌灵	Benomyl
111	解草酮	Benoxacor
112	苄嘧磺隆	Bensulfuron – methyl
113	地散磷	Bensulide
114	灭草松	Bentazone
115	苯噻菌胺	Benthiavalicarb
116	吡草酮	Benzofenap

序号	农兽药中文名	农兽药英文名
117	苯螨特	Benzoximate
118	新燕灵	Benzoylprop – ethyl
119	苄青霉素	Benzyl pencillin
120	苄基腺嘌呤	Benzyladenine
121	倍他米松	Betamethasone
122	联苯肼酯	Bifenazate
123	甲羧除草醚	Bifenox
124	联苯菊酯	Bifenthrin
125	乐杀螨	Binapacryl
126	生物烯丙菊酯 – 1	Bioallethrin – 1
127	生物烯丙菊酯 – 2	Bioallethrin – 2
128	生物苄呋菊酯	Bioresmethrin
129	联苯	Biphenyl
130	双草醚	Bispyribac – sodium
131	杀虫双	Bisultap thiosultap – disodium
132	联苯三唑醇	Bitertanol
133	—	Bixafen
134	啶酰菌胺	Boscalid
135	除草定	Bromacil
136	溴苯烯磷	Bromfenvinfos
137	溴离子	Bromide ion
138	溴丁酰草胺	Bromobutide
139	溴烯杀	Bromocylen
140	溴硫磷	Bromofos
141	乙基溴硫磷	Bromophos – ethyl
142	溴螨酯	Bromopropylate
143	溴苯腈	Bromoxynil
144	溴莠敏	Brompyrazon
145	糠菌唑	Bromuconazole
146	糠菌唑 – 1	Bromuconazole – 1
147	糠菌唑 – 2	Bromuconazole – 2
148	乙嘧酚磺酸酯	Bupirimate
149	噻嗪酮	Buprofezin
150	丁草胺	Butachlor
151	氟丙嘧草酯	Butafenacil
152	抑草磷	Butamifos
153	丁酮威	Butocarboxim
154	丁酮砜威	Butoxycarboxim
155	仲丁灵	Butralin
156	播土隆	Buturon
157	丁草敌	Butylate

序号	农兽药中文名	农兽药英文名
158	硫线磷	Cadusafos
159	头孢匹林	Cafapirin
160	苯酮唑	Cafenstrole
161	噻苯咪唑酯	Cambendazole
162	毒杀芬	Camphechlor
163	角黄素	Canthaxanthin
164	敌菌丹	Captafol
165	克菌丹	Captan
166	咔唑心安	Carazolol
167	卡巴氧	Carbadox
168	甲萘威	Carbaryl
169	多菌灵和苯菌灵	Carbendazim and benomyl
170	长杀草	Carbetamide
171	克百威	Carbofuran
172	四氯化碳	Carbon tetrachloride
173	三硫磷	Carbophenothion
174	丁硫克百威	Carbosulfan
175	萎锈灵	Carboxin
176	唑草酮	Carfentrazone - ethyl
177	卡洛芬	Carprofen
178	环丙酰菌胺	Carpropamid
179	杀螟丹	Cartap
180	头孢乙腈	Cefacetrile
181	头孢氨苄	Cefalexin
182	头孢洛宁	Cefalonium
183	头孢唑啉	Cefazolin
184	头孢呱酮	Cefoperazone
185	头孢喹肟	Cefquinome
186	头孢噻呋	Ceftiofur
187	灭螨猛	Chinomethionat
188	杀螨酯	Chlirfenson
189	氯霉素	Chloramphenicolum
190	氯虫苯甲酰胺	Chlorantraniliprole
191	氯草灵	Chlorbefam
192	杀螨醚	Chlorbenside
193	氯杀螨砜	Chlorbenside sulfone
194	灭幼脲	Chlorbenzuron
195	氯溴隆	Chlorbromuron
196	氯炔灵	Chlorbufam
197	氯丹	Chlordane
198	顺式-氯丹	Chlordane - *cis*

序号	农兽药中文名	农兽药英文名
199	反式－氯丹	Chlordane – *trans*
200	十氯酮	Chlordecone
201	杀虫脒	Chlordimeform
202	杀虫脒盐酸盐	Chlordimeform hydrochloride
203	氯氧磷	Chlorethoxyfos
204	溴虫腈	Chlorfenapyr
205	杀螨醇	Chlorfenethol
206	燕麦酯	Chlorfenprop – methyl
207	杀螨酯	Chlorfenson
208	毒虫畏	Chlorfenvinphos
209	氟啶脲	Chlorfluazuron
210	整形醇	Chlorflurenol
211	氯草敏	Chloridazon
212	氯嘧磺隆	Chlorimuron – ethyl
213	氯地孕酮	Chlormadinone
214	醋酸氯地孕酮	Chlormadinone acetate
215	氯甲硫磷	Chlormephos
216	矮壮素	Chlormequat
217	乙酯杀螨醇	Chlorobenzilate
218	氯苯甲醚	Chloroneb
219	氯化苦	Chloropicrin
220	丙酯杀螨醇	Chloropropylate
221	百菌清	Chlorothalonil
222	绿麦隆	Chlortoluron
223	枯草隆	Chloroxuron
224	溴虫清	Chlorphenapyr
225	氯辛硫磷	Chlorphoxim
226	氯丙嗪	Chlorpromazine
227	氯苯胺灵	Chlorpropham
228	毒死蜱	Chlorpyrifos
229	甲基毒死蜱	Chlorpyrifos – methyl
230	氯磺隆	Chlorsulfuron
231	金霉素	Chlortetracycline
232	氯酞酸甲酯	Chlorthaldimethyl
233	氯硫酰草胺	Chlorthiamid
234	氯硫磷	Chlorthion
235	虫螨磷	Chlorthiophos
236	乙菌利	Chlozolinate
237	环虫酰肼	Chromafenozide
238	苯并菲	Chrysene
239	吲哚酮草酯	Cinidon – ethyl

序号	农兽药中文名	农兽药英文名
240	环庚草醚	Cinmethylin
241	醚磺隆	Cinosulfuron
242	环丙沙星	Ciprofloxacin
243	四氢邻苯二甲酰亚胺	*cis* – 1,2,3,6 – Tetrahydrophthalimide
244	顺式 – 燕麦敌	*cis* – Diallate
245	克拉维酸	Clavulanic acid
246	克仑特罗	Clenbuterol
247	盐酸克仑特罗	Clenbuterol hydrochloride
248	烯草酮	Clethodim
249	克林霉素	Clindamycin
250	游离炔草酸	Clodinafop
251	炔草酸	Clodinafop acid
252	炔草酯	Clodinafop – propargyl
253	四螨嗪	Clofentezine
254	异噁草酮	Clomazone
255	氯甲酰草胺	Clomeprop
256	氯羟吡啶	Clopidol
257	调果酸	Cloprop
258	二氯吡啶酸	Clopyralid
259	解草酯	Cloquintocet – mexyl
260	氯舒隆	Clorsulon
261	氯氰碘柳胺	Closantel
262	噻虫胺	Clothianidin
263	邻氯青霉素	Cloxacillin
264	黏菌素	Colistin
265	铜化合物	Copper compounds
266	对酞酸酮	Copper terephalate
267	可的松	Cortisone
268	蝇毒磷	Coumaphos
269	杀鼠醚	Coumatetralyl
270	结晶紫	Cpystal violet
271	鼠立死	Crimidine
272	巴毒磷	Crotxyphos
273	育畜磷	Crufomate
274	可灭隆	Cumyluron
275	单氰胺	Cyanamide
276	氰草津	Cyanazine
277	苯腈磷	Cyanofenphos
278	杀螟腈	Cyanophos
279	氰霜唑	Cyazofamid
280	环烷基酰苯胺	Cyclanilide

序号	农兽药中文名	农兽药英文名
281	环草敌	Cycloate
282	拟除虫菊酯	Cycloprothrin
283	环丙嘧磺隆	Cyclosulfamuron
284	噻草酮	Cycloxydim
285	环莠隆	Cycluron
286	环氟菌胺	Cyflufenamid
287	丁氟螨酯	Cyflumetofen
288	氟氯氰菊酯和高效氟氯氰菊酯	Cyfluthrin and beta - cyfluthrin
289	氰氟草酯	Cyhalofop - butyl
290	氯氟氰菊酯和高效氯氟氰菊酯	Cyhalothrin and lambda - cyhalothrin
291	三环锡	Cyhexatin
292	霜脲氰	Cymoxanil
293	氯氰菊酯和高效氯氰菊酯	Cypermethrin and beta - cypermethrin
294	苯醚氰菊酯	Cyphenothrin
295	环丙津	Cyprazine
296	环丙唑醇	Cyproconazole
297	嘧菌环胺	Cyprodinil
298	灭蝇胺	Cyromazine
299	畜蜱磷	Cythioate
300	敌草索	Dacthal
301	杀草隆	Daimuron
302	丁酰肼	Daminozide
303	达氟沙星	Danofloxacin
304	棉隆	Dazomet
305	胺磺铜	DBEDC
306	二氯异丙醚	DCIP
307	滴滴涕	DDT
308	癸氧喹酯	Decoquinate
309	脱叶磷	DEF
310	溴氰菊酯	Deltamethrin
311	内吸磷	Demeton
312	甲基内吸磷	Demeton - *s* - methyl
313	砜吸磷	Demeton - *s* - methyl sulfone
314	砜吸磷亚砜	Demeton - *s* - methyl sulfoxide
315	2,2,'4,5,5' - 五氯联苯	DE - PCB 101
316	2,3,4,4',5 - 五氯联苯	DE - PCB 118
317	2,2',3,4,4',5 - 六氯联苯	DE - PCB 138
318	2,2',4,4',5,5' - 六氯联苯	DE - PCB 153
319	2,2',3,4,4',5,5' - 七氯联苯	DE - PCB 180
320	2,4,4' - 三氯联苯	DE - PCB 28
321	2,4,5 - 三氯联苯	DE - PCB 31

序号	农兽药中文名	农兽药英文名
322	2,2′,5,5′-四氯联苯	DE - PCB 52
323	脱溴溴苯磷	Desbrom - leptophos
324	脱乙基另丁津	Desethyl - sebuthylazine
325	脱异丙基莠去津	Desisopropyl - atrazine
326	甜菜安	Desmedipham
327	敌草净	Desmetryn
328	地塞米松	Dexamethasone
329	丁醚脲	Diafenthiuron
330	氯亚胺硫磷	Dialifos
331	燕麦敌	Diallate
332	敌菌净	Diaveridine
333	二嗪磷	Diazinon
334	驱虫特	Dibutyl succinate
335	麦草畏	Dicamba
336	异氯磷	Dicapthon
337	敌草腈	Dichlobenil
338	除线磷	Dichlofenthion
339	苯氟磺胺	Dichlofluanid
340	氯硝胺	Dicloran
341	烯丙酰草胺	Dichlormid
342	滴丙酸	Dichlorprop
343	敌敌畏	Dichlorvos
344	苄氯三唑醇	Diclobutrazole
345	双氯高灭酸	Diclofenac
346	二氯苯氧基丙酸	Diclofop
347	禾草灵	Diclofop - methyl
348	双氯青霉素	Dicloxacillin
349	三氯杀螨醇	Dicofol
350	百治磷	Dicrotophos
351	双烯雌酚	Dienoestrol
352	乙霉威	Diethofencarb
353	己烯雌酚	Diethylstilbestrol
354	避蚊胺	Diethyltoluamide
355	苯醚甲环唑	Difenoconazole
356	枯莠隆	Difenoxuron
357	野燕枯	Difenzoquat
358	双氟沙星	Difloxacin
359	除虫脲	Diflubenzuron
360	吡氟酰草胺	Diflufenican
361	二氢链霉素	Dihydro - streptomycin
362	甲氟磷	Dimefox

序号	农兽药中文名	农兽药英文名
363	噁唑隆	Dimefuron
364	哌草丹	Dimepiperate
365	油菜安	Dimethachlor
366	异戊乙净	Dimethametryn
367	二甲酚草胺	Dimethenamid
368	噻节因	Dimethipin
369	甲菌定	Dimethirimol
370	乐果	Dimethoate
371	烯酰吗啉	Dimethomorph
372	避蚊酯	Dimethyl phthalate
373	甲基毒虫畏	Dimethylvinphos
374	地美硝唑	Dimetridazole
375	醚菌胺	Dimoxystrobin
376	油菜安	Dinethachlor
377	烯唑醇	Diniconazole
378	二硝托安	Dinitolmide
379	氨氟灵	Dinitramine
380	消螨通	Dinobuton
381	敌螨普	Dinocap
382	地乐酚	Dinoseb
383	地乐酯	Dinoseb acetate
384	呋虫胺	Dinotefuran
385	特乐酚	Dinoterb
386	苯虫醚 -1	Diofenolan -1
387	苯虫醚 -2	Diofenolan -2
388	蔬果磷	Dioxabenzofos
389	二氧威	Dioxacarb
390	敌噁磷	Dioxathion
391	双苯酰草胺	Diphenamid
392	二苯胺	Diphenylamine
393	异丙净	Dipropetryn
394	敌草快	Diquat
395	乙拌磷	Disulfoton
396	乙拌磷砜	Disulfoton sulfone
397	乙拌磷亚砜	Disulfoton - sulfoxide
398	灭菌磷	Ditalimfos
399	二氰蒽醌	Dithianon
400	二硫代氨基甲酸酯	Dithiocarbamates
401	氟硫草定	Dithiopyr
402	敌草隆	Diuron
403	二硝甲酚	DNOC

序号	农兽药中文名	农兽药英文名
404	十二环吗啉	Dodemorph
405	多果定	Dodine
406	多拉菌素	Doramectin
407	强力霉素	Doxycycline
408	敌瘟磷	Edifenphos
409	依马菌素	Emamectin
410	甲氨基阿维菌素苯甲酸盐	Emamectin benzoate
411	硫丹	Endosulfan
412	硫丹 - 1	Endosulfan - 1
413	硫丹 - 2	Endosulfan - 2
414	硫丹硫酸盐	Endosulfan - sulfate
415	草藻灭	Endothal
416	异狄氏剂	Endrin
417	异狄氏剂醛	Endrin aldehyde
418	异狄氏剂酮	Endrin ketone
419	依诺沙星	Enoxaxin
420	恩诺沙星	Enrofloxacin
421	苯硫磷	EPN
422	氟环唑	Epoxiconazole
423	氟环唑 - 1	Epoxiconazole - 1
424	氟环唑 - 2	Epoxiconazole - 2
425	埃普利诺菌素	Eprinomectin
426	茵草敌	EPTC
427	抑草蓬	Erbon
428	红霉素	Erythromycin
429	*S* - 氰戊菊酯	Esfenvalerate
430	戊草丹	Esprocarb
431	乙环唑	Etaconazole
432	乙环唑 - 1	Etaconazole - 1
433	乙环唑 - 2	Etaconazole - 2
434	乙丁烯氟灵	Ethalfluralin
435	胺苯磺隆	Ethametsulfuron
436	二溴乙烷	Ethane dibromide
437	乙烯利	Ethephon
438	磺噻隆	Ethidimuron
439	乙硫苯威	Ethiofencarb
440	乙硫苯威亚砜	Ethiofencarb - sulfoxide
441	乙硫磷	Ethion
442	乙虫腈	Ethiprole
443	乙嘧酚	Ethirimol
444	乙氧呋草黄	Ethofumesate

序号	农兽药中文名	农兽药英文名
445	灭线磷	Ethoprophos
446	乙氧喹啉	Ethoxyquin
447	乙氧磺隆	Ethoxysulfuron
448	吲熟酯	Ethychlozate
449	环氧乙烷	Ethylene oxide
450	乙撑硫脲	Ethylenethiourea
451	乙氧苯草胺	Etobenzanid
452	醚菊酯	Etofenprox
453	乙螨唑	Etoxazole
454	氯唑灵	Etridiazole
455	乙嘧硫磷	Etrimfos
456	氧乙嘧硫磷	Etrimfos oxon
457	噁唑菌酮	Famoxadone
458	伐灭磷	Famphur
459	苯硫氨酯	Febantel
460	咪唑菌酮	Fenamidone
461	敌磺钠	Fenaminosulf
462	苯线磷	Fenamiphos
463	苯线磷亚砜	Fenamiphos sulfoxide
464	苯线磷砜	Fenamiphos – sulfone
465	氯苯嘧啶醇	Fenarimol
466	喹螨醚	Fenazaquin
467	苯硫苯咪唑	Fenbendazole
468	腈苯唑	Fenbuconazole
469	苯丁锡	Fenbutatin oxide
470	皮蝇磷	Fenchlorphos
471	氧皮蝇磷	Fenchlorphos oxon
472	甲呋酰胺	Fenfuram
473	环酰菌胺	Fenhexamid
474	杀螟硫磷	Fenitrothion
475	仲丁威	Fenobucarb
476	涕丙酸	Fenoprop
477	苯硫威	Fenothiocarb
478	稻瘟酰胺	Fenoxanil
479	噁唑禾草灵	Fenoxaprop – ethyl
480	精噁唑禾草灵	Fenoxaprop – *P* – ethyl
481	双氧威	Fenoxycarb
482	拌种咯	Fenpiclonil
483	甲氰菊酯	Fenpropathrin
484	苯锈啶	Fenpropidin
485	丁苯吗啉	Fenpropimorph

序号	农兽药中文名	农兽药英文名
486	胺苯吡菌酮	Fenpyrazamine
487	唑螨酯	Fenpyroximate
488	芬螨酯	Fenson
489	丰索磷	Fensulfothion
490	倍硫磷	Fenthion
491	氧倍硫磷	Fenthion oxon
492	倍硫磷砜	Fenthion sulfone
493	倍硫磷亚砜	Fenthion sulfoxide
494	三苯锡	Fentin
495	薯瘟锡	Fentin acetate
496	三苯基氢氧化锡	Fentin hydroxide
497	氯化薯瘟锡	Fentin – chloride
498	四唑酰草胺	Fentrazamide
499	非草隆	Fenuron
500	氰戊菊酯和 *S* – 氰戊菊酯	Fenvalerate and esfenvalerate
501	氰戊菊酯和高效氰戊菊酯（RR & SS 异构体总量）	Fenvalerate and esfenvalerate (sum of RR & SS isomers)
502	氰戊菊酯和高效氰戊菊酯（RS & SR 异构体总量）	Fenvalerate and esfenvalerate (sum of RS & SR isomers)
503	氰戊菊酯 – 1	Fenvalerate – 1
504	氰戊菊酯 – 2	Fenvalerate – 2
505	氟虫腈	Fipronil
506	麦草氟异丙酯	Flamprop – isopropyl
507	麦草氟甲酯	Flamprop – methyl
508	嘧啶磺隆	Flazasulfuron
509	氟罗沙星	Fleroxaxin
510	氟啶虫酰胺	Flonicamid
511	双氟磺草胺	Florasulam
512	氟苯尼考	Florfenicol
513	吡氟禾草灵	Fluazifop – butyl
514	精吡氟禾草灵	Fluazifop – *P* – butyl
515	氟啶胺	Fluazinam
516	啶蜱脲	Fluazuron
517	氟苯咪唑	Flubendazole
518	氟苯虫酰胺	Flubendiamide
519	咪唑螨	Flubenzimine
520	氟唑磺隆	Flucarbazone – sodium
521	氯乙氟灵	Fluchloralin
522	氟环脲	Flucycloxuron
523	氟氰戊菊酯	Flucythrinate
524	氟氰戊菊酯 – 1	Flucythrinate – 1

序号	农兽药中文名	农兽药英文名
525	氟氰戊菊酯-2	Flucythrinate - 2
526	咯菌腈	Fludioxonil
527	醋酸氟氢可的松	Fludrocorttsone acetate
528	氟噻草胺	Flufenacet
529	氟虫脲	Flufenoxuron
530	—	Flufenzin
531	氟甲喹	Flumequin
532	氟氯苯氰菊酯	Flumethrin
533	氟节胺	Flumetralin
534	唑嘧磺草胺	Flumetsulam
535	氟烯草酸	Flumiclorac
536	丙炔氟草胺	Flumioxazin
537	氟吗啉	Flumorph
538	氟胺烟酸	Flunixin
539	伏草隆	Fluometuron
540	氟吡菌胺	Fluopicolide
541	—	Fluopyram
542	氟离子	Fluoride ion
543	氟啶草酮	Fluridone
544	氟咯草酮	Fluorochloridone
545	三氟硝草醚	Fluorodifen
546	乙羧氟草醚	Fluoroglycofen - ethyl
547	三氟苯唑	Fluotrimazole
548	氟腈嘧菌酯	Fluoxastrobin
549	氟啶嘧磺隆	Flupyrsulfuron - methyl
550	氟喹唑	Fluquinconazole
551	氟草烟-1-甲庚酯	Fluroxypr - 1 - methylheptyl ester
552	氟草烟	Fluroxypyr
553	氯氟吡氧乙酸和氯氟吡氧乙酸异辛酯	Fluroxypyr and fluroxypyr - methyl
554	—	Flurprimidole
555	呋草酮	Flurtamone
556	氟硅唑	Flusilazole
557	磺菌胺	Flusulfamide
558	氟噻乙草酯	Fluthiacet - methyl
559	氟酰胺	Flutolanil
560	粉唑醇	Flutriafol
561	—	Fluxapyroxad
562	灭菌丹	Folpet
563	氟磺胺草醚	Fomesafen
564	地虫硫磷	Fonofos
565	甲酰氨基嘧磺隆	Foramsulfuron

序号	农兽药中文名	农兽药英文名
566	氯吡脲	Forchlorfenuron
567	伐虫脒	Formetanate
568	安果	Formothion
569	三乙膦酸铝	Fosetyl – aluminium
570	噻唑磷	Fosthiazate
571	麦穗宁	Fuberidazole
572	呋霜灵	Furalaxyl
573	呋喃他酮	Furaltadone
574	呋线威	Furathiocarb
575	呋喃唑酮	Furazolidone
576	糠醛	Furfural
577	茂谷乐	Furmecyclox
578	加米霉素	Gamithromycin
579	精高效氨氟氰菊酯 – 1	Goamma – cyhalothrin – 1
580	精高效氨氟氰菊酯 – 2	Gamma – cyhalothrin – 2
581	庆大霉素	Gentamicin
582	勃激素	Gibberellic acid
583	赤霉素	Gibberellin
584	草胺膦	Glufosinate – ammonium
585	草甘膦	Glyphosate
586	双胍盐	Guazatine
587	苄螨醚	Halfenprox
588	常山酮	Halofuginone
589	氟哌啶醇	Haloperidol
590	氯吡嘧磺隆	Halosulfuron – methyl
591	氟吡禾灵	Haloxyfop
592	氟吡乙禾灵	Haloxyfop – 2 – ethoxy – ethyl
593	氟吡甲禾灵和高效氟吡甲禾灵	Haloxyfop – methyl and haloxyfop – *P* – methyl
594	七氯	Heptachlor
595	庚烯磷	Heptanophos
596	六氯苯	Hexachlorobenzene
597	六六六(HCH),所有异构体总量,γ – 异构体除外	Hexachlorociclohexane (HCH), sum of isomers, except the gamma isomer
598	己唑醇	Hexaconazole
599	氟铃脲	Hexaflumuron
600	环嗪酮	Hexazinone
601	己烷雌酚	Hexestrol
602	噻螨酮	Hexythiazox
603	伏蚁腙	Hydramethylnon
604	氢化可的松	Hydrocortisone
605	氢氰酸	Hydrogen cyanide

序号	农兽药中文名	农兽药英文名
606	磷化氢	Hydrogen phosphide
607	噁霉灵	Hymexazol
608	抑霉唑	Imazalil
609	咪草酸	Imazamethabenz - methyl
610	甲基咪草酯	Imazamethabenz - methyl
611	甲氧咪草烟	Imazamox
612	甲咪唑烟酸	Imazapic
613	咪唑喹啉酸	Imazaquin
614	咪唑乙烟酸	Imazethapyr
615	咪唑磺隆	Imazosulfuron
616	亚胺唑	Imibenconazole
617	脱苯甲基亚胺唑	Imibenconazole - *des* - benzyl
618	吡虫啉	Imidacloprid
619	双咪苯脲	Imidocarb
620	双胍辛胺	Iminoctadine
621	双胍三辛烷基苯磺酸盐	Iminoctadinetris(Albesilate)
622	炔咪菊酯 - 1	Imiprothrin - 1
623	炔咪菊酯 - 2	Imiprothrin - 2
624	抗倒胺	Inabenfide
625	茚草酮	Indanofan
626	茚虫威	Indoxacarb
627	碘硫磷	Iodofenphos
628	甲基碘磺隆	Iodosulfuron - methyl
629	碘甲磺隆钠	Iodusulfuron - methyl - sodium
630	碘苯腈	Ioxynil
631	种菌唑	Ipconazole
632	异稻瘟净	Iprobenfos
633	异菌脲	Iprodione
634	缬霉威	Iprovalicarb
635	缬霉威 - 1	Iprovalicarb - 1
636	缬霉威 - 2	Iprovalicarb - 2
637	氯唑磷	Isazofos
638	碳氯灵	Isobenzan
639	丁咪酰胺	Isocarbamid
640	水胺硫磷	Isocarbophos
641	异艾氏剂	Isodrin
642	异丁香酚	Isoeugenol
643	异柳磷	Isofenphos
644	氧异柳磷	Isofenphos oxon
645	甲基异柳磷	Isofenphos - methyl
646	氮氨菲啶	Isometamidium

序号	农兽药中文名	农兽药英文名
647	丁嗪草酮	Isomethiozin
648	异丙威	Isoprocarb
649	异丙威-1	Isoprocarb-1
650	异丙威-2	Isoprocarb-2
651	异丙乐灵	Isopropalin
652	稻瘟灵	Isoprothiolane
653	异丙隆	Isoproturon
654	—	Isopyrazam
655	异噁隆	Isouron
656	异噁酰草胺	Isoxaben
657	双苯噁唑酸	Isoxadifen-ethyl
658	异噁氟草	Isoxaflutole
659	噁唑磷	Isoxathion
660	依维菌素	Ivermectin
661	交沙霉素	Josamycin
662	噻嗯菊酯	Kadethrin
663	卡那霉素	Kanamycin
664	克来范	Kelevan
665	吉他霉素	Kitasamycin
666	醚菌酯	Kresoxim-methyl
667	乳氟禾草灵	Lactofen
668	高效氯氟氰菊酯	Lambda-cyhalothrin
669	拉沙里菌素	Lasalocid
670	环草定	Lenacil
671	溴苯磷	Leptophos
672	左旋咪唑	Levamisole
673	林可霉素	Lincomycin
674	林丹	Lindane
675	利谷隆	Linuron
676	洛美沙星	Lomefloxacin
677	虱螨脲	Lufenuron
678	孔雀石绿	Malachite-green
679	马拉氧磷	Malaoxon
680	马拉硫磷	Malathion
681	抑芽丹	Maleic hydrazide
682	代森锰锌	Mancozeb
683	双炔酰菌胺	Mandipropamid
684	麻保沙星	Marbofloxacin
685	二甲四氯和二甲四氯丁酸	MCPA and MCPB
686	2-甲-4-氯丁氧乙基酯	MCPA-butoxyethyl ester
687	甲苯咪唑	Mebendazole

序号	农兽药中文名	农兽药英文名
688	灭蚜磷	Mecarbam
689	二甲四氯丙酸	Mecoprop
690	苯噻酰草胺	Mefenacet
691	吡唑解草酯	Mefenpyr - diethyl
692	醋酸甲地孕酮	Megestrol acetate
693	醋酸美仑孕酮	Melengestrol acetate
694	美洛昔康	Meloxicam
695	嘧菌胺	Mepanipyrim
696	地胺磷	Mephosfolan
697	壮棉素	Mepiquat chloride
698	灭锈胺	Mepronil
699	—	Meptyldinocap
700	汞化合物	Mercury compounds
701	甲基二磺隆	Mesosulfuron - methyl
702	硝磺草酮	Mesotrione
703	氰氟虫腙	Metaflumizone
704	甲霜灵和精甲霜灵	Metalaxyl and metalaxyl - M
705	四聚乙醛	Metaldehyde
706	威百亩	Metam - sodium
707	苯嗪草酮	Metamitron
708	安乃近	Metamizole
709	吡唑草胺	Metazachlor
710	叶菌唑	Metconazole
711	甲基苯噻隆	Methabenzthiazuron
712	虫螨畏	Methacrifos
713	酞酸二丁酯	Methacrifos dibutyl phthalate
714	甲胺磷	Methamidophos
715	呋菌胺	Methfuroxam
716	杀扑磷	Methidathion
717	甲硫威	Methiocarb
718	灭梭威砜	Methiocarb sulfone
719	溴谷隆	Methobromuron
720	异丙甲草胺和 *S* - 异丙甲草胺	Metolachlor and *S* - metolachlor
721	灭多威和硫双威	Methomyl and thiodicarb
722	烯虫酯	Methoprene
723	盖草津	Methoprotryne
724	甲醚菊酯	Methothrin
725	甲醚菊酯 - 1	Methothrin - 1
726	甲醚菊酯 - 2	Methothrin - 2
727	甲氧滴滴涕	Methoxychlor
728	甲氧虫酰肼	Methoxyfenozide

序号	农兽药中文名	农兽药英文名
729	溴甲烷	Methyl bromide
730	甲基异硫氰酸酯	Methyl isothiocyanate
731	甲基泼尼松龙	Methylprednisolone
732	甲基睾酮	Methyl - testosterone
733	溴谷隆	Metobromuron
734	甲氧氯普胺	Metoclopramide
735	速灭威	Metolcarb
736	苯氧菌胺	Metominsstrobin
737	苯氧菌胺 -1	Metominsstrobin - 1
738	苯氧菌胺 -2	Metominsstrobin - 2
739	磺草唑胺	Metosulam
740	甲氧隆	Metoxuron
741	苯菌酮	Metrafenone
742	代森联	Metriam
743	嗪草酮	Metribuzin
744	甲硝唑	Metronidazole
745	速灭磷	Mevinphos
746	兹克威	Mexacarbate
747	密灭汀	Milbemectin
748	灭蚁灵	Mirex
749	禾草敌	Molinate
750	庚酰草胺	Monalide
751	莫能菌素	Monensin
752	久效磷	Monocrotophos
753	绿谷隆	Monolinuron
754	灭草隆	Monuron
755	甲噻吩嘧啶	Morantel
756	莫西丁克	Moxidectin
757	合成麝香	Musk ambrecte
758	麝香酮	Musk ketone
759	麝香	Musk moskene
760	西藏麝香	Musk tibeten
761	二甲苯麝香	Musk xylene
762	腈菌唑	Myclobutanil
763	萘夫西林	Nafcillin
764	二溴磷	Naled
765	萘丙胺	Naproanilide
766	敌草胺	Napropamide
767	萘草胺	Naptalam
768	甲基盐霉素	Narasin
769	草不隆	Neburon

序号	农兽药中文名	农兽药英文名
770	新霉素	Neomycin
771	新霉素(包括 framycetin)	Neomycin(including framycetin)
772	尼托比明	Netobimin
773	烟嘧磺隆	Nicosulfuron
774	烟碱	Nicotine
775	烯啶虫胺	Nitenpyram
776	甲磺乐灵	Nitralin
777	三氯甲基吡啶	Nitrapyrin
778	除草醚	Nitrofen
779	呋喃妥因	Nitrofurantoin
780	呋喃西林	Nitrofuranzone
781	酞菌酯	Nitrothal - isopropyl
782	硝碘酚腈	Nitroxinil
783	诺氟沙星	Norfloxacin
784	氟草敏	Norflurazon
785	诺孕美特	Norgestomet
786	氟酰脲	Novaluron
787	新生霉素	Novobiocin
788	氟苯嘧啶醇	Nuarimol
789	八氯苯乙烯	Octachlorostyrene
790	氧氟沙星	Ofloxacin
791	呋酰胺	Ofurace
792	喹乙醇	Olaquindox
793	竹桃霉素	Oleandomycin
794	氧乐果	Omethoate
795	哒草伏	O - phenyphenol
796	奥比沙星	Orbifloxacin
797	嘧苯胺磺隆	Orthosulfamuron
798	氨磺乐灵	Oryzalin
799	解草腈	Oxabetrinil
800	苯唑青霉素	Oxacillin
801	丙炔噁草酮	Oxadiargyl
802	噁草酮	Oxadiazon
803	噁霜灵	Oxadixyl
804	杀线威	Oxamyl
805	环氧嘧磺隆	Oxasulfuron
806	奥芬达唑	Oxfendazole
807	丙氧苯咪唑	Oxibendazole
808	喹菌酮	Oxolinic acid
809	氧化萎锈灵	Oxycarboxin
810	氧化氯丹	Oxy - chlordane

序号	农兽药中文名	农兽药英文名
811	羟氯柳苯胺	Oxyclozanide
812	亚砜磷	Oxydemeton - methyl
813	乙氧氟草醚	Oxyfluorfen
814	土霉素	Oxytetracycline
815	多效唑	Paclobutrazol
816	甲基对氧磷	Paraoxon - methyl
817	百草枯	Paraquat
818	对硫磷	Parathion
819	甲基对硫磷	Parathion - methyl
820	巴龙霉素	Paromomycin
821	克草敌	Pebulate
822	培氟沙星	Pefloxacin
823	戊菌唑	Penconazole
824	戊菌隆	Pencycuron
825	二甲戊灵	Pendimethalin
826	喷沙西林	Penethamate
827	青霉素 G	Penicillin G
828	青霉素 V	Penicillin V
829	五氟磺草胺	Penoxsulam
830	五氯苯胺	Pentachloroaniline
831	五氯甲氧基苯	Pentachloroanisole
832	五氯苯	Pentachlorobenzene
833	五氯苯酚	Pentachlorophenol
834	氯菊酯	Permethrin
835	顺式-氯菊酯	Permethrin - *cis*
836	反式-氯菊酯	Permethrin - *trans*
837	乙滴涕	Perthane
838	乙酰胺	Pethoxamid
839	菲	Phenanthrene
840	芬硫磷	Phenkapton
841	甜菜宁	Phenmedipham
842	苯醚菊酯	Phenothrin
843	稻丰散	Phenthoate
844	伏杀硫磷	Phodalone
845	甲拌磷	Phorate
846	甲拌磷砜	Phorate sulfone
847	甲拌磷亚砜	Phorate sulfoxide
848	伏杀硫磷	Phosalone
849	硫环磷	Phosfolan
850	甲基硫环磷	Phosfolan - methyl
851	亚胺硫磷	Phosmet

序号	农兽药中文名	农兽药英文名
852	磷胺	Phosphamidon
853	磷胺－1	Phosphamidon－1
854	磷胺－2	Phosphamidon－2
855	—	Phosphines and phosphides
856	辛硫磷	Phoxim
857	酞酸苯甲基丁酯	Phthalic acid, benzylbutyl ester
858	酞酸二丁酯	Phthalic acid, dibutyl ester
859	酞酸二环己酯	Phthalic acid, biscyclohexyl ester
860	四氯苯肽	Phthalide
861	邻苯二甲酰亚胺	Phthalimide
862	氨氯吡啶酸	Picloram
863	氟吡酰草胺	Picolinafen
864	啶氧菌酯	Picoxystrobin
865	唑啉草酯	Pinoxaden
866	哌拉西林	Piperacillin
867	哌嗪	Piperazine
868	增效醚	Piperonyl butoxide
869	哌草磷	Piperophos
870	抗蚜威	Pirimicarb
871	乙基虫螨清	Pirimiphos－ethyl
872	甲基嘧啶磷	Pirimiphos－methyl
873	甲基虫螨清	Pirimiphos－methyl(pirimifos－methyl)
874	吡利霉素	Pirlimycin
875	嘧啶磷	Piromiphos－ethyl
876	三氯杀虫酯	Plifenate
877	多氯联苯	Polychlorodiphenyls
878	炔丙菊酯	Prallethrin
879	吡喹酮	Praziquantel
880	泼尼松龙	Prednisolone
881	泼尼松	Prednisone
882	丙草胺	Pretilachlor
883	咪鲜胺和咪鲜胺锰盐	Prochloraz and prochloraz－manganese chloride complex
884	腐霉利	Procymidone
885	丙溴磷	Profenofos
886	环丙氟灵	Profluralin
887	环苯草酮	Profoxydim
888	调环酸	Prohexadione
889	调环酸钙盐	Prohexadione－calcium
890	茉莉酮	Prohydrojasmon
891	扑灭通	Prometon
892	扑草净	Prometryne

序号	农兽药中文名	农兽药英文名
893	炔丙烯草胺	Pronamide
894	毒草安	Propachlor
895	扑派威	Propamocarb
896	霜霉威和霜霉威盐酸盐	Propamocarb and propamocarb hydrochloride
897	敌稗	Propanil
898	丙虫磷	Propaphos
899	恶草酸	Propaquizafop
900	炔螨特	Propargite
901	扑灭津	Propazine
902	胺丙畏	Propetamphos
903	苯胺灵	Propham
904	丙环唑	Propiconazole
905	甲基代森锌	Propineb
906	丙森锌	Propineb
907	丙酰二甲氨基丙吩噻嗪	Propionylpromazin
908	异丙草胺	Propisochlor
909	丙环唑－1	Propixonazole－1
910	丙环唑－2	Propixonazole－2
911	残杀威	Propoxur
912	残杀威－1	Propoxur－1
913	残杀威－2	Propoxur－2
914	丙苯磺隆	Propoxycarbazone
915	丙烯硫脲	Propylene thiourea
916	炔苯酰草胺	Propyzamide
917	丙氧喹啉	Proquinazid
918	苄草丹	Prosulfocarb
919	三氟丙磺隆	Prosulfuron
920	丙硫菌唑	Prothioconazole
921	丙硫磷	Prothiophos
922	发硫磷	Prothoate
923	哒嗪硫磷	Ptridaphenthion
924	吡蚜酮	Pymetrozine
925	吡唑硫磷	Pyraclofos
926	吡唑醚菌酯	Pyraclostrobin
927	吡草醚	Pyraflufen－ethyl
928	—	Pyrasulfotole
929	吡菌磷	Pyrazophos
930	吡嘧磺隆	Pyrazosulfuron－ethyl
931	苄草唑	Pyrazoxyfen
932	除虫菊素	Pyrethrins
933	稗草丹	Pyributicarb

序号	农兽药中文名	农兽药英文名
934	哒螨灵	Pyridaben
935	哒嗪硫磷	Pyridafenthion
936	啶虫丙醚	Pyridalyl
937	哒草特	Pyridate
938	啶斑肟	Pyrifenox
939	啶斑肟 -1	Pyrifenox -1
940	啶斑肟 -2	Pyrifenox -2
941	环酯草醚	Pyriftalid
942	嘧霉胺	Pyrimethanil
943	嘧螨醚	Pyrimidifen
944	嘧草醚	Pyriminobac - methyl
945	嘧啶磷	Pyrimitate
946	吡丙醚	Pyriproxyfen
947	嘧草硫醚	Pyrithiobac - sodium
948	咯喹酮	Pyroquilon
949	甲氧磺草胺	Pyroxsulam
950	喹硫磷	Quinalphos
951	二氯喹啉酸	Quinclorac
952	氯甲喹啉酸	Quinmerac
953	灭藻醌	Quinoclamine
954	喹氧灵	Quinoxyfen
955	苯氧喹啉	Quinoxyphen
956	五氯硝基苯	Quintozene
957	精喹禾灵	Quizalofop - *P* - ethyl
958	喹禾灵	Quizalofop - ethyl
959	吡咪唑	Rabenzazole
960	莱克多巴胺	Ractopamine
961	雷复尼特	Rafoxanide
962	灭虫菊	Resmethrin
963	苄呋菊酯 -1	Resmethrin -1
964	苄呋菊酯 -2	Resmethrin -2
965	利福西明	Rifaximin
966	砜嘧磺隆	Rimsulfuron
967	洛硝达唑	Ronidazole
968	皮蝇磷	Ronnel
969	鱼藤酮	Rotenone
970	八氯二甲醚 -1	S421(octachlorodipro - pyl ether) -1
971	八氯二甲醚 -2	S421(octachlorodipro - pyl ether) -2
972	盐霉素	Salinomycin
973	沙拉沙星	Sarafloxacin
974	另丁津	Sebutylazine

序号	农兽药中文名	农兽药英文名
975	密草通	Secbumeton
976	仲丁胺	Sec – butylamine
977	氨基脲	Semduramicin
978	呋喃西林(代谢物 Semduramicin)	Semduramicin,semduramicin
979	烯禾啶	Sethoxydim
980	氟硅菊酯	Silafluofen
981	硅噻菌胺	Silthiofam
982	西玛津	Simazine
983	硅氟唑	Simeconazole
984	西玛通	Simetone
985	西草净	Simetryn
986	萘乙酸钠	Sodium naphthylacetic acid
987	司帕沙星	Sparfloxacin
988	壮观霉素	Spectinomycin
989	乙基多杀菌素	Spinetoram
990	多杀霉素	Spinosad
991	螺旋霉素	Spiramycin
992	螺螨酯	Spirodiclofen
993	螺甲螨酯	Spiromesifen
994	螺虫乙酯	Spirotetramat
995	葚孢菌素	Spiroxamine
996	螺菌环胺 –1	Spiroxamine – 1
997	螺菌环胺 –2	Spiroxamine – 2
998	螺螨酯	Spitodiclofen
999	链霉素	Streptomycin
1000	磺草酮	Sulcotrione
1001	磺胺苯酰	Sulfabenzamide
1002	磺胺醋酰	Sulfacetamide
1003	磺胺氯哒嗪	Sulfachloropyridazine
1004	磺胺嘧啶	Sulfadiazine
1005	磺胺间二甲氧嘧啶	Sulfadimethoxine
1006	磺胺二甲嘧啶	Sulfadimidine
1007	磺胺多辛	Sulfadoxine
1008	磺胺胍	Sulfaguanidine
1009	菜草畏	Sulfallate
1010	磺胺甲嘧啶	Sulfamerazine
1011	磺胺甲噻二唑	Sulfamethizole
1012	新诺明	Sulfamethoxazole
1013	磺胺对甲氧嘧啶	Sulfamethoxydiazine
1014	磺胺甲氧哒嗪	Sulfamethoxypyridazine
1015	磺胺间甲氧嘧啶	Sulfamonomethoxine

序号	农兽药中文名	农兽药英文名
1016	乙酰磺胺对硝基苯	Sulfanitran
1017	磺胺苯吡唑	Sulfaphenazole
1018	磺胺吡啶	Sulfapyridine
1019	磺胺喹沙啉	Sulfaquinoxaline
1020	磺胺噻唑	Sulfathiazole
1021	磺胺喹噁啉	Sulfchinoxalin
1022	磺酰唑草酮	Sulfentrazone
1023	磺胺二甲异嘧啶	Sulfisimidin
1024	磺磺胺二甲异噁唑	Sulfisoxazole
1025	磺胺类(所有属于磺胺类的物质)	Sulfonamides (all substances belonging to the sulfonamide-group)
1026	乙黄隆	Sulfosulfuron
1027	治螟磷	Sulfotep
1028	硫磺粉	Sulfur
1029	硫酰氟	Sulfuryl fluoride
1030	硫丙磷	Sulprofos
1031	氟胺氰菊酯	Tau - fluvalinate
1032	苯噻硫氰	TCMTB
1033	戊唑醇	Tebuconazole
1034	虫酰肼	Tebufenozide
1035	吡螨胺	Tebufenpyrad
1036	丁基嘧啶磷	Tebupirimfos
1037	牧草胺	Tebutam
1038	丁噻隆	Tebuthiuron
1039	四氯硝基苯	Tecnazene
1040	七氟菊酯	Tefluthrin
1041	氟苯脲	Teflubenzuron
1042	—	Tembotrione
1043	双硫磷	Temephos
1044	特普	TEPP
1045	得杀草	Tepraloxydim
1046	特草净	Terbacil
1047	特草灵	Terbucarb
1048	特草灵 - 1	Terbucarb - 1
1049	特草灵 - 2	Terbucarb - 2
1050	特丁硫磷	Terbufos
1051	特丁硫磷砜	Terbufos sulfone
1052	特丁通	Terbumeton
1053	特丁津	Terbuthylazine
1054	特丁净	Terbutryn
1055	叔丁基胺	Tert - butylamine

序号	农兽药中文名	农兽药英文名
1056	杀虫畏	Tetrachlorvinphos
1057	四氟醚唑	Tetraconazole
1058	四环素	Tetracycline
1059	三氯杀螨砜	Tetradifon
1060	四氢邻苯二甲酰亚胺	Tetrahydrophthalimide
1061	胺菊酯	Tetramethirn
1062	杀螨氯硫	Tetrasul
1063	河豚毒素	Tetrodotoxin
1064	噻吩草胺	Thenylchlor
1065	噻菌灵	Thiabendazole
1066	噻虫啉	Thiacloprid
1067	噻虫嗪	Thiamethoxam
1068	甲砜霉素	Thiamphenicol
1069	噻唑烟酸	Thiazopyr
1070	噻苯隆	Thidiazuron
1071	噻吩磺隆	Thifensulfuron - methyl
1072	噻呋酰胺	Thifluzamide
1073	禾草丹	Thiobencarb
1074	杀虫环	Thiocyclam
1075	硫双威	Thiodicarb
1076	久效威	Thiofanox
1077	久效威亚砜	Thiofanox - sulfoxide
1078	久效威砜	Thiofanxo sulfone
1079	杀草丹	Thiohencarb
1080	甲基乙拌磷	Thiometon
1081	虫线磷	Thionazin
1082	甲基硫菌灵	Thiophanate - methyl
1083	硫菌灵	Thiophanat - ethyl
1084	杀虫单	Thiosultap - monosodium
1085	福美双	Thiram
1086	泰地罗新	Tildipirosin
1087	替米考星	Tilmicosin
1088	硫普罗宁	Tiopronin
1089	甲基立枯磷	Tolclofos - methyl
1090	托芬那酸	Tolfenamic acid
1091	唑虫酰胺	Tolfenpyrad
1092	甲苯三嗪酮	Toltrazuril
1093	甲苯氟磺胺	Tolylfluanid
1094	—	Topramezone
1095	三甲苯草酮	Tralkoxydim
1096	四溴菊酯	Tralomethrin

序号	农兽药中文名	农兽药英文名
1097	四溴菊酯-1	Tralomethrin-1
1098	四溴菊酯-2	Tralomethrin-2
1099	反式-燕麦敌	*trans*-Diallate
1100	四氟苯菊酯	Transfluthrin
1101	反式九氯	*trans*-Nonachlor
1102	群勃龙	Trenbolone
1103	三唑酮和三唑醇	Triadimefon and triadimenol
1104	三唑醇-1	Triadimenol-1
1105	三唑醇-2	Triadimenol-2
1106	野麦畏	Triallate
1107	威菌磷	Triamiphos
1108	醚苯磺隆	Triasulfuron
1109	三唑磷	Triazophos
1110	咪唑嗪	Triazoxide
1111	苯磺隆	Tribenuron-methyl
1112	毒壤磷	Trichloronate
1113	敌百虫	Trichlorphon
1114	三氯苯哒唑	Triclabendazole
1115	绿草定	Triclopyr
1116	三环唑	Tricyclazole
1117	十三吗啉	Tridemorph
1118	灭草环	Tridiphane
1119	草达津	Trietazine
1120	肟菌酯	Trifloxystrobin
1121	氟菌唑	Triflumizole
1122	杀铃脲	Triflumuron
1123	氟乐灵	Trifluralin
1124	氟胺磺隆	Triflusulfuron
1125	嗪氨灵	Triforine
1126	三异丁基磷酸盐	Tri-*iso*-butyl phosphate
1127	甲氧苄氨嘧啶	Trimethoprim
1128	三甲基锍阳离子	Trimethyl-sulfonium cation
1129	三正丁基磷酸盐	Tri-*n*-butyl phosphate
1130	抗倒酯	Trinexapac
1131	三苯基磷酸盐	Triphenyl phosphate
1132	灭菌唑	Triticonazole
1133	三氟甲磺隆	Tritosulfuron
1134	托拉菌素	Tulathromycin
1135	泰乐霉素	Tylosin
1136	烯效唑	Uniconazole
1137	井岗霉素	Validamycin

序号	农兽药中文名	农兽药英文名
1138	—	Valifenalate
1139	蚜灭磷	Vamidothion
1140	蚜灭多砜	Vamidothion sulfone
1141	灭草敌	Vernolate
1142	乙烯菌核利	Vinclozolin
1143	维吉尼霉素	Virginiamycin
1144	杀鼠灵	War farin
1145	烯肟菌胺	Xiwojunan
1146	灭除威	XMC
1147	甲苯噻嗪	Xylazine
1148	玉米赤霉醇	Zearalanol
1149	玉米赤霉酮	Zearalanone
1150	右环十四酮酚	Zeranol
1151	Z－氯氰菊酯	Zeta – cypermethrin
1152	代森锌	Zineb
1153	福美锌	Ziram
1154	苯酰菌胺	Zoxamide

附录二　检测方法参照标准

GB 22617—2008　精噁唑禾草灵水乳剂

GB 29686—2013　食品安全国家标准猪可食性组织中阿维拉霉素残留量的测定　液相色谱－串联质谱法

GB 29687—2013　食品安全国家标准水产品中阿苯达唑及其代谢物多残留的测定　高效液相色谱法

GB 29689—2013　食品安全国家标准牛奶中甲砜霉素残留量的测定　高效液相色谱法

GB 29694—2013　食品安全国家标准动物性食品中 13 种磺胺类药物多残留的测定　高效液相色谱法

GB 29700—2013　食品安全国家标准牛奶中氯羟吡啶残留量的测定　气相色谱－质谱法

GB 29705—2013　食品安全国家标准水产品中氯氰菊酯、氰戊菊酯、溴氰菊酯多残留的测定　气相色谱法

GB/T 5009.19—2008　食品中有机氯农药多组分残留量的测定

GB/T 5009.20—2003　食品中有机磷农药残留量的测定

GB/T 5009.114—2003　大米中杀虫双残留量的测定

GB/T 5009.130—2003　大豆及谷物中氟磺胺草醚残留量的测定

GB/T 5009.142—2003　植物性食品中吡氟禾草灵、精吡氟禾草灵残留量的测定

GB/T 5009.161—2003　动物性食品中有机磷农药多组分残留量的测定

GB/T 5009.167—2003　饮用天然矿泉水中氟、氯、溴离子和硝酸根、硫酸根含量的反相高效液相色谱法测定

GB/T 5009.174—2003　花生、大豆中异丙甲草胺残留量的测定

GB/T 5009.221—2008　粮谷中敌草快残留量的测定

GB/T 18932.25—2005　蜂蜜中青霉素 G、青霉素 V、乙氧萘青霉素、苯唑青霉素、邻氯青霉素、双氰青霉素残留量的测定方法　液相色谱－串联质谱法

GB/T 19648—2006　水果和蔬菜中 500 种农药及相关化学品残留的测定　气相色谱－质谱法

GB/T 19650—2006　动物肌肉中 478 种农药及相关化学品残留量的测定　气相色谱－质谱法

GB/T 20361—2006　水产品中孔雀石绿和结晶紫残留量的测定　高效液相色谱荧光检测法

GB/T 20364—2006　动物源产品中聚醚类残留量的测定

GB/T 20366—2006　动物源产品中喹诺酮类残留量的测定　液相色谱－串联质谱法

GB/T 20743—2006　猪肉、猪肝和猪肾中杆菌肽残留量的测定　液相色谱－串联质谱法

GB/T 20745—2006　畜禽肉中癸氧喹酯残留量的测定　液相色谱－荧光检测法

GB/T 20746—2006　牛、猪肝脏和肌肉中卡巴氧、喹乙醇及代谢物残留量的测定　液相色谱－串联质谱法

GB/T 20750—2006　牛肌肉中氟胺烟酸残留量的测定　液相色谱－紫外检测法

GB/T 20752—2006　猪肉、牛肉、鸡肉、猪肝和水产品中硝基呋喃类代谢物残留量的测定　液相色谱－串联质谱法

GB/T 20753—2006　牛和猪脂肪中醋酸美仑孕酮、醋酸氯地孕酮和醋酸甲地孕酮残留量的测定　液相色谱－紫外检测法

GB/T 20755—2006　畜禽肉中九种青霉素类药物残留量的测定　液相色谱－串联质谱法

GB/T 20756—2006　可食动物肌肉、肝脏和水产品中氯霉素、甲砜霉素和氟苯尼考残留量的测定　液相色谱－串联质谱法

GB/T 20759—2006　畜禽肉中十六种磺胺类药物残留量的测定　液相色谱－串联质谱法

GB/T 20762—2006 畜禽肉中林可霉素、竹桃霉素、红霉素、替米考星、泰乐菌素、克林霉素、螺旋霉素、吉它霉素、交沙霉素残留量的测定 液相色谱－串联质谱法

GB/T 20763—2006 猪肾和肌肉组织中乙酰丙嗪、氯丙嗪、氟哌啶醇、丙酰二甲氨基丙吩噻嗪、甲苯噻嗪、阿扎哌垄阿扎哌醇、咔唑心安残留量的测定 液相色谱－串联质谱法

GB/T 20764—2006 可食动物肌肉中土霉素、四环素、金霉素、强力霉素残留量的测定 液相色谱－紫外检测法

GB/T 20766—2006 牛猪肝肾和肌肉组织中玉米赤霉醇、玉米赤霉酮、己烯雌酚、己烷雌酚、双烯雌酚残留量的测定 液相色谱－串联质谱法

GB/T 20769—2008 水果和蔬菜中450种农药及相关化学品残留量的测定 液相色谱－串联质谱法

GB/T 20770—2008 粮谷中486种农药及相关化学品残留量的测定 液相色谱－串联质谱法

GB/T 20772—2008 动物肌肉中461种农药及相关化学品残留量的测定 液相色谱－串联质谱法

GB/T 20796—2006 肉与肉制品中甲萘威残留量的测定

GB/T 21311—2007 动物源性食品中硝基呋喃类药物代谢物残留量检测方法 高效液相色谱/串联质谱法

GB/T 21313—2007 动物源性食品中β－受体激动剂残留检测方法 液相色谱－质谱/质谱法

GB/T 21314—2007 动物源性食品中头孢匹林、头孢噻呋残留量检测方法 液相色谱－质谱/质谱法

GB/T 21315—2007 动物源性食品中青霉素族抗生素残留量检测方法 液相色谱－质谱/质谱法

GB/T 21316—2007 动物源性食品中磺胺类药物残留量的测定 液相色谱－质谱/质谱法

GB/T 21317—2007 动物源性食品中四环素类兽药残留量检测方法 液相色谱－质谱/质谱法与高效液相色谱法

GB/T 21318—2007 动物源食品中硝基咪唑残留量检验方法

GB/T 21320—2007 动物源食品中阿维菌素类药物残留量的测定 液相色谱－串联质谱法

GB/T 21323—2007 动物组织中氨基糖苷类药物残留量的测定 高效液相色谱－质谱/质谱法

GB/T 21324—2007 食用动物肌肉和肝脏中苯并咪唑类药物残留量检测方法

GB/T 21981—2008 动物源食品中激素多残留检测方法 液相色谱－质谱/质谱法

GB/T 21982—2008 动物源食品中玉米赤霉醇、β－玉米赤霉醇、α－玉米赤霉烯醇、β－玉米赤霉烯醇、玉米赤霉酮和玉米赤霉烯酮残留量检测方法 液相色谱－质谱/质谱法

GB/T 22147—2008 饲料中沙丁胺醇、莱克多巴胺和盐酸克仑特罗的测定 液相色谱质谱联用法

GB/T 22286—2008 动物源性食品中多种β－受体激动剂残留量的测定 液相色谱串联质谱法

GB/T 22331—2008 水产品中多氯联苯残留量的测定 气相色谱法

GB/T 22941—2008 蜂蜜中林可霉素、红霉素、螺旋霉素、替米考星、泰乐菌素、交沙霉素、吉他霉素、竹桃霉素残留量的测定 液相色谱－串联质谱法

GB/T 22950—2008 河豚鱼、鳗鱼和烤鳗中12种β－兴奋剂残留量的测定 液相色谱－串联质谱法

GB/T 22952—2008 河豚鱼和鳗鱼中阿莫西林、氨苄西林、哌拉西林、青霉素G、青霉素V、苯唑西林、氯唑西林、萘夫西林、双氯西林残留量的测定 液相色谱－串联质谱法

GB/T 22953—2008 河豚鱼、鳗鱼和烤鳗中伊维菌素、阿维菌素、多拉菌素和乙酰氨基阿维菌素残留量的测定 液相色谱－串联质谱法

GB/T 22954—2008 河豚鱼和鳗鱼中链霉素、双氢链霉素和卡那霉素残留量的测定 液相色谱－串联质谱法

GB/T 22955—2008 河豚鱼、鳗鱼和烤鳗中苯并咪唑类药物残留量的测定 液相色谱－串联质

谱法

GB/T 22956—2008　河豚鱼、鳗鱼和烤鳗中吡喹酮残留量的测定　液相色谱－串联质谱法

GB/T 22957—2008　河豚鱼、鳗鱼及烤鳗中九种糖皮质激素残留量的测定　液相色谱－串联质谱法

GB/T 22960—2008　河豚鱼和鳗鱼中头孢唑啉、头孢匹林、头孢氨苄、头孢洛宁、头孢喹肟残留量的测定　液相色谱－串联质谱法

GB/T 22961—2008　河豚鱼、鳗鱼中土霉素、四环素、金霉素、强力霉素残留量的测定　液相色谱－紫外检测法

GB/T 22962—2008　河豚鱼、鳗鱼和烤鳗中烯丙孕素、氯地孕酮残留量的测定　液相色谱－串联质谱法

GB/T 22963—2008　河豚鱼、鳗鱼和烤鳗中玉米赤霉醇、玉米赤霉酮、己烯雌酚、己烷雌酚、双烯雌酚残留量的测定　液相色谱－串联质谱法

GB/T 22964—2008　河豚鱼、鳗鱼中林可霉素、竹桃霉素、红霉素、替米考星、泰乐菌素、螺旋霉素、吉他霉素、交沙霉素残留量的测定　液相色谱－串联质谱法

GB/T 22968—2008　牛奶和奶粉中伊维菌素、阿维菌素、多拉菌素和乙酰氨基阿维菌素残留量的测定　液相色谱－串联质谱法

GB/T 22969—2008　奶粉和牛奶中链霉素、双氢链霉素和卡那霉素残留量的测定　液相色谱－串联质谱法

GB/T 22972—2008　牛奶和奶粉中噻苯达唑、阿苯达唑、芬苯达唑、奥芬达唑、苯硫氨酯残留量的测定　液相色谱－串联质谱法

GB/T 22974—2008　牛奶和奶粉中氮氨菲啶残留量的测定　液相色谱－串联质谱法

GB/T 22975—2008　牛奶和奶粉中阿莫西林、氨苄西林、哌拉西林、青霉素 G、青霉素 V、苯唑西林、氯唑西林、萘夫西林和双氯西林残留量的测定　液相色谱－串联质谱法

GB/T 22978—2008　牛奶和奶粉中地塞米松残留量的测定　液相色谱－串联质谱法

GB/T 22983—2008　牛奶和奶粉中六种聚醚类抗生素残留量的测定　液相色谱－串联质谱法

GB/T 22985—2008　牛奶和奶粉中恩诺沙星、达氟沙星、环丙沙星、沙拉沙星、奥比沙星、二氟沙星和麻保沙星残留量的测定　液相色谱－串联质谱法

GB/T 22988—2008　牛奶和奶粉中螺旋霉素、吡利霉素、竹桃霉素、替米卡星、红霉素、泰乐菌素残留量的测定　液相色谱－串联质谱法

GB/T 22989—2008　牛奶和奶粉中头孢匹林、头孢氨苄、头孢洛宁、头孢喹肟残留量的测定　液相色谱－串联质谱法

GB/T 22990—2008　牛奶和奶粉中土霉素、四环素、金霉素、强力霉素残留量的测定　液相色谱－紫外检测法

GB/T 22993—2008　牛奶和奶粉中八种镇定剂残留量的测定　液相色谱－串联质谱法

GB/T 23205—2008　茶叶中 448 种农药及相关化学品残留量的测定　液相色谱－串联质谱法

GB/T 23207—2008　河豚鱼、鳗鱼和对虾中 485 种农药及相关化学品残留量的测定　气相色谱－质谱法

GB/T 23208—2008　河豚鱼、鳗鱼和对虾中 450 种农药及相关化学品残留量的测定　液相色谱－串联质谱法

GB/T 23210—2008　牛奶和奶粉中 511 种农药及相关化学品残留量的测定　气相色谱－质谱法

GB/T 23211—2008　牛奶和奶粉中 493 种农药及相关化学品残留量的测定　液相色谱－串联质谱法

GB/T 23217—2008　水产品中河豚毒素的测定　液相色谱－荧光检测法

GB/T 23296. 11—2009　食品接触材料　塑料中环氧乙烷和环氧丙烷含量的测定　气相色谱法

GB/T 23817—2009　大豆中磺酰脲类除草剂残留量的测定

NY/T 761—2008　蔬菜和水果中有机磷、有机氯、拟除虫菊酯和氨基甲酸酯类农药多残留的测定

NY/T 829—2004　牛奶中氨苄青霉素残留检测方法

NY/T 830—2004　动物性食品中阿莫西林残留检测方法

NY/T 914—2004　饲料中氢化可的松的测定　高效液相色谱法

NY/T 1096—2006　食品中草甘膦残留量测定

NY/T 1453—2007　蔬菜及水果中多菌灵等16种农药残留测定　液相色谱-质谱-质谱联用法

NY/T 1616—2008　土壤中9种磺酰脲类除草剂残留量的测定　液相色谱—质谱法

SC/T 3015—2002　水产品中土霉素、四环素、金霉素残留量的测定

SC/T 3019—2004　水产品中喹乙醇残留量的测定　液相色谱法

SC/T 3029—2006　水产品中甲基睾酮残留量的测定　液相色谱法

SC/T 3030—2006　水产品中五氯苯酚及其钠盐残留量的测定　气相色谱法

SN 0139—1992　出口粮谷中二硫代氨基甲酸酯残留量检验方法

SN 0157—1992　出口水果中二硫代氨基甲酸酯残留量检验方法

SN 0276—1993　出口禽肉中氨丙嘧吡啶残留量检验方法　薄层色谱法

SN 0338—1995　出口水果中敌菌丹残留量检验方法

SN 0349—1995　出口肉及肉制品中左旋咪唑残留量检验方法　气相色谱法

SN 0500—1995　出口水果中多果定残留量检验方法

SN 0501—1995　出口禽肉中拉沙里菌素残留量检验方法

SN 0523—1996　出口水果中乐杀螨残留量检验方法

SN 0592—1996　出口粮谷及油籽中苯丁锡残留量检验方法

SN 0594—1996　出口肉及肉制品中西玛津残留量检验方法

SN 0638—1997　出口肉及肉制品中苯硫苯咪唑残留量检验方法

SN 0646—1997　出口肉及肉制品中新霉素残留量检验方法　液相色谱法

SN 0663—1997　出口肉及肉制品中七氯和环氧七氯残留量检验方法

SN 0668—1997　出口肉及肉制品中粘菌素残留量检验方法　杯碟法

SN 0674—1997　出口肉及肉制品中新生霉素残留量检验方法　滤纸片法

SN 0691—1997　出口蜂产品中氟胺氰酸菊酯残留量检验方法

SN 0695—1997　出口粮谷中嗪氨灵残留量检验方法

SN 0698—1997　出口肉及肉制品中莫能菌素残留量检验方法　液相色谱法

SN 0705—1997　出口肉及肉制品中乙烯利残留量检验方法

SN/T 0127—2011　进出口动物源性食品中六六六、滴滴涕和六氯苯残留量的检测方法　气相色谱-质谱法

SN/T 0162—2011　出口水果中甲基硫菌灵、硫菌灵、多菌灵、苯菌灵、噻菌灵残留量的检测方法　高效液相色谱法

SN/T 0502—2013　出口水产品中毒杀芬残留量的测定　气相色谱法

SN/T 0528—2012　出口食品中除虫脲残留量检测方法　高效液相色谱-质谱/质谱法

SN/T 0529—2013　出口肉品中甲氧滴滴涕残留量检验方法　气相色谱/质谱法

SN/T 0596—2012　出口粮谷及油籽中稀禾定残留量检测方法　气相色谱-质谱法

SN/T 0645—2014　出口肉及肉制品中敌草隆残留量的测定　液相色谱法

SN/T 0706—2013　出口动物源性食品中二溴磷残留量的测定

SN/T 1117—2008　进出口食品中多种菊酯类农药残留量测定方法　气相色谱法

SN/T 1628—2005　进出口肉及肉制品中氯氰碘柳胺残留量测定方法　高效液相色谱法

SN/T 1737.6—2010　除草剂残留量检测方法　第6部分:液相色谱-质谱/质谱法测定食品中杀草强残留量

SN/T 1740—2006　进出口食品中四螨嗪残留量的检测方法　气相色谱串联质谱法

SN/T 1751.3—2011　进出口动物源性食品中奎诺酮类药物残留量的测定　第3部分:高效液相色谱法

SN/T 1769—2006　进出口肉及肉制品中甲氧苄氨嘧啶残留量测定方法　液相色谱法

SN/T 1787—2006　进出口密达中四聚乙醛的检测方法　气相色谱法

SN/T 1921—2007　进出口动物源性食品中氟甲喹残留量检测方法　液相色谱－质谱/质谱法

SN/T 1923—2007　进出口食品中草甘膦残留量的检测方法　液相色谱－质谱/质谱法

SN/T 1926—2007　进出口动物源食品中敌菌净残留量检测方法

SN/T 1970—2007　进出口动物源性食品中地塞米松、倍他米松、氟羟泼尼松龙和双氟美松残留量测定方法　酶联免疫法

SN/T 1980—2007　进出口动物源性食品中孕激素类药物残留量的检测方法　高效液相色谱－质谱/质谱法

SN/T 1982—2007　进出口食品中氟虫腈残留量检测方法　气相色谱－质谱法

SN/T 1986—2007　进出口食品中溴虫腈残留量检测方法

SN/T 1989—2007　进出口食品中丁酰肼残留量检测方法　气相色谱－质谱法

SN/T 1990—2007　进出口食品中三唑锡和三环锡残留量的检测方法　气相色谱－质谱法

SN/T 2150—2008　进出口食品中涕灭砜威、唑菌胺酯、腈嘧菌酯等 65 种农药残留量检测方法　液相色谱－质谱/质谱法

SN/T 2190—2008　进出口动物源性食品中非甾体类抗炎药残留量检测方法　液相色谱－质谱/质谱法

SN/T 2215—2008　进出口动物源性食品中吩噻嗪类药物残留量的检测方法　酶联免疫法

SN/T 2221—2008　进出口动物源性食品中氮哌酮及其代谢产物残留量的检测方法　气相色谱－质谱法

SN/T 2323—2009　进出口食品中蚍虫胺、呋虫胺等 20 种农药残留量检测方法　液相色谱－质谱/质谱法

SN/T 2224—2008　进出口动物源性食品中利福西明残留量检测方法　液相色谱－质谱/质谱法

SN/T 2225—2008　进出口动物源性食品中硫普罗宁及其代谢物残留量的测定　液相色谱－质谱/质谱法

SN/T 2227—2008　进出口动物源性食品中甲氧氯普胺残留量检测方法　液相色谱法－质谱/质谱法

SN/T 2228—2008　进出口食品中 31 种酸性除草剂残留量的检测方法　气相色谱－质谱法

SN/T 2237—2008　进出口食品中甲氧基丙烯酸酯类杀菌剂残留量检测方法　气相色谱－质谱法

SN/T 2238—2008　进出口食品中 21 种熏蒸剂残留量检测方法　顶空气相色谱法

SN/T 2239—2008　进出口动物源性食品中氮氨菲啶残留量检测方法　液相色谱－质谱/质谱法

SN/T 2314—2009　进出口动物源性食品中二苯脲类残留量检测方法

SN/T 2315—2009　进出口动物源性食品中氨基糖苷类药物残留测定方法　放射受体分析法

SN/T 2317—2009　进出口动物源性食品中哌嗪残留量检测方法　液相色谱－质谱/质谱法

SN/T 2318—2009　动物源食品中地克珠利、妥曲珠利、妥曲珠利亚砜和妥曲珠利砜残留量的检测　高效液相色谱－质谱/质谱法

SN/T 2319—2009　进出口食品中喹氧灵残留量检测方法

SN/T 2320—2009　进出口食品中百菌清、苯氟磺胺、甲抑菌灵、克菌灵、灭菌丹、敌菌丹和四溴菊酯残留量检测方法　气相色谱－质谱法

SN/T 2325—2009　进出口食品中四唑嘧磺隆、甲基苯苏呋安、醚磺隆等 45 种农药残留量的检测方法　高效液相色谱－质谱/质谱法

SN/T 2327—2009　进出口动物源性食品中角黄素、虾青素的检测方法

SN/T 2432—2010　进出口食品中哒螨灵残留量的检测方法

SN/T 2442—2010　动物源性食品中莫西丁克残留量检测方法　液相色谱－质谱/质谱法

SN/T 2444—2010　进出口动物源食品中甲苄喹啉和癸氧喹酯残留量的测定　液相色谱－质谱/

质谱法

SN/T 2453—2010　进出口动物源性食品中二硝托胺残留量的测定　液相色谱-质谱/质谱法

SN/T 2488—2010　进出口动物源食品中克拉维酸残留量检测方法　液相色谱-质谱/质谱法

SN/T 2538—2010　进出口动物源性食品中二甲氧苄氨嘧啶、三甲氧苄氨嘧啶和二甲氧甲基苄氨嘧啶残留量的检测方法　液相色谱-质谱/质谱法

SN/T 2540—2010　进出口食品中苯甲酰脲类农药残留量的测定　液相色谱-质谱/质谱法

SN/T 2581—2010　进出口食品中氟虫酰胺残留量的测定　液相色谱-质谱/质谱法

SN/T 2645—2010　进出口食品中四氟醚唑残留量的检测方法　气相色谱-质谱法

SN/T 2661—2010　进出口动物源性食品中阿维菌素残留量的检测方法　酶联免疫吸附法

SN/T 2796—2011　进出口食品中氟啶虫酰胺残留量的检测方法

SN/T 2908—2011　出口动物源性食品中氯舒隆残留量检测方法　液相色谱-质谱/质谱法

SN/T 2909—2011　出口动物源性食品中羟氯柳苯胺残留量的测定　液相色谱-质谱/质谱法

SN/T 3149—2012　出口食品中三苯锡、苯丁锡残留量检测方法　气相色谱-质谱法

SN/T 3155—2012　出口猪肉、虾、蜂蜜中多类药物残留量的测定　液相色谱-质谱/质谱法

SN/T 3264—2012　出口食品中鱼藤酮和印楝素残留量的检测方法　液相色谱-质谱/质谱法

SN/T 3643—2013　出口水果中氯吡脲(比效隆)残留量的检测方法　液相色谱-串联质谱法

SN/T 3852—2014　出口食品中氰氟虫腙残留量的测定　液相色谱-质谱/质谱法

YC/T 180—2004　烟草及烟草制品　毒杀芬农药残留量的测定　气相色谱法

DB33/T 746—2009　动物源性食品中20种磺胺类药物残留量的测定　液相色谱-串联质谱法

农业部1077号公告-1-2008　水产品中17种磺胺类及15种喹诺酮类药物残留量的测定　液相色谱-串联质谱法

农业部781号公告-7-2006　蜂蜜中氟氯苯氰菊酯残留量的测定　气相色谱法